Frucht- und Gemüsesäfte

Handbuch der Lebensmitteltechnologie

Mikrobiologie des Weines
Von H. H. Dittrich, Geisenheim

Getränkebeurteilung
Herausgegeben von J. Koch, Eltville

Getreide- und Kartoffelbrennerei
Von H. Kreipe, Ratzeburg

Technologie der Obstbrennerei
Von H. J. Pieper, E. E. Bruchmann, Hohenheim
und E. Kolb, Nieder-Olm

Frucht- und Gemüsesäfte
Von U. Schobinger, ehemals Wädenswil, und Mitarbeitern

Technologie des Weines
Von G. Troost, Geisenheim

Sekt, Schaum- und Perlwein
Von G. Troost, Geisenheim, und H. Haushofer, Klosterneuburg

Chemie des Weines
Herausgegeben von G. Würdig und R. Woller, Trier

Fleisch – Technologie und Hygiene
Von O. Prändl, Wien, A. Fischer, Hohenheim
Th. Schmidhofer, Courtepin, und H. J. Sinell, Berlin

Frucht- und Gemüsesäfte

Technologie, Chemie, Mikrobiologie, Analytik, Bedeutung, Recht

Von Ulrich Schobinger
und Ahmed Askar †, Hans Rudolf Brunner, Philip G. Crandall, Hans-Ulrich Daepp, Helmut Hans Dittrich, Barbara Guggenbühl, Charles M. Hendrix Jr., Karl Herrmann, Tilo Hühn, Hans R. Lüthi, Konrad Otto, Michael Schmidt, Hans Treptow †, Karsten Sennewald, Klaus Sondhauß, Delimir Šulc †, Hans Tanner, Josef Weiss

Dritte, völlig überarbeitete und aktualisierte Auflage

254 Abbildungen
99 Tabellen

Mitarbeiterverzeichnis

Prof. Dr. Ahmed Askar †
Ismailia/Ägypten

Dipl.-Chem. Hans Rudolf Brunner
Hochschule Wädenswil
Abteilung Lebensmitteltechnologie
Wädenswil/Schweiz

Prof. Dr. Philip G. Crandall
University of Arkansas, Department of Food Science
Fayetteville, Arkansas/USA

Dr. Hans-Ulrich Daepp
Meierskappel/Schweiz

Prof. Dr. Helmut Hans Dittrich
Geisenheim/Deutschland

Dipl. Lm.-Ing. ETH, MSc UC Davis
Barbara Guggenbühl
Hochschule Wädenswil
Abteilung Lebensmitteltechnologie
Wädenswil/Schweiz

Charles M. Hendrix Jr.
Clermont, Florida/USA

Prof. em. Dr. Karl Herrmann
Hannover/Deutschland

Dipl.-Ön. Tilo Hühn
Hochschule Wädenswil
Abteilung Lebensmitteltechnologie
Wädenswil/Schweiz

Prof. Dr. Hans R. Lüthi
Locarno/Schweiz

Prof. Dr. Konrad Otto
Fachhochschule Lippe,
Fachbereich Getränketechnologie
Lemgo/Deutschland

Prof. Dr.-Ing. habil. Michael Schmidt
Fachhochschule Lippe, Laboratorium für Biotechnologie und Umwelttechnik
Lemgo/Deutschland

Dr. Ulrich Schobinger
Zug/Schweiz

Rechtsanwalt Karsten Sennewald
Verband der deutschen Fruchtsaft-Industrie e. V.
Bonn/Deutschland

Diplom-Ökonom Klaus Sondhauß
Verband der deutschen Fruchtsaft-Industrie e. V.
Bonn/Deutschland

Prof. Dr. Delimir Šulc †
Novi Sad/Jugoslawien

Dipl.-Chem. Hans Tanner
Wädenswil/Schweiz

Dr.-Ing. Hans Treptow †
Berlin/Deutschland

Univ.-Prof. Dipl.-Ing. Dr. Josef Weiss
Klosterneuburg/Österreich

Die Deutsche Bibliothek – CIP-Einheitsaufnahme
Frucht- und Gemüsesäfte : Technologie, Chemie, Mikrobiologie, Analytik, Bedeutung, Recht / von Ulrich Schobinger . . . – 3., völlig überarb. und aktualisierte Aufl.. – Stuttgart (Hohenheim) : Ulmer, 2001
(Handbuch der Lebensmitteltechnologie)
ISBN 3-8001-5821-3

Wollgrasweg 41, 70599 Stuttgart (Hohenheim)
E-Mail: info@ulmer.de
Internet: www.ulmer.de
Lektorat: Carola Hils, Sabine Drobik
Herstellung: Gabriele Wieczorek
Satz: Typomedia GmbH, Ostfildern
Druck und Bindung: Friedrich Pustet, Regensburg

Vorwort zur 3. Auflage

Seit der Herausgabe der 2. Auflage des Handbuches der Lebensmitteltechnologie „Frucht- und Gemüsesäfte“ sind rund 13 Jahre verstrichen. Vieles hat sich in dieser Zeit verändert. Dies geht auch aus den zahlreichen neuen Firmenbezeichnungen hervor, die entweder neu oder durch Fusionen entstanden sind. Viele altbekannte Firmen sind völlig von der Bildfläche verschwunden. Die in den 80er Jahren eingesetzte stürmische Entwicklung der Fruchtsaft-Technologie setzte sich auch in diesem Zeitabschnitt weiter fort. Die Europäische Union schuf mit der EU-Fruchtsaft-Richtlinie rechtlich verbindliche Vorgaben für die EU-Mitgliedstaaten, die durch den neuen AIJN-Code of Practice zur breiten Beurteilung von Frucht- und Gemüsesäften in wertvoller Weise ergänzt wurde. Weitere Neuentwicklungen sind die in der europäischen Fruchtsaftindustrie erfolgte Einführung der EN/DIN-Normungen für Analysemethoden für Fruchtsäfte, des HACCP-Systems, der erforderlichen ISO-Normen für die Qualitätssicherung und von geeigneten Formen für das Qualitätsmanagement. Wesentliche Fortschritte sind auch in der Analytik der Fruchtsäfte zu verzeichnen.

In der Neuauflage werden alle diese eingetretenen Neuerungen möglichst umfassend berücksichtigt. Auch die rechtlichen Grundlagen für Herstellung, Beurteilung und Vermarktung von Frucht- und Gemüsesäften sowie das Thema Abwasser- und Abfallbeseitigung wurden völlig neu überarbeitet und stark erweitert. Die bisher bewährte Stoffeinteilung des Buches bleibt weitgehend erhalten. Das gesamte Fachgebiet wird in knapper und übersichtlicher Darstellung abgehandelt. Dafür wird weiterhin großes Gewicht auf die möglichst umfassende Zitierung der einschlägigen Literatur gelegt, welche dem interessierten Leser eine weitere Vertiefung in die gesamte Materie ermöglicht. Die entsprechenden Literaturhinweise sind am Ende des Buches nach Kapiteln aufgeführt. Ein Bildquellenverzeichnis mit den aktuellen Firmenanschriften und ein Stichwortverzeichnis erleichtern die Handhabung des Werkes, welches sowohl dem Praktiker und Betriebsleiter weiterhin als Nachschlagewerk zur Bewältigung der täglich anfallenden Probleme dient, als auch dem Nichtfachmann oder Studenten einen schnellen Überblick über das weite Gebiet der Frucht- und Gemüsesäfte vermittelt.

Das Team der bisher verpflichteten Autoren erfuhr eine wesentliche Verjüngung durch die neuen Mitautoren Dipl. Lm.-Ing. Barbara Guggenbühl, Diplom-Oenologe Tilo Hühn, Prof. Dr. Konrad Otto, Rechtsanwalt Karsten Sennewald, Prof. Dr.-Ing. habil. Michael Schmidt und Diplom-Oekonom Klaus Sondhauß. Prof. Dr. Philip G. Crandall, USA, zog als Mitautor für das Kapitel Citrussäfte den bestens bekannten Fachmann Charles M. Hendrix Jr., Florida, bei.

Leider verstarben im Februar 2000, einige Zeit nach Ablieferung des Manuskripts, völlig unerwartet die beiden Mitautoren Prof. Dr. Ahmed Askar, Ägypten und Dr.-Ing. Hans Treptow, Berlin. Die Kapitel des bereits im Jahre 1991 verstorbenen Prof. Dr. Delimir Šulc, Jugoslawien, wurden von Tilo Hühn, Konrad Otto und dem Herausgeber neu überarbeitet.

Zum Schluss möchte ich vor allem den beteiligten Autoren für die gute und kollegiale Zusammenarbeit bei der Abfassung der 3. Auflage danken. Dem Verlag danke ich für die wohlwollende Unterstützung bei der Drucklegung und für die hervorragende Ausstattung des Buches. Dank zu sagen habe ich auch zahlreichen Lieferfirmen von Kellereimaschinen und Geräten für die Überlassung des verwendeten Bildmaterials.

Speziellen Dank schulde ich meiner lieben Frau Cécile für ihr stetes Verständnis für mein Engagement und für ihre Mitarbeit bei zahlreichen Schreibarbeiten.

Zug, im Herbst 2000 Ulrich Schobinger

Inhalt

1 Wirtschaftliche und gesetzliche Grundlagen

K. SONDHAUẞ und K. SENNEWALD

1.1 Entwicklung und Bedeutung der Fruchtsaftindustrie verschiedener Länder

Obst und Gemüse sind für die gesunde Ernährung des Menschen unverzichtbar. Dies nicht nur auf Grund des erfrischenden und aromatischen Geschmacks, sondern auch auf Grund der ernährungsphysiologischen Wertigkeit.

Der regelmäßige Verzehr von Obst und Gemüse vermindert das Risiko für bestimmte Erkrankungen, so zum Beispiel verschiedene Krebserkrankungen und auch Erkrankungen der koronaren Herzkranzgefäße.

Nicht erst in unserer jetzigen modernen aufgeklärten Gesellschaft gehören diese Erkenntnisse zum Basiswissen von Kindern, Jugendlichen und Erwachsenen. Auch die alten Griechen und die Römer wussten, dass Obst und Gemüse wertvolle Nahrungsmittel sind. In jungsteinzeitlichen Siedlungen fanden Wissenschaftler Spuren frühester „Kulturäpfel".

Die Erkenntnis, dass man aus Früchten und Gemüse nährende Säfte gewinnen kann, die willkommener Bestandteil der täglichen Ernährung sind, führt bis in die menschliche Frühzeit zurück.

Damals – Funde und schriftliche Überlieferungen bezeugen dies – bediente man sich natürlicherweise einfacher Verfahren beim Abtrennen des Saftes von der Frucht. Die Ausbeute war dann auch eher bescheiden. Mischen von Saft mit Wasser oder anderen Nahrungsmitteln wie beispielsweise Honig – vielleicht auch zur Haltbarmachung? – kannte man aber auch zu diesem Zeitpunkt schon.

Mit dem Sesshaftwerden der Völker wurden dann als systematisch zu bezeichnende Anbaumethoden, Neuzüchtungen usw. betrieben, die dazu führten, dass die Gewinnung von Saft mehr oder weniger regelmäßig durchgeführt wurde.

Auch vor unserer Zeitrechnung beherrschten die Römer Techniken wie Okulieren und Pfropfen, das heißt die Veredlung beispielsweise bei Apfelbäumen. Viele Apfelsorten verdanken ihren Ursprung diesem Umstand.

Im Laufe der Jahrhunderte wurde der Apfel zur wichtigsten und auch beliebtesten Frucht der gemäßigten Klimazonen in Europa, Asien, Amerika und Australien. In den heutigen Zeiten können wir weltweit über 5 500 Apfelsorten registrieren.

Es ist auch schriftlich überliefert, dass die ägyptischen Pharaonen Trauben in Trinkbehältnisse drücken ließen und diesen frischen Saft mit Genuss getrunken haben.

Ähnliches lässt sich auch vom Wein berichten, denn diese Geschichte reicht weiter als die des Menschen zurück. Es ist nachgewiesen, dass vor etwa 60 bis 70 Millionen Jahren bereits Weinreben existierten.

Der Nachweis dazu ist in vielen Teilen Europas, in Nordamerika, Island, Grönland und Asien erbracht worden. Erwiesen ist auch, dass es heute noch im Kaukasus und auf dem Balkan Wildreben gibt. Die Kulturrebe, von der es mehr als 8 000 Sorten gibt, stammt von dieser Wildrebe ab. Nicht genau bestimmen lässt sich jedoch, wann erstmals Traubensaft hergestellt wurde.

Probleme bereitete die Haltbarmachung des Saftes, weil es nicht möglich war, diesen über eine längere Zeit hinweg ohne wesentliche Veränderungen seiner Nähr- und Genusswerte aufzubewahren. Das heißt also, dass die Verarbeitung der Früchte auf Met, Mostwein oder andere höherprozentige Getränke ausgerichtet war.

Das trifft auch auf den Rebensaft zu, der erst vergoren im antiken Rom seine Abnehmer fand. Die Überlieferung besagt, dass Plato diejenigen rügte, die den Wein nicht mit Wasser mischten, um dafür zu sorgen, dass die Menschen auch bei üppigem Genuss einen klaren Kopf behielten. All dies wäre nicht nötig gewesen, wenn die Entdeckung von Louis Pasteur bereits gemacht worden wäre.

Erst in der zweiten Hälfte des 19. Jahrhunderts, im Jahre 1860, fand Louis Pasteur (1822–1895) heraus, dass die vergärenden Hefen durch Erhitzen auf etwa 85 °C abgetötet werden können, während die enthaltenen Nährstoffe und Vitamine weitgehend erhalten bleiben.

Dies war der entscheidende Meilenstein in der Entwicklung der Fruchtsaftindustrie; sie ist Pasteur besonders verpflichtet, weil mit Hilfe seines nachgewiesenen Verfahrens die Produkte schonend und auch dauerhaft haltbar gemacht werden konnten.

Nicht bekannt ist, ob Pasteur direkt Versuche zur Haltbarmachung von Fruchtsäften gemacht hat; Experten glauben, dies verneinen zu können.

Überliefert ist aber, dass nicht etwa in Europa, sondern in den Vereinigten Staaten von Amerika erstmals im Bereich der Fruchtsäfte die Pasteurisation angewandt wurde.

Vor Louis Pasteur beschäftigten sich bereits Denise Papin (1647–1712), Lazarro Scalantini (1729–1799) und François Apert (1750–1841) mit der Haltbarmachung von Nahrungsmitteln.

Nach der Jahrhundertwende war der Siegeszug der Fruchtsaftindustrie nicht aufzuhalten. Eine ständige Verbesserung der Technologie fand statt – so beispielsweise die enzymatische Klärung, die Technik der Konzentratherstellung und auch die Aromagewinnung, um nur einige wichtige Entwicklungen stellvertretend zu nennen.

Ein Übriges hat natürlich auch das ständig wachsende Sortiment der Fruchtsäfte bewirkt.

Dr. Müller-Thurgau, erster Direktor der Eidgenössischen Versuchsanstalt für Obst, Wein und Gartenbau in Wädenswil, verfasste auf seine Erfahrungen bei der Pasteurisation zurückblickend 1896 seine Abhandlung über „Die Herstellung von unvergorenen und alkoholfreien Obst- und Traubenweinen“.

Damit nahm die gewerbliche „Süßmostherstellung“ ihren Anfang, zunächst in der Schweiz, dem Mutterland der gärungslosen Früchteverarbeitung, bald aber auch im angrenzenden Deutschland.

Trotz anfänglicher Misserfolge in verschiedenen Entwicklungsstadien begann hier der Siegeszug der Fruchtsaftindustrie im deutschsprachigen Raum.

Die Gründerzeit brachte Pioniere wie Böhi, Leuthold, Baumann und Schmitthenner im deutschsprachigen Raum hervor.

Bis Anfang der 30er Jahre handelte es sich überwiegend um kleingewerbliche beziehungsweise mittelständische Unternehmen. Im damaligen Deutschen Reich betrug im Jahre 1926 die Gesamtherstellung von Fruchtsäften (Süßmost) lediglich 2,5 Millionen Liter, 1931 aber schon 16 Millionen Liter.

Nach dem Zweiten Weltkrieg entwickelte sich insbesondere in Europa und den USA eine Fruchtsaftindustrie, die zunehmend auch für Länder der Dritten Welt ökonomische Bedeutung erlangt hat und gegenwärtig ein beachtlicher Faktor der Weltwirtschaft ist.

Weltweit kann man davon ausgehen, dass etwa 60 % der Gesamtproduktion an frischen Früchten auf vier verschiedene Sorten, nämlich Citrusfrüchte, Trauben, Bananen und Äpfel fallen. Etwa ein Viertel der Frischfruchtproduktion bezieht sich auf Citrusfrüchte.

Etwa 60 % wiederum dieser Früchte werden als frisches Produkt konsumiert, etwa 10 % als frisches Produkt exportiert und etwa 30 % der Früchte werden verarbeitet.

Die Fruchtsaftindustrie ist weltweit ein bedeutendes Segment im nichtalkoholischen Getränkemarkt, man rechnet mit einer Produktion von etwa 30 Milliarden Litern und einem Wert von etwa 30 Milliarden US-Dollar.

Wichtige Zentren der Fruchtsaftindustrie sind heute vor allem Europa, Nordamerika, Australien und zunehmend Fernost.

Dies bezieht sich sowohl auf die Herstellung als auch den Pro-Kopf-Verbrauch.

In der Europäischen Union als einem der Hauptmärkte mit nahezu 380 Millionen Verbrauchern und etwa 18,6 % des Welthandels (USA 16,6 %, Japan 8,2 %) sowie einem Anteil von 19,4 % am weltweiten Bruttosozialprodukt (USA 19,6 %, Japan 7,7 %) werden etwa 8,3 Milliarden Liter Fruchtsäfte und Fruchtnektare produziert mit einem Wert von etwa 5 Milliarden Euro.

Das ist ein Anteil von etwa 12,5 % an der Gesamtproduktion nichtalkoholischer Getränke in der EU.

Etwa 21 000 Beschäftigte der Fruchtsaftbranche arbeiten in ungefähr 600 Betrieben, die Fruchtsäfte und Fruchtnektare, aber auch andere fruchthaltige Getränke mit und ohne CO_2 sowie auch Erfrischungsgetränke mit und ohne CO_2 und Mineralwässer produzieren.

Deutschland stellt mit etwa 45 bis 50 % den größten Anteil an Produktion und Umsatz von Fruchtsäften und Fruchtnektaren.

Die wirtschaftliche Bedeutung der europäischen Fruchtsaftindustrie geht aus Tabelle 1 hervor, sie umfasst die Herstellung von Säften mit 100 % Fruchtanteil (zum Beispiel aus Äpfeln, Orangen, Trauben) sowie auch die Herstellung von Fruchtnektaren mit einem Fruchtgehalt in Abhängigkeit von den verwendeten Früchten: mit 25 bis 50 % Fruchtgehalt bei säurereichen Früchten (wie Schwarzen Johannisbeeren oder Sauerkirschen) beziehungsweise bei Früchten mit hohem Fruchtfleischgehalt (wie Aprikosen und

Tab 1. Pro-Kopf-Verbrauch Fruchtsaft/Fruchtnektar in Westeuropa und den USA

Land	Pro-Kopf-Verbrauch in Liter								Bevölk. 1998[1] in Mio
	1975	1980	1985	1990	1995	1996	1997	1998	
Deutschland	13,5	19,4	25,2	39,6	40,7	41,2	41,2	41,0	82,0
Frankreich	2,2	2,9	4,2	8,3	16,5	18,0	18,0	18,1	58,7
Niederlande	12,6	18,3	18,3	22,0	24,4	26,0	26,7	26,7	15,7
Belgien/Lux.	4,9	9,3	10,2	14,5	19,4	20,2	20,8	20,8	10,6
Italien	2,2	3,3	4,7	7,5	9,0	9,5	9,6	9,6	57,2
Großbrit./Nordirl.	3,4	7,4	12,0	17,9	19,6	19,1	19,5	19,5	59,0
Irland	2,5	3,6	5,3	8,0	10,4	11,7	12,0	12,3	3,6
Dänemark	13,0	13,5	15,7	18,6	18,5	16,9	17,5	17,5	5,3
Griechenland	0,5	0,5	1,3	4,6	6,6	6,7	6,8	6,8	10,6
Spanien	4,3	5,0	6,3	11,5	15,4	15,6	15,6	15,6	39,8
Portugal	0,6	0,8	0,6	2,3	5,3	6,2	6,5	6,5	9,8
Österreich	–	–	–	–	31,4	33,0	34,3	36,1	8,2
Schweden	–	–	–	–	20,1	20,6	20,6	20,6	8,9
Finnland	–	–	–	–	23,6	25,1	25,1	25,1	5,2
EU gesamt	**5,5**	**8,1**	**10,4**	**17,5**	**21,3**	**21,9**	**21,9**	**22,0**	**374,5**
Österreich	7,7	12,6	16,5	27,7	–	–	–	–	–
Schweden	18,9	20,1	19,2	19,5	–	–	–	–	–
Finnland	10,0	13,4	9,6	14,4	–	–	–	–	–
Norwegen	3,8	9,1	10,5	13,4	19,5	18,6	18,6	23,8	4,4
Schweiz	16,4	19,4	23,3	33,3	30,0	28,6	30,0	30,0	7,3
Westeuropa	**–**	**–**	**–**	**–**	**21,4**	**22,0**	**22,2**	**22,2**	**386,2**
USA	22,0	24,0	25,1	27,5	30,0	30,0	30,0	30,0	273,7

[1] Statistisches Bundesamt Wiesbaden, UNO, 30. 06. 1998

Quelle: Verband der deutschen Fruchtsaft-Industrie e. V. (VdF), Bonn; Canadean Ltd., London und andere Quellen

Tab 1a. Fruchtsaftverbrauch 1997 nach Geschmacksrichtungen

	Citrus*	Apfel	Traube	andere
Bundesrepublik Deutschland	38%	45%	4%	13%
Belgien	74%	16%	2%	8%
Niederlande	56%	22%	3%	19%
Frankreich	66%	12%	7%	15%
Italien**	60%	32%	–	8%
Großbritannien	80%	9%	–	11%
Schweiz	63%	27%	5%	5%
USA	68%	16%	4%	12%
Österreich	44%	39%	–	17%
Polen	37%	18%	–	45%
Südafrika	44%	14%	8%	34%
Spanien	27%	5%	9%	59%

* vornehmlich Orange
** Jahr 1980

Quelle: Verband der deutschen Fruchtsaft-Industrie e. V. (VdF), Bonn

Birnen) oder mit mindestens 50 % Fruchtgehalt bei anderen Früchten einschließlich Citrus und Kernobst. Die Tabelle 1 zeigt vor allen Dingen die Beliebtheit, der sich Fruchtsäfte und Fruchtnektare in Deutschland erfreuen. Auch in Österreich, der Schweiz und in den USA haben die Menschen die große ernährungsphysiologische Bedeutung der Fruchtsäfte erkannt.

Sie zeigt weiterhin die Entwicklung der Mitgliedsstaaten der Europäischen Union, wichtiger anderer europäischer Länder wie der Schweiz und auch den USA. Hier ist insbesondere darauf hinzuweisen, dass sich in der Europäischen Union etwa ab 1985 die Entwicklung des Pro-Kopf-Verbrauchs sprunghaft vollzogen hat und bis 1997 eine Verdopplung stattfand.

Der durchschnittliche Pro-Kopf-Verbrauch von reichlich 22 Litern wird maßgeblich von Deutschland, Österreich, den Niederlanden und Finnland getragen. Die Schweiz als Nicht-EU-Mitgliedsstaat, aber europäisches Land, liegt mit 30 Litern ebenfalls sehr weit über dem EU-Durchschnitt. Trotzdem muss man sagen, dass sich auch Länder wie beispielsweise Frankreich, Belgien/Luxemburg, Vereinigtes Königreich, Irland und Spanien hinsichtlich des Verbrauchs an Fruchtsaft und Fruchtnektar seit 1985 überdurchschnittlich entwickelt haben. Mit dem Beitritt von Österreich, Schweden und Finnland in die Europäische Union im Jahre 1995 erfolgte nochmals ein Ansteigen des Pro-Kopf-Verbrauchs.

Aus Tabelle 1a wird deutlich, dass Orangensaft praktisch in allen Ländern – außer Deutschland – sehr deutlich gegenüber dem Apfelsaft dominiert. Insbesondere in Großbritannien, Belgien und Frankreich ist ein hoher Orangensaftkonsum zu verzeichnen.

Bei Apfelsaft dominieren Deutschland und Österreich sehr deutlich vor der Schweiz. Generell ist zu konstatieren, dass in den anderen Ländern der Apfelsaftverbrauch seit den 80er Jahren zurückgegangen ist.

In Deutschland liegt der Pro-Kopf-Verbrauch bei Apfelsaft (im Jahre 1998 mit 11,6 l) seit dem Jahr 1993 vor dem von Orangensaft und baut seine Führung ständig weiter aus.

Wesentliche Ursache dafür ist wahrscheinlich, dass der Apfelsaft in Deutschland ein seit Jahrzehnten beliebtes einheimisches Produkt ist und auch oft von Gartenbesitzern Äpfel zum Vermosten in Fruchtsaftbetriebe gebracht werden, um zu noch günstigeren Preisen aus eigenen Äpfeln Apfelsaft herstellen zu lassen.

Der bereits genannte Meilenstein der Erfindung eines Vorgangs zur Konzentratherstellung versetzte die Unternehmen in die Lage, im Wesentlichen ohne Qualitätseinbußen kostengünstig über längere Zeiträume Fruchtsaftkonzentrate herzustellen. Darüber hinaus konnten durch das Eindicken auf ein Siebtel des ursprünglichen Volumens Kostenvorteile bei der Lagerung in den Tanks und auch beim Transport erzielt werden.

Erst am Ort der Fruchtsaftabfüllung werden die verschiedenen Komponenten wie Fruchtsaftkonzentrat beziehungsweise Fruchtsaftaroma unter Hinzufügung der vorher abgetrennten Menge geeigneten Wassers wieder zu einem Fruchtsaft zusammengesetzt, der an Qualität und Frische nichts zu wünschen übrig lässt. Damit sind erhebliche ökonomische Vorteile verbunden.

Die europäische Fruchtsaftindustrie betreibt ihr Fruchtsaftgeschäft zu etwa 80 % aus Fruchtsaftkonzentrat.

Die Fruchtsaftindustrien der Mitgliedsstaaten der Europäischen Union haben zur Sicherung der Qualität der Erzeugnisse und zur Verhinderung von Wettbewerbsverzerrungen ein freiwilliges Kontrollsystem, das European Quality Control System (EQCS) aufgebaut. Darüber hinaus haben sich die nationalen Fruchtsaftverbände auf einen so genannten Code of Practice (CoP), der die Beurteilung von Frucht- und Gemüsesäften regelt, freiwillig festgelegt.

1.2 Definition der Ausgangsstoffe und der fertigen Getränke auf Frucht- und Gemüsebasis

Im Kapitel 1.4 wird darauf hingewiesen, dass in den unterschiedlichen Ländern auch unterschiedliche Auffassungen zur Herstellung und Kennzeichnung von Fruchtsäften und Fruchtnektaren vorhanden sind. Dies bezieht sich auch auf den deutschsprachigen Raum. Seit dem 01. 01. 1995 ist Österreich Mitgliedsstaat der Europäischen Union und deshalb an die Regelung der EU-Fruchtsaft-Richtlinie 93/77/EWG gebunden, über deren Simplifizierung bereits seit dem Jahre 1995 diskutiert wird. Ebenfalls im vorgenannten Kapitel sind Unterschiede zur Schweiz dargestellt, die nicht Mitglied der Europäischen Union ist und demzufolge auch nicht der EU-Fruchtsaft-Richtlinie unterliegt.

Daraus folgt, dass zum Teil unterschiedliche Auffassungen über die Definitionen der verschiedenen Produktionsstufen zu verzeichnen sind. Aufgabe dieses Kapitels soll es sein, eine Terminologie aufzustellen, die die Verwendung klar definierter Fachbegriffe in diesem Buch erlaubt und die sich insbesondere sowohl auf die Ausführungen in den Kapiteln als auch auf die Handelsbräuche, Herstellungs- und Deklarationsvorschriften der deutschsprachigen Länder beziehen, aber auch die geltende Richtlinie des Rates für Fruchtsäfte und einige gleichartige Erzeugnisse (Richtlinie 93/77/EWG vom 21. 09. 1993) inhaltlich berücksichtigt.

Es ist darauf aufmerksam zu machen, dass trotzdem von den Definitionen dieses Kapitels abgewichen werden kann, in diesem Fall erfolgt selbstverständlich eine entsprechende Erläuterung.

1.2.1 Rohware und Zutaten

1.2.1.1 Frucht

Die frische oder durch Kälte haltbar gemachte, gesunde, nicht gegorene Frucht in geeignetem Reifezustand, der im Hinblick auf die Herstellung von Fruchtsäften oder Fruchtnektaren keine wesentlichen Bestandteile entzogen worden sind. Früchte sind insbesondere Kern-, Stein- und Beerenobst, Trauben, Wild- und Südfrüchte. Tomaten gelten nicht als Frucht, sondern als Fruchtgemüse.

1.2.1.2 Gemüse

Das frische oder durch Kälte haltbar gemachte, gesunde, nicht gegorene Gemüse in geeignetem Reifezustand, sauber, geputzt und/oder gewaschen oder Teile davon.

Im Hinblick auf die Herstellung von Gemüsesäften oder Gemüsenektaren dürfen keine wesentlichen Bestandteile entzogen worden sein. Gemüse sind insbesondere Wurzel-, Zwiebel- und Knollengemüse (zum Beispiel Karotten, Knoblauch, Kartoffeln), Stängel- und Sprossengemüse (zum Beispiel Rhabarber, Spargel), Blatt- und Blütengemüse (zum Beispiel Spinat, Blumenkohl), Fruchtgemüse (zum Beispiel Tomaten) und Samengemüse (zum Beispiel Erbsen, Bohnen).

1.2.1.3 Wasser

Trinkwasser, Tafelwasser, teil- oder vollentmineralisiertes Wasser (letzteres vorwiegend zur Herstellung von Frucht- oder Gemüsesaft aus Konzentraten).

Das für die Rekonstitution eines Fruchtsaftes aus Fruchtsaftkonzentrat verwendete Wasser muss in der Europäischen Union der Richtlinie 98/83 vom 03. 11. 1998 über die Qualität von Wasser für den menschlichen Verbrauch (Trinkwasser-Richtlinie) entsprechen und ergänzend die Vorgaben des AIJN-Code of Practice erfüllen.

1.2.1.4 Zucker

Halbweißzucker, Zucker (Weißzucker), raffinierter Zucker (raffinierter Weißzucker), Dextrosemonohydrat, Dextroseanhydrid, getrockneter Glucosesirup, Fructose.

Für die Herstellung von rekonstituierten Fruchtsäften und Fruchtnektar zusätzlich Glucosesirup, flüssiger Zucker, flüssiger Invertzucker, Sirup von Invertzucker, wässrige Saccharoselösung mit definierten Merkmalen, zum Beispiel in der EU nach Richtlinie 93/77/EWG des Rates für Fruchtsäfte und einige gleichartige Erzeugnisse.

1.2.1.5 Genusssäuren

Citronensäure, Weinsäure, Milchsäure, L-Äpfelsäure, DL-Äpfelsäure.

1.2.1.6 Zusatzstoffe

Pektine für Fruchtsäfte und Fruchtnektare aus Ananas und Passionsfrucht.

1.2.1.7 Sonstige Zutaten (für Gemüsesäfte und Gemüsenektare)

Speisesalz, jodiertes Speisesalz, Meersalz, Essig (nicht für milchsauer vergorene Produkte), Gewürze, Kräuter sowie deren Auszüge.

1.2.2 Herstellung, Kellerbehandlung, Haltbarmachung

1.2.2.1 Herstellung

Die unter 1.2.3 und 1.2.4 genannten Erzeugnisse werden aus Früchten oder Gemüse (auch vorgekocht beziehungsweise milchsauer vergoren) mittels mechanischer Verfahren (zum Beispiel Pressen einschließlich Nachextraktion, Zentrifugieren, Filtern, Passieren, Mahlen) in qualitätsschonender Weise hergestellt.

1.2.2.2 Kellerbehandlung

Bei der Herstellung können folgende Kellerbehandlungsmittel verwendet werden: L-Ascorbinsäure (zur Oxidationshemmung), Stickstoff, Kohlendioxid, pektolytische, proteolytische, amylolytische Enzyme, Speisegelatine, Tannin, Bentonit, Kieselsol, Kaolin, Kohle, inerte Filterhilfsstoffe wie Perlit, Asbest, Kieselgur, Cellulose, unlösliches Polyamid.

Für die Herstellung von Traubensaft kann darüber hinaus schweflige Säure für die Behandlung verwendet werden. Voraussetzung dafür ist, dass nach vorheriger Entschwefelung im fertigen Erzeugnis nicht mehr als 10 mg/l SO_2 gefunden werden.

1.2.2.3 Haltbarmachung

Es werden zur Haltbarmachung ausschließlich physikalische Verfahren wie Wärmebehandlung, Kältebehandlung, Kohlensäuredruckbehandlung und Konzentrierung verwandt.

Ausnahmen bilden Erfrischungsgetränke mit einem bestimmten Anteil von Fruchtsaft, zu denen auch Konservierungsmittel zugesetzt werden dürfen.

1.2.3 Halbware zur Weiterverarbeitung

1.2.3.1 Fruchtsaft (zum Beispiel Apfelsaft oder Orangensaft)

Presssaft, zu 100 % aus der namengebenden Frucht bestehend (bei Citrusfrüchten ausschließlich aus dem Endokarp), unvergoren, alkoholfrei. Die Verwendung von abgetrenntem, separat geliefertem Fruchtaroma ist gestattet. Apfelsaft zum Beispiel kelterfrisch, das heißt trüb, oder klar, das heißt bereits gefiltert und geschönt. Herstellung, Behandlung und Haltbarmachung entsprechend Kapitel 1.2.2 ohne jeglichen Zusatz und auch ohne weitergehende analytische oder organoleptische Veränderungen als sie im Rahmen einer sachgemäßen Behandlung erfolgen.

1.2.3.2 Gemüsesaft
(zum Beispiel Tomatensaft)
Analog 1.2.3.1, jedoch aus Gemüse hergestellt, auch milchsauer vergoren.

1.2.3.3 Fruchtmuttersaft
(zum Beispiel Johannisbeermuttersaft, schwarz)
Zu 100 % aus der Frucht bestehender Fruchtsaft (kelterfrisch oder filtriert und/oder geschönt), mit hohem natürlichem Säuregehalt; zur Herstellung von Fruchtnektaren. Beschreibung im Übrigen wie unter 1.2.3.1.

1.2.3.4 Fruchtsaftkonzentrat (zum Beispiel Orangensaftkonzentrat)
Aus Fruchtsaft durch schonendes physikalisches Abtrennen eines bestimmten Teils – mindestens jedoch 50 % – des natürlichen Wassergehaltes hergestelltes Erzeugnis.

1.2.3.5 Gemüsesaftkonzentrat
(zum Beispiel Tomatensaftkonzentrat)
Definition analog Fruchtsaftkonzentrat wie unter 1.2.3.4, jedoch aus Gemüse.

1.2.3.6 Fruchtsaftaroma
(zum Beispiel Apfelsaftaroma)
Die durch schonendes Abdampfen beziehungsweise im Zusammenhang mit der Konzentrierung aufgefangenen, flüchtigen, natürlichen Aromen des namengebenden Fruchtsaftes.

1.2.3.7 Fruchtmark
(zum Beispiel Aprikosenmark)
Das gärfähige, aber nicht gegorene, aus dem passierten genießbaren Teil der ganzen oder geschälten Frucht ohne Abtrennen des Saftes gewonnene Erzeugnis.

Herstellung und Haltbarmachung wie Fruchtsaft unter 1.2.3.1.

1.2.3.8 Gemüsemark
(zum Beispiel Karottenmark)
Analog Fruchtmark wie unter 1.2.3.7, jedoch aus Gemüse, auch milchsauer vergoren.

1.2.3.9 Konzentriertes Fruchtmark
(zum Beispiel Birnenmark)
Das aus Fruchtmark (1.2.3.7) durch schonendes physikalisches Abtrennen eines bestimmten Teils des natürlichen Wassergehalts gewonnene Erzeugnis.

1.2.3.10 Konzentriertes Gemüsemark
(zum Beispiel Karottenmark)
Definition analog konzentriertes Fruchtmark wie unter 1.2.3.9, jedoch aus Gemüse.

1.2.3.11 Getrockneter Frucht-/Gemüsesaft
Das aus Fruchtsaft beziehungsweise Gemüsesaft hergestellte, durch physikalische Verfahren oder Behandlung – ausgenommen unmittelbare Feuereinwirkung – nahezu vollständig getrocknete Erzeugnis.

1.2.3.12 Grundstoff zur Herstellung von Erfrischungsgetränken mit Fruchtsaft
Das aus Fruchtsäften – bei Citrus auch unter Verwendung von Schalenbestandteilen und Citrusöl – unter Zugabe von natürlichen Essenzen der verwendeten Säfte hergestellte konzentrierte Erzeugnis zur Produktion von alkoholfreien Getränken mit Fruchtsaft.

1.2.4 Fertigerzeugnisse zum unmittelbaren Gebrauch

1.2.4.1 Fruchtsaft
(zum Beispiel Apfelsaft)
Herstellung gemäß Fruchtsaft 1.2.3.1; gegebenenfalls Wiederzugabe des bei der Herstellung abgetrennten flüchtigen natürlichen Fruchtaromas (1.2.3.6) des betreffenden Fruchtsaftes oder von Säften derselben Fruchtart, auch aus Fruchtsaftkon-

zentrat gemäß 1.2.3.4 unter der Maßgabe, dass insbesondere in chemischer, mikrobiologischer und organoleptischer Hinsicht geeignetes Wasser verwendet wird, das die wesentlichen Eigenschaften des Fruchtsaftes nicht beeinträchtigt.

1.2.4.2 Gemüsesaft
(zum Beispiel Tomatensaft)

Herstellung analog Fruchtsaft 1.2.4.1, jedoch aus Gemüse, auch milchsauer vergoren, gegebenenfalls mit Zutaten gemäß 1.2.1.7.

1.2.4.3 Fruchtnektar
(zum Beispiel Aprikosennektar)

Erzeugnis aus Halbware gemäß 1.2.3 mit Ausnahme von 1.2.3.11 und 1.2.3.12, mit Zusatz von Wasser und Zucker; bei Fruchtnektaren aus Birnen und Pfirsichen auch mit Zusatz von Citronensäure.

Aus Früchten mit zum unmittelbaren Genuss geeignetem Saft, Mindestfruchtanteil 50 %, bei Pfirsich 45 %. Je nach Fruchtart unterschiedliche Werte für die Mindestgesamtsäure, berechnet als Weinsäure in g/l des fertigen Erzeugnisses.

Aus Früchten mit geringem Säuregehalt oder viel Fruchtfleisch oder sehr aromatischen Früchten mit zum unmittelbaren Verzehr nicht geeignetem Saft, Mindestfruchtanteil 25 %, ausgenommen Umbu: 30% und Mango: 35%. Keine Mindestgesamtsäure.

Aus Früchten mit saurem Saft, zum unmittelbaren Genuss nicht geeignet, Mindestfruchtanteil zwischen 25 und 50 %, je nach Fruchtart, und Mindestgesamtsäure, berechnet als Weinsäure in g/l des fertigen Erzeugnisses.

Dem Begriff Fruchtnektar beziehungsweise Nektar sind ebenfalls noch als Bezeichnung vorbehalten: Süßmost, Vruchtendrank, Fruchtdrink, Fruchttrunk, Fruchtgetränk, Fruchtsaftgetränk, succo e polpa.

1.2.4.4 Gemüsenektar oder Gemüsetrunk
(zum Beispiel Karottennektar)

Erzeugnis mit einem Gemüseanteil von mindestens 40 %, bei Rhabarber mindestens 25 %, Wasser und entsprechenden Zutaten gemäß 1.2.1.

1.2.4.5 Fruchtsaftgetränke mit und ohne Kohlensäure (zum Beispiel Apfel-Fruchtsaftgetränk)

Erzeugnis aus entsprechender Halbware (wie unter 1.2.3) mit Wasser, Zucker, natürlichen Aromen, Genusssäuren, mit und ohne Kohlensäure (CO_2). Bei Verwendung von Citruserzeugnissen mit Schalenzubereitungen und ätherischen Ölen. Mit folgenden Mindestfruchtsaftanteilen: Kernobst und Trauben mindestens 30 %, Mischungen mindestens 10 %, Citrus mindestens 6 %.

1.2.4.6 Limonade
(zum Beispiel Zitronenlimonade)

Erzeugnis aus Wasser, Zucker, Genusssäuren und natürlichen geschmackgebenden Stoffen (Essenzen, Grundstoffe, Fruchtsäfte, Fruchtsaftkonzentrate, Fruchtmark, Fruchtmarkkonzentrat oder Mischungen dieser Erzeugnisse), mit oder ohne Kohlensäure.

1.2.4.7 Brausen

Künstliche Getränke mit naturidentischen und/oder künstlichen Aromastoffen und/ oder Farbstoffen, mit oder ohne Kohlensäure.

1.3 Rechtliche Grundlagen für Herstellung, Beurteilung und Vermarktung

Als weltweite Geltung beanspruchende Regelungen liegen bislang vor: Codex-Standards und Verfahrensleitsätze, Analysenmethoden sowie Zusatzstoff-, Pestizid- und Kontaminantenrückstandslisten der „Codex-Alimentarius"-Kommission von FAO und WHO[1]. Diese sind aber mehr oder weniger fragmentarisch.

Daneben haben die IFU-Sammlungen „Analysenmethoden" und „Mikrobiologische Methoden"[2] weltweite Bedeutung.

[1] [2] Die hochgestellten Zahlen verweisen auf Literaturstellen im Literaturverzeichnis.

Unterhalb dieser für die weltweite Anwendung gedachten Normen gibt es praktisch nur noch Regelungen, die von einzelnen Ländern oder Ländergruppen gemacht sind.

Besonders zu nennen ist hier die Europäische Union, die mit der EU-Fruchtsaft-Richtlinie rechtlich verbindliche Vorgaben für die EU-Mitgliedsstaaten und damit ein einheitliches europäisches Rechtsgebiet mit dem Ziel eines „Gemeinsamen Binnenmarktes" schafft.

Daneben ist zu nennen der AIJN-Code of Practice zur Beurteilung von Frucht- und Gemüsesäften, der die in der EU-Fruchtsaft-Richtlinie nicht im Einzelnen geregelten analytischen und mikrobiologischen Eigenschaften einer ganzen Reihe von Fruchtsäften beschreibt und Analytikern bei der Beurteilung der Produkte eine Hilfestellung gibt[3)].

Die von einer deutschen Expertengruppe bereits vor vielen Jahren geschaffenen RSK-Werte nebst Analysenmethoden haben bei der Erarbeitung des AIJN-CoP „Pate gestanden" und sind hierin aufgegangen[4)].

Europaweit finden weiter die EN/DIN-Normungen für Analysenmethoden für Fruchtsäfte Anwendung[5)].

In den EU-Mitgliedsstaaten selbst gibt es wiederum spezifische rechtliche Regelungen, die auf der EU-Fruchtsaft-Richtlinie beruhen.

In Deutschland ist die Umsetzung der EU-Fruchtsaft-Richtlinie durch die Fruchtsaft-Verordnung[6)] und die Fruchtnektar-Verordnung[7)] erfolgt. Diese werden ergänzt durch die Leitsätze für Fruchtsäfte[8)]. Für den Gemüsesaftbereich, der weder in der EU-Fruchtsaft-Richtlinie noch in den deutschen Verordnungen erfasst ist, gelten die Leitsätze für Gemüsesäfte und Gemüsenektare des Deutschen Lebensmittelbuches, die den Handelsbrauch fixieren und praktisch Lücken in der Gesetzgebung füllen[9)].

Für die amtliche deutsche Lebensmittelüberwachung werden für die Untersuchung und zur Anwendung die Amtliche Sammlung von Untersuchungsverfahren nach § 35 LMBG, die regelmäßig an die fortschreitende CEN-Normung für Analysenmethoden angepasst wird[10)], empfohlen.

Die in den jeweiligen Ländern vorgesehenen rechtlichen Regelungen sind juristisch verbindlich und mit Sanktionen bei Verstößen versehen. Die Standards und Normierungen (zum Beispiel IFU, CEN, AIJN-CoP) haben diesen Status nicht. Sie sind nur verbindlich, wenn in den länderspezifischen Verordnungen oder Gesetzen hierauf ausdrücklich Bezug genommen wird, was in der Regel nicht der Fall ist. Die „Codex-Alimentarius"-Regelungen haben allerdings durch die Gründung der WTO (World Trade Organisation), der auch Deutschland beigetreten ist, eine Aufwertung erfahren.

Die Geltung dieser Regelwerke kann aber privatrechtlich, zum Beispiel in Lieferverträgen, vereinbart werden, was durchaus zu empfehlen ist.

1.3.1 FAO-/WHO-Standards „Codex Alimentarius"

Die „Codex-Alimentarius"-Kommisssion (CAC), die 1962 durch die Ernährungs- und Landwirtschafts-Organisation (FAO) und die Weltgesundheitsorganisation (WHO) der Vereinten Nationen gegründet wurde und der heute über 150 Staaten aus allen Kontinenten angehören, hat die Aufgabe, eine Sammlung international angenommener und in einheitlicher Form aufbereiteter Lebensmittelstandards zu erarbeiten[12)]. Diese sollen die Gesundheit der Verbraucher schützen und faire Praktiken im weltweiten Lebensmittelhandel sicherstellen. Die CAC umfasst zur Zeit 29 verschiedene Komitees, die sachgebietsspezifisch oder regional organisiert sind. Die Arbeit ist durch eine Satzung und Geschäftsordnung sowie eine allgemeine Verfahrensordnung für die Ausarbeitung von Codex-Standards festgelegt. So muss ein Standard sieben Abstimmungsstufen durchlaufen, bevor in der achten Stufe eine Verabschiedung durch die CAC erfolgen kann. Dies erklärt die im Allgemeinen mehrjährigen Beratungen und die Schwerfälligkeit dieser Vorgehensweise.

Bis vor etwa 15 Jahren stand die Erarbeitung von Warenstandards im Vordergrund der Arbeit, hiervon wurden etwa 280 Standards erarbeitet, ohne dass damit ein flächendeckendes System, das alle Lebensmittel erfasst, geschaffen werden konnte. Die Codex-Arbeit verlagert sich deshalb mehr und mehr hin zu Horizontalstandards.

So befasst man sich unter anderem mit der Entwicklung von

- Generalstandards für Zusatzstoffe,
- Aufstellung von Reinheitsanforderungen und Kontaminanten für Zusatzstoffe,
- Generalstandards für Kontaminanten mit Richtwerten und Höchstmengen,
- Harmonisierung der Lebensmitteletikettierung usw.

Die bisher veröffentlichten Standards sind einheitlich gegliedert und enthalten Festlegungen zu Beschreibungen, wesentlichen Zusammensetzungs- und Qualitätsmerkmalen, Lebensmittelzusatzstoffen, Kontaminanten, Hygiene, Gewicht und Maßen, Kennzeichnung, Analyse- und Probennahmemethoden.

Aus der fruchtsaftspezifischen Arbeit der CAC sind insbesondere zu nennen die veröffentlichten Standards für Orangensaft, konzentrierten Orangensaft, Grapefruitsaft, Zitronensaft, Apfelsaft, konzentrierten Apfelsaft, Tomatensaft, Traubensaft, konzentrierten Traubensaft, gesüßten konzentrierten Traubensaft (Labrusca-Typ), Ananassaft, konzentrierten Ananassaft, Saft aus Schwarzen Johannisbeeren, gesüßten konzentrierten Saft aus Schwarzen Johannisbeeren, Sortenfruchtsäfte, die von keinem speziellen Sortenfruchtsaftstandard erfasst sind, Aprikosen-, Pfirsich- und Birnennektare, nichtbreiigen Nektar aus Schwarzen Johannisbeeren, Nektar aus bestimmten Kleinfrüchten, Nektar aus bestimmten Citrusfrüchten, Guavennektar, breiige flüssige Mangoerzeugnisse, Fruchtsortennektare, die von keinem speziellen Fruchtsortennektar erfasst sind, Probennahme- und Analysenmethoden, Leitsätze für Mischfruchtsäfte und Mischfruchtnektare, für gemischte Fruchtsäfte und für gemischte Fruchtnektare.

Alle diese Standards repräsentieren die Mindestanforderungen. Die Codex-Komitees arbeiten eng mit internationalen Sachverständigengremien zusammen, wie beispielsweise dem FAO-/WHO-Expertenkomitee für Lebensmittelzusatzstoffe (Joint Expert Committee on Food Aditives – JECFA). Dieses und weitere FAO-/WHO-Gremien erarbeiten selbst gutachterliche Stellungnahmen, die regelmäßig veröffentlicht werden.

Mit der am 15. 04. 1994 in Marrakesch erfolgten Gründung der World Trade Organisation (WTO) und dem dort geschlossenen Abkommen haben auch die Codex-Alimentarius-Standards eine neue rechtliche Qualität bekommen, so dass die Verbindlichkeit der Codex-Norm nicht mehr vom Willen eines jeden Mitgliedsstaates abhängig ist[11]. Im Rahmen der WTO hat man sich darauf verständigt, dass der Handel mit Erntegütern und mit Lebensmitteln nur behindert werden darf, wenn und soweit dies für den Verbraucherschutz erforderlich ist. Weiter ist man sich darin einig, dass die Normen des „Codex Alimentarius“ im Allgemeinen den Verbraucher ausreichend schützen.

Dem WTO-Abkommen sind inzwischen viele Staaten, unter anderen auch Deutschland, beigetreten.

Im Prinzip bedeutet dies, dass in jedem Staat, der Mitglied der WTO ist, alle entsprechend den Codex-Standards hergestellten Lebensmittel gehandelt werden dürfen. Allerdings ist man sich im Rahmen der WTO auch dahingehend einig geworden, dass in wissenschaftlich begründeten Fällen auch strengere Regelungen erlassen und damit ein höheres Schutzniveau begründet werden darf, wenn dies wissenschaftlich gerechtfertigt ist.

Es bleibt abzuwarten, inwieweit diese Regelung auch in der deutschen beziehungsweise europäischen Rechtswirklichkeit Fuß fasst, denn nach wie vor sind zunächst die europäischen beziehungsweise deutschen Rechtsbestimmungen bindend einzuhalten.

1.3.2 EU-Fruchtsaft-Richtlinie

Die Richtlinie des Rates zur Angleichung der Rechtsvorschriften der Mitgliedsstaaten für Fruchtsäfte und einige gleichartige Erzeugnisse vom 17. 11. 1975 (75/726/EWG) ist durch die Richtlinien vom 05. 02. 1979 (79/168/EWG), vom 30. 06. 1981 (81/487/EWG) und vom 14. 06. 1989 (89/394/EWG) geändert und als Richtlinie für Fruchtsäfte und einige gleichartige Erzeugnisse (93/77/EWG) vom 21. 09. 1993 unter Berücksichtigung sämtlicher bisher erfolgter Änderungen neu bekannt gemacht worden[13].

Zusätzlich gilt die EU-Richtlinie (93/45/EWG) vom 17. 06. 1993, die hinsichtlich der Herstellung von Nektar ohne Zusatz von Zuckerarten oder Honig bestimmt: „Die unter den Ziffern II und III des Anhangs der Richtlinie 75/726/EWG aufgeführten Früchte sowie Aprikosen können, individuell oder miteinander vermischt, zur Herstellung von Nektar ohne Zusatz von Zuckerarten oder Honig verwendet werden, sofern ihr hoher natürlicher Zuckergehalt dies rechtfertigt.“[14]

Die europäische Fruchtsaftregelung war ursprünglich konzipiert als in sich geschlossener Rechtskreis, mit dem sämtliche produktspezifischen Vorschriften vorgegeben werden. Nachdem die Europäische Union aber schon vor Jahren diesen grundsätzlichen Ansatz der vertikalen Regelungen (produktspezifisch) aufgegeben hat und ähnlich wie beim „Codex Alimentarius“ sich verstärkt nur horizontalen Regulierungen (produktübergreifend) zuwendet, stellt auch die in Kraft befindliche Fruchtsaft-Richtlinie (93/77/EWG) nicht mehr allumfassend das produktspezifische Recht dar. Vielmehr sind inzwischen ebenfalls die EU-Richtlinien über andere Lebensmittelzusatzstoffe als Farbstoffe und Süßungsmittel (Miscellaneous) (95/2/EG) vom 20. 02. 1995[15] und über Süßungsmittel, die in Lebensmitteln verwendet werden dürfen, (94/35/EG) vom 30. 06. 1994[16] zu berücksichtigen.

Die EU-Fruchtsaft-Richtlinie (93/77/EWG) stellt aber nach wie vor die Basisvorschrift dar. Sie enthält die maßgeblichen Regelungen zu Definitionen, zu Herstellungsverfahren, zur Verwendung der zulässigen Verarbeitungs-, Hilfs- und Zusatzstoffe sowie zu einigen Kennzeichnungsbestimmungen, die ergänzend zur EU-Lebensmittel-Kennzeichnungs-Richtlinie anzuwenden sind. Darüber hinaus enthält sie auch Ausnahmevorschriften, die es den Mitgliedsstaaten ermöglichen, in bestimmten Fällen von den Vorgaben der Richtlinie abzuweichen und nationale Besonderheiten zu berücksichtigen.

Nachfolgend ein Überblick über die wichtigsten Bestimmungen:

1.3.2.1 Fruchtsaft

- Fruchtsaft ist der gärfähige, aber nicht gegorene Saft aus gesunden, frischen oder durch Kälte haltbar gemachten reifen Früchten, der die charakteristische Farbe, das charakteristische Aroma und den charakteristischen Geschmack der Säfte der Früchte besitzt, von denen er stammt; mit oder ohne Kohlensäure.
- Herstellung ausschließlich mittels mechanischer Verfahren. Die Mitgliedsstaaten können jedoch, ausgenommen bei Trauben-, Citrus-, Ananas-, Birnen-, Pfirsich- und Aprikosensäften, auch das Diffusionsverfahren zur Herstellung von konzentrierten Fruchtsäften zulassen.
- Die Konzentrierung von Fruchtsäften und Wiederherstellung von Fruchtsaft aus Fruchtsaftkonzentrat ist erlaubt. Das für die Rückführung auf natürliche Saftstärke zugefügte Wasser darf jedoch die wesentlichen chemischen, mikrobiologischen und organoleptischen Eigenschaften des Fruchtsaftes nicht beeinträchtigen.
- Ausschließliche Festlegung aller zulässigen Behandlungsstoffe:
  L-Ascorbinsäure, in der für die Oxidationshemmung erforderlichen Menge, Stickstoff, Kohlendioxid, pektolytische, proteolytische und amylolytische Enzyme, Speisegelatine, Tannin, Bentonit, Kieselsol, Kaolin, Kohle und inerte Filterhilfsstoffe wie Perlit, Asbest, Kieselgur, Cellulose, unlösliches Polyamid.

- Bei Traubensaft außerdem Behandlung mit schwefliger Säure und Entschwefelung mit physikalischen Verfahren, jedoch Restgehalt an SO_2 maximal 10 mg/l verzehrfertiges Erzeugnis.
- Korrekturzuckerung bis maximal 15 g/l Saft, ausgenommen Trauben- und Birnensaft.
- Süßungszuckerung, ausgenommen Birnen- und Traubensaft, mit bestimmten je nach Fruchtart festgelegten Höchstwerten und besonderer Kennzeichnung.
- Haltbarmachung ausschließlich mit physikalischen Verfahren.

1.3.2.2 Fruchtnektar

- Fruchtnektare sind gärfähige, aber nicht gegorene Erzeugnisse, hergestellt aus Fruchtsäften, konzentrierten Fruchtsäften, Fruchtmark, konzentriertem Fruchtmark oder einem Gemisch hieraus, zusammen mit Wasser und Zucker.
- Das Erzeugnis muss den Vorschriften für Fruchtnektare hinsichtlich der Mindestgesamtsäure und des Mindestgehaltes an Fruchtsaft und/oder Fruchtmark entsprechen.
- Fruchtnektare aus Früchten mit geringem Säuregehalt oder viel Fruchtfleisch oder sehr aromatischen Früchten mit zum unmittelbaren Genuss nicht geeignetem Saft sowie aus Früchten mit zum unmittelbaren Genuss geeignetem Saft sowie aus Aprikosen können auch ohne Zusatz von Zuckerarten oder Honig hergestellt werden, sofern ihr hoher natürlicher Zuckergehalt dies rechtfertigt.
- Bei der Herstellung sind die für Fruchtsaft zugelassenen Behandlungsstoffe sowie die gebräuchlichen physikalischen Verfahren und Behandlungen, wie thermische Behandlung, Zentrifugieren und Filtrieren, erlaubt.
- Der Zusatz von Zuckerarten ist bis zur Höchstmenge von 20 % mas bezogen auf das Gesamtgewicht des fertigen Erzeugnisses gestattet.
- Bei der Herstellung von Gemischen müssen die Gehalte an Fruchtsaft und/oder Fruchtmark sowie die Gesamtsäure proportional mit den genannten besonderen Vorschriften für Fruchtnektare übereinstimmen.
- Zuckerarten können auch vollständig durch Honig ersetzt werden, wobei die genannte Höchstmenge von 20 % nicht überschritten werden darf.
- Die Verwendung von Citronensäure bis 5 g/l des fertigen Erzeugnisses ist für alle Fruchtnektare gestattet.
- Das zur Herstellung von Fruchtnektaren verwendete Wasser muss der EU-Trinkwasser-Richtlinie entsprechen.
- Für Fruchtnektare werden hergeleitet aus nationaler Übung auch Verkehrsbezeichnungen wie „vruchtendrank“, „Süßmost“, „succo e polpa“, „sumo e polpa“, „aeblemost“ und „sur ... saft“ zugelassen, für Dänemark gibt es darüber hinaus noch weitere Ausnahmen.
- Neben der Verkehrsbezeichnung sind auf jeden Fall auch die Informationen: „Fruchtgehalt: mindestens ... %“ sowie „aus ... konzentrat“ anzugeben.

Die besonderen Vorschriften für Fruchtnektar sind nachfolgend aufgelistet.

1.3.2.3 Kennzeichnung von Fruchtsäften und Fruchtnektaren

- Verkehrsbezeichnung „... saft“ oder „Fruchtsaft aus ...“ beziehungsweise „... nektar“ oder „Fruchtnektar aus ...“.
- Bei der Herstellung aus oder mit Konzentrat wird die Verkehrsbezeichnung ergänzt durch den Hinweis „aus ... konzentrat“.
- Bei gezuckertem Fruchtsaft die Angabe „gezuckert max. ... g/l“.
- Bei Fruchtnektar gegebenenfalls der Hinweis „mit Fruchtmark“.
- Bei Fruchtnektar die Angabe des Fruchtgehaltes „Fruchtgehalt: mindestens ... %“.
- Angabe der Nennfüllmenge.
- Angabe des Mindesthaltbarkeitsdatums „mindestens haltbar bis Ende ...(Monat/Jahr)“ oder „mindestens haltbar bis ... (Tag/Monat/Jahr)“.
- Name oder Firma und Anschrift von Hersteller oder Verkäufer.
- Zutatenverzeichnis.

Besondere Vorschriften für Fruchtnektar

Fruchtnektar aus	Mindestgesamtsäure berechnet als Weinsäure (g/l des fertigen Erzeugnisses)	Mindestgehalt an Fruchtsaft und evtl. Fruchtmark (in Gewichtsprozent des fertigen Erzeugnisses)
I. Früchte mit saurem Saft, zum unmittelbaren Genuss nicht geeignet		
Passionsfrucht (*Passiflora edulis*)	8	25
Quitoorange (*Solanum quitoense*)	5	25
Schwarze Johannisbeere	8	25
Weiße Johannisbeere	8	25
Rote Johannisbeere	8	25
Stachelbeere	9	30
Sanddorn (*Hippohaë*)	9	25
Schlehe	8	30
Pflaume	6	30
Zwetschge	6	30
Eberesche	8	30
Hagebutte (Frucht von *Rosa* sp.)	8	40
Sauerkirsche	8	35
andere Kirschen	6*	40
Heidelbeere	4	40
Holunderbeere	7	50
Himbeere	7	40
Aprikose	3	40
Erdbeere	5	40
Brombeere	6	40
Preiselbeere	9	30
Quitte	7	50
Zitrone und Limette	–	25
andere Früchte dieser Kategorie	–	25
II. Früchte mit geringem Säuregehalt oder viel Fruchtfleisch oder sehr aromatischen Früchten mit zum unmittelbaren Genuss nicht geeignetem Saft		
Mango	–	35
Banane	–	25
Guave	–	25
Papaya	–	25
Litschi	–	25
Azarola	–	25
Stachelannone (*Annona muricata*)	–	25
Netzannone (*Annona reticulata*)	–	25
Cherimoya	–	25
Kaschuapfel	–	25
Rote Mombinpflaume (*Spondias purpurea*)	–	25
Umbu (*Spondias tuberosa aroda*)	–	30
andere Früchte dieser Kategorie	–	25
III. Früchte mit zum unmittelbaren Genuss nicht geeignetem Saft		
Apfel	3*	50
Birne	3*	50
Pfirsich	3*	45
Citrusfrüchte, außer Zitrone und Limette	5	50
Ananas	4	50
andere Früchte dieser Kategorie	–	50

* bei Fruchtnektar aus Fruchtmark oder konzentriertem Fruchtmark ist dieser Grenzwert nicht anwendbar

1.3.3 AIJN-Code of Practice/RSK-Werte

Als Hilfestellung für die Sachverständigen bei der Beurteilung von Fruchsaftanalysen im Hinblick auf ihre Authentizität wurde bereits 1975 durch eine „Interessengemeinschaft Zitrussäfte e. V." der „Steckbrief eines Orangensaftes" vorgelegt.

In den folgenden Jahren wurden durch den Unterausschuss RSK-Werte des Verbandes der deutschen Fruchtsaft-Industrie e. V. auch für andere Fruchtsäfte Richtwerte, Schwankungsbreiten und Kennzahlen durch eine systematische Auswertung einer Vielzahl von Proben und vorliegendem wissenschaftlichem Material erarbeitet und diese letztendlich nach diversen Einzelveröffentlichungen in „RSK-Werte – Die Gesamtdarstellung, 1987" herausgegeben[4]. Eingeschlossen war das von einer „Arbeitsgruppe Obsterzeugnisse und Fruchtsäfte" des Arbeitskreises lebensmittelchemischer Sachverständiger der Länder und des Bundesgesundheitsamtes veröffentlichte Material.

Diese Darstellung umfasst Richtwerte, Werte für die Schwankungsbreite, Mittlere Werte, Kennzahlen für weiterführende Analysen, eine Kommentierung, eine Darstellung der zu Grunde liegenden Analysenmethoden und auch Hinweise zur Anwendung der RSK-Werte auf Fruchtnektare.

Diese Gesamtdarstellung enthält die RSK-Werte von Apfelsaft, Aprikosenmark und -saft, Birnensaft, Grapefruitsaft, Himbeersaft, Maracujasaft (Passionsfrucht), Orangensaft, Sauerkirschsaft, Schwarzem Johannisbeersaft und Traubensaft. Diese RSK-Werte haben bei ihrer Veröffentlichung weltweite Beachtung gefunden.

Festzuhalten ist ausdrücklich, dass die RSK-Werte keinen Rechtsnormencharakter haben, sondern nur eine Hilfe für den Analytiker zur Beurteilung und Bewertung der Authentizität von Fruchtsäften darstellen.

Die heutige Bedeutung der RSK-Werte ist im Licht des von der AIJN herausgegebenen Code of Practice (CoP) zur Beurteilung von Frucht- und Gemüsesäften zu sehen.

Mit Zusammenstellung und Herausgabe des CoP hat der AIJN eine Aufgabe übernommen, die sich die EU-Kommission seinerzeit beim Erlass der EU-Fruchtsaft-Richtlinie (75/726/EWG) selbst gestellt hatte, von der sie durch spätere Änderung der Richtlinie aber dann wieder abgerückt ist. Die EU-Fruchtsaft-Richtlinie sah ausdrücklich vor, dass „die analytischen und mikrobiologischen Eigenschaften der definierten Erzeugnisse" durch die EU-Kommission festgelegt werden sollten, ohne dass dies jemals konkret von den EU-Diensstellen in Angriff genommen worden wäre. Durch Herausgabe und Veröffentlichung des AIJN-Code of Practice für Fruchtsäfte ist diese Aufgabe jetzt erfüllt, wobei dieses Werk nicht als statisch zu verstehen ist.

Der AIJN-CoP umfasst die Fruchtarten Orange, Grapefruit, Apfel, Traube, Ananas, Zitrone, Passionsfrucht, Birne, Aprikose, Tomate, Schwarze Johannisbeere, Sauerkirsche, Himbeere, Erdbeere, Pfirsich, Mango, Guave und Banane und deckt damit die wichtigsten Fruchtsäfte ab. Er gliedert sich in zwei Hauptteile.

Teil A beschreibt die Richtwerte für die grundlegenden Qualitätsanforderungen an einen Fruchtsaft. Diese Werte werden von der europäischen Industrie als verbindlich für alle in den EU-Staaten vermarkteten Fruchtsäfte angesehen.

Der Teil A ist vergleichbar mit der Funktion der deutschen „Leitsätze für Fruchtsäfte". Heute noch vorhandene Abweichungen zwischen CoP und Leitsätzen sind durch eine Änderung letzterer zu bereinigen.

Die Richtwerte von Teil B dienen der Beurteilung von Identität und Authentizität sowie einiger empfohlener Qualitätskriterien. Sie geben die hauptsächlichen Schwankungsbreiten der aufgeführten Parameter an. Dabei ist davon auszugehen, dass es unmöglich ist, in ein solches System jede nur mögliche oder seltene Abweichung einzubeziehen, die von den extremen natürlichen oder technischen Umständen herrühren könnte. Für den Sachverständigen ist damit klar, dass bei Abweichungen von den angegebenen

Schwankungsbreiten der zu beurteilende Fruchtsaft trotzdem nicht von vornherein als „nicht authentisch" beurteilt werden kann.

Dieser Teil ist vergleichbar mit den RSK-Werten für Fruchtsäfte, die weitreichend Basis dieser Ausarbeitung gewesen sind.

Im Prinzip stellt der AIJN-Code of Practice damit eine Beschreibung des europäischen Handelsbrauches dar, dessen Verankerung und Umsetzung in die Rechtssysteme der EU-Mitgliedsstaaten zur Schaffung eines wirklichen „Gemeinsamen Binnenmarktes" anzustreben ist.

1.3.4 Normung von Analysenmethoden

Für die Analytik stehen verschiedene Sammlungen von Analysenmethoden zur Verfügung und zwar im Wesentlichen die IFU-Sammlungen „Analysen" und „Mikrobiologische Methoden", die Sammlung der EN/DIN-Normen, die Methodendarstellung in „Die Gesamdarstellung RSK-Werte" und die deutsche Amtliche Sammlung von Untersuchungsverfahren nach § 35 LMBG.

Darüber hinaus gibt es noch spezielle Methoden einzelner Labors, die entweder Modifikationen bekannter Methoden darstellen oder mit neuen methodischen Ansätzen einzelne Parameter untersuchen.

Grundsätzlich ist zunächst einmal jedes Labor für die angewandte Methodik selbst verantwortlich. Es ist in jedem Fall aber anzustreben, dass auch laboreigene Methoden über Ringversuche geprüft und abgesichert, das heißt validiert, werden.

Dies ist bei der Methodensammlung der IFU, die durch die IFU-Analysenkommission er- und bearbeitet wurde, in jedem Fall vor einer Aufnahme in die Sammlung erfolgt.

Die im AIJN-Code of Practice für Fruchtsäfte abgedruckten analytischen Referenzmethoden nehmen deshalb auch zum Beispiel auf die IFU-Methodensammlung Bezug.

Gleiches gilt auch für die über CEN erfolgte Normung als EN/DIN-Methoden, die inzwischen schon weit gediehen ist und vor ihrem vorläufigen Abschluss steht. Pate haben auch hier inhaltlich die IFU-Methoden gestanden, soweit für die von CEN betriebenen Normungsprojekte entsprechende IFU-Methoden vorlagen.

Bei insoweit fachlich bestehender Übereinstimmung von IFU und EN/DIN-Methodenbeschreibung liegt der Unterschied zwischen beiden Sammlungen nur im Geltungsbereich. Während die von der IFU ausgearbeiteten Methoden faktisch weltweite Geltung beanspruchen beziehungsweise weltweit zur Anwendung empfohlen werden, ist die EN/DIN-Normung zunächst auf den Rechtsraum der EU beschränkt und gibt für diesen auch in gerichtlichen Auseinandersetzungen eine entsprechende Orientierung.

Im Hinblick auf die in Deutschland der amtlichen Lebensmittelüberwachung als Anleitung zur Verfügung stehende Amtliche Sammlung vom Untersuchungsverfahren nach § 35 LMBG ist darauf hinzuweisen, dass diese ständig an die EN-Normung angepasst wird, so dass auch insoweit „Bündigkeit" entsteht.

Die Methodenbeschreibungen in der „Gesamtdarstellung RSK-Werte" geben selbstverständlich auch Hinweise zu methodischen Ansätzen, sind aber in erster Linie gedacht gewesen als Darstellung der Methoden, auf deren Basis letztendlich die RSK-Werte entwickelt wurden.

Ständige Aufgabe der Analytik ist die Entwicklung und Befassung mit neuen Analysenmethoden, vor deren Aufnahme in die IFU-Sammlung oder EN/DIN-Normung aber ausnahmslos ein umfangreicher Validierungsprozess über Ringversuche stehen muss.

1.3.5 EU-Lebensmittel-Hygiene-Richtlinie/HACCP-Konzept

Ziel der EU-Richtlinie (93/43/EWG) über Lebensmittelhygiene ist, die allgemeinen Lebensmittelhygiene-Vorschriften, die bei der Zubereitung, Verarbeitung, Herstellung, Verpackung, Lagerung, Beförderung, Verteilung, Behandlung und dem Anbieten zum Verkauf oder zur Lieferung an den Verbraucher zu beachten sind, im

Interesse des Gesundheitsschutzes zu harmonisieren[17]. Dabei werden Gefahrenanalysen, Risikobewertungen und ähnliche Maßnahmen ausdrücklich als Verfahren zur Identifizierung, Prüfung und Überwachung kritischer Kontrollpunkte anerkannt. Zugleich werden die Mitgliedsstaaten aufgefordert, Lebensmittelunternehmen bei der Ausarbeitung von Leitlinien für eine gute Hygienepraxis zum Zwecke der Orientierung zu fördern. Die EU-Richtlinie definiert „Lebensmittelhygiene" als „alle Vorkehrungen und Maßnahmen, die notwendig sind, um ein unbedenkliches und genusstaugliches Lebensmittel zu gewährleisten". Diese Vorkehrungen und Maßnahmen umfassen alle, auf die Urproduktion (wie etwa Ernte, Schlachtung, Melken) folgenden Stufen. Sie gibt darüber in Anhängen für definierte Betriebsstätten und weitere Aspekte, wie Beförderung, Geräte, Lebensmittelabfälle, Wasserversorgung und Personalhygiene, Maßstäbe vor.

Wichtiges Element ist das sogenannte HACCP-Konzept (Hazard Analysis Critical Control Point), dessen Beachtung und Umsetzung den Lebensmittelunternehmen zur Pflicht gemacht wird.

Das HACCP-System besteht aus folgenden Elementen:

- Analyse der potenziellen Risiken für Lebensmittel in den Prozessen eines Lebensmittelunternehmens,
- Identifizierung der Punkte in diesen Prozessen, an denen Risiken für Lebensmittel auftreten können,
- Festlegung, welche dieser Punkte für die Lebensmittel kritisch sind,
- die „kritischen Punkte",
- Feststellung und Durchführung wirksamer Prüf- und Überwachungsverfahren für diese kritischen Punkte und
- Überprüfung der Gefährdungsanalyse für Lebensmittel, der kritischen Kontrollpunkte und der Prüf- und Überwachungsverfahren in regelmäßigen Abständen und bei jeder Änderung der Prozesse in den Lebensmittelunternehmen.

Die Umsetzung des HACCP-Konzeptes kann in der Praxis gegenüber der Lebensmittelüberwachung nur durch eine Dokumentation belegt werden, die enthalten sollte:

Produktbeschreibung, Beschreibung des Herstellungsprozesses unter Angabe der kritischen Punkte, für jeden kritischen Punkt: Identifizierung und Analyse der Maßnahmen zu ihrer Beherrschung, Maßnahmen zur Überwachung und Kontrolle der kritischen Punkte unter Angabe der kritischen Grenzwerte für die zu überwachenden Parameter und der für den Fall eines Kontrollverlustes vorgesehenen Korrekturmaßnahmen und Überprüfungs- und Revisionsmaßnahmen.

Eine solche Auflistung der kritischen Kontrollpunkte (CCP) kann zum Beispiel wie folgt aussehen:

Die Richtlinie regt weiter die Erarbeitung von Leitlinien für eine gute Hygienepraxis durch die Lebensmittelindustrie an. Hierzu gibt es sowohl auf europäischer Ebene (AIJN) wie auch in einzelnen Mitgliedsstaaten (zum Beispiel Deutschland) bereits Ausarbeitungen.

1.3.6 ISO-Normen zur Qualitätssicherung

Die Lebensmittelindustrie, also auch die Fruchtsaftindustrie, ist mit ihren Produktionsbedingungen und ihren Produkten eingebunden in diverse staatliche Vorgaben, wie zum Beispiel Gesetze, Richtlinien, Verordnungen, Leitsätze, Vorschriften über Sorgfaltspflichten, Täuschungsschutz usw. Sie hat sich darüber hinaus noch selbst Regeln beziehungsweise Anforderungsprofile freiwillig erarbeitet, wie zum Beispiel den AIJN-Code of Practice zur Beurteilung von Frucht- und Gemüsesäften. Die Einhaltung sämtlicher Vorgaben wird vielfältig kontrolliert und geprüft durch die Unternehmen selbst, durch von ihnen geschaffene Organisationen, durch die hoheitliche Lebensmittelüberwachung oder die Wettbewerber. Da für den Erfolg eines Unternehmens die Qualität seiner Produkte ein wesentlicher Faktor ist, unternimmt jeder Hersteller erhebliche eigene Anstrengungen in Form von betrieblichen Anweisungen oder durch selbst auf-

Tab. 2. HACCP-Datenblatt der kritischen Lenkungspunkte[19)]

CCP Kritischer Lenkungspunkt	Risiko/Gefahr	Präventive Maßnahme	Kritische Lenkungsparameter	Kritische Grenzwerte	Zielwerte	Überwachung	Überwachungsintervall	Korrekturmaßnahme
1 Flaschenhygiene nach Flaschenreinigungsanlage	Rekontamination des Füllgutes mit Mikroorganismen oder schädlichen Fremdproduktresten	korrekte Funktionsweise der Flaschenreinigungsanlage	Laugenkonz. und -temperatur Frischwasser zur Endausspritzung: Temperatur Zufuhrmenge	mind. 1% mind. 75 °C 75 °C anlagenbedingt	1,5–2,0% 80 °C 80 °C anlagenbedingt	Konz. bestimmen Temp. messen Temp. messen Zufluss messen	stündlich kontinuierlich kontinuierlich kontinuierlich	Dosiereinstellung ändern Temp. erhöhen Temp. erhöhen Zufluss erhöhen Batch seit letzter Kontrolle sperren
2 leere, gereinigte Flasche am Flascheninspektor	gefährliche Fremdkörper (Glas), Laugenreste, Mündungsbeschädigung	Flascheninspektor mit automat. Detektion und Ausschleusung, Bandabdeckungen Fremdflascheninspektor nach Kistenauspacker	Glasscherben Laugenreste beschädigte Mündungen	keine Glasscherben keine Restlauge keine beschädigte Mündung	entfallen	Monitoring über Flaschen-Programm	stündlich 5 Flaschen	Zulaufstoff Füller Regulierung Neustart Testflaschen-Progr. Batch seit letzter Kontrolle sperren
3 Apfelsaftkonzentrat	Anwesenheit von Mykotoxinen	QM-System des Lieferanten, Grenzwert in Rohstoffspezifikation festlegen, Analysenzertifikat bei Anlieferung	Patulin	max. 50 ppb	< 25 ppb	Patulin bestimmen	Monitoring (Intervall je nach Lieferant unterschiedlich)	Zurückweisung der Anlieferung
4 Wärmeaustauscher (Pasteurisation)	Überleben schädlicher Mikroorganismen	korrekte Funktionsweise der Anlage, Pasteurisationseinheiten	Temperatur Zeit	mind. 85 °C mind. 20 s.	90 °C 25 s.	Temp. messen Fließgeschwindigkeit bestimmen	kontinuierlich	Zulaufstoff Füller automat. Umlaufschaltung und Repasteurisation, Batch seit letzter Kontrolle sperren
5 Flaschen im Füllereinlauf	Glasbruch mit Flugscherben	Bandabdeckung, automat. Erkennung von Flaschenbruch u. Ausschleusung benachbarter Flaschen	Flaschenausschleusung bei Flaschenbruch	Flaschenausschleusung i. O.	entfällt	optisch bei Flaschenbruch	kontinierlich	Zulaufstoff Füller, Reparatur Ausschlussystem manuelle Entfernung entspr. Flaschen
6 volle, heiße gefüllte Flasche ohne Verschluss	Rekontamination mit schädlichen Mikroorganismen	Fülltemperatur, Füllerhygiene	Temperatur	mind. 85 °C	90 °C	Temp. messen	stündlich	Fülltemp. erhöhten Batch seit letzter Kontrolle sperren
7 MCA-Verschlüsse	platzende Flasche nach Öffnen und Wiederverschließen beim Kunden	abblasbare Verschlüsse	Abblasdruck	nach Vorgabe Hersteller	nach Vorgabe Hersteller	Abblasdruck bestimmen	jede Anlieferung 20 Verschlüsse	Anlieferung zurückweisen
8 volle Flasche mit TWO-Verschluss	Rekontamination mit schädlichen Mikroorganismen durch Verschlussfehler	korrekte Einstellung Verschließer, Prüfung auf Kopfraumvakuum mit automat. Ausschleusung defekt. Flaschen	Deckeleinzug durch Kopfraumvakuum	keine Flasche ohne Deckeleinzug	entfällt	Monitoring über Testflaschen	stündlich 5 Flaschen	Zulaufstoff Füller, Rekalibrierung, Batch seit letzter Kontrolle sperren

gestellte Regeln des Good Manufacturing Practice (GMP), um den gesetzlichen und freiwillig akzeptierten Regeln als auch den Kundenanforderungen und Verbraucherwünschen gerecht zu werden. Um die Konformität der Produkte mit den allgemeinen Normen und den von jedem Unternehmen selbst definierten Vorgaben zu erreichen und zu sichern, ist eine betriebliche Qualitätsorganisation zweckmäßig. In diese sind alle für die Produktqualität relevanten Unternehmensbereiche integriert, die Verteilung der Verantwortung definiert sowie die Informationsflüsse und die Dokumentation eindeutig geregelt. Durch dieses insoweit umfassende System wird der gewünschte Erfolg erreicht, das heißt die eigene Organisation kann durch die geforderte klare Beschreibung der Abläufe von innen heraus überprüft beziehungsweise reorganisiert, Störungen und Ausfälle während der Produktion vermieden und auch für Handel und Verbraucher Verlässlichkeit und Sicherheit gegeben werden, denn „Qualität kann nicht erprüft, sondern nur erplant werden".

Als Modelle für betrieblich-organisatorische Ausgestaltungen eines Qualitätsmanagementsystems existieren die Normenreihe DIN-ISO 9000 bis 9004 (entspricht CEN-Normen EN 29000 bis 29004), durch deren Umsetzung das Vertrauen in das reibungslose Funktionieren eines entsprechend aufgebauten betrieblichen Qualitätsmanagementsystems begründet und mittels eines entsprechenden Zertifikats nach Prüfung durch einen neutralen akkreditierten Dritten bestätigt werden kann.

Diese Grundidee hat die EG erstmals 1989 durch ihr „Globales Konzept für Zertifizierung, Überwachung und Prüfwesen" unter dem Gesichtspunkt einer notwendigen Beförderung des freien Warenaustausches in der EU propagiert und in der Folge durch die EU-Richtlinie über Lebensmittelhygiene mit der Empfehlung, die Normenreihe EN 29000 anzuwenden sowie durch die EU-Richtlinie über zusätzliche Maßnahmen im Bereich der amtlichen Lebensmittelüberwachung mit der Bezugnahme auf die Normenreihen EN 45000 für Prüflaboratorien und der Empfehlung an die Lebensmittelüberwachung, betriebliche QM-Systeme zu berücksichtigen, bekräftigt.

Als Normen stehen zur Verfügung:

- DIN-ISO 9000/EN 29000: Qualitätsmanagement- und Qualitätssicherungsnormen, Leitfaden zur Auswahl und Anwendung;
- DIN-ISO 9000/EN 29001: Qualitätssicherungssysteme – Modell zur Darlegung der Qualitätssicherung in Design/ Entwicklung, Produktion, Montage und Kundendienst;
- DIN-ISO 9000/EN 29002: Qualitätssicherungssysteme – Modell zur Darlegung der Qualitätssicherung in Produktion und Montage;
- DIN-ISO 9000/EN 29003: Qualitätssicherungssysteme – Modell zur Darlegung der Qualitätssicherung bei der Endprüfung;
- DIN-ISO 9000/EN 29004: Qualitätsmanagement und Elemente eines Qualitätssicherungs-Leitfadens.

Eine Übersetzung der allgemein beschriebenen Normvorhaben in die betriebliche Wirklichkeit stellt dabei in der Regel die entscheidende Hürde dar.

Die Einführung eines QM-Systems im Sinne der Norm beinhaltet üblicherweise folgende Bestandteile:

a) Aufnahme der Ist-Situation im Unternehmen,
b) Erarbeitung des auf die Bedürfnisse des Unternehmens ausgerichteten QM-Systems,
c) Überprüfung des Systems auf Angemessenheit und auf Übereinstimmung mit den Normenanforderungen,
d) Einführung und praktische Umsetzung im Unternehmen, unter anderem durch Schulung der Mitarbeiter,
e) Dokumentation des Systems auf unterschiedlichen Ebenen.

Ein der Norm entsprechender Aufbau eines QM-Systems gliedert sich in QM-Handbuch, QM-Verfahrensanweisungen und QM-Arbeitsanweisungen (Formblätter/Checklisten).

Die zusammenfassende Systembeschreibung erfolgt im QMH, in dem Qualitätspolitik sowie die grundsätzlichen aufbau- und ablauforganisatorischen Regelungen dargestellt sind[18]. Es enthält keine vertraulichen Informationen und ist somit auch zur Verteilung an externe Stellen, zum Beispiel Kunden, geeignet. In den QM-Verfahrensanweisungen werden Durchführungsbestimmungen für die einzelnen Elemente des QM-Handbuches beschrieben. Sie sollen Abläufe, in denen es Schnittstellen zwischen betrieblichen Organisationseinheiten gibt, festlegen. Bei der Zusammenstellung muss in erster Linie berücksichtigt werden, für wen diese Unterlagen im Unternehmen gedacht sind und wie für diesen Personenkreis die schriftliche Unterlage möglichst übersichtlich und leicht verständlich ist. QM-Arbeitsanweisungen, Formblätter und Checklisten sind für den Mitarbeiter vor Ort, das heißt an der Maschine, im Flaschenkeller usw. gedacht und geben detailliert an, was „zu tun und zu lassen" ist.

Eine beispielhafte Umsetzung der Norm DIN-ISO 9001 (entspricht EN 29001), die die umfassendste Norm ist, liegt vor in Form eines vom Verband der deutschen Fruchtsaft-Industrie e.V. entwickelten „VdF-Modell Qualitätsmanagementsystem für die Fruchtsaftindustrie", das als Hilfestellung für die Mitgliedsbetriebe erarbeitet wurde[19].

Grundsätzlich ist vor zuviel Perfektionismus zu warnen, nicht alles kann im Vorfeld schriftlich ausformuliert, angewiesen, in der Ausführung überwacht und im Detail dokumentiert werden. Für die Erreichung der Qualitätsziele ist deshalb die Bereitschaft zur Mitwirkung/Identifikation mit diesen Zielen durch die Mitarbeiter unerlässlich.

1.3.7 Weitere rechtliche Vorgaben

Über die den vorstehenden Kapiteln abgehandelten Rechtsbestimmungen hinaus, verdienen noch weitere Regelungen eine besondere Erwähnung.

Mit der Rahmen-Richtlinie (89/107/EWG) über Zusatzsstoffe hat die EU bereits 1988 die Grundlagen für die Schaffung eines harmonisierten europäischen Zusatzstoff-Rechtes für Lebensmittel geschaffen[20]. In dieser Richtlinie wird ein Zusatzstoff definiert als Stoff „mit oder ohne Nährwert, der in der Regel weder selbst als Lebensmittel verzehrt noch als charakteristische Lebensmittelzutat verwendet wird und einem Lebensmittel aus technologischen Gründen bei der Herstellung, Verarbeitung, Zubereitung, Behandlung, Verpackung, Beförderung oder Lagerung zugesetzt wird, wodurch er selbst oder seine Nebenprodukte (mittelbar oder unmittelbar) zu einem Bestandteil des Lebensmittels werden oder werden können". Nicht erfasst hiervon werden zum Beispiel Vitamine und Mineralstoffe, soweit diese zu ernährungsphysiologischen Zwecken zugesetzt werden, sowie Aromen, Pflanzenbehandlungsmittel usw.

Weiter werden in der Rahmenrichtlinie Verarbeitungshilfsstoffe definiert als „Stoffe, die nicht selbst als Lebensmittelzutat verzehrt werden, jedoch bei der Verarbeitung von Rohstoffen, Lebensmitteln oder deren Zutaten aus technologischen Gründen während der Be- oder Verarbeitung verwendet werden und unbeabsichtigte, technisch unvermeidbare Rückstände oder Rückstandsderivate im Enderzeugnis hinterlassen können, unter der Bedingung, dass diese Rückstände gesundheitlich unbedenklich sind und sich technisch nicht auf das Erzeugnis auswirken". Dies sind zum Beispiel technische Hilfsstoffe wie das Behandlungsmittel Bentonit, Enzyme usw.

Basierend auf der Rahmen-Richtlinie sind inzwischen ergangen:
- EU-Richtlinie über andere Lebensmittelzusatzstoffe als Farbstoffe und Süßungsmittel (95/2/EG), auch Miscellaneous-Richtlinie genannt,
- EU-Richtlinie über Süßungsmittel (94/35/EG),
- EU-Richtlinie über Farbstoffe (94/36/EG)[21].

Darüber hinaus liegen inzwischen auch EU-Richtlinien über die einzuhaltenden Reinheitskriterien für einen großen Teil dieser Zusatzsstoffe vor, wie:
- EU-Richtlinie über spezifische Rein-

heitskriterien für andere Lebensmittelzusatzstoffe als Farbstoffe und Süßungsmittel (96/77/EG)[22],
- EU-Richtlinie über spezifische Reinheitskriterien für Süßungsmittel (95/31/EG)[23],
- EU-Richtlinie über spezifische Reinheitskriterien für Lebensmittelfarbstoffe (95/45/EG)[24].

Nur der Vollständigkeit halber sei hier darauf hingewiesen, dass es bereits seit 1981 eine EU-Richtlinie (81/712/EWG) gibt, die Analysenmethoden für die Überwachung der Reinheitskriterien für bestimmte Lebensmittelzusatzstoffe festlegt[25]. Diese befasst sich mit Konservierungsstoffen, Stoffen mit antioxidierender Wirkung und Farbstoffen.

Die Anforderungen an die Beschaffenheit von Trinkwasser sind festgelegt durch die EU-Richtlinie über die Qualität von Wasser für den menschlichen Gebrauch (98/83/EG)[26].

Auf Grund ihrer Bedeutung ist hier auch noch zu nennen die EU-Verordnung über den ökologischen Landbau und die entsprechende Kennzeichnung der landwirtschaftlichen Erzeugnisse und Lebensmittel (2091/91/EWG), die inzwischen diverse Male geändert wurde und zu der eine Reihe von Durchführungsverordnungen ergangen sind[27]. Mit dieser Basisverordnung wird der entsprechende Rahmen für beispielsweise als Bioprodukte ausgelobte Erzeugnisse vorgegeben.

1.3.7.1 EU-Zusatzstoff-Richtlinien

Mit der EU-Richtlinie 95/2/EG (Miscellaneous) wurde erstmals eine umfassende Regelung zur Hamonisierung des Rechtes der Zusatzstoffe für Lebensmittel vorgelegt. Die Richtlinie ist als so genannte „horizontale“ Vorschrift konzipiert, die produktübergreifend gilt. Sie wirkt damit auch auf die produktspezifische EU-Fruchtsaft-Richtlinie ein und modifiziert deren Vorgaben soweit es um Zusatzstoffe zu technologischen Zwecken geht – in Abgrenzung zu ernährungsphysiologischen (wie zum Beispiel Anreicherungen mit Vitaminen) –, die im Einzelnen in der Richtlinie definiert werden. Durch die Miscellaneous-Richtlinie werden die Lebensmittelzusatzstoffe zugelassen, die nicht von den Süßungsmittel- und Farbstoff-Richtlinien erfasst werden. Aus der Vielzahl der Zusatzstoffzulassungen ist hier nur auf einige für die Fruchtsaftindustrie besonders Bedeutsame hinzuweisen:

Lebensmittel, in denen nur eine begrenzte Anzahl von Zusatzstoffen des Anhangs I verwendet werden darf:

Weiter werden bei Orangen-, Grapefruit-, Apfel- und Ananassaft für die Abgabe aus Großbehältern in der Gastronomie und in Einrichtungen zu Gemeinschaftsverpflegung eine Höchstmenge von 50 mg/l und für Limonen- und Zitronensaft eine Höchstmenge von 350 mg/l SO_2 zugelassen, wobei unter SO_2 Schwefeldioxid und Sulfide (E 220–224, 226–228)

Tab. 3a. Zusatzstoffe nach Anhang I

Lebensmittel	Zusatzstoff	Höchstmenge
Fruchtsäfte und -nektare gemäß Richtlinie 93/77/EWG	E 300 = Ascorbinsäure	quantum satis
Ananassaft gemäß Richtlinie 93/77/EWG	E 296 = Äpfelsäure	3 g/l
Nektare gemäß Richtlinie 93/77/EWG	E 330 = Citronensäure E 270 = Milchsäure	5 g/l 5 g/l
Traubensaft gemäß Richtlinie 93/77/EWG	E 170 = Calciumcarbonate E 336 = Kaliumtartrate	quantum satis quantum satis
Fruchtsäfte gemäß Richtlinie 93/77/EWG	E 330 = Citronensäure	3 g/l
Fruchtsäfte und Nektare aus Ananas und Passionsfrucht	E 440 = Pektine	3 g/l

verstanden werden. Für Ananassaft wird darüber hinaus E 900 Dimethylpolysiloxan mit einer Höchstmenge von 10 mg/l zugelassen.

Die hier erfolgten Zusatzstoffzulassungen, mit Ausnahme der Pektinregelung, beruhen zum ganz überwiegenden Teil auf entsprechenden Bestimmungen des Artikel 16 der EU-Fruchtsaft-Richtlinie (93/77/EWG), der den EU-Mitgliedsstaaten entsprechende Sonderregelungen zugestanden hat.

1.3.7.2 EU-Süßungsmittel-Richtlinie

Eine europaeinheitliche Vorgabe für die Verwendung von Süßungsmitteln als Zusatzstoffe in Lebensmitteln wurde erstmals durch die EU-Süßungsmittel-Richtlinie (94/35/EG) geschaffen (siehe Tab. 3b).

Der Süßstoff Thaumatin (E 957) wird für nichtalkoholische Getränke nicht zugelassen.

Diese Richtlinie definiert „ohne Zuckerzusatz“ als: ohne Zusatz von Monosaccharin oder Disacchariden und ohne Zusatz von Lebensmitteln, die wegen ihrer süßenden Eigenschaften verwendet werden; und „brennwertvermindert“ als: mit einem Brennwert, der mindestens 30 % gegenüber dem Brennwert des ursprünglichen Lebensmittels oder eines gleichartigen Erzeugnisses vermindert ist.

Fruchtnektare werden zwar nicht ausdrücklich genannt, sie sind aber unter dem Merkmal: „brennwertverminderte ... Getränke ... auf Fruchtsaftbasis“ zu subsummieren.

Spezielle Kennzeichnungsregelungen enthält die EU-Süßungsmittel-Richtlinie nicht, diese liegen in den EU-Kennzeichnungs-Richtlinien aber vor.

1.3.7.3 EU-Lebensmittelkennzeichnungs-Richtlinie

Innerhalb der Europäischen Union ist das Kennzeichnungsrecht für Lebensmittel bereits weitgehend harmonisiert. Basis der Kennzeichnungsregelungen ist die EU-Etikettierungs-Richtlinie (79/112/EWG), die bereits verschiedene Male geändert wurde[28]. Diese wird ergänzt durch ver-

Tab. 3b. Zusatzsstoffe nach EU-Süßungsmittel-Richtlinie

EG-Nr.	Name	Lebensmittel	Verwendungs-Höchstmenge
E 950	Acesulfam K	– brennwertverminderte oder ohne Zuckerzusatz hergestellte aromatisierte Getränke auf Wasserbasis	350 mg/l
		– brennwertverminderte oder ohne Zuckerzusatz hergestellte Getränke auf der Basis von Milch und Milchprodukten oder auf Fruchtsaftbasis	350 mg/l
E 951	Aspartam	– brennwertverminderte oder ohne Zuckerzusatz hergestellte aromatisierte Getränke auf Wasserbasis	600 mg/l
		– brennwertverminderte oder ohne Zuckerzusatz hergestellte Getränke auf der Basis von Milch und Milchprodukten oder auf Fruchtsaftbasis	600 mg/l
E 952	Cyclohexansulfamid-Säure und ihre	– brennwertverminderte oder ohne Zuckerzusatz hergestellte aromatisierte Getränke auf Wasserbasis	400 mg/l
	Na- und Ca-Salze	– brennwertverminderte oder ohne Zuckerzusatz hergestellte Getränke auf der Basis von Milch und Milchprodukten oder auf Fruchtsaftbasis	400 mg/l
E 954	Saccharin und seine Na-, K- und Ca-Salze	– brennwertverminderte oder ohne Zuckerzusatz hergestellte aromatisierte Getränke auf Wasserbasis	80 mg/l
		– brennwertverminderte oder ohne Zuckerzusatz hergestellte Getränke auf der Basis von Milch und Milchprodukten oder auf Fruchtsaftbasis	80 mg/l
E 959	Neohesperidin DC	– brennwertverminderte oder ohne Zuckerzusatz hergestellte aromatisierte Getränke auf Wasserbasis	30 mg/l
		– brennwertverminderte oder ohne Zuckerzusatz hergestellte Getränke auf Fruchtsaftbasis	30 mg/l

schiedene weitere EU-Bestimmungen, die für bestimmte Produktgruppen oder bestimmte Anwendungsbereiche wiederum ergänzende weitere Regelungen vorsehen. Hier sind zum Beispiel die EU-Fruchtsaft-Richtlinie, die EU-Nährwertkennzeichnungs-Richtlinie, oder die EU-Ökoverordnung zu nennen

Diesen Regelungen ist aber gemeinsam, dass bei der Etikettierung von Lebensmitteln, die ohne weitere Verarbeitung an den Endverbraucher abgegeben werden sollen, bestimmte Grundsätze eingehalten werden müssen.

Grundsätzlich sind folgende Kennzeichnungselemente anzubringen: Verkehrsbezeichnung, lebensmittelrechtlich Verantwortlicher, Füllmenge, Zutatenverzeichnis und Mindesthaltbarkeitsdatum.

Darüber hinaus wird auch die Angabe einer Los- beziehungsweise Chargen-Kennzeichnung zur Pflicht gemacht, die durch die Angabe des Mindesthaltbarkeitsdatums mit Tag/Monat/Jahr erfüllt wird.

Ergänzend schreibt die EU-Fruchtsaft-Richtlinie vor, wie die Verkehrsbezeichnung zu bilden ist und welche ergänzenden Elemente über die in der EU-Etikettierungs-Richtlinie anzubringenden Angaben weiter aufgeführt werden müssen, wie zum Beispiel Hinweis „aus ...-konzentrat", die Angabe des Mindestfruchtgehaltes bei Fruchtnektaren usw.

Hinzu kommen darüber hinausgehende nationale Kennzeichnungsbestimmungen für Bereiche, in denen es noch kein harmonisiertes EU-Recht gibt, wie zum Beispiel für den Bereich der Erfrischungsgetränke (Fruchtsaftgetränke, Limonaden, Brausen), für den in Deutschland die Verpflichtung zur Angabe eines Mindestfruchtsaftgehaltes gilt. Gleiches gilt zum Beispiel auch für den Bereich der Gemüsesäfte und Gemüsenektare. Für Fruchtsäfte und Fruchtnektare hat man allerdings schon einen hohen Harmonisierungsstandard erreicht.

1.3.7.4 EU-Nährtwertkennzeichnungs-Richtlinie

Mit der Nährwertkennzeichnungs-Richtlinie (90/496/EWG) vom 24. 09. 1990 hat die EU einen europäischen Rahmen für die Kennzeichnung von Nährwerten in Lebensmitteln geschaffen[29]. Aus Gründen der Vergleichbarkeit und zur Vermeidung technischer Handelshemmnisse im Gemeinsamen Binnenmarkt werden spezielle Kennzeichnungsstandards vorgegeben. Auslöser der Nährwertkennzeichnung sind freiwillig angebrachte Angaben zum Nährwert, so genannte „nährstoffbezogene Angaben". Pflichtangaben, die auf Grund von Vorschriften angebracht werden müssen, wie zum Beispiel die Nennung von Vitaminen als Zusatzstoffe im Zutatenverzeichnis, lösen die Nährwertkennzeichnung nicht aus.

Die Nährwertkennzeichnungs-Richtlinie definiert eine Reihe von Nährstoffen; beispielsweise gilt als Kohlenhydrat „jegliches Kohlenhydrat, das im menschlichen Stoffwechsel umgesetzt wird, einschließlich mehrwertiger Alkohole", oder als Zucker „alle im Lebensmittel vorhandenen Monosaccharide und Disaccharide, ausgenommen mehrwertige Alkohole". Die Nährwertkennzeichnungs-Richtlinie nennt in einem Anhang die überhaupt auslobbaren Vitamine und Mineralstoffe mit ihren Mindestanforderungen für eine Auslobung auf Basis der RDA (Recommended Daily Allowance).

Anhang

Vitamine und Mineralstoffe, die in der Angabe enthalten sein können, und ihre empfohlene Tagesdosis (Recommended Daily Allowance – RDA)

In der Regel sollte eine Menge von 15 % der in diesem Anhang angegebenen empfohlenen Tagesdosis in 100 Gramm oder 100 Milliliter oder in einer Packung, sofern die Packung nur eine einzige Portion enthält, bei der Festsetzung der signifikanten Menge berücksichtigt werden.

Die Nährwertkennzeichnungs-Richtlinie verlangt ausdrücklich nur die Angabe des Durchschnittswertes, dies ist der Wert, der die in einem bestimmten Lebensmittel

Tab. 3c. Vitamine und Mineralstoffe und ihre empfohlene Tagesdosis

Vitamin A (µg)	800	Vitamin B_{12} (µg)	1
Vitamin D (µg)	5	Biotin (mg)	0,15
Vitamin E (mg)	10	Pantothensäure (mg)	6
Vitamin C (mg)	60	Calcium (mg)	800
Thiamin (mg)	1,4	Phosphor (mg)	800
Riboflavin (mg)	1,6	Eisen (mg)	14
Niacin (mg)	18	Magnesium (mg)	300
Vitamin B_6 (mg)	2	Zink (mg)	15
Folacin (µg)	200	Jod (µg)	150

enthaltenen Nährstoffmengen am besten repräsentiert und jahreszeitlich bedingte Unterschiede, Verbrauchsmuster und sonstige Faktoren berücksichtigt, die eine Veränderung des tatsächlichen Wertes bewirken können.

Als Hilfestellung zur Bestimmung der in den verschiedenen Fruchtsäften enthaltenen Nährwerte kann eine Empfehlung herangezogen werden, die der Verband der deutschen Fruchtsaft-Industrie 1995 erarbeitet und veröffentlicht hat[30].

VdF-Empfehlung für die Angabe von Durchschnittswerten für einige ausgewählte Fruchtsäfte beziehungsweise Fruchtmark

Prämisse

1. Den hier angegebenen Durchschnittswerten liegt die Definition von „durchschnittlicher Wert“ beziehungsweise „durchschnittlicher Gehalt“ gemäß § 2 Nr. 11 NKV zu Grunde.
2. Die Empfehlung umfasst die wesentlichen in Betracht kommenden Angaben (sog. „Big eight“: Brennwert, Eiweiß, Kohlenhydrate, Zucker, Fett, gesättigte Fettsäuren, Ballaststoffe, Natrium zuzügl. natürlicher Vitamin-C-Gehalt). Die Berechnungen sind erfolgt auf Basis der Begriffsbestimmungen der NKV in § 2 Nr. 3 bis 10 sowie bei Ballaststoffen gemäß der in der amtlichen Begründung zur NKV genannten Bestimmungsmethode.
3. Sämtliche Daten basieren auf den Mittleren Werten von: „RSK-Werte – Die Gesamtdarstellung“, 1. Auflage, 1987[4], soweit dort Angaben für die einzelnen Parameter vorhanden sind. Ansonsten beruhen sie auf einer Auswertung der Veröffentlichung von Souci-Fachmann-Kraut: „Die Zusammensetzung der Lebensmittel/Nährwert-Tabellen“, 5. Auflage, 1994 und vorliegenden Eigenanalysen von Mitgliedsbetrieben und LM-Labors.
   Die Bezugnahme auf die Mittleren Werte „RSK“ und nicht auf die Daten des CoP erscheint auch deshalb sachgerecht, weil es im Code of Practice für Fruchtsäfte der AIJN von 1993 keine Angaben zu „Mittleren Werten“ gibt.
   Bei Säften, für die die RSK-Werte keine Mittleren Werte des absoluten Zuckergehaltes (als Saccharose, Glucose und Fructose) angeben, wurde der Zuckergehalt als Differenz aus: gelöster Trockensubstanz minus zuckerfreier Extrakt zu Grunde gelegt.
4. Als Bezugs- und notwendige Rechengröße sind Relative Dichte, Brixwert refraktrometrisch korrigiert und titrierbare Säure (pH 7,0), berechnet als Weinsäure, mit angegeben.
5. Die Brennwertberechnung basiert auf der entsprechenden Definition der NKV und erfolgt unter Einbeziehung der vorliegenden Daten für
   - Kohlenhydrate (. . . × 17 = . . . kJ // . . . × 4 = . . . kcal)
   - Säure, als Weinsäure (pH 7,0) angegeben (. . . × 13 = . . . kJ // . . . × 3 = . . . kcal)
   - Fett (. . . × 37 = . . . kJ // . . . × 9 = . . . kcal)
   - Eiweiß (. . . × 17 = . . . kJ // . . . × 4 = . . . kcal)
   - Mehrwertiger Alkohol (Sorbit), soweit überhaupt vorhanden (. . . × 10 = . . . kJ // . . . × 2,4 = . . . kcal)

Der Gehalt an Alkohol (Ethylalkohol) in Fruchtsäften ist vernachlässigbar gering und spielt für die Brennwertberechnung keine Rolle.

Keine Rolle spielen weiter die Einzelangaben

- „davon Zucker“, weil bei den Kohlenhydraten miterfasst, sofern Kohlenhydrat- und Zuckerwerte gleich sind.

Im abweichenden Fall repräsentiert die Differenz beider Werte einen bestimmten Gehalt, der als mehrwertiger Alkohol dem Brennwert additiv zuzurechnen ist, aber nur mit (. . . × 10 = . . . kJ // . . . × 2,4 = . . . kcal).

- „davon gesättigte Fettsäuren“
- „Ballaststoffe“
- „Natrium“

6. Auf Basis dieser Werte können auch Umrechnungen für Fruchtnektare und Fruchtsaftgetränke auf Basis dieser Fruchtsäfte erfolgen, dabei sind die entsprechenden Zutaten, wie zum Beispiel Zucker und/oder Citronensäure bei der Brennwertberechnung zu berücksichtigen.

Empfehlungen des VdF für die Angabe von Durchschnittswerten für einige ausgewählte Fruchtsäfte und -marke sind in Tabelle 4 aufgelistet.

1.3.7.5 EU-Fertigpackungs-Richtlinie

Bereits 1974 hat man auf europäischer Ebene versucht, die zum Teil traditionell begründeten nationalen Regelungen über die Nennfüllmengen von Fertigpackungen

Tab. 4. VdF-Empfehlung für die Angabe von Durchschnittsnährwerten für einige ausgewählte Fruchtsäfte bzw. Fruchtmark

	Johannisbeersaft, schwarz	Traubensaft	Pfirsichmark	Maracujasaft	Mangomark	Ananassaft	Apfelsaft
Relative Dichte 20 °/20 °C	1,050	1,070	1,050	1,057	1,059	1,052	1,049
Brix, ref. korr.	12,4	17	11	14	15	12,8	12,1
Weinsäure (ph 7,0) (g/100 ml)	3,4	0,8	0,5	4,0	0,7	0,65	0,65
Nährstoffe pro 100 ml							
Brennwert (kJ/kcal)	184/43	286/67	143/34	216/51	247/58	215/50	197/46
Eiweiß (g)	1,3	0,2	0,7	0,8	0,6	0,4	0,1
Kohlenhydrate (g)	6,5	16	7,2	8	12,5	11,5	11
davon Zucker (g)	6,5	16	7	8	12,5	11,5	10,5
Fett (g)	0,2	0,01	0,1	0,4	0,4	0,1	0,1
davon gesättigte Fettsäuren (g)	0,04	0,002	0,02	0,05	0,03	0,02	0,02
Ballaststoffe (g)	0,1	0,1	1,9	0,3	1,7	0,2	0,2
Natrium (g)	0,002	0,003	0,001	0,008	0,005	0,001	0,002
Vitamin C (mg)	136	–	–	–	–	–	–

	Himbeersaft	Zitronensaft	Sauerkirschsaft	Birnensaft/-mark	Grapefruitsaft	Aprikosenmark	Orangensaft
Relative Dichte 20°/20 °C	1,035	1,035	1,060	1,049	1,042	1,050	1,046
Brix, ref. korr.	8,8	8,8	14,7	12,1	10,5	12,4	11,4
Weinsäure (7,0) (g/100 ml)	1,7	6,4	1,8	0,5	1,6	1,5	0,95
Nährstoffe pro 100 ml							
Brennwert (kJ/kcal)	123/29	123/29	209/49	165/39	171/40	171/41	185/43
Eiweiß (g)	0,3	0,4	0,3	0,1	0,6	0,9	0,7
Kohlenhydrate (g)	5,6	1,7	11,4	9,6	8	8,0	9
davon Zucker (g)	5,6	1,7	9,4	8,1	8	7,5	9
Fett (g)	0,01	0,1	0,02	0,1	0,1	0,1	0,2
davon gesättigte Fettsäuren (g)	0,002	0,01	0,004	0,02	0,02	0,03	0,04
Ballaststoffe (g)	0,2	0,1	0,3	0,3	0,2	1,5	0,2
Natrium (g)	0,003	0,001	0,002	0,001	0,002	0,002	0,001
Vitamin C (mg)	–	35	–	–	35	–	35

zur Beseitigung beziehungsweise Eindämmung von Handelshemmnissen einheitlich zu regeln. Dabei musste man, und muss man noch heute, Rücksicht nehmen auf über viele Jahre in den Mitgliedsstaaten gewachsene und gebräuchliche Nennfüllmengen, so dass die europaeinheitliche Regelung von diversen nationalen Ausnahmen durchbrochen wird.

Die EU-Richtlinie vom 19. 12. 1974 (75/106/EWG), zuletzt geändert durch die Richtlinie vom 31. 12. 1989 (89/676/EWG), sieht nach folgend aufgeführte Regelungen vor[31]:

Langfristig ist der Bestand dieser standardisierten Füllmengenreihen wegen der inzwischen auf europäischer Ebene verabschiedeten Grundpreisrichtlinie (98/6/EG) vom 16. 02. 1998 allerdings offen[32].

Durch weitere Richtlinien, wie zum Beispiel die Richtlinie vom 19. 12. 1974 (75/107/EWG, siehe unten), haben die Voraussetzungen für Flaschen als Maßbehältnisse einschließlich Fehler-Margen usw. ebenfalls eine Regelung erfahren.

1.4 Länderspezifische Regelungen

1.4.1 Bundesrepublik Deutschland

Das produktspezifische Recht wird in erster Linie bestimmt durch die Fruchtsaft- und Fruchtnektar-Verordnungen, die Leitsätze für Fruchtsäfte, die Leitsätze für Gemüsesaft und -nektar sowie die Leitsätze für Erfrischungsgetränke. Die Fruchtsaft- und Fruchtnektar-Verordnungen entsprechen inhaltlich der EU-Fruchtsaft-Richtlinie (93/77/EWG) und setzen die Vorgaben dieser Richtlinie ohne sachliche Änderungen um. Ergänzend gelten in Deutschland allerdings ausdrücklich auch für diese Produkte die Diät- und Vitamin-Verordnungen, für die es zur Zeit kein harmonisiertes europäisches Recht gibt, so dass die Herstellung von vitaminisierten Fruchtsäften, Fruchtnektaren und anderen Getränken möglich ist. Ergänzend zu Fruchtsaft- und Fruchtnektar-Verordnungen sind in Deutschland die Leitsätze für Fruchtsäfte zu beachten, die im deutschen Lebensmittelbuch niedergelegt sind und die eine Beschreibung des geltenden Handelsbrauches darstellen. Diese Leitsätze ergänzen die Verordnungen und enthalten Regelungen zum Beispiel zum Ultrafiltrationsverfahren, zur Beschaffenheit des zur Rückverdünnung von konzentrierten Fruchtsäften verwendeten Wassers, zu Höchstwerten von Alkohol, flüchtigen Säuren, Milchsäure, machen Vorgaben für bestimmte Kennzeichnungen, wie zum Beispiel „reich an Vitamin C“, und treffen Vorgaben für die Mindestgehalte, für Relative Dichte und Gesamtsäure.

Da einzelne Festlegungen des AIJN-Code of Practice für die Beurteilung von Frucht- und Gemüsesäften von den Leitsatz-Festlegungen abweichen, im Hinblick auf das angestrebte Ziel eines „Gemeinsamen Binnenmarktes“ ein harmonisiertes

EU-Richtlinie vom 19. 12. 74

Anhang

	Erzeugnisse	Nennvolumen in Liter I Definitiv zulässig	II Vorübergehend zulässig
8. b)	Limonaden (einschließlich der aus Mineralwasser hergestellten) und andere nichtalkoholische Getränke, keine Milch oder kein Milchfett enthaltend, ausgenommen Frucht- und Gemüsesäfte der Tarifnummer 20.07 des GZT sowie Kontentrate (GZT: 22.02 A)	0,125 – 0,20 – 0,25 – 0,33 – 0,50– 0,75 – 1 – 1,5 – 2	alle Volumen unter 0,20 0,70
9.	Fruchtsäfte (einschließlich Traubenmost) und Gemüsesäfte, nicht gegoren, ohne Zusatz von Alkohol, auch mit Zusatz von Zucker der Tarifstelle 20.07 B des GZT, Fruchtnektar (Richtlinie Nr. 75/726/EWG des Rates vom 17. 11. 1975)	0,125 – 0,20 – 0,25 – 0,33 – 0,50 – 0,75 – 1 – 1,5 – 2	alle Volumen unter 0,125 0.70 – 0,18 – 0,35 (Ausschließlich in Metalldosen

Recht insgesamt aber anzustreben ist, wird eine Überarbeitung der Leitsätze in Angriff genommen. Für Herstellung und Vertrieb von Gemüsesaft und Gemüsenektar sind die entsprechenden Leitsätze maßgeblich, durch die dieses produktspezifische Recht bestimmt wird; entsprechende Verordnungen gibt es hierfür nicht. Die Leitsätze für Gemüsesaft und Gemüsenektar stellen ebenfalls die in Deutschland maßgebliche Beschreibung des Handelsbrauches und der Verbrauchererwartung dar und sind deshalb zu beachten. Sie enthalten neben Begriffsdefinitionen Angaben zu Herstellung, Haltbarmachung, Behandlungsmitteln, Zutaten, normieren bestimmte Beschaffenheitsmerkmale und geben Hinweise für Bezeichnung und Aufmachung. Besondere Beurteilungsmerkmale für bestimmte Gemüsesäfte analog den Leitsätzen für Fruchtsäfte durch Festlegung von mindestens zu erreichender Relativer Dichte oder Gesamtsäure gibt es zur Zeit nicht.

Die Leitsätze für Erfrischungsgetränke (Fruchtsaftgetränke, Limonaden, Brausen) beschreiben den geltenden Handelsbrauch und die Verbrauchererwartung für diese Produkte[33]. Auch in diesem Bereich gibt es keine produktspezifische Verordnung, so dass diese Leitsätze allein maßgeblich sind. Auch diese enthalten Begriffsbestimmungen, legen Beschaffenheitsmerkmale und Kennzeichnung fest und enthalten darüber hinaus detaillierte Beurteilungsmerkmale für einzelne Produktgruppen. Eine Beachtung dieser Leitsätze bei Herstellung und Vermarktung entsprechender Produkte ist dringend zu empfehlen.

In vollem Umfang umgesetzt sind auch die EU-Richtlinien über Zusatzstoffe (95/2/EG), über Süßungsmittel (94/35/EG), Nährwertkennzeichnung (90/496/EWG) sowie die Lebensmittelkennzeichnung (79/112/EWG).

Hinsichtlich der Füllmengen, in denen die genannten Getränke abgefüllt werden dürfen, ist es dabei geblieben, dass 0,7 Liter auch weiterhin in Deutschland zulässig ist, allerdings nur für Wiederbefüllungsflaschen (Mehrweg). Auch die EU-Hygiene-Richtlinie (93/43/EWG) hat durch die deutsche Hygiene-Verordnung inzwischen Eingang in deutsches Recht gefunden.

1.4.2 Österreich

In Österreich ist maßgeblich die im Bundesgesetzblatt für die Republik Österreich (BGBl 1966, S. 4425) am 21. 10. 1996 veröffentlichte Verordnung der Bundesministerin für Gesundheit und Konsumentenschutz über Fruchtsäfte und einige gleichartige Erzeugnisse (Fruchtsaft-Verordnung)[34]. Mit dieser Verordnung wird die EU-Richtlinie des Rates (93/77/EWG) für Fruchtsäfte sowie die EU-Richtlinie (95/2/EG) des Europäischen Parlamentes und des Rates über andere Lebensmittelzusatzstoffe als Farbstoffe und Süßungsmittel in österreichisches Recht entsprechend umgesetzt.

In ihrer inhaltlichen Gestaltung folgt diese Verordnung der EU-Richtlinie, weiter wird die Herstellung von bestimmten Fruchtnektaren auch ohne Zucker gestattet. Außerdem enthält die Fruchtsaft-Verordnung auch eine ausdrückliche Verwendungsmöglichkeit von Fruchtsüße bei der Herstellung von Fruchtnektaren. Dies ist in der geltenden EU-Fruchtsaft-Richtlinie bisher noch nicht so vorgesehen, wird aber diskutiert.

Fruchtsüße ist derzeit lediglich über das österreichische Lebensmittelbuch, III. Auflage, Kapitel B 22, Abs. 25. definiert als (Auszug): „... konzentrierte wässrige Lösung der süßenden Stoffe einer oder mehrerer Fruchtarten in ihrem originären Verhältnis, die aus dem jeweiligen Fruchtsaft nach Entzug der Fruchtsäuren, Farbstoffe, Mineralstoffe, Aromastoffe und anderer Fruchtinhaltsstoffe im Rahmen der technologischen Möglichkeiten gewonnen werden."

Fruchtsüße entspricht den folgenden Merkmalen: a) Trockenmasse mindestens 70%mas, b) Asche höchstens 0,18%mas.

Für bestimmte Weiterverarbeitungszwecke ist Fruchtsüße auch mit einer geringeren Trockenmasse handelsüblich, die entsprechend zu deklarieren ist. Fruchtsüße wird als solche, allenfalls unter Voranstellung des Namens der Ausgangsfrucht (-früchte) bezeichnet. Nicht verwendet werden hervorhebende Bezeichnungen wie „Natur-“, „natürliche“, „Voll-“, „Vollwert-“ oder sinngemäße.

Von besonderer Bedeutung für diese produktbezogenen Bestimmungen sind weiter das Kapitel B 7 „Obstrohsäfte, alkoholfreie natürliche Fruchtsäfte und Fruchtnektare“ des österreichischen Lebensmittelbuches, III. Auflage (Neufassung August 1993, geändert März 1997)[35]. Dort werden neben einer Beschreibung beziehungsweise Definition der Roh- und Fertigwaren chemische und physikalische Anforderungen, Bezeichnungen, Beurteilungsgrundlagen und Regelungen des Verkehrs normiert. Darüber hinaus enthält das Lebensmittelbuch noch einen Anhang A, der die Fruchtnektare hinsichtlich ihrer Mindestgesamtsäure und ihres Mindestfruchtgehaltes näher regelt, sowie einen Anhang B, der statt chemischer Kennzahlen für einzelne Fruchtsäfte jetzt für die Beurteilung von Fruchtsäften den AIJN-Code of Practice für Frucht- und Gemüsesäfte mit seinen Referenzrichtlinien (-werten) und die analytischen Referenzmethoden für maßgeblich und anzuwenden erklärt.

1.4.3 Schweiz

Die entsprechende Lebensmittelverordnung von 1995, zuletzt geändert 1998, enthält hinsichtlich Definition und Kennzeichnungsbestimmungen für Fruchtsaft, Fruchtnektar, Gemüsesaft, daraus weiterverarbeitete Erzeugnisse und auch für Erfrischungsgetränke detaillierte Regelungen, die sich nur zum Teil an die EU-Fruchtsaft-Richtlinie anlehnen. Insgesamt sind die Regelungen weniger detailliert als auf EU-Basis. Während die Grunddefinition von Fruchtsaft mit der EU-Fruchtsaft-Richtlinie im Wesentlichen übereinstimmt, wird bei Fruchtnektaren jedoch auf die Festlegung einer Mindestgesamtsäure verzichtet und diese lediglich über den Mindestfruchtgehalt definiert, der allerdings wiederum mit den Vorgaben der EU-Fruchtsaft-Richtlinie übereinstimmt. Eine gravierende Abweichung besteht darin, dass Apfelsaft maximal 10 % Birnensaft oder umgekehrt enthalten darf, und bei Orangensaft ebenfalls bis maximal 10 % Mandarinensaft verwendet werden darf. Grundsätzlich ist es auch möglich, Mischungen aus Apfel- und Birnensaft als „Kernobstsaft“, „Obstsaft“ oder „Süssmost“ zu bezeichnen. Bei Fruchtsäften, bei denen auf eine Fruchtsorte hingewiesen wird (zum Beispiel „Gravensteiner-Apfelsaft“) genügt es, wenn der in der Bezeichnung genannte Saftanteil im Endprodukt mindestens 80 % beträgt. Hinsichtlich der Korrekturzuckerung und der Süßungszuckerung hat man die Bestimmungen der EU-Fruchtsaft-Richtlinie übernommen. Die in Deutschland unter der Kennzeichnung „Fruchtsaftgetränke“ bekannten Erzeugnisse sind in der Schweiz als „Tafelgetränk mit Fruchtsaft“ im Markt, der Mindestanteil an Fruchtsaft ist auf 10 % festgelegt, Ausnahme: ausschließliche Verwendung von Zitronensaft, hier genügen 6 % Zitronensaftanteil. Die für diese Produktgruppen getroffenen Regelungen sind deutlich weniger detailliert als in der EU-Fruchtsaft-Richtlinie und dementsprechend auch in den deutschen Produktbestimmungen vorgegeben, so dass nur in Einzelelementen eine gewisse Vergleichbarkeit gegeben ist.

2 Chemische Zusammensetzung von Obst und Fruchtsäften einschließlich wichtiger Gemüsesäfte sowie deren ernährungsphysiologische Bedeutung

K. HERRMANN

2.1 Zusammensetzung des Obstes

2.1.1 Allgemeine Angaben

Die saftigen Obstfrüchte enthalten in frischem Zustand 70 bis 90 %, meist 80 bis 85 % Wasser. Der Hauptanteil der Trockenmasse entfällt in der Regel auf Kohlenhydrate, besonders Zucker. Demgegenüber ist der Gehalt an Eiweiß, Peptiden und Aminosäuren (Roheiweiß) mit 0,2 bis 1,0 % und an Fetten und Wachsen (Rohfett) mit 0,1 bis 0,5 % der Frischsubstanz sehr gering. Bekannte Ausnahmen sind beim Fettgehalt Oliven und Avocados.

Angaben über die *Zusammensetzung des Obstes* (und Gemüses) und zum Teil der Fruchtsäfte können unter anderem den Tabellenwerken von SOUCI et al. (1994) und HOLLAND et al. (1992), vergleiche Tabelle 5 und 6, entnommen werden. Auf die einzelnen *Inhaltsstoffe* des Obstes wurde ausführlich in unseren Übersichten über Kernobst (HERRMANN 1996a, 1998b), Steinobst (HERRMANN 1996b) und Beerenobst (HERRMANN 1996/97) eingegangen. Citrusfrüchte wurden ausführlich von NAGY et al. (1977) und Ananas von HERRMANN (1998c) besprochen, siehe auch HERRMANN (2001).

In diesem Beitrag werden in erster Linie die im mitteleuropäischen Raum angebauten Kern-, Stein- und Beerenobstarten behandelt. Weiterhin sind die wesentlichen Citrusarten und Ananas aufgenommen. Über die Zusammensetzung weiterer Südfrüchte, Beerenarten und Quitten unterrichtet Tabelle 6.

Die Zusammensetzung der Obstfrüchte (wie auch des Gemüses) unterliegt nicht nur innerhalb der verschiedenen Arten, sondern auch innerhalb der gleichen Art beträchtlichen Schwankungen. Der Einfluss der Sorte auf die Verteilung der Inhaltsstoffe ist seit langem bekannt. So gibt es Inhaltsstoffe, deren Schwankungen relativ gering sind, soweit man einwandfreie, gesunde reife Früchte zugrunde legt. Hier sind zum Beispiel die Kohlenhydrate zu nennen, die in höherer Konzentration vorkommen. Relativ gering sind die Schwankungen der Mineralstoffe und anscheinend auch mancher Aminosäuren, während zum Beispiel die Vitamine möglicherweise in einem beträchtlichen Bereich schwanken. Ein sehr bekanntes Beispiel ist der Vitamin-C-Gehalt der Apfelsorten (siehe Seite 60). Hinzu kommt, dass die Inhaltsstoffe innerhalb der Frucht nicht gleichmäßig verteilt sind.

Weiterhin haben die Anbau- und Witterungsbedingungen einen beträchtlichen Einfluss. Andererseits gleichen sich die Unterschiede der Zusammensetzung bei der industriellen Obstverwertung zu einem beträchtlichen Teil wieder aus. Man darf also bei der Bewertung der Zusammensetzung eines Fruchtsaftes niemals von Werten ausgehen, die an einer einzelnen Frucht oder wenigen Einzelfrüchten erhalten wurden, sondern man sollte die durchschnittliche Zusammensetzung unter Berücksichtigung normaler statistischer Abweichungen ermitteln.

Soweit Grenzwerte in Tabellen aufgenommen sind, sollen sie die bekannte Schwankungsbreite verdeutlichen, ohne dass auffallend niedrige oder hohe Grenzwerte Anspruch erheben können, als üblich zu gelten. Überall, wo produziert

Tab. 5. Chemische Zusammensetzung außer Zucker (siehe Tab. 7) und Säuren (siehe Tab. 9) des essbaren Anteils der Obstarten (Mittelwerte, in Klammern Schwankungsbreite). Die Werte von (a) stammen aus Souci et. al. (1994) und von (b) aus Holland et. al. (1992). Die Angaben für Phosphor beziehen sich auf P, nicht auf PO_4 (1 mg P = 3,07 mg PO_4)

Obstart Literaturstelle	Wasser	Roh-eiweiß	Mineral-stoffe (Asche)	Kalium	Calcium	Magnesium	Phosphor	Eisen	Zink	Mangan	Ascorbin-säure (C)	β-Carotin	Thiamin (B_1)	Riboflavin (B_2)	Niacin	Vitamin B_6
	%	%	%	mg/100 g	mg/100 g	mg/100 g	mg/100 g	mg/100 g	mg/100 g	mg/100 g	mg/100 g	µg/100 g	µg/100 g	µg/100 g	µg/100 g	µg/100 g
Äpfel																
(a)	85,3 (80,4–90,0)	0,34	0,32 (0,26–0,36)	144 (100–175)	7,1 (3,6–10,5)	6,4 (2,8–9)	12	0,48 (0,26–0,85)	0,10 (0,035–0,22)	0,048	12 (3–25)	26	35 (15–60)	32 (20–50)	300 (100–500)	103
(b)	84,5	0,4		120	4	5	11	0,1	0,1	0,1	6	18	30	20	100	60
Birnen																
(a)	84,3 (82,0–87,4)	0,47	0,33 (0,23–0,40)	126 (100–147)	10 (7–13)	7,8 (5,0–9,6)	15	0,26 (0,19–0,30)	0,16 (0,13–0,32)	0,042	4,6 (2,0–10)	16	33 (10–70)	38 (20–60)	220 (100–300)	15
(b)	83,8	0,3		150	11	7	13	0,2	0,1	Sp.	6	18	20	30	200	20
Süßkirschen																
(a)	82,8 (79,8–86,0)	0,90	0,49 (0,40–0,60)	229 (162–305)	17 (8–24)	11 (10–14)	20	0,35 (0,21–0,50)	0,073 (0,057–0,15)	0,086	15 (8–37)	35	39 (20–50)	42 (25–60)	270 (150–400)	45
(b)	82,8	0,9		210	13	10	21	0,2	0,1	0,1	11	25	30	30	200	50
Sauerkirschen																
(a)	84,8	0,90	0,50	114 (78–150)	8 (6–10)	8	19	0,60 (0,40–0,90)			12	240	50	60	400	
Pfirsiche																
(a)	87,5 (86,2–89,1)	0,76	0,45 (0,34–0,50)	205 (160–259)	7,8 (4,8–9)	9,2 (7,5–11)	23	0,48 (0,32–0,60)	0,145 (0,02–0,21)	0,083	9,5 (5,0–28,8)	79	27 (20–40)	51 (25–65)	850 (500–1000)	26
(b)	88,9	1,0		160	7	9	22	0,4	0,1	0,1	31	58	20	40	600	20
Aprikosen																
(a)	85,3 (82,7–89,3)	0,90	0,66 (0,59–0,77)	278 (190–370)	16 (12–20)	9,2 (7–14)	21	0,65 (0,49–0,85)	0,14 (0,04–0,19)	0,167	9,4 (5,0–15,2)	1570	40 (30–60)	53 (30–90)	770 (700–800)	70
(b)	87,2	0,9		270	15	11	20	0,5	0,1	0,1	6	200–3370	40	50	500	80
Pflaumen																
(a)	83,7 (78,7–87,9)	0,60	0,49 (0,40–0,60)	221 (150–299)	14 (10–18)	10 (7–13)	18	0,44 (0,30–0,54)	0,102 (0,03–0,12)	0,078	5,4 (2,4–14,1)	366	72 (20–120)	43 (25–70)	440 (250–600)	45
(b)	83,9	0,6		240	13	8	23	0,4	0,1	0,1	4	295	50	30	1100	50
Erdbeeren																
(a)	89,5 (84,1–92,4)	0,82	0,50 (0,30–0,74)	147 (105–169)	26 (16–30)	15 (11–20)	29	0,96 (0,80–1,31)	0,27	0,225	64 (45–94)	14	31 (20–40)	54 (30–70)	510 (190–1110)	60
(b)	89,5	0,8		160	16	10	24	0,4	0,1	0,3	77	8	30	30	600	60
Himbeeren																
(a)	84,5 (84,0–86,0)	1,30	0,51 (0,37–0,58)	170 (130–200)	40	30	44	1,00 (0,90–1,00)	0,362 (0,32–0,53)	0,320	25 (16–30)	16	23 (10–30)	50 (40–60)	300 (200–500)	75
(b)	87	1,4		170	25	19	31	0,7	0,3	0,4	32	6	30	50	500	60
Brombeeren																
(a)	84,7 (82,2–87,0)	1,2	0,51 (0,50–0,52)	189 (179–200)	44 (25–63)	30	30	0,9 (0,9–1,0)	0,19	0,894	17 (12–21)	270	30 (17–40)	40 (40–50)	400 (400–500)	50
(b)	85,0	0,9		160	41	23	31	0,7	0,2	1,4	15	80	20	50	500	50

Tab. 5. (Fortsetzung)

Obstart Literaturstelle	Wasser	Roh-eiweiß	Mineral-stoffe (Asche)	Kalium	Calcium	Magnesium	Phosphor	Eisen	Zink	Mangan	Ascorbin-säure (C)	β-Carotin	Thiamin (B_1)	Riboflavin (B_2)	Niacin	Vitamin B_6
	%	%	%	mg/100 g	mg/100 g	mg/100 g	mg/100 g	mg/100 g	mg/100 g	mg/100 g	mg/100 g	µg/100 g	µg/100 g	µg/100 g	µg/100 g	µg/100 g
Weintrauben																
(a)	81,1	0,68	0,48	192	18	9,3	20	0,51	0,055	0,104	4,2	33	46	25	230	73
	(77,3–83,6)		(0,40–0,58)	(140–250)	(12–21)	(6–15)		(0,30–0,70)	(0,035–0,110)		(2,0–7,4)		(30–61)	(10–40)	(150–300)	
(b)	81,8	0,4		210	13	7	18	0,3	0,1	0,1	3	17	50	10	200	100
Rote Johannisbeeren																
(a)	84,7	1,13	0,63	238	29	13	27	0,91	0,24	0,24	36	25	40	30	230	45
	(81,4–89,6)		(0,51–0,71)	(156–278)	(17–37)	(8–17)		(0,53–1,22)	(0,20–0,25)		(26–47)		(25–60)	(20–40)	(100–300)	
(b)	82,8	1,1		280	36	13	30	1,2	0,2	0,2	40	25	40		100	50
Schwarze Johannisbeeren																
(a)	81,3	1,28	0,80	310	46	17	40	1,29	0,29	0,34	177	81	51	44	280	80
	(77,4–84,7)		(0,61–1,10)	(258–372)	(30–65)	(10–24)		(0,90–2,20)	(0,15–0,35)		(132–220)		(25–80)	(25–60)	(200–320)	
(b)	77,4	0,9		370	60	17	43	1,3	0,3	0,3	150–230	100	30	60	300	80
Heidelbeeren																
(a)	84,6	0,60	0,30	65	10	2,4	13	0,74			22	34	20	20	400	60
(b)	85,9	0,8		88	12	5		0,5			17		30	30	400	
Orangen																
(a)	85,7	1,00	0,48	177	42	14	23	0,4	0,106	0,038	49,4	44	79	42	300	104
	(84,3–87,2)		(0,38–0,57)	(150–206)	(33–58)	(11–18)		(0,2–0,55)	(0,08–0,27)		(39–65)		(70–100)	(20–67)	(200–500)	
(b)	86,1	1,1		150	47	10	21	0,1	0,1	Spuren	44–79	28	110	40	400	100
Grapefruits																
(a)	89,0	0,60	0,35	180	18	10	17	0,34	0,129	0,044	43,7	201	48	24	240	28
	(86,0–91,0)		(0,27–0,43)	(125–234)	(14–23)	(8–12)		(0,26–0,50)	(0,098–0,20)		(38–55)		(31–70)	(10–40)	(130–410)	
(b)	89,0	0,8		200	23	9	20	0,1	Spuren	Spuren	36	17–280	50	20	300	30
Zitronen																
(a)	90,2	0,70	0,50	149	11	28	16	0,45	0,106	0,042	50,7	3,4	51	20	170	60
	(89,3–91,0)			(148–150)	(10–40)			(0,10–0,60)	(0,03–0,20)		(35–62)		(34–60)	(10–34)	(100–230)	
(b)	89,1	0,8		140	27	9	16	0,4	0,1		53	7	50	20	200	80
Ananas																
(a)	85,3	0,46	0,39	173	16	17	9	0,4	0,123	0,320	19	60	80	30	220	75
	(82,0–88,8)		(0,32–0,50)	(123–250)	(12–18)	(13–22)		(0,3–0,5)	(0,06–0,26)		(10–25)		(70–107)	(20–60)	(200–340)	
(b)	86,5	0,4		160	18	16	10	0,2	0,1	0,5	12	18	80	30	300	90

Tab. 6. Chemische Zusammensetzung des essbaren Anteils von Südfrüchten, Quitten, einigen Beerenarten sowie einigen Gemüsearten (Mittelwerte) (Orangen, Grapefruits, Zitronen und Ananas siehe Tab. 5)

Obst- bzw. Gemüseart	Wasser %	Rohei-weiß %	Glucose %	Fructose %	Saccha-rose %	Gesamt-säure %	Mineral-stoffe (Asche) %	K	Na	Ca	Mg	P	Ascorbin-säure	β-Carotin	Thiamin	Riboflavin	Niacin
										mg/100g			mg/100 g		µg/100 g		
Obst																	
Acerolasaft	92	0,4	1,2	1,5	0		0,35	150	3	9	12	30	1000–2000		20	70	400
Avocado	74	2,0	0,3	0,3	0,1	< 0,2	1,2	600	4	12	30	40	5–10	200	100	160	1700
Banane	75	1,2	4,3	3,5	10,5	0,7	0,9	400	1	8	35	28	7–21	30	50	60	600
Baumtomate (Tamarillo)	86	1,9	0,9	1,0	2,0	1,5	0,7	320	5	11	21	40	25	400	40	40	300
Cherimoya	80	2,1				0,6	0,9	200		15	20	40	25	0	90	110	1000
Granatapfel	80	1,3	7,0	5.5	0,2	0,7	0,4	220	3	13	10	30	5–20	30	20	30	300
Guanabana (Sauersack)	82	1,0				1,0	0,7	265		14		25	20	0	70	50	900
Guave	85	1,0	2,1	2,3	0,5	0,5	0,5	250	4	15	10	30	100–400	500	40	40	1000
Holunderbeere	80	2,5	3,2	2,7	0,3	0,9	0,9	350	3	35	–	30	10–30	–	65	75	1200
Kaki	80	0,7	7	5	3		0,6	180	5	10	10	20	20–50	1500	30	30	300
Kaschuapfel	88	0,8	5	5	0,3	0,5	0,3	140	6	6	10	20	150–300	100	20	20	300
Kiwi	83	1,2	4,0	4,1	1,3	1,2	0,6	300	5	25	15	25	60–100	50	10	30	300
Kulturheidelbeere	83	0,7	4	4	0,5	0,5	0,2	80		2	5	15	15	60	30	60	500
Kulturpreiselbeere (Cranberry)	87	0,4	2,2	1,2	Sp.	2,3	0,2	95	2	12	7	10	12	20	30	20	100
Litschi	81	1,1	7	7	0,5	0,4	0,4	160	3	8	10	30	40	0	40	60	500
Mandarine	86	0,8	1,5	1,5	6,1	–	0,7	180	2	35	11	20	30	50	60	30	200
Mango	80–83	0,4–0,8	0,5–1,5	2,0–4,0	7–11	0,2–0,5	0,3–0,5	165–190		10–20	10–20	10–17	20–50	500–5000	20–80	40–80	400–1200
Naranjilla (Lulo)	90	0,9				2,5	0,6			14		40	60	100	60	40	1500
Nashi (Asiat. Birne)	87	0,3	2,2	4,9	Sp.			110	6	5	7		4	Sp.	30	30	300
Papaya	88	0,6	2,8	2,8	3	0,1	0,5	200	3	25	15	15	40–70	500	30	30	400
Quitte	83	0,4	4,1	6,4	0,5	–	0,45	200	2	10	8	20	15	40	30	30	200
Sanddornbeere	83	1,4				1,9	0,45	135	4	40	30	10	450	1500	35		260
Stachelbeere	87	0,8	3,6	3,8	1,4	1,4	0,45	200	2	25	15	25	35	200	20	20	250

Gesamtzucker: Cherimoya 14%, Guanabana 11%, Sanddornbeeren 7%

Tab. 6. (Fortsetzung)

Obst- bzw. Gemüseart	Wasser %	Rohei-weiß %	Glucose %	Fructose %	Saccha-rose %	Nitrat mg/100 g	Mineral-stoffe (Asche) %	K	Na	Ca mg/100 g	Mg	P	Ascorbin-säure mg/100 g	β-Carotin	Thiamin µg/100 g	Riboflavin	Niacin
Gemüse																	
Gurke	96,8	0,60	0,89	0,86	0,057	19	0,6	141	9	15	8	23	8	393	18	30	200
	96,4	0,7	0,7	0,7	Sp.			140	3	18	8	49	2	60	30	10	200
Gemüsepaprika	91,0	1,17	1,38	1,25	0,15	12	0,57	177	3	11	12	29	138	535	53	43	330
	93,3	0,8	1,0	1,4	Sp.			120	4	8	10	19	120	265	10	10	100
Rhabarber	92,7	0,6	0,41	0,39	0,34	215	0,64	270	2	52	13	24	10	61	27	30	250
Rettich	93,5	1,05	1,16	0,64	0,13	259	0,75	322	18	33	15	29	27	9	30	30	400
	93,0	0,8	1,4	1,3	0,2			220	27	30	15	25	24	0	30	20	500
Rote Bete	86,2	1,53	0,27	0,25	7,86	195	1,0	336	58	29	25	45	10	11	22	42	230
	87,1	1,7	0,2	0,1	6,7			380	66	20	11	51	5	20	10	10	100
Sellerie	88,6	1,55				98	0,94	321	77	68	9	80	8	15	36	70	900
	88,8	1,2	0,3	0,4	1,2			460	91	40	21	63	14	26	180	20	200
Spargel	93,6	1,9	0,81	0,99	0,24		0,62	203	4	26	18	46	20	516	111	105	1000
	91,4	2,9	0,7	1,1	0,1			260	1	27	13	72	12	315	160	60	1000
Spinat	91,6	2,52	0,13	0,13	0,20	166	1,51	633	65	126	58	55	52	4690	110	230	620
	89,7	2,8	0,5	0,5	0,5			500	140	170	54	45	26	3535	70	90	1200
Wassermelone	90,3	0,60	2,02	3,92	2,35		0,40	158	1	11	3	11	6	245	45	50	150
	92,3	0,5	1,3	2,3	3,4			100	2	7	8	9	8	230	50	10	100
Weißkohl	90,5	1,37	2,02	1,76	0,35	40	0,59	208	12	46	23	28	45	72	49	37	320
	90,7	1,4	2,3	2,1	0,5			240	7	49	6	29	35	40	120	10	300
Zwiebel	87,6	1,25	1,63	1,34	1,93	20	0,59	135	10	31	11	42	7	7	34	20	200
	89,0	1,2	2,1	1,6	1,9			160	3	25	4	30	5	10	130	Sp.	700

Die Werte des Obstes wurden aus Originalarbeiten sowie aus HERRMANN (1987), HOLLAND et al. (1992) und SOUCI et al. (1994) zusammengestellt.
Bei den Gemüsearten stammt die 1. Zeile aus SOUCI et al. (1994), die 2: Zeile aus HOLLAND et al. (1991). Weitere Nitratwerte siehe Tab. 24.
K = Kalium, Na = Natrium, Ca = Calcium, Mg = Magnesium, P = Phosphor (nicht PO_4 = Phosphat)

wird, kommt es gelegentlich zu einem „Ausreißer", in der Natur wie im Betrieb. So wie jeder Betrieb die Ausreißer der Produktion nicht als die Norm betrachtet, so sollte man auch den tiefsten oder höchsten Grenzwert einer Tabelle über die Zusammensetzung von Obstarten, der unter Umständen von wenigen Früchten einer einzelnen Sorte erhalten wurde, nicht als „natürlich" für eine Obstart zugrunde legen.

Auch können gelegentlich Analysenfehler zu hohe oder zu tiefe Werte vortäuschen. Bei den Handelssäften dürften mit oder ohne Wissen auch gefälschte Säfte mit einbezogen sein, die eine Entstellung des Analysenbildes bewirken können.

2.1.2 Kohlenhydrate

2.1.2.1 Zucker

Unter den Feststoffen des Obstes stellen die Zucker den Hauptanteil. Sie bestehen in der Regel fast ausschließlich aus den Hexosen *Glucose* (Traubenzucker) und *Fructose* (Fruchtzucker), die in Tabellen häufig als so genannte „reduzierende Zucker" oder „Invertzucker" zusammengefasst wurden, sowie sehr unterschiedlichen Mengen an *Saccharose* (Rübenzucker), einer Verbindung aus den beiden vorstehenden Monosacchariden. Auch das für Obstarten charakteristische Verhältnis von Glucose zu Fructose wechselt mit der Obstart und ebenfalls der Sorte (Dako et al. 1970). Andere Monosaccharide (Einfachzucker; Hexosen wie Pentosen) und Oligosaccharide (Mehrfachzucker) kommen zwar in beträchtlicher Zahl in der Natur und zum Teil auch im Obst vor, zum Beispiel als Bestandteile der so genannten „Ballaststoffe" (Marlett und Vollendorf 1994) oder in Verbindung mit anderen Inhaltsstoffen als „Glykoside" oder auch „Zuckerester" (siehe Seite 70). Hierbei handelt es sich oft um geringe Konzentrationen.

In *Äpfeln* und *Birnen* herrscht die Fructose vor (vgl. Tab. 7). Ihr Anteil am Gesamtzuckergehalt schwankte bei 39 Apfelproben (etwa 200 Früchte) zwischen 50 und 69 % (Mittelwert 60 %) und bei 14 Birnenproben (etwa 70 Früchte) zwischen 64 und 79 % (Mittelwert 70 %) (Dako et al. 1970).

Der Glucosegehalt des Steinobstes ist meist etwas höher als der Fructoseanteil. Kirschen enthalten praktisch nur Glucose und Fructose in ähnlichem, etwas wechselndem Verhältnis. In Pfirsichen, Aprikosen und Pflaumen überwiegt dagegen der Saccharoseanteil. Er betrug in Untersuchungen von Dako et al. (1970) in Pfirsichen im Durchschnitt 69 (57–79) %, in Aprikosen 78 (66–87) % und Pflaumen 60 (44–71) %.

In den meisten Beerenobstarten und in Citrusfrüchten beträgt das Verhältnis von Glucose zu Fructose etwa 1 zu 1, oftmals mit einer Tendenz zu etwas höheren Fructosewerten; in Mandarinen, Ananas, Mango und Bananen überwiegt die Saccharose (vgl. Tab. 7).

2.1.2.2 Polysaccharide

Die Polysaccharide (Vielfachzucker) des Obstes bestehen im Wesentlichen aus Stärke, Cellulose, Hemicellulosen und Pektinen.

Stärke ist Bestandteil unreifer Früchte und ist in vollreifen Früchten praktisch vollständig abgebaut. Stärke besteht aus Amylose, die in Wasser Löslichkeit zeigt, und aus unlöslichem Amylopektin. Pflückreif geerntetes Kernobst enthält noch deutlich Stärke (Millies 1997). So wurden in den Apfelsorten 'Finkenwerder', 'Boskoop', 'Oldenburg' und 'Horneburger' bei Pflückreife 0,8 bis 1,0 % Stärke festgestellt, die bei einer Lagerung von 8 °C nach einem Monat auf 0,6 bis 0,8, nach zwei Monaten auf 0,6 (Oldenburg 0,4) und nach drei Monaten auf 0,3 (Oldenburg 0) % abnahm.

Cellulose und Hemicellulosen (Hexosane, Pentosane) sind regelmäßige Bestandteile der Zellwand von Fruchtmark, Steinen, Kernen und Schalen. Sie zählen neben Pektin und dem Lignin zu den ernährungsphysiologisch wichtigen „Ballaststoffen", die weitgehend wasserunlöslich sind. Hinweise auf die im Saft gelösten Polysaccharide (Pektine und Hemi-

Tab 7. Der Gehalt an Glucose, Fructose und Saccharose des Obstes und der Tomaten (Mittelwerte, in Klammern Schwankungsbreiten)

Obstart	Gesamtzucker (Summe) %	Glucose %	Fructose %	Saccharose %	Literaturstelle
Äpfel	9,5–13,0	1,7	6,2	3,9	Holland et al. 1992
12 Sorten, 2 Jahre		1,45	6,25	3,92	Roemer 1982
	11,0	2,35	6,00	2,51	Wrolstad und
	(9,04–13,98)	(1,17–3,64)	(5,01–7,04)	(1,10–3,78)	Shallenberger 1981
n = 39, 5 Sorten	9,86	1,82	5,93	2,11	Dako et al. 1970
	(6,68–15,25)	(1,08–2,84)	(3,66–7,90)	(0,53–5,74)	
n = 64; 4 Sorten	7,99–9,03	1,08–1,38	4,83–5,38	2,10–2,73	Trautner und
	± 0,20	± 0,08	± 0,15	± 0,10	Somogyi 1978
Birnen	10,2	1,69	6,62	1,73	Wrolstad und
	(7,95–13,32)	(0,76–3,90)	(5,10–8,89)	(0,54–3,70)	Shallenberger 1981
n = 54	5,92–11,76	1,21	6,70	1,34	Roemer 1991
(Saft)		(0,59–2,34)	(3,73–9,62)	(0,18–3,56)	
30 ital. Herkünfte		3,80	6,99	0,31	Gherardi et al. 1980
10 Sorten		(2,65–5,77)	(5,55–8,35)	(0,02–1,31)	
Süßkirschen		6,93	6,14	0.193	Souci et al. 1994
		(5,29–7,80)	(4,20–7,09)	(0,15–1,25)	
	15,1	7,78	7,09	0,153	Wrolstad und
	(11,9–24,8)	(4,70–16,14)	(5,35–10,22)	(0–0,64)	Shallenberger 1981
n = 56; 5 Sorten	9,93–12,29	5,12–6,59	4,36–5,39	0,12–0,46	Trautner und
	± 0,25	± 0,20	± 0,15	± 0,10	Somogyi 1978
Sauerkirschen	5,51–9,51	2,88–5,17	2,63–3,74	0–1,02	Wrolstad und
					Shallenberger 1981
n = 95		5,45	3,86	0–0,31	Roemer 1992
(Saft)		(4,22–7,40)	(2,89–5,34)		
Pflaumen					
n = 130	10,7	2,36	0,94	7,36	Roemer 1990
(Saft)	(6,88–15,85)	(0,82–5,74)	(0,20–2,57)	(3,81–10,71)	
„Fellenberg“	9,59–9,94	2,48–3,30	0,96–1,14	5,35–6,14	Trautner und
n = 33	± 0,40	± 0,10	± 0,05	± 0,30	Somogyi 1978
Pfirsiche					
40 ital. Herkünfte		1,71	1,57	5,22	Gherardi et al. 1980
		(0,14–3,07)	(0,61–2,66)	(2,92–9,50)	
n = 135 (Mark)	7,02	1,57	1,80	3,65	Fuchs et al. 1992
	(4,02–9,34)	(0,75–2,44)	(0,92–3,14)	(1,24–6,38)	
n = 38 (Pulpe)	8,35	2,47	2,43	3,45	Eksi 1981
	(6,61–11,1)	(1,59–4,03)	(1,71–3,58)	(1,48–5,15)	
n = 10	7,6	1,1	1,1	5,2	Holland et al. 1992
Aprikosen					
25 ital. Herkünfte	6,70	2,29	1,24	4,59	Gherardi et al. 1978
	(5,23–9,21)	(0,40–4,10)	(0,36–2,16)	(1,00–8,25)	
n = 13	7,35	1,10	0,46	5,79	Dako et al. 1970
n = 18	7,2	1,6	0,9	4,6	Holland et al. 1992
Trauben		7,18	7,44	0,426	Souci et al. 1994
		(3,98–9,05)	(3,86–9,30)	(0,18–1,61)	
11 Sorten	13,49–21,49	6,56–11,26	6,87–10,63	bis 0,02	Drawert et al. 1977
„Riesling × Silvaner“	12,05–13,64	5,84–6,50	5,97–6,15	0,24–1,42	Trautner und
n = 18	± 0,35	± 0,15	± 0,15	± 0,15	Somogyi 1978
n = 10	15,4	7,6	7,8	0,1	Holland et al. 1992

Tab 7. (Fortsetzung)

Obstart	Gesamtzucker (Summe) %	Glucose %	Fructose %	Saccharose %	Literaturstelle
Erdbeeren					
n = 92	5,60	2,18	2,39	1,04	ROEMER 1989
(Saft)	(3,68–8,54)	(1,38–3,65)	(1,60–3,86)	(0–2,92)	
	5,50	2,33	2,23	0,90	WROLSTAD und
	(4,07–6,80)	(1,48–3,40)	(1,02–3,20)	(0,20–1,56)	SHALLENBERGER 1981
n = 27; 3 Sorten	4,78–6,14	1,54–1,81	1,77–2,09	1,03–2,83	TRAUTNER und
	± 0,20	± 0,06	± 0,07	± 0,15	SOMOGYI 1978
Himbeeren	5,82	1,91	2,03	1,85	WROLSTAD und
	(3,88–7,82)	(0,77–3,28)	(1,10–3,65)	(0,63–3,68)	SHALLENBERGER 1981
n = 66	6,27	2,39	2,84	1,03	ROEMER 1990
(Saft)	(1,89–9,05)	(0,76–4,05)	(1,04–4,17)	(0–2,79)	
n = 14		2,43	3,08		
(Saft)		(1,40–3,76)	(2,03–3,76)		OTTENEDER 1978
Brombeeren	6,96	3,28	3,38	0,22	WROLSTAD und
	(5,51–8,50)	(2,46–4,50)	(2,15–4,54)	(0–0,59)	SHALLENBERGER 1981
n = 13 (Saft)	6,59	3,28	3,24	0,06	ROEMER 1990
	(3,92–9,63)	(1,94–4,75)	(1,92–4,78)	(0–0,31)	
Johannisbeeren, rot		2,01	2,49	0,277	SOUCI et al. 1994
		(0,73–2,90)	(1,87–3,00)	(0,090–0,50)	
n = 14 (Saft)		3,32	3,73	0,08	ROEMER 1990
		(1,21–4,32)	(1,90–4,74)	(0–0,41)	
Johannisbeeren, schwarz		2,35	3,07	0,692	SOUCI et al. 1994
		(2,02–4,62)	(2,68–5,40)	(0,53–1,00)	
n = 52 (Saft)	8,43	3,30	4,14	0,99	ROEMER 1990
	(4,24–12,4)	(1,78–4,77)	(2,09–6,00)	(0,12–2,46)	
Heidelbeeren		2,47	3,35	0,24	SOUCI et al. 1994
		(2,30–5,00)	(3,11–5,20)	(0,23–0,25)	
		3,3	3,3	0,4	HOLLAND et al. 1992
Orangen		2,27	2,58	3,41	SOUCI et al. 1994
		(1,81–2,44)	(2,38–3,03)	(3,21–4,33)	
	8,5	2,2	2,4	3,9	HOLLAND et al. 1992
Grapefruits		2,38	2,10	2,93	SOUCI et al. 1994
		(2,14–2,81)	(0,79–2,38)	(1,70–4,55)	
n = 10	6,8	2,1	2,3	2,4	HOLLAND et al. 1992
Zitronen		1,40	1,35	0,41	SOUCI et al. 1994
	2,2	0,9	0,7	0,5	HOLLAND et al. 1992
Ananas		2,13	2,44	7,83	SOUCI et al. 1994
		(1,58–2,50)	(1,40–3,30)	(6,60–9,39)	
n = 10	10,1	2,0	2,5	5,5	HOLLAND et al. 1992
Tomaten		1,21	1,50	0,14	SOMOGYI et al. 1974
n = 30		± 0,26	± 0,25	± 0,10	
n = 55		1,49	1,90	< 0,05	HERRMANN 1979
		(0,79–1,90)	(1,15–2,39)		
n = 34		1,00	1,25	0,02	HAILA et al. 1992 a
		(0,53–1,66	(0,75–1,87)	(0–0,17)	

Bei WROLSTAD und SHALLENBERGER (1981) sind die Werte der einzelnen verwendeten Arbeiten genannt.

Tab 8. Mittlere Zusammensetzung (in %) der gelösten Polysaccharide in Fruchtsäften und Pürees (ohne Berücksichtigung von Galacturonsäure) (KAUSCHUS und THIER 1985)

	Proben-zahl	Galactose	Arabinose	Glucose	Rhamnose	Summe	Galacturon-säure
		%	%	%	%	g/l	g/l
Orangensaft (Brasil)	14	54	27	6	3	0,657	0,13
Zitronensaft	3	46	25	10	7	0,424	0,14
Grapefruitsaft	5	49	30	8	4	0,345	0,14
Apfelsaft, trüb	30	41	25	20	2		
Sauerkirsch-Muttersaft	3	36	42	7	6	0,36	0,02
Schwarzer Johannis-beer-Muttersaft	2	19	46	6	20	1,45	2,47
Aprikosenpüree	9	21	41	10	15	2,44	2,90
Pfirsichpüree	4	27	46	6	7	2,63	2,44

Die Apfelsäfte definierter Apfelsorten aus 1981, 1982 und 1983 zeigten, dass etwa 200–400 mg/l Polysaccharide aus der Frucht in den Saft übergingen. Zwischen den einzelnen Sorten gab es einige Unterschiede, jedoch kaum zwischen den drei Jahrgängen.
In fünf klaren Apfelsäften des Handels waren noch etwa 100 mg/l neutrale Polysaccharidbausteine zu finden, die zur Hälfte aus Galactose und zu einem Viertel aus Arabinose bestanden.

cellulosen) gibt Tabelle 8. Hieraus ist ersichtlich, dass Galactose und Arabinose Hauptzucker darstellen. Arabane, die im Wesentlichen aus Arabinose aufgebaut sind, können in Kernobstsäften Trübungen ergeben.

Die technologisch wichtigsten Polysaccharide der Früchte sind die Pektine (PILNIK und ZWIKER 1970). Sie bestehen vorwiegend aus Galacturonsäure und sind in den Mittellamellen pflanzlicher Zellen als „Kittsubstanz“ und in den primären Zellwänden enthalten. Wasserunlösliches natives, das heißt in der Pflanze vorgebildetes Pektin, wird als „Protopektin“ bezeichnet. Auf enzymatischem Wege wird es vor allem beim Reifen der Früchte hydrolysiert, wodurch die Früchte weich werden. Lösliche Pektine bilden mit Zucker und Säuren Gele und besitzen damit eine gute Gelierkraft.

Quantitative Hinweise auf die Pektine in Citrus- und Ananassäften siehe Seite 79. Für Äpfel ergaben neuere Untersuchungen mit 'Golden Delicious' 0,28 %, 0,54 % und 0,63 % in drei verschiedenen Arbeiten, 0,25 bis 0,35 % für 'Cox Orange Pippin' und 0,39 bis 0,49 % für zwei ungenannte Sorten. Nach BAKER (1997) könnte der mittlere Wert bei 0,55 % liegen. Süßkirschen enthalten nach BAKER (1997) 0,34 bis 0,46 % und Trauben 0,7 bis 0,8 % Pektin. Für Schwarze Johannisbeeren, Aprikosen und Pfirsiche können die Galacturonsäurewerte in Tabelle 8 einen Anhalt bieten. An zum Teil Jahrzehnte alten Werten gibt SOUCI et al. (1994) als Mittelwerte (in Klammern Schwankungsbreite) für Süßkirschen 0,36 (0,28–0,45) %, Pflaumen 0,76 (0,57–0,90) %, Pfirsiche 0,54 (0,35–0,80) %, Erdbeeren 0,81 (0,50–1,36) %, Brombeeren 0,48 (0,32–0,63) %, sowie für Passionsfruchtsaft 0,23 (0,20 bis 0,25) % und Traubensaft 0,20 (0,03–0,37) % Pektin an.

2.1.2.3 Zuckerderivate

Neben Zuckern kommen in Obstarten Zuckeralkohole vor. Am bekanntesten ist der *Sorbit*, der im Kern- und Steinobst stets vorhanden ist, während er im Beerenobst zum Teil in Spuren auftritt und in Citrusfrüchten und Ananas fehlen soll. TANNER und DUPERREX (1968) gaben folgende Gehalte an: sortenreine Apfelsäfte 4,1 (Grenzwerte: 1,52–7,32) g/l bei 19 Sorten, sortenreine Birnensäfte 20,0 (6,6–34,6) g/l bei 23 Sorten und sortenreine Kirschsäfte 26,7 (16,2–42,2) g/l bei zehn Sorten. In deutschem Obst wurden in 54 Proben Birnen 22,1 (7,7–35,6) g/l, in 130 Proben Pflaumen 10,9 (0,3–49,2) g/l, in 95 Proben Sauerkirschen 13,8 (4,4–

28,2) g/l (ROEMER 1989/92) und in 169 Proben Pfirsichmark 1,93 (0,4–9,0) g/kg (FUCHS et al. 1992) angegeben, siehe weiterhin Tabelle 17. BAZZARINI et al. (1981) fanden in elf Süßkirschenproben 29,3 (17,6–45,5) und in sieben Sauerkirschproben 17,8 (14,0–24,2) g/kg sowie DRAWERT et al. (1977) in elf Traubensorten 40 bis 71 mg/kg und GHERARDI et al. (1983) in 19 Erdbeerproben 148 (67–249) mg/kg Sorbit. PATSCHKY und SCHÖNE (1972) und WEISS und SÄMANN (1979) gaben in Beerenobstsäften (Himbeeren, Brombeeren, Johannisbeeren, Stachelbeeren und Heidelbeeren) bis 150, meist < 100 beziehungsweise Spuren bis 100 mg/l Sorbit an, KUHLMANN (1979) in sieben Proben Waldheidelbeersaft 20 bis 130 mg/l. Der Sorbitnachweis eignet sich zum Nachweis eines unzulässigen Gehaltes an Kern- und Steinobstsäften in Beerenobstsäften. Ebenfalls kommt Xylit in Obstarten häufig vor (MÄKINEN und SÖDERLING 1980).

Weiterhin ist das Vitamin *myo-Inosit* (früher als meso-Inosit bekannt) im Obst weit verbreitet. Es zählt zu den Polyhydroxycyclohexanen (Cycliten), die eine große Ähnlichkeit mit den Zuckeralkoholen aufweisen.

2.1.3 Organische Säuren

Geschmacklich entscheidende Bestandteile des Obstes und damit der Fruchtsäfte sind neben den Zuckern und den Aromastoffen die nichtflüchtigen Säuren. Sie sind wie die meisten ihrer Salze wasserlöslich. Eine größere Zahl ist am Säurestoffwechsel saftiger Früchte beteiligt. Von diesen tritt nur ein Teil tatsächlich im Obst in sehr unterschiedlichen Konzentrationen auf, während die anderen in der Regel so rasch weiterverarbeitet werden, wie sie entstehen, und damit nicht in Erscheinung treten.

Die Säuren, die häufig als „Fruchtsäuren" bezeichnet werden, kommen im Obst überwiegend in freier Form vor. Nur zum geringen Teil sind sie durch Kationen als Salze gebunden. Der Gehalt an letzteren ist zum Beispiel in Zitronen mit etwa 3 % gering und in Mostbirnen mit 20 bis 30 % relativ hoch.

Vorherrschende Säure, die oft 50 bis 90 % des Gesamtsäuregehaltes umfasst, ist in Kernobst, Kirschen und Pflaumen die Äpfelsäure. Aprikosen und Pfirsiche enthalten zum Teil Äpfel- und Citronensäure in ähnlicher Konzentration. Hauptsäure ist im Beerenobst mit Ausnahme der Brombeeren und Weintrauben sowie in Citrusfrüchten und Ananas die Citronensäure (siehe Tab. 9 und 17).

Nur in Trauben ist die Weinsäure neben Äpfelsäure Hauptsäure. Weinsäure kommt in anderen heimischen Obstarten und zur Saftgewinnung verwendeten subtropischen und tropischen Obstarten praktisch nicht vor (WALLRAUCH 1974). Die zum Teil sehr unterschiedliche Säurezusammensetzung ermöglicht es, unter Umständen Verfälschungen nachzuweisen, zum Beispiel Zusätze von Apfel- oder Traubensaft(konzentrat) zu Schwarzem Johannisbeersaft, Zusätze von Traubenextrakten im Allgemeinen oder Zusätze von Birnensäften zu Apfelsäften. Bedeutung wird seit einiger Zeit dem relativ geringen Isocitronensäure-Gehalt zugemessen, vor allem dem Citronensäure/Isocitronensäure-Verhältnis in Citrusfrüchten (siehe Tab. 17).

An weiteren Säuren werden praktisch immer die alicyclische Chinasäure, zum Teil in beträchtlichen Konzentrationen, Bernsteinsäure ($HOOC\text{-}(CH_2)_2\text{-}COOH$) in Mengen von etwa 100 bis 500 mg/kg, Fumarsäure ($HOOC\text{-}CH{=}CH\text{-}COOH$) in Mengen bis 50 mg/kg (in Apfelsäften < 3 mg/l) und Oxalsäure ($HOOC{=}COOH$) meist in Mengen unter 100 mg/kg Frischgewicht aufgefunden (HERRMANN et al. 1972).

Darüber hinaus sind gelegentlich weitere Säuren meist in Spurenmengen angegeben worden wie Malonsäure ($HOOC\text{-}CH_2\text{-}COOH$), Glykolsäure ($CH_2OH\text{-}COOH$), Glycerinsäure ($CH_2OH\text{-}CHOH\text{-}COOH$) und Aconitsäure (aus einem Molekül Citronensäure unter Abspaltung eines Moleküls Wasser entstanden), ebenfalls die der Chinasäure ähnliche Shikimisäure. Apfelsäfte (147 Proben) enthielten

Tab 9. Der Gehalt der Obstarten an wesentlichen Fruchtsäuren (Mittelwerte, in Klammern Schwankungsbreite)

Obstart	Äpfelsäure mg/100 g	Citronensäure mg/100 g	Chinasäure mg/100 g	Isocitronensäure mg/100 g	Literaturstelle
Äpfel	426 (270–790)	29,3 (9–30)			Souci et al. 1994
17 Sorten Wirtschaftsäpfel	540 (180–1360)	bis 23	120 (40–230)		Phillips et al. 1956
39 Proben	420 (140–720)	30 (0–90)			Haila et al. 1992 b
Birnen	170 (100–240)	140 (80–200)			Souci et al. 1994
7 Sorten Wirtschaftsbirnen	665 (450–880)	bis 390	70 (50–130)		Phillips et al. 1956
30 ital. Herkünfte, 10 Sorten	250 (60–880)	150 (10–300)			Gherardi et al. 1980
Süßkirschen	940 (730–1110)	13 (10–15)			Souci et al. 1994
14 Sorten	940 (730–1110)	16,4 (9,9–20,4)			Wallrauch 1974
Sauerkirschen					
16 Sorten	2160 (1600–2930)	30,1 (24,2–42,4)			Wallrauch 1974
6 Sorten	2150 (1430–2920)	8,13 (5,19–11,5)			Eksi et al. 1980
Pflaumen	1220 (820–1990)	34 (23–55)			Souci et al. 1994
	1557 (1140–2540)	31 (18–44)	231 (120–410)		Wills et al. 1983
Pfirsiche					
100 Proben (Mark)	384 (200–560)	330 (130–590)			Fuchs et al. 1992
27 Sorten, 40 Proben	400 (230–590)	370 (100–720)			Gherardi et al. 1980
26 Proben	350–670	45–310	120–290		Souty 1967
Aprikosen					
25 Sorten	820 (140–2080)	1030 (280–1720)		11,7 (2,8–19,1)	Gherardi et al. 1978
30 Sorten	820 (260–2000)	920 (100–2040)			Souty et al. 1976
Erdbeeren	303 (90–340)	748 (670–940)	45 (10–80)		Souci et al. 1994
19 Proben	190 (70–360)	760 (600–1030)			Gherardi et al. 1983
13 Proben	335 (240–490)	710 (500–940)			Haila et al. 1992 b
Himbeeren	400 (0–800)	1720 (1060–2480)	15		Souci et al. 1994
34 Proben	80 (40–210)	2080 (1510–2870)			Roemer 1990
10 Proben	40 (0–70)	1690 (1370–2350)		11,0 (8,6–14,0)	Bazzarini et al. 1986

Tab 9. (Fortsetzung)

Obstart	Äpfelsäure mg/100 g	Citronensäure mg/100 g	Chinasäure mg/100 g	Isocitronensäure mg/100 g	Literaturstelle
Brombeeren	900 (860–950)	18 (15–21)		810	SOUCI et al. 1994
13 Proben	620 (200–1010)	20 (0–40)		730 (400–900)	ROEMER 1990
10 Proben	300 (40–780)	30 (0–50)		592 (316–990)	BAZZARINI et al. 1986
Johannisbeeren, rot	596 (240–640)	1770 (1690–2300)	15 (11–19)		SOUCI et al. 1994
6 Proben	420 (70–1000)	2950 (1970–3760)		30,7 (25,7–33,8)	BENK und BERGMANN 1977
5 Proben	520 (100–1900)	2280 (1600–3320))		21,3 (13,9–31,3)	BAZZARINI et al. 1986
Johannisbeeren, schwarz	235 (220–440)	2390 (2350–3110)	35 (21–48)		SOUCI et al. 1994
12 Proben	220 (170–280)	2360 (1700–3200)			HAILA et al. 1992 b
Heidelbeeren	200–500	600	500–900		TANNER und PETER 1978
Kulturheidelbeeren	300–500	500–700	50–60		TANNER und PETER 1978

im Mittel um 20 (Schwankungsbreite 12,3–39,5) mg/l Shikimisäure und weiße und rote Traubensäfte 20 bis 50 mg/l (WALLRAUCH 1997/98). Angaben über Chinasäure- und Shikimisäuregehalte von Brombeer-, Heidelbeer- und Holunderbeersäften siehe Seite 77).

Dagegen dürfte Milchsäure, die bisweilen angegeben wurde, erst auf mikrobiellem Wege entstehen. Von Äpfel- und Citronensäure, zum Teil auch Chinasäure und Isocitronensäure sowie Weinsäure in Trauben abgesehen, liegt über die Konzentrationen der anderen Fruchtsäuren in den Obstarten nur ein sehr lückenhaftes Material vor.

Flüchtige Säuren wie Ameisensäure und Essigsäure treten verstärkt nach der Maischeherstellung auf. Säfte aus einwandfreien Früchten enthalten etwa 30 bis 70 mg flüchtige Säuren pro Liter, berechnet als Essigsäure. In Traubensäften aus einwandfreien Beeren wurden 18 mg Ameisensäure pro Liter und 23 mg Essigsäure pro Liter (DITTRICH 1982) und in Apfelsäften aus gesunden Äpfeln 18 bis 26 mg Ameisensäure pro Liter gefunden (GIERSCHNER und HERBST 1980/81).

In sauren Apfelsorten besteht der Gesamtsäuregehalt oft zu über 90 % aus Äpfelsäure. Der Rest entfällt im Wesentlichen auf Chinasäure. Sehr gering ist in der Regel der Citronensäureanteil am Gesamtsäuregehalt. Birnen enthalten zum Teil höhere Citronensäure-Konzentrationen, besonders Mostbirnen. So bestanden in schweizerischen Mostbirnen etwa 30 bis 40 % der vorhandenen Fruchtsäuren aus Citronensäure; weiterhin wurden etwa 500 Miligramm Chinasäure pro Kilogramm Birnen aufgefunden, vergleiche Tabellen 9 und 17. In Pfirsichen entfallen auf Äpfel-, Citronen- und Chinasäure etwa 90 % des Gesamtsäuregehaltes, wobei oft die Äpfelsäure etwas überwiegt. Weintrauben weisen im Gegensatz zu anderen Obstarten Weinsäure und Äpfelsäure in ähnlicher Konzentration neben bis etwa 5 % Citronensäure auf. Während der Reife nimmt die Äpfelsäure stärker als die Weinsäure ab.

Tropische und subtropische Früchte enthalten meist Citronensäure als hauptsächliche Säure, gefolgt von mehr oder weniger kleinen Mengen an Äpfelsäure. Dies gilt zum Beispiel für Ananas, Citrusfrüchte, Granatäpfel, Guaven, Mangos und Passionsfrüchte. Daneben kommen – soweit untersucht – Isocitronensäure, Bernsteinsäure und Chinasäure in geringerer Konzentration vor. Wegen der Säuren in Citrussäften, Ananassäften und Passionsfruchtsäften siehe Tabelle 17 und Seite 79. Kiwis enthalten als Hauptsäure Citronensäure, gefolgt von Chinasäure und etwa 0,15 % Äpfelsäure. Bananen haben ähnliche Mengen an Citronensäure und Äpfelsäure oder es überwiegt die Äpfelsäure.

2.1.4 Vitamine

Als wichtigste Inhaltsstoffe des Obstes werden häufig die Vitamine angesehen. So deckt der Verzehr an Obst, Gemüse und Kartoffeln je etwa ein Drittel des Vitamin-C-Bedarfs der deutschen Bevölkerung.

Neben dem Vitamin C enthalten die Obstarten in meist bescheidenen Mengen ebenfalls wasserlösliche Vitamine der B-Gruppe wie Thiamin (B_1, Aneurin), Riboflavin (B_2, Lactoflavin), Niacin (Nicotinsäureamid), Pyridoxin (B_6), Biotin, Folsäure, Pantothensäure. Hinzu kommen Carotinoide mit Provitamin-A-Wirkung, von denen das auf Seite 74 besprochene β-Carotin am wichtigsten ist. Angaben über den Gehalt an Vitaminen in den einzelnen Obstarten können den Tabellen 5 und 6 (Seiten 49 und 51) entnommen werden.

In zahlreichen Untersuchungen ist der Gehalt der Obstarten an *Ascorbinsäure (Vitamin C)* abgeklärt worden, wobei sich beträchtliche Unterschiede ergaben. Kern- und Steinobst enthalten durchschnittlich 10 mg/100 g, wobei Birnen und Pflaumen ebenso wie Weintrauben nur um 5 mg/100 g aufweisen. In Brombeeren kann mit etwa 15 mg/100 g, in Heidelbeeren mit etwa 20 mg/100 g, in Himbeeren mit 25 bis 35 mg/100 g, in Roten Johannisbeeren mit 35 bis 40 mg/100 g, in Erdbeeren mit 60 bis 70 mg/100 g, in Schwarzen Johannisbeeren mit 160 bis 200 mg/100 g und in Orangen, Grapefruits und Zitronen mit 50 mg/100 g als Durchschnittswerte gerechnet werden. In deutschen 'Schattenmorellen' wurde über 17 bis 19 mg/100 g berichtet (MATZNER 1976). In Finnland enthielten 46 Proben von Erdbeeren 60 ± 3,6 mg/100 g (HÄGG et al. 1995). Untersuchungen in der Schweiz siehe in Tabelle 10.

Bei den einzelnen Obstarten können die verschiedenen Sorten untereinander oft erhebliche Unterschiede aufweisen, wofür der Apfel ein schönes Beispiel ist. So fand SCHUPHAN (1961) in umfangreichen Untersuchungen in 134 Apfelsorten durchschnittliche Ascorbinsäuregehalte von 2,3 bis 31,8 mg/100 g Frischsubstanz. Auch bei den einzelnen Sorten, zum Beispiel 'Ontario', schwankte der Ascorbinsäuregehalt von Frucht zu Frucht beträchtlich, wobei der überwiegende Teil der Werte von 1 213 Einzelfrüchten zwischen 12,8

Tab 10. Vitamin-C-Gehalte reifen Obstes der Schweiz im mg/100 g Frischgewicht (TRAUTNER und SOMOGYI 1978)

Obstart	Gesamtprobenzahl	1973	1974	1975
Äpfel	64	12,1 ± 1,57	12,6 ± 1,09	13,4 ± 0,72
Birnen „Williams“	18	2,2 ± 0,53	2,3 ± 0,21	4,5 ± 0,20
Kirschen	56	5,4 ± 0,60	8,9 ± 1,37	4,0 ±0,43
Pfirsiche „Red Haven“	7		6,2 ± 0,68	17,4 ± 0,87
Aprikosen „Luizet“	10	4,7 ± 0,37	5,3 ± 0,93	
Pflaumen „Fellenberg“	33	3,3 ± 0,7	3,0 ±0,43	4,7 ± 0,38
Trauben „Riesling × Silvaner“	18	4,5 ± 0,39	2,3 ± 0,23	6,4 ± 0,40
Erdbeeren	27	40,9 ± 3,00	65,7 ± 4,27	46,3 ± 8,50

Sorten:
Äpfel: Jonathan, Schweizer Orangen, Gravensteiner, Stark Earliest.
Kirschen: Mischler, Rote Lauber, Schauenburger, Basler Adler, Märgeli.
Erdbeeren: 1973 + 1975 Corella und Humigrande, 1974 Wädenswil 6

und 28,0/100 g lag; es kamen aber auch tiefere und höhere Werte vor. In über 25 Sorten Schwarzer Johannisbeeren wurden in fünf aufeinander folgenden Jahren durchschnittliche Ascorbinsäuregehalte von 119 bis 285 mg/100 g gefunden, das heißt, dass die Schwankungen unter Berücksichtigung der Einzelwerte größer sind. In anderen Obstarten mögen die Sortenunterschiede geringer sein; doch sollte man Unterschiede wie 1 zu 2 bis 1 zu 3 durchaus als die Regel ansehen. So wurden für Erdbeeren Werte von 45 bis 90 und 40 bis 98 mg/100 g mitgeteilt.

Bemerkenswert ist, dass der Gehalt an den meisten Vitaminen in der Schale der Citrusfrüchte wesentlich höher als im Fruchtfleisch ist. So betrug der Ascorbinsäuregehalt bei australischen Orangen im Flavedo 119 bis 325 mg/100 g und im Albedo 36 bis 125 mg/100 g gegenüber 48 bis 74 mg/100 g Frischgewicht im Saft. Auch die Apfelschale weist drei- bis viermal mehr an Vitamin C als das Fruchtfleisch auf.

Ebenfalls dürften bei den Vitaminen der B-Gruppe beträchtliche Unterschiede innerhalb der gleichen Obstart auftreten, wenn auch abschließende Untersuchungen weitgehend unbekannt sind. In frisch gepressten Apfelsäften aus acht unterschiedlichen englischen Sorten wurden 2,8–13,2 µg Thiamin, 0,33–2,6 µg Riboflavin, 37–150 µg Niacin und 47–116 µg Pantothensäure pro 100 Milliliter aufgefunden (Goverd und Carr 1974). Auch bei der gleichen Sorte gab es beträchtliche Schwankungen.

Quantitative Angaben zu den B-Vitaminen Thiamin, Riboflavin, Niacin, B_6 können den Tabellen 5 und 6 entnommen werden. Werte der Folsäure enthält Tabelle 11. Pantothensäure ist in Äpfeln, Birnen, Weintrauben und Roten Johannisbeeren mit < 0,10 Milligramm, in Pfirsichen, Pflaumen und Ananas mit etwa 0,15 mg, in Kirschen, Aprikosen, Himbeeren, Brombeeren und Citrusfrüchten mit 0,20 bis 0,30 mg, in Erdbeeren mit 0,30 bis 0,34 und in Schwarzen Johannisbeeren mit 0,40 mg pro 100 Gramm Frischgewicht angegeben worden (Souci et al. 1994, Holland et al. 1992).

2.1.5 Stickstoffhaltige Verbindungen

Eiweißstoffe spielen im Obst mengenmäßig eine untergeordnete Rolle. Nur rund 0,2 bis etwa 1 % der Frischsubstanz besteht aus organischen stickstoffhaltigen Verbindungen wie Aminosäuren, Peptiden, Proteinen und Proteiden sowie einer Reihe weiterer N-Substanzen. Alle diese Stoffe werden in Nährwerttabellen als (Roh-)Eiweiß zusammengefasst (vgl. Tab. 5 und 6), wobei der ermittelte Stickstoffgehalt durch Multiplikation mit 6,25 auf Eiweiß umgerechnet wurde.

Proteine und Proteide sind vor allem als Bausteine der für den Stoffwechsel der Pflanzen überaus wichtigen Enzyme bedeutungsvoll. Sie liegen größtenteils in wasserunlöslicher Form vor.

2.1.5.1 Freie Aminosäuren

In Wasser löslich sind dagegen die freien Aminosäuren (siehe Tab. 12). Sie machen einen beträchtlichen Anteil an den stickstoffhaltigen Verbindungen (Roheiweiß) aus und weisen eine artspezifische Zusammensetzung auf, wobei dem Prolingehalt analytische Bedeutung zugemessen wird.

Nach dem Code of Practice der AIJN (1993) wird das Aminosäuren-Spektrum in Orangensäften wesentlich durch die

Tab 11. Gehalte an resorbierbarer Folsäure im Obst in µg/100 g Frischgewicht (Müller 1993)

Äpfel	3, 5	Pflaumen	8	Johannisbeeren, schwarz	15
Süßkirschen	28	Erdbeeren	39, 51		
Sauerkirschen	33, 36	Himbeeren	24	Orangen	31
Pfirsiche	17	Weintrauben	36	Bananen	13, 12
Aprikosen	6	Johannisbeeren, rot	8		

Tab 12. Gehalte wesentlicher Fruchtsäfte (Schwankungsbreiten) an freien Aminosäuren in mg/l aus dem Code of Practice der AIJN (1993)

	Apfelsaft	Orangensaft	Grapefruitsaft	Ananassaft	Traubensaft
Alanin	1–50	60–205	62–180	25–150	50–300
Gamma-Aminobuttersäure	1–30	180–500	180–570	15–100	50–250
Arginin	max. 10	400–1000	240–830	max. 50	150–1100
Asparagin	100–1500	225–660	240–800	145–1000	Spuren–50
Asparaginsäure	30–300	200–400	400–800	40–120	5–100
Glutamin	max. 25	max. 75	max. 75	max. 200	Spuren–800
Glutaminsäure	10–200	75–205	80–235	20–120	20–150
Glycin	max. 10	10–25	11–38	10–70	Spuren–30
Histidin	max. 10	5–25	2–25	10–50	Spuren–100
Isoleucin	max. 10	3–15	1–10	5–40	10–100
Leucin	max. 10	3–15	1–10	5–10	10–100
Lysin	max. 10	20–65	12–58	15–60	Spuren–40
Methionin	max. 30	max. 5	max. 10	30–85	Spuren–60
Ornithin	max. 1	3–20	1–26	max. 5	Spuren–50
Phenylalanin	max. 15	15–55	9–46	10–50	Spuren–170
Prolin	max. 20	450–2090	200–1400	8–50	150–1000
Serin	5–60	105–210	105–210	50–200	20–100
Threonin	1–20	10–50	12–36	12–45	20–200
Tyrosin	max. 10	5–20	max. 18	10–75	Spuren–50
Valin	max. 40	10–30	12–35	10–50	10–100

Sorte, den Reifegrad der Frucht sowie durch die Herkunft bestimmt, in Grapefruit- und Zitronensäften – mit Ausnahme von Prolin – nicht wesentlich durch Sorte oder Herkunft. Keinen Einfluss haben zulässige verfahrenstechnische Maßnahmen.

Für Apfelsäfte scheint charakteristisch zu sein, dass der Gehalt an Asparagin jede andere Aminosäure deutlich übersteigt und die Summe von Asparagin und Asparaginsäure in der Regel 80 % der gesamten freien Aminosäuren beträgt. Für Ananassäfte ist dagegen ein niedriger Arginingehalt und ein im Vergleich zu anderen Fruchtsäften relativ hoher Methionin- und Glycingehalt charakteristisch (AIJN 1993). Besonders hoch, wenn auch relativ stark schwankend, ist in Sauerkirschen die Asparaginkonzentration und typisch die geringe, zum Teil nur in Spuren vorhandene Argininkonzentration (Wallrauch 1977).

In Bananen können auf Histidin rund 30 %, auf Leucin und Serin je etwa 15 % und auf Valin rund 10 % der freien Aminosäuren entfallen, während Arginin und Prolin um je 2 % liegen (Askar 1973).

Andere Aminosäuren als die in Tabelle 12 enthaltenen scheinen im Obst nur in geringen Konzentrationen, oft nur in Spurenmengen vorzukommen. Äpfel und Birnen enthalten im Gegensatz zu anderen Obstarten merkliche Mengen an 4-Hydroxymethylprolin. Die Angaben zeigen, dass die Aminosäuremuster der Obstarten sich gegebenenfalls zur Aufdeckung von Verfälschungen eignen dürften. Allerdings ist die Möglichkeit zu berücksichtigen, dass die Zusammensetzung des Aminosäuregemisches von Sorte zu Sorte, aber auch innerhalb der gleichen Sorte in verschiedenen Jahren beträchtlich schwanken kann.

Ausführliche Angaben über die Gehalte freier Aminosäuren siehe im Code of Practice des AIJN (1993), weitere Angaben über israelische Orangensäfte unter Berücksichtigung der gängigen Sorten (Shamouti, Valencia usw.) sind bei Wallrauch (1981) aufgeführt. Angaben über Süß- und Sauerkirschen siehe Bazzarini et al. (1981), über Erdbeeren Gherardi et al. (1983) sowie über Heidelbeer-, Brombeer- und Holunderbeersäfte Kuhlmann (1979).

1 mMol/l entsprechen bei

Alanin	89,10 ml/l;
γ-Aminobuttersäure	103,12 ml/l;
Arginin	174,20 ml/l;
Asparagin	132,14 ml/l;
Asparagin · H_2O	150,14 ml/l;
Asparaginsäure	133,11 ml/l;
Glutamin	146,15 ml/l;
Glutaminsäure	147,13 ml/l;
Glycin	75,07 ml/l;
Histidin	155,16 ml/l;
Isoleucin	131,18 ml/l;
Leucin	131,18 ml/l;
Lysin	146,19 ml/l;
Methionin	149,21 ml/l;
Ornithin	132,15 ml/l;
Phenylalanin	165,19 ml/l;
Prolin	115,13 ml/l;
Serin	105,09 ml/l;
Threonin	119,12 ml/l;
Tyrosin	181,19 ml/l;
Valin	117,15 ml/l.

2.1.5.2 Prolin

Die Prolinkonzentration im Obst ist vom Reifegrad und der Sorte abhängig und wird zumindest in Citrussäften ebenfalls von der Herkunft beeinflusst.

Nach Angaben von WALLRAUCH (1977) betrug der Mittelwert in 186 Traubensäften 345 mg/l (höchster Wert 840 mg/l), in 133 Orangensäften 828 mg/l und in 53 Sauerkirschsäften (bezogen auf 8 g/l Gesamtsäure) 68 mg/l. In Sauerkirschsäften der Sorte ‘Maraska’ waren 425 bis 1 100 mg/l enthalten.

Brasilianische Orangensäfte aus Early-Season-Früchten können Gehalte unter 575 mg/l, solche aus Late-Season-Früchten von über 1 000 mg/l aufweisen. Gehalte im oberen Schwankungsbereich bis 2 090 mg/l und in Ausnahmefällen bis zu 2 500 mg/l betreffen zum Beispiel Valencia-Late-Orangen aus Spanien, kalifornische Navel sowie Blutorangensäfte. WALLRAUCH (1985) fand in 70 israelischen Orangensäften als Mittelwert 1 130 mg/l und in 259 brasilianischen Säften 801 mg/l. Ebenfalls waren in israelischen Orangensäften die Werte für Serin und Alanin gegenüber den brasilianischen Säften höher (54 Proben aus israelischen Säften 163 mg/l Serin und 108 mg/l Alanin gegenüber 206 Proben aus brasilianischen Säften 115 mg/l Serin und 89 mg/l Alanin). 48 italienische Orangensäfte enthielten 428 bis 963, häufig 600 bis 700 mg/l Prolin (HOFSOMMER 1986), 40 Orangensäfte aus Marokko im Mittel 1 281 (Schwankungsbreite 590–1985) mg/l (HOFSOMMER 1987). Orangensäfte aus Kuba wiesen recht niedrige Prolinwerte (40 % unter 450 mg/l) bei gleichzeitig hohem Formelwert/Prolin-Quotienten auf (FUCHS 1994).

In Grapefruitsäften liegen solche aus Südamerika im unteren Schwankungsbereich mit Werten sogar unter 200 mg/l. Säfte aus israelischen Früchten neigen zu höheren Prolinwerten (AIJN 1993).

Bei südamerikanischen Zitronensäften lag das Mittel um 200 mg/l mit Werten selten über 300 mg/l, während sich für Säfte aus mediterranen Gebieten ein Mittelwert um etwa 550 mg/l ergab, mit Werten, die nur im Ausnahmefall 350 mg/l unterschritten. Vereinzelt wurden hierbei über 800 mg/l beobachtet (FAETHE et al. 1990).

Bei Birnensäften liegen die höchsten Werte im Bereich um 600 mg/l; der niedrigste Wert wurde in oberösterreichischen Mostbirnen mit 20 mg/l gefunden (AIJN 1993).

2.1.5.3 Enzyme

Im Obst ist bisher eine größere Zahl von Enzymen bekannt geworden. Ausführliche Angaben liegen zum Beispiel über die Citrusfrüchte vor (NAGY et al. 1977). Enzyme, auch Fermente genannt, beschleunigen bekanntlich als Katalysatoren aller pflanzlichen und tierischen Lebensvorgänge die synthetisierenden wie die abbauenden biochemischen Prozesse. Chemisch sind sie Eiweißkörper und damit empfindlich gegenüber Hitze. Sie sind zumindest in der lebenden Zelle in der Regel sehr spezifisch auf bestimmte Stoffe und bestimmte Reaktionsschritte eingestellt. Die Stoffe, die sie umsetzen, werden Substrate genannt. Enzyme werden oft nach ihrem Substrat bezeichnet, indem an dessen Name die Endung „ase" angehängt wird. Durch zahlreiche Stoffe werden sie teils aktiviert, teils gehemmt, zum Beispiel Metallionen, Pflanzenphenole und andere, ein sinnfälliger Ausdruck des beim Stoffumsatz ablaufenden Wechselspiels.

Enzyme spielen bei der Verarbeitung des Obstes eine entscheidende Rolle, indem sie die als Substrate verfügbaren Inhaltsstoffe ab- und umzubauen vermögen. Diese Vorgänge können unerwünscht sein, wie die enzymatische Bräunung (Seite 73) und das Teigigwerden von Früchten, oder auch erwünscht, wofür der Pektinabbau (Seite 80) und die Reife und Aromabildung des Obstes Beispiele sind.

Im Rahmen dieses Beitrages können nur wenige für die Fruchtsaftherstellung wichtige Enzyme kurz vorgestellt werden. So zählen zu den *Hydrolasen* neben den Lipasen (= fettspaltende Enzyme), den Phosphatasen und den Peptidasen und Proteinasen (eiweißabbauende Enzyme) vor allem die Glykosidasen. Sie sind spezifisch auf bestimmte Polysaccharide oder Oligosaccharide eingestellt, in der Natur außerordentilch weit verbreitet und bewirken den Abbau der Kohlenhydrate. So spaltet die Saccharase die Saccharose in ihre Bestandteile Glucose und Fructose. Die weitverbreiteten Pektin(methyl)esterasen (Pektasen) spalten Methanol aus dem Pektinmolekül ab. Sie sind in der intakten Pflanze meist relativ inaktiv, wandeln aber in zerkleinertem Gewebe Pektine rasch in Pektinsäure um. Pektine und Pektinsäuren werden durch Pektinlyasen beziehungsweise Pektatlyasen und durch Polygalacturonasen abgebaut, wobei Endo- und Exoenzyme unterschieden werden. Die Aktivität der pektinabbauenden Enzyme wird durch Pflanzenphenole (siehe Seite 69 ff.) des Obstes herabgesetzt.

Von besonderer Bedeutung für das Obst sind *Oxidoreduktasen*, wie Phenoloxidasen, auf die in Zusammenhang mit der enzymatischen Bräunung (Seite 73) näher eingegangen wird, sowie Peroxidasen und Ascorbinsäureoxidase. Die allgemein verbreiteten und gegen Wärmeeinwirkung ziemlich robusten Peroxidasen bauen das bei der Wirkung aerober Dehydrasen gebildete Zellgift Wasserstoffperoxid zu Wasser ab, wobei in meist langsamer Reaktion zahlreiche ein- und mehrwertige Phenole (vgl. Seite 69 ff.) zu braunen Stoffen oxidiert werden. Manche Obstarten, zum Beispiel Äpfel und Orangen, enthalten Ascorbinsäureoxidase, die Ascorbinsäure direkt oxidiert. Ausführliche Angaben zu Phenoloxidasen und Peroxidasen im Obst siehe VAMOS-VIGYAZO (1981).

Transferasen, die bestimmte chemische Gruppen übertragen, sind für biologische Synthesen wichtig. Auch spielen *Lyasen* und *Isomerasen* für die Stoffwechsel-Vorgänge eine Rolle.

2.1.5.4 Amine

Unter den N-haltigen Verbindungen interessieren weiterhin die Amine, besonders die physiologisch aktiven Tryptamine und Brenzkatechinamine (Catecholamine), die als Lebensmittelinhaltsstoffe, zum Beispiel als Histamin im Wein, negativ zu bewerten sind. Untersuchungen von COFFIN (1970) ergaben, dass nur Himbeeren mit 48 (13–93) mg/kg Früchte einen relativ hohen Gehalt an Tyramin aufweisen, während in Kirschen, Johannisbeeren, Pflaumen und Trauben nur 1 mg/kg und in Äpfeln, Birnen, Aprikosen, Pfirsichen, Erdbeeren und Stachelbeeren kein Tyramin nachgewiesen wurde. Auch kanadische Apfel- und Orangensäfte enthielten kein Tyramin.

Untersuchungen in Österreich (MAXA und BRANDES 1993) an frisch gepressten Säften von Orangen, Mandarinen, Zitronen, Trauben, Erdbeeren, Himbeeren und Roten und Schwarzen Johannisbeeren ergaben, dass Putrescin meist das wesentliche biogene Amin war. Himbeersaft wies einen Tyramin-Gehalt von 66,7 mg/l auf. Histamin wurde dagegen nur in Spuren gefunden; Eine Ausnahme war eine Probe Zitronensaft mit 0,36 mg/l. Fruchtsäfte und Nektare des Handels, die Citrussäfte enthielten, wiesen signifikante Histaminkonzentrationen von bis zu 1,5 mg/l auf. Andere Säfte enthielten praktisch kein Histamin.

2.1.6 Mineralstoffe und Spurenelemente

Obst enthält eine größere Zahl von Mineralstoffen, die zum Teil als lebensnotwendige Bestandteile der Nahrung anzusehen sind und bei der Analyse als Asche erfasst werden. Ihr absoluter Gehalt unterliegt in den einzelnen Obstarten und -sorten gewissen Schwankungen, die aber oft weniger beträchtlich als die anderer Inhaltsstoffe (außer Zuckern) sind.

Hauptbestandteil ist wie in fast allen Lebensmitteln das Kalium, das zusammen mit den anderen vorkommenden Metallen die anorganischen Säuren (wobei Phosphorsäure, Schwefelsäure, Salzsäure und Kohlensäure die wichtigsten sind) fast vollständig und die organischen Säuren zu einem mehr oder weniger beträchtlichen Teil in Form von Salzen abbindet. Daher reagiert auch die Asche alkalisch, was in Form der Aschenalkalität analytisch bestimmt werden kann.

In höheren Konzentrationen kommen ferner von den Metallen Calcium und Magnesium und von den Nichtmetallen Phosphor, Schwefel und Chlor vor; in geringer Konzentration werden Natrium und Eisen angetroffen. Auch ist mit einer größeren Zahl von Spurenelementen zu rechnen, von denen ebenfalls einige wie Zink, Kupfer, Mangan, Chrom, Kobalt, Molybdän, Jod, Fluor und Selen lebensnotwendig sind.

Angaben über die Zusammensetzung einzelner Obstarten können den Tabellen 5 und 6 und von Fruchtsäften den Tabellen 17 bis 19 entnommen werden. Die Mineralstoffe liegen überwiegend in Form wasserlöslicher Salze vor.

Ausführliche Angaben über die Mineral- und Spurenstoffe der Citrusfrüchte können NAGY et al. (1977) entnommen werden. Weitere Angaben zu Spurenelementen siehe in SOUCI et al. (1994).

2.1.7 Aromastoffe

Zum ansprechenden Aroma der Obstfrüchte tragen neben Zucker und Säuren flüchtige Verbindungen bei, die häufig erst während der Reife entstehen. Sie werden primär aus Vorstufen gebildet, zum Beispiel Alkohole und Aldehyde aus Aminosäuren und Fettsäuren, oder aus nichtflüchtigen, glykosidisch (an Zucker) gebundenen Vorstufen beziehungsweise entstehen sekundär aus anderen Aromastoffen. Unter ihnen befinden sich die Stoffe, die das Aroma bedingen oder zu ihm beitragen. Die flüchtigen Stoffe stellen im Allgemeinen komplizierte Gemische mit Vertretern aus nahezu allen Stoffklassen der organischen Chemie dar.

Die modernen Analysenverfahren der Gaschromatographie und Massenspektrometrie haben es ermöglicht, zum Teil Hunderte von Einzelkomponenten im Aroma der Obstfrüchte zu identifizieren (siehe Tab. 13). Dabei liegen die Aromastoffe in den Obstfrüchten in äußerst geringer Konzentration vor. So beträgt die Größenordnung des Gemisches *aller* flüchtigen Aromastoffe meist etwa 10 bis 100 mg/kg,

Tab 13. Anzahl der bis 1988 im Obst nachgewiesenen Aromastoffe, außer Säuren, nach MORTON und MACLEOD (1990)

	Äpfel	Birnen	Quitten	Aprikosen	Pfirsiche	Pflaumen	Kirschen	Erdbeeren
Gesamtzahl	195	77	149	118	106	241	72	202
Kohlenwasserstoffe	18	1	3	14	16	27	2	
Alkohole	33	10	17	25	16	28	16	42
Terpenalkohole	3		6		8	11	7	6
Terpene	3		8			8	1	4
Aldehyde	24	4	18	19	12	23	14	16
Ketone	11		16	19	5	20	7	15
Ester	91	62	58	25	34	109	19	106
Lactone	1		9	10	15	12	2	7
Sonstige	11		14	6		23	4	6

zum Teil noch weniger, wobei die einzelnen Aromastoffe im Konzentrationsbereich von etwa 10 bis 10^{-5} mg/kg vorkommen.

So unterschiedlich die chemische Struktur der Stoffe ist, so unterschiedlich sind ebenfalls deren *Wahrnehmungsschwellenwerte*, das heißt die Konzentrationen, die gerade noch wahrgenommen werden können. Sie unterscheiden sich häufig wie 1 : 1 Million, zum Teil noch stärker. Wenn die Unterschiede von zwei Verbindungen nur 1 : 1 000 betragen, besagt dies bereits, dass 1 Mikrogramm des aromaintensiven Stoffes ebenso aromawirksam ist wie 1 Milligramm des weniger aromaintensiven Stoffes. Damit ist verständlich, dass zum tatsächlichen Aroma im Wesentlichen nur die flüchtigen Stoffe beitragen, die in möglichst geringer Konzentration wahrgenommen werden.

Die *Aromastoff-Zusammensetzung* der einzelnen Obstart hängt sehr stark von der Sorte, weiterhin von Klima, Lage, Reifegrad und den Bedingungen einer Lagerung ab. So gibt es zum Beispiel bei Äpfeln Sorten, deren Aroma überwiegend aus Estern besteht, und Sorten, die überwiegend Alkohole enthalten. Oft kann man zur Zeit noch nicht verlässlich angeben, welche der zahlreichen flüchtigen Stoffe für das Aroma der Art verantwortlich sind.

Von den *Alkoholen* sind etwa die ersten zehn Glieder der homologen Reihe der n-Alkohole (Methanol, Ethanol, Propanol, Butanol, Pentanol, Hexanol, Heptanol, Octanol, Nonanol, Decanol) im Obst weit verbreitet. Außerdem wurden bisher relativ häufig sekundäre niedere Alkohole mit einer OH-Gruppe am C_2 (zum Beispiel 2-Pentanol), niedere ungesättigte Alkohole (zum Beispiel 1-Hexenol) sowie 2-Methyl-1-propanol, 2- und 3-Methyl-1-butanol und Terpenalkohole wie Linalool, Geraniol und α-Terpineol aufgefunden. Von den *Säuren* kommen gesättigte und ungesättigte mit bis etwa 18 C-Atomen häufig vor. Daneben sind auch andere wie 2-Methylpropansäure und 2-Methylbutansäure öfters anzutreffen. An den in den einzelnen Obstfrüchten meist in großer Zahl vorliegenden *Estern* sind überwiegend Alkohole mit ein bis sechs C-Atomen und Essig-, Butan-, Hexan-, Octan- und Decansäure neben einigen anderen Alkoholen und Säuren wie Methylbutansäure beteiligt. Von den *Aldehyden* und *Ketonen* sind ebenfalls die Anfangsglieder der homologen Reihe der n-Aldehyde, außerdem (Z)-3-Hexenal und (E)-2-Hexenal, und 2-Ketone mit drei bis zehn C-Atomen verbreitet. Weiterhin ist mit einigen Lactonen sowie schwefelhaltigen Verbindungen zu rechnen.

Angaben über die Aromastoffe der einzelnen Obstarten können zum Beispiel MORTON und MACLEOD (1990) entnommen werden.

Im Folgenden sei auf die Aromastoffzusammensetzung einiger wichtiger Obstarten näher eingegangen.

In *Äpfeln* sind etwa 100 verschiedene Ester nachgewiesen worden, die in den einzelnen Sorten in sehr unterschiedlicher Konzentration vorliegen können. Auf sie können bis über 90 % der Konzentration aller flüchtigen Stoffe entfallen. Als zweitwichtigste Gruppe, was die Konzentration und die Zahl der Komponenten betrifft, sind die Alkohole zu nennen, während für das Aroma die Gruppe der Aldehyde wichtiger als die der Alkohole ist. Eine Analyse von 40 Sorten ergab, dass neben β-Damascenon und 6-Methyl-5-hepten-2-on fast nur Ester das Aroma bedingen. Als wesentliche Ester wurden zum Beispiel Ethyl- und Hexylbutanoat, Butyl- und Hexylhexanoat und Butyloctanoat bezeichnet. Auch tragen die verschiedenen 2-Methylbutanoate mit bei (CUNNINGHAM et al. 1986). Frühere Untersucher hatten zum Teil den 2-Methylbutanoaten und den beiden Aldehyden Hexanal und 2-Hexenal größere Bedeutung zugesprochen. Weiterhin könnten Ethylhexanoat und Butyl- und Hexylacetat von Bedeutung für das Aroma sein.

Ebenfalls dürften in *Birnen* Ester in der Regel den Hauptanteil der flüchtigen Stoffe stellen. 'Williams-Christ'-Birnen enthalten neben n-Alkoholen mit zwei bis acht C-Atomen, den Essigsäureestern aller n-Alkohole mit ein bis acht C-Atomen und den Methyl- und/oder Ethylestern der Fettsäuren mit 8, 10, 12, 14, 16 und 18 C-Atomen eine beträchtliche Zahl von Methyl- und/oder Ethylestern geradzahliger, zum Teil mehrfach ungesättigter Fettsäuren mit 8 bis 18 C-Atomen. Ester der Butansäure und Hexansäure kommen indessen nicht vor. Höhere Konzentrationen an Methyl- und Ethylestern der (E,Z)-2,4-Decadiensäure sind für deren Aroma und von Sorten mit ähnlichem Aroma charakteristisch (JENNINGS und TRESSL 1974, CREVELING und JENNINGS 1970). Sorten mit geringeren Gehalten wiesen ein geringeres Aroma auf (RUSSEL et al. 1981).

Aprikosen und *Pfirsiche* enthalten neben im Obst verbreiteten Alkoholen, Aldehyden (wie Hexanal, (E)-2-Hexenal und Benzaldehyd) und Estern γ- und δ-Lactone, zum Beispiel γ-Decalacton und γ-Dodecalacton, welche die Grundlage des Aromas stellen könnten. Die Aromaunterschiede hängen von der Konzentration anderer aromastarker Verbindungen, zum Beispiel diversen Estern und Monoterpenen wie Linalool, α-Terpineol, Terpin-1-en-4-ol und zum Teil Benzaldehyd neben β-Ionen ab (TAKEOKA et al. 1990, GOMEZ et al. 1993, CROUZET et al. 1990, HORVAT et al. 1990).

Pflaumen enthalten als Aromastoffe eine größere Zahl von Estern neben Aldehyden, Alkoholen, γ-Lactonen und einigen Terpenen (CROUZET et al. 1990). Das typische Pflaumenaroma soll wesentlich auf Benzaldehyd, Linalool, γ-Octalacton und γ-Decalacton beruhen (ISMAEL et al. 1981).

In je fünf Sorten *Süßkirschen* und *Sauerkirschen* ergab Benzaldehyd den höchsten Aromawert, mit Abstand gefolgt von (E)-2-Hexenal, Hexanal, Eugenol, Phenylacetaldehyd und (E,Z)-2,6-Nonadienal, in Sauerkirschen weiterhin Linalool (SCHMID und GROSCH 1986).

In *Erdbeeren* wurden bisher über 350 flüchtige Stoffe, darunter fast 100 Ester, angegeben. Nach den bisher vorliegenden Arbeiten sind neben 2,5-Dimethyl-4-methoxy-3(2H)-furanon (Methoxyfuraneol) und 2,5-Dimethyl-4-hydroxy-3(2H)-furanon (Furaneol) als wesentlich für das Aroma Ester wie die Methyl- und Ethylester der Butansäure und Hexansäure sowie (E)-2-Hexenal, Linalool und γ-Decalacton anzusehen, siehe HERRMANN (1996/97). Die Konzentrationen der einzelnen Ester unterscheiden sich bei den verschiedenen Sorten beträchtlich. Auch scheinen Schwefelverbindungen eine Rolle zu spielen (DIRINCK et al. 1981).

In *Himbeeren* sind bisher über 200 flüchtige Stoffe angegeben worden. 4-(4-Hydroxyphenyl)butan-2-on (Himbeerketon) stellt zusammen mit α- und β-Ionon die aromaprägenden Stoffe. Hinzu kommen weitere Ionone und Ionole und einige in höherer Konzentration auftretende Terpenalkohole wie Geraniol, Linalool, Nerol und α-Terpineol (LARSEN und POLL 1990).

In *Schwarzen Johannisbeeren* kommen Terpene, Ester, Aldehyde und Alkohole als Aromastoffe vor. Die Ester sind für die fruchtige Note verantwortlich, ihre Konzentration nimmt bei der Saft- und Nektarbereitung ab (IVERSEN et al. 1998). Das typische Aroma der Beeren soll auf Methyl- und Ethylbutanoat, Eucalyptol, Diacetyl und 4-Methoxy-2-methylbutan-2-thiol beruhen. Weitere Terpenalkohole haben für das Aroma Bedeutung (LATRASSE et al. 1982).

Typische Aromastoffe der *Waldheidelbeeren* sind Methyl- und Ethylester der 2-Hydroxy- und 3-Hydroxy-3-methylbutansäure. In Kulturheidelbeeren sind Terpenalkohole wie Linalool, Geraniol, Hydroxycitronellol und andere typische Verbindungen enthalten.

Wegen der Aromastoffe im Beerenobst sei auf die Übersichtsarbeit von HONKANEN und HIRVI (1990) hingewiesen.

Im Aroma der *Weintrauben* (Riesling, Traminer, Ruländer, Müller-Thurgau, Scheurebe, Optima, Rieslaner) wurden 225 Aromastoffe aufgefunden, darunter 81 Kohlenwasserstoffe, 48 Säuren, 31 Alkohole, 23 Aldehyde, 18 Ketone, 11 Ester und 13 weitere Stoffe (SCHREIER et al. 1976).

Die wesentlichen *Citrusarten* enthalten in ihren Schalenölen zu etwa 90 % Monoterpene, von denen 65 bis 95 % allein auf

Tab 14. In 13 frisch gepressten Orangensäften der USA im Wesentlichen erhaltene Aromastoffe einschließlich deren Wahrnehmungsschwellenwerte der Sorten Valencia, Pineapple, Hamlin, Navel, Pera und Ambersweet (MOSHONAS und SHAW 1994)

Aromastoffe	Wahrnehmungsschwellenwerte µg/l	Konzentrationen µg/l
Terpen-Kohlewasserstoffe		
Limonen	60; 299	24000–191000
Myrcen	36; 46	440–4100
β-Ocimen		17–280
α-Pinen	9,5; 62	100–1090
Sabinen	37	15–260
Valencen		830–12100
Weitere Terpene		
Linalool	4,7; 5,3	13–3700
α-Terpineol	46; 280	< 130–3700
Citral	28; 85	< 1–63
Aldehyde		
Decanal	2; 4,9	19–500
Nonanal	2,5; 4,4	< 1–87
Octanal	1,4; 6,4	4–890
Ester		
Ethylacetat	6; 8,5	77–280
Ethylbutanoat	0,13; 1,1	< 430–1530
Ethyl-3-hydroxyhexanoat		< 270–490

D-Limonen entfallen. Auch die Aromastoffe der Citrussäfte bestehen zu einem beträchtlichen Teil aus Terpenen. Gegenüber den Schalenölen ist der Gehalt an Alkoholen, Aldehyden und Estern erheblich höher. Eine wesentliche Rolle für das artspezifische Aroma dürften Aldehyde und Ester spielen. Die Industrie stellt schon seit längerer Zeit terpenfreie etherische Öle her, die sich gegenüber den ursprünglichen Ölen durch eine erhöhte Geruchs- und Geschmacksintensität bei verbesserter Stabilität auszeichnen.

Angaben über die in zahlreichen *Orangensäften* im Wesentlichen enthaltenen Aromastoffe einschließlich deren Wahrnehmungsschwellenwerte weist Tabelle 14 auf. *Grapefruitsäfte* enthalten ebenfalls in größerer Zahl Terpene. Aldehyde, Ester und Nootkaton haben für das Aroma Bedeutung (NUNEZ et al. 1985). Als für das Aroma wichtige Verbindung wurde 1-p-Menthen-8-thiol bezeichnet (DEMOLE et al. 1982). In Zitronen ist Citral bekannt. Eine ausführliche Übersicht über die Aromastoffe der Citrusarten siehe NAGY et al. (1977) und NAGY und SHAW (1990).

In der *Ananas* tragen nach TAKEOKA et al. (1989) folgende Stoffe zum frischen Aroma wesentlich bei: 2,5-Dimethyl-4-hydroxy-3(2H)-furanon (Furaneol) sowie die Ester Ethyl-2-methylbutanoat, Methyl-2-methylbutanoat, Ethylacetat, Ethylbutanoat, Ethylhexanoat, Ethyl-2-methylpropanoat, ferner geringer Methylhexanoat und Methylbutanoat; siehe auch HERRMANN (1998c).

In *Passionsfrüchten* sind für das Aroma vor allem Ester wichtig, ferner Monoterpene, in der roten Unterart und deren Hybriden die C_{13}-Norisoprenoide und in der gelben Unterart Schwefelverbindungen (WHITFIELD und LAST 1986).

In *Tomaten*, die bei uns zum Gemüse zählen, sind als Aromastoffe bisher neben Alkoholen und einigen Ketonen, Lactonen und Terpenen eine größere Zahl an Aldehyden und eine Reihe Ester aufgefunden worden. Zum Aroma könnten hiervon die Aldehyde wesentlich beitragen (LANGLOIS et al. 1996).

Weitere Angaben zu Früchten der Tropen und Subtropen siehe in MORTON und MACLEOD (1990).

2.1.8 Phenolische Inhaltsstoffe und enzymatische Oxidation

Zu den wichtigsten Bestandteilen des Obstes zählen auch phenolische Inhaltsstoffe (HERRMANN 1992), sie waren vor 40 Jahren noch weitgehend unbekannt. Man sprach meist von „Obstgerbstoffen".

Bei den phenolischen Inhaltsstoffen des Obstes handelt es sich im Wesentlichen um farblose Phenolcarbonsäuren (Verbindungen der Hydroxybenzoesäuren und besonders Hydroxyzimtsäuren) und die große Gruppe der so genannten Flavonoide. Die Hydroxybenzoesäuren sind C_6C_1-, die Hydroxyzimtsäuren C_6C_3- und die Flavonoide $C_6C_3C_6$-Körper. Wichtige Untergruppen der Flavonoide mit ihren im Obst hauptsächlich vorkommenden Vertretern sind:

Catechine: (farblos)	(+)-*Catechin*, (-)-*Epicatechin*, (+)-Gallocatechin, (-)-Epigallocatechin,
Anthocyanidine: (rot und blau)	Pelargonidin, *Cyanidin*, Delphinidin, Päonidin, Malvidin, Petunidin,
Flavonole: (hellgelb)	Kämpferol, *Quercetin*, Isorhamnetin, Myricetin,
Flavanone: (farblos, nur in Citrusarten)	Naringenin, Eriodictyol, Hesperetin, Isosakuranetin

sowie farblose Proanthocyanidine und Dihydrochalcone.

Die einzelnen Verbindungen der Gruppen unterscheiden sich durch die Zahl und Verteilung der Hydroxylgruppen sowie durch die Methylierung einzelner Hydroxylgruppen. Die mengenmäßig im Obst im Vordergrund stehenden Verbindungen sind meist 1,2-Dihydroxybenzol-Verbindungen; sie sind oben kursiv gesetzt. Gehaltsangaben können Tabelle 15 entnommen werden. In unreifem Obst ist der Gehalt meist höher, zum Teil wesentlich höher als in reifen Früchten.

Die Catechine und Proanthocyanidine liegen in der Natur meist frei, die Anthocyanidine, Flavonole, Flavanone und Dihydrochalcone mit Zucker verbunden als Glykoside vor.

Die *Hydroxyzimtsäuren* (p-Cumarsäure = 4-Hydroxyzimtsäure, Ferulasäure = 3-Methoxy-4-hydroxyzimtsäure, Kaffeesäure = 3,4-Dihydroxyzimtsäure) treten im Kern- und Steinobst und in einigen Beerenarten hauptsächlich als Ester mit Chinasäure auf, wobei die Chlorogen-

Tab 15. Die Gehalte der Obstarten an Hydroxyzimtsäure-Chinasäureestern, Catechinen und Flavonolglykosiden in mg/kg Frischgewicht (MÖLLER und HERRMANN 1983; HENNING und HERRMANN 1980/81; SCHUSTER und HERRMANN 1985; SIEWEK et al. 1984; RISCH und HERRMANN 1988; HERRMANN 1989: HERRMANN 1990; PEREZ-ILZARBE et al. 1991; AMIOT et al. 1992)

Obstart	Hydroxyzimtsäure-Verbindungen Chinasäureester der			Catechine		Flavonolglykoside des	
	p-Cumarsäure	Ferulasäure	Kaffeesäure	(+)-Catechin	(–)-Epicatechin	Kämpferols	Quercetins
Äpfel	5–30	2–4	50–500	0–15	20–80	0	30–110
Birnen	0–10	< 3	50–450	0–10	5–60	0	3–32
Süßkirschen	80–290	1–10	100–670	5–20	20–45	5–15	8–18
Sauerkirschen	40–225	2–8	130–500	8–15	40–150	25–35	17–30
Pflaumen	15–40	10–30	500–900	5–35	0–15	5–30	8–35
Aprikosen	3–10	5–20	80–250	25–55	65–170	3–6	ca. 10
Pfirsiche	< 5	bis 2	70–380	50–130	3–15	2–6	2–6
Erdbeeren	< 1	–	< 1	20–50	0–10	30–80	20–40
Himbeeren	< 3	< 1	ca. 1	5–20	20–100	30–50	40–80
Brombeeren	< 5	< 5	40–50	10–40	70–150	50–140	160–220
Johannisbeeren, rot	ca. 1	ca. 2	ca. 1	ca. 5	ca. 5	< 5	20–40
Johannisbeeren, schwarz	15–30	< 8	25–70	ca. 5	< 5	10–30	30–190
Kultur-Heidelbeeren	< 5	< 10	600–2100	10–15	10–15		

Der Saft von 20 Sorten weißer und 17 Sorten roter Trauben enthielt 16–299 bzw. 50–435 mg Weinsäureester der Kaffeesäure, Spuren – 53 bzw. 7–42 mg Weinsäureester der p-Cumarsäure/l (SINGLETON et al. 1986). Hinzukommen wenige mg Weinsäureester der Ferulasäure/l. Wegen Birnen siehe auch ESCARPA und GONZALEZ (2000).

säuren (Caffeoyl-chinasäuren) oft mengenmäßig überwiegen. Im Kernobst steht die Chlorogensäure (5'-Caffeoyl-chinasäure) im Vordergrund, in Kirschen und Pflaumen die Neochlorogensäure (3'-Caffeoyl-chinasäure), in Pfirsichen die Chlorogensäure und in Aprikosen beide, im Steinobst weiterhin in geringerer Konzentration die 3'-p-Cumaroyl-chinasäure (Möller und Herrmann 1983, Risch und Herrmann 1988). In Tafeläpfeln liegen die Gehalte an Chlorogensäure häufig bei 50 bis 200 mg/kg Frucht. In Wirtschaftsäpfeln können höhere Gehalte auftreten.

Regelmäßig kommen zumindest in Äpfeln, Pflaumen und Beerenobst Glucoseester der Hydroxyzimtsäuren vor, die in Beerenarten überwiegen können (Schuster und Herrmann 1985). Eng verwandt sind die Hydroxycumarine, von denen zum Beispiel Scopoletin in Pflaumen und Aesculetin in Sauerkirschen in Spurenmengen aufgefunden wurden.

Hydroxybenzoesäuren, die im Obst als Glykoside oder Ester vorliegen können, sind im Kernobst kaum enthalten, während in Steinobst und den Beerenarten Verbindungen der 4-Hydroxybenzoesäure, Vanillinsäure, Protocatechusäure und Gallussäure (letztere nicht im Steinobst) auftreten können (Herrmann et al. 1973/78, Schuster und Herrmann 1985). Je drei Sorten Himbeeren und Brombeeren enthielten 32 bis 59 beziehungsweise 4 bis 21 Milligramm p-Hydroxybenzoesäureglucosid pro Kilogramm Frischgewicht, andere Beerenarten bis etwa 10 mg/kg, Erdbeeren und besonders Himbeeren mit 7 bis 35 mg/kg die aus zwei Molekülen Gallussäure entstandene Ellagsäure (Rommel und Wrolstad 1993), die zu Trübungen führen kann.

Proanthocyanidine, die bisher unter anderem in allen Rosaceenarten, Trauben und Heidelbeeren aufgefunden wurden und vermutlich in Johannisbeeren vorkommen, stellen Verbindungen aus zwei und mehr Flavan-3-ol-Grundeinheiten (Catechin oder Epicatechin) dar, die mit verdünnter Säure in organischen Lösungsmitteln Anthocyanidine (meist Cyanidin, aber auch Delphinidin) ergeben; daher ihr Name. In Äpfeln wurden bisher ausschließlich Procyanidine aufgefunden. Hauptverbindung dürfte das dimere Procyanidin B2 sein. Als Gehalte wurden bisher 15 bis > 100 mg/kg angegeben (Perez-Ilzarbe et al. 1991, Amiot et al. 1992). Weiterhin wurden die Procyanidine B1 und B5, das trimere C1 und Tetramere genannt. Höhere Verbindungen (bis etwa 17 Grundeinheiten) wurden bisher ebenfalls aufgefunden.

Der Gesamtgehalt an Dimeren, Trimeren, Tetrameren und Catechinen wurde in spanischen Äpfeln (vier Sorten) mit 182, 218, 460 und 557 mg/kg angegeben (Picinelli et al. 1997). Zwei weitere Sorten enthielten dagegen an Catechinen und Procyanidinen nur 35,6 beziehungsweise 1,0 mg/kg. Proanthocyanidine sind bei bestimmter Molekülgröße (Molekulargewicht etwa 500 bis 3 000) echte Gerbstoffe und werden als kondensierte oder auch Catechin- oder Flavonoid-Gerbstoffe bezeichnet. Sie haben die Fähigkeit Eiweiß zu fällen, und können zu Trübungen führen.

Höhere Konzentrationen an Catechinen und vor allem an Procyanidinen und deren Kondensationsprodukten ergeben einen mehr oder weniger deutlichen adstringierenden (zusammenziehenden) und eventuell einen leicht bitteren Geschmack. Das Maximum des Bittergeschmacks liegt bei Procyanidinen aus vier Catechin-Grundeinheiten, während ein adstringierender Geschmack für stärker polymere Procyanidine, etwa mit sechs bis zehn Grundeinheiten, charakteristisch ist (Lea und Arnold 1978).

Weiterhin enthalten nur Äpfel *Dihydrochalcone* und zwar Phloridzin (Phloretin-2'-glucosid) und Phloretin-2'-xylosylglucosid, wovon in 18 deutschen Apfelsorten 10 bis 75 mg/kg, in zwei Sorten 116 und 158 mg/kg Phloridzin und 11 bis 78, in einer Sorte 230 mg/kg Phloretin-2'-xylosylglucosid nachgewiesen wurden (Wald und Galensa 1989). Andere Untersucher gaben ähnliche Konzentrationen an.

In vier spanischen Birnensorten, darunter 'Conference', wurden 16–19 mg/kg

Arbutin (Hydrochinon-glucosid) erhalten (Escarpa und Gonzalez 2000).

Die einzelnen Kern-, Stein- und Beerenobstarten weisen charakteristische *Flavonolglykosid*-Muster auf (Henning und Herrmann 1980/81, Henning 1982, Wald und Galensa 1989). Hierbei kommen Verbindungen vor, die im Pflanzenreich sehr weit verbreitet sind wie Quercetin-3-glucosid und Quercetin-3-rutinosid (Rutin) und solche, die offensichtlich nur auf wenige Arten beschränkt sind und meist in geringer Konzentration gegenüber den anderen Flavonolglykosiden vorliegen. So enthalten Erdbeeren kein Rutin, und ein Zusatz farbstabiler Früchte, die Rutin aufweisen, ist nachweisbar (Henning 1982). Rote Johannisbeeren enthalten ein Quercetintriglykosid, das in Schwarzen nicht vorkommt (Siewek et al. 1984). Isorhamnetin-3-glucosid konnte nur in Birnen, nicht aber in Äpfeln nachgewiesen werden (Wald und Galensa 1989). Äpfel enthalten praktisch die sechs Quercetinglykoside Quercetin-3-rutinosid, -galactosid, -glucosid, -xylosid, -arabinosid und -rhamnosid, Birnen Quercetin-3-rutinosid, -galactosid und -glucosid sowie Isorhamnetin-3-rutinosid und -glucosid (Wald und Galensa 1989). Schwarze Johannisbeeren haben 30 bis 60 Milligramm Myricetinglykoside pro Kilogramm (Rote Johannisbeeren < 5 mg/kg). Sauer- und Süßkirschen, Pflaumen und Aprikosen enthalten Kämpferol-3-rutinosid und Quercetin-3-rutinosid als Hauptflavonolglykoside, Trauben Quercetin-3-glucosid, Quercetin-3-glucuronid und Myricetin-3-glucosid.

An *Anthocyaninen*, roten bis blauen Farbstoffen (Mazza und Miniati 1993), enthalten Süß- und Sauerkirschen, Pflaumen, Himbeeren, Brombeeren, Holunderbeeren und Rote Johannisbeeren hauptsächlich Glykoside des Cyanidin. Erdbeeren sind im Wesentlichen durch Pelargonidin-3-glucosid, um 300 mg/kg, gefärbt, Schwarze Johannisbeeren durch 3-Glucoside und 3-Rutinoside des Delphinidin und Cyanidin. Heidelbeeren und blaue Trauben enthalten eine größere Zahl von 3-Glykosiden des Cyanidin, Delphinidin, Päonidin, Petunidin und Malvidin. Als Nebenglykoside kommen in Süß- und Sauerkirschen und Pflaumen Glykoside des Päonidin, in Süßkirschen und Himbeeren des Pelargonidin vor (Herrmann 1997). Hauptanthocyanin ist in Süßkirschen Cyanidin-3-rutinosid, mit großem Abstand gefolgt von Cyanidin-3-glucosid, in Himbeeren Cyanidin-3-sophorosid neben Cyanidin-3-glucosid, -rutinosid und -glucosylrutinosid. Sauerkirschen enthalten Cyanidin-3-rutinosid, -glucosylrutinosid, -sophorosid und als Minorpigment Cyanidin-3-glucosid. Rote Trauben haben 3-Glucoside der fünf oben genannten Anthocyanidine, zum Teil weiterhin mit Hydroxyzimtsäuren oder Essigsäure acyliert (Carreno et al. 1997). Pflaumen und Brombeeren weisen oft Cyanidin-3-glucosid als wesentliches Anthocyanin auf. Daneben können in diesen Obstarten gelegentlich weitere Minorpigmente vorkommen.

In dunklen Süß- und Sauerkirschen mit stark gefärbtem Fleisch kann die Anthocyanin-Konzentration 2 000 mg/kg entsteinter Früchte erreichen und überschreiten. Himbeeren können bis etwa 800 mg/kg enthalten. Rote Johannisbeeren weisen etwa 100 bis 200 mg/kg auf. Schwarze Johannisbeeren können die 10-fache Konzentration und mehr enthalten (Herrmann 1997). Rote Trauben enthalten etwa 200 bis über 1 000 mg/kg (Carreno et al. 1997).

Citrusfrüchte enthalten an Pflanzenphenolen im Wesentlichen Hydroxyzimtsäure-Verbindungen und eine größere Zahl von Flavonoiden (Nagy et al. 1977, Herrmann 1998 a, d), wobei der Gehalt in Schalen ein Mehrfaches des Saftes beträgt. Erstere bestehen in Orangen, Grapefruits und Zitronen hauptsächlich aus Estern der vier bekannteren Hydroxyzimtsäuren mit Glucose (im Wesentlichen Feruloyl- und Sinapoylglucose) zu etwa 20 bis 40 mg/kg Fruchtfleisch sowie mit Glykarsäuren (p-Cumaroyl- und Feruloylglucarsäure und -galactarsäure) in ähnlicher Größenordnung (Herrmann 1998 d). Aus freigesetzter Ferulasäure kann zum Beispiel in Orangensäften 4-Vinylguaiacol entstehen, das ein bekanntes Off-Flavor darstellt.

An Flavonoiden enthalten Citrusarten im Gegensatz zu den meisten Obstarten Flavanonglykoside als Hauptflavonoide, während die in unseren Kern-, Stein- und Beerenobstarten vertretenen Catechine und Proanthocyanidine offensichtlich fehlen. Als Minorflavonoide kommen weiterhin Flavon(ol)-O-glykoside, Flavon-C-glykoside, polymethoxylierte Flavone, in Blutorangen außerdem Anthocyanine in beträchtlicher Konzentration vor (HERRMANN 1998 a). Hauptflavononglykosid ist entweder das geschmacklose Hesperidin (Hesperetin-7-rutinosid) in Orangen, Mandarinen, Zitronen und Limetten oder das bittere Naringin (Naringenin-7-neohesperidosid) in Grapefruits und Pampelmusen. Narirutin (Naringenin-7-rutinosid) ist in Orangen, Grapefruits und Zitronen enthalten, Letztere weisen höhere Konzentrationen an Eriocitrin (Eriodictyol-7-rutinosid) auf. Weitere Flavanonglykoside sind als Minorsubstanzen in Citrusarten bekannt. Gehaltsangaben siehe Tabelle 16. BRONNER (1996) fand an Hesperidin beziehungsweise Narirutin in 29 Orangensäften aus Brasilien 270 bis 1156 beziehungsweise 28,7 bis 142 mg/l, in neun aus Argentinien 368 bis 562 beziehungsweise 40,6 bis 76,6 mg/l und in

Tab 16. Hauptflavanonglykoside in Citrussäften in mg/l (MOULY et al. 1994)

	Probenzahl	Eriocitrin	Hesperidin
Zitronen aus			
Spanien	13	87,7 ± 18,4	154,4 ± 54,0
Frankreich	4	78,1 ± 17,2	116,3 ± 46,5
Limetten aus			
Brasilien	8	48,5 ± 15,0	108,8 ± 32,6
Mexiko	6	62,4 ± 20,0	167,8 ± 65,4
		Narirutin	Naringin
Grapefruits			
weiß	11	105,7 ± 70,82	331,1 ± 185,5
pink (Florida)	14	56,1 ± 20,20	159,1 ± 50.91
rot	9	76,0 ± 28,88	275,4 ± 115,67
grün (Israel)	8	178,6 ± 55,37	251,6 ± 55,35
		Naritrutin	Hesperidin
Süßorangen			
Valencia	11	36,9 ± 8,12	230,0 ± 48,3
Navel (Spanien)	12	85,1 ± 12,8	379,3 ± 79,7
Blutorangen	9	43,3 ± 17,8	363,0 ± 63,3
Thomson (Spanien)	7	80,3 ± 31,3	309,6 ± 49,5
Malta (Tunesien)	12	39,7 ± 8,3	304,3 ± 76,1

Herkunft (Probenzahl): Grapefruits, weiß = Israel (9) und Kuba (2). Grapefruits, rot = Spanien (6), Israel (3), Süßorangen, Valencia = Marokko (3), Florida (3), Spanien (2) und Brasilien (3), Blutorangen = Italien (7) und Spanien (2).

Mit der Hand ausgepresste brasilianische Orangensäfte (PUPIN et al. 1998) enthielten in mg/l

Sorte	Probenzahl	Narirutin	Hesperidin
Pera	10	16,1– 62,4	133–399
Natal	5	24,0– 43,7	104–295
Valencia	4	35,4– 79,7	194–321
Hamlin	4	69,5–142	253–537
Baia	2	68,8; 135	265; 427
Lima	2	21,7; 29,4	111; 223
Insgesamt	27	48,7 ± 31,7	260,8 ± 97,9

14 Blondesorten aus Italien 445 bis 1221 beziehungsweise 63,9 bis 206 mg/l.

Polymethoxylierte Flavone sind die Flavonoide der Öldrüsen der Citrusschalen. Sie gelangen beim Pressen in die Citrussäfte. Hauptverbindung ist in Orangen meist das Nobiletin vor Sinensetin, gefolgt von Tetra-O-methylscutellarein, Heptamethoxyflavon und Tangeretin.

Die Bedeutung der Pflanzenphenole liegt weiterhin in der durch Phenoloxidasen hervorgerufenen *enzymatischen Bräunung*. Phenoloxidasen (o-Polyphenoloxidasen, Phenolasen, Tyrosinasen) kommen in allen heimischen Obstarten vor, fehlen aber in Citrusfrüchten und in der Ananas. Im Kern- und Steinobst sowie in Weintrauben zeichnen sie sich durch eine beträchtliche Aktivität aus. Im Presssaft sind diese Enzyme fast ausschließlich an die Trubstoffe gebunden, so dass schon sehr feine Trübungen den Enzymgehalt der Säfte beträchtlich erhöhen.

In der intakten Zelle stellen wir uns diese Enzyme und ihre phenolischen Substrate räumlich getrennt vor. Nach Zerstörung der lebenden Zellen (Schnitt, Druck, Abpressen des Saftes) oxidieren die Phenoloxidasen in Gegenwart von Luftsauerstoff Phenole mit zwei oder drei benachbarten Hydroxylgruppen (1,2-Dihydroxy- beziehungsweise 1,2,3-Trihydroxybenzol-Verbindungen), vor allem Catechine und Proanthocyanidine sowie in etwas geringerem Maße Chlorogensäuren und andere Kaffeesäureester – bei Anwesenheit dieser Phenole auch zahlreiche andere Flavonoide – über die Stufe der o-Chinone in komplizierter, bisher noch weitgehend ungeklärter Weise zu braunen kondensierten gerbstoffartigen Produkten (Herrmann 1993 d). Hierdurch können außer der Farbe auch Aroma und Geschmack beeinträchtigt werden. In wesentlich langsamerer Reaktion können Peroxidasen zur braunen Verfärbung von Obst- und Fruchtsäften beitragen.

Die gleichen phenolischen Inhaltsstoffe reagieren oberhalb von pH 4 mit Schwermetallsalzen, wobei blaugraue bis blauschwarze Verfärbungen und ein „Metall"-Geschmack auftreten können.

2.1.9 Sonstige Inhaltsstoffe

Neben den in den vorangegangenen Kapiteln abgehandelten Inhaltsstoffen enthält jede Obstfrucht eine sehr große Zahl weiterer Substanzen, die allerdings für das Obst und besonders die Fruchtsäfte meist ohne Bedeutung sind.

Hier sind einmal die *Fette* und *Wachse* zu nennen. Saftige Früchte (Ausnahme: Oliven und Avocados), vom Samen abgesehen, enthalten in der Regel nur geringe Mengen (0,1–1,0 %) an etherlöslichen Fetten und wachsartigen Stoffen, die in Nährwerttabellen als (Roh)fett zusammengefasst werden. Die Schale des Obstes besitzt meist einen wachsartigen Überzug. Weiterhin sind Phosphatide und Sterine wie β-Sitosterin enthalten. In den Fruchtsaft gelangen diese Stoffe wegen der fehlenden Wasserlöslichkeit nicht.

Viele Früchte enthalten *Carotinoide* (Herrmann 1993 b), die zur gelbroten bis roten Frucht- oder Schalenfärbung beitragen und deren Gehalte je nach Sorte, Reifegrad, Klima, Boden und Lage beträchtlichen Schwankungen unterworfen sind. In der Regel liegt ein Gemisch aus einer mehr oder weniger großen Zahl verschiedener Carotinoide vor, wie β-Carotin, Lutein, Violaxanthin, Zeaxanthin, Luteoxanthin und Neoxanthin.

In Untersuchungen von Müller (1996) betrug der Gesamtcarotinoid-Gehalt (β-Carotin-Gehalt) bis 0,15 mg/100 g Frischgewicht (bis 0,02 mg) in Äpfeln, Birnen, Erdbeeren, Weintrauben, Roten Johannisbeeren, Zitronen und Bananen, etwa 0,20 bis 0,40 (bis 0,03) mg/100 g in gelben Süßkirschen, Stachelbeeren, Schwarzen Johannisbeeren, Heidelbeeren und Kiwis, etwa 0,50 bis 1,00 mg/100 g in Pflaumen (0,12), Sauerkirschen (0,40), Brombeeren (0,13), Pfirsichen (0,13) und Orangen (0,01). Für Aprikosen wurden 2,63 (β-Carotin 0,90), Grapefruits 3,64 (0,59), Clementinen 1,20 (0,03) und Papayas 3,83 (0,38) mg/100 g Frischgewicht angegeben. Hauptcarotinoid war im Beerenobst das Lutein.

Einige Carotinoide haben Provitamin-A-Wirksamkeit, wie α-Carotin, β-Carotin und β-Cryptoxanthin. Hier ist vor allem das β-Carotin zu nennen, das in ernährungsphysiologisch wichtigen Mengen (etwa bis 1,0 mg/100 g) in Aprikosen vorkommt, wo es bis 60 % des Gesamtcarotinoid-Gehaltes ausmacht. Eine Reihe exotischer Obstarten wie Mango, Papaya, Kaki, Guave oder Baumtomate ist reich an β-Carotin (HERRMANN 1996c). Wegen weiterer Werte vergleiche die Tabellen 5 und 6. Da Carotinoide wasserunlöslich sind, haben sie für blanke Fruchtsäfte keine Bedeutung.

Grüne Färbungen beruhen auf *Chlorophyll* a und b. Sie sind kompliziert gebaute Pyrrolfarbstoffe mit Magnesium als Zentralatom.

Weiterhin können *Bitterstoffe* (HERRMANN 1972) in Früchten vorkommen beziehungsweise pathologisch entstehen. Bitterstoffe sind chemisch sehr unterschiedlich gebaut und haben im Wesentlichen Bedeutung für die Citrusfrüchte. Hier sind einmal die Flavanon-7-neohesperidoside, besonders das Naringin der Grapefruit zu nennen, die zu den phenolischen Inhaltsstoffen (siehe Seite 69 ff.) zählen, und zweitens die Limonoide (NAGY et al. 1977), vor allem das Limonin bitter schmeckender (unausgereifter) Orangen, die Triterpenlactone darstellen. Stippige Äpfel enthalten Bitterstoffe, deren Konstitution noch unbekannt ist.

In Citrussäften des Handels wurden in USA deutliche Gehalte an Limonoidglucosiden (zu über 50 % Limonin-17-β-glucosid) festgestellt. 15 Orangensäfte enthielten 320 ± 48, acht Grapefruitsäfte 190 ± 36 und vier Citronensäfte 82 ± 9 mg/l Limonoidglucoside (FONG et al. 1989).

Mit der großen Gruppe der *Alkaloide* ist in heimischem Obst, den Citrusfrüchten und anderen wichtigeren Obstarten der Tropen und Subtropen nicht zu rechnen. Das gilt ebenfalls für in nennenswerten Mengen vorliegende *Purin*-Verbindungen.

2.2 Zusammensetzung der Fruchtsäfte

2.2.1 Angaben zur Zusammensetzung

Hier sei vor allem auf die im Code of Practice des AIJN (1993) abgedruckten Werte hingewiesen, die auf der Untersuchung einer meist sehr großen Zahl von authentischen und unkorrigierten Säften aus unterschiedlichen Anbaugebieten resultieren (siehe Tab. 17). Diese Werte sind an die Stelle der RSK-Werte des Verbandes der deutschen Fruchtsaft-Industrie getreten, die in den Code eingebracht wurden. Zu den Werten werden im Code häufig weitere Angaben unter „Kommentare" gemacht, auf die besonders verwiesen sei. Aus Platzgründen kann auf diese hier nicht näher eingegangenen werden. Einige Zahlenwerte aus den Kommentaren siehe Tabelle 18. Weitere Angaben siehe in den nachfolgenden Unterkapiteln 2.2.1.1 und 2.2.1.2 sowie über freie Aminosäuren im Unterkapitel 2.1.5.1.

Zur chemischen Zusammensetzung von Süßkirsch-, Brombeer-, Roten Johannisbeer- und Heidelbeersaft siehe Tabelle 19. Über Pflaumensaft siehe KAIN et al. (1971/76), Holunderbeersaft BERGMANN (1979) und Säfte aus Kulturpreiselbeeren (Cranberry) HONG und WROLSTAD (1986). Hinweise auf die im Saft gelösten Polysaccharide (Pektine, Hemicellulosen) siehe Tabelle 8, Sorbit Seite 56, Aminosäuren/Prolin Tabelle 12 und Seite 61 ff., Amine Seite 64.

WALLRAUCH und GREINER (1977) stellten fest, dass in Säften aus Schwarzen Johannisbeeren, Heidelbeeren und Orangen 20 bis 30 % der Isocitronensäure in gebundener Form vorliegen. Bei der Holunderbeere lag dieser Anteil bei 45 %. Für Brombeersäfte sind die hohen Isocitronensäure-Gehalte (siehe Tab. 19) und für Waldheidelbeeren die hohen Chinasäure-Gehalte bemerkenswert.

Tab 17. Chemische Zusammensetzung (Schwankungsbreiten oder Grenzwerte) von Fruchtsaft und Fruchtmark aus dem Code of Practice der AIJN (1993), bezogen auf 1 Liter (bei Birnen-, Aprikosen-, und Pfirsichmark/-saft auf 1 kg) sowie mittlere Werte von Orangensäften anderer Autoren

		Apfelsaft/ -mark	Birnenmark/ -saft	Sauerkirsch- saft/-mark	Aprikosen- mark/-saft	Pfirsich- mark/-saft	Erdbeer- saft/-mark
Relative Dichte 20°/20°							
Direktsaft		min. 1,040	1,044	min. 1,050	min. 1,041	min. 1,036	min. 1,025
Saft aus Konzentrat		min. 1,045	1,048	min. 1,055	min. 1.045	min. 1,040	min. 1,028
Glucose	g/l	15–35	10–35	35–70	15–50	7,5–25	15–35
Fructose	g/l	45–85	50–90	32–60	10–45	10–32	18–40
Glucose: Fructose		0,3–0,5	max. 0,4	1,0–1,35	1,0–2,5	0,80–1,0	0,75–1,0
Saccharose	g/l	5–30	Spuren-15	prakt. 0	Spuren-55	12–60	max. 10
Zuckerfreier Extrakt	g/l	18–29	24–80	45–100	35–70	35–70	15–35
Sorbit	g/l	2,5–7	10–25	10–35	1,5–10	1,0–5	max. 0,25
Titrierbare Säure pH 8,1	mval	52–117	30–110	200–350	100–300	50–125	80–180
Citronensäure	g/l	0,05–0,20	max. 4,0	max. 0,40	1,5–16	1,5–5,0	5–11
D-Isocitronensäure			max. 40		75–200	30–160	30–90
Citronensäure: Isocitronensäure					15–130	15–100	100–230
L-Äpfelsäure	g/l	min. 3,0	0,8–5,0	15,5–27	5–20	2–6	0,6–5,0
Asche	g/l	1,9–3,5	2,2–4,0	3,7–7,0	4,5–9,0	3–7	2,8–6,0
Natrium	mg/l	max. 30	max. 30	max.30	max. 35	max. 35	max. 30
Kalium	mg/l	900–1500	1000–2000	1600–3500	2000–4000	1400–3300	1000–2300
Magnesium	mg/l	40–75	45–95	80–200	65–130	50–110	70–170
Calcium	mg/l	30–120	35–130	80–240	85–200	40–150	80–300
Phosphor	mg/l	40–75	65–200	150–280	100–300	110–230	100–300
Nitrat	mg/l	max. 5	max. 10	max. 10	max. 15	max. 15	
Sulfat	mg/l	max. 150	max. 150	max. 300	max. 350	max. 150	max. 150
Formolzahl ml 0,1 mol NaOH/100 ml		3–10	2–17	15–50	12–50	15–35	5–26
Prolin	mg/l	max. 20	30–500	50–400	50–800	10–100	Spuren-30

		Himbeersaft/ -mark	Saft/Mark der Schwarzen Johannisbeere	Traubensaft	Ananassaft	Passions- fruchtsaft	Grapefruit- saft
Relative Dichte 20°/20°							
Direktsaft		min. 1,025	min. 1,042	min. 1,055	min 1,045	min. 1,050	min. 1,038
Saft aus Konzentrat		min. 1,028	min. 1,047	min. 1,065	min. 1,052	min.1.055	min. 1,040
Glucose	g/l	15–38	23–50	60–110	15–40	20–55	20–50
Fructose	g/l	18–45	30–65	60–110	15–40	20–53	20–50
Glucose: Fructose		0,6–0,95	0,6–0,9	0,9–1,03	0,8–1,1	0,95–1,2	max. 1,02
Saccharose	g/l	0	0	Spuren	25–80	10–45	5–40
Zuckerfreier Extrakt	g/l	23–70	55–80	18–32	15–40	50–90	25–40
Titrierbare Säure pH 8,1	mval	190–310	420–630	60–160	50–180	400–750	120–290
Citronensäure	g/l	9–22	26–42	max. 0,5	3,0–11,0	25–50	8–20
D-Isocitronensäure	mg/l	60–220	160–500		80–250	170–380	140–350
Citronensäure: Isocitronensäure		80–200	80–200		25–70	100–230	50–95
L-Äpfelsäure	g/l	0,2–1,2	1–4	2,5–7,0	1,0–4,0	1,3–5,0	0,2–1,2
Asche	g/l	3,0–6,0	5–10	2,2–5,0	2,2–4,5	5,0–8,5	2,3–4,5
Natrium	mg/l	max. 40	max. 30	max. 30	max. 30	max. 200	max. 30
Kalium	mg/l	1300–2800	2300–4100	900–2000	900–2000	2200–3500	900–2000
Magnesium	mg/l	110–230	80–200	75–150	70–250	100–200	65–150
Calcium	mg/l	110–230	160–550	100–250	50–250	35–150	50–160
Phosphor	mg/l	100–250	160–360	80–180	50–150	130–260	100–200
Nitrat	mg/l	max. 10	max. 15	max. 10	max. 15	max. 30	max. 5
Sulfat	mg/l	max. 200	max. 500	max. 350	max. 100	max. 400	max.150
Formolzahl ml 0,1 mol NaOH/100 ml		10–50	7–30	10–30	8–20	20–50	14–30
Prolin			10–100	150–1000	8–50	150–1500	200–1400

Traubensaft: 2,0–7,0 g/l Weinsäure, davon max. 1,0 g/l freie Weinsäure. Schw. Johannisbeersaft: min. 750 mg/l Ascorbinsäure.

Tab 17. (Fortsetzung)

Land Literaturquelle		Zitronensaft AIJN 1993	Orangensaft AIJN 1993	Brasilien WALLRAUCH 1980	Israel COHEN 1990	Marokko HOFSOMMER 1987	Italien HOFSOMMER 1986	Cuba FUCHS 1994
Probenzahl				172	230	40	48	> 50
Relative Dichte 20°/20°				1,045				
Direktsaft		min. 1,028	min. 1,040					
Saft aus Konzentrat		min. 1,032	min. 1,045					
Glucose	g/l	3–12	20–50	23,8	25,6	22,6	27–30	22,0
Fructose	g/l	3–11	20–50	26,5	25,8	23,1	28–31	23,7
Glucose: Fructose		0,95–1,3	max. 1,0	0,90	0,99	0,97	0,96–0,99	0,92
Saccharose	g/l	max. 7,0	10–50	37,7	41,4	38,9	25–35	43,3
Zuckerfreier Extrakt	g/l	65–82	24–40	30,2		33,4	30–33	
Titrierbare Säure pH 8,1	mval	700–970	90–240			142	140–167	132
Citronensäure	g/l	45–63	6,3–17,0	9,63	14,2	9,7	10–12	9,93
D-Isocitronensäure	mg/l	230–500	65–200	92		136	75–85	125
Citronensäure: Isocitronensäure		max. 200	max. 130			72	120–130	
L-Äpfelsäure	g/l	1,0–7,5	0,8–3,0	1,94	1,06	0,99	0,9–1,1	1,09
Asche	g/l	2,3–4,3	2,8–5,0	4,22	3,10	3,17	3,6–3,8	3,99
Natrium	mg/l	max. 30	max. 30		10	10	15–20	12
Kalium	mg/l	1100–2000	1300–2500	2032	1472	1480	1500–1700	1843
Magnesium	mg/l	70–120	70–160	108	89	100	90–110	93
Calcium	mg/l	45–160	60–150	77	87	102	110–120	71
Phosphor	mg/l	80–150	115–210		158	144	123–137	133
Prolin	mg/l	100–800	450–2090	817		1281	600–700	467
Formolzahl ml 0,1 mol NaOH/100 ml		13–26	15–26		23,9	19,3	16–18	16
L-Ascorbinsäure	mg/l	min. 150	min. 200			377	350–370	414
Nitrat	mg/l	max. 10	max. 5					
Sulfat	mg/l	max. 100	max. 150					

Tab 18. Mittlere und häufige Gehalte einiger Fruchtsäfte aus den Kommentaren des Code of Practice des AIJN (1993)

		Apfelsaft	Orangensaft	Grapefruitsaft	Ananassaft	Traubensaft	Aprikosenmark
Glucose	g/l		< 30	< 30		um 80	
Fructose	g/l		< 30	< 30		um 80	
Zuckerfreier Extrakt	g/l	um 22					
D-Isocitronensäure	mg/l		70–130	um 200	100–200		meist 85–140
L-Äpfelsäure	g/l		meist > 1,1	um 0,5	1–3		
Asche	g/l	um 2,5	um 3,5	um 2,7	um 3	um 3,0	5,5–7,5
Kalium	mg/l	um 1200			um 1350	selten < 1400	2600–3200
% in der Asche		48 %	46–49 %	45–49 %			
Magnesium	mg/l	um 50	selten > 130	um 90		um 90	
Calcium	mg/l	selten > 80	70–110	60–130			
Formolzahl		3–5	> 18	> 16			18–34

Tab 19. Chemische Zusammensetzung weiterer, nicht im Code of Practice des AIJN (1993) enthaltenen Fruchtsäfte (Schwankungsbreiten, vor Klammern Mittelwerte)

Literaturstelle		Süßkirschsaft Kain et al. 1971/76 Wallrauch 1970	Brombeersaft Wallrauch 1984, pers. Mitteilung	Roter Johannisbeersaft Kain et al. 1971/76 Benk und Bergmann 1977	Heidelbeersaft Kuhlmann 1979
Probenzahl		17/15	25	27/10	7
Relative Dichte 20°/20°		1,0523 (1,0334–1,0707)	1,0366 (1,0289–1,0537)	1,0354–1,0701	1,0345–1,0466
Glucose	g/l			17,3–30,8	20,5–31,0
Fructose	g/l	97 (55–139)	57,4 (37,4–92,5)	19,4–36,0	28,4–42,0
Saccharose	g/l		0	0	> 0,2
Zuckerfreier Extrakt	g/l	41 (30–55)	40,3 (28,1–54,3)	34–65	30,4–37,2
Titrierbare Säure berechnet als wasserfreie Citronensäure	g/l	7,6 (3,35–10,2)	11,6 (9,2–19,1)	23,3–34,1	9,1–12,4
Citronensäure	g/l	0,077–0,192	0,36 (0,15–0,91)	18,7–37,6	5,88–7,64
D-Isocitronensäure	mg/l		7690 (4900–11300)	199–338	20–83
L-Äpfelsäure	g/l	10,2 (4,1–15,5)	3,70 (1,5–7,7)		1,45–3,33
Asche	g/l	4,85 (3,69–6,32)	4,22 (3,20–5,60)	3,03–6,63	2,46–3,12
Natrium	mg/l	4–11	5–26	6–24	1–6
Kalium	mg/l	1545–2600	1780 (1400–2430)	2100–2960	1015–1185
Magnesium	mg/l	70–138	228 (153–348)	38–123	41–75
Calcium	mg/l	72–186	166 (113–282)	100–265	102–165
Phosphor	mg/l	175 (100–250)	128 (102–180)	140–260	51–84
Nitrat	mg/l	1–4	3–32		
Prolin	mg/l		69 (12–284)	31–56	13–30
L-Acorbinsäure	mg/l			31–300	9–27

Kuhlmann (1979) fand in selbstgepressten Säften an

	Chinasäure g/l	Shikimisäure mg/l
Brombeeren	bis 0,36	56–110
Waldheidelbeeren	5,5–8,4	60–105
Kultur-Heidelbeeren	1,2	13; 20
Holunderbeeren	0,31–0,60	28–92

Shikimisäuregehalte in Apfel- und Traubensäften siehe Seite 57 u. 59.

Für neun Heidelbeersäfte des Handels und neun Rote Johannisbeersäfte hatten Fischer et al. (1971 beziehungsweise 1973) ähnliche Werte wie in Tabelle 19 angegeben. Über die Zusammensetzung von in Österreich hergestellten Fruchtsäften aus Erdbeeren, Himbeeren, Brombeeren, Heidelbeeren und Schwarzen Johannisbeeren berichteten Kain et al. (1971–1976); sie fanden ähnliche Werte wie in den Tabellen 17 und 19.

2.2.1.1 Säfte aus Kern-, Stein- und Beerenobst, im Code of Practice des AIJN enthalten

In *Apfelsaft* ist der Fructoseanteil etwa zwei- bis dreimal so hoch wie der Glucosegehalt. Der mittlere Sorbitgehalt liegt um 4 g/l. Säfte aus „süßen“ Früchten tendieren zu geringeren Sorbitwerten. Abhängig von süß bis sauer schmeckenden Sorten unterliegt der Gesamtsäuregehalt großen Schwankungen bis etwa 7,5 g/l und wird im Wesentlichen durch den L-Äpfelsäure-Anteil bestimmt. Der Gehalt an Fumarsäure ist auf maximal 5,0 mg/l begrenzt. Hinweise auf die enthaltenen Pflanzenphenole gibt Tabelle 21. Ähnliche Werte wurden in Apfelsäften der USA nach unterschiedlichen Herstellungsverfahren erhalten (Spanos et al. 1990). 24 Apfelsäfte des deutschen Handels enthielten pro Liter Saft die sechs Quercetinglykoside zu je etwa 0,1 bis maximal 2,7 mg sowie 4 bis 59 mg Phloridzin und 3 bis 65 mg Phloretin-2'-xylosylglucosid (Wald und Galensa 1989).

Im *Birnensaft* treten höhere L-Äpfelsäure-Werte nur bei aus nördlichen Ländern stammenden Birnen auf. Sie weisen normalerweise Citronensäuregehalte im unteren Schwankungsbereich auf. Bei Handelssäften liegt der Mittelwert der Isocitronensäure bei 15 mg/kg. Bei Säften liegt der zuckerfreie Extrakt stets im Schwankungsbereich von 24 bis 40 g/kg. Fruchtmark tendiert eher zum Schwankungsbereich 40 bis 80 g/kg.

Im *Sauerkirschsaft* wird der Gehalt an Gesamtsäure nahezu ausschließlich vom L-Äpfelsäure-Gehalt bestimmt. Enzymatisch bestimmt ist er stets höher als die titrierbare Gesamtsäure.

In *Pfirsichmark/-saft* liegen die Isocitronensäurewerte meist zwischen 60 und 100 mg/kg und das Verhältnis Citronensäure zu Isocitronensäure zwischen 25 und 60. Normalerweise kommen Aschegehalte zwischen 3,5 und 5,0 g/kg, Formolzahlen zwischen 20 und 30 und Kaliumgehalte zwischen 1 500 und 2 500 mg/kg vor.

In reinen *Himbeersäften* sind Äpfelsäurewerte von über 0,8 g/l sehr selten. Sie enthalten normalerweise fast kein Sorbit.

In *Säften aus Schwarzen Johannisbeeren* liegt der durchschnittliche natürliche L-Ascorbinsäure-Gehalt bei über 1 000 mg/l. Der durchschnittliche Kaliumgehalt in der Asche beträgt 45 %, schwankt jedoch zwischen 42 und 48 %, der Magnesiumgehalt beträgt normalerweise weniger als 50 % des Calciumgehaltes.

Traubensaft stammt von der einzigen Obstart, die Weinsäure enthält. In allen anderen Fruchtsäften wurde Weinsäure nicht nachgewiesen. Wegen der Säuren in Trauben sei auf den Kommentar der Säuren im Traubensaft im Code of Practice des AIJN verwiesen. Säuregehalte von Trauben- und Schwarzen Johannisbeersäften siehe Tabelle 19a.

2.2.1.2 Im Code of Practice des AIJN enthaltene Citrus-, Ananas- und Passionsfruchtsäfte

Citrusfrüchte und besonders deren Schalen enthalten im Gegensatz zu anderen gebräuchlichen Obstarten und ebenfalls im Gegensatz zu Ananas und Passionsfrüchten *Flavanonglykoside* (siehe Seite 72). Mit der Methode nach Davis bestimmt, gibt der Code für Orangensäfte im Mittel um 800, maximal 1 000 mg/l an, für Grapefruitsäfte ebenfalls im Mittel 800, maximal 1 200 mg/l und für Zitronensäfte maximal 1 500 mg/l.

Die Davis-Methode gibt bekanntlich zu hohe Werte und ist für die einzelnen Glykoside nicht spezifisch, worauf z. B. im AIJN (1993) hingewiesen wird. Sie scheint aber für so genannte Kennzahlen noch einen Wert zu haben. Genaue Werte werden mit der HPLC erhalten. Mit dieser Methode liegt nach dem Code der Hesperidingehalt für sachgerecht hergestellte Orangensäfte in der Regel zwischen 250 und 700 mg/l, für trübe Zitronensäfte zwischen 200 und 800 mg/l. Bei klaren Zitronensäften sind die Flavonoidwerte, besonders Hesperidin, niedriger. Grapefruitsäfte ergeben mittels HPLC in der Regel 500 bis 700 mg/l Naringin.

An *Carotinoiden* enthalten Orangensäfte nach dem Code normalerweise 2 bis 5 mg/l Gesamtcarotinoide, maximal 15 mg/l, davon 0,5 bis maximal 5 % β-Carotin und normalerweise 6 bis 10 %

Tab 19a. Säuregehalte in Säften (Gherardi et al. 1994)

		Traubensäfte (16 °Brix)		Schwarze Johannisbeersäfte (12,5 °Brix)
		Frankreich	Italien	Italien
Probenzahl		21	31	67
Äpfelsäure	mg/l	3620 (1490–9670)	4480 (1990–9620)	1890 (900–3070)
Citronensäure	mg/l	240 (150–410)	390 (170–850)	29 630 (21 150–65 440)
Isocitronensäure	mg/l			246 (128–424)
Weinsäure	mg/l	3580 (1600–5420)	3800 (1850–5820)	

Cryptoxanthinester, maximal 15 %. Passionsfruchtsäfte weisen 7 bis 28 mg/l Gesamtcarotinoide, davon 30 bis 70 % Carotin-Kohlenwasserstoffe und maximal 12 % Cryptoxanthinester auf.

An *Gesamtpektin* beziehungsweise *wasserlöslichen Pektinen* (beide berechnet als wasserfreie Galacturonsäure) gibt der Code für Orangensaft und Grapefruitsaft maximal 700 beziehungsweise 500 mg/l und für Ananassaft maximal 600 beziehungsweise 500 mg/l an. Zitronensaft enthält maximal 700 mg/l wasserlösliche Pektine und Passionsfruchtsaft maximal 1 000 mg/l, im Allgemeinen Werte unter 500 mg/l.

Der natürliche *L-Ascorbinsäure-Gehalt* von frischem Saft aus Orangen liegt bei 400 bis 500 mg/l, aus Grapefruits und Zitronen in der Regel über 300 mg/l. Nach Ablauf des Verfallsdatums müssen noch 200, in Zitronensäften noch 150 mg/l gewährleistet sein. Ananassaft muss mindestens 50 mg/l L-Ascorbinsäure enthalten.

Das *Citronensäure/Isocitronensäure-Verhältnis* kann in Orangensäften aus israelischer Shamouti und Valencia sowie aus kalifornischer Navel im Mittel um 80 betragen. Säfte aus brasilianischen Hamlin und Pera-Varietäten ergeben dagegen Werte im Mittel um 110, mit einer Tendenz zu höheren Werten bei Hamlin. Während italienische Zitronensäfte Verhältniszahlen im oberen Schwankungsbereich (etwa 180) aufweisen, liegt das Verhältnis bei Säften aus Südamerika, Kalifornien, Spanien und Israel normalerweise darunter.

Zu den *Fruchtsäuren* ist dem Code zu entnehmen, dass im Ananassaft die Summe von Äpfel- und Citronensäure etwa 30 % höher ist als die titrierbare Gesamtsäure bei pH 8,1. Der L-Äpfelsäure-Gehalt liegt in Zitronensäften südamerikanischer Herkunft normalerweise im oberen Schwankungsbereich mit einem Mittelwert von über 4 g/l. Zitronensäfte aus dem Mittelmeerraum überschreiten selten 4 g/l und weisen einen Mittelwert von 2 g/l auf. Bei Passionsfrüchten sind L-Äpfelsäure-Werte unter 2 g/l selten.

Die Gehalte an *Natrium* sind im Passionsfruchtsaft im Vergleich zu anderen Fruchtsäften relativ hoch. Eine Häufung ist im Bereich zwischen 70 und 130 mg/l festgestellt worden.

Vergleichende Angaben über die Zusammensetzung von Orangensaft, Pulpwash und Konzentrat aus California Navel Orangen (Zucker, Pektine, Säuren, Mineralstoffe, Vitamine und Aminosäuren) siehe bei Park et al. (1983), und einer großen Zahl israelischer Citrussäfte bei Cohen (1990), Ananassäften bei Fuchs et al. (1993) und Ananaskonzentrat bei Elkins et al. (1997).

Hinweise auf die Aromastoffe von Orangensäften enthält Tabelle 14 und auf die Flavanonglykoside von Citrussäften Tabelle 16.

2.2.1.3 Gehalte an B-Vitaminen in einigen Fruchtsäften

Hier sei auf Tabelle 20 verwiesen. Otteneder (1977) fand in 25 Grapefruitsäften 0,303 (0,193–0,422) mg/l Thiamin. Für Zitronensaft (26–34 Proben) gaben Nelson und Tressler (1980) 0,43 (0,04–1,25) mg/l Thiamin, 0,183 (0,05–0,73) mg/l Riboflavin und 0,89 (0,56–1,96) mg/l Niacin an.

Weitere Angaben über Vitamin-B-Gehalte von Fruchtsäften siehe Tabelle 19b.

Tab 19b. Vitamin-B-Gehalte von Fruchtsäften (Asenjo et al. 1968)

	Probenzahl	Thiamin mg/l	Riboflavin mg/l	Niacin mg/l	Folsäure mg/l
Orangensaft	24	0,18–0,80	0,07–0,28	0,87–2,17	0,008–0,121
Grapefruitsaft	24	0,24–0,69	0,04–0,16	1,06–3,35	0,005–0,018
Ananassaft	36	0,40–0,90	0,12–0,38	1,78–3,84	0–0,048
Tomatensaft	24	0,30–0,84	0,10–0,32	0,52–11,50	0,013–0,132

2.2.2 Einfluss der Fruchtsaftbereitung auf die Inhaltsstoffe und die Zusammensetzung

Die Fruchtsaftbereitung im Allgemeinen und das verwendete Verfahren im Besonderen beeinflussen wie die Lagerung die Zusammensetzung und die Inhaltsstoffe des entstandenen Produkts. Bei der Herstellung blanker, aber auch trüber Säfte, gehen die wasserlöslichen Inhaltsstoffe (Zucker, Säuren, freie Aminosäuren, Ascorbinsäure und die Vitamine der B-Gruppe, ein beträchtlicher Teil der Mineralstoffe, phenolische Inhaltsstoffe) praktisch vollständig in den Saft über, während die in Wasser nicht oder nur schwer löslichen Stoffe (Polysaccharide mit Ausnahme löslichen Pektins, Lipide, Carotinoide) mehr oder weniger vollständig im Pressrückstand verbleiben. Daneben sind solche Veränderungen zu berücksichtigen, die durch Enzyme und/oder Wärmebehandlung und durch spätere Lagerung eintreten. Neben der Umwandlung von Inhaltsstoffen ist sowohl mit dem Verlust als auch der Neubildung von Stoffen zu rechnen. Durch Wärmeeinwirkung und/oder Lagerung kann es zu Veränderungen der Farbe, des Geschmacks und des Geruchs und zur Abnahme des ernährungsphysiologischen Wertes (Vitamin C) kommen. Durch Enzyme werden hauptsächlich Eiweißstoffe, Pektine, Aromastoffe, phenolische Inhaltsstoffe, Ascorbinsäure angegriffen.

So werden die enthaltenen *Pektine* enzymatisch zum Teil beträchtlich abgebaut, so dass zum Beispiel in Apfelsäften und Johannisbeersäften etwa ein Gramm Galacturonsäure pro Liter und in roten und weißen Traubensäften bis drei Gramm pro Liter aufgefunden wurden. Durch den Pektinabbau entstehen auch geringe Mengen an Methanol (siehe Tab. 22). Durch Vergären von Zucker (zum Teil durch Mikroorganismen) werden unter anderem in geringen Mengen Ethanol, Glycerin, Milchsäure und flüchtige Säuren neben einer Reihe von Aromastoffen gebildet.

Durch die verschiedenen Herstellungsverfahren und Schönungsmethoden werden die Gehalte an Pflanzenphenolen verändert. Enzymatische Klärung führt zur Hydrolyse von Hydroxyzimtsäure-Verbindungen und zu Veränderungen der Proanthocyanidine, siehe als Beispiel Tabelle 21 sowie HERRMANN (1993 a).

Tab 20. Gehalte einiger Fruchtsäfte an wichtigen B-Vitaminen (Mittelwerte, in Klammern Schwankungsbreite)

Literaturstelle		Apfelsaft SOUCI et al. 1994	HOLLAND et al. 1992	GOVERD und CARR 1974	Traubensaft SOUCI et al. 1994	HOLLAND et al. 1992
Probenzahl			10	8 Sorten		10
Thiamin	mg/l	0,20 (0,60–0,40)	0,1	0,066 (0,028–0,132)	0,31 (0,12–0,40)	Sp.
Riboflavin	mg/l	0,25 (0,10–0,50)	0,1	0,01 (Spuren-0,026)	0,16 (0,03–0,50)	0,1
Niacin	mg/l	3,00 (1,00–5,00)	1,0	0,77 (0,37–1,50)	1,80 (1,40–2,10)	1,0
Pantothensäure	mg/l	0,55 (0,20–1,00)	0,4	0,83 (0,47–1,16)	0,49 (0,38–0,74)	0,3
Vitamin B_6	mg/l	0,96	0,2		0,22 (0,11–0,39)	0,4
Folsäure	mg/l	0,031 (0,015–0.040)	0,04		0,002–0,03	0.01

Literaturstelle		Orangensaft SOUCI et al. 1994	HOLLAND et al. 1992	Grapefruitsaft SOUCI et al. 1994	HOLLAND et al. 1992	Ananassaft HOLLAND et al. 1992
Probenzahl			60		50	18
Thiamin	mg/l	0,77 (0,70–1,10)	0,8	0,33 (0,20–4,20)	0,4	0,6
Riboflavin	mg/l	0,21 (0,13–0,32)	0,2	0,18 (0,06–0,30)	0,1	0,1
Niacin	mg/l	2,50 (2,00–3,30)	2,0	2,10 (1,70–2,60)	2,0	1,0
Pantothensäure	mg/l	1,60	1,3	1,50 (1,50–1,60)	0,8	0,7
Vitamin B_6	mg/l	1,27 (0,55–1,45)	0,7	0,13 (0,12–0,14)	0,2	0,5
Folsäure	mg/l	0,24	0,2		0,06	0,08

Tab 21. Pflanzenphenole in unterschiedlich hergestellten Apfelsäften in mg/l

	35 deutsche Apfelsäfte der verschiedensten Sorten und Verarbeitungstechnologien	Einfluss des Herstellungsverfahrens		
		direkte Pressung	enzym. Pulpe-Behandlung	Verflüssigung
Literaturstelle	RITTER und DIETRICH 1996		SCHOLS et al. 1991	
Chlorogensäure	72,4 (11,2–177,6)	41–63	6–13	48–85
4-Caffeoylchinasäure	7,7 (2,3–12,9)			
p-Cumaroylchinasäure	24,6 (3,3–49,1)			
Kaffeesäure	1,4 (Sp.–13,9)	5–10	0– 2	8–11
p-Cumarsäure	0,4 (Sp.–2,1)	2– 4	0– 2	3– 6
Ferulasäure	0,3 (Sp.–1,6)	0– 1	0– 2	2– 4
Catechin	5,7 (1,1–11)	0	0	6–35
Epicatechin	10,8 (2,9–30,3)	5–10	0	32–65
Procyanidin B2	11,3 (3,4–58,5)			
Phloridzin	12,9 (2,0–45,1)	10–16	2–11	40–67
Phloretin-xylosylglucosid	21,1 (2,8–39,2)			

Tab 22. Gehalt an Methanol in Frucht- und Gemüsensäften (WUCHERPFENNIG et al. 1983)

Probenart	n	Vorhandenes freies Methanol Mittelwert mg/l	Grenzwerte mg/l	An Pektine natürlich gebundenes Methanol Mittelwert mg/l
klar filtriert				
Apfelsaft	5	25	16– 50	58
Traubensaft, weiß	2	38	32– 44	70
Traubensaft, rot	3	55	33– 88	128
Sauerkirschnektar	5	85	34–136	91
Johannisbeernektar, schwarz	5	171	148–198	118
Johannisbeernektar, rot	3	106	95–123	106
fruchtfleischhaltig				
Apfelsaft, trüb	5	21	18– 28	70
Orangensaft	5	< 15		> 50
Sauerkirschsaft	2	142	126–158	79
Aprikosennektar	2		15– 89	252
Pfirsichnektar	2	36	34– 38	276
Tomatensaft	3	159	120–196	142
Karottentrunk	3	50	41– 58	218

2.2.2.1 Verfärbungen, Bräunungen

Durch Einwirken von Oxidationsenzymen (Phenoloxidasen, weniger Peroxidasen) auf phenolische Inhaltsstoffe kommt es zur *enzymatischen Bräunung*, die auf Seite 73 besprochen wurde. Sie kann durch rasches Arbeiten vor der Hitzebehandlung und Inaktivierung der Enzyme durch Hitze vermieden werden. Bei den heutigen technologischen Möglichkeiten dürfte die enzymatische Bräunung keine größere Rolle als Herstellungs- und Lagerschaden spielen.

Während der Lagerung kann eine *nichtenzymatische Bräunung* (auch Maillard-Reaktion genannt) eintreten. Hieran sind in erster Linie reduzierende Zucker und Aminosäuren, ferner Uronsäuren, Ascorbinsäure, Amine und andere Inhaltsstoffe beteiligt (Übersichten in REYNOLDS 1963/65). Der erste Schritt der Reaktion besteht in der Verknüpfung der Aminogruppe mit der acetalischen (reduzierenden) Hydroxylgruppe der Zucker zu so genannten N-Glykosiden. Über kompliziert verlaufende Polykondensationen entstehen schließlich höhermolekulare, braune Produkte (Melanoide). Der Bräunungsmechanismus selbst ist zum Teil noch ungeklärt. Zwischenprodukt ist unter anderem Hydroxymethylfurfural, das heute leicht und exakt bestimmbar ist. In den Früchten kommt es noch nicht vor.

Die Bräunungsreaktion, die mit der Abgabe von CO_2 verbunden ist, verläuft besonders intensiv bei Gegenwart von Luftsauerstoff. Sie tritt in Säften aber auch ohne Mitwirkung des Sauerstoffs – allerdings erheblich verzögert – ein und wird wesentlich von der Höhe und Länge der Temperatureinwirkung bei der Verarbeitung sowie der Temperatur und Dauer der Lagerung beeinflusst. Besonders Fruchtsaftkonzentrate unterliegen einer nichtenzymatischen Bräunung, da diese mit zunehmendem Trockensubstanzgehalt der Säfte und Konzentrate ansteigt. Mit der Bräunung sind Beeinträchtigungen des Geschmacks, des Aromas sowie des Nährwertes (Vitamin C) verbunden.

Verfärbungen durch *Reaktion von phenolischen Inhaltsstoffen* mit Schwermetallsalzen spielen – durch die saure Reaktion der Säfte bedingt – keine größere Rolle. Dagegen können die roten und blauen *Anthocyanine* (Anthocyanidinglykoside) geschädigt werden. Neben der Herstellungstemperatur üben Lagertemperatur und -zeit einen starken Einfluss auf den Anthocyaninabbau aus.

2.2.2.2 Aromaveränderungen

Aromastoffe werden meist aus Aromavorstufen durch Enzyme gebildet. Ebenso bewirken Enzyme weitgehend die Aromaveränderungen, die bei der Fruchtsaftherstellung auftreten.

In der intakten Frucht liegen Enzyme und ihre Substrate (Aromavorstufen, Aromastoffe) getrennt vor und kommen durch Regulatorsysteme zur Reaktion. Wird der Zellverband der Früchte durch Mahlen, Maischen, Pressen usw. zerstört, so setzen unverzüglich enzymatische Vorgänge ein, die mit erstaunlicher Reaktionsgeschwindigkeit ablaufen können. So führen

1. enzymatisch-hydrolytische Prozesse durch Hydrolasen zu einer beträchtlichen Spaltung der Fruchtester in Säuren und Alkohole und
2. enzymatisch-oxidative Prozesse in Gegenwart von Luftsauerstoff unter anderem zur Neubildung sehr geruchs- und geschmacksintensiver C_6- und C_9-Aldehyde beziehungsweise entsprechender Alkohole und Aldehydcarbonsäuren (Drawert und Tressl 1970).

Nichtflüchtige, glykosidisch, das heißt an Zucker gebundene Aromastoffe (Aromastoff-Vorläufer), die ihren Ursprung im Fettsäure-, Phenylpropan- und Terpenstoffwechsel haben und in größerer Zahl in wesentlichen Obstarten, wie zum Beispiel Apfel, Steinobst und Trauben, nachgewiesen worden sind (siehe zum Beispiel Krammer et al. 1991), können durch fruchteigene oder zugesetzte Enzyme freigesetzt werden.

So bestehen zwischen den typischen Aromastoffen der Früchte (siehe 2.1.7 Aromastoffe) und denen der Fruchtsäfte meist deutliche Unterschiede. Es können sich Komponenten bilden, die im natürlichen Zellverband nicht oder nur in untergeordneten Mengen vorkommen, während andere Aromastoffe mehr oder weniger stark abnehmen oder gar verschwinden. So enthalten Äpfel häufig überwiegend Ester und daraus gewonnene Apfelsäfte zum Teil weitgehend Alkohole, wenn die Fruchtester der Äpfel nach Zerstörung des Zellverbandes durch Hydrolasen in Säure und Alkohol gespalten werden (vgl. Drawert und Tressl 1970).

Wird dagegen die Apfelmaische hochkurzzeit-erhitzt, so kann die Bildung von Sekundäraromastoffen bis zu etwa 80 % unterdrückt werden, und die Säfte sind reichhaltiger an natürlichen Fruchtestern, aber auch an phenolischen Stoffen (Schreier et al. 1978).

Auch bei der Lagerung genussreifen Obstes, zum Beispiel von Äpfeln, kommt es zu einem oft erheblichen Anstieg der Alkohole auf Kosten der Aldehyde. Schließlich führt die Verwendung von Filtrationsenzymen (pektolytischen Enzymen) zu einem enzymatischen Abbau bestimmter Aromastoffe, besonders der Fruchtester, in Abhängigkeit von Art, Menge und Wirkungsdauer der Enzyme.

Durch enzymatisch-oxidative Vorgänge werden zum Beispiel in Äpfeln aus Linolsäure Hexanal und aus Linolensäure je nach Sorte (E)-2-Hexenal oder (Z)-3-Hexenal als Hauptkomponenten gebildet. Diese „grünen“ Aromanoten stellen wesentliche Komponenten des so genannten Grasgeruchs- und -geschmacks dar, wie er bei Verwendung unreifer Früchte zur Saftherstellung auftritt.

Nach enzymatischen Primärprozessen können durch Sekundärreaktionen zusätzliche chemische Veränderungen der Aromastoffe (Umesterung, Acetalbildung, Kondensation) erfolgen (Drawert und Tressl 1970).

Schließlich wirken sich Erhitzen, Konzentrieren und Lagern von Fruchtsäften negativ auf die Zusammensetzung der Aromastoffe aus. Bei der Herstellung von Säften aus Roten Johannisbeeren werden intermediär Hexanal und (Z)-3-Hexenal neu gebildet und sehr rasch enzymatisch in die entsprechenden Alkohole 1-Hexanol und (Z)-3-Hexen-1-ol umgewandelt. Nach Isomerisierung von (Z)-3-Hexen-1-ol liegt als Hauptkomponente des Saftes (E)-2-Hexen-1-ol vor (Schreier et al. 1977). Im Orangensaft nahm der Gehalt an Decanal während der gesamten Lagerzeit (sechs Monate), der an Hexanal und Octanal nur während der ersten beiden Monate zu, um dann langsam abzufallen. Der Gehalt an α-Terpineol erhöhte sich in nahezu linearer Abhängigkeit von der Lagerzeit auf Kosten von Limonen und Linalool. Bei der Konzentrierung von Orangensaft durch Wärme oder Gefrieren traten Verluste an Aromastoffen auf. Bei der thermischen Konzentrierung wurden Carvon, Nootkaton, Nerolidol, (Z)- und (E)-Carveol sowie (Z)- und (E)-2,8-Menthadien-1-ol neu gebildet. Bei der Gefrierkonzentrierung wurden Carvon und α-Terpineol neu gebildet, und Nootkaton, Geraniol und (E)-2,8-Menthadien-1-ol nahmen etwas zu (Schreier et al. 1979).

2.2.2.3 Vitaminverluste

Ernährungsphysiologisch wichtig ist nicht zuletzt die Abnahme wichtiger Vitamine, zum Beispiel von Ascorbinsäure (Vitamin C), bei der Herstellung und Lagerung. Thiamin ist unter den sauren Bedingungen der Fruchtsäfte ziemlich stabil. Auch der Gehalt an Carotin, Riboflavin und Niacin wird während der Herstellung und Lagerung weniger verändert.

Ein Vitamin-C-Verlust ist zum Beispiel von Bedeutung für Citrussäfte, Schwarze Johannisbeer- und Erdbeernektare, während Apfel- und Traubensäfte ohnehin kaum Ascorbinsäure aufweisen. Die Verluste sind unter anderem von der gewählten Verarbeitungsmethodik und den Lagerungsbedingungen abhängig. Durch Aufnahme von Sauerstoff und/oder Schwermetallen (Kupfer und Eisen) kann Ascorbinsäure erheblich vermindert werden. Daher sollten jede Luftberührung und Schwermetallaufnahme vermieden werden. Andererseits tragen die in Fruchtsäften vorkommenden Flavonole zum Schutze des enthaltenen Vitamin C bei, wie zum Beispiel vom Saft der Schwarzen Johannisbeere gezeigt werden konnte. Auch das natürliche Gemisch der Orangenflavonoide ist ein starker Stabilisator der Ascorbinsäure. Orangensaft zeigte bei einer 18-monatigen Lagerung bei 10 °C einen Verlust von 4 % Ascorbinsäure und 0 % Thiamin, bei 18 °C von 16 beziehungsweise 4 % und bei 27 °C von 38 beziehungsweise 8 %.

2.2.2.4 Veränderungen des Mineralstoffgehaltes

Die Mineralstoffe des Obstes sind unterschiedlich wasserlöslich.

So ergaben Untersuchungen von Wucherpfennig und Hsueh-Err (1983), dass der Kaliumgehalt der Säfte gut mit der Saftausbeute korreliert, was für Magnesium nur bei einigen Obstarten zutrifft. Phosphat und Calcium gehen nur in relativ geringem Umfang in den Saft über, so dass ein beträchtlicher Teil vom Gesamt-P-, Mg- und Ca-Gehalt beim Entsaften in den Trestern zurückbleibt. Mit zunehmendem Druck nimmt beim Pressen der Mineralstoffgehalt zu; beim Extraktionsverfahren ist er höher.

2.3 Zusammensetzung des Gemüses und wichtiger Gemüsesäfte

2.3.1 Allgemeine Angaben über die Zusammensetzung des Gemüses

Wie die Tabellen 6 und 23 ausweisen, stellt auch im Gemüse das Wasser den Hauptbestandteil mit um 90 % der Frischsubstanz dar; auf Rohfett (Etherextrakt) entfallen gewöhnlich nur 0,1 bis 0,5 % der Frischsubstanz. Dagegen ist der Gehalt an stickstoffhaltigen Verbindungen teilweise erheblich höher als im Obst. In einer Reihe von Gemüsearten wie Leguminosen, Kohlarten, Spinat und Salat besteht ein beträchtlicher Anteil der Trockensubstanz aus Eiweiß, das meist in Form wasserunlöslicher, jedoch in Salzlösungen löslicher Globuline vorliegt. Quantitative Angaben über die enthaltenen Aminosäuren können unter anderem SOUCI et al. (1994) entnommen werden. Auch ist der Gehalt an Mineralstoffen oft höher als im Obst (SOUCI et al. 1994, HOLLAND et al. 1991, HAYTOWITZ und MATTHEWS 1984), wobei in einigen Arten ein beträchtlicher Gehalt an Nitrat (vgl. Tab. 6 und 24) festzustellen ist.

Hauptbestandteile der Kohlenhydrate stellen die Zucker (Glucose, Fructose und Saccharose) sowie die Ballaststoffe („dietary fibre“: Pektine, Hemicellulosen, Cellulose) dar. Daneben ist häufig Stärke mit 0,1 bis 0,5 % der Frischsubstanz, in wenigen Arten höher, enthalten.

Der durchschnittliche Gehalt an Gesamtsäuren entspricht mit etwa 0,15 bis 0,8 % dem des Obstes, wobei ebenfalls Äpfelsäure und/oder Citronensäure als wesentlichste Säure vorkommen (siehe Tab. 24). Während die Säuren im Obst hauptsächlich frei vorliegen, sind sie in den Gemüsearten mit Ausnahme der Tomaten und des Rhabarbers überwiegend an Kationen als Salze gebunden, so dass der pH-Wert meist zwischen 5,5 und 6,5 liegt. 80 bis 90 % der Gesamtsäuren der Tomaten bestehen aus Citronensäure, in Möhren 70 bis 85 % aus Äpfelsäure. Im Weißkohl sind die Konzentrationen an

Tab 23. Chemische Zusammensetzung des essbaren Anteils der Tomaten und Möhren (Mittelwerte, in Klammern Schwankungsbreiten)

Gemüseart Literaturstelle		Tomaten SOUCI et al. (1994)	 HOLLAND et al. (1991)	Möhren Souci et al. (1994)	 HOLLAND et al. (1991)
Wasser	%	94,2 (93,4–95,2)	93,1	88,2 (87,5–92,1)	89,8
Roheiweiß	%	0,95 (0,69–1,00)	0,7	0.98 (0,70–1,20)	0,6
Glucose	%	1,08 (0,90–1,62)	1,4	1,40 (0,84–1,71)	2,3
Fructose	%	1,36 (1,25–1,70)	1,5	1,31 (0,84–1,96)	1,9
Saccharose	%	0,084 (0,007–0,14)	0,1	2,08 (1,55–4,17)	3,2
Äpfelsäure	%	0,051 (0,020–0,23)		0,243 (0,24–0,31)	
Citronensäure	%	0,328 (0,13–0,68)		0,012 (0,010–0,055)	
Mineralstoffe (Asche)	%	0,61		0,86 (0,66–1,02)	
Kalium	mg/100 g	242 (92–376)	250	290 (201–346)	170
Natrium	mg/100 g	3 (1–33)	9	60 (32–83)	25
Calcium	mg/100 g	8,5 (4–21)	7	41 (25–52)	25
Magnesium	mg/100 g	13,6 (5–20)	7	18 (15–24)	3
Phosphor (P)	mg/100 g	18 (8–53)	24	35 (30–44)	15
Eisen	mg/100 g	0,55 (0,35–0,95)	0,5	2,1 (0,4–4,8)	0,3
Zink	mg/100 g	0,17 (0–0,25)	0,1	0,30 (0,18–2,1)	0,1
Mangan	mg/100 g	0,131 (0,04–0,30)	0,1	0,21 (0,12–0,36)	0,1
β-Carotin	mg/100 g	0,506 (0,15–0,66)	0,64	7,79 (6,77–10,5)	8,1
Thiamin (B_1)	µg/100 g	57 (20–80)	90	69 (50–100)	100
Riboflavin (B_2)	µg/100 g	35 (20–50)	10	53 (30–80)	10
Niacin	µg/100 g	530 (300–850)	1000	580 (400–1000)	200
Ascorbinsäure (C)	mg/100 g	24,5 (20–29)	17	7	6

Tab 24. Gehalte einiger Gemüsearten in mg/100 g Frischgewicht an den wesentlichen Säuren Äpfelsäure und Citronensäure (HERRMANN 1993 c) und Nitrat (RAUTER und WOLKERSTORFER 1982) (Mittelwerte, in Klammern Schwankungsbreite)

Gemüseart **Säuren**	Sortenzahl	Äpfelsäure	Citronensäure
Tomaten	6	67 (33–122)	484 (324–578)
Möhren	6	362 (236–524)	63 (34–94)
Gurken	5	210 (165–240)	4 (1,8–5,3)
Gemüsepaprika, rot	5	36 (27–40)	338 (265–405)
Rhabarber	3	1363 (1239–1507)	120 (55–203)
	18	1025 (800–1300)	127 (67–180)
Rettich	4	99 (81–116)	10 (4–16)
Rote Bete	3	19 (17–22)	101 (94–106)
Sellerie, Knollen	5	408 (226–495)	23 (13–48)
Spargel	4	63 (40–84)	127 (90–151)
		25–88	70–129
Spinat	4	46 (36–64)	12 (8–18)
		40 (10–120)	10 (4–23)
Weißkohl	3	96 (84–107)	101 (93–108)
	4	158 (115–227)	145 (114–182)
Zwiebeln	4	182 (155–196)	72 (23–101)

Tomaten und Möhren siehe auch Tab. 23.

Gemüseart **Nitrat**		Probenzahl	Nitrat
Möhren	F	39	50 (9–110)
	B	25	20 (2–52)
Rettich, weiß	F	54	168 (30–377)
	G	6	358 (292–496)
	B	6	123 (42–322)
Rettich, schwarz	F	69	177 (41–438)
	B	5	46 (17–82)
Rote Bete	F	115	195 (18–536)
	B	25	158 (10–430)
Sellerie, Knollen	F	35	98 (7–364)
	B	10	36 (3–108)
Spinat	F	85	84 (2–272)
	B	9	97 (2–273)
Weißkohl	F	58	107 (1–323)
	B	26	74 (11–211)

Tomaten enthalten unter 10 mg/100 g

F = Freilandanbau, G = Gewächshausanbau, B = Biologischer Anbau.

Äpfel- und Citronensäure oft ähnlich. Daneben kommen Bernsteinsäure, Fumarsäure und Chinasäure und zum Teil Isocitronensäure meist in Konzentrationen bis etwa 100 mg/kg verbreitet vor. Möhren weisen mit etwa 400 bis 1 000 mg/kg einen höheren Chinasäuregehalt auf, Sellerieknollen 55 bis 190 mg/kg (HERRMANN 1993 c). In Rhabarber (etwa 5 g/kg), Spinat (5–8 g/kg; 6–10 % der Trockenmasse), Roten Beten (etwa 500–1 000 mg/kg) kommt Oxalsäure in beträchtlicher Konzentration vor. Dagegen enthalten andere Gemüsearten keine oder nur bis 100 Milligramm Gesamtoxalsäure pro Kilogramm Frischgewicht (HERRMANN et al. 1972).

Bei den phenolischen Inhaltsstoffen stehen Flavon(ol)-glykoside und Derivate der Phenolcarbonsäuren, vor allem Hydroxyzimtsäure-Verbindungen, im Vordergrund;

Catechine und Proanthocyanidine fehlen weitgehend (eine Ausnahme ist Rhabarber). Die rote Färbung des Rotkohls, der Auberginen, der Radieschen und des Rhabarbers beruht auf Anthocyanidinglykosiden, die der Roten Bete auf Betanin, die von Möhren, Tomaten, rotem Paprika und gelbroten Melonen auf Carotinoiden, während grüne Gemüsearten bekanntlich durch Chlorophyll gefärbt sind. Wegen des Gehaltes an wesentlichen Vitaminen und Mineralstoffen sei auf die Tabellen 6 und 23 verwiesen. Generell ist in grünen Blättern meist mit einem beträchtlichen Carotingehalt zu rechnen (bis 50 mg/kg). Er liegt am höchsten in Möhren und kann bei geeigneten Sorten bis etwa 200 mg/kg Frischgewicht erreichen. Dagegen beruht die rote Farbe der Tomaten hauptsächlich auf provitaminunwirksamem Lycopin. Wegen weiterer Angaben über die Inhaltsstoffe des Gemüses sei auf HERRMANN (1994/1998 sowie 2001) verwiesen.

2.3.2 Zusammensetzung wichtiger Gemüsesäfte

Zuverlässige und vor allem allgemein gültige Angaben fehlen noch weitgehend, wenn man von Tomaten- und Möhrensaft absieht (siehe Tab. 25). In der Literatur verstreut vorkommende Hinweise auf andere Gemüsesäfte beziehen sich häufig nur auf wenige Proben aus selbstgepressten Gemüsearten, so dass ihnen ein Aussagewert fehlt.

Die Zusammensetzung der Gemüsesäfte ist stark abhängig von der verwendeten Technologie. Im Idealfall dürfte die Zusammensetzung der Inhaltsstoffe unter Berücksichtigung der Wasserlöslichkeit weitgehend derjenigen der betreffenden Gemüseart ähneln (vgl. Tab. 6 und 23). Durch ein vorgeschaltetes Blanchieren nehmen verständlicherweise die Gehalte der wasserlöslichen Inhaltsstoffe ab. Bei Anwendung einer milchsauren Gärung, zum Beispiel Sauerkrautsaft, werden die Zucker je nach Technologie mehr oder weniger in Milchsäure und in geringerer

Tab 25. Chemische Zusammensetzung von Tomatensaft, bezogen auf 1 l, und dreifach konzentriertem Tomatenmark und Möhrensaft, beide bezogen auf 1 kg (Mittelwerte, in Klammern Schwankungsbreite)

Literaturstelle		Tomatensaft AIJN 1993	Tomatenmark LABAT u. HILS 1992	Möhren(Karotten)saft OTTENEDER 1982	HOFSOMMER u. GHERARDI 1985
Probenzahl			60	29	23
Glucose	g	10–16	81,5 (61,4–100,0)	7,27 (5,3–11,2)	10,6 (6,20–14,4)
Fructose	g	12–18	102,0 (81,9–118,1)	7,11 (4,9–10,2)	8,94 (5,30–12,4)
Saccharose	g	max. 1	< 10	31,5 (24,2–39,3)	31,3 (18,5–48,6)
Titrierbare Säure pH 8,1	g	1,9–4,8	4,6 (20,7–27,7)	0,55 (0,36–0,82)	
Äpfelsäure	g	0,1–0,6	1,6 (0,5–2,5)	1,88 (1,16–2,73)	2,02 (1,46–2,5)
Citronensäure	g	2–5	19,3 (14,2–23,6)	0,308 (0,18–0,51)	
Asche	g	3,5–6,5	33,8 (27,5–38,9)	5,26 (3,95–6,44)	4,52 (3,51–6,75)
Kalium	mg	1500–3500	15 400 (12 300–17 300)	2150 (1490–2669)	1980 (1430–2870)
Natrium	mg	max. 100		300 (140–736)	590 (328–1010)
Calcium	mg	50–120	430 (330–570)	107 (64–137)	125 (62–276)
Magnesium	mg	60–150		75 (58–107)	70 (44–120)
Phosphor	mg	100–300		288 (204–412)	190 (122–284)
Nitrat	mg	max. 20		146 (12–315)	124 (20–376)
Formolzahl ml 0,1 mol NaOH/100 ml		25–60	27,4 (18,4–35,2)	25,1 (16,6–42,1)	14,7 (9,5–20,2)
Prolin	mg		54,0 (31,9–87,9)		

Für den Tomatensaft betrugen die Schwankungsbreiten für Glucose: Fructose 0,80–1, den zuckerfreien Extrakt 15–28 g/l und Isocitronensäure 65–150 mg/l. Der Aschegehalt wird durch die Anbaubedingungen beeinflusst. Im Allgemeinen liegen die Werte für Kalium um 2500, Magnesium um 100, Calcium um 75 und Phosphor um 180 mg/l. Tomaten haben einen natürlichen Natriumgehalt.

Konzentration in Essigsäure umgewandelt. Ebenfalls kommt es durch Wärmeeinwirkung zur Bildung von Pyrrolidoncarbonsäure.

Ergänzend zu Tabelle 24 wurden in 150 bis über 200 Tomatensäften der USA (HAYTOWITZ und MATTHEWS 1984) als Mittelwerte 0,76 g Protein, 1,05 g Asche, 220 mg Kalium, 9 mg Calcium, 0,58 mg Eisen, 0,047 mg Thiamin, 0,031 mg Riboflavin, 0,673 mg Niacin und 18,3 mg Ascorbinsäure pro 100 Gramm Tomatensaft angegeben. Zehn Proben englische Tomatensäfte enthielten 0,8 g Protein, 1,4 g Glucose, 1,6 g Fructose, Spuren Saccharose, 230 mg Kalium, je 10 mg Calcium und Magnesium, 19 mg Phosphor, 0,20 mg Carotine, je 0,02 mg Thiamin und Riboflavin, 0,7 mg Niacin und 8 mg Vitamin C pro 100 Gramm (HOLLAND et al. 1991). SOUCI et al. (1994) gaben als Mittelwerte 0,056 mg Thiamin, 0,026 mg Riboflavin, 0,72 mg Niacin und 14,8 mg Vitamin C pro 100 Gramm an.

29 Proben deutscher Möhrensäfte enthielten 0,484 (0,239–0,703) Milligramm β-Carotin pro 100 Gramm. In zwölf authentischen Möhrensäften betrug im Aminosäurenspektrum der relative Anteil an Alanin 29,1 %, Asparagin 17,1 %, γ-Aminobuttersäure 9,2 %, Asparaginsäure 8,0 %, Glutaminsäure 7,6 %, Arginin 6,6 %, Serin 6,5 %, während auf Prolin nur 0,3 % entfielen (OTTENEDER 1982).

2.4 Ernährungsphysiologische Bedeutung

Worin liegt die ernährungsphysiologische, die gesundheitliche Bedeutung des Obstes und damit der Fruchtsäfte? Zeichnen sie sich gegenüber wichtigen Gruppen von Lebensmitteln vielleicht

a) durch einen höheren Gehalt an wichtigen Inhaltsstoffen aus, oder
b) enthalten sie für den menschlichen Organismus günstige Bestandteile, die in anderen Lebensmitteln mehr oder weniger fehlen, oder
c) liegt ihre Bedeutung etwa auch darin, dass sie negativ zu beurteilende Inhaltsstoffe im Gegensatz zu vergleichbaren Lebensmitteln nicht oder in erheblich geringerem Maße aufweisen?

Um den letzten Punkt kurz vorwegzunehmen: gegenüber den alkoholischen sowie den coffeinhaltigen Getränken Kaffee und Tee ist das Fehlen von Alkohol beziehungsweise Coffein zu vermerken.

In der Regel beurteilt man den ernährungsphysiologischen Wert eines Lebensmittels nach den lebensnotwendigen (essenziellen) Inhaltsstoffen der Nahrung, das sind Fett, Eiweiß und die essenziellen Aminosäuren, verdauliche Kohlenhydrate, bestimmte Mineralstoffe und Spurenelemente sowie Vitamine. Wie bei jedem anderen Lebensmittel muss man auch bei der Beurteilung der Fruchtsäfte vom Verzehr üblicher Mengen ausgehen. Selbst beim Verzehr sehr großer Mengen in relativ kurzer Zeit sind nach STAMM (1959) Allgemeinwirkungen praktisch ausgeschlossen. Allerdings kann es gelegentlich zu Unverträglichkeitserscheinungen, wie Blähungen, in geringem Maße Weichwerden des Stuhls und Magenbrennen kommen. Die Verträglichkeit konnte durch Pektinzusatz und Verminderung des Fruchtsäuregehaltes verbessert werden.

2.4.1 Kohlenhydrate, Eiweiß, Fett

Fett ist in Fruchtsäften praktisch nicht enthalten, was in Zeiten der energetischen Überernährung günstig zu vermerken ist. Andererseits kommen aber auch das lebensnotwendige Eiweiß und die es aufbauenden Aminosäuren (Roheiweiß) nur in recht geringen Mengen vor, wie die entsprechenden Tabellen 5 und 6 dieses Beitrags ausweisen. Ähnliches gilt für eine größere Zahl der Gemüsearten (vgl. Tab. 6 und 23). Auch ist zu berücksichtigen, dass ein beträchtlicher Anteil des Eiweißes wasserunlöslich ist und somit im Pressrückstand verbleibt. Das enthaltene Eiweiß spielt daher für die Versorgung des menschlichen Organismus keine Rolle, wenn man als täglichen Bedarf 0,8 Gramm Eiweiß pro Kilogramm Körpergewicht zugrunde legt. Das Gleiche gilt für die meist recht geringen Konzentrationen an freien Aminosäuren (vgl. Seite 61 ff).

Dagegen ist der Gehalt an leichtverdaulichen Zuckern (praktisch auf Glucose, Fructose und Saccharose begrenzt) und damit der energetische Gehalt (Kalorien, Joule) beträchtlich, was gleichermaßen für die reinen Säfte wie die unter Zuckerzusatz hergestellten Nektare gilt. Ein Gehalt von 10 % an Zuckern, wie er in Fruchtsäften und Nektaren häufig erreicht und bisweilen überschritten wird, bedeutet schon einen Gehalt von etwa 400 Kalorien (beziehungsweise etwa 1 700 Joule) pro Liter. Nur der Tomatensaft (vgl. Tab. 25) macht hier unter den aus Früchten gewonnenen Säften eine Ausnahme. Sein energetischer Gehalt ist relativ gering.

An dieser Stelle sei noch kurz der Zuckeralkohol *Sorbit* erwähnt, der als Zuckeraustauschstoff für Diabetiker bekannt ist und in Kern- und Steinobst in höheren Konzentrationen vorkommt (vgl. Seite 56). Er erhöht die Synthese einiger wichtiger Vitamine wie Thiamin (B_1), Pyridoxin (B_6) und Pantothensäure durch die Darmbakterien und besitzt auch beim Menschen eine „vitaminsparende“ Wirkung (Lang 1979).

2.4.2 Vitamine und Mineralstoffe

Häufig wird der Wert des Obstes und Gemüses und der aus ihnen gewonnenen Säfte in ihrem Gehalt an Vitaminen und Mineralstoffen gesehen. Doch sollte man hier nicht pauschal urteilen, sondern die tatsächlichen Gehalte zugrunde legen, wie sie zum Beispiel die entsprechenden Tabellen dieses Beitrages ausweisen. Bei den Vitaminen ist ein Zubereitungsverlust (Thiamin, Folsäure etwa 20 % und Ascorbinsäure etwa 30 %) zu berücksichtigen. Angaben zum täglichen Bedarf an Vitaminen und Mineralstoffen siehe Tabelle 26.

In einigen Obst- und Gemüsearten wie den Citrusfrüchten und Erdbeeren, besonders Schwarzen Johannisbeeren (Tab. 5) und Sanddornbeeren, sowie Kohlarten, Gemüsepaprika und Spinat ist der Gehalt an Ascorbinsäure beträchtlich, dagegen in Kernobst, Steinobst und Weintrauben (Tab. 5) sowie Gurken, Möhren, Rhabarber, Roten Beten, Sellerie, Wassermelonen und Zwiebeln (Tab. 6) mit um 10 mg/100 g und tiefer recht gering. Die anderen Beerenobstarten enthalten im Durchschnitt 20 bis 35 Milligramm Ascorbinsäure pro 100 Gramm. Entsprechend der Technologie kommt es bei der Gewinnung der Säfte zu recht unterschiedlichen Verlusten.

Betrachtet man den Gehalt an Vitaminen der B-Gruppe, so ist er im Vergleich zu anderen Lebensmitteln allgemein relativ gering. So wird der Bedarf der deutschen Bevölkerung an Thiamin, Riboflavin und Niacin nur zu wenigen Prozent durch den Verzehr an Obst, Obstdauerwaren und Obsterzeugnissen gedeckt. Schließlich kann man in blanken Säften auch keinen nennenswerten Gehalt an β-Carotin (Provitamin A) erwarten, da es

Tab 26. Täglicher Bedarf an Vitaminen und Mineralstoffen (empfohlene Zufuhr) in mg eines erwachsenen Menschen (Deutsche Gesellschaft für Ernährung 1991)

	männl.	weibl.		männl.	weibl.
Vitamin A	1,0	0,8	Kalium	2000	
Thiamin (B_1)	1,3	1,1	Calcium	800–1000	
Riboflavin (B_2)	1,7	1,5	Magnesium	350	300
Niacin	18	15	Phosphor	1200–1500	
Pyridoxin (B_6)	1,8	1,6	Eisen	10	15
Folsäure, freie	0,15		Zink	15	12
Pantothensäure	6		Mangan	2,0–5,0	
Ascorbinsäure (C)	75		Kupfer	1,5–3,0	

1 mg β-Carotin entspricht im Durchschnitt 0,17 mg Vitamin A.
Bedarf an Eisen für nichtmenstruierende Frauen, die nicht schwanger sind oder stillen: 10 mg/Tag.

bekanntlich in Wasser unlöslich ist. Hier haben nur Möhrensaft, Spinatsaft und Nektare aus Aprikosen und Sanddorn Bedeutung.

Bei den Mineralstoffen steht das Kalium – wie in allen Lebensmitteln – stark im Vordergrund. Der äußerst geringe Gehalt an Natrium ist hervorzuheben. Leider ist auch der Gehalt an Calcium gering und trägt nur unwesentlich (etwa 3 %) zur Bedarfsdeckung bei. Besser steht es meist mit Phosphor und Magnesium. Der Gehalt an Eisen entspricht in der Größenordnung dem anderer Lebensmittel. Bekanntlich spielt beim Eisen neben der Konzentration die recht unterschiedliche Resorption eine Rolle. Doch ist über eine eventuell bessere Resorption des im Obst vorliegenden Eisens zu wenig Zuverlässiges bekannt. Bisweilen werden die Spurenelemente für die ernährungsphysiologische Bedeutung des Obstes herangezogen. Doch ist auch hier das bisher vorliegende zuverlässige Zahlenmaterial noch zu gering.

2.4.3 Fruchtsäuren, phenolische Verbindungen und weitere Inhaltsstoffe

Zieht man über die essenziellen Bestandteile hinaus weitere Inhaltsstoffe in den Kreis der Betrachtungen, so ist der Gehalt an Fruchtsäuren günstig zu vermerken. Angaben können den Seiten 57, 59, 84 und 85 und den Tabellen 6, 9, 17, 18, 19, 19a, 23, 24 und 25 entnommen werden.

Die *Fruchtsäuren* bedingen keine Säurebelastung des Körpers, da sie mit großer Geschwindigkeit im Stoffwechsel oxidiert werden. Ihre Salze wirken alkalisierend, worauf die diätetischen Eigenschaften unter anderem zurückgeführt werden. Sie fördern den Stuhlgang.

Citronensäure (beziehungsweise Citrat) kommt zu 0,5 bis 1,5 % in den Knochen und Zähnen vor, ist ein wichtiges Glied in dem biochemisch wichtigen Citronensäurezyklus und erfüllt im Stoffwechsel des menschlichen Organismus eine Reihe von Aufgaben. So werden manche Enzyme durch Citrat aktiviert, andere wiederum gehemmt. Auf der Komplexbildung mit Calcium und Magnesium beruht die schon lange bekannte blutgerinnungshemmende Wirkung. Harncitrat ist ein wichtiger Faktor für die Verhinderung der Ausfällung von Calciumsalzen in den Harnwegen (LANG 1979).

Von einer Reihe *phenolischer Inhaltsstoffe* ist in zahlreichen Arbeiten über günstige Wirkungen auf den Organismus berichtet worden. Man sollte sie vielleicht als Regulationsfaktoren auffassen, die sich an grundlegenden Vorgängen des Zellgeschehens beteiligen können. Dies betrifft die in höherer Konzentration auftretenden Verbindungen wie Chlorogensäuren, Catechine, niedere Procyanidine, Quercetinglykoside und Anthocyanine. Sie stellen potenzielle Antioxidanzien dar, fangen „freie Radikale" ab und hemmen die Lipidperoxidation. Nach den bisherigen Untersuchungen soll kein Zweifel bestehen, dass ein unzureichender Antioxidans-Status einen Risikofaktor für fast alle degenerativen Alterskrankheiten darstellt (SEELERT 1992).

Hydroxyzimtsäuren und deren Verbindungen werden häufig als potenzielle Inhibitoren der Bildung verschiedener Krebsarten diskutiert (zum Beispiel STICH 1991). Nach umfangreichen Studien sollen Flavonoide das Risiko vermindern, an bestimmten Krebsarten (zum Beispiel HERTOG et al. 1994) und an koronaren Herzkrankheiten (zum Beispiel HERTOG et al. 1993, COOK und SAMMAN 1996), zu erkranken.

Eine Reihe von Übersichtsarbeiten befasste sich in den letzten Jahren mit den antikarzinogenen und Antitumor-Eigenschaften der Citrusflavonoide, zum Beispiel MIDDLETON und KANDASWAMI (1994), BRACKE et al. (1994), NAGY und ATTAWAY (1994), BENAVENTE-GARCIA et al. (1997). Eine Übersichtsarbeit zur Krebsprävention von Obst und Gemüse publizierten zum Beispiel STEINMETZ und POTTER (1996). Wegen der radikal-absorbierenden Wirkung der Anthocyanine siehe WANG et al. (1987). Zusammenfassende Übersichten siehe in CRC Crit. Reviews Food Sci. Nutrition 35 (1995).

Carotinoide wie β-Carotin, aber auch α-Carotin und β-Cryptoxanthin, haben Provitamin-A-Wirksamkeit. Nicht zuletzt wird durch verschiedene epidemiologische Studien zunehmend wahrscheinlich, dass Carotinoide, unabhängig von ihrer Eigenschaft als A-Provitamine, das Risiko vermindern, an Lungen-, Speiseröhren- und Magenkrebs zu erkranken. Hierbei soll das Lycopin der Tomaten noch wirksamer als β-Carotin beim Abbau von Sauerstoffradikalen sein (Deutsche Gesellschaft für Ernährung 1991, Clinton 1998).

Ausführlich berichtete Gerster (1993) über die antikarzinogene Wirkung der Carotinoide einschließlich Lutein und Zeaxanthin, sowie über die wichtige Rolle des β-Carotins bei der Verhütung von Herz- und Kreislauferkrankungen (Gerster 1991).

Günstig ist weiterhin, dass *Nitrate*, die im Magen-Darm-Trakt durch Bakterien zum giftigen Nitrit reduziert werden können und damit zur Nitrosaminbildung (Krebsgefahr) beitragen, oder lösliche *Oxalate*, die durch Bildung des schwerlöslichen Calciumoxalates die Resorption des lebensnotwendigen Calciums verschlechtern, oder umstrittene *Sterine* im Obst nicht oder in zu vernachlässigenden geringen Konzentrationen vorliegen. Eine Reihe phenolischer Inhaltsstoffe wie Kaffeesäure-Verbindungen und Catechine (vgl. Tab. 15 und Seite 69 ff.) kann die Nitrosaminbildung hemmen.

3 Herstellung von Fruchtsäften

3.1 Verarbeitungsdiagramme für Kernobst, Trauben, Beerenobst, Steinobst, Citrusfrüchte

U. Schobinger

Die wichtigsten Verfahrensschritte zur Saftherstellung aus Kernobst (Abb. 1, Seite 92), Trauben (Abb. 2, Seite 93), Beerenobst (Abb. 3, Seite 94) Steinobst (Abb. 4, Seite 95) und Citrusfrüchten (Abb. 5, Seite 96 und Abb. 101 Seite 223) sind in Verarbeitungsdiagrammen (sog. Flow Sheets) aufgeführt. Sie umfassen sowohl die Herstellung von Halb- wie auch von Fertigfabrikaten. Weitere Verarbeitungsdiagramme über die Herstellung tropischer Fruchtsäfte aus Ananas, Bananen, Guaven, Mangos, Papayas und Passionsfrüchten finden sich im Kapitel 3.8, Seite 234. Aus Gründen der Übersichtlichkeit der Diagramme konnten nur die grundlegenden Verarbeitungslinien berücksichtigt werden. Zahlreiche Anregungen für die Darstellung der Verarbeitungsdiagramme wurden den Arbeiten von Šulc et al. (1968), Gantner (1968, 1972), Neradt (1972), Heuss (1974) und Mannheim et al. (1975) entnommen.

3.2 Anforderungen an das Rohmaterial

H. U. Daepp

3.2.1 Rohmaterialqualität

3.2.1.1 Was ist Qualität?

Bei der Produktion, Verarbeitung und Vermarktung von Nahrungs- und Genussmitteln weisen nur wenige Begriffe so zentrale Bedeutung auf und besitzen gleichzeitig so verschiedene Aussagewerte wie jener der Qualität. Darunter können sowohl „Beschaffenheit“ als auch „Wert“ oder „Güte“ eines Produktes verstanden werden. Eine allgemein übliche Definition der Lebensmittelqualität lautet: „Unter Qualität ist die Gesamtheit aller Eigenschaften zu verstehen, welche die einzelnen Produkte einer Produktgruppe voneinander unterscheiden und den Grad der Beliebtheit dieser einzelnen Produnkte beim Konsumenten oder Abnehmer beeinflussen“. Bei der Qualitätsbeurteilung von Früchten für die Fruchtsaftbereitung können demzufolge wirtschaftliche, verarbeitungstechnologische, aber auch sensorische Gesichtspunkte und Fruchteigenschaften bedeutungsvoll sein.

Naturgemäß sind die einzelnen Fruchteigenschaften je nach Fruchtart, Verarbeitungsverfahren, Verwendungszweck, Endprodukt und Verbrauchererwartung unterschiedlich zu gewichten und zu werten. Einheitliche Rohmaterialanforderungen für alle Fruchtarten und Verwendungszwecke sind nicht möglich, vielmehr müssen von Fall zu Fall spezifische Anforderungen gestellt werden.

Grundsätzlich ist es das Ziel der Fruchtsafthersteller, dass ihre Produkte gekauft und getrunken werden. Es muss demnach bekannt sein, was der Käufer und Verbraucher wünscht und welche Vorstellungen er von einem Qualitätsprodukt hat. Die Erfahrung hat gezeigt, dass der Verbraucher in einem Fruchtsaft mehrheitlich alle positiven Attribute einer Frucht (wie ausgereift, frisch, natürlich, fruchtig usw.) erwartet. Demnach müssen diese Eigenschaften einerseits bereits im Rohmaterial, den Früchten, vorhanden sein und andererseits bei der Verarbeitung möglichst unverändert im Fruchtsaft erhalten werden. Spezielle Geschmacks- und Geruchswünsche werden also bereits

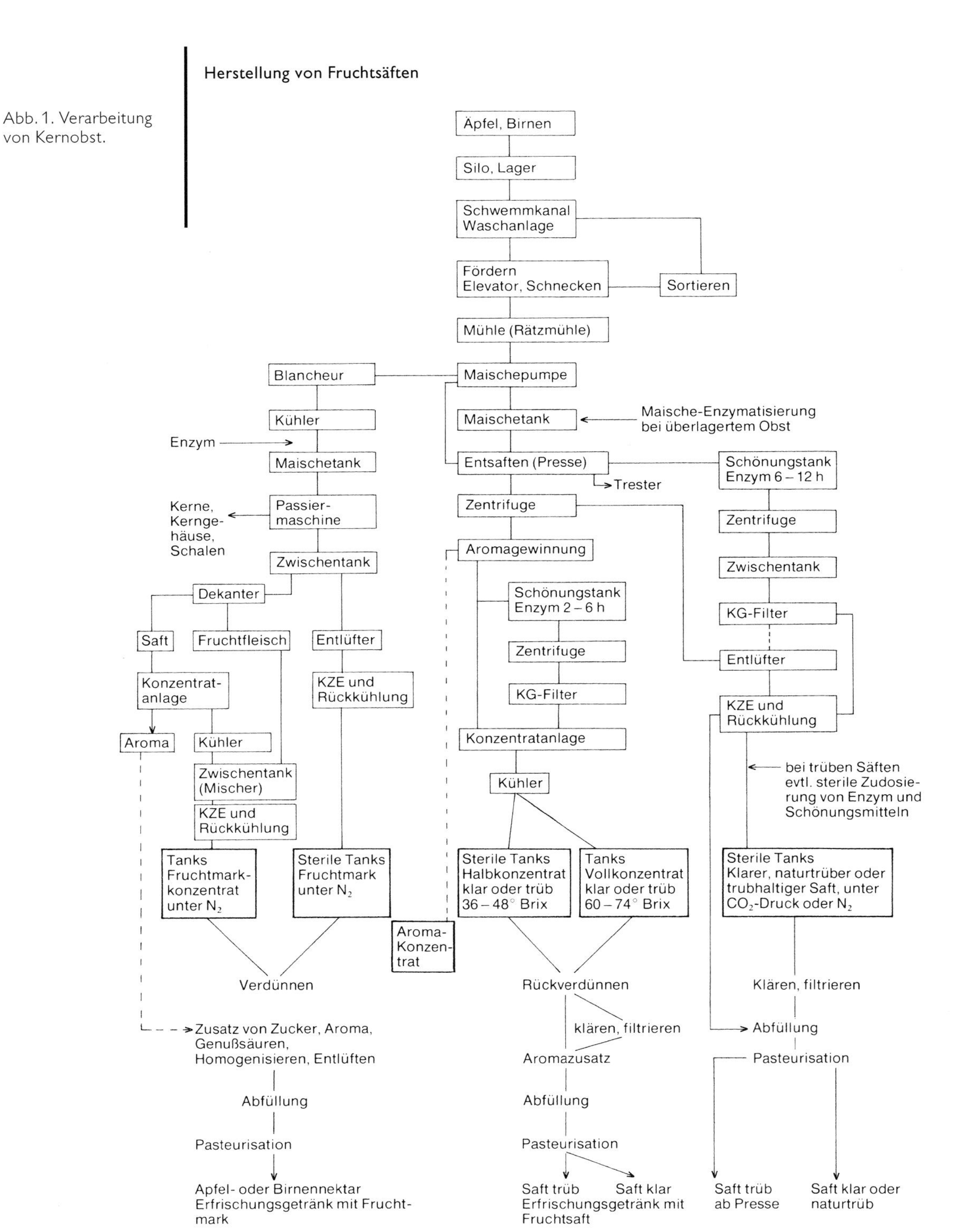

Abb. 1. Verarbeitung von Kernobst.

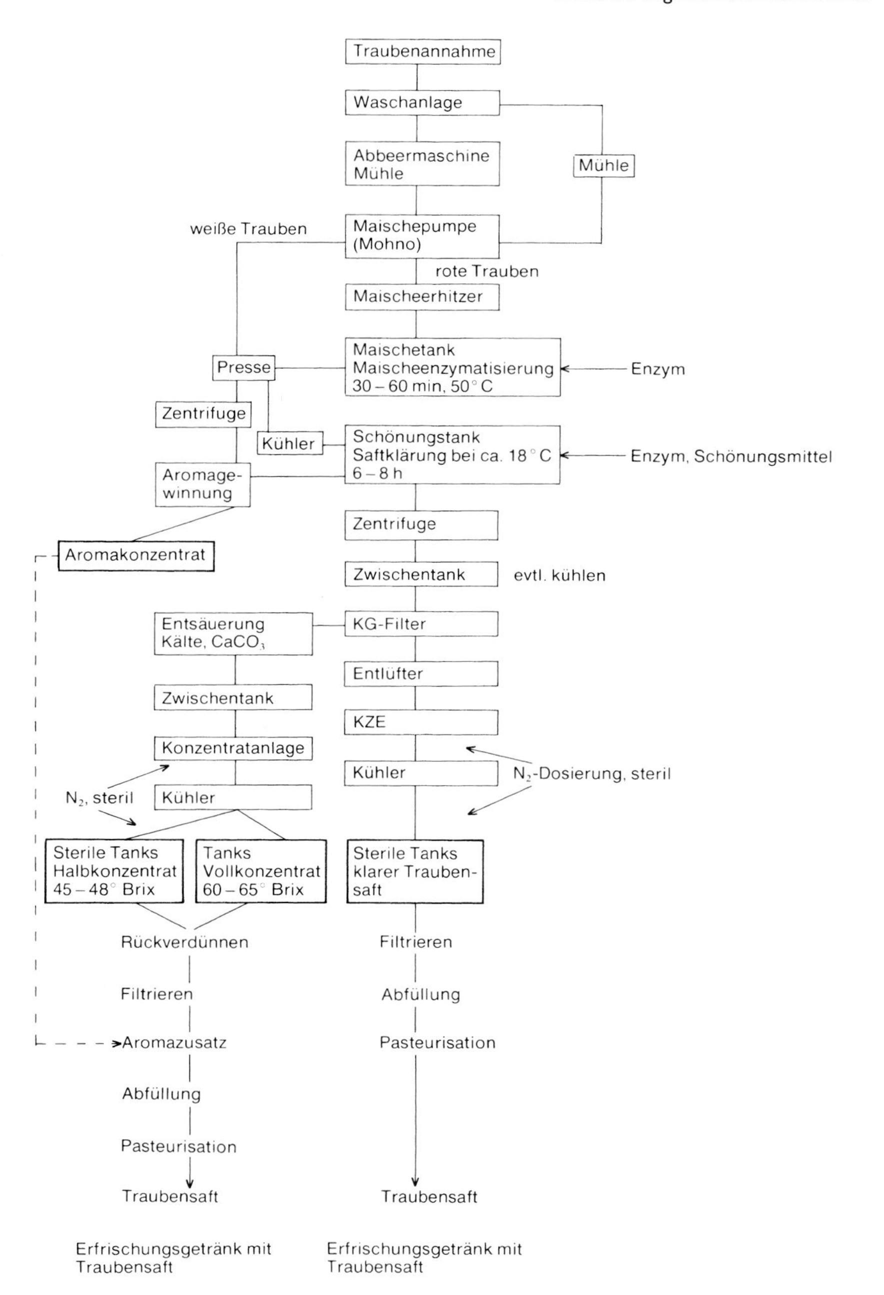

Abb. 2. Verarbeitung von Trauben.

durch die Wahl der Fruchtart oder innerhalb einer Fruchtart durch Wahl einer bestimmten Fruchtsorte oder sogar eines speziellen Reifestadiums erfüllt. Die sensorischen Eigenschaften von Fruchtsäften, wie „voll", „säurereich", „mild", „herb", „aromatisch" usw., werden demnach in erster Linie durch das Rohmaterial bestimmt. Die sensorischen Safteigenschaften werden zusätzlich durch die angewen-

Abb. 3. Verarbeitung von Beerenobst.

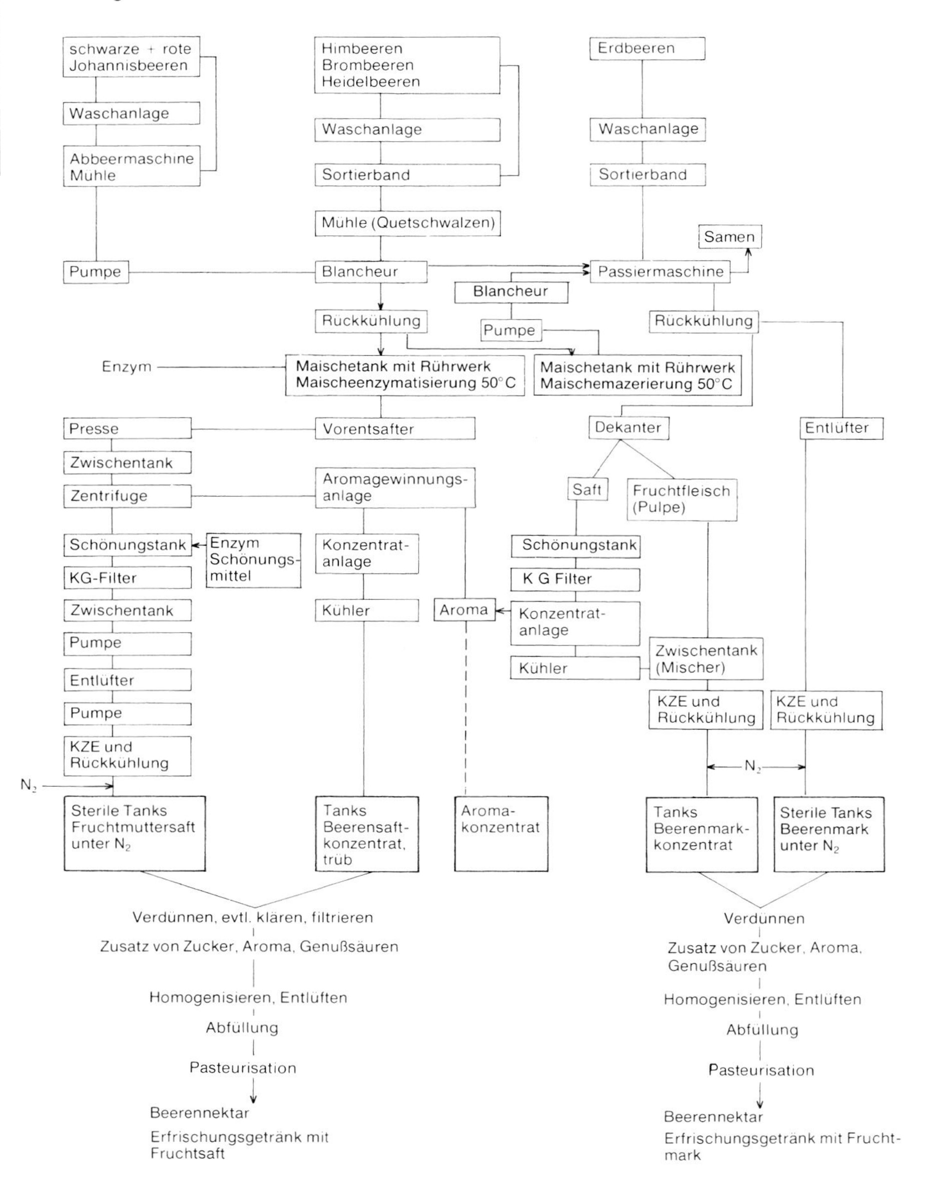

dete Verarbeitungstechnologie beeinflusst. Erwähnt seien hier die sensorisch wirksamen Saftbehandlungen, wie Filtrieren, Ultrafiltrieren, Schönen, Gerbstoffentfernen, CO_2-Imprägnieren, Entsäuern usw.

3.2.1.2 Die wichtigsten Qualitätskriterien

Umfassende Versuche zur Charakterisierung der Fruchtsaftqualität haben ergeben, dass bei Apfelsäften das *Aroma*, der *Zucker-* oder *Extraktgehalt* und das *Zucker/Säure-Verhältnis* einerseits qualitätsbestimmend sind und andererseits bereits auf die Qualität des ursprünglich verwendeten

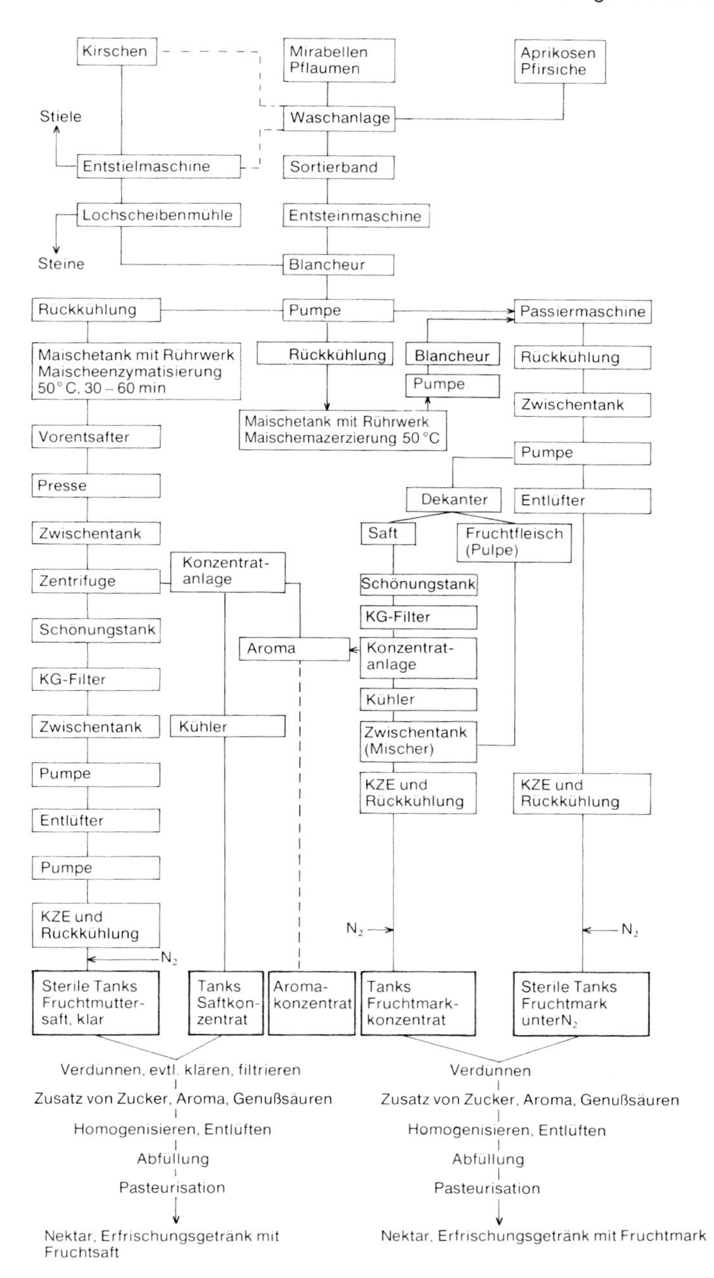

Abb. 4. Verarbeitung von Steinobst.

Rohmaterials zurückgeführt werden könnten (Daepp 1970). Der *Säuregehalt* ist vor allem da bedeutungsvoll, wo die Press- oder Muttersäfte zu einem säuregehaltsmäßig standardisierten, sensorisch harmonischen Getränk verdünnt werden, wie dies beispielsweise bei Schwarzen Johannisbeeren üblich und notwendig ist. Im Weiteren kann der *Gerbstoffgehalt* von Äpfeln sowohl sensorisch als auch technologisch für die Saftherstellung bedeutungsvoll sein (Schobinger und Müller

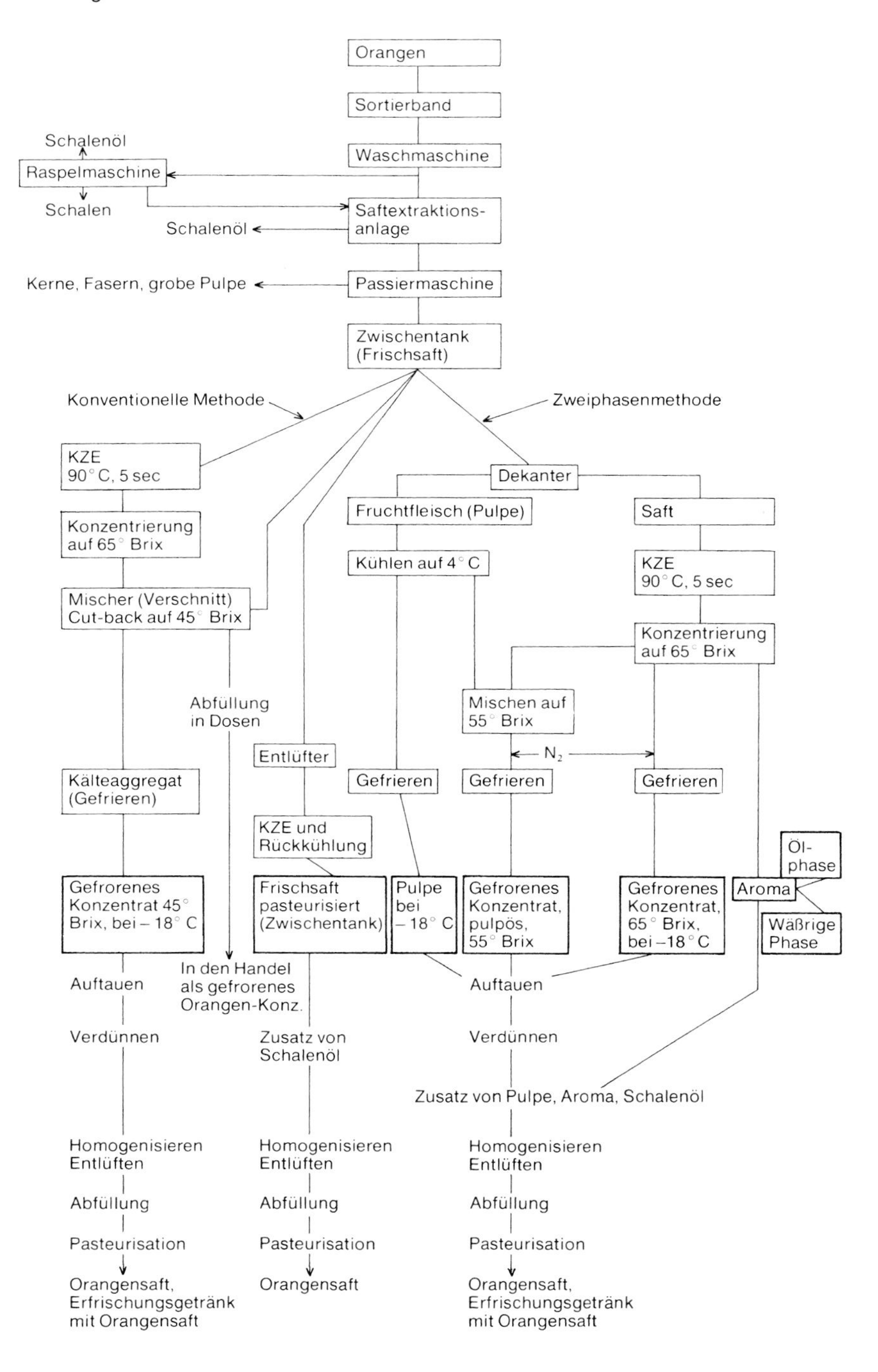

Abb. 5. Verarbeitung von Citrusfrüchten am Beispiel von Orangen.

1975, SCHOBINGER et al. 1996). Dass die Rohmaterialqualität aber auch die mengenmäßige Saftausbeute beim Entsaften zu beeinflussen vermag, liegt auf der Hand und ist für den Safthersteller von großer wirtschaftlicher Bedeutung. Die Press- oder Entsaftbarkeit steht mit dem Gehalt an wasserlöslichen Pektinstoffen und somit der Fruchfleischfestigkeit der Früchte in direktem Zusammenhang (DAEPP 1970).

Bei der Beurteilung anderer Frucht- und Beerenarten liegen die Verhältnisse bezüglich der vorstehend erwähnten Qualitätskriterien ähnlich. Bei einzelnen Beerenarten sind aber zusätzlich der *Farbstoffgehalt* und, besonders bei Schwarzen Johannisbeeren und Citrusfrüchten, auch der *Vitamin-C-Gehalt* von Bedeutung. Letzterer vor allem aus ernährungsphysiologischen und werblichen Gründen.

Grundsätzlich ist es aber nach wie vor nicht möglich, Fruchtsäfte und somit auch das zu deren Herstellung notwendige Rohmaterial nur mittels positiver Qualitätsmerkmale zu beurteilen (LÜTHI 1960). Es wird empfohlen, zur Qualitätsbeurteilung auch auf qualitätsvermindernde Merkmale, wie erhöhte Gehalte an *Alkohol*, *organischen Säuren*, wie zum Beispiel Essig-, Milch-, Bernstein- und Dihydroshikimisäure, sowie an *Metallen*, heranzuziehen. Diese Inhaltsstoffe weisen auf mikrobiologisch verändertes oder verunreinigtes Rohmaterial hin. Dasselbe gilt auch für die schon sehr früh von BÜCHI und ULLMANN (1958) als Qualitätskriterien vorgeschlagenen *Acetoin- und Diacetylgehalte* sowie für die von DAEPP und MAYER (1964) als zusätzliches Indiz für schlechtes Rohmaterial gefundenen erhöhten *Glyceringehalte*.

In neuerer Zeit steht das Mykotoxin *Patulin* als Indiz für die Verwendung von schlechtem Rohmaterial, vor allem bei der Apfelsaftherstellung, in Diskussion. Forschungsergebnisse haben gezeigt, dass Patulin in größeren Mengen gesundheitsschädigend sein kann. Für Fruchtsäfte gilt deshalb in vielen Ländern ein Patulingehalt von 50 ppb als oberes Limit, für Babyfood ein solcher von 10 ppb.

Die praktische Erfahrung zeigt jedoch, dass beim Verarbeiten von gesunden, sauberen, reifen und frischen Äpfeln der Saft weit weniger als 50 ppb Patulin enthält und somit unbedenklich ist. Eine Reduktion dieses schon tiefen Grenzwertes wäre aus der Sicht der Praxis möglich, ist aber aus toxikologischen Gründen unnötig und könnte zudem analytische Probleme aufwerfen.

Wie bereits kurz erwähnt, ist das Aroma des Rohmaterials für die Qualität des daraus herzustellenden Saftes höchst bedeutungsvoll, und zwar einerseits in quantitativer (Menge, Intensität) und andererseits in qualitativer Hinsicht (Frucht- oder Sortentyp, Reinheit).

3.2.1.3 Qualitätsbeurteilung in der Praxis

Auf den ersten Blick erscheint es logisch und sinnvoll, die im vorangehenden Kapitel erwähnten Qualitätskriterien zur Qualitätsbeurteilung und darauf aufbauend zur Qualitätsbezahlung des Rohmaterials heranzuziehen. Wie so oft stehen aber der schönen Theorie praktische Schwierigkeiten und Hindernisse entgegen, welche nachfolgend kurz skizziert werden sollen.

- Die analytische Gehaltsbestimmung der erwähnten Rohmaterialinhaltsstoffe ist grundsätzlich möglich, erfordert aber zumeist komplizierte, arbeitsintensive und zeitraubende Verfahren. Einzelne Gehaltsbestimmungen werden vereinfacht, indem sie nicht in der Frucht, sondern in dem daraus gewonnenen Saft erfolgen. Die Entsaftung ist bei einigen Beerenarten einfach durchzuführen, erfordert aber bei schwieriger entsaftbaren Früchten, wie beispielsweise bei Äpfeln, apparativ und arbeitsmäßig aufwendigere Verfahren.
- Die versuchsweise Entsaftung, und damit die Festlegung der Entsaftbarkeit und die Ermittlung der mutmaßlichen mengenmäßigen Saftausbeute, scheitert häufig ebenfalls am Fehlen geeigneter Apparate und Verfahren. Zudem kann von labormäßigen oder halbtechnischen Entsaftungs- und Ausbeuteermittlungsverfahren nur in den wenigsten Fällen auf die spätere Großtechnik geschlossen werden.
- Die Beurteilung der Aromastoffe aus Frucht- und Beerenarten hat durch die starke Entwicklung der gaschromatographischen Analysentechnik in den vergangenen Jahren einen starken Aufschwung erlebt. Für eine umfassende

Beurteilung der Aromaqualität ist man zusätzlich stets auf sensorische Methoden angewiesen. Sofern letztere objektive und reproduzierbare Resultate liefern sollen, muss in zeitlicher und personeller Hinsicht der dazu notwendige Aufwand geleistet werden, wobei zudem ein geschulter und erfahrener Prüferstab erforderlich ist.

– Eine Hauptschwierigkeit besteht aber zusätzlich in der reproduzierbaren Probenentnahme. Diese kann bei großen und qualitativ gleichmäßigen Rohmaterialanlieferungen noch durchführbar sein; sie wird aber bei heterogenen und kleinen Anfuhren praktisch unmöglich.

Aufgrund der aufgezeigten Mängel der direkten Qualitätsermittlung sollen in der Folge die Möglichkeiten einer Rohmaterialbeurteilung über indirekte Qualitätskriterien aufgezeigt werden. Dabei werden Rohmaterialkriterien beurteilt, welche mit den erwähnten Qualitätskriterien mehrheitlich in direktem Zusammenhang stehen, das heißt von bonitierbaren äußeren Fruchtmerkmalen wird auf den „inneren Wert“ der Rohware geschlossen.

Sorte

Innerhalb einer Fruchtart können die Fruchteigenschaften von Sorte zu Sorte erheblich differieren, was sich auf deren Eignung für die Fruchtsaftbereitung auswirkt. In erster Linie weisen die Aroma- und Geruchsstoffe sortenspezifische Eigenschaften und Zusammensetzungen auf. Im Weiteren können aber auch andere Inhaltsstoffe, wie Zucker, Säure, Vitamine, Farbstoffe usw., von Sorte zu Sorte sehr unterschiedlich sein. Mit der Fruchtsorte kann demzufolge bereits eine gewisse Qualitätsselektion erfolgen. Diese Rohstoffbeurteilung erfordert einerseits eine große praktische Erfahrung und damit auch ausgeprägte Sortenkenntnisse; andererseits kann diese erste Art der Qualitätsdifferenzierung im Betrieb ohne allzu große Investitionen und Kosten erfolgen. Ebenso kann der Verarbeiter bereits durch Bevorzugung bestimmter Sorten auf den Anbau des von ihm gewünschten Rohmaterials einwirken.

Reife und Entwicklung

Umfassende Versuche mit verschiedensten Fruchtarten wie auch die praktischen Erfahrungen haben gezeigt, dass sowohl *unreife* als auch *unterentwickelte Früchte* qualitativ ungenügende Fruchtsäfte ergeben. So ist der Saft aus solchen Früchten bei der Degustation bezüglich Geruch (Aromabeurteilung) von weit geringerem Wert als ein entsprechender Saft aus vollwertigem, das heißt reifem und voll entwickeltem Rohmaterial. Dies wirkt sich vor allem bei der heute üblichen Aromakonzentratgewinnung sowohl qualitativ als auch quantitativ aus. Sensorisch ist zusätzlich feststellbar, dass die Säfte aus unreifen und unterentwickelten Früchten auch geschmacklich leerer und geringer wirken. Diese Leere resultiert mehrheitlich aus den geringeren Zucker- und Extraktgehalten, das heißt aus den niedrigeren Oechsle- oder Brixgraden.

Da Zucker- und Extraktstoffe während der Fruchtreife gebildet werden, kann demnach vom Reifezustand auf den wirtschaftlichen Wert der Frucht geschlossen werden. Um eine bestimmte Menge eines durchschnittlichen Saftes oder eines standardisierten Fruchtsaftkonzentrates zu erhalten, wird bei unreifen und unterentwickelten Früchten weit mehr Rohmaterial benötigt als bei vollentwickelten und vollreifen Früchten. Innerhalb einer Fruchtart und sogar innerhalb einer Sorte können bekanntlich reifebedingt Extraktgehaltsdifferenzen von 10, 20 oder mehr Prozent entstehen. Da die Rohstoffkosten im Allgemeinen einen hohen Anteil der gesamten Endproduktkosten darstellen, kommt der Fruchtreife und Entwicklung eine wesentliche wirtschaftliche Bedeutung zu. Der Betrieb ist deshalb daran interessiert, möglichst vollwertiges und zuckerreiches Obst zu kaufen und zuckerarmes, das heißt unterentwickeltes und unreifes Obst, nur zu einem reduzierten Preis zu übernehmen.

Die Fruchtreife wirkt sich auf den Säuregehalt von Fruchtart zu Fruchtart unterschiedlich aus. Beispielsweise bei Äpfeln und Birnen verändert sich der Säuregehalt während des letzten Teils der Baumreife kaum; demgegenüber ist bei Trauben in diesem Zeitabschnitt ein steter Säurerückgang festzustellen, welcher sich wenigstens in unseren Breitengraden auf den Saftgeschmack positiv auswirkt.

Der Gerbstoffgehalt nimmt bei Mostbirnen während der Baumreife ab. Unreife Birnen erfordern deshalb beim Schönen einen größeren Gelatinebedarf und bewirken somit höhere Schönungs- und Verarbeitungskosten.

Anders liegen die Verhältnisse bei der Verarbeitung von *überreifen* und *überlagerten Früchten*, speziell bei Äpfeln und Birnen. Diese meist aus dem Tafelobstmarkt stammenden Früchte unterscheiden sich bezüglich Zuckergehalt nur unwesentlich von optimal reifen Früchten. Die Degustation der resultierenden Säfte ergibt dagegen ein qualitativ geringeres, das heißt leicht abgebautes oder weniger fruchtiges Aroma. Aromakonzentrate aus solchen Säften enthalten erhöhte Alkoholmengen und vermehrt auch andere Abbauprodukte. Auch der Geschmack solcher Säfte entspricht nicht mehr demjenigen aus vollreifen Früchten. Von wirtschaftlicher Bedeutung aber ist vor allem die geringere Pressbarkeit der überlagerten Äpfel. Durch die dabei erfolgte Umwandlung des Protopektins in wasserlösliches Pektin werden die Früchte weicher und der abfließende Presssaft viskoser. Die Minderausbeute als Folge der Überreife kann 10, 20 und mehr Prozent betragen. Weil deshalb nun aus einer bestimmten Obstmenge weniger Saft entsteht, rechtfertigt sich für überlagertes Obst ein geringerer Rohmaterialpreis. Maische aus überreifen Äpfeln lässt sich zwar durch verlängerte Presszeiten, durch Zusatz von Presshilfsmitteln oder nach enzymatischem Pektinabbau wieder besser und effektvoller pressen. All diese Maßnahmen kosten jedoch wiederum Geld und können zudem von anderen Nachteilen begleitet sein. Bei der Extraktion (Diffusion) wird die Saftausbeute durch die Überreife weniger stark beeinträchtigt; eine geringere Saftqualität resultiert aber auch hier.

Sauberkeit, Fäulnis, Beschädigung

Früchte und Beeren können sehr verschiedenartig verunreinigt sein (Erde, Gras, Laub, Spritzmittelrückstände usw.) und lassen sich mit den herkömmlichen, relativ einfachen Wascheinrichtungen einfach und vollständig entfernen. Bei maschinellem Auflesen und Einsammeln der Früchte nimmt deren Verunreinigung tendenziell zu und erfordert ein sorgfältigeres Waschen, denn die verbleibenden Fremdstoffe werden beim anschließenden Entsaften wenigstens teilweise mit dem Saft weggeschwemmt und können diesen unter Umständen sowohl geruchlich als auch geschmacklich negativ verändern und verunreinigen.

Trotz des Waschens können über das Rohmaterial Mikroorganismen in den Saft gelangen. Diese können bei nicht sofortiger oder unsachgemäßer Weiterverarbeitung den Saft negativ verändern (Gärung, Essig- und Diacetylbildung, Fehlgerüche usw.). Hinzu kommt, dass gerade bei Fäulnis und bei Verletzungen der mikrobiologische Abbau der natürlichen Saftinhaltsstoffe (Zucker zu Alkohol, Äpfelsäure zu Milchsäure, Essigsäure usw.) bereits in den Früchten teilweise vor sich geht und so der Wert des daraus entstehenden Saftes vorgängig vermindert wird. Ferner besteht bei stark verschimmelten Früchten und Beeren die Möglichkeit, dass gefährliche, für den Menschen gesundheitsschädigend wirkende Mykotoxine, wie beispielsweise Patulin, Aflatoxin usw., bereits in den Früchten produziert werden und somit in den Saft gelangen können (Frank 1974). Auf Früchten können nach Blaser (1976) insbesondere einige *Penicillium*-, *Aspergillus*- und *Byssochlamys*-Arten giftige Stoffwechselprodukte bilden. Unabhängig von den resultierenden Stoffwechselprodukten erfordern höhere Mikroorganismenzahlen bei der späteren Pasteurisation eine verstärkte Hitzeeinwirkung.

3.2.1.4 Beispiele der Qualitätsbezahlung

Als Folge der steigenden Rohmaterialpreise einerseits und der angehobenen

Fruchtsaftqualitäten andererseits hat die Rohmaterialbezahlung nach Qualität mehr und mehr an Bedeutung gewonnen. Bei der Einführung einer nach Qualität differenzierten Preisfestsetzung ist es aus psychologischen Gründen empfehlenswert, von einer Höhereinstufung des besseren Rohmaterials als von einer Deklassierung der geringeren Ware zu sprechen. Soweit als möglich sollen für die Qualitätsbeurteilung objektiv feststellbare und analytisch messbare Kriterien herangezogen werden, weil sich bei subjektiven, nicht messbaren Qualitätsindizien Ungleichheiten und somit unliebsame Diskussionen ergeben können.

Als praktikabel hat sich das bei der Orangenübernahme angewendete Verfahren erwiesen (vgl. Kapitel 3.7.2.2). Die Früchte werden bei der Lastwagenanlieferung auf einem Verleseband von Steinen, Sand und minderwertigen Früchten befreit und in Silos transportiert. Der erwähnte Abfall wird mit dem Lastwagen zurückgewogen und nicht bezahlt. Gleichzeitig werden mit einem speziell konstruierten Probenehmer pro Lastwagen ungefähr 20 Kilogramm Früchte gezogen. Diese Probemengen analysiert ein neutraler, betriebsunabhängiger Experte hinsichtlich Saftausbeute, Brixgrade und Säuregehalt und zusätzlich wird das Brix/Säure-Verhältnis (Ratio) errechnet. Aufgrund des effektiven Gewichtes der Früchte, der Saftausbeute und des Extrakt- und Säuregehaltes erfolgt dann die Festsetzung des endgültigen Produzentenpreises.

Bei der Lese und Ablieferung der *Trauben* hat sich das Leistungsprinzip mit Qualitätsbezahlung schon sehr stark verbreitet. Dies sicher vor allem wegen der Möglichkeit der einfachen und schnellen Saftgewinnung und der anschließenden Extraktbestimmung mittels der Spindel (Oechslewaage) oder des Refraktometers. Als Beispiel sei hier das schweizerische Vorgehen erwähnt. Alljährlich wird pro Sorte und Region eine mittlere Oechslegradation mit zugehörigem Preis festgelegt. Für die Oechslegrade über diesen Grenzwerten werden Zuschläge festgelegt, während beim Nichterreichen der festgelegten Oechslegrade, Abzüge vom Grundpreis erfolgen. Mit der jährlichen und regionalen Festlegung der mittleren Oechslegrade wird auch die Beerenreife und -entwicklung und damit der Säuregehalt wenigstens teilweise in die Qualitätsbezahlung einbezogen. Für andere, leicht entsaftbare Beerenarten ist eine Qualitätshonorierung in einem ähnlichen Rahmen sicher praktikabel.

Schwieriger wird die Rohmaterialbezahlung nach Qualität bei den härteren, schwieriger entsaftbaren Früchten wie vor allem beim *Kernobst*. Aus technischen Gründen ist ein Vorgehen, wie in der amerikanischen Orangenverarbeitungsindustrie, nur bei Großbetrieben und nur bei homogenen Großanlieferungen möglich. Diese Bedingungen werden in europäischen Verhältnissen aber erst in Ausnahmefällen erfüllt, so dass der Praktiker zumeist nur von äußeren Eigenschaften der Früchte auf deren Saftausbeute und Saftinhaltsstoffe schließen kann. Gerade bei Äpfeln und Birnen sind aber entsprechende Relationen zwischen äußeren und inneren Qualitätskriterien vorhanden (Abb. 6). Aufgrund der Rohmaterialbeurteilung bezüglich Sorte, Reife, Entwicklung, Sauberkeit und Gesundheit, lässt sich die zu erwartende Saftqualität (Oechslegrade, Zucker/Säure-Verhältnis, Aromaqualität) und Saftausbeute grob voraussagen.

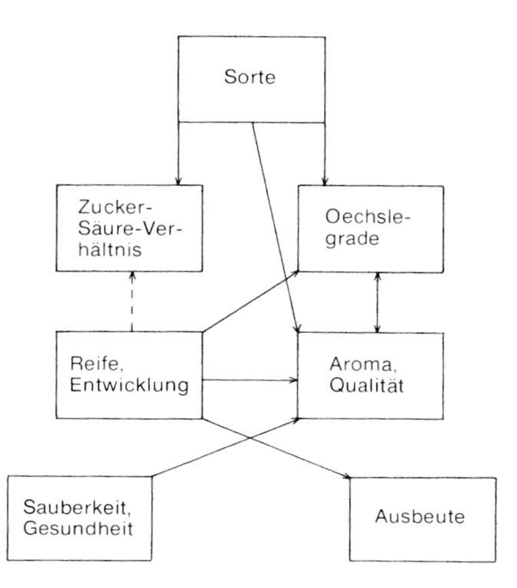

Abb. 6. Gegenseitige Beeinflussung von Qualitätsfaktoren.

Bei der Kernobstannahme für die Saftbereitung hat die schweizerische Obstverarbeitungsindustrie eine Regelung eingeführt, welche hier kurz skizziert werden soll.

Je nach Eignungswert und Bedarf werden die Äpfel nach Sorten in zwei Preiskategorien (gewöhnliche Mostäpfel und Spezialmostäpfel) eingeteilt. Innerhalb der Sorten erfolgt dann zusätzlich eine Unterteilung in zwei so genannte Qualitätsklassen, welche in Stichworten wie folgt umschrieben werden können:

- Normal entwickelte, am Baum voll ausgereifte und gesunde Früchte, die in sauberem und baumfrischem Zustand abgeliefert werden. Dieses Obst soll in der Regel nur die Gesamternten eines Baumes umfassen und muss sich zur Herstellung von qualitativ einwandfreien Obstprodukten eignen.
- Ungenügend reife, überreife, überlagerte und/oder durch äußere Einflüsse qualitativ herabgeminderte Früchte, welche in der Obstsaftgetränkeherstellung qualitativ und/oder quantitativ keine normale Saftausbeute ergeben und nur für besondere Zwecke verwendet werden.

Insgesamt besteht kein generelles, für alle Fruchtarten, Betriebsgrößen und Verwendungszwecke anwendbares Verfahren der Qualitätsbezahlung. Vielmehr muss von Fall zu Fall das bestmögliche Vorgehen festgelegt, erprobt und aufgrund der Erfahrungen von Zeit zu Zeit angepasst und verbessert werden. Die Weiterentwicklung des Qualitätsgedankens erfolgt nicht nur im Interesse der Verarbeiter und Fruchtsafthersteller, sondern vor allem auf weite Sicht auch zum Nutzen der Früchteproduzenten.

3.2.2 Rohmaterialarten

Zur Fruchtsaftbereitung können praktisch alle genussfähigen Frucht- und Beerenarten verwendet werden. Bei einigen Arten ist es allerdings erforderlich, das natürliche Zucker/Säure-Verhältnis sowie weitere Geschmacks- oder auch Geruchskomponenten den Verbraucherwünschen anzupassen. Dies kann häufig bereits durch Mischen von verschiedenartigen Fruchtsaftarten erreicht werden. In anderen Fällen dagegen sind zur Erzielung der erwähnten Konsumentenerwartungen Zusätze von Wasser, Zucker oder Fruchtsäuren oder aber ein Entsäuern sowie andere Verfahren notwendig. Die Wahl des Verfahrens richtet sich nach der Fruchtart und damit der Fruchtsaftzusammensetzung und insbesondere nach den geltenden Vorschriften, welche ihrerseits von Land zu Land verschieden sein können und somit auch unterschiedliche Sachbezeichnungs- und Deklarationsvorschriften zur Folge haben (siehe Kapitel 1.2 und 1.3).

Die nachfolgende Unterteilung der Fruchtarten in die Gruppen Kernobst, Steinobst und Beeren richtet sich nach rein praktischen Gesichtspunkten und steht somit auch mit den jeweils üblichen Verarbeitungsverfahren in Zusammenhang. Die Verarbeitung von subtropischen und tropischen Früchten zu Fruchtsäften und ähnlichen Produkten wird in Kapitel 3.8 im Detail behandelt. Einige dieser fremdländischen Fruchtsaftprodukte haben in den letzten Jahren auch in unseren Breitengraden bezüglich Verbrauch zunehmend an Bedeutung gewonnen; die Verarbeitung der Früchte erfolgt jedoch fast ausnahmslos in den Produktionsländern selbst.

An dieser Stelle sei auf das Werk von Monselise (1973) über die Citrusfrüchte als Rohware für die Herstellung von Säften und das Übersichtsreferat von Benk (1971) über die übrigen tropischen und subtropischen Früchte und Fruchtsäfte verwiesen.

3.2.2.1 Kernobst

Äpfel werden weitaus am häufigsten für die Fruchtsaftbereitung verwendet; zum einen weil sie die bedeutendste Fruchtart Mitteleuropas darstellen, zum anderen weil sie sich wegen des ausgeglichenen Zucker/Säure-Verhältnisses für die Saftbereitung sehr gut eignen. Das Verhältnis von Zucker zu Säure beträgt, bezogen auf die Gehaltsangabe in g/l, in einem durchschnittlichen Apfelsaft 12 zu 1 bis 18 zu 1. Sortenbedingt sind allerdings Zucker/Säure-Verhältnisse möglich, welche weit außerhalb des erwähnten Durchschnittsrahmens liegen. Solche Säfte werden entweder durch Verschnitt mit Säften anderer Sorten konsumgerecht gemacht oder aber sortenrein und mit Hinweis auf den speziellen Sortencharakter auf den Markt gebracht. Als Beispiel seien hier die säurearmen Apfelsäfte der Sorte 'Golden Delicious' erwähnt, bei welchen das Zucker/Säure-Verhältnis auf über 20 ansteigen kann.

Für den Zuckergehalt von Apfelsäften können bei den meisten Sorten Richtwerte zwischen 44 und 52 Oechslegraden angenommen werden, wobei allerdings bei extremen Klima-, Wetter-, Reife- und Fruchtentwicklungsverhältnissen die Bandbreite auf 34 bis 65 Oechslegrade erweitert wird. Als speziell zuckerreich sind die bekannten Sorten 'Golden Delicious' und 'Boskoop', als zuckerarm die Sorten 'Bohnapfel', 'Sauergrauech' und 'Gravensteiner' zu erwähnen.

Die Gehalte an titrierbarer Säure, berechnet als Äpfelsäure, liegen bei Apfelsäften mehrheitlich zwischen 5 und 9 g/l; auch hier kann sich aber, vor allem sortenbedingt, die Schwankungsbreite ausdehnen und zwar in Extremfällen bis hinunter auf 3,5 g/l und hinauf auf über 14 g/l. Speziell säurereich sind die Sorten 'Boskoop', 'Jonathan', 'Glockenapfel' und vor allem einige in der Schweiz lokal bekannte Spezialmostapfelsorten, wie 'Hordapfel', 'Leuenapfel', 'Tobiässler', 'Heimenhofer' und 'Waldhöfler'. Zu den säurearmen zählen in erster Linie die bekannte Sorte 'Golden Delicious' und neben ihr auch einige andere, vor allem Tafelapfelsorten.

Gesamternten aus Tafeläpfelanlagen ergeben bei richtiger Wahl des Erntezeitpunktes in qualitativer Hinsicht weitgehend gleichwertige Apfelsäfte wie Gesamternten von Mostobstanlagen mit Hochstammbäumen (SCHOBINGER, DÜRR und WIDMER 1986). Dies trifft auch für Tafeläpfelausschuss zu, sofern es sich um geschmacklich ausgewogene Sorten sowie um vollentwickelte und ausgereifte Früchte handelt. Bei einem hohen Anteil an kleinen und unterentwickelten Früchten resultiert jedoch eine tiefere Gesamtbewertung des Saftes.

Gegenüber den Äpfeln sind *Birnen* mehrheitlich etwas säureärmer. Die Zuckergehalte lassen sich dagegen ungefähr vergleichen, so dass ein höheres Zucker/Säure-Verhältnis und damit verbunden süßere und mildere Säfte resultieren. Demgegenüber weisen vor allem die ausgesprochenen Mostbirnensorten zumeist höhere Gerbstoffgehalte und somit einen herben bis adstringierenden Geschmack auf. Birnensäfte eignen sich einerseits zum direkten Verkauf und Verbrauch; sie können aber dank ihrer Säurearmut zum qualitätsverbessernden Verschnitt von säurereicheren Fruchtsäften, wie Apfelsäfte, Säfte der Schwarzen Johannisbeere usw., herangezogen werden.

Bei den *Quitten* herrscht eine immense Sortenvielfalt und zudem fehlen einheitliche Anbauflächen und somit auch größere homogene Anlieferungen. Reine Quittensäfte sind in der Regel sehr aromatisch, für den direkten Verbrauch aber mehrheitlich zu sauer, so dass Verschnitte mit säureärmeren Säften oder bei entsprechender Bezeichnung mit Zuckerwasser angezeigt sind (SCHOBINGER et al. 1982a).

3.2.2.2 Steinobst

Die *Sauerkirschen*, und unter ihnen vor allem die Weichseln, liefern mehrheitlich vorzügliche, aromatische und harmonische Presssäfte. Zur Verarbeitung sind die großen, kräftig roten, entstielten, aber nicht entsteinten Kirschen speziell bevorzugt. Die von Sorte zu Sorte schwankenden Gehalte an Säure, Zucker und Aromastoffen haben zur Folge, dass sich meist nur die eigentlichen Weichseln zur Herstellung von reinen Fruchtsäften eignen, während die anderen Sauerkirschenarten, wie auch die *Süßkirschen* (SCHOBINGER und DÜRR 1980), *Pflaumen* und mehrheitlich auch die *Zwetschgen* Säfte liefern, welche durch zweckdienlichen Verschnitt verbessert und verkaufsfertig gemacht werden müssen.

Bei *Aprikosen* und *Pfirsichen*, welche vor allem zu pulpehaltigen Ganzfruchtgetränken, so genannten Nektaren, verarbeitet werden, sind die Sortenwahl sowie der optimale Reifegrad ganz besonders wichtig (vgl. Kapitel 3.6.2). Bei der Verarbeitung von unreifen Früchten resultieren geruchlich und geschmacklich minderwertige Produkte, bei denen sehr oft auch die Trübungsstabilität mangelhaft werden kann.

3.2.2.3 Beeren

Gegenüber den Früchten sind die Beeren an ihrer Oberfläche leichter verletzbar und deshalb für den Mikroorganismenbefall wesentlich anfälliger. Bei der Rohwarenannahme ist deshalb sehr streng darauf zu achten, dass keine verletzten und auch keine bereits angefaulten oder angeschimmelten Beeren vorhanden sind. Schon während kurzer Lagerzeiten können sich die Mikroorganismen weiterentwickeln und vermehren, dabei die Beeren sensorisch und gehaltsmäßig vermindern und zugleich unerwünschte Stoffwechselprodukte an die Beeren abgeben. Deshalb dürfen nur optimal reife, unverletzte, gesunde und saubere Beeren der Fruchtsaftbereitung zugeführt werden. Auch dort, wo die Beeren mechanisch geerntet wurden, dürfen Blätter, Zweige und andere Verunreinigungen des Rohmaterials nicht toleriert werden. Über die Möglichkeiten der Beerensaftherstellung berichtet SCHOBINGER (1986).

Die für die Fruchtsaftherstellung bedeutungsvollste Beere ist sicher die *Traube*, gefolgt von der Schwarzen Johannisbeere. Die Erfahrung hat gezeigt, dass sich praktisch alle Traubensorten für die Traubensaftherstellung eignen. Einschränkend muss allerdings darauf verwiesen werden, dass gerade die wichtigsten Weintraubensorten wohl vorzügliche Säfte liefern, aber aus preislichen Gründen für die gärungsfreie Verwertung praktisch ausfallen. Vielmehr muss der Traubensafthersteller auf Massenträger, also in erster Linie die Direktträger oder Hybriden, zurückgreifen. Die Amerikanertrauben liefern Säfte mit ausgeprägtem Foxton, welcher in Europa nicht überall beliebt ist, in Amerika aber zu einem Traubensaft gehört.

Bei der *Schwarzen Johannisbeere* ist die Beurteilung des optimalen Reifezeitpunktes sehr schwierig, weil der zeitliche Reifeverlauf von Sorte zu Sorte erheblich variieren kann und weil die unerwünschte Überreife (Geschmacks- und Aromaveränderungen, Vitamin-C-Abbau, Abnahme der pektolytischen Fermentierbarkeit usw.) vielfach sehr rasch eintritt (CHARLEY 1973). Bezüglich der Sortenwahl sind von Seiten des Fruchtsaftherstellers speziell die farb- und säurereichen Sorten zu bevorzugen und im Anbau zu fördern. Eine namentliche Sortenempfehlung kann hier nicht erfolgen, weil von Region zu Region und von Land zu Land die Sortenpalette unterschiedlich zusammengesetzt ist. Der Saft aus Schwarzen Johannisbeeren lässt sich wegen des zwischen 35 und 45 g/l liegenden Gesamtsäuregehaltes nicht direkt konsumieren und wird deshalb vorwiegend als verdünntes und gezuckertes Getränk (Nektar) auf den Markt gebracht. Über die verwertungstechnischen Aspekte der Verarbeitung von *Schwarzem Holunder* zu Saft, Mischsäften und Nektaren berichten WEISS und SÄMANN (1980) sowie SCHOBINGER et al. (1982b).

Die aufgeführten allgemeinen Anforderungen an Beeren für die Safterzeugung gelten naturgemäß auch für die *Rote* und *Weiße Johannisbeere*, *Erdbeere*, *Himbeere*, *Stachelbeere*, *Brombeere*, *Holunderbeere*, *Heidelbeere* usw. Zur Einstellung der Zucker/Säure-Harmonie sowie des geschmacklichen und geruchlichen Types lassen sich durch Verschnitt von Säften verschiedener Beerenarten oder durch Zusatz von Zucker, Säure oder Wasser sensorisch ansprechende und aromatische Getränke herstellen. Für die Beeren als Rohmaterial der Saftbereitung gelten aber ganz allgemein die folgenden Anforderungen: optimal reif, unverletzt, gesund und sauber.

3.3 Vorbereitung der Früchte

J. Weiss

Vor der Entsaftung unterliegen die Früchte einer Reihe von Behandlungsschritten (Abb. 7).

3.3.1 Obstannahme

Das zur Verarbeitung angelieferte Obst soll aus qualitativen, aber auch technologischen Gründen möglichst bald verarbeitet werden. Kernobst kann kurze Zeit im Freien auf Halden oder in Flachsilos gelagert werden. Flachsilos sind unbedingt mit einer geringen Neigung gegen den Auslauf hin auszuführen, um die Gefahr einer Brückenbildung zu minimieren. Nur wenn der Neigungswinkel des Bodens deutlich größer ist als jener des Obstes, kommt es zu einer entsprechenden Eigenbewegung. Stein- und Beerenobst darf nur einige Tage in Kühllagerräumen in kleinen Behältern lagern; günstiger ist es, die Rohware sofort nach Anlieferung zu verarbeiten.

3.3.2 Innerbetrieblicher Obsttransport

Das in Silos zwischengelagerte Obst muss von den Silos zur Waschanlage beziehungsweise Obstmühle transportiert werden, wozu folgende Fördereinrichtungen zur Auswahl stehen:

Im *Schwemmkanal* (siehe Abb. 8) können nur relativ unempfindliche Obstarten, wie zum Beispiel Äpfel oder Birnen, gefördert werden. Für Beeren- oder Steinobstförderung ist der Schwemmkanal ungeeignet. Die Werte der relativen Dichte von Äpfeln sind stark sortenabhängig und werden durch äußere Einflussgrößen nur in relativ engen Grenzen verändert. Kleinere Früchte weisen meist höhere Werte auf, doch sind bei genetisch kleinfrüchtigen Sorten die Dichtezahlen generell nicht höher als bei großfrüchtigen Sorten. Frühsorten weisen meist niedrigere Werte auf. Es kann zwischen spezifisch schweren ($d > 0{,}83$), mittelschweren ($d = 0{,}78$–$0{,}83$) und leichten ($d < 0{,}78$) Apfelsorten unterschieden werden.

Der Wert der relativen Dichte (spezifisches Gewicht) von Birnen beträgt etwa 1,00, das heißt sortenabhängig geringfügig darunter oder darüber. Aufgrund dieser Tatsache und der Geometrie dieser Früchte wird ihr Transport im Schwemmkanal erschwert.

Die Abmessungen des Querschnittes des Schwemmkanals sind von der Fördermenge abhängig, das Gefälle beträgt 0,8 bis 1,5 %. Der Wasserdurchsatz entspricht etwa dem Zwei- bis Vierfachen der geförderten Obstmenge bei entsprechender Neigung. Im Hinblick auf die Abwasserbelastung kommt der Wiederverwendung des Wassers eine große Bedeutung zu.

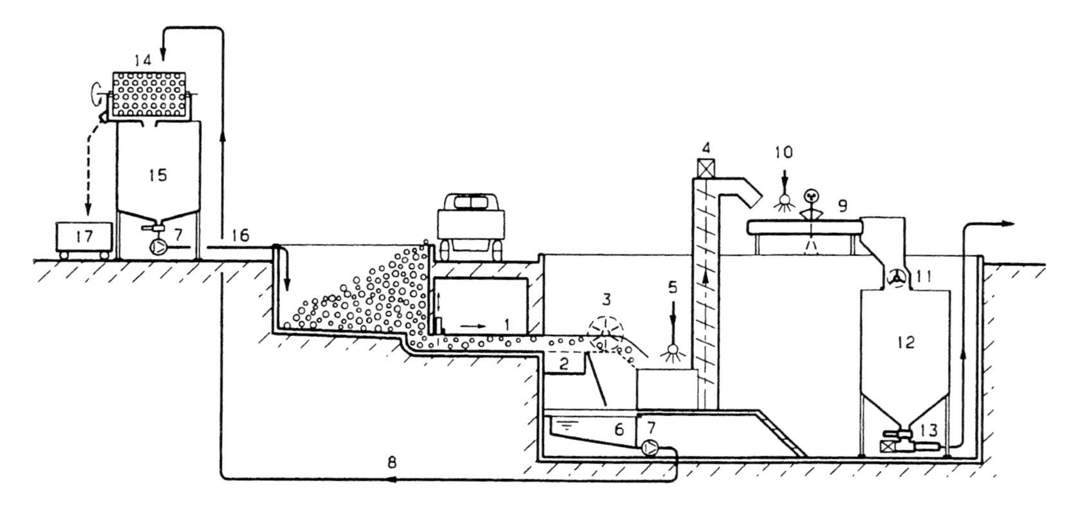

Abb. 7. Fließschema Obstaufbereitung (Bucher-Guyer AG).

1 Schwemmkanal
2 Steinfangkasten
3 Dosierhaspel/Schmutzausscheider
4 Vertikalschneckenförderer
5 Waschwasserzufuhr
6 Auffangtrichter Schwemmwasser
7 Schwemmwasserpumpe
8 Schmutzwasserleitung
9 Rollen-Verlesetisch
10 Sprüheinrichtung
11 Rätzmühle
12 Maischebehälter
13 Maischepumpe
14 Drehsieb
15 Schwemmwasser-Behälter
16 Schwemmwasser-Zufuhr
17 Abfallbehälter

Abb. 8. Innerbetrieblicher Kernobsttransport mittels Schwemmkanal (Bucher-Guyer AG).

Nach einer Grobteilabscheidung (Drehsieb usw.) wird das Wasser vor Wiederverwendung noch durch Absetzbecken geführt. Die verloren gegangene Haftwassermenge sowie die abgetrennte Trubwassermenge wird ständig durch Frischwasser ersetzt.

In Betrieben mit Saftkonzentrieranlagen wird gekühltes Brüdenkondensat (< 30 °C) verwendet. Vor allem in den Wintermonaten kann damit auch sehr kaltes Obst vorerwärmt werden.

Gurtförderer werden zur horizontalen oder schrägen (Aufstiegwinkel < 45°) Förderung von Obst eingesetzt; es werden gemuldete Gummigurte mit Textileinlagen oder Kunststoffgurte verwendet. Zur Schrägförderung (Aufstiegwinkel > 10°) sind die Gurte mit aufvulkanisierten Mitnehmerlappen oder Seiten- und Mitnehmerplatten versehen. Der Antrieb erfolgt über Trommeln (Ein- beziehungsweise Zweitrommelantrieb). Die Förderstrommenge ergibt sich aus:

$$l_v = 3600 \cdot v \cdot A \cdot k$$

l_v Förderstrommenge ($m^3 \cdot h^{-1}$)
v Förderungsgeschwindigkeit ($m \cdot s^{-1}$)
A Querschnitt des Gutstromes in m^2
k Minderungsfaktor bei Schrägförderung

Schneckenförderer können zum horizontalen, schrägen oder vertikalen (siehe Abb. 9) Obsttransport verwendet werden. Bei schräger Förderung dient ein offener Trog als Tragorgan, bei vertikaler Förderung wird ein geschlossenes Rohr ohne Mittellager verwendet. Die Kraftübertragung erfolgt durch eine umlaufende Vollschnecke, welche das Gut vorwärts schiebt. Aufgrund des geringen Raumbedarfes und der geräuscharmen Arbeitsweise werden Schneckenförderer vor allem für den vertikalen Obsttransport ein-

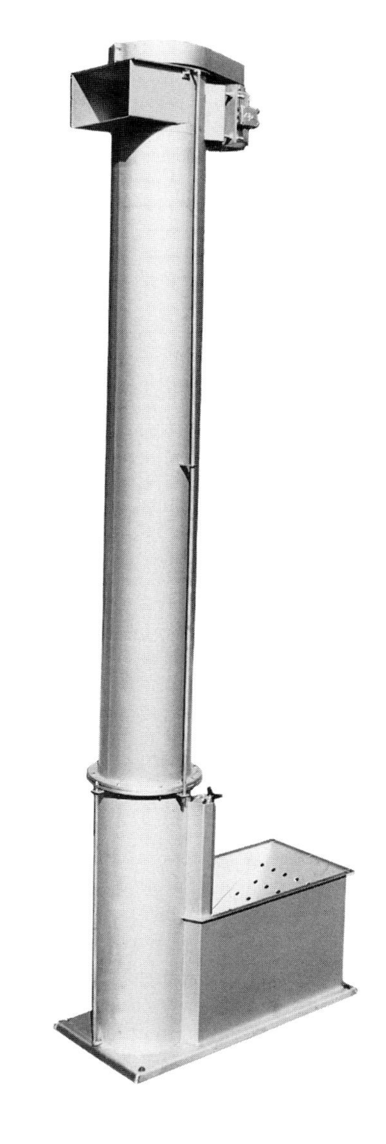

Abb. 9. Vertikaler Schneckenförderer mit Entsteinungsvorrichtung (Bucher-Guyer AG).

gesetzt. Die Förderstrommenge kann errechnet werden durch:

$$I_v = 60 \cdot \frac{D^2 \pi}{4} \cdot s \cdot \varphi \cdot n \cdot k$$

I_v Förderstrommenge ($m^3 \cdot h^{-1}$)
D Schneckendurchmesser (m)
s Schneckensteigung (m)
n Drehzahl in min^{-1}
φ Füllkoeffizient
k Minderungsfaktor bei schräger beziehungsweise vertikaler Förderung

Becherelevatoren dienen zur senkrechten oder schrägen Aufwärtsförderung (Aufstiegswinkel > 60°) und werden nur mehr in Klein- oder Mittelbetrieben für den Kernobsttransport verwendet. Die Becher als Tragorgane sind auf Gurten mit Gewebeeinlagen oder Zweistrangketten als Zugorgane montiert. Der Antrieb erfolgt über Trommeln, Rollen oder Kettenräder und ist immer am Kopf der Elevatoren angeordnet, um das Stranggewicht als Spannkraft auszunützen. Die Förderhöhe ist durch die Festigkeit des Zugorganes begrenzt. Die Aufgabe des Obstes erfolgt durch Schöpfen aus einer Waschanlage (zum Beispiel Rührwerkswaschmaschine), die Entleerung durch Schwerkraft. Die Förderstrommenge errechnet sich aus:

$$I_v = 3{,}6 \cdot v \cdot \frac{V_B}{t_B} \cdot \varphi$$

I_v Förderstrommenge ($m^3 \cdot h^{-1}$)
t_B Becherteilung ($n \cdot m^{-1}$)
v Fördergeschwindigkeit ($m \cdot s^{-1}$)
φ Füllkoeffizient (bei Kernobst 0,6–0,8)
V_B Becherinhalt (dm^3)

3.3.3 Waschen des Obstes

Mechanisch geerntetes beziehungsweise aufgelesenes Obst muss vor der Verarbeitung von Laub, Gras usw. befreit werden, da bei Mitverarbeitung dieser Stoffe im Saft Geruchs- und Geschmacksfehler auftreten. Die Entfernung dieser spezifisch leichteren Stoffe erfolgt mittels eines Gebläses; anhaftender Schmutz (Erde, Insektenexkremente usw.) sowie spezifisch schwerere Stoffe (Steine usw.) werden dabei nicht entfernt und müssen in einem weiteren Verarbeitungsschritt, dem Waschen, entfernt werden.

Durch das Waschen werden einerseits unerwünschte Substanzen (zum Beispiel Pflanzenschutzmittelrückstände, Erde usw.) größtenteils oder zur Gänze entfernt, andererseits wird aber auch der Keimgehalt drastisch reduziert. Dabei ist der Effekt von der Dauer des Waschvorganges, der Temperatur, der Einwirkung mechanischer Kräfte (zum Beispiel Bürsten) sowie dem pH-Wert, dem Härtegrad und dem Mineralstoffgehalt des Waschwassers abhängig. Durch Mitverwendung von Detergenzien kann der Reinigungseffekt bedeutend verbessert werden.

Durch das Waschen werden auch die an der Oberfläche der Frucht haftenden Pflanzenschutzmittelrückstände weitgehend beseitigt. Das Ausmaß der Beseitigung ist eine Funktion von Art des Spritzmittels, Art der Aufbringung, Obstart (Sorte) und der Technik des Waschvorganges. Werden die Früchte zu Saft weiter verarbeitet, so verbleibt auch ein Teil der Spritzmittelrückstände in den Trestern.

Obwohl es günstig wäre, alle Früchte vor der Verarbeitung zu waschen, wird dies in der Praxis nur bei Kernobst und Citrusfrüchten immer durchgeführt, während Steinobst meistens, Beerenobst meist nicht gewaschen wird.

Aufgrund der großen Unterschiede zwischen den einzelnen Obstarten hinsichtlich Form, Größe, Texturwerte usw. der Früchte gibt es keine Waschmaschine, die für alle Obstarten gleich gut geeignet ist. Das Waschen des Obstes wird bei den einzelnen Obstarten meist wie folgt durchgeführt:

Kernobst

In Großbetrieben erfolgt der innerbetriebliche Obsttransport nach dem in Abbildung 7 dargestellten Schema. Der Transport im Schwemmkanal bewirkt, in Abhängigkeit von der Verweildauer und der Temperatur, ein Quellen des Schmutzes und damit eine leichtere Entfernbarkeit. Beim Transport im Schneckenförderer wird durch das Aneinanderreiben der Früchte der anhaftende Schmutz abgetragen und durch die der Förderrichtung entgegengesetzte Frischwasserströmung ausgetragen.

Stein- und Beerenobst

Die Früchte dieser Obstarten werden üblicherweise in ungewaschenem Zustand zu Saft verarbeitet. Sind die Früchte jedoch sehr stark verschmutzt, werden sie mit Frischwasser abgebraust. Der Wasserdruck darf allerdings nur sehr gering sein, da sonst die Früchte mechanisch beschädigt werden.

3.3.4 Sortieren des Obstes

Die Qualität des Rohmaterials beeinflusst entscheidend die Qualität des Saftes. Demnach ist die Aussortierung aller faulen, zerschlagenen und/oder unreifen Früchte beziehungsweise von Fremdstoffen unbedingt erforderlich.

Da beim Kernobst nur in Ausnahmefällen außerbetrieblich sortiertes Obst zur Verfügung steht, hat dieser Arbeitsgang innerbetrieblich zu erfolgen. Das durch gewisse Fäulniserreger (zum Beispiel *Penicillium expansum*) verursachte Weichwerden der Früchte bedingt, dass diese durch das Gewicht der gesunden Früchte zerdrückt und im Zuge des innerbetrieblichen Obsttransportes mit dem Transportwasser abgetrennt werden. Die teilweise nassfaulen beziehungsweise die teilweise oder gänzlich trockenfaulen Früchte (zum Beispiel durch *Monilia fructigena*) gelangen jedoch, wenn sie nicht aussortiert wurden, in die Obstmühle und zur weiteren Verarbeitung.

Die Aussortierung erfolgt zur Zeit manuell, entweder auf endlos umlaufenden Verlesebändern oder auf Rollenverlesebändern (siehe Abb. 10). Auf den Verlesebändern werden die Früchte in einer einreihigen Schicht (Bandbedeckung $< 75\ \%$, Bandgeschwindigkeit $< 15\ m \cdot min^{-1}$) transportiert. In Abhängigkeit vom Gutsmengenstrom werden ein bis zwei Arbeiter die Aussortierung durchführen. Bei den Rollenverlesebändern werden die Früchte über Rollen gefördert und ständig gewendet, wodurch die visuelle Kontrolle entscheidend erleichtert wird. Dem Aussortieren ungeeigneter Früchte ist vor allem bei der Herstellung von „cloudy juice" größte Bedeutung beizumessen.

3.3.5 Entsteinen, Entstielen, Abbeeren

Aus technologischen und qualitativen Gründen werden vor der Verarbeitung gewisse Steinobstarten entsteint und/oder entstielt sowie Weintrauben und Holunder abgebeert.

Abb. 10. Rollenverleseband (Bucher-Guyer AG).

Entsteinen
Im Gegensatz zur Konservenindustrie, wo die Erhaltung der Fruchtform bei der Entsteinung gefordert ist, wird darauf in der Fruchtsaftindustrie kein Wert gelegt. Meist wird überhaupt von einer Entsteinung Abstand genommen. Erfolgt sie doch, so geschieht dies mit Walzenentsteinanlagen. Für thermisch aufgeschlossenes Gut werden Maschinen eingesetzt, die ähnlich den Passiermaschinen gebaut sind, jedoch Schlagstäbe aus elastischem Material besitzen.

Entstielen
Entstielmaschinen bestehen aus einer großen Anzahl an Metallwalzen mit eingefrästen Flächen oder Gummiwalzen geringen Durchmessers, die paarweise gegenläufig rotieren. Durch Neigung der durch die Walzen gebildeten Fläche rollen die Früchte bedingt durch die Schwerkraft ab, die Stiele werden von den Walzen erfasst und abgestreift. Der Walzenabstand muss entsprechend gering sein, damit nur die Stiele, nicht jedoch die Früchte erfasst werden.

Abbeeren (Entrappen)
Die Abtrennung der Beeren von den Kämmen erfolgt in Abbeermaschinen, in denen ein Schlagwerk gegenläufig zu einer sich ebenfalls drehenden Siebtrommel rotiert. Bei der Verarbeitung roter Traubensorten, welche zwecks besserer Farbausbeute erhitzt werden, ist das Abbeeren unerlässlich. Aus qualitativen Gründen soll auch Holunder unbedingt abgebeert werden.

3.3.6 Zerkleinerung des Obstes

Die Art und der Umfang der Zerkleinerung des Obstes üben einen entscheidenden Einfluss auf die Entsaftung aus (Dauer des Entsaftungsvorganges, Saftausbeute, Trubstoffgehalt usw.). Je umfangreicher die Zerkleinerung ist, umso mehr Zellen werden beschädigt, was für die Saftausbeute umso günstiger wäre; andererseits wird dadurch die Abtrennung des Saftes von den Feststoffen deutlich erschwert, hohe Trubstoffgehalte im Saft ergeben zusätzliche Klärungskosten. Während beim Beeren- und Steinobst, falls Frischware und nicht gefrierkonservierte Ware verarbeitet wird, sich die Verarbeitungsperiode je Obstart nur auf wenige Wochen erstreckt, ist die Verarbeitungsperiode beim Kernobst, und hier vor allem beim Apfel, vielfach ganzjährig. In allen Fällen wird versucht, einen möglichst einheitlichen Zerkleinerungsgrad zu erreichen.

Bei der Zerkleinerung von Kernobst wird angestrebt, Maische mit einer gewissen Körnung zu erzielen. Dies ist jedoch wegen der Inhomogenität der Rohware (hartes, pflückfrisches Obst im Herbst bis – meist weiches – Lagerobst im Frühjahr; Sorten- und Jahrgangsunterschiede) nur durch permanente Veränderung des Mahlgrades beschränkt möglich. Obst mit höheren Texturwerten soll stärker zerkleinert werden.

Wie aus den Verarbeitungsdiagrammen (siehe Kap. 3.1) ersichtlich, wird in vielen Fällen das zerkleinerte Obst mittels Maischepumpen zu den Entsaftungsanlagen, Maischeerwärmer usw. gepumpt, wodurch es weiter zerkleinert wird.

Die Zerkleinerung des Obstes kann durch mechanische (Obstmühlen), thermische (Thermobreak beziehungsweise Gefrieren), enzymatische (Maischfermentierung) oder unkonventionelle Verfahren (Ultraschall, Elektroplasmolyse) erfolgen. Bei der Verarbeitung gewisser Obstarten werden kombinierte Verfahren eingesetzt (Schobinger 1975).

3.3.6.1 Mechanische Verfahren

Flügelwalzenmühlen

Diese Art von Mühlen wird vorwiegend zur Zerkleinerung (Quetschen) von Weintrauben verwendet. Die Mühle besteht aus zwei gegenläufig rotierenden Flügelwalzen, deren Abstand voneinander verstellt werden kann: Damit kann eine Anpassung an die jeweils zu verarbeitende Obstart erfolgen. Die Quetschwalzen bestehen aus rostfreiem Stahl oder einem Metallkern mit Gummimantel.

Quetschmühlen

Es ist dies ein Mühlentyp, der für die Zerkleinerung von Beeren- und Steinobst Verwendung findet. Das Gut wird über zwei gegenläufig rotierende Walzen mit gezahnter Oberfläche und unterschiedlichem Durchmesser geführt. Die differenten Umdrehungsgeschwindigkeiten bewirken neben dem Quetschen auch ein Aufreißen der Früchte.

Rätzmühlen

Diese Mühlen (Abb. 11) werden vor allem zur Zerkleinerung von Kernobst eingesetzt. In der Mühle wird das Obst durch einen mehrflügeligen Rotor gegen die Wand des zylindrischen Mahlraumes geschleudert und entlang des Mantels be-

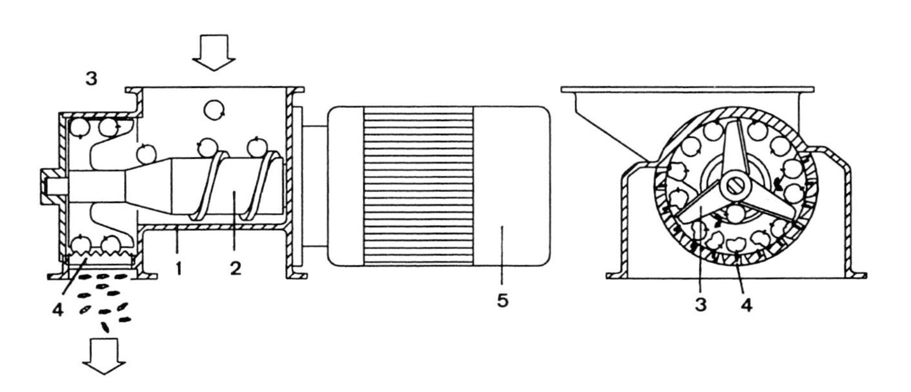

Abb. 11. Vereinfachte Darstellung einer Rätzmühle.
1 = Gehäuse
2 = Zufuhrschnecke
3 = Rotor
4 = Rätzmesser
5 = Antriebsmotor
(Bucher-Guyer AG).

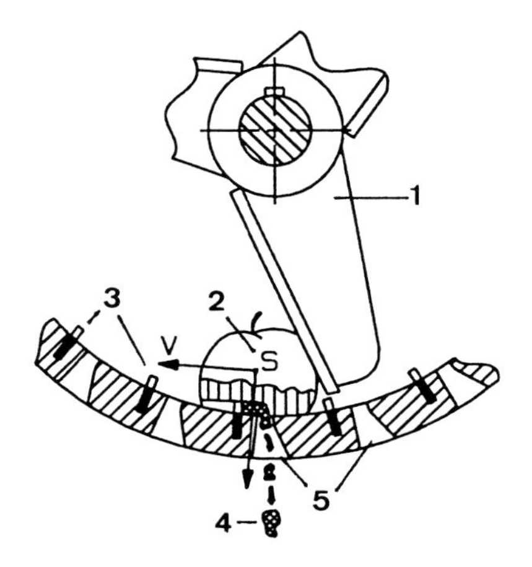

Abb. 12. Darstellung des Rätzvorganges: Der schnell drehende Rotor (1) beschleunigt den Apfel (2) auf hohe Geschwindigkeit; er wird mit hoher Fliehkraft über die Rätzmesser (3) geschoben. Die abgerätzte Maische (4) verlässt die Mahlkammer über Schlitze (5) (Bucher-Guyer AG).

fördert. Durch die in der unteren Hälfte des Mantels axial eingelegten, gezähnten Messer wird das Gut zerkleinert und fällt durch Schlitze aus dem Mahlraum (Abb. 12). Je nach erwünschtem Zerkleinerungsgrad werden Messer unterschiedlicher Zähnung verwendet. Zur Vermeidung von Schäden durch Fremdkörper (zum Beispiel Steine) ist an der Welle eine Sicherung (Alu-Keil wird abgeschert) angebracht. Bei Rätzmühlen können die aus Chrom-Nickel-Stahl hergestellten, unterschiedlich stark gezahnten Messer rasch ausgetauscht werden. Damit kann eine optimale Anpassung an den gewünschten Zerkleinerungsgrad erfolgen: „hartes" Kernobst wird mittel bis fein, „weiches" grob gerätzt.

Um optimale Pressergebnisse zu erzielen (hohe Saftausbeute, geringer Trubanteil im Saft), werden an das Partikelgrößenspektrum der Maische gewisse Anforderungen gestellt: Möglichst geringer Feinanteil (Partikelgröße < 0,8 mm), gleichmäßiger Gesamtaufschluss, entsprechend hoher Anteil an groben Partikeln (Partikelgröße > 3,0 mm), um die Drainagefähigkeit zu verbessern. Diesen Anforderungen entspricht, wie aus Abbildung 13 ersichtlich, mittels Rätzmühle erzeugte Maische. Grundsätzlich gilt, umso höher die Werte der Textur der zu verarbeitenden Äpfel sind, umso niedriger muss die durchschnittliche Partikelgröße und der Anteil an groben Partikeln sein.

Schleuderfräsen

Auch diese Mühlen werden hauptsächlich zur Zerkleinerung von Kernobst eingesetzt. Ähnlich wie bei den Rätzmühlen wird auch bei den Schleuderfräsen das Mahlgut durch einen mehrflügeligen Rotor entlang des Mahlraummantels transportiert. Der Mantel besteht aus rostfreiem Stahlblech mit in den Mahlraum hineingewölbten, messerartigen Sieblöchern, durch die das Gut ausgetragen wird. Bei Mühlen in liegender Ausführung ist meist nur die untere Hälfte, bei solchen

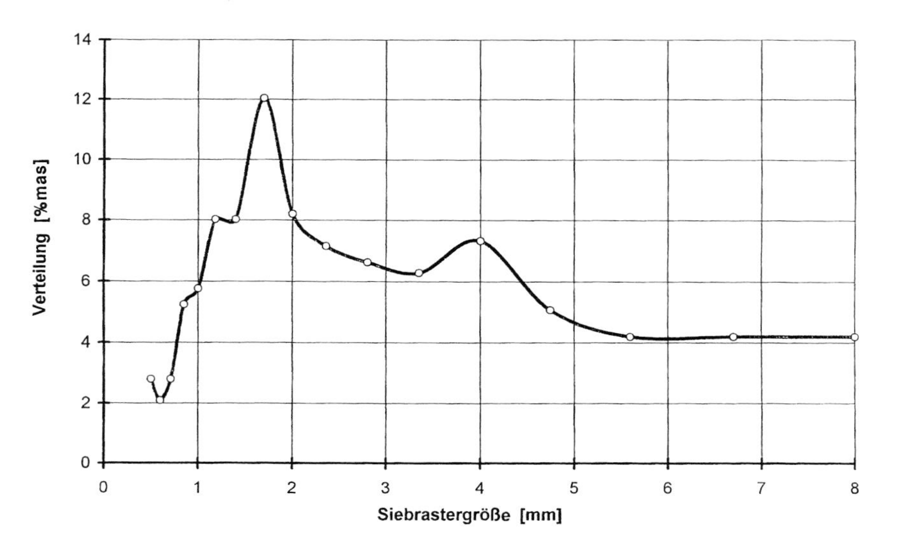

Abb. 13. Strukturanalyse einer mittels Rätzmühle gemahlenen Apfelmaische. Die Stufung der einzelnen Siebraster entspricht der DIN/ISO-Reihe 3310/1 (Bucher-Guyer AG).

in stehender Ausführung der gesamte Mahlraummantel mit Sieblöchern versehen. Eine Sicherung gegen Schädigung durch Fremdkörper erfolgt meist über eine Rutschkupplung.

Hammermühlen
Werden ebenfalls für die Kernobstzerkleinerung eingesetzt. Die Mühlen besitzen am Rotor pendelnd aufgehängte Prallorgane (Hämmer), die unter dem Einfluss der Fliehkraft eine gestreckte Lage einnehmen, oder am Rotor in mehreren Reihen übereinander angeordnete Hämmer, die das zu zerkleinernde Gut durch einen Siebmantel befördern. Der Zerkleinerungsgrad wird ebenso wie bei den Schleuderfräsen wesentlich durch die Größe der Sieblöcher beeinflusst.

3.3.6.2 Thermische Verfahren

Thermobreak
Durch eine Erhitzung der Früchte (etwa 80 °C) erfolgt eine Denaturierung der im nativen Zutand semipermeablen Protoplasmahäute der Zellen, wodurch die Permeabilität des Gewebes wesentlich erhöht und damit der Saftaustritt erleichtert wird. Als Wärmeaustauscher werden meist kontinuierlich arbeitende Maschinen, bei denen das Gut mittels einer oder zweier Vollschnecken in einem Trog transportiert wird, verwendet. Die Wärmezufuhr erfolgt direkt und/oder indirekt. Es muss jedoch beachtet werden, dass durch das Einleiten von Dampf in die Maische (direkte Erhitzung) beachtliche Mengen an Kondenswasser (10 bis 15 % der Saftmenge) in die Maische gelangen.

Gefrieren
Bei langsamem Gefrieren (Gefriergeschwindigkeit < 0,2 cm · h^{-1}) von Früchten (< –5 °C) kommt es zur Bildung relativ großer Eiskristalle, die eine mechanische Beschädigung der Zellwände verursachen. Dadurch wird nach dem Wiederauftauen der Früchte der Saftaustritt bedeutend erleichtert.

3.3.7 Maischeerwärmung

Um bei gewissen Beeren- und Steinobstarten, gelegentlich auch bei Kernobst, befriedigende Saftausbeuten zu erhalten, ist vor dem Pressen ein enzymatischer Pektinabbau erforderlich. Zwecks Zeiteinsparung erfolgt dieser Verarbeitungsschritt bei einem höheren Temperaturniveau, das durch Verwendung von meist dampfbeheizten Wärmeaustauschern (Röhrenwärmeaustauscher, Spiralwärmeaustauscher, Wärmeaustauscher mit rotierenden Schabblättern) erreicht wird. Diesen Austauschern ist gemeinsam, dass die Wärme durch eine Heizfläche, die das zu erwärmende Gut vom Heizmedium trennt, übertragen wird (indirekte Erwärmung). An der Austauscherfläche kommt es immer zur Ausbildung eines Flüssigkeitsfilmes, der den Wärmeaustausch behindert.

Der Wirkungsgrad eines Austauschers wird daher wesentlich davon abhängen, in welchem Ausmaß dieser Produktfilm permanent zerstört werden kann und turbulente Strömungsverhältnisse geschaffen werden können. In der Praxis bieten sich dazu zwei Möglichkeiten an: hohe Durchflussgeschwindigkeit beziehungsweise Einsatz mechanischer Mittel (Abstreifsysteme).

An einen Wärmeaustauscher für Maischen sind folgende Anforderungen zu stellen: kontinuierliche Arbeitsweise, möglichst turbulente Strömung und damit rasche Erwärmung der Maische, leichte Zerleg- und Zusammensetzbarkeit, vor allem für Reinigungszwecke, und geringer Platzbedarf.

Röhrenwärmeaustauscher (Abb. 14) werden als Doppelrohr- oder Bündelrohrerhitzer gebaut. Bei beiden Ausführungen werden die Rohre parallel zueinander geführt und mit abschraubbaren 180°-Bögen miteinander verbunden. Die Beheizung erfolgt im Allgemeinen mit Niederdruckdampf. Der Rohrdurchmesser soll mindestens 40 mm (da sonst die Druckverluste bei der Maischebeförderung zu groß sind), jedoch nicht mehr als 70 mm (da sonst Schwierigkeiten beim Wärmeübergang auftreten) betragen.

Abb. 14. Röhrenwärmeaustauscher (API Schmidt-Bretten GmbH & Co. KG).

Abb. 15. Spiralwärmeaustauscher (Tetra Pak).

Um den Wärmeübergang zu verbessern, wurde von Tetra Pak ein neuer Typ eines Wärmeaustauschers entwickelt: Er funktioniert nach dem Prinzip des klassischen Röhrenwärmeaustauschers; hierbei fließt das Produkt durch eine Gruppe parallel angeordneter Rohre, während das Heizmedium die Rohre umspült. Die spiralförmig gewellten Innen- und Außenrohre verursachen Turbulenzen, wodurch die Wärmeübertragung stark verbessert wird.

Spiralwärmeaustauscher (Abb. 15) bestehen im Wesentlichen aus zwei um einen Kern in Form einer Doppelspirale gewi-

Abb. 16. Wärmeaustauscher mit rotierenden Schabblättern (Fryma Maschinenbau AG).

ckelten Stahlbändern (Cr-Ni- beziehungsweise Cr-Ni-Mo-Stahl), wodurch zwischen den Bändern zwei getrennte Kanäle gebildet werden. Das Heizmedium, meist Heißwasser, wird zentral zugeführt und außen abgeleitet; die Maische wird tangential zugeführt und zentral abgeleitet.

Wärmeaustauscher mit rotierenden Schabblättern (Abb. 16): Dieser Wärmeaustauscher besitzt rohrförmige Produktkammern, die ringförmig ineinander gelegt sind und die beidseitig an röhrenförmige Heizmediumkammern anschließen. Das zu erwärmende Gut wird axial durch die Produktkammern bewegt, wobei in die Produktkammern rotierende Abstreifarme eintauchen. Die optimale Drehzahl (50 bis 250 U · min^{-1}) ist produktabhängig. Die Lamellen des Schabsystems bestreichen die gesamte Wärmeaustauschfläche, wodurch ein gleichmäßiger und rascher Wärmeübergang gewährleistet ist.

3.3.8 Pektin und enzymatischer Pektinabbau

Die theoretischen Grundlagen für die Verwendung pektolytischer Enzyme in der Fruchtsaftindustrie wurden unabhängig voneinander von KERTESZ und MEHLITZ 1930 geschaffen. CHARLEY setzte 1932 als erster derartige Enzyme bei der Verarbeitung von Beerenobst bei Raumtemperatur (Erdbeeren, Himbeeren, Brombeeren, Loganbeeren) ein. WALKER wies auf die Möglichkeit einer kombinierten Maischebehandlung mit Enzympräparaten bei höherem Temperaturniveau hin, und von KOCH wurde die Methode in wesentlichen Punkten weiter entwickelt. So stellt der enzymatische Pektinabbau heute Routinearbeit dar, die vor allem durch die Entwicklung hochwirksamer Enzympräparate ermöglicht wurde.

Durch die Arbeiten von PILNIK und VORAGEN und ihren Mitarbeitern hat sich im letzten Jahrzehnt das Wissen über den chemischen Aufbau des Pektins und der Möglichkeiten, es enzymatisch abzubauen, grundlegend erweitert (zum Beispiel PILNIK und VORAGEN 1991, 1993, SCHOLS 1995, VINCKEN 1996, MUTTER 1997).

Pektin ist ein Heteropolysaccharid und besteht hauptsächlich aus α-1,4-verknüpfter, partiell methylierter Galacturonsäure (glatter Bereich, smooth region) und beachtlichen Mengen an Neutralzuckern (Rhamnose, Galactose, Arabinose, Xylose). Der Großteil dieser Neutralzucker befindet sich in jenem Bereich des Pektinmoleküls, in dem viele Seitenketten vorliegen (verzweigter Bereich, hairy region). Im linearen Bereich sind Rhamnosemoleküle eingebaut, was jeweils zu einem Knick im Molekülgerüst führt. Die Galacturonsäuremoleküle können in den „hairy regions" azetyliert sein. Basierend auf Untersuchungen mit Apfelpektin können die hairy regions in drei Teilbereiche untergliedert werden (Abb. 17): Zuerst ein Rhamnogalacturonanteil-Bereich, bestehend alternierend aus 1,4-verknüpfter Galacturonsäure und 1,2-verknüpften Rhamnoseresten, teilweise substituiert durch einzelne Galactosemoleküle, die mit der C4-Position der Rhamnose verknüpft sind (III). Dann ein weiterer Rhamnogalacturonanteil-Bereich, der mit langen Arabinanketten substituiert ist (II). Der dritte Teilbereich besteht aus Xylogalacturonan, ein Galacturonangerüst, das mit Xylose am C3-Atom des Galacturonsäurerests substituiert ist (I) (Beldman et al. 1997).

Eine vollständige Hydrolyse gereinigter Pektine ergab folgende Zusammensetzung (Durchschnittswerte): D-Galacturonsäure 65 bis 95 %, Methanol 3 bis 8 %, Essigsäure 0 bis 6 % und Neutralzucker 8 bis 10 % (Grassin 1992).

Der Veresterungsgrad des wasserlöslichen Pektins beträgt 65 bis 98 %; der Polymersationsgrad schwankt zwischen einigen Dutzend bis einige Hundert, die sekundären beziehungsweise tertiären Hydroxylgruppen sind teilweise azetyliert, vor allem bei Birnen, und teilweise auch esterartig über Phosphorsäure intramolekulär verbunden.

Durch eine thermische Behandlung (zum Beispiel Dämpfen der Beeren) ist eine Spaltung des Pektins und damit ein Abbau möglich, die dabei auftretenden Schäden an Saftinhaltsstoffen lassen die Verwendung eines derartigen Vorgehens jedoch heute nicht mehr ratsam erscheinen.

Die Wirkungsweise der für den Abbau der „smooth region" verantwortlichen Enzyme ist aus Abbildung 18 ersichtlich und kann wie folgt beschrieben werden:

Pektinesterasen (EC 3.1.1.11): Bewirken

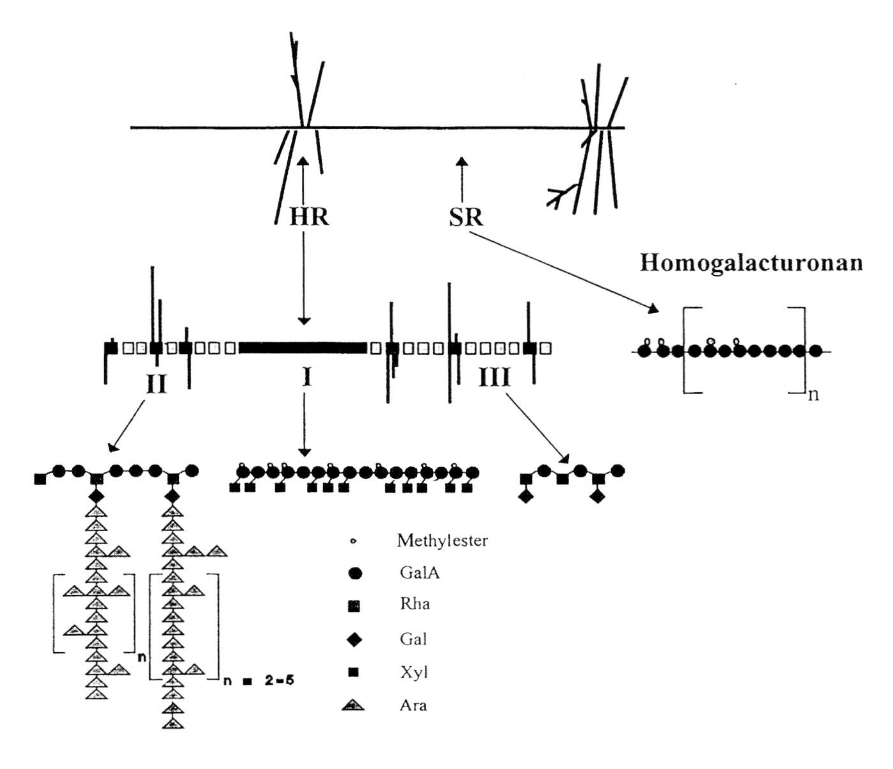

Abb. 17. Hypothetische Struktur von Apfelpektin (SR = smooth region, HR = hairy region) Teilbereich I, II und III siehe Text (Beldman et al. 1997).

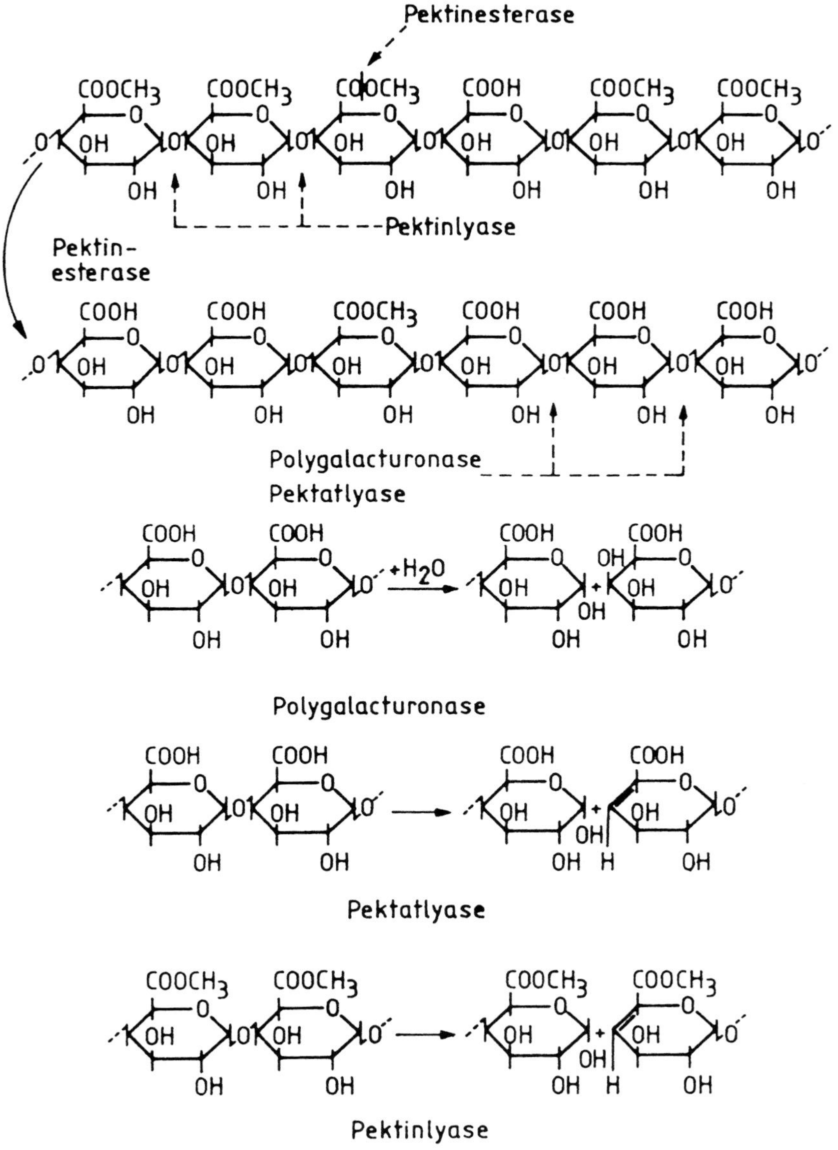

Abb. 18. Enzymatischer Abbau der „smooth region" (Pilnik und Voragen 1991).

eine hydrolytische Spaltung des Methylesters des Pektins. Dabei wird Pektin zu niederverestertem Pektin oder zu Pektinsäure (Veresterungsgrad 5 bis 10 %) umgewandelt. Wie Untersuchungen bei Cituspektinesterasen zeigten, werden diese jedoch durch niederveresterte Pektine beziehungsweise durch Pektinsäure kompetitiv gehemmt. Pektinesterasen weisen eine hohe Spezifität hinsichtlich der Methylester der Polygalacturonsäure auf, andere Ester werden nicht oder nur in sehr geringem Umfang gespalten. Bevorzugte Angriffspunkte von Pektinesterasen pflanzlicher Herkunft sind jene Methylestergruppen, welche an unveresterte Carboxylgruppen angrenzen beziehungsweise bei hochverestertem Pektin am reduzierenden Ende des Moleküls angeordnet sind (siehe Abb. 18). Die durch die Methylabspaltung gebildeten unveresterten Zonen sind extrem sensitiv gegenüber Calciumionen. Dies kann vor allem bei Citrussäften, deren Pektinesterasen sehr hitzestabil sind, zu unerwünschten (Trubstoffverluste) oder erwünschten (Selbstklärung) Effekten führen.

Pektinesterasen werden durch hohe Zuckerkonzentrationen gehemmt, so dass bei Konzentraten (> 30 °Brix) keine Aktivität vorliegt. Nach Rückverdünnung sind sie jedoch wieder aktiv (Pilnik und Voragen 1991).

Polygalacturonasen: Bewirken durch hydrolytische Spaltung der α-(1,4)-glykosidischen Bindungen der Pektinsäure eine Depolymerisation (siehe Abb. 18). Endo-Polygalacturonasen (EC 3.2.1.15) spalten nur glykosidische Bindungen, die sich neben einer freien Carboxylgruppe befinden, demnach nimmt mit zunehmendem Veresterungsgrad die Aktivität rapide ab. Ein technologisch bedeutsamer Unterschied zwischen Endo-Polygalacturonasen von Tomaten und jenen einiger Schimmelpilzarten besteht darin, dass letztere durch gewisse Gemüseextrakte gehemmt werden und daher für die Erzeugung von Gemüsemazeraten (siehe Kap. 4.2.1.3) ungeeignet sind.

Endo-Polygalacturonasen (EC 3.2.1.67) pilzlicher Herkunft zeichnen sich durch eine hohe Hitzestabilität aus, so dass in gewissen Fällen bei den gebräuchlichen Pasteurisationstemperaturen keine ausreichende Inaktivierung erfolgt. Durch polyphenolische Substanzen und verschiedene Schwermetallkationen werden diese gehemmt.

Exo-Polygalacturonasen bewirken einen Abbau hochmolekularer Pektate vom nichtreduzierenden Ende des Moleküls. Sie werden durch Calciumionen stimuliert.

Pektinlyasen (EC 4.2.2.10): Diese Endoenzyme sind in der Lage, hochveresterte Polygalacturonsäure zu spalten. Durch Trans-Eliminierung wird ein Proton vom Kohlenstoff-(5)-Atom auf den Sauerstoff der glykosidischen Gruppe übertragen, wobei gleichzeitig eine Spaltung dieser α-(1,4)-glykosidischen Bindung erfolgt (Abb. 18). Allerdings werden nur jene glykosidischen Bindungen gespalten, die sich neben einer Methylestergruppe befinden. Daher ergibt sich ein hoher Wirkungsgrad dieser Enzyme nur bei hochveresterten Pektinen, wie dies zum Beispiel bei Apfelsäften zutrifft. In Abhängigkeit vom pH-Wert und dem Veresterungsgrad können Calciumionen, aber auch andere Kationen, einen stimulierenden Effekt ausüben. Als Abbauprodukte entstehen partiell veresterte Oligomere.

Pektatlyasen (EC 4.2.2.2): Im Gegensatz zu den Pektinlyasen kann durch Exo- beziehungsweise Endo-Pektatlyasen nur gänzlich oder weitgehend unveresterte Polygalacturonsäure abgebaut werden. Die Trans-Eliminierung erfolgt analog jener bei den Pektinlyasen, allerdings werden nur glykosidische Bindungen gespalten, die sich neben einer freien Carboxylgruppe befinden. Pektatlyasen besitzen ein hohes pH-Wert-Optimum (8,0 bis 9,5) und sind daher für die Fruchtsaftindustrie von sehr geringem Interesse, jedoch bei der Verarbeitung gewisser Gemüsearten von Bedeutung.

Der Einsatz pektinspaltender Enzympräparate kann bei vier Verfahrensschritten erfolgen:

- bei der Saftklärung (siehe Kap. 3.5.2.1.1),
- bei der Maischefermentierung,
- bei der Mazeration (siehe Kap. 3.6.2.1.3 und 4.2.1.3) und
- bei der Verflüssigung (siehe Kap. 3.3.10 und 3.4.9).

3.3.9 Maischefermentierung

Die Früchte verschiedener Beeren- und Steinobstarten weisen relativ hohe, originäre Gehalte an Pektinen auf (siehe Kap. 2.1.2.2), welche die Entsaftung stark behindern; unbefriedigende Saftausbeuten sind die Folge. Dieses Hindernis kann durch den gezielten Einsatz von pektolytischen Enzympräparaten beseitigt werden. Da dabei primär die „smooth regions" abgebaut werden sollen, kommen Präparate mit hohen Aktivitäten an Pektinmethylesterase, Polygalacturonase und Pektinlyase in Frage. Demnach sind Enzympräparate, die für die Saftklärung Verwendung finden, auch für die Maischefermentierung geeignet. Durch die Zellwandzerstörung werden auch Anthocyane stärker freigesetzt, was vor allem bei Beerensäften von Bedeutung ist.

Sollen die Presssäfte noch eine gewisse Sämigkeit aufweisen, so darf der Abbau nur begrenzt durchgeführt werden. Ist jedoch ein vollständiger Abbau erwünscht, z. B. für Säfte, welche zur Fruchtlikörbereitung bestimmt sind, so ist der Presssaft einer zusätzlichen Behandlung mit pektolytischen Enzympräparaten zu unterziehen.

Um die gewünschte Wirkung zu erreichen, sind folgende Vorgangsweisen gebräuchlich:

Enzymatischer Abbau bei Raumtemperatur („Kaltfermentierung"): Das Enzympräparat wird der Maische zudosiert und muss einwirken (Abbauzeit variiert von 6 bis 36 Stunden); dann wird die Maische abgepresst.

Enzymatischer Abbau bei Raumtemperatur und nachfolgende Erhitzung: Bei flavoursensiblen Produkten können durch eine längere Einwirkungszeit bei höherem Temperaturniveau merkliche Qualitätseinbußen auftreten. Die Maische wird daher nur relativ kurze Zeit bei Raumtemperatur enzymatisch behandelt und nachfolgend kurz auf etwa 70 °C erhitzt. Die Pektinstoffe werden dabei so weit abgebaut, dass eine befriedigende Saftausbeute erzielt wird.

Enzymatischer Abbau bei etwa 50 °C („Warmfermentierung"): Durch Erhöhung des Temperaturniveaus auf etwa 50 °C wird die Aktivität der Enzyme auf das etwa Vierfache gegenüber 30 °C erhöht. Die Maische wird mittels Wärmeaustauschern (siehe Kap. 3.3.7) auf etwa 45 bis 55 °C erwärmt und bei dieser Temperatur 30 bis 150 Minuten (abhängig von verschiedenen Faktoren wie Pektingehalt, Enzympräparat, Enzymdosis) belassen und dann abgepresst.

Enzymatischer Abbau bei etwa 50 °C und nachfolgende Erhitzung: Die Maische wird auf etwa 50 °C erwärmt und nach einer kurzen Abbauzeit (bis zu einer Stunde) erhitzt (80 bis 85 °C; 10 bis 120 Sekunden). Dadurch werden die Enzyme weitgehend inaktiviert und eine gewünschte Restviskosität wird aufrechterhalten. Die Gehalte an gewissen Inhaltsstoffen werden durch diese Vorgangsweise signifikant erhöht.

Erhitzung und nachfolgender enzymatischer Abbau bei etwa 50 °C: Zur Inaktivierung nativer Oxidationsenzyme wird die Maische vorerst auf 80 bis 85 °C mittels Wärmeaustauscher erhitzt, 10 bis 120 Sekunden bei dieser Temperatur gehalten, dann auf etwa 50 °C abgekühlt und 30 bis 150 Minuten fermentiert. Auf diese Art erhält man bei anthocyanreichen Obstarten bedeutend höhere Farbstoffausbeuten und höhere Gehalte an gewissen Inhaltsstoffen.

Die Behandlung der Maischen mit pektolytischen Enzympräparaten erfolgt in Behältern, welche mit einem langsam laufenden Rührwerk (20 bis 40 $U \cdot min^{-1}$) ausgestattet sind; schnelllaufende Rührwerke sind ungeeignet, da sie eine weitere Zerkleinerung der Maische bedingen, was wieder das Pressen erschwert. Vor allem bei Apfelmaischen darf nicht ständig gerührt werden, da sonst eine zu starke Zerkleinerung und damit eine drastische Erhöhung des Trubanteils im Saft auftritt. Bei Behältern mit rundem Querschnitt sind Strömungsbrecher einzubauen, weil sich sonst die gesamte Maische unter schlechter Durchmischung mit der Geschwindigkeit des Rührwerkes dreht.

Die „Warmfermentierung" der Maische reduziert deutlich die Gehalte des Phenolase-Komplexes sowie der Peroxidase; so bewirkte ein zweistündiges Erwärmen von Sauerkirschenmaische bei 45 °C eine Reduktion des Polyphenoloxidasegehaltes um 80 % und eine Reduktion des Peroxidasegehaltes um 45 %.

Die bei der Verarbeitung von Schwarzen Johannisbeermaischen in manchen Jahren trotz des Zusatzes von Enzympräparaten beobachteten Pressschwierigkeiten können auf eine zwischen den makromolekularen Stoffen durch „Restaffinität" gebildete Verbindung zwischen freien polyphenolischen Substanzen und Pektinstoffen zurückzuführen sein. Diese Reaktion tritt aber nur dann auf, wenn entsprechend große Mengen an freien Polyphenolen vorliegen, wie dies zum Beispiel bei stark überlagertem oder bereits stark kontaminiertem Rohmaterial der Fall ist. Ähnlich liegen die Verhältnisse, wenn nicht unmittelbar nach dem Maischen der Zusatz pektolytischer Enzympräparate erfolgte oder die Enzymdosierung unrichtig durchgeführt wurde. In all diesen Fällen ist eine starke Zunahme der Viskositätswerte zu beobachten. Es soll daher möglichst rasch und in den oben genannten Fällen mit höheren Enzymdosen gearbeitet werden. Die Enzymblockierung ist aber auch durch die Bildung eines Enzym-Polyphenol-Komplexes erklärbar. Aus enzymatisch behandelten Maischen hergestellte Säfte weisen einen bedeutend höheren Methanolgehalt als „normal" hergestellte Säfte auf; z. B. bei Apfelsaft 300 bis 400 mg/l Methanol aus enzymatisch behandelter Maische zu 30 bis 100 mg/l Methanol aus sofort gepresstem Saft.

Das Ausmaß des enzymatischen Pektinabbaus kann anhand der Veränderungen der Werte der Viskosität oder der elektrischen Leitfähigkeit gemessen und beurteilt werden.

Der bei der Entsaftung enzymatisch behandelter Maische anfallende Trester ist für die Pektinerzeugung ungeeignet.

3.3.10 Verflüssigung

Wie Pilnik bereits 1970 zeigte, kann mechanisch zerkleinerte Maische mittels entsprechender Enzympräparate weitgehend abgebaut werden. Damit kann eine optimierte enzymatische Maischeaufbereitung, im Extremfall eine Totalverflüssigung erzielt werden. Nach Voragen und Pilnik (1991) erfolgt dabei der Abbau in mehreren Stufen:

1. Gewebelockerung: Partielle Umwandlung der Protopektinkomponente in lösliche Pektine, davon betroffen sind in erster Linie die Mittellamellen.
2. Maischefermentation: Durch Pektinesterase, Polygalacturonase und Pektinlyase erfolgt ein nahezu vollständiger Abbau des Mittellamellen- und Zellwandpektins.
3. Verflüssigung: Auflösung der Cellulosefibrillen-Struktur der Sekundärwände, sowie fast vollständige Freisetzung der Zellinhaltsstoffe und Abbau der Zellwandstruktur unter partieller Hydrolyse der Zellwandpolysaccharide zu teils wasserlöslichen, niedermolekularen Verbindungen.
4. Verzuckerung: Vollständiger Abbau der Zellwandpolysaccharide zu Monosacchariden.

Um dieses Verfahren abzuwickeln, reichen die in den klassischen pektolytischen Enzympräparaten enthaltenen Enzyme nicht aus, die zusätzliche Verwendung von Endo- und Exo-β-1,4-Glucanasen und Hemicellulosen abbauender Enzyme ist notwendig. Unter Hemicellulosen versteht man Substanzen, die innerhalb der Zellwände von Pflanzen die Räume zwischen den Cellulosefibrillen ausfüllen; ein Hauptbestandteil der Hemicellulosen von Obst sind Xyloglucane.

Die Wirkung der Polysaccharide abbauenden Enzyme sind aus Abbildung 19 ersichtlich (Voragen et al. 1992):

a) Hypothetisches Modell von mit größtenteils kristallinen Cellulosemikrofibrillen eingebetteten primären Zellwänden, in einer Matrix, die aus Hemicellulosen, Pektinstoffen und möglicherweise Proteinen besteht.
b) Wirkung der Pektinasen: Herauslösung der „smooth regions".
c) Hemicellulasen bringen Fragmente von geringem Molekulargewicht in Lösung.
d) Durch cellulolytische Enzyme werden Cellobiose und Glucose sowie einige höhere Cellulodextrine und Xyloglucanoligomere freigesetzt.
e) Der Abbau durch eine Kombination von pektolytischen und hemicellulolytischen Enzymen führt zu mehr und größeren gelösten Pektinfragmenten als bei alleiniger Anwendung pektolytischer Enzyme.

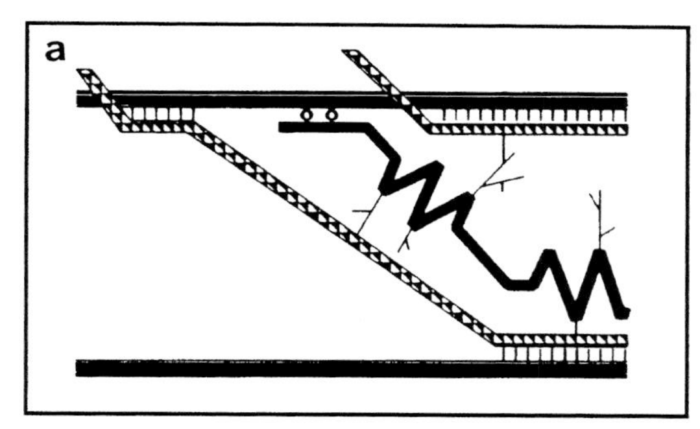

Schematische Struktur der primären Zellwand

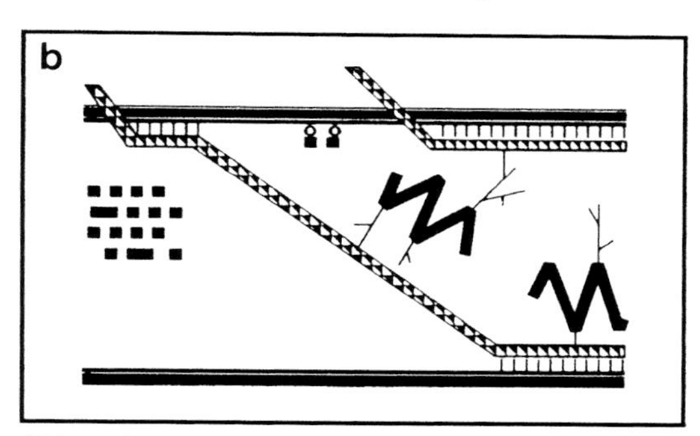

Abbau durch pektolytische Enzyme

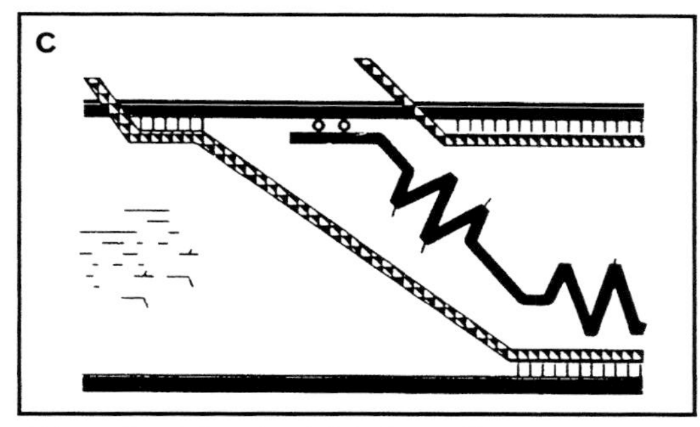

Abbau durch hemicellulolytische Enzyme

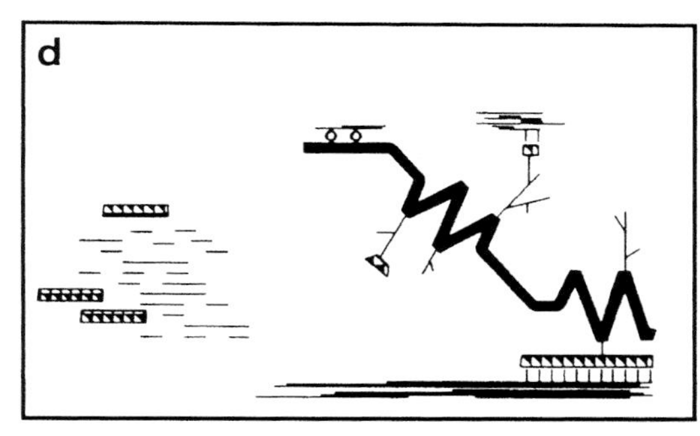

Abbau durch cellulolytische Enzyme

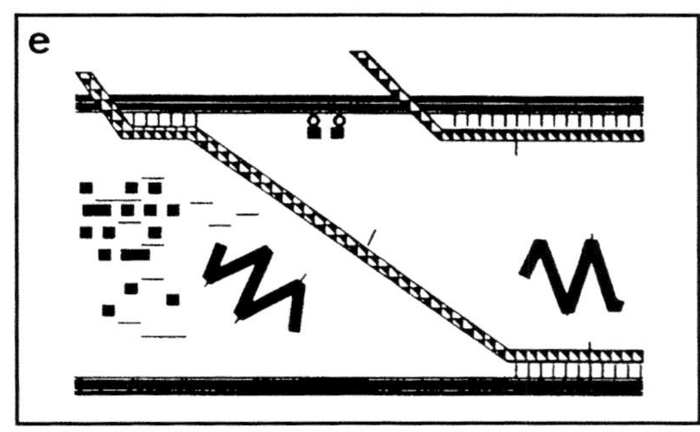

Abbau durch eine Kombination von pektolytischen und hemicellulolytischen Enzymen

Saccharifikation durch eine Kombination von pektolytischen und (hemi) cellulolytischen Enzymen

Abb. 19. Maischeverflüssigung (a–f siehe Text; VORAGEN et al. 1992).

f) Die kombinierte Anwendung von Cellulasen, Hemicellulasen und Pektinasen ergibt eine weitgehende Verflüssigung.

Wie ersichtlich, verbleibt nach der Verzuckerung das Rhamnogalacturonangerüst erhalten; dieses kann wieder, wie aus Abbildung 20 ersichtlich, durch eine Vielzahl von Enzymen abgebaut werden. Auf diese Art und Weise kann eine weitestgehende Verflüssigung der Maische erzielt werden.

In Abhängigkeit vom Umfang des Abbaus kommt es zu einer unterschiedlich starken Veränderung des chemischen Gesamtbildes (Zunahme des Extraktgehaltes und der Titrationsazidität), Erhöhung der Ausbeute, Verringerung der Trestermenge. JENNISKENS et al. (1991) stellten fest, dass die Behandlung von Maischen mit Multienzympräparaten das Aroma der daraus hergestellten Säfte in zweierlei Weise beeinflusst: Ein Inkubationseffekt bedingt durch längere Wirkdauer der endogenen Enzyme und ein spezieller Verflüssigungseffekt durch Freisetzung von Aromakomponenten oder Precurser-Substanzen aus der Maische.

Der Einsatz dieser Technologie ist zur Zeit in vielen Ländern nicht gestattet.

Mittels dieser Technologie und maßgeschneiderter Enzympräparate kann eine Reihe neuer Produkte (STUTZ 1996, WILL 1997, KABBERT et al. 1998, HELBIG und GRASSIN 1998) hergestellt werden.

3.3.11 Enzympräparate

Enzyme sind biokatalytische, hochmolekulare, einfache oder zusammengesetzte Proteine, die von allen Organismen synthetisiert werden und deren Stoffwechsel

Abb. 20. Angriffspunkte verschiedener Enzyme in der „hairy region“ (BELDMAN et al. 1997).

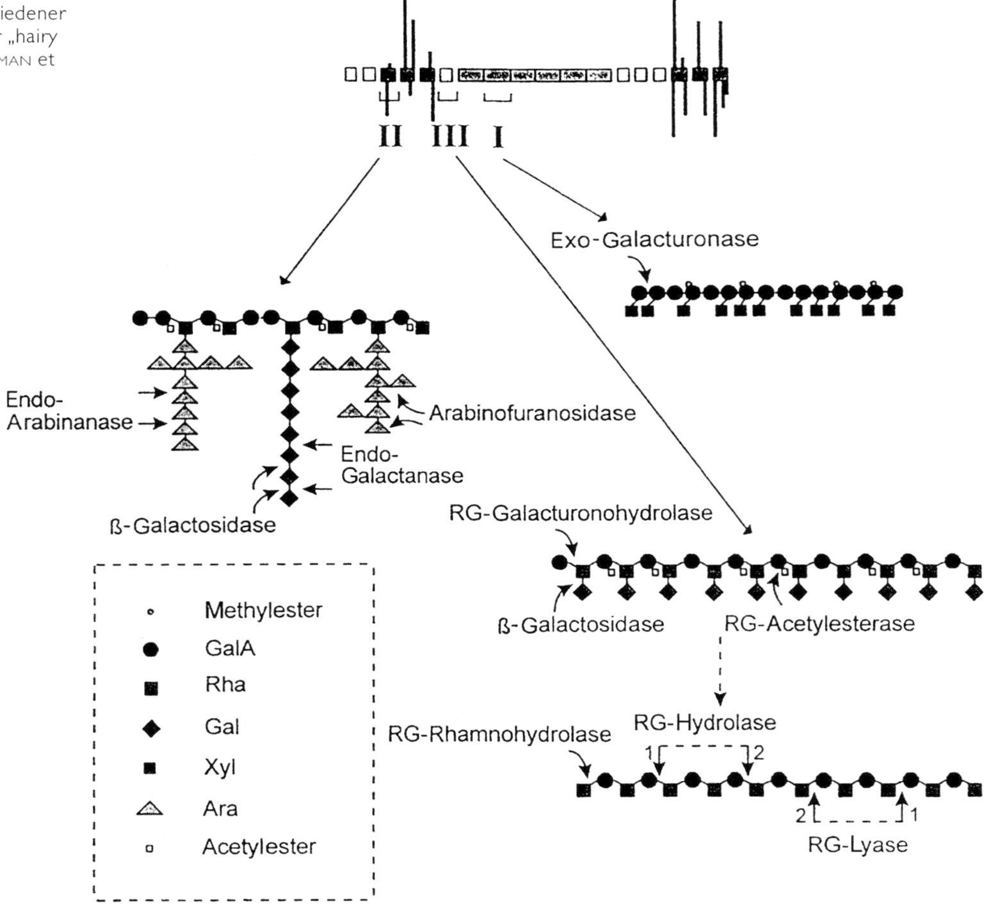

Tab 27. Historische Entwicklung des Einsatzes von Enzympräparaten (URLAUB 1997)

Jahr	Produktinnovation	Enzyminnovation
1930	Klarer Apfelsaft	Pektinase
1953	Beerenverarbeitung: Ersatz des Heißpressens durch Maischebehandlung	Hitzestabilisierte, standardisierte Pektinase
1960	Trubstabile Apfelsaftkonzentrate, Vermeidung von Stärketrübungen	Pilz-α-Amylase
1976	Warmschönung bei 50 °C	Glucoamylase
1980	Apfelmaischebehandlung zwecks höherer Saftausbeute und Presskapazität	Spezifische Maischeenzyme
1983	Lagerstabile Kernobstkonzentrate, Vermeidung von Arabantrübungen	Arabanase
1985	Maischeverflüssigung und Dekantertechnologie	Verflüssigungsenzyme (Multienzympräparate)
1994	Maischeverflüssigung zwecks Ausbeuteerhöhung	Cellulasen, Rhamnogalacturonasen, Arabinogalacturonasen
1995	Pektinasen aus gentechnisch veränderten Mikroorganismen	Spezifische Enzyme für spezifische Zwecke

bewirken. Auch Obst enthält eine Vielzahl an Enzymen; deren Aktivität reicht jedoch nicht aus, um in kurzer Zeit gewisse erwünschte biochemische Umsetzungen zu realisieren.

Durch TAKAMINE wurde 1894 ein mikrobiologisches Verfahren zur Herstellung eines Amylasepräparates zum Patent angemeldet. Dieses Enzympräparat diente als Gerstenmalzersatz bei der Whisky-Erzeugung und war das erste in der Lebensmittelindustrie eingesetzte mikrobielle Enzympräparat mit unterschiedlichem Wirkspektrum. Wie aus der Tabelle 27 ersichtlich, werden seit den 30er Jahren dieses Jahrhunderts Enzympräparate auch in der Fruchtsaftindustrie mit Erfolg eingesetzt.

Die in der Fruchtsaftindustrie verwendeten Enzympräparate sind verschieden stark angereicherte und gereinigte Substrate mikrobiellen Ursprungs (*Aspergillus*- und *Trichoderma*-Spezies).

Da Submersverfahren viele Vorteile gegenüber den Emersverfahren haben, werden erstere eingesetzt. Durch entsprechende Kulturführung und Nährbodenzusammensetzung kann die Enzymproduktion beeinflusst werden.

Die Enzympräparate kommen in flüssiger oder fester Form in den Handel. Flüssige Präparate werden durch Zusatz von Stabilisatoren (zum Beispiel KCl, Glyzerin) haltbar gemacht, ihre Haltbarkeitsdauer ist etwas geringer als jene der festen Präparate, dafür sind sie kostengünstiger. Bei den festen Präparaten wird der Enzymextrakt auf eine im Saft lösliche (zum Beispiel Saccharose) oder unlösliche (zum Beispiel gemahlene Reisschalen) Trägersubstanz aufgebracht. Die Haltbarkeit von Enzympräparaten ist begrenzt; flüssige erfahren unter optimalen Lagerbedingungen, das heißt kühl bei +4 °C, einen Aktivitätsverlust von < 10 % innerhalb eines Jahres, trockene werden bei Raumtemperatur gelagert.

Da Enzyme eine sehr stark ausgeprägte Substrat- und Wirkungsspezifität aufweisen, hat auch jedes Handelsenzympräparat, in Abhängigkeit von jenen Enzymen, die die Hauptaktivität liefern, einen spezifischen optimalen Wirkungsbereich, der vom pH-Wert, der Temperatur, der Einwirkdauer und dem Vorhandensein etwaiger Inhibitoren (zum Beispiel phenolische Substanzen) im Substrat abhängt. Wert muss darauf gelegt werden, dass die Zudosierung der notwendigen Präparatemenge kontinuierlich erfolgt, um einen optimalen Mischeffekt zu erzielen. Am besten eignen sich dazu speziell für diesen Zweck konzipierte Dosierpumpen.

Ausschlaggebend für die Effizienz der Enzympräparate sind ihre Endo-Galacturonase- und Endo-Pektinlyaseaktivität, sowie ihr Endo-Polygalacturonase/Pektinmethylesterase-Aktivitätsverhältnis.

Endo-Polygalacturonasen zeigen optimale Wirkung bei gleichzeitiger Anwesenheit von Pektinesterasen, wobei die Esterasen mikrobieller oder pflanzlicher Herkunft sein können. Hingegen sind Exoenzyme primär für den Endabbau der Pektinspaltprodukte verantwortlich (DONGOWSKI und BOCK 1994).

Die im Handel befindlichen Enzympräparate werden aus nicht pathogenen Mikroorganismen erzeugt, denen der GRAS (generelly regarded as safe)-Status zukommt, und werden unter Rahmenbedingungen hergestellt, die das Aufkommen von Mikroorganismen, die Toxine oder andere unerwünschte Substanzen bilden, verhindert. Weiterhin entsprechen sie den strengen Spezifikationen der FAO/WHO (Joint Expert Committee on Food Additives) und dem Food Chemical Codex (FCC) (PAPADOPOULOS 1989, URLAUB 1997).

Durch moderne Methoden des Genetic Engineering können durch Gentransfer gentechnisch modifizierte Mikroorganismen (genetically modified microorganisms, GMO) hergestellt werden. Die mittels dieser Mikroorganismen produzierten Enzympräparate bieten anwendungstechnische und ökonomische Vorteile: Herstellung neuer Produkte durch gezielte biochemische Umsetzungen, hohe Effizienz auch bei tieferen pH-Werten und Herstellung von Enzympräparaten mit bedeutend höheren Aktivitäten (URLAUB 1997). Allerdings bestehen in manchen Ländern kundenseitig emotionelle Bedenken.

3.3.12 Maischetransport

Der Transport der Maische von der Obstmühle zur Presse beziehungsweise zum und vom Wärmeaustauscher erfolgt mittels ventillos arbeitender Exzenterschneckenpumpen (siehe Abb. 21), rotierender Kolbenpumpen (Drehkolbenpumpen, Ringkolbenpumpen, Schieberpumpen, Impellerpumpen) oder langsam laufender Stoß- oder Scheibenkolbenpumpen (siehe Kap. 6.5).

Dabei ist darauf zu achten, dass die Schlauchleitungen entsprechend stark dimensioniert sind – Mindestdurchmesser 70 mm –, um ein störungsfreies Arbeiten zu gewährleisten. Bei zu enger Dimensionierung der Leitungen kommt es zu einer Entsaftung der Maische, jedoch zu keinem Maischetransport. Daher sind auch die Saugleitungen stärker zu dimensionieren als die Druckleitungen (zum Beispiel 90 mm : 70 mm).

Die Pumpen sind auch hinsichtlich ihrer Leistung richtig zu dimensionieren, da bei schnelllaufenden Pumpen eine zusätzliche Zerkleinerung der Maischepartikel, vor allem bei enzymatisch aufbereitetem Material, eintritt, wodurch der Trubstoffgehalt der Säfte erhöht werden kann.

3.4 Entsaftung

H. R. LÜTHI und U. SCHOBINGER

3.4.1 Allgemeines

Zur Entsaftung verschiedener Obstarten sowie von Beeren und Trauben sind zahlreiche, zum Teil recht unterschiedliche technische Lösungen verwirklicht worden. Die Mehrzahl von ihnen beruht auf dem seit jeher üblichen Pressvorgang. Die traditionellen Korb- und Packpressen wurden durch die rasche technische Entwicklung in den 50er Jahren „überholt".

Der immer lauter werdende Ruf nach größerer Leistungsfähigkeit und rationellerer Bedienungs- oder Arbeitsweise führte zu den heute mehrheitlich gebrauchten Pressentypen. Darüber hinaus sind aber grundsätzlich neue Lösungen entstanden, wie etwa die Entsaftung durch Vibration, Zentrifugieren, die Extraktion und die enzymatische Verflüssigung.

Seit ihren Anfängen gegen Ende des letzten Jahrhunderts bemüht sich die Fruchtsaftindustrie mit Hilfe einer ständig verbesserten Technologie, die charakteristischen Eigenschaften der Früchte in den produzierten Säften zu erhalten. Ein wichtiges Kriterium der Qualitätserhaltung ist eine rasche Entsaftung, um enzymatische Reaktionen aller Art und oxidative Prozesse möglichst gering zu halten. Oxida-

Abb. 21. Rätzmühle und Maischetransport mit Schneckenpumpe (Bucher-Guyer AG).

tive Prozesse wirken sich vor allem auf die Farbe, das Aroma und den Geschmack aus. Ein typisches Beispiel eines oxidativen Prozesses ist die Braunfärbung der Maische und des Saftes bei der Verarbeitung von Äpfeln, die in Gegenwart von Luftsauerstoff vor allem durch Polyphenoloxidasen verursacht wird (Schobinger und Dürr 1974). Über die Rolle des Luftsauerstoffs bei der Verarbeitung von Früchten existieren kontroverse Meinungen. So wird seit einigen Jahren die These vertreten, dass zum Beispiel bei der Verarbeitung von weißen Trauben oder von Äpfeln eine bewusst geförderte Oxidation der Maische nachträglich zu farbärmeren und farbstabileren Säften führt. In vielen Fällen ist jedoch ein weitgehender Oxidationsausschluss erforderlich, wie zum Beispiel für die Herstellung von Spezialprodukten aus Äpfeln, wie pulpehaltiger Apfelnektar oder gelblich weißer „cloudy juice“ für den japanischen Markt. Auch für die Farberhaltung in roten Traubensäften oder Buntsäften ist eine stärkere Oxidation bei der Verarbeitung nicht vorteilhaft.

Die Veränderungen des Aromas sind weniger augenfällig, jedoch nicht weniger bedeutsam für die Qualität. Es ist wissenschaftlich heute allgemein anerkannt, dass das Saftaroma bei den meisten Fruchtsäften nicht identisch ist mit dem nativen Fruchtaroma. Vielmehr werden eine Reihe von typischen Saftaromen erst nach der Gewebezerstörung bei der Vermahlung von Früchten aus nativen Fruchtaromen, so genannten primären Aromastoffen, gebildet. Bei der Zerstörung des Zellverbandes kommen Enzyme und Substrate miteinander in Kontakt, wodurch Umsetzungen mit erstaunlicher Reaktionsgeschwindigkeit einsetzen. Dabei führen Hydrolasen zu einer beträchtlichen Spaltung der Fruchtester in Säuren und Alkohole. Oxidasen bewirken in Gegenwart von Luftsauerstoff unter anderem die Neubildung sehr geruchs- und geschmacksintensiver C_6-Aldehyde beziehungsweise entsprechender Alkohole (Drawert und Tressel 1970). Diese neugebildeten Stoffe werden als sekundäre Aromastoffe bezeichnet.

Die völlige Verhinderung der Maische- beziehungsweise Saftoxidation durch Ausschluss des Luftsauerstoffs und Zugabe von Ascorbinsäure bei der Herstellung von Apfelsäften ergibt grüne/grasige Aromanoten, die in der Regel von Verbrauchern nicht ohne weiteres akzeptiert werden. Wird zum Beispiel die Apfelmaische hochkurzzeiterhitzt, kann die Bildung von Sekundär-Aromastoffen bis zu etwa 80 % unterdrückt werden und die Säfte sind reichhaltiger an natürlichen Fruchtestern, aber auch an phenolischen Stoffen (Schreier et al. 1978).

Vom Standpunkt des *Betriebsleiters* soll eine Anlage leistungsfähig, wenn möglich kontinuierlich oder mindestens rationell im Ablauf und wenig störanfällig sein. Ferner soll sie wenig Personal erfordern, eine maximale Ausbeute liefern und zugleich wirtschaftlich sein.

Leider kann keine der heutigen Entsaftungseinrichtungen als ideal bezeichnet werden, doch bestehen deutliche Unterschiede in der Erfüllung der eben gestellten Anforderungen.

Schon die erstaunliche Zahl der angebotenen Lösungen lässt den Schluss zu, dass der Entsaftungsvorgang offenbar nicht auf einen einfachen konstruktiven Nenner gebracht werden kann. Noch deutlicher zeigt eine Aufzählung der zu entsaftenden Früchte, wie verschieden die technischen Anforderungen sein müssen, welche bei ihrer Entsaftung auftauchen. Reife oder überreife Äpfel, harte Quitten oder Steinfrüchte wie Kirschen einerseits oder Trauben, Schwarze Johannisbeeren, Erdbeeren und Himbeeren anderseits oder gar tropische Früchte wie Mangos, Papayas, Avocados und andere weisen extrem unterschiedliche physikalische und chemische Eigenschaften auf. Es ist verständlich, dass keine der heutigen Einrichtungen eine Ideallösung für alle Früchte darstellt.

Seit Mitte der 60er Jahre haben zwei Probleme mehr und mehr an Bedeutung gewonnen:
- steigende Lohnkosten,
- steigende Rohmaterialpreise.

Moderne Entsaftungsanlagen müssen diesen wichtigen Punkten Rechnung tragen.

3.4.2 Grundlagen zur Entsaftung durch Pressen

3.4.2.1 Bedeutung der mathematischen Grundlagen des Pressvorganges

Mehrheitlich wird heute das Pressen als ein Trennungsvorgang betrachtet (Brockmann 1967, Kardos 1967, Flaumenbaum et al. 1965 a), bei welchem, wie dies Brockmann (1967) definiert, feste, flüssige oder gasförmige Stoffe „aus dem Raum zwischen gegeneinander bewegten Pressflächen“ verdrängt werden. Diese Voraussetzung wird denn auch von Brockmann (1968) sowie anderen Autoren (Körmendy 1964, 1965, Schaller und Blazejowsky 1960) als eine Grundlage für die theoretische und rechnerische Erfassung des Pressvorganges angenommen. Das schwierige Unterfangen ist bis heute nicht über Anfangserfolge hinausgekommen. Darum soll hier nicht länger darauf eingegangen und nur auf die Originalarbeiten verwiesen werden.

Die Verhältnisse sind schon bei einer Fruchtart sehr wechselnd (Beltmann und Pilnik 1971), viel mehr noch, wenn Obst und Beerenfrüchte miteinander verglichen werden.

Die vielen Variablen, auf welche später zum Teil noch eingegangen wird, erschweren oder verunmöglichen eine zuverlässige Berechnung.

Zur Illustration des Gesagten sei nur darauf hingewiesen, dass nach den Feststellungen von Flaumenbaum et al.

(1965 a) während des Pressvorganges neben der Verdrängung des Saftes (aus den bei der Vorbehandlung zerstörten Zellen) noch etwa 20 bis 25 % weiterer Zellen zerstört werden. Dadurch wird weiterer Saft für die Verdrängung frei. Beim Entsaften von Trauben wird der während des Pressvorganges noch zerstörte Anteil Zellen sogar mit etwa 55 % angegeben.

Es sei im Zusammenhang mit theoretischen Erwägungen über den Pressvorgang ferner darauf hingewiesen, dass die Annahme einer gleichmäßigen Verschiebung und Wanderung der festen und flüssigen Teilchen zwischen den sich nähernden Pressflächen ebenfalls kaum den tatsächlichen Verhältnissen entspricht. EMCH et al. (1967) haben eindrücklich – wenn auch mit einer Käsemasse – zeigen können, dass, je nach Breite und Höhe der Pressschicht, an den Randzonen und im unteren Teil verschiedene Fließ- und Entwässerungsbedingungen herrschen.

Mit diesen Beispielen sollte gezeigt werden, wie schwierig die mathematische Erfassung des Pressvorgangs ist und dass sie vorläufig nur in bescheidenem Rahmen zur Berechnung von Pressen herbeigezogen werden kann, wenn sie dazu auch sehr wertvoll wäre.

Die früheren Pressen sind auf empirischer Grundlage konstruiert worden. Es wurde versucht, die damit erzielten Resultate mathematisch zu formulieren. So lässt sich nach den Ansätzen von KÖRMENDY (1965 b) ableiten, dass die Presszeit dem Quadrat der Schichtdicke proportional ist. BUDING (1950) ist aufgrund exakter Versuche schon früh zum gleichen Ergebnis gekommen.

3.4.2.2 Die bestimmenden Faktoren beim Pressvorgang

Druck

Dem Faktor Druck ist sicher zu lange eine dominierende Rolle für das Pressergebnis zugesprochen worden. Noch in seinem „Handbuch des Süßmosters" gibt BAUMANN (1959) den wünschenswerten Pressdruck mit 24 bis 27 bar an.

Auch BUDING (1963) ist noch gleicher Auffassung und teilt die Meinung von FISCHER-SCHLEMM (1940), dass man in den betreffenden Versuchen „schon nahe an die höchstmögliche Auspressung überhaupt kam". Abbildung 22 illustriert die Ergebnisse von FISCHER-SCHLEMM (1940). Sie zeigt, dass Druck und Ausbeute nur in begrenztem Rahmen direkt proportional verlaufen.

FLAUMENBAUM et al. (1965 a) haben versucht, den optimalen Druck beim Pressen von Äpfeln und Birnen zu ermitteln. Nach ihren Angaben schwanken die angewandten Drücke zwischen 5 und 20 bar.

Bei der Ermittlung des optimalen Druckes gingen sie von der bekannten Tat-

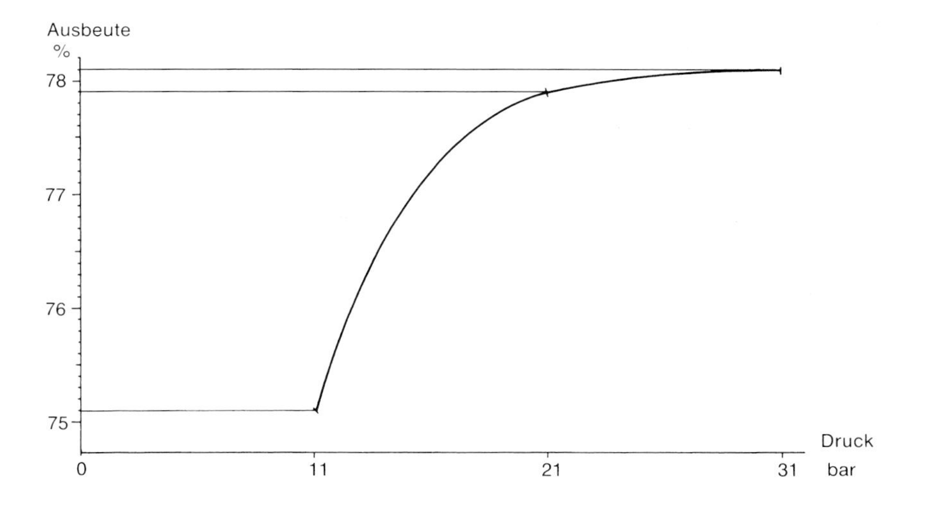

Abb. 22. Beziehungen zwischen Druck und Ausbeute bei Äpfeln (FISCHER-SCHLEMM 1940). Die beiden Größen sind nur unter bestimmten Bedingungen (z. B. grobe Zerkleinerung der Äpfel) und in einem beschränkten Gebiet direkt voneinander abhängig.

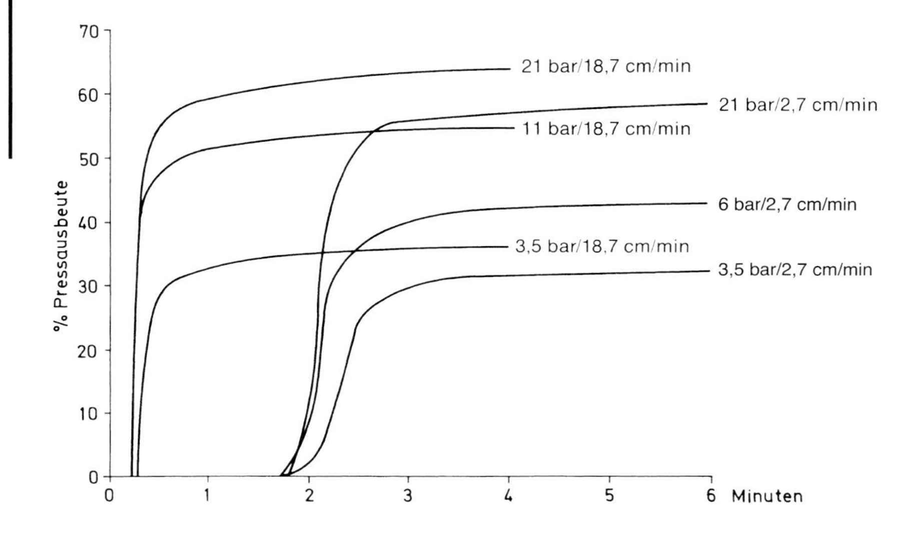

Abb. 23. Einfluss von Druck und Pressgeschwindigkeit auf die Saftausbeute bei grob zerkleinerten Granny-Smith-Äpfeln (BELTMANN und PILNIK 1971). Hohe Pressgeschwindigkeit und hoher Pressdruck führen unter diesen Bedingungen zu den besten Resultaten.

sache aus, dass die Saftausbeute vom Anteil der zerstörten Zellen des Pressgutes abhängt; ferner davon, dass der Pressvorgang im Wesentlichen eine Verdrängung und Abtrennung des Saftes von den Festbestandteilen der Früchte sei.

Die Ergebnisse aus ihren Versuchen veranlassen FLAUMENBAUM et al. (1965 a) zu dem Schluss, dass sowohl bei Äpfeln als auch bei Trauben ein Druck von 10 bis 15 bar nicht überschritten werden müsse.

In der gleichen Arbeit wird ebenfalls von der hier bereits erwähnten Zellzerstörung während des Pressvorganges (bis 25 % bei Äpfeln, bis 55 % bei Trauben) berichtet. Danach soll eine Erhöhung des Druckes von 10 bis 50 bar „keinen praktischen Einfluss auf die Anzahl der aufgeschlossenen Zellen und demzufolge auf die Saftausbeute haben". Auch ein längeres Einhalten eines bestimmten Pressdruckes soll nach diesen Autoren keinen positiven Einfluss auf die Ausbeute haben. Sie erzielten bei zwei Minuten Haltezeit das gleiche Ergebnis wie bei einer solchen von ungefähr fünf Minuten.

Beim Studium der Literatur stellt man fest, dass verschiedene Autoren die Bedeutung des Pressdruckes unterschiedlich beurteilen. Dies hängt damit zusammen, dass sie unter verschiedenen Bedingungen arbeiteten. Es wird sich zeigen lassen, in welchem Maße andere Faktoren wie Aufbereitung, Schichthöhe oder Geschwindigkeit des Pressens mit dem Druck zusammenhängen.

KARDOS (1967) weist bereits nachdrücklich darauf hin, dass „die Saftausbeute wesentlich von der richtigen Wahl des Druckfahrplanes abhängt. Die stufenweise Erhöhung des Pressdruckes in festgelegten Zeitintervallen ist im Allgemeinen günstig für den Verlauf der Saftausbeute".

In ihrer interessanten Studie über den Pressvorgang bei Äpfeln beobachten BELTMANN und PILNIK (1971), dass bei grob zerkleinerten Granny-Smith-Äpfeln die Saftausbeute, wie Abbildung 23 zeigt, vom maximalen Druck abhängig ist (Steigerung von etwa 35 % bei 3,5 bar bis auf etwa 64 % bei 21 bar).

Eine langsame Zunahme des Druckes führte in den Versuchen zu schlechteren Ausbeuten. Bei fein zerkleinerten Äpfeln gleicher Sorte genügte aber schon der Minimaldruck von 6 bar zur Erzielung der Maximalausbeute (siehe Abb. 24). Diese lag infolge der größeren Zahl zerstörter Fruchtzellen auch wesentlich höher, nämlich bei etwa 74 %. Bei langsamer Zunahme des Druckes ergab sich bei 6 bar sogar eine höhere Ausbeute als bei 11 bar, nämlich etwa 80 %.

Zerkleinerungsgrad

Bereits im vorigen Abschnitt wurde ersichtlich, dass der Zerkleinerungsgrad direkt zusammenhängt mit dem Anteil an zerstörten Fruchtzellen. Von diesem wiederum ist die Saftausbeute abhängig.

Dass eine hundertprozentige Zerstörung der Fruchtzellen zur höchsten Saftausbeute führen müsste, ist einleuchtend. Ebenso verständlich ist, dass eine solche Maische nicht mehr durch Pressen entsaftet werden könnte. Bleiben wir beim Pressverfahren, so muss eine Kompromisslösung gefunden werden. Es muss ein minimales „Skelett" in der Maische erhalten werden, durch welches der Saft ablaufen kann. Die Dränage der Maische sollte gewährleistet werden.

Schaller und Blazejowsky (1960) haben die Struktur der Maische zutreffend mit jener eines „Schwammes" verglichen. Während des Pressens bleibt dessen innere Struktur trotz Verformung weitgehend erhalten. Der Saft fließt durch seine Kanäle ab. Wird aber durch Feinzerkleinerung auch das Skelett zerstört, so ist der Abfluss nur noch an den unmittelbaren Randzonen möglich. Ein sehr vorsichtiges, langsames Pressen ist bei feiner Maische zu empfehlen und, wie Abbildung 25 zeigt, auch erfolgreicher.

Die Wissenschaft hat den Praktiker auf diesem sehr wichtigen Gebiet bis heute weitgehend im Stich gelassen. Wohl sind die meisten Zerkleinerungsmaschinen in einem gewissen Umfang „verstellbar". Wann und in welchem Sinne der Zerkleinerungsgrad verändert werden soll, muss der Betriebsleiter „aus Erfahrung" und „gefühlsmäßig" entscheiden!

Zur Erzielung optimaler Pressergebnisse bei der Apfelverarbeitung soll nach Hartmann (1998) der Feinanteil (Partikelgröße < 0,8 mm) möglichst gering sein, um Verstopfungen der Dränagewege und erhöhten Trubanteil im Presssaft zu vermeiden (vgl. hierzu Abb. 13 Seite 110). Ein guter Gesamtaufschluss der Maische soll möglichst viele Fruchtzellen öffnen. Der Grobanteil (Partikel zwischen 3 und 8 mm) in der Maische soll etwa 20 % betragen, um die Dränagefähigkeit der Maische zu verbessern. Je härter die Frucht, desto niedriger muss die durchschnittliche Partikelgröße sein, um eine gute Dränagefähigkeit der Maische zu erzielen.

Der Einfluss der Partikelgröße auf die Pressausbeute ist in Abbildung 24 dargestellt. Beide untersuchten Apfelsorten (Glockenapfel, Golden Delicious) zeigen im Messbereich einen proportionalen Zu-

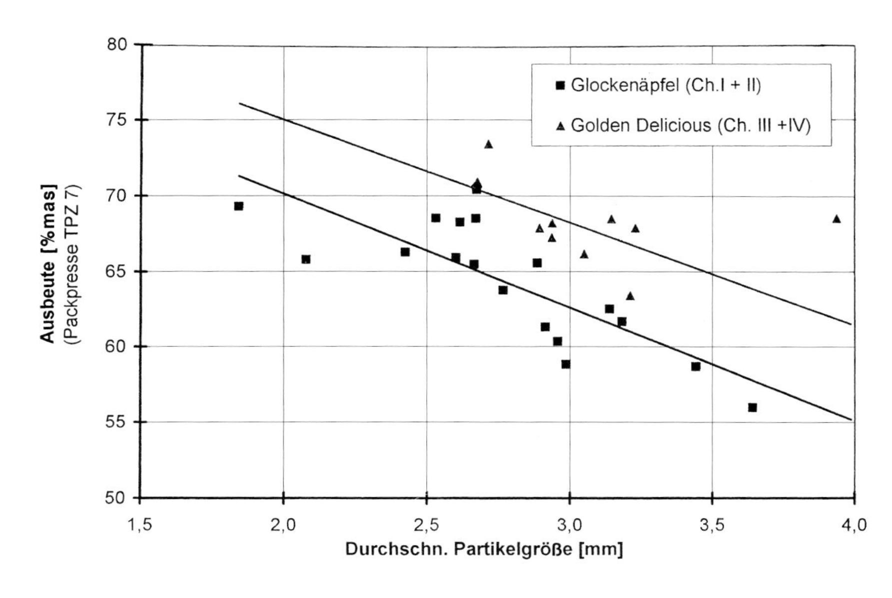

Abb. 24. Einfluss der Partikelgröße auf die Pressausbeute. Packpresse Typ Bucher TPZ 7. Die unterschiedlichen Partikelgrößen werden durch Variieren von Einstellparametern an der Rätzmühle erzeugt. Die mittlere Partikelgröße ist die theoretische mittlere Siebrastergröße, die basierend auf einer Strukturanalyse (siehe Abb. 13) durch Berechnung des gewichteten Mittelwertes bestimmt wird. Ch. I bis IV = Charge I bis IV. (Daten von Bucher-Guyer AG).

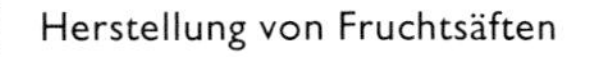

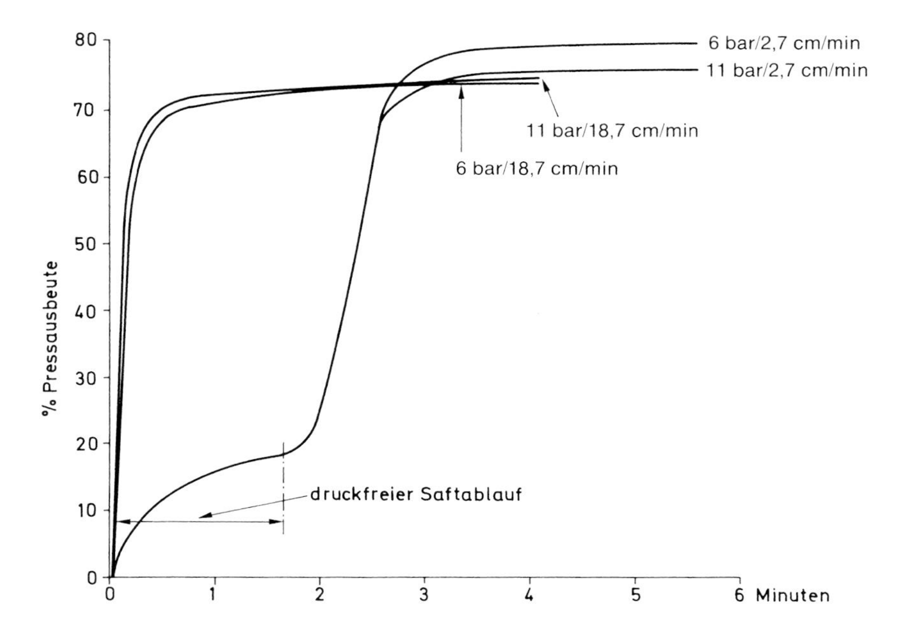

Abb. 25. Einfluss von Druck und Pressgeschwindigkeit auf die Saftausbeute bei fein zerkleinerten Granny-Smith-Äpfeln. Unter diesen Bedingungen ist das Ergebnis nicht druckabhängig. Die Pressgeschwindigkeit (Kolbenvorschub/min) gewinnt an Bedeutung zur Erzielung maximaler Ausbeuten (Beltmann und Pilnik 1971).

sammenhang zwischen der durchschnittlichen Partikelgröße und der erzielten Ausbeute. Bei weiterer Reduktion der Partikelgröße muss mit einem Abfallen der Pressausbeute gerechnet werden, da sich die Dränagefähigkeit der Maische verschlechtert. Aus diesen Überlegungen ergibt sich je nach Fruchthärte eine optimale durchschnittliche Partikelgröße, die zu maximalen Pressausbeuten führt.

Vorentsaftung

Nach der Zerkleinerung der Früchte läuft ein von Fruchtart zu Fruchtart stark unterschiedlicher Teil des Saftes frei ab. Wird dieser Vorgang durch konstruktive Maßnahmen begünstigt, so lassen sich damit Ausbeute und Kapazität der Pressen wesentlich erhöhen. Am auffallendsten sind die Vorteile der Vorentsaftung bei Trauben und Beeren, welche bis zu 60 % ihres Saftes leicht abgeben. Bei Äpfeln kann er 10 bis 40 % betragen. Nach der Vorentsaftung bildet sich eine bessere Struktur der zu pressenden Maische, was zu besserer Dränage und besserem Abfluss des restlichen Saftes führt.

Schichthöhe

Nach dem bisher Gesagten muss auch die Schichthöhe das Pressresultat wesentlich beeinflussen. Die nachfolgenden Zahlen aus praktischen Versuchen in dieser Hinsicht hat Fischer-Schlemm (1940) publiziert (siehe Tab. 28).

Auch am Beispiel der Schichthöhe lässt sich zeigen, wie viele Faktoren beim Pressen von Früchten miteinander verflochten sind. Jeder einzelne davon kann das Endergebnis wesentlich beeinflussen.

Der Faktor „Schichthöhe" lässt sich noch weniger isoliert betrachten als die

Tab 28. Beziehung zwischen Schichthöhe und Ausbeute

Obstart	Pressdruck bar	Ausbeute in % bei verschiedener Schichthöhe			Total-Mehrausbeute in %
		12,5 cm	8,5 cm	5,0 cm	
Äpfel	20	73,8	76,1	77,8	4,0
Birnen	30	78,6	82,6	84,6	6,0

beiden vorhergehenden, „Druck“ und „Zerkleinerungsgrad“. Er lässt sich nicht isolieren von den mitbestimmenden Einflüssen des *Druckes*, der *Struktur* (Kapillarität), der *Viskosität* (Temperatur) und der *Zeit*.

Folgende einfache Überlegungen werden dies illustrieren. Bei größerer Schichthöhe ist der Weg des Saftes aus der Presskammer lang. Es braucht Zeit für dessen Verdrängung (praktische Konsequenz: Packpresse oder Bandpresse). Wird gleichzeitig hoher Druck eingesetzt, so verengen sich die Kapillaren. In der Zeiteinheit fließt weniger Saft ab. Das Resultat wird unter diesen Umständen umso schlechter, je höher die Viskosität (Pektingehalt) des Saftes und je tiefer die Temperatur ist.

Die eben aufgezählten Überlegungen müssen zum Dünnschichtenprinzip führen. In seiner Studie über die verfahrenstechnischen Grundlagen des Pressens kommt auch KÖRMENDY (1965 b) zu dem Schluss, dass „unter Berücksichtigung des Zusammenhangs zwischen Anfangs-Gesamtschichtdicke und Pressdauer eine nach dem Dünnschichtenprinzip arbeitende Presse ökonomischer Abmessungen zu konstruieren“ sei.

Zusammenfassung und Konsequenzen

Die bisherigen Ausführungen haben auf die komplexen Zusammenhänge beim Entsaftungsverfahren durch Pressen hingewiesen. Es wird verständlich, dass sich dieses nur stellenweise mathematisch erfassen lässt. Pressen lassen sich auch heute nicht auf rein rechnerischer Grundlage „optimalisieren“.

Der Besprechung lagen die Verhältnisse bei „Ideal-“ oder reifen „Durchschnittsäpfeln“ zugrunde. Die Bedingungen in der Praxis sind aber leider wesentlich komplizierter und keinesfalls auf einen einfachen Nenner zu bringen.

Wir haben es mit Naturprodukten zu tun. Deren physikalische und chemische Eigenschaften ändern sich sehr stark nicht nur von Gattung zu Gattung (Erdbeeren – Johannisbeeren – Trauben – Quitten – Äpfel – Orangen), sondern auch von Art zu Art, zum Beispiel: Äpfel *(Malus sylvestris* var. *domestica)* – Kirsche *(Prunus avium)* – Aprikose *(Prunus armeniaca)* – Pfirsich *(Prunus persica)*.

Sogar zwischen verschiedenen Sorten kann ein sehr unterschiedliches Verhalten bei der Entsaftung beobachtet werden (‘Granny Smith’ – ‘Golden Delicious’). Zieht man schließlich noch in Betracht, wie grundlegend sich die Verhältnisse mit zunehmender Reife der einzelnen Früchte verändern können, so sieht man, dass keine Presse dem ständigen Wechsel so vieler Ansprüche gewachsen sein kann. Zu dieser Erkenntnis ist die Praxis längst gekommen. Basierend auf ihrer Erfahrung über die Beziehungen zwischen Saftausbeute und Aufschluss der Zellen, Dränage des Pressgutes oder Viskosität, sind Verfahren entstanden, welche die Entsaftung durch Pressen attraktiver gestalten lassen. Zum Teil ließen sich die Erkenntnisse auch konstruktiv auswerten. Eine bemerkenswerte Entwicklung stellt hier die in jüngster Zeit von der Firma Bucher-Guyer entwickelte HPXi-Presse dar, deren Messsystem die Prozessführung automatisch der veränderten Rohware anpasst.

3.4.3 Hilfsverfahren zur Verbesserung der Entsaftung durch Pressen

3.4.3.1 Presshilfsmittel

Presshilfsmittel sind Einrichtungen oder Stoffe, mit welchen die Struktur des Pressgutes, die innere Oberfläche und damit der Saftabfluss während des Pressens verbessert werden können.

Schon sehr früh wurde Reisig oder Stroh in den Presskorb gebracht und damit der Saftablauf verbessert. Später wurde mit dem Einlegen von Pressrosten das gleiche Resultat auf einfachere Weise erzielt. HAUSHOFER (1957) berichtet, dass durch sechs in einen bestimmten Presskorb eingelegte Roste der Füllverlust etwa 40 % einer Normalfüllung beträgt, die äußere Oberfläche dabei aber 400 % des ursprünglichen Wertes betrage.

Seit Jahrzehnten haben die Hersteller vor allem in den USA Zusätze von Cellu-

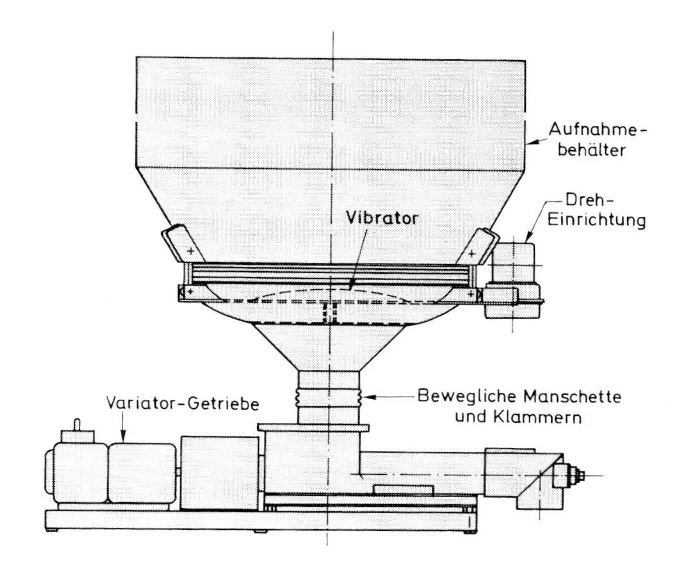

Abb. 26. Schematische Darstellung einer Schneckenförderanlage zur automatischen Zudosierung von Presshilfsmittel zur Maische. Der Vibrator verhindert „Brückenbildung" im Silo.

losefasern, Holzfasern, gewaschener Reiskleie und neuerdings auch von Perlit vor allem beim Pressen von Äpfeln und stark pektinhaltigen Trauben (Amerikanertrauben wie 'Concord') in die Praxis eingeführt. In den USA ist der Zusatz von Reiskleie beim Pressen von Äpfeln allgemein üblich. Cellulosefasern werden vor allem beim Pressen der Concord-Trauben verwendet.

Die Zudosierung der Presshilfsmittel erfolgt kontinuierlich. Cellulosefasern werden in der Regel als „Papier"-Rollen angeliefert. Sie werden über eine Grobzerkleinerungseinrichtung (Shredder) in die (Hammer-)Mühle dosiert.

Reiskleie und Perlit werden pneumatisch in den Vorratssilo und von dort durch eine Dosiereinrichtung in den Maischestrom dosiert (siehe Abb. 26). Dort werden sie durch geeignete Mischvorrichtungen, zum Beispiel von der Art, wie in Abbildung 27 dargestellt, mit der Maische vermischt. Eine gute Verteilung der Presshilfsmittel in der Maische vor deren Eintritt in den Vorratstank ist wichtig für den Erfolg.

Die nötigen Zusätze halten sich im Bereich von 0,5 bis 1,0 Gewichtsprozent, unabhängig davon, welches Hilfsmittel verwendet wird. Fruchtart, Reifezustand und Presseinrichtung sind von Bedeutung für die Höhe des Zusatzes. Nur ausnahmsweise bringt eine höhere Dosierung noch bessere Resultate (Lowe et al. 1964). Über interessante Mehrausbeuten bei Äpfeln berichten Lüthi (1969) und Keding et al. (1986). Je nach Reifezustand der Früchte ließen sich mit Perliten oder Cellulosefasern 6 bis 20 % höhere Ausbeuten erzielen. Gleichzeitig kann die Pressleistung verdoppelt werden.

Die Zugabe von Presshilfsmitteln setzte sich in Europa nie in größerem Maßstab durch. Bei kritischer Betrachtung ist zu erwähnen, dass jedes Presshilfsmittel ein fruchtfremder Zusatz zum Produkt ist, wobei keineswegs ausgeschlossen werden kann, dass bei gewissen Presshilfsmitteln, wie zum Beispiel Reiskleie, Stoffe an den Saft abgegeben werden. Zudem kosten auch Presshilfsmittel Geld und erfordern infolge ihres beträchtlichen Volumens in modernen Hochleistungsbetrieben recht viel Lagerraum. Reiskleie staubt sehr stark und das Arbeiten in der Umgebung der Dosierstation ist unangenehm und verschmutzt die Presshalle. Ferner erfordert die genaue Dosierung der Presshilfsmittel zusätzliche Maschinen.

3.4.3.2 Enzymzusätze

Erhöhter Pektingehalt, wie er besonders bei Schwarzen Johannisbeeren, gewissen

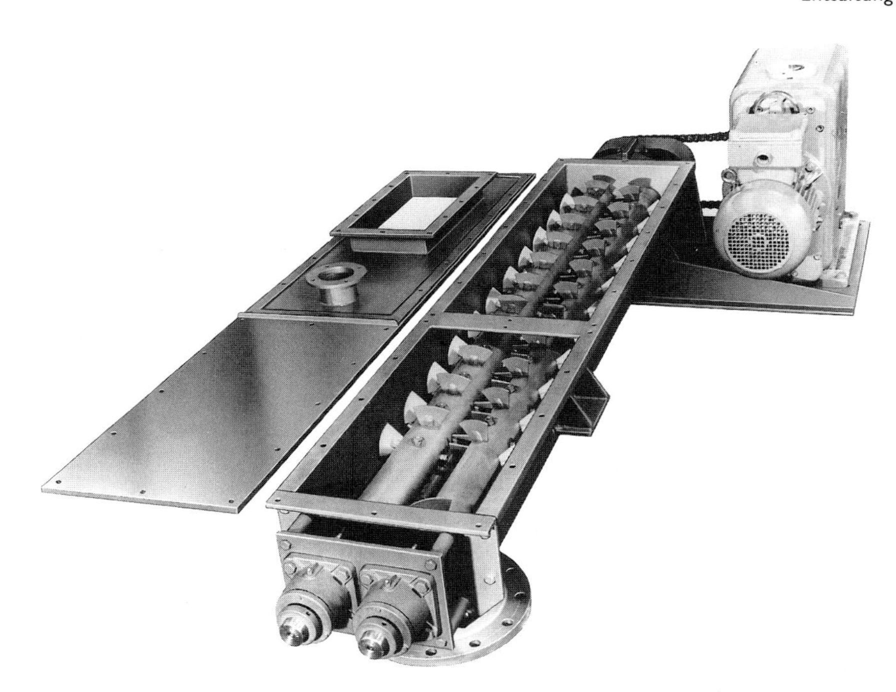

Abb. 27. Mischanlage zur gleichmäßigen Verteilung von Presshilfsmitteln in der Maische. Abgedeckter Doppelschneckenmischer mit verstellbaren Paletten (J. Engelsmann AG).

Amerikanertrauben ('Concord', 'Isabella') oder bei Säften aus Lageräpfeln bekannt ist, erschwert die Saftgewinnung ganz erheblich. Vor allem ist es die hohe Viskosität, welche den Saftabfluss aus dem Kapillarnetz der Maische erschwert oder gar verunmöglicht.

Das Pektin bildet mit dem Saft eine kolloide Lösung, welche Wasser bindet und in der Maische zurückhält. Bei Erwärmung kann es sogar zur Gelierung kommen. Heute hat sich die Maischebehandlung mit pektolytischen Enzymen, vor allem bei Beeren und bestimmten Traubenarten, zu einem anerkannten und allgemein üblich gewordenen Entsaftungsverfahren entwickelt. Die Maischeerwärmung bei roten Beeren und Trauben erfolgt primär zur Farbextraktion. Gleichzeitig führt die erhöhte Temperatur (etwa 50 °C) zu einem beschleunigten Pektinabbau durch die beigefügten Enzympräparate (so genannte Warmfermentierung, siehe auch Kapitel 3.3.9).

Bei Äpfeln hat sich heute die Maischeenzymierung vor allem bei der Verarbeitung von Lagerobst bestens in die Praxis eingeführt. Diese erfolgt bei maximal 25 bis 30 °C, um eine erhöhte Farbextraktion aus den Zellen der Schale zu vermeiden. Auch kann dabei die Extraktion von unerwünschten Geschmacksstoffen aus den Kernen auf ein Minimum beschränkt werden. Die dabei eingesetzten Enzympräparate werden in Kapitel 3.3.8 näher beschrieben. Die früher häufig beobachteten Aromaveränderungen infolge von unerwünschten Esteraseaktivitäten in den pektolytischen Enzympräparaten (siehe JAKOB et al. 1973) sind heute aufgrund besserer Herstellungsverfahren weitgehend unter Kontrolle.

3.4.3.3 Elektrobehandlung der Maische

Ein von russischen Fachleuten beschriebenes Verfahren zur Erhöhung der Ausbeute bei der Entsaftung von Äpfeln mit Hilfe des elektrischen Stromes soll hier kurze Erwähnung finden.

FLAUMENBAUM (1968) sowie LAZARENKO et al. (1969) haben seinerzeit kurze Berichte über die Elektroplasmolysebehandlung von Apfelmaische veröffentlicht. Aus ihnen kann entnommen werden, dass nur von Versuchen die Rede war. Auf einer Packpresse sind zwischen die einzelnen Packungen Aluminiumelektroden eingelegt worden. Nach einer ersten Vorpressung begann die Behandlung mit „Hochvolt-Impulsen". Die Dauer eines Impulses wird mit 240 bis 300 Mikrosekunden angegeben. Dauer der Behandlung: drei bis vier Minuten. Durch diese Behandlung wurden die einzelnen Packungen erwärmt. Bei anschließender Auspressung wurde scheinbar eine Mehrausbeute von 8 % erzielt.

Eine neuere Laboruntersuchung von OKYLOV und PAZIR (1996) über die Anwendung der Elektroplasmolyse bei der Entsaftung von gelagerten 'Golden-Delicious'-Äpfeln ergaben keine sehr attraktiven Ausbeuteerhöhungen beim nachträglichen Pressen. Durch die Elektroplasmolysebehandlung trat eine sukzessive Erhöhung der Maischetemperatur bis auf 80 °C ein. Die dabei erzielten Saftausbeuten lagen im Bereich von 78,2 bis 80,7 % im Vergleich zu 73,8 % für die unbehandelte Kontrolle. Durch alleiniges Erwärmen der Maische wurden bis 60 °C Ausbeuten von 75,6 bis 78,6 % erzielt, das heißt, die Wirkung dieser Elektrobehandlung, welche scheinbar eine Plasmolyse der Fruchtzellen bewirkt, ist recht gering.

KNORR et al. (1993) berichten über die Anwendung von Hochvoltimpulsen im Bereich von 1 bis 3 kV/cm für die Verbesserung der Saftausbeute von Karotten bei der nachfolgenden Pressung. Neben der Steigerung der Saftausbeute von 58 auf rund 80 % bei feiner Mahlung der Maische wird auch eine Verbesserung der sensorischen Qualität des Saftes erzielt.

Eine praktische Anwendung haben diese recht aufwendigen Verfahren bis heute nicht erreicht. Da sich diese Verfahren noch in einem Frühstadium der Entwicklung befinden, sind jedoch gewisse Optionen für die Zukunft denkbar.

3.4.3.4 CO_2-Druck

Die Anwendung von Kohlensäureüberdruck zur Erhöhung der Saftausbeute bei Trauben in der Weinbereitung ist seit längerer Zeit bekannt. Dabei wird die Traubenmaische zur Vorentsaftung in einem doppelwandigen Zylinder mit perforierter Innenwand (zum Saftabfluss) während 15 bis 20 Minuten unter einem schwachen CO_2-Druck (0,3 bis 0,4 bar) gehalten. Durch die Druckwirkung tropft mehr Saft ab und die Maische wird leichter pressbar. Ferner soll bei roten Trauben mit diesem Verfahren die Farbausbeute erhöht werden.

Zu Beginn der 90er Jahre wurde über ein neues CO_2-Zellaufschlussverfahren für die Behandlung von Fruchtmaischen berichtet (BORSCHEID 1990, BACH et al. 1991, BOLENZ et al. 1992). Bei diesem Verfahren wird die grob vorzerkleinerte Obstmaische in einen Aufschlusszylinder gefüllt und mit einem Kohlensäureüberdruck von 1 bis 12 bar beaufschlagt (Abb. 28). Nach 5 bis 30 Sekunden Haltezeit wird der Aufschlusszylinder schlagartig entspannt. Dabei sollen die Zellen stärker aufbrechen, als dies bei konventioneller Mahlung in Obstmühlen möglich ist, wodurch eine größere Menge an Aromastoffen in den Saft überführt wird. Gleichzeitig soll dadurch das erhaltene Produkt vor stärkerer Oxidation geschützt werden.

Bei der Behandlung von Apfelmaische wurde die Ausbeute an Aromastoffen, die zur Gruppe der Fruchtester gehören, erhöht und die Farbe leicht verbessert. Allerdings wurde bei der nachherigen Aromagewinnung in einer üblichen Aromagewinnungsanlage der Aromagehalt weitgehend nivelliert. Ferner wurde auch eine geringere Ausbeute an Zucker und titrierbaren Säuren festgestellt. Infolge dieser Nachteile und wegen der relativ hohen zusätzlichen Kosten von 26 DM/t Maische, dürfte sich dieses Verfahren höchstens für die Gewinnung von Direkt- und Frischsäften eignen.

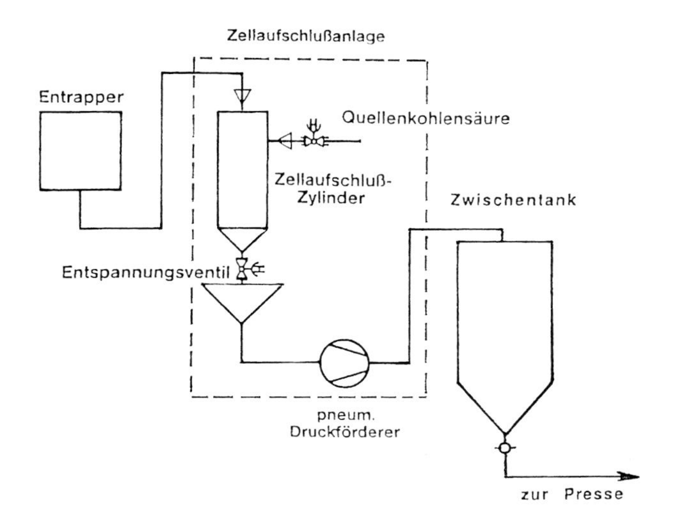

Abb. 28. Schema des CO_2-Zellaufschlussverfahrens für die Behandlung von Traubenmaische (SCHOBINGER et al. 1991).

3.4.4 Technische Einrichtungen zur Entsaftung durch Pressen

3.4.4.1 Diskontinuierliche Pressen

3.4.4.1.1 Vertikal-Korbpressen

Die herkömmlichen Vertikal-Korbpressen sind aus der modernen Fruchtsaftindustrie nach den 50er Jahren sukzessive verschwunden. Für gewisse Spezialaufgaben im Labor oder im halbtechnischen Bereich stehen heute noch spezielle Vertikal-Korbpressen aus rostfreiem Stahl im Einsatz. Ein Beispiel dafür sind die HST-Tinkturenpressen der Firma Hubert Schwanke, D-41431 Neuss, die für Füllmengen von 0,1 bis 50 Liter konzipiert sind (Abb. 29).

Der Druck wird bei den kleineren Typen mit einer Handpumpe, bei den größeren mit einem Motor bewerkstelligt. Der spezifische Flächendruck liegt zwischen 270 und 350 N/cm^2.

Die größeren Modelle sind fahrbar und vollautomatisch mit selbständig auspendelnden Pressbewegungen. Die Pressgeschwindigkeit ist während des Pressvorganges stufenlos regulierbar. Durch Einsätze in den Presskorb können verschiedene Schichthöhen des Pressgutes in ihrem Pressverhalten untersucht und verglichen werden. Die Reproduzierbarkeit der Versuche mit dieser Presse ist erstaunlich.

Eine Tinkturenpresse von etwa 2 l Korbinhalt kann im Betriebslabor dazu dienen, Vorversuche mit noch wenig bekannten Früchten durchzuführen oder die Wirkung bestimmter technologischer Maßnahmen, z. B. verschiedene Mahlgrade, unterschiedliche Enzymsysteme oder -Dosierungen, miteinander zu vergleichen. Die damit erhaltenen Pressausbeuten dürften sich jedoch nur in den allerwenigsten Fällen mit den Ergebnissen der industriellen Praxis vergleichen lassen.

3.4.4.1.2 Packpressen

Packpressen sind zu Beginn der 30er Jahre in erster Linie für die Entsaftung von Äpfeln und Birnen in die Praxis eingeführt worden. Durch die Aufteilung des Pressgutes in zahlreiche Schichten von nur 5 bis 15 cm Höhe und die dazwischen gelegten Holz- beziehungsweise Plastikroste zum raschen Saftabfluss, ließen sich bis dahin nie erreichte Ausbeuten bis über 80 % erzielen. Sie können in dieser Hinsicht auch durch die heutigen Neukonstruktionen nicht übertroffen werden. Ihre Bedienung – sie erforderte bei den größeren Pressen zwei Mann – war nicht sehr beliebt. Das Fehlen an Arbeitskräften war dann auch einer der Hauptgründe, welche zu neuen Konstruktionen führte.

Packpressen wurden meistens als 2- oder 3-Bett-Pressen gebaut, wobei letztere heute nicht mehr hergestellt werden. Die Packfläche (Größe der Roste) liegt zwischen 50 und 110 cm, die mögliche Packhöhe zwischen 80 und 150 cm. 3-Bett-Pressen erreichten Stundenleistungen bis zu 5 000 kg Maische. Unterhalt, Verschleiß und Reinigungsaufwand der Nylon-Presstücher und Roste sind groß und fallen negativ ins Gewicht.

Nach der Markteinführung der Bucher-HP-Presse im Jahre 1965 und nach der Lancierung der Ensink-Bandpresse zu Beginn der 70er Jahre wurde die Packpresse in den industriellen Fruchtsaftbetrieben aus arbeitstechnischen Gründen sukzessive verdrängt. Heute trifft man Packpressen vor allem noch in gewerblichen Mostereien oder in bäuerlichen Betrieben an.

Für gewerbliche Betriebe werden heute von den Firmen Kranzl GmbH, A-4632 Pichl/Wels und Alfass, D-72160 Horb vor allem so genannte Schwenkpackpressen mit zwei Pressbetten gebaut. Die stündlichen Pressleistungen liegen je nach Größe zwischen 500 und 2 000 kg Maische.

In Abbildung 30 ist eine 2-Bett-Packpresse Typ Voran 180 P2 mit Waschanlage der Firma Kranzl GmbH dargestellt. Sie kann pro Bett von 65 × 65 cm insgesamt zwölf Packungen aufnehmen. Die stündliche Pressleistung beträgt 1 200 kg Maische. In der aus rostfreiem Stahl gefertigten Waschanlage werden die Früchte gereinigt, mit einer vertikalen Förderschnecke zur Rätzmühle und von dort über einen Dosierkasten auf die Pressroste gefördert.

Die Pressausbeuten wurden früher als Volumenausbeuten (l/100 kg) Frucht angegeben. Sicher ist dabei das Volumen des (mehr oder weniger trubreichen) frischen Presssaftes gemeint. Die nachfolgenden Ausbeutezahlen von Packpressen bei verschiedenen Früchten werden aus MEHLITZ (1951) zitiert. Sie spiegeln die auch seither gewonnenen Erfahrungen nur in grober Annäherung wider.

Äpfel, Birnen	65–83 % (vol/100 kg)
Trauben	70–85 %
Kirschen	65–75 %
Verschiedene Beeren	70–90 %
Heidelbeeren	80–90 %

Abb. 29. HST-Tinkturenpresse (Firma Hubert Schwanke). Links: 2-Liter-Modell. Einfache Konstruktion des Korbverschlusses, mit Pumpenhebel und Manometer. Oben rechts: Längsschnitt, aus welchem Einzelheiten der Funktion und Konstruktion hervorgehen.

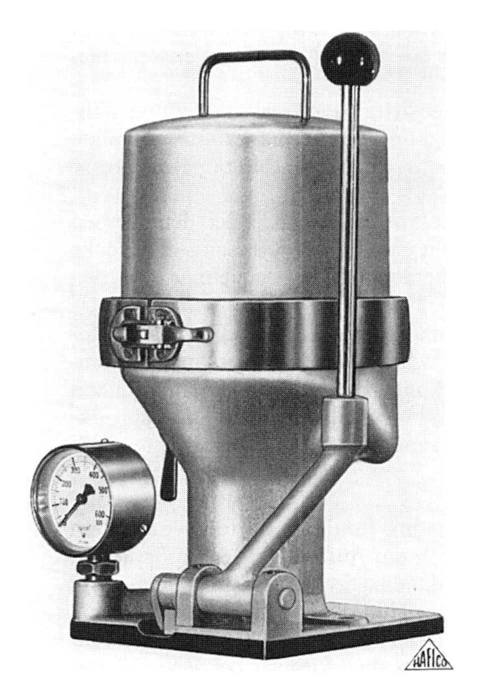

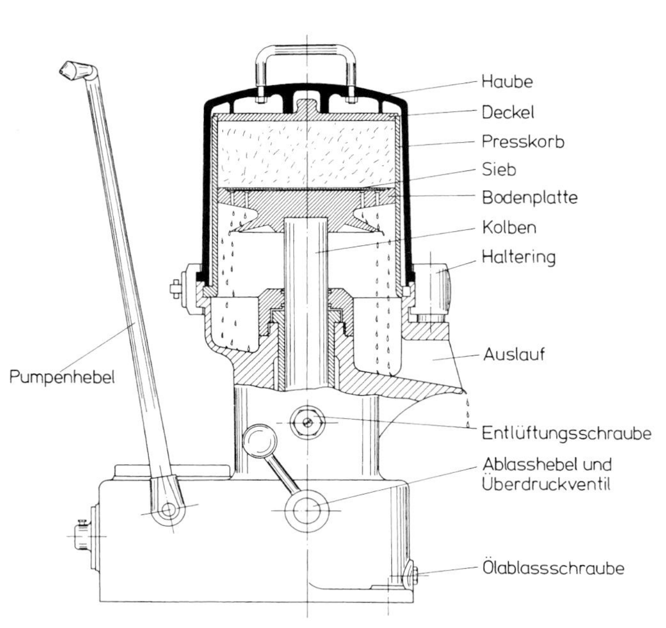

Abb. 30. 2-Bett-Packpresse Voran 180 P2 mit Waschanlage der Firma Kranzl GmbH.

Ausbeuteangaben, welche auf mehr als 80 % lauten, sollen besonders bei Äpfeln und Birnen stets daraufhin geprüft werden, ob es sich um Volumen- oder Gewichtsprozente handelt.

Neben der bereits negativ erwähnten Arbeitsintensität wird den Packpressen die sehr starke Oxidation des erzeugten Saftes angelastet. Darüber hinaus ist auch ihr unregelmäßiger Saftstrom nachteilig und steht allen Versuchen zur kontinuierlichen Weiterverarbeitung im Wege.

3.4.4.1.3 Vollautomatische Packpressen

Im Hinblick auf die guten Presseigenschaften der Packpressen (hohe Ausbeute, wenig Trub) wurde immer wieder versucht, diesen Prozess zu automatisieren. In einer Mitteilung (SGZ 1972) wurde auf die vollautomatische IWK-Obstpresse hingewiesen, die später von WUCHERPFENNIG et al. (1973) näher beschrieben wird. Die Maische wurde in dünner Schicht zwischen zwei senkrecht stehenden Platten ausgepresst. Der in ununterbrochenem Zyklus ablaufende Füll-, Press- und Entleerungsvorgang war vollautomatisiert. Die Leistung soll bei 3,5 bis 4 t/h gelegen haben. Auch die in den 80er Jahren von SCHENK auf den Markt gebrachten automatischen Fließbandetagenpressen AFP 70 und AFP 100 arbeiteten nach einem ähnlichen, jedoch horizontalen Prinzip. Eine vergleichende Kostenkalkulation für diese Presse wurde von POSSMANN (1984) erstellt. In die gleiche Richtung geht auch die in den USA lancierte Atlas-Pacific-Packpresse (CUMMING 1985, DOWNING 1989). Alle diese Fabrikate erreichten jedoch keine sehr große Bedeutung.

In den USA wird seit einigen Jahren von der Firma Goodnature Products eine neuartige Packpresse hergestellt, die nicht nur presst, sondern gleichzeitig den Saft filtriert (Abb. 31). Die kleineren Modelle können von Hand betrieben werden, die größeren sind vollautomatisiert. Diese Presse wird bis heute vor allem auf dem amerikanischen Markt vertrieben. Sie ist unter anderem auch für kleinere Betriebe konzipiert, die so genannte biologische Säfte direkt vermarkten.

Die Fruchtmaische wird über einen Schlauch von Hand oder mit einer automatischen Dosiereinrichtung in eine Reihe von Filtersäcken gefüllt und mit automatischer Programmsteuerung gepresst und filtriert. Nach dem Pressvorgang werden

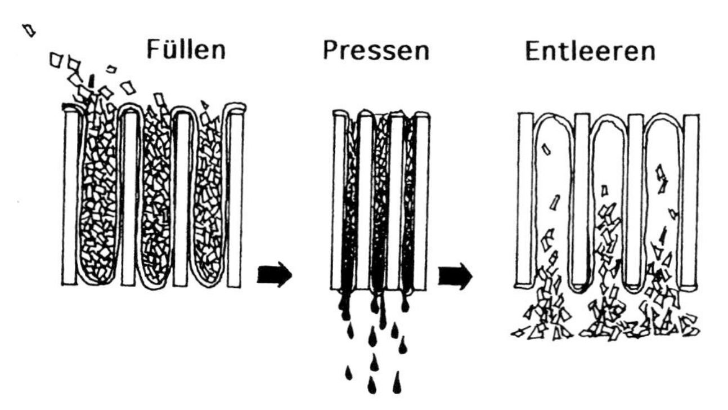

Abb. 31. Neuartige Packpresse der Firma Goodnature Products, Inc. Buffalo, USA, die presst und gleichzeitig filtriert (oben). Die Filtersäcke werden nach dem Pressen um 180° gedreht und der Filterkuchen fällt heraus (unten).

die Filtersäcke durch Zurückbewegen der Pressrahmen geöffnet, um 180° gewendet, worauf die Presskuchen herausfallen (siehe Abb. 31).

Insgesamt werden fünf verschiedene Presstypen mit einem Füllvolumen von 0,2 bis 2,7 m³ hergestellt. Der Pressdruck liegt je nach Typ zwischen 11 und 12,5 bar. Pro Stunde können zwei bis drei Pressungen durchgeführt werden. Die stündliche Entsaftungsleistung mit dem größten Modell beträgt etwa 9 bis 13 Tonnen Maische. Durch Zudosierung von Presshilfsmitteln kann die Entsaftungsleistung nahezu verdoppelt werden.

3.4.4.1.4 Hydraulische Horizontal-Korbpressen

Die Konstruktion der Horizontal-Korbpressen hat es ermöglicht, gegenüber den früheren Vertikal-Korbpressen stark ins Gewicht fallende Vorteile zu erzielen. Unter ihnen seien hervorgehoben:

- Rotation des Presskorbes während der Füllung und damit verbundene bessere Vorentsaftung sowie höhere Füllkapazität;
- Zentrale Füllung unter Pumpendruck und damit verbundene Automatisierung und höhere Kapazität durch Druckvorentsaftung.

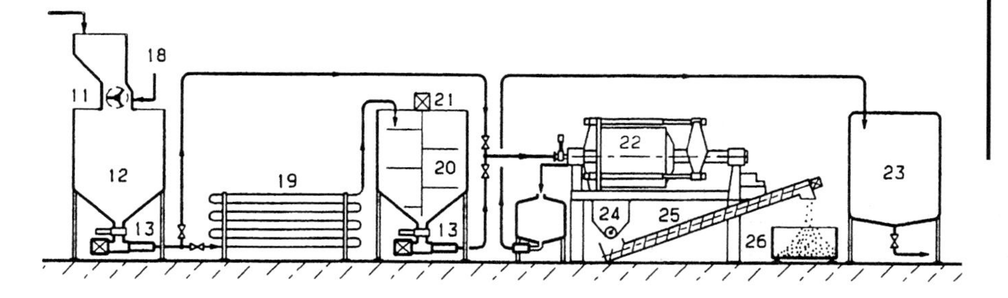

Abb. 32. Fließschema Maische-Enzymierung/-Pressung (Bucher-Guyer AG).

11 Rätzmühle
12 Maischebehälter
13 Maischepumpe
18 Enzymdosierung
19 Maischeerhitzer
20 Maischebehälter
21 Maischerührwerk
22 Bucher-Presse HPX 5005i
23 Rohsaftbehälter
24 Trester-Bunkerschnecke
25 Trester-Austragschnecke
26 Tresterbehälter

- Automatische Vor- und Rückführung des Presskolbens unter gleichzeitiger Auflockerung der Trester. Dies führte zu einer weiteren Vereinfachung und Rationalisierung des Pressvorganges.
- Einbau von Dränageelementen mit Dränagekernen und Filtern hat rascheren Saftablauf, Verkürzung der Presszeit und Erhöhung der Ausbeute zur Folge.
- Entsaftung unter Luftabschluss in geschlossenem Zylinder. Das Hauptquantum des Saftes kann unter solchen Bedingungen gewonnen werden.
- Automatische Entleerung der Trester.

Vor der eigentlichen Entsaftung wird das Obst durch eine Reihe von Maßnahmen vorbereitet, wie Annahme der Früchte, Waschanlage, Verlesen und anschließendes Mahlen der Früchte (siehe hierzu Abb. 7, Seite 104). Im Fließschema der Abbildung 32 sind zusätzlich die für die normale Maischeenzymierung oder eine eventuelle enzymatische Maischeverflüssigung erforderlichen Verfahrensschritte bis zur Entsaftung in der HP-Presse Typ 5005i aufgezeichnet (siehe hierzu auch Abb. 59, Seite 160).

Horizontal-Korbpresse Bucher HP 5000 für Früchte, Beeren und Gemüse

Die erstmals 1965 in einem Schweizer Fruchtsaftbetrieb eingesetzte Horizontalkorbpresse HP 5000 hat seither ihre Bewährungsprobe bestens bestanden. Im Bereich Fruchtsaft nimmt sie heute weltweit eine führende Stellung ein. Sie ist im Vergleich zu Pressen anderer Verfahrensart die Presse mit den besten Leistungsdaten bezüglich Pressausbeute, Durchsatz, Nasstrubanteil im Presssaft und Trockensubstanzgehalt der Pressrückstände.

Im Verlaufe der Jahrzehnte wurde die HP-Presse laufend verbessert. Mitte der 80er Jahre wurde die HPX 5005 mit der elektronischen Steuerung PC 2000 auf den Markt gebracht. Mit dieser Presse wurden Änderungen der Verfahrensparameter mit einer Datenerfassung erleichtert. Diese Optimierungshilfen stellten jedoch noch zu stark auf das Wissen und die Verfügbarkeit des Pressmeisters ab. Die weitere Entwicklung ging nun in Richtung selbstoptimierende Presse. Mit der Lancierung der HPX 5005i im Jahre 1994 erreichte diese Entwicklung ihren erfolgreichen Höhepunkt.

Aufbau und Funktionsprinzip

Die charakteristische Konstruktion der HPX-Presse lässt sich am besten anhand einer Schemazeichnung (Abb. 33) erklären. In einem Pressmantel (1) mit vorderer Druckplatte (2) und Kolbendruckplatte (3) sind zahlreiche flexible Dränageelemente befestigt, die mit ihren beidseitigen Enden mit den Saftkammern (6 + 7) über einen Schnellverschluss verbunden sind (Abb. 35). Die Dränageelemente sind flexible Kunststoffstränge mit peripheren Längsrillen, die mit einem Polyester-Strumpf überzogen sind. Damit wird eine Filterwirkung für den austretenden Presssaft erreicht. Beim Auseinanderziehen der Pressplatten sorgen die Dränageelemente gleichzeitig für die Auflockerung der Trester.

Die vordere Druckplatte (2) weist eine Einfüllöffnung (12) für die Maischezuführung auf. Der Saft wird aus den Saftkam-

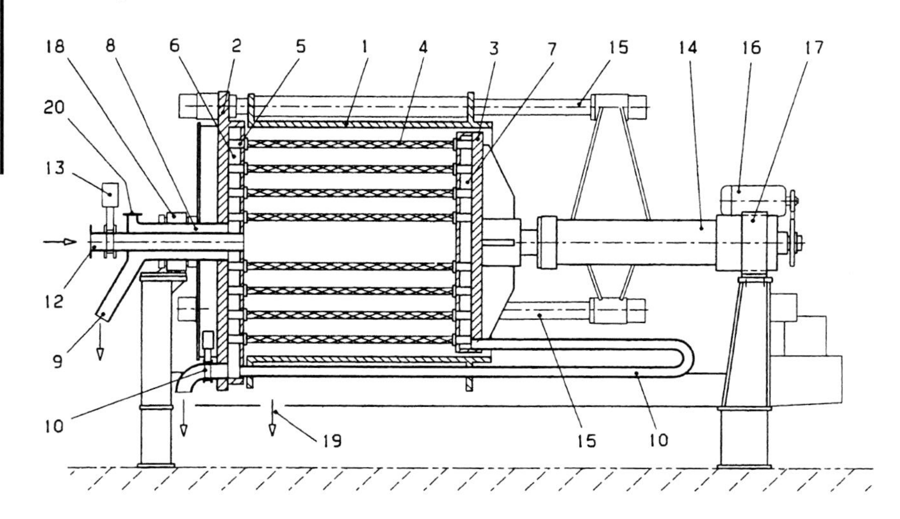

Abb. 33. Vereinfachtes Schnittbild der HPX-Presse (Bucher-Guyer AG).

1 Pressmantel
2 Vordere Druckplatte
3 Kolbendruckplatte
4 Dränageelemente, flexibel
5 Schnellverschluss
6 Vordere Saftsammelkammer, mit nicht gezeigten Schöpfblechen
7 Hintere Saftsammelkammer, mit nicht gezeigten Schöpfblechen
8 Zentraler Saftsammelauslass, drehend, mit nicht gezeigter Dreheinbzw. -ausführung
9 Stationärer Saftsammelauslass
10 Hintere Saftsammelleitung (Teleskop) in vordere Saftkammer mündend
11 Saftauslassklappe für nicht rotierenden Betriebszustand
12 Maischezuführung
13 Einlassschieber
14 Hydraulikzylinder
15 Zugsäulen
16 Rotationsantrieb für die Presseneinheit
17 Hinteres Drehlager für die Presseinheit
18 Vorderes Drehlager für die Presseinheit
19 Tresterausfall bei geöffnetem Pressmantel
20 Schutzgasanschluss für total geschlossene Fahrweise

mern über die Abflussleitungen (9 + 10) abgeführt. Die Kolbendruckplatte (3) und der Pressmantel sind hydraulisch angetrieben. Die ganze Presseinheit kann um ihre Achse rotieren.

Der Entsaftungsprozess der Bucher Horizontal-Korbpresse ist in Abbildung 34 schematisch dargestellt. Je nach Pressgut und dessen Trockensubstanzanteil wird bereits beim Füllvorgang ein beträchtlicher Flüssigkeitsanteil abgetrennt. Das totale Zuführvolumen an Pressgut ist meistens ein Vielfaches des Pressraumvolumens. Infolge mehrerer Press- und Auflockerungsvorgänge pro Charge werden im Vergleich zu anderen Pressverfahren sehr hohe Saftausbeuten erreicht. Auch schwierig pressbares Obst und überlagerte Tafeläpfel können optimal verarbeitet werden. Durch die weitgehend geschlossene Fahrweise ist ein hygienischer sauberer Betrieb ohne Saftverluste möglich. Zur Vermeidung von Oxidation kann bei total geschlossener Fahrweise auch mit Schutzgasatmosphäre gearbeitet werden. Bei guter Obstqualität genügt eine chemische Reinigung pro Woche. Bei sehr weichem Obst sind pro Woche zwei chemische Reinigungen erforderlich. Als weiterer Vorteil ist die Möglichkeit einer mehrmaligen Nachextraktion der ausgepressten Trester direkt in der Presse mit Wasser zu erwähnen (siehe hierzu Kapitel 3.4.8.2). Der Bedienungs- und Überwachungsaufwand ist sehr gering. Eine Person kann bis zu 20 Pressen bedienen.

Zur Erzielung einer optimalen Wirtschaftlichkeit, wie höchste Ausbeute und kürzeste Verarbeitungszeit, sind bei der automatischen Presse Typ HPX 5005i fünf Regelbereiche erforderlich:

R-1 optimiert in direkter Abhängigkeit der momentanen Pressbarkeit die erforderliche Füllmenge.
R-2 bestimmt das ideale Fest-/Flüssiganteil-Verhältnis für den weiteren Füllvorgang.
R-3 prüft die optimale Totaleinfüllmenge.
R-4 regelt das Flüssig-/Feststoff-Verhältnis für den weiteren Füllvorgang.
R-5 regelt den weiteren Auspressvorgang.

Das Bedienungspersonal bestimmt einzig noch die Abbruchkriterien für das Pressende. Dazu können einzelne oder alle Größen gleichzeitig aktiviert werden. Das Kriterium, das zuerst eintritt, beendet den Pressvorgang.

Damit setzt die Bucher HPX 5005i neue Maßstäbe im Betrieb von Fruchtpressen, denn sie stellt einen entscheidenden Schritt zu einer wesentlichen Ertragsverbesserung in den Fruchtsaftbetrieben dar.

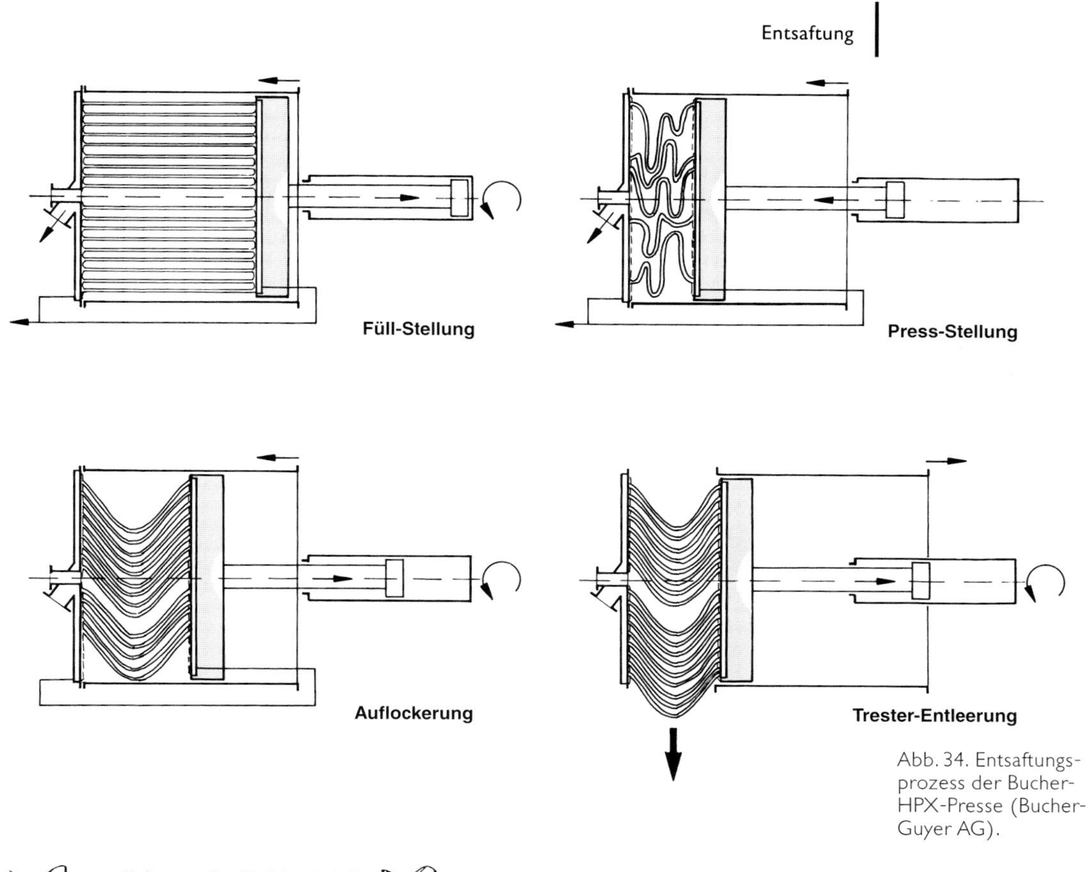

Abb. 34. Entsaftungsprozess der Bucher-HPX-Presse (Bucher-Guyer AG).

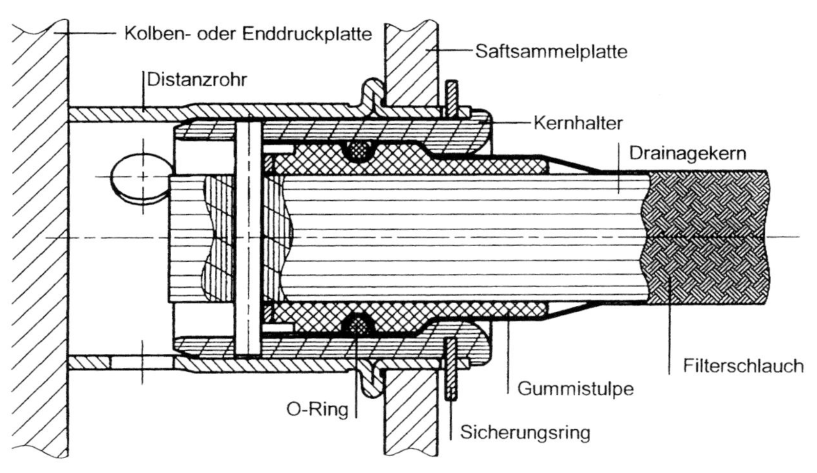

Abb. 35. Schnittbild des Schnellverschlusses der Dränageelemente in der Sammel- bzw. Enddruckplatte für Bucher-Pressen HP/HPXi (Bucher-Guyer AG).

Die HP-Horizontalpresse ist vor allem für die Entsaftung von Kernobst und anderen Früchten im Einsatz. Daneben werden aber auch Beeren und Gemüse aller Art mit dieser Presse entsaftet. Trauben können in dieser Presse auch entsaftet werden, doch werden dafür heute weitgehend Pneumatikpressen eingesetzt. Die Entsaftung von schwer pressbarer Apfelmaische nach vorheriger enzymatischer Verflüssigung stellt für die HPX 5005i überhaupt kein Problem dar. Während bei

Tab 29. HP/HPX-Pressen: Nähere Angaben über die verschiedenen Typen von Bucher-Guyer AG

	HPX 5005i	HP 5000	HP 3000	HP 1600	HPL 200
Pressrauminhalt (Liter)	5000	5000	3000	1600	200
Druck in Pressraum (bar)	5	10	10	10	10
Anzahl Dränageelemente	280	220	185	120	11
Verarbeitungsleistung (t/h)					
– für frische Äpfel bei 82–84 %mas Ausbeute	8	6	3,5	2	0,2
– für enzymbeh. Äpfel bei 88–90 %mas Ausbeute	10	7,5	4,4	2,5	0,25
– für frische Birnen	13–16	10–12	6,5	4,5	0,45
– für frische Beeren		10–16	6,5–9	4,5–7	0,45–0,7
Pressdauer (min) bei normaler Maischequalität	60–80	60–80	60–80	60–80	60–80
Anzahl Presszyklen	24–32	24–32	24–32	24–32	24–32

Maische aus frischen Äpfeln Leistungen von 8 bis 10 t/h erreicht werden, liegen diese bei verflüssigter Maische sogar bei 16 bis 20 t/h.

Nähere Angaben über die verschiedenen Typen der HP-Pressen und über mögliche Leistungen und Ausbeuten bei frischen Äpfeln, Birnen und Beeren sind in der Tabelle 29 zusammengestellt. Bei überlagerten Äpfeln fallen wie bei jeder anderen Presse Ausbeute und Leistung stark zurück. Die bisher produzierte HP 10 000 wird jetzt nicht mehr hergestellt.

Die Bucher-Multipresse MPX

Für gewerbliche Betriebe mit einer Verarbeitungskapazität von 1 bis 5 t/h brachte die Firma Bucher 1985 die Multipress-Modellreihe auf den Markt, deren Investitionskosten etwa mit Bandpressen vergleichbar sind (Abb. 37 A). Als Basis für

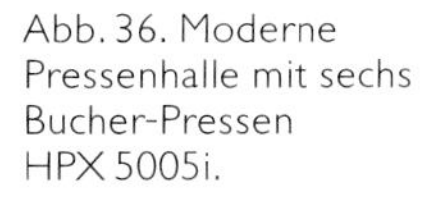

Abb. 36. Moderne Pressenhalle mit sechs Bucher-Pressen HPX 5005i.

Tab 30. Technische Daten der Multipressen-Modellreihe

	MPX 100	MPX 50	MP 27
Füllmengen für Apfelmaische (t)	1–9	0,5–4,5	0,3–2,4
Leistung bei frischen Äpfeln (t/h)	4–5	2,5–2,8	1,0–1,4
Ausbeute, %mas	80–82	80–82	80–82
Elektr. Anschlusswert der Presse, kW	8,6	5,8	5,9
Max. Pressdruck, bar	2,0	2,0	2,0
Erforderliche Luftmenge m^3/min (10 bar)	2,7	1,8	–
Kompressor f. Druckluft, kW	22	15	–

die Entwicklung des Multipress-Systems diente das bewährte HP-System und die pneumatisch arbeitenden Bucher-Membranpressen, die seit 1976 mit Erfolg für die Entsaftung von Weintrauben eingesetzt werden (Frei et al. 1992).

Die Baureihe umfasst drei Typen für den Leistungsbereich von 1 bis 5 t/h (Tab. 30). Die Multipressen werden zur Entsaftung von Kernobst, Steinobst, Beeren, Trauben usw. eingesetzt.

Die Multipressen-Modelle arbeiten pneumatisch. Der Druck auf die Maische wird durch eine Membrane beziehungsweise einen Pressbalg (2) übertragen (Abb. 37B). Der Pressbalg wird mit Vakuum an die innere Wandung des Tanks (1) angezogen, der Schieber (7) geöffnet und die Maische (11) in den Pressraum (12) eingepumpt. Während dem Einpumpen fließt bereits ein großer Teil des freien Saftes der Maische über den Dränagefilter (3) ab. Ist die vorgegebene Füllmenge erreicht, wird die Maische durch Rotation des Tanks aufgelockert. Nach dem Rotationsstopp wird der Pressbalg (2) mit Druckluft vorgefahren und auf die Maische angedrückt.

Dabei verformen sich die flexiblen Dränageelemente. Durch den ausgeübten Druck fließt der kapillare Saft durch die textilen Filter der Dränageelemente über den Schnellverschluss (4) in den Saftsammelkanal (6). Die Saftsammelkanäle (6) sind mit einer hier nicht sichtbaren Ringleitung zusammengefasst. Von hier aus fließt der Saft weiter in eine Saftwanne.

Pressen und Auflockern wird pro Presscharge öfters wiederholt, bis die gewünschten Abbruchkriterien (Ausbeute, Leistung) erreicht sind. Das automatische Entleeren der Pressrückstände erfolgt durch Öffnen des Tankdeckels (10) bei zurückgezogenem Pressbalg (2) und rotierendem Drucktank (1).

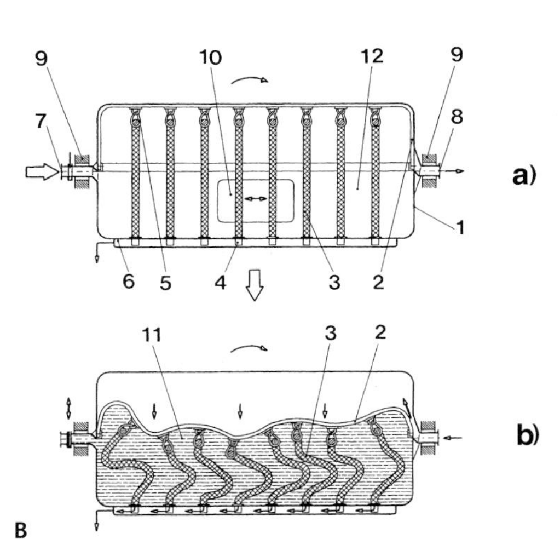

Abb. 37A. Pneumatische Fruchtpresse Bucher MPX 100.

Abb. 37B. Schnittbild der Bucher-MPX-Presse.
a) Füllstellung
b) Pressstellung
1 Drucktank
2 Pressbalg
3 Dränageelement
4 Schnellverschluss
5 Aufhängung
6 Saftsammelkanal
7 Maischezuführung mit Schieber
8 Druckluft- u. Vakuumanschluss
9 Drehlager
10 Tankdeckel
11 Maische
12 Pressraum

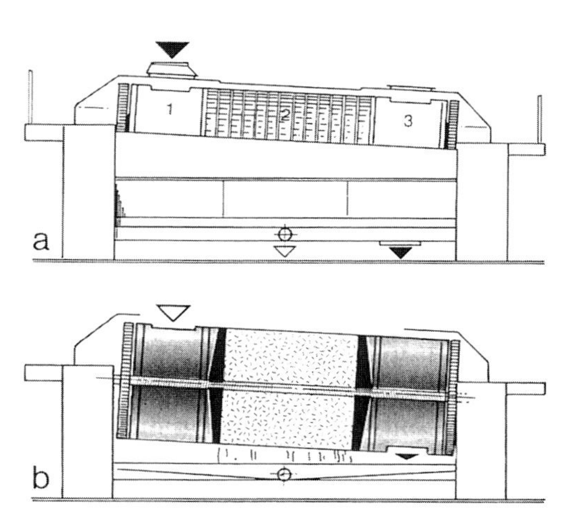

Abb. 38. Spindelpresse CEP 1000 und 2000 von Vaslin-Bucher, Frankreich, mit zwei Presstellern auf Spindel. Der Korb ist dreiteilig (1, 2, 3). Die beiden Endstücke können stehen bleiben, wenn das Mittelteil sich dreht. Die Öffnung des Korbteils 3 kann nach unten gedreht werden, wenn die Trester entfernt werden sollen (b). Die Schrägstellung des Presskorbes erleichtert die Füllung und Entleerung. Der Pressablauf (4 Programme) erfolgt automatisch (TROOST 1988).

Als wesentliche Vorteile der Multipressen ist die infolge der großen Filterfläche erzielbare hohe Saftausbeute bei geringem Trubanteil im Presssaft zu erwähnen. Der Bedienungs- und Überwachungsaufwand ist sehr gering. Die Trester können ein- oder mehrstufig nachextrahiert werden. Infolge der hygienischen Bedingungen sind pro Woche ein bis maximal zwei chemische Reinigungen ausreichend.

Horizontal-Korbpressen für Trauben

Hydraulische Horizontalpressen zur Entsaftung von Trauben und Beerenmaischen waren die Vorläufer der im vorigen Abschnitt beschriebenen halbautomatischen HP-Obstpressen. Bei Trauben kann wegen des großen Saftablaufes vor Beginn des Pressens etwa das doppelte Volumen des Korbinhaltes eingefüllt werden.

Die Auflockerung des Tresters geschieht auch bei diesen Pressen automatisch durch Rückzug der Pressplatte. An ihr und an der Gegendruckplatte sind Nylonseile befestigt. Sie können mit Metalldornen oder Metallringen versehen sein, welche ein Aufbrechen des Tresterkuchens erleichtern.

Ihr Metallkorb besteht entweder aus rostfreiem Stahl oder aber aus starkem Eisenblech, welches durch einen Einbrennlack wirksam vor Korrosion geschützt ist. Längsschlitze darin ermöglichen den Saftablauf. Unter dem Korb befindet sich eine meist fahrbare Wanne für den Saftauffang. In größeren Betrieben übernehmen Abtropf-Trommeln von äußerlich ähnlicher Konstruktion wie die Presse die Vorentsaftung.

Die Presseentleerung erfolgt, wie die Füllung, durch die Türöffnung in der Mitte des Korbes. Für den Wegtransport kann eine fahrbare Wanne oder eine Förderanlage mit Transportschnecke dienen. Pressen mit Korbinhalten von 4 000 Litern und mehr werden in der Regel stationär gebaut. Die kleineren Typen sind dagegen meist fahrbar.

Die Bauweise und die Funktion dieser (und auch anderer) Horizontal-Korbpressen gestatten den uneingeschränkten Zutritt der Luft zum Saft als auch zum Trester. Damit ist eine starke Oxidation verbunden. In der Regel, vor allem bei gewissen Fruchtsäften, kann sie sich negativ auf die Qualität des Endproduktes auswirken. Neukonstruktionen berücksichtigen diesen Sachverhalt und bauen einen verschließbaren Mantel um die Pressen. In solchen „Tankpressen" wird es möglich, unter inerter Gasatmosphäre praktisch ohne Luftzutritt zu entsaften (Abb. 39 A und Abb. 40 A).

3.4.4.1.5 Mechanische Horizontal-Korbpressen

Neben den hydraulischen sind auch mechanische Horizontal-Korbpressen auf dem Markt. Solche „Spindelpressen“ werden nur zur Entsaftung von Trauben und Beerenmaischen empfohlen.

Es gibt Pressen mit Außenspindeln. Dabei wird die gesamte Korbfüllung durch den Spindelvortrieb an die Gegendruckplatte gepresst. Daraus ergibt sich die Entstehung einer dicken Tresterschicht mit ihren Problemen der Dränage und des Saftabflusses (Zeitfaktor beim Pressen). Zur Verkleinerung dieses Nachteiles werden solche Pressen darum mit großem Korbdurchmesser und kürzeren Körben gebaut. Ferner können solche Pressen mit Nylonschnüren zur Verbesserung des Saftabflusses und zur Auflockerung der Trester versehen sein (WILLMES 1961).

Bei Konstruktionen mit Innenspindeln stehen diese in Kontakt mit dem Füllgut, was offensichtlich ein Nachteil ist und zu mehr oder weniger großen Metallaufnahmen (Eisen) führen kann.

Innenspindel-Pressen können einen oder zwei Pressteller besitzen (siehe Abb. 38); sind es zwei, so bewegen sich diese gegeneinander. Spindelpressen benötigen gewöhnlich eine längere Presszeit, um maximale Ausbeuten zu erzielen.

3.4.4.1.6 Pneumatische Horizontal-Korbpressen

Das Prinzip der Horizontalpresse erfuhr 1951 mit der von WILLMES entwickelten Schlauch- oder Balgpresse eine echte Bereicherung. Diese kolbenlose Druckluftpresse mit innenliegendem zentralem Gummischlauch erlaubte durch Rotation des Presszylinders eine Verteilung der Trauben- oder Beerenmaische in dünner Schicht auf die mit Schlitzen versehene Zylinderaußenwand. Dadurch konnte eine rasche Entsaftung bei geringem Druck von 2 bis 6 bar realisiert werden. Die Mitte der 70er Jahre von WILLMES und BUCHER herausgebrachten Tankpressen verdrängten schließlich die recht verbreitete Schlauch- oder Balgpresse vom Markt (Abb. 39 A und 40 A).

Tankpressen unterscheiden sich dadurch von der Schlauchpresse, dass anstelle eines Korbes ein geschlossener Tank zur Aufnahme der Maische dient. Die Pressung erfolgt durch eine Pressmembrane, deren Form einer Tankhälfte angepasst ist (Abb. 39 B und 40 B). Der durch Druckluft erzeugte Druck beträgt maximal 2 bar. Der Saftablauf findet innen über perforierte Saft- und Ablaufkanäle statt. Tankpressen werden heute mit Korbinhalten von 1 000 bis zu 40 000 Litern hergestellt, was bei Traubenmaische etwa die doppelte Aufschüttungsmenge ergibt.

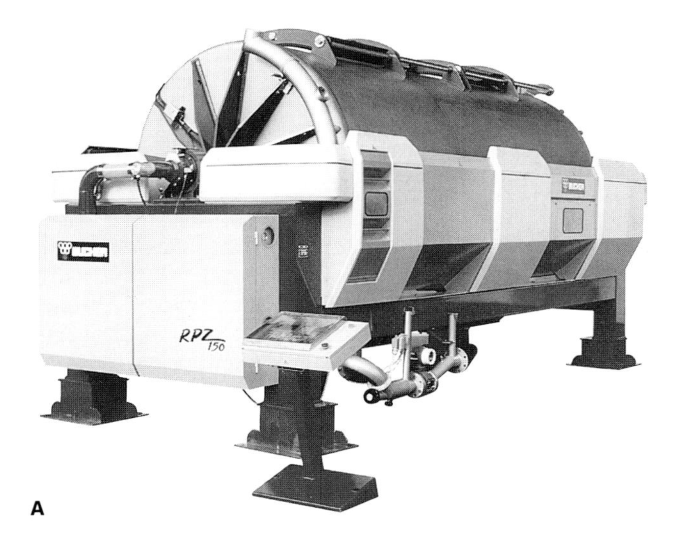

Abb. 39 A. Pneumatische, selbst optimierende Traubenpresse Vaslin-Bucher RPZ 150. Tankinhalt: 15 000 Liter, Pressdruck maximal 2 bar. Eingebaute pneumatische Steuerung für den Pressdruck und die Deckelbetätigung. Separates Steuerpult mit selbst optimierender Steuerung. Diese Pressen sind mit Presstankgrößen von etwa 1000 bis 40 000 Liter Tankinhalt erhältlich.

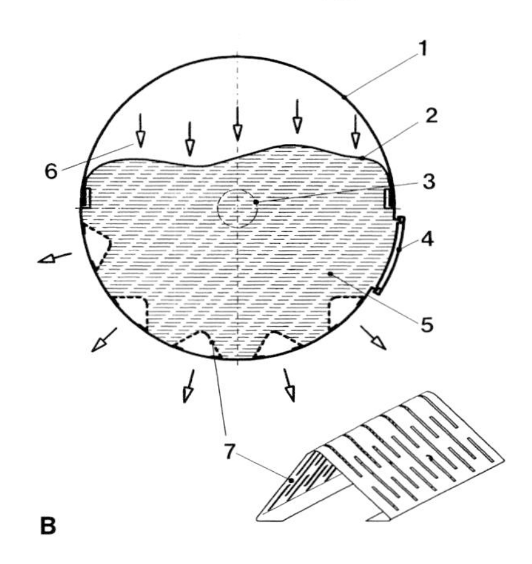

Abb. 39 B. Schematischer Querschnitt durch eine pneumatische Vaslin-Bucher Traubenpresse Typ RPZ.
1 = rotierbarer Drucktank
2 = Pressbalg (Membran)
3 = zentraler Einlass
4 = Deckel
5 = Pressraum
6 = Druckluft
7 = geschlitzte Metallfilter

Abb. 40A. Willmes-Tankpresse WTP 15 mit 15 000 Liter Rauminhalt. Baureihe in Größenordnung WTP 10, 15, 25, 32, Druck = 2 bar. Das Pressen erfolgt vollautomatisch mittels Membran durch Programmsteuerung (TROOST 1988).

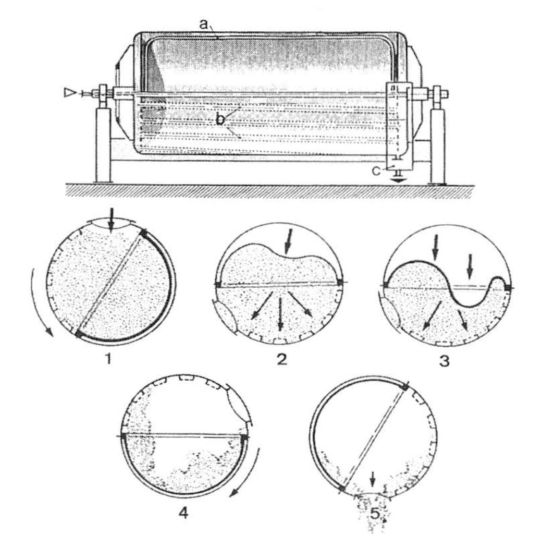

Abb. 40B. Willmes-Tankpresse im Schnitt, Arbeitsschema.
a = Druckmembrane, darunter Pressraum, darüber Luftraum,
b = Saftablaufkanäle,
c = Auffangwanne.
1 = gefüllte Trommel, Beginn der Pressung
2 = Pressvorgang, die glockenförmige Membrane hebt sich ab, der Pressraum wird kleiner
3 = fortschreitender Pressvorgang
4 = Tresterlockerung nach Zurücksaugung der Membrane an die Trommelwand
5 = Tresterentleerung durch die Einfüllöffnung.

3.4.4.2 Kontinuierliche Pressen

3.4.4.2.1 Schraubenpressen

Es sind zahlreiche Konstruktionen von vertikalen oder horizontalen Schraubenpressen bekannt. In den Abbildungen 41, 42 und 43 wird je ein Vertreter davon gezeigt.

Schrauben zeichnen sich durch einfache, wenig störanfällige Konstruktionen und durch große Leistungsfähigkeit aus (bis zu 20 t/h). Infolge der starken mechanischen Scherwirkung sind sie charakterisiert durch ihren hohen Trub- und Gerbstoffanteil. Ferner findet durch den intensiven Luftkontakt eine starke Oxidation der Säfte statt. Die Saftausbeute bei Äpfeln liegt bei maximal 75 %mas. Zur besseren Entsaftung werden vielfach Presshilfsmittel zugesetzt. Sie sind zur Verarbeitung überreifer Früchte, auch unter Zuhilfenahme von Presshilfsmitteln, nur bedingt geeignet. Zur Herstellung von qualitativ hochstehenden Säften werden deshalb heute meist andere Entsaftungssysteme bevorzugt.

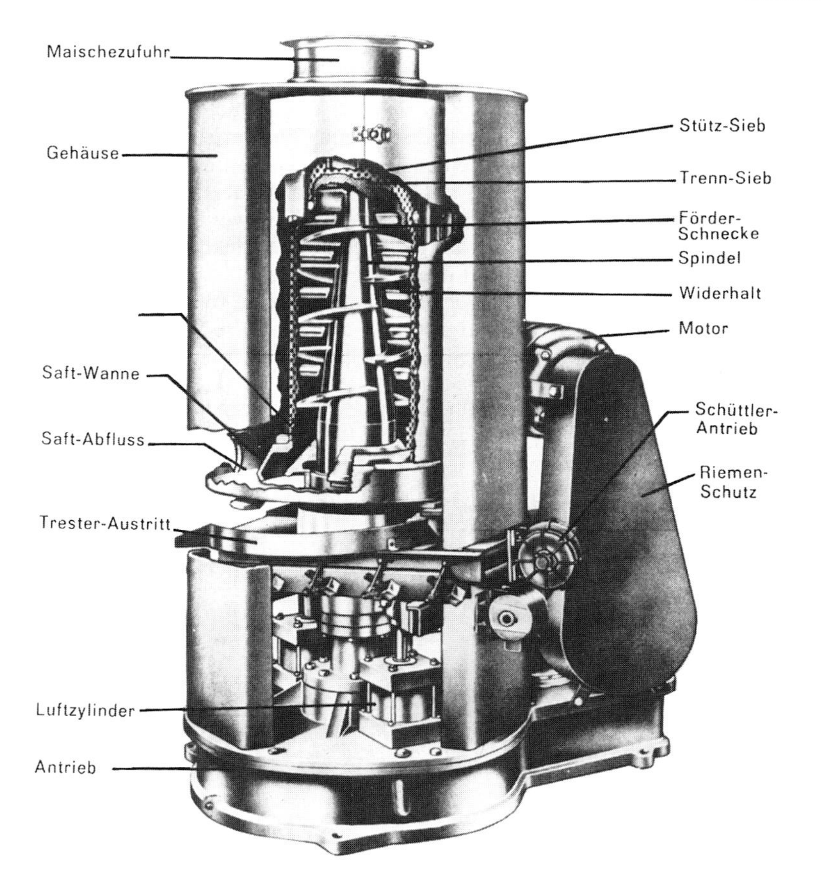

Abb. 41. Eine Vertikalschraubenpresse amerikanischer Konstruktion, welche sich in den USA vor allem in die Traubensaft- und auch in die Obstsaftindustrie eingeführt hat (Beloit Company, USA).

3.4.4.2.2 Bandpressen

Die in Holland in den 60er Jahren entwickelte Ensink-Presse war die erste Bandpresse, die in der Fruchtsaftindustrie in größerem Maße für die Entsaftung von Früchten eingesetzt wurde.

Diese früher vorwiegend zur Entsaftung von Beeren eingesetzte Bandpresse ist durch die Arbeiten von De Vos (1970) bekannt geworden. Sie wurde dabei von diesem Autor auch in wirtschaftlicher Hinsicht mit einer Bucher-3-Bett-Packpresse verglichen, wobei die Saftgewinnungskosten pro Tonne Saft mit dieser Bandpresse 2,3-mal niedriger zu stehen kamen. Pilnik und De Vos (1970) haben die Presse für die Entsaftung enzymatisch vorbehandelter (erwärmter) Maische er-

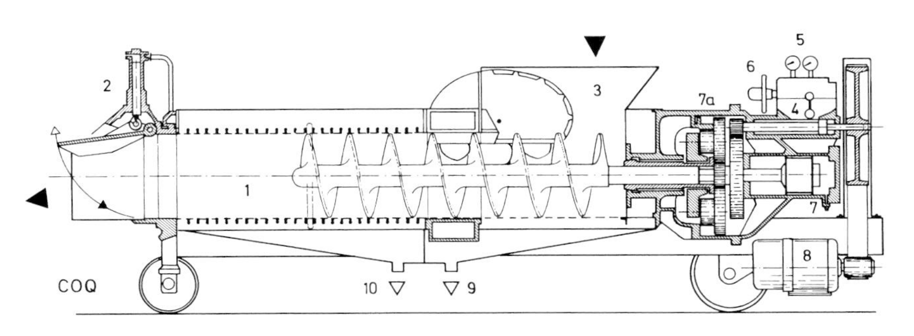

Abb. 42. Horizontal-Schneckenpresse Typ Coq für entrappte und nichtentrappte Maische mit hydraulisch verschiebbarer Schnecke im Schnitt.
1 = Druckzylinder, perforiert
2 = ölhydraulische Steuerung der Tresteraustrittsklappe
3 = Einlauftrichter
4 = Hebel zur hydraulischen Verschiebung der Schnecke zwecks Änderung der Pressgeschwindigkeit
5 = Manometer
6 = Handrad zur Steuerung des Gegendruckes durch die Austrittsklappe 2
7 = Kolben zur ölhydraulischen Verstellung der Schnecke
7a = Planetengetriebe in Ölbad
8 = Elektromotor
9 = Vorlauf
10 = Pressmost (Vinicole Pera Frankreich).

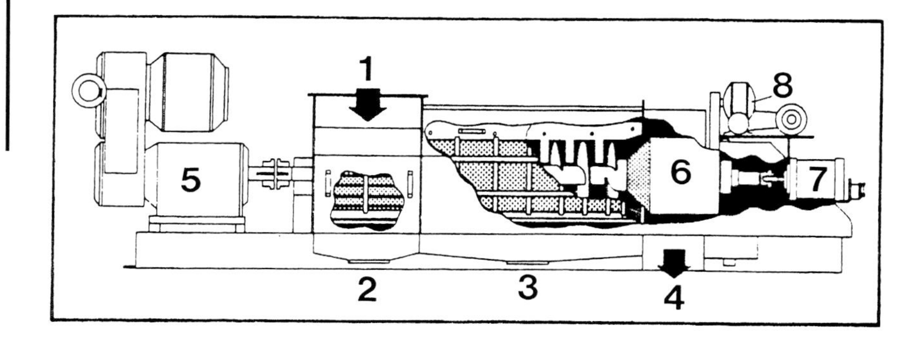

Abb. 43. Schnittbild der horizontalen Rietz-Schneckenpresse der Hosokawa Bepex Corporation, USA. Vier verschiedene Presstypen mit Leistungen von 1 bis 18 Tonnen Äpfel pro Stunde.
1 = Maischezufuhr
2 = Ablaufsaft
3 = Presssaft
4 = Tresteraustritt
5 = Hauptantrie
6 = Konus rotiert mit anderer Tourenzahl als Schnecke
7 = Luftzyinder zur Bewegung des Konus
8 = Konusantrieb.

folgreich eingesetzt. Die Herstellung der Ensink-Presse wurde Ende 1988 eingestellt.

Im Laufe der 80er Jahre wurden von verschiedenen Firmen Bandpressen auf den Markt gebracht, so von Andritz, Amos, Bellmer, Bini, Diemme, Flottweg, Klein. Bandpressen sind dank ihrer kontinuierlichen, vollautomatischen Arbeitsweise einfach in den gesamten Prozessablauf zu integrieren. Kurze Presszeiten von wenigen Minuten ermöglichen vor allem auch die Herstellung von Spezialprodukten wie zum Beispiel „cloudy juice", der ohne aufwendige Schutzgaseinrichtung hergestellt werden kann.

Über eingehende Versuche zur Entsaftung von baumfrischen Äpfeln auf der Flottweg-Bandpresse berichten Eid et al. (1985). Die erzielten Ausbeuten lagen im Bereich von etwa 74 bis 79 %mas. Durch Maischeenzymierung (2 h bei 15 bis 16 °C) trat keine wesentliche Ausbeuteerhöhung ein (76,8 bis 78,6 %mas). Auch Janda (1985) erzielte mit maischeenzymierten Äpfeln auf Bandpressen im Einpressverfahren ähnliche Ausbeuten von 75 bis 78 %mas. Gemäß zahlreicher Literaturangaben liegt die durchschnittliche Saftausbeute für frische Äpfel bei Bandpressen bei einmaligem Durchgang bei 65 bis 75 %mas (Possmann 1984, Binnig et al. 1984, Wenzel 1985, Steinbuch et al. 1986, Possmann 1990, Colesan et al. 1993). Durch nachfolgende Wasser- und eventuelle Enzymzugabe zur Maische kann die Ausbeute auf 80 bis 92 %mas erhöht werden. Bei überlagertem Tafelobst liegt die Ausbeute nach der Erstpressung im Allgemeinen bedeutend tiefer und die Durchsatzleistung kann um 20 bis 25 % zurückgehen. Zudem ist hierbei auch ein erhöhter Wasserbedarf für die Reinigung der Bänder erforderlich.

Die Verarbeitung von total verflüssigter Maische auf Bandpressen bereitet große Schwierigkeiten. Deshalb wurde zur Entsaftung von verflüssigter Apfelmaische von Dörreich (1986) anstelle von Pressen ein Vibrationssieb vorgeschlagen. Aufgrund heutiger Erkenntnisse haben sich für die Entsaftung von verflüssigten Maischen neben Bucher-HP-Pressen vor allem Dekanter bewährt.

Amos-Bandpressen

Neben den beiden Einbandpressen AEP 20 und AEP 40 für eine Pressleistung von 2 beziehungsweise 4 t/h, werden für den Mittelbetrieb die Compac-Pressen ACP 1000 und ACP 1500 mit einer Leistung von 2 bis 8 t/h eingesetzt (siehe Abb. 44). Eine weitere Konstruktion von Amos ist die Copra-Presse. Hier handelt es sich um eine automatische Zweibandpresse mit Hochdruckpresswalzen und Bürstenwalzen zur Bandreinigung mit einer Stundenleistung von 8 bis 10 t. Etwa 70 % des Saftes fallen bereits nach den beiden schonend pressenden Lochwalzen an. Der sanfte Pressdruckanstieg soll auch die Auspressung von schwierigem Obst erlauben, ohne seitliches Herausdrücken der Maische. Die anschließende Presszone ist als Hochdruckzone ausgelegt, die hohe Ausbeuten gewährleistet. Die Hochdruck-Bandreinigung mit Vorreinigung durch Bürstenwalzen erlauben eine gründliche

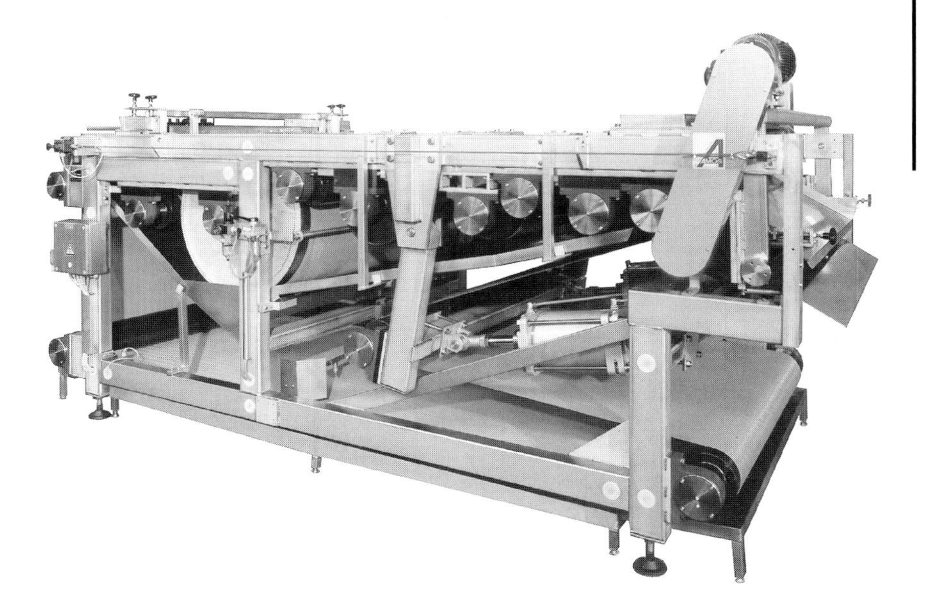

Abb. 44. Amos Einbandpresse, Typ Compac ACP (Amos GmbH).

Reinigung bei geringem Wasserverbrauch.

Bellmer Winkelpresse

Mit der Winkelpresse F (WPF) führte Bellmer 1983 das Prinzip der Doppelsiebpresse in die Saftgewinnung ein. Die Entsaftung der Maische erfolgt in vier aufeinander folgenden Stufen. Die Winkelpresse F ist in verschiedenen Leistungsgrößen erhältlich. Bei der Bellmer Kaskade F handelt es sich um zwei hintereinander geschaltete Winkelpressen F. Nach der Entsaftung der Maische in der ersten Winkelpresse wird der Trester gelockert, mit Wasser besprüht und über die verlängerte Extraktionsstrecke der zweiten Winkelpresse zugeführt. So sollen Ausbeuten bis zu 92 %mas erreicht werden.

Die 1994 auf den Markt gebrachte Winkelpresse WPX ist im Vergleich zur WPF mit einer zusätzlichen Hochdruckpresszone ausgestattet (Abb. 45). Die Entsaftung erfolgt wie in der WPF in vier aufeinander folgenden Stufen. Die Maische wird zunächst über eine waagerechte Siebstrecke (1) geführt. Dabei läuft ein Teil des Saftes durch Schwerkraft ab. Nachfolgend bilden die beiden umlaufenden Siebe einen senkrechten, keilförmigen Schacht mit variabler Öffnung (2). Die Entsaftung erfolgt hier durch den langsam steigenden Druck, der aus der Höhe und dem Einstellwinkel des Schachtes entsteht. Dann wird die zwischen beiden Sieben liegende Maische um die Presswalzen (3) herumgeführt. Die Entsaftung erfolgt in dieser Presszone einmal direkt nach außen und zum andern nach innen durch den gelochten Walzenmantel der Lochwalzen. In den S-förmigen Umschlingungen der Hochdruckpresszone (4) wird der Maischekuchen zwischen den Sieben durch speziell konzipierte Presswalzen weiter entsaftet. Die entstehende Walk- und Scherwirkung setzt eingeschlossene Flüssigkeit frei, so dass sich der Ausbeutegrad weiter erhöht. Für die Zerkleinerung von Früchten für die Entsaftung auf Bandfilterpressen empfiehlt Bellmer eine speziell konstruierte BAC-Mühle, wobei die mit frischem Kelterobst erzielbare Saftausbeute bei Erstpressung nach Angaben des Herstellers bis zu 84 %mas erreichen soll.

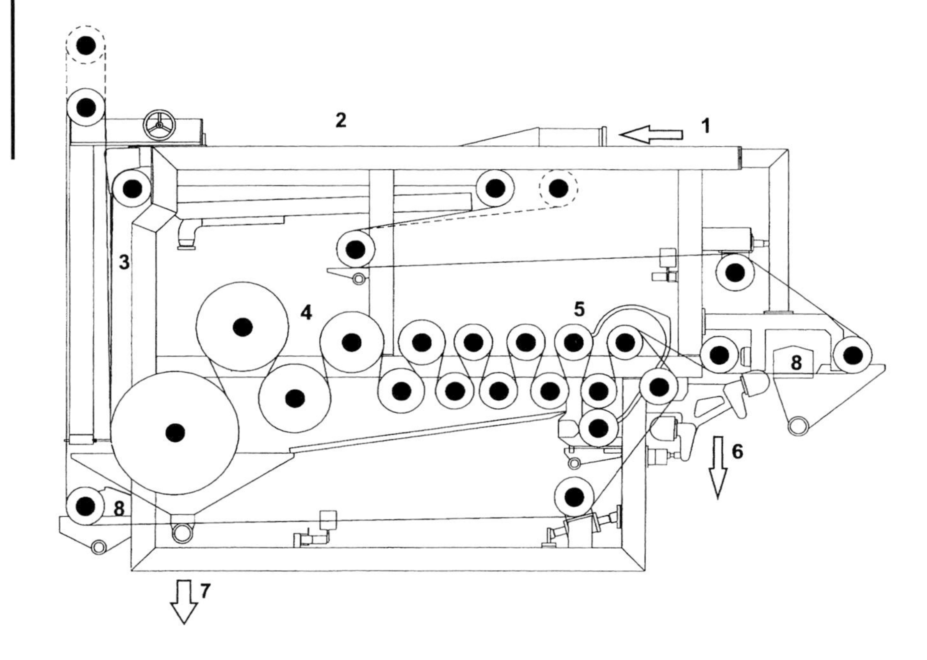

Abb. 45. Schnittbild der Bellmer Winkelpresse WPX.
1 = Maischezulauf
2 = Vorentsaftung
3 = Keilzone
4 = Niederdruck-Presszone
5 = Hochdruck-Presszone
6 = Tresterabwurf mit Bürstenreinigung
7 = Saftablauf
8 = Siebreinigung.

3.4.5 Entsaftung durch Vibration

Früchte, welche nach dem Quetschen oder Zerkleinern leicht ihren Saft abgeben, lassen sich durch Vibration, über Schüttelsiebe, wirksam vorentsaften (LÜTHI 1962). In großem Maßstab ist dieses Prinzip zur Vorentsaftung von Trauben in der Weinbereitung eingesetzt worden. Solche Schüttelsiebe werden vielfach auch nach Bandpressen zur Entfernung von gröberen Trubpartikeln oder zur primären Fest-/Flüssig-Trennung nach einer Maischeverflüssigung eingesetzt. Als Beispiel einer solchen Einrichtung wird in Abbildung 46 der Boulton-Separator dargestellt. Gleiche Siebmaschinen werden auch von Sweco Europe S.A. in B-1400 Nivelles vertrieben. Über Erfahrungen in der Praxis der Fruchtsaftbereitung liegen relativ wenige Ergebnisse vor (DAEPP 1964, KÖRMENDY 1965a, SCHALLER et al. 1975).

Es muss auf jeden Fall auf die verstärkte Gefahr einer Oxidation der nach diesem Verfahren gewonnenen Säfte hingewiesen werden. Ferner ist zu bedenken, dass pektinreiche oder sonstwie schleimige Säfte leicht zu einer Verstopfung der Siebe führen können. Es soll auch darauf aufmerksam gemacht werden, dass Vibratoren eine hohe Materialbeanspruchung aufweisen und deshalb mit höherem Verschleiß und mit Unterbrechungen im Arbeitsprozess gerechnet werden muss.

3.4.6 Entsaftung durch Zentrifugieren

Die in den 60er und 70er Jahren durchgeführten Versuche zur Entsaftung von Äpfeln und Beeren mit Zentrifugen beziehungsweise Dekantern ergaben Saftausbeuten, die deutlich unter den mit Pressen erzielten Ergebnissen lagen (CELMER 1961, GUINOT und MENORET 1965, MENORET 1970, RAO et al. 1975, MOYER et al. 1975). Neuentwicklungen im Dekanterbau, insbesondere die Einführung des von Westfalia Separator AG patentierten Zwei-Getriebe-Antriebs, verbunden mit einer an das Produkt angepassten automatisch gesteuerten elektronischen Differenzdrehzahlregelung führten zu Beginn der 90er Jahre zu wesentlich besseren Saftausbeuten. Diese Ausbeuteerhöhungen waren nicht zuletzt auch auf die inzwischen realisierten Fortschritte der

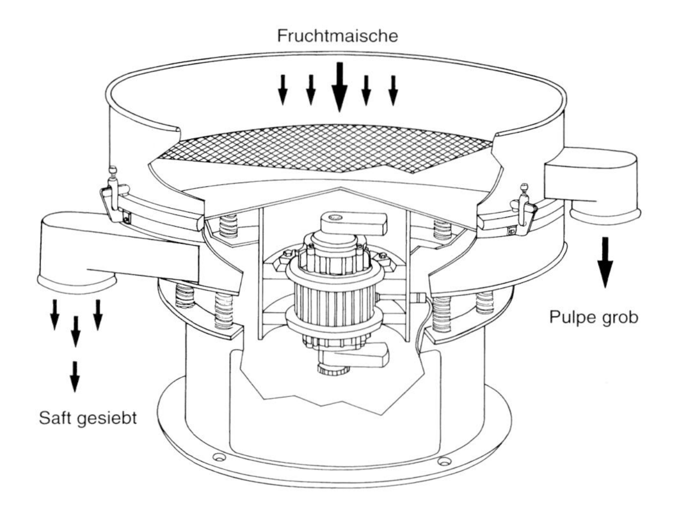

Abb. 46. Schnittzeichnung eines Boulton-Separators (Vibrationsentsaftung). Mehrere Siebe mit verschiedener Maschenweite lassen sich übereinander anbringen und Trubstoffe nach verschiedener Teilchengröße voneinander trennen (W. Boulton Vibro Energy Ltd.).

Enzymtechnologie zur Behandlung von Fruchtmaischen zurückzuführen. So hatten bereits frühere Untersuchungen von BEVERIDGE et al. (1988) zur Entsaftung von Äpfeln mit einem Alfa-Laval-Dekanter gezeigt, dass befriedigende Ausbeuten über 80 % nur bei entsprechender Enzymbehandlung der Maische zu erzielen waren. Durch systematische Weiterentwicklung der Entsaftungstechnologie mit Dekantern werden heute im Prinzip gleiche Ausbeuten wie mit Pressen erreicht, bei einem Trubanteil von 1 bis 3 % (BEVERIDGE et al. 1992, NAGEL 1992, KERN et al. 1993, BEVERIDGE 1994, BIERSCHENK et al. 1995). Die Frage der absoluten Höhe der Ausbeute hängt wie bei Pressen von zusätzlichen technologischen Maßnahmen ab, wie Maischeenzymierung, Maischeverflüssigung oder Nachextraktion der Trester mit Wasser. Bei Verarbeitung von Lageräpfeln muss die Durchsatzleistung entsprechend reduziert werden, um den Trubanteil im Saft nicht wesentlich ansteigen zu lassen.

Der Dekantereinsatz darf jedoch nicht nur unter dem Aspekt der Saftausbeute betrachtet werden. Durch die schnelle und kontinuierliche Entsaftung in einem geschlossenen System kann die Oxidation und die native Enzymtätigkeit auf ein Minimum reduziert werden und die hygienischen Probleme sind leichter unter Kontrolle zu halten. Durch den beim Dekantereinsatz möglichen stärkeren Maischeaufschluss durch intensive vorgängige Mahlung können eine Reihe von erwünschten Bestandteilen besser extrahiert werden, wie zum Beispiel β-Carotin oder beliebig einstellbare Pulpemengen bei der Verarbeitung von Karotten, ferner zusätzliche Pektin- und Trubstoffe, was zu einer erhöhten Trubstabilität der Säfte führt. Vor allem bei der Herstellung von Spezialprodukten aus Äpfeln (cloudy juice), Gemüse aller Art, Beeren oder tropischen Früchten, können diese Aspekte eine ausschlaggebende Rolle spielen. Als Nachteil des Dekanters im Vergleich zu hydraulischen Horizontalpressen bei der Verarbeitung von Trauben werden von CANTARELLI et al. (1978) die zwei- bis viermal höheren Energiekosten und die doppelt so hohen Unterhaltskosten erwähnt.

Der Dekanter ist eine horizontal gelagerte Schneckenzentrifuge mit zylindrisch-konischer Vollmanteltrommel für die kontinuierliche Abscheidung von Feststoffen aus Suspensionen (Abb. 47). In der rotierenden Trommel dreht sich mit einer höheren Drehzahl eine Schnecke. Die Differenz der Umdrehungen zwischen Trommel und Schnecke wird als Differenzdrehzahl bezeichnet und ist in bestimmten Stufen variabel. Die Differenzdrehzahl bestimmt die Geschwindigkeit des Austrags beziehungsweise die Verweilzeit des Produktes im Dekanter. Abhängig von den Produkteigenschaften und der Durchsatzleistung existiert eine optimale Differenzdrehzahl, die einen maximalen Trockensubstanzgehalt im Trester und einen minimalen Restfeststoff (Trub) im Saft ergibt. Eine nur wesentlich zu große Differenzdrehzahl verkürzt die Verweilzeit des Tresters in der Trockenzone und wirbelt bereits abgeschiedene Feststoffe wieder auf. Trockensubstanz und Klärgrad werden sofort deutlich messbar schlechter. Dank exakter Drehmomentmessungen und elektronischer Regelung können moderne Dekanter heute exakt auf diesem Optimalwert dauernd gefahren werden.

Für die Entsaftung von Äpfeln werden heute Dekanter mit Leistungen von 2 bis zu 30 t/h eingesetzt. Für die Herstellung von oxidationsempfindlichen Produkten wie „cloudy juice" empfiehlt Westfalia Separator AG ein alternatives Vermahlkonzept. Dies beinhaltet eine grobe Vorvermahlung mit Hilfe einer Vorzerkleinerungspumpe und eine Feinvermahlung mit einer Lochscheibenmühle. Nach Angaben dieser Firma lassen sich dabei mit Dekantern aus gutem Streuobst folgende Ausbeuten (kg Saft/kg Maische) erzielen:

Bei einmaliger Passage

ohne Enzym	65–76 %
mit Maischeenzymierung	70–80 %
mit Totalverflüssigung	> 90 %

Bei zweistufigem Arbeiten (sog. FRUPEX-Prozess)

1. Stufe ohne Enzym; 2. Stufe mit Maischeenzymierung	> 90 %
beide Stufen mit Enzym	> 92 %
mit Totalverflüssigung zweistufig	96–97 %

Bei Verarbeitung von Lagerobst, insbesondere ohne Enzymeinsatz, nimmt die Ausbeute im Vergleich zu Frischobst um bis zu 5 % ab. Primär vermindert sich aber der Durchsatz der Anlagen. So kann der Dekanter CA 505 an Frischobst 10 bis 12 t/h verarbeiten. Dagegen wird bei Lagerobst nur eine Leistung von 7 bis 8 t/h erreicht.

3.4.7 Entsaftung durch Vakuumfiltration

In einem früheren Abschnitt ist bereits erwähnt worden, dass die Ausbeute bei einer Entsaftung durch Pressen abhängig sei vom prozentualen Anteil an zerstörten Fruchtzellen.

Durch Feinstzerkleinerung kann die Zellzertrümmerung mittels „Kolloid"-Mühlen so weit getrieben werden, dass das Pressen nicht mehr möglich ist. Die auf solche Weise entstandenen mehr oder weniger dickflüssigen Fruchtmaischen werden (gewöhnlich nach einem Wasserzusatz) im Durchlauferhitzer erwärmt und einer Maischeenzymierung unterzogen.

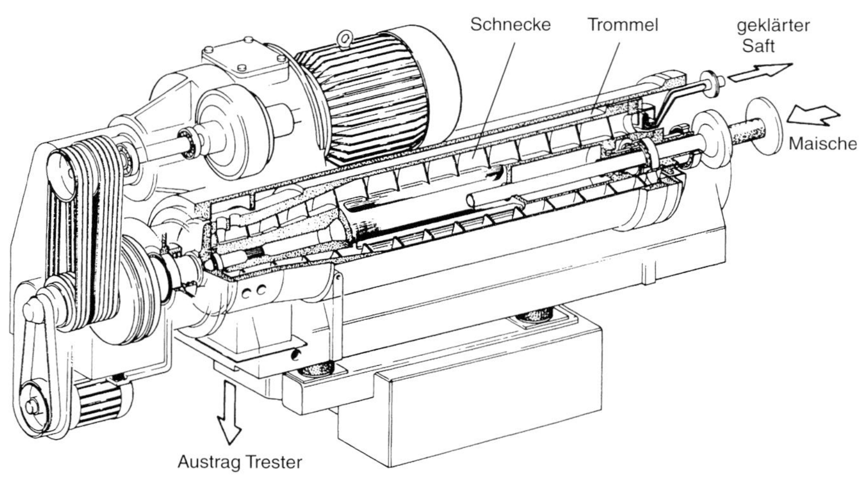

Abb. 47. Schnittbild des Westfalia-Dekanters Typ CA 505, Antriebsmotorleistung 45–110 kW, Sekundärmotorleistung 15 kW, Drehzahl max. 3 500 min^{-1}, Leistung bei frischen Äpfeln 10–15 t/h.

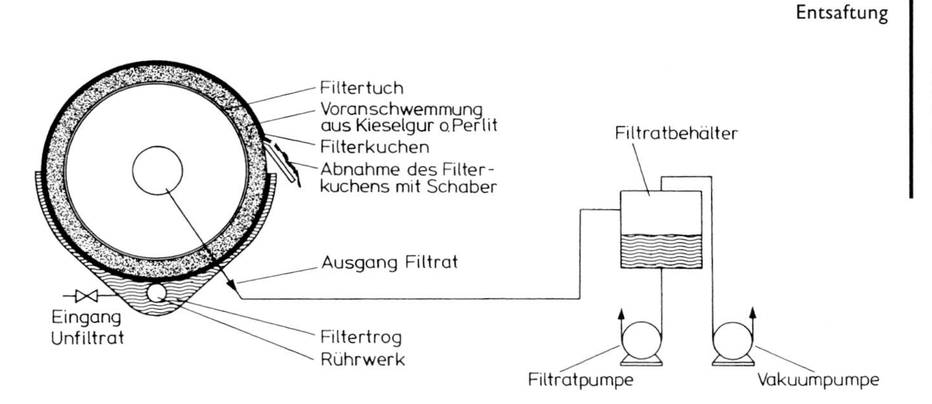

Abb. 48. Schema eines Seitz-Vakuum-Drehfilters mit Voranschwemmung (Müller-Späth 1976).

Anschließend wird entaromatisiert. Mikroorganismen und Enzyme (Oxidasen) werden dabei inaktiviert. Noch in warmem Zustand wird nun die feine Maische über einen Vakuumfilter mit Voranschwemmung abfiltriert (siehe Abb. 48). Der dabei gewonnene klare „Saft" kann anschließend sofort konzentriert werden.

Dieses Verfahren lässt sich für Kirschen (nach Entfernung der Steine) und für verschiedene Beerensäfte anwenden.

Am besten sind die Resultate bei aroma- und geschmackreichen Beeren, zum Beispiel Schwarzen Johannisbeeren. Die Zerkleinerung darf nicht zu weit getrieben werden. Zu viele zerstörte Samen könnten sich negativ auf die Qualität des Endproduktes auswirken. Durch feines Überbrausen der Filteroberfläche mit warmem Wasser lassen sich Verluste auf ein Minimum reduzieren.

In den Jahren 1988/89 erfolgte in der ehemaligen DDR die Inbetriebnahme von sechs neu konstruierten Vakuumbandfiltern, welche erfolgreich zur Entsaftung von enzymierten Maischen aus Äpfeln, Sauerkirschen und Johannisbeeren eingesetzt wurden (Radcke et al. 1990). Die Leistung eines Vakuum-Drehfilters ist vom Trubstoffgehalt und der Art des Trubes abhängig (Holzinger 1967). Nach Müller-Späth (1976) vermag die grafische Darstellung in Abbildung 49 „wertvolle Anhaltspunkte" für die Filtration zu geben, doch können die Ergebnisse durch die Art der angewandten Schönung und Trubart noch beeinflusst werden. Kontinuierliche Vakkum-Drehfilter werden bis zu sehr großen Leistungen und Abmessungen von mehr als 50 m² Filterfläche konstruiert. Sie sind auch für die Abwasserfiltration weltweit im erfolgreichen Einsatz.

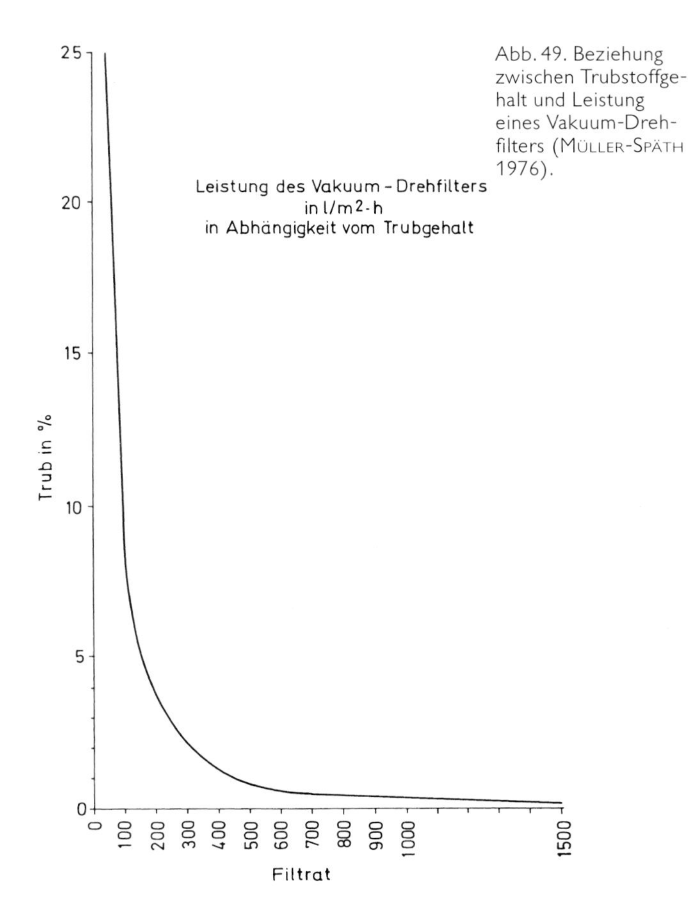

Abb. 49. Beziehung zwischen Trubstoffgehalt und Leistung eines Vakuum-Drehfilters (Müller-Späth 1976).

3.4.8 Entsaftung durch Extraktion

Die Entsaftung durch Extraktion ist nicht neu. Besonders verbreitet war sie Ende des letzten Jahrhunderts für Äpfel und Birnen. Für Dörrpflaumen ist sie in den USA seit Jahrzehnten im Einsatz.

Ursprünglich wurde das Obst oder die teilweise ausgepressten Trester in warmes oder kaltes Wasser „eingelegt" und anschließend ausgepresst. Später entwickelten sich leistungsfähige Anlagen, auf welche die Praxis in jüngster Zeit wieder aufmerksam geworden ist. In der Regel extrahierte man auf ihnen bereits vorentsaftete Obst- und Traubentrester, sei es zur zusätzlichen Saftgewinnung oder zur Extraktion der Tartrate.

Das Grundsätzliche des Extraktionsverfahrens ist vorwiegend an Äpfeln erarbeitet worden. Durch die Publikationen von Ott et al. (1962) sowie Ott (1965) ist das Verfahren unter neuen technischen Aspekten wieder aktuell geworden. Angeregt durch die von Lüthi (1974), Laursen (1974) sowie Lüthi und Glunk (1974, 1975) beschriebene erfolgreiche Einführung der kontinuierlichen Warmextraktion in die Großpraxis der Apfelsaftgewinnung sind in der Folge die wissenschaftlichen Grundlagen weiter erforscht worden: Dousse und Ugstad (1975), Bielig und Rouwen (1976), Dousse und Lüthi (1976), Dousse (1977), Schobinger und Dürr (1977), Binkley und Willey (1978), Goldbach et al. (1978), Dousse (1979), Möhl (1979), Lüthi und Glunk (1977), Tanner (1978), Lüthi und Glunk (1979), Gierschner et al. (1978/1979), Postel et al. (1982).

Zu Beginn der 70er Jahre wurde das aus der Verarbeitung von Zuckerrüben bekannte dänische DDS-Warmextraktionsverfahren für die Extraktion von Äpfeln in die industrielle Praxis eingeführt. Angeregt durch die dabei erzielten hohen Saftausbeuten von 95 % und höher, wurde auch die Kaltextraktion von Trestern nach dem Pressprozess wieder aktuell. Es handelte sich dabei um das in der Normandie seit Jahrzehnten in der Cidre-Industrie angewandte kontinuierliche Tresterkaltextraktionsverfahren nach dem De-Smet-System (Amos et al. 1980, Wucherpfennig 1981) und die Tresternachextraktion mit kaltem Wasser in der Bucher-HP-Presse (Bielig et al. 1976a). Nach der vermehrten Verbreitung der Bandpressen und der Dekanter in der Apfelsaftgewinnung entwickelte sich die Nachextraktion der Trester in den 90er Jahren zu einem unumgänglichen Arbeitsverfahren zur Erzielung wirtschaftlicher Saftausbeuten.

Prinzip

Bei der Extraktion muss der im Zellinneren fixierte Saft an das Extraktionsmedium (warmes oder kaltes) Wasser abgegeben werden. Im Gegensatz zum Pressverfahren, welches nach mechanischen Prinzipien arbeitet, wirken bei der Warmextraktion beziehungsweise Diffusion besonders das Auswaschen und thermische Faktoren mit. Wasser dient als Extraktionsmittel. Das Fruchtgewebe bildet die feste Phase und enthält den Fruchtsaft in den einzelnen Zellen. Diese sind innerhalb der Zellwand von einer Zytoplasmamembran umgeben, welche im natürlichen Zustand den Stoffaustausch der Zelle mitbestimmt.

Um die Zellinhaltsstoffe bei der Warmextraktion durch Stoffwanderung (Diffusion) zu gewinnen, ist die Semipermeabilität der Zytoplasmamembran aufzuheben. Dies geschieht durch eine „Abtötung" mittels Wärme (60–65 °C während 10 min). Die Saftbestandteile wandern in der Folge bei der Extraktion durch die nun holopermeabel gewordene Zytoplasmamembran, durch die Zellwand und die Zwischenräume des Gewebes bis in die flüssige Phase, also in das Wasser. Ein Teil des Extraktionsmittels legt den umgekehrten Weg zurück. Letztlich ist die Flüssigkeit von der festen Phase zu trennen.

Bei kontinuierlicher Arbeitsweise der Extraktoren wird zwischen fester und flüssiger Phase ständig ein Konzentrationsgradient aufrechterhalten, wodurch auch die Entmischung der Phasen laufend erfolgt. Beide Phasen wandern im Gegenstrom. Die Flüssigkeit bewegt sich ohne

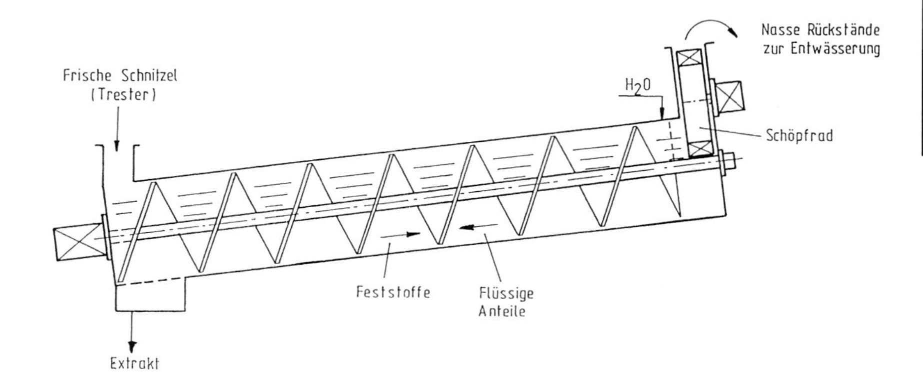

Abb. 50. Prinzip der Extraktion von Apfelschnitzeln mit heißem Wasser im Schneckendiffusor im Gegenstrom (Dousse 1977).

Zwangsführung frei durch die Schnitzel (siehe hierzu Abb. 50).

Ein wesentlicher Faktor für den Erfolg ist die zweckmäßige Aufbereitung des Rohmaterials. Für Äpfel und Birnen wird die Zerkleinerung für die Warmextraktion mit einem Urschel-Slicer vorgenommen. Diese Schneidmaschine ermöglicht eine exakte Einstellung sowohl von Form als auch Dicke der „Schnitzel". Wegen der physikalischen Festigkeit und besseren Dränage wird in der Praxis die Wellenform empfohlen. Die Dicke wird der mechanischen Festigkeit der Früchte (reif bis überreif) angepasst und beträgt 1,8 bis 4,5 Millimeter.

3.4.8.1 Warmextraktion

Die Warmextraktion nach dem DDS-Verfahren wurde 1973 in Südafrika in die Großpraxis der Apfelsaftgewinnung mit Stundenleistungen von bis zu 30 Tonnen eingeführt und in beschränktem Maße bis heute beibehalten (Abb. 51). In der Folge wurde dieses Verfahren in weiteren Ländern, vor allem in Deutschland, übernommen. Über die dabei gemachten Erfahrungen und insbesondere auch über die Analytik der nach diesem Verfahren produzierten Säfte erschienen zahlreiche Publikationen (Lüthi 1974, Laursen 1975, Lüthi und Glunk 1974, 1975, 1979, Wucherpfennig und Possmann 1976, 1979, Gierschner et al. 1978/79, Tanner 1978, Schobinger et al. 1978, Haug et al. 1982.

Der Ablauf der Warmextraktion ist in der Abbildung 52 schematisch dargestellt. Die Ausbeute an gesamter extrahierbarer Substanz liegt für Äpfel in der Großpraxis

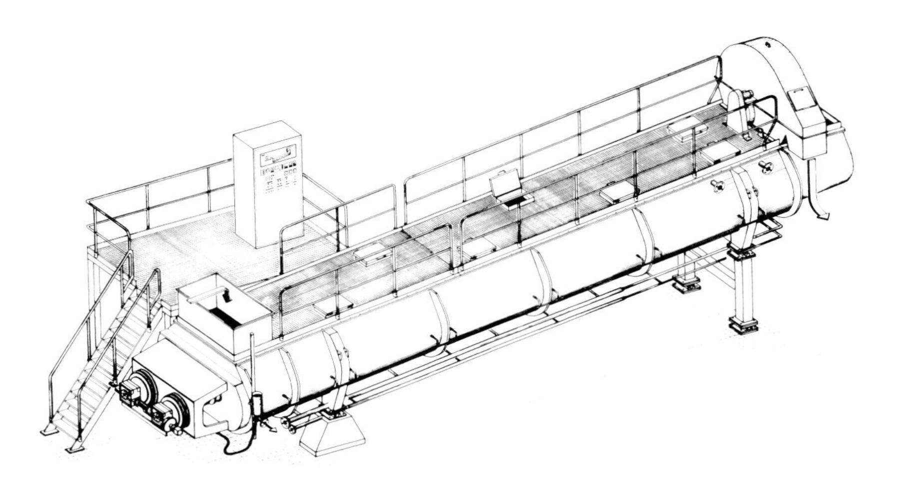

Abb. 51. Zeichnung einer DDS-Extraktoranlage (A/S de Danske Sukkerfabrikker), die seit 1973 in Südafrika im Einsatz ist. Auf der Arbeitsplattform steht das „Steuerpult", während sich links unten die Beschickungsöffnung und rechts oben der Schnitzelaustrag durch das Schaufelrad befinden.

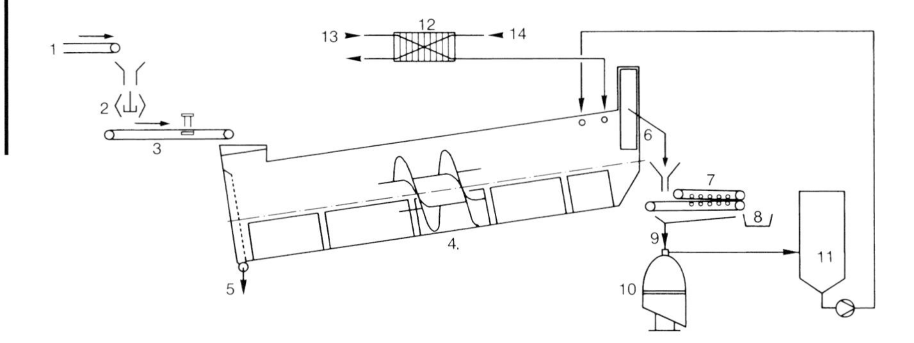

Abb. 52. Schematische Darstellung der Entsaftung von Äpfeln mit einem Extraktor nach dem DDS-System.

bei 95 %. Weitere vergleichende Zahlen von LÜTHI und GLUNK (1974) zeigen, dass großtechnisch noch höhere Ausbeuten möglich sind.

Bei der Extraktion entsteht eine gewisse Verdünnung des Saftes. Sie ist abhängig von der Bedienung und kann ein bis mehrere Brix-Grade ausmachen. In einem Vergleich hat LAURSEN (1975) nachgewiesen, dass die zusätzlichen Verdampfungskosten infolge der stärkeren Verdünnung im Vergleich zur Mehrausbeute das Verfahren wirtschaftlich interessant erscheinen lassen. Auch MÖHL (1979) kommt in seiner Vergleichsstudie zum Schluss, dass die kontinuierliche Warmextraktion ein wirtschaftlich interessantes Verfahren darstellt. Gutes Rohmaterial vorausgesetzt ist es in der Lage, Spitzenprodukte an Qualität zu erzeugen.

Gegen Ende der 80er Jahre wurde die Warmextraktion nach dem DDS-Verfahren in den europäischen Ländern sukzessive aufgegeben. Gründe dafür waren einerseits die unterschiedliche Rohmaterialqualität bei der Verarbeitung von Industrieobst, welche zum Teil zu unbefriedigender Saftqualität führte, andererseits der erhöhte Aufwand für eine optimale Einstellung der Extraktoren und für die Schönung der Warmextrakte. Probleme bereitete in vielen Fällen auch die Eliminierung der nass ausgelaugten Schnitzel. Zudem erlaubten die verbesserten kombinierten Verfahren von Pressen mit nachfolgender Tresterextraktion, die neu propagierte enzymatische Maischeverflüssigung und der Dekantereinsatz mit Nachextraktion der Trester teilweise ebenso hohe Saftausbeuten zu erreichen, wie mit der Warmextraktion.

3.4.8.2 Kaltextraktion

Im Anschluss an die Einführung der kontinuierlichen Warmextraktion ist von BUCHER-GUYER (Schweiz) ein kombiniertes Pressen-Trester-Kaltextraktionsverfahren entwickelt worden (BIELIG et al. 1976a). Dabei werden die bekannten Bucher-Horizontal-Korbpressen, Typ HP, wie üblich zum Auspressen der Rohware eingesetzt. Ist das Pressende erreicht, wird dem Pressrückstand im Pressraum automatisch eine vom Bediener vorgewählte Wassermenge zugeführt. Diese liegt im Allgemeinen bei 10 bis 20 %mas, bezogen auf Rohware. Nach dem Einmischen des Wassers durch Rotation der Presseinheit erfolgt das Abpressen. Dieser Vorgang lässt sich prinzipiell beliebig oft wiederholen. In der Praxis werden üblicherweise bis maximal drei Tresterwässerungen durchgeführt. In der Abbildung 53 ist eine dreistufige Nachextraktion in der HP-Presse schematisch dargestellt. Durch die dreistufige Nachextraktion mit Anreicherung der löslichen Trockensubstanz werden in diesem Fall 8 °Brix erreicht. Grundsätzlich ist es auch möglich, die ein- oder mehrstufige Nachextraktion ohne Anreicherung der löslichen Trockensubstanz (LTS) durchzuführen. Der wesentliche Vorteil der Nachextraktion mit Anreicherung der LTS im Vergleich zur Tresterauswaschung ohne Anreicherung der LTS ist der bedeutend geringere Wasserbedarf (nur etwa ein Drittel), hohe Brixwerte von 8 bis 9° im Nachextraktionssaft und damit

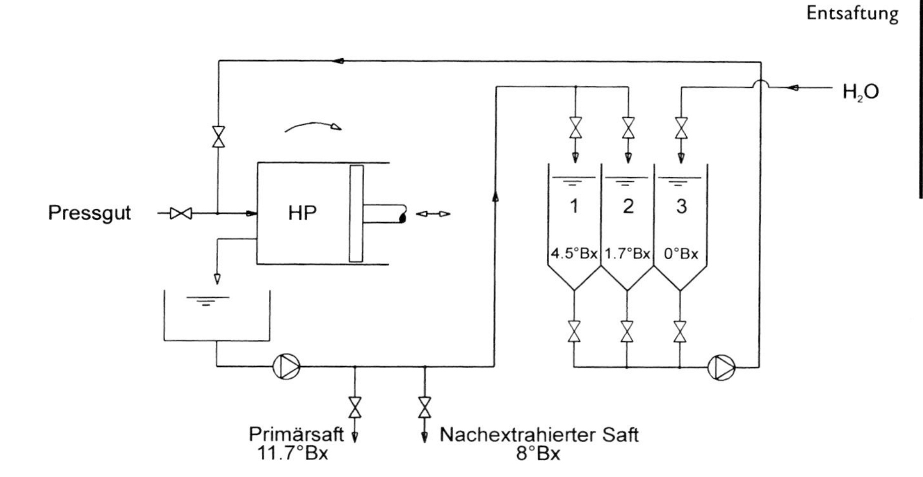

Abb. 53. Dreistufige Nachwaschung des Tresters in der Bucher-Presse HPX 5005i mit Anreicherung der löslichen Trockensubstanz (Bucher-Guyer AG).

geringere Verdampfungsmengen beim Konzentrieren.

Der Nutzen der Tresternachextraktion besteht darin, dass die maximal erzielbare Ausbeute gegenüber dem einstufigen Pressen gesteigert werden kann. Diese Ausbeutesteigerung beruht auf dem Extraktionseffekt des zugeführten Wassers. Gleichzeitig wird die Viskosität des Extraktionssaftes gesenkt, wodurch hohe Ausbeuten bei guten Pressleistungen erzielt werden. Wie sich das Ausbeute-Leistungsverhalten der HPX-Presse bei mehrstufiger Nachextraktion ändert, geht aus den Abbildungen 54 und 55 hervor. Bei frischen Äpfeln liegen bei einer Einstiegsausbeute von 82 %mas die maximalen Werte wie folgt (Abb. 54):

1. Stufe	90 %mas	bei 7,5 t/h
2. Stufe	92,8 %mas	bei 6,1 t/h
3. Stufe	94 %mas	bei 5,5 t/h

Aus Abbildung 55 geht hervor, dass bei frischen Äpfeln mit einer Maischeenzymierung unter Verwendung einer HPX 5005i-Presse vor allem die Erstausbeute merklich ansteigt. Diese erreicht

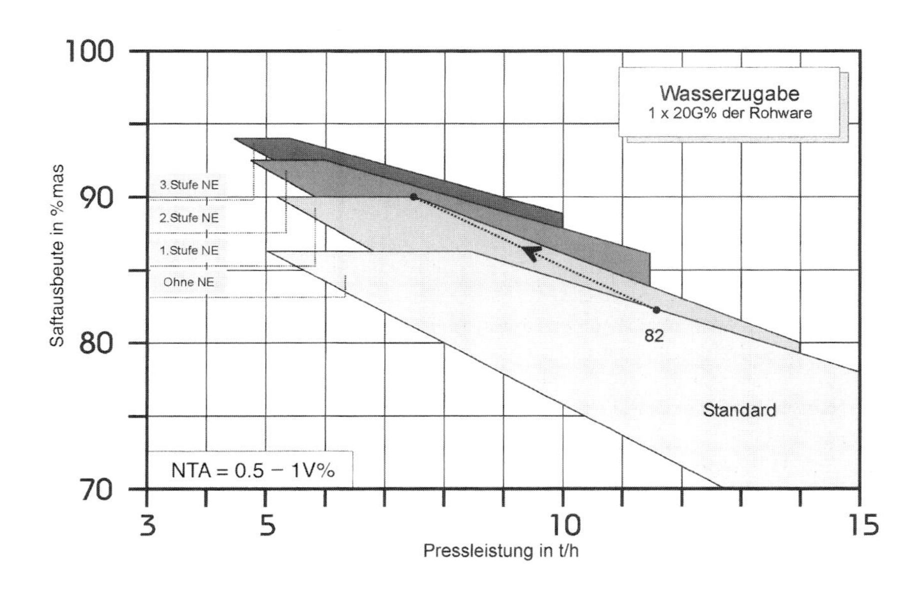

Abb. 54. Ausbeute-Leistungsverhalten der Bucher-Presse HPX 5005i mit mehrstufiger Nachextraktion.
Für frische Äpfel (Daten von Bucher-Guyer AG).
NTA = Nasstrubanteil

Abb. 55. Ausbeute-Leistungsverhalten der Bucher-Presse HPX 5005i mit Maischeenzymierung und mehrstufiger Nachextraktion.
Für frische Äpfel (Daten von Bucher-Guyer AG).

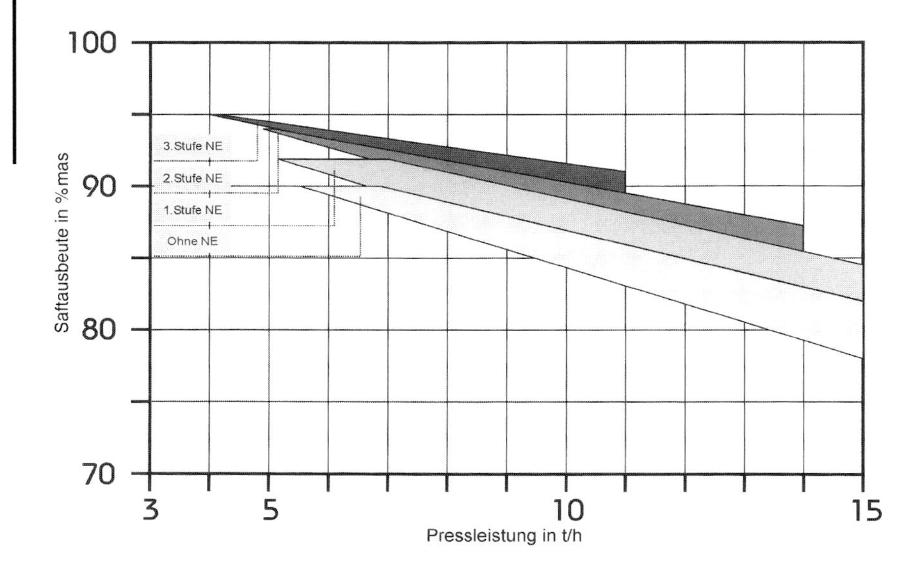

eine Ausbeute bis 90 %mas bei einer Pressleistung von rund 7 t/h oder bei 10 t/h eine Ausbeute bis 87 %mas. Die dritte Nachextraktionsstufe erreicht hierbei nur eine geringe Mehrausbeute bei relativ starker Abnahme der Pressleistung.

Die Herstellung der im Lauf der 70er Jahre eingesetzten kontinuierlichen Bandextraktoren der Firma Amos für die Tresterkaltextraktion nach dem System De Smet wurde zu Beginn der 80er Jahre eingestellt. Der Betrieb dieser Bandextraktoren erforderte einerseits qualifiziertes und erfahrenes Personal, welches immer schwieriger zu finden ist, andererseits traten häufig mikrobiologische Probleme auf. Als Nachfolgeprodukt wurde 1988 von Amos die APEX-Presse auf den Markt gebracht. Bei der Apex-Presslinie handelt es sich um eine Bandpresse mit integrierter Extraktion der Trester (Abb. 56). Bereits in der Vorpresszone (1), das heißt nach drei Walzenpaaren, werden bis zu 70 % des Saftes ausgepresst (Possmann 1990). In der Zone (2) wird unter Wasserzugabe die noch im Trester befindliche lösliche Trockensubstanz ausgewaschen. Diese Extraktion arbeitet im Gegenstromprinzip. Es stehen drei Wasseraufgabestellen sowie sechs Gegenstromextraktionsstufen zur Verfügung. In der Nachpresszone (3) wird der Trester über Hochdruckwalzen, die den Druck gleichmäßig konstant halten, nochmals gepresst.

Um den Wasserbedarf auf ein Minimum zu reduzieren, wird das Siebbandreinigungswasser im Kreislauf über ein rotierendes Kegelsieb aufbereitet. Das für die Extraktion benötigte Wasser wird dem Kreislauf entnommen, wodurch drei Vorteile erreicht werden:

- Der im Reinigungswasser gelöste Zucker wird dem Saft zugeführt.
- Das entnommene Extraktionswasser wird durch Frischwasser ersetzt, wodurch das Reinigungswasser ständig erneuert wird.
- Der Wasserverbrauch beschränkt sich auf die zur Extraktion benötigte Wassermenge.

Nach Dimitriou (1995) werden mit dieser Presse bei frischen Äpfeln mit 20 % Extraktionswasser und einer Durchsatzleistung von 14 t/h Ausbeuten bis zu 86,6 %mas erreicht. Bei Einsatz von Maischeenzymen erhöht sich die Saftausbeute auf 90,3 %mas.

3.4.8.3 Extraktion und Saftqualität

Auf die zwischen Press- und Extraktionssäften bestehenden sensorischen und ana-

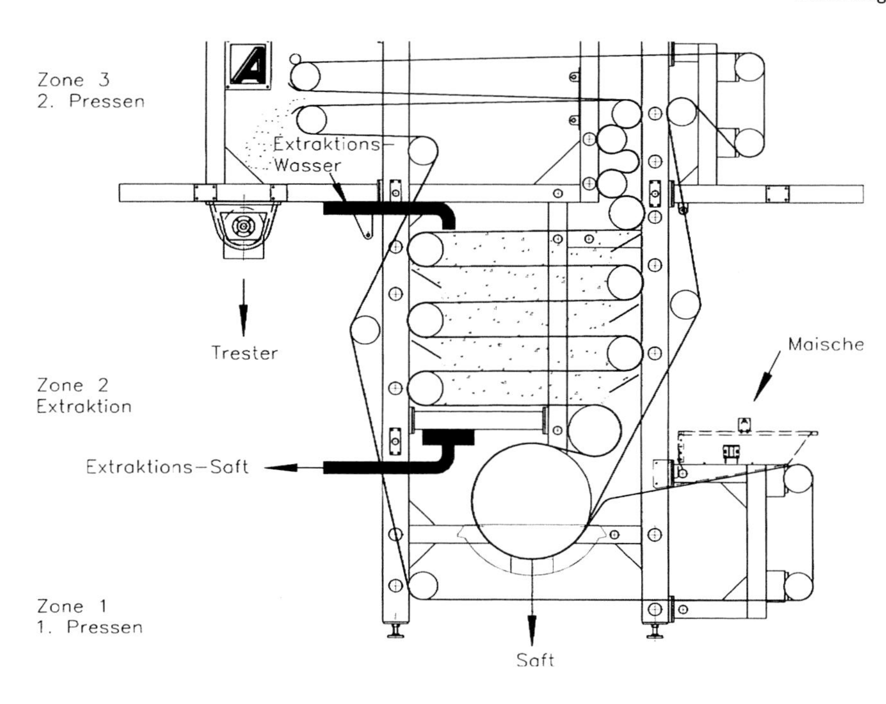

Abb. 56. Schnittbild der APEX 1600, eine vollkontinuierlich und automatisch arbeitende Presse mit integrierter Kaltextraktion der Trester (Amos GmbH).

lytischen Unterschiede wurde von verschiedenen Autoren hingewiesen (SCHOBINGER und DÜRR 1977, GOLDBACH et al. 1978, SCHOBINGER et al. 1978, BINKLEY et al. 1978, HAUG et al. 1982, WUCHERPFENNIG 1981 und BISIG 1992). Tresterkaltextrakt und Diffusionssaft sind in der chemischen Zusammensetzung sehr ähnlich. Beide unterscheiden sich durch einen niedrigeren Gesamtzuckergehalt, höheren zuckerfreien Extrakt und durch erhöhte Mineralstoffgehalte vom Presssaft. Zusätzlich zeigt der Diffusionssaft erhöhte Gesamtphenolgehalte (SCHOBINGER et al. 1978, WUCHERPFENNIG 1981, WROLSTAD et al. 1990). Bei Verarbeitung von Industrieobst können die Unterschiede im Polyphenolgehalt recht beträchtlich sein, was sich auch sensorisch auswirkt. Diese Unterschiede können durch kellertechnische Behandlungen (Gelatineschönung, PVPP-Behandlung) weitgehend behoben werden (LÜTHI et al. 1977, HAUG et al. 1982), Extraktionssäfte aus Industrieobst verlangen in dieser Hinsicht eine aufwändigere Behandlung. Diffusionssaft weist vergleichsweise am wenigsten, Tresterkaltextrakt am meisten Aromastoffe auf (SCHOBINGER et al. 1978). Der über die Kaltextraktion von Trestern gewonnene Saft erreichte in diesen Untersuchungen nahezu die Qualität des Presssaftes.

Das kombinierte Press-Extraktrionsverfahren hat den Vorteil, dass über 80 % des Fruchtsaftes unverändert und ohne Wasserzusatz aus der Frucht gewonnen werden und der restliche Kaltextrakt von 10 bis 15 % die Analytik und die Sensorik nur in unbedeutendem Ausmaß, wenn überhaupt, beeinflusst.

3.4.9 Enzymatische Verflüssigung des Rohmaterials

Die totale enzymatische Verflüssigung pflanzlicher Gewebe ergab sich aus der konsequenten Weiterentwicklung der Technologie der Maischeenzymierung. Die Arbeitsgruppe PILNIK in Wageningen hat gezeigt, wie mit einer Kombination von Pektinasen und Cellulasen in einem Schritt fast klare (Gurken, Papaya) bis trübe (Pfirsiche) oder pulpöse Säfte (Äpfel, Aprikosen) hergestellt werden können

(PILNIK et al. 1975). Daraus ergaben sich Perspektiven für eine neue, recht einfache Technologie zur Herstellung von „flüssigem Obst". Diese Multienzympräparate bewirken einen stufenweisen Abbau, angefangen von der Auflockerung und Trennung der Zellverbände bis zum Abbau der Zellwände und zur schließlichen Verzuckerung der Cellulose. Nähere Einzelheiten dieses enzymatischen Prozesses werden in Kapitel 3.3.10 behandelt. An dieser Stelle werden vor allem die technologischen Aspekte dargelegt.

Das Zukunftspotential dieser neuen Technologie für eine unkonventionelle Saftherstellung wurde rasch erkannt und führte im Laufe der Zeit zu zahlreichen Publikationen über die enzymatischen Grundlagen, aber auch über die Analytik und Technologie der zu gewinnenden Produkte (DÜRR und SCHOBINGER 1976, ROMBOUTS und PILNIK 1978, PILNIK 1978, DÜRR et al. 1981 b, SCHOBINGER et al. 1981, PILNIK 1982, KILARA 1982, DÖRREICH 1983, JANDA 1983, JANDA 1985, WEISS et al. 1985, SCHREIER et al. 1985, JANDA 1986, STEINBUCH et al. 1986, DÖRREICH 1986, SCHOBINGER et al. 1988, PILNIK et al. 1991, VORAGEN et al. 1992, DÖRREICH 1993, STUTZ 1996, URLAUB 1996, JANSER 1997).

Die enzymatische Maischeverflüssigung wird bisher vor allem bei der Verarbeitung von Äpfeln im größeren Maßstab eingesetzt. Dazu muss das Rohmaterial in zweckmäßiger Weise aufbereitet werden. Das Verfahren musste vorerst in der industriellen Praxis optimiert werden. Im Laufe der Zeit hat sich der in Abbildung 57 dargestellte Verfahrensablauf herauskristallisiert. Er zeigt zwei mögliche Varianten:

1. Verflüssigung der gesamten Maische.
2. Gewinnung von etwa 85 % Primärsaft durch eine vorangehende Maischeenzymierung, gefolgt von einer Tresterverflüssigung mit Gewinnung von Sekundärsaft.

Bei der ersten Variante hat sich als vorteilhaft für die Farbe und den Geschmack des Endprodukts erwiesen, wenn Stiele, Kerne und Schalen durch eine Passiermaschine abgetrennt werden. Dazu können gleiche Passiergeräte eingesetzt werden, wie sie auch bei der Herstellung von Apfelpüree zum Einsatz gelangen (Hoegger Separator, Hoegger AG, CH-9230 Flawil) oder so genannte Turbo-Finisher (Rossi Catelli, I-43100 Parma). Als Alternative kann die Apfelmaische auch vor diesen Passiergeräten erwärmt werden. Die verflüssigte Apfelmaische wird entweder mit HP-Pressen oder Dekantern entsaftet. Bandpressen können für die Entsaftung von verflüssigter Apfelmaische nicht verwendet werden. Der aus der Verflüssigung resultierende Saft wird von Firmen, die für den Konzentratexport arbeiten, nach der Ultrafiltration vielfach ohne Aromaabtrennung konzentriert.

Bei der zweiten Variante ist eine Maischeerwärmung nur dann erforderlich, wenn die Temperatur unter 15 °C liegt. Bei dieser Variante können rund 85 % des Saftes in unveränderter (unverdünnter) Form gewonnen werden. Dieser Primärsaft wird anschließend entaromatisiert, geklärt und konzentriert. Der aus der Tresterverflüssigung resultierende Saft wird wie beim Saft aus der Maischeverflüssigung geklärt und ohne Aromagewinnung aufkonzentriert.

Die Saftausbeute liegt bei der Maischeverflüssigung sehr hoch und erreicht normalerweise 92 bis 95 % (DÖRREICH 1993). Da bei der Verflüssigung Pektin, Hemicellulosen und cellulosehaltiges Material der Zellwand in Lösung gehen, kann sich der Brix-Wert um etwa 10 % erhöhen. Wird die Saftausbeute aufgrund des ursprünglichen Brix-Wertes kalkuliert, können Saftausbeuten von über 100 % errechnet werden.

Analytische Untersuchungen von durch Verflüssigung gewonnenen Apfel- und Birnensäften zeigen, dass ihre Zusammensetzung von jener herkömmlicher Presssäfte zum Teil stark abweicht. Deutlich erhöhte Analysenwerte weisen Gesamtsäure, Galacturonsäure, Extrakt, Chinasäure, Gesamtzucker, Gesamtphenole und Mineralstoffe auf (SCHOBINGER et al. 1981/1988, PILNIK et al. 1991). Auch die sensorische Beurteilung lässt in manchen

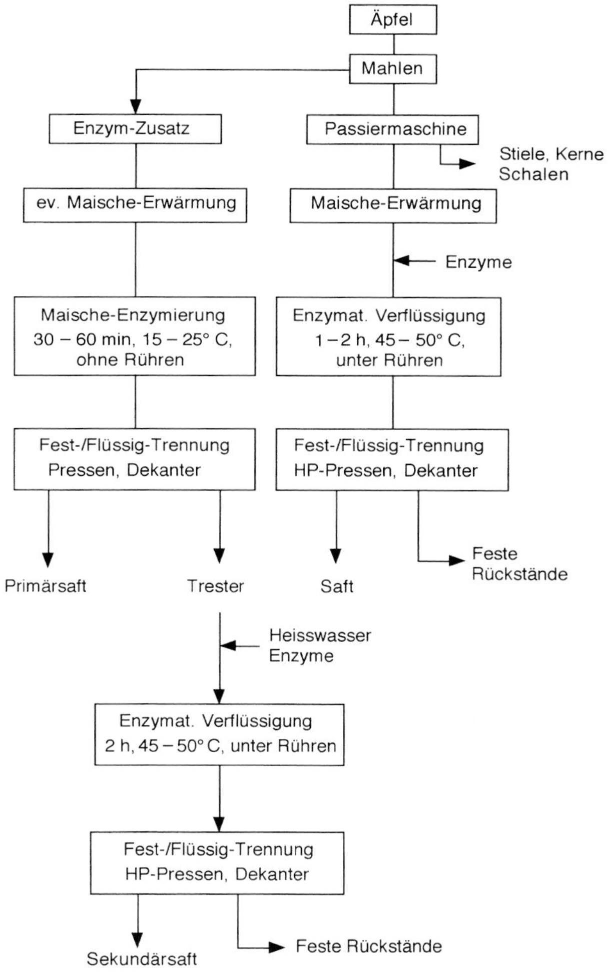

Äpfel
Mahlen
Enzym-Zusatz
Passiermaschine
Stiele, Kerne
Schalen
ev. Maische-Erwärmung
Maische-Erwärmung
Enzyme
Maische-Enzymierung
30 – 60 min, 15 – 25° C,
ohne Rühren
Enzymat. Verflüssigung
1 – 2 h, 45 – 50° C,
unter Rühren
Fest-/Flüssig-Trennung
Pressen, Dekanter
Fest-/Flüssig-Trennung
HP-Pressen, Dekanter
Primärsaft
Trester
Saft
Feste
Rückstände
Heisswasser
Enzyme
Enzymat. Verflüssigung
2 h, 45 – 50° C, unter Rühren
Fest-/Flüssig-Trennung
HP-Pressen, Dekanter
Sekundärsaft
Feste Rückstände

Abb. 57. Schema über zwei verschiedene Varianten des Einsatzes von Verflüssigungsenzymen bei der Apfelsaftgewinnung.

Fällen zu wünschen übrig (Dürr et al. 1981 b, Weiss et al. 1985). Die längere Maischestandzeit bei etwa 50 °C wirkt sich hierbei sicher ungünstig aus.

Die rechtliche Situation über die Anwendung dieser Verflüssigungsenzyme, namentlich der Cellulasen, ist noch nicht in allen Ländern restlos geklärt. Bis heute (2000) sind diese Enzyme für die Fruchtsaftherstellung in der EU und in der Schweiz noch nicht zugelassen.

3.4.10 Entsaftung durch kombinierte Verfahren

Die vorangehenden Beschreibungen der verschiedenen Entsaftungsverfahren zeigten, dass vielfach nur eine Kombination von mehreren Verfahren zu wirtschaftlichen Saftausbeuten führt. Für die Verarbeitung von Lagerobst kommen mit Vorteil sowohl herkömmliche Maischeenzyme wie auch Verflüssigungsenzyme oder kombinierte Press-Extraktionsverfahren zum Einsatz. Vielfach werden auch zwei verschiedene Presssysteme nacheinander geschaltet. Als erste Presseinheit

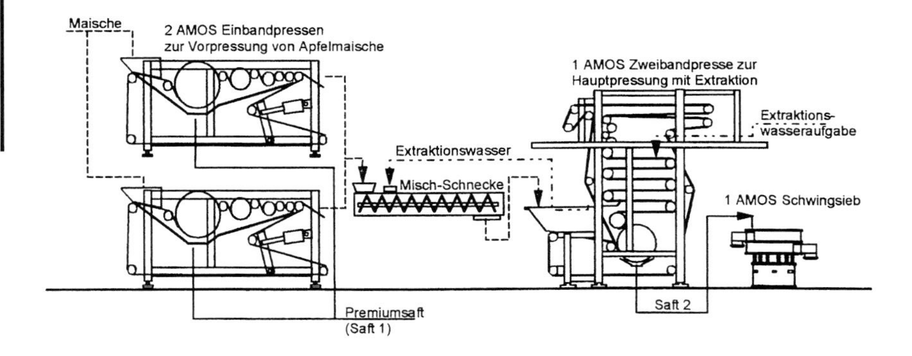

Abb. 58. Kombination von zwei AMOS-Einbandpressen zur Vorpressung von Apfelmaische (Premiumsaft) mit einer AMOS-Zweibandpresse zur Hauptpressung mit Wasserextraktion (Saft 2).

werden oft Bandpressen eingesetzt, gefolgt von einer Bucher-HP-Presse oder einer zweiten Bandpresse. Auch Kombinationen mit Dekantern sind möglich. Praktische Versuche mit kombinierten Verfahren wurden von Van Deelen und Steinbuch (1983), Binnig und Possmann (1984), Possmann (1984a), Baumann (1984), Kern et al. (1993), Colesan und Jöhrer (1993), Nagel und Hamatschek (1993) und Urlaub (1996) beschrieben. Durch diese kombinierten Verfahren lassen sich zum Teil Ausbeuten von über 95 % erzielen. Über die dabei resultierenden Saftqualitäten gibt es praktisch keine Angaben.

Die folgenden Abbildungen 58 bis 61 zeigen einige Möglichkeiten zur Entsaftung durch kombinierte Verfahren.

Rückblick

Es lohnt sich, die in Kapitel 3.4 beschriebenen Entsaftungsverfahren rückblickend noch kurz zu betrachten.

Die Artenvielfalt der für die Entsaftung in Frage kommenden Früchte und ihre wechselnden physikalisch-chemischen Eigenschaften erklären die mannigfaltigen technischen Lösungen, welche für die Saftbereitung im Laufe der Zeit vorgeschlagen wurden. Auch mit der Verbesserung bestehender und der Einführung neuer Entsaftungstechnologien sind der Entwicklung gewisse Grenzen gesetzt. Solche Grenzen werden nicht nur durch die Verschiedenartigkeit der Früchte, sondern auch durch rein äußere Faktoren wie steigende Rohmaterialpreise und allgemeine zeitbedingte technische, wirtschaftliche und soziale Entwicklungen der Neuzeit gesetzt. Diese Entwicklungen gehen auch in der Zukunft weiter. Sie sind mitverantwortlich und zum Teil auch Ursache der Umgestaltung unserer Technologien.

Die in den 70er Jahren in die Praxis eingeführte kontinuierliche Warmextraktion von Äpfeln im Gegenstrom (Diffusion) führte vor allem in Ländern mit hohem Anteil an Industrie- und Lagerobst nicht zum gewünschten Erfolg. Diese Technologie wurde in der Folge weitgehend verdrängt durch die breite Einführung der kontinuierlichen Bandpressen und der neuen Dekantergeneration. Durch Kombination dieser kontinuierlichen Entsaftungsverfahren mit einer nachfolgenden Tresterauswaschung wurde eine hohe Wirtschaftlichkeit erreicht. Ferner trug auch die Lancierung von neuen Enzymsystemen zur Maischebehandlung und zur Verflüssigung viel dazu bei, dass Pressen und Dekanter sowohl bei baumfrischen

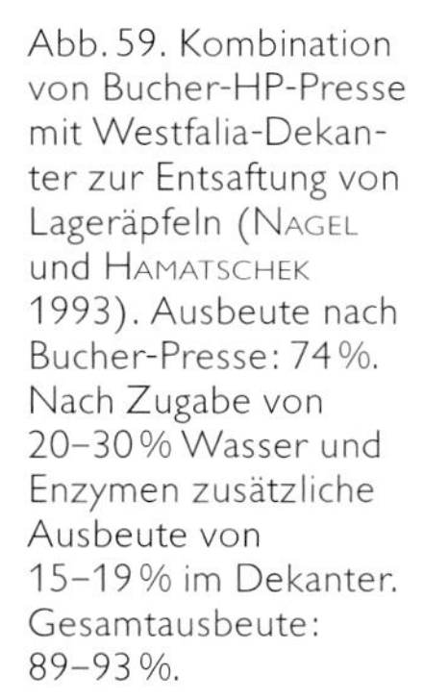

Abb. 59. Kombination von Bucher-HP-Presse mit Westfalia-Dekanter zur Entsaftung von Lageräpfeln (Nagel und Hamatschek 1993). Ausbeute nach Bucher-Presse: 74 %. Nach Zugabe von 20–30 % Wasser und Enzymen zusätzliche Ausbeute von 15–19 % im Dekanter. Gesamtausbeute: 89–93 %.

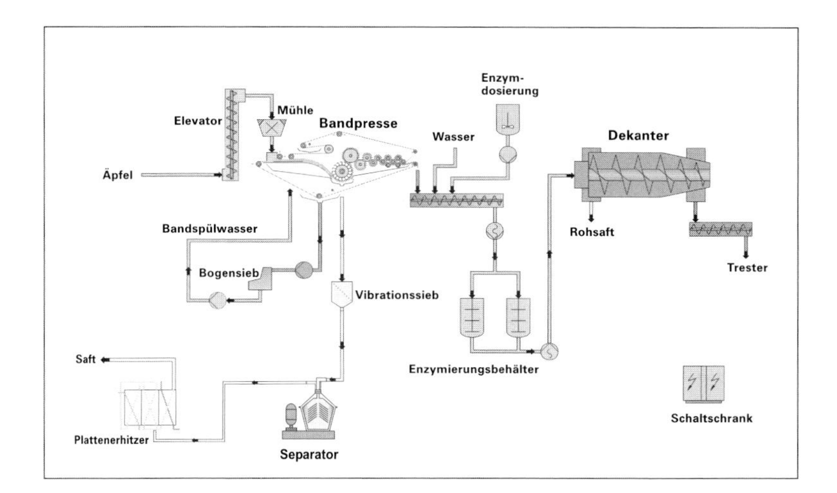

Abb. 60. Kombination einer Flottweg-Bandpresse zur Vorpressung mit nachfolgender Wasser- und Enzymzugabe für die End-Entsaftung im Flottweg-Dekanter (Flottweg GmbH).

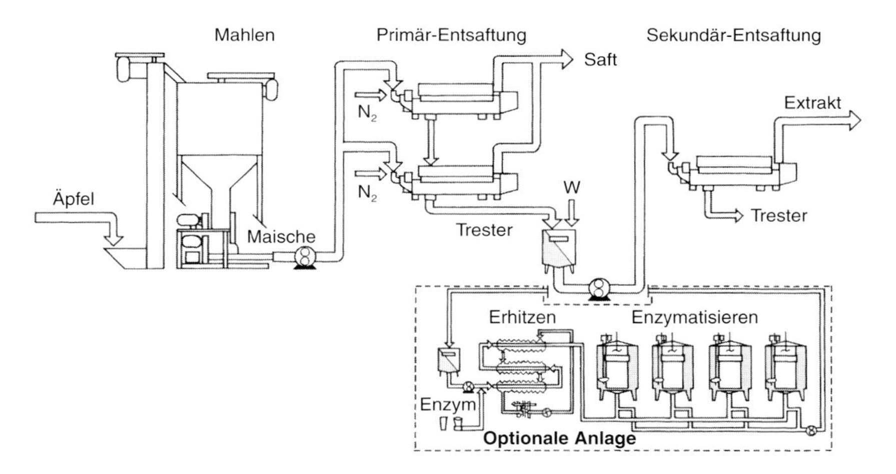

Abb. 61. Im Tetra-Alwin-DD-System arbeiten Primär- und Sekundär-Entsaftungsstufe mit Dekanterzentrifugen. Der aus der Primärentsaftung anfallende Trester kann entweder nur mit Wasser extrahiert oder optional mit Enzymen behandelt werden (Tetra Pak).

Äpfeln wie auch bei Lagerobst heute zu wirtschaftlich interessanten Saftausbeuten führen.

Das Verfahren der Verflüssigung ist auch interessant für die Verarbeitung von Gemüsen und Früchten, die sich sehr schlecht zum Entsaften in Pressen eignen, oder für die noch keine Pressen entwickelt wurden, wie zum Beispiel Mangos, Guaven, Bananen usw. (Schreier et al. 1985, Steinbuch et al. 1986, Pilnik 1988). Daher ist diese einfache, kostengünstige und wartungsarme Technologie vor allem auch für Entwicklungsländer von großem Interesse. Die Tatsache, dass bei der Verflüssigung von Früchten und Gemüsen die Abfallbeseitigung stark reduziert wird, dürfte namentlich für Betriebe in hochindustrialisierten Ländern von großem Interesse sein.

Das Verfahren der Verflüssigung ist weiterhin entwicklungsfähig und dürfte vor allem in qualitativer Hinsicht zu weiteren Verbesserungen führen. Zusammen mit einer weiteren Ausdehnung der rechtlichen Anerkennung auf alle Länder der Welt, besitzt dieses Verfahren sicher ein großes Zukunftspotenzial.

Eine interessante Neuerung ist auch bei der seit Jahrzehnten in der Fruchtsaftindustrie weltweit eingeführten und vielfach bewährten Bucher-Horizontalpresse zu vermerken. Die neue Entwicklung der 1994 lancierten HPX 5005i zu einer vollautomatisch gesteuerten, selbstoptimierenden Presse mit der Möglichkeit zur Nachextraktion der Trester zeigt, dass diese Presse keineswegs veraltet ist, sondern im Gegenteil völlig neue Maßstäbe setzt. Sie ist damit neueren Entsaftungssystemen ebenbürtig oder in gewissen Punkten sogar überlegen.

3.4.11 Verwertung der Pressrückstände

In der Fruchtsaftindustrie lassen sich die Pressrückstände in einzelnen Fällen einer interessanten Weiterverwendung zuführen. So stellen sie ein wertvolles Rohmaterial für die Pektin- oder Alkoholgewinnung dar, werden als Futtermittel verwendet oder dienen der Energieerzeugung. Eine weitere Möglichkeit besteht neuerdings in der Aufarbeitung der Apfeltrester zu Ballaststoffkompositionen (Kabbert et al. 1998).

Pektingewinnung: Für die Pektinfabrikation sind die getrockneten Schalenabfälle von Citrusfrüchten am interessantesten. Angaben über die Nährstoffzusammensetzung von Citrustrestern sind in Kapitel 3.7.15, Seite 231 zu finden. Getrocknete Apfeltrester werden ebenfalls im großen Rahmen zur Pektinextraktion eingesetzt. Durch den vermehrten Einsatz von Maischeenzymen konnten die anfallenden Apfeltrester bis vor kurzem nicht mehr für die Pektingewinnung eingesetzt werden, da das Pektin weitgehend abgebaut ist. Durch den gezielten Einsatz von bestimmten Maischeenzymen ohne depolymersierende Eigenschaften können nun solche Trester mit gutem Erfolg weiterhin für die Pektingewinnung verwendet werden (Plocharski et al. 1998, Helbig 1998).

In Ländern, in welchen die Äpfelverarbeitung keine große Bedeutung hat, lohnt sich die Pektinextraktion nicht. In diesem Falle werden die Trester frisch oder getrocknet als *Viehfutter* verwendet oder einfach kompostiert. Diese Verwendung gilt auch für Früchte mit geringen Pektingehalten, wie zum Beispiel für Birnen.

Traubentrester werden entweder vergoren und destilliert oder, zur Gewinnung der Tartrate, mit Wasser extrahiert. Die Traubenkerne finden vielerorts in der Ölfabrikation Verwendung.

Neuentwicklungen auf dem Gebiet der Rückstandsverwertung befassen sich vor allem mit der Energierückgewinnung aus den bei der Obst und Gemüse verarbeitenden Industrie anfallenden Abfällen.

Der *Methangasherstellung* wird im Ausland besondere Beachtung geschenkt. Nach einer Studie von Lane (1979) lassen sich aus 1 000 Tonnen Früchterückständen mit einem Restwassergehalt von rund 80 % etwa 90 000 Kubikmeter Methangas gewinnen. In einer amerikanischen Arbeit berichten Kranzler und Davis (1981) über Untersuchungen der Energierückgewinnung aus Apfel- und Traubentrestern. Die direkte Verbrennung von Trestern stellt dabei ein beträchtliches Energiepotenzial dar, das mehr als die dreifache Wärmemenge liefern könnte, die zur Apfelsaftherstellung notwendig ist. Bei Traubensaft beträgt dieser Wert über 80 %, wobei die Wirtschaftlichkeit in beiden Fällen von den einzelnen Verfahrensschritten bei der Herstellung abhängt.

Jewell et al. (1998) berichten über halbtechnische Laborversuche zur Gewinnung von *Biogas* aus Apfeltrestern durch ein anaerobes Fermentationsverfahren und über einen aeroben biologischen Abbauprozess zur Herstellung eines stabilen, geruchlosen organischen Trockenprodukts, wobei Gewicht und Volumen um über 70 % reduziert werden.

Fischer (1984) berichtet von einem Obstverwertungsbetrieb in Italien, der pektinarme oder enzymbehandelte Apfeltrester trocknet und für die *Dampferzeugung* verbrennt. Der Verfasser kam nach Versuchsauswertung mit Wirtschaftlichkeitsrechnung zum Schluss, dass trotz eines nicht unerheblichen Energiebeitrages eine wirtschaftliche Betriebsweise nur dann gegeben war, wenn die Alternative der Abgabe an die Pektinindustrie nicht gewählt werden konnte.

Auch bei der Firma Zipperle in Meran werden die Trester und Obstrückstände im

Ausmaß von etwa 400 t/d nicht mehr nass entsorgt, sondern getrocknet und verbrannt (ANON. 1995). Die dabei gewonnene Energie liefert die notwendige Energie für die Trocknungsanlage und zusätzlich etwa 10 t/h Dampf für den Betrieb.

3.5 Fruchtsaftstabilisierung

J. WEISS

Ziel aller Maßnahmen ist es, stabile klare oder trübe Säfte herzustellen, deren ernährungsphysiologische und sensorische Eigenschaften möglichst wenig verändert werden sollen. Um diese Ziele zu erreichen, sind in Abhängigkeit von den Gehalten bestimmter Saftinhaltsstoffe unterschiedliche Stabilisierungsmaßnahmen beziehungsweise Kombinationen verschiedener Maßnahmen erforderlich.

3.5.1 Trubstabile Säfte

Seit langem werden Fruchtsäfte, meist Apfelsäfte, naturtrüb im Handel angeboten und erfreuen sich zunehmender wirtschaftlicher Bedeutung. Das Anforderungsprofil an solche Produkte hat sich im Laufe der Zeit deutlich verändert, heute fordert man (NAGEL 1992):

- eine helle weißlich gelbe Farbe;
- deutlich wahrnehmbare Trübung, die Fruchtfleischteilchen sollen gleichmäßig im Saft verteilt und nicht sedimentiert sein;
- einen fruchtigen, säurebetonten Geschmack, nicht bitter oder adstringierend schmeckend;
- einen frischen, fruchtigen, arttypischen Geruch.

Die zu ergreifenden Stabilisierungsmaßnahmen beziehen sich dabei primär auf die Farb- und Trubstabilisierung.

Farbstabilisierung: Farbveränderungen werden fast ausschließlich durch enzymatische oder nichtenzymatische Bräunungsreaktionen bedingt. Um erstere möglichst weitgehend auszuschließen, ist während des gesamten Produktionsprozesses der Sauerstoffgehalt der Atmosphäre möglichst niedrig zu halten, sind die safteigenen Phenoloxidasen möglichst frühzeitig zu inaktivieren (96 °C bei 15–30 s), und es ist durch Zugabe von L-Ascorbinsäure ein Langzeitoxidationsschutz zu initiieren. Um nichtenzymatisch bedingte Bräunungsreaktionen während der Lagerung der Säfte (Halbkonzentrate) zu minimieren, hat diese tiefgekühlt (< –18 °C) zu erfolgen.

Trubstabilisierung: Die Trubstabilisierung steht im engen Zusammenhang mit der Sedimentationsgeschwindigkeit; diese wird wesentlich durch die Parameter Partikelgröße, Partikeldichte, Wert der Viskosität des Serums, Partikelform, Partikelladung und weitere kolloidchemische Parameter bestimmt (PECORONI et al. 1996, PECORONI 1998). Durch eine unmittelbar nach der Grobtrubabtrennung durchzuführende thermische Behandlung erfolgt eine weitestgehende Inaktivierung der fruchteigenen pektolytischen Enzyme, dies ist vor allem für die Aufrechterhaltung der Werte der Viskosität von größter Bedeutung. Die Gesamttrubgehalte der von Grobtrub befreiten naturtrüben Apfelsäfte beträgt 0,2 bis 1,0 g/l (ZIMMER et al. 1996).

Über die Technologie zur Erzeugung von naturtrüben Säften siehe Kapitel 3.4.6.

3.5.2 Blanke Säfte

Um blanke und stabile Säfte zu erhalten, genügt es nicht, nur die Trubstoffe zu entfernen, sondern es müssen auch jene Substanzen, die zu einem späteren Zeitpunkt zu Trübungen Anlass geben, in einem solchen Maß reduziert werden, dass dieses unerwünschte Ereignis nicht eintritt. Da es unterschiedliche Verursacher gibt, sind auch unterschiedliche Maßnahmen oder Verfahrensschritte möglich beziehungsweise notwendig. Welche gesetzt werden, hängt einerseits von der Matrix des zu behandelnden Saftes und andererseits von den zur Verfügung stehenden technischen Einrichtungen ab. Üblicherweise werden mehrere Verfahren kombiniert.

Weiterentwicklungen technologischer Verfahrensschritte (zum Beispiel Entsaftung, Nachextraktion) sowie der Einsatz von Enzympräparaten mit erweitertem Wirkspektrum führen nicht nur zu höheren Gehalten an Kolloiden und phenolischen Substanzen im Saft, sondern auch zur Anwesenheit von gelösten Inhaltsstoffen, die bei konventioneller Technologie nur in marginalem Umfang gelöst werden. In verstärktem Umfang kommen auch Getränke auf den Markt, die durch Verschnitt von Säften verschiedener Obstarten erzielt wurden. Auch wenn die dazu verwendeten Ausgangssäfte blank und stabil sind, können die daraus hergestellten Mischsäfte instabil sein (Dietrich und Will 1998).

Die Trübung von Säften wird einerseits von grobdispersen Teilchen – die aus dem Fruchtgewebe stammen, größer als 0,5 Millimeter sind und eine meist heterogene Zusammensetzung aufweisen – und andererseits von im Saft kolloidal gelösten makromolekularen Substanzen, die den Tyndall-Effekt bedingen, verursacht.

Über die chemische Zusammensetzung des Trubes existiert eine Reihe von wissenschaftlichen Arbeiten, die jedoch nur schwer miteinander vergleichbar sind (unterschiedliche Trubisolierung, Aufbereitung, Analysenverfahren). Im Wesentlichen bestehen die Trubstoffe aus Proteinen, Pektin, Polyphenolen, Lipiden, Polysacchariden und Mineralstoffen. Dietrich et al. (1996) ermittelten in Apfelsafttrub folgende Durchschnittswerte: 40 % Proteine (unlöslich bei niedrigem pH-Wert, etwa 15 Banden bei isoelektrischer Fokussierung), 30 % Lipide (aus mehreren Lipidklassen), 5 % Procyanidine (oligo- und polymer), 5 % neutrale Polysaccharide (Arabinose, Galactose, Glucose, Rhamnose, Xylose, Fucose, Mannose), 2 % „Pektin" (berechnet als Galacturonsäure) und 18 % andere Stoffe (Mineralstoffe, noch unbekannte Substanzen).

Die Entfernung der nicht erwünschten Trubstoffe und/oder Saftinhaltsstoffanteile erfolgt mittels:

- Einsatz von Enzympräparaten,
- Einsatz von Schönungsmitteln,
- Einsatz von Adsorptionsmitteln,
- mechanischer Klärung (Filtration, Separation).

3.5.2.1 Einsatz von Enzympräparaten

Enzympräparate werden für die Saftstabilisierung eingesetzt, indem mit ihrer Hilfe unerwünschte hochmolekulare Substanzen in niedermolekulare, lösliche übergeführt werden. Es gibt jedoch auch die – zur Zeit nicht legale – Möglichkeit, niedermolekulare Saftinhaltsstoffe auf enzymatischem Wege zu hochmolekularen aufzubauen, diese können mechanisch abgetrennt werden.

3.5.2.1.1 Enzymatischer Pektinabbau

Nach dem Entsaften enthalten die Säfte persistente Trubstoffe, es sind dies Zellwandfragmente und Komplexe, die aus positiv geladenen Zytoplasmaproteinkernen mit einer äußeren Schicht aus negativ geladenen Pektinketten bestehen. Die Suspension der Teilchen ist primär auf gleichartige elektrische Ladung, aber auch auf die Anwesenheit von nativen, stabilisierend wirkenden Substanzen zurückzuführen.

Endo (1965) und Yamasaki et al. (1964, 1967) entwickelten ein Modell (Abb. 62), das die Destabilisierung erklärt: Ein partieller Abbau der Pektinhülle durch Pektinmethylesterase und Endo-Polygalacturonase führt zu einer Aggregation gegensätzlich geladener Teilchen (1). In Abhängigkeit vom Veresterungsgrad des Pektins kann dies auch mittels einer Pektinlyase erfolgen: Bei Apfelsaft mit einem hohen Veresterungsgrad (> 80 %) ist dies möglich, bei Traubensaft mit nieder verestertem Pektin (44–65 %) nicht (Ishii und Yokotsuka 1973).

Wirkt nur Pektinmethylesterase pflanzlicher (2) oder pilzlicher (3) Herkunft auf das Trubpartikel ein, so kommt es zu einer unterschiedlich starken Demethylierung, die freiwerdenden Carboxylgruppen reagieren mit bivalenten Ionen, zum Beispiel Ca^{2+}, was ebenfalls zu einer Destabilisierung führt.

Untersuchungen von industriell verarbeiteten Pfirsichen, Birnen, Äpfeln, Aprikosen und Ananas zeigten, dass trotz eines hohen thermischen Inputs noch beachtliche Pektinmethylesterase-Restaktivitäten vorhanden waren. Besonders widerstands-

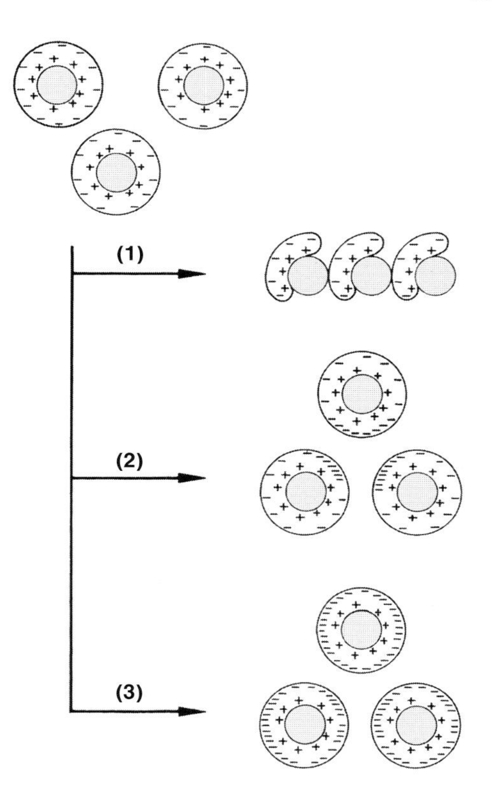

Abb. 62. Aggregation von Trubpartikeln (VINCKEN 1996).

fähig erwies sich die Pektinmethylesterase in Ananassäften. Restaktivitäten von weniger als etwa 10^{-4} U/ml bewirken eine Trubstabilität, hingegen bedingen Werte von mehr als 10^{-3} U/ml eine Klärung (CASTALDO et al. 1997). Ähnliches wurde bei Tomatensaft beobachtet (GIOVANE et al. 1996).

Zum enzymatischen Abbau der im Saft gelösten Pektine innerhalb weniger Stunden – sonst besteht die Gefahr des Angärens – reichen die nativen pektolytischen Enzyme nicht aus, und es muss daher ein Enzympräparat zugesetzt werden.

Die heute auf dem Markt befindlichen Saftklärenzympräparate enthalten hohe Aktivitäten an Pektinmethylesterase, Endo-Polygalacturonase und Pektinlyase und Nebenaktivitäten an Arabinase, Galactanasen, Xylanasen, β-1,4-Glucanasen, Amylasen, Glykosidasen und Proteasen (VORAGEN et al. 1992). Hinsichtlich ihrer Aktivität ist festzuhalten, dass diese stark vom pH-Wert (Abb. 63) und der Anwendungstemperatur (Abb. 64) abhängt. Eine Erhöhung der zugesetzten Enzymdosis führt zur Verkürzung der Reaktionszeit.

Ein Anstieg der Temperatur um 10 °C bewirkt in etwa eine Verdoppelung der Enzymaktivität, wobei 50 °C als optimal anzusehen sind, Temperaturen > 55 °C bewirken eine drastische Enzymaktivierung.

Pektolytische Enzyme mit verschiedenen Wirkungsmechanismen sind erforderlich, da bei Nichtvorhandensein pektinsäurespaltender Enzyme Fällungen vor allem mit Calciumionen auftreten. Zur Calciumpektatbildung kann es auch bei der Trinkfertigmachung von Beeren- und Steinobstsäften bei Verwendung von nicht enthärtetem Wasser kommen. Neben Ca^{2+} können auch andere bi- oder polyvalente Ionen Fällungen verursachen, und zwar umso leichter, je niedriger der Veresterungsgrad des Pektins ist.

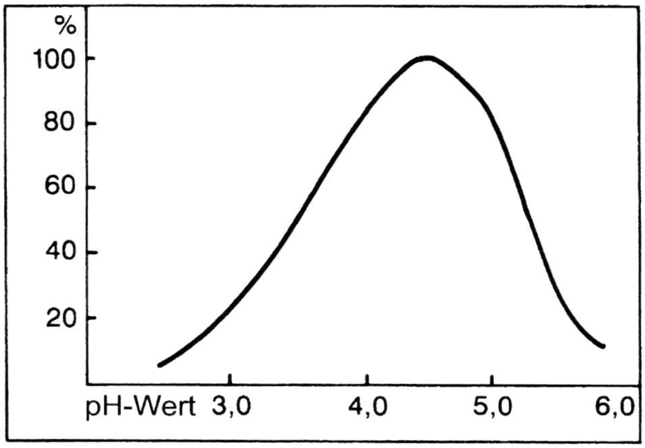

Abb. 63. Pektinaseaktivität (in %) in Abhängigkeit vom pH-Wert (Depektinisierung von Apfelsaft bei 55 °C; Reaktionszeit 100 min) (Novo Nordisk Ferment Ltd.).

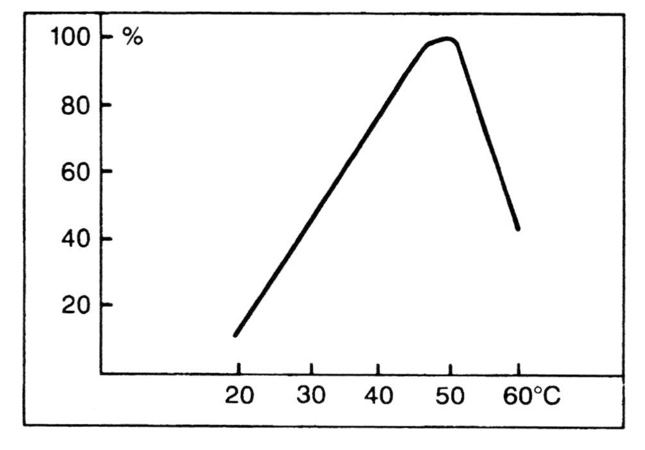

Abb. 64. Pektinaseaktivität (in %) bei unterschiedlichem Temperaturniveau (Depektinisierung von Apfelsaft bei einem pH-Wert von 3,5; Reaktionszeit 100 min) (Novo Nordisk Ferment Ltd.).

3.5.2.1.2 Enzymatischer Stärkeabbau

Stärke ist ein pflanzlicher Reservestoff, der nativ in Form von Stärkekörnern, deren Größe und Form artspezifisch sind, abgelagert wird. Die Stärke besteht aus der bei Raumtemperatur wasserlöslichen Amylose (etwa 25 bis 30 % der nativen Apfelstärke) und dem wasserunlöslichen Amylopektin. Beide enthalten esterartig gebunden geringe Mengen an Phosphorsäure. Erst bei einer Temperatur von etwa 58 bis 60 °C beginnt Amylopektin unter Wasseraufnahme zu quellen und geht nach weiterer Erwärmung in den gelösten Zustand über. Gut gelöste Stärke ist enzymatisch sehr leicht abzubauen, während teilweise gelöste oder ungelöste Stärke nur sehr schwierig oder gar nicht enzymatisch abbaubar ist; unreife Äpfel enthalten zum Beispiel bis 2,5 % Stärke (Dietrich und Will 1996).

Bei der Mitverarbeitung von unreifem Kernobst sind oft größere Stärkemengen in den Säften vorhanden. Dies vor allem dann, wenn mit modernen Entsaftungsanlagen gearbeitet wird, wo der bei Verwendung von Packpressen auftretende Filtereffekt entfällt. Wird, wie dies in Großbetrieben allgemein üblich ist, kontinuierlich gearbeitet, indem der Presssaft zentrifugiert, unmittelbar danach entaromatisiert und erst anschließend stabilisiert wird, so kann durch das Zentrifugieren wohl ein sehr hoher Prozentsatz (> 95 %) der Stärkekörner entfernt werden, der Rest wird jedoch bei dem in den Anlagen zur

Abtrennung der Aromastoffe herrschenden Temperaturniveau verkleistert und damit gelöst. Diese gelöste Stärke kann weder durch ein Schönungs- noch durch ein Klärverfahren beseitigt, sondern muss enzymatisch abgebaut werden, da sie die Eigenschaft hat, zu retrogradieren, das heißt, die kolloidal gelöste Stärke sowie oligomere Stärkeabbauprodukte assoziieren und verursachen Trübungen meist in Form einer Opaleszenz.

Als stark Wasser anlagerndes Hydrokolloid kann Stärke aber auch Trubpartikel umhüllen und sie in Schwebe halten. Retrogradierte Stärke kann enzymatisch nur sehr schwer abgebaut werden und verbleibt sehr lange im Schwebezustand. Amylopektin weist eine beachtliche Schutzkolloidwirkung auf und lässt sich nur durch wenige Schönungsmittel, zum Beispiel Kieselsol, entfernen. Die verkleisterte Stärke erschwert nicht nur die Filtration, sondern kann auch nach der Abfüllung in Form von Stärke-Gerbstoff-Komplexen Ursache von Trübungen sein. Polyvalente Kationen, insbesondere Schwermetallionen, üben dabei einen starken Einfluss auf die Fällung aus.

Der enzymatische Abbau der gelösten Stärke kann mit solchen Enzympräparaten erfolgen, die entweder Pilz-α-Amylase oder Pilz-Amyloglucosidase als Hauptaktivität aufweisen. Ihr Wirkungsmechanismus ist aus Abbildung 65 ersichtlich (Dietrich und Will 1996).

α-Amylase (EC 3.2.1.1) spaltet als Endoenzym 1,4-α-Bindungen in allen Kettentypen der Stärkepolysaccharide. Die enzymatische Spaltung setzt die Entstehung eines Enzym-Substrat-Komplexes voraus, für dessen Bildung es vermutlich in Abhängigkeit vom strukturellen Aufbau des Enzyms und des Substrates unterschiedliche Mechanismen gibt. Dabei üben die Stärkeart, die Konfiguration der Polysaccharide und die Anordnung der Verzweigungsstellen einen Einfluss aus. Als Abbauprodukte entstehen größere Mengen an Maltose und höheren Sacchariden. Endo-Amylasen führen zu einem raschen Abbau der Stärkemoleküle und zu einer rascheren Aufhebung der Schutzkolloidwirkung.

Pilz-α-Amylase-Präparate werden bei den in den Fruchtsäften üblichen pH-Werten (~ 3,5) bei höheren Temperaturen relativ rasch inaktiviert und können daher nur bei Kaltschönungen (< 35 °C) sinnvoll eingesetzt werden.

Glucan-1,4-α-Glucosidase (Amyloglucosidase, EC 3.2.1.3) als Exoenzym spaltet vom nichtreduzierenden Kettenende der Amylose und des Amylopektins Glucose durch Hydrolyse der 1,4-α-Bindungen ab, davon betroffen sind auch 1,6-α- und 1,3-α-Bindungen.

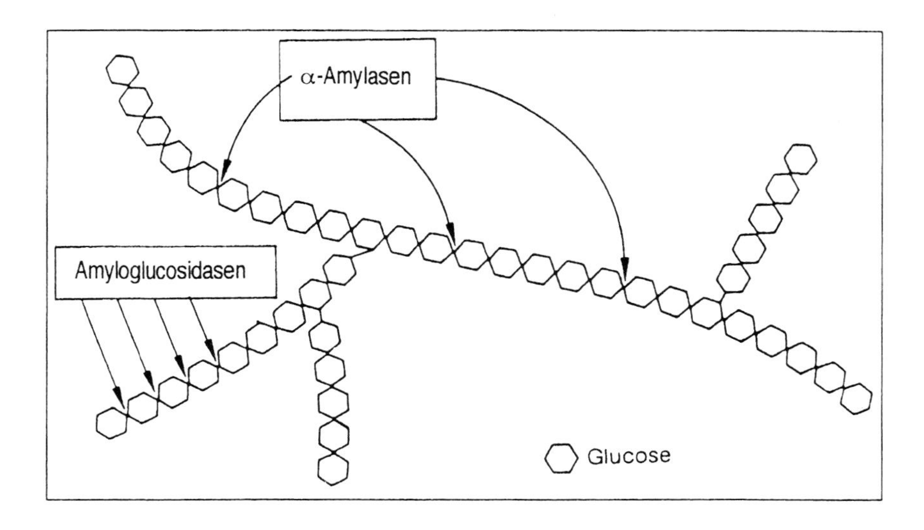

Abb. 65. Enzymatischer Abbau von Amylopektin durch α-Amylasen oder Amyloglucosidasen (Dietrich und Will 1996).

Hinsichtlich der pH-Charakteristik und der Temperaturunabhängigkeit der Aktivität zeigen Pilz-Amyloglucosidase-Präparate deutliche Vorteile gegenüber den α-Amylase-Präparaten und können daher auch bei Warmschönungen (~ 50 °C) eingesetzt werden.

3.5.2.1.3 Enzymatischer Abbau von Restpektin

In Abhängigkeit von Fruchtart, Reifegrad, verwendetem Enzympräparat, Rahmenbedingungen bei der Enzymierung der Maische (Temperatur, Zeit, Bewegung der Maische) und dem gewählten Entsaftungsverfahren gehen beachtliche Mengen an Zellwandmaterial in die flüssige Phase über. Diese gelösten Zellwandpolysaccharide beeinflussen nicht nur die chemische Zusammensetzung des Saftes, sondern führen auch zu technologischen Problemen. Chemisch gesehen handelt es sich bei diesen Substanzen, die aus der hairy region des Pektins stammen, in erster Linie um Arabane, Arabinogalactane und Rhamnogalacturonane (Schols 1995). Das Spektrum ihrer Molekularmassen erstreckt sich von 10^4 bis 10^6 Dalton, aufgrund dieser Größe sind sie daher besonders geeignet, bei Ultrafiltration Schwierigkeiten zu bereiten.

Diese Bruchstücke werden heute unter dem Begriff Restpektin (Kolloide) zusammengefasst. Bei Einsatz herkömmlicher pektolytischer Enzympräparate entstehen aus dem ursprünglichen Saftpektin etwa 10 bis 50 % Restpektin. Bei Maischeenzymierung erhöht sich der Restpektingehalt dramatisch (bis 10 g/l) (Will 1997).

Nicht nur durch die Maischeenzymierung, sondern auch durch eine Nachextraktion kann der Kolloidgehalt deutlich erhöht werden.

Ein partieller enzymatischer Abbau der Restpektine ist möglich, da in gewissen pektolytischen Enzympräparaten Endo- und Exo-Arabanasen enthalten sind. Für die beiden anderen Gruppen (Arabinogalactane und Rhamnogalacturonane) nicht.

3.5.2.1.4 Enzymatische Veränderung phenolischer Inhaltsstoffe

Die im Obst vorkommenden phenolischen Substanzen stellen das Hauptproblem bei der Stabilisierung von Säften und Saftkonzentraten dar. Phenolische Substanzen können durch enzymatische Oxidation, nichtenzymatische Oxidation, nichtoxidative Umsetzungen und Polymerisation eine Bräunung erfahren (vgl. hierzu Kap. 2.2.2.1). Während in der Maische und im Presssaft die Oxidation enzymatisch bedingt ist und relativ rasch abläuft, folgen nach der thermischen Enzyminaktivierung die langsam ablaufenden nichtenzymatischen Umsetzungen. In der Agglomerationsphase kommt es vorerst zu einer Farbzunahme, später zu einer Trübung, gefolgt von einem Ausfall der Kondensationsprodukte, vielfach verbunden mit einer Farbaufhellung.

Bei der enzymatischen Bräunung werden durch Phenolasen gewisse phenolische Inhaltsstoffe über Zwischenstufen zu braun gefärbten Kondensationsprodukten (Melanin) oxidiert. Diese Kondensationsreaktionen laufen in Abhängigkeit von Temperatur, Sauerstoffgehalt, pH-Wert, Gehalt an reaktionsfähigen Phenolen und originärem Enzymgehalt mit unterschiedlicher Geschwindigkeit ab.

In der Fruchtsaftindustrie ist es üblich, die trübungsverursachenden phenolischen Substanzen zu entfernen, indem sie ausgefällt (siehe Kap. 3.5.2.2) oder mittels Ultrafiltration (siehe Seite 184 ff.) mit Nachbehandlung abgetrennt werden.

Eine andere Form der Eliminierung besteht darin, dass für die fruchteigenen Phenolasen optimale Rahmenbedingungen (Luft- beziehungsweise Sauerstoffzufuhr) geschaffen werden, so dass eine akzelerierte Bräunung erfolgt. Da aber die Phenolasen eng mit dem Fruchtfleisch assoziiert sind – im Saft ist deren Gehalt relativ gering –, müsste die Belüftung in der Maische erfolgen, was aus technischen Gründen auf Schwierigkeiten stößt (gleichmäßige Einbringung von Luft beziehungsweise Sauerstoff). Ein Ausweg besteht in der Zuführung eines entsprechenden Laccase-Diphenoloxidase-Enzympräparates in den Trubsaft (MAIER et al. 1990 a, b).

Wie die Untersuchungen von DIETRICH et al. (1990, 1994) zeigten, können in mittels mikrobieller Laccase behandelten Säften die Gehalte wichtiger phenolischer Inhaltsstoffe um folgende Prozentsätze gesenkt werden: Chlorogensäure 97 %, Kaffeesäure 91 %, p-Cumarsäure 46 %, Catechin 100 %, Procyanidin 100 %, Epicatechin 82 % und Phloridzin 20 %.

Bereits nach einer Belüftungszeit von 15 bis 30 Minuten ist der Prozess abgeschlossen. In den folgenden Prozessschritten werden die Enzyme thermisch inaktiviert.

Der Einsatz von Laccase-Enzympräparaten ist zur Zeit in vielen Ländern nicht gestattet.

3.5.2.2 Zusatz von Schönungsmitteln

Gemeinsam ist diesen Mitteln, dass sie mit Saftinhaltsstoffen reagieren. Die entstehenden Reaktionsprodukte können durch geeignete Maßnahmen abgetrennt werden, was folgende Vorteile bietet:

1. eine Vorklärung, um die nachfolgende Trubseparation zu erleichtern;
2. die Stabilisierung des Saftes, indem alle Trübungen verursachenden Substanzen in einem Ausmaß entfernt werden, dass sie zu einem späteren Zeitpunkt nicht zu Trübungen führen können, und dass
3. keine weitere Extraktion unerwünschter Substanzen aus dem Trub erfolgen kann;
4. in manchen Fällen eine Verbesserung sensorischer Eigenschaften.

Die für Schönungen verwendeten Mittel dürfen keine toxischen Stoffe an das Getränk abgeben und sollen möglichst quantitativ wieder entfernt werden. In den einzelnen Staaten sind verschiedene Schönungsmittel zugelassen. Bei der Durchführung einer Schönung sind folgende Gegebenheiten zu berücksichtigen:

Der Schönungseffekt wird wesentlich von der Art der Zudosierung des Schönungsmittels beeinflusst; ein optimaler Effekt wird nur erreicht, wenn die Dosierung kontinuierlich erfolgt, da somit örtliche Überkonzentrationen vermieden werden. Eine gleichmäßige Durchmischung ist Voraussetzung für einen guten Schönungserfolg.

Die Schönungsmitteldosis ist vom pH-Wert abhängig: je saurer das Getränk ist, desto besser wird der Kläreffekt mit der gleichen Dosis.

Die Wirkung der Schönungsmittel ist temperaturabhängig. Ferner soll der Saft während der Schönung auf einem möglichst konstanten Temperaturniveau gehalten werden. Temperaturschwankungen bedingen Turbulenzen und behindern damit das Absetzen der Trubpartikel.

Um eine hohe Effizienz zu erreichen, ist, unabhängig ob Kalt- oder Warmschönung, eine gewisse Reihenfolge der Zugabe einzuhalten: Bentonit – Gelatine – Kieselsol.

Gewerblich verarbeitete Säfte werden nach der Entaromatisierung (Aufkonzentrierung auf 20–24 °Brix) und vor der Konzentrierung warm geschönt. Höhere Brix-Gradationen (> 25 °Brix) erschweren das Absetzen des Trubes. Bei Kaltschönungen liegt der obere Grenzwert bei 17 °Brix.

Vor allem bei Warmschönungen (~ 50 °C) ist darauf zu achten, dass vor der Zugabe des Schönungsmittels der enzymatische Pektinabbau weitestgehend abgeschlossen ist.

Durch Schönung der Säfte werden jedoch nicht nur unerwünschte, sondern in geringem Umfang auch erwünschte Substanzen entfernt. Besonders davon betroffen sind Aromastoffe.

Eine verfahrenstechnische Weiterentwicklung zur kontinuierlichen Schönung ist die Trubstoffabtrennung mittels Flotation. Bei der Flotation werden Gasbläschen (Luft, N_2) an die Trubstoffe angelagert und schwimmen mit diesen auf. Das Flotat, in Form eines Schaumes, wird kontinuierlich ausgetragen. In der Praxis hat sich dieses Verfahren wegen seiner aufwendigen Steuerungstechnik bisher nur vereinzelt etabliert.

Trubaufbereitung

Bei der Schönung von Fruchtsäften fallen, in Abhängigkeit von verschiedenen Faktoren (Art der Schönung, Schönungsmitteleinsatzmenge usw.), beachtliche Mengen an Trub an; in der Regel 3 bis 10 %, doch sind auch höhere Werte möglich. Die Ausbeuteverluste betragen üblicherweise < 4 %. Um einerseits aus ökonomischen Gründen eine Saftrückgewinnung zu erreichen, andererseits aber auch die Schmutzfracht des Abwassers zu vermindern, ist eine Trubaufbereitung unbedingt erforderlich. Dazu stehen folgende Verfahren zur Verfügung:

Vakuum-Drehfilter: Mittels Vakuumfiltration (siehe Kapitel 3.5.2.4) kann Schönungstrub am besten aufbereitet werden. Diese Methode hat sich daher heute allgemein durchgesetzt.

Trubfilter (Kammerfilterpresse) (Abb. 66): Innerhalb eines Filtergestells liegen zwischen festem und losem Deckel Trubrahmen, die auf Tragholmen angeordnet sind. Diese Rahmen, meist aus Kunststoff, sind an ihrem äußeren Rand mit Gummidichtungen versehen. Die Rahmen werden hydraulisch zu einem Filterpaket zusammengepresst. Das zu filtrierende Gut wird mittels Exzenterschnecken- oder Kolbenpumpen zugeführt. Trubfilter arbeiten mit einem maximalen Betriebsdruck von 12 bis 15 bar und einem Differenzdruck von 4 bis 5 bar. Die Phasentrennung ist druck- und zeitabhängig, wobei die Standzeit von der Trubstoffzusammensetzung und der Menge des zugesetzten Filterhilfsmittels bestimmt wird.

In der Fruchtsaftindustrie werden Kammerfilterpressen heute selten eingesetzt.

3.5.2.2.1 Bentonit

Bentonit ist ein Verwitterungsprodukt aus vulkanischen Aschen und Tuffen oder aus Pegamiten und enthält zu 70 bis 90 % das Tonmaterial Montmorillonit, ein Alumi-

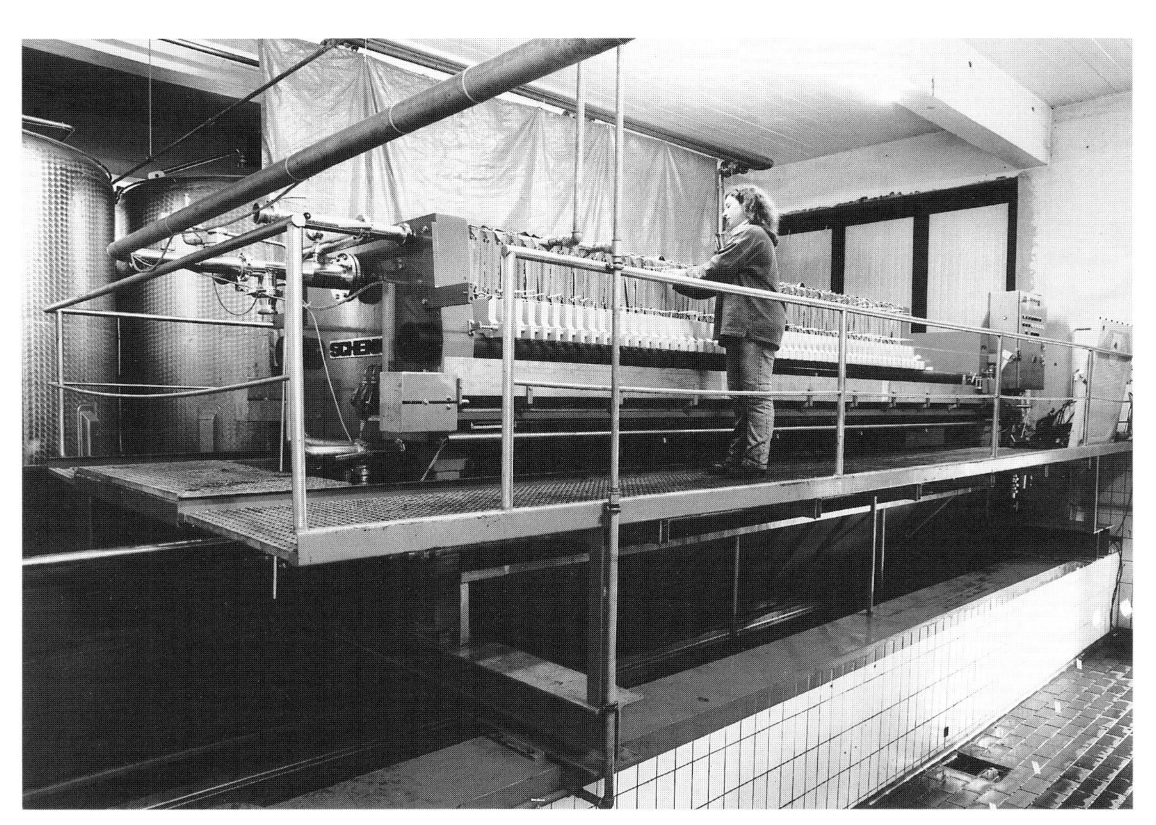

Abb. 66. Kammerfilterpresse (Schenk Filterbau GmbH).

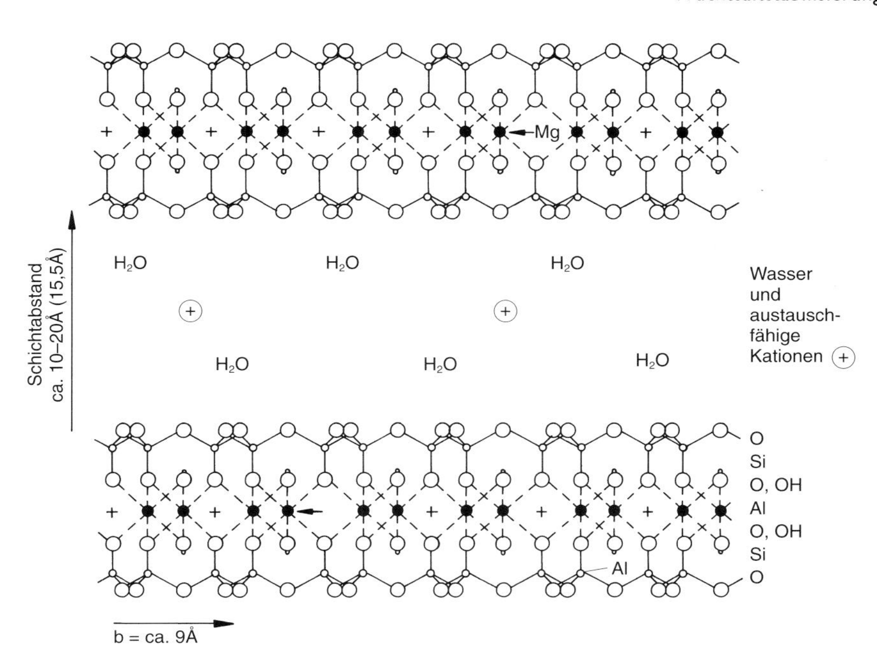

Abb. 67. Kristallgitter des Montmorillonits.

niumhydrosilikat. Montmorillonitkristalle bestehen aus Lamellen, wobei jede jeweils aus einer Aluminiumtetraederschicht, die von zwei Siliciumtetraederschichten eingeschlossen werden, besteht (Abb. 67). Zwischen den Lamellen sind in Abhängigkeit von der Bentonitart unterschiedliche Mengen an Kristallwasser und an austauschfähigen Kationen (Calcium oder Natrium) eingelagert. In wässriger Lösung werden die Kationen abgegeben und es verbleiben die negativ geladenen Lamellen. Durch Fehlstellen am Rande der Lamellen sind dort positive Ladungen vorhanden; gesamthaft überwiegt die negative Ladung. Die Ladungsintensität (Zeta-Potential) hängt sehr stark vom pH-Wert ab; da sie bei Mischbentoniten (Na-Ca-Bentonit) bedeutend tiefer ist als bei Calciumbentonit, sind auch die Reaktionseigenschaften deutlich beschleunigt.

Die Quellfähigkeit der Bentonite ist je nach Herkunft und Zusammensetzung verschieden groß: Natriumbentonite sind hochquellfähig (> 20 ml Flüssigkeit je g), Calciumbentonite niederquellfähig (< 10 ml Flüssigkeit je g). Die Wirksamkeit niederquellfähiger Bentonite lässt bei steigenden pH-Werten (> 3,5) stark nach. Natriumbentonite zeigen aufgrund ihres niedrigeren Zeta-Potentials bei gleicher Dosis eine höhere Wirksamkeit als Calciumbentonite, liefern aber auch bedeutend größere Trubmengen. Mischbentonite, mit einem höheren Quellvermögen, haben ein deutlich besseres Adsorptionsvermögen, insbesondere bei pH-Werten > 3,5 (Eschnauer und Görtges 1999). Wegen der unterschiedlichen Ladungseigenschaften reagiert Bentonit mit Proteinen und Gerbstoffen, außerdem werden die Gehalte an Schwermetallen und Spritzmittelrückständen reduziert. So können Mischbentonite die Polyphenolgehalte um bis zu etwa 40 % vermindern.

Die für die Schönung erforderliche Bentonitmenge wird durch Vorversuche festgestellt; es werden Dosen von 30 bis 150 (500) g/hl angewendet. Da nur vorgequollene Bentonite wirksam sind, ist jeder Bentonit vorzuquellen (> 8 h), für je ein Teil Bentonit rechnet man fünf bis zehn Teile Wasser. Durch Erhöhung der Wassertemperatur (max. 60 °C) und Rühren kann die Quellzeit verkürzt werden (3–4 h). Bei der Dosage der Bentonitsuspension zum Saft ist auf eine gute Durchmischung zu achten. Dies ist am besten dadurch zu erreichen, dass bereits vor der Bentonitzugabe das Rührwerk eingeschaltet wird. Das zugesetzte Bentonit soll etwa 15 Minuten in Schwebe gehalten werden. Mischbentonite sollten nur bei Warmschönungen eingesetzt werden, da sie bei höheren Dosagen zu viel und sich schlecht absetzenden Trub bilden (GÜNTHER und JUNKER 1995a).

3.5.2.2.2 Gelatine

Gelatine wird durch schonende Hydrolyse tierischer kollagenhaltiger Stoffe (Schweineschwarten, Knochen, Knorpel) durch sauren (Gelatine A = **a**cid) oder alkalischen (Gelatine B = **b**asic) Aufschluss gewonnen und besteht aus etwa 85 bis 87 % Protein, 9 bis 12 % Wasser und 2 bis 4 % Mineralsalzen. Proteine (Kollagene) sind aus Aminosäuren aufgebaut, die säureamidartig miteinander verknüpft sind. Der schraubenförmige, räumliche Aufbau der Peptidketten hängt ab von der Aminosäurensequenz (Primärstruktur), die die Konfiguration des Moleküls (Sekundärstruktur) bestimmt. Quantitativ sind an Aminosäuren Glyzin, Prolin (etwa 15,5 %mas) und Hydroxyprolin am stärksten vertreten.

Die Art des Aufschlusses hat einen entscheidenden Einfluss auf den isoelektrischen Punkt (jener pH-Wert, bei dem eine neutrale Nettoladung des Moleküls vorliegt): bei sauer aufgeschlossener Gelatine liegt dieser bei einem pH-Wert von etwa 9,0, bei alkalisch aufgeschlossener Gelatine bei etwa 5,0. Wird der isoelektrische Punkt unterschritten, so zeigt die Gelatine positive Ladung, wird er überschritten, so zeigt sie negative Ladung. Die Ladungsintensität ist umso größer, je größer die Differenz zwischen dem isoelektrischen Punkt und dem pH-Wert des Saftes ist. Demnach kommt für die Schönung von Säften nur sauer aufgeschlossene Gelatine in Frage, da diese die höhere positive Ladungsintensität aufweist. Durch Elektronenpaarbindungen werden negativ geladene Trubteilchen fixiert und fallen gemeinsam aus. In Abhängigkeit vom Umfang der thermischen Belastung während des Herstellungsprozesses werden Abbauprodukte unterschiedlichen Molekulargewichtes gebildet; je stärker die thermische Belastung ist, desto kleinere Bruchstücke werden entstehen. Die einzelnen Gelatinetypen weisen somit divergierende chemische und physikalische Kennzahlen auf. Zur Charakterisierung von Gelatine wird unter anderem das Merkmal Gallertfestigkeit herangezogen, das durch die Bloom-Zahl beschrieben wird. Über Zusammenhänge zwischen Bloom-Zahl und Schönungseffekt gibt es in der Literatur sehr unterschiedliche Angaben. Eine Ursache dafür könnte sein, dass handelsübliche Gelatine mit einer bestimmten Bloom-Zahl durch Ausmischung verschiedenbloomiger Partien erzielt wird. Die Molekulargewichtsverteilung ($2 \cdot 10^4$ bis $2 \cdot 10^5$) dürfte zur Charakterisierung besser geeignet sein.

Für die Fruchtsaftschönung dürfte nieder- bis mittelbloomige Gelatine (Bloom-Zahl 80 bis 100) am besten geeignet sein. Sie zeichnet sich durch höhere Flockungsaktivität, größere Schönungsbandbreite, höheres Polyphenolbindevermögen, geringes Trubdepot und ein besseres Lösungsvermögen aus (GÜNTHER 1994).

Handelt es sich um sehr stark abgebaute, sehr niederbloomige Gelatine, so gelangen niedermolekulare Eiweißbruchteile in den Saft, werden nicht sofort ausgefällt, sondern reagieren erst nach einer Retrogradation mit polyphenolischen Substanzen und verursachen Nachtrübungen. Durch Zusatz von Bentonit können diese Eiweißbruchstücke entfernt werden.

Gelatine wird als Schönungsmittel verwendet, um den Gehalt an phenolischen Saftinhaltsstoffen zu reduzieren und um eine Verbesserung der Filtrationseigenschaften zu erreichen. Von den phenolischen Substanzen im Apfelsaft sind vor allem die Procyanidine (Leucocyanidine) von großer Bedeutung, da sie für den bitteren (niedermolekulare Procyanidine) und adstringierenden (hochmolekulare Procyanidine) Geschmack verantwortlich sind. Auch stellen die Procyanidine die einzigen echten Gerbstoffe dar, das heißt jene Substanzen, die die Fähigkeit besitzen, mit Eiweiß zu reagieren. Daher werden durch eine Gelatineschönung die einzelnen phenolischen Substanzen verschieden stark reduziert. Die Fähigkeit phenolischer Substanzen, mit Proteinen Komplexe zu bilden, nimmt mit der Anzahl phenolischer Hydroxylgruppen und dem Grad der Polymerisation zu (LEA 1984, 1995). Die Fähigkeit der Proteine mit phenolischen Substanzen zu reagieren, steht in einem engen Zusammenhang mit deren Prolingehalt: Proteine, die Prolin enthalten, sind trubaktiv, prolinlose Proteine sind nicht trubaktiv. Wie spezifisch diese Eigenschaft ist, zeigt die Tatsache, dass Hydroxyprolin nicht trubaktiv ist. Diese Gegebenheit und die höheren Trubmengen bei höheren Temperaturen lassen den Schluss zu, dass Wasserstoffbrückenbindungen nicht so wichtig bei Interaktionen zwischen Proteinen und Polyphenolen sind wie hydrophobe Bindungen (SIEBERT et al. 1996a, b, 1997a, b).

Gelatine reagiert nicht nur mit phenolischen Saftinhaltsstoffen, sondern auch mit Pektinen und anderen Inhaltsstoffen, wobei diese Reaktionen wesentlich durch den pH-Wert des Saftes und die Temperatur beeinflusst werden. Bei tiefen pH-Werten wird, trotz Anwesenheit von Gerbstoffen, nicht die gesamte zugesetzte Gelatinemenge ausgefällt. Dies kann bei der Verarbeitung säure- und gerbstoffreicher Säfte zu Stabilitätsproblemen führen.

Die Anwesenheit von Elektrolyten – besonders Fe^{3+}-Ionen – hat auf die Aggregation einen günstigen Einfluss. Die Anwesenheit von Pektinen hindert bei niedrigen Gelatinegaben die gebildeten Polyphenol-Gelatine-Komplexe an der Aggregation, bei größeren Gelatinegaben entstehen Pektin-Gelatine-Komplexe beziehungsweise Pektin-Gelatine-Polyphenole-Komplexe, die umso besser aggregieren, je mehr sich das Gewichtsverhältnis von Gelatine zu Pektin dem Verhältnis der aktuellen Äquivalentgewichte der Reaktionspartner nähert. Bei einem hohen Pektingehalt wäre die erforderliche Gelatinemenge sehr hoch (ebenso die gebildeten Trubmengen), daher hat vor der Gelatinezugabe ein enzymatischer Abbau der Pektine zu erfolgen. Auch die Anwesenheit von Stärke im Saft wirkt trubstabilisierend.

Die erforderliche Gelatinedosis wird anhand von Vorproben ermittelt. Beim Apfelsaft zum Beispiel wird etwa 1,5 Stunden nach der Zugabe pektolytischer Enzyme ein Saftmuster gezogen, das homogen sein muss und die zu schönende Gesamtmenge repräsentiert. Fünf 100-ml-Standzylinder werden mit Saft gefüllt und mit steigenden Dosen einer 1,0- bis 5,0%igen Gelatinelösung versetzt (zum Beispiel 1,0 ml 1%ige Lösung entspricht 10 g Gelatine/hl; 1,5 ml 1%ige Lösung entspricht 15 g Gelatine/hl usw.). Für das Ansetzen der Gelatinelösung muss jene Gelatine verwendet werden, die später auch im Betrieb zum Einsatz kommt. Dabei sollte die Lösung möglichst frisch angesetzt und verarbeitet werden. Nach der Zugabe ist auf rasche und gründliche Durchmischung zu achten. Nach etwa 15 Minuten wird von jeder Probe etwas Saft filtriert; dem Filtrat werden einige Tropfen Gelatinelösung zugesetzt. Jene Proben, die nachtrüben, erhielten zu wenig Gelatine, jene Probe, bei der keine Trübung auftritt, weist die richtige Gelatinedosierung auf. Parallel dazu können auch die filtrierten Säfte mittels einiger Tropfen einer 1,0%igen Tanninlösung auf eine etwaige Überschönung geprüft werden.

Die im Vorversuch ermittelte, optimale Gelatinemenge – die Werte liegen zwischen 10 und 200 g/hl – wird in Wasser gelöst und kontinuierlich dem Saft zudosiert (Dosierpumpe). In der Praxis wird mit 5- bis 10%igen Gelatinelösungen gearbeitet. Die Löslichkeit von Gelatine ist temperaturabhängig und im Wasser besser als im Saft. Klärgelatine wird löslich gemacht, indem sie in heißem Wasser (etwa 80 °C) unter ständigem Rühren gelöst wird oder in kaltes Wasser (etwa zehnfache Menge) eingerührt, etwa 15 Minuten quellen gelassen und unter Rühren bei 60 bis 70 °C gelöst wird.

Die Gelatineschönung wird meist gemeinsam mit dem enzymatischen Pektinabbau im Saft durchgeführt; aufgrund der bereits beschriebenen Umstände ist es besonders bei pektinreicheren Säften günstiger, den Enzymzusatz 0,5 bis 2,0 Stunden, in Abhängigkeit von der Schönungstemperatur, vor dem Gelatinezusatz vorzunehmen.

Der Erfolg der Gelatineschönung wird wesentlich durch die Temperatur beeinflusst. Bei niedriger Temperatur (< 7 °C) flockt Gelatine nicht vollständig aus (Nachtrübungen sind möglich), daher soll bei Temperaturen um 15 °C gearbeitet werden. Bei Temperaturen über 20 °C nimmt die Wirksamkeit von Gelatine wieder deutlich ab, und ab etwa 40 °C flockt sie nicht mehr aus. Bei Heißschönung (~ 50 °C) wird dem Saft erst nach dem enzymatischen Abbau der Pektine beziehungsweise der Stärke die notwendige Gelatinegabe zudosiert, wobei befriedigende Ergebnisse nur durch eine kombinierte Gelatine-Kieselsol-Schönung erzielt werden.

3.5.2.2.3 Kieselsol-Gelatine-Schönung

Kieselsol ist eine wässrige, kolloide Kieselsäurelösung von milchig trübem, opalisierendem Aussehen. Die Partikel bestehen aus amorphem Kieselsäureanhydrid, ihre Oberfläche ist hydroxyliert. Die Größe der Partikel beträgt je nach Solart 10 bis 50 Nanometer.

Die Herstellung hochkonzentrierter, stabiler Kieselsole führt zu zwei unterschiedlichen Kieselsol-Typen:

- alkalische Kieselsole,
- saure Kieselsole.

Alkalische Kieselsole werden aus Natriumwasserglas durch Ionenaustausch hergestellt, wobei allerdings ein Großteil der Natriumionen in der Lösung verbleibt. Saure Kieselsole werden hingegen aus hochreiner, amorpher Kieselsäure hergestellt und zeichnen sich daher auch durch einen hohen Reinheitsgrad aus (Stocke 1997).

In Abhängigkeit vom Herstellungsverfahren variieren Korngröße, Agglomerationsgrad, Ladungssinn (positive oder negative Ladung durch Stabilisierung mit Aluminiumoxid oder Aluminiumchlorid), Ladungsdichte, spezifische Oberfläche sowie Primärstruktur. Daher haben die im Handel befindlichen Kieselsole einen unterschiedlichen Wirkungsgrad beziehungsweise eine unterschiedliche Wirkungsweise.

Kieselsol mit negativer Ladung wird meist in Form einer 15%igen oder 30%igen Lösung in erster Linie als Hilfsmittel bei der Gelatineschönung eingesetzt, vor allem dann, wenn infolge eines zu hohen oder zu niedrigen Polyphenolgehaltes eine Gelatineschönung nicht möglich wäre. In Abhängigkeit vom pH-Wert ist eine unterschiedliche Ladungsintensität (Zeta-Potential) gegeben; je tiefer der Wert des Zeta-Potentials ist, umso höher ist die Reaktionsgeschwindigkeit mit Gelatine. Die Durchführung einer Gelatineschönung bei höherem Temperaturniveau (etwa 45 °C) ist nur in Verbindung mit Kieselsol realisierbar.

Mit sauer stabilisierten Solen ist es möglich, eine Ausflockung ohne Gelatinezusatz zu erreichen; damit wird wohl eine Klärung des Saftes erzielt, aber keine Stabilisierung, da polyphenolische Substanzen nicht adsorbiert werden. Bei bestimmten Solen wurden auch Adsorptionseigenschaften, ähnlich jenen von Bentoniten, beobachtet.

Die notwendige Kieselsoldosis wird anhand von Vorversuchen ermittelt. Allgemein wird in Bezug auf Gelatine die 5- bis 10-fache Menge an 15%iger Kieselsollösung verwendet, wobei die niedrigere Dosage für Buntsäfte, die höhere für Apfelsäfte, die überwiegend aus Tafelobst produziert wurden, zutrifft. Vor allem bei Birnensäften können aber auch höhere Dosagen notwendig sein (Görtges und Haubich 1992). Auch die Schönungstemperatur hat einen Einfluss auf das Gelatine-Kieselsol-Verhältnis; bei Warmschönungen sind bedeutend höhere Kieselsoldosen notwendig (Günther und Junker 1995 b). Die Gelatine-Kieselsol-Schönung hat die früher übliche Gelatine-Tannin-Schönung weitestgehend ersetzt.

3.5.2.2.4 Chitosan

Chitosan (Poly-β(1,4)N-acetyl-glycosamin) wird aus Chitin gewonnen, letzteres kommt in beachtlichen Mengen in den Schalen von Krustentieren (20–30 %) vor, die als Abfallprodukt bei der Erzeugung von marinen Konserven anfallen. Die Krustazeenart, der Zeitpunkt des Fanges sowie die Aufbereitungsmethode beeinflussen sehr wesentlich die Eigenschaften des Chitosans (CHO et al. 1998). Die Produktion von Chitosan beinhaltet einen mehrstufigen Reinigungsprozess und einen alkalischen Deazetylierungsprozess.

Aufgrund der freien Aminogruppen verfügt Chitosan über Ionenaustauschereigenschaften.

Chitosan weist stark positive Ladungen auf, die zur Bildung von Polyelektrolytkomplexen führen und mit zunehmender Größe ausflocken. Es wird daher ähnlich wie Gelatine angewandt. Chitosan absorbiert Schwermetalle, Pestizidrückstände und Chinone. Des Weiteren reduziert es den Keimgehalt des Produktes, was vor allem im Hinblick auf die Erzeugung von Minimally-processed-foods von Bedeutung ist (SUDARSHAN et al. 1992). Die chemische Zusammensetzung bedingt eine leichte biologische Abbaubarkeit.

Zurzeit wird aus rechtlichen Gründen und aus Kostengründen Chitosan in der Fruchtsaftindustrie nicht eingesetzt.

3.5.2.3 Einsatz von Adsorptionsmitteln

Alle Adsorbermaterialien zeichnen sich durch eine große Porosität und damit verbunden durch eine große innere Oberfläche aus. An dieser werden gewisse Saftinhaltsstoffe durch physikalische Kräfte gebunden. Im Gegensatz zu Ionenaustauschern kommt es zwischen dem behandelten Saft und den Adsorbermaterialien zu keinem Ionenaustausch – weder Kationen noch Anionen – und damit auch zu keiner Veränderung des Mineralstoffgehaltes des Saftes.

3.5.2.3.1 Aktivkohle

Materialien pflanzlichen Ursprungs werden verkokt und anschließend unter definierten Prozessbedingungen aufbereitet (aktiviert). In Abhängigkeit von diesen resultiert Aktivkohle mit unterschiedlichem Porenvolumen und unterschiedlicher Porengeometrie und -verteilung. Die durch die Aktivierung gebildeten inneren Oberflächen sind beachtlich (500 bis 1 500 m^2/g) und bedingen das hohe Adsorptionsvermögen. Dabei werden Saftinhaltsstoffe gewisser Konfigurationen rein physikalisch durch Van-der-Waals-Kräfte an der Oberfläche angelagert. Die Partikelgröße der verwendeten Aktivkohle, die Produkttemperatur und der pH-Wert üben einen sehr wesentlichen Einfluss auf die Adsorptionsgeschwindigkeit aus.

Aktivkohle wird zur Senkung der Farbwerte von Apfelsäften in Dosen von 300 bis 500 g/hl eingesetzt (ARTIK et al. 1994). In Abhängigkeit von den verwendeten Membranen kann die Aktivkohlebehandlung im Rahmen der Ultrafiltration erfolgen. Parallel zur Farbabsenkung wird auch eine Abnahme der Patulingehalte beobachtet.

Obwohl eine Reaktivierung der Aktivkohle möglich ist (thermisch, Dampf, chemisch) wird davon in der Fruchtsaftindustrie aus Kostengründen nicht Gebrauch gemacht.

3.5.2.3.2 Adsorberharze

Adsorberharze sind chemisch inerte Kunststoffe mit ausgezeichnetem Adsorptions- und Desorptionsvermögen. Hydrophobe Komponenten werden physikalisch durch Van-der-Waals-Kräfte gebunden, wobei diese Bindungskräfte im sauren Milieu zwischen dem adsorbierenden Material und den daran gebundenen Molekülen sehr gering sind. Bei zunehmendem Temperaturniveau sinkt das Bindevermögen. Im Gegensatz zur Aktivkohle, bei der ausschließlich physikalische Kräfte wirksam sind, kommen bei Adsorberharzen zusätzlich noch London-Wechselwirkungen zum Tragen (NORMAN 1995).

Da Trubstoffe die aktive Harzoberfläche blockieren, sollen nur blankfiltrierte Säfte behandelt werden, am besten nach einer Ultrafiltration.

Das Fließverhalten der Säfte wird sehr wesentlich vom Wert der Viskosität bestimmt, daher sollten die zu behandelnden Säfte Werte von nicht wesentlich mehr als 25 °Brix aufweisen.

Da bei der Anwendung von Adsorberharzen keine Stoffe in den Saft gelangen, kann es auch zu keinen Überschönungen kommen.

a) Polyvinylpolypyrrolidon (PVPP)
Polyvinylpolypyrrolidon (PVPP; Abb. 68) ist ein dreidimensional vernetzter Kunststoff, der in Wasser, Säuren, Basen und in organischen Lösungsmitteln unlöslich ist. In Wasser ist er geringfügig quellbar.

PVPP adsorbiert im sauren Milieu phenolische Verbindungen unter Ausbildung intermolekularer Wasserstoffbrücken. Dieses Adsorptionsvermögen wird wesentlich durch die Parameter pH-Wert, Temperatur, Ionenstärke, Polarität der Matrix und durch die Geometrie des PVPP beeinflusst. Die Geometrie hängt von den Produktionsbedingungen ab, die unterschiedliche Korngrößen und Korngrößenverteilungen ergeben (Doner et al. 1993).

Welche phenolischen Verbindungen bevorzugt adsorbiert werden, hängt neben der Anzahl an Hydroxylgruppen auch von deren Position am Phenolring (m-ständige OH-Gruppen stärker als o- oder p-ständige) und dem Einfluss weiterer Substituenten auf die Elektronendichte (Induktions- und Mesomerieeffekte) ab. Die Eigenschaft des PVPP, auch mit CH-aziden Wasserstoffatomen in Wechselwirkung zu treten, macht es möglich, auch gewisse Mykotoxine, wie zum Beispiel Patulin, adsorptiv zu entfernen (Fussnegger 1993).

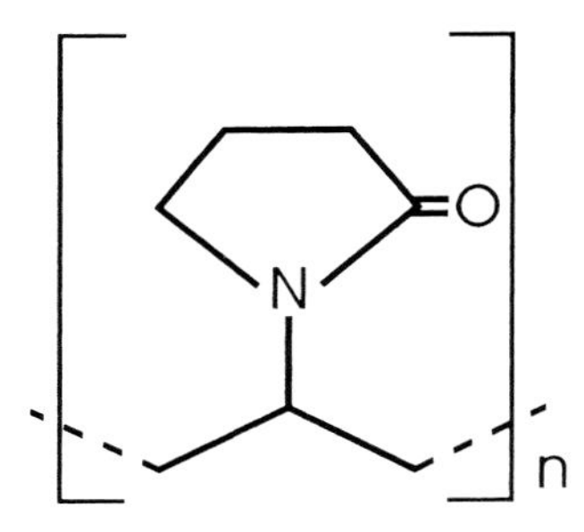

Abb. 68. Polyvinylpolypyrrolidon.

Der Einsatz von PVPP erfolgt bei der Herstellung blanker Säfte als vorbeugende Maßnahme zur Erhöhung der Farbstabilität und zur Verminderung der Oxidationsbereitschaft, wobei üblicherweise eine Dosage von 20 bis 50 g/hl – in Extremfällen bis 300 g/hl – notwendig ist.

b) Sonstige Adsorberharze
In den letzten Jahren haben neben PVPP weitere Adsorberharze in der Fruchtsafttechnologie Bedeutung erlangt (Fischer-Ayloff-Cook und Hofsommer 1992, La Flamme und Weinand 1993, Weinand 1994, 1996, Lenggenhager 1997). Diese Harze sind poröse Kunststoffgranulate mit großer innerer Oberfläche und verfügen daher über ein ausgezeichnetes Adsorptions- und Desorptionsvermögen. Derzeit von Bedeutung sind Styrol/Divinylbenzol (DVB; Abb. 69) und Ethylenglycoldimethacrylat (EDGA); über gewisse Eigenschaften dieser gibt die folgende Tabelle 31 Auskunft.

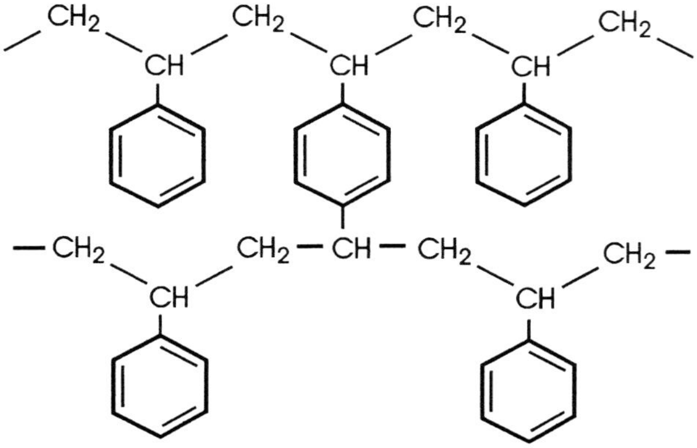

Abb. 69. Styrol/Divinylbenzol.

Tab 31. Eigenschaften gewisser Adsorberharze

Eigenschaft	PVPP	DVB	EGDA
Form	weißes Pulver	weißes hydratisiertes Granulat	weißes hydratisiertes Granulat
Größe (mm)	0,04–0,4	0,25–0,6	0,3–1,4
Feuchte (%mas)	< 5	56	61
Oberfläche (m^2/g)	1	511	473
Porenvolumen (ml/g)	nichtporös	1,18	1,15

c) Einsatz von Adsorberharzen

Prinzipiell sind 3 Anwendungsnormen möglich (Oechsle u. Schneider 1992/93):

- PVPP-Filterschichten: in der Fruchtsaftindustrie unüblich.
- Einweg-Anwendung: Bei einer Anschwemmfiltration wird laufend neben Kieselgur auch PVPP zudosiert (Applikationsmengen 200–400 g/hl); die Entsorgung erfolgt mit dem Filterkuchen. Aus Kostengründen wird dieses Verfahren seltener angewandt.
- Mehrfach-Verwendung: aus Kostengründen die günstigste Form.

Soll das Adsorberharz mehrfach Verwendung finden, so erfolgt die Behandlung im Kolonnenverfahren (Abb. 70), wobei je nach Anwendungszweck und Endproduktspezifikation verschiedene Kolonnen parallel oder in Serie geschaltet werden. Um einen Kolonnenbetrieb zu gewährleisten, ist eine ausreichend große Partikelgröße notwendig (0,3–1,2 mm; Weinand 1996).

Die Adsorberbehandlung besteht aus folgenden Prozessschritten:

- Einsüßen: Nach der Reinigung befindet sich in der Adsorberkolonne Wasser, welches zu Prozessbeginn durch ultrafiltrierten Saft verdrängt wird. Der verdünnte Saft (sweet base) wird getrennt aufgefangen.
- Betrieb: Der Saft durchfließt mit konstanter Fließgeschwindigkeit die Kolonne.

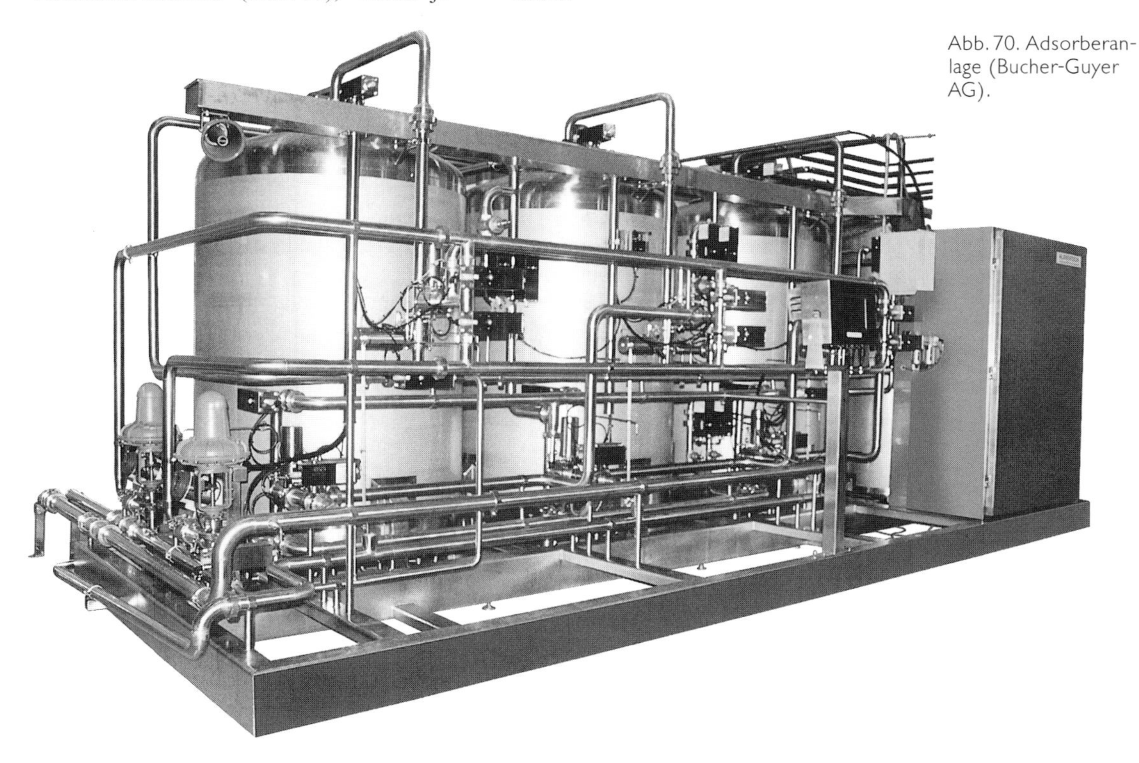

Abb. 70. Adsorberanlage (Bucher-Guyer AG).

- Aussüßen: Nach beendeter Saftzufuhr wird mittels Wasser die restlichen Saftmenge verdrängt, auch diese Mischphase kann getrennt gesammelt werden.
- Wasserspülung: Um zu verhindern, dass im Harzbett Kanäle entstehen und eine gleichmäßige Verteilung der Regenerationsflüssigkeit behindern, wird das Harzbett durch Rückspülung im Gegenstromprinzip aufgewirbelt. Anschließend wird der Wasserzufluss unterbrochen, damit sich das Harz wieder setzen kann.
- Regeneration: Zuerst wird 1,5%ige Natronlauge aus dem Wiederverwertungstank durch das Bett gepumpt, erst danach wird frische Lauge gleicher Konzentration verwendet. Durch langsames Spülen mit Wasser wird die Lauge verdrängt und diese im Wiederverwertungstank gesammelt. Zur Neutralisation kann zusätzlich Säure verwendet werden. Durch rasches Spülen werden die letzten Natronlaugenreste entfernt. Wird die Adsorberkolonne längere Zeit nicht genützt, wird sie nach der Regeneration mit 1,5%iger Natronlauge gefüllt, um das Harz vor dem Austrocknen zu bewahren beziehungsweise um ein Mikroorganismenwachstum zu verhindern.

Die Adsorbertechnologie hat gegenüber anderen Stabilisierungstechnologien folgende Vorteile (Lyndon 1996):

- vollautomatischer Prozessablauf,
- kontinuierliche Produktion,
- geringe Regenerationsverluste,
- rein physikalisches Verfahren.

Als Nachteil steht dem gegenüber, dass die gesetzliche Zulassung in vielen Ländern nicht erfolgt ist.

3.5.2.4 Klärung von Säften

Die Klärung von Säften, das heißt die mechanische Abtrennung suspendierter Feststoffteilchen aus dem Saft, kann durch Sedimentation, Filtration oder Zentrifugation erfolgen; bei der Ultrafiltration können auch echt gelöste Stoffe abgetrennt werden. Die Abtrennung der Trubteilchen durch Sedimentation wird im Zuge der Saftschönung durchgeführt. Um einen besseren Kläreffekt zu erreichen, werden die genannten Trennverfahren sehr oft kombiniert angewendet.

3.5.2.4.1 Filtration

Unter Filtration versteht man die Abtrennung von suspendierten oder kolloidal gelösten Teilchen aus dem Saft mittels einer porösen Schicht – gebildet aus Filterhilfsstoff(en) –, die für den Saft durchlässig, für die Trubstoffe jedoch undurchlässig ist. Fließt trüber Saft unter Druck durch eine poröse Schicht, so werden die suspendierten Stoffe an der Oberfläche (Oberflächenfiltration) oder im Inneren der Schicht (Tiefenfiltration beziehungsweise adsorptive Retention) zurückgehalten.

Bei der Oberflächenfiltration werden jene Trubstoffe, die nicht durch den engsten Querschnitt der kapillarförmigen Strömungskanäle der Filterschicht hindurchdringen, zurückgehalten (Siebwirkung).

Bei der Tiefenfiltration werden Trubpartikel aufgrund ihrer Geometrie im Inneren einer Filterschicht mechanisch an Porenverengungen zurückgehalten. Dies führt im Laufe der Filtration zu einer Verlegung der Durchflusskanäle und der Flüssigkeitsmengenstrom nimmt ab.

Die adsorptive Retention erfolgt an der inneren Oberfläche der Filterschicht und wird maßgeblich durch Van-der-Waals-Kräfte, Wasserstoffbrückenbindungen sowie hydrophobe und elektrostatische Wechselwirkungen bedingt.

Das mechanische und chemisch-physikalische Rückhaltevermögen eines Tiefenfilters wird von verschiedenen Parametern beeinflusst: Von der Art des Filterhilfsstoffes (Kapillarengröße, vom Kapillarenvolumen, Adsorptionskräfte), vom Gutsmengenstrom (bezogen auf die Filterfläche), vom Differenzdruck, von der Temperatur, von der Art und Menge der Trubstoffe sowie von der Saftzusammensetzung (chemische und physikalische Merkmale). Da sich diese Parameter gegenseitig beeinflussen, ist die isolierte Betrachtung eines Parameters nicht zielführend.

Abb. 71. Rasterelektronenmikroskopische Aufnahme von Kieselgur, Vergrößerung 1500-fach (Seitz-Filter-Werke GmbH).

An die – die poröse Schicht bildenden – Filterhilfsstoffe werden Anforderungen gestellt wie:

a) chemische Beständigkeit und physiologische Unbedenklichkeit,
b) Stabilität (geringe Kompressibilität),
c) optimale Teilchengröße und -form (hohe Leistung bei guter Trennwirkung),
d) günstiger Preis.

Als Filterhilfsstoffe dienen vor allem:

Kieselgur: Dies sind Ablagerungen fossiler Kieselalgen, deren Gerüstsubstanz aus etwa 90 % SiO_2, 5 % Al_2O_3, 2 bis 3 % Fe_2O_3 und aus weiteren Metalloxiden besteht. Das bergmännisch abgebaute Material wird gebrochen, getrocknet und unter Umständen zur Erzielung gröberer Granulate kalziniert (Abb. 71). Kieselgur hat eine sehr hohe spezifische Oberfläche. In den durch die Gur gebildeten Netzwerken mit großer aktiver Oberfläche werden primär durch Siebwirkung Trubstoffe zurückgehalten. Die Gurpartikelgrößen betragen 50 bis 100 Mikrometer. Das Anschwemmvolumen schwankt innerhalb weiter Grenzen, bei der meistverwendeten Gur beträgt es 2,8 bis 3,4 l/kg.

Perlit: Dies ist ein vulkanisches Gestein – vorwiegend aus Aluminiumsilikat bestehend –, das gemahlen und erhitzt wird (800–1 000 °C), wobei das in der Kristallstruktur gebundene Wasser verdampft und das Material auf das etwa 20-fache Volumen expandiert. Das Gut wird gebrochen und mittels Windsichtung sortiert (Abb. 72). Perlite haben eine beschränkte Klärschärfe. Das Anschwemmvolumen beträgt 4 bis 9 l/kg.

Zellstoffe: Werden aus Laub- und Nadelhölzern oder aus Baumwolle gewonnen und in einem speziellen Verfahren fibrilliert, um später eine möglichst feinmaschige Struktur zu bilden.

Von der weiteren Verwendung des Filtrates hängt es ab, welches Trennverfahren eingesetzt wird, letzteres bedingt den Trübungsgrad im Filtrat. Als Maß dafür wird der NTU- oder FTU-Wert herangezogen (Jung und Jung 1997):

Trübungsbezeichnung	NTU-Wert
blitzblank	0– 1,0
blank	1,1– 2,0
opalisierend	2,1– 2,5
leicht trüb	2,6– 5,0

Abb. 72. Rasterelektronenmikroskopische Aufnahme von Perlit, Vergrößerung 200-fach (Seitz-Filter-Werke GmbH).

trüb	5,1–10,0
stark trüb	10,1–20,0
sehr stark trüb	> 20

Die aus dem Saft abgetrennten Trubstoffe sind leicht kompressibel, so dass mit zunehmender Filtrationsdauer an der Oberfläche der porösen Schicht ein Filterkuchen aufgebaut wird, der den Durchflusswiderstand erhöht. Als Folge sinkt die Filtrationsleistung ab. Wird der Differenzdruck erhöht, so werden kleine Trubpartikel ausgespült: die Qualität der Filtration nimmt ab. Es müssen daher verfahrenstechnische Maßnahmen ergriffen werden, welche die Ausbildung eines dichten, kompressiblen Trubkuchens verhindern. Dies kann durch folgende Verfahren erreicht werden:

a) Schichtenfiltration (vorgefertigter Tiefenfilter),
b) Anschwemmfiltration (permanente Zudosage von Filterhilfsstoff),
c) Membranfiltration (Oberflächenfiltration mit tangentialer Überströmung der Filterschicht, Cross-flow-Prinzip).

a) Schichtenfiltration

Die Filtration mit vorgefertigten Tiefenfilterschichten ist das universellste Verfahren zur Fruchtsaftfiltration, da Schichtenfiltertypen mit unterschiedlichstem Klärgrad auf dem Markt sind. Die Schichten bestehen aus hochreinem Zellstoff und filtrationsaktiven Kieselguren beziehungsweise Perliten, die zu einem dreidimensionalen Netzwerk zusammengefügt sind. Damit die hohe Festigkeit der Schichten auch im Betriebszustand erhalten bleibt, werden Nassfestmittel (lebensmittelrechtlich zugelassene Harze) mitverwendet. Da die meisten Trubpartikel negative Oberflächenladungen haben, sollen Tiefenfilterschichten ein positives elektrokinetisches Potential für eine wirkungsvolle Retention aufweisen. Die innere Oberfläche der Filterschicht beträgt mehrere tausend Quadratmeter pro Quadratmeter Filterfläche, womit die hohe Trubaufnahmekapazität erklärt werden kann.

Die Filterschichten werden nach folgenden Kriterien beurteilt: Durchflusszahl, Leistung, Kapazität, mechanische Festig-

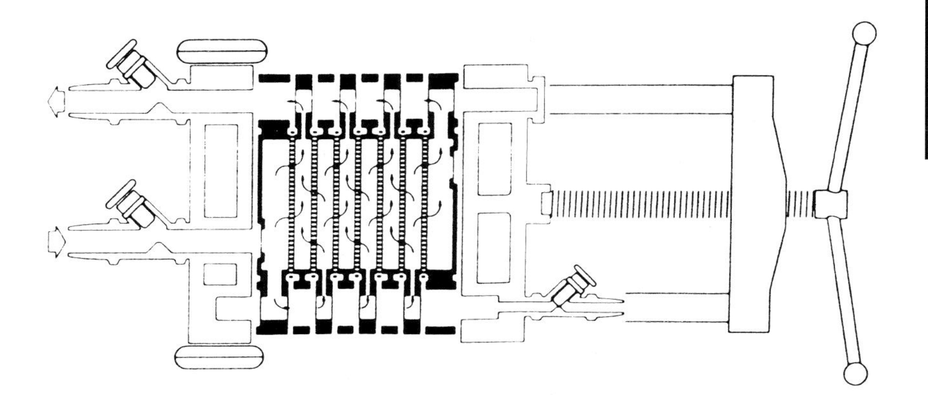

Abb. 73. Produktfluss im Schichtenfilter (Seitz-Filter-Werke GmbH).

keit, Kompressibilität, Dicke, Faserfestigkeit und Tropfverluste.

Schichtenfilter bestehen aus einem Stahlrohrgestell oder einem freitragenden Filtergestell, in dem quadratische Filterplatten (40 × 40 cm, 60 × 60 cm beziehungsweise 100 × 100 cm) aus Metall (Cr-Ni-Mo-Stahl) oder Kunststoff vertikal angeordnet sind. Die Filterplatten sind kannelierte Rippenstoffplatten, Hohlrahmen mit Lochblechplatten oder Hochleistungsfilterkammern. Bedingt durch die Anordnung des Zu- beziehungsweise Abflusses ergeben sich wechselweise Trub- oder Glanzkammern (siehe Abb. 73). In Abhängigkeit von der Größe des Filtergestelles können 4 bis 200 Platten eingesetzt werden, wodurch es möglich ist, durch Hinzufügen oder Wegnehmen von Platten die Leistung innerhalb gewisser Grenzen beliebig zu erhöhen oder zu vermindern. Die Anpressung erfolgt mechanisch oder hydraulisch mittels einer Zentralspindel (siehe Abb. 74).

Im Schichtenfilter darf die Strömungsgeschwindigkeit der zu filtrierenden Flüssigkeit ein für die jeweils verwendete Filterschicht spezifisches Maß nicht überschreiten, da sonst das mechanische und chemisch-physikalische Rückhaltevermögen nicht ausreicht, um den Kläreffekt zu gewährleisten. Der Einsatz von Tiefenfilterschichten in Form von Tellermodulen bietet bei Gerätegrößen von < 20 m² gegenüber dem Schichtenfilter klassischer Bauart viele Vorteile (Diemer und Zeiler 1998).

b) Anschwemmfiltration

Die wirtschaftlichste Art der Filtration stark trubhaltiger Säfte ist die Filtration mittels Anschwemmfiltern, dabei wird eine nicht komprimierbare Filterschicht durch Aufschwemmen des Filterhilfsstoffes auf ein flüssigkeitsdurchlässiges Filterelement gebildet. Als Filterhilfsmittel finden in der Fruchtsaftindustrie Kieselgur und Perlit Verwendung.

Bei der Kieselgurfiltration (Abb. 75) werden die Trubstoffe in erster Linie durch Sieb- und Tiefenfiltration zurückgehalten, wobei der überwiegende Anteil der Trubstoffe bereits unmittelbar beim Eintritt in die Schicht und ein weiterer in der Tiefe der Schicht zurückgehalten wird. Für die Filtration von Apfelsäften wird Kieselgur mittlerer Korngröße, für Buntsäfte grobe Gur verwendet.

Vor der Filtration wird eine gewisse Kieselgurmenge zur Ausbildung einer Stützschicht auf die Filterelemente angeschwemmt. Die Anschwemmung erfolgt auf ein Tressengewebe (Durchlass 80 µm), unter dem sich ein Stützgitter und -blech befindet. Vor der Anschwemmung muss der einwandfrei gereinigte Filter entlüftet werden. Zur Voranschwemmung werden 1,2 bis 1,5 kg/m² mittelgrobe Kieselgur verwendet. Sollte zwecks Erzielung einer höheren Trennschärfe feinere Gur Verwendung finden, ist die Voranschwemmung in zwei Raten durchzuführen: Zuerst 0,5 kg/m² einer mittelgroben Gur und danach 0,7 bis 1,0 kg/m² jener Gur, mit der die Filtration durchgeführt wird. Während der Vor-

Abb. 74. Schichtenfilter, Format 60 × 60 cm mit elektr./hydraulischer Anpressung (Seitz-Filter-Werke GmbH).

anschwemmung und der Filtration sollte der Differenzdruck > 0,5 bar sein. Mit zunehmender Filtrationsdauer nimmt auch der Differenzdruck zu (0,2 bis 0,3 bar). Während der Filtration wird permanent Kieselgur halbautomatisch (langsames Abspülen einer Kieselgursuspension in den Nebenstrom oder Zudosierung der Kieselgursuspension mittels Einspritzdüse im Nebenstrom) oder automatisch (Kieselgursuspension wird mittels Kolben- oder Membranpumpe zudosiert) in den Gutsmengenstrom eingebracht. In Abhängigkeit vom Trübungsgrad und der gewünschten Trennschärfe wird der Kieselgurverbrauch etwa 100 bis 150 g/hl betragen, doch ist bei Problemsäften (Konzentratrückverdünnungen, gewisse Buntsäfte) ein bedeutend höherer Verbrauch (bis 400 g/hl) gegeben.

Vorteilhaft bei vertikalen Siebelementen ist, dass sie von beiden Seiten mit Gur beaufschlagt werden können, womit sich bei gleicher Kesselgröße eine bedeutend größere Anschwemmfläche ergibt. Nachteilig wirkt sich die große Empfindlichkeit gegenüber einer Betriebsdruckabsenkung oder Erschütterungen aus (Abrutschen der Gur). Nach Filtrationsende verbleibt im Filter eine gewisse Trubsaftmenge.

Die Vorteile beim Einsatz horizontaler Siebelemente sind eine gute Stabilität des Filterkuchens, lange Filtrationszyklen; außerdem ist eine Voranschwemmung mit Wasser möglich, die Resttrubsaftmenge kann über ein im Unterteil des Filters befindliches Siebelement filtriert werden, der Filterkuchen kann trocken ausgetragen werden und der Wasserverbrauch bei der Reinigung ist gering. Von Nachteil sind der größere Platzbedarf und die Gefahr, dass Kieselgurrückstände reinigungsbedingt filtratseitig auf den Sieben verbleiben (Jung und Jung 1997).

Die Filtration wird beendet, wenn der Betriebsdruck einen anlagenspezifischen Grenzwert erreicht hat. Des Weiteren hat

Abb. 75. Kieselgurfilter (Schenk Filterbau GmbH).

jeder Anschwemmfilter nur eine begrenzte Trubaufnahmekapazität (Filterhilfsstoff + Trub). Damit diese nicht überschritten wird, sollte die eingetragene Filterhilfsstoffmenge etwa 10 % geringer sein.

Vakuumdrehfilter

Sollen Schönungstrube oder trubstoffreiche Säfte geklärt werden, so ist dafür ein Vakuumfilter (Precoat-Filter) am besten geeignet (siehe Abb. 76). Dieser Filter besteht aus einer motorgetriebenen, ein- oder mehrzelligen Filtertrommel, deren Mantelfläche aus einem Stützgewebe (Edelstahldrahtgeflecht) besteht, über das ein Filtertuch aus Polyamid- oder Polyestergewebe gespannt ist. Durch Wasserring-Vakuum-Pumpen wird der erforderliche Unterdruck erzeugt, der sich durch ein spezielles Leitungssystem auf die gesamte Trommeloberfläche erstreckt. Vor Beginn der eigentlichen Filtration erfolgt die Anschwemmung des Filterhilfsstoffes, meist Kieselgur, seltener Perlit. Dabei wird vorerst eine Grundanschwemmung von 1,5 kg/m² mittelgrober bis grober Gur und eine Hauptanschwemmung von 5 bis 7 kg/m² grober Gur durchgeführt, daraus resultiert ein Filterkuchen gewünschter Stärke (max. 60-100 mm je nach Filterart). Die Anschwemmdauer beträgt etwa 45 Minuten. Danach ist der Filter einsatzbereit: Das in der Filterwanne stehende oder von oben aufgebrachte Unfiltrat wird mittels Vakuum durch den Filterkuchen gesaugt. Dabei bleiben die Trubstoffe an der Guroberfläche und werden mittels eines Schabers permanent abgenommen. Die Eintauchtiefe der Trommel in den Trog ist konstant, oder sie ist mittels eines hydraulisch anhebbaren Filtertroges bezie-

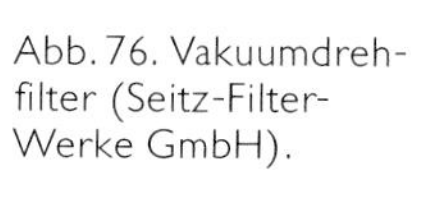

Abb. 76. Vakuumdrehfilter (Seitz-Filter-Werke GmbH).

hungsweise durch Hebung oder Senkung des Flüssigkeitsniveaus zu variieren. Die Trommeldrehzahl (< 8 U/min), die Eintauchtiefe (< 40 % der Trommeloberfläche) sowie der Messervorschub (0,2 bis 0,8 mm/U) sind variabel und müssen dem zu klärenden Produkt angepasst werden. Bei Produkten, die sehr stark zu Schaumbildung neigen, sind zur Filtrataustragung Exzenterpumpen besonders geeignet.

c) Membranfiltration

Von den mechanischen Trenntechniken haben im letzten Jahrzehnt in der Fruchtsaftindustrie vor allem die Membranfiltrationstechniken eine große Bedeutung erlangt. In Abhängigkeit von der Minimalgeometrie der die Membran passierenden Saftbestandteile wird das Verfahren als Mikrofiltration, Ultrafiltration, Nanofiltration oder Umkehrosmose (siehe Kap. 5.2.1.1.3) bezeichnet (siehe Abb. 77).

Im Gegensatz zur statischen Filtration (Dead-end-Filtration) wird bei der dynamischen Membranfiltration (Cross-flow-Filtration) der zu filtrierende Trubsaft (Retentat) kontinuierlich mit hoher Strömungsgeschwindigkeit und anlagenspezifischem Betriebsdruck tangential über eine Membran geführt (siehe Abb. 78). Als Membranmaterialien finden Polymere (meist bei Ultrafiltration) oder Keramik (vorwiegend bei Mikrofiltration) Verwendung. Um Membranen verfahrenstechnisch einsetzen zu können, werden sie in entsprechenden Vorrichtungen zu Modulen zusammengefasst (Plattenmodul, Rohrmodul, Kapillarrohrmodul, Wickelmodul, Hohlfasermodul). Durch den turbulenten Produktfluss wird der Aufbau einer den Saftdurchtritt behindernden Sekundärschicht gestört. Das Retentat wird in einem Rezirkulationssystem geführt, wobei es zu einer permanenten Anreicherung der abgetrennten Stoffe kommt.

Es wurde auch eine alternative Anströmtechnik entwickelt, bei der die notwendigen Scherkräfte nicht durch permanente Umwälzung des Retentats, sondern durch Rotation der Membranen erzielt wird. Damit sollen höher flächenbezogene Leistungen realisierbar sein (Messinger 1994).

Ultrafiltration

Für die Ultratfiltration werden meist Rohrmembranen aus Polymeren verwendet, diese sind asymmetrisch aufgebaut,

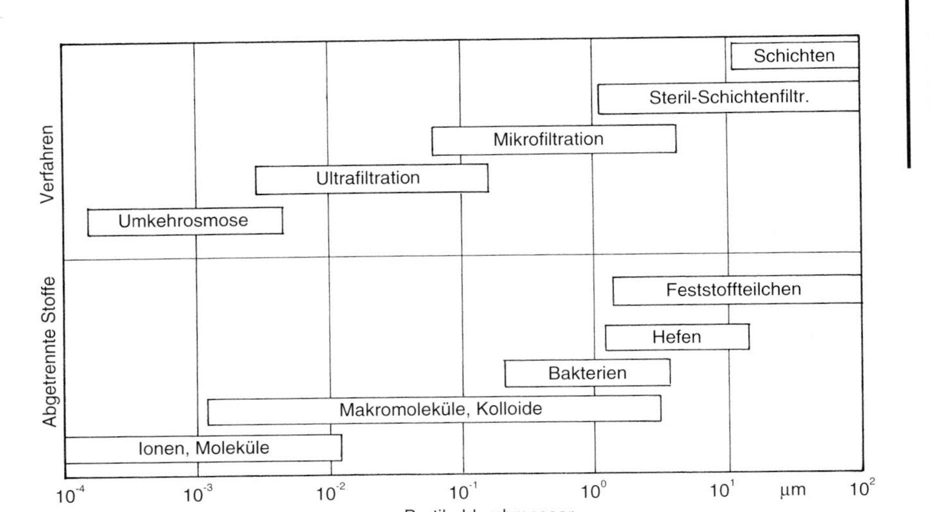

Abb. 77. Einsatzbereich der verschiedenen Filtrationsverfahren.

das heißt retentatseitig bestehen sie aus einer dünnen Polymerschicht mit hohem Diffusionswiderstand, diese befindet sich auf einer mikroporösen äußeren Stützschicht. Bedingt durch relativ große Rohrdurchmesser (6–12–24 mm) können auch Säfte mit hohen Trubgehalten problemlos filtriert werden. Das Retentat kann ohne Verblockungsgefahr stark konzentriert werden. Die Rückhalteraten für Mikroorganismen, Stoffpartikel, aber auch echt gelöste Makromoleküle wird durch die Molekulargewichtsausschlussgrenze (Cut-off-point) in Dalton und der Ultrafiltrationsrate in $l/(m^2 \cdot h \cdot bar)$ definiert.

Der Prozess läuft folgendermaßen ab:

Der Trubsaft wird in einem Rohrmodul in Retentat und Permeat (Klarsaft) ge-

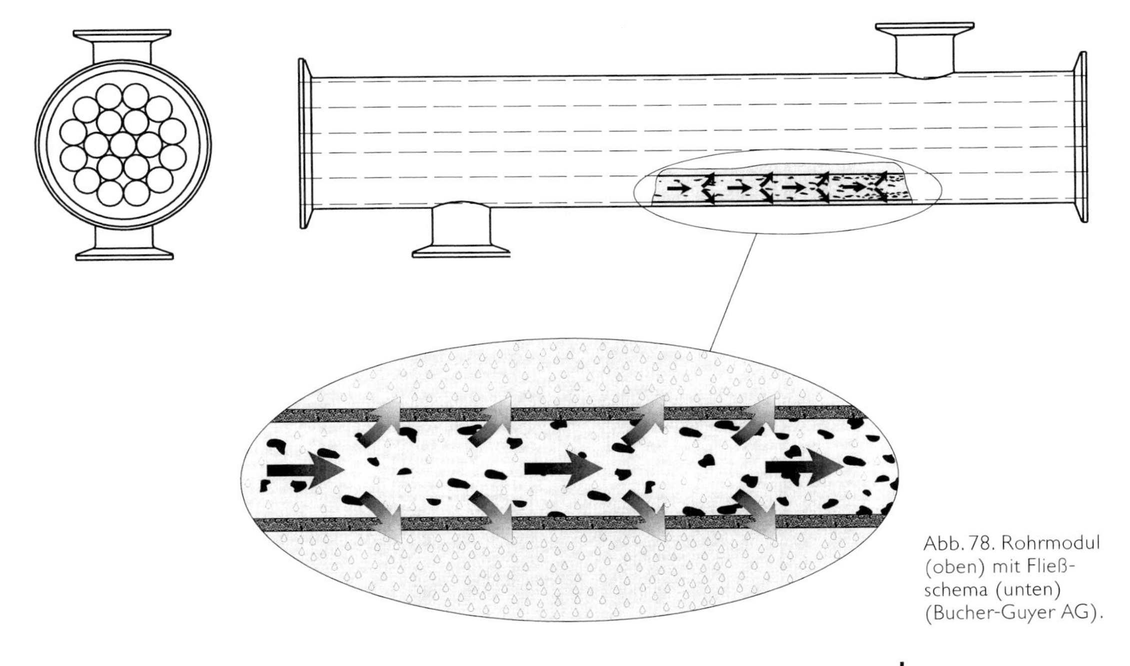

Abb. 78. Rohrmodul (oben) mit Fließschema (unten) (Bucher-Guyer AG).

Abb. 79. Fließschema einer Ultrafiltrationsanlage (Bucher-Guyer AG).

trennt. Durch Anreicherung von Makromolekülen und Feststoffen auf der Membranoberfläche (Konzentrationspolarisation) kommt es zur Ausbildung einer „Sekundärmembran", die eine zusätzliche Filterwirkung ausübt. Diese Schicht wird bei jedem Reinigungsgang abgetragen, ein solcher findet täglich mindestens einmal statt. Meist sind mehrere Module seriell und parallel geschaltet. Ultrafiltrationsanlagen sind meist „offene Systeme", das heißt, das Produkt wird über die Module und den Batch-Tank zirkuliert. Das Retentat wird während des gesamten Prozesses im Batch-Tank konzentriert (siehe Abb. 79 und 80).

Filtration: Das Retentat wird über den Batch-Tank umgewälzt, die Konzentration an abgetrennten Stoffen steigt langsam an. Trubsaft wird laufend zugeführt und Permeat abgeführt.

Konzentrierung: Die Trubsaftzufuhr wird eingestellt, das Retentat wird weiter über den Batch-Tank geführt, die Konzentra-

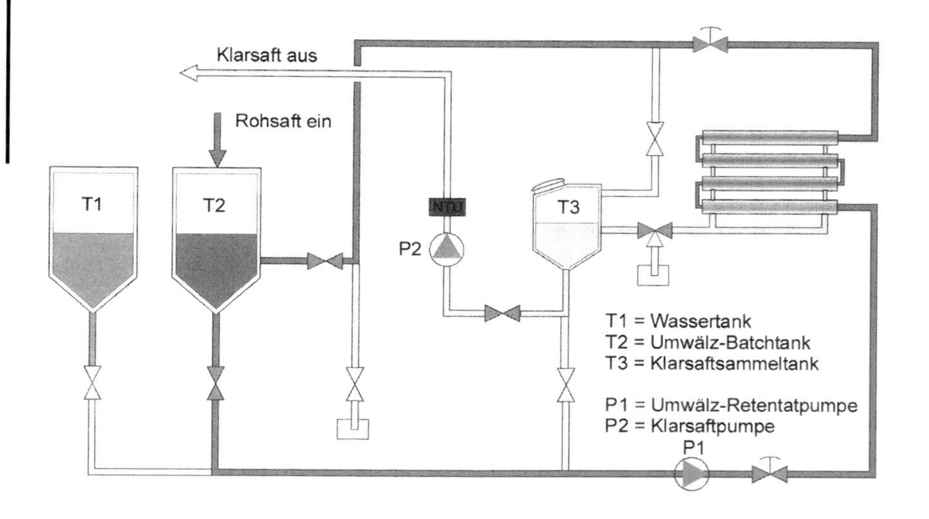

Abb. 80. Ultrafiltrationsanlage (Bucher-Guyer AG).

tion an abgetrennten Stoffen zeigt rasch an, Permeat wird abgeführt.
Diafiltration: Sobald die Konzentration an abgetrennten Stoffen einen definierten Wert erreicht hat, wird kontinuierlich Wasser in den Batch-Tank zugeführt, die Konzentration an abgetrennten Stoffen bleibt gleich, die Zuckerkonzentration nimmt kontinuierlich ab. Auf welchen Wert ausgesüßt werden soll, hängt von betriebswirtschaftlichen Überlegungen ab.
Entleeren: Nach Beendigung der Diafiltration wird das Retentat mit Wasser aus den Modulen verdrängt. Das Retentat wird sodann weiterverarbeitet (Vakuumdrehfilter). Für die Retentataufbereitung können aber auch Dekanter mit Zwei-Getriebe-Antrieb eingesetzt werden.

Reinigung
Um entsprechende Ultrafiltrationsraten zu erzielen, sind periodische Reinigungs- beziehungsweise Desinfektionsschritte (etwa alle 20 Betriebsstunden) erforderlich. Ziel dieser Maßnahmen ist es, die Ablagerungen (Fouling-Substanzen) möglichst quantitativ zu entfernen. Üblicherweise erfolgt dies mit einer Laugen- beziehungsweise Laugen-Chlor-Reinigung. In Abhängigkeit von der Art und dem Umfang der Vorbehandlung enthalten Säfte mehr oder minder große Mengen an enzymatisch ungenügend abgebauten Substanzen (Teile der hairy regions), die durch eine chemische Reinigung nicht eliminiert werden können. In solchen Fällen empfiehlt es sich, vor der chemischen Reinigung spezielle Membranreinigungsenzyme einzusetzen. Solche Enzympräparate haben eine große Substratspezifität, das heißt es können damit Pektine, Cellulose, Proteine, Hemicellulose und Stärke hydrolisiert werden. Da diese Enzympräparate nur für Reinigungszwecke verwendet werden und mit dem Saft nicht in Berührung kommen, können auch Enzympräparate verwendet werden, die gesetzlich nicht verankert sind (Stutz 1993, Weiss 1996).

Die Filtrationsleistung wird von einer Reihe von Faktoren beeinflusst:
Art und Umfang der zu entfernenden Substanzen: Grundsätzlich gilt, umso größer der Trubanteil ist und umso kleiner die Trubpartikel sind, umso größer ist der Retentatanteil. Demnach wird die Filtrationsrate verringert durch: Säfte aus überreifem und/oder mikrobiologisch stark kontaminiertem Obst, Maischebehandlung mit Enzympräparaten, Saftabtrennung mit Dekanter, nicht vollständig enzymatisch abgebautes Pektin und Stärke. Wird ein gewisser Saftanteil durch Nachextraktion (Wesos = Water extractable soluble solids) gewonnen, so enthält dieser auch Rhamnogalacturonane und Arabinogalactan. Diese können mit den herkömmlichen Enzympräparaten nicht abgebaut werden.
Vorschönung: Eine Schönung ist nicht zwingend notwendig, doch wird in der Regel eine solche mit Bentonit/Gelatine/Kieselsol durchgeführt. Wird Aktivkohle eingesetzt, so sollte man diese durch Absetzenlassen vor der Ultrafiltration entfernen, da sonst die Umwälzpumpen zu stark belastet werden.
Temperatur: Mit zunehmender Temperatur sinkt der Wert der Viskosität und die Leistung steigt. Üblicherweise wird bei etwa 50 °C filtriert. Damit ist auch die Gefahr mikrobiologischer Veränderungen minimiert.
Druck: Der Transmembrandifferenzdruck (2–10 bar) erhöht zunächst die Leistung, ab einem anlagenspezifischen Wert (Anzahl der in Serie geschalteten Module) kommt es jedoch zu einer Beeinflussung der Sekundärmembranschicht, und die Leistung nimmt ab.
Überströmungsgeschwindigkeit: Je höher und turbulenter die Überströmungsgeschwindigkeit, desto dünner ist die Sekundärmembranschicht und desto größer ist die Filterleistung. Die üblichen Geschwindigkeiten sind 0,5 bis 4,0 m/s.

Nach der Ultrafiltration sind die Säfte blank, jedoch nur extrem polyphenolarme Säfte sind auch stabil. Niedermolekulare, vor allem phenolische Substanzen können durch eine Ultrafiltration nicht beseitigt werden und führen daher, falls keine geeigneten Maßnahmen getätigt werden, zu Nachtrübungen (Schobinger 1988,

Schobinger et al. 1996, Will et al. 1992). So wurde festgestellt, dass durch eine Ultrafiltration bei klaren Säften der Gesamtpolyphenolgehalt nur um 12 %, hingegen durch eine PVPP-Behandlung um 40 % und durch eine Laccase-Behandlung um 47 % gesenkt wurde (Giovanelli und Ravasini 1993). Eine deutliche Abnahme des Polyphenolgehaltes wäre erst bei Einsatz von Filtern mit einer tieferen Ausschlussgrenze (< $5 \cdot 10^3$ Dalton) möglich.

Die Abnahme der Gehalte an phenolischen Substanzen durch eine Ultrafiltration betrifft in Abhängigkeit von Membrantyp und Prozessdauer und -temperatur nicht alle Substanzen im gleichen Ausmaß. So werden die Gehalte an Procyanidin B1 sowie einer weiteren Substanz durch den Membrantyp und Epicatechin und Phloridzin durch die Prozessdauer beeinflusst (Mangas et al. 1997).

Um eine ausreichende Stabilität zu erzielen, bieten sich folgende Vor- beziehungsweise Nachbehandlungsverfahren an:

- Maischeoxidation unter Mitverwendung von Laccasepräparaten (in den meisten Staaten nicht zugelassen),
- Schönung vor der Ultrafiltration (Bentonit/Gelatine/Kieselsol),
- Nanofiltration,
- Adsorberbehandlung.

Mikrofiltration

Wie die Ultrafiltration ist auch die Mikrofiltration eine dynamische Membrantechnik und stellt eine sinnvolle Alternative zu konventionellen Filtrationstechniken dar (Abb. 81). Membranen, die für die Mikrofiltration eingesetzt werden, haben nominale Porendurchmesser von 0,1 bis 10,0 Mikrometern.

Der Prozessablauf ist weitgehend identisch mit jenem der Ultrafiltration. Das Retentat wird entweder periodisch ausgetragen und über einen Trubfilter, zum Bei-

Abb. 81. Vollautomatische Cross-flow-Mikrofiltrationsanlage für Apfelsaft und andere Fruchtsäfte mit einer Stundenleistung von etwa 6 000 l (Seitz-Filter-Werke GmbH).

spiel einen Vakuumdrehfilter, weiter verarbeitet oder kontinuierlich abkonzentriert. Zwecks Erhöhung der Fluxraten und Filtrationszyklen, und damit verbunden selteneren Reinigungsphasen, sind auch bei der Mikrofiltration entsprechende Saftvorbehandlungen (Schönung/enzymatischer Pektin- und Stärkeabbau) unerlässlich (NERADT und STOLL 1996). Mit der Filtration kann unmittelbar nach homogener Verteilung der Stabilisierungsmittel in den Behandlungstanks begonnen werden. Von besonderer Wichtigkeit ist eine entsprechende Vorbehandlung, wenn Kapillarmembranmodule Verwendung finden.

Die Klarsaftausbeute kann, in Abhängigkeit vom Trubgehalt des Rohsaftes, 95 bis 97 % betragen und wird durch eine Diafiltration noch weiter erhöht.

Von großem Interesse ist die Mikrofiltration für Buntsäfte, da diese ohne große Farbstoffverluste geklärt werden können.

Untersuchungen zeigten, dass durch eine periodische Gasrückspülung (alle 30 min mit Stickstoff) die Fluxrate bedeutend erhöht werden kann; eine sensorische Beeinträchtigung des Saftes wurde nicht beobachtet (SU et al. 1993).

Der Reinigungserfolg wird durch eine Gasrückspülung deutlich erhöht, da nicht nur verstopfende Ablagerungen abgeführt werden, sondern auch in Kombination mit einer chemischen Reinigung ein intensiver Kontakt des Reinigungsmittels mit den zu beseitigenden Substanzen hergestellt wird.

3.5.2.4.2 Separation

Die Trennung von Substanzen aufgrund ihrer unterschiedlichen Werte der Dichte mittels Zentrifugalkraft erfolgt in Zentrifugen, wobei zwischen Massengut-Zentrifugen, hauptsächlich eingesetzt zur Abtrennung großer Feststoffmengen aus einer flüssigen Phase, und Hochgeschwindigkeits-Separatoren, zur Flüssig/flüssig-Separierung oder Entfernung kleiner Feststoffmengen, unterschieden wird. In der Fruchtsaftindustrie werden in erster Linie Separatoren (hochtourige Vollmantelzentrifugen) zur Abtrennung der grobdispersen Teilchen (Teilchengröße > 0,1 µm) eingesetzt. Eine zur Entsaftung verwendete Ausführungsform einer Vollmantelschneckenzentrifuge ist der horizontal gelagerte Gegenstromdekanter (siehe Kap. 3.4.6).

Funktionsweise:
Das Verhältnis zwischen der in Zentrifugen erzeugten Zentrifugalkraft und der Erdbeschleunigung wird als Schleuderfaktor (Beschleunigungsverhältnis) bezeichnet und beträgt bei Separatoren 7 bis $13 \cdot 10^3$ und bei Dekantierzentrifugen 1,5 bis $4{,}5 \cdot 10^3$ (HEMFORT 1979).

$$\zeta = \frac{r_m(2\pi n)^2}{g} = \frac{r_m\omega^2}{g}$$

ζ Schleuderfaktor
r_m mittlerer Radius
n Rotordrehzahl
g Erdbeschleunigung
ω Winkelgeschwindigkeit

Wie aus der Formel ersichtlich, hängt der Schleuderfaktor vom Quadrat der Winkelgeschwindigkeit und linear vom mittleren Radius ab. Daher wirkt sich eine Erhöhung der Drehzahl wesentlich stärker auf das Trennvermögen aus als eine Vergrößerung der Trommel. Der Schleuderfaktor allein ermöglicht keine Aussage über den Trenneffekt, da auch die Verweilzeit des Saftes sowie die Flüssigkeitsführung im Separator wesentliche Einflüsse ausüben.

Die Sedimentationsvorgänge im Zentrifugalfeld von Separatoren können durch das STOKES-Gesetz weitgehend beschrieben werden, da die abtrennbaren Trubstoffe meist genügend feinkörnig sind und die Partikelströmung praktisch laminar ist.

$$V_z = \frac{d^2 \cdot \Delta_\rho}{18\eta} \cdot r_m \cdot \omega^2$$

V_Z Absetzgeschwindigkeit
d Teilchendurchmesser
Δ_ρ Dichtedifferenz
η dynamische Viskosität der Trägerflüssigkeit
$r_m \cdot \omega^2$ Zentrifugalbeschleunigung

Es gibt sowohl produktrelevante als auch maschinentechnisch relevante Parameter, die auf die Effizienz der zentrifugalen Flüssigkeitsklärung einen Einfluss ausüben. Produktseitig sind dies die Partikelgröße, der Wert der relativen Dichte der Feststoffe, der Wert der Viskosität und der abzutrennende Feststoffanteil. Demnach kann die Absetzgeschwindigkeit erhöht werden, wenn durch Agglomeration von Feststoffteilchen eine Vergrößerung der Teilchen erreicht wird, wobei eine Verbesserung des Klärgrades nur dann erfolgt, wenn die Feststoffpartikel unzerstört die Trennwand erreichen. Bei sehr empfindlichen Produkten werden Verbesserungen des Trenneffektes nur bis zu 15 % durch so genannte hydrohermetische Einläufe (Soft-stream-Einläufe) erreicht (Hemfort 1994). Auch eine Erhöhung der Dichtedifferenz sowie eine Senkung der Werte der Viskosität, zum Beispiel Separation von viskosen Säften bei höherem Temperaturniveau, wirken sich vorteilhaft auf die Absetzgeschwindigkeit aus. Während somit produktseitig in gewissem Umfang Veränderungen der Werte der Einflussparameter zu Gunsten einer höheren Absetzgeschwindigkeit möglich sind, ist dies maschinenseitig durch die g-Zahl, die äquivalente Klärfläche, das Feststoffspeichervolumen der Trommel und eine schwerkraftarme Produktbehandlung vorgegeben. Auf die Absetzgeschwindigkeit üben auch die Parameter Sekundärströmungen, Teilchenform (Formfaktor = 1,0 bei kugeligen Teilchen, 0,77 bei abgerundeten Teilchen) sowie die Feststoffkonzentration Einflüsse aus.

Je nach Bauart des Separators kann er zur Klarifikation, das heißt Abtrennung von suspendierten Feststoffteilchen aus dem Saft, und/oder zur Purifikation, das heißt Aufteilung eines Flüssigkeitsgemisches in meist zwei Flüssigkeitskomponenten, eingesetzt werden. In der Fruchtsaftindustrie werden die Separatoren in erster Linie für Klärzwecke und nur in Sonderfällen, zum Beispiel in der Citrussaftindustrie bei der Schalenölgewinnung, für Trennzwecke eingesetzt. Aufgrund des Feststoffgehaltes und der Teilchengröße der Feststoffe sind für die Fruchtsaftklärung selbstaustragende Tellerseparatoren (für Feststoffgehalte des Füllgutes von < 10 %) am besten geeignet. Zur Reduktion des Feststoffgehaltes sollte der Saft vor der Separation durch ein Drehbürstensieb geleitet werden. Drehbürstensiebe (siehe Abb. 82) entlasten durch Abscheidung grober Feststoffe den nachgeordneten Separator. Durch ihren Einsatz wird einer Verstopfung der Tellerpakete bei selbstentleerenden Separatoren vorgebeugt. Der trübe Saft gelangt über einen Zulauf in den Innenraum. Die groben Feststoffe werden an der Innenwand eines gelochten Siebmantels zurückgehalten und durch rotierende Bürsten in den konischen Feststoffraum transportiert. Aus diesem werden sie iterierend abgelassen.

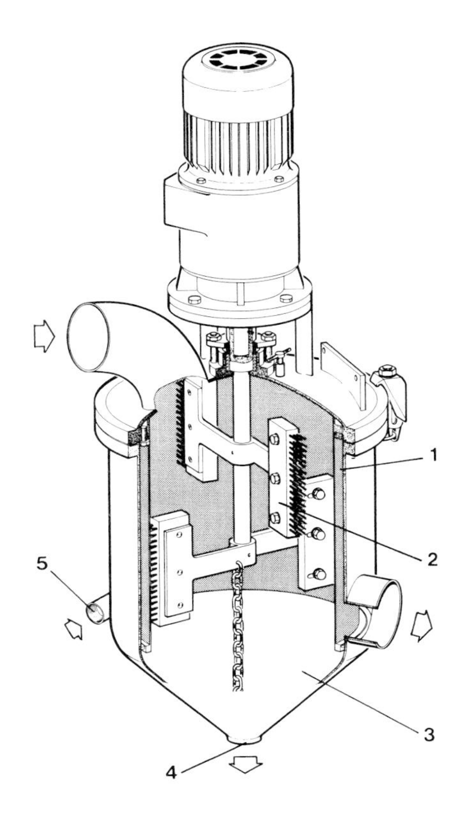

Abb. 82. Drehbürstensieb (Westfalia Separator AG).
1 Gelochter Siebmantel
2 Rotierende Bürsten
3 Feststoffraum
4 Feststoffablauf
5 Spülanschluss

Selbstentleerende Tellerseparatoren

Verantwortlich für den Klär- und Trenneffekt eines Tellerseparators ist das Trenn-

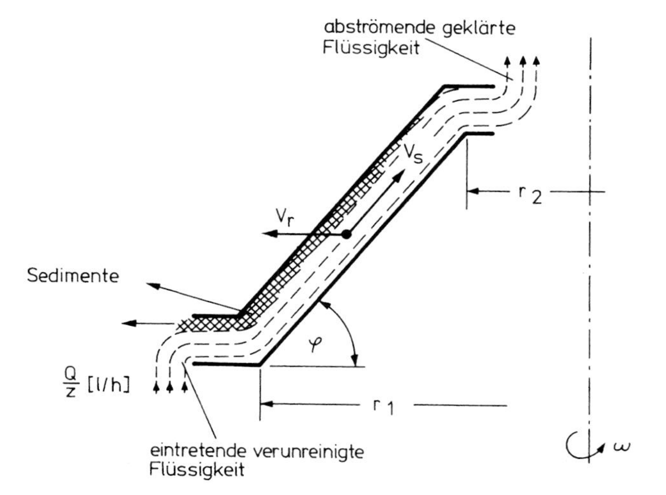

Abb. 83. Strömung in einem Einzelseparierungsraum zwischen zwei Tellern (Westfalia Separator AG).

vermögen von parallel geschalteten Einzelseparierungsräumen, die zusammen das Tellerpaket, den Hauptteil des Zentrifugenmotors, bilden. Bei Tellerseparatoren tritt der zu klärende Saft durch Löcher in der Nähe des unteren Tellerrandes ein und strömt unter dem Einfluss eines Druckgefälles in den durch benachbarte Teller gebildeten Strömungskanälen schräg aufwärts dem Innenrand der Teller zu (siehe Abb. 83). Die Teller (40–150) aus dünnem Blech (0,35–0,75 mm) sind kegelmantelförmig (Neigungswinkel 35°–45°) und durch Rippen voneinander getrennt (0,4–2 mm). Unter dem Einfluss der Zentrifugalkraft werden die spezifisch schwereren Feststoffteilchen an die konischen Tellerunterseiten gedrückt und gleiten kontinuierlich in den Raum außerhalb des Tellersatzes ab. Bei den selbstentleerenden Tellerseparatoren, die semikontinuierlich arbeiten, sammeln sich die Trubstoffe in einem doppelkonischen Schlammraum und werden in bestimmten Zeitabständen ohne Unterbrechung des Schleudervorganges ausgetragen (siehe Abb. 84). Die ausgetragene Feststoffmenge hängt vom Flüssigkeitsvolumen der Speicherkammer ab, wobei das Austreten der überstehenden Flüssigkeit vermieden werden muss. Der periphere Ringspalt darf dazu nur möglichst kurz geöffnet werden. Höchste Feststoffkonzentrationen werden durch eine gleichmäßige Öffnung und eine kurzzeitige Ausnutzung der größtmöglichen Spalthöhe erreicht. Während früher die Entleerungszeit etwa eine Sekunde betrug, wurde durch eine Neuentwicklung (Hydrostopp-System) diese auf 0,1 Sekunde reduziert (Hemfort 1994).

Hinsichtlich des Zu- und Ablaufes sind bei Separatoren verschiedene Möglichkeiten gegeben; für den Einsatz in der Fruchtsaftindustrie sind nur halbgeschlossene oder geschlossene (hermetische) Bauarten geeignet. Bei halb geschlossenen Separatoren tritt das Füllgut durch einen geschlossenen Einlass ein, und der geklärte Saft wird durch eine stillstehende Schälscheibe (Greifer, Zentripetalpumpe) schaumfrei und unter Druck abgeleitet, wobei die kinetische Energie des Saftes, in Druck umgewandelt, zur Förderung ausgenützt wird. Bei einer Purifikation sind zwei Schälscheiben unterschiedlichen Durchmessers in Verwendung. Wenn bei der Klärung der Druck der zu behandelnden Flüssigkeit nicht absinken darf, zum Beispiel bei Gefahr der Entgasung, so setzt man geschlossene (hermetische) Separatoren ein. Dabei wird der zu klärende Saft unter Druck in die Trommel eingeführt, und der geklärte Saft verlässt, ebenfalls unter Druck, die Trommel durch hermetisch abgedichtete Auslässe. Hermeti-

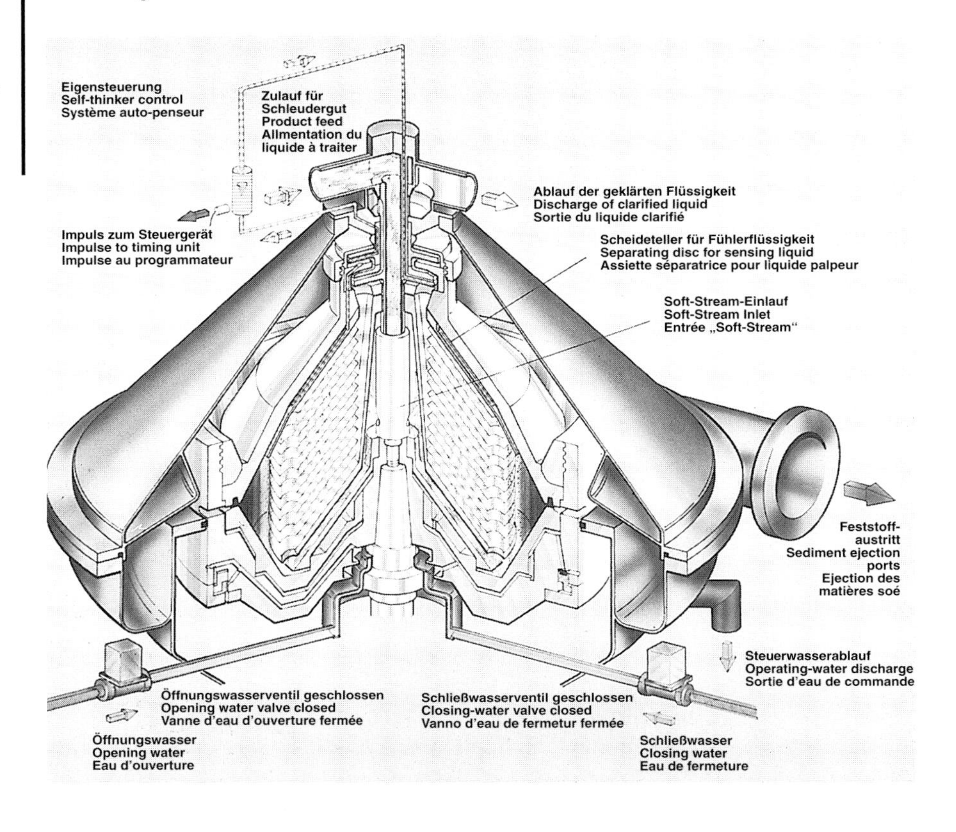

Abb. 84. Selbstentleerender Separator mit beweglichem Schiebeboden (Westfalia Separator AG).

sche Separatoren können in Drucksysteme eingebaut werden.

Die während der Separation notwendigen Teilentleerungen der Trommel erfolgen automatisch durch speicherprogrammierte Steuergeräte (siehe Abb. 85). Dabei stehen folgende Steuerungssysteme zur Verfügung (HAMATSCHEK et al. 1995):

Zeitabhängige Steuerung: Nur empfehlenswert bei gleichbleibendem Feststoffgehalt im Saft, sie kommt daher in der Fruchtsaftindustrie kaum in Frage.

Eigensteuerung durch Überwachung mittels Fotoelektrik beziehungsweise Trübungsmesseinrichtung: Wird ein definierter Wert überschritten, erfolgt ein Impuls an das Steuergerät.

Eigensteuerung durch Abtasten des Feststoffraumes: Über einen Scheideteller wird eine geringe Flüssigkeitsleistung im Nebenstrom abgezweigt, durch die Teller geklärt, mittels Steuergreifer zum Durchflusswächter geleitet und in den Zulauf zurückgeführt. Wird der Fühlerflüssigkeitseinlauf am Scheideteller durch Feststoffansammlung im Feststoffraum behindert, gibt ein Initiator am Durchflusswächter einen Impuls an das Steuergerät. Eigensteuerungssysteme sind dann zu wählen, wenn ungleichmäßige Feststoffkonzentrationen im Zulauf auftreten. Dies ist für Fruchtsäfte inhärent.

3.5.3 Entlüftung von Säften

In Fruchtsäften, Fruchtsaftkonzentraten und fruchtfleischhaltigen Getränken sind Gase gelöst oder adsorptiv an Fruchtfleischpartikel gebunden. Die Gase können aus verschiedenen Quellen stammen:

- Frisches Obst enthält – in Abhängigkeit von verschiedenen Parametern – bis 15 %vol an Gasen.
- Durch Zerkleinerungsprozesse (Mahlen, Passieren) kommt es zu einer Gaszufuhr.

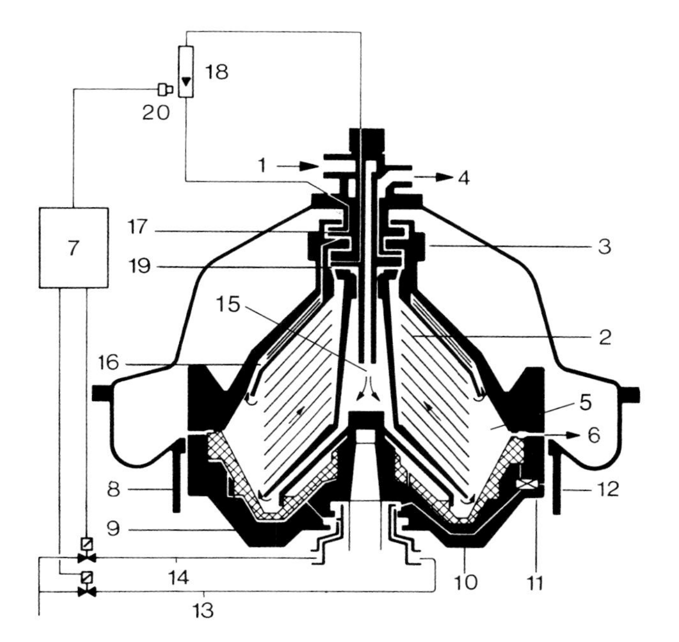

Abb. 85. Selbstentleerender Separator mit Eigensteuerung durch Fühlerflüssigkeit (Westfalia Separator AG).
1 Zulauf
2 Teller
3 Greifer
4 Ablauf
5 Feststoffraum
6 Feststoff-Ausstoß
7 Steuergerät
8 äußere Schließkammer
9 innere Schließkammer
10 Öffnungskammer
11 Trommelventil
12 Kolbenschieber
13 Öffnungswasser
14 Schließwasser
15 Eintritt der Fühlerflüssigkeit in den Tellerbereich
16 Klärteller für Fühlerflüssigkeit
17 Steuergreifer
18 Druchflusswächter
19 Steuergreifer
20 Schalter

- Bei der Lagerung von Konzentraten wird durch den STRECKER-Abbau CO_2 gebildet.
- Entmineralisiertes Wasser – das für die Konzentratrückverdünnung Verwendung findet – enthält in Abhängigkeit von Entmineralisierungsverfahren beachtliche Gasmengen.
- Rückverdünnung der Konzentrate mit leistungsstarken Rührwerken, Abfüllung usw. bewirken eine Gaszufuhr.

Die Löslichkeit der Gase hängt vom Druck, der Temperatur und der chemischen Zusammensetzung des Saftes ab, wobei zwischen den Gasen hinsichtlich ihres Lösungsvermögens große Unterschiede bestehen (spezifische Löslichkeit).

Höhere Gasgehalte wirken nicht nur auf das Produkt gütemindernd (oxidative Veränderungen von Inhaltsstoffen), sondern stören auch den Produktionsablauf (Schaumbildung, Dosierprobleme; FLEIG 1995).

Bei trüben Nektaren werden Gase durch die Fruchtfleischpartikel adsorbiert, wodurch mit zunehmendem Fruchtfleischanteil auch eine Erhöhung der Gassättigungswerte bedingt ist. Mitbestimmend für das Ausmaß sind auch deren unterschiedliche Oberflächeneigenschaften (ENGELBRECHT 1991).

Um möglichst geringe Gasgehalte in den Getränken zu haben, sind neben präventiven Verfahrensschritten, zum Beispiel Verwendung von entgastem Wasser für Konzentratrückverdünnung, zwei Verfahren von Bedeutung: Vakuumentgasung und Gasaustausch.

Vakuumentgasung

In kontinuierlich arbeitenden Anlagen wird über Zentrifugalverteiler, Düsenverteiler, Fallfilmverteiler oder Sonderbauformen (Rohr-Kaskade/Entgasungslaterne, Düsen/Fallfilm) eine möglichst große Oberfläche bei möglichst kleiner Schichtdicke geschaffen (siehe Abb. 86). Die Entgasung erfolgt bei einer Temperatur, die etwa 5 °C unter der dem Vakuum entsprechenden Siedetemperatur liegt, um ein zu starkes Schäumen zu verhindern. Dabei werden etwa 1 bis 2 % des Durchsatzvolumens abgedampft; die Dämpfe werden jedoch kondensiert und dem Produkt wieder zugeführt. In Abhängigkeit

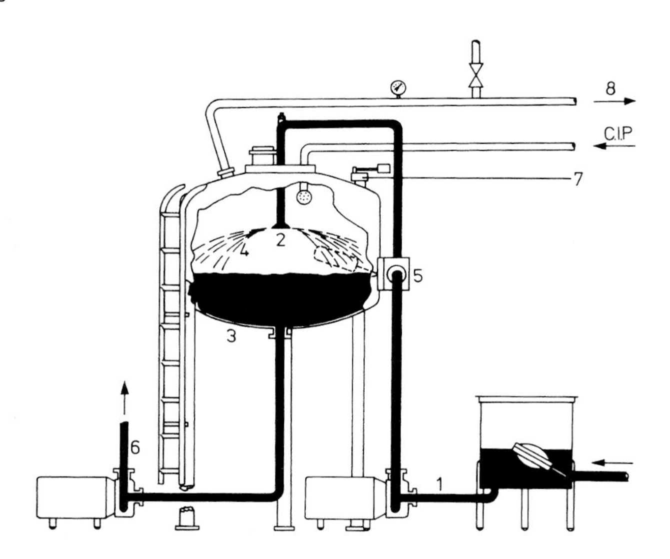

Abb. 86. Vakuumentlüftung.
1 = Flüssigkeitszuleitung
2 = Düse
3 = Vakuumbehälter
4 = versprühte Flüssigkeit
5 = Füllstandskontrolle
6 = Flüssigkeitsableitung
7 = Entlastungsventil
8 = zur Vakuumpumpe (A.P.V.).

vom Temperaturniveau werden bis zu 90 % des Sauerstoffes und 80 % des Gesamtgasgehaltes entfernt.

Gasaustausch durch Inertgas
Durch Einströmenlassen oder Einpressen eines Inertgases (Stickstoff, Kohlendioxid) in ein sauerstoffhaltiges Getränk wird Sauerstoff bis zu einem dem Partialdruck der einzelnen Gase entsprechenden Gleichgewicht aus der Flüssigkeit entfernt (siehe Kapitel 6.2). Durch Vorentlüftung unter Vakuum und nachfolgenden Gasaustausch kann eine nahezu vollständige Sauerstoffentleerung erreicht werden. Dabei ist zu beachten, dass wohl der Sauerstoff entfernt wird, andere Gase aber in Lösung bleiben.

3.6 Herstellung von Fruchtmark und Fruchtnektaren

U. Schobinger und D. Šulc †

3.6.1 Einleitung

In den letzten Jahrzehnten hat die Verarbeitung von Obst und bestimmten Gemüsearten zu Frucht- beziehungsweise Gemüsenektaren große Bedeutung gewonnen. Da die Fruchtnektare hauptsächlich aus einem Fruchtmark (Fruchtpüree) meist unter Zusatz entsprechender Mengen von Zuckersirup und Genusssäuren hergestellt werden, nennt man sie in verschiedenen Ländern auch Fruchtmarksäfte, püreeartige beziehungsweise breiartige Säfte oder auch pulpehaltige Säfte. Daneben haben auch klare Nektare, das heißt pulpefreie Produkte, in den letzten Jahren einen recht hohen Marktanteil erreicht.

Fruchtmark beziehungsweise Fruchtnektare stellen im echten Sinne des Wortes „flüssiges Obst“ dar, das sich durch feine homogene, püreeartige Konsistenz, durch einen ausgezeichneten Geruch und Geschmack sowie durch ansprechende Farbe auszeichnet. Wegen dieser anziehenden Eigenschaften wurden diese Erzeugnisse nach der römischen Mythologie (Cicero) mit „Göttertrank“ beziehungsweise „Nektar“ oder „Nektarsaft“ benannt (Gachot 1965).

Da diese Nektare aus ganzen Früchten hergestellt werden, die man vorher durch Passieren von nichtessbaren Teilen (Kerne, Samen, Häutchen und sonstige harte Bestandteile) befreit, besitzen sie im Vergleich mit anderen Arten von Fruchtsäften und Fruchtsaftgetränken einen höheren Gehalt an Vitaminen, Mineral-, Pektin-, Gerb- und Cellulosestoffen sowie einen bedeutend höheren Farbstoff- und Aromagehalt.

Demzufolge zeichnen sich die Nektare durch einen hohen ernährungsphysiologischen Wert aus und weisen deswegen eigentlichen Nahrungsmittelcharakter auf. Wegen ihrer erfrischenden und sättigenden Wirkung sind die Nektare bei Kindern und Erwachsenen sehr beliebt und werden speziell auch für Kranke und Rekonvaleszente empfohlen.

Geschichtliche Entwicklung

Die ersten Versuche und Rezepturen zur Herstellung von Nektaren stammen noch von CRUESS im Jahre 1925 (TRESSLER und JOSLYN 1961), aber erst im Jahre 1935 begann in den USA die industrielle Produktion von Nektaren aus Aprikosen, Birnen und Pfirsichen. Die Beliebtheit dieser pulpösen Getränke wuchs sehr rasch, so dass im Jahre 1948 die Herstellung von Pflaumennektar, etwas später von Guaven-, Passionsfrucht- und Bananennektar in Hawaii und im Jahre 1959 die Herstellung von Mangonektar in Puerto Rico aufgenommen wurde.

In Europa begann die Produktion von Nektaren erst nach dem Zweiten Weltkrieg vor allem in Italien, wo zwischen 1950 und 1960 diese neuen Getränke unter dem Namen „succo e polpa" eingeführt und zum Nationalgetränk entwickelt wurden. Die Herstellung von Nektaren hat sich in Frankreich im Jahre 1950 (GACHOT 1963), in Jugoslawien im Jahre 1958 (CRNČEVIĆ 1959), in Ungarn im Jahre 1959/60 (KARDOS 1966) und in Polen im Jahre 1960 (REMBOWSKI 1966, CHARLAMPOWICZ 1968) eingeführt. Anschließend folgten vor allem die Länder, welche über geeignete und hochqualitative Rohstoffe für die Herstellung von Nektarsäften verfügen, wie Bulgarien, Rumänien, Spanien, Portugal, Griechenland, Russland, Türkei usw.

Die rasche Entwicklung der entsprechenden Technologie und Technik trug dazu bei, dass sich heute die Produktion von Nektaren fast in der ganzen zivilisierten Welt verbreitet hat.

Eigenschaften der Fruchtnektare

Fruchtnektare stellen eine echte Suspension des Fruchtfleisches (Pulpe) im Saft (Serum) dar, wobei die einzelnen Pulpeteilchen je nach dem erzielten Homogenisierungsgrad in der Größenordnung zwischen einigen bis sogar über 100 Mikron und in der Menge zwischen 25 und 50 %vol variieren können. Die Pulpeteilchen sind – wie die meisten pflanzlichen Zellverbände – aus Cellulose, Hemicellulose und unlöslichen Pektinstoffen (Protopektin und unlösliche Pektate und Pektinate) aufgebaut, in welche die wasserlöslichen Saft-Inhaltsstoffe fest oder locker eingelagert sind. Im Saft (Serum) befinden sich wasserlösliche Pektine, Vitamine, Farb-, Aroma- und Mineralstoffe wie auch natürliche oder nach Bedarf zugegebene Zucker, Fruchtsäuren, Stabilisatoren, Vitamin C usw.

In einem derart heterogenen System ist es sehr schwer, eine stabile Suspension zu erreichen, das heißt eine Trennung von flüssiger (Saft) und fester Phase (Pulpeteilchen) zu verhindern. Die Stabilität von Nektaren hängt vor allem vom „Ratio", das heißt dem Gewichtsverhältnis Pulpe/Serum ab, welches durch die Formel

$$R = \frac{\text{Pulpe (g)}}{\text{Serum (g)}} \times 100$$

ausgedrückt wird (BIELIG und KLETTNER 1971).

Alle jene Rohstoffe (Fruchtmark), welche reich an Fruchtfleisch sind und demzufolge Nektare mit Pulpe/Serum-Ratiowerten über 1 ergeben, wie zum Beispiel Aprikosen, Pfirsiche, Pflaumen, Birnen, Mango usw., sind besonders für die Herstellung von Nektaren geeignet. Umgekehrt können Rohstoffe, die verhältnismäßig arm an Fruchtfleisch sind und Pulpe/Serum-Ratiowerte unter 1 aufweisen, wie zum Beispiel Sauerkirschen, Beerenobst usw., nur unter Zugabe eines geeigneten Stabilisators zu stabilen Nektaren verarbeitet werden (ŠULC 1978).

Neben der Ratio spielen auch viele andere Faktoren eine wichtige Rolle für die Stabilität von Nektaren, wie zum Beispiel die elektrische Ladung der Pulpeteilchen, das spezifische Gewicht der flüssigen und festen Phase, der pH-Wert, der Gehalt an einzelnen Elektrolyten sowie vor allem die rheologischen Eigenschaften (vgl. Kapitel 5.3.2 Seite 380). Nach den rheologischen Eigenschaften, das heißt nach den Fließeigenschaften beurteilt, sind die Nektare plastisch beziehungsweise thixotrop oder strukturviskos und gehören demzufolge zu den Nicht-Newton-Stoffen (Leuprecht und Schaller 1970).

Die strukturviskosen Eigenschaften von Nektaren sind vor allem vom Pektinstoffgehalt abhängig, da die Pektinstoffe als Schutzkolloide und natürliche Stabilisatoren einerseits sehr stark die Viskosität von Nektaren beeinflussen und andererseits durch ihren verzweigten, langkettigen Gerüstaufbau eine Einlagerung von löslichen Saftkomponenten ermöglichen. Dabei ist die Anwesenheit von niederveresterten Pektinen und Pektinsäuren nicht erwünscht, da diese infolge ihrer stark negativen Ladung als Elektrolyte und nicht als Stabilisatoren wirken und unter Umständen sogar eine Ausscheidung von Serum und eine Sedimentation von Pulpeteilchen verursachen können.

In diesem Zusammenhang haben Šulc et al. (1975) festgestellt, dass in der Fruchtpulpe enthaltene wasserunlösliche Stoffe (Cellulose, Hemicellulose und Protopektin) keinen unmittelbaren Einfluss auf die Ratio-Werte beziehungsweise auf die Stabilität der Fruchtnektare ausüben, ungeachtet dessen, dass sie den Gewichtsanteil an Pulpe erhöhen. Dagegen wirken sich im Serum gelöste hochveresterte und hochpolymerisierte Pektine unmittelbar auf die Erhöhung der Ratio-Werte und der Stabilität der Fruchtnektare aus, da sie vor allem die dynamische Viskosität des Serums stark erhöhen. Der negative Einfluss von niederveresterten Pektinen und Pektinsäuren äußert sich darin, dass sie die dynamische Viskosität des Serums beträchtlich herabsetzen, wodurch die Kohäsionskräfte beziehungsweise die Stabilität der Fruchtnektare zerstört werden.

3.6.2 Technologie der Herstellung von Fruchtnektaren

Die grundlegende Vorschrift für die Herstellung von Fruchtnektaren hat Tressler (1961) wie folgt beschrieben:

„Die reifen Früchte werden gewaschen, verlesen, fünf Minuten gedämpft, nach Bedarf entsteint, durch eine Mühle grob zerkleinert und durch ein Sieb der Maschenweite 0,6 Millimeter getrieben. Die erhaltene Pulpe wird in einem Wärmeaustauscher auf 88 bis 94 °C erhitzt, mit etwa der gleichen Menge eines Zuckersirups von 15 bis 16 °Brix gemischt und mit Citronensäure angesäuert. Der fertige „Nektar“ wird eingedost, 15 Minuten auf 100 °C erhitzt und mit Wasser gekühlt.“

Diese grundlegende Vorschrift ist heute noch gültig, aber der Herstellungsprozess hat sich aufgrund einer neuzeitlichen Technologie und unter Anwendung modernster Techniken so weit entwickelt, dass die Herstellung von Fruchtnektaren weitgehend kontinuierlich und hochautomatisiert über das ganze Jahr erfolgt. Um die Herstellung von Fruchtnektaren von der Erntesaison unabhängig zu machen, verarbeitet man heute die frischen, gesunden und reifen Früchte zuerst auf ein entsprechendes Fruchtmark beziehungsweise Fruchtmarkkonzentrat, welches bei kleineren Betrieben eingedost, bei größeren hingegen aseptisch in Tanks gelagert wird. Aus diesen *Halbfabrikaten* werden unter Zusatz einer entsprechenden Menge Zucker, Citronensäure und nach Bedarf eines Stabilisators (zum Beispiel Pektin, Alginat) über das ganze Jahr die entsprechenden Fruchtnektare hergestellt.

Über den Einfluss von zugesetztem Pektin auf die Trubstabilität von Nektaren berichten Mollov und Maltschev (1996). Es muss in diesem Zusammenhang darauf hingewiesen werden, dass die Zugabe von Stabilisatoren zu Fruchtnektaren in zahlreichen Ländern nicht gestattet ist. Maltschev und Mollov (1996) berichten auch über einen speziellen Stiftdesintegrator zur Homogenisierung von Fruchtpulpen, wodurch scheinbar auf die Verwendung von mazerierenden Enzymen

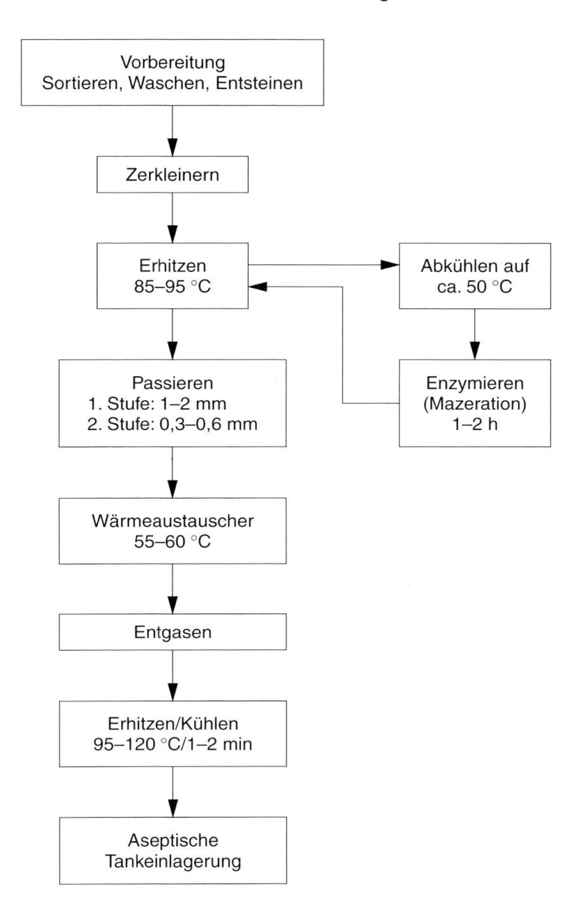

Abb. 87. Generelles Schema der Fruchtmarkherstellung.

verzichtet werden kann. Neue Erkenntnisse über die Herstellung von pulpehaltigen Apfelsäften vermittelt auch die Dissertation von Stüssi (1998).

3.6.2.1 Herstellung von Fruchtmark als Halbfabrikat

Die Herstellung von Fruchtmark beziehungsweise Fruchtpüree erfolgt in so genannten Nektaranlagen (Nektarlinien), wie sie von den Firmen Bertuzzi, I-20047 Brugherio (Mi), Rossi & Catelli, I-43100 Parma, FMC Food Machinery Italy Spa., I-43100 Parma, Franz Kirchfeld GmbH & Co. KG, D-40023 Düsseldorf, Fryma-Maschinen AG, CH-4310 Rheinfelden usw. gebaut werden.

Aufgrund von neueren Veröffentlichungen von Maurer (1990), Handschuh (1996), Ding und Weger (1997) und Unterholzner (1999) ergibt sich das in Abbildung 87 dargestellte generelle Schema für die Fruchtmarkherstellung. Dabei wickelt sich der technologische Prozess der Fruchtmarkherstellung nach folgenden Verarbeitungsoperationen ab:

Früchte (Rohstoffe): Vorwaschen → Verlesen → Waschen → Entstielen (Sauerkirschen, Weichseln) → Entsteinen → Zerkleinern (Vermahlen).

Fruchtmaische: Erhitzen → Passieren → Kühlen oder alternativ: Erhitzen → Abkühlen auf etwa 50 °C → Enzymieren (Mazerieren) → Enzym-Inaktivierung (Erhitzen) → Passieren → Kühlen.

Fruchtmark: Entgasen → Erhitzen/Kühlen → aseptische Tankeinlagerung. Anstelle der aseptischen Tankeinlagerung kann auch eine aseptische Bag-in-box-Abfüllung durchgeführt werden.

Weiche Früchte wie Beeren, Kirschen, Birnen, Aprikosen, Pfirsiche usw. werden nach dem Erhitzen sofort heiß passiert. Zur Vermeidung von Aromaverlusten werden Erdbeeren und Himbeeren vielfach kalt passiert. Härtere Früchte wie Äpfel oder gewisse tropische Früchte, zum Beispiel Mangos, werden vor dem Passieren mit Vorteil einer Behandlung mit mazerierenden Enzymen unterworfen (ASKAR et al. 1991). Dabei wird das wasserunlösliche Protopektin in die wasserlösliche Form übergeführt und dadurch die Trubstabilität verbessert. Nach der erforderlichen Enzymierungszeit müssen die Enzyme durch Erhitzen sofort inaktiviert werden.

Basierend auf diesen Verarbeitungsoperationen wurde das nachfolgende Fließbild (siehe Abb. 88) ausgelegt, wobei der technologische Prozess der Fruchtmarkherstellung in den folgenden Abschnitten näher beschrieben wird.

3.6.2.1.1 Anforderungen an das Rohmaterial

Die Qualität von Nektaren wie auch von anderen Fruchtsäften hängt in erster Linie von der Rohstoffbeschaffenheit ab (vgl. Kapitel 3.2). Zum Begriff des einwandfreien Rohstoffes gehört auch die möglichst vollständige Abwesenheit von Pflanzenschutz- und Unkrautvertilgungsmitteln. Das bedeutet, dass man nur durch besondere Maßnahmen, zum Beispiel durch Anwendung von bestimmten Waschmitteln beim Waschen der Rohstoffe, einen entsprechenden Reinheitsgrad der Früchte vor der weiteren Verarbeitung erreichen kann (KLIMMER 1965, MAIER-BODE 1965). Dabei ist es wichtig, zumindest kurze Zeit vor der Ernte, jede Bespritzung der Früchte zu unterlassen.

Für die Herstellung von Fruchtmark hat der Reifegrad des Rohstoffes einen entscheidenden Einfluss auf die Technologie und die Produktqualität. Das Aroma soll voll ausgebildet und das Zucker/Säure-Verhältnis optimal sein. Die bei der Reifung von Äpfeln und anderen Früchten eintretende Erweichung wird durch molekulare Änderungen in der Mittellamelle verursacht. Dabei wird die Mittellamellenstruktur gelockert und das Pektin geht in Lösung. Daraus resultiert eine höhere Viskosität und eine bessere Trubstabilität von Fruchtmark. Bei zu harter Fruchtstruktur ist eine Behandlung der Fruchtmaische mit mazerierenden Enzymen angezeigt.

Neben den erwähnten allgemeinen Anforderungen an die Qualität der Rohstoffe kommt der „Sortenfrage“ eine besondere Bedeutung zu. Deshalb soll auf einige qualitativ hochstehende Fruchtsorten, die zur Herstellung von Nektaren besonders geeignet sind, hingewiesen werden:

Aprikosen: 'Royal', 'Dimola', 'Early Golden', 'Sing', 'Vintschgauer', 'Canino', 'Cafona', 'Boccuccia', 'Rouge du Roussillon', 'Ketschkemeter Rosenmarille', 'Reale d'Imola', 'Bulida'.

Pfirische: 'Madame Rogniat', 'Weißer Magdalenenpfirsich', 'Elberta', 'I. H. Hale', 'Redheaven', 'Suncrest', 'Maria Bianca'.

Birne: 'Williams Christbirne', 'Clapps Liebling', ('Clapps Favourite'), 'Frühe von Trévoux', 'Gute Luise', 'Guyot', 'Passa Crassana', 'Conference', 'Abate Fetel'.

Äpfel: 'Golden Delicious', 'Granny Smith', 'Jonagold', 'Jonathan', 'Morgenduft'.

Erdbeeren: 'Redglow', 'Armere', 'Empire', 'Senga Sengana'.

3.6.2.1.2 Vorbereitung der Rohstoffe

Die Vorbereitung der Rohstoffe soll sehr schnell vor sich gehen, um unerwünschte mikrobiologische und enzymatische Vorgänge in den Früchten, die zu Farb- und Geschmacksveränderungen und zu Vitaminverlusten führen können, möglichst zu vermeiden.

Die Früchte werden am besten in Holz- oder Plastiksteigen transportiert, womit eine allseitige gute Belüftung und eine minimale Beschädigung der Früchte durch Druck beim Transport erreicht wird. Die Steigen werden meistens manuell, seltener maschinell in die Vorwäsche (1) beziehungsweise (9) oder direkt auf das Verleseband (2) beziehungsweise (10) entleert (vgl. Fließschema in Abb. 88). Nach der Entleerung werden die leeren Steigen gewaschen, mit Dampf sterilisiert und zum Ernteplatz zurückgeschickt.

Die Früchte festerer Konsistenz, wie zum Beispiel Aprikosen, Pfirsiche, Birnen, auch Tomaten usw., werden zuerst in der Vorwäsche (1) unter Mitwirkung einer Gebläseeinrichtung schonend mit chloriertem Wasser vorgewaschen und von groben Verunreinigungen (Erde, Staub, Steine usw.) befreit. Ein in die Maschine eingebauter Elevator fördert die Früchte dann auf das anschließende Verleseband (2), wo alle ungeeigneten Früchte entfernt werden. Automatisch gelangen die Früchte dann in die Waschmaschine (3), welche auch mit einem Gebläse ausgestattet ist. Dank der durch das Gebläse entstehenden Turbulenz wird eine gründliche, jedoch schonende Reinigung bewirkt. Je nach der äußeren Beschaffenheit der Früchte kann man dem Wasserbad noch Detergenzien zusetzen. Am Ende der Waschmaschine befindet sich ein Schrägelevator mit Sprühvorrichtung, der es gestattet, die Früchte zunächst noch einmal mit Frischwasser abzubrausen.

Nach der Nachreinigung gelangen die Früchte in die nächste Waschmaschine (4), von wo sie dann nach der letzten Waschung vollkommen sauber in die Entsteinmaschine (5) – bei Steinobst (Aprikosen, Pfirsiche) – oder direkt in die Mühle (7) – bei Kernobst (Birnen) – gelangen.

In der Entsteinmaschine (5) werden die Steine entfernt und die Fruchthälften grob zerkleinert. Die noch an den Steinen hängenden restlichen Fruchtfleischteile werden in der Nachputzmaschine (6) abgetrennt. Die grob zerkleinerten Aprikosen- beziehungsweise Pfirsichhälften, zusammen mit den von den Steinen abgelösten restlichen Fruchtfleischteilchen, wie auch grob zerkleinertes Kernobst (Birnen) werden über den Trichter einer Exzenterschneckenpumpe (8) aufgenommen und zur weiteren Verarbeitung gefördert.

Bei Früchten von weicherer Konsistenz, wie zum Beispiel Beerenobst und Sauerkirschen, kann man die oben erwähnte Vorwasch- und Waschvorrichtung nicht anwenden. Diese Fruchtarten wäscht man zuerst sehr vorsichtig in einer speziellen Gebläsewaschmaschine (9) bei niedrigerem Luftdruck (Erdbeeren, Weichseln). Ein Schrägelevator mit Sprühvorrichtung bringt dann die Früchte auf das Verleseband (10). Weicheres Beerenobst (Himbeeren, Brombeeren) gelangt nach dem Entleeren der Holz- beziehungsweise Plastiksteigen direkt auf das Verleseband (10), wo alle ungeeigneten Früchte sowie zurückgebliebene einzelne Blätter und andere Verunreinigungen entfernt werden.

Die verlesenen Früchte gelangen dann automatisch auf eine Brausewaschmaschine (11), wo sie nur mit Wasser überrieselt und dadurch sehr schonend gewaschen werden. Ein Schrägelevator (12) bringt die gewaschenen Früchte entweder in die Mühle (7) (Beerenobst) oder (bei Sauerkirschen) in eine Entstielmaschine (13), wo die Früchte mittels Gummiwalzen entstielt werden. Die entstielten Sauerkirschen wie auch grob zerkleinertes Beerenobst werden vom schon erwähnten Trichter der Exzenterschneckenpumpe (8) aufgenommen und schnell zur Weiterverarbeitung (Maischeerhitzung und -Enzymierung) gebracht.

3.6.2.1.3 Thermische und enzymatische Fruchtmaischebehandlung

Um aus einem Fruchtmark einen trubstabilen Nektar zu erhalten, muss die grob zerkleinerte Fruchtmaische so schnell wie möglich einer Hitzeinaktivierung der Enzyme, in erster Linie der oxidativen und pektolytischen Enzyme, unterzogen werden. Bei dem verhältnismäßig niederen pH-Wert der Fruchtmaischen werden dabei auch alle unerwünschten mikrobiologischen Prozesse unterbrochen. Die Fruchtmaischen bleiben zudem weich und passierfähig und der unerwünschte Abbau von Pektin-, Farb- und anderen Inhaltsstoffen wird praktisch völlig verhindert.

Für die Hitzebehandlung der Fruchtmaischen bedient man sich bei den meisten Nektaranlagen eines speziellen Schnecken-Blanchierapparates, des „Thermo-Break beziehungsweise Hot-Break“ (Šulc

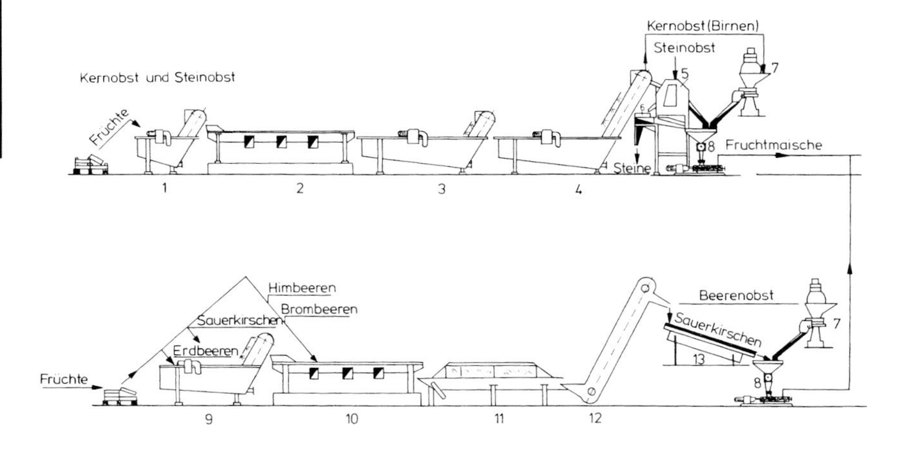

Abb. 88. Herstellung von Fruchtmark als Halbfabrikate.
1 = Gebläsewaschmaschine (Vorwäsche)
2 = Verleseband (Sortierband)
3 = Gebläsewaschmaschine (Wäsche)
4 = Gebläsewaschmaschine (Nachreinigung)
5 = Entsteinungsmaschine
6 = Nachputzmaschine
7 = Lochscheibenmühle
8 = Exzenterschneckenpumpe
9 = Gebläsewaschmaschine (Vorwäsche)
10 = Verleseband (Sortierband)
11 = Brausewaschmaschine
12 = Schrägelevator
13 = Kirschen-Entstielmaschine

und Férić 1960), oder bei neuzeitlicheren Nektaranlagen eines Röhrenerhitzers (Telegdy-Kovats 1967).

Schnecken-Blanchierapparate (Thermo-Breaks) haben eine verhältnismäßig niedrige Leistung (1–2 t Maische/h) und können die Maische nur auf 80 bis 85 °C erhitzen, was für einzelne Fruchtsorten von höherem pH-Wert, insbesondere aber für Gemüse, eine zu niedrige Temperatur darstellt. Außerdem kommt es infolge der intensiven Mischung der Maische – was im Thermo-Break nicht unter Luftabschluss geschieht – vor allem bei Temperaturen unter 70 °C leicht zu oxidativen Veränderungen und einer unerwünschten Bräunung der Maische, besonders bei Aprikosen-, Pfirsich-, Apfel- und Birnenmaischen. Viel wirkungsvoller als Schnecken-Blanchierapparate sind Röhrenerhitzer, die eine blitzschnelle Erhitzung der Maische, bei Bedarf bis zu 130 °C ermöglichen, bei einer Verarbeitungsleistung von 5 bis 10 Tonnen Maische pro Stunden (siehe Abb. 89).

Ein neuzeitlicher Röhrenerhitzer besteht aus zwei oder auch drei konzentrisch ineinander gebauten Röhren unterteilt in drei Zonen: Heizzone, Haltezone und Kühlzone. Die zu erhitzende und abzukühlende Maische strömt immer im mittleren Rohr. Im innersten und äußeren Rohr strömt in der Heiz- und Haltezone im Gegenstrom zur Maische Dampf von 2,5 bis 3 bar Überdruck, während in den gleichen Rohren in der Kühlzone das Kühlwasser fließt. Aus dem Fließschema in Abbildung 88 ersieht man, dass eine entsprechende Pumpe (8) die Maische zuerst durch die Wärmeaustauscherzone des Röhrenerhitzers (14) fördert, in welchem die Maische auf etwa 50 bis 60 °C vorerwärmt wird. Die vorerwärmte Maische kommt dann in die Erhitzungszone, wo sie augenblicklich auf die gewünschte Temperatur erhitzt wird – Fruchtmaischen auf etwa 105 °C, Gemüsemaischen je nach Gemüseart auf 105 bis 125 °C. Das am Ende des Apparates angebrachte Drosselventil sorgt dafür, dass die erhitzte Maische stets unter einem Überdruck von etwa 4 bar steht, wodurch die Maische im Inneren des Rohres selbst bei 130 °C niemals zum Sieden kommt.

Hierauf gelangt die erhitzte Maische in die Haltezone, in welcher sie bis zur völligen Entkeimung verweilt (10–30 s). In der anschließenden Kühlzone wird die hocherhitzte Maische im Gegenstrom mit der frischen Maische beziehungsweise mit dem Kühlwasser auf etwa 50 °C, das heißt auf die Temperatur, die für die enzymatische Behandlung der Maische günstig ist, zurückgekühlt.

Falls man keine enzymatische Behandlung der Maische vornehmen möchte, kühlt man die erhitzte Maische nur auf etwa 105 °C ab und passiert die noch heiße Maische durch die Passiermaschine (18).

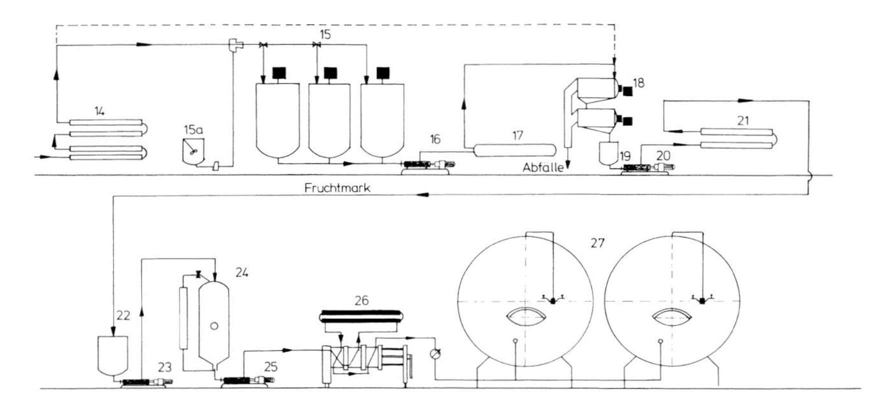

14 = Röhrenerhitzer und -kühler (Röhrenwärmeaustauscher)
15 = Maischeenzymatisierungsanlage
15a = Auffanggefäß für Enzymlösung bzw. -suspension
16 = Mohnopumpe
17 = Röhrenerhitzer
18 = Passiermaschinengruppe
19 = Behälter
20 = Mohnopumpe
21 = Röhrenkühler
22 = Pufferbehälter
23 = Mohnopumpe
24 = Entlüftungsanlage
25 = Mohnopumpe
26 = KZE-Plattenpasteur
27 = Großlagertanks.

Energieverbrauch sämtlicher Anlagen bei einer Verarbeitungskapazität von 5 t Rohstoff/h (Richtwerte):
Elektr. Energie/h 50–70 kWh;
Dampf/h (9 bar) 1200–1400 kg;
Wasser/h (18 °C) 30–40 m³

Enzymatische Fruchtmaischebehandlung

Bei der Herstellung von Fruchtsäften führt man eine entsprechende Maischefermentierung (siehe Kap. 3.3.9) mit dem Ziel durch, einen weitgehenden pektolytischen Aufschluss der Maische zu erreichen und damit – durch Pektinabbau und Viskositätserniedrigung der Maische – die Entsaftung, die Schönung, das Filtrieren und die Eindickung von Fruchtsäften zu erleichtern. Bei der Herstellung von pulpösen Fruchtnektaren strebt man einen gegenteiligen Effekt an, nämlich durch entsprechende Maischemazerierung eine dickflüssige und viskose Fruchtmaische zu erhalten, welche zur Gewinnung von stabilen Fruchtnektaren am besten geeignet ist (Grampp 1968, Rombouts und Pilnik 1971, Strübl, Escher und Neukom 1975). Dabei soll hervorgehoben werden, dass sich die erwünschte Homogenität und Stabilität von Nektaren nicht nur durch bloße mechanische Zerkleinerung allein erreichen lassen, vielmehr ist es unerlässlich für gewisse Früchte, eine Maischebehandlung mittels Mazerierpräparaten durchzuführen.

Die Mazerierpräparate ermöglichen eine Desintegrierung des Pflanzenmaterials, wobei die pflanzlichen Zellen nach der Mazerierung größtenteils intakt bleiben. Die Mazerierpräparate enthalten hauptsächlich einen pektolytischen und einen cellulolytischen Komplex, wodurch eine Hydrolyse der interzellularen Kittsubstanz und ein Zerfall der pflanzlichen Zellverbände (Parenchymgewebe) beziehungsweise eine Mazeration von pflanzlichem Gewebe erreicht werden. Dabei strebt man eine weitgehende Protopektinfreisetzung an, wobei natives, hochver-

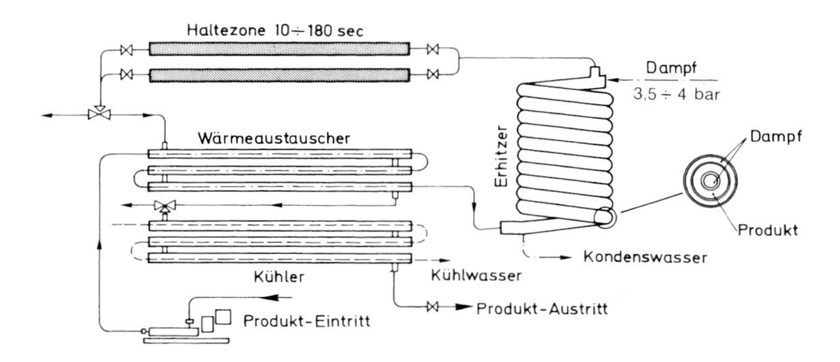

Abb. 89. Das Arbeitsprinzip eines Röhrenerhitzers (Ferić 1965).

estertes und hochpolymeres Pekin in Lösung geht, und damit eine Fruchtmaische von hoher Viskosität und außergewöhnlicher Trubstabilität erhalten wird.

Bei der Verwendung von Mazerierpräparaten können unter bestimmten Bedingungen auch unerwartete und unerwünschte Erscheinungen eintreten. So stellten Šulc und Vujičić (1973) fest, dass Mazerierpräparate ihre volle Wirkung nur dann entfalten können, wenn die in der Maische enthaltenen Pektine nicht schon vorher durch fruchteigene Pektinesterasen (PE) teilweise oder in bedeutenderem Maße entestert wurden.

Bei der Verwendung von Mazerierpräparaten ist eine richtige Dosierung des Präparates in der Maische sehr wichtig, um den Ablauf der Maischefermentierung möglichst unter Luftausschluss zu ermöglichen. Auf eine Tonne Fruchtmaische gibt man je nach Fruchtart und Enzymtyp 100 bis 500 g des Mazerierpräparates in der Weise zu, dass man die entsprechende Enzymlösung in das Auffanggefäß (15 a in Abb. 88) der Fermentierungsanlage (15) füllt. Mittels einer Dosierpumpe wird die Enzymlösung während des Verarbeitungsprozesses in die Maischeleitung eingespritzt. Die mit Enzymlösung sorgfältig vermischte Maische kommt dann in drei Fermentierungsbehälter (15). Während man einen Behälter füllt, steht die Maische im zweiten unter Enzymeinwirkung und der dritte wird geleert. Auf diese Weise kann man die Mazerationszeit nach Bedarf bis auf drei Stunden verlängern. Das langsame und zeitweise Durchmischen der Maische mit einer Mischeinrichtung dient dazu, alle Maischeteilchen in einen möglichst engen Kontakt mit dem Mazerierpräparat zu bringen.

Nach Beendigung der Maischemazerierung wird die Maische aus den Fermentierbehältern mittels einer Mohnopumpe (16) abgezogen und durch einen Röhrenerhitzer (17) gepumpt, der bei 105 °C eine sofortige Enzyminaktivierung bewirkt. Die noch heiße Maische wird dann in einem geschlossenen Rohrsystem der Passiermaschinengruppe (18) zugeführt, wo sie expandiert und passiert wird.

Bei den erwähnten Mazerierverfahren soll die Zellstruktur so weit abgebaut werden, dass daraus dickflüssige und breiartige Mazerate entstehen, während das hochpolymerisierte und hochveresterte Pektin aus seiner Verankerung (an Protopektin) freigesetzt wird.

Eine etwas stärkere Mazeration führt zu Fruchtmaischen, die nach dem Pressen beziehungsweise nach der Abtrennung über einen Dekanter trubstabile Säfte ergeben. In diesem Falle soll das Pektin ebenfalls aus seiner Verankerung freigesetzt und die Pektinketten ein wenig verkürzt werden, wodurch eine genügende Trubstabilität erreicht wird (Gierschner und Otterbach 1981, Pecoroni et al. 1996).

Für eine erfolgreiche Mazeration der Fruchtmaische ist nicht jedes Enzympräparat geeignet. So stellten Siliha und Pilnik (1984) fest, dass man eine Stabilisierung eines Aprikosennektars mit einem Präparat, das hauptsächlich hochwirksame reine Polygalacturonase (PG) enthält, nicht erreichen kann. Da die Aprikosenmaische nur hoch veresterte Pektine enthält, auf welche die Polygalacturonase nicht einwirken kann, ist die erwartete stabilisierende Wirkung des Präparates ausgeblieben. Erst mit kombinierten Enzymkomplexen, bei denen der Polygalacturonase entweder reine Pektinesterase (PG + PE) oder reine Arabinase (PG + Arab.) zugegeben wurde, konnte die gewünschte Stabilität des Aprikosennektars erreicht werden. Dieselbe Stabilität des Aprikosennektars haben die zitierten Autoren auch mit reiner Pektinlyase (PL) sowie mit einem kommerziellen Enzympräparat (PX), das alle diese Enzymaktivitäten und noch eine cellulolytische Aktivität enthält, erreicht. Durchgeführte Versuche haben gezeigt, dass eine Stabilisierung von pulpehaltigen Nektaren nur dann erreicht wird, wenn das verwendete Enzympräparat nicht nur das Pektin aus seiner Verankerung freisetzt, sondern auch die Pektinseitenketten (Hemicellulosen beziehungsweise Neutralzucker, besonders Araban und Galactan) nach Möglichkeit abspalten kann, da diese Pektinseitenketten als Begleitsubstanzen

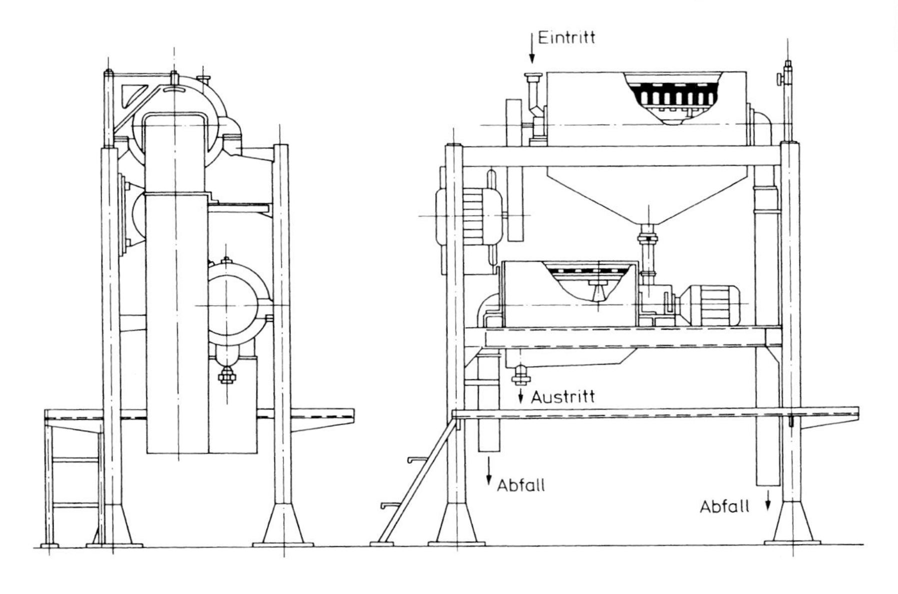

Abb. 90. Die Passiermaschinengruppe.

die Stabilität von pulpehaltigen Nektaren negativ beeinflussen können.

Heute gibt es schon solche Enzympräparate, die neben pektolytischer und cellulolytischer Wirkung auch eine Neutralzucker spaltende Wirkung besitzen und für die Mazeration von Frucht- und Gemüsemaischen beziehungsweise für die Herstellung von pulpehaltigen, trubstabilen Nektaren besonders geeignet sind.

3.6.2.1.4 Passieren von vorbehandelten Fruchtmaischen

Nach der Inaktivierung der Mazerierenzyme wird die noch sehr heiße Fruchtmaische dem geschlossenen Rohrsystem der Passiermaschinengruppe (18) zugeführt (siehe Abb. 88). Da die Erhitzung der Maische im Röhrenerhitzer bei einer Temperatur von 95 bis 105 °C unter Druck erfolgt, kommt es beim Eintreten in die Passiermaschine zu einer Entspannung (Expansion), bei der die Gewebezellen der Maische aufgerissen werden und ein Homogenisiereffekt entsteht. Als Folge dieser Entspannung entsteht eine Dampfabschirmung, so dass der Zutritt von Außenluft zum Produkt weitgehend verhindert und somit unerwünschte Oxidationen vermieden werden. Die Passiermaschinengruppe (18) besteht gewöhnlich aus zwei oder drei Passiermaschinen, welche auf einem gemeinsamen Metallgerüst montiert sind (siehe Abb. 90).

Die Passiermaschinen sind mit einer Schlägerwelle ausgerüstet. Die heiße Fruchtmaische wird mit Hilfe von Schlägern durch einen Siebzylinder gedrückt. Der Siebzylinder der ersten Passiermaschine hat meistens einen Lochdurchmesser von 1,2 Millimetern und der zweite von 0,4 bis 0,6 Millimetern. Ein zu feines Passieren (dritte Passiermaschine mit Sieben von 0,3 mm) sollte man wegen der Gefahr einer Phasentrennung (Ausscheidung von Serum und Pulpe) vermeiden, eine Erscheinung, die bei der Tanklagerung von Fruchtmark oft vorkommt. Desgleichen lassen sich zu feine Pulpeteilchen bei der Weiterverarbeitung von Frucht-

Tab 32. Ausbeute beim Passieren von vorbehandelten Fruchtmaischen (Unterholzner 1999)

Fruchtmaischen verschiedener Früchte	Fruchtmark (%)	Abfälle (%)
Aprikosen	70–80	20–30
Pfirsiche	75–85	15–25
Äpfel	80–90	10–20
Birnen	80–90	10–20
Pflaumen	70–80	20–30
Beerenobst	90–95	5–10
Kiwi	85–90	10–15

mark zu Fruchtmarkkonzentraten nur sehr schwer durch den Dekanter aus dem Saft (Serum) entfernen (siehe Kapitel 5.3.3.1). Das gewonnene Fruchtmark wird in Behältern (19) aufgefangen und sofort mittels einer Mohnopumpe (20) durch einen Röhrenkühler (21) in einen Pufferbehälter (22) gefördert. Das auf Normaltemperatur abgekühlte Fruchtmark wird anschließend entlüftet, pasteurisiert und in Tanks (27) abgefüllt.

Die Ausbeute beim Passieren von vorbehandelten Fruchtmaischen (Tab. 32) ist vor allem von Fruchtart und -sorte, wie auch von der durchgeführten Vorbehandlung der Fruchtmaische abhängig.

3.6.2.1.5 Entlüftung, Pasteurisation und Einlagerung beziehungsweise Abfüllung von Fruchtmark

Das auf Normaltemperatur gekühlte Fruchtmark wird mit der Mohnopumpe (23) in eine Entlüftungsanlage (24) gefördert, um den Luftsauerstoff, der bei der nachfolgenden Pasteurisation zu unerwünschten Oxidationen führen könnte, wie auch die Luftblasen, welche ein einwandfreies Pasteurisieren verhindern und somit Infektionen bei der anschließenden Sterillagerung verursachen können, praktisch vollkommen aus dem Fruchtmark zu entfernen (siehe Abb. 88).

Da in der Entlüftungsanlage nur dann eine maximale Wirkung erreicht wird, wenn man möglichst nahe bei der Verdampfungstemperatur arbeitet, sollte eine solche Anlage die eventuell frei werdenden Aromastoffe in einem Kondensator auffangen und dem entgasten Fruchtmark kontinuierlich wieder zuführen.

Eine erfolgreiche Entlüftung des dickflüssigen, zähen und hochviskosen Fruchtmarks ist sehr schwer zu erreichen, deshalb sollte man bei der Konstruktion und Herstellung von Entlüftungsanlagen unter anderem auch folgende Gesichtspunkte beachten:

- Erreichung bestimmter Druck- und Temperaturunterschiede beim Ein- und Ausgang des zu entlüftenden Fruchtmarks in der Anlage;
- der Druck, auf den das Fruchtmark beim Eintreten in die Anlage expandiert, darf nicht dem in der Anlage herrschenden Sättigungsdruck (für eine bestimmte Temperatur) entsprechen;
- die Größe beziehungsweise der Rauminhalt des Entgasungsbehälters soll so bemessen werden, dass etwa 80 % des Fruchtmarks (der Masse) schon während der Expansion und der Rest (20 %) im unteren Teil der Anlage entlüftet werden. Demzufolge darf die Entlüftungszeit, das heißt die Verweilzeit der Fruchtmarkteilchen in der Anlage höchstens 2 bis 3 Minuten betragen.

Eine Entlüftungsanlage (24) besteht gewöhnlich aus einem Entgasungsbehälter, Gaskühler (Aromakondensator) und einer Vakuumpumpe. Nach Bedarf kann im Hinblick auf eine erfolgreichere Kühlung auch eine Kältemaschine eingesetzt werden.

Nach der Entlüftung saugt eine Mohnopumpe (25) das Fruchtmark aus der Entlüftungsanlage (24) ab und fördert das entlüftete Produkt durch einen KZE-Plattenpasteur (26) beziehungsweise durch einen Röhrenpasteur (siehe Abb. 88).

Das *Pasteurisieren* des vorher wirkungsvoll entlüfteten Fruchtmarks kann bei Temperaturen zwischen 90 und 95 °C erfolgen, doch ist es empfehlenswert, Fruchtmark mit voller Sicherheit bei einer Temperatur von 105 °C und einer Haltezeit von 20 bis 30 Sekunden zu pasteurisieren beziehungsweise zu sterilisieren.

Danach wird das erhitzte Fruchtmark auf Normaltemperatur zurückgekühlt und kaltsteril in entsprechend vorbehandelte Großlagertanks (27), möglicherweise unter Stickstoffatmosphäre, eingelagert. Bei kleineren Betrieben, die über keinen Tanklagerraum verfügen, wird das pasteurisierte Fruchtmark heiß eingedost und auf Normaltemperatur zurückgekühlt.

Das hergestellte Fruchtmark sollte kalt, das heißt bei etwa 0 bis 2 °C gelagert werden, um den Einfluss von höheren Temperaturen und Temperaturschwankungen und den damit verbundenen Verlusten an Farbe, Aroma und Vitaminen, die bei längerer Lagerung des Fruchtmarks ein-

Tab 33. Chemische Zusammensetzung von Frucht- und Gemüsemark (Šulc et al. 1976)

Frucht- bzw. Gemüsemark	Trocken-substanz (%)	Wasser-gehalt (%)	Gesamt-zucker (%)	Reduz. Zucker (%)	Saccharose (%)
Erdbeeren	10,16	89,84	5,82	5,40	0,40
Himbeeren	11,31	88,69	6,37	5,72	0,62
Brombeeren	15,87	84,13	6,89	6,47	0,40
Weichseln	16,25	83,75	11,20	10,53	0,64
Aprikosen	13,51	86,49	7,05	6,10	0,86
Pfirsiche	12,95	87,05	9,12	8,05	1,07
Pflaumen	21,30	78,70	14,41	13,18	1,34
Tomaten	5,69	94,31	3,52	3,19	0,31
Karotten	11,60	88,40	5,00	3,60	1,30
Paprika	9,97	90,03	5,16	4,27	0,85

Frucht- bzw. Gemüsemark	Gesamt-säure (%)	Cellulose (%)	Pektinstoffe (Ca-Pektat) (%)	Stickstoff-Verbind. (%)	Asche (%)	Vitamin C (Ascorbinsäure) (mg/%)
Erdbeeren	1,23	0,57	0,46	0,84	0,89	25,10
Himbeeren	1,51	0,81	0,50	0,77	0,44	55,83
Brombeeren	1,44	3,03	0,65	3,11	0,52	21,87
Weichseln	1,75	0,19	0,62	0,99	0,73	31,20
Aprikosen	1,67	0,47	0,60	0,76	0,74	23,03
Pfirsiche	0,67	0,36	0,48	0,83	0,39	11,85
Pflaumen	0,73	0,65	1,12	0,95	0,48	16,56
Tomaten	0,38	0,36	0,40	0,20	0,39	9,73
Karotten	0,31	1,20	0,51	1,40	0,19	2,85
Paprika	0,33	0,47	0,60	1,85	0,50	126,31

treten können, zu vermeiden. Aus Fruchtmark, das nach der beschriebenen Technologie aufgearbeitet und kalt gelagert wird, können das ganze Jahr hindurch hochqualifizierte Fruchtnektare sowie auch Fruchtmarkkonzentrate (Nektarkonzentrate) hergestellt werden.

3.6.2.1.6 Chemische Zusammensetzung von Frucht- und Gemüsemark (siehe Tab. 33)

3.7 Verarbeitung von Citrusfrüchten

P. G. Crandall und
C. M. Hendrix Jr.

3.7.1 Weltproduktion und Vermarktung

3.7.1.1 Herkunft der Citrusgewächse

Die Geschichte und die Herkunft der Citrusgewächse und deren Früchte ist von allen weltweit produzierten Früchtearten eine der interesssantesten. Mit einer Gesamtproduktion von 60 Millionen Tonnen im Jahre 1996 übertreffen die Citrusfrüchte damit leicht die Produktion an Trauben (FAO 1996). Ursrünglich heimisch im südlichen China umfasst der Citrusanbau heute zwei Anbauzonen zwischen dem zwanzigsten und vierzigsten Breitengrad nördlich und südlich des Äquators. Fast alle Citrusarten haben ihren Usprung im Himalayagebiet im nördlichen Indien, im Südwesten von China und im benachbarten Bhutan und Burma. Die erste nachgewiesene Beschreibung von Orangen erschien in chinesischer Schrift etwa 2200 Jahre vor Christi Geburt.

Über die Ausbreitung der Citrusfrüchte ist relativ wenig bekannt. Man nimmt an, dass sie im Mittelalter im Mittelmeergebiet und dann im südlichen Europa heimisch wurden (Chen et al. 1993). Columbus brachte Citrusfrüchte nach Amerika und setzte 1493 die ersten Citruspflanzen auf der Insel Hispaniola. Juan de Grijalva setzte die ersten Sämlinge auf dem amerikanischen Festland, als er mit seiner Expedition 1518 in Zentralamerika landete. Das genaue Datum der ersten Einführung von Citruspflanzen in Florida ist nicht bekannt, aber einige der ältesten Pflanzungen erfolgten etwa zwischen 1809 und 1820.

Nach dem großen Frost von 1962 in Florida begann man mit der Verlegung der Citrusindustrie nach Brasilien, wo sie sich schnell entwickelte. Die Betriebe wurden später den Brasilianern verkauft und weiter ausgedehnt, so dass Brasilien Florida im Laufe der Jahre von seiner führenden Position verdrängte und sich zu einem Hauptproduzenten im internationalen Orangensaftmarkt entwickelte (HASSE 1987, KIMBALL 1991). Ausgehend vom Orient haben sich Citrusfrüchte rund um die Welt verbreitet. In den beiden Hauptproduktionsländern Brasilien und USA hat sich heute das Schwergewicht der Nutzung von der Frischfruchtproduktion hin zur industriellen Verarbeitung verschoben.

3.7.1.2 Weltproduktion, Konsumgewohnheiten und Märkte

Tabelle 34 gibt einen Überblick über die Produktion der wichtigsten Citrusarten in den Hauptanbauländern.

Im Jahr 1996/97 betrug die weltweite Produktion an Citrusfrüchten insgesamt 84,7 Millionen Tonnen (FAO 1997). Davon entfielen 66 % auf Orangen, 16,5 % auf Tangerinen, 10,5 % auf Zitronen und Limetten und 6,7 % auf Grapefruits. Die in den Mittelmeerländern Spanien, Italien, Griechenland, Türkei, Marokko und Israel produzierte Menge an Citrusfrüchten betrug 1996/97 11,4 Millionen Tonnen, was einem Anteil von 13,4 % der Weltproduktion entspricht.

In den letzten Jahren wurden rund 90 % der in Florida produzierten Orangen zu Saft verarbeitet, der Rest gelangte auf den Frischfrüchtemarkt. Dieses Verhältnis dürfte sich in den kommenden Jahren kaum wesentlich ändern.

Grundsätzlich werden in den USA drei verschiedene Typen von Orangensaft produziert (BROWN 1995a):

- *tiefgefrorenes Orangensaftkonzentrat* (frozen concentrated orange juice = FCOJ),
- *gekühlter Orangensaft* (chilled orange juice = COJ),
- *sterilisierter Orangensaft* in Dosen (canned single strength orange juice = CSSOJ).

Tiefgefrorenes Orangensaftkonzentrat stellt in Florida das Hauptprodukt der Orangensaftproduktion dar, aber es existiert ein starker Trend zu *gekühltem Orangensaft*, der nicht aus Konzentrat hergestellt wird. Dieser Trend hängt mit der zunehmenden Bevorzugung eines schnell

Tab 34. Produktion von Citrusfrüchten in wichtigen Anbauländern, in 1000 t

Orangen	1994/95	1995/96	1996/97	Grapefruits	1994/95	1995/96	1996/97
Brasilien	16250	16450	19054	USA	2642	2502	2620
USA	10641	10747	11734	Israel	415	395	405
Mexiko	3500	2600	3500	Cuba	230	250	230
Spanien	2640	2440	2145	Mexiko	136	120	230
China	1633	1725	1850	Argentinien	208	190	200
Welt total	53904	57244	59558	Welt total	4694	5116	5004
Zitronen	1994/95	1995/96	1996/97	**Tangerinen**	1994/95	1995/96	1996/97
Argentinien	741	700	800	China	4423	4667	5730
USA	831	896	779	Japan	1539	1696	1428
Italien	565	680	714	Spanien	1751	1566	1420
Spanien	571	443	448	Brasilien	560	535	590
Türkei	470	440	380	USA	378	412	540
Welt total	3586	3571	3550	Welt total	14595	15676	15954

Quellen: FAO Production Yearbook, 1996; USDA Agricultural Statistics, 1998

zu servierenden Qualitätsprodukts durch die Konsumenten zusammen.

Beim Grapefruitsaft unterscheidet man folgende Typen:
- *tiefgefrorenes Grapefruitsaftkonzentrat* (frozen concentrated grapefruit juice = FCGJ),
- *gekühlter Grapefruitsaft* (chilled grapefruit juice = CGJ),
- *sterilisierter Grapefruitsaft* in Dosen (canned single strength grapefruit juice = CSSGJ).

Wie bei den Orangen ist tiefgefrorenes Grapefruitsaftkonzentrat das Hauptprodukt der Grapefruitsaftproduktion in Florida. Sterilisierter Grapefruitsaft verzeichnet eine stark rückläufige Tendenz infolge abnehmender Akzeptanz bei den Konsumenten. Hingegen nimmt die Nachfrage nach gekühltem Grapefruitsaft mit dem zunehmenden Bedürfnis nach steigender Bequemlichkeit und Qualität zu.

Der Markt für Orangensaft ist in den USA relativ stark entwickelt, im Vergleich zu anderen in Entwicklung begriffenen Märkten wie Westeuropa, Japan und den aufstrebenden Ländern im südostasiatischen Raum. In diesen Ländern mit relativ hohen Pro-Kopf-Einkommen dürfte der Verbrauch so schnell wachsen wie die Produktion, was eine große Chance zur Vermarktung zu günstigen Preisen schafft.

Infolge Auslaufens von Importbeschränkungen in den Jahren 1990 und 1992 (US-Japan Trade Quota, 1992) und Änderungen der Handelsgewohnheiten, wiesen Japan und Korea relativ starke Zunahmen im Orangensaftverbrauch auf (Ohta und Ifuku 1997). Mit einem Pro-Kopf-Konsum von 2,5 Litern Orangensaft liegt Japan jedoch noch weit hinter dem Verbrauch von 20 Litern in den USA zurück.

3.7.1.3 Frisch gepresster Orangensaft und pasteurisierter Direktsaft

Infolge der zunehmenden Bevorzugung von frisch gepresstem Orangensaft anstelle von pasteurisiertem Saft durch die Konsumenten besteht ein kontinuierlicher Trend in diese Richtung. Eine Wärmebehandlung zerstört zahlreiche Geschmacks- und Aromastoffe, die im Frischsaft vorhanden sind. Der Begriff „frisch" bedeutet ein neues Geschmackserlebnis oder eine bisher unbekannte Erfahrung. Solche Säfte dürfen weder erhitzt noch konzentriert oder gefroren werden. Neu entwickelte Verpackungsmaterialien brachten den zusätzlichen Vorteil, solche Säfte besser vor Luftzufuhr beziehungsweise Oxidation zu schützen.

Für frisch gepressten Orangensaft wurde 1987 in Florida eine spezielle Herstellungsrichtlinie geschaffen (Florida Department of Citrus rule No.20–64–0082). Zusätzlich zu den amerikanischen Richtlinien für Orangensaft muss dieser Saft ohne Wärmebehandlung, das heißt weder pasteurisiert noch aus Konzentrat hergestellt werden (Carter 1989). Orangensaft, der nach diesen Richtlinien hergestellt wird, erhält in Florida ein spezielles Zertifikat (Florida Sunshine Tree Certification). Auch werden in Florida die Produktionsbetriebe durch spezielle Inspektoren des amerikanischen Landwirtschaftsdepartements (USDA) inspiziert. Pasteurisierter Orangensaft (FDA 21 CFR, 146.140) ist dagegen gemäß Richtlinie ein durch Hitzebehandlung haltbar gemachter Direktsaft, was zu einem Verlust zahlreicher wärmeempfindlicher Aromastoffe führt.

3.7.1.4 Maßnahmen für die hygienische Sicherheit

Die Gesundheitsbehörden argumentieren, dass coliforme und pathogene Keime in Citrussäften keine erhebliche Gefahr für die Gesundheit darstellen, da der hohe Säuregehalt und der tiefe pH-Wert das Wachstum von Mikroben weitgehend verhindern oder diese inaktivieren (Parish 1994). Obwohl in einzelnen Fällen über das Auftreten von *Salomonella*-Infektionen nach dem Genuss von frisch gepresstem Orangensaft berichtet wurde, sind solche Infektionen bei genügender Berücksichtigung der hygienischen Vorschriften von der Ernte über die Herstellung bis zur nachfolgenden durchgehenden Kühllagerung eher selten. Bedenken wegen hitzeresistenter Pilze, Hefen und Bakterien können für andere Fruchtsäfte zutreffen, die einen höheren pH-Wert und einen tieferen Säuregehalt aufweisen.

Zur Verbesserung der hygienischen Sicherheitsfaktoren für solche Lebensmittel erließ die amerikanische Gesundheitsbehörde (FDA) einige wichtige Änderungen der sanitarischen Vorschriften für die „gute Herstellungspraxis" (GMP).

Bei der Herstellung solcher Frischsäfte ist die Anwendung der modernen Richtlinien und die Einhaltung der guten Herstellungspraxis unumgänglich, um das Vertrauen der Konsumenten zu gewinnen (Gould 1990). Das im HACCP-Konzept festgelegte neue 7-Punkte-Programm bietet hierzu zusätzliche Kriterien (Corlett 1998).

3.7.1.5 CODEX-Normen und Etikettierungsvorschriften

Die amerikanische Gesundheitsbehörde und andere interessierte Organisationen beteiligten sich seit 1962 an der Aufstellung von internationalen Standards durch die Kommission des Codex Alimentarius, einer Untergruppe der FAO (Food and Agricultural Organisation) der Vereinigten Nationen und der Weltgesundheitsorganisation, im Hinblick auf die Vereinfachung des weltweiten Handels mit Lebensmitteln (The Almanac 1997). Informationen über Citrusprodukte findet man im Teil 130 der Lebensmittel-Standards, allgemeine Bestimmungen unter 130.6 der FDA/USA Codex Alimentarius Lebensmittel-Standards. Die Vorschriften über die Etikettierung sind in einer speziellen Vorschrift (FDA/USA, NLEA = „Nutrition Labeling and Education Act") festgehalten (FDA Public Law 1993). Weitere Ausführungen zu internationalen Standards und Vorschriften finden sich in Kapitel 1.

3.7.2 Ernte und Transport der Früchte in die Verarbeitungsbetriebe

3.7.2.1 Erntemethoden

Eines der Hauptziele der Forschung liegt in der Reduktion der Kosten und der Verbesserung der Produktivität der Früchteernte in den existierenden Orangenplantagen (Brown 1995b). In Florida gelangen mehr als 90 % der Orangen von den Plantagen direkt in die Verarbeitungsbetriebe. Orangen werden zum überwiegenden Teil (> 99 %) von Hand geerntet (Whitney und Coppock 1984). Die so geernteten Orangen werden in 400-kg-Behälter abgefüllt, auf Kleintransporter verladen und an den Rand der Plantagen geführt. Dort erfolgt die Umladung auf etwa 22 Tonnen fassende Sattelschlepper, welche den Transport in die oft kilometerweit entfernten Verarbeitungsbetriebe besorgen. Dort werden diese frisch geernteten Früchte wie auch aussortierte Früchte aus Packhäusern gelagert. Im Idealfall vergehen vom Erntezeitpunkt bis zur Verarbeitung nicht mehr als ein bis zwei Tage. Die Ernte wird zeitlich auf die Kapazität des während sieben Tagen durchgehend arbeitenden Betriebes abgestimmt. In Brasilien erfolgt der Transport in Großbehältern, während in Australien Eintonnenbehälter zum Einsatz kommen. Hier werden die Sattelschlepper auch seitlich entladen. In Japan finden Kleinbehälter Verwendung, da vorwiegend Ausschuss von Frischware verarbeitet wird.

In Florida sortiert man die Ladung nach Entfernung von Blättern, Stielen und anderen Ernterückständen manuell oder mechanisch (Bryan 1977, Bryan et al. 1980). Anschließend wird von jeder Ladung eine statistisch-repräsentative Probe von etwa 20 Kilogramm genommen, bevor sie separat gelagert wird. Die Prüfung und Klassifizierung der Früchte ist eine Garantie für die Einhaltung der geforderten Qualitätsstandards.

3.7.2.2 Bezahlung der Produzenten

Die Bezahlung erfolgt in Florida auf Grund von Quantität und Qualität des gewonnenen Saftes, dies im Gegensatz zu den meisten anderen Ländern, in denen die Bezahlung ungeachtet der inneren Werte nach Gewicht vorgenommen wird. Die 20-kg-Probe (etwa 100 Früchte), welche etwa einem Promille der Ladung entspricht, wird einem staatlichen Kontrolllabor zur Untersuchung übergeben. In Flo-

Tab 35. Ermittlung der Saftqualität im staatlichen Kontrolllabor (Berechnungsbeispiel)

Gewicht des beladenen Sattelschleppers	33 400 kg
Leergewicht des Sattelschleppers	9 000 kg
Nettogewicht der Ladung	24 400 kg
abzüglich Ausschuss	400 kg
Gewicht der eingelagerten Ladung*	24 000 kg
Gewicht der entnommenen Probe	20 kg
Gewicht des daraus gewonnenen Saftes	10,2 kg
Saftausbeute	51 %
Brixmessung mittels Senkwage**	10,9 °Brix
Messtemperatur 25 °C (Normaltemperatur 20 °C) erfordert Temperaturkorrektur um	0,3 °Brix
Korrigierter Brixwert (Säurekorrektur bei Messung mit Senkwaage nicht nötig)	11,2 °Brix

Korrigierter Brixwert = 11,2 = 0,112 kg Extrakt pro kg Saft
Bei einem Preis von $ 3,30 pro kg Extrakt:
24 000 (kg Ladung) × 0,51 (Ausbeutefaktor) × 0,112 (Brix) × 3,30 (Preis)
1 371 kg Extrakt × $ 3,30 pro kg
= $ 4 524 (dem Produzenten vom Verwerter zu bezahlender Betrag).

* In Florida wird diese Berechnung auf Kisten bezogen.
1 Kiste (box) = 90 Pfund (= 40,8 kg) Orangen
** Wardowsky et al. 1979.

rida befindet sich in jedem Verwertungsbetrieb ein solches Kontrolllabor (State Test House), in welchem die Untersuchungen von Angestellten des Landwirtschaftsdepartements vorgenommen werden. Dadurch wird die Bezahlung des Produzenten durch den Verwerter von einer neutralen Stelle festgelegt.

In den meisten Kontrolllabors sind die Untersuchungsverfahren weitgehend automatisiert. Nach der Wägung der Probe erfolgt die Entsaftung mittels standardisiertem Verfahren. Durch Wägung des gewonnen Saftes kann die Saftausbeute ermittelt werden. Im Anschluss an die Vakumentlüftung, bei welcher auch ein Teil der Pulpe entfernt wird, erfolgt mittels spezieller Senkwaage die Brixmessung. Der prozentuale Säuregehalt wird durch Titration auf pH 8,2 bestimmt. Abschließend wird die Berechnung des Brix/Säure-Verhältnisses (Ratio) vorgenommen (Dougherty 1978). Tabelle 35 zeigt ein Berechnungsbeispiel.

Als Basis für die Bezahlung dient die Extraktmenge pro Ladung. Dadurch wird der Pflanzer zur Qualitätsproduktion veranlasst. Für ein besonders hohes Brix/Säure-Verhältnis oder überdurchschnittliche Farbe können Prämien ausgerichtet werden. Zusätzliche Entschädigungen gibt es für Nebenprodukte der Citrusverarbeitung, wie beispielsweise getrocknete Citruspulpe und Schalenöl.

Die Untersuchungsergebnisse des Kontrolllabors (Brix, Säure, Ratio, Ausbeute) werden auf ein Formular ausgedruckt und dieses an dem die entsprechende Ladung enthaltenden Lagerbehälter angebracht. Diese Information ermöglicht dem Betrieb, eine gewünschte Saftqualität durch gemeinsame Verarbeitung geeigneter Ladungen zu produzieren. Die Früchte werden unter Verwendung von Reinigungsmitteln und Bürsten gewaschen, mit Wasser abgespült und danach handverlesen. Bis zur Sortierung nach Größe und anschließender Entsaftung erfolgt die Lagerung in Silos. Der ganze Ablauf von der Plantage bis zur Silolagerung ist in Abbildung 91 zusammengefasst.

Im Allgemeinen erfolgt die Bezahlung der Pflanzer nach dem ermittelten Extraktgewicht. Der Pflanzer übernimmt die Pflück- und Transportkosten bis zum Verarbeitungsbetrieb. Sehr oft werden diese

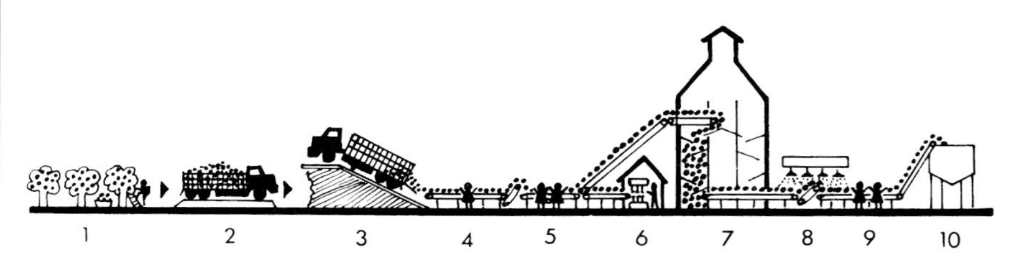

Abb. 91. Fließbild über die Verarbeitung von Orangen von der Plantage bis zur Silolagerung.
1 = Ernte
2 = Sattelschlepper Nr. 142 auf Brückenwaage
3 = Entladung von Sattelschlepper Nr. 142
4 = Entfernen von Ernterückständen
5 = Vorverlesen
6 = Qualitätskontrolle durch staatliches Labor
7 = Lagerung von Ladung Nr. 142
8 = Waschanlage
9 = Verlesen
10 = Hochsilo.

Kosten von unabhängigen Pflückern oder vom Verarbeitungsbetrieb übernommen (Griffiths 1998). Die Pflück- und Transportkosten werden immer vom Ablieferungspreis abgezogen. In den letzten Jahren übernehmen die Verarbeitungsbetriebe in Florida den Saft eher auf Brutto- als auf Netto-Basis. Dies bedeutet, dass der Verarbeiter die Kosten für die Qualitätskontrolle und die Abgaben an die Citruskommission übernimmt. Diese Kosten betragen drei bis vier US Cents pro Pfund (engl.) Extrakt, die anschließend dem Pflanzer wieder verrechnet werden. Etwa ein Drittel der Ernte wird in Florida bar ausbezahlt. Es ist auch möglich, dass die Früchte auf Grund von Ernteschätzungen direkt ab Plantage bezahlt werden, wobei der Käufer das Risiko eines etwaigen Minderertrages trägt.

3.7.2.3 Anforderungen an die Früchte für die Herstellung von frisch gepresstem Saft

Die für die Herstellung von frisch gepresstem Orangensaft bestimmten Früchte müssen höchsten Qualitätsanforderungen genügen. Kleine Fehler, welche bei der Herstellung von tiefgefrorenem Orangensaftkonzentrat einen minimalen Einfluss haben, können sich auf die geschmackliche Qualität von frisch gepresstem Saft stark negativ auswirken. Es besteht eine wichtige und direkte Geschmacks- und Farbkorrelation zwischen der Qualität der frisch geernteten Früchte und der daraus resultierenden Saftqualität. Im Übrigen gelten für die Früchte die gleichen Qualitätsanforderungen, wie sie in Kapitel 3.2 besprochen wurden. Da zahlreiche Orangenarten in einer Saison mehrmals blühen, kann dies auf dem gleichen Baum zu verschiedenen Reifestadien führen (Miller und Hendrix 1996). Obwohl bei der Verarbeitung solcher unterschiedlich reifer Früchte das minimale Brix/Säure-Verhältnis erreicht wird, können wenige unreife Früchte zu einem bitter schmeckenden Saft führen. Befallene oder beschädigte Früchte müssen aussortiert werden. Auch abgefallene Früchte oder Früchte mit Gefrierschäden dürfen für die Herstellung von frisch gepresstem Saft keinesfalls verwendet werden. Weitere Qualitätsanforderungen werden von Nagy (1996) zur Diskussion gestellt.

3.7.3 Entsaftung

3.7.3.1 Neues Entsaftungssystem für frisch gepressten Saft

Die Herstellung und der Konsum von frisch gepressten Citrussäften nimmt weltweit zu. 1991 kam die Food Machinery Corporation (FMC) in Lakeland, Florida, mit einem neuen Entsaftungssystem für frisch gepressten Saft (Fresh'N Squeeze Juicer) auf den Markt. Dieser kleine Entsafter wurde für die Entsaftung an der Verkaufsfront entwickelt (Fox 1994). Neuere Verbesserungen umfassen vor allem zusätzliche Einrichtungen zur Reduktion des Schalenölgehalts und anderer Schalenbestandteile, die in den Saft gelangen könen. Frisch gepresster Saft im Supermarkt oder im Restaurant ist eine der Möglichkeiten, den Wunsch der Konsumenten nach Frischsaft zu erfüllen.

3.7.3.2 Herkömmliche Entsaftungssysteme

Vier verschiedene Entsaftungssysteme (FMC, Brown, Indelicato und Bertuzzi) sollen beschrieben werden. FMC- und

Brown-Anlagen sind vorwiegend in Brasilien, USA, Australien, Japan, Israel, Spanien und Griechenland im Einsatz, während in Italien sowie im Mittleren Osten Indelicato- und Bertuzzi-Maschinen Verwendung finden. Die Hersteller von Entsaftungsanlagen sind bei der Projektierung und Planung von Verwertungsbetrieben behilflich; auch unterstützen sie den Kunden bei der Lösung technischer Probleme und bei der Entwicklung neuer Produkte. Die meisten Entsaftungsanlagen werden vermietet (Leasing); die Berechnung der Miete erfolgt auf Grund des produzierten Saftvolumens. Der Ersteller der Anlagen bleibt dabei für die Wartung und allfällige Modernisierung verantwortlich.

Vor der Entsaftung erfolgt die Größensortierung der Früchte, da jede Entsaftungseinheit (Extraktor) auf eine bestimmte Fruchtgröße eingestellt werden muss, um bei optimaler Ausbeute eine gute Saftqualität zu erhalten. Falls die Früchte nicht die für den entsprechenden Extraktor vorgesehene Größe aufweisen, sind eine geringere Ausbeute sowie ein erhöhter Gehalt an Schalenöl die Folge.

Die Früchte werden nun in die ihrer Größe entsprechenden Extraktoren befördert, wobei die Transportgeschwindigkeit so gewählt wird, dass möglichst alle Entsaftungseinheiten mit voller Kapazität arbeiten. Eine Unterbrechung in der Zufuhr bewirkt ein Absinken des Saftflusses in den Rohrleitungen, was dort zu mikrobiellem Wachstum führen kann (MILLER und HENDRIX 1996).

Früher erfolgte die Entsaftung von Citrusfrüchten in Handarbeit. Eine Arbeitskraft verarbeitete etwa 38 Liter Saft pro Stunde. Die Automatisierung der Citrusentsaftung in den 30er Jahren war einer der Hauptgründe für die starke Zunahme der Citrussaftproduktion. Die bekanntesten Saftautomaten der ersten Generation werden von HENDRIX (1996) eingehend beschrieben. In den folgenden Abschnitten soll zunächst auf die Entsaftung der Früchte und anschließend auf die weitere Verarbeitung von Saft und Fruchtteilen eingegangen werden.

3.7.3.3 FMC-Entsafter

Die FMC Citrus Machinery Division, Lakeland, Florida, stellt drei Modelle her, welche alle nach dem gleichen Prinzip arbeiten, jedoch für verschiedene Citrusarten und Fruchtgrößen konzipiert sind:

Modell 291 für Tangerinen, Zitronen, saure Limetten und Orangen,
Modell 391 für große Orangen und kleine Grapefruits,
Modell 491 für große Grapefruits.

Infolge der großen Nachfrage nach Direktsäften (d. h. nicht aus Konzentrat hergestellt) wurde von FMC ein neuer Entsafter entwickelt, der einen sehr tiefen Gehalt an Schalenöl garantiert. Ein hoher Gehalt an Schalenöl kann zu unerwünschten Geschmacksnoten (= „flavor burn") führen (HENDRIX 1996).

Die Frucht gelangt von hinten in den Entsafter und in einen der stationären, fingerförmigen unteren Körbe aus Hartmetall (siehe Abb. 92/I). Der obere Korb und das obere Messer werden mechanisch abwärts gegen die im unteren Korb liegende Frucht geführt. Dann schneiden zwei kreisförmige Messer oben und unten je eine Scheibe von 2,5 Zentimetern Durchmesser aus der Frucht (siehe Abb. 92/II). Der obere Korb drückt weiter nach unten und presst Saft, Pulpe, Fruchtachse und Kerne als Pfropfen in das Siebrohr (siehe Abb. 92/III). Gleichzeitig wird durch Versprühen von Wasser (etwa 0,1 l/kg Frucht) das Schalenöl aus dem Flavedo emulgiert und hinten aus dem Entsafter gespült. Anschließend wird die Fruchtschale halbiert, zuerst nach oben gedrückt und dann nach vorne ausgestoßen (siehe Abb. 92/IV). Der von der nächsten Frucht stammende, ins Siebrohr gestoßene Pfropfen drückt auf den ersten Pfropfen. Zusätzlich übt ein im Innern des Siebrohrs von unten nach oben bewegtes Hohlrohr Druck aus. Dadurch wird der Saft des ersten Pfropfens durch die Öffnungen (etwa 1 mm Durchmesser) des Siebrohrs gedrückt. Saft und passierte Pulpe fließen via Sammelrohr in die Passiermaschine.

Jede Frucht wird also im Entsafter in vier Teilprodukte zerlegt. Der Saft und ein

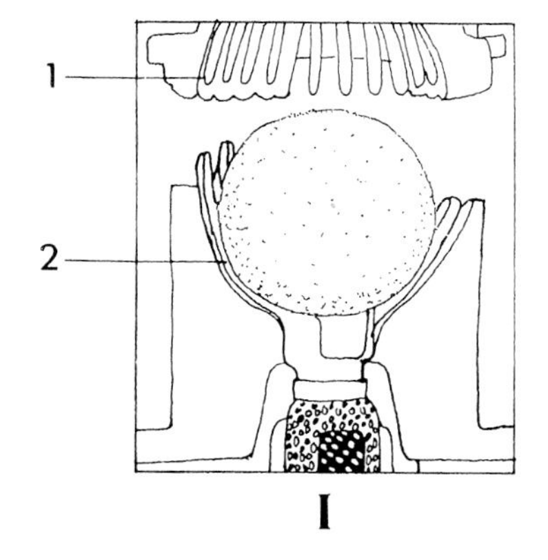

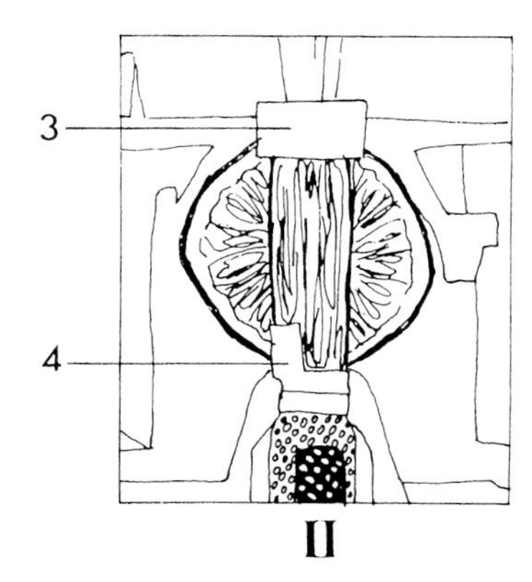

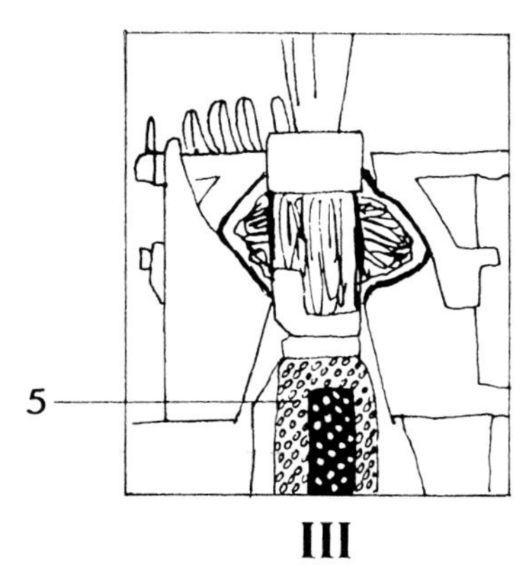

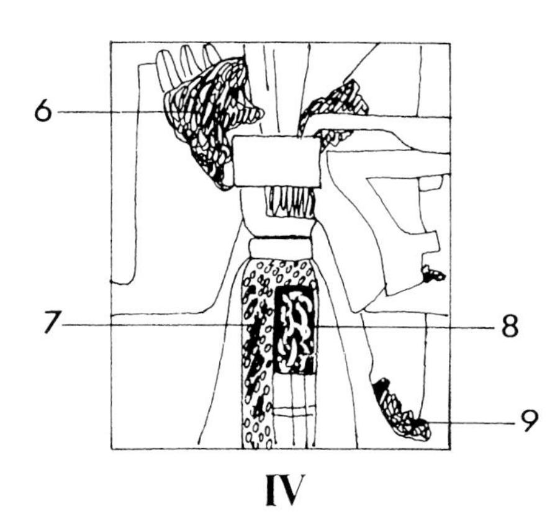

Abb. 92. Entsaftung im FMC-Extraktor.
1 = oberer Hartmetallkorb
2 = unterer Hartmetallkorb
3 = oberes Messer, schneidet kreisrunde Öffnungen in der oberen Fruchthälfte
4 = unteres Messer, schneidet kreisrunde Öffnung in der unteren Fruchthälfte
5 = Siebrohr
6 = Ausstoß der Schale nach oben
7 = Saft und etwas Pulpe passieren Siebrohr
8 = Hohlrohr
9 = Flavedo und Schalenöl.

gewisser Pulpenanteil treten durch die Öffnungen des Siebrohrs aus, Samen, Fruchtfleischfasern und Fruchtachse verlassen den Entsafter durch den Boden des Hohlrohrs, Öl und kleinere Flavedoteile werden nach hinten entfernt und die Fruchtschale wird vorne ausgestoßen.

Ausbeute und Saftqualität sind von der richtigen Einstellung der Entsaftungsanlage abhängig. Dies wird vom Citrusverarbeiter zusammen mit den im Betrieb stationierten Technikern der Maschinenbaufirma besorgt. Wie bei jeder Entsaftungsanlage nimmt die Saftqualität bei übermäßig hoher Ausbeute ab. Die Flexibilität der verschiedenen Einstellmöglichkeiten des Entsafters erlauben eine genaue Standardisierung der Saftqualität (Hendrix 1996). Saftausbeute und Pressdruck können durch Vergrößerung des Hohlrohrhubs erhöht werden; auch der innere Durchmesser oder die Form des Hohlrohrs lassen sich modifizieren.

Die Stundenleistungen an verarbeiteten Früchten betragen beim Modell 291 mit fünf Pressköpfen 5,3 t/h, beim Modell 391 mit fünf Pressköpfen 4,7 t/h und beim Modell 491 mit drei Pressköpfen etwa 1,9 t/h.

3.7.3.4 Brown-International-/AMC-Entsafter

Bown International, Covina, Californien und die Schwesterfirma AMC (Automatic Machinery & Electronics Inc.), Winter Haven, Florida, stellen drei Haupttypen her. Das ältere Modell 400 weist eine horizontale, das neuere Modell 700 eine

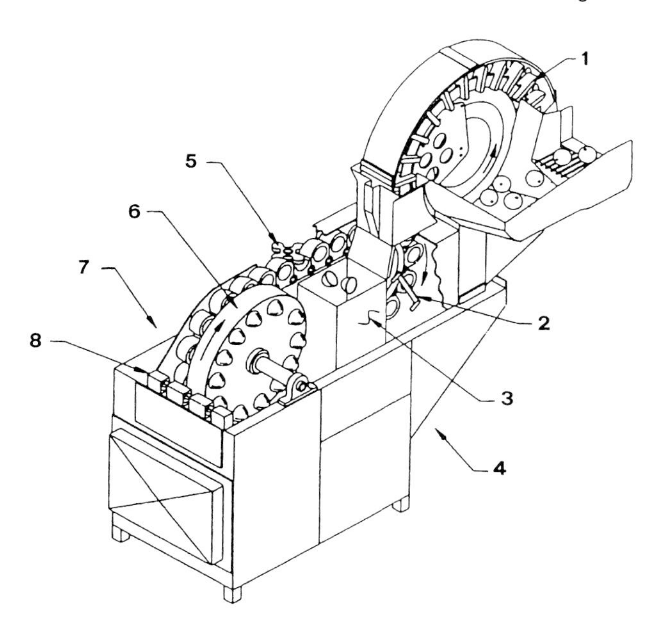

Abb. 93. Brown-Entsafter, Modell 700 (Brown International Corp. Covina, Kalifornien).
1 = Dosierrad für Früchte
2 = Messer
3 = Fallschacht für Schalen
4 = Saftablauf, hinten
5 = Schalenauswerfer
6 = Entsaftungskopf
7 = seitliche Schalenentladung
8 = luftgesteuerte Becherschalenanpressung.

vertikale Anordnung auf (Abb. 93). Die Arbeitsweise ist bei beiden annähernd dieselbe, während sich Modell 1100 prinzipiell davon unterscheidet.

Die Arbeitsweise des Modells 700 geht aus der Abbildung 94 hervor. Die nach Größe sortierten Früchte werden einer Serie von sechs bis acht Entsaftern des Modells 700 zugeführt: am Ende der Reihe befindet sich ein Modell 400 für die größten Früchte. Beim Modell 700 gelangen die Früchte zunächst in einen kleinen Behälter auf der Rückseite (Abb. 94/I). Dort nimmt sie ein Gabelrad auf und legt sie auf ein Förderband, wo jede Frucht, von zwei Schalen am Band fixiert, an einem Messer vorbeigeführt und halbiert wird (Abb. 94/II). Die Entsaftung der beiden Fruchthälften erfolgt gleichzeitig durch je einen rotierenden Stempel (Abb. 94/III). Saft und Pulpe laufen in die Passiermaschine, während die Fruchtschalen vom Band gelöst und ausgestoßen werden (Abb. 94/10).

Beim Modell 1100, welches ebenfalls vertikal angeordnet ist, werden die Früchte mittels Drehscheiben transportiert und entzweigeschnitten. Die Entsaftung erfolgt durch Auspressen der Fruchthälften gegen ein Lochsieb. Der Saft läuft auf der Innenseite des Siebs ab, während die Schale und ein Teil der Fruchtfleischfasern zurückbleiben. Die Gewinnung des Schalenöls kann bei den Brown-Extraktoren vor oder nach der Entsaftung vorgenommen werden (Einzelheiten siehe Kapitel 3.7.5.2). Brown-Entsafter trennen die Frucht in zwei Produktströme: in Saft, Pulpe, Fruchtfleischfasern und Samen einerseits, sowie in Schalen mit etwas anhaftenden Fruchtfleischfasern anderseits. Eine Erhöung der Ausbeute erreicht man durch Verringerung des Abstandes zwischen rotierendem Stempel und Fixierschale oder durch Erhöhung des pneumatischen Drucks, mit dem die Fixierschale gegen den rotierenden Stempel gedrückt wird. Die Entsaftungsleistungen betragen für Modell 400 etwa 4,3 t/h, für Modell 700 7,5 t/h und für Modell 1100 etwa 11,7 t/h (Varsel 1980).

3.7.3.5 Indelicato-, Bertuzzi- und andere Entsafter

Die Firma Indelicato, Giarre, Sizilien, stellt fünf Modelle her, welche auf zwei verschiedenen Entsaftungsmethoden beruhen. Beim Typ Taglia-Birillatrice (Modelle AZ 104 und AZ 106) werden die Früchte halbiert und anschließend durch

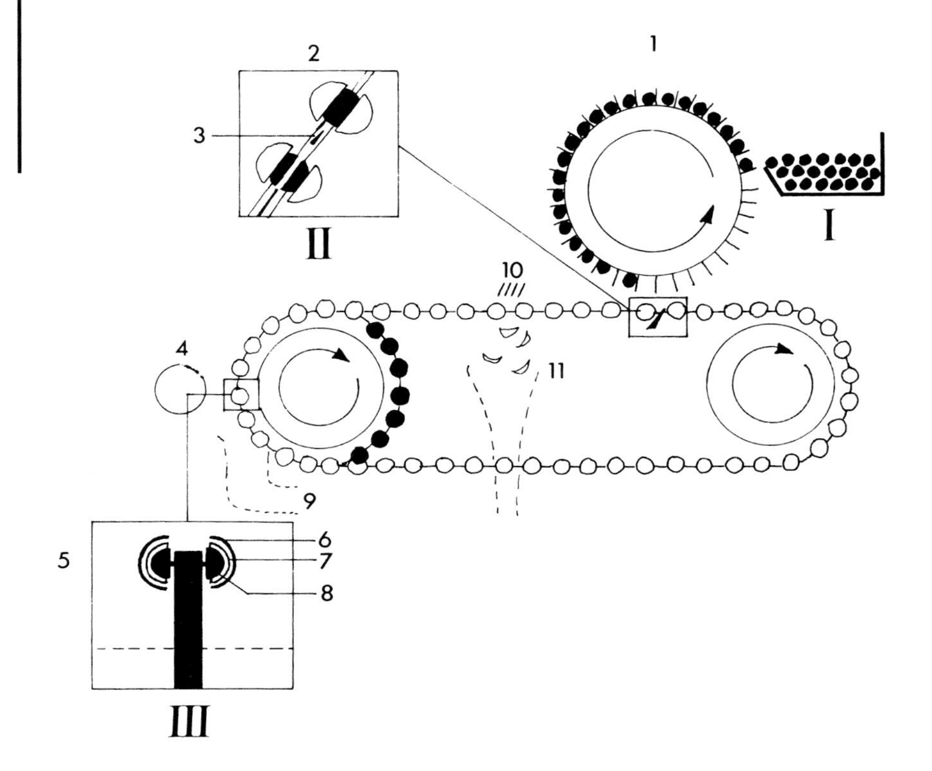

Abb. 94. Entsaftung im Brown-Extraktor.
1 = Transport der Früchte mittels Gabelrad
2 = Fixieren der Frucht am Förderband
3 = Messer schneidet Frucht entzwei
4 = Entsaftung
5 = Entsaftung (Detailzeichnung)
6 = Fixierschalen
7 = Fruchtschalen
8 = rotierender Stempel
9 = Saftablauf
10 = Ablösen der Schalen vom Förderband
11 = Ausstoß der Schalen.

einen rotierenden Stempel entsaftet. Die Modelle des Typs Polycitrus (MG, M 10, M 15) liefern sowohl Saft als auch Schalenöl. Letzteres wird zuerst gewonnen, dann werden die Früchte halbiert und mittels Walzen gegen ein Gittersieb gepresst. Der Saft passiert das Sieb, Samen und Schale werden separat abgeführt (siehe Verarbeitungsdiagramm in Abb. 95).

Die Leistung der Polycitrus-Modelle ist vom Zeitbedarf für die Ölgewinnung abhängig: sie liegt zwischen 1,5 und 1,7 t/h. Die Taglia-Birillatrice-Modelle AZ 104 beziehungsweise AZ 106 verarbeiten etwa 2,3 beziehungsweise 3,5 t/h (Safina 1981 und Werksangaben).

Auch die Firma Bertuzzi S. A., Brugherio, Mailand, Italien, stellt zwei Extraktortypen her. Beim Citropress (Modell R-6 für Grapefruits, Modell R-16 für Orangen) gelangen die halbierten Früchte in becherförmige Trommeln. Während sich diese drehen, drückt ein Presskopf mit in die Trommeln passenden kantigen Oberflächen gegen die Fruchthälften. Gleichzeitig mit der Saftgewinnung werden Pulpe und Samen entfernt. Zurück bleibt die ausgeräumte Schalenhälfte. Die Stundenleistung liegt zwischen 1,4 und 4,3 t/h. Die beiden Modelle 1Q und 4S von Citronic können ohne vorgängige Sortierung nach Größe betrieben werden. Die Früchte werden mit einer Leistung von 10 t/h durch eine Walze ausgepresst. Diese Extraktoren können gekauft oder gemietet werden.

3.7.4 Passieren

3.7.4.1 FMC-Passiermaschinen

Die Hersteller von Entsaftungsanlagen produzieren auch Passiermaschinen, in welchen der Saft von den übrigen Fruchtbestandteilen abgetrennt wird. Beim Universal-Citrus-Finisher (UCF-200) der Firma FMC handelt es sich um einen so genannten Schraubentyp mit hoher Dreh-

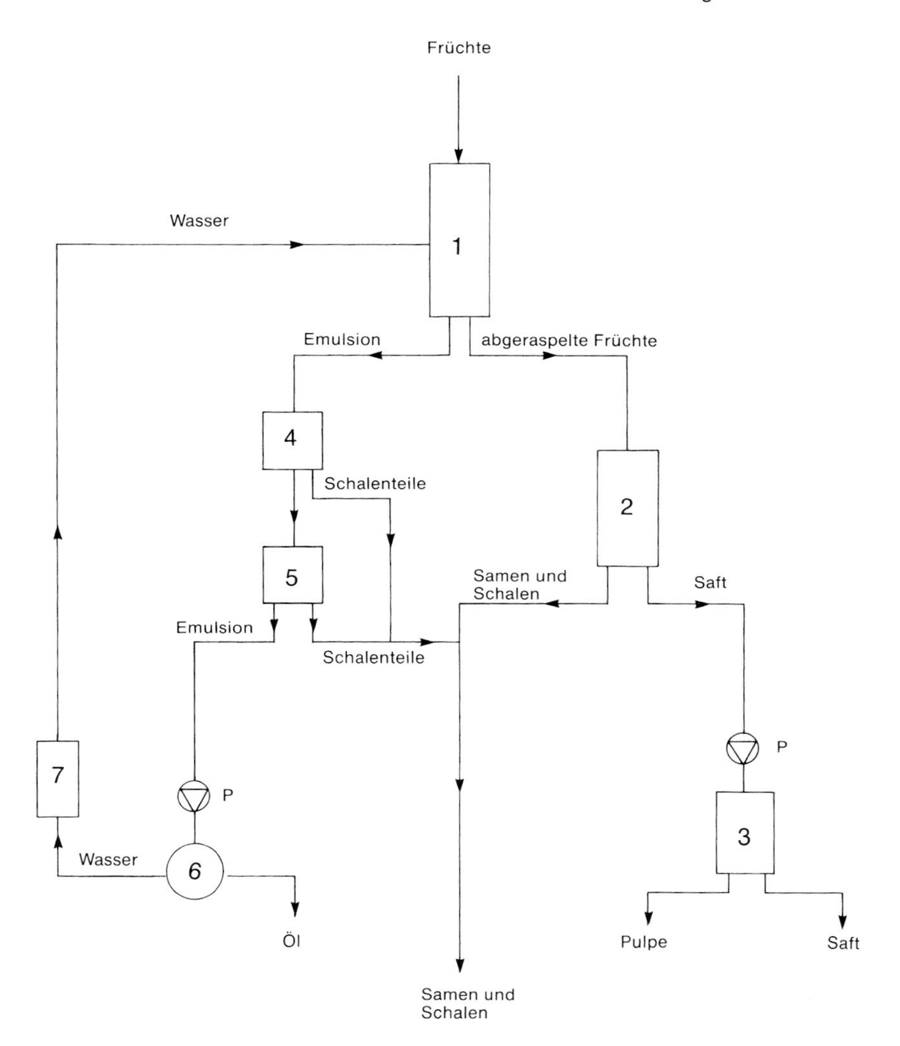

Abb. 95. Indelicato-Extraktor (Typ Polycitrus). Verarbeitungsdiagramm einer Polycitrus-Anlage (Fratelli Indelicato). Die Standard-Anlage umfasst die Positionen 1, 2, 4 und 5.
1 = Ölextraktor
2 = Saftextraktor
3 = Passiermaschine für Saft
4 = Passiermaschine für Emulsion (1. Stufe)
5 = Passiermaschine für Emulsion (2. Stufe)
6 = Zentrifuge
7 = Dekantiertank
P = Pumpe

zahl und geringem Abstand zwischen Schraube und Trennsieb. Dadurch wird weniger Pulpe verarbeitet und somit ein größerer seitlicher Druck ausgeübt als bei Passiermaschinen mit weiterem Spielraum. Falls nur glitschige Pulpenbestandteile vom Saft abgetrennt werden müssen, ist ein geringerer Abstand erforderlich.

Der aus einer Serie von Entsaftungseinheiten stammende pulpöse Saft wird in einer oder zwei parallel geschalteten Passiermachinen grob passiert. Die Schraube oder Schnecke fördert Saft und Pulpe ins Innere, wo sich an der am Ende der Passiermaschine befindlichen Drosselklappe ein Presskuchen aus Pulpebestandteilen bildet. Dadurch baut sich ein Gegendruck auf, der den Saft seitlich durch das die Schraube umgebende Sieb presst.

Der Hauptdruck liegt zwischen Schraube und Drosselklappe und nicht zwischen Schraube und Sieb. Die Pulpe wird durch Öffnen der Drosselklappe abgelassen, während der Saft in einen unter dem Gerät befindlichen Behälter läuft, von wo er in einen vor dem Verdampfer liegenden Zwischentank gepumpt wird. Eine vertikale Platte am Boden des Be-

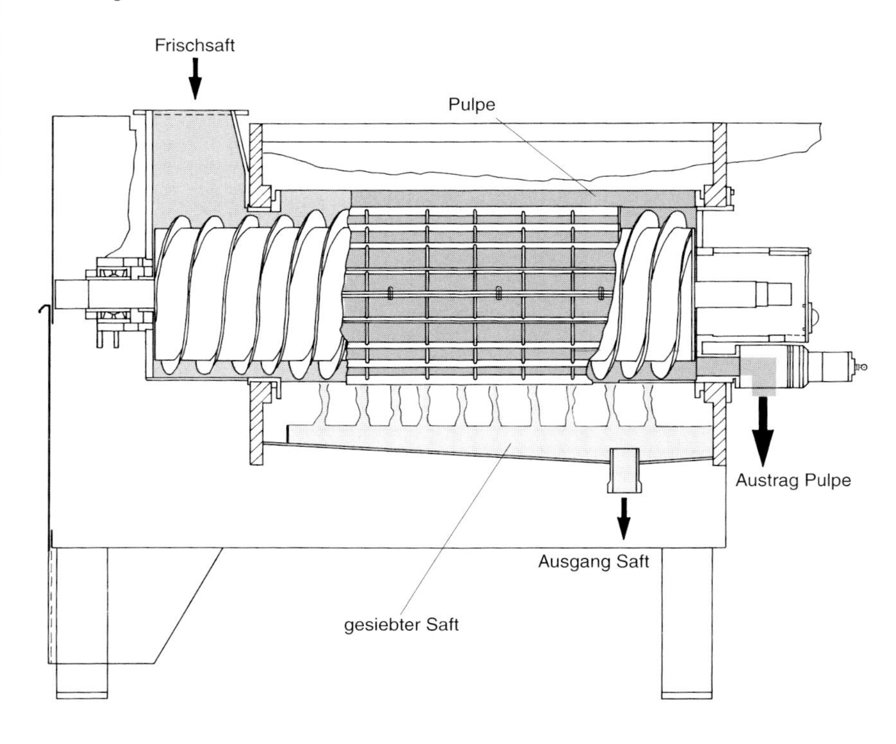

Abb. 96. FMC-Passiermaschine Typ UFC 210 A (FMC Corp., Lakeland, Florida).

hälters kann zur Trennung des zu Beginn anfallenden, mit wenig Druck passierten Saftes von dem gegen Ende des Pressvorganges gewonnenen Saft verwendet werden. Frei ablaufender Saft weist normalerweise geringere Gehalte an Pulpe, Pektin und Bioflavanoiden auf und lässt sich höher konzentrieren.

Auch bei den Passiermaschinen kann der Verwerter über verschiedene Geräteparameter Ausbeute und Qualität beeinflussen. Zur Erhöhung der Ausbeute lässt sich die Öffnung der Drosselklappe pneumatisch verkleinern, wodurch der auf die Pulpe ausgeübte Druck steigt. Damit wird auch der Saft mit höherem Druck ausgepresst. Will man sowohl Pulpe- als auch Saftausbeute erhöhen, können auch Passiersiebe mit etwas größerer Maschenweite eingesetzt werden (Normweite 0,05 cm). FMC-Passiermaschinen können käuflich erworben werden. Abbildung 96 zeigt das Arbeitsprinzip der FMC-Passiermaschine Typ UCF-210A.

3.7.4.2 Brown-Passiermaschinen

Die Anordnung der Brown-Passiermaschinen im Verarbeitungsablauf ist praktisch dieselbe wie die der FMC-Passiermaschinen: die aus einer Serie von Entsaftungseinheiten stammenden Fruchtbestandteile (Saft, Pulpe, Fruchtfleischfasern und Samen) werden in ein oder zwei Passiermaschinen weiterverarbeitet. Brown-Passiermaschinen sind entweder Schrauben- oder Schlägertypen. Schraubenpassiermaschinen (Abb. 97) müssen zur wirkungsvollen Abtrennung der Samen, Fruchtachsen und groben Pulpenbestandteile einen weiten Abstand zwischen Förderschnecke und Passiersieb aufweisen; die erwähnten Fruchtbestandteile werden von der Passiermaschine erfasst, so dass ein engerer Abstand nicht erforderlich ist. Anstelle einer Drosselklappe, wie bei den FMC-Passiermaschinen, wird der Gegendruck über einen Konus gesteuert. Pulpe, Samen, Fruchtfleischfasern und Fruchtachsen werden rings um den Konus abgeführt. Frei ablaufender Saft lässt sich innerhalb der Maschine abtrennen. Der Saft wird

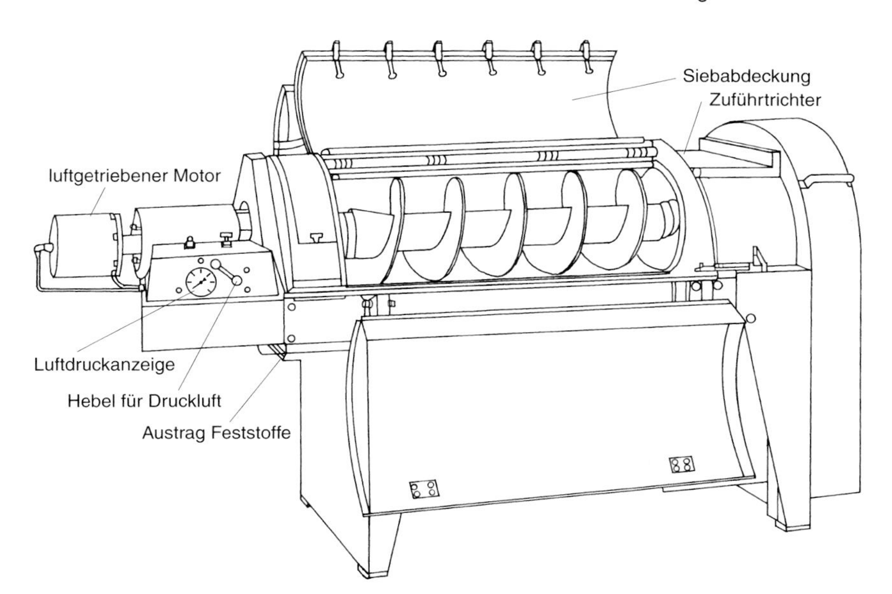

Abb. 97. Brown-Schraubenpassiermaschine Modell 2500 (Automatic Machinery & Electronics Inc., USA).

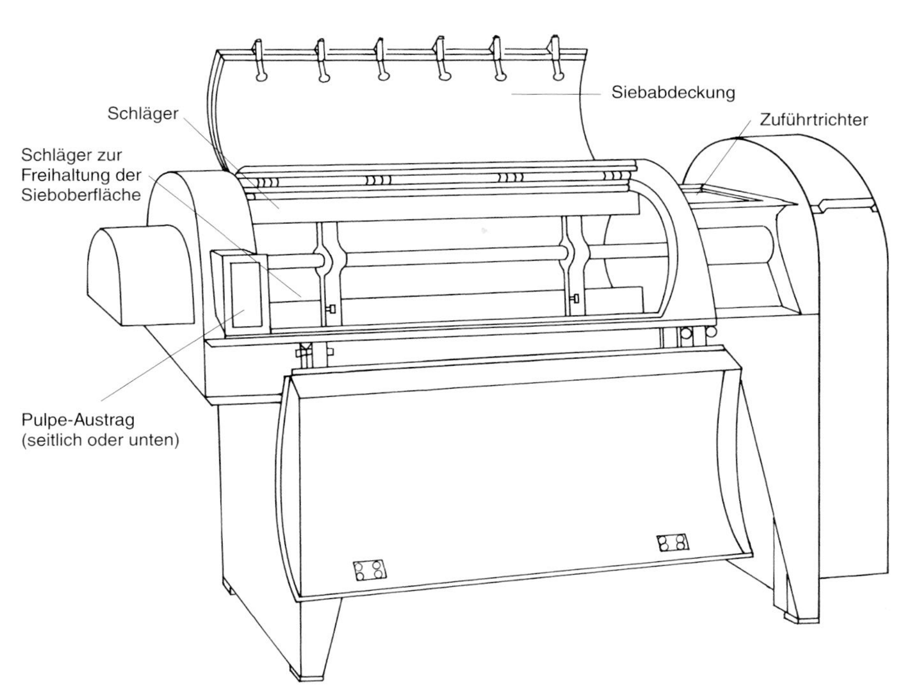

Abb. 98. Brown-Schlägerpassiermaschine Modell 200 (Automatic Machinery & Electronics Inc., USA).

anschließend über einen Zwischentank in den Verdampfer gepumpt.

Die Firma stellt auch eine vielseitig verwendbare Schlägerpassiermaschine her (Abb. 98). Zusammen mit Schraubentypen kann diese mit minimalem Abrieb zur Gewinnung von intakten Saftsäcken eingesetzt werden. Sie ist auch zum Feinpassieren im Anschluss an das Grobpassieren mittels Schraubentyp geeignet, wodurch sich eine Erhöhung des Trockensubstanzgehalts erreichen lässt.

Bei Schraubenpassiermaschinen kann die Saftausbeute durch Erhöhung des auf den Konus ausgeübten pneumatischen Drucks verbessert werden. Daurch wird weniger Pulpe abgeführt; dies wiederum erzeugt einen höheren Gegendruck, womit mehr Saft passiert werden kann. Durch Verwendung von Passiersieben mit größerer Maschenweite ist eine Erhöhung von Ausbeute und Pulpenanteil möglich. Auch Brown-Passiermaschinen können käuflich erworben werden.

3.7.4.3 Indelicato und Bertuzzi-Passiermaschinen

Bei der Indelicato-Citrus-Passiermaschine Modell 2 EDV handelt es sich um einen Schraubentyp mit zylinderförmigem äußerem Sieb. Es stehen Passiersiebe mit verschiedener Feinheit mit Verarbeitungskapazitäten bis zu 4 000 l/h zur Verfügung.

Die Schneckenpassiermaschine von Bertuzzi ist in einer Standard- und einer Spezialausführung mit zwei Geschwindigkeiten und zwei einstellbaren Pressdrücken erhältlich. Je nach verwendetem Passiersieb beträgt die Kapazität 1 000 bis 3 000 l/h.

3.7.4.4 Turbofilter

Es handelt sich hierbei um ein relativ neues Verfahren der Fest/Flüssig-Trennung durch dynamische Krafteinwirkung auf eine zu filtrierende Flüssigkeit (DELMONICO 1997). Abbildung 99 zeigt die Arbeitsweise des Turbofilters, der im Prinzip einer Passiermaschine mit einer verstärkten Filterwirkung entspricht.

Der turbinenartige Antrieb erfolgt durch einen Rotor mit radial und axial geneigten Schlägern, wodurch der pulpehaltige Saft vorwärts bewegt wird. Das aus organischem Material bestehende feine Filtergewebe mit einer Maschenweite unterhalb 110 Mykrometern trennt den Grobtrub vom sehr feinen Trub ab. Dadurch erübrigt sich der Einsatz eines nachgeschalteten Hydrozyklons oder einer Zentrifuge. Infolge der sehr schonenden Arbeitsweise des Turbofilters werden Citrussäfte von hochstehender Qualität erhalten.

Die in der Tabelle 36 aufgeführten ersten drei Turbofilter-Modelle werden in der Citrusindustrie für die Primärsaftgewinnung, Pulpenextraktion und Saftpressung eingesetzt. Das Modell Waste 100 wird für die Abfallbeseitigigung eingesetzt. Bei der Gewinnung von Primärsaft dienen Turbofilter der Abtrennung von schwebenden Pulpe- und Schalenteilchen, die aus dem Entsafter kommen. Nach dem Turbofilter kann der Saft über einen Zwischentank direkt der Konzentrieranlage zugeleitet werden. Bei der Pulpenextraktion (pulp wash) werden Turbofilter zur Rückgewinnung von löslicher Trockensubstanz aus der Pulpe eingesetzt. Da Turbofilter infolge schonender Arbeitsweise weniger Pektin freisetzen, kann dadurch der Einsatz an Pektinasen reduziert werden. Bei der Pressung von mit Kalk behandelten Citrusschalen wird die Pressflüssigkeit vor der Konzentrieranlage im Turbofilter von vorhandenen Pulpebestandteilen befreit. Turbofilter sind zurzeit vor allem in Süd- und Mittelamerika im Einsatz, werden jedoch auch in den USA zunehmend eingesetzt.

3.7.4.5 Einstellen der Passiermaschinen

Zur optimalen Einstellung der Passiermaschinen dient dem Citrusverwerter das Ergebnis des Schnell-Fasertests („Quick Fi-

Tab 36. Technische Spezifikationen von Turbo-Filtern

Modell (Brasilianische Bezeichnung)	El. Strom kWh	Max. Leistg. m^3/h	Filterfläche m^2	Tourenzahl min^{-1}	Gewicht kg	Spray-Düsen
HT-45	9,2	45	1,0	800	600	54
HT-22	5,5	20	0,5	1300	375	25
Poney Citrico	1,5	8	0,25	1800	200	12
Waste 100	11,0	90	1,35	600	750	18

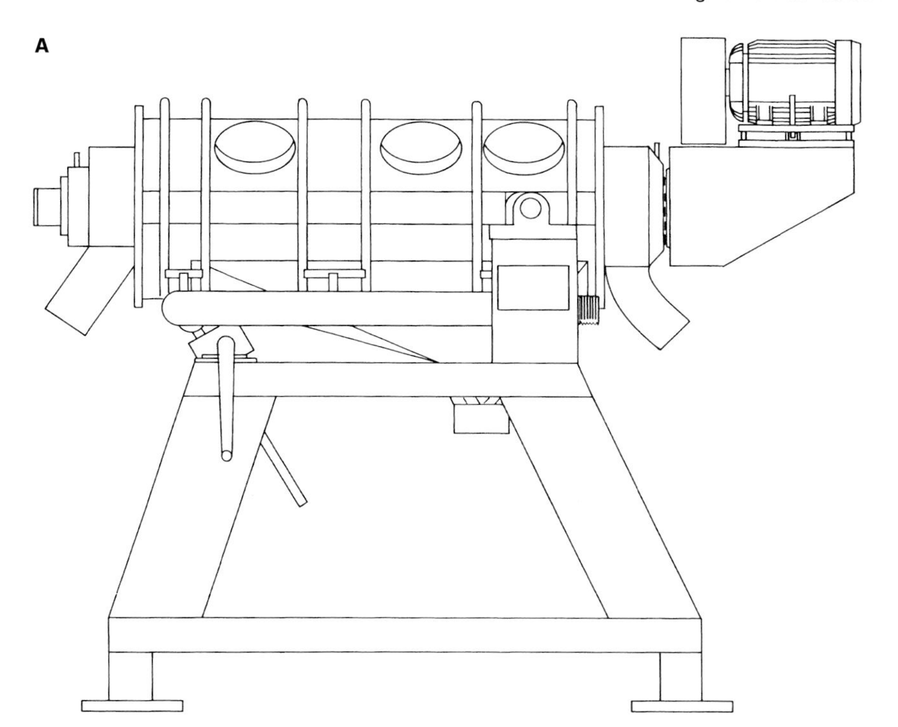

Abb. 99 A. Gesamtansicht des Turbofilters (MECAT Filtraçoes Industriais Ltda./Brasilien).

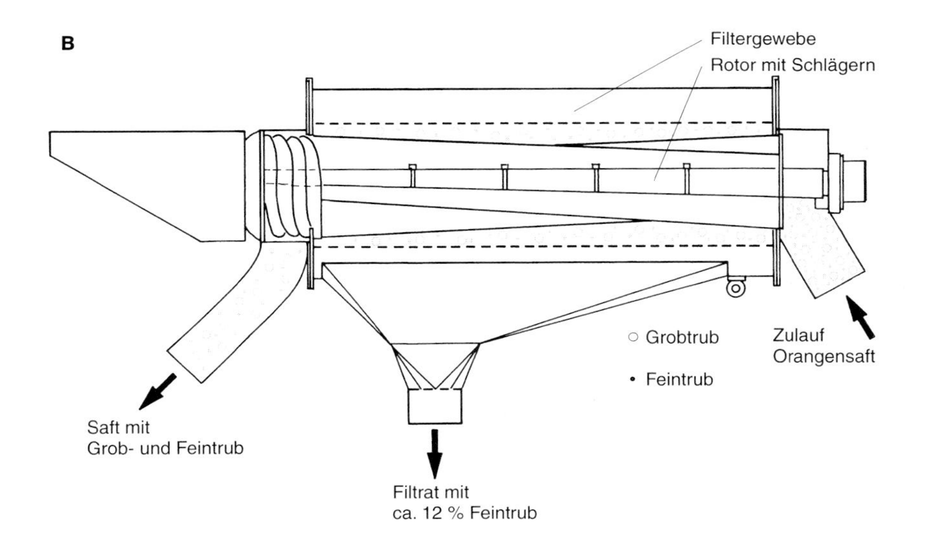

Abb. 99 B. Schnittbild des Turbofilters

ber Test"; HENDRIX et al. 1977, HENDRIX 1996). Der Schnell-Fasertest ist eine gute Methode, um den Trockenheitsgrad der Pulpe nach der ersten Passiermaschine zu ermitteln. Für diesen Test werden 250 Milliliter Wasser und 100 Gramm Pulpe gemischt und in einer Schütteleinrichtung behandelt. Die Anzahl Milliliter Wasser, die dabei anfallen, sind ein Indikator für eventuelle Gelierungs- oder Trennprobleme beim Verdampfungsprozess. Bei FMC-Passiermaschinen werden normaler-

Tab 37. Durchschnittswerte für den Schnell-Fasertest (REDD et al. 1986, 1992b)

Einstellung	Schnell-Fasertest (ml)
sehr eng	< 130
eng	130–150
mittel	150–180
weit	180–210
sehr weit	> 210

weise Werte von 150 Milliliter und bei Brown-Passiermaschinen 100 Milliliter Wasser erhalten. Tiefer liegende Werte weisen auf eine zu trockene, das heißt zu stark ausgepresste Pulpe hin, was gleichbedeutend mit einer höheren Saftausbeute bei geringerer Qualität ist. Zusätzliche Angaben über die Beeinflussung der Saftqualität durch Entsafter und Passiermaschine vermitteln ATTAWAY et al. (1972).

Zur Beurteilung des Wirkungsgrades von Passiermaschinen kann eine von FMC entwickelte Labormethode herangezogen werden (Tab. 37).

3.7.5 Zentrifugieren

3.7.5.1 Pulpe und unerwünschte Saftrückstände

In der Citrusverarbeitung sind Zentrifugen zur Herabsetzung hoher Pulpenanteile sowie zur Entfernung von unerwünschten Saftrückständen im Einsatz. Der Verwerter hat dabei die Möglichkeit, einen Teil des Saftes auf dem Weg zum Verdampfer zu zentrifugieren. Durch Erhöhung des Anteils an zentrifugiertem Saft oder durch Verkürzung der Intervalle zwischen den Selbstreinigungszyklen der Zentrifuge kann der Pulpenanteil verringert werden. Mitunter ist eine Anpassung des Pulpenanteils notwendig, um dem durch Verordnung festgelegten Höchstwert oder speziellen Kundenwünschen zu genügen. Es muss jedoch mit tieferen Saftausbeuten infolge Mitschleppens von Saft durch die Pulpe gerechnet werden. Ein tieferer Pulpenanteil kann eine tiefere Viskosität im Konzentrat bewirken.

Als zusätzlicher Vorteil des Zentrifugierens wirkt sich der Umstand aus, dass Rückstände wie kleine Samen, die schwerer als der Saft sind (CHEN et al. 1993), sowie störende, in der Pulpe angereicherte Flavonoide ebenfalls entfernt werden (KESTERSON und HENDRICKSON 1953, HENDRICKSON und KESTERSON 1964). Nachteilig wirken sich der bereits erwähnte Ausbeuteverlust sowie die Anlagekosten aus.

Dekanterzentrifugen werden heute bei der Pulpenextraktion zur Entwässerung der behandelten Pulpe eingesetzt (MC KENNA 1986). Zentrifugen werden auch bei der Gewinnung von Schalenöl eingesetzt. Als Nachteile der Saftzentrifugierung sind die hohen Anlagekosten und die tiefere Saftausbeuten durch die mit der Pulpe mitgeschleppten Saftanteile zu erwähnen (CHEN et al. 1993).

3.7.5.2 Gewinnung von Schalenöl

Die das Schalenöl enthaltenden Drüsen befinden sich im Flavedo, in der äußeren epidermalen Zellschicht (siehe Abb. 100). Kalt gepresste Öle werden aus allen Citrusarten gewonnen und sind ein wichtiges Nebenprodukt der citrusverarbeitenden Industrie. Die Bezeichnung „kaltgepresst" stammt aus dem ursprünglichen Verarbeitungsprozess, bei dem eine Mischung von Citrusschalen und Wasser unter minimalem Anstieg der Temperatur gepresst wurde.

Die resultierende Öl- und Wasseremulsion lieferte schließlich das Schalenöl (HENDRIX und HENDRIX 1996). Die genaue Produktionsmenge an kaltgepresstem Schalenöl in den USA ist nicht bekannt. Nach Schätzungen dürfte die gesamte Menge an Citrusöl etwa 7 400 Tonnen betragen (BRADDOCK et al. 1992). Dabei werden Zitronen annähernd zu 100 %, Grapefruits zu 80 % und Orangen zu 50 % der Schalenölgewinnung zugeführt. Über den Schalenölgehalt der verschiedenen Citrusarten gibt Tabelle 38 Auskunft.

Das FMC-Ölgewinnungssystem funktioniert folgendermaßen: Während der Saftgewinnung wird Wasser auf die äußere Schale der Frucht gesprüht. Die entstandene Emulsion durchläuft eine Pas-

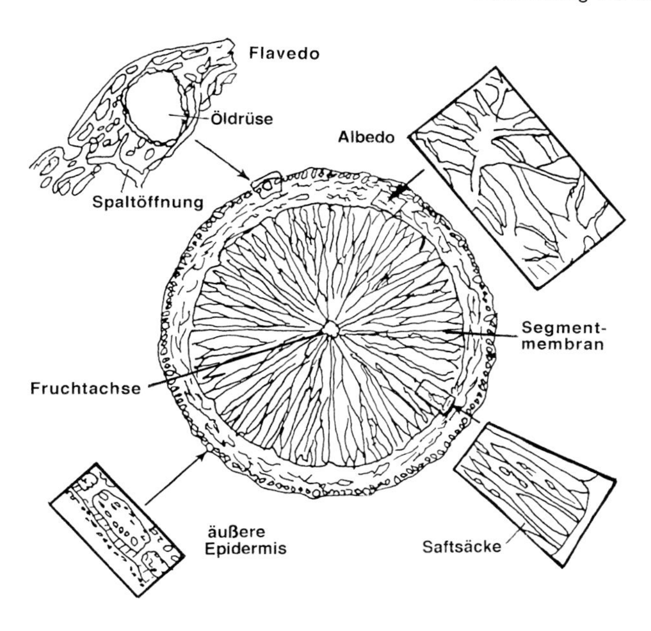

Abb. 100. Orange im Querschnitt.

siermaschine, in der feine Schalenteilchen abgetrennt werden. Die Emulsion gelangt danach in eine selbstreinigende Entschlämmungszentrifuge. Das Öl wird aus der Emulsion in einem Klärseparator abgetrennt. Das gereinigte Öl wird in einen gekühlten Tank befördert, in dem Wachse und andere ausgeschiedene Substanzen ausgefällt und dekantiert werden. FMC hat ein Ölgewinnungssystem entwickelt, in dem das Wasser nach der Abtrennung des Öls zur Verringerung der Abwasserbelastung in das System zurückgeleitet wird (STEGER 1979).

Tab 38. Schalenölgehalt verschiedener Citrusarten (kg Schalenöl/t Früchte)

Citrusart	Maximum	Minimum	Mittelwert
Orangen			
Hamlin	4,2	3,5	3,9
Parson Brown	6,2	4,5	5,3
Pineapple	7,0	3,7	4,8
Valencia	8,1	5,2	6,7
Temple	4,5	3,4	3,9
Grapefruits			
Duncan	3,4	2,4	2,8
Ruby Red	3,9	2,5	3,2
Verschiedene			
Dancy Tangerine	8,7	6,7	7,7
Orlando Tangelo	6,3	4,8	5,6
Persische Limette	4,6	3,6	4,0
Zitrone	9,6	5,9	7,5

Nach KESTERSON et al. (1978)

Beim Brown-Ölgewinnungssystem erfolgt die Ölgewinnung vor dem Entsaftungsschritt. Zu diesem Zweck werden die Früchte über parallel angeordnete Rollen geführt, welche mit rundherum angebrachten, sägeblattähnlichen Messerchen versehen sind (BUSHMAN und HOLBOOK 1978). Die Früchte tauchen dabei teilweise in entgegenströmendes Wasser ein. Die Drehmesser schneiden die Öldrüsen auf und das Öl wird vom Wasser durch Emulsionsbildung ausgewaschen. Wie beim FMC-Prozess wird die einige Schalenteilchen enthaltende Emulsion mittels Entschlämmungs- und Klärzentrifuge aufgearbeitet und in einen Kühlbehälter zur Abtrennung von Wachs und anderen ausgeschiedenen Verbindungen geleitet (KESTERSON et al. 1979).

Bei den Indelicato-Modellen des Typs Polycitrus wird das Flavedo der ganzen Früchte zwischen zwei rotierenden Zylindern abgeraspelt. Dabei schieben Schläger die Früchte durch die Raspelzone. Für Orangen beträgt die Verweilzeit 50 bis 80, für Zitronen 90 bis 160 Sekunden. Ähnlich verläuft die Ölgewinnung beim System Bertuzzi Citrorap: Die Schalen der ganzen Früchte werden auf einer Reihe von Walzen aufgeritzt und mit Wasser besprüht. Anschließend wird die flavedohaltige Emuslion passiert und zentrifugiert. Weitere Angaben über die verschiedenen Arten der Schalenölgewinnung finden sich in Übersichtsartikeln von KESTERSON et al. (1971), KESTERSON und BRADDOCK (1979) sowie SAFINA (1971). Schalenöl wird in großem Ausmaß dazu verwendet, Getränken, Lebensmitteln und Kosmetika einen citrusartigen Charakter zu verleihen.

3.7.6 Entlüftung und Ölabscheidung

Bereits in den Anfängen der Citrusverwertung achtete man auf die Vermeidung von Luftkontakt, da die in den Saft eingebrachte Luft vor allem für die Entwicklung von Fehlgeschmack verantwortlich ist. Im Verlaufe des Entsaftens und Passierens kann eine Sauerstoffsättigung des Saftes eintreten. Mit Hochvakuum-Fallfilmverdampfern lässt sich der Sauerstoff jedoch größtenteils entfernen (unveröffentlichte Ergebnisse).

Nahezu alle Lebensmittel enthalten hoch oxidierbare Substanzen, wie Lipide und Ascorbinsäure, die leicht oxidiert werden können. Eine Oxidation kann auf viele Arten erfolgen, die katalytische Oxidation ist aber meistens sehr schnell und deshalb für die Lebensmittelverarbeiter von größter Bedeutung (KIMBALL 1991). Die Oxidation von Citrussäften verursacht farbliche und geschmackliche Fehler. Im Allgemeinen entwickeln sich geschmackliche Fehler schneller, weshalb sie eine größere Gefahr darstellen.

In den 30er und 40er Jahren wurde Orangensaft vor der Abfüllung in Dosen entlüftet, um den Abbau von Vitamin C durch gelösten Sauerstoff zu verhindern und geschmackliche Schäden zu vermeiden. Bei der Abfüllung von Citrussäften, die nicht aus Konzentrat stammen, wird stets eine Entlüftung und Ölabscheidung durchgeführt, da zu hohe Schalenölgehalte der Saftqualität schaden. Ölabscheider sind vielfach kleine Vakuumverdampfer, in denen der Saft auf etwa 52 °C erhitzt wird, wodurch etwa 2 bis 3 % des Öls verdampfen (BERRY und VELDHUIS 1977). Nach Kondensation der Dämpfe wird das Öl durch Zentrifugieren oder Dekantieren abgetrennt. Die wässrige Phase wird dem Saft wieder beigefügt. Durch diesen Prozess können etwa 75 % des flüchtigen Schalenöls entfernt werden. Auf diese Weise können auch die lebensmittelgesetzlichen Bestimmungen der amerikanischen Behörde für Orangensaft der Klasse A mit einem tolerierten Ölgehalt von maximal 0,035 %vol erreicht werden. Die meisten Handels-Orangensäfte haben Ölgehalte von 0,015 bis 0,025 %vol.

3.7.7 Saftkonzentrierung

Anfangs der 60er Jahre erlebte die Citrusverwertung durch die Entwicklung des TASTE-Hochkurzzeitverdampfers einen zweiten Aufschwung. Vor dieser Zeit hatten sich die Citrusverwerter beim Konzentrieren unpasteurisierter Säfte in Niedertemperaturverdampfern mit mikrobiell und enzymatisch bedingten Problemen auseinander zu setzen. (ROUSE und ATKINS 1952). In Kapitel 5.2.1.2.2 sind der in der Citrusindustrie meistverwendete TASTE-Verdampfer sowie die APV-Plattenverdampfer beschrieben. Letzterer wird für spezielle Anwendungen eingesetzt, vor allem in Australien, den Mittelmeerländern und Japan.

Die bei der Verwertung von einer Tonne Orangen resultierende Massenbilanz ist in der Abbildung 101 (A und B) dargestellt. Die angegebenen Zahlen sind Mittelwerte aus verschiedenen Quellen (KESTERSON et al. 1978). Insbesondere ist ersichtlich, wie viel Wasser für die einzelnen Verarbeitungsschritte benötigt wird.

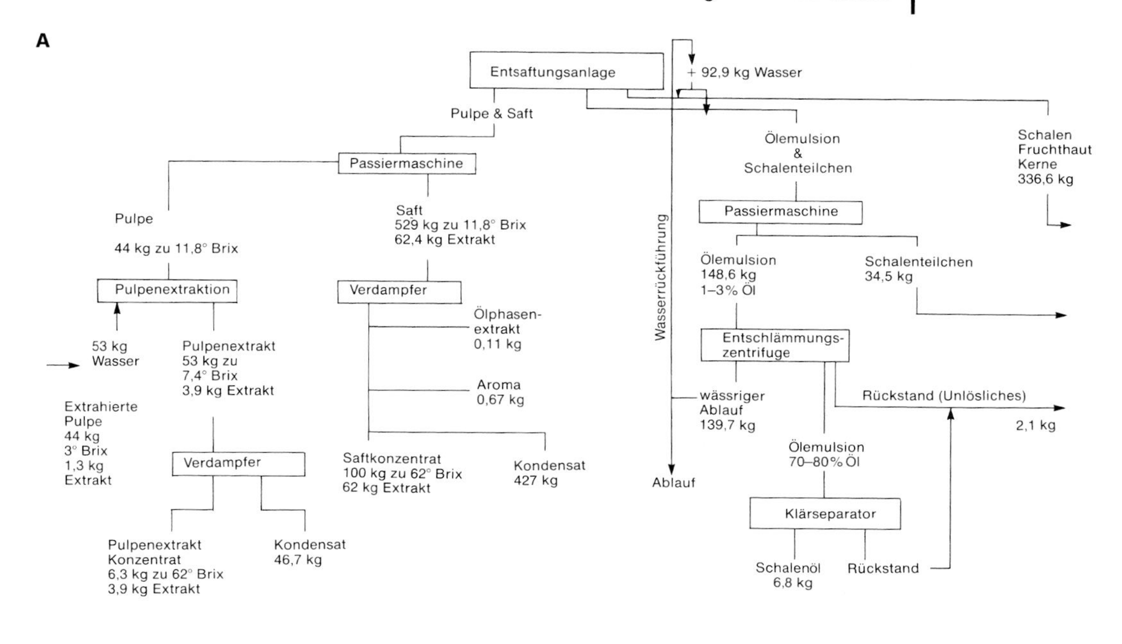

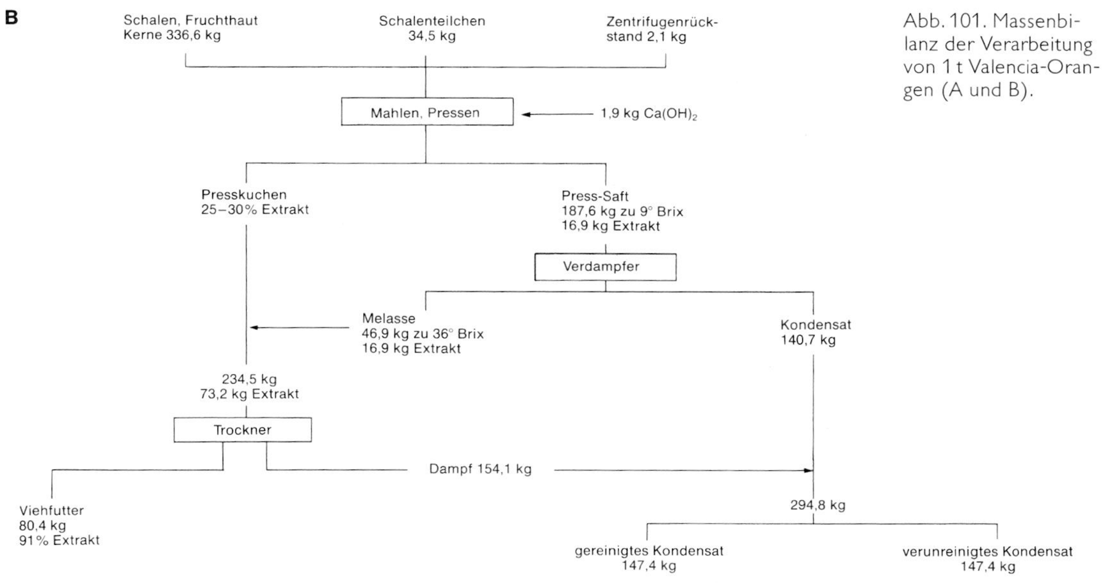

Abb. 101. Massenbilanz der Verarbeitung von 1 t Valencia-Orangen (A und B).

3.7.8 Lagerung und Transport von Konzentrat

Der im Verdampfer konzentrierte Saft wird in Verschnitttanks von verschiedenem Fassungsvermögen gepumpt. Hier können etwaige Schwankungen im Brixgehalt korrigiert werden; anschließend erfolgt die Qualitätskontrolle (Brix, Säure, Ratio, Farbe, Degustation). Zur Verminderung von Fehlgeschmacksentwicklungen während der Lagerung kann Schalenöl im Ausmaß von etwa 0,005 %vol zugesetzt werden.

In zunehmenden Maße werden Konzentrate auch in Großbehältern aus rostfreiem Stahl mit einem Fassungsvermögen von 500 000 bis 18 000 000 Litern in Kühlräumen bei −12 bis −6 °C gelagert (HENDRIX und GHEGAN 1980). Die Lagerung in großen Tanks ist wesentlich wirtschaftlicher, da im Vergleich zur Fasslagerung eine 20 bis 30 % größere Menge an Citruskonzentrat auf der gleichen Fläche gelagert werden kann. Auch wird dadurch der Lagerraum für die leeren Fässer reduziert und die Lagerhaltung vereinfacht (STEGELIN und CRANDALL 1981).

Üblicherweise besitzt ein Verarbeitungsbetrieb in Südflorida eine Kapazität an rostfreien Tanks im Ausmaß von etwa 680 000 Litern für tiefgefrorenes Orangensaftkonzentrat und Stahltanks mit Innenauskleidung für 3,8 Millionen Liter Direktsaft, das heißt nicht aus Konzentrat hergestellten Saft (SCHELL 1995). Für den Überseetransport werden seit 1981 zunehmend Schiffstanker von 6 500 bis 11 000 Tonnen Fassungsvermögen zum Transport von gefrorenem Orangensaftkonzentrat (65 °Brix) eingesetzt (WYNNE 1986, 1987).

3.7.9 Neue Technologien

3.7.9.1 Hochdruckanwendung

Es ist bekannt, dass eine Behandlung von Saft mit hydrostatischem Hochdruck (Pascalisation) sowohl Mikroorganismen als auch Pektinmethylesterase (PE) inaktivieren kann. Letzteres Enzym bewirkt eine Verminderung der Trubstabilität von Orangen- und Grapefruitsäften. Die Behandlung von Saft mit sehr hohen Drücken (hyperbar) ist eine interessante Möglichkeit zur Verlängerung der Haltbarkeit (siehe hierzu Kapitel 5.1.4). Da hierbei sehr wenig Wärme ensteht, kann dieser Prozess dazu dienen, den frischen Geschmack und die ursprüngliche Farbe von Säften zu erhalten (BRADDOCK et al. 1998). Die Japaner befassten sich bereits Mitte der 80er Jahre mit dieser Technologie (FOX 1994).

3.7.9.2 Membran- und Harztechnologie

Ultrafiltration ist ein Membranprozess zur Abtrennung von kolloidalen Partikeln durch eine semipermeable Membran (BENNET 1974). Das kombinierte Verfahren von Ultrafiltration und Adsorption erlaubt die Entfernung von unerwünschten Verbindungen aus den verschiedenen Citrussäften, wodurch die Möglichkeit gegeben ist, das ganze Jahr hindurch Säfte der Qualitätsklasse A herzustellen (MILNES und AGMON 1995). Diese Technologie gibt auch die Möglichkeit, Sekundärsaft, der zum Beispiel durch Pulpenextraktion gewonnen wurde, für die Ergänzung von Primärsaft einzusetzen. Solche Sekundärextraktstoffe können auch konzentriert und als Ersatz für Glucosesirup verwendet werden.

Für dieses kombinierte Verfahren wurde ursprünglich ein geschlossenes Ultrafiltrationsmodul mit Hohlfasern System Romicon verwendet (vgl. Kapitel 3.5.2.4.1 und 5.2.1.1.3). Kleinere Moleküle, Ionen und Wasser können durch die Membran der Hohlfasern hindurchfließen, während größere Moleküle zurückgehalten werden. Die Lösung wird beim Durchströmen des Hohlfasermoduls zusehends aufkonzentriert (WEBBER 1976).

Bei der Ultrafiltration von frischem Orangensaft halten die Membranen den größten Teil der Pektine zurück, wodurch die Viskosität im Permeat beträchtlich reduziert wird. Deshalb kann das Permeat ohne Probleme bis auf 75 °Brix aufkonzentriert werden. Im Permeat konnte auch keine Pektinesteraseaktivität mehr festgestellt werden (HERNANDEZ et al. 1992). Durch Kombination von Ultrafiltration und nachfolgende Konzentrierung des Saftes in einem TASTE-Verdampfer konnte in einem Pilotversuch ein niederviskoses, klares Konzentrat von 80 °Brix hergestellt werden (C.S. CHEN 1998, persönliche Mitteilung). Dieses Konzentrat kann ohne Qualitätseinbuße gelagert und mit frischer Pulpe und Aroma kurz vor der Abfüllung gemischt für die Aufbereitung von Fruchtsaftgetränken und Fruchtbasen verwendet werden (FOX 1994). Für die Entbitterung werden ultrafiltrierte Citrussäfte mit speziellen Harzen behandelt, die die Bitterstoffe adsorbieren (NORMAN et al. 1990). Nach dieser Behandlung wird die abgetrennte Pulpe dem Saft wieder beigefügt. Über weitere Methoden zur Entbitterung von Citrussäften berichtet SHAW 1990a, 1990b).

Entbitterung von Navel-Orangensaft
Der Einsatz von Adsorberharzen im Lebensmittelbereich wurde von der amerikanischen Gesundheitsbehörde (FDA) zugelassen. Die Technologie der Entbitterung wird vor allem bei der Gewinnung von Navel-Orangensaft eingesetzt. Die Firma Sunkist plädierte mit Erfolg für den deklarationsfreien Zusatz von entbittertem Navel-Orangensaft zu anderem, unbehandeltem Orangensaft. Über den Gehalt an sensorisch wirksamen Komponenten von Direktsäften aus verschiedenen Citrusarten informiert Tabelle 39.

Der Bitterton von Navel-Orangensaft wird vor allem durch Limonin verursacht, welches nach der Verarbeitung gebildet wird. Limoningehalte von 10 bis 40 ppm im Saft bewirken ernsthafte Geschmacksprobleme, die zu einer Deklassierung führen können. Zur Behebung dieses Fehlers empfehlen MILNES und AGMON (1995) die kombinierte Technologie von Ultrafiltration und Adsorberharzen (vgl. Kapitel 3.5.2.3.2).

1988 wurde von NORMAN und KIMBALL (1990) erstmals ein geeignetes Styrol-/Divinylbenzol-Harz mit hydrophilem Charakter für die Entbitterung von Navel-Orangensaft eingesetzt. Der ultrafiltrierte Orangensaft wird dabei durch eine mit Harz gefüllte Säule geschickt, wobei das Limonin im Harz sorbiert wird (WETHERN 1991, BRADDOCK 1991).

3.7.9.3 Pasteurisation mit Mikrowellen

Die Universität von Florida und die Citrus-Forschungsstation in Lake Alfred, Florida, arbeiteten an einem Pasteurisationsverfahren mit Mikrowellen (FOX 1994). Die Pektinesteraseaktivität wird durch Pasteurisation bei 95 °C während 15 bis 20 Sekunden zu fast 100 % inaktiviert. Die Mikrowellenpasteurisation verursacht im Vergleich zu unpasteurisiertem Saft nur minimale Geschmacksveränderungen. Über die Mikrowellenpasteurisation wurden verschiedene Arbeiten veröffentlicht (NIKDEL et al. 1991, NIKDEL et al 1994). Weitere Hinweise siehe Kapitel 5.1.2.

3.7.9.4 Homogenisierung von Citruskonzentraten

Die Viskosität ist ein kritischer Faktor bei der Konzentrierung und beim Pumpen von Citruskonzentraten. In halbtechnischen Versuchen konnte die Viskosität mit Hilfe eines zwischen der dritten und vierten

Tab 39. Gehalt an sensorisch wirksamen Komponenten in Direktsäften aus verschiedenen Citrusarten (MILNES und AGMON 1995)

	Valencia Orange	Navel Orange	Tangerine	Grapefruit	Zitrone
Brixgrade	10–13	11–14	9–14	8–12	6–10
Brixgrade [1]	11,8	11,8	11,8	10,5	8,0
Säure (Zitronensre.) %	0,7–1,4	0,8–1,5	0,8–1,4	0,8–2,0	4,0–8,0
Ratio (Brix/Säure)	10–20	8–20	8–20	6–12	1–2
Limonin, ppm	2–30	10–50	3–30	4–20	4–15
Hesperidin, ppm [2]	100–300	150–350	50–200	< 20	300–600
Naringin, ppm [2]	< 10	< 10	< 5	200–600	< 10
Polyphenole, ppm [3]	0,4–0,8	0,5–1,2	0,5–1,5	0,6–1,2	0,4–0,8
Pektin, ppm [4]	200–500	250–500	250–500	200–500	200–500
D-Limonen, %	0,01–0,07	0,02–0,06	0,02–0,05	0,01–0,04	0,20–1,00

[1] Vergleichsbasis für die Berechnung der Werte in der Tabelle
[2] Flavonoide in ppm, bestimmt mit HPLC, entsprechend etwa 50% der Werte nach der Davis-Methode
[3] Polyphenole, ausgedrückt in Extinktionswerten bei 325 nm
[4] Nur wasserlösliches Pektin, ohne oxalat- und alkalilöslichen Teil

Stufe eines TASTE-Verdampfers installierten APV-Gaulin-Homogenisators reduziert werden. Auf diese Weise konnte die Viskosität bei der Saftkonzentrierung auf 65 °Brix um 13 % reduziert werden. Die Homogenisierung hatte keinen signifikanten Einfluss auf die Saftfarbe, den Säure-, Pulpen- und Vitamin-C-Gehalt (CRANDALL et al. 1988). Dadurch können nicht nur die Viskosität erniedrigt, sondern auch unerwünschte Bestandteile eliminiert, die Menge an absetzbarer Pulpe reduziert und der ganze Prozess der Saftkonzentrierung optimiert werden (GRANT 1990). Die in der Praxis eingesetzten Homogenisatoren und Hochdruckpumpen sind so konstruiert, dass die Viskosität abgebaut und/oder der Pulpeanteil erniedrigt wird (APV Gaulin Inc. 1989).

3.7.10 Pulpenextrakt (Pulp wash)

Nach dem ersten Frost im Dezember 1957 wurde in Florida infolge Früchtemangels damit begonen, die in der Passiermaschine vom Rohsaft abgetrennte Pulpe mit Wasser zu extrahieren. Man stellte fest, dass bei einem Rohsaft-Extraktgehalt von beispielsweise 12 °Brix auch die verbleibenden Saftsäcke noch Saft von 12 °Brix enthalten, welcher sich mit Wasser zu 80 bis 90 % extrahieren lässt. Die Saftsäcke machen 4 bis 5 % der Fruchtmasse einer Orange aus.

In der Verarbeitungsperiode 1957/58 wurden in den USA verschiedene Arten der Pulpenextraktion praktiziert, wie Gegenstromextraktion mit Schüttelsieben und/oder Passiermaschinen. Andere Betriebe fügten zur Pulpe aus der primären und sekundären Passiermaschine eine kleine Menge Wasser zu. Nach 1957 wurden zahlreiche Fachartikel über die Pulpenextraktion publiziert. Die Extraktion von Pulpe aus frostgeschädigten Früchten hat eine Reihe von unerwünschten Wirkungen zur Folge (WESTBROOK 1957). Diese betreffen die Saftausbeute, Pektinesteraseaktivität, zentrifugierte Pulpe, Brixwert, Viskosität, Citronensäuregehalt, pH-Wert, Hesperidin-, Naringin-, Ascorbinsäure- und Pektingehalt, Schalenölausbeute, ferner geruchliche, geschmackliche und mikrobielle Probleme. In Frostjahren wurden die strengen Qualitätsvorschriften teilweise umgangen, indem zusätzliche Saftbestandteile durch leichte Wasserextraktion herausgelöst wurden.

Zur Erhöhung der Saftausbeute und zur Reduktion der Viskosität der Pulpenextrakte wurden auch kommerzielle Enzympräparate eingesetzt (BRADDOCK und KESTERSON 1975).

Im Prinzip unterscheidet man den so genannten **„in-line pulp wash“** und den **„off-line pulp wash“**. Beim „in-line pulp wash“ wird die Pulpenextraktion mit Wasser parallel zur Orangensaftgewinnung durchgeführt und dieser Pulpenextrakt dem Orangensaft zugesetzt und anschließend konzentriert. In der Tabelle 40 werden die charakteristischen Werte eines Orangen-Primärsaftes einem Orangensaft mit zugefügtem Pulpenextrakt (in-line pulp wash) gegenübergestellt. Die Farb- und Geschmackswerte für den Orangensaft mit Pulpenextrakt sind minimal reduziert, die Werte für Mineralstoffe, Hesperidin und wasserlösliche Pektine sind erhöht. Vorerst durfte Orangensaft mit „in-line pulp wash“ nur in den USA, Brasilien und einigen wenigen Ländern als solcher vermarktet werden. In den Ländern der EU ist bisher (Stand 2000) Orangensaft mit „in-line pulp wash“, als so genannte WESOS (water extractable soluble solids) bezeichnet, rechtlich nicht zugelassen.

Wird der Pulpenextrakt separat aufgearbeitet und konzentriert, handelt es sich um Konzentrat aus „off-line pulp wash“. Dieses Produkt darf nicht für die Herstellung von Orangensaft verwendet werden. Meist wird in den USA Saft aus Pulpenextrakt für die Herstellung von Fruchtsaftgetränken und Limonaden eingesetzt, da dieses Produkt eine gute Trubstabilität bewirkt und preisgünstig ist (KESTERSON et al. 1978, BRADDOCK 1980, BRADDOCK und CALDWALLADER 1992, HENDRIX 1994, BRADDOCK 1995).

Für die Pulpenextraktion mit Wasser werden drei- oder vierstufige Extraktionsanlagen eingesetzt. In Abbildung 102 ist

Tab 40. Vergleichende Werte für einen Orangen-Primärsaft und einen Orangensaft mit zugefügtem Pulpenextrakt („in-line pulp wash") nach NONINO (1997)

Kriterien	Orangen-Primärsaft	Orangensaft mit Pulpenextrakt
Brixwert korrigiert	11,20	11,20
Brix-Säure-Verhältnis (Ratio)	14,80	15,30
Farbwert – USDA	37	35
Geschmackswert – USDA	38	36
Glucose (g/l)	22,10	22,60
Fructose (g/l)	22,80	22,80
Saccharose (g/l)	40,40	40,60
Citronensäure (g/l)	8,18	7,91
Isocitronensäure (g/l)	66,00	65,85
Asche (g/l)	3,70	3,90
Natrium (mg/l)	9	19
Kalium (mg/l)	1585	1810
Calcium (mg/l)	88	102
L-Ascorbinsäure (mg/l)	460	436
Hesperidin-HPLC (mg/l)	486	842
Formolzahl	23,8	24,6
Prolin (mg/l)	1030	1090
Pektin, wasserlöslich (mg/l)	278	612

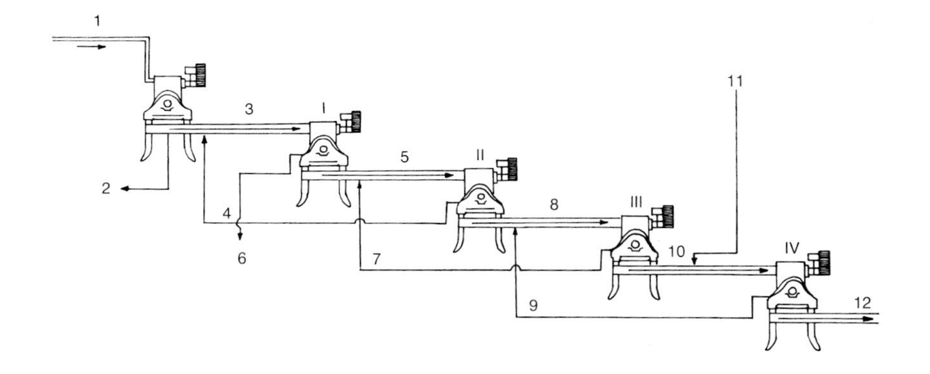

Abb. 102. Vierstufige Pulpenextraktion.
1 = Saft (12 °Brix) zur Passiermaschine
2 = Ablauf des passierten Saftes zum Verdampfer
3 = Mischer mit Pulpe von 12 °Brix zur Passiermaschine (I)
4 = Pulpenextrakt (5,3 °Brix) zum Mischer (3)
5 = Mischer mit Pulpe von 8,6 °Brix zur Passiermaschine (II)
6 = Pulpenextrakt (7,8 °Brix) zum Extraktverdampfer
7 = Pulpenextrakt (3,3 °Brix) zum Mischer (5)
8 = Mischer mit Pulpe von 5,9 °Brix zur Passiermaschine (III)
9 = Pulpenextrakt (1,5 °Brix) zum Mischer (8)
10 = Mischer mit Pulpe von 3,6 °Brix zur Passiermaschine (IV)
11 = Wasserzulauf (1,25 kg Wasser pro kg Pulpe)
12 = Wegtransport der extrahierten Pulpe (1–2 °Brix).

eine typische Vierstufen-Gegenstrom-Extraktionsanlage schematisch dargestellt. Trinkwasser wird in Mischer (10) mit teilweise extrahierter, den geringsten Extraktgehalt aufweisender Pulpe von 3,6 °Brix vermischt und der Passiermaschine (IV) zugeführt. Der dort abgetrennte Pulpenextrakt (9) von 1,5 °Brix wird über den Mischer (8) mit Pulpe von 5,9 °Brix gemischt und der Passiermaschine (III) zugeführt. Der Pulpenextrakt (7) von 3,3 °Brix wird über den Mischer (5) mit Pulpe von 8,6 °Brix gemischt und der Passiermaschine (II) zugeführt. Der abgetrennte Pulpenextrakt (4)von 5,3 °Brix wird in Mischer (3) mit Pulpe von 12 °Brix vermischt und der Passiermaschine (I) zugeführt. Der dort abgetrennte Pulpenextrakt von 7,8 °Brix wird anschließend im Verdampfer aufkonzentriert.

In diesem System werden Pulpe und Wasser gemäß Beschreibung viermal gemischt und wieder getrennt. Mit jeder Stufe steigt der Extraktgehalt des Waschwassers durch Vermischen mit zunehmend safthaltiger Pulpe. Der wässrige Extrakt wird nach Durchlaufen von Passiermaschine Nr. I mit 4 bis 8 °Brix aus der Anlage in den Vorratstank eines Verdampfers abgeführt, wo eventuell ein Zusatz von pektolytischen Enzymen erfolgt. Die weitgehend extrahierte Pulpe verlässt die Passiermaschine Nr. IV mit 1 bis 2 °Brix. Im Verdampfer wird der Pulpenextrakt auf etwa 65 °Brix konzentriert. Durch die Hitze werden gleichzeitig die natürlichen und zugesetzten Enzyme inaktiviert.

Pulpenextraktkonzentrate werden von REDD et al. (1992b) näher beschrieben. Sie unterliegen bestimmten Vorschriften (FDOC Rule 20–64.021) und müssen 50 bis 100 ppm Natriumbenzoat als Zusatzstoff enthalten, wenn das Produkt in den USA als Getränkegrundstoff verwendet wird. Pulpenextraktkonzentrate für den Export in andere Länder können frei von diesem Zusatzstoff sein.

3.7.11 Saftöl, verstärkte und verschnittene Öle, Wasserphasen- und Ölphasen-Aromen

Bekanntlich haben die aromatischen Öle aus dem Fruchtteil der Orange eine wünschenswerte Note, während die Schalenöle dem Saft negative Geschmacksnoten verleihen (FOX 1994). Es wurden große Anstrengungen unternommen, um die Öle zu fraktionieren und zu verstärken. Unerwünschte Verbindungen in Citrusölen können durch Konzentrierung und Verstärkung abgetrennt werden. Überschüssige Terpene, vor allem Limonin, werden heute durch fraktionierte Vakuumdestillation entfernt. Verstärkte Öle sind weniger oxidationsanfällig und haben einen intensiveren Duft mit weniger Schalenaroma. Sie weisen auch eine etwas weniger harte Note als die Citrusterpene auf, die oft als „brenzlig" bezeichnet werden (HENDRIX 1986).

Bei den Aromastoffen, die während der Saftkonzentrierung gewonnen werden, handelt es sich um Wasserphasen- und Ölphasen-Extrakte (JOHNSON und VORA 1983). Die wasserlösliche Fraktion wird als Aroma und die öllösliche Fraktion als Essenzöl bezeichnet. Beide Fraktionen weisen die chrakteristisch blumig-fruchtige Aromanote auf, die für frisch gepressten Saft typisch ist, aber die öllösliche Fraktion trägt am meisten zur fruchtigen Geruchsnote bei (HENDRIX 1983). Fraktionierte Destillation von Saftaroma und Essenzöl ermöglicht die Abtrennung von Aromakomponenten, die wesentlich zur Aromaverstärkung beitragen (HENDRIX 1995, HENDRIX und REDD 1995). Die allgemein angewandten Verfahren der Saftkonzentrierung und der Aromagewinnung werden in Kapitel 5.2 eingehend behandelt.

3.7.12 Säfte und safthaltige Erzeugnisse

Frisch gepresster Orangensaft

Die Firma Automatic Machinery & Electronics Inc. (Brown International Corp.), bietet einen Kleinentsafter an, der in der Lage ist, 650 Früchte beziehungsweise 65 Liter Orangensaft pro Minute zu verarbeiten. Die gleiche Firma stellt auch eine mechanische Passiermaschine zur Abtrennung von Kernen und Pulpe her. Die Firma FMC stellt einen Kleinentsafter mit einer Kapazität von 500 Früchten beziehungsweise 50 Litern Orangensaft pro Minute her. Dieser Entsafter trennt die Kerne vom Saft ab und kann die Pulpenmenge regulieren ohne eine zusätzliche Passiermaschine zu benötigen. Strenge hygienische Arbeitsbedingungen und auch die sofortige Kühlung spielen bei der Herstellung von frisch gepresstem Saft eine entscheidende Rolle (MAZURSKI 1988, PARISH 1988).

Konsumfertiger, gekühlter Orangensaft

Jahrelang wurde in den USA konsumfertiger gekühlter Orangensaft aus Konzentrat hergestellt. Damit wurde der Wunsch amerikanischer Konsumenten nach erhöhtem Komfort erfüllt. Der überzeugende Geschmack von gekühlten Säften als auch die Bequemlichkeit der Zubereitung waren die Hauptgründe für die starke Marktausweitung dieser Produktkategorie (FLORA 1988).

In den letzten Jahren weisen konsumfertige, gekühlte Orangen- und Grapefruitsäfte eine starke Marktentwicklung auf. Da das Interesse der Konsumenten für konsumfertige Produkte laufend zunimmt, zeigt vor allem das Marktsegment für Premiumprodukte überproportionale Zunahmen (MITTAL 1988). Zu diesen Top-Premiumprodukten gehören frisch gepresste Citrussäfte und auch so genannte Direktsäfte (NFC = nicht aus Konzentrat hergestellt). Zu einem geringen Anteil wird gekühlter Orangensaft auch heute noch aus tiefgefrorenem Konzentrat hergestellt.

Direktsaft (NFC)
Nicht aus Konzentrat hergestellte Säfte (NFC), so genannte Direktsäfte, können frisch gepresste Citrussäfte sein, die nicht pasteurisiert wurden, oder es kann sich um pasteurisierte Direktsäfte handeln. Diese Produkte müssen in den USA bestimmten gesetzlichen Anforderungen entsprechen (US/FDA 14.6.140 Past.ORGJU [2]). Wird pasteurisierter Direktsaft in Behälter abgefüllt und gekühlt, lautet die Bezeichnung auf dem Etikett: „gekühlter, pasteurisierter Orangensaft". Aseptisch abgefüllter Direktsaft muss nicht kühl gelagert werden (MARCY und GRAUMLICH 1982).

Tiefgefrorenes Orangensaftkonzentrat
Während des letzten Weltkrieges wurden in den USA erstmals größere Mengen an Citrussäften heiß in Metalldosen abgefüllt und als Vitamin-C-Quelle an die amerikanischen Truppen abgegeben. Bei diesem Prozess wurden praktisch sämtliche Aromastoffe zerstört. 1942 wurde dieses Problem erstmals erkannt (HENDRIX und REDD 1987). Am Citrus-Institut in Florida wurde von den Forschern Moore, Mac Dowell und Atkins ein Prozess für die Saftkonzentrierung entwickelt. Das erhaltene Konzentrat wurde zwecks Aromaverbesserung mit frischem Orangensaft im Verhältnis 3 zu 1 rückverschnitten, wodurch ein Konzentrat von 42 °Brix entstand (US Patent No. 2,453,109). Das erteilte Patent leitete die Geburtsstunde der industriellen Citrusverarbeitung ein (MAC DOWELL et al. 1948). Dieses rückverschnittene Konzentrat war von unterschiedlicher Qualität und etwas schwach im Aroma. Im Laufe der Jahre erfolgte deshalb eine Verbesserung durch Zugabe von Aromen und Essenzen. Dieses Produkt wurde im Tiefkühlfach aufbewahrt und war viele Jahrzehnte lang bei den amerikanischen Konsumenten sehr populär.

Orangensaftkonzentrat von 72 °Brix
Die Autoren CRANDALL et al. 1981 sowie CRANDALL und GRAUMLICH (1982) wiesen erstmals darauf hin, dass die Lager- und Transportkapazität für Orangensaftkonzentrat um 14 % erhöht werden kann, wenn die Saftkonzentration von 62 auf 72 °Brix erhöht wird. Ein stärker konzentriertes Produkt weist auch eine höhere Viskosität auf, die nach Möglichkeit wieder reduziert werden muss (CRANDALL et al. 1990). Der Energiemehrbedarf für die Konzentrierung ist nur etwa 3 % höher.

Es gibt verschiedene Methoden zur Reduktion der Viskosität: Mechanische Trennung des Saftflusses in der Passiermaschine, Reduktion des Druckes in Entsafter und Passiermaschine durch Wahl entsprechender Siebgrößen, Entfernung der Pulpe durch Zentrifugen, Pektinabbau durch Enzyme. Frühere Forschungsarbeiten haben gezeigt, dass die Viskosität von Citruskonzentraten mit pektolytischen Enzymen sehr gut abgebaut werden kann (BRADDOCK 1981, CRANDALL et al. 1986). Die amerikanischen Standards für die Echtheit von Orangensaft gemäß FDA lassen die Anwendung von pektolytischen Enzymen als Zusatz- beziehungsweise Hilfsstoff bisher nicht zu. CRANDALL und DAVIS (1993) patentierten einen Prozess zur Herstellung von Orangensaftkonzentrat von 72 °Brix ohne Anwendung von Enzymen.

Die heute praktizierte Methode zur Saftkonzentrierung auf 72 °Brix besteht darin, den Saft vorgängig in einer Ultrafiltrationsanlage von Pulpe- und Trubpartikeln zu befreien und den klaren Saft anschließend in einem TASTE-Verdampfer zu konzentrieren (FOX 1994); siehe hierzu auch Kapitel 5.2.1.1.3.

Grapefruit-, Tangerinen-, Zitronen- und Limettensaft
Grapefruitsaft wird im Wesentlichen auf die gleiche Art hergestellt wie Orangensaft. Üblicherweise wird Grapefruitsaft nicht höher als auf 58 °Brix konzentriert, um die starke Gelierungstendenz möglichst zu vermeiden. Grapefruitsaft wird aus gefrorenem Konzentrat zu ungesüß-

tem Direktsaft zurückverdünnt und in gekühlter Form aufbewahrt oder in Konservendosen abgefüllt. Zum Teil wird der Saft gezuckert oder mit Orangensaft oder anderen Fruchtsäften vermischt (SINCLAIR 1972, CARTER 1983).

Hochfarbiges Tangerinensaftkonzentrat wird üblicherweise zur Farbverbesserung von Orangensaft verwendet. Die Zugabemenge beträgt maximal 10 %. Dieses Konzentrat kann in gewissen Fällen bei der Erhitzung unangenehme Geschmacksnoten entwickeln (IMAGAWA et al.1974).

Konzentrate aus Limetten- und Zitronensaft werden ebenso hergestellt wie andere Citrussäfte, die Menge ist jedoch bedeutend geringer und sie zeigen sehr hohe Säuregehalte. Diese Saftkonzentrate werden normalerweise auf einen Citronensäuregehalt von 250 bis 400 g/l eingestellt. Beide Saftkonzentrate werden zur Geschmacksabrundung von Getränken und Lebensmitteln, speziell Meeresfrüchten (SWISHER und SWISHER 1977) eingesetzt.

Nektare, Saftgetränke und Getränkegrundstoffe

Obwohl der Ausstoß an konsumfertigen Orangensäften in den letzten Jahren laufend zugenommen hat, sind auch Fruchtsaftgetränke bei den Konsumenten heute sehr beliebt. In jüngster Zeit hat sich jedoch in den USA der Verbrauch an Säften und Fruchtsaftgetränken im Vergleich zu früheren Jahren weniger stark entwickelt (BAKER 1996). Dagegen zeichnet sich in Japan infolge der Importliberalisierung ein starker Anstieg des Konsums an Fruchtsäften und Fruchtsaftgetränken ab (OHTA und IFUKU 1997).

3.7.13 Gesundheitliche Aspekte

Mit Vitaminen und Mineralstoffen angereicherte Getränke stehen heute hoch in der Gunst der Konsumenten (FOX 1994). Da die Konsumenten gesunde, kostengünstige und qualitativ hochstehende Produkte wünschen, wird der Konsum dieser Art von Getränken stark wachsen. Da die Hersteller von preisgünstigen Fruchtsaftgetränken Vitamine, Aromen und Essenzen, Pektin, Zucker und Citrusgrundstoffe zusetzen dürfen, könnnen sie die Wünsche der Konsumenten in geschmacklicher und nährwertmäßiger Hinsicht besser erfüllen.

Citrusfrüchte und deren Saftprodukte sind eine reiche Quelle von zahlreichen wertvollen Närstoffen, die von großer diätetischer und ernährungsphysiologischer Bedeutung sind. Neben Vitamin C enthalten sie auch beachtliche Mengen an Folsäure und Carotinoiden als Provitamin A (NAGY und ROUSEFF 1996). Nähere Angaben hierzu findet man in Kapitel 2.4.

3.7.14 Neue Verpackungen

Neue Abfüllmethoden bei Getränkepackungen, zum Beispiel Abfüllung in inerter Gasatmosphäre, werden von Tetra Pak, Pacific Asia Technology und anderen Firmen angeboten. Dank dieser neuen Verpackungstechnologien zusammen mit Methoden minimaler Wärmeanwendung können dem Konsumenten des 21. Jahrhunderts qualitativ hochstehende, nährwertmäßig wertvolle Fruchtsäfte mit verlängerter Haltbarkeit angeboten werden (FOX 1994).

Bei der Abfüllung von Orangensaft besteht die Möglichkeit, eine mit Computer steuerbare Mischung von inerten Gasen auf die Abfüllmaschine zu leiten. Während der Lagerung in der Kartonpackung kann Sauerstoff auf verschiedenen Wegen in den Saft gelangen (ADAMS 1987, SADLER 1988). Aromastoffe können in der Polymerschicht der Verpackung adsorbiert werden (DÜRR et al. 1981, SADLER 1988a, 1988b). Dadurch kann es zu unerwünschten Aromaveränderungen kommen. Obwohl es Verpackungen gibt, die einen verstärkten Oxidationsschutz aufweisen, ist der Inhalt vielfach doch zu wenig geschützt, da Sauerstoff durch kleine Öffnungen an den Ecken und Kanten eindringen kann. Deshalb nimmt der Gehalt an Vitamin C von Kartonverpackungen mit Giebelverschluss beim Transport stärker ab als während der Lagerung (SADLER

Tab 41. Nährstoffzusammensetzung getrockneter Citrustrester (Schalen, Pulpe, Samen)

	Gehalt in %					
	A	B	C	D	E	F
Mittelwert	8,5	5,0	3,7	6,2	12,1	64,5
Mittelwert bezogen auf Trockensubstanz	–	5,4	4,1	6,8	13,3	70,4
Schwankungsbereich von 3 630 Proben in 13 Jahren	2,0–18,4	3,1–11,1	1,1–11,6	4,9–9,3	6,4–17,8	54,2–72,3

A = Wasser, B = Asche, C = Fett (Etherextrakt), D = Eiweiß (N × 6,25), E = Gesamtnahrungsfasern (Ballaststoffe), F = N-freier Extrakt

1991). Durch das Rütteln beim Transport geht der Sauerstoff vom Kopfraum der Verpackung in den Saft und führt dort zu oxidativem Abbau von Vitamin C (Sadler 1991).

3.7.15 Spezialprodukte

3.7.15.1 Getrocknete Citrustrester

Über sechs Jahrzehnten lang befasste sich die Citrusforschung auch mit der Herstellung marktfähiger Erzeugnisse aus den entsafteten Fruchtteilen (Braverman 1949). Mit der Entwicklung von tiefgefrorenem Orangensaftkonzentrat war es nicht mehr möglich, die ständig wachsenden Mengen an Schalen, Samen und festen Bestandteilen des Fruchtfleisches innerhalb nützlicher Frist zu verfüttern, so dass sie zur Verhütung mikrobieller Veränderungen getrocknet wurden. Dies geschieht üblicherweise so, dass man den etwa 80 % Wasser enthaltenden Saftrückständen etwa 0,5 % gelöschten Kalk [$Ca(OH)_2$] zusetzt. Das Gemisch wird vermahlen und während einer Viertelstunde bei einem pH-Wert von etwa sechs stehengelassen. Dabei wird das Pektin denaturiert und die Trester könnnen ausgepresst werden. Sie gelangen anschließend mit einem verbleibenden Feuchtigkeitsgehalt von etwa 70 % in direkt befeuerte Trommeltrockner. Nach dem Trocknen und Abkühlen werden die noch etwa 10 % Restfeuchtigkeit aufweisenden Trester in Säcke abgefüllt oder en gros verkauft. Häufig wird der Trester in Trockenwürfelform an Futtermittelhersteller verkauft (Kesterson und Braddock 1976). In Brasilien wird heute für die Aufarbeitung der Citrusschalen eine etwas modifizierte Methode angewandt (Odio 1993).

Getrocknete Citrustrester sind für das Vieh ein närstoffreiches Zusatzfutter. Die Zusammensetzung ist aus der Tabelle 41 ersichtlich (Ammerman et al. 1976).

3.7.15.2 Melasse

Die beim Auspressen laugenbehandelter Fruchtschalen anfallende Flüssigkeit weist einen Extraktgehalt von 5 bis 9 °Brix auf. Sie wird in einem mit Abwärme des Trockners betriebenen Verdampfer zu Melasse von etwa 50 °Brix konzentriert (Braddock und Cadwallader 1992). Die Melasse wird entweder dem Trester zur Erhöhung des Extraktgehalts zugefügt oder als Substrat zur Alkoholherstellung verkauft. Melasse wird auch als Nährsubstrat für die biologische Herstellung von Aminosäuren verwendet (Tsugana et al. 1981).

Tabelle 42 gibt einen Überblick über die verschiedenen Nebenprodukte der Orangen- und Grapefruitverarbeitung (Braddock 1995).

3.7.15.3 Pektintrester

Die Herstellung von Pektin aus Citrusschalen erfolgt durch eine wässrige Extraktion im sauren pH-Bereich und durch Ausfällung und Reinigung des Pektins (Rouse 1977). Die Schalen werden zuerst mit Wasser gewaschen bis der Extraktgehalt des Waschwassers nicht mehr als 0,5° Brix beträgt. Das Waschwasser weist einen hohen BOD-Wert auf und kann zu großen Umweltbelastungen führen (Braddock und Crandall 1976). Pektin

Tab 42. Mengenmäßige Bilanz der Nebenprodukte aus Orangen und Grapefruits (Braddock 1995)

Nebenprodukte	Gewicht pro Kiste (kg)	
	Orange[a]	Grapefruit[b]
Trockentrester mit Melasse (10 % Wasser)	4,0	4,1
Trockentrester ohne Melasse	2,9	2,8
Melasse (72 °Brix)	1,4	1,5
kaltgepresstes Öl und D-Limonin	0,27	0,14
Pulpenextraktstoffe	0,2–0,3	0,1–0,2
gefrorene Pulpe	2,0	3,0
Ölphasenaroma	0,005	0,003
Wasserphasenaroma (15 % Alkohol)	0,02	0,02
Pektin (150-grädig)	1,3	1,0
Kernenöl	0,05	0,09
Hesperidin	0,18	–
Naringin	–	0,18

[a] 1 Kiste Orangen = 40,9 kg; Saftausbeute = 55 %
[b] 1 Kiste Grapefruits = 38,6 kg; Saftausbeute = 48 %

wird für verschiedene Zwecke in der Lebensmittelindustrie eingesetzt, jedoch vor allem zur Herstellung von Konfitüren und Gelees. Aus den ausgelaugten Schalen werden auch getrocknete Rohfaserprodukte für die Anreicherung von Diätnahrungsmitteln hergestellt (Braddock und Crandall 1981, Fox 1980, Braddock 1983, Braddock und Cadwallader 1992).

3.7.15.4 Saftsäcke (Juice sacs)

Saftsäcke, auch Saftschläuche genannt (siehe Abb. 100), lassen sich im Laufe der üblichen Citrusverarbeitung gewinnen und vermarkten. Sie können tiefgefrorenem Orangenkonzentrat zugesetzt oder zusammen mit Fruchtschalen getrocknet werden. „Ungewaschene“ Saftsäcke fallen nach dem Grobpassieren des Saftes an und werden zur Konservierung tiefgefroren.

Aus der Pulpenextraktion stammende, „gewaschene“ Saftsäcke mit einem Zuckergehalt von weniger als 2 % lassen sich durch Tiefkühlen oder Trocknen, meist auf Walzentrocknern, haltbar machen. Saftsäcke werden häufig Getränken zur Verbesserung des optischen und geschmacklichen Eindrucks zugesetzt. Angaben über die chemischen und physikalischen Eigenschaften von Saftsäcken können der Literatur entnommen werden (Kesterson und Braddock 1973, Braddock 1980). Weiter ist eine Verwendung als Ballaststoff oder als Bindemittel für Wasser und Fett möglich (Fox 1978, Passy und Mannheim 1983, Ferguson und Fox 1982). Saftsäcke sind sehr gesuchte Produkte zur Herstellung von speziellen Brot- und Fleischprodukten. Gemahlene und getrocknete Saftsäcke können in Milchmischgetränken, Saucen usw. eingesetzt werden (Fox 1978, Braddock 1983). Tabelle 43 gibt Aufschluss über die Zusammensetzung von *ballaststoffreichen* Citrusprodukten.

3.7.15.5 Intakte Saftsäcke (Whole juice vesicles)

Intakte, das heißt prallgefüllte unversehrte Saftsäcke aus Tangerinen, Mandarinen, Grapefruits und Orangen vermitteln in Getränken mit hohem Zucker/Säure-Verhältnis einen angenehmen sauren Geschmack, sobald sie zwischen den Zähnen zerquetscht werden. Die Frucht wird gewissermaßen gleichzeitig gegessen und getrunken.

Die Gewinnung intakter Saftsäcke erfolgt durch Hitzebehandlung und Vibration der geschälten Früchte (Maeda und Ifuku 1981). In den 80er Jahren wurden in Japan intakte Saftsäcke mit großem Erfolg für die Herstellung von fruchtfleischhaltigen Saftgetränken eingesetzt. Intakte Saftsäcke stellen für die citrusverarbeitende Industrie ein interessantes Produkt mit Zukunftspotential dar.

Tab 43. Zusammensetzung von getrockneten, ballaststoffreichen Citrusprodukten (FMC Corporation, Lakeland, Florida)

	Gewaschene Fruchtachsen	Gewaschene Orangenschalen	Gewaschene Saftsäcke
Feuchtigkeit (%)	10,7	10,9	11,7
Fett (%)	1,5	1,3	2,1
Protein (%)	4,8	4,9	7,5
Asche (%)	3,1	3,3	2,5
Rohfaser (%)	17,0	16,0	9,8
Pektin (%)	34,0	29,0	29,0
Kohlenhydrate (%)	28,9	34,6	37,4
	100,0	100,0	100,0
Gesamt-Ballaststoffe (%)*	58,3	51,3	45,8

* Gesamt-Ballaststoffe = Pektin (%) + neutralgewaschene Rohfaser (%)

3.7.15.6 Citrusflavonoide und Limonin

Die Flavonoidglykoside Hesperidin und Naringin kommen in größerer Menge vor allem in der Schale und im Gewebe der Frucht vor (BRADDOCK 1995). *Hesperidin* ist ein geschmacksneutrales, in Orangen vorkommendes Flavonoid. Es kann in Ausbeuten von 0,3 bis 0,4 % durch Laugenbehandlung von Schalen und festen Bestandteilen des Fruchtfleisches gewonnen werden. Das bitter schmeckende *Naringin* lässt sich aus Grapefruits in analoger Weise oder mit heißem Wasser extrahieren. Im Falle der Laugenbehandlung beträgt die Ausbeute 0,4 bis 0,5 % des Nassgewichtes; bei der Heißwasserextraktion liegt sie nicht nur höher, die extrahierten Schalen lassen sich außerdem zu Pektintrester verarbeiten (CRANDALL 1977, CRANDALL et al. 1977).

Infolge seiner geringen Wasserlöslichkeit setzt sich Hesperidin an den Innenwänden von Entsaftungsanlagen und Verdampfern ab. Da die entstehende Schicht den Wärmeaustausch behindert, muss sie entfernt werden. Naringin findet als Bitterstoff sowie als Ausgangssubstanz zur Herstellung des künstlichen Süßstoffes Neohesperidin-Dihydrochalcon (NHDC) Verwendung.

Des Öfteren weisen Citrussäfte wegen des Gehaltes an Naringin und dem ebenfalls bitter wirkenden *Limonin* einen unerwünschten Bittergeschmack auf. Die Festsetzung von Höchstschwellenwerten für die Bitterkeit dieser Verbindungen stößt infolge Beeinflussung durch das Brix/Säure-Verhältnis und individueller Bevorzugung auf Schwierigkeiten (ROUSEFF et al. 1981).

Die ernährungsphysiologische Bedeutung der Bioflavonoide der Citrusfrüchte ist eingehend erforscht worden (KEFFORD und CHANDLER 1970, HOROWITZ und GENTILI 1977). Die Bioflavonoide zeigen therapeutische Wirkungen bei kapillären Gefäßerkrankungen. Während Limonin im Allgemeinen wenig kommerziellen Wert besitzt, besteht ein Interesse für Limonoid-Glykoside aus Citrusfrüchten als mögliche Antikanzerogene (HERMAN et al. 1995).

3.7.15.7 Nebenprodukte

Aus Citrusfrüchten lassen sich mehrere hundert Produkte herstellen. Viele befinden sich in verschiedenen Phasen der Entwicklung, andere wiederum werden nur in einzelnen Betrieben produziert. Einige Beispiele seien nachstehend erwähnt.

Natürliche Getränkestabilisatoren, wie sie zur Herstellung von Getränken mit niedrigem Saftanteil Verwendung finden, werden aus Citrusschalen, Saftsäcken oder dem wässrigen Austrag der Ölzentrifugen gewonnen (BRYAN et al. 1973, HERRERA et al. 1979, JANDA 1983, CRANDALL et al. 1983, BAKER und CAMERON 1999). Konsumfertige Grapefruithälften lassen sich durch Beschichtung der Schnittflächen mit einem süß schmeckenden, essbaren Gel haltbar machen. Abgepackt in Schrumpffolien und bei 4 °C gelagert, können sie in Gaststätten während 14 Tagen angeboten werden (ROUSE et al. 1969).

Die Schalen von Citrusfrüchten, insbesondere von Grapefruits, Orangen und Zitronen, können durch eine spezielle Vakuumbehandlung mit Pektinasen entfernt werden, so dass schalenfreie Früchte ohne anhaftenes Albedo resultieren (BAKER 1987, BAKER et al. 1988, BAKER et al. 1992). Mit SO_2 konservierte, gewaschene und kandierte Fruchtschalen werden in gefärbter Form zur Herstellung von Fruchtkuchen, Süßigkeiten und Biskuits verwendet (CRANDALL 1977, KESTERSON und BRADDOCK 1976).

Zur Marmeladenherstellung verwendet man üblicherweise die Schalen süßer oder bitterer Orangen, wobei eine 65-°Brix-Zuckerlösung mit etwa 20 % aufgeweichter, in Würfel geschnittener Schale und 0,5 % Pektin bei pH 3,2 verarbeitet wird (KESTERSON und BRADDOCK 1976, SWISHER und SWISHER 1977). Wird Melasse nicht als Beigabe zu Viehfutter verwendet, wird sie durch eine Hefegärung zu Alkohol umgesetzt. Orangen- und Grapfruitsäfte können auch zu wohlschmeckenden Fruchtweinen vergoren werden. Zusätzliche Hinweise auf weitere Produkte, die aus Cirtusfrüchten hergestellt werden können, geben FISCHER 1975 sowie HENDRIX und HENDRIX 1996.

3.8 Verarbeitung von tropischen Früchten

A. ASKAR † und H. TREPTOW †

3.8.1 Einleitung

Als tropische Temperaturzone wird der Teil der Erde zwischen dem 25. Grad nördlicher und dem 25. Grad südlicher Breite bezeichnet. Das Klima ist heiß und regenreich. Nicht die Hitze charakterisiert die tropische Zone, sondern die gleichbleibende warme Temperatur (etwa 27 °C) das ganze Jahr hindurch, bei jährlichen Niederschlagsmengen von 25 Zentimetern bis 2 Metern. Der wärmste Monat ist nur wenig wärmer als der kälteste. Der Temperaturunterschied zwischen Tag und Nacht ist größer als zwischen Sommer und Winter. Die Tageslänge variiert sehr wenig im Laufe des Jahres und der längste Tag ist weniger als 13 Stunden lang. In den Subtropen (bis 40 Grad nördlicher beziehungsweise südlicher Breite) ist der Sommer wärmer und der Winter kälter als in den Tropen. Die Feuchtigkeit ist im Allgemeinen niedriger. Die subtropische Zone wird am besten dadurch charakterisiert, dass dort die Durchschnittstemperatur in den kältesten Monaten 10 °C beträgt. Viele tropische Früchte werden heute in einigen subtropischen Gebieten erfolgreich angebaut (Abb. 103), die Temperaturen, die Wassermengen und der Boden müssen natürlich dafür geeignet sein (NAGY und SHAW 1980, SAMSON 1986, JAGTIANI et al. 1988, SALUNKE und KADAM 1995).

Es gibt wahrscheinlich mehr als 3 000 Arten von essbaren Früchten in den Tropen, von denen etwa 250 als weitverbreitet anzusehen sind. Nur etwa 50 Arten sind wohl bekannt. Dieses Kapitel beschäftigt sich nur mit 13 tropischen Früchten, die für die Herstellung von Säften und Konzentraten geeignet sind und die heute einen festen Teil des Weltmarktes ausmachen beziehungsweise für die Aussicht besteht, kommerziell verarbeitet zu werden. Die Früchte sind in Tabelle 44 dargestellt.

Die Weltproduktion von tropischen Früchten im Vergleich zu Früchten der gemäßigten Zonen ist in Tabelle 45 dargestellt (FAO 1996). Die am häufigsten angebaute tropische Frucht ist die Banane, mit einer Weltproduktion von über 55 Millionen Tonnen pro Jahr. Die Banane steht damit an dritter Stelle der Weltproduktion nach Citrusfrüchten und Weintrauben. Die Mangoproduktion beträgt fast soviel wie die der Birnen und Pfirsiche zusammen. Ananas wird heute mehr angebaut als Pfirsich, Erdbeere und Aprikose zusammen.

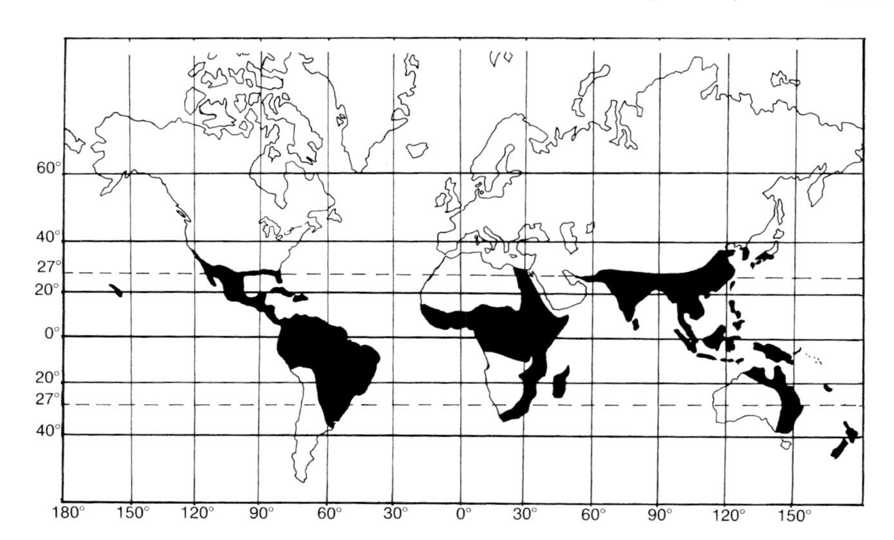

Abb. 103. Anbaugebiete für tropische Früchte.

Tab 44. Die wichtigsten tropischen Früchte

Deutscher Name	Englischer Name	Botanischer Name	Familie
Ananas	Pineapple	*Ananas comosus* (L.) Merr.	Bromeliaceae
Acerolakirsche	Acerola	*Malpighia glabra*, L.	Malpighiaceae
Banane	Banana	*Musa acuminata*, Colla *Musa balbisiana*, Colla	Musaceae
Guave	Guava	*Psidium guajava*, L.	Myrtaceae
Kaschuapfel	Cashew apple	*Anacardium occidentale*, L.	Anacardiaceae
Kiwi	Kiwi	*Actinidia chinensis*, Planch.	Actinidiaceae
Litschi	Litchi	*Litchi chinensis*, Sonn.	Sapindaceae
Mango	Mango	*Mangifera indica*, L.	Anacardiaceae
Papaya	Papaya	*Carica papaya*, L.	Caricaceae
Passionsfrucht, rot Passionsfrucht, gelb	Passion fruit purple Passion fruit yellow	*Passiflora edulis, edulis* *Passiflora edulis, flavicarpa*	Passifloraceae
Stachelannone	Soursop	*Annona muricata*, L.	Annonaceae
Tamarinde	Tamarind	*Tamarindus indica*, L.	Leguminoseae
Wassermelone	Watermelon	*Citrullus lanatus*, Mansf.	Cucurbitaceae

Neben den recht bekannten tropischen Früchten wie Banane und Ananas kommen heute in vielen europäischen und nordamerikanischen Ländern eine Reihe von tropischen Früchten beziehungsweise deren Produkte in den Blickpunkt. Es wächst das Interesse an exotischen Fruchtprodukten mit ihren neuartigen, ungewöhnlichen Aromen und Farben. Durch diese Tendenz hat die Fruchtsaftindustrie der Anbauländer einen großen Aufschwung erlebt. Man ist bemüht, die Produktion zu fördern und zu verbessern, um sowohl für den landeseigenen Bedarf als

Tab 45. Weltproduktion von einigen Früchten in 1000 t (FAO 1986/1996)

Früchte	1986	1996	Anbaugebiete
Orange	41438	59558	subtropische Zone
Traube	66990	57410	temperierte Zone
Banane	41299	55787	Lateinamerika, Indien, Philippinen
Apfel	40923	53672	temperierte Zone
Wassermelone	28239	39725	temperierte/subtropische Zone
Mango	14734	19215	Indien, Lateinamerika, Ägypten, Südafrika, Philippinen
Mandarine	7777	15954	temperierte Zone
Birne	9604	13093	temperierte Zone
Ananas	10410	11757	China, Lateinamerika, Elfenbeinküste, Philippinen, Indien
Citrone und Limone	5351	9104	temperierte/tropische Zone
Pfirsich und Nektarine	7664	6761	temperierte Zone
Papaya	2738	5867	Philippinen, Indien, Lateinamerika, China, Südafrika
Dattel	2541	4492	Wüstengebiete
Erdbeere	2100	2570	temperierte/subtropische Zone
Aprikose	1859	2387	temperierte/subtropische Zone
Avocado	1632	2093	tropische Zone

auch für den Exportmarkt konkurrenzfähig zu sein. Qualitativ hochwertige Konzentrate sind eine wichtige Alternative zu Fruchtsäften, da sie durch geringere Transportkosten wesentlich ökonomischer zu interessierten Märkten gebracht werden können, wo sie dann – je nach Geschmack der Konsumenten – in einer Vielzahl von Formen und Produkten Verwendung finden. Der Export von Fruchtsäften und Konzentraten aus tropischen und subtropischen Ländern (also Entwicklungsländern) hat mehrere Schwierigkeiten, vor allem aber bei Qualitätssicherung, Konkurrenzfähigkeit, „Marketing-Know-how" und dem Erhalt von Informationen (Korthech-Olesen 1997).

3.8.1.1 Spezifische Eigenschaften tropischer Früchte

Tropische Früchte haben im Vergleich zu den Früchten aus gemäßigten Temperaturzonen einige besondere Charakteristika. Die Früchte müssen möglichst nahe am optimalen Reifezeitpunkt geerntet und sofort verarbeitet werden (zum Beispiel Guave, Mango, Kaschuapfel). Grün gepflückte Früchte haben nach der Reifung kein so gutes Aroma wie baumreife Früchte. Tropische Früchte auf dem europäischen Markt schmecken daher nie so gut wie in den Anbauländern. Viele tropische Früchte sind nicht transportfähig, da sie leicht verderblich sind (zum Beispiel Guave, Stachelannone, Mango). Ausnahmen sind zum Beispiel Banane und Kiwi. Das Aroma und der Geschmack der meisten tropischen Früchte ist außergewöhnlich angenehm und kräftig, kann sich aber während der Verarbeitung und Lagerung schnell ändern und verloren gehen (Askar 1998a).

Der essbare Anteil ist oft pulpehaltig und enthält unterschiedliche Pektinmengen (zum Beispiel Guave, Mango, Papaya). Die pulpehaltigen Säfte und Pürees lassen sich nicht ohne weiteres konzentrieren, da sie durch ihren Pulpegehalt eine hohe Viskosität aufweisen. Während der Konzentrierung kommt es zu einem starken Viskositätsanstieg, wodurch die Fließfähigkeit des Saftes sehr vermindert wird und die Verdampferleisung erheblich absinkt. Darüber hinaus können sich die Feststoffe an der Verdampferwand ablagern und eventuell sogar anbrennen. Solche Produkte können außerdem Schwierigkeiten beim Pumpen und Abfüllen verursachen. Einige tropische Früchte (zum Beispiel Banane, Papaya) haben einen relativ hohen pH-Wert (über pH 4,5). Die Produkte sind daher schwer haltbar zu machen (Taha et al. 1990).

Die meisten tropischen Fruchtsäfte haben eine ausgezeichnete gelbe bis rote Farbe (mit Ausnahme von farblosen Säften aus Guave, Stachelannone und Ananas), die zu schnellem Braunwerden neigen. Diese oxidative Verfärbung ist auf die außergewöhnlich hohe Aktivitäten an Polyphenoloxidasen zurückzuführen. Zusätzlich können Pektinesterasen die Trubstabilität der Nektare negativ beeinflussen (ASKAR 1998b).

Tropische Früchte sind außerdem relativ reich an Mineralien (Kalium, Calcium, Phosphor, Eisen, Magnesium), an Vitamin C (zum Beispiel Acerola und Guave), an Provitamin A (zum Beispiel Mango, Papaya, Passionsfrucht), an Ballaststoffen (Pektin, Hemicellulose und Cellulose) und einer Reihe von phenolischen Verbindungen, die sicherlich von großer Bedeutung für eine gesunde Ernährung sind (ASKAR 1998a). Bemerkenswert ist auch die Feststellung, dass einige tropische Früchte wie Guave und Wassermelone Fructose als Hauptzucker enthalten. Bananen haben antiulzerogene Aktivität und Ananas und Banane haben die gleichen antimutagenen Effekte wie Kirsche und Beerenfrüchte. Pektine sind in tropischen Früchten reichlich vorhanden und wirken als Verdauungsregulator, Entgiftungsmittel und setzen den Cholesteringehalt des Blutes herab (ZIEGLER 1991, BLOCK et al. 1992, EDENHARDER 1996, YAMADA 1996).

Unter jeder Fruchtart gibt es große Variationen in der Zusammensetzung. Das hängt nicht nur von der Genetik, sondern auch von der Ökologie, der Umwelt und den Anbaubedingungen (Erde, Nährstoffe, Wasser, Sonnenlicht usw.) ab. Die gleiche Sorte einer tropischen Frucht kann unterschiedlichen Geschmack und Farbe haben. Bei tropischen Früchten ist der Einfluss von Licht entscheidend, denn sie wachsen mit Ausnahme von Bananen, die Schatten tolerieren können, besser in sonnigem Klima. Auf demselben Baum besitzen Früchte, die stärker dem Sonnenlicht ausgesetzt sind, mehr Ascorbinsäure und eine bessere Farbe als Früchte, die im Schatten hängen. Frost und sogar Temperaturen leicht über 0 °C können die meisten tropischen Fruchtbäume zum Absterben bringen. Bananen sind zum Beispiel sehr empfindlich und die Temperaturen dürfen nicht unter 12 °C fallen, sonst werden die Früchte braun und die Bäume können sogar absterben. Ein anderer sehr wichtiger Faktor ist die Luftfeuchtigkeit. Sehr niedrige Feuchtigkeit bedeutet eine Trocknung, während sehr hohe Feuchtigkeit das Pilzwachsatum fördert. Wenn die Feuchtigkeit am Tag hoch ist, wird nachts Tau gebildet und dies fördert Infektionen und Krankheiten. Deshalb sind Citrusfrüchte im Mittelmeerraum besser als in Brasilien, und Mango in Ägypten besser als in den feuchten Gegenden Indiens.

Der Reifezustand hat aber den größten Einfluss auf die Qualität (SEYMOUR et al. 1993). Während der Reifung nehmen die Früchte an Masse zu, bis sie ihre Endgröße erreicht haben; das Fruchtfleisch wird weicher, Stärke wird zu Zucker abgebaut und die löslichen Stoffe nehmen zu, dagegen nimmt der Säuregehalt ab. Die grüne Farbe wird schwächer oder verschwindet ganz, dafür werden die typische Farbe und das Aroma gebildet. Tropische Früchte reifen nicht gleichzeitig auf einem einzigen Baum oder einer Baumgruppe. Oft fallen nur überreife Früchte ab. Der Erntezeitpunkt wird im Allgemeinen nach einem oder mehreren der folgenden Kriterien bestimmt:

- Zahl der Tage seit dem Fruchtansatz,
- Texturmessungen (sog. Drucktest),
- Änderung der Schalenfarbe,
- Fruchtfleischfarbe,
- lösliche Trockensubstanz (in Brix-Graden),
- Brix/Säure-Verhältnis,
- alkoholunlösliche Trockensubstanz und
- Saftausbeute.

3.8.1.2 Ernte und Verarbeitungskriterien

Bei der Ernte und im Laufe der Nacherntephase verderben in den Anbauländern mehr als 30 % der Früchte. Das liegt vor allem daran, dass die Früchte meistens sehr leicht verderblich sind (keine feste Schale, mehr als 80 % Wassergehalt), oder infolge falscher Handhabung und Verpackung, unsachgemäßen Transports und ungenügender Lagermöglichkeiten Schaden nehmen. Bis heute hat das Ernten von

Hand viele Vorteile. Eine davon ist die Vermeidung von mechanischen Beschädigungen (SHEWFELT 1986), die bei Verwendung von Maschinen auftreten können. Dazu kommt, dass die Arbeiterlöhne in tropischen Ländern noch niedrig und die Plantagen meistens klein sind. Außerdem können auch Menschen mit geringer Ausbildung geeignete Früchte für die Ernte erkennen. In den meisten Fällen können maschinell beschädigte Früchte für die sofortige Verarbeitung eingesetzt, aber weder für den Frischmarkt noch für die Lagerung verwendet werden (SHEWFELT und PRUSSIA 1993, PRUSSIA und WOODROOF 1996).

Das Gleiche gilt für das Laden, Transportieren, Sortieren sowie für die Massenlagerung. Mechanische Beschädigung (Quetschung, Riss- und Schnittverletzungen) beschleunigen den Verderb durch Aktivierung der Enzyme aus den verletzten Zellen sowie durch Mikroorganismen (SHEWFELT 1986). Manche tropischen Früchte sind empfindlicher als andere. Die Guave, die praktisch keine Schale hat, ist viel empfindlicher als Banane, Orange und Kiwi. Für den Transport geeignet sind „Gitterboxen“ mit 20 bis 25 Kilogramm Fassungsvermögen aus glattem Holz oder Plastik, die die Früchte nicht verletzen und luftdurchlässig und waschbar sind.

Tropische Früchte werden normalerweise sofort verarbeitet, wenn genügend Früchte geliefert werden, so dass die Anlage wirtschaftlich arbeitet. Dies ist insbesondere wichtig, wenn ein Verdampfer im Dauerbetrieb eingesetzt wird. Die kleinste Kapazität liegt bei fünf Tonnen Früchte pro Stunde. Manche Früchte, wie Guave, sind bei Zimmertemperatur nur ein bis zwei Tage lagerfähig. Bei höheren Temperaturen können die Früchte innerhalb eines Tages überreif werden. Die optimale Lagerungstemperatur liegt bei etwa 5 °C; bei dieser Temperatur können die Früchte für zwei Wochen gelagert werden (bis genügend Früchte zur Verfügung stehen), ohne dass Fäulnis entsteht und eine Aromaveränderung stattfindet und ohne dass die Früchte weich werden (WILLS et al. 1983).

In modernen Firmen werden die tropischen Früchte beim Eintreffen sofort vorgekühlt, um eine Qualitätsverschlechterung zu vermeiden und den Reifungsprozess zu verlangsamen. Vorkühlen (precooling) entfernt die inhärente Wärme, reduziert die Fruchtatmung, das Wachstum von Verderbmikroorganismen, den Verlust an Feuchtigkeit und reduziert somit die notwendige Energie für die Kühllagerung. Die inhärente Wärme ist für tropische Früchte viel größer als die „Atmungswärme“. Schnelles Vorkühlen kann durch folgende Prozesse erzielt werden: Luftzugkühlung (Kühlluft wird über die Früchte geleitet), Wasserkühlung (die Früchte werden in fließendes, eisiges Wasser getaucht), Wasser-/Luftkühlung (feiner Nebelspray kombiniert mit Luftzugkühlung), Vakuumkühlung (Kühlen durch Luftdruckreduzierung, bis 6,1 mbar) und konventionelle Zimmerkühlung. Es ist von Vorteil, wenn die Früchte bei der Vorkühlung die Lagertemperatur in weniger als 24 Stunden erreichen, ohne dass die Temperatur der Kühlungsmedia unter 0 °C liegt. Ferner sollten die Früchte sofort gelagert werden, um die Vorteile der Vorkühlung auszunützen. Bei allen Kühlungsmethoden wird der Ausdruck „halbe Kühlungszeit“ (half-cooling time) verwendet. Das ist die Zeit, die notwendig ist, um den ursprünglichen Temperaturunterschied zwischen den Früchten und dem Kühlungsmedium um die Hälfte zu reduzieren. Die Kühlungsmethode und der Temperaturunterschied spielen dabei die Hauptrolle und die Kühlungskurve ist exponentiell. Wenn Früchte mit einem bestimmten Verfahren vorgekühlt werden und eine „halbe Kühlungszeit“ von 12 Stunden haben, bedeutet das, dass sie bei einer Kühlmitteltemperatur von 5 °C in 12 Stunden von 40 °C auf 22,5 °C abgekühlt werden. In den nächsten 12 Stunden wird bis 13,75 °C, und nach weiteren 12 Stunden bis 9,4 °C usw. gekühlt (AKAMINE et al. 1975).

Die empfehlenswerte und praktische Methode für Großanbauer und große Verarbeitungsindustrien für tropische Früchte ist die Luftzugkühlung „forced-air cooling"; die Wasserkühlung ist zwar effektiver, aber die Früchte können beim Erwärmen schnell verderben und das Wasser kann eine Quelle für die Kontamination mit antimikrobiellen Mitteln wie Chlor sein. Die Vakuumkühlung läuft bei tropischen Früchten sehr langsam ab. Die Luftzugkühlung verläuft vier- bis zehnmal schneller als die konventionelle Raumkühlung (RYALL und WERNER 1972, SCHEWFELT 1986).

Die Kühllagerung ermöglicht die Verarbeitung von Früchten lange nach ihrer Erntezeit oder die Sammlung von genug Früchten, um eine wirtschaftliche Verarbeitung zu sichern. In früheren Jahren wurden die Früchte auch in Kellern und Höhlen gelagert, die manchmal mit Ventilatoren gekühlt wurden. Auf diese Weise war die Lagerungstemperatur nie niedrig genug, um tropische Früchte vor Überreifung und Verderb zu schützen. Heutzutage ist ein Kühlhaus eine Notwendigkeit für jede Firma, die tropische Früchte verarbeitet. Die zwei wichtigsten Faktoren dabei sind Temperatur und relative Luftfeuchte. Temperaturen zwischen 10 und 15 °C sind meistens am geeignetsten für tropische Früchte. Früchte, die aus tropischen Gegenden stammen, können niedrigere Temperaturen nicht vertragen und sind unterhalb eines bestimmten Schwellenwertes sehr empfindlich. So genannte Kälteschädigungen „chilling injury" treten bei Temperaturen auf, die viel höher liegen als der Gefrierpunkt von Fruchtfleisch, zum Beispiel bei Bananen, Ananas und Mango bei Temperaturen unter 10 bis 13 °C. Bei Guave, Papaya und Limone beginnt die Kälteschädigung erst bei 5 bis 7 °C. Die Symptome sind Schalen- und Fleischbräunung, Flecken auf der Schale, Durchnässen von Fruchtfleisch und Geschmacksveränderungen. Die besten Lagerungstemperaturen für solche Früchte liegen nur ein paar Grad über diesen kritischen Schwellenwerten. Stufenweises Vorkühlen vor der Lagerung ist sehr hilfreich, um die Kälteschädigung zu mildern (SHEWFELT 1986, WANG 1990).

Auch die relative Luftfeuchte spielt während der Lagerung von tropischen Früchten eine große Rolle. Am besten ist eine relative Feuchte vom 85 bis 90 %. Niedrige Feuchtigkeit verhindert zwar die Gefahr von mikrobiellem Verderb, erhöht aber den Verlust von Fruchtwassergehalt. Dies ist nur vorteilhaft, wenn die Früchte nach der Lagerung getrocknet oder in Dosen konserviert werden (SHEWFELT 1986, KADER 1992, KADER und BARRETT 1996).

Die Lagerung von tropischen Früchten in kontrollierter Atmosphäre hat sicherlich viele Vorteile, was die Qualität und die Haltbarkeit betrifft. Diese Methode ist aber für die fruchtsaftverarbeitende Industrie sehr kostspielig. Dabei wird die Sauerstoffkonzentration erniedrigt und dafür die Kohlendioxidkonzentration erhöht. Die empfehlenswerten Verhältnisse für Bananen und Kiwi sind zum Beispiel 25 % O_2 und 2 bis 5 % CO_2. Für Avocado, Mango, Papaya und Ananas sind es 5 % O_2 und 10 % CO_2 (DEWEY 1983, KADER et al. 1989). Das Gleiche gilt für die Behandlung von tropischen Früchten mit Gammastrahlen, die für den Export von Früchten eine Rolle spielen kann, aber noch nicht für die Saftherstellung angewendet wird. Tropische Früchte, wie Mango, Papaya und Bananen können zur Verlängerung der Lagerfähigkeit mit Dosen zwischen 0,2 und 0,75 kGy behandelt werden, ohne dass dies einen schädlichen Einfluss auf die Qualität hat (KADER 1986, THOMAS 1986, MOY 1989, SINGH 1990).

Bei der Verarbeitung von tropischen Früchten wird in einigen Fällen genau das Gegenteil verlangt, und zwar die beschleunigte Reifung von grün-reifen Früchten. In den letzten Jahren hat sich die „Heißwasserbehandlung" dabei gut bewährt. Mangofrüchte werden zum Beispiel in Heißwasser (55 °C für 5 min) getaucht. Dabei wird der Verderb durch Pilze (Anthracnose) reduziert, ein Teil der natürlichen Wachsschicht auf der Schale entfernt und die Reifungsenzyme im Fruchtfleisch aktiviert. Diese Methode wird auch bei Papaya und Guave erfolgreich angewendet (LAKSHMINARAYANA et al. 1974, AKAMINE 1975, MILLER et al. 1991).

3.8.1.3 Haltbarmachung und Trubstabilisierung

Bei der Verarbeitung von tropischen Früchten ist man bemüht, das angenehme und kräftige Aroma, Geschmack und Farbe sowie den Nährwert zu erhalten. Farbveränderungen von tropischen Fruchtpürees, -konzentraten und -nektaren gelten als einer der größten Qualitätsfehler. Ein Teil der natürlichen Farbstoffe, die vor allem aus Carotinoiden, Anthocyanidinen und Chlorophyll bestehen, kann sich während der Herstellung und Lagerung von solchen Produkten verändern oder verloren gehen. Dafür sind unter anderem Sauerstoff- und Hitzebelastung verantwortlich. Das Gleiche gilt auch für Aroma- und Geschmacksveränderungen. Gegenmaßnahmen sind unter anderem Entfernung von Sauerstoff (Entlüftung), Konservierung bei minimaler Hitzebehandlung, aseptische Abfüllung (keine Heißabfüllung) und Lagerung bei tiefen Temperaturen (Graumlich et al. 1986). Grundsätzlich unterscheidet man zwischen enzymatischen und nichtenzymatischen Bräunungsreaktionen.

Für die *enzymatische Bräunung* sind Polyphenoloxidasen, die in allen tropischen Früchten, insbesondere in der Schale, in reichlichen Mengen vorhanden sind, verantwortlich. Substrate für die Polyphenoloxidasen sind phenolische Verbindungen, die ebenfalls reichlich vorhanden sind. Gegenmaßnahmen sind Inaktivierung der Enzyme durch Erhitzen, möglichst sofort nach der Entsaftung (sog. Thermo-Break bei der Verarbeitung von Guave, Mango und Papaya), Zusatz von Reduktionsmitteln wie Ascorbinsäure (SO_2 ist heute nicht mehr erwünscht), Herabsetzung des pH-Werts unter drei durch Zusatz von Citronensäure (wie bei der Verarbeitung von Papaya) und Entzug des Sauerstoffs (Entlüftung).

Die Hitzebehandlung der Pulpe sofort nach der Entfernung der Schalen und der Kerne bei etwa 90 °C während einer Minute hat folgende Vorteile:

- Inaktivierung von Polyphenoloxidasen, die eine Bräunung des Produktes verursachen können,
- Inaktivierung von Pektinesterasen, die die Trubstabilität negativ beeinflussen können,
- Erweichung der Zellgewebe und damit Erhöhung der Püreeausbeute bei den nachfolgenden Passiermaschinen,
- Verminderung des Sauerstoffgehalts in der Pulpe und
- Abtöten der meisten Mikroorganismen, vor allem Hefen und Schimmelpilze, die nicht nur das Produkt verderben, sondern auch die Trubstabilität gefährden können (Askar u. Treptow 1992).

Die *nichtenzymatische Bräunung*, die so genannte *Maillard-Reaktion*, ist eine Reaktion von Aminoverbindungen mit Monosacchariden, wobei eine Vielzahl von Verbindungen entstehen, die zur Braunverfärbung und auch zu Geschmacksveränderungen führen. Die Reaktionen werden von Ascorbinsäureverlusten begleitet. Die Bräunung in Fruchtsäften wird auch zum Teil durch die Zersetzung von Ascorbinsäure verursacht.

Die Lagerungstemperatur hat einen großen Einfluss auf die Bräunungsreaktion und bestimmt daher die Haltbarkeit von tropischen Fruchtpürees, -konzentraten und -nektaren. Maßnahmen zur Verhinderung der Maillard-Reaktion und des Vitamin-C-Verlustes sind:

- Einhaltung möglichst niedriger Temperaturen während der Herstellung und der Lagerung,
- Herabsetzung des pH-Werts (bei Mango und Papaya) und
- Sauerstoffentfernung.

Ein spezielles Problem bei der Herstellung von tropischen Fruchtpürees ist ihre *Entgasung*. Die Frucht selbst enthält bereits eine gewisse Menge Luft, die in den interzellulären Räumen eingeschlossen ist. Während der Verarbeitung gelangt auch Luft in das Produkt, insbesondere beim Passieren und Homogenisieren. In der Praxis werden kontinuierlich arbeitende Vakuumentlüftungsanlagen verwendet (Maurer 1990), wobei die Luft unter Schaffung einer großen Oberfläche durch Versprühen, Filmbildung oder Zentrifugation des Saftes in einem unter Vakuum stehenden Behälter entfernt wird.

Die Versuche haben gezeigt, dass der Gehalt an in Püree löslichem Sauerstoff bei der Entlüftung nicht wesentlich weniger wird, nur ungelöste Luftblasen werden wesentlich vermindert. Um bessere Ergebnisse zu erhalten, muss das Püree vorher erwärmt, und es muss bei hohem Vakuum gearbeitet werden. Dadurch kann man den Sauerstoffgehalt bis auf 1 ppm herabsetzen. Temperaturen um 50 bis 55 °C sind ausreichend. Die Temperatur soll etwa 10 °C unter der dem Vakuum entsprechenden Siedetemperatur liegen, um einen Aromaverlust zu vermeiden. Das erforderliche Vakuum beträgt etwa 250 bis 400 mbar absolut, dabei siedet das Wasser bei etwas mehr als 65 °C. Bei der Entlüftung verdampft etwa 1 % des Saftes. Die ersten 20 % des verdampften Produkts enthalten wichtige Aromastoffe, sie sollen daher kondensiert und dem Produkt wieder zugeführt werden. Solch eine Aromarückgewinnungsanlage ist sehr teuer. Die Verweilzeit des Produktes in der Entlüftungsanlage soll daher weniger als eine Minute betragen, um auf die Aromarückgewinnungsanlage verzichten zu können. Die Leistung der Anlage soll durch Messung des im Saft gelösten Sauerstoffes ständig geprüft werden. Dafür gibt es heute einfache Geräte. Auch die Eintrittstemperatur des Produktes und die Vakuumleistung der Anlage sollen ständig überwacht werden (Askar und Treptow 1993, Zeh 1984).

Tropische Fruchtnektare sind in der Regel trübe Getränke mit einem hohen Pulpeanteil. Die *Trubstabilität* solcher Getränke ist ein bedeutender Qualitätsfaktor auf dem europäischen, japanischen und amerikanischen Markt, nicht aber in den Anbauländern. Die Ursachen sind je nach Frucht sehr verschieden. Ananassäfte und -konzentrate enthalten in den meisten Fällen keine ausreichenden Feintrubmengen und besitzen keine optimalen Viskositäten. Dieser elementare Mangel scheint bei Ananassäften von Natur aus gegeben zu sein und kann nicht der Anwendung falscher Verfahrenstechnik bei der Verarbeitung angelastet werden (Will 1995). Bei Mango und Guave sind es die grobdispersen Trubstoffe, die relativ schnell sedimentieren. Die Trübungsstabilität ist bestimmt durch Partikelgröße, und -zusammensetzung und Viskosität des Serums. Voraussetzung für eine stabile Trübung ist eine geeignete Rohware. Mit zunehmendem Reifegrad der Rohware werden die Trübungseigenschaften besser. Eine Verarbeitung von unreifer, stärkehaltiger Rohware ist zu vermeiden. Vermeidung von Oxidation durch Luftsauerstoff durch Entlüftung und/oder Zusatz von Ascorbinsäure hat eine positive Wirkung auf die Trübungsstabilität (Pecoroni et al. 1996). Ausreichende Trübungsstabilität kann auch durch Zerkleinerung der großen Partikel mittels Hochdruckhomogenisation und Kolloidmühlen erreicht werden (Zeh 1984). Dabei wächst die scheinbare Viskosität und die Trubpartikelgröße (bis 0,5–3 µm) wird reduziert. Eine übermäßige Zerkleinerung ist nicht erwünscht.

Der einfachste Weg für die Herabsetzung der Viskosität ist die Enzymbehandlung. Dafür gibt es heute eine Reihe von kommerziellen Enzympräparaten, die eine Vielzahl von Pektinasen, Hemicellulasen, Cellulasen und andere spezielle Enzyme in den verschiedensten Kombinationen enthalten. Sie können entweder nur das Fließverhalten des Pürees verbessern oder eine totale Verflüssigung verursachen, beziehungsweise klare Säfte herstellen. Heute gibt es für jede Fruchtart und für jedes Produkt ein Enzympräparat auf dem Markt, das eine optimierte Maischeenzymierung zulässt. Die so hergestellten tropischen Fruchtsaftkonzentrate (30–50 °Brix) zeigen eine gute Geschmacksqualität, keine Bräunungsreaktion und nur leichte oder keine Aromaveränderungen (Askar et al. 1991).

Tropische Fruchtnektare werden aus Püree (20–50 %), Wasser, Zucker und Citronensäure (oder Zitronensaft) hergestellt und weisen einen Brixgehalt um 15 und einen pH-Wert um 3,5 auf. Das Wasser soll keine Schwermetalle und kein Nitrat enthalten. Schwermetalle, insbesondere Eisen (über 0,1 ppm), haben einen Einfluss auf die Bräunung des Nektars und ein hoher Nitratgehalt (über 5 ppm) beschleunigt die Dosenkorrosion. Das beste Verpackungsmaterial für tropische Fruchtnektare ist gefärbtes Glas, welches heute aseptisch abgefüllt werden kann. Ältere Abfüllverfahren wie Abfüllung und Pasteurisation in Dosen und Flaschen sowie die Heißabfüllung haben den Nachteil, dass die Hitzebelastung („heat load") sehr hoch ist und negativ auf die Farb- und Aromaqualität, insbesondere während der Lagerung, einwirkt. Aseptische Kartonabfüllung und die Abfüllung in Kunststoffflaschen (zum Beispiel PET-Flaschen) sind die Alternative für Glas. Wasserstoffperoxid (35%ig), das für die Sterilisierung von aseptischen Abfüllanlagen und Behältern verwendet wird, muss restlos entfernt werden (mit Heißluft), da sonst die tropischen Fruchtnektare in wenigen Wochen eine Bräunung erleiden.

Bei der Lagerung spielt die Verpackungsart weniger eine Rolle, der Lagerungstemperatur sollte dagegen mehr Beachtung geschenkt werden. Temperaturen über 15 °C verkürzen die Haltbarkeit, wobei Farbveränderungen beziehungsweise Bräunung, Aromaveränderungen und Vitamin-C-Verluste beschleunigt werden. Die sensorische Qualität (Farbe, Aroma, Geschmack) von tropischen Fruchtnektaren scheint primär von der Gesamtwärmebelastung des Produktes bei der Verarbeitung und Lagerung von Püree, bei der Herstellung und Lagerung von Konzentraten und bei der Herstellung, der Abfüllung und Lagerung von Nektaren abzuhängen.

Sauerstoff spielt ebenfalls eine wichtige Rolle bei allen vorher genannten Verfahrensschritten. Es empfiehlt sich, Ascorbinsäure in Mengen von 100 bis 400 ppm als Antioxidans zuzugeben, und zwar am besten bei der Püreeherstellung – also von Anfang an – und nicht erst bei der Nektarherstellung. Die Überwachung des Sauerstoffgehaltes während der Produktion von Püree, Konzentrat und Nektar ist eine wichtige Aufgabe der Qualitätssicherung. Die Qualitätsveränderungen während der Lagerung sind das Ergebnis der Vorgeschichte, also besonders der Verarbeitung und der Qualitätssicherung, die bei der Frucht selbst anfängt.

3.8.2 Verarbeitung von einzelnen tropischen Früchten

3.8.2.1 Ananas

Die Früchte sind je nach Sorte verschieden groß und können drei bis vier Kilogramm schwer sein. Eine harte, schuppenartige und pinienzapfenähnliche Schale umfasst das gelbliche, saftige und sehr bekömmliche Fruchtfleisch. Ananassaft besitzt einen angenehmen süßsauren Geschmack und ein charakteristisches feines Aroma. Der Saft wird als Nebenprodukt der Verarbeitung von Ananasscheiben beziehungsweise -würfeln in Dosen gewonnen. Es werden daher bevorzugt für die Konservenfabrikation geeignete Ananassorten kultiviert. Die bekanntesten Sorten sind 'Smooth Cayenne', 'Perolera', 'Red Spanish', 'Pernambuco' und 'Queen'.

Die Früchte der Sorte 'Queen' sind kegelförmig, klein und 0,5 bis 1,1 Kilogramm schwer. Das Fruchtfleisch hat eine gelbe Farbe, einen süßen Geschmack und wenig Fasern. Die Früchte werden in Südafrika und Australien angebaut und eignen sich besonders für den Frischverzehr. Früchte der Sorte 'Smooth Cayenne' eignen sich sowohl für die industrielle Verarbeitung als auch für den Export und werden daher erfolgreich in Hawaii, Taiwan und auf den Philippinen angebaut. Die Früchte haben eine zylindrische Form, wenig Stacheln auf der Schale, wenige und flache Augen und sind etwa 2,3 Kilogramm schwer. Das Fruchtfleisch ist hellgelb, saftig, enthält wenig Fasern und schmeckt süß und leicht säuerlich.

Die Saftqualität ist nicht nur von den Ananassorten abhängig, sondern auch von den Anbaubedingungen wie Klima (zum Beispiel Lichtintensität, Tages- und Nachttemperatur, Regen oder Bewässerung und Jahreszeit der Ernte), Ernährung, Reifegrad und Befallsfreiheit von Insekten und Krankheiten. Die Früchte enthalten im Sommer (hohe Temperaturen und mehr Licht) mehr Zucker (etwa 14 °Brix) und Aromastoffe beziehungsweise weniger Säure (etwa 0,5–0,75 %). Im Gegensatz dazu enthalten im Winter geerntete Ananas mehr Säure (etwa 1 %)

und weniger Zucker (etwa 9 °Brix). Warme Tage und kalte Nächte, wie in Hawaii, sind ideal für eine optimale Saftqualität. In Hawaii erreicht die Saftqualität der Cayenne-Ananas ihre Spitze in den Frühsommermonaten Juni und Juli. Früchte mit einem Brix/Säure-Verhältnis von etwa 20 ergeben einen qualitativ hochwertigen Saft. Ananassäfte, die einen Säuregehalt von weniger als 0,4 % oder mehr als 1 % haben, werden als Säfte von minderer Qualität bezeichnet. Das beste Brix/Säure-Verhältnis liegt bei 18 bis 22. Ein hoher Anteil der gelben Carotinoidpigmente im Saft ist meistens ein Hinweis auf einen hohen Gehalt an Aromastoffen und an Zucker. Ananasfrüchte enthalten mehr Saccharose als Monosaccharide (etwa 2 : 1). Für den Nachweis von Verfälschungen werden mehrere Verhältnisse zwischen Inhaltsstoffen vorgeschlagen. Echte Ananasprodukte zeigen eine Beziehung zwischen Citronensäure und L-Äpfelsäure von 2 zu 1 und zwischen Fructose und Glucose von 1 zu 1 (Wallrauch 1992, Krueger et al. 1992, Camara et al. 1995, Ooghe und Dresslaerts 1995).

Ananassaft

Die wichtigsten Verfahrensschritte für die Verarbeitung von Ananas sind als Diagramm in Abbildung 104 aufgeführt. Ananas wird hauptsächlich in Form von Scheiben, Würfeln und Stückchen verarbeitet, Ananassaft und -konzentrat sind dabei Nebenprodukte. Während der Verarbeitung wird der Saft aus verschiedenen Quellen gewonnen: aus der faserreichen Mittelachse der Frucht, aus dem an der Schale hängenden Fruchtfleisch, aus ungeeigneten Scheiben und Würfeln, aus dem während der Verarbeitung ablaufenden Saft, und aus kleinen Früchten, die nicht für die Herstellung von Ananasscheiben geeignet sind.

Die Ananasverarbeitung beginnt auf dem Feld, wo die Früchte von ihren Blattkronen befreit werden. Die Früchte werden zur Fabrik transportiert und in Silos abgeladen. Sie werden dann inspiziert und faule oder zerschlagene Exemplare und Fremdstoffe entfernt. Kleine Früchte (weniger als 9,5 cm Durchmesser) werden aussortiert und in so genannten Pine-O-Mat-Maschinen zu Saft verarbeitet, während normalgroße Früchte zu den so genannten Ginaca-Maschinen (Firma Dole) gelangen.

In den Pine-O-Mat-Maschinen werden die kleinen Früchte geschnitten und kommen zwischen eine Entsaftungstrommel und eine perforierte Wand. Die Früchte werden gegen die Wand gepresst, so dass der Saft herausfließt ohne Teile der Fruchtschale mitzuführen. Der Saft wird dann durch ein feines Sieb passiert. Die Saftausbeute beträgt mehr als 50 %. Der Saft aus kleinen Früchten enthält meistens mehr Zucker als der aus großen Früchten. Die Ginaca-Maschine verarbeitet Ananasfrüchte zu Scheiben und Würfeln. Sie wurde 1912 von dem Ingenieur Henry Ginaca konzipiert. Moderne Maschinen können heute 100 Früchte pro Minute verarbeiten. Die Ginaca-Maschine schneidet der Länge nach Zylinder durch die Frucht und entfernt auch die Mittelachse. Sie schneidet von den Früchten auch waagerecht von oben etwa 1,9 cm und von unten etwa 1,3 cm ab. Die Ananaszylinder werden dann in Spezialmaschinen in Scheiben geschnitten. Die unregelmäßigen Scheiben werden weiter zu Stücken (Würfeln) verarbeitet. Die dabei anfallenden Reste werden für die Herstellung von Ananassaft verwendet. Die Ananasscheiben beziehungsweise -würfel werden in unlackierten Dosen, zusammen mit Ananassaft oder Zuckerlösung, abgefüllt, verschlossen und bei 104 °C bis zu einer Kerntemperatur von etwa 90 °C erhitzt. Diese Pasteurisation dauert etwa sieben bis zehn Minuten. Die Dosen werden dann schnell abgekühlt.

Die Schalen mit dem noch daran hängenden Fruchtfleisch (etwa 2,5 cm dick) durchlaufen eine Spezialmaschine, den so genannten Eradikator, wobei das Fruchtfleisch von der Schale abgetrennt und für die Herstellung von Ananassaft verwendet wird. Dieser Saft enthält mehr Zucker als die Ananasscheiben. Aus der Mittelachse der Früchte lässt sich ein qualitativ hochwertiger Saft herstellen, der zwar einen

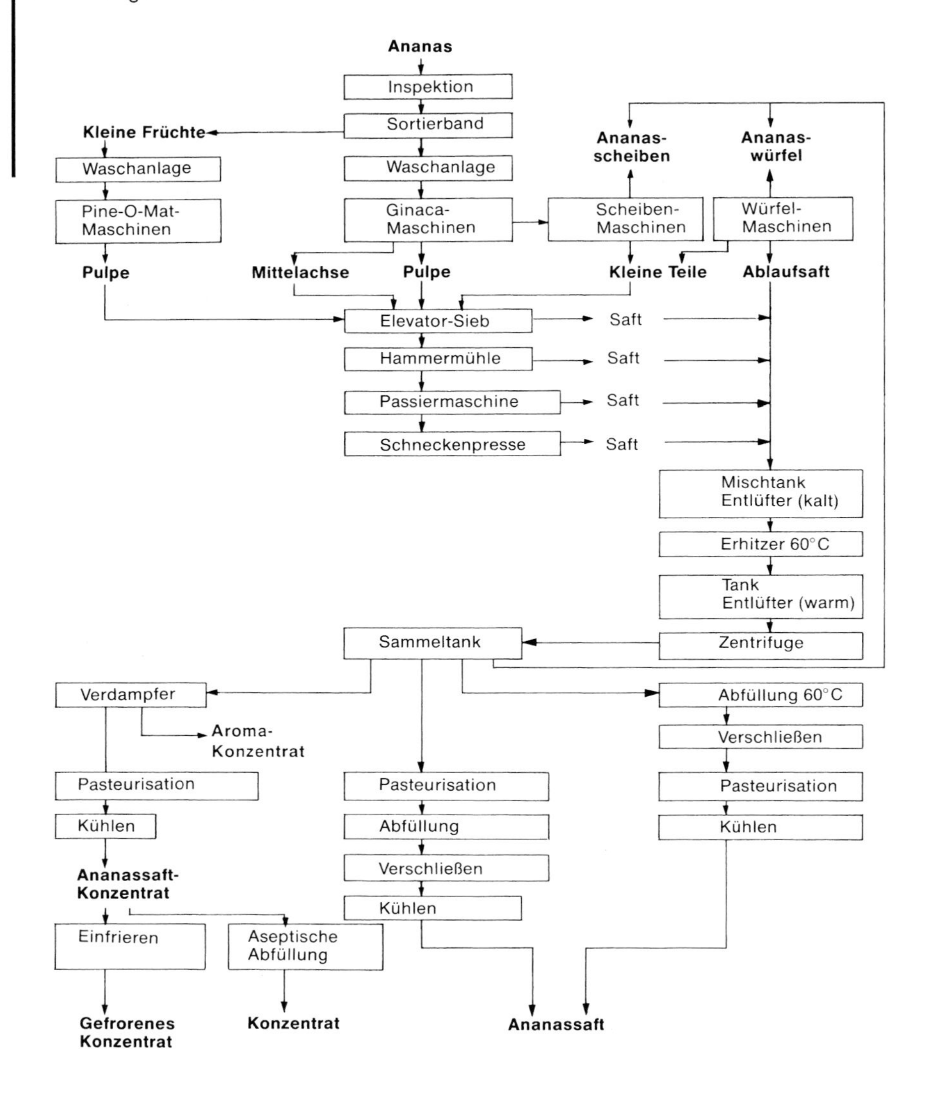

Abb. 104. Verarbeitung von Ananas.

etwas niedrigeren Gehalt an Zucker, Säuren und Aromastoffen aufweist, aber dennoch mehr „Körper" hat als der aus anderen Fruchtteilen gewonnene Saft. Alle gesammelten essbaren Teile der Ananasfrüchte durchlaufen eine Hammermühle (Rätzmühle), dann eine Schneckenpresse oder einen Dekanter, und der freie Saft tritt aus. In der ananasverarbeitenden Industrie werden neben Schneckenpressen und Dekantern heute auch Horizontalpressen (Bucher-HPX 5005 i) eingesetzt. Horizontalpressen haben eine maximale Saftausbeute (INDERKUM 1994). Ananassäfte aus Fruchtfleischrückständen haben eine bessere Qualität als Saft aus Schalenrückständen oder Saft aus Ganzfruchtverarbeitung. Um die Saftausbeute zu erhöhen, die Viskosität herabzusetzen und eine eventuelle Ultrafiltration zu erleichtern, werden heute kommerzielle Enzyme verwendet. Die Enzyme bestehen aus Pektinasen, Hemicellulasen und Cellulasen und werden meistens bei der Verarbeitung von „Schalensaft" verwendet. Für die Herstellung von klarem Ananassaft mittels Ultrafiltration wird eine spezielle Enzymkombination verwendet, die hauptsächlich aus Galactomannasen, Xylanasen und wenig Pektinasen besteht.

Alle Säfte werden in einem Tank vermischt. Der Tank dient auch als Entlüftungstank. Die Entlüftung ist ein sehr wichtiger Schritt bei der Ananassaftherstellung, um Farb- und Aromaveränderungen zu vermeiden. Einige Firmen überströmen die gesamte Produktionslinie und den Entlüftungstank mit einem Stickstoffstrom, um eine Oxidation der Aromastoffe und anderer Inhaltsstoffe zu vermeiden. Der Saft wird dann bis auf 60 bis 63 °C erwärmt und gleichzeitig entlüftet. Der warme Saft durchläuft eine kontinuierliche Zentrifuge, um überschüssige Faserstoffe zu entfernen. Dieser Schritt ist von großer Bedeutung für die Qualität des Endproduktes. Große Faserteilchen sind unerwünscht, während schwebende feine Faserpartikelchen dem Saft „Körper" geben und damit einen wesentlichen Einfluss auf den Geschmackseindruck haben. Die Messung der Faserstoffgröße und des Gehaltes an Faserstoffteilchen ist daher von Bedeutung bei der Qualitätskontrolle.

Der Saft wird in einem Plattenwärmeaustauscher bis auf 95 °C erhitzt und dann sofort in Dosen abgefüllt. Die Dosen werden verschlossen, für ein bis drei Minuten bei etwa 90 °C gehalten und dann schnell abgekühlt (NELSON und TRESSLER 1980). Tropische Fruchtsäfte, darunter auch Ananassaft, werden heute unter aseptischen Bedingungen, nach vorheriger Pasteurisation und Kühlung des Saftes, in mit Polyethylen beschichtete und mit Alufolie verstärkte Kartons abgefüllt. Diese neuen Verpackungsarten haben viele Vorteile gegenüber der traditionellen Abfüllung in Dosen, zum Beispiel die geringere Hitzebehandlung des Saftes und die damit verbundenen geringeren Farb- und Aromaveränderungen, leichtere Stapelbarkeit, niedrigeres Gewicht, leichtere Öffnung usw.

Ananassaftkonzentrate

Die Herstellung von Ananassaftkonzentraten ist technisch relativ einfach, weil der Saft wenig Feststoffe enthält. Bei der Konzentrierung soll aber auf das feine Ananasaroma geachtet werden. Verdampfer mit Aromarückgewinnungsanlage werden daher bevorzugt. Auch Verdampfer mit kürzerer Verweilzeit sind in Verwendung. Das Aromakonzentrat wird getrennt gelagert und erst vor der Verdünnung dem Saftkonzentrat zugefügt. Die gelöste Trockensubstanz der Ananassaftkonzentrate liegt meistens zwischen 60 und 72 °Brix. Die Konzentrate werden auf verschiedene Weise haltbar gemacht:

- Lagerung bei Temperaturen um –20 °C,
- Anwendung von Konservierungsstoffen und Lagerung bei Raumtemperatur oder
- aseptische Abfüllung (zum Beispiel bag-in-box) und Lagerung bei Raumtemperatur.

Die Konzentrate werden entweder in unlackierte Weißblechdosen oder in große Fässer (100–200 l) aus lackiertem Blech oder Fiberglas abgepackt, wobei die Konzentrate in doppelte Polyethylenbeutel gefüllt werden. Während der Lagerung bei –20 °C tritt keine wesentliche Qualitätsveränderung ein. „Bag-in-box"-Anlagen für die kalt-aseptische Abfüllung von tropischen Fruchtsaftkonzentraten, darunter auch von Ananassaftkonzentrat, werden heute recht oft verwendet. Bei diesem System werden die Konzentrate pasteurisiert, gekühlt und dann aseptisch abgefüllt. Dabei muss die Sterilität in der Abfüllkammer und im Abfüllbeutel gewährleistet sein. Die Abfüllanlagen werden wie üblich gewaschen und dann mit einer 0,2%igen Wasserstoffperoxidlösung desinfiziert. Das Desinfektionsmittel bleibt nach der Reinigung in der Anlage stehen und wird vor dem Dämpfen mit Wasser herausgedrückt. Die Dämpfzeit beträgt etwa 30 Minuten. Für die Sterilhaltung der Abfüllkammer ist ein Sterilluftfilter eingebaut, über den Stickstoff in die Kammer eingeblasen wird.

Trübungsstabilität

Trübungsstabilität als messbare physikalische Saftqualität wurde vor wenigen Jahren bei der Charakterisierung „naturtrüber" Apfelsäfte in die Fruchtsaftanalytik eingebracht. Der visuelle Eindruck von Ananassäften ist oft durch mangelnde Trübungsstabilität gestört. Ananassäfte beziehungsweise -konzentrate besitzen in den meisten Fällen keine optimalen Viskositäten und enthalten keine ausreichenden Feintrübungen. Die Zusammensetzung der Ananaskolloide weicht von derjenigen anderer Säfte signifikant ab. Sie tragen nicht ausreichend zur Trübungsstablität bei. Dieser elementare Mangel scheint bei Ananassäften von Natur aus gegeben. Um eine Trubstabilität zu erreichen, kann man den vorhandenen Grobtrub über mechanische Verfahren zerkleinern (Kolloidmühlen und Hochdruckhomogenisatoren) oder durch den Zusatz von Verdickungsmitteln wie Pektin (etwa 3 g/l) behandeln (WILL 1995). Für mehr Informationen über Trubstabilität siehe Kapitel 3.8.2.4 Mango.

3.8.2.2 Banane

Die Banane ist die am häufigsten angebaute tropische Frucht. Bei der Weltproduktion von Früchten steht sie an dritter Stelle nach Citrusfrüchten und Weintrauben (Tab. 45). Die Bananen für den Export werden geerntet, gewaschen, mit Desinfektionsmitteln (Natriumbisulfit oder Natriumhypochlorit) behandelt und bei nicht mehr als 15 °C und einer relativen Luftfeuchte von 90–95 % in Schiffen transportiert. Am Bestimmungsort werden sie bei 15–18 °C unter Begasung mit 0,1 % Ethylen in einer feuchten Atmosphäre zur vollen Reife gebracht (REHM u. ESPIG 1976, WILSON 1976, CHAN 1983). Obwohl die Anbauländer unter einer Bananenüberproduktion leiden und große Mengen Bananen weder exportiert noch im Lande vermarktet werden können, spielt die Bananenverarbeitung zu Püree oder zu Getränken noch eine untergeordnete Rolle. Dagegen wird in Europa und Nordamerika ein Teil der importierten Bananen verarbeitet. Die Bananenverarbeitung ist recht schwierig:

- Nach dem Schälen werden die Bananen schnell braun, wobei unter anderem die Polyphenoloxidasen eine Rolle spielen. Daher werden die Bananen nach dem Schälen sofort mit Dampf oder mit einer Lösung von Ascorbinsäure/Citronensäure oder Natriumbisulfit behandelt (CASIMIR und JAYARAMAN 1971, TONAKI et al. 1973).
- Die Bananen haben einen relativ hohen pH-Wert (um pH 5) und sind daher schwer durch Pasteurisation haltbar zu machen. Ein Zusatz von Citronensäure, um den pH-Wert auf 4,1 einzustellen, wurde daher empfohlen (LAWLER 1967).
- Das Bananenaroma ist hitzeempfindlich. Es wird daher eine Hocherhitzung, kombiniert mit einer aseptischen Abfüllung, vorgenommen (TONAKI et al. 1973). Um eine optimale Qualität zu erhalten, muss die gesamte Verarbeitung so schnell wie möglich erfolgen.

Bananenpüree

Bananenpüree wird heute in einigen Ländern hergestellt. Es ist ein Grundstoff für die Herstellung von Speiseeis, süßen Suppen, Pudding, Milchmischgetränken, Fruchtcocktails, Backwaren und süßsauren Produkten und vor allem von Babynahrung. Außerdem ist es die Vorstufe bei der Herstellung von Bananentrockenprodukten. Die nationalen und internationalen Standards für Bananenpüree sind meistens sehr streng, insbesondere in mikrobiologischer Hinsicht (WILSON 1976).

Die Bananen müssen vor der Verarbeitung zur vollen Reife gebracht werden. Die Schale ist dann gleichmäßig gelb und sehr leicht vom Fruchtfleisch zu trennen. Das Fruchtfleisch hat einen löslichen Trockensubstanzgehalt von 22 °Brix, 2 % Stärke und einen pH-Wert von 4,8 bis 5,0. Nach dem Waschen mit chloriertem Wasser (5–10 ppm Chlor) werden die Bananen von Hand geschält. Eine geübte Person kann etwa 100 Kilogramm Bananen pro Stunde schälen. Bis jetzt gibt es keine automatische Schälmaschine, die diese Aufgabe übernehmen kann. Es gibt hauptsächlich drei Arten von Bananenpüree:

- aseptisch abgefülltes Püree,
- angesäuertes und normal abgefülltes Püree und
- gefrorenes Püree.

Nach dem Schälen fallen die Bananen direkt in eine Lösung von 4%iger Citronensäure und 1%iger Ascorbinsäure. Die Früchte passieren dann einen Wärmeaustauscher vom Typ „Thermo-Break" mit Doppelmantel, wobei die Früchte bis 93 °C erhitzt werden, um die Enzyme zu inaktivieren und das Fruchtfleisch aufzuschließen (Abb. 105).

Das Fruchtfleisch gelangt dann zu einer zweistufigen Passiermaschine, die mit 0,8-mm- beziehungsweise 0,5-mm-Sieben ausgerüstet ist. Die Entlüftung findet bei einem Druck von 986 mbar in einem Zentrifugalentlüfter statt. Dieser Schritt ist von größter Bedeutung, um eine Oxidation der Aromastoffe und eine Verfärbung zu vermeiden. Das Produkt wird dann bei einem Druck von 100 bis 300 bar homogenisiert und sofort bei 100 °C für 40 bis 45 Sekunden in einem Schabwärmeaustauscher sterilisiert. Bananenpüree wird bei 93 °C in mit Dampf sterilisierte, lackierte Dosen abgefüllt. Die Dosen werden verschlossen, fünf Minuten warmgehalten und dann schnell abgekühlt. Die Lagerung erfolgt bei Raumtemperatur. Das pasteurisierte Bananenpüree kann auch gekühlt werden (bis 10 °C) und dann in Polyethylenbeutel, in Behälter aus Metall oder aus Fiberglas abgefüllt werden. Die Behälter werden in einem Gefriertunnel bei –37 °C eingefroren. Die Lagerung erfolgt bei –10 °C (Crowther 1979).

Für die Herstellung von angesäuertem Bananenpüree wurden verschiedene Verfahren entwickelt (Tonaki et al. 1973). Die geschälten Bananen werden mit Dampf bis zu einer Kerntemperatur von 88 °C (etwa 6–8 min) behandelt. Das gedämpfte, genügend weich gewordene, enzymatisch inaktivierte und aufgeschlossene Produkt durchläuft eine Hammermühle mit Passierwirkung und weitporigem Sieb. Das Püree gelangt dann durch eine Passiermaschine mit einem Sieb von 0,5 mm. Etwa 0,4 % Citronensäure, 10 % Wasser und 8 % Zucker werden zugesetzt, um den pH-Wert auf 4,1 bis 4,3 einzustellen. Der Zucker wird zugegeben, um den Säuregeschmack zu maskieren. Der Zuckergehalt des Endproduktes beträgt 30 %.

Die Abfüllung in lackierte Dosen erfolgt warm oder kalt. Bei der Warmabfüllung wird das Püree in Plattenwärmeaustauschern auf 100 °C erhitzt und in Dosen abgefüllt. Die Dosen werden verschlossen, umgedreht, fünf Minuten warmgehalten und dann schnell abgekühlt. Bei der Kaltabfüllung wird das nicht erhitzte Püree in Dosen abgefüllt, die Dosen unter Vakuum verschlossen und in einem Rotationsautoklaven („Spin-Cooker") erhitzt. Die Dosen werden dann im gleichen Gerät abgekühlt („Spin-Cooler"). Der „Spin-Cooker" ist ein Entwicklungsprodukt der Commonwealth Science and Industrial Research Organization (CSIRO) in Australien (Wang und Ross 1965) und wird häufig für tropische Fruchtsäfte empfohlen. Dabei rotieren die Dosen axial im Dampfstrom (100 °C) mit 150 rpm. Die Dosen werden auf die gleiche Weise, durch Rotieren, mit Wasser gekühlt. Dieses Verfahren wird oft verwendet, um Aromaverluste beziehungsweise -veränderungen zu vermeiden und um im Endprodukt eine bessere Farbe und einen besseren Geschmack zu erhalten.

Tonaki et al. (1973) haben das Herstellungsverfahren modifiziert, indem statt der Dampfbehandlung der geschälten Bananen ein Eintauchen in eine SO_2-Lösung vorgenommen wird. Die geschälten Bananen werden für drei Minuten in eine 1,25%ige Natriumbisulfitlösung ($NaHSO_3$) eingetaucht und dann für fünf bis zehn Minuten zum Abtropfen liegen gelassen. Die Bananen enthalten danach etwa 200 ppm SO_2. Die Behandlung mit SO_2 hat positive Einflüsse auf die Farbe und vermindert das Mikroorganismenwachstum. Das Fruchtfleisch wird dann in einer Fruchtmühle mit einem 3,2-mm-Sieb verarbeitet und sofort in einem Plattenwärmeaustauscher bei 93 °C für ein bis zwei Minuten erhitzt und danach innerhalb von einer Minute wieder auf 30 bis 35 °C abgekühlt. Die Pulpe gelangt dann

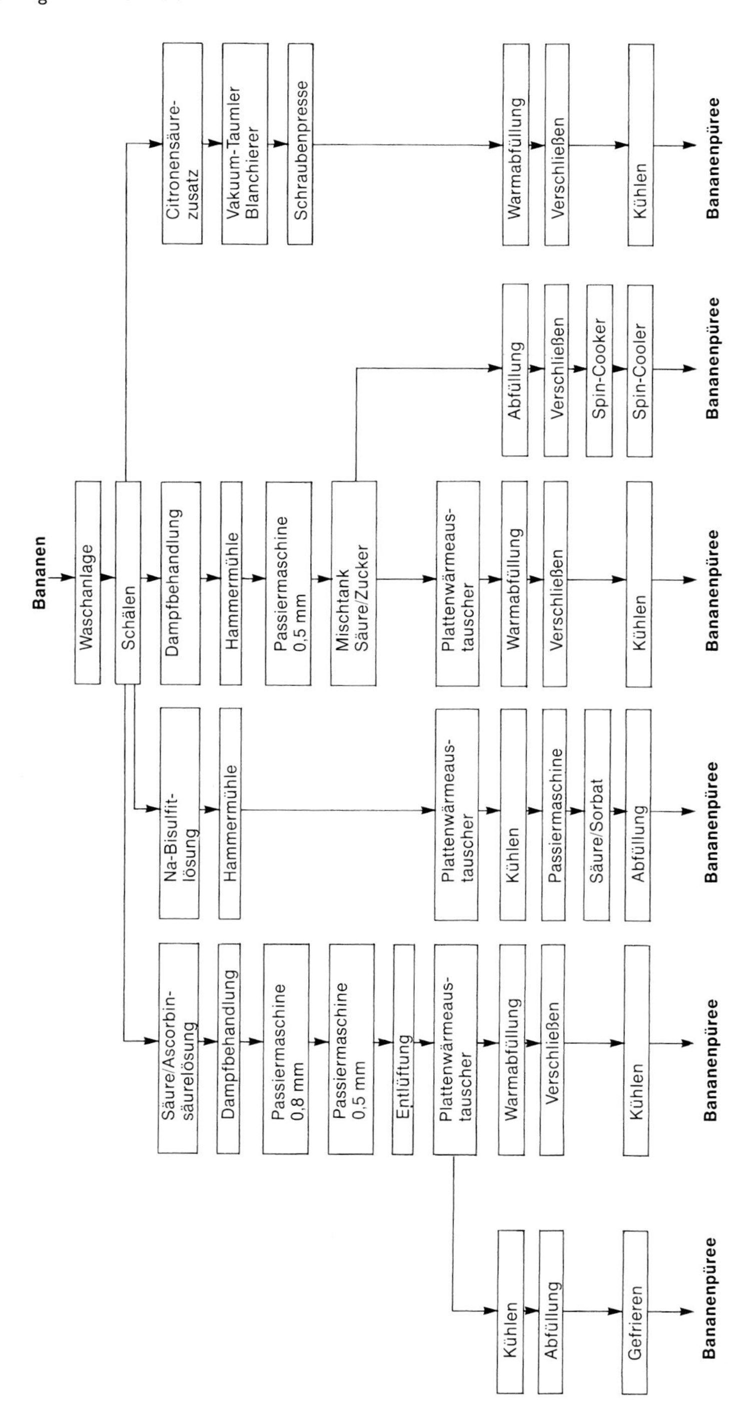

Abb. 105. Verarbeitung von Bananen.

durch eine Passiermaschine mit einem 0,8-mm-Sieb. Zu dem feinen Püree wird Citronensäure zugegeben, bis ein pH-Wert von 4,1 bis 4,2 erreicht ist (etwa 220 g Säure/100 kg Püree) und 200 ppm Kaliumsorbat (etwa 220 ml einer 10%igen Lösung/100 kg Püree). Die Kombination Sorbinsäure mit dem restlichen Gehalt an SO_2 (etwa 50–100 ppm) hat einen großen Einfluss auf die Verhinderung des Mikroorganismenwachstums und die Verfärbung, jedoch keine negative Wirkung auf den Geschmack. Das Püree wird aseptisch in Polyethylenbeuteln in 13,5-kg-Dosen abgefüllt. Die Lagerung erfolgt bei 5 bis 7 °C oder bei –18 °C. Diese Produkte werden vor allem für die Herstellung von Backwaren und von Eiscreme verwendet.

Casimir und Jayaraman (1971) haben ein Verfahren zur Verkürzung der Blanchierzeit entwickelt. Die geschälten Bananen werden mit 0,4 % Citronensäure vermischt und gelangen in einen Pfaudler-Vakuum-Taumel-Blanchierer. Das Gerät dreht sich mit 6 rpm im Vakuum bei einem Druck von 951 mbar, der in 55 bis 60 Sekunden hergestellt ist. Das Vakuum wird dann plötzlich durch Dampfdruck (1,4 bar) ersetzt. Dies dauert etwa 30 Sekunden. Die Dampfbehandlung dauert etwa sieben Minuten. Dabei werden nicht nur die Enzyme inaktiviert, sondern auch das Fruchtfleisch aufgeschlossen, und zwar in sauerstofffreier Atmosphäre. Die Pulpe verlässt das Gerät mit 93 °C, um zu einer vorgewärmten Schraubenpresse zu gelangen. Die Schraubenpresse hat eine Siebeinrichtung und arbeitet unter Druck (1,7 bar) bei 380 rpm. Das Püree kommt mit einer Temperatur von 85 °C heraus und wird sofort aseptisch in Dosen ohne zusätzlichen Kopfraum abgefüllt. Die Dosen werden verschlossen und umgedreht.

Bananengetränke

Bananengetränke werden aus vorher hergestelltem Bananenpüree oder direkt aus Bananen hergestellt. Nach Casimir und Jayaraman (1971) kann das nach dem Vakuum-Blanchierungsverfahren gewonnene Püree sofort nach Verlassen der Schraubenpresse mit Wasser (1 : 3) vermischt und mit Citronensäure auf pH 4,2 bis 4,3 eingestellt werden. Die verdünnte Pulpe wird dann zentrifugiert und durch Zuckerzusatz auf 12 bis 15 °Brix eingestellt. Die Mischung Bananen mit anderen tropischen und subtropischen Früchten (Orange, Ananas, Passionsfrucht usw.) ergibt sehr attraktive Getränke, zum Beispiel aus 30 % Bananengetränk, 5 % Passionsfruchtsaft und 65 % Ananassaft.

Die Bananengetränke werden in lackierte Dosen abgefüllt und die Dosen unter Vakuum verschlossen. Die Pasteurisation erfolgt vorzugsweise in dem genannten Spin-Cooker (150 rpm, 2 min) mit anschließendem Spin-Cooling in der gleichen Zeit. Heute werden Bananengetränke auch durch Plattenwärmeaustauscher pasteurisiert und aseptisch in mit Polyethylen beschichtete und mit Alufolie verstärkte Kartons abgefüllt.

Bananensaft

Es ist sehr schwer, Saft aus Bananen bei geringer Ausbeute (16 % Saft) herzustellen. Bei Anwendung von pektolytischen Enzymen kann eine Ausbeute von bis zu 80 % Saft erzielt werden (Munyanganizi und Coppens 1976, Tocchini und Lara 1977, Viquez et al. 1981). Die beste Arbeit auf diesem Gebiet stammt von Viquez et al. (1981). Dabei werden die Bananen in Hälften quer geschnitten und 20 Minuten mit Dampf behandelt. Die Bananen werden dann von Hand geschält und sofort in einer Fruchtmühle mit Passierwirkung (0,65-mm-Sieb) verarbeitet. Die Pulpe wird bis auf 45 °C abgekühlt und mit 0,05 % eines Enzympräparates bei der gleichen Temperatur für zwei Stunden behandelt. Es gibt eine Reihe von Enzympräparaten, die verwendet werden können, zum Beispiel Ultrazym 100G (NOVO), Pectinol D (Röhm). Die aufgeschlossene Pulpe wird dann bei 2 900 rpm während 20 Minuten zentrifugiert. Die Ausbeute beträgt etwa 75 %, ohne Enzymbehandlung nur 5 %. Der Bananensaft wird dann wie üblich pasteurisiert und abgefüllt.

Nach Shahadan und Abdullah (1995) waren folgende Verhältnisse für die

Enzymbehandlung (Pectinex Ultra SPL, NOVO) optimal: 0,42 % Enzym bei 35 °C und pH 3,4 während vier Stunden. PHEANTAVEERAT und ANPRUNG (1993) empfehlen eine Kombination von Pektinasen und Cellulasen (Pectinex Ultra SPL und Celluclast) in Konzentrationen von 0,05 % und 0,06 % bei 45 °C während zwei Stunden. Amylasen (Ban 240L) haben keinen Einfluss auf die Extraktion gezeigt. KOFFI et al. (1991), SIMS und BATES (1994) kamen mehr oder weniger zu denselben Ergebnissen. Sie empfehlen aber den Zusatz von Kaliummetabisulfit (100 mg/l), weil dieses mehr Wirkung gegen Bräunung hat, wenn man es mit Pulpeerhitzung (80 °C für 1–2 min) und dem Zusatz von Ascorbinsäure (470 mg/l) kombiniert. Um die Polyphenoloxidase zu inaktivieren, soll die Erhitzung bei 90 °C erfolgen.

3.8.2.3 Guave

Guavenfrüchte sind birnenförmig und etwa birnengroß. Wilde Guavenfrüchte sind kleiner als kultivierte Früchte. Die reifen Früchte weisen eine hellgrüne bis gelbe, weiche Schale auf. Das Fruchtfleisch ist weich und fleischig und hat helle Samen, es gibt aber auch samenlose Guavensorten. Sorten mit wenigen Samen, mehr Fruchtfleisch und mit großen Früchten werden heute kommerziell angebaut. Charakteristisch für Guavenfrüchte ist das starke und typische Aroma, der angenehm süße Geschmack, der relativ hohe Vitamin-C-Gehalt (100–400 mg/100 g), die weiße beziehungsweise hellrosa Farbe und der hohe Pektingehalt. Der Zuckergehalt liegt mit etwa 6 % relativ niedrig im Vergleich zu anderen Früchten. Bemerkenswert ist auch die Feststellung, dass Guaven Fructose als Hauptzucker enthalten. Fructose macht etwa 60 %, Glucose etwa 35 % und Saccharose etwa 5 % des gesamten Zuckergehaltes aus (TRAUTNER et al. 1989). Der Ballaststoffgehalt ist mit etwa 5,5 % relativ hoch. Die Guave scheint damit ein diätetisches Lebensmittel zu sein.

Der Säuregehalt und der pH-Wert sind sortenabhängig, so dass die pH-Werte entweder zwischen drei und vier (meistens bei Sorten mit rosaweißem Fleisch) oder vier und fünf (meistens bei Sorten mit weißem Fleisch) schwanken können. Weiße Guavensorten enthalten im Allgemeinen mehr Zucker, Vitamin C und weniger Säure als die rosa gefärbten Sorten. Vitamin C ist reichlich vorhanden und wie die Aromastoffe vorwiegend in der Schale lokalisiert (JAIN und BORKAR 1971, EL-FAKI und SAEED 1975). Die Aromastoffe sind stark abhängig von der Sorte, dem Reifegrad und vom Anbaugebiet. Doch zeichnet sich eine Bedeutung der C_6-Derivate, der Zimtsäurederivate wie Zimtalkohol und Cinnamylacetat und anderer Ester wie 3-Phenylpropylacetat und β-Caryophyllen für das Aroma der Guavenfrüchte ab. Bei der Verarbeitung und während der Lagerung von Guavensäften nimmt der Gehalt an Aldehyden und Kohlenwasserstoffen zu und der von Estern ab (ASKAR et al. 1986, NISHIMURA et al. 1989, VERNIN et al. 1991, YEN et al. 1992).

Die Guave hat, ebenso wie Ananas und Stachelannone, als Besonderheit ein weißes Fruchtfleisch. Sie neigt zu schnellem Braunwerden, wobei Polyphenoloxidasen eine große Rolle spielen. Die Polyphenoloxidasen der Guave scheinen aber, im Vergleich zu denjenigen anderer Früchte wie Mango und Papaya, nicht hitzestabil zu sein. Sie sind außerdem empfindlich in Gegenwart von SO_2 und Ascorbinsäure (AUGUSTIN et al. 1985). Dies bedeutet, dass die Bräunung von Guavenprodukten durch die Anwendung geeigneter Technologien vermieden werden kann.

Guavenfrüchte werden in der Zukunft häufiger kommerziell angebaut werden und auch häufiger auf dem internationalen Markt, vor allem in Form von Guavenprodukten, anzutreffen sein. Die Guave ist relativ anspruchslos, was die Anbaubedingungen betrifft, bringt große Erträge und ist deshalb eine der billigsten Früchte. Sie hat einen guten Geschmack und ein ausgezeichnetes Aroma, einen relativ hohen Vitamin-C-Gehalt und ist relativ leicht zu Säften, Nektaren und Getränken zu verarbeiten.

Nur baumreife Früchte haben ein volles Aroma und ein gutes Brix/Säure-Verhältnis. Sie sind aber nur begrenzt lagerfähig und werden sehr schnell überreif. Wegen der dünnen und weichen Schale sind die Früchte auch schwer zu transportieren. Die Früchte müssen sofort verarbeitet werden, bei 2 bis 7 °C sind sie maximal eine Woche haltbar (Wills et al. 1983, Augustin und Osman 1988). Für den langen Transport werden die Guavenfrüchte kurz vor der Reife gepflückt und in Holzkästen bei 8 bis 10 °C und 85 bis 90 % relativer Luftfeuchte gelagert (Pantastico 1975, Samson 1986). Für die Exportmärkte haben Guavenpürees, -nektare, -säfte und eventuell auch -konzentrate im Vergleich zu frischen Früchten größere Chancen.

Guavenpüree

Guavenpüree ist das am häufigsten hergestellte Guavenprodukt und zugleich das Zwischenprodukt für die Herstellung von Guavennektar und Guavengetränken (Abb. 106). Zur Verarbeitung werden nur reife Früchte verwendet. Grüne Früchte enthalten weniger Saft und weniger Aromastoffe und sollten daher zunächst in Reifungsräume gebracht werden. Die Früchte werden auf dem Sortierband verlesen, um verdorbene, überreife und beschädigte Früchte zu entfernen. Guavenfrüchte müssen gründlich gewaschen werden, weil die Schale mitverarbeitet wird. Das Waschen findet in einer Vibrations- oder Gebläsewaschanlage statt, um die Früchte nicht zu beschädigen.

Die Früchte werden sofort weiterverarbeitet. Nach der herkömmlichen Methode werden die Früchte in heißes Wasser getaucht oder besser in einem Wärmeaustauscher (Typ „Thermo-Break") bei etwa 80 °C erhitzt (Martin et al. 1975, Hugo 1981). Dieses Verfahren schließt zwar das Fruchtfleisch auf und bringt eine größere Ausbeute, es hat aber negative Einflüsse auf das Aroma, den Vitamin-C-Gehalt und die Farbe des Endprodukts.

Viel besser ist die direkte Aufarbeitung in Hammermühlen beziehungsweise Flügelpassiermaschinen (Brekke et al. 1970). Die harten Guavensorten werden in Hammermühlen verarbeitet und gelangen dann in eine zweistufige Flügelpassiermaschine (0,8-mm- und 0,5-mm-Sieb), um die Kerne und Steinzellen zu entfernen. Früchte der weichen Guavensorten können geschnitten und direkt in der zweistufigen Flügelpassiermaschine verarbeitet werden. Eine solche Maschine besteht aus einem liegenden Zylinder, an dessen Welle Schlagstäbe befestigt sind. Infolge der Umdrehung wird das Fruchtfleisch durch die perforierte Siebeinlage des Zylindermantels geschlagen. Die Kerne fallen am Ende der Maschine heraus. Das Schneiden der Früchte vor dem Passieren ist empfehlenswert, um einen regelmäßigen und erfolgreichen Aufschluss des Fruchtfleisches zu garantieren.

Die Entfernung von Steinzellen ist für die Herstellung von homogenem Püree und für eine bessere Farberhaltung sehr wichtig. Einige Guavensorten enthalten viele Steinzellen, die hauptsächlich aus Cellulose und Lignin bestehen. Eine einzelne Zelle ist etwa 50 bis 250 Mikrometer groß. Die Zellen treten aber häufig bündelweise auf (Itoo et al. 1980). Die Steinzellen werden in einer Passiermaschine mit Gummischlagstäben über einen 0,4- bis 0,3-mm-Siebmantel bei Umdrehungen von 600 bis 800 rpm entfernt. Dabei verliert man aber viel Pulpe. Es ist daher empfehlenswert, das Püree vorher mit kommerziellen Enzymen zu behandeln, um die Viskosität zu senken und die Pulpepartikel zu lockern, damit sie die Poren des Siebes nicht verstopfen. Auf diese Weise erzielt man mehr Ausbeute und später auch ein trubstabiles Guavengetränk (Askar et al. 1991, Askar und Treptow 1992). Die Entfernung der Steinzellen durch Dekanterzentrifugen wurde aus Südafrika vorgeschlagen (Weinert und van Wyk 1988). Auch hier ist eine vorherige Enzymbehandlung empfehlenswert, um die Trennung zu erleichtern und die Saftausbeute zu erhöhen.

Nach der Entfernung der Samen und der Steinzellen ist es sehr empfehlenswert, das Püree zu entlüften. Dieser Schritt ist von großer Bedeutung, da die Oxidations-

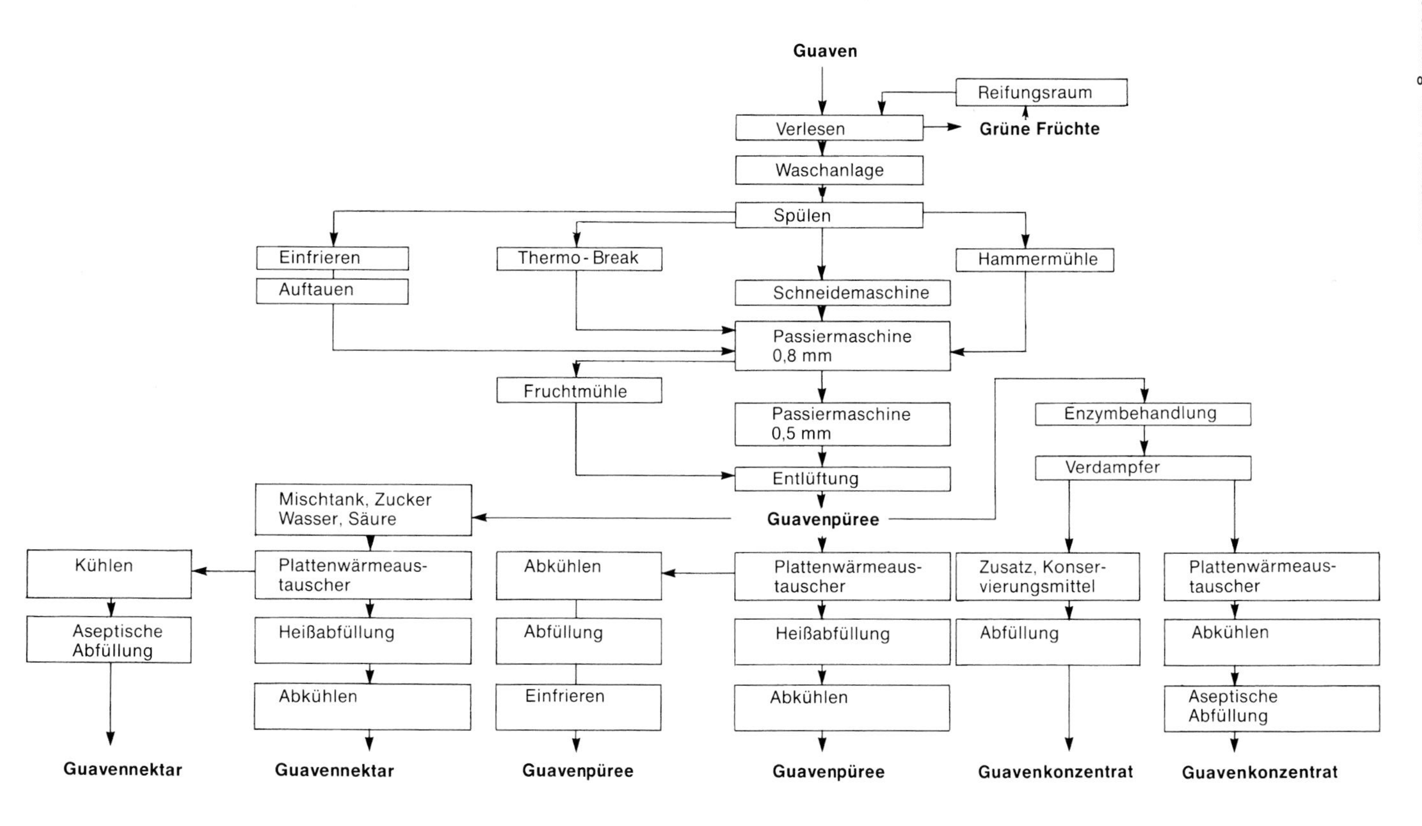

Abb. 106. Verarbeitung von Guaven.

vorgänge, die zu Aroma- und Farbveränderungen sowie zu Vitamin-C-Verlusten führen können, durch die Entfernung des Sauerstoffes gehemmt werden. Das viskose Püree enthält dann keine Luftblasen mehr und erhält ein homogenes Aussehen. Die Entlüftung verhindert auch die Schaumbildung während der Abfüllung des Endprodukts. Folgende Guavenprodukte können dann hergestellt werden:

- Guavengrundstoff (durch Zusatz von Zucker, Citronensäure usw.),
- Guavennektar (durch Zusatz von Wasser, Zucker, Citronensäure usw.),
- Guavenkonzentrat (nach Enzymbehandlung und Verdampfung) und
- klarer Guavensaft (nach entsprechender Enzymbehandlung und Verarbeitung).

Es folgt die Pasteurisation im Plattenwärmeaustauscher oder in einem UHT-Röhrenerhitzer bei 90 °C während 40 bis 60 Sekunden. Das Püree wird heiß in lackierte Dosen abgefüllt oder zunächst abgekühlt und dann in aseptischen Behältern (Polyethylenbeutel in Blech oder Fiberglas) von 100 bis 200 Kilogramm kalt abgefüllt und durch Einfrieren und/oder Konservierungsmittel haltbar gemacht. Bei der Heißabfüllung in lackierte Dosen werden die Dosen verschlossen, umgedreht, für drei Minuten warmgehalten und dann schnell mit einem Wasserstrahl abgekühlt. Die Lagerung solcher Produkte soll möglichst bei Temperaturen unter 30 °C erfolgen, um Farb- und Aromaveränderungen beziehungsweise Vitamin-C-Verluste zu vermeiden (Ranganna 1974, Shah et al. 1975).

Kalt abgefülltes Guavenpüree in Großbehältern wird meistens bei Temperaturen unter –18 °C gelagert. Die aseptische Abfüllung von Guavenpüree (bag-in-box) wurde auch erfolgreich durchgeführt, wobei Lagerungstemperatur und -dauer von großem Einfluss auf die Püreequalität sind. Nach sechsmonatiger Lagerung bei Zimmertemperatur waren ein 30%iger Verlust an Vitamin C und bemerkbare Farb- und Aromaveränderungen zu verzeichnen (Chan und Cavaletto 1982).

Erhitzung durch Mikrowellen

Die Mikrowellenerwärmung beziehungsweise -erhitzung von Fruchtpulpen und -konzentraten hat sich als vorteilhaft erwiesen (Dehne und Bögl 1990, Klingler 1991). Unsere Versuche (Abd El-All et al. 1994) mit hochviskosen tropischen Fruchtpulpen und Konzentraten (aus Guave, Mango, Papaya, Orange) haben folgende Vorteile gezeigt:

- Für die Energieübertragung im Mikrowellenfeld spielt die Viskosität keine Rolle.
- Der Temperaturanstieg hängt vor allem von der Feldstärke und dem Verlustfaktor des Produkts ab.
- Wegen der extrem kurzen Aufheizzeit und der Tiefenwirkung der Mikrowellen ist die Farb- und Geschmackserhaltung optimal.
- Eine vollständige Inaktivierung von Pektinesterasen und Polyphenoloxidasen wird erzielt.
- Die selektive Erwärmung ist besonders von Bedeutung. Da Wasser die Mikrowellen stärker absorbiert als die Pulpepartikel, werden die wasserreichen Zonen am stärksten erwärmt.

Der bekannteste Nachteil der Mikrowellenerhitzung, nämlich die ungleichmäßige Temperaturverteilung, die unter anderem auf die inhomogene chemische Zusammensetzung und physikalische Struktur eines Lebensmittels zurückzuführen ist, macht sich hier wegen der guten Wärmeleitfähigkeit der Säfte, insbesondere wenn sie in dünnen Schichten behandelt und ständig in Bewegung gehalten werden, nicht wesentlich bemerkbar. Mikrowellen sind beim Auftauen von gefrorenen Früchten und Fruchtkonzentraten ebenfalls vorteilhafter.

Weitere Nachteile der Mikrowellenerwärmung sind aber vor allem die hohen Energiekosten und die Kosten für die neuen Anlagen, da hier die konventionellen Metallanlagen nicht verwendet werden können.

Guavennektar

Guavennektare bestehen aus Guavenpüree, Wasser, Zucker, Citronensäure und anderen Zusatzstoffen (Ascorbinsäure, Aromastoffe, Konservierungsmittel usw.). Der Guavenanteil liegt meistens über 20 % (YEH 1970), die beste und gleichzeitig wirtschaftlichste Konzentration liegt bei 25 % (HUGO 1981). Guavennektare haben meistens einen Gehalt von 11 bis 15 °Brix und einen pH-Wert von 3,5. Zur Verhinderung von Farbveränderungen während der Lagerung wird ein Zusatz von 100 bis 200 ppm Ascorbinsäure empfohlen (RAHMAN et al. 1964).

Es empfiehlt sich, den Guavennektar zu zentrifugieren, um große Partikel zu entfernen und den Nektar dann unter Druck (100 bar) zu homogenisieren (YEH 1970). Für die Haltbarmachung wird der Nektar im Plattenwärmeaustauscher bei 85 bis 90 °C während 40 bis 60 Sekunden pasteurisiert, dann heiß in lackierte Dosen beziehungsweise Flaschen abgefüllt, verschlossen, drei Minuten warmgehalten und dann schnell abgekühlt. Guavennektare können nach der Pasteurisierung sofort abgekühlt und dann aseptisch in Kartonverpackungen kalt abgefüllt werden. Die Wärmebelastung wird dadurch auf ein Minimum begrenzt und die Produkte haben eine viel bessere Qualität. Die Lagerung von Guavennektaren soll, wie bei allen Guavenprodukten, bei möglichst niedrigen Temperaturen (unter 15 °C) stattfinden, um Farb- und Aromaveränderungen möglichst gering zu halten.

Guavenpüreekonzentrat

Guavenpüree ist schwer zu konzentrieren, da der Pektingehalt relativ hoch ist (0,5–1,8 %). Das Guavenpüree wird daher nach dem Entkernen mit pektolytischen Enzymen behandelt, zum Beispiel mit 0,1 % Pectinol 10 M (Röhm) eine Stunde. Das Püree wird dann in einem Zentrifugalverdampfer (Tetra Pak) bis etwa 22,5 °Brix eingeengt. Die Verdampfung findet bei etwa 45 °C und einem Vakuum von 46 bis 54 mbar statt (BREKKE et al. 1970). Das Konzentrat wird eingefroren und bei –18 °C gelagert.

Klare Guavensäfte und -konzentrate

Der einfachste Weg, um klare Säfte herzustellen, ist die Behandlung mit pektolytischen Enzymen bis zur Beseitigung aller Pektine beziehungsweise Trubteilchen (Abb. 107). Die Saftausbeute erhöht sich dabei auf 75 bis 85 %. In Kenya haben IMUNGI et al. (1980) eine Methode ausgearbeitet, nach der klarer Guavensaft und Guavensaftkonzentrat mit sehr guter Qualität hergestellt werden können. Dabei werden die Früchte gefroren, aufgetaut und dann gemahlen (Fruchtmühle). Die Maische wird dann bis auf 45–50 °C erwärmt und mit 400 ppm pektolytischer Enzyme behandelt, und zwar nur 90 Minuten.

Die Pulpe wird dann in einer hydraulischen Packpresse gepresst und in einem Plattenwärmeaustauscher bei 72 bis 74 °C 20 Minuten erhitzt, um die Enzyme zu inaktivieren. Der trubstoffhaltige Saft wird dann sofort abgekühlt und filtriert. Die Saftausbeute beträgt etwa 73 %. Der Saft kann in einem Filmverdampfer mit Aromarückgewinnungsanlage von 10 °Brix bis auf etwa 61 °Brix konzentriert werden. Die Konzentrierung erfolgt bei einem Vakuum von etwa 250 mbar, einer Dampftemperatur von 68 bis 70 °C und einer Safttemperatur von 45 °C. Das auf diese Weise gewonnene Produkt enthält mehr Vitamin C und weniger phenolische Substanzen. Diese phenolischen Substanzen sind für die Farbveränderungen in Guavenprodukten mitverantwortlich. Sie werden durch Filtrieren zu 90 % eliminiert. Die Guavensaftkonzentrate werden durch Gefrierlagerung (–18 °C) haltbar gemacht.

In Neuseeland empfehlen HODGSON et al. (1990) die Behandlung von Guavenpüree mit 200 ppm Pectinex Ultra SPL (NOVO) bei 50 °C für zwei Stunden. Der trübe Saft wird dann durch einen Westfalia-Dekanter geschickt, um Trübstoffe und Steinzellen zu entfernen. Der Saft (6 °Brix) wird dann in einem Zentrifugalverdampfer (Tetra Pak Plant Engineering AB, Lund) wenig über 50 °Brix konzentriert. Die *Wissenschaftler* empfehlen aber nur bis etwa 23 °Brix zu konzentrieren,

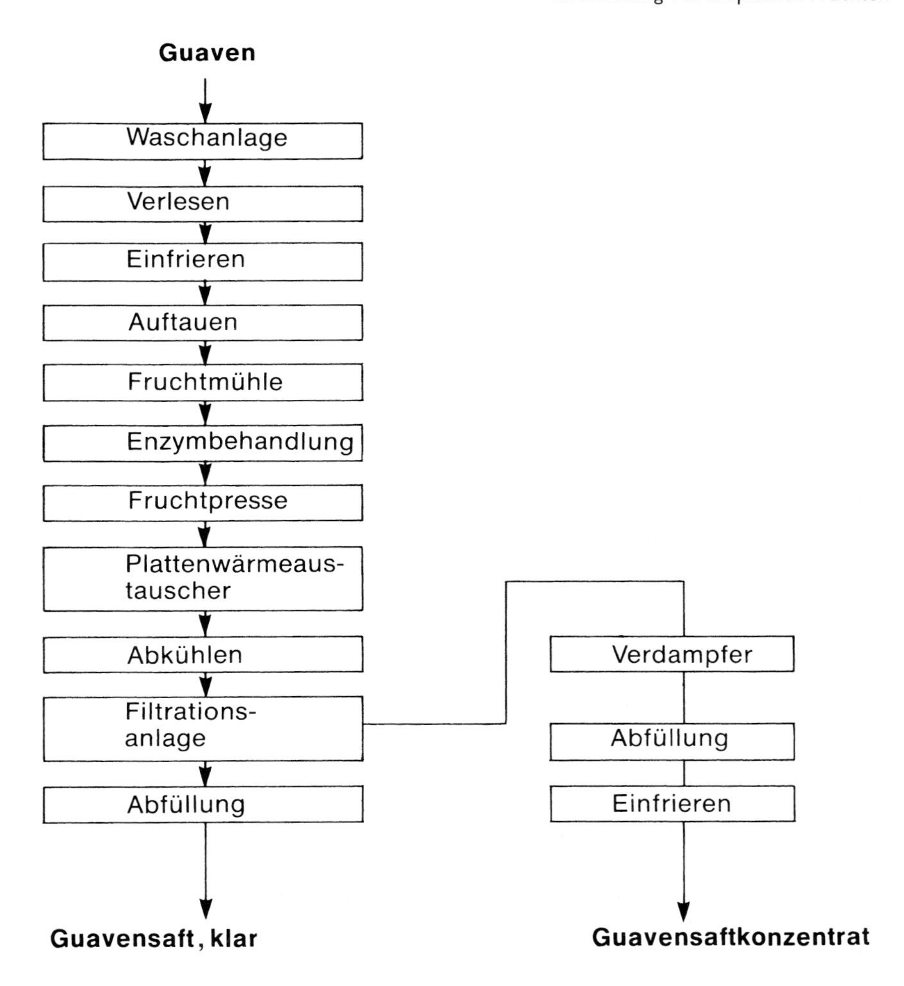

Abb. 107. Herstellung von Guavensaft und -konzentrat.

um Farbe und Aroma zu erhalten. CHAN und CHIANG (1992) behandelten in Taiwan Guavenpüree mit 100 ppm Ultrazym 100G (NOVO) bei 50 °C während einer Stunde. Anschließend wird der Saft durch Ultrafiltration (Romicon Hohlfasermembran Polysulfon PM100, Trenngrenze 100 000 Dalton) geklärt. Das Retentat wird wie konventionelles Guavenpüree verwendet. In Brasilien produzierten BRASIL et al. (1995) einen klaren Guavensaft durch die Behandlung mit 600 ppm Clarix-L (Miles-Brasil) bei 45 °C während zwei Stunden. Nach einer Pasteurisation bei 90 °C während fünf Minuten wird der Saft mit 0,25 ml/l Baykisol 30 (Kieselsol von Bayer AG) vermischt und filtriert.

Konservierung mit hydrostatischem Hochdruck

Die Drücke, die notwendig sind, um vegetative Formen von Bakterien in Lebensmitteln zu inaktivieren, liegen bei Raumtemperatur und kurzen Einwirkungszeiten bei 500 MPa (1 MPa = 10 bar). Eine höhere Temperatur und ein niedrigerer pH-Wert verstärken den Einfluss des Druckes auf die Mikroorganismen. Der Fruchtsaft wird unter Druck saurer, nach Druckentlastung stellt sich der ursprüngliche pH-Wert wieder ein. Dieses Sauerwerden verstärkt auch die Keiminaktivierung. Dagegen schützen Polysaccharide, Zucker und Proteine die Mikroorganismen. Ein Druck von 300 MPa bei

23 °C während zehn Minuten ist ausreichend, um Hefen und Schimmelpilze in Citrussäften zu inaktivieren. Fruchtsäfte werden im Allgemeinen bei 400 MPa und 40 °C sterilisiert. Das Problem dabei ist die Inaktivierung von Polyphenoloxidasen und Pektinesterasen, die hochdruckstabil sind. Pektinesterasen benötigen etwa 800 MPa bei 45 °C und Polyphenoloxidasen 900 MPa bei 45 °C während 30 Minuten (CHEFTEL 1992, SEYDERHELM et al. 1996).

Nach YEN und LIN (1996) war ein Druck von 600 MPa bei 25 °C während 15 Minuten ausreichend um Guavenpulpe zu konservieren. Das Produkt war ausgezeichnet in Farbe und Geschmack im Vergleich zu hitzepasteurisierter Pulpe (88 bis 90 °C während 24 s). Wegen der Restaktivitäten von Enzymen wurde die Pulpe bei 4 °C gelagert.

3.8.2.4 Mango

Mango gilt als die älteste kultivierte Frucht und wird als die Königin der tropischen Früchte bezeichnet. Mangos sind nach Bananen die wichtigsten tropischen Früchte (Tab. 45). Die Mangofrüchte werden angesichts mehrerer hundert Arten nach Gewicht (250 g bis 2 kg), Form (oval, birnen-, nierenförmig), Fruchtschale (grün, gelb, orangegelb, orangerot) und Geschmack (mehr oder weniger aromatisch-süß) unterschieden. Das Fruchtfleisch (etwa 65-75 % der Frucht) ist gelb bis gelborange, saftig und je nach Sorte unterschiedlich faserig. Die Frucht enthält einen großen, abgeflachten weißen Kern. Die Früchte sind druckempfindlich und leicht verderblich. Das Aroma grün gepflückter Mangos ist nach der Reifung nicht so gut wie das baumreifer Früchte. Grünreife Früchte können bei 9 °C und 85 bis 90 % relativer Feuchte gelagert werden. Vor der Verarbeitung werden die Früchte bei 24 bis 26 °C einige Tage zur Reife gebracht (MUKERJEE 1972, SUBRAMANYAM et al. 1975).

Die Früchte sind reif, wenn sie auf leichten Fingerdruck nachgeben. Bessere Indizes für die Reife sind ein Gehalt von über 12 °Brix, ein spezifisches Gewicht von 1,01 bis 1,02 (die Früchte schwimmen in 3%iger Salzlösung und sinken in Wasser) sowie die Messung des Druckwiderstandes, zum Beispiel mit dem Magness-Taylor-Drucktester, oder der Farbe, zum Beispiel mit dem Hunter-Farbdifferenz-Messgerät (SUBRAMANYAM et al. 1975, PELEG und GOMEZ-BRITO 1975, MALEVSKI et al. 1977).

Der Zuckergehalt reifer Früchte beträgt etwa 10 bis 12 % und besteht hauptsächlich aus Saccharose. Hauptsäure ist die Citronensäure (etwa 0,8 %). Bemerkenswert ist aber der hohe Gehalt an β-Carotin (etwa 20–50 mg/kg). Je nach Sorte und Anbaugebiet sind die Aromastoffe unterschiedlich. Sie bestehen hauptsächlich aus Monoterpen-Kohlenwasserstoffen [(Z,E)-Ocimen, Myrcen, α-Pinen, β-Caryophyllen, Car-3-en und Limonen], Estern (Ethylbutanoat) und Lactonen (EL-NEMR und ASKAR 1986, MACLEOD et al. 1988, OLLE'et al. 1998). Bei der Herstellung von Mangosäften und während der Lagerung treten Aromaveränderungen auf, die durch die Abnahme der Konzentration wichtiger Aromastoffe, die Ausbildung eines Karamell-Flavours durch Bildung von Furanderivaten und α-Terpineol sowie die Entstehung neuer flüchtiger Stoffe durch Autoxidation von Fettsäuren hervorgerufen werden (ASKAR 1984, SAKHO et al. 1985, EL-NEMR et al. 1988).

Um die Reifung zu beschleunigen und mikrobiologischen Verderb zu vermeiden, werden die Früchte mit 55 % heißem Wasser fünf Minuten lang behandelt (LAKSHMINARAYANA et al. 1974). Diese Behandlung kann auch bei grünreifen Früchten in der Fabrik vorgenommen werden, so dass die Früchte in zwei bis drei Tagen verarbeitet werden können. Unreife Früchte enthalten wenig Saft und wenig Aroma, während überreife Früchte kein gutes Aroma und einen relativ hohen pH-Wert besitzen (je nach Sorte pH > 3,5–4,5), wodurch ein negativer Einfluss auf die Qualität und die Haltbarkeit von Mangoprodukten resultiert.

Bei der Verarbeitung von Mangos und während der Lagerung von Mangoprodukten ergeben sich einige Schwierigkeiten: Das Fruchtschälen von Hand ist kostspielig. Das Aroma ist sehr ausgeprägt, aber gleichzeitig oxidations- und hitzeempfindlich. Mangoprodukte neigen zu schnellem Braunwerden und verlieren ihre schöne orange Farbe. Alle Metalloberflächen, die in direkten Kontakt mit dem Saft kommen, müssen aus rostfreiem Stahl oder lackiert sein.

Mangopüree

Mangopüree ist das wichtigste auf dem Exportmarkt angebotene Mangoprodukt. Für die Verarbeitung werden meistens billigere Mangosorten verwendet, die ein faseriges Fruchtfleisch und einen etwas säuerlichen Geschmack besitzen und daher weniger zum Frischverzehr geeignet sind. Die Früchte werden sortiert, nur reife Früchte werden zur Verarbeitung zugelassen. Überreife, beschädigte und verdorbene Früchte müssen entfernt werden. Grünreife Früchte werden bis zur Vollreife gelagert (Abb. 108).

Die Früchte werden dann in einer Gebläsewaschmaschine gründlich gewaschen und wieder verlesen. Die Früchte können nach verschiedenen Verfahren geschält werden. Das Schälen von Hand ist sehr langsam und teuer, aber sehr wirksam. Das Schälen mit Lauge ist nur wirksam und anwendbar, wenn die Schale dünn ist. Grüne Früchte sind schwerer zu schälen als reife Früchte.

Das Schälen durch thermische Behandlung ist wirksam und leicht anwendbar. Die konventionelle Methode ist das Eintauchen der Früchte in ein heißes Wasserbad von etwa 90 °C während etwa fünf Minuten. Viel vorteilhafter ist die Dampfbehandlung der Früchte auf einem Transportband während etwa zwei bis drei Minuten (Brekke et al. 1975). Nachteil des ersten Verfahrens ist die Diskontinuität: das Wasser muss ständig gewechselt werden, überreife und Früchte mit dünnen Schalen können dabei platzen, und das Wasser wird zu einer Kontaminationsquelle.

Unsere Versuche haben gezeigt, dass die thermische Behandlung der Früchte vor dem Schälen einen sehr guten Einfluss auf die Enzyme in der Mango hat. Dadurch wird ein Teil der sehr aktiven Enzyme in den Schalen, vor allem Polyphenoloxidasen und Pektinesterasen inaktiviert (Labib et al. 1995). Sie aktiviert aber die Reifungsenzyme im Fruchtfleisch. Es ist daher empfehlenswert, unreife Mangofrüchte erst nach der Hitzebehandlung auf dem Band zu entfernen und bis zur Vollreife zu lagern. Auf diese Weise werden sie schneller reif, weil die Reifungsenzyme (Pektinasen und Cellulasen) durch die Erwärmung aktiviert werden.

Die Früchte gelangen dann in eine Passiermaschine oder in einen Entkerner mit starken Schlägern und weitporigem Siebmantel. Die Früchte werden dabei zerkleinert und die Kerne bleiben im Ganzen erhalten. Das Fruchtfleisch wird herausgedrückt und Schalenreste beziehungsweise Kerne fallen am Ende der Passiermaschine heraus.

Die Pulpe gelangt dann in einen Röhrenerhitzer oder Schneckenblanchierapparat (sog. Thermo-Break oder Screw Cooker), wobei die Pulpe während etwa einer Minute bis 90 °C erhitzt wird. Dieser Schritt wird nicht nur bei Mango, sondern bei fast allen pulpehaltigen tropischen Früchten wie Guave oder Papaya durchgeführt. Dadurch werden folgende Vorteile erzielt:

- Inaktivierung von Pekinesterasen, die die Trubstabilität von Endprodukten negativ beeinflussen (Castaldo et al. 1997) und von Polyphenoloxidasen, die eine Bräunung des Produktes verursachen können (Vamos-Vigyazo 1981). Die Mango-Polyphenoloxidase hat ein pH-Optimum bei 5,5 und ein Temperaturoptimum bei 46 °C. Sie verliert 50 % ihrer Aktivität bei 85 °C während drei Minuten. Mango-Polyphenoloxidase ist vielleicht das hitzestabilste Enzym in der Mango. Sie hat einen Z-Wert von 26 °C, welcher viel höher ist als der von Pektinesterase (19 °C) und von Polyglacturonase (12 °C). Die Polyphenoloxidasen der meisten Früchte zeigen Z-Werte von 8 bis 15 °C und die sofortige Inaktivierung (innerhalb von 6 s) er-

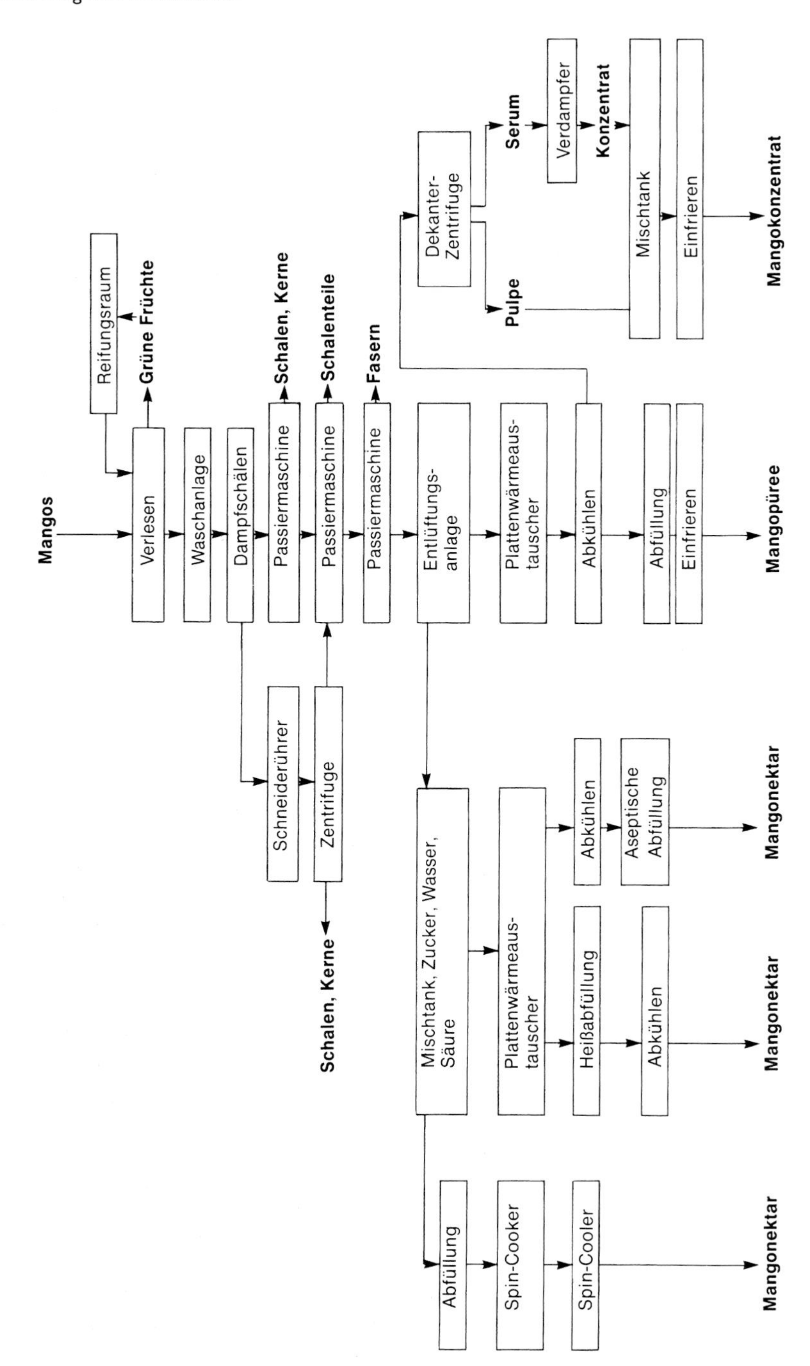

Abb. 108. Verarbeitung von Mangos.

folgt bei Temperaturen von 90 bis 110 °C (PARK et al. 1980, VAMOS-VIGYAZO 1981, KATWA et al. 1982 und ASKAR et al. 1994, LABIB et al. 1995).

- Erweichung der Zellgewebe durch teilweise Umwandlung des Protopektins in den Zellwänden. Dadurch wird mehr Püreeausbeute bei den späteren Passiermaschinen erzielt.
- Verminderung des Pulpesauerstoffs und damit eine Verbesserung der Farb- und Vitamin-C-Erhaltung (SHYU et al. 1996).
- Abtöten der meisten Mikroorganismen, vor allem von Hefen und Schimmelpilzen, die nicht nur das Produkt verderben, sondern auch die Trubstabilität gefährden können.
- Die Pulpe bleibt während der weiteren Verarbeitungsschritte warm. Dies ist für die Enzymbehandlung und Entlüftung, wie später erklärt wird, und damit für die Trub- und Farbstabilität von großer Bedeutung.

Durch mehrstufige Passiermaschinen (mit 1,2-, 0,8-, 0,6- und 0,4-mm-Sieben) werden die kleinen Schalenteilchen und Fasern entfernt. Die Verwendung eines Siebes unter 0,5 mm ist empfehlenswert, um alle Faserteilchen zu entfernen, ein homogenes Produkt zu erhalten und so die Haltbarmachung von Mangoprodukten zu erleichtern. Mangoprodukte sind relativ leicht verderblich, weil sie keine antimikrobiellen Substanzen enthalten (zum Beispiel im Vergleich zu Citrusprodukten, die ätherische Öle enthalten) und einen relativ hohen pH-Wert aufweisen. Große Pulpepartikel in Mangopüree bieten Mikroorganismen Unterschlupf und vermindern somit die Effektivität der Pasteurisation.

Die Ausbeute an Mangopüree ist wesentlich von der Schalendicke und der Kerngröße der Frucht abhängig und beträgt im Allgemeinen 70 % des Fruchtgewichtes. Das Püree weist etwa 15 °Brix, 0,5 bis 0,7 % Säure und einen pH-Wert von 3,5 bis 4,5 auf. Bei der Verarbeitung von Sorten, die wenig Säure enthalten, ist es empfehlenswert, Citronensäure zuzugeben, bis ein pH von weniger als 4,0 erreicht ist.

Für die Haltbarmachung sowie zur Verminderung von Farbveränderungen, des Vitamin-C-Verlustes und der Dosenkorrosion während der Lagerung ist es erforderlich, das Püree vor dem Pasteurisieren zu entlüften (MAHADEVAIAH et al. 1975). Durch geeignete Entlüftungsanlagen soll der Gehalt an gelöstem Sauerstoff auf einen Wert unter 1 ppm gebracht werden (SHYU et al. 1996). Die Vakuumentlüftung hat sich in der Fruchtsaftindustrie bewährt (MAURER 1990, FLEIG 1995). wobei das Produkt in einem Behälter mit größmöglicher Oberfläche dem Vakuum ausgesetzt wird (MAURER 1990, FLEIG 1995).

Das Püree wird dann in einem Plattenwärmeaustauscher bei 95 °C während zwei Minuten erhitzt und auf verschiedene Weise abgefüllt. Eine Möglichkeit ist die Heißabfüllung in lackierte Dosen, wobei die Dosen unter Dampf verschlossen, fünf Minuten warmgehalten, dann schnell abgekühlt und bei Temperaturen von 10–15 °C gelagert werden. Das Püree wird aber meistens sofort nach der Pasteurisation abgekühlt, in Polyethylenbeuteln in 50- bis 200-kg-Fässer abgefüllt, schnell eingefroren und bei –18 °C gelagert.

NANJUDASWAMY et al. (1976) empfehlen die Abfüllung von Mangopulpe in Dosen und die Hitzebehandlung bei 100 °C während fünf Minuten, bis eine Kerntemperatur von 77 bis 79 °C erreicht wird. Durch Zusatz von Zuckersirup zu Mangopüree kann auch ein Mangogrundstoff (42–43 °Brix) für die Herstellung von Mangonektaren, -getränken und Backwaren erzeugt werden. Die Haltbarmachung dieser Produkte erfolgt im Plattenwärmeaustauscher bei 90 bis 93 °C während zwei Minuten. Das Produkt wird heiß in Dosen abgefüllt, die Dosen werden unter Dampf verschlossen, fünf Minuten lang warmgehalten und dann schnell abgekühlt; sie können aber auch nach der Pasteurisation abgekühlt und in Polyethylenbeuteln in Fässer abgefüllt und schnell eingefroren werden, um dann bei –18 °C gelagert zu werden (AVENA und LUH 1983). Durch die Behandlung mit pektolytischen Enzymen kann aus Mangoabfällen (faserhaltige Pulpe aus den Passiermaschinen) mit etwa 75 bis 80 % Ausbeute Saft gewonnen werden. Nach der Enzyminaktivierung durch Hitzebehandlung kann dieser Saft dem Püree zugegeben werden, ohne dass eine Änderung der Qualität oder der Zusammensetzung zu beobachten ist (Beerh et al. 1976).

Mangonektar

Mangonektar wird aus Mangopüree (20–30 %), Zucker, Citronensäure und anderen Zusatzstoffen hergestellt und weist einen Trockensubstanzgehalt von etwa 15 °Brix und einen pH-Wert um 3,5 auf (Brekke et al. 1975). Bei der Herstellung von Mangonektar (Abb. 108) ist vor allem darauf zu achten, dass das Wasser keine Schwermetalle und kein Nitrat enthält. Alle Metalloberfächen sollen aus rostfreiem Stahl bestehen. Blanke Dosen werden im Allgemeinen für die Abfüllung von Mangonektar bevorzugt (Mahadevaiah et al. 1974), weil sie einen positiven Einfluss auf die Farberhaltung ausüben. In der Praxis werden aber auch lackierte Dosen verwendet. Nach Brekke et al. (1975) soll bei der Verwendung von lackierten und unlackierten Dosen kein Unterschied im Hinblick auf die Farberhaltung von Mangonektar bestehen. Der Nektar wird in einem Plattenwärmeaustauscher bei 95 °C während einer Minute pasteurisiert und in Dosen abgefüllt. Die Dosen werden verschlossen, drei Minuten warmgehalten und dann abgekühlt. Besser ist die Kaltabfüllung in Dosen und die Hitzebehandlung im „Spin-Cooker" bei 100 °C während drei Minuten und bei einer Rotation von 125 rpm. Die Kühlung erfolgt im „Spin-Cooler". Mangonektar wird heute in zunehmender Weise, wie alle Fruchtsäfte und -nektare, aseptisch in Kartonpackungen abgefüllt.

Trubstabilität

Wenn Mangonektare durch Vermischen von fein gesiebter Pulpe mit Wasser, Zucker und Säure, jedoch ohne Stabilisatoren und Homogenisierung hergestellt werden, neigen die Trubpartikel dazu, sich abzusetzen. Die Sedimentation ist ein schwerwiegender Qualitätsmangel, da sich die meisten Pigmente und Aromaverbindungen in den Trubpartikeln befinden (El-Nemr und Askar 1986). Die Trubstoffe in Fruchtsäften kann man in drei Gruppen unterteilen (Schobinger 1988, Askar und Treptow 1992):

- Die *grobdispersen* Trubstoffe, die etwas mehr als einen Millimeter groß sind und aus Faserstoffen, Pulpepartikeln, Steinzellen usw. bestehen. Diese Stoffe sedimentieren relativ schnell und müssen durch Homogenisieren zerkleinert werden.
- Die *feindispersen* Trubteilchen, die 1 bis 100 Mikrometer groß sind und aus Pulpefragmenten, Zellaggregaten, intakten Zellen und Zellwandfragmenten bestehen. Diese Stoffe sedimentieren bei der Lagerung etwas langsamer. Die Trubpartikel bestehen aus einem positiv geladenen Protein-Kohlenhydrat-Komplex, der von einer negativ geladenen Pektinhülle umgeben ist. Die Schwebefähigkeit der Trubpartikel wird durch ihre negative Ladung, wodurch sie sich gegenseitig abstoßen, und ihre Hydrathülle (Wasserbindungsvermögen) gewährleistet. Beide Eigenschaften hängen mit dem Pektingehalt der Trubpartikel zusammen.
- Die *Kolloidalstoffe*, die 0,1 bis 0,001 Mikrometer groß sind und unter anderem aus Pektinstoffen, Proteinen und Hemicellulosen bestehen. Diese Stoffe sedimentieren erst durch Enzymtätigkeit. Durch safteigene Polygalacturonasen, die einen Teil der negativ geladenen Pektinhüllen abbauen, erscheinen die positiv geladenen Protein-Kohlenhydrat-Komplexe an der Oberfläche und die Teilchen vereinigen sich zu größeren Aggregaten und flocken aus. Die Aktivität der Polygalacturonasen richtet sich vornehmlich gegen das Trubpektin, während das Serumpektin infolge seines höheren Veresterungsgrades kaum angegriffen wird. Durch safteigene Pektinesterasen wird der Veresterungsgrad sowohl des Serum- als auch des Trubpektins herabgesetzt. Dabei wirkt sich vor allem die Entesterung des Serumpektins negativ auf die Trub-

stabilität aus, da dadurch die Wasserlöslichkeit abnimmt und die Calciumempfindlichkeit zunimmt. Niederveresterte Pektine können durch Calcium als Calciumpektinat bzw -pektat sedimentieren.

Um die Trubstabilität zu garantieren, müssen die Enzyme inaktiviert werden. Einige Fruchtsäfte, wie Orangensaft, enthalten keine Polygalacturonasen, dafür aber sehr aktive und relativ hitzestabile Pektinesterasen. Unsere Versuche mit Mango haben gezeigt, dass die Pektinesterase in Mango viel stabiler als die Polygalacturonase ist. Die Pektinesterase von Mango ist viel stabiler als die von Citrusfrüchten. Der Z-Wert liegt bei 18,5 °C im Vergleich zu etwa 11 °C in Orangen. Dies liegt zum einen am höheren Zuckergehalt der Mangos, zum anderen an den Enzymen selbst. In Mango ist mehr als eine Pektinesterase vorhanden. Eine Minute bei 85 °C ist notwendig, um die Pektinesteraseaktivität auf 50 % zu reduzieren. Bei gleichen Bedingungen wird Polygalacturonase in wenigen Sekunden inaktiviert. Der Z-Wert von Polygalacturonase liegt bei 12,2 °C (Labib et al. 1995). In praktischen Versuchen reicht eine Minute bei 95 °C, um die Pektinesterase in tropischen Fruchtpulpen zu inaktivieren. Bei dieser Temperatur werden Hefen und Schimmelpilze, die eine Reihe von pektolytischen Enzymen bilden, getötet (Weissman 1991). Das Vorhandensein von Restaktivitäten von Pektinmethylesterase im Endprodukt kann zur Destabilisierung des Trubes führen (Castaldo et al. 1997).

Durch einen teilweisen Zellwandparenchym-Abbau mittels geeigneter pektolytischer Enzyme, die so genannte Mazeration, kann das zusammenhängende Gewebe während der Herstellung von Mangopüree in eine Suspension von einzelnen Zellen übergeführt werden. Daraus lässt sich ein trubstabiler Mangonektar herstellen. Mehrere handelsübliche Enzyme können verwendet werden. Die Konzentration liegt bei etwa 200 ppm bei einer Temperatur von 40 °C während etwa einer Stunde (Askar et al. 1991, Githaiti und Karuri 1991).

Die Homogenisation reduziert auch die Partikelgrösse (bis auf etwa 0,5–3 µm) und erhöht durch die Freisetzung von Pektin aus der Mittellammelle der Zellwand die Viskosität des Serums, womit sie eine Wirkung auf die Trubstabilität hat. Dafür sind Kolloidmühlen oder Hochdruckhomogenisatoren sehr geeignet. Als Folge der übermäßigen Homogenisierung kann eine sahneartige Beschaffenheit eintreten. Ein übertriebenes Homogenisieren sollte daher vermieden werden (Zeh 1984).

Aus praktischer Erfahrung weiß man, dass eine Zugabe von 0,1 % Pektin die Viskosität des Fruchtsaftserums erhöht und damit die Trubpartikel stabilisiert.

Mangosaftkonzentrat

Die Konzentrierung des hochviskosen, hitzeempfindlichen und vor allem pulpehaltigen Mangopürees ist sehr schwierig. Bei der Verdampfung gehen die meisten Aromastoffe und ein Teil der Vitamine verloren. Außerdem entsteht durch die Erhitzung ein „off-flavor". Während der Konzentrierung kommt es zu einem starken Viskositätsanstieg, wodurch die Fließfähigkeit des Saftes sehr vermindert wird und die Verdampferleistung erheblich absinkt. Darüber hinaus können sich die Faserstoffe an der Verdampferwand ablagern und anbrennen. Die Anwendung des Serumverfahrens (siehe Kapitel 5.3.3.1) bei der Herstellung von Mangosaftkonzentraten führt dagegen zu besseren Ergebnissen (Abb. 108).

Das Verfahren kann man wie folgt zusammenfassen: Man wählt Sorten mit höherer Saftausbeute und ausgeprägtem Aroma aus. Die Mangopulpe wird bei 75 °C während einer Minute im Plattenwärmeaustauscher pasteurisiert und schnell abgekühlt. Die Pulpe wird dann bei 5 000 rpm kontinuierlich zentrifugiert und dadurch vom Serum abgetrennt. Die Pulpe enthält die meisten Aromastoffe (El-Nemr und Askar 1986). Das Serum, etwa 75 % des Gesamtvolumens, wird dann mittels Verdampfung oder durch Gefrierkonzentrierung eingeengt. Die Konzentrierung kann bis etwa 45 °Brix erfolgen. Das Serumkonzentrat wird mit der vorher abgetrennten Pulpe vermischt. Die so gewonnenen Mangosaftkonzentrate von 40 °Brix besitzen ein gutes Aroma und eine normale Farbe und sind bei –12 °C mehrere Monate haltbar (Askar et al. 1981a, b, 1982, El-Samahy et al. 1982). Eine direkte Konzentrierung, ohne Trennung von Serum und Pulpe, kann mit begrenztem Erfolg und nur bis 30 °Brix erfolgen (Kato et al. 1976).

3.8.2.5 Papaya

Die Papaya (auch gelegentlich Pawpaw genannt) ist eine melonenartige Frucht mit einer dünnen, weichen, gelbgrünen bis gelben Schale, gelbem bis orangerotem Fruchtfleisch, von kürbisähnlicher Konsistenz und mit zahlreichen kleinen schwarzen Samen. Das Gewicht der Früchte variiert stark (von 400 g bis 10 kg), in den meisten Fällen beträgt es aber ein bis zwei Kilogramm. Die Früchte haben einen süßen, melonenartigen Geschmack und sind säurearm. Charakteristisch für die Papaya ist der hohe pH-Wert (5,0–5,5), der einen Einfluss auf die Verarbeitung und Haltbarmachung hat. Der bemerkenswert hohe Carotinoidgehalt, 15 bis 60 ppm, (Kimura et al. 1991) besteht hauptsächlich aus Lycopin, β-Cryptoxanthin und β-Carotin (Provitamin A). Citronen- und Äpfelsäure sind die Hauptsäuren. Der Zuckergehalt liegt bei etwa 10 % und besteht hauptsächlich aus Saccharose. Grün gepflückte Früchte entwickeln nie ihr volles Aroma. Das Aroma besteht hauptsächlich aus Benzylisothiocyanat, Linalool und einer Reihe von Terpen-Kohlenwasserstoffen. Ein Teil davon liegt an Zucker als Glykoside gebunden vor und wird erst bei der Verarbeitung durch fruchteigene Enzyme freigesetzt (Heidlas et al. 1984).

Die Früchte werden sehr kurz vor der Reife gepflückt, damit sie leicht transportiert werden können (wegen der Beschaffenheit der Schale). Reif gepflückte Früchte sind druckempfindlich, werden in wenigen Tagen überreif und leicht von Pilzen und Insekten befallen. Die Lagerfähigkeit beträgt bei 10 bis 13 °C bis zu drei Wochen. Unter 7 °C können Kälteschäden auftreten (Wang 1990). Die Papayafrüchte werden daher überwiegend frisch in den Anbauländern konsumiert, während der Export noch beschränkt ist. Aussichtsreich ist die Verarbeitung der Früchte zu Püree und zu Nektaren.

Papayapüree

Bei der Verarbeitung ist auf Folgendes zu achten: Die Schale ist meistens mit Insekten und Pilzen kontaminiert. Der in der Schale vorhandene Milchsaft soll nicht mit der Pulpe vermischt werden. Die reichlich vorhandenen, sehr aktiven Enzyme sollen sofort und während der Verarbeitung inaktiviert werden. Die Kerne mit ihrem hohen Fettgehalt und eigenen Geschmack sollen vollständig und ohne zu zerbrechen entfernt werden. Alle Maschinenteile, die mit der Pulpe in Kontakt kommen, müssen aus rostfreiem Stahl sein, um eine Verfärbung zu vermeiden.

Bemerkenswert bei Papayafrüchten ist der Gehalt an sehr aktiven Enzymen, insbesondere in den Schalen (Abd El-All et al. 1994). Das sind vor allem Pektinesterasen, Polygalacturonase und Polyphenoloxidasen, die auch relativ hitzestabil sind. Für eine komplette Inaktivierung der Pektinesterase benötigt man Temperaturen von 80 °C während einer Minute (Lourenco und Catutani 1984). Magalhaes et al. (1996) haben zwei Typen von Pektinesterasen in Papayapulpe gefunden: eine hitzelabile und eine hitzestabile. Letztere hat einen D-Wert von 16,7, 7,2 und 3,7 Minuten bei 75, 77 und 80 °C in Papayapulpe mit einem pH-Wert von 3,8.

Brekke et al. (1972, 1973, 1977) entwickelten ein geeignetes Verfahren für die Herstellung von Papayapüree. Das Verfahren kann wie folgt zusammengefasst werden (Abb. 109): Die Früchte werden während 20 Minuten in warmes Wasser (50 °C) getaucht und dann abgekühlt. Durch diese Behandlung werden die Insektenreste entfernt, das Verderben während der Reifung verhindert und die Fruchtreifung beschleunigt. Die Früchte gelangen dann in eine Gaskammer, in der sie mit Ethylendibromid behandelt werden, um ohne Schädigung der Früchte

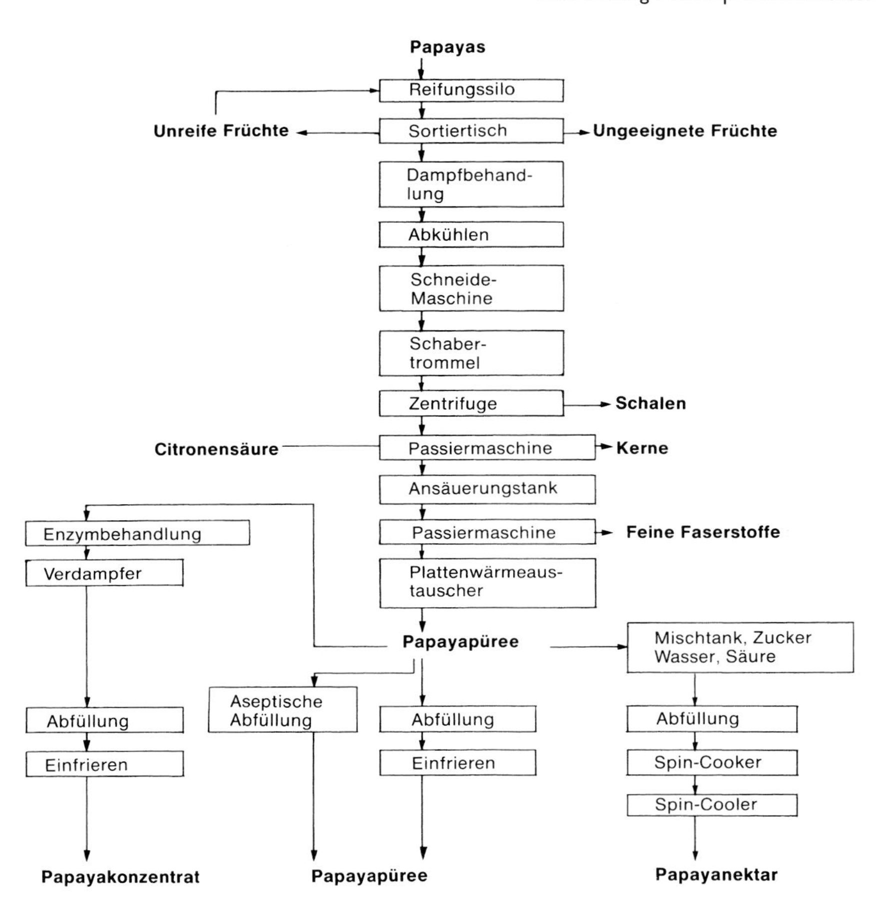

Abb. 109. Verarbeitung von Papayas.

Insekten abzutöten. Die Früchte werden dann mit chloriertem Wasser gewaschen und sortiert. Nur völlig reife und gleichmäßige Früchte werden verarbeitet. Grüne Früchte werden in einem Silo einige Tage bis zur Reife gelagert.

Die Papayafrüchte werden durch einen Dampftunnel geschickt, in dem sie während ein bis zwei Minuten mit Dampf (100 °C) behandelt werden, um den Austritt von Latex aus der Schale zu verhindern, den Milchsaft zu koagulieren, die Enzyme in der Schale zu inaktivieren, die Fruchtoberfläche zu säubern, die Mikroorganismenzahl zu reduzieren und die Außenpartien der Früchte aufzuweichen und damit die Püreeausbeute zu erhöhen. Die Früchte werden mit Wasserduschen während drei bis vier Minuten abgekühlt. Die in Scheiben geschnittenen Früchte gelangen dann zu einer Schabertrommel, wo die Früchte zwischen einer Trommel und einem Transportband geschabt werden, ohne dass die Kerne und die Schale beschädigt werden. Das Fruchtfleisch wird auf diese Weise gelockert und von der Schale abgelöst. Die Schale wird in einer kontinuierlichen Zentrifuge vom Püree und von den Kernen abgetrennt. Die Kerne werden in einer Passiermaschine (Sieb von etwa 0,6 mm) vom Fruchtpüree abgetrennt. Um die Kerne nicht zu beschädigen, wird die Passiermaschine mit langsam laufenden Wischerblättern aus elastischem Material bestückt.

Das Püree wird sofort mit einer 50%igen Citronensäurelösung behandelt, um den pH-Wert auf 3 bis 3,5 zu senken.

Diese Behandlung ist von größter Bedeutung, um eine Gelbildung zu vermeiden, die Enzymaktivitäten herabzusetzen und das Mikroorganismenwachstum zu unterdrücken. Das Püree wird durch eine Passiermaschine (Siebporen < 0,5 mm) geschickt, um feine Faserteilchen und Partikelchen zu entfernen. Das Püree gelangt dann für zwei Minuten in einen Plattenwärmeaustauscher bei 93 bis 96 °C und wird anschließend bis auf 30 °C gekühlt. Die Hitzebehandlung beseitigt die meisten Mikroorganismen, inaktiviert die Enzyme und verhindert die Entstehung fremdartigen Geruchs und Geschmacks während der Lagerung. Das Püree wird dann in Polyethylenbeuteln in Behälter aus Metall oder aus Fiberglas abgefüllt und bei –20 °C eingefroren und gelagert. Es empfiehlt sich, das Einfrieren sofort nach der Hitzebehandlung vorzunehmen, um den überlebenden Mikroorganismen keine Chance zum Wachstum zu geben (Chan et al. 1973). Die aseptische Abfüllung (bag-in-box) für Papayapüree wurde von Chan und Cavaletto (1982) erfolgreich angewendet. Das Püree wurde eine Minute bei 93 °C erhitzt und aseptisch in Beutel abgefüllt (Scholle, Abfüllmaschinen). Die Abfüllmaschine wurde mit Chlor und heißer Luft (120 °C, 30 min) sterilisiert. Die Lagerung erfolgte bei Raumtemperatur (24–31 °C) oder bei 38 °C. Nach sechs Monaten Lagerung bei Raumtemperatur ergaben sich leichte Ascorbinsäureverluste und stärkere Aroma- und Farbveränderungen.

Papayakonzentrat

Um die Verpackungs-, Transport- und Lagerungskosten herabzusetzen, kann das Papayapüree konzentriert werden. Wegen seiner sehr hohen Viskosität muss es jedoch vorher mit pektolytischen Enzymen behandelt werden. Das Püree wird mit Pectinol 10 M (Röhm) in Konzentrationen von 0,05 bis 0,2 % bei 50 bis 56 °C für 1,5 bis 2 Stunden behandelt. Das Püree wird dann erhitzt, um die Enzyme zu inaktivieren und sofort in einem Zentrifugalverdampfer (Tetra Pak Plant Engineering AB, Lund) bei 38 bis 50 °C und etwa 960 mbar Druck bis auf das Dreifache konzentriert. Die so hergestellten Konzentrate (35 bis 40 °Brix) zeigen eine gute Geschmacksqualität, keine Bräunungsreaktion, leichte oder keine Aromaveränderungen bei einem etwa 20%igen Verlust an Ascorbinsäure (Chan et al. 1975). Die Anwendung einer Mischung von Cellulase und Pectinex Ultra-SPL (NOVO) bei der Verarbeitung von Papayapulpe war ebenfalls erfolgreich (Jose Hermosilla et al. 1991).

Papayanektar

Papayanektare werden durch die Mischung von etwa 25 bis 50 % Papayapüree mit Zucker, Wasser und Citronensäure hergestellt, so dass das Endprodukt einen Gehalt von etwa 13 °Brix und einen pH-Wert von 3,5 aufweist (Brekke et al. 1976). Nektare werden bevorzugt in lackierte Dosen abgefüllt, unter Vakuum verschlossen und im „Spin-Cooker" (Drehkocher) mit Dampf bei 100 °C während drei Minuten erhitzt (Wang und Ross 1965) und dann im „Spin-Cooler" in vier Minuten auf 38 °C abgekühlt. Die Lagerungstemperatur spielt für Papayanektare eine bedeutendere Rolle als die Dosenlackierung (Brekke et al. 1976).

Die Papaya eignet sich vorzüglich zu Fruchtkombinationen. Eine Mischung von Papaya- und Passionsfruchtpüree im Verhältnis von 82,5 zu 17,5 mit der gleichen Menge Zuckerlösung von 30 °Brix ergibt Nektar von besonderer Qualität (Salomon et al. 1977a). Wir haben festgestellt, dass eine Kombination von 15 % Papayapulpe + 15 % Mangopulpe + 70 % Sirup (15 % Saccharose und 0,55 % Citronensäure) einen ausgezeichneten Nektar ergab, in Bezug auf Geschmack, Farbe und Lagerfähigkeit (Mostafa et al. 1997).

3.8.2.6 Passionsfrucht

Die Gattung *Passiflora* (Passifloraceae) umfasst über 400 Arten. Für die Saftherstellung werden aber hauptsächlich nur zwei Arten angebaut: die Gelbe und die Purpurrote Passionsfrucht. Die Früchte, auch Maracuja genannt, der beiden Arten sind klein, oval bis rund und haben eine glatte, lederartige, harte Schale. Die Früchte ähneln großen Pflaumen. Die innere Schale ähnelt dem Albedo der Citrusfrüchte. Die Früchte enthalten safthaltiges Arillusgewebe, in welches die zahlreichen schwarzen oder braunen Kerne eingebettet sind. Das geleeartige, saftige Fruchtfleisch umgibt die Kerne in Form von Saftsäckchen. Der Passionsfruchtsaft hat einen besonderen, intensiven exotisch-fruchtigen, säuerlichen Geschmack und ein intensives Aroma, das an kein bekanntes Fruchtaroma erinnert.

Die Hauptunterschiede zwischen den beiden Passionsfruchtarten kann man wie folgt zusammenfassen: Die Gelbe Passionsfrucht hat einen Durchmesser von fünf bis sechs Zentimetern, ist 60 bis 80 Gramm schwer, enthält mehr Säure und wird mit größeren Erträgen in Brasilien, Hawaii, Sri Lanka und auf den Fidschi-Inseln angebaut. Die Purpurrote Passionsfrucht hat einen Durchmesser von vier bis fünf Zentimetern, ist etwa 35 Gramm schwer, enthält weniger Säure und wird hauptsächlich in Kenia, Australien, Südafrika und Indien angebaut. Diese Art wird auf Grund ihres intensiven und sehr fruchtigen Geschmacks für die Saftherstellung bevorzugt verwendet (Landgraf 1978, Rehm und Espig 1976, Samson 1986).

Die Früchte werden vollreif gepflückt oder nach dem Abfallen jeden Morgen vom Boden aufgesammelt. Nur baumreife Früchte haben ein volles Aroma. Als Reifemerkmal dient hauptsächlich die Schalenfarbe. Sie wird gleichmäßig dunkelviolett (bei der Roten Passionsfrucht) oder tiefgelb (bei der Gelben Passionsfrucht). Die reifen Früchte werden sofort verarbeitet oder bei 6 bis 7 °C und einer relativen Luftfeuchte von 85 bis 90 % für einige Wochen gelagert. Die Früchte werden selten frisch verzehrt, weil sie einen hohen Säuregehalt (3–5 %) aufweisen. Hauptsäure ist die Citronensäure und daneben Äpfeläure und Bernsteinsäure. Die Passionsfrucht kann in dieser Hinsicht mit der Zitrone verglichen werden. Der Saft wird daher meistens nach Verdünnen und Zuckerzugabe als Erfrischungsgetränk konsumiert. Die Früchte enthalten etwa 35 % Saft, 50 bis 55 % Schale und 8 bis 14 % Kerne (Whittaker 1972).

Bemerkenswert für die Passionsfrucht ist der relativ hohe Gehalt an Magnesium (10–17 mg/100 g), an Flavonoiden und an Phenolen. Das Aroma roter Früchte wird als sehr angenehm blumig und fruchtig, das der gelben Früchte als exotisch esterartig mit einer scharfen Schwefelnote bezeichnet. Die rote Art hat deutlich höhere Konzentrationen an Estern und β-Ionon. Als wichtige Aromastoffe werden (Z)-3-Hexenylbutanoat, Hexylbutanoat, Ethylbutanoat, Ethylhexanoat und Ethyl-(Z)-4,7-octadienoat genannt. Daneben kommen eine Reihe von Terpenoiden wie Edulan I und II (die rosenduftähnliches Aroma haben und charakteristisch für die rote Passionsfrucht sind), Linalool und Linalooloxid vor. Charakteristisch für die gelbe Art ist eventuell Megastigma-5,8(E)-dien-4-on und Schwefelverbindungen wie 3-Mercaptohexanol und 3-(Methylthio)-hexanol. Diese Substanzen kommen auch in roten Früchten vor (Casimir et al. 1981, Chen et al. 1982, Engel und Tressl 1991, Herderich und Winterhalter 1991, Werkhoff et al. 1998).

Passionsfruchtsaft

Die Früchte werden gründlich in beweglichen Waschtanks oder unter starken Brausewaschanlagen gewaschen. Die Früchte werden dann verlesen, wobei beschädigte und verdorbene Früchte entfernt werden. Die Früchte werden nach verschiedenen Verfahren entsaftet (Abb. 110).

In Hawaii werden die Früchte in 15 Millimeter dicke Scheiben geschnitten, wobei gezackte, rotierende und runde Messer verwendet werden. Die Scheiben gelangen dann zu einem Zentrifugenentsafter mit einer schrägstehenden Trommel und einer perforierten Wand. Die Fruchtteilchen werden mittels Zentrifugalkraft (175 g) an die Wand gedrückt, wobei der Saft und die Kerne durch die Perforierung in der Wand nach außen gelangen und die Schalenteile nach unten fallen und durch ein Transportband beseitigt werden (Whittaker

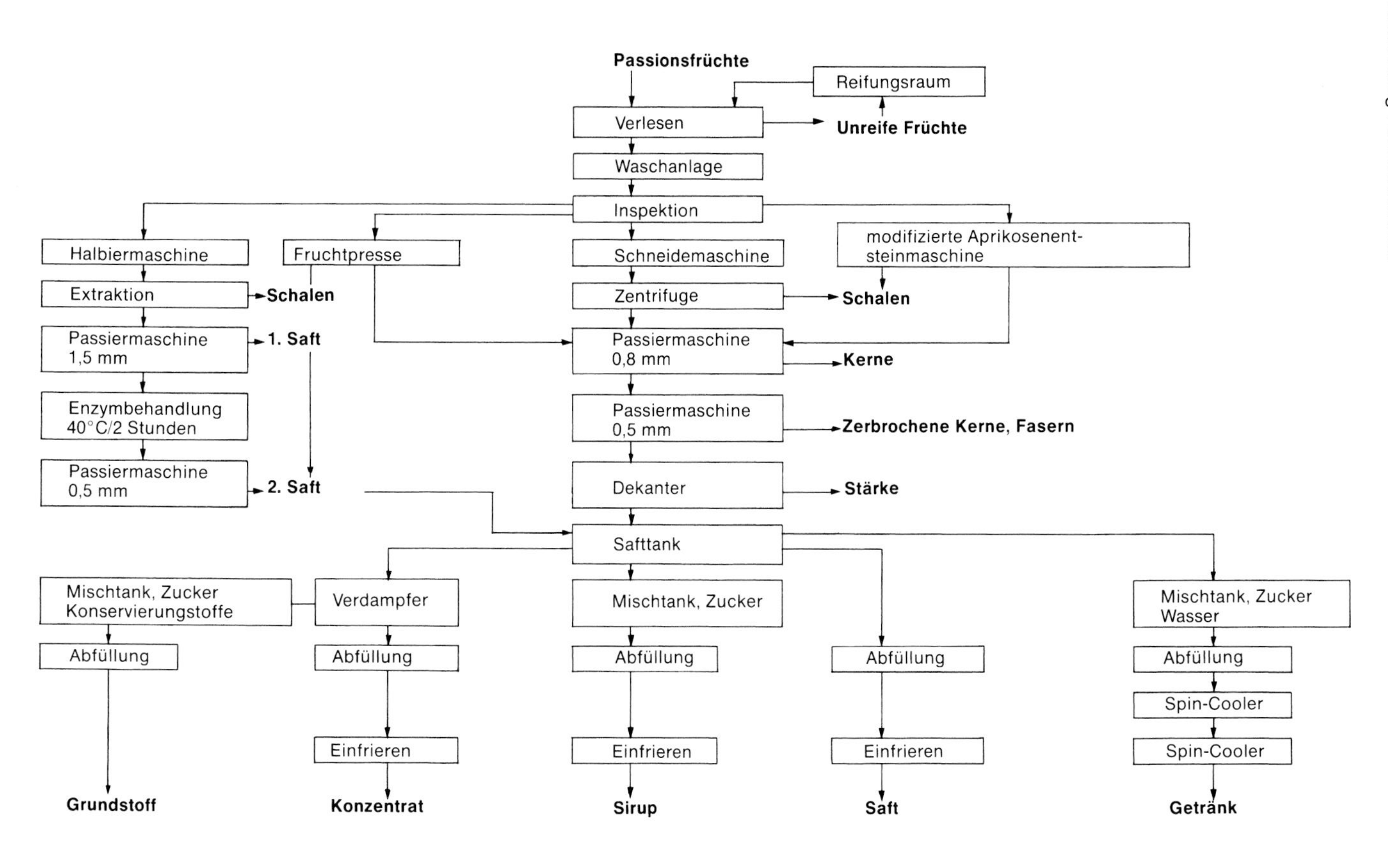

Abb. 110. Verarbeitung von Passionsfrüchten.

1972). In Australien werden die Früchte zwischen zwei rotierende Kegel eingeführt. Die Kegel sind an schräg zueinander stehenden Schäften montiert, so dass die Früchte mitrotieren und zusammengepresst werden. Dadurch platzen die Früchte auf, und die Pulpe tritt aus. Die Pulpe wird durch ein Sieb (6,3 mm) passiert. Die Schale mit der restlichen Pulpe wird nicht weiter extrahiert, um zu vermeiden, dass Schaleninhaltsstoffe in den Saft gelangen (Casimir et al. 1981). Im australischen Bundesland Queensland wird eine modifizierte Aprikosen-Entsteinmaschine verwendet. Die Früchte gelangen in halbkugelförmige Taschen und werden von unten kreuzweise eingeschnitten. Ein Kolben drückt dann von oben auf die Frucht und presst Fruchtfleisch und Kerne durch die untere Öffnung heraus.

Das beste und einfachste Verfahren wurde bei der Firma Bertuzzi S. A., Brugherio, Italien, entwickelt, der so genannte „Passypress-Extraktor". Die Anlage arbeitet ähnlich wie ein Citrussaft-Extraktor. Die Früchte werden zwischen zwei rotierenden Walzen gepresst. Die eine Walze ist mit Gummi beschichtet, während die andere mit Zähnen aus rostfreiem Stahl bestückt ist. Die Zahnwalze presst die Früchte gegen ein Sieb und die Pulpe tritt aus (Casimir et al. 1981).

Die Saft-Kerne-Mischung wird durch zwei Passiermaschinen geschickt. Es handelt sich meistens um Reibpassiermaschinen oder Bürstenpassiermaschinen mit Schlagstäben aus elastischem Material. Infolge der Drehung wird das Fruchtfleisch durch die perforierte Siebeinlage des Zylindermantels durchgeschlagen. Durch das erste Sieb (0,84 mm) werden die Kerne entfernt, während das zweite (0,51 mm) gebrochene Kerne, Fasern und kleine Partikel abtrennt. Die Saftausbeute liegt meistens bei 30 bis 35 %.

Um die Saftausbeute zu erhöhen, wurde die Maische mit pektolytischen Enzymen behandelt. Die stereomikroskopische Untersuchung von Passionsfruchtpulpe lässt erkennen, dass der Saft in kleinen Säcken um die Kerne liegt. Die Enzyme sollen die Saftsäcke lockern und die Haut ablösen. Bei diesem Verfahren werden die Früchte halbiert, die Pulpe wird mit Hilfe einer „Kratz"-Vorrichtung entfernt und auf ein 1,5-mm-Sieb gebracht, wobei ein Teil des Saftes (der sog. „erste" Saft) abgetrennt wird. Die Maische (Pulpe und Kerne) wird dann mit 0,1 % Enzym zwei Stunden bei 40 °C behandelt. Dabei wird ein „zweiter" Saft gewonnen, der etwa 10 % des Fruchtgewichtes ausmacht, wodurch die Saftmenge bis auf etwa 45 % des Fruchtgewichtes ansteigt. Trotz des niedrigen pH-Wertes der Maische können die Enzyme erfolgreich verwendet werden. Der zweite Saft hat die gleiche Zusammensetzung und die gleichen physikalischen Eigenschaften wie der erste Saft.

Der Stärkegehalt der Purpurroten Passionsfrucht beträgt etwa 1,0 bis 3,7 %, der der Gelben Passionsfrüchte etwa 0,06 % (Kwok et al. 1974). Die Stärkepartikel bestehen fast ausschließlich aus Amylopektin mit nur 1,2 % Amylose. Der Saft neigt daher zur Gelbildung.

Der Saft wird entlüftet, um Luftsauerstoff zu entfernen und die Oxidation der Aromastoffe und das Braunwerden des Saftes zu vermeiden. Der Saft wird dann in lackierte Dosen abgefüllt, unter Vakuum oder im Dampfstrom verschlossen, eingefroren und bei –18 °C gelagert. Der Saft kann aber auch in 50- bis 200-Liter-Fässer abgefüllt und eingefroren werden. Der Zusatz von Zucker erhöht die Aromastabilität und gleicht den hohen Säuregehalt des Saftes aus. Die Mischung von 75 Teilen zu 100 Teilen Saft ergibt ein „Konzentrat", das nach einer Verdünnung von eins zu vier ein ausgezeichnetes Getränk ergibt.

Die Haltbarmachung ist wegen des hohen Säuregehalts des Saftes relativ problemlos. Die Produkte können bei Raumtemperatur gelagert werden. Sie zeigen allerdings nach einigen Monaten Aromaveränderungen, Bräunung und Absetzen der Trubstoffe. Es wird daher empfohlen, den Saft bis auf 93 °C zu erhitzen, um die Pektinesterasen zu inaktivieren und die Bräunung durch die Zugabe von 1 000 ppm Ascorbinsäure zu verhindern (Ragab 1971).

Es ist auch empfehlenswert, die Säfte vor dem Einfrieren zu pasteurisieren. Da das Aroma des Passionsfruchtsaftes sehr hitzeempfindlich ist, wird der Saft blitzpasteurisiert (sog. HTST-Verfahren), oder die unter Vakuum abgefüllten und verschlossenen Dosen werden in einem „Spin-Cooker" pasteurisiert. Die Dosen sollen bei niedrigen Temperaturen gelagert werden, um Farb- und Aromaveränderungen minimal zu halten. Die Wärmeeinwirkung verursacht eine Säurehydrolyse der wichtigsten Aromastoffe (WHITFIELD und SUGOWDZ 1979).

Passionsfruchtsaftkonzentrat

Da die Aromastoffe relativ flüchtig und hitzeempfindlich sind, ist eine Eindampfung nicht unbedingt zu empfehlen. Wenn sie jedoch angewandt wird, sollen kurze Verweilzeiten und niedrige Temperaturen beachtet werden. Es empfiehlt sich, mit einer Aromarückgewinnungsanlage zu arbeiten und die ersten 10 bis 15 % des Destillats zum Saftkonzentrat vor dem Einfrieren zuzugeben (CASIMIR et al. 1981). Zentrifugalverdampfer wurden mit großem Erfolg auch für die Konzentrierung von Passionsfruchtsaft angewendet (FONSECA 1976). Die vorhandene Stärke verursachte keine Schwierigkeiten. Die Vorerwärmung des Saftes auf 68 °C erwies sich dabei vorteilhafter als die Saftzufuhr bei Raumtemperatur. Der Saft wird meistens auf 50 °Brix konzentriert und dann eingefroren (–18 °C). Die Lagerung bei –18 °C für sechs Monate, bei 4 °C für drei Monate oder bei 20 °C für einen Monat ist ohne nennenswerte Qualitätsverluste möglich (ISAACS et al. 1988).

Die Herstellung von Saftkonzentat durch *Ultafiltration* beziehungsweise *Umkehrosmose* ist auch möglich (POMPEI, RHO, YU und CHIANG 1986). Die Schwierigkeit dabei ist die Verstopfung der Poren, das so genannte „Fouling". Durch Enzymbehandlung (100 ppm Ultrazym 100 bei 30 °C während 1 Stunde), Zentrifugation bei 9000 rpm (Westfalia Typ SA-1–02–235), anschließende Pasteurisation bei 75 °C während 40 Sekunden und Konzentrierung mittels Ultrafilration ist es möglich, die Permeate in einem Verdampfer bis 70 °Brix zu konzentrieren und mit den Retentaten (20 °Brix) zu vermischen. Das Endprodukt (40 °Brix) weist eine hohe Qualität auf. Die Ultrafiltration wurde in einer PCI-Anlage mit einer PCI BX6 UF Membran (Trenngrenze 25 000 Dalton) und Druck von 10 bis 14 bar durchgeführt (YU und CHIANG 1986).

Passionsfruchtgetränke

Zum Konzentrat wird häufig eine konzentrierte Zuckerlösung (70 °Brix) im Verhältnis von etwa eins zu zwei (Saft zu Zuckerlösung) gegeben. Die durch Rückverdünnung hergestellten Passionsfruchtsaftgetränke enthalten 20 % Saftanteil (BREKKE 1973, CASIMIR et al. 1981). Der Passionsfruchtsaft eignet sich sehr gut zur Herstellung von Erfrischungsgetränken ab 5 % Saftanteil. Die meisten Getränke enthalten aber über 10 % Saft. Der Passionsfruchtsaft der roten Sorte eignet sich vorzüglich zum Verschnitt mit Apfel-, Birnen- und Pfirsichsaft, während die gelbe Sorte sich besser zum Verschneiden mit Orangen-, Ananas-, Guaven- und Papayasaft (82,5 : 17,5 oder 87,5 : 12,5) eignet (SALOMON et al. 1977b).

3.8.3 Weitere tropische Früchte

3.8.3.1 Acerolakirsche

Die Acerolakirsche wird auch Westindische Kirsche, Antillenkirsche, Puerto-Rico-Kirsche oder Barbadoskirsche genannt. Sie ist eine etwa zwei Zentimeter große, glänzende, gelborange bis rote Steinfrucht von der Form und Größe einer Kirsche mit bis zu zehn Gramm Gewicht. Die Früchte sind leicht verderblich und können daher nicht frisch exportiert werden. Das Fruchtfleisch hat ein feines Aroma und einen angenehm fruchtigen, aber ziemlich sauren Geschmack. Die Früchte werden auf Grund ihres außergewöhnlich hohen Vitamin-C-Gehaltes geschätzt und daher zu Saft, Konzentrat oder Pulver verarbeitet. Unreife Früchte enthalten bis 4000 mg/100 g und reife Früchte etwa 1000 bis 2500 mg/100 g Ascorbinsäure. Aus diesem Grund wird bei der Verarbeitung ein Teil unreifer Früchte mitverarbeitet. Etwa 20 % der Ascorbinsäure werden während der Hitzebehandlung abgebaut (NAGY und SHAW 1980, ITOO et al. 1990).

Acerolasaft

Die Acerolasaftherstellung ist relativ einfach und unterscheidet sich nicht wesentlich von der Herstellung der meisten Steinobstsäfte, zum Beispiel des Kirschensaftes. Es soll dabei vor allem auf die Erhaltung des wertvollen natürlichen Gehaltes an Ascorbinsäure geachtet werden. Die Früchte werden verlesen, gewaschen und gemahlen ohne die Steine zu zerbrechen (zum Beispiel Rätzmühlen, Flügelwalzenmühlen). Der Saft wird dann mit einer Packpresse oder mit einer anderen geeigneten Presse gewonnen. Durch Erwärmung der Maische wird mehr Saft und eine bessere Qualität erzielt. Zur Klärung des Saftes kann eine Zentrifuge, zum Beispiel eine Dekanterzentrifuge, eingesetzt werden. Der Saft wird dann filtriert, wobei der Zusatz von Filterhilfsmitteln, zum Beispiel Kieselgur, die Arbeit erleichtert. Die Ausbeute beträgt etwa 80 % des Fruchtgewichtes. Der rosafarbige Saft weist 8 bis 11 °Brix auf. Die Pasteurisation erfolgt in einem Wärmeaustauscher bei 88 °C während 45 Sekunden, wobei nur 2 % der Ascorbinsäure abgebaut werden. Der Saft wird sofort in lackierte oder unlackierte Dosen oder Flaschen abgefüllt. Die Behälter werden verschlossen, eine Minute warmgehalten und dann schnell abgekühlt. Für die Vitamin-C-Erhaltung während der Lagerung ist die Lagerungstemperatur von wesentlicher Bedeutung. Nach einem Jahr Lagerung bei Zimmertemperatur (26–29 °C) betrugen die Verluste 50 bis 80 % während bei 7 °C nur 21 % des Vitamin C verlorengingen. Starke Hitzebehandlung und die Warmlagerung von Acerolasaft verursachen einen „off-flavor“, der als heuähnlich bezeichnet wurde (SANCHEZ-NIEVA 1955, ITOO et al. 1990).

Acerolasaftkonzentrat

Acerolasaftkonzentrat wird als natürliche Quelle für Vitamin C gehandelt, als Grundstoff für Fruchtsaftmischungen und als Ausgangsmaterial für die Herstellung von Acerolapulver. Die Konzentrate werden hauptsächlich in Puerto Rico für den Export hergestellt. Die Konzentrierung soll bei möglichst niedriger Temperatur durchgeführt werden. Man verwendet dafür bevorzugt Fallstromverdampfer. Acerolasaft kann bis 60 °Brix konzentriert werden. Das Produkt wird pasteurisiert und in Dosen oder 50- bis 200-kg-Behälter abgefüllt. Die Lagerung erfolgt bei –18 °C, um Vitamin-C-Verluste zu vermeiden. Die Konzentrate sind nicht stabil, auch nicht bei 0 °C. Sie verlieren ständig Ascorbinsäure, und die Farbe wird dunkler. Während der Lagerung bei hohen Temperaturen entwickelt sich CO_2 als eines der Abbauprodukte der Ascorbinsäure. Die Gasdrücke sind relativ hoch, so dass sich die Dosendeckel wölben (CHAN et al. 1966, NAGY und SHAW 1980).

3.8.3.2 Kaschuapfel (Cashew-Apfel)

Der Kaschuapfel ist die „Scheinfrucht“ des Kaschubaumes, der zur selben botanischen Familie gehört wie Mango. Der Kaschuapfel ist botanisch gesehen der Fruchtstiel, an dem die wohlbekannte Kaschunuss hängt. Der Stengel der Kaschunuss entwickelt sich zu einer Scheinfrucht, die birnenartig aussieht und etwa das vier- bis fünffache Gewicht der richtigen Frucht (Nuss) hat. Der Baum wird hauptsächlich wegen der wertvollen Nuss angebaut. Der Kaschuapfel ist daher als „Nebenprodukt“ zu betrachten, das häufig gar nicht verarbeitet und nach der Nussgewinnung weggeworfen wird (AREAS 1982, SAMSON 1986).

Das Fruchtfleisch des Kaschuapfels ist gelborange bis rot, faserig und sehr saftig. Es hat einen charakteristischen, adstringierenden Geschmack, der durch den hohen Gehalt an Gerbstoffen verursacht wird. Die Frucht wird daher von vielen Menschen nicht geschätzt. In Brasilien ist der Kaschuapfel als Obst und Kompott sehr beliebt. Auch der Saft wird heute häufig hergestellt (MARQUES und QUAST 1975). Der Tanningehalt ist von der Sorte und den Anbaubedingungen, vor allem aber vom Reifegrad abhängig. Vollreife Früchte enthalten weniger Tannine. Durch Anwendung von Schönungsmitteln kann der Tanningehalt weitgehend herabgesetzt werden. Die Früchte halten sich im warmen Klima nur einen Tag und müssen deshalb so schnell wie möglich verarbeitet werden.

Kaschuapfelsaft

Die Früchte werden gründlich verlesen. Überreife und verdorbene Früchte werden entfernt, weil sie einen negativen Einfluss auf Geschmack und Aroma haben. Die Früchte werden dann sorgfältig gewaschen.

Die Saftgewinnung erfolgt mit Hilfe einer normalen Korbpresse. Die Früchte können aber auch in Scheiben geschnitten werden, die dann durch eine Schneckenpresse laufen. Die Saftausbeute beträgt etwa 80 %. Der Saft wird dann sofort pasteurisiert (90 °C, 2 min). Dadurch wird auch die enzymatische Bräunung vermieden. Um den Geschmack zu verbessern, werden die Gerbstoffe durch Zusatz von 5%iger Gelatinelösung (250 bis 500 g/hl Gelatine) entfernt. Der Saft wird dann filtriert, wobei Filtrationshilfsmittel verwendet werden können.

Für die Klärung des Saftes kann auch eine Dekanterzentrifuge eingesetzt werden. Um die Haltbarkeit während der Lagerung zu verbessern, wird dem Saft Limonensaft zugesetzt. Zur Vermeidung von Bräunungsreaktionen wird häufig Kaliummetabisulfit (entsprechend 100 ppm SO_2) verwendet (MARQUES und QUAST 1975, AREAS 1982).

Kaschuapfelsaftkonzentrat

Als zukünftige Exportprodukte kommen hauptsächlich Konzentrate des Kaschuapfels in Frage. Neuere Arbeiten empfehlen die Verwendung von Zentrifugalverdampfern oder Filmverdampfern, die eine sehr schnelle Konzentrierung bis auf 65 °Brix ermöglichen. Die Konzentrate werden bei –20 °C gelagert.

3.8.3.3 Kiwi

Kiwifrüchte haben in den letzten Jahren eine gewisse Bedeutung im Welthandel erlangt. Die Frucht stammt aus China und wurde daher chinesische Stachelbeere genannt. Durch Auswahl, Züchtung, Forschung und Werbung wurde die Kiwi in Neuseeland kultiviert und weltweit bekannt gemacht. Die Anbaufläche für Kiwi in Neuseeland betrug 1997 nach einer stärkeren Abnahme zu Beginn der 90er Jahre noch 10 329 Hektar (WIDMER 2000). Die Bezeichnung Kiwi nimmt auf den Kiwi-Vogel Neuseelands Bezug. Die Früchte sind von ovallänglicher Form mit einer Länge von sieben bis zehn Zentimetern, einem Durchmesser von rund fünf Zentimetern und einem Gewicht von 75 bis 100 Gramm. Die Schale ist braun, ziemlich hart und mit kurzen braunen Haaren bedeckt. Die Früchte haben grasgrünes, saftiges, süß-säuerliches, an Melone und Erdbeere erinnerndes Fruchtfleisch. Im Fruchtfleisch sitzen neben der Fruchtwand zahlreiche kleine, flache, braunschwarze, essbare Kerne, die strahlenförmig um eine weißgelbe Hauptachse angeordnet sind.

Essreife Früchte haben einen Gehalt von 13 bis16 °Brix und von 2,6 % Säure, die sich aus Citronen-, China- und Äpfelsäure zusammensetzt. Die Aromastoffe bestehen hauptsächlich aus (E)-2-Hexenal, (E)-2-Hexenol, Ethylbutanoat, 1-Hexanol, Hexanal und Methylbutanoat und werden durch Einwirkung von Lipoxidase und Fettabbau gebildet (LUH 1991). Der „off-flavor“ in Kiwisaft beruht auf einer Überproduktion von (E)-Hex-3-enal, was man als altschnittgras- oder heuartig bezeichnet (YOUNG et al. 1992). Die Früchte sind transport- und lagerfähig. Bei kühler Lagerung sind sie bis acht Wochen, bei 0 °C und 90 bis 95 % relativer Feuchte bis sechs Monate haltbar (PRATT und REID 1974, HARRIS 1976). Die Früchte werden hauptsächlich frisch vermarktet. Als Kiwiprodukte sind eingedoste Scheiben in Sirup und auch Kiwipüree, -säfte und -konzentrate anzutreffen (EL-ZALAKI und LUH 1981, WILDMAN und LUH 1981, WILSON und BURNS 1983).

Kiwipüree
Die Früchte werden gründlich gewaschen (Wasser mit 5–10 ppm Chlor), weil die Früchte ungeschält verarbeitet werden. Sie werden mit Lauge geschält (Kochen in 10- bis 15%iger NaOH-Lösung während 45–90 s), wenn sie als eingedoste Scheiben in Sirup Verwendung finden oder wenn sie getrocknet werden sollen. Die Früchte werden dann bei 1 °C über Nacht gekühlt. Die kalten Früchte werden in einer Hammermühle (Rätzmühle) mit 1 610 rpm und einem Sieb von 1,27 Zentimetern Lochweite zerkleinert. Die zerkleinerten kalten Früchte (bei 8 °C) gelangen sofort in eine Passiermaschine mit einem 0,5-mm-Sieb, wobei Kerne und Schalenteile entfernt werden. Das Püree wird dann durch einen Schabwärmeaustauscher mit Heißwasser-Beheizung (90 °C) gepumpt und anschließend in einem zweiten Schabwärmeaustauscher auf Raumtemperatur (23 °C) abgekühlt. Die Püreeausbeute beträgt etwa 90 %. Das Püree kann dann sofort in Polyethylenbeutel abgefüllt und in Kartons verpackt werden, die verschlossen und schnell eingefroren werden, um bei –18 °C zu lagern (WILDMAN und LUH 1981). Die Pulpe kann aber auch aseptisch abgefüllt werden.

WONG et al. (1992) empfehlen eine Entlüftung des Pürees vor der Abfüllung, um eine Bräunung während der Lagerung zu vermeiden. Die Bräunung in Kiwiprodukten beruht mehr auf der Oxidation von Ascorbinsäure als auf Maillard-Reaktionen. Durch Zusatz von Zucker zu Kiwipüree (14,8 °Brix) erhält man ein „Konzentrat“ mit bis zu 40 °Brix, das im Plattenwärmeaustauscher pasteurisiert (88 °C, 1 min) und im zweiten Teil des Gerätes abgekühlt (7 °C) wird. Die Abfüllung kann in lackierte Dosen (mit Kopfraum) oder in Polyethylenbeutel erfolgen. Anschließend wird das „Konzentrat“ während drei Stunden bei –37 °C eingefroren. Die Lagerung solcher Produkte wird bei –18 °C durchgeführt (EL-ZALAKI und LUH 1981).

Kiwinektar
Aus Kiwipüree wird durch Zusatz von Wasser, Zucker und Citronensäure ein Nektar hergestellt. Die Nektare haben einen Gehalt von 14 °Brix, 0,5 bis 0,6 % Säure und einen pH-Wert von 3,5 bis 3,6 aufzuweisen. Kiwinektare werden im Plattenwärmeaustauscher (88 °C, 1 min) pasteurisiert und in lackierte Dosen abgefüllt. Die Dosen werden sieben Minuten lang warmgehalten und dann schnell abgekühlt (WILDMAN und LUH 1981).

Kiwisaft
Die Herstellung von klarem Kiwisaft wurde ebenfalls untersucht. Die Früchte werden in kochendem Wasser für zehn Minuten blanchiert, um die Proteine zu denaturieren und die Enzyme zu inaktivieren. Sie werden dann in Hammermühlen zerkleinert. Nach einer Zugabe von Presshilfsmitteln (2 % Cellulosefasern) und 100 ppm pektolytischer Enzyme (Ultrazym 100 G, NOVO) wird das Püree eine Stunde bei Raumtemperatur stehen gelassen und dann in einer Packpresse oder in einer Bucher Horizontalpresse entsaftet. Der teilweise klare Saft wird in einem Plattenwärmeaustauscher (90 °C, 5 min) erhitzt und schnell abgekühlt (30–40 °C). Es werden 0,5 % Kieselgur zugegeben. Die Filtration erfolgt durch zwei bis drei Millimeter Celite-Schichten. Der klare Saft wird heiß in Dosen abgefüllt (85 °C), die Dosen werden verschlossen und abgekühlt (WILSON und BURNS 1983).

3.8.3.4 Litschi
Die Litschifrucht oder Litschipflaume stammt aus Südchina und wird heute in vielen subtropischen Gebieten angebaut, soweit der Sommer genügend warm ist und während der Fruchtentwicklung hohe Luftfeuchtigkeit und genug Regen anzutreffen sind. Litschi wird erfolgreich in China, Indien, Südafrika, aber auch auf Hawaii, in Australien und Neuseeland angebaut. Die Früchte sind rundoval, mit drei bis fünf Zentimetern Durchmesser. Die Schale ist zart, dünn, rosa bis weinrot, hat warzenförmige Erhebungen und wird

beim Trocknen braun. Die Frucht enthält einen einzigen derbschaligen, großen, braunen, glänzenden, nicht genießbaren Kern. Das Fruchtfleisch ist durchscheinend weiß, geleeartig und mit einem süßen, ungewöhnlich angenehmen Geschmack und ausgezeichnetem Aroma. Der Zuckergehalt beträgt etwa 16 % und der Säuregehalt etwa 0,5 %. Hauptsäure ist Äpfelsäure (etwa 85 %). Die Farbe ist durch Anthocyanine (hauptsächlich Cyanidin-3-rutinosid) bedingt. Terpenoide (Limonin, Geranial, Geraniol, Citronellol und Neral) und 2-Phenylethylalkohol sind für das blumige Aroma verantwortlich. Das Aroma beginnt sich zu verändern, sobald die Früchte geerntet werden. Das Aroma von exportierten Früchten beziehungsweise von Litschiprodukten (eingedoste Früchte in Sirup, Saft oder getrocknete Litschifrüchte, sog. „Litschinüsse") ist daher mit dem der frischen Früchte nicht zu vergleichen. Die Früchte sind leicht zu transportieren und werden bei warmen Temperaturen in drei Tagen überreif. Bei einer Lagerung bei 0 bis 5 °C sind sie bis etwa fünf Wochen haltbar (Johnston et al. 1980, Nagy und Shaw 1980, Revathy und Narasimham 1997).

Litschisaft

Bei der Verarbeitung von Litschis ist nur die Entfernung der Schale ein Problem, sonst wird der Saft durch Fruchtmühlen, Pressen, Passiermaschinen und eventuell auch durch Zentrifugieren und Filtrieren verarbeitet. Die Schale wird durch Eintauchen in 20%ige NaOH-Lösung bei 90 °C während drei Minuten gelöst (Chan und Cavaletto 1973). Die Schale wird dann mechanisch entfernt, und die Früchte werden gründlich gewaschen, um die Schale und die Lauge zu entfernen. Die restlichen Schalenteile werden von Hand beseitigt. Die geschälten Früchte werden in einer Kolloidmühle und durch eine Passiermaschine mit einem 0,5-mm-Sieb von den restlichen Schalen und den Kernen befreit. Der trübe Saft wird dann entlüftet und pasteurisiert (95 °C, 15 s) und sofort abgefüllt, eingefroren und bei –18 °C gelagert.

Für die Herstellung von klarem Litschisaft wird der trübe Saft durch Zentrifugation und Filtration geklärt. Die Verwendung von pektolytischen Enzymen für die Klärung des Saftes war nicht erfolgreich.

3.8.3.5 Stachelannone (Guanabana)

Die Stachelannone oder Guanabana ist die bekannteste Frucht der Gattung Annona. Die Früchte sind ein bis drei Kilogramm schwer, etwa so groß wie eine Wassermelone und ähneln in Form und Aussehen einer überdimensionalen, noch grünen Erdbeere. Die Schale ist grün, dick, sehr weich und wirkt durch eine große Anzahl dorniger, fleischiger Stacheln unansehnlich. Das Fruchtfleisch ist saftig, gelblich weiß und faserig (fast baumwollartig auf der Zunge). Die Kerne sind dunkelbraun und hart. Das Besondere der Frucht ist der vorzügliche, säuerlich-süße, erfrischende Geschmack und das unverwechselbare Aroma (Morton 1966, Nagy und Shaw 1980, Macleod und Pieris 1981). Der Zuckergehalt beträgt etwa 11 % und der Säuregehalt (hauptsächlich Äpfelsäure) etwa 1 %. Die meisten Aromastoffe sind Ester und nur geringere Konzentrationen von Terpenoiden liegen vor. Auf Grund ihres guten Geschmacks wird die Frucht in den Anbauländern nicht nur frisch genossen, sondern findet auch Anwendung bei der Herstellung von Erfrischungsgetränken, Säften und Sirup. Reife Früchte sind sehr weich und müssen sorgfältig behandelt werden. Sie sind bei Kühllagerung nur zwei bis drei Tage haltbar. Sie sind leicht verderblich, nicht transportfähig und werden als frische Früchte in Europa und Nordamerika wenig Erfolg haben. Im Gegensatz dazu könnten ihre verarbeiteten Produkte mehr Chancen haben. Im deutschsprachigen Raum wird sich der Name Stachelannone nicht durchsetzen, im Gegensatz dazu scheint der Name Guanabana erfolgversprechender zu sein.

Guanabanapulpe

Die reifen Früchte werden in einer Gebläsewaschmaschine gründlich gewaschen, wobei chloriertes Wasser verwendet wird. Die Früchte werden dann von Hand geschält (BENERO et al. 1971). Andere Schälverfahren sind kaum verwendbar. Die Pulpe wird in einer Passiermaschine mit einem 1,5-mm-Sieb und Gummiflügeln von den Kernen befreit. Die Ausbeute beträgt etwa 60 %, wobei über 90 % Pulpe in den Früchten vorhanden ist. Die Kerne sind alkaloidhaltig und sollen weder zerbrochen noch in der Pulpe verarbeitet werden.

Um die Extraktion zu erleichtern und die Ausbeute zu erhöhen (um etwa 40 %) wird 75 ppm Pectinex Ultra SPL (NOVO) während zwei Stunden bei 45 °C zugesetzt (YUSOF und IBRAHIM 1994). Die Pulpe wird dann pasteurisiert und heiß in unlackierte Dosen abgefüllt. Für den Überseetransport ist auch die Herstellung von gefrorener Guanabanapulpe möglich. Der Pulpe wird häufig Zucker (bis zu 60 °Brix) und eventuell auch Vitamin C (etwa 1,5 g/kg) zugefügt. Sie wird dann pasteurisiert, gekühlt, dann gefroren und bei –18 °C gelagert (SANCHEZ-NIEVA et al. 1970). Solche Produkte sind nach drei- bis vierfacher Verdünnung mit Wasser trinkfertig. Der Zusatz von Ascorbinsäure ist für die Qualitätserhaltung empfehlenswert.

Guanabananektar und -getränke

Guanabananektar wird wie üblich hergestellt. Der Fruchtpulpeanteil liegt meistens bei über 20 %, und die Nektare weisen einen Gehalt von etwa 15 °Brix und einen pH-Wert von 3,7 auf (etwa 0,4 % Säure). Bei solchen Produkten ist die Konsistenz von größter Bedeutung, weil sie einen Einfluss auf den Geschmack und die Homogenität der Farbe hat. Alle Faserteile müssen daher gut aufgelöst sein. Die Mischung mit anderen tropischen Fruchtsäften und -pulpen ist möglich, zum Beispiel Guanabanapulpe, Papayapulpe und Zuckerlösung von 25 °Brix (20 : 30 : 50) mit einem Endprodukt von etwa 19 °Brix und einem pH-Wert von 4,1. Auch eine Mischung mit Tamarindensaft ist erfolgreich (etwa 1 : 1) mit etwa 15 °Brix im Endprodukt und einem pH-Wert von 3,3 bis 3,6.

In Kuba wird aus dem Saft durch Mischen mit Milch und Zucker ein erfrischendes Getränk, „Champola" genannt, hergestellt. In Puerto Rico verdünnt man den Saft mit Wasser zu „Carato". Ein Getränk aus 80 % Zuckerrohrsaft und 20 % Stachelannonensaft wird als „Guarapo" bezeichnet (BUESO 1980). Guanabanaprodukte werden wie üblich pasteurisiert und heiß in Dosen oder Flaschen abgefüllt. Die Lagerung erfolgt bei niedrigen Temperaturen (SANCHEZ-NIEVA et al. 1953, BENERO et al. 1974).

3.8.3.6 Tamarinde

Tamarindengetränke waren schon bei den alten Ägyptern und Griechen bekannt und beliebt. Der Name stammt aus dem Arabischen „Tamrhindi" oder trockene Datteln Indiens. In Indien allein werden etwa drei Millionen Tonnen Früchte jährlich geerntet (ANON 1982). Die Schoten sind 8 bis 17 Zentimeter lang und 2,5 Zentimeter breit, gekrümmt, grau bis braun und enthalten ein klebriges, braunes Fruchtfleisch und etwa fünf bis zehn Samen. Das Fruchtfleisch (sog. Tamarindenmus) hat einen charakteristischen süßen und sauren Geschmack nach Weinsäure und ein erfrischendes, citrusähnliches Aroma (LEE et al. 1975). Der Zuckergehalt (etwa 25 %) besteht hauptsächlich aus Glucose, Fructose, Xylose in Verhältnis 1 zu 1 zu 0,5 (SILIHA und ASKAR 1987). Die flüchtigen Aromastoffe der Tamarindenpulpe bestehen hauptsächlich aus Monoterpenen, Furan- und Benzaldehydderivaten und Methylpyrazin. Die Citrusnote sowie der etwas brenzlige Ton von Tamarindenpulpe werden auf diese Stoffe zurückgeführt (ASKAR et al. 1987). Tamarindenmus wird in den Anbauländern vielfach als wichtiger Bestandteil von nationalen Gerichten und Zutaten (zum Beispiel zu Curries und Chutneys und zum Ansäuern), vor allem aber für die Herstellung von Erfrischungsgetränken, verwendet.

Die Früchte werden bis zur Vollreife auf den Bäumen gelassen. Reife Früchte sind trocken, und das Fruchtfleisch ist daher schwer von den Schalen und Kernen zu entfernen. Die Früchte werden in Wasser im Verhältnis eins zu zwei während 48 Stunden eingeweicht, um eine Pulpe von 13,2 °Brix mit einem sehr guten Aroma zu erhalten (Benero et al. 1972). Für die industrielle Herstellung von Tamarindenkonzentrat werden die Früchte im Wasser gekocht, dann filtriert und unter Vakuum auf etwa 60 °Brix konzentriert. Die Konzentrate werden heiß in Flaschen abgefüllt (Nagaraja et al. 1975, Anon 1982). Solche Konzentrate weisen einen Säuregehalt von etwa 12 % (berechnet als Weinsäure) auf. Um die Ausbeute bei der Extraktion zu verbessern, schlagen Siliha und El-Nemr (1989) vor, 0,025 % Pectinex Ultra SPL und 0,01 % Xylanase (NOVO) zur einer Mischung von Tamarindenpulpe und Wasser (1 : 10), bei 30 °C während zwei Stunden, zuzusetzen.

3.8.3.7 Wassermelone

Die Wassermelone ist heute eine der am meisten angebauten Früchte der Erde (Tab. 45). Die Früchte werden in vielen warmen Ländern erfolgreich kultiviert, wobei die Hauptproduktion aus China, der Türkei, Iran und den Mittelmeerländern stammt. Die Früchte sind zwei bis zehn Kilogramm schwer, haben eine glatte dicke, blassgrüne bis dunkelgrüne Schale. Das Fruchtfleisch ist rot, wässrig, schwach aromatisch, süß und sehr erfrischend. Schwarze Samen durchsetzen das Fruchtfleisch. Die Früchte sind transport- und lagerfähig. Die Haltbarkeit bei 15 °C beträgt mehrere Wochen. Die Lagertemperatur darf wegen Kälteschäden aber nicht unter 7 °C liegen. Der Zuckergehalt (hauptsächlich aus Fructose, Glucose und Saccharose) beträgt etwa 7 bis 10 % und der Säuregehalt (hauptsächlich Äpfel- und Citronensäure) etwa 0,2 bis 0,4 %. Die rotfleischigen Früchte enthalten bemerkenswert viel Lycopin (35–50 ppm) als Hauptcarotinoid (Watanabe et al. 1987). Bemerkenswert bei Wassermelonen ist der hohe Gehalt an Kalium (etwa 100 mg/100 g), welches einen Einfluss auf die diuretische Eigenschaft der Wassermelonen hat. Der Gehalt an freien Aminosäuren ist ebenfalls hoch und die Anwesenheit von Citrullin, einer nichtproteinogenen Aminosäure, ist eine Besonderheit (Teotia et al. 1988). Die Aromastoffe in Wassermelonen bestehen auffallend aus aliphatischen Kohlenwasserstoffen, aus C9-Alkoholen und C9-Aldehyden. Charkteristisch für das Wassermelonenaroma sind (Z,Z)-3,6-Nonadien-1-ol, (Z,Z)-3,6-Nonadienal, daneben auch (Z)-3-Nonen-1-ol und (Z)-3-Nonenal (Yajima et al. 1985).

Wassermelonensaft und -konzentrate werden in Südrussland und in China seit Jahrzehnten sehr geschätzt. Wassermelonensaft wird bis auf 60 °Brix konzentriert und zur Aromaverbesserung mit Apfelsaft beziehungsweise mit Citronensäure vermischt. Durch Zusatz von Zucker zu Wassermelonensaft wird in Korea ein Getränk von 11 bis 13 °Brix hergestellt (Shin et al. 1978).

Heute sind Wassermelonensäfte und -konzentrate auch in den USA von Interesse, insbesondere für diätetische Getränke. Um das schwache Aroma und den feinen Geschmack zu erhalten, wird der Saft in Kurzzeitverdampfern (sog. TASTE-Verfahren „Thermally Accelerated Short Time Evaporator“) in drei bis fünf Minuten bis auf 65 °Brix konzentriert. Der Saft hat bei 99 °C nur sechs Sekunden Verweilzeit (Huor et al. 1980a). Durch Zusatz von Grapefruitsaft zu Wassermelonensaft wird der Geschmack und das Aroma verbessert. Auch eine Mischung von Ananassaft, Orangensaft und Wassermelonensaft (10 zu 10 zu 80) war erfolgreich (Huor et al. 1980 b,c).

3.8.4 Produkte aus Abfällen der Verarbeitung tropischer Früchte

Das Wachstum der tropische Früchte verarbeitenden Industrien in den tropischen und subtropischen Ländern hat das Problem einer effektiven Beseitigung von Abfällen in den Vordergrund gerückt. Studien haben gezeigt, dass die effektive Nutzbarmachung einiger dieser Abfälle zur Produktion von sehr wertvollen Nebenprodukten geführt hat, welche von großer wirtschaftlicher Bedeutung sind. Ein gutes Beispiel für die Nutzbarmachung von Abfällen ist die citrusfruchtverarbeitende Industrie. Die passende und wirtschaftliche Verwertung von Abfällen der tropische Früchte verarbeitenden Fabriken ist eine Notwendigkeit für die Aufrechterhaltung oder Steigerung der Lebensqualität in der Umwelt sowie für die Erhaltung der natürlichen Ressourcen.

Die Umwandlung von Fruchtabfällen in Nahrungsmittel erfolgt auf drei Wegen (Askar und Treptow 1998):

1) Nutzbarmachung von Abfall als Quelle für neue Lebensmittel oder -zusätze, wie zum Beispiel das Öl von Mangokernen oder das Pektin von Guavenabfällen.
2) Nutzbarmachung von Abfall über die Verfütterung an Viehbestände, die zum Beispiel zur Produktion von Fleisch, Milch und Eiern führen.
3) Nutzbarmachung der Abfälle als Düngemittel zur Steigerung der Produktion von pflanzlichen Lebensmitteln und Futtermitteln.

Reduktion der Abfallmenge

„Abfallverwertung ist gut, aber Abfallvermeidung ist besser“. Das ist die Leitidee hinter der neuen Strategie des „Abfallmanagements“. Es handelt sich um ein Programm für die Abfallverhütung und Abfallminderung, welches dazu dient, den Wiedergebrauch der Rückstände und des verschmutzten Wassers zu kontrollieren, und nicht nur die Menge von Abfall und verschmutztem Wasser zu vermindern, sondern Ergebnisse zu erzielen, bei denen Sicherung und Neuverwertung durch eine umfassende große Produktion hindurch bis hin zu den Betriebsmaterialien erfolgt. Dieses Programm hilft die gesamten Produktionskosten zu minimieren, bei gleichzeitiger Gewinnung von wertvollen Produkten und Reduzierung der Frischwassernutzung, was zu einer Verringerung der Wasseraufbereitungskosten führt.

Nutzbarmachung von festen Abfallstoffen

Die Hauptabfälle von tropischen Früchten sind leider nicht in der Art und Weise zu verwerten wie bei anderen Lebensmittelrohstoffen. Als mögliche Gründe dafür geben Askar und Treptow (1998) an:

1) Die Kosten für die Materialien und Maschinen für die Verarbeitung von Abfällen sind oftmals teurer als die eigentliche Produktion. Ein Beispiel dafür ist eine Trocknungsanlage für die Produktion von Tierfutterpellets aus Fruchtschalen.
2) Die aus Lebensmitteln hergestellten Materialien liegen im mittleren Maßstab, so dass die anfallende Menge von Rückständen sich wirtschaftlich nicht rentieren würde.
3) Einige Lebensmittel sind saisonabhängig, so dass die Verarbeiter meinen, den ganzen Tag durcharbeiten zu müssen und keine Zeit zu haben, noch zusätzlich Rückstände zu verarbeiten.
4) Die festen Rückstände haben einen relativ geringen wirtschaftlichen Wert.
5) Die Informationen bezüglich der Produktion, Lagerung, Handhabung und Gebrauch von Nebenprodukten sind eingeschränkt.

Mango, Papaya, Guave, Ananas und Passionsfrucht bilden den Hauptteil der tropischen Früchte, die zu Pulpe und Saft verarbeitet werden, welche wiederum für die Herstellung von Nektar dienen können. Die Abfälle liegen bei etwa 30 bis 50 % des verarbeiteten Rohmaterials.

Ananas

Ananasreste, vorwiegend ausgepresste Früchte und das Innere der Frucht, werden kommerziell als Viehfutter nach der Trocknung der Schalen und Pulpe gebraucht. Der so genannte „Mühlensaft“, der zur Wiederverwertung genutzt wird, findet Einsatz bei der Alkoholproduktion, aber auch für die Essiggewinnung. Ananas ist weiterhin eine Quelle für die Gewinnung von Bromelin, welches proteolytische Eigenschaften hat. Die Aktivität dieses Stoffes ist besonders im Zylinder der Frucht sehr hoch und am niedrigsten im Inneren, vermindert sich während der Reifung, was bedeutet, dass unreife Früchte besser zur Gewinnung geeignet sind. Eine vereinfachte Methode für die Extraktion von Bromelin aus Ananas wurde entwickelt, welche für die Industrie gut geeignet ist (Moore und Caygill 1979).

Guave

Guavenfrüchte und die bei ihrer Verarbeitung anfallenden Abfälle sind eine reiche Quelle an Pektin (mehr als 10 % des Trockengewichtes). Der Grad der Methylierung, die Gelierfähigkeit und die Einsatzzeit ergaben ein Pektin, das für die Herstellung von Marmeladen und Gelees mit wenigen Kalorien und reduziertem Zuckergehalt gut geeignet ist. Die Verwendung von Guavenabfällen für die Pektingewinnung ist durch die geringe Abfallmenge (10–15 %) begrenzt, die überwiegend aus Kernen und Steinzellen besteht (Zamorra 1979).

Mango

Die Mangokerne können direkt zum Gebrauch als Tierfutter eingesetzt werden. Mangofett und entfettetes Mehl aus Mangokernen werden in Indien im großen kommerziellen Ausmaß produziert. Das Fett kann zur Verarbeitung für die Seifenherstellung genutzt werden. Es hat sich gezeigt, dass es eine nützliche Ergänzung für Kakaobutter in Schokoladen und demzufolge für die Süßwarenindustrie gut geeignet ist. Ein weiteres Produkt aus Mango stellt das extrahierte Pektin aus den Mangoschalen dar, welches sich in Indien etabliert hat und eine jährliche Produktion von etwa 100 Tonnen Pektin aus Citrus-, Mango- und Guavenfrüchten liefert. Aber auch sauer konservierte Lebensmittel (Pickles) werden aus grünen Mangos hergestellt. Solche Früchte sollen zwischen sechs und zehn Wochen alt sein. Säurereiche Mangovarianten liefern die besten Waren. „Chutney" ist ein entsprechendes indisches Spezialprodukt aus Mangos. Es wird so behandelt, dass die Mangos von Schalen- und Kernanteilen befreit werden, dann werden die unreifen und halbreifen Früchte gestückelt, einem Kochvorgang unterworfen, bei dem man Zusätze wie Zucker, Salz, Gewürze und Essig hinzu gibt und schließlich zu einer festen, breiigen Konsistenz verarbeitet. Auch getrocknete Früchte, Zwiebeln und Knoblauch können als Zugabe sowie zur Verfeinerung dienen. Mangochutney gibt es in zwei Sorten, die eine Variante ist scharf, die andere süß, beide Geschmacksrichtungen sind auf der gesamten Welt verbreitet (Askar et al. 1981).

Papaya

Die aus Papaya entstehenden Abfälle sind als Hauptquelle für die Produktion von Papain in der Welt bekannt. Papain wird als proteolytisches Enzym in der Lebensmittelproduktion viel genutzt, ferner für Kosmetik, Leder und die Drogerieindustrie. Papain ist ein Auszug aus dem Milchsaft der Papayafrucht. Man „zapft" die unentwickelten Früchte an, und zwar durch einfaches Anschneiden an der Oberfläche der Frucht mit einem scharfen Messer. Frischer Latex wird traditionell durch zirkulierende Luft oder direkt an der Sonne nach einer Zugabe von Kaliummetabisulfit (0,1 %) getrocknet. Die optimale Trocknungstemperatur beträgt weniger als 55 °C. Unter Vakuum getrocknete Produkte sind qualitätsmäßig die hochwertigsten. Einsatzgebiet des Papains in der Lebensmittelindustrie ist die Zartmachung (Erweichung) des Fleisches durch Papain, aber auch in Bierbrauereien wird dieses Enzym wegen seiner stabilisierenden Fähigkeiten genutzt sowie in der Medizin als Verdauungshilfe. Papayafruchtschalen sind auch eine gute Quelle für die Pektinproduktion, selbst als Geflügelfutter finden sie Anwendung, ebenso die Papayakerne. Diese und Kernmehl eignen sich gut als Viehfutter mit einem Rohproteinanteil von 40 % und 50 % Rohfaser, dazu sind sie reich an Calcium, Phosphor und Magnesium. In Hawaii benutzt man die Kerne als kommerziellen Bestandteil von Salatdressings (Amla 1987).

Passionsfrucht

Die Abfälle von Passionsfrüchten betragen mehr als 75 %, ausgehend vom Rohmaterial. Die Rinde (mehr als 90 % des Abfalls) ist ebenfalls eine gute Quelle für die Pektingewinnung. Das Pektin beträgt ungefähr 3 % des Nassgewichtes oder 20 % des Trockengewichtes der Fruchthaut und zeigt gute Geliereigenschaften im Vergleich mit Citruspektin. Aus den Kernen (etwa 10 % der Abfälle) kann ein klares, mildes Öl von guter Qualität, reich an Linolsäuren (65 % des gesamten Öles) gewonnen werden. Die getrocknete Rinde ist reich an Kohlenhydraten, enthält aber wenig Fett und Protein und ist daher eine akzeptable Ergänzung zum Futtermittel für die Milchkühe. Es kann sofort ohne Vorbehandlung mit Kalk entwässert werden. Von genauso guter Qualität ist das Silagefutter aus der Rinde der Passionsfrucht (MURTI et al. 1976).

4 Herstellung von Gemüsesäften

K. OTTO und D. ŠULC †

4.1 Allgemeines

Der Konsum von Gemüsesäften in den europäischen Ländern macht nur einen geringen prozentualen Anteil am Gesamtverbrauch von Frucht- und Gemüsesäften aus; wegen der schwierigen Datenlage kann der Verbrauch häufig nur geschätzt werden. Nur etwa 5 bis 12 % des Pro-Kopf-Verbrauchs von Fruchtsaft und fruchtsafthaltigen Getränken lassen sich für den Gemüsesaftverbrauch ermitteln (ZMP 1988). Aktuelle Zahlen gehen für die Bundesrepublik von einem Pro-Kopf-Verbrauch von 0,8 bis 0,9 Litern aus (VDF 1995). Von dieser Menge entfällt der größte Anteil auf Tomatensaft und Gemüsesaftcocktail auf Tomatenbasis, gefolgt von Karottensaft und anderen Gemüsesäften. Trotz dieses niedrigen Verbrauchs von Gemüsesäften verdienen diese kalorienarmen Säfte erhöhte Beachtung, vor allem weil sie appettitanregend und verdauungsregulierend wirken.

Alle Gemüsesäfte zeichnen sich durch eine hohe Nährstoffdichte, also einen wünschenswert hohen Gehalt an Mineralstoffen, Spurenelementen, Ballaststoffen und Vitaminen aus (OTTO 1983, KÜBLER 1994). Im Zuge des sich entwickelnden Gesundheitsbewusstseins werden Gemüsesäfte als Abwechslung im Getränkesortiment wegen ihrer diätetischen und therapeutischen Wirkung geschätzt.

Anderseits ist bekannt, dass einige Gemüsearten ausgesprochen nitratspeichernd sind. Besondere Anstrengungen wurden deshalb von der verarbeitenden Industrie unternommen, durch geeignete Anbaumaßnahmen, Sortenwahl, bedarfsgerechte Düngung und angepasste Erntemethoden den Forderungen nach einer Beschränkung des Nitratgehaltes zu entsprechen (Bundesgesundheitsblatt 1992, Verordnung über diätetische Lebensmittel 1998). Mittlerweile wurden auch technische Verfahren zur Reduktion des Nitratgehaltes in Gemüsesaft zur Produktionsreife entwickelt.

Entsprechend der Konsistenz und der Struktur kann man Gemüsesäfte ähnlich wie Fruchtsäfte in fruchtfleisch- beziehungsweise gemüsemarkhaltige Gemüsesäfte und Nektare unterteilen. Meistens werden sortenreine Säfte oder Nektare naturtrüb mit Fruchtfleisch beziehungsweise Gemüsemark hergestellt, nur in Ausnahmefällen werden sie blank filtriert oder scharf separiert angeboten, wie zum Beispiel bei Rote-Bete-Saft oder Sauerkrautsaft.

Einen besonderen Platz nehmen die milchsauer vergorenen Gemüsesäfte ein, die ebenfalls naturtrüb oder filtriert sein können. Die mit der Säuerung verbundene pH-Wert-Absenkung kann auch durch einen Zusatz von Essig, organischen Säuren und in einigen Fällen auch Sauermolke oder Molkenkonzentrat erreicht werden. Außer den erwähnten Gemüsesaftarten können auch gemischte Gemüsesäfte, so genannte Gemüsesaftcocktails hergestellt werden. Solche Produkte sind auf der Basis von 60 bis 70 % Tomatensaftanteil neben Möhren-, Sellerie-, Sauerkrautsaft und anderen Gemüsen sehr oft auch mit einem Fruchtsaft oder einem Fruchtsaftkonzentrat komponiert.

Eigenschaften von Gemüsesäften

Gemüsesäfte können je nach Trubstoffgehalt Newton-Charakter, strukturviskose oder plastische Eigenschaften und alle möglichen Zwischenstufen besitzen. So besitzen blankfiltrierte Gemüsesäfte Newton-Eigenschaften. Schon die naturtrüben Gemüsesäfte verlieren stufenweise, je nach dem Trubstoffgehalt, ihren Newton-

Charakter und zeigen mehr oder weniger strukturviskose Eigenschaften (Bielig und Pala 1978).

Die Trubstabilität solcher naturtrüber Gemüsesäfte ist sehr schwer zu erreichen und vom Gehalt an suspendierten Feststoffen in der Serumphase, der „Ratio" (das heißt Gewichtsverhältnis Pulpe/Serum) abhängig (Binnig 1982). Häufig kommt es bei der Haltbarmachung zur Instabilität und Ausflockung von kolloidal gelösten Stoffen, die anschließend mehr oder weniger schnell sedimentieren. Die Größenverteilung und die Teilchenform der dispergierten Feststoffe, die Ausbildung von Hydratationsschichten an der Partikeloberfläche und der Gehalt und die Art der pflanzlichen Quellstoffe nehmen Einfluss auf die Trübungsstabilität (Linke 1993, Pecoroni und Gierschner 1993, Zimmer 1994).

Den ernährungsphysiologischen Wert der Gemüsesäfte macht ihre hohe Nährstoffdichte aus. Sie sind in der Regel kalorienarm und enthalten beträchtliche Mengen an Vitaminen, Mineralstoffen, Spurenelementen und unlöslichen Ballaststoffen. Ergebnisse epidemiologischer Studien zeigen, dass die in den Gemüsesäften vorhandenen Vitamine C, E und das Provitamin A (β-Carotin) menschliche Zellen vor oxidativen Schädigungen schützen können. Dieser Schutzeffekt beruht auf der Fähigkeit dieser und anderer Antioxidanzien, die Bildung freier Radikale zu unterbinden und endogene, reaktive Sauerstoffverbindungen abzufangen. Experimentelle Befunde sprechen auch dafür, dass Carotinoide und bestimmte sekundäre Pflanzenstoffe hemmend oder prophylaktisch auf die Krebsentstehung und die Entwicklung bestimmter Organtumoren wirken (Rasic et al. 1984, Edenharder 1996). Es konnte gezeigt werden, dass neben den genannten Vitaminen auch Polyphenole protektiven Einfluss auf die Entwicklung von Herz-Kreislauf-Erkrankungen nehmen können (Block et al. 1992, Ernährungsbericht 1996). Sekundäre Pflanzeninhaltsstoffe können beim Menschen pharmakologische Wirkungen zeigen, sie können gesundheitsfördernde aber auch gesundheitsschädigende Einflüsse ausüben. Da die Gruppe dieser Inhaltsstoffe so vielgestaltig ist und viele dieser Inhaltsstoffe noch nicht hinreichend untersucht sind, können zur Zeit noch keine Zufuhrempfehlungen für bestimmte Lebensmittel pflanzlicher Herkunft gegeben werden (Watzl und Leitzmann 1995).

Alle diese Befunde unterstützen die Empfehlungen, welche dazu raten, über eine ausreichende Zufuhr an Obst und Gemüse und eine optimale Versorgung an diesen Nährstoffen sicherzustellen. Gemüsesäfte werden auch als Schonkost für Kranke und Rekonvaleszente empfohlen. In der Kinder- und Säuglingsernährung nehmen Produkte wie Karottensäfte und Püree eine besondere Stellung ein.

4.2 Technologie der Herstellung von Gemüsesäften

Im Falle der Gemüsesäfte gibt es keine fertig entwickelte Herstellungstechnologie. Die Betriebe wenden unterschiedliche Aufbereitungs-, Saftgewinnungs- und Sterilisationsmethoden sowie verschiedene technische Einrichtungen und Rezepturen an (Kardos 1979, Šulc 1984, Buckenhüskes und Gierschner 1989, Otto 1993). Verständlich wird dies, wenn man die Vielgestaltigkeit der Rohstoffeigenschaften der Gemüse (Größe, Form, Konsistenz, pH-Wert usw.) in Betracht zieht. Insofern können die Arbeitsschritte zur Gemüsesaftherstellung sowohl den Verfahren bei der Gemüsekonservenindustrie als auch denen der Fruchtsaftindustrie zugeordnet werden.

Frisch oder durch Kälte haltbar gemacht, sauber und geputzt werden die Gemüse dem Verarbeitungsprozess zugeführt. Die einzelnen Gemüsearten, wie zum Beispiel Tomaten und Paprika, kann man ohne weiteres auf der bereits beschriebenen Nektarlinie verarbeiten (siehe Abb. 88 Seite 200 f.), indem man die Entsteinmaschine durch eine Entsamungseinrichtung ersetzt. Bei den meisten Gemüsearten, besonders aber bei Wurzel- und

Knollengemüse ist es notwendig, besondere Maßnahmen und Einrichtungen für das Waschen und Schälen vorzusehen. Gleichfalls kommen die gebräuchlichen Verfahren der enzymatischen Maischebehandlung, die so genannte Mazeration zur Anwendung.

Ein besonderes Augenmerk ist der Wahl geeigneter Haltbarmachungsverfahren zu schenken. Wegen der besonderen Gefährdung der Gemüsesäfte durch den Befall mit Fäulniserregern und anaeroben, pathogenen Sporenbildnern muss während des gesamten Herstellungs- und Verarbeitungsprozesses auf sorgsame, hygienische Verfahrensweisen geachtet werden (EG-Richtlinie Lebensmittelhygiene 1993).

Die thermische Haltbarmachung von Gemüsesäften gestaltet sich um so leichter, je saurer der Gemüsesaft ist. Sortenreine Gemüsesäfte weisen in der Regel pH-Werte zwischen 5 und 6,5 auf und müssen einem Sterilisationverfahren unterworfen werden. Bei gesäuerten Gemüsemischsäften oder milchsauer vergorenen Säften, deren pH-Wert unter 4,2 liegt, reicht normalerweise eine Pasteurisation aus.

Wie bei der Fruchtsaftverarbeitung, lassen sich auch bei der Gemüsesaftherstellung so genannte Halbfabrikate, wie zum Beispiel Saftkonzentrate oder Markkonzentrate, gewinnen, woraus die Nachfrage saison- und ernteunabhängig nach Rückverdünnung mit geeignetem Wasser auf Ausgangssaftstärke bedient werden kann. Gemüsemark wird aus den passierten, genießbaren Anteilen der ganzen oder geschälten Gemüse, ohne Abtrennen des Saftes gewonnen. Für die Herstellung von Gemüsemark- und Gemüsesaftkonzentrat wird den Ausgangsprodukten unter schonenden Bedingungen Wasser entzogen.

Trotz der sehr unterschiedlichen Produktionsmethoden lassen sich die Grundoperationen zu einem ordnenden Schema zusammenfassen. Eine Darstellung der verfahrenstechnischen Grundoperationen zur Herstellung von Gemüsesaft, -mark und -konzentrat ist der Abbildung 111 zu entnehmen.

4.2.1 Herstellung von Gemüsemark und Gemüserohsaft als Halbfabrikat

Nach den in Abbildung 111 aufgezeigten Verarbeitungsoperationen wurde das nachfolgende Fließschema (Abb. 112) aufgestellt, an Hand dessen der technologische Prozess der Herstellung von Gemüsemark und Rohsaft in den nachfolgenden Abschnitten näher beschrieben wird.

4.2.1.1 Anforderungen an das Rohmaterial

Zur Herstellung von Gemüsesäften werden mengenmäßig überwiegend Tomaten verwendet. Erst mit deutlichem Abstand, bezogen auf die Verarbeitungsmenge, folgen an zweiter Stelle Karotten (Möhren), wiederum deutlich vor Paprika, Sellerie, Rote Bete und anderen Gemüsearten.

Die Anforderungen an das Rohmaterial sind die gleichen wie an das Rohmaterial für Fruchtsäfte. Lediglich frisch oder durch Kälte haltbar gemacht, werden die Gemüse dem Verarbeitungsprozess zugeführt. Nur reife, gesunde und unverdorbene Rohstoffe liefern hochwertige Gemüsesäfte, hingegen sollen unreife, angefaulte und verdorbene Rohstoffe beim sorgfältigem Verlesen ausgeschieden werden. Bei Gemüse handelt es sich um lebende Pflanzenorgane. Wurzel-, Knollen und Blattgemüse werden am besten nach der Ernte im Herbst verarbeitet, da diese Gemüsearten gerade zu dieser Zeit den höchsten Gehalt an wertvollen Komponenten aufweisen. Die einzelnen Gemüsearten weisen unterschiedliche Nachernte-Stoffwechselphysiologien auf, welche für die Vorgänge der Atmung, Reifung, Alterung (Seneszenz) und der Transpiration verantwortlich sind. Für die Bevorratung von Gemüse werden neben einfachen Lagerverfahren (Erd-, Stroh- oder belüftbare Großmiete) vorrangig maschinengekühlte Lager und auch solche mit kontrollierter Atmosphäre eingesetzt (Böttcher 1996, Dassler und Heitmann 1991).

Auch der Sortenfrage und Eignung ist besondere Aufmerksamkeit zu schenken, denn selbst innerhalb einer einzigen Gemüseart bestehen außerordentlich große

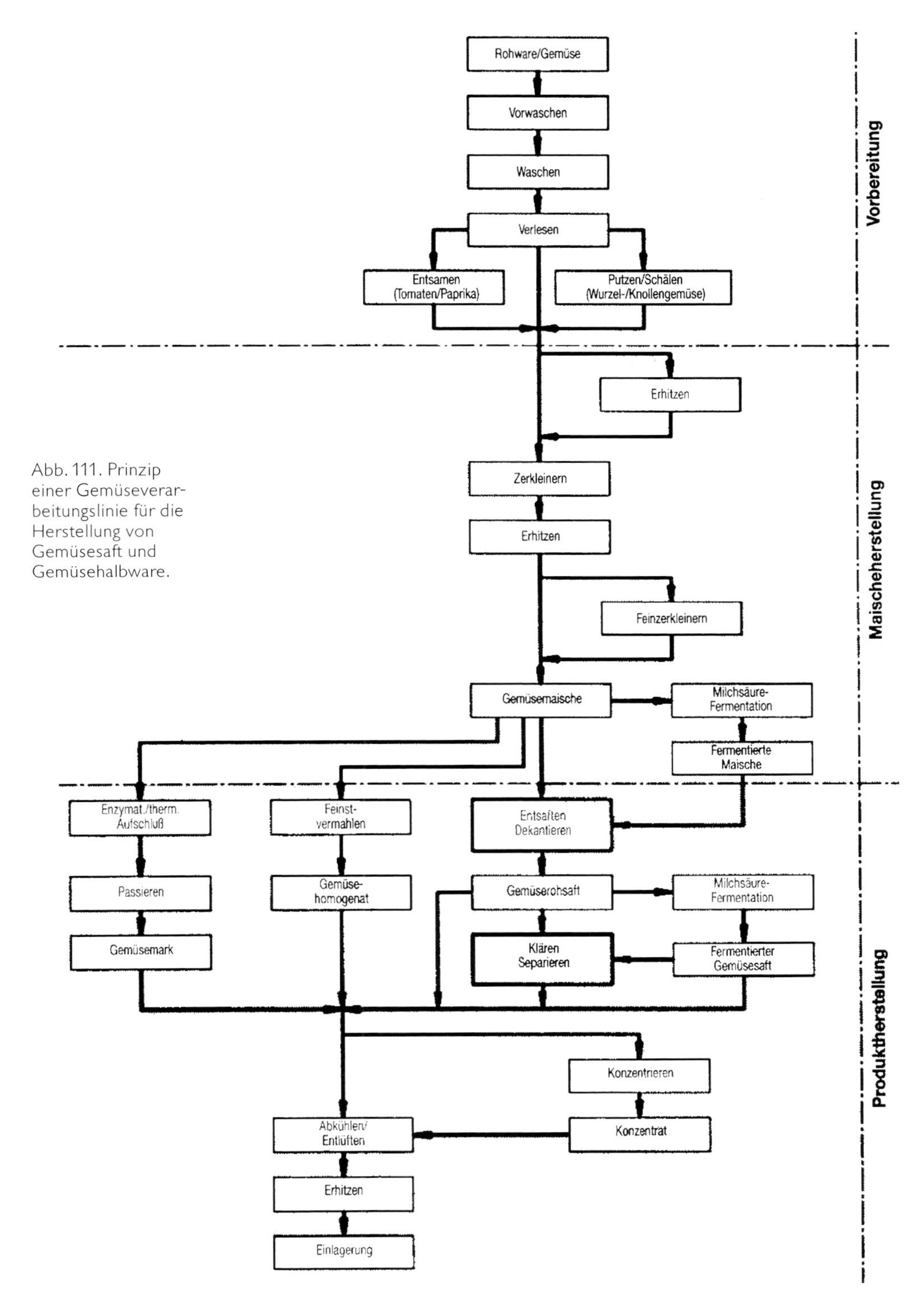

Abb. 111. Prinzip einer Gemüseverarbeitungslinie für die Herstellung von Gemüsesaft und Gemüsehalbware.

Unterschiede hinsichtlich innerer Eigenschaften wie beispielsweise Farb- und Zuckergehalt oder des Nitratgehaltes (BRUNSGAARD et al. 1994). Von großer Bedeutung ist auch die einheitliche Reife der verwendeten Gemüse. Hinsichtlich der verschiedenen industriell bedeutsamen Sorten für die wichtigsten Gemüsearten

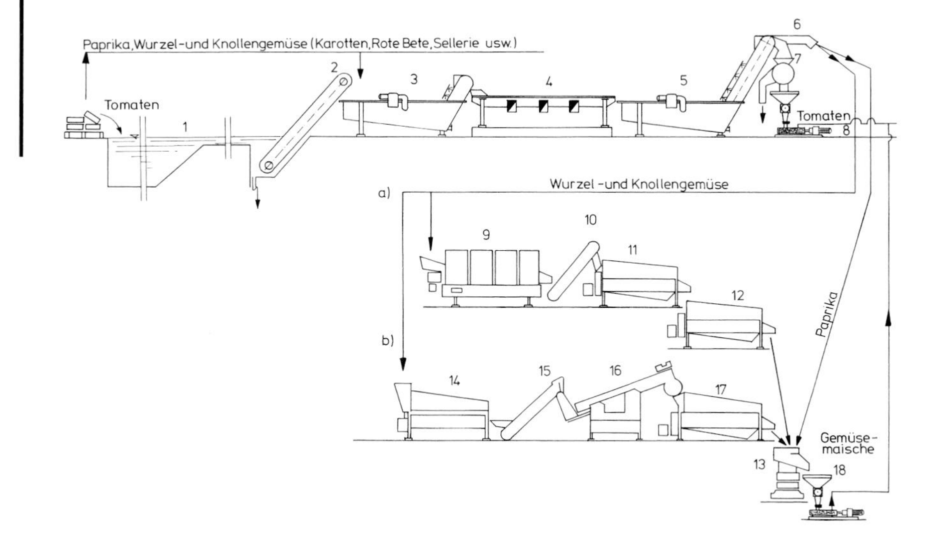

Abb. 112. Herstellung von Gemüsemark und Gemüserohsaft als Halbfabrikate.
1 = Waschbassin
2 = Schrägelevator
3 = Gebläsewaschmaschine (als Vorwäsche)
4 = Verleseband (Sortierband)
5 = Gebläsewaschmaschine (als Wäsche)
6 = Rohr (Leitung)
7 = Tomaten-Entsamungseinrichtung
8 = Exzenterschneckenpumpe
9 = Laugenbad
10 = Schrägelevator
11 = Trommelwaschmaschine (als Wäsche)
12 = Trommelwaschmaschine (Nachreinigung)
13 = Rätzmühle
14 = Laugenbad
15 = Schrägelevator
16 = Hochdruck-Dampfschäler
17 = Trommelwaschmaschine
18 = Exzenterschneckenpumpe,

gibt es eine große Vielzahl und auch nationale Besonderheiten, weswegen der Leser auf die Spezialliteratur verwiesen wird (Nehring et al. 1998, Bundessortenamt 1995). Am Beispiel von Tomaten *(Lycopersicon esculentum)* kann gezeigt werden, welche Sortenanforderungen für Industrieware gefordert werden (Gould 1992):

- gute Maschinenernte,
- Früchte sollen frei von Blütenböden, Ranken und Stielen sein,
- einheitliche Fruchtgröße,
- Brix-Werte von 4,5 bis 7,5,
- hoher Säuregehalt, niedriger pH-Wert (< 4,2–4,4),
- hoher Vitamin-C-Gehalt,
- Früchte für die Konservenindustrie sollten leicht schälbar und genügend fest im Fruchtfleisch sein,
- hohe Saftviskosität, Trubstabilität des Saftes,
- einheitliche Färbung,
- typischer Geschmack, auch nach Verarbeitung ohne Bittergeschmack.

Ökologischer Anbau

Pflanzenerzeugnisse und daraus hergestellte Lebensmittel aus ökolgischem Anbau werden ohne Verwendung chemischer Mittel erzeugt. Die Grundregeln des ökologischen Landbaus und die entsprechende Kennzeichnung der Erzeugnisse und Lebensmittel sind in einer EG-Verordnung niedergelegt, dort wird auch auf das notwendige Kontrollverfahren und die Kontrollstellen eingegangen (EG-Verordnung 1991). Für gemüseverarbeitende Betriebe ist nach dieser Verordnung zu beachten, dass eine räumliche Trennung der Verarbeitung nach ökologischer und konventioneller Produktion gefordert wird. Eine Dokumentationspflicht gegenüber der Kontrollbehörde hat die Herkunft der Rohware lückenlos vom Anbau bis zum Endprodukt beziehungsweise zur Halbware zu belegen.

Novel food

Die EG-Kommission hat 1997 nach langer interner Diskussion die Verordnung über neuartige Lebensmittel und Lebensmittelzutaten veröffentlicht (EG-VO Nr. 258/97). Unter diesem Begriff werden üblicherweise gentechnisch hergestellte Lebensmittel verstanden, tatsächlich wird aber eine viel größere Gruppe höchst unterschiedlicher Lebensmittel erfasst. Gentechnisch veränderte pflanzliche Lebensmittel fallen unter den Anwendungsbereich und müssen entsprechend gekennzeichnet werden, wenn sie, wie zum Beispiel die Flavr-savr®-Tomate und daraus hergestelltes Tomatenmark, in den

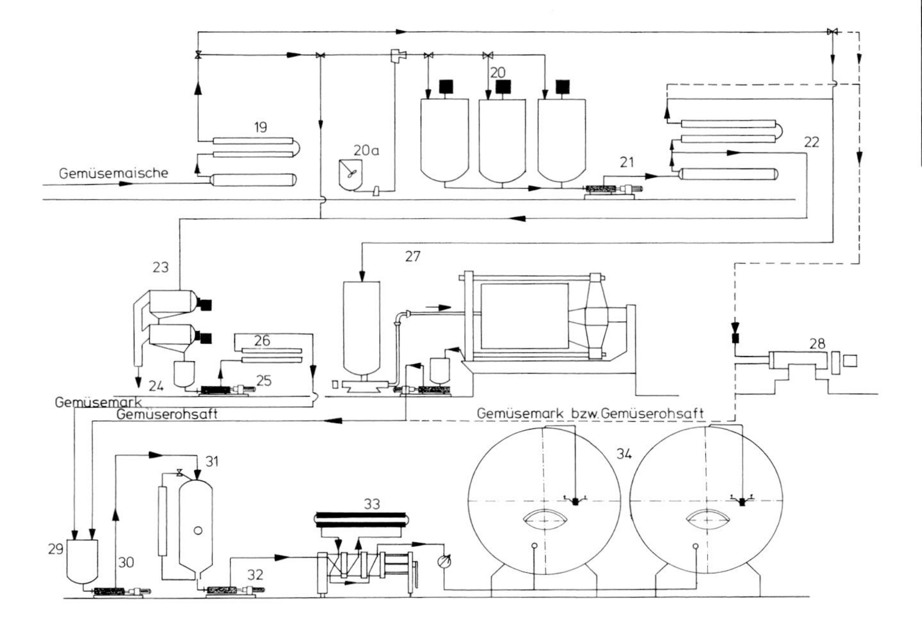

19 = Röhrenerhitzer und -kühler
20 = Maischeenzymatisierungsanlage (Fermentierungsanlage)
20a = Auffanggefäß für Enzymlösung bzw. Enzymsuspension
21 = Mohnopumpe
22 = Röhrenerhitzer und -kühler (Röhrenwärmeaustauscher)
23 = Passiermaschinengruppe
24 = Behälter
25 = Mohnopumpe
26 = Röhrenkühler
27 = Presse (Typ Bucher-Guyer)
28 = Dekanter (Typ Westfalia)
29 = Auffangbehälter
30 = Mohnopumpe
31 = Entlüftungsanlage
32 = Mohnopumpe
33 = KZE-Plattenpasteur
34 = Großlagertanks.
Energieverbrauch bei einer Verarbeitungskapazität von 5 Tonnen Rohstoff pro Stunde (Richtwerte):
Elektr. Energie/h 50–70 kWh
Dampf/h (9 bar) 1400–1600 kg

Verkehr gebracht werden. Bei dieser neuartigen Tomate ist die Bildung eines zellwandabbauenden Enzymes, der Polygalacturonase, durch gentechnische Eingriffe unterdrückt worden. Die Sorte ist intensiven toxikologischen Untersuchungen unterworfen worden. Die Früchte sind seit 1994 in den USA im Handel. Diese Tomaten können am Stamm ausreifen und ihre geschmacks- und wertgebenden Inhaltsstoffe voll entwickeln. Die toxikologischen Bedenken hatten überwiegend das aus Gründen der leichteren Identifizierung und der Selektion eingeführte Antibiotikaresistenz-Markergen zum Gegenstand. Mittlerweile wurde noch für drei weitere transgene Tomaten die Zulassung erteilt; auch für Melonen, Brokkoli, Sellerie und Karotten stehen in naher Zukunft Zulassungen an (Jany 1996). Im Gegensatz zu den Kennzeichnungsvorschriften für transgene Pflanzen, Früchte und Gemüse besteht für den Einsatz von Zusatzstoffen wie zum Beispiel Enzympräparaten, die aus gentechnisch veränderten Mikroorganismen gewonnen worden sind, nach den derzeit gültigen Durchführungsbestimmungen keine Kennzeichnungspflicht.

Zu beachten ist, dass Obst und Gemüse aus außereuropäischem Kulturkreis ebenfalls unter den Anwendungsbereich der Novel-food-Verordnung fällt, wenn die Früchte bisher nicht in bedeutsamem Umfang in der Gemeinschaft verzehrt worden sind (GDCh 1998).

Den Regelungen der Novel-food-Verordnung sind auch Lebensmittel unterworfen, die mittels nichtthermischer Verfahren haltbar gemacht wurden. Hierzu zählen Verfahren, bei welchen Lebensmittel zum Beispiel mittels Hochdruckbehandlung, starken elektrischen oder magnetischen Feldern, Mikrowellenbestrahlung oder mit intensiven Lichtimpulsen haltbar gemacht werden (Mertens und Knorr 1992). Relativ weit entwickelt ist der Stand zur Anwendung hyperbarer Haltbarmachungsverfahren. Diese Verfahrensentwicklung geht auf Erkenntnisse zurück, welche zu Beginn des Jahrhunderts gewonnen wurden (Hite 1899, Bridgman 1914). Wenn Säfte mit hydrostatischem Druck von 6 000 bar pasteurisiert werden sollen, so können sie entweder in geeignete druckfeste Behältnisse vorverpackt oder in einer kontinuierlich arbeitenden Anlage mit bis zu vier Tonnen pro Stunde hyperbar behandelt werden. Aus der Druckkammer wird der Saft in einen sterilen Kühltank kaltaseptisch abgefüllt (IFUKU et al. 1993). Die Widerstandsfähigkeit von Pflanzenzellen, Mikroorganismen und ihren Dauerformen gegenüber Hochdruckbehandlung ist höchst unterschiedlich. Beispielsweise werden bestimmte Pfanzenzellen geschädigt; Enzyme können in Abhängigkeit vom Druck entweder vollständig inaktiviert werden oder aber auch eine Aktivitätssteigerung erfahren. Da die Abtötung von Mikroorganismen zum Teil andere Druckbereiche erfordert als die Enzyminaktivierung, müssen die Prozessbedingungen auf das jeweilige Produkt abgestimmt werden (KNORR 1994, TAUSCHER 1995). Die Pasteurisierung mit hydrostatischem Druck stellt ein schonendes Verfahren dar, welches den vollen sensorischen Wert bei optimaler Erhaltung der Nährstoffe gewährleisten soll. Zur Zeit findet es allerdings erst vereinzelt im industriellen Bereich der Getränkeindustrie Anwendung.

4.2.1.2 Vorbereitung der Rohstoffe und Herstellung der Maische

Baldmöglichst nach der Ernte sollen die Rohwaren dem Verarbeitungsprozess zugeführt werden, da andernfalls sehr rasch Fäulnis, saprophytischer Schimmelpilzbefall mit Mycotoxinbildung, enzymatische Veränderungen und Abbau der Nähr- und Inhaltsstoffe eintreten können. Bei maschineller Ernte ist mit einem höheren Anteil an Erde, Sand, Steinen und Fremdkörpern zu rechnen, je nach Gemüse bis zu 5 % der angelieferten Ware. Die Gemüse werden entweder mit Lastkraftwagen in loser Schüttung oder in Holz- und Plastiksteigen auf Großpaletten (sog. Bins à 200 kg) transportiert und nach dem im Fließschema dargestellten Verfahrensablauf (Abb. 112) zu Gemüsemark oder Gemüserohsaft verarbeitet.

Waschen und Verlesen

Fruchtgemüse (Tomaten und Paprika) kann man auf einer Fruchtmarklinie (siehe Abb. 88, Seite 200 f.) zu dem entsprechenden Mark verarbeiten.

Die vollreifen *Tomaten* werden maschinell oder von Hand geerntet und mit Wasser in große Becken (1) mit 100 bis 150 Tonnen Fassungsvermögen geschwemmt (siehe Abb. 113; ROSSI und CATELLI 1998). Nach spätestens 24 Stunden werden die Früchte über Schwemmrinnen dem Verarbeitungsbetrieb zugeführt.

Ein Elevator (2) fördert die Tomaten in Vorwaschmaschinen (3), wo der anhaftende Staub, Erde, Insektenlarven und Spritzmittel größtenteils entfernt werden (vgl. Fließschema in Abb.112). Durch ein in die Maschine eingebautes Gebläse wird für einen guten Reinigungseffekt bei schonendster Behandlung gesorgt. Ein in die Maschine eingebauter Elevator fördert die Früchte aus dem Wasserbad auf das Verleseband (4). Auf diesem Wege erfolgt eine Übersprühung mit Wasser zur Nachreinigung und zum Abtragen anhaftender Fäulnisstellen beziehungsweise Schimmel. Die Sprühdüsen sind so konstruiert, dass bei entsprechend hohem Druck die offenen Stellen ausgespült werden, Schmutz und eventuell anhaftende Insekteneier und Larven abgewaschen werden. Für das Entladen, den Transport und die Lagerung in den Bevorratungsbecken werden etwa 40 m^3 aufgereinigtes Brauchwaser je Tonne Frischtomaten benötigt (EYRING 1996).

Das Verleseband (4) ist mit Rollen ausgestattet. Beim Weiterfördern werden die Früchte zwangsläufig so gedreht, dass ungeeignete Früchte sicher aussortiert werden können. Hierauf gelangen die Tomaten in eine zweite Gebläsewaschmaschine (5), ein in der Waschmaschine eingebauter Elevator fördert die Tomaten unter Übersprühung mit Wasser in ein Rohr (6) und in die Entsamungseinrichtung (7), in der die Tomaten zuerst grob geschnitten und dann durch ein Rundsieb entsamt werden. Die gewonnene Tomatenmaische wird vom Trichter einer Exzenterschneckenpumpe (8) aufgenommen und sofort einer Hitzebehandlung in einem Röhrenerhitzer unterworfen (19). Alternativ besteht die Möglichkeit, ganze Früchte unter Vakuum zu zerkleinern und dem Erhitzungsprozess zuzuführen (GOULD 1992, LEONI 1980).

Abb. 113. Tomatenverarbeitung in Italien. Lagerung von Tomaten in Becken (Rossi und Catelli).

Die vollgereiften, roten *Paprikaschoten* werden auf den gleichen Einrichtungen und Maschinen vorgewaschen (3), verlesen (4) und gewaschen (5). Dann gelangen die gewaschenen Früchte durch das Rohr (6) direkt in eine entsprechende Mühle (13) (Rätzmühle oder Lochscheibenmühle) wo sie grob zerkleinert, mittels eines Siebes von den Samen befreit, nun vom Trichter einer Exzenterschneckenpumpe (8) aufgenommen und sofort einer Hitzebehandlung in einem Röhrenerhitzer (19) unterworfen werden.

Wurzel- und Knollengemüse, wie zum Beispiel Karotte (Möhre), Sellerie, Rote Bete usw., muss man sehr intensiv trocken enterden, vor- und nachwaschen, sorgfältig verlesen, dann schälen und zerkleinern. Die Rohstoffe werden in der Regel ebenfalls in Box-Paletten oder mit dem Lkw auf dem Betriebsgelände abgeladen. Mit Muldenkippern werden die Gemüse zunächst einer groben Trockenenterdung über Rüttel- oder Rollensiebe zugeführt. Über Förderbänder gelangt das Gemüse in Vorwaschmaschinen, [Trommelmaschinen, Bürstenwaschmaschine, pneumatische Waschmaschinen, (3)], wo eine sehr intensive Wäsche, nach Bedarf unter Zusatz von Lauge, stattfinden soll (vgl. Abb. 112). Über einen Steinefänger (Flotation in einem zylindrokonischen Behälter) gelangen die Früchte zu einem Verleseband (4). Nachgeschaltet ist eine nochmalige Wäsche, (5), in jedem Fall aber eine abschließende Endwaschphase mit einer Hochdruckbebrausung (bis 13 bar). Die gründlich gewaschenen Rohwaren gelangen durch das Rohr (6) zur Schäleinrichtung.

Das Schälen von Wurzel- und Knollengemüse

Beim Wurzel- und Knollengemüse ist das Schälen ein wichtiger und notwendiger Schritt der Verarbeitung. Verfahrenstechnisch wird unterschieden nach:

- Laugenschälen,
- Dampfschälen,
- mechanischem Schälen und
- enzymatischem Schälen.

Die Schälverluste sind je nach Verfahren unterschiedlich (5–20 %) und stark vom Frische- und Lagerzustand der Rohware abhängig (Kagelmacher 1980).

Beim *chemischen Schälen*, dem so genannten Laugenschälen, wird das Schälgut mit einer geeigneten Vorrichtung meist kontinuierlich durch ein Laugenbad (9) gefördert und die Schale dadurch gelockert. Die Maschinentypen sind entweder siebförmig ausgebildete Fächerräder oder Tröge mit Schneckenförderung. Produktabhängig wird die Laugenkonzentration (0,5–20 % NaOH), die Badtemperatur (70–100 °C) und die Verweilzeit im Laugenbad (30 s bis 5 min) dem jeweiligen Schälgut angepasst. Die geschälten Rohstoffe werden mittels eines Schrägelevators (10) in eine Trommelwaschmaschine gebracht (11), wo die aufgelockerten Schalen entfernt werden (vgl. Abb. 112). Durch das Reiben der Gemüse aneinander kommt es zur Ablösung der gequollenen Oberflächenschicht. Anschließend erfolgt noch ein Waschvorgang in einer weiteren Trommelwaschmaschine (12), in der letzte, noch anhaftende Schalen- oder Laugenreste entfernt werden. Zuletzt wird ein 1- bis 2%iges zitronensaures Neutralisationsbad nachgeschaltet.

Beim *Dampfschälen* wird das Schälgut über einen Elevator und eine Dosier- oder Waagevorrichtung einer Dämpfglocke chargenweise zugeführt. Das Schälen erfolgt produktabhängig in diesem Druckbehälter (16) bei acht bis neun bar unter häufiger Rotation (Kiremko 1989). Hierdurch wird zunächst eine Erweichung der äußeren Zellschichten erreicht. Die schlagartige Entspannung des Überdruckes bewirkt ein Ablösen der gelockerten Schale, die dann in einer nachfolgenden Trommelwaschmaschine (17) mittels Hochdruckbebrausung entfernt wird. Das Schälgut erfährt bei dieser Wärmebehandlung auch eine Vorgarung oder Kochung, die bei den weiteren Schritten berücksichtigt werden muss (siehe Abb. 114). Neben der diskontinuierlichen Verfahrensweise mit der Schälbirne ist auch eine kontinuierliche Verfahrensweise mit einer Dämpfschnecke möglich.

Mechanische Schälverfahren, bei denen das Schälgut in mit rauhem Material (Carbokorund) ausgekleideten rotierenden Trommeln oder Walzen behandelt wird, finden bei der Gemüseaftgewinnung wegen der hohen Schälverluste keine Verbreitung.

Enzymatische Schälverfahren unter Einsatz von technischen Enzympräparaten von *Aspergillus niger* oder *Trichoderma resei* mit pektinolytischen oder cellulytischen Aktivitäten benötigen bei Temperaturen von 20 bis 30 °C bis zu fünf Stunden. (Dörreich 1993, Ruttloff 1994).

Beim Schälen kann es rohwarenbedingt zum Teil zu bedeutsamen Verlusten an Aroma-, Geschmacks-, und Inhaltsstoffen kommen, da diese Stoffe nicht gleichmäßig über die gesamte Frucht verteilt sind und überwiegend in den äußeren Schichten des Fruchtgewebes angereichert sind (Habegger und Schnitzler 1997, Böhm et al. 1997).

Blanchieren

Vor der Zerkleinerung werden die Wurzelgemüse, insbesondere Karotten, zur Steigerung der Saftausbeute einer Blanchierung unterworfen. Hierzu wird das Gut kontinuierlich einem horizontalen Schneckenblancheur zugeführt und bei mindestens 60 °C (in der Regel 80–100 °C) für eine produktabhängige Verweilzeit von einigen Minuten gehalten. Dem Blanchierwasser können Salze oder Säuren zur pH-Wert-Korrektur zudosiert werden. Bei diesem Verfahren lassen sich die Diffusionsverluste im Vergleich zur Maischeerhitzung geringer halten (Bühler 1990). Verfahrensbedingt werden pflanzliche Enzyme und Mikroorganismen in Abhängigkeit von der Behandlungsdauer abgetötet

Abb. 114. Einsatz der Schälbirne für Wurzelgemüse (Firma Kiremko bv).

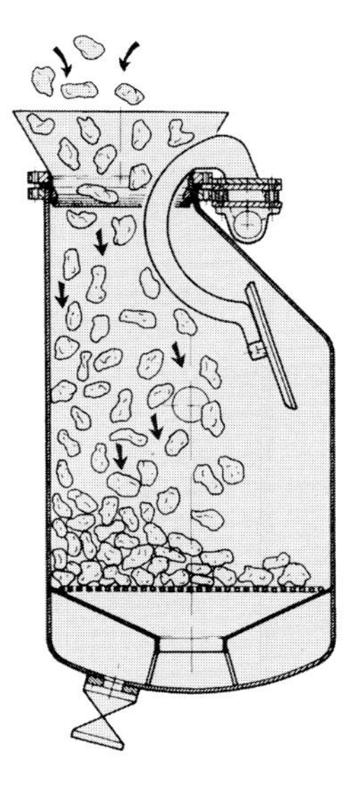

Einfüllen des Produktes

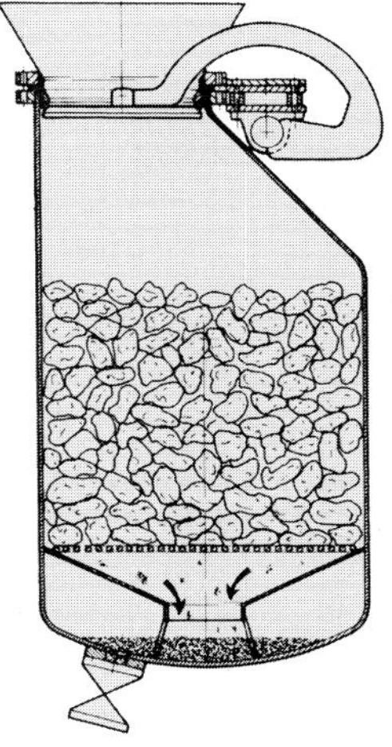

Das Kondensat bleibt getrennt vom Produkt während das Gefäß gedreht wird

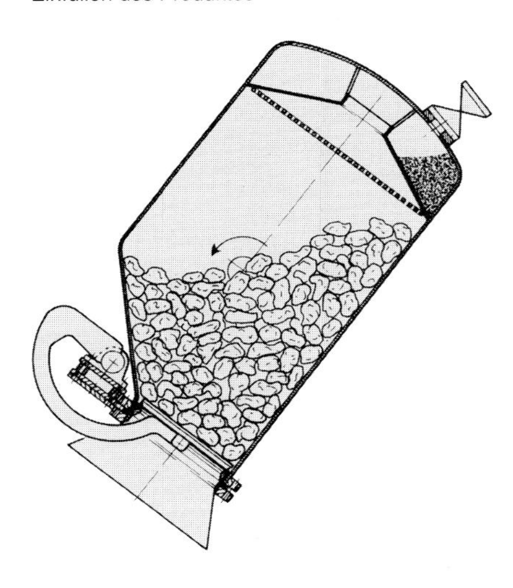

Das Kondensat tritt durch den Gitterboden aus

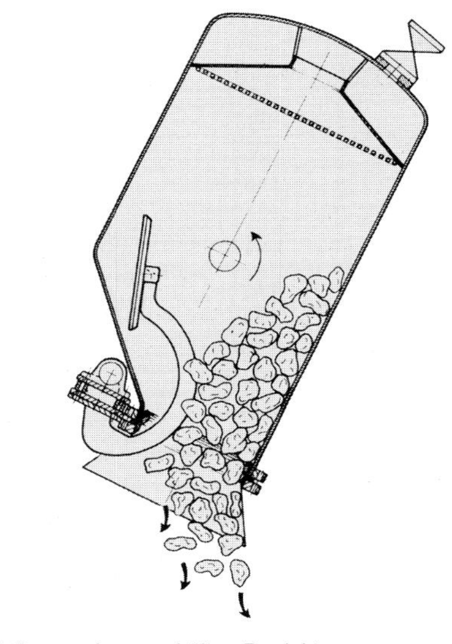

Entleeren des geschälten Produktes

beziehungsweise inakiviert. Gleichzeitig kommt es zu einer Erweichung, Quellung und Wasseraufnahme der Rohware. Das Blanchieren verbessert die Saftausbeute beim Pressen um bis zu 15 %. Beim Waschen und Blanchieren verbleibt nicht mehr Wasser als technisch unvermeidbar im Gemüse (Leitsätze 1994). Auch Tomaten können zur besseren Ablösung des Fruchtfleisches beim „Cold-Break“-Verfahren kurzzeitig blanchiert werden (GOULD 1992).

Mahlen und Zerkleinern

Das geschälte Gemüse wird, in Abhängigkeit vom Produkt und der Art der späteren Saftgewinnung, zur Grob- und Feinzerkleinerung verschiedenen Mühlenbauarten zugeführt, wie zum Beispiel Hammer-, Sägeblatt-, Rätz- oder Lochscheibenmühlen (PALLMANN 1980).

Blattspinat wird zu Beginn der Verarbeitung zum Ablösen der groben Schmutzbestandteile in Bottichen für kurze Zeit vorgewässert, dann über eine Vorwäsche (Siebtrommelwaschmaschine) auf die eigentliche Spinatwaschmaschine aufgegeben. Der gründlich gewaschene Spinat wird dann in einem speziellen Blanchierapparat blanchiert, in einer Trommel mit Wasser überrieselt, gekühlt und in einer Mühle (Lochscheibenmühle) grob zerkleinert. Dann wird die Spinatmaische mittels einer Exzenterschneckenpumpe (8) zur weiteren Verarbeitung gefördert (vgl. Abb. 112).

Spargelsaft aus Spargelabschnitten ist ein geschätzter Bestandteil von Gemüsemischsäften. Die Spargelabschnitte werden gewaschen in einer geeigneten Mühle (z. B. Hammermühle) vermahlen und dann in einer Bucher-Horizontalpresse entsaftet oder nach Wärmebehandlung, Enzymierung und Feinzerkleinerung in einer Kolloidmühle mittels Dekanter entsaftet. Faserige Bestandteile lassen sich mit einem Drehbürstensieb entfernen.

Topinamburknollen enthalten das Reservekohlenhydrat Inulin (β-2–1-Polyfructosan mit endständigem Glucosemolekül). Die Knollen zählen nicht zum Gemüse, können aber wie Wurzelgemüse verarbeitet werden. Nach Waschen, Reinigung und Zerkleinerung wird die Maische extrahiert oder über Pressen entsaftet. Das im Saft gelöste Inulin kann entweder enzymatisch zu den Monosacchariden abgebaut werden oder das Inulin als löslicher Ballaststoff erhalten bleiben. Das Verhältnis Fructose zu Glucose kann in Abhängigkeit von der Technologie bis 5 : 1 betragen. In Fallstromverdampfern wird der Saft auf etwa 70 °Brix schonend konzentriert. Das Inulin hat die Eigenschaft eines löslichen Ballaststoffes, da es wegen des Mangels an Inulinase im menschlichen Organismus nur einer geringen Verstoffwechslung durch Mikroorganismen im Darm unterliegt (ANGELI und BÄRWALD 1985, BÄRWALD 1987).

Rhababer wird nach dem Waschen und Zerkleinern in einem Cutter (Schalenschneideeinrichtung) mittels Pressen entsaftet. Die Saftausbeute liegt bei 60 bis 75 %. Die im Saft gelöste Oxalsäure kann durch heiße Fällung mit kohlensaurem Kalk und anschließender Kieselgurfiltration abgetrennt werden (MEIER 1965, TREPTOW 1985).

4.2.1.3 Thermische und enzymatische Behandlung von Gemüsemaischen

Die Gemüsemaischen werden üblicherweise einer Hitzebehandlung (Hochtemperatur-Kurzzeit-Erhitzung 110–128 °C) unterzogen. Dies kann in einem geschlossenen System wie zum Beispiel einem Röhrenerhitzer mit nachgeschaltetem Kühler (19) oder einem Schabwärmeaustauscher (APV 1997) geschehen. Ein Schabwärmeaustauscher, wie er in Abbildung 115 dargestellt ist, besteht aus einem doppelwandigen Zylinder und einer rotierenden Schaberwelle. Das Produkt wird durch den inneren Zylinder gepumpt, während der Wärmeträger durch den Außenmantel strömt. Als Wärmeträger kann Dampf, Wasser, Glykol, Ammoniak oder Freon verwendet werden.

Gelegentlich werden die Maischen auch durch Injektion von Niederdruckdampf erhitzt, was aber eine Verdünnung durch das Kondensat zur Folge hat. Zur Verbesserung der Fließeigenschaften und der Wärmeübertragung in den Röhrenaustauschern kann es insbesondere bei Karottenmaischen notwendig sein, bereits gewonnenen Saft oder Wasser zuzusetzen.

Ziel der Hitzebehandlung ist es die nativen fruchteigenen Enzyme zu inaktivieren und Mikrooganismen und deren Dauerformen abzutöten. Dadurch wird ein Braunwerden wie auch jeglicher Verderb der Gemüsemaische während der weiteren Verarbeitung verhindert. Zudem wird die Gemüsemaische weicher und lässt sich besser passieren beziehungsweise entsaften. Sofern die Maischen durch Zusatz von Säuren gesäuert werden sollen, ist es sinnvoll, dies vor der Hitzebehandlung vorzunehmen, dann sind Temperaturen

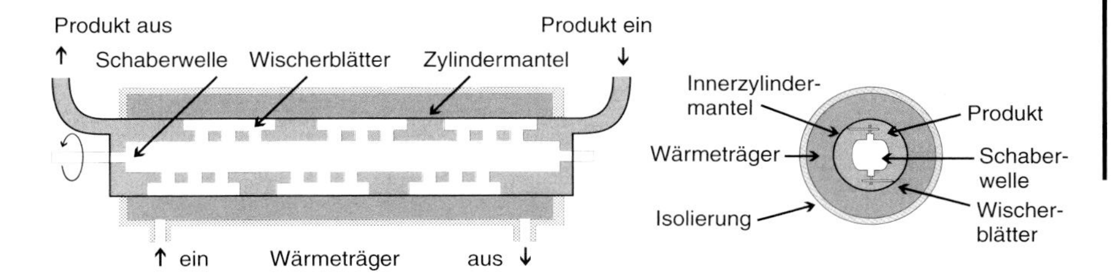

Abb. 115. Schabwärmeaustauscher (APV 1997).
Er besteht aus einem doppelwandigen Zylinder und einer rotierenden Schaberwelle. Das Produkt wird durch den inneren Zylinder gepumpt, während das Energiemedium durch den Außenmantel strömt. Als Wärmeträger kann Dampf, Wasser, Glykol, Ammoniak oder Freon verwendet werden.

von 105 °C ausreichend (Binnig 1982). Sollen die Maischen einer enzymatischen Behandlung unterzogen werden, muss die Maische auf eine Enzymierungstemperatur von 40 bis 50 °C zurückgekühlt werden. Bei manchen Gemüsearten, bei denen keine Mazerierung der Maische vorgenommen wird, kühlt man die Maische nur auf wenig über 100 °C ab und passiert sie (23, 24). Auf diese Weise erzeugt man in der Passiermaschine einen Dampfschutz, wodurch die oxidativen Veränderungen der Maischen durch Sauerstoffeintrag möglichst gering bleiben.

Bei der Herstellung von Tomatensäften muss vornehmlich auf eine Inaktivierung der Pektinesterase und der Pektingalacturonase geachtet werden. Beim so genannten „Hot-Break“-Verfahren werden die vorzerkleinerten Früchte sehr schnell auf Temperaturen von 90 bis 95 °C gebracht. Eine höhere Saftausbeute, höhere Saftviskosität und eine geringere Neigung zur Synärese sind die Folge. Nach einer Verfahrensvariante der Firma Rossi & Catelli (Abb. 116) werden die Früchte mit einer Exzenterschneckenpumpe über eine Mühle in einen Vorlagetank, welcher unter Vakuum steht, gefördert. Auf diese Weise wird der Einfluss des Sauerstoffes möglichst gering gehalten. Anschließend wird das entgaste Produkt in einem zweiten Behälter mit bereits erhitzter Tomatenmaische sorgfältig vermischt. Dadurch kommt es zu einer schnellen Erhitzung und damit zur Inaktivierung der pektinabbauenden Enzyme. Zum Schluss wird das Produkt durch einen Wärmeaustauscher gefördert, an dessen Ausgang ein Teil im Kreislauf gefördert und der andere Anteil aus der Anlage abgezogen wird (siehe Abb. 116, Rossi & Catelli).

Prinzipiell gleichartig aber bei tieferen Temperaturen läuft das so genannte „Cold-Break“-Verfahren ab. Die niedrigere Temperatur (60–70 °C) hat zwar geringere Qualitätsveränderungen hinsichtlich Farbverlust und bessere Aroma- und Vitaminerhaltung zur Folge, anderseits weist das Produkt aber eine geringere Viskosität wegen des stärkeren Pektinabbaues auf (Gould 1992, Leoni 1980).

Zur enzymatischen Maischebehandlung wird diese zurückgekühlt und in Enzymierungsbehälter mit Rührwerk (20) gebracht (vgl. Abb. 112). Nach Zugabe der Enzym-

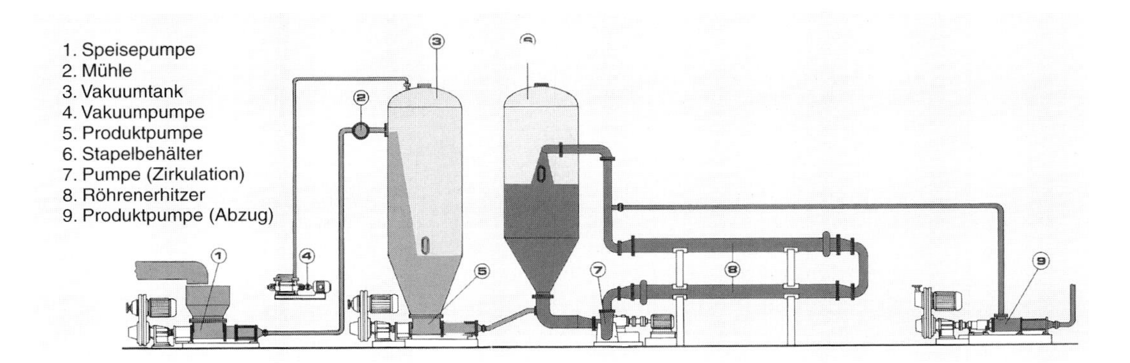

Abb. 116. Hot-Break-Verfahren (Rossi & Catelli).

lösung (20a) (0,05–0,1 %) über die Maischeleitung wird die Enzymierung bis zu eine Stunde lang durchgeführt. Die mit Enzymlösung sorgfältig vermischte Gemüsemaische soll bei 45 bis 50 °C und einem pH-Wert von 4 bis 4,5 gehalten werden. Da bei vielen Gemüsearten der pH-Wert viel höher liegt, ist es empfehlenswert, die Gemüsemaische vor der Mazerierung mit Citronensäure auf das pH-Optimum der Enzymierung einzustellen.

Nach Beendigung der Maischeenzymierung wird sie mittels Mohnopumpe (21) aus dem Enzymierungstank abgezogen und zum Zwecke der Enzyminaktivierung durch einen Röhrenerhitzer gefördert. Die auf etwa 105 °C erhitzte Gemüsemaische wird zur Markherstellung heiß passiert (23, 24). Will man eine bessere Fließfähigkeit der Maische erreichen, so kann man durch die Wahl geeigneter Enzympräparate die Zellstrukturen weiter aufschließen, hat aber auf die Erhaltung des trubstabilisierenden Pektins zu achten. Das resultierende Produkt ist dünnflüssiger und lässt sich gut konzentrieren. Auf diese Weise wird eine Ganzfruchtverarbeitung zu Mark möglich, ohne dass eine Phasentrennung in Saft und Trester mittels Presse oder Dekanter notwendig ist (Possmann und Sprinz 1986, Schmitt 1988).

4.2.1.4 Passieren oder Entsaften von Gemüsemaische

Nach Hitzeinaktivierung der zugesetzten technischen Enzympräparate – oder der fruchteigenen Enzyme – wird die noch heiße Maische in einem geschlossenen Rohrsystem der meist mehrstufigen Passiermaschinengruppe (23) zugeführt, dort expandiert und unter Dampfabschirmung stufenweise passiert (1,2–0,4 mm Lochdurchmesser; vgl. Abb. 112). Das Produkt weist eine sämige Konsistenz und eine glatte, homogene Struktur auf und eignet sich zur Herstellung von Gemüsenektaren.

Das noch heiße Gemüsemark wird im geschlossenen System zur Entgasungsanlage gefördert (31).

Zur Herstellung von Presssäften wird die Gemüsemaische gewöhnlich nicht enzymiert, sondern auf einer entsprechenden Presse (27) kalt, warm (40–50 °C) oder heiß abgepresst.

Beim Pressen verbleiben je nach Verfahrensbedingung (Presse oder Dekanter) und Art der Maischebehandlung größere Mengen an wertvollen Bestandteilen in den Trestern. (Colesan und Jöhrer 1993, Hartmann 1996, Böhm 1997). Die Presssäfte selbst sind mehr oder weniger trubstoffreich, zum Beispiel enthält Karottenpresssaft etwa 1 bis 2 % Sediment und sortenabhängig zwischen 4 und 16 Milligramm Carotin/100 ml. Die Carotinoide sind in der pflanzlichen Zelle in den so genannten Chromoplasten enthalten, können aber auch kristallin in der Zelle vorliegen. Durch Zugabe von 10 bis 20 % Mark oder Gemüsehomogenat, welches aus der Maische durch Nassvermahlung in Kolloidmühlen gewonnen werden kann, lässt sich der Saft anreichern (Handschuh 1994). Anschließend muss über eine Hochdruckhomogenisierung trubstabilisiert werden.

Anstelle der Pressen kann auch ein Dekanter zur Phasentrennung verwendet werden (Bielig und Wolff 1973, Hamatschek und Nagel 1994, Pecoroni und Günnewig 1997). Da der Dekanter auch feinzerkleinerte Maischen verarbeiten kann, kommt es während der Saftgewinnung zu einer verstärkten Extraktion des Tresters durch die Saftphase, was im Falle von Karottensäften zu intensiver gefärbten Produkten führt. Die Maische kann entweder enzymiert oder nach entsprechender Vorzerkleinerung bei 80 bis 85 °C im Dekanter entsaftet werden. Durch entsprechende Wahl der Verfahrensbedingungen lässt sich der Fruchtfleisch- oder Trubanteil direkt bei der Phasentrennung in weiten Bereichen einstellen.

Die unter Anwendung von Dekanter (28) oder Presse (27) gewonnenen Rohsäfte werden wie auch das Gemüsemark zunächst einer Vakuumentgasungsanlage (31) zugeführt (vgl. Abb.112).

Abfälle und Trester, die bei der Gemüsemark und -saftgewinnung zurückbleiben, werden siliert, getrocknet, kom-

Tab 46. Ausbeute beim Pressen und Passieren von vorbehandelten Gemüsemaischen

Rohstoffe	Passieren		Phasentrennung Presse/Dekanter	
	Gemüsemark %	Abfälle %	Gemüserohsaft %	Trester %
Tomaten	93–97	3–7	–	–
Karotten	80–95	5–20	60–78	25–40
Paprika	75–80	20–25	–	–
Rote Bete	90–95	5–10	70–85	30–15
Sellerie	85–90	10–15	50–80	50–20
Spinat	85–95	5–15		
Spargel	–	–	45–50	50–55
Rhabarber	–	–	60–75	25–40
Schwarzrettich	–	–	40–55	45–60
Zwiebeln	–	–	60–85	15–40

postiert und als Dünger oder Viehfutter verwendet (KUNZ und LUCAS 1996). Um die benötigten Wassermengen für Reinigung und Verarbeitung möglichst gering zu halten, werden die Abwasserströme in eigenen Kläranlagen aufbereitet.

Über die Ausbeute beim Passieren beziehungsweise Pressen von vorbehandelter Gemüsemaische unterrichtet Tabelle 46. Die Werte sind produkt- und prozessabhängig und dienen lediglich zur Orientierung.

4.2.1.5 Entgasung, Sterilisation und Einlagerung von Gemüsemark und Gemüsesäften

Gemüsemark und Gemüsesäfte werden in einer entsprechenden Anlage (31) wirkungsvoll entgast wodurch eine unerwünschte Oxidation bei der anschließenden thermischen Haltbarmachung verhindert wird. Verbunden damit ist eine Verbesserung des Wärmeüberganges im Erhitzer und ein zusätzlicher Homogenisierungseffekt bei der Entspannung.

Eine Pumpe (32) zieht die entlüfteten Produkte aus der Entgasungsanlage (31) und fördert sie zur Sterilisierung durch einen KZE-Platten- beziehungsweise Röhrenerhitzer (33; vgl. Abb. 112).

Beim Sterilisieren von Gemüsemark und -saft herrschen besondere Verhältnisse infolge des relativ hohen pH-Wertes. Unter solchen Milieubedingungen findet eine Reihe von Bakterien, wie zum Beispiel pathogene Sporenbildner (*Clostridium botulinum*), thermophile Bazillen und mycotoxinbildende Schimmelpilze günstige Entwicklungsmöglichkeiten.

Die Haltbarmachung der Gemüsesäfte erfolgt günstigerweise durch UHT-Verfahren.

Für die Bemessung der Sterilisationszeit und -temperatur bedient man sich des Sterilisationswertes oder F_0-Wertes. Verbreitet ist der Bezug auf 121,1 °C (= 250 °Fahrenheit) und einen z-Wert von 10 °Kelvin. Der Sterilisationswert (F_0-Wert) ist die Zeit in Minuten, die benötigt wird, um eine bestimmte Mikroorganismenart (z. B. *clostridium botulinum*) um eine geforderte Anzahl von Zehnerpotenzen zu reduzieren. In modernen Anlagen wird der F_0-Wert oder das Äquivalent durch Mikroprozessoren aus dem Temperaturverlauf berechnet. Erzeugnisse mit einem pH-Wert von 4,5 bis 6,0 müssen mindestens mit einem Sterilsationsäquivalent von $F_0 = 4$ erhitzt werden. Aus Sicherheitsgründen wird in der Praxis mit $F_0 = 5$ bis 6 behandelt, in Fällen erhöhter Ausgangskeimzahl auch bis zu 10 (HEISS 1994). Saure Produkte, wie Tomatensaft und Paprikamark, können entsprechend kürzer behandelt werden.

Um zu hohe Sterilisationstemperaturen und zu lange Haltezeiten mit der Gefahr entsprechender Qualitätseinbußen zu vermeiden, ist es empfehlenswert, die Gemüseprodukte, falls möglich, durch die

Zugabe von Säure auf einen pH-Wert von 4 bis 4,5 einzustellen um dann bei niedrigeren Temperaturen zu pasteurisieren. Für die Auslegung der Sterilisatoren geht man entweder von indirekter Erhitzung über Wärmeaustauscher oder von Erhitzern mit Dampfinjektion aus. Beim direkten Dampfinjektionsverfahren wird, wie in Abildung 117 gezeigt, der Saft zunächst vorerhitzt und dann durch Dampfinjektion von 75 °C auf 143 °C gebracht und für drei bis vier Sekunden gehalten. In einer Vakuumkammer kommt es zum Druckabfall, die injizierte Dampfmenge verdampft und kann über eine Vakuumpumpe abgezogen werden (FISCHER-AYLOFF-COOK und MÜLLER 1989, PRAUSER et al. 1991, APV 1997).

Stehen keine UHT- oder HTST-Erhitzer zur Verfügung, so kann man sich mit dem Verfahren der *Tyndallisierung* behelfen. Unter diesem Verfahren versteht man ein fraktioniertes Sterilisationsverfahren bei Temperaturen von 70 bis 110 °C. Das Verfahren ist dadurch gekennzeichnet, dass die Erhitzung zweimalig vorgenommen wird. Bei der ersten Erhitzung werden lediglich die vegetativen Zellen abgetötet. Die Endosporen dagegen werden hitzeaktiviert und keimen bei der nachfolgenden etwa 24-stündigen Lagerung bei 15 bis 25 °C aus. Nachdem sie nun als vegetative Keime vorliegen, können sie mit einer zweiten Wärmebehandlung abgetötet werden (WALLHÄUSER 1995).

Die sterilisierten Säfte werden auf Lagertemperatur (4–15 °C) zurückgekühlt und nach Möglichkeit unter Stickstoffatmosphäre, kaltsteril eingelagert (34). Die Lagertanks, Armaturen und Zuleitungen müssen zur Sterilisation mit Dampf mindestens einem Dampfdruck von 1,9 bis 2,7 bar (121–130 °C) ausgesetzt werden. Der Dampfverbrauch und die notwendige Zeit können den Empfehlungen der Tankhersteller entnommen werden und richten sich nach Behältermaterial und -größe. (Vergleiche hierzu Abb. 124, Seite 306). Sollen sterile Teilentnahmen aus den Lagertanks erfolgen, dann sind die Tanks mit

Abb. 117. Haltbarmachung mittels Direktdampfinjektion (APV 1997).
1 = Plattenerhitzer
2 = Dampfinjektionskammer
3 = Heißhaltestrecke
4 = Expansionsgefäß
5 = Homogenisator
6 = Plattenkühler
7 = Steriltank
8 = Reinigung und Desinfektion
9 = Kondensator

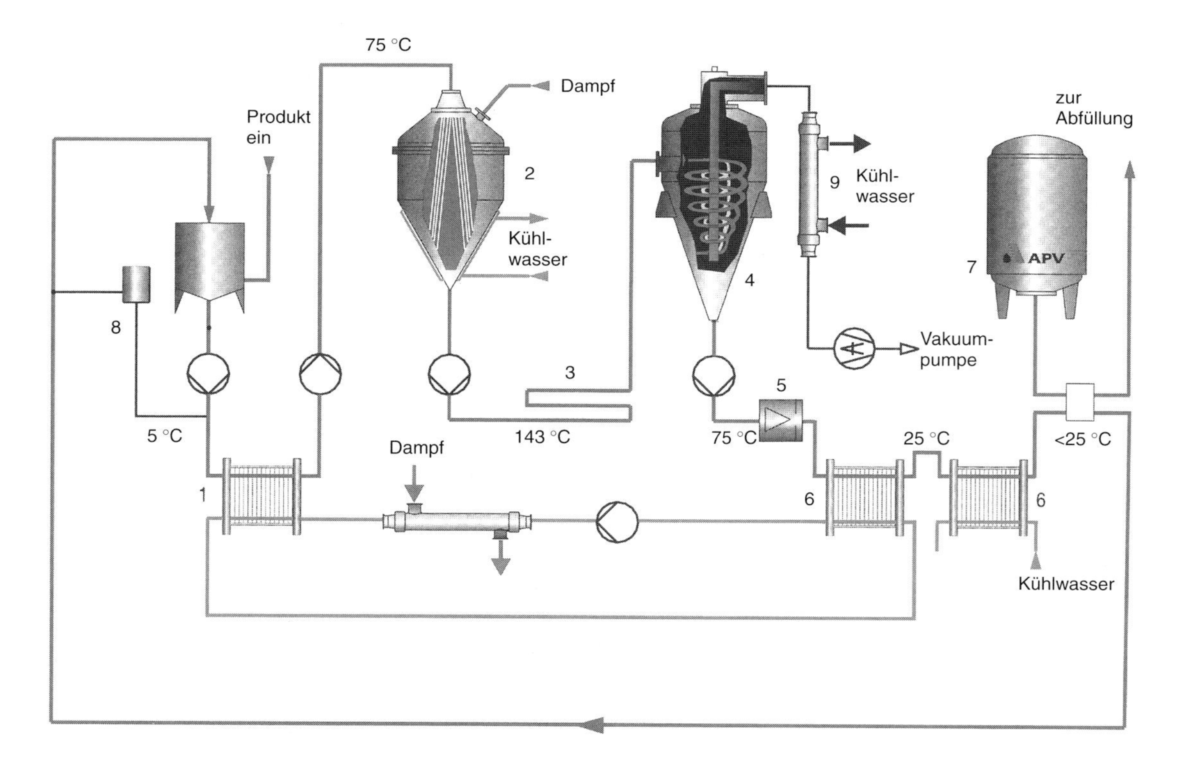

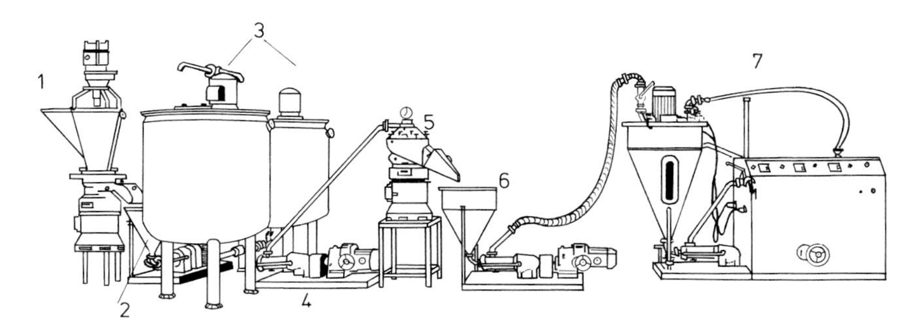

Abb. 118. Fryma-Anlage zur Herstellung von Frucht- und Gemüsehomogenaten (Fryma Maschinen AG).
1 = Lochscheibenmühle
2 = Trichtermohnopumpe
3 = Maischetanks
4 = Mohnopumpe
5 = Korundscheibenmühle
6 = Trichtermohnopumpe
7 = Entlüftungsanlage.

Rührwerken auszustatten, um sedimentierten Markabsatz aufzurühren.

Eine automatisierte, kaltaseptische Abfüllung und Lagerung in beschichteten Verbundfolien (200–1 000 kg) ist ebenfalls möglich. Dazu werden die flexiblen Verpackungen durch Bestrahlung vorsterilisiert. Der Füllstutzen wird in einer mit Dampf oder Wasserstoffperoxid sterilisierten Abfüllkammer an die Abfüllleitung angeschlossen, das Produkt wird aus dem Erhitzer kommend kaltsteril über eine spezielle Verbindung in den Behälter gefüllt. Die Füllmenge wird gravimetrisch erfasst, der Füllvorgang nach Erreichen einer vorgegebenen Menge abgeschlossen und der Behälter noch in der Füllkammer verschlossen. Danach wird der Füllstutzen und die Packungseinheit aus der Abfüllkammer ausgeschleust. Zur Lagerung werden die flexiblen Packungen entweder in Fässer zu 200 Kilogramm oder in Holz- beziehungsweise Kartonumverpackungen (1 000 kg) gelagert und transportiert.

Gemüsemark beziehungsweise Gemüserohsaft können als Halbfabrikate saisonunabhängig zur Herstellung von Fertigprodukten verwendet werden. Sie können auch als Konzentrat eingelagert werden (Ladwig 1982)

4.2.2 Herstellung von Gemüsehomogenaten als Halbfabrikate

Die Herstellung von Gemüsehomogenaten ist relativ einfach und läuft wie folgt ab: Das Gemüse wird nach der geschilderten Weise vorbehandelt. Zur Erweichung des pflanzlichen Gewebes wird vorgekocht, mittels geeigneter Mühlen zunächst grob vorzerkleinert und dann nass feinvermahlen oder homogenisiert. Falls das Gemüsehomogenisat zu dickflüssig vorliegt, kann es entweder enzymiert werden oder es kann ein Zusatz von Saft beziehungsweise Wasser erfolgen. Aus der beschriebenen Arbeitsweise geht hervor, dass für die Herstellung von Gemüsehomogenaten eine entsprechende Zerkleinerungs-, Homogenisierungs- und Entlüftungsanlage notwendig ist. Eine solche von der Firma Fryma (CH-Rheinfelden) hergestellte, kontinuierlich arbeitende Anlage ist aus Abbildung 118 zu ersehen (Heuss 1987). Auf diese Weise lassen sich eine Reihe von Homogenaten, Baby-food, Cremes und ähnliche Produkte herstellen.

4.2.3 Herstellung milchsauer vergorener Gemüsesäfte

Neben der steigenden Beliebtheit von milchsauer vergorenen Karotten-, Rote-Bete-, Sellerie- und Sauerkrautsaft werden diese Produkte auch gerne zur geschmacklichen Abrundung von Gemüsecocktails verwendet.

Als Herstellungsverfahren haben sich die Maischesäuerung oder die Säuerung von Mark und Saft herausgebildet. Man kann auch danach unterscheiden, ob die Fermentation spontan mit der autochthonen Keimflora, so wie es beispielsweise bei der Sauerkrautherstellung der Fall ist, vorgenommen wird oder ob, ohne die Originärflora thermisch zu inaktivieren, mit dem Einsatz von Starterkulturen gearbeitet wird (LIEPE 1987, BUCKENHÜSKES 1991, BINNIG 1993). Durchgesetzt hat sich der Verfahrensansatz, wonach zunächst das Gärgut (Maische, Mark oder Saft) hitzebehandelt und dann mit Starterkulturen beimpft wird (Laktofermentverfahren).

4.2.3.1 Natürliche Vergärung

Die natürliche milchsaure Vergärung wird am Beispiel der Herstellung von Sauerkrautsaft geschildert.

Zur Verarbeitung kommt ausgereifter fester Weißkohl mit möglichst dünnen Blattrippen, welcher nach der Anlieferung in der Fabrik sofort verarbeitet werden soll; gelegentlich wird auch Kohl aus der Mietenlagerung verwendet. Der angelieferte Kohl wird maschinell von den äußeren Hüllblättern befreit, dann werden die verholzten Strünke ausgebohrt und der Kohl in zwei bis vier Millimeter starke Streifen geschnitten. Das geschnittene Kraut wird unter Zusatz von Salz (1,5–2,5 %) in säurebeständige Gärbehälter, möglichst dicht gepackt und abgedeckt, um den Luftzutritt zu verhindern. Zur Abdeckung und Erzeugung des notwendigen Pressdruckes von 350 kg/m^2 werden die Gärbehälter mit wassergefüllten Polyethylenkissen bedeckt. Wichtig ist, dass die Luft aus den Zwischenräumen entfernt wird. Vielfach wird das Kraut auch durch Pressen vorentsaftet, so dass die Luft durch den nachgegossenen Saft verdrängt wird. Durch das zugesetzte Kochsalz wird dem eingeschnittenen Weißkohl auf osmotischem Wege das Wasser schnell entzogen.

In der ersten Phase der spontan ablaufenden Weißkrautvergärung tritt eine starke Kohlensäurebildung auf, verursacht durch Gärungstätigkeit der Hefen und der heterofermentativen Milchsäurebildner. Durch die Entwicklung von CO_2 werden dabei anaerobe Verhältnisse geschaffen, welche die Vermehrung von unerwünschten Gärungserregern (Hefen) und Schimmelpilzen verhindern und zur Erhaltung des Vitamin C im Sauerkraut beitragen. Die Milchsäuregärung beginnt bei 16 bis 20 °C spätestens nach drei Tagen und wird nach drei bis sechs Wochen, je nach Temperatur des Krautes, abgeschlossen. Die zweite Gärphase nach Verbrauch des Sauerstoffes ist gekennzeichnet durch eine starke Säurebildung. Hierauf treten homofermentative Milchsäurebildner auf, die den Milchsäuregehalt bis auf 1,5–2 % ansteigen lassen. Die Aromabildung geht auf organische Säuren (Essig-, Propion- und Ameisensäure) und die Bildung von Alkoholen und biogenen Aminen zurück.

Wenn das Kraut durchgegoren ist und praktisch keinen Zucker mehr enthält, wird die Lake aus den Bottichen abgepumpt und das Sauerkraut auf Pressen entsaftet. Presssaft und Gärlake werden gemischt, nach Klärung im Separator entlüftet, bei 85 °C pasteurisiert und kaltsteril eingelagert. Durch eine enzymatische Behandlung der Sauerkrautmaische lässt sich eine Verbesserung der Saftausbeute und der Aromaintensität erreichen. Bei der Auslegung der Erhitzer ist aus Gründen der Korrosion an den erhöhten Salzgehalt zu denken.

Nach der beschriebenen Methode können auch andere Gemüsemaischen einer natürlichen Milchsäuregärung unterzogen werden.

4.2.3.2 Laktofermentverfahren

Das Laktofermentverfahren ermöglicht eine schnelle und kontrollierte Säuerung von Gemüsemaischen, -mark und -säften unter Verwendung definierter Mikroorganismen, so genannter Starterkulturen (KARDOS 1979, FLEMING und MCFEETER 1981, LIEPE und JUNKER 1984, DFG 1987). Nach dem Laktofermentverfahren wird die rückgekühlte Gemüsemaische oder der Saft mit einer Kultur von milchsäurebildenden Mikroorganismen beimpft. Nach LIEPE eignen sich besonders Stämme der Gattung *Lactobacillus (Lactobacillus plantarum, Lactobacillus xylosus, Lactobacillus farciminis*) oder der Gattung *Leuconostoc (Leuconostoc mesenteroides*) und *Pediococcus* (LIEPE 1987). Das Laktofermentverfahren läuft wie folgt ab:

Nach dem gründlichen Waschen, Verlesen und nach Bedarf Schälen wird das entsprechende Gemüse (Karotten, Rote Bete, Sellerie, Weißkohl usw.) zerkleinert, die gewonnene Gemüsemaische in einem Röhrenerhitzer auf 105 °C erhitzt und dann in einem Kühler auf 25 bis 35 °C zurückgekühlt. Hierauf wird die Starterkultur in die Maische eingearbeitet. Es wird in der Regel mit 10^6 bis 10^7 Keimen pro Milliliter Gärgut angestellt; bei 30 °C benötigt man für die Fermentation etwa 24 Stunden. Die Impfkultur kann im Betrieb selbst herangezogen werden oder, was üblich ist, als gefriergetrocknetes Bakterienkonzentrat bezogen werden (BUCKENHÜSKES 1991). Mit Abschluss der Gärung soll das Gärgut einen pH-Wert von 3,9 bis 4,4 erreicht haben und wird abgepresst. Nach ŠULC (1984) kann die Beimpfung auch durch Verschnitt mit einem bereits in Säuerung befindlichen Ansatz erfolgen. Aus Gründen der Produktionssicherheit und zur Vermeidung von Infektionen wird hiervon aber abgeraten. Durch die Auswahl der Mikroorganismen lässt sich der Säuregrad, das Aroma und der Gehalt an Milchsäure-Isomeren beeinflussen. Während der Fermentation werden von den verschiedenen Milchsäurebildnern entweder ausschließlich L- oder D-Milchsäure, oder auch etwa gleiche Mengen an beiden Isomeren gebildet. Bei einigen *Lactobacillus*-Arten verändert sich das Verhältnis der Isomeren während der Fermentation. Üblicherweise wird in der Anfangsphase zunächst L-Milchsäure gebildet, in der späteren Gärphase dominiert das D-Isomer (SALMINEN und VON WRIGHT 1998). Einige Stämme (*Lactobacillus curvatus* und *Lactobacillus sake)* produzieren das Enzym Racemase, welches L- in D- Milchsäure umwandelt. *Lactobacillus bavaricus* – eine Variante von *Lactobacillus sake* – hat keine Racemase und produziert deshalb nur L-Milchsäure (GARVIE 1980).

Die modernen Gemüseverarbeitungsverfahren gehen häufig nicht mehr von Maischen sondern vom Gemüsesaft oder -mark aus, was gewisse Vorteile bei der Vergärung wie auch hinsichtlich der Qualität des Endproduktes darstellt. Bei der Herstellung von milchsauer vergorenen Gemüsesäften oder von Gemüsemark kann eine Behandlung mit mazerierenden Enzymen auch simultan zur Säuerung durchgeführt werden (ŠULC 1984, ZETELAKI-HORVATH 1986). Kontinuierlich lässt sich die Milchsäurevergärung in Reaktoren mit immobilisierten Organismen oder in Membranreaktoren betreiben (KULOZIK und KESSLER 1992, SCHWANK et al. 1992).

Der beim Entsaften der milchsauren Maischen anfallende Saft wie auch der selbstständig gesäuerte Saft kann, gegebenenfalls nochmals zentrifugiert, entlüftet, pasteurisiert und danach kaltsteril in Tanks eingelagert werden.

Nach diesem Verfahren lassen sich nicht nur pikant und würzig schmeckende Gemüsesäfte sondern auch milchsauer vergorenes Gemüsemark bereiten, das keinen Zusatz von Salz oder anderen Gewürzen benötigt und sich somit auch für diätetische Zwecke (kochsalzarme Ernährung) eignet.

4.2.4 Nitratreduktion

Da bestimmte Gemüse neben der günstigen Nährstoffdichte auch einen unerwünscht hohen Gehalt an Nitrat aufweisen, hat es in den letzten Jahren nicht an Anstrengungen gefehlt, neben den entsprechenden Maßnahmen im Anbau, den Nitratgehalt durch chemische, physikalische oder mikrobiologische Verfahren zu senken. Zwar liegt die nahrungsbedingte Aufnahme für Nitrat und Nitrit im Rahmen der ADI-Werte (5 mg/kg Körpergewicht für Nitrat; 0,1 mg/kg Körpergewicht für Nitrit). Überschreitungen kann es aber dann geben, wenn größere Mengen von Gemüse und Gemüseprodukten aufgenommen werden. Da Säuglinge und Kleinkinder besonders sensibel auf Nitrit reagieren (Methämoglobinämie), sehen die gesetzlichen Bestimmungen Höchstwerte für Säuglings- und Kleinkindernahrung vor. (VO Diätetischer Lebensmittel 1998, NEHRING et al.1997). Als Lösungsansätze zur Senkung des Nitratgehaltes werden diverse Vorschläge in der Patentliteratur gemacht.

Erniedrigend auf den Nitratgehalt wirkt sich zunächst das Wasserblanchieren aus. Dabei kommt es zu einer gewissen Auslaugung der Inhaltsstoffe und damit auch zu einer Verminderung des Nitratgehaltes (BÜHLER 1990).Von der Firma Biotta wird ein Verfahren zur selektiven Entfernung mittels Anionenaustauschern beschrieben (Deutsches Patentamt 1989). Die Firma Henkel hat 1984 ein Verfahren vorgeschlagen, nach dem der Nitratgehalt mittels Ultrafiltration zu reduzieren ist (Deutsches Patentamt 1984). GIERSCHNER und HAMMES haben 1990 einen Überblick über die mikrobiologischen Verfahren zur Denitrifizierung gegeben. Verschiedene Veröffentlichungen befassen sich mit der Denitrifizierung von Gemüsesaft im Labormaßstab (EMIG 1989, HAUG et al.1990, MAYER-MIEBACH und SCHUBERT 1991, KNORR et al.1992). Grundlegende Bedeutung kommt immer der Auswahl geeigneter Mikroorganismen zu. Die Befähigung zur Denitrifikation ist unter den Bakterien weitverbreitet. Je nach Art und Gattung wird unter neutralen bis schwach alkalischen Milieubedingungen und unter anaeroben Verhältnissen Nitrat über Nitrit, Stickoxid und Distickoxid zum elementaren, gasförmigen Stickstoff reduziert. Der dissimilatorische Nitratabbau folgt der Summengleichung:

$$2\ NO_3^- + 10\ [H] + 2\ H^+ \rightarrow N_2 + 6\ H_2O$$

Der assimiliatorische Stoffwechsel erfordert hohe Sauerstoffkonzentrationen und geht mit einem Verbrauch an Zuckern oder organischen Säuren einher. Wegen der damit verbundenen sensorischen und stofflichen Veränderung des Lebensmittels scheiden solche biomasseproduzierenden mikrobiologischen Systeme für die Herstellung von Lebensmitteln aus.

Bedingt durch den Verbrauch an Wasserstoffionen verschiebt sich beim dissimilatorischen Prozess der pH-Wert des Kulturmediums in den Bereich des alkalischen. Entweder werden die Mikroorganismen (zum Beispiel *Paracoccus denitrificans*) dem Gärgut als Starterkultur direkt zugesetzt oder sie werden in einem Membranreaktor oder auch in Calcium-Alginat-Gelen immobilisiert. Die Mikroorganismen verbrauchen während des anaeroben Wachstums nur vernachlässigbare Mengen an Inhaltsstoffen des Gemüses und nahezu vollständig das vorhandene Nitrat. Im Jahre 1991 wurden erstmals Rote-Bete-Saft nach einem patentrechtlich geschützten Verfahren durch die Firma Eden Waren in den Handel gebracht (Deutsches Patentamt 1989). Verfahrensgemäß wird dazu der Rote-Bete-Saft Batch-weise mit denitrifizierenden Bakterien inokuliert. Als Impfkultur dient eine aus einer Stammkultur gewonnene Intermediärkultur. Wird die Denitrifikation unter den Bedingungen der „resting cells“ geführt, das heißt bei hoher Bakteriendichte, so sind die Stoffumwandlungen vom Wachstum entkoppelt. Die Enzyme der dissimilatorischen Nitratreduktion werden bei *Paracoccus denitrificans* unter anaeroben Bedingungen in Gegenwart von Nitrat induziert. Nachfolgend sind einige wichtige Stammcharakteristika von *Paracoccus denitrificans* wiedergegeben.

- gramnegative aerobe Stäbchen und Kokken,
- unbeweglich,
- bei Abwesenheit von Sauerstoff und Anwesenheit von Nitrat, Nitrit und Stickoxid anaerob wachsend,
- autotroph bezüglich Wasserstoff und Kohlendioxid,
- heterotroph mit einer Vielzahl von organischen Kohlenstoffquellen,
- optimale Wachstumstemperatur bei 25 bis 30 °C,
- für die Denitrifikation optimaler pH-Wert 7 bis 8,5, optimale Temperatur 30 bis 40 °C,
- Nitratreduktionsrate mg/min/g = 2,3 bis $5{,}7 \cdot 10^{-1}$.

Für den technischen Ansatz wird die Vorkultur mit Rote-Bete-Rohsaft in einem Produktionstank von 30 bis 50 m^3 versetzt. Unter optimalen Bedingungen ist der Denitrifikationsvorgang nach 8 bis 16 Stunden beendet. Dabei werden aus 50 000 Litern Saft mit einem Gehalt von zwei Gramm Nitrat pro Liter etwa 18 m^3 Stickstoff freigesetzt. Nitrat ist danach bei geeigneter Wahl des Stammes nur noch in

Spuren, Nitrit ebenfalls nicht mehr nachweisbar. Um die Möglichkeit der Nitrosaminbildung auszuschließen, wird der Rohsaft vor der Denitrifizierung mit Ascorbinsäure (200–1 250 mg/l) eingestellt. Nach Abschluss der Reaktion wird der Tank über einen Separator vom Trub und der Zellmasse abgezogen. Aus sensorischen Gründen, aber auch wegen der schonenderen Haltbarmachungsbedingungen, wird der Saft entweder mit einem sauren Saft verschnitten, mit saurer Molke versetzt oder nach einer Laktofermentation haltbar gemacht. Das Verfahren kann sinngemäß auf alle nitratreichen Gemüsesäfte und Mark angewandt werden (Otto 1993).

5 Verfahren zur Haltbarmachung von Halb- und Fertigfabrikaten

5.1 Haltbarmachung von Frucht- und Gemüsesäften

J. Weiss

Alle Haltbarmachungsverfahren sind komplexe lebensmitteltechnologische Prozesse mit dem gemeinsamen Ziel, die Haltbarkeit der Produkte zu verlängern. Aufgrund der gesetzlichen Bestimmungen kommen für Frucht- und Gemüsesäfte nur Verfahren in Frage, die auf einer vorübergehenden oder dauernden Änderung des Wärmeinhaltes (Pasteurisation, Sterilisation, Gefrierkonservierung) beruhen, eine Änderung der Zusammensetzung durch Wasserentzug bewirken (Konzentrierung, Trocknung), oder die Verwendung inerter Schutzgase (Böhi-Verfahren). Methoden, die auf der Verwendung von Strahlen mit athermischer Wirkung (β- beziehungsweise γ-Strahlung) oder thermischer Wirkung (Infrarot) basieren, haben in der Fruchtsaftindustrie bisher keine Bedeutung erlangt.

Eine Prozessinnovation stellt die Haltbarmachung mittels hydrostatischem Hochdruck dar (Pascalisation).

5.1.1 Pasteurisation

5.1.1.1 Grundlagen

Das Pasteurisieren von Säften stellt das klassische Haltbarmachungsverfahren dar; bereits 1869 wurden in den USA von Thomas B. Welch Traubensäfte auf diese Art in technischem Maßstab haltbar gemacht.

Die Pasteurisation (< 100 °C) der Fruchtsäfte hat zwei voneinander nicht exakt trennbare Aufgaben: die Abtötung der für den Verderb verantwortlichen Mikroorganismen (siehe Kapitel 9) und die Inaktivierung von Enzymen, in erster Linie des Phenolasekomplexes (siehe Kapitel 2.1.8). Allerdings sind der Wärmebehandlung enge Grenzen gesetzt, innerhalb derer gearbeitet werden kann. Denn einerseits sollen die genannten Wirkungen erzielt werden, andererseits ergeben sich aber bei Temperaturen über etwa 90 °C vermehrt unerwünschte chemische Reaktionen – die vor allem die Aminosäuren und die reduzierenden Zucker betreffen –, die eine starke Qualitätsminderung nach sich ziehen.

Der Grad der Inaktivierung, sowohl jener der Mikroorganismen als auch jener der Enzyme, hängt von der Höhe der Wärmebelastung über einer gewissen Mindesttemperatur (> 60 °C) ab. Beide lassen sich mit ausreichender Genauigkeit mit den Gesetzen der Reaktionskinetik (Reaktion 1. Ordnung) beschreiben. Die Inaktivierung der Enzyme gestaltet sich bedeutend schwieriger als jene der Mikroorganismen. Besonders bei fruchtfleischhaltigen Produkten ist aufgrund des höheren Enzymgehaltes und eines meist höheren Keimgehaltes mit höheren Wärmebelastungen zu arbeiten. Da zwischen dem Grad der Inaktivierung und der Wärmebelastung ein logarithmischer Zusammenhang besteht, ist der Anfangskeimgehalt und auch die Anfangsenzymaktivität von größter Bedeutung für die Berechnung des Pasteurisationsprozesses.

Aufgrund der niedrigen pH-Werte sind Fruchtsäfte sehr selektive Medien, die das Wachstum pathogener Mikroorganismen ausschließen. Als Verderber kommen daher nur Hefen, Milchsäurebakterien und Schimmelpilze in Frage (siehe Kapitel 9.1).

Der Abtötungsprozess der Mikroorganismen lässt sich annähernd durch eine Reaktion erster Ordnung beschreiben, das heißt, die Zeit, bis ein gewisser Keimgehalt erreicht wird, ist von der Anfangskeimzahl (pro Zeiteinheit wird bei einer bestimmten Temperatur immer nur ein gewisser Prozentsatz der Mikroorganismen abgetötet) und von der Temperatur (mit zunehmendem Temperaturniveau sinkt die Zeitdauer, um eine gewisse Mikroorganismenzahl abzutöten) abhängig. Zur Berechnung des Wärmeinsults finden in Analogie zur Berechnung des Sterilisationseffektes der D- und der z-Wert Verwendung. Der D-Wert (Dezimalreduktionszeit) gibt die Zeit an (in Minuten oder Sekunden), die notwendig ist, bei einer konstanten Temperatur 90 % der vegetativen Keime oder der Sporen einer bestimmten Mikroorganismenart in einem bestimmten Substrat abzutöten. Der z-Wert gibt die Temperatur an, um welche die Pasteurisationstemperatur erhöht werden muss, damit die Abtötungszeit um 90 % reduziert wird.

Für die Pasteurisation hat sich bisher keine allgemein anerkannte Bezugstemperatur etabliert, so dass ein Vergleich der empfohlenen Temperaturregime auf Schwirigkeiten stößt. So wurden unter anderem 71,1 °C beziehungsweise 91,1 °C vorgeschlagen, da sie zur Bezugstemperatur der Sterilisierwert-Berechnung (121,1 °C = 250,0 °F = 1 atü) eine ganzstellige Differenz darstellen und die verwendeten Letalitätstabellen für die Ermittlung des Sterilisationswertes auch für die Pasteurisation anwendbar werden. Meist wird jedoch als Bezugstemperatur 80,0 °C angenommen (Sielaff und Schleusener 1979).

Als Maß für den durch die Hitzeeinwirkung erzielten Effekt kann die Pasteurisationseinheit (PU = Pasteurization unit) herangezogen werden. Unter dieser Einheit versteht man jene Wirkung, die durch eine Hitzebehandlung bei 80 °C und einer Behandlungszeit von einer Minute erzielt wird. Analog der Berechnung des F-Wertes bei der Sterilisation durch Addition der Letalraten wird der Pasteurisationswert durch Addition der Pasteurisationseinheiten berechnet. Da die in Fruchtsäften vorkommenden Verderber z-Werte von 5 bis 7 (10) Sekunden aufweisen, könnte somit bei genauer Kenntnis der Art und Anzahl an Mikroorganismen vor Beginn des Pasteurisationsprozesses der notwendige Wärmeinsult berechnet werden.

Einschränkend muss jedoch festgehalten werden, dass sowohl *Byssochlamys* sp. als auch thermoazidophile Mikroorganismen der Gattung *Alicyclobacillus* sp. (siehe Kapitel 9.5.2) über eine bedeutend höhere Wärmewiderstandsfähigkeit verfügen; *Byssochlamys*: 90 °C, D-Wert 720 Sekunden, *Alicyclobacillus* sp.: 90 °C, D-Wert 900–1 380 Sekunden (Baumgart et al. 1997).

Die in der Literatur angegebenen Werte über erforderliche Pasteurisationszeiten beziehungsweise -temperaturen schwanken innerhalb relativ weiter Grenzen, was nicht verwunderlich ist, hängen sie doch auch davon ab, ob frischer Saft oder ein solcher aus rückverdünntem Saftkonzentrat haltbar gemacht werden soll. Als Anhaltspunkt mögen die in Abbildung 119 (Pandur 1988) angegebenen Werte dienen. Der Temperatur/Zeit-Verlauf ist aus Abbildung 120 (Pandur 1988) ersichtlich. Allgemein gilt, dass hohe Temperaturen und kurze Einwirkzeiten zu geringeren Stoffumsätzen im Sinne einer Produktschädigung führen als konservierungsäquivalent niedrige Temperaturen und lange Haltezeiten.

Wie Hasselbeck et al. (1992) zeigen konnten, reichen bei aus Saftkonzentraten rückverdünnten Säften bedeutend geringere Wärmeinsulte als üblicherweise appliziert werden aus, um eine mikrobiologische Stabilität zu erzielen. Dies ist vor allem aus energiewirtschaftlichen Gründen wichtig, bedeutet doch eine Temperaturabsenkung um 10 °C bei einer industrieüblichen Pasteurisationsanlage eine Energiekostenersparnis von etwa 10 %.

5.1.1.2 Pasteurisationsverfahren

5.1.1.2.1 Betriebsglocke

Der Apparat besteht aus zwei, durch eine Verschraubung miteinander verbundene Aluminiumglocken, zwischen denen sich ein enger Zwischenraum befindet. Der unpasteurisierte Saft wird mit geringem

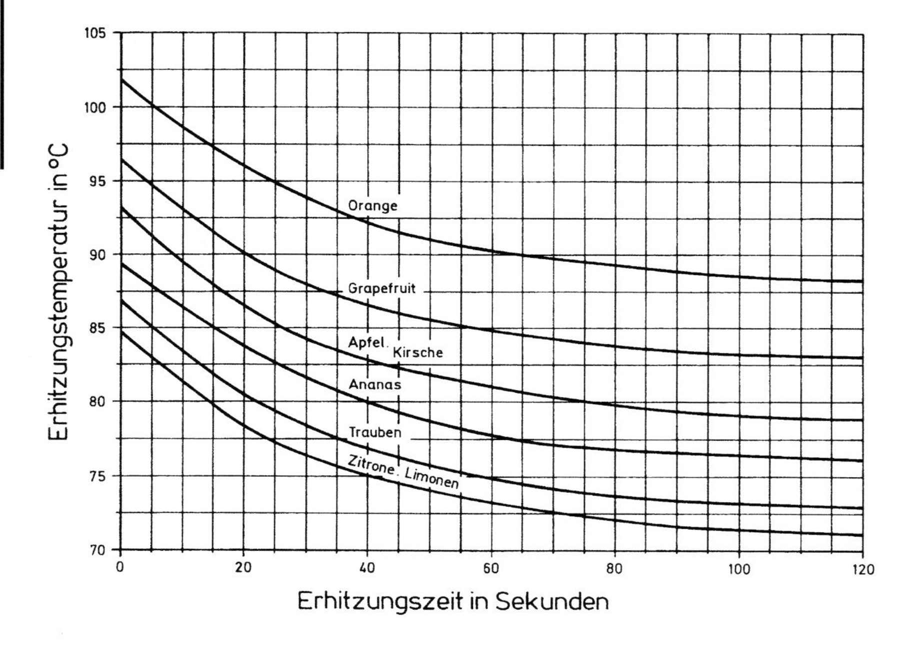

Abb. 119. Pasteurisationsbedingungen für einige Fruchtsäfte (PANDUR 1988).

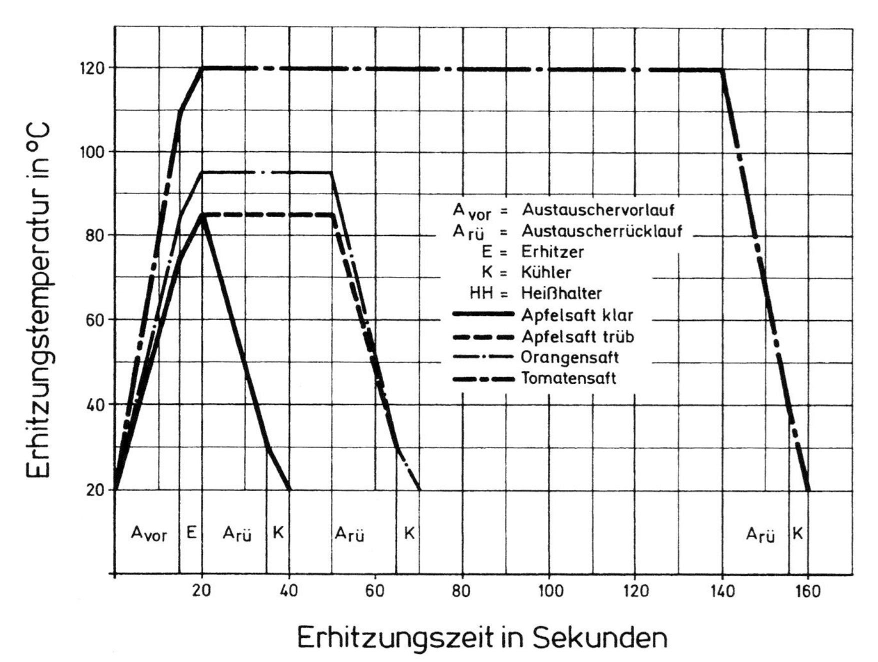

Abb. 120. Temperatur/Zeit-Verlauf bei der Pasteurisation (PANDUR 1988).

Überdruck (0,2–0,3 bar) in einen ringförmigen Kanal im Unterteil der Glocke zugeleitet und damit auf den gesamten Umfang gleichmäßig verteilt. Der Saft durchströmt den Apparat von unten nach oben, wobei durch turbulenzfördernde Maßnahmen die Erhitzungsgeschwindigkeit stark beschleunigt wird. Die Durchflussgeschwindigkeit kann über einen Zulaufhahn reguliert werden und ist so zu bemessen, dass der von der Glocke ausfließende Saft eine Temperatur von 72 bis 75 °C aufweist. Die Beheizung erfolgt durch Einhängen der Glocke in Heißwasser oder, bei leistungsfähigen Apparaten (bis 300 l/h), durch Einhängen in einen dampfbeheizten Behälter. Da der Saft heiß eingelagert wird, dauert es in Abhängigkeit von Material und Größe des Lagerbehälters sowie von der Temperaturdifferenz Stunden, in manchen Fällen Tage, bis der Saft wieder Raumtemperatur erreicht, worunter die Qualität des Saftes stark leidet. Dieser Umstand und die relativ geringe Leistungsfähigkeit der Apparate haben dazu geführt, dass Betriebsglocken zur Haltbarmachung von Fruchtsäften nur noch in Kleinbetrieben verwendet werden.

5.1.1.2.2 Hochtemperatur-Kurzzeit-Verfahren

Charakteristisch für dieses Verfahren ist, dass das Getränk innerhalb sehr kurzer Zeit auf das angestrebte Temperaturniveau gebracht, auf diesem Niveau kurze Zeit gehalten und im Gegenstrom wieder abgekühlt wird. Neben der Bezeichnung Hochtemperatur-Kurzzeit-Verfahren sind auch die Bezeichnungen Hoch-Kurzzeit-Verfahren, KZE (Kurzzeiterhitzung) und HTST-Verfahren (High temperature short time) gebräuchlich. Zur Durchführung dieses Verfahrens werden heute allgemein Plattenwärmeaustauscher eingesetzt (siehe Abb. 121).

Plattenwärmeaustauscher

Plattenwärmeaustauscher ermöglichen den Wärmeaustausch zwischen zwei durch eine Wand getrennte Medien. Durch Hinzufügen oder Wegnehmen von Platten-

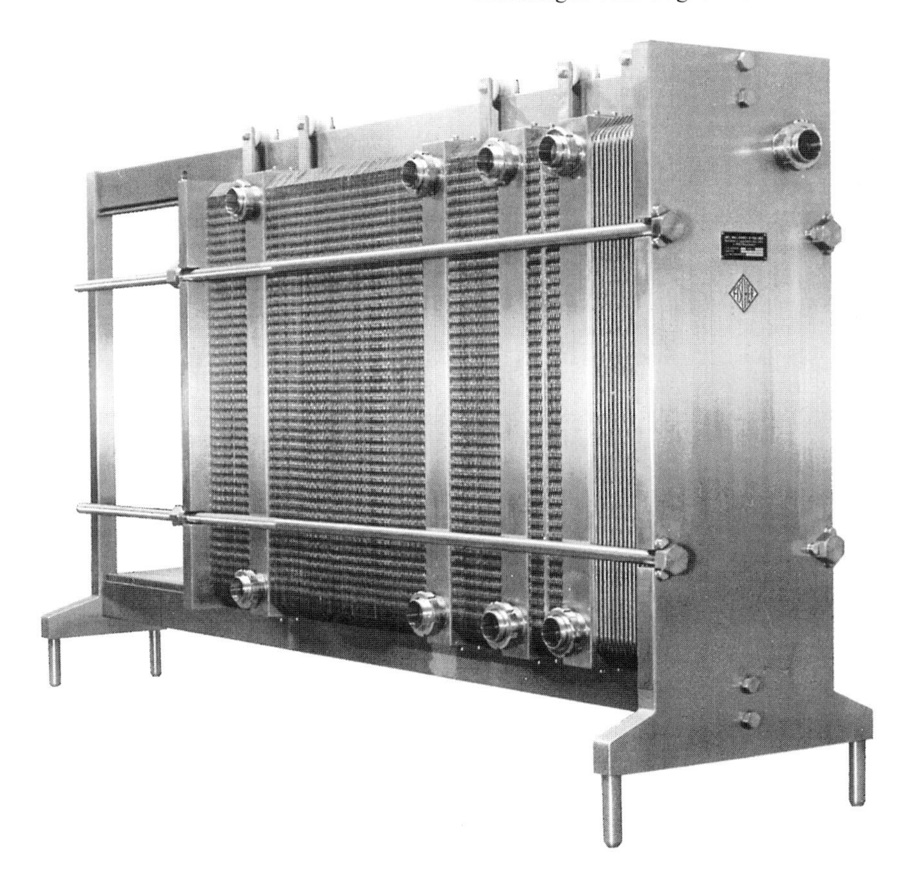

Abb. 121. Plattenwärmeaustauscher (Fa. E. Fischer).

einheiten kann, innerhalb gewisser Grenzen, eine Anpassung an wechselnde Betriebsbedingungen erzielt werden.

Die wärmeübertragende Fläche besteht aus einer Anzahl von Profilplatten aus Cr-Ni-Stahlblech oder Cr-Ni-Mo-Stahlblech. Um die Korrosionsbeständigkeit zu erhöhen wurden auch Austauscherflächen entwickelt, die eine Titanbeschichtung aufweisen (SCHNABEL 1987). Die Platten sind mittels Spannschrauben oder mittels einer Zentralspindel zwischen einer Gestellplatte und einer Deckelplatte in einem Stativ zusammengepresst. Das Profil der Platten muss so gestaltet sein, dass eine gleichmäßige Verteilung des Getränkes über die gesamte Plattenbreite erfolgt, wobei auch an den Randzonen die gleiche Fließgeschwindigkeit und eine gleich starke thermische Belastung vorhanden sind. Ferner muss unter allen Betriebsbedingungen eine turbulente Strömung gewährleistet bleiben.

Als Dichtungswerkstoffe finden Ethylen-Propylen-Kautschuk, Fluorkautschuk, Acrylnitrilbutadien-Kautschuk oder Silikonkautschuk Verwendung. Die Dichtungen werden nicht mehr geklebt, sondern die Dichtungsrille der Platte ist so ausgeführt, dass sie sich nach oben zu verengt und die entsprechend geformte Dichtung in der Nut eingepresst wird. Dieser Umstand bringt nicht nur eine Zeitersparnis beim Erneuern von Dichtungen, sondern auch einen problemloseren Einsatz bei höheren Temperaturen. Das Profil (Tiefe der Prägung und Muster), die Stärke sowie das Material bestimmen die Steifheit der Platte. Diese Steifheit ist besonders bei stark unterschiedlichen Drücken in den einzelnen Zonen von größter Bedeutung, denn es soll bei maximaler Plattenoberfläche nur zu minimalen Deformierungen kommen.

Die einzelnen Austauscherplatten bilden mit den Dichtungsmasken aus gummielastischem Material geschlossene Strömungskanäle, deren Stärke durch die Dichtung (3–6 mm) und deren Verlauf durch das Plattenprofil bestimmt werden. Wenn fruchtfleischhaltige Getränke pasteurisiert werden, sollen Plattenapparate mit Stützstellen nicht verwendet werden, da die Gefahr besteht, dass Fasern an diesen Stellen hängen bleiben und eine Verblockung herbeiführen. Für fruchtfleischhaltige Produkte werden daher Freistromplatten ohne innere Abstützung verwendet (BUCHWALD 1988).

Die Strömungsrichtung wird normalerweise so gewählt, dass die beiden Medien im Gegenstrom zueinander fließen (siehe Abb. 122). Die Stärke der Strömungskanäle variiert bei gewissen Plattenprofilen sehr oft und sehr stark, wodurch eine Intensivierung der Turbulenz in den Medien und damit auch ein hoher Wärmeübergangskoeffizient erreicht wird. Durch hohe Werte der Turbulenz und der Strömungsgeschwindigkeit wird der Ablagerung etwaig mitgeführter Trubpartikel entgegengewirkt.

Die Plattenzwischenräume werden räumlich abwechselnd von den Medien durchströmt; je nach Lage der Durchtrittsöffnungen und der Dichtungsecken können die Zwischenräume parallel oder hintereinander geschaltet werden. Diese Möglichkeiten der unterschiedlichen Schaltung betreffen beide Massenströme. Die Strömungsverhältnisse – sie hängen von den Werten der Viskosität der Medien, dem Plattenprofil sowie der Anordnung der Ein- und Austrittsöffnung ab – sind bestimmend für den Druckverlust. Bei parallel geschalteten Platten ergeben sich daher kleinere Druckverluste als bei hintereinander geschalteten Platten.

Die Berechnung der Austauscherfläche kann nach folgender Formel erfolgen:

$$A = \frac{m \cdot c \cdot \rho \cdot \Delta T}{t_m \cdot k \cdot f_K}$$

A Austauschfläche (m^2)
m Massenstrom (kg/h)
c spezifische Wärmekapazität ($kJ \cdot kg \cdot K^{-1}$)
ρ Dichte (g/cm)
ΔT Temperaturdifferenz
t_m mittlere logarithmische Temperaturdifferenz
k Wärmedurchgangszahl ($kJ/m^2 \cdot h \cdot K$)
f_K produktabhängiger Korrekturfaktor

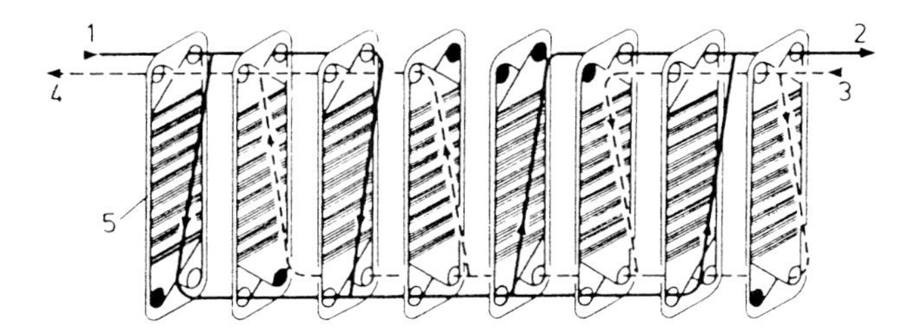

Abb. 122. Plattenwärmeaustauscher. 1 = Zulauf kalte Flüssigkeit, 2 = Ablauf heiße Flüssigkeit, 3 = Zulauf heiße Flüssigkeit, 4 = Ablauf kalte Flüssigkeit, 5 = Austauscherplatte (APV Deutschland GmbH).

Durch den Korrekturfaktor f_K werden die produktabhängige innere Wärmeleitung sowie die temperaturabhängigen Werte der Viskosität berücksichtigt.

Beheizung

Die Wärme wird den Plattenwärmeaustauschern über die Energieträger Dampf oder Heißwasser zugeführt. Die Beheizung kann auf verschiedene Arten erfolgen.

1. Beheizung mit Heißwasser

Bei dieser Art der Beheizung ergeben sich zwischen dem Heizmedium und dem Saft Temperaturdifferenzen von etwa 5 °C. Treten im Betriebsablauf Störungen auf, so entstehen auch bei maximal möglicher Überhitzung keine gravierenden qualitativen Schäden am Saft.

a) *Heißwasser aus dem Niederdruckkessel:* Mittels einer Umwälzpumpe wird das Heißwasser aus dem Niederdruckdampfkessel in die Erhitzerzone des Plattenwärmeaustauschers und wieder zurück in den Dampfkessel gepumpt. Das Wasser wird etwa 150 Millimeter unter dem Mindestwasserstand entnommen. Um ein reibungsloses Arbeiten zu gewährleisten, wird – gemessen an der Saftmenge – die etwa zwei- bis fünffache Heißwassermenge durchgesetzt. Die Wassertemperatur wird durch Beimischen von zum Kessel zurückfließendem, kühlerem Wasser möglichst konstant gehalten. Für den Regeleffekt ist wesentlich, dass in der Rücklaufleitung ein höherer Druck herrscht als in der Zulaufleitung.
b) *Heißwasser, durch einen Injektor erzeugt:* In einem Erhitzer wird das umlaufende Wasser durch Sattdampf (4–5 bar), der über einen Injektor eingeleitet wird, erhitzt. Vor Inbetriebnahme wird das Aggregat über das Ventil mit Kaltwasser gefüllt; die Wasserumwälzung erfolgt mittels Kreiselpumpe. Da das Heißwasservolumen durch die Dampfkondensation ständig zunimmt, wird die überschüssige Menge kontinuierlich über das Druckregelventil abgeleitet. Die Temperatur wird an der Produktseite des Wärmeaustauschers gemessen, im Heißwasserkreislauf befindet sich ein Temperaturbegrenzer; die Regelung erfolgt unter Zuhilfenahme eines Temperaturreglers und eines Dampfregelventils.
c) *Heißwasser, erzeugt im Gegenstromapparat:* Gegenstromapparate werden in Form von Platten- oder Röhrenapparaten hergestellt. Der Röhrenapparat besteht aus einem zylindrischen Gefäß, in das ein Rohrbündel eingebaut ist. Dampf mit etwa 3 bar gelangt über ein Handsperrventil, einen Schmutzfänger und ein Regelventil in dieses Rohrbündel, kondensiert und gibt seine Wärme an das außen im Gegenstrom vorbeifließende Wasser ab. Das Heißwasser fließt nach der Erhitzerabteilung des Plattenwärmeaustauschers in einen Heißwasservorlaufbehälter, der zum Ausgleich der thermisch bedingten Volumenveränderungen des Wassers dient. Röhren-Gegenstromapparate sind vielfach liegend angeordnet. Bei schlechter Kondensatführung wird die Leistung bedeutend vermindert, da ein Teil der Rohre durch Kondenswasser abgedeckt ist.
d) *Heißwasser, erzeugt in einer Abteilung innerhalb des Plattenapparates:* Es ist auch möglich, Heißwasser im Platten-

apparat herzustellen. Dazu wird in dem Apparat, meist hinter dem Gestellkopf, ein zusätzliches Plattenpaket eingebaut, worin mittels Dampf Heißwasser erzeugt wird.

2. Beheizung mit Vakuumdampf
In der Erhitzerabteilung des Plattenwärmeaustauschers wird durch eine Vakuumpumpe ein Unterdruck erzeugt und dabei gleichzeitig das gebildete Kondensat abgesaugt. Durch ein Dampfventil wird der Erhitzerabteilung Dampf zugeführt, der auf die Höhe des in dieser Abteilung herrschenden Vakuums expandiert. Um einer möglichen Überhitzung vorzubeugen, wird der Dampf durch Einspritzen von Kondenswasser von der Druckseite der Vakuumpumpe gesättigt. Die Temperatur wird üblicherweise so eingestellt, dass sie etwa 3 °C über der gewünschten Erhitzungstemperatur des Saftes liegt, doch können auch geringere Temperaturdifferenzen erzielt werden. Die Vakuumpumpe kann des Weiteren benutzt werden, um das erforderliche Steuervakuum zur Betätigung des Dampfregelventils beziehungsweise des Produkt-Umschaltventils zu erzeugen.

Regeleinrichtungen

Um das gewünschte Temperaturniveau exakt aufrechtzuhalten, werden Regeleinrichtungen eingesetzt, die mit Hilfsenergie arbeiten. Solche Regeleinrichtungen sind heute allgemein im Einsatz. Die Anlagen bestehen aus einer Temperaturregelanlage für das Heizmedium, einem Temperaturschreiber (Fallbügelschreiber) und einer Produkt-Umschaltvorrichtung. Die Ventile werden pneumatisch oder elektrisch über einen Stellmotor oder einen Stellmagneten gesteuert.

Fließschema

Wie aus Abbildung 123 ersichtlich, saugt eine Pumpe das zu pasteurisierende Getränk aus einem Vorratsgefäß und drückt es in die Austauscherzone des Apparates. In dieser Zone wird das kalte Getränk im Gegenstrom zum heißen, bereits pasteurisierten Getränk geführt und vorerwärmt (Wärmerückgewinnung). In der folgenden Erhitzerzone wird das Temperaturniveau auf die gewünschte Höhe – in Abhängigkeit vom Produkt 82 bis 90 °C – angehoben, ebenfalls im Gegenstrom zum verwendeten Heizmedium. Misst der Temperaturfühler für das aus der Erhitzerzone ausströmende Getränk ein niedrigeres Temperaturniveau als das gewünschte, so wird automatisch das Produkt-Umschaltventil geöffnet, das Getränk in das Vorratsgefäß zurückgeleitet und dem Plattenaustauscher nochmals zugeführt. Entspricht das Temperaturniveau der gestellten Anforderung, wird das Getränk in eine Heißhaltezone geleitet. Diese kann als eigene Zone im Plattenapparat situiert oder in Form eines Röhrenheißhalters ausgeführt sein. Die Haltezeit beträgt, wieder in Abhängigkeit vom Produkt, 15 bis 150 Sekunden. Danach wird in der Austauscherzone vorgekühlt und in der Kühlzone auf etwa 20 °C rückgekühlt. Wird eine tiefere Safttemperatur angestrebt, so

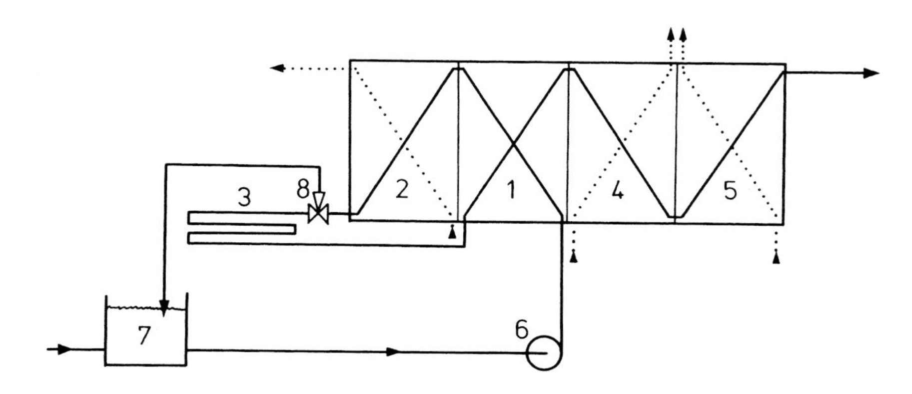

Abb. 123. Fließschema eines Getränkes im Plattenwärmeaustauscher.
1 = Austauscherzone
2 = Erhitzerzone
3 = Heißhaltezone
4 = Kühlzone (Kaltwasser)
5 = Kühlzone (Eiswasser)
6 = Saftpumpe
7 = Vorlaufbehälter
8 = Produktumschaltventil.

ist eine weitere Kühlzone mit Eiswasser oder einem Diethylenglykol-Wasser-Gemisch als Kühlmedium erforderlich. Die Wärmerückgewinnung beträgt bei Plattenwärmeaustauschern bis 95 %. Der Kühlwasserbedarf beträgt das Drei- bis Fünffache des Produktmengenstroms. Bei einer hohen Wärmerückgewinnungsrate sinkt der Kühlwasserbedarf.

Einlagerung von Saft nach dem Hochtemperatur-Kurzzeit-Verfahren

Damit die im Plattenwärmeaustauscher pasteurisierten Säfte nicht re-infiziert werden können, sind sämtliche mit dem pasteurisierten Saft in Berührung kommenden Flächen (Plattenwärmeaustauscher, Rohrleitungen, Tank, Armaturen usw.) keimfrei zu machen. Vorher ist allerdings eine gründliche mechanische Reinigung mit anschließender Kontrolle durchzuführen. Besonders genau sind die Dichtungen der Verschraubungen und Ventile zu kontrollieren.

Armaturen

Tankseitig sind Flanschstutzen günstiger als Gewindestutzen, da letztere einem größeren Verschleiß unterliegen. Die Tankstutzen sind so zu dimensionieren, dass gewisse Werte der Strömungsgeschwindigkeit nicht überschritten werden. Rundgewinde und Schrägsitz-Kolbenventile mit Teflondichtungen haben sich bewährt.

Um ein einwandfreies und reibungsloses Arbeiten zu ermöglichen, sind tankseitig folgende Armaturen unerlässlich: Klarablaufstutzen, Restablaufstutzen und ein Anschluss für KZE-Armatur (Kurzzeiterhitzungs-Armatur).

Dampf- und Sterilluftfilter

Sowohl Dampf als auch Luft werden membranfiltriert. Beim Dampf zwecks Verhinderung des Einbringens von Eisenoxidpartikeln in den Tank, bei der Luft zwecks Keimfreimachung. Die Einleitung sowohl des Dampfes als auch der Druckluft erfolgt über den Klarablaufstutzen (Binnig 1991).

Keimfreimachung des Tanks

Vor Beginn der Keimfreimachung des Tanks sind alle Ventile, aus demselben Grund wie beim Luftfilter, teilweise zu öffnen. Der Dampfzuleitungsschlauch – es werden nur Dampfschläuche oder fixe Rohrleitungen aus rostfreiem Stahl verwendet – wird an dem Anschluss der KZE-Armatur angeschlossen. Vom Klarablauf des Tanks wird eine Dampfleitung zum Auslauf des Luftfilters gelegt.

Dann lässt man den Dampf einströmen. Die Dampfzufuhr zum Filter ist so stark zu drosseln, dass beim Filtereinlauf eine Dampffahne von etwa 25 bis 35 cm entsteht. Das Kondensat aus dem Tank fließt durch den Restablauf ab. Um eine zu starke Nebelbildung im Lagerraum zu vermeiden – es fließt nicht nur Kondensat ab, sondern strömt auch etwas Dampf mit aus –, wird am Restablauf ein kurzer Schlauch angeschlossen, der in einen Kaltwasserbehälter mündet. Ab einer Temperaturanzeige von 95 °C für das Kondensat wird noch weitere 10 bis 20 Minuten gedämpft. Aus der Abbildung 124 sind der Dampfverbrauch sowie die Dämpfzeit bei unterschiedlichen Behältergrößen ersichtlich.

Gegen Ende der Dämpfzeit wird der Kompressor eingeschaltet und der Luftleitungsschlauch am Filtereingang, dem immer noch Dampf entströmt, angeschlossen. Dann wird kalte Sterilluft in den Tank gedrückt, bis in diesem ein Überdruck von 0,3 bis 0,5 bar erreicht ist. In vielen Betrieben wird anstelle von Druckluft Stickstoff verwendet. Unter Beibehaltung des geringen Überdruckes wird die Dampfzufuhr langsam gedrosselt und letztlich abgestellt. Sterile Kaltluft oder Inertgas wird so lange eingeblasen, bis der Dampf restlos beseitigt ist.

Um die während der Lagerung temperaturbedingt auftretenden Volumenveränderungen auszugleichen, ist die oberste Stelle des Tanks mit einer Druckausgleichseinrichtung verbunden. Während diese früher aus mit einer Desinfektionslösung gefüllten Gärrohren bestanden, finden heute Membranfilterkerzen oder eine Ringdruckausgleichsleitung Verwen-

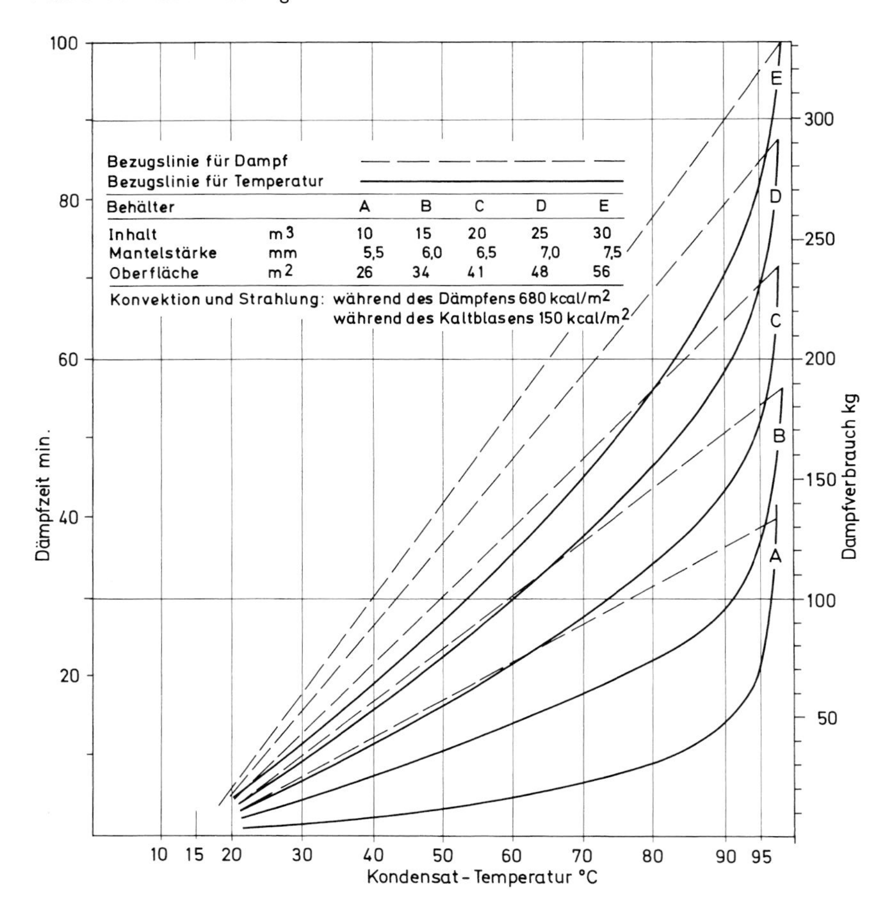

Abb. 124. Dampfverbrauch und Dämpfzeit bei der Tanksterilisation (Raumtemperatur 15 °C, Dampfdruck 1,5 bar).

dung. Unabhängig davon, welche Variante zum Einsatz kommt, muss sie selbstverständlich auch entsprechend steril gemacht werden.

Der sterile, leere und unter geringem Überdruck stehende Tank wird ein bis zwei Tage nach der Sterilisation auf Druckkonstanz geprüft. Ist diese gegeben, kann jederzeit mit der Einlagerung begonnen werden.

Keimfreimachung des Wärmeaustauschers und der Saftzuleitung

Da der Saft mit Temperaturen von weniger als 20 °C in die Tanks eingebracht wird, sind die Austauscher- und Kühlerzone(n) im Plattenwärmeaustauscher sowie die Rohrleitungen vom Austauscher zum Tank ebenfalls einer Entkeimung zu unterziehen.

Der Plattenwärmeaustauscher wird entkeimt, indem man Wasser mit 95 °C aus dem Vorlaufgerät mindestens 30 Minuten lang durch alle Zonen rundpumpt. Die Verbindungsleitung vom Austauscher zum Tank wird 30 Minuten gedämpft. Damit nach dem Dämpfen keine unsterile Luft in die Rohrleitung eindringt, wird diese an den Restablauf des Tanks angeschlossen und das Ventil etwas geöffnet. Dadurch strömt die im Tank unter leichtem Überdruck stehende Luft in die Rohrleitung. Im Gegensatz zum Tank ist der Plattenwärmeaustauscher und auch die Saftzuleitung unmittelbar vor Verwendung keimfrei zu machen.

Einlagerung des Saftes

Sind Plattenwärmeaustauscher und Saftzuleitung sterilisiert, wird der Pasteur auf

Durchlauf geschaltet. Sobald der Saft das Wasser verdrängt hat und reiner Saft am Dreiweghahn austritt, wird dieser umgeschaltet, und der Saft fließt über das Restablaufventil in den Tank. Zuletzt wird die Kühlabteilung des Plattenwärmeaustauschers aktiviert.

Damit der Tank nicht überläuft, kann man vor dem Pasteur eine Volumenkontrolle einrichten oder das Saftvolumen in einem dämpfbaren Ovalradzähler, der in der Saftleitung zum Tank eingebaut ist, messen. Die Kontrolle kann jedoch auch über einen Füllstandmesser erfolgen, der den Füllstand kapazitiv misst.

Während der Füllung des Tanks ist das Ventil am Füllkontrollstutzen teilweise geöffnet, so dass ständig Luft austreten kann; doch soll ständig ein Tankinnendruck von 1,3 bar aufrechterhalten werden.

Die Reinigung des Plattenwärmeaustauschers erfolgt üblicherweise mit der CIP-Technologie; der Reinigungsmitteldurchsatz sollte dabei mindestens die 1,5-fache Menge des Betriebsgutsmengenstromes sein, um eine starke Turbulenz und damit eine restlose Abtragung von Ablagerungen zu bedingen.

5.1.1.2.3 Haltbarmachung nach oder während des Abfüllens

Während der Auslagerung, Trinkfertigmachung, Rekonstitution, Abfüllung usw. werden die Säfte beziehungsweise Getränke re-infiziert; sie sind biologisch nicht stabil und müssen daher nochmals haltbar gemacht werden (2. Haltbarmachung). Im Gegensatz zur *1. Haltbarmachung* (Einlagerung), bei der die Wärmebelastung so zu bemessen ist, dass sowohl die einen Verderb verursachenden Mikroorganismen als auch die Enzyme inaktiviert werden, muss man bei der *2. Haltbarmachung* nur die Sekundärinfektion berücksichtigen, folglich ist auch nur ein weit geringerer Wärmeinsult notwendig. Aufgrund der gesetzlichen Bestimmungen in den meisten Staaten sind hierfür ebenfalls nur physikalische Methoden zulässig. Die wichtigsten Verfahren der *2. Haltbarmachung* sind die Berieselungspasteurisation, die Heißabfüllung sowie die Kaltsterilabfüllung.

Berieselungspasteurisation

Werden die Säfte beziehungsweise Getränke bei Raumtemperatur in Flaschen abgefüllt, die Flaschen verschlossen und danach pasteurisiert, so kommt es während der Pasteurisation, in Abhängkeit von verschiedenen Parametern wie zum Beispiel Fülltemperatur und Pasteurisationstemperatur, zu einer thermisch bedingten Volumenzunahme. Um diese Zunahme auszugleichen, wird in den Flaschen ein Gasraum von etwa 2,5 bis 3,5 %vol belassen. Trotzdem entstehen während der Pasteurisation bedeutende Innendrücke. So stellte Siegrist (1957) fest, dass der während der Pasteurisation herrschende Gasdruck im Luftraum von mit Kronenkorken verschlossenen 1-l-Flaschen (Fülltemperatur 10 °C, Pasteurisationstemperatur 70 °C, Luftraum beim Füllen 3,0 %vol) 6,1 bar betrug. Bei kohlensäurehaltigen Säften waren die beobachteten Drücke noch wesentlich höher. Im Allgemeinen halten die Flaschen diese Überdrücke aus. Trotzdem ist aber, vor allem bei neuen Flaschen, immer mit einem gewissen Prozentsatz an Flaschenbruch während der Pasteurisation zu rechnen (< 1 %). Obwohl die Flaschen die entstehenden Innendrücke aushalten, muss wegen der Dichtigkeit der Verschlüsse der maximale Innendruck auf 8 bar begrenzt werden.

Die Erwärmung des Flascheninhaltes erfolgt nicht gleichmäßig; der thermische Mittelpunkt – das heißt jener Punkt, an dem während der Erwärmung die tiefste und während der Abkühlung die höchste Temperatur gemessen wird – befindet sich in der Flaschenachse etwa 10 bis 25 Millimeter über dem Flaschenboden. Dieses Wissen ist von großer Bedeutung für die Temperaturkontrolle. Die Erwärmungsgeschwindigkeit wird neben der Geometrie der Flasche und der Glasstärke auch durch die Flaschenform beeinflusst; der Inhalt der Flaschen mit großflächigen Verschlüssen erwärmt sich langsamer als jener von keulenförmigen Flaschen.

Berieselungspasteure arbeiten diskontinuierlich oder kontinuierlich.

Diskontinuierliche Arbeitsweise
(Kammerberieselungsanlage)
Die Pasteurisationsanlage besteht aus einer Kammer, in die ein transportabler Flaschenwagen eingefahren wird. Die gefüllten Flaschen werden in einem Zuge aufgewärmt, pasteurisiert und abgekühlt. Das Wasser wird in einem unter dem Flaschenwagen liegenden Behälter durch Direktdampfinjektion oder indirekt erhitzt und mittels einer Umwälzpumpe in einen perforierten Wasserbehälter, der sich über dem Flaschenwagen befindet, gepumpt. Das Wasser rieselt über die Flaschen, erwärmt diese und deren Inhalt auf die gewünschte Temperatur und fließt wieder in den Wasserbehälter unter dem Flaschenwagen. Ist die gewünschte Pasteurisationstemperatur erreicht (etwa 75 °C), wird die Wärmezufuhr gedrosselt. Nach Beendigung der Haltezeit wird die Wärmezufuhr gesperrt. Die Flaschen werden durch langsame Kaltwasserzufuhr abgekühlt.

In Abhängigkeit vom pH-Wert der Säfte, der Art und der Zahl der Mikroorganismen, der Behältergröße und der Art der Behälter (Glas, Weißblech usw.) variieren Dauer und Temperatur der Wärmebehandlung.

Bei Verwendung von Wasser mit einem sehr hohen Gehalt an temporärer Härte kommt es oft zu einem Ausfall von Kesselstein, der sich als grauer Niederschlag auf den Flaschen ablegt. Es ist daher empfehlenswert, entsprechend enthärtetes Wasser zu verwenden oder dem Wasser Sequestriermittel zuzusetzen.

Kammerberieselungsanlagen haben eine begrenzte Leistung; für größere Leistungen sind kontinuierlich arbeitende Anlagen einzusetzen.

Kontinuierliche Arbeitsweise
(Tunnelpasteurisationsapparate)
Bei der kontinuierlichen Arbeitsweise werden die gefüllten und verschlossenen Flaschen durch einen langen (2,0 bis 5,5 × 3,5 bis 30,0 m), aus rostfreiem Stahlblech bestehenden Tunnel geschleust. Die Pasteure werden ein- oder zweistöckig und für Leistungen bis 100 000 Flaschen pro Stunde hergestellt. Beim Durchwandern des Tunnels werden die Flaschen in den einzelnen Zonen mit Wasser mit steigender und später wieder fallender Temperatur berieselt. Da bei Glasflaschen höhere Temperaturdifferenzen die Bruchgefahr bedeutend erhöhen, wendet man im Allgemeinen nur maximale Temperaturdifferenzen von 25 °C an. Es konnte beobachtet werden, dass die Flaschen beim Erwärmen weniger bruchempfindlich sind als beim Abkühlen.

Das Wasser wird indirekt durch im Wasserbad liegende dampf- oder wasserbeheizte Bündelrohrwärmeaustauscher oder, seltener, durch Direktdampfinjektion erhitzt.

Die Wasserbehälter mit gleichem Temperaturniveau sind miteinander verbunden, wodurch eine gute Wärme- und Flüssigkeitskopplung möglich ist. Bei einer größeren Zahl an Zonen verkleinern sich die Temperaturdifferenzen, daher bersten weniger Flaschen, und auch die Wärmerückgewinnung ist besser (siehe Abb. 125). In den heute auf dem Markt befindlichen Pasteuren beträgt die Wärmerückgewinnung bis zu 60 %. Die Wassertemperatur wird in den einzelnen Zonen automatisch geregelt, wobei auf eine hohe Regelgenauigkeit Wert zu legen ist.

Die verschiedenen Wasserkreisläufe ermöglichen wohl eine effiziente Wärmerückgewinnung, da aber immer wieder einzelne Flaschen bersten, gelangt Saft in das Wasser, dieses stellt nun einen ausgezeichneten Nährboden für Mikroorganismen dar. Gewisse Mikroorganismenarten können sich daher aufgrund der für sie idealen Rahmenbedingungen (Nährstoffangebot, Temperatur, Belüftung) sprunghaft vermehren und be- oder verhindern eine gleichmäßige Beaufschlagung der Flaschen mit Wasser. Durch Austausch des Wassers beziehungsweise Einsatz von mikrobizid wirkenden Mitteln kann Abhilfe geschaffen werden.

Drahtösengliedergurte aus rostfreiem Stahl transportieren die Flaschen langsam durch den Tunnelpasteur.

Das Heiz-(Kühl-)Medium Wasser wird in erster Linie über Düsen auf die Flaschen gesprüht. Die gleichmäßige Wasserverteilung über an der Decke des Pasteurs angebrachte, perforierte Bleche findet kaum mehr Verwendung. Düsen sind vorteilhafter, da sie weniger leicht verstopfen, eine gleichmäßigere Verteilung des Sprühwassers garantieren und bei Doppelstockpasteuren auf beiden Ebenen eine Sprühung vorgenommen werden kann.

Durch Vorschaltung von Sieben wird verhindert, dass feinster Glasbruch oder sonstige Verunreinigungen zu einem Verstopfen der Düsen beziehungsweise Ausflussvorrichtungen führt.

Um den Raum optimal auszunützen, werden Einlaufbänder unterschiedlicher Bandgeschwindigkeit eingesetzt, welche die Flaschen nach dem Drängelprinzip in den Pasteur einordnen. Die Verweilzeit der Flasche beträgt, wieder in Abhängigkeit von verschiedenen Parametern, 50 bis 70 Minuten. Am Ausgang der Anlagen ist eine Wassersprühung vorgesehen, welche den Austritt von Schwaden verhindert und die Flaschen mit Reinwasser abspült.

Heißabfüllung

Bei der Heißabfüllung (siehe Kap. 7.6) werden in einem Plattenwärmeaustauscher die Säfte in Abhängigkeit von ihrem pH-Wert auf das gewünschte Temperaturniveau (75–95 °C) erhitzt und dann in vorerhitzte Flaschen abgefüllt. Hochviskose und/oder stark trubstoffhaltige Produkte werden in Bündelrohrwärmeaustauschern erhitzt. Da heiße Flaschen, bedingt durch Wärmespannungen, bedeutend bruchempfindlicher sind als kalte, sollte ihr Lauf von der Flaschenreinigungsmaschine oder dem Rinser zum Füllen möglichst stoßfrei sein. Weiter ist darauf zu achten, dass ein langer Transportweg die Flaschen deutlich abkühlt und daher vermieden werden sollte.

Die Füllhöhe ist so zu bemessen, dass das Nennvolumen gegeben ist. Neben den Kontraktionsverlusten, die von der Fülltemperatur abhängen (siehe Tab. 47), er-

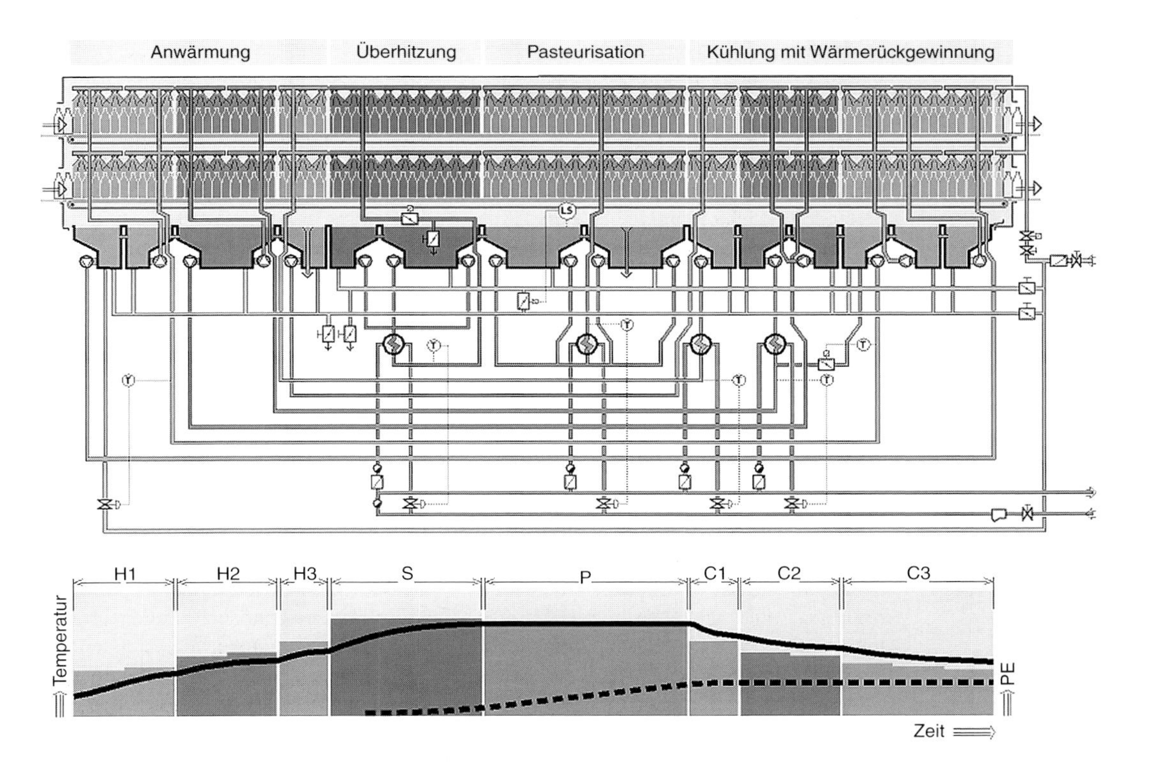

Abb. 125. Wärme- und Wasserhaushalt eines zweistöckigen Tunnelpasteurs (KHS, Dortmund).

H1 = Heizzone 1 (Rekuperation mit Kühlzone C3)
H2 = Heizzone 2 (Rekuperation mit Kühlzone C2)
H3 = Heizzone 3 (Rekuperation mit Kühlzone C1)
S = Überhitzungszone
P = Pasteurisationszone

Tab 47. Füllvolumen für Fruchtsaftflaschen bei verschiedenen Abfülltemperaturen (BAUMANN 1980)

Nenninhalt (l)	Inhalt füllvoll 20 °C (ml)	Inhalt füllvoll 80 °C (ml)	Inhalt füllvoll 90 °C (ml)	Inhalt füllvoll 100 °C (ml)
0,10	100	102,90	103,50	104,00
0,20	200	205,80	207,00	208,00
0,25	250	257,25	258,75	260,00
0,33	330	339,57	341,55	343,20
0,50	500	514,50	517,50	520,00
0,70	700	720,30	724,50	728,00
1,0	1000	1029,00	1035,00	1040,00
1,5	1500	1543,50	1552,50	1560,00
2,0	2000	2058,00	2070,00	2080,00
3,0	3000	3087,00	3105,00	3120,00
4,0	4000	4116,00	4140,00	4160,00
5,0	5000	5145,00	5175,00	5200,00

geben sich noch weitere Mindermengen: Um ein Überschwappen, das beim Transport vom Füller zum Verschließer bei plan vollen Flaschen auftritt, zu vermeiden, werden die Flaschen nicht plan voll gefüllt (> 15 mm von der Mündungsoberkante). Dieser Freiraum ist in Abhängigkeit von der Flaschenform verschieden groß (1-l-Enghalsflasche 2,65 ml, 1-l-Weithalsglas 24,0 ml). Des Weiteren können besonders hochviskose Produkte, die nicht entlüftet wurden, bedeutende Gaseinschlüsse enthalten.

Aus qualitativen und energetischen Gründen werden die gefüllten und verschlossenen Flaschen in kontinuierlich arbeitenden Rückkühlanlagen (siehe Abb. 125) auf weniger als 30 °C gekühlt. Die Rückkühlzeit wird dabei sehr wesentlich von der Viskosität des Saftes beeinflusst; hochviskose Produkte haben eine schlechtere Wärmeleitfähigkeit. Wird die Rückkühlanlage mit dem Plattenwärmeaustauscher gekoppelt, so kann, wie beim Berieselungspasteur, mit einer Wärmerückgewinnungsrate von 60 % gerechnet werden.

In Abhängigkeit vom angestrebten Wärmeinsult kann in der Rückkühlanlage eine Heißhaltung passiv (ohne Kaltwasserberieselung) oder aktiv (Heißwasserberieselung mit 55–95 °C) erfolgen. Rückkühlanlagen können auch zur Abkühlung von Säften, die in Kartonpackungen gefüllt wurden, eingesetzt werden. Glas- und Kartonpackungen können sogar gemeinsam rückgekühlt werden, da die Unterschiede in den Wärmeleitzahlen der Materialien durch die Unterschiede in deren Wandstärken kompensiert werden (STREIT 1984).

Kaltsterilabfüllung

Bei der Kaltsterilabfüllung wird der Saft in einem Plattenwärmeaustauscher pasteurisiert, rückgekühlt (< 20 °C) und unter sterilen Bedingungen in sterile Packungen abgefüllt. Zurzeit werden fast ausschließlich Weichpackungen verwendet (siehe Kapitel 7.6.1.2.3).

Dieses Verfahren bringt sowohl qualitativ (optimale thermische Belastung, Möglichkeit der Abfüllung unter Luftausschluss) als auch energetisch (Wärmerückgewinnungsrate 85–90 %) große Vorteile und hat heute, verglichen mit Berieselungspasteurisation und Heißabfüllung, die größte Bedeutung.

5.1.2 Pasteurisation mittels Mikrowellen

Bei der konventionellen Erhitzung wird Energie durch Konduktion und Konvektion auf das Gut übertragen. Mikrowellen (elektromagnetische Wellen im Ultrahochfrequenzbereich von 300 kHz bis 300 GHz) durchdringen elektrisch nur wenig leitende Stoffe und werden dabei je nach Stoffart mehr oder weniger stark absorbiert, dies führt in Abhängigkeit von verschiedenen Faktoren zu einer Erwärmung. Die Ursache dafür ist die Polarisation molekularer Dipole und die Ionenleitung. Moleküle mit Dipolcharakter oder permanente Dipole, wie Wasser, werden in einem elektrischen Feld ausgerichtet; entsprechend den Richtungsänderungen des Mikrowellenfeldes oszillieren diese Moleküle. Dies führt zu einer Wärmeentwicklung (SCHUBERT et al. 1991). Maßgeblich für die Erwärmung durch Dipol-Polarisation sind geräte- und lebensmittelspezifische Kenngrößen; zu letzteren zählen die Permittivitätszahl (früher Dielektrizitätszahl) und der Verlustfaktor. Das Produkt beider Zahlen wird als Erwärmungszahl bezeichnet. Die Erwärmungszahl ist bei Wasser extrem temperaturabhängig; Eis absorbiert kaum Energie und die Wärmeleistung ist sehr niedrig. Durch Änderung des Aggregatzustandes von fest auf flüssig steigt die Erwärmungszahl sprunghaft auf einen Maximalwert an und sinkt mit steigender Temperatur wieder ab. Dies bewirkt eine langsamere Erwärmung bei höherem Temperaturniveau.

Grundsätzlich sind alle Fruchtprodukte aufgrund ihres originär hohen Wassergehaltes für die dielektrische Erwärmung durch Mikrowellenenergie geeignet (da Mikrowellen auch in der Nachrichtentechnik genutzt werden, wird bei der Mikrowellenpasteurisation nur eine bestimmte Frequenz, nämlich 2,45 GHz, angewandt). Die Eindringtiefe von Mikrowellen (2,45 GHz) ist umso größer, je geringer die Absorption von Mikrowellenenergie im Gut ist.

Vor allem bei der Haltbarmachung von Citrussäften hat die Mikrowellenpasteurisation in den USA eine gewisse Bedeutung erlangt. Die Vorteile sind: Erhitzung im Saft und daher keine Wärmeübergangsflächen und kein Fouling, gute Temperaturkontrolle, rasche Erhitzung und Abkühlung sowie geringer Wärmeverlust an die Umwelt. An Nachteilen sind zu nennen: Gefahr lokaler Überhitzungen bei fruchtfleischhaltigen Produkten sowie der relativ schlechte Wirkungsgrad (NIKDEL et al. 1993).

Untersuchungen von TAJCHAKAVIT und RAMASWAMY (1997) zeigten, dass die Mikrowellenpasteurisation in Bezug auf die Inaktivierung von Pektinmethylesterase in Orangensaft bedeutend effizienter als die konventionelle Erhitzung ist; dies deutet auf zusätzliche, nichtthermische Effekte hin (siehe Kapitel 3.7.9.3).

Im Gegensatz zur Mikrowellenerhitzung wird bei Ohmic Heating mit Wechselstrom im niederen Frequenzbereich (50–60 Hz) gearbeitet, die Durchdringungstiefe ist dabei nahezu unbegrenzt. Der Erhitzungsgrad hängt dabei von der Homogenität der elektrischen Leitfähigkeit des Produktes und der Verweilzeit in der Erhitzungszone ab (LADWIG 1989, PARROTT 1992).

5.1.3 Böhi-Verfahren

Das nach dem Schweizer Adolf Böhi (1884–1925) benannte Verfahren beruht darauf, dass durch Sättigung filtrierter, keimarmer Säfte mit mehr als 14,6 Gramm CO_2/l und Lagerung bei Temperaturen unter 10 °C eine mikrobielle Haltbarmachung erzielt werden kann.

Die Löslichkeit von CO_2 ist im Saft geringfügig schlechter als in Wasser und ist stark temperaturabhängig. 14,6 g CO_2/l, in der Praxis 15,0 g/l, zu lösen, ist unter Betriebsbedingungen nur unter Druck möglich.

Durch Kontrolle der Werte von Temperatur und Druck kann man also Aussagen über den CO_2-Sättigungsgrad machen. Bei entsprechender Sättigung ist der Druck im Saft identisch mit dem des Gasraumes (Sättigungs-Ausgleichsdruck) und, in Abhängigkeit vom Füllgrad des Tanks, verschieden hoch. Nach GÄTJEN (1937) ergeben sich dabei die in Tabelle 48 wiedergegebenen Verhältnisse.

Vor der Einlagerung keimarmer Säfte nach dem Böhi-Verfahren in einwandfrei gereinigte Drucktanks (siehe Kapitel 6.2) sind die Tanks zuerst luftleer zu machen. Dies geschieht, indem die Tanks mit Wasser voll gefüllt werden und danach das Wasser mittels möglichst sauerstoffarmem (< 0,3 %vol) CO_2 ausgedrückt wird. Die

Tab 48. Abhängigkeit des Sättigungs-Ausgleichsdruckes von Temperatur und Füllungsgrad im richtig imprägnierten Tanksaft (GÄTJEN 1937)

	leer				Füllungsgrad des Tanks mit Saft					voll	
Temp. °C	0	0,1	0,2	0,3	0,4	0,5	0,6	0,7	0,8	0,9	0,99
	Überdruck in bar										
0	7,53	7,06	6,67	6,28	5,93	5,64	5,36	5,15	4,90	4,70	4,55
1	7,56	7,11	6,74	6,37	6,08	5,80	5,54	5,32	5,10	4,90	4,75
2	7,59	7,17	6,82	6,49	6,22	5,96	5,73	5,50	5,30	5,10	4,94
3	7,62	7,23	6,91	6,62	6,36	6,13	5,90	5,69	5,50	5,31	5,14
4	7,65	7,30	7,01	6,75	6,51	6,30	6,08	5,87	5,70	5,51	5,35
5	7,68	7,36	7,11	6,88	6,66	6,47	6,27	6,07	5,91	5,73	5,57
6	7,70	7,42	7,19	6,98	6,79	6,61	6,43	6,26	6,11	5,94	5,79
7	7,73	7,49	7,28	7,10	6,93	6,77	6,62	6,45	6,33	6,17	6,02
8	7,76	7,55	7,37	7,22	7,08	6,94	6,80	6,65	6,53	6,38	6,26
9	7,79	7,62	7,47	7,34	7,23	7,09	6,98	6,85	6,74	6,61	6,50
10	7,82	7,69	7,56	7,45	7,37	7,25	7,15	7,05	6,94	6,85	6,76
11	7,85	7,75	7,65	7,56	7,49	7,39	7,32	7,24	7,16	7,08	7,01
12	7,87	7,80	7,73	7,67	7,61	7,55	7,50	7,43	7,38	7,32	7,27
13	7,90	7,86	7,82	7,78	7,74	7,70	7,66	7,62	7,59	7,55	7,52
14	7,93	7,91	7,90	7,88	7,87	7,85	7,84	7,83	7,81	7,79	7,78
15	7,95	7,95	7,97	7,97	7,98	7,99	8,00	8,01	8,02	8,03	8,04
16	7,97	8,00	8,04	8,06	8,10	8,14	8,17	8,20	8,24	8,29	8,34
17	8,00	8,06	8,12	8,18	8,24	8,30	8,36	8,42	8,48	8,55	8,61
18	8,03	8,10	8,19	8,28	8,37	8,45	8,54	8,63	8,73	8,83	8,90
19	8,06	8,15	8,26	8,37	8,50	8,61	8,72	8,84	8,96	9,10	9,21
20	8,09	8,20	8,33	8,47	8,62	8,76	8,90	9,03	9,20	9,37	9,51
21	8,12	8,25	8,38	8,56	8,74	8,91	9,09	9,27	9,45	9,57	9,84
22	8,14	8,30	8,46	8,66	8,86	9,06	9,27	9,48	9,71	9,96	10,16
23	8,17	8,35	8,53	8,76	8,98	9,22	9,45	9,71	9,97	10,27	10,52
24	8,20	8,40	8,60	8,85	9,10	9,38	9,65	9,93	10,23	10,57	10,89
25	8,23	8,44	8,68	8,94	9,23	9,53	9,84	10,15	10,49	10,89	11,28

Reinheit des CO_2 ist von größter Bedeutung, da bereits geringe Mengen an Verunreinigungen zu Flavourfehlern führen können. Das „Vorspannen" des Tanks erfolgt, indem so lange CO_2 eingeblasen wird, bis das Manometer jenen Druck zeigt, der aus Tabelle 48, in Abhängigkeit von der Temperatur, aus der Spalte „leer" ersichtlich ist. Um ein Einfrieren des Reduzierventiles zu verhindern, empfiehlt es sich, die notwendige Verdampfungswärme des CO_2 durch Wärmezufuhr (Warmwasser, elektrische Heizung) auszugleichen. Von einer Erwärmung der Gasflaschen ist jedoch strikt abzuraten, da hierbei der Bereich der kritischen Temperatur und damit jener des kritischen Druckes erreicht werden könnte. Anstelle von CO_2-Gas kann auch mit Trockeneis gearbeitet werden.

Ist der Tank vorgespannt, beginnt die Einlagerung; dabei wird das CO_2 aus dem Tank durch einen Druckschlauch einer Imprägnierpumpe zugeführt. Derselben Pumpe wird über eine Kreiselpumpe oder Druckzentrifuge filtrierter, keimarmer Saft zugeleitet. In der Imprägnierpumpe wird der Saft unter entsprechendem Druck mit CO_2 imprägniert und danach durch einen möglichst kurzen Druckschlauch in den Drucktank gepumpt.

Die Säfte müssen unbedingt bei Temperaturen unter 10 °C lagern, da sonst die Gefahr einers mikrobiellen Verderbs, vor allem durch Milchsäurebakterien, besteht. Als Folge davon sind im Saft neben einem erhöhten Milchsäuregehalt auch andere Stoffwechselprodukte (Diacetyl, Acetoin) vorzufinden. Obwohl aus qualitativen Gründen eine möglichst tiefe Lagertemperatur (+ 2 °C) am günstigsten wäre, ist dies aus ökonomischen Gründen oft nicht realisierbar.

Durch die Imprägnierung des Saftes mit CO_2 wird in erster Linie eine Ausschaltung der Mikroorganismen erreicht, nicht aber eine Enzyminaktivierung. Es wurden daher Verfahren entwickelt, bei denen vor der Einlagerung des Saftes nach dem Böhi-Verfahren eine Enzyminaktivierung durch eine Hochtemperatur-Kurzzeit-Erhitzung erfolgt.

Aus ökonomischen und aus qualitativen Gründen kommt dem Böhi-Verfahren für die Haltbarmachung von Fruchtsäften nur noch geringe Bedeutung zu.

5.1.4 Haltbarmachung mittels hohem hydrostatischem Druck

Bereits 1899 wurden in den USA von Hite Versuche mit dem Ziel angestellt, Milch durch Anwendung hoher hydrostatischer Drücke vor dem mikrobiellen Verderb zu schützen. Erst in den 80er Jahren wurde diese Idee in den USA und in Japan wieder aufgegriffen und 1990 kam in Japan erstmals eine mittels hohem hydrostatischem Druck (HHP = high hydrostatic pressure, Pascalisation) haltbar gemachte Konfitüre (Apfel, Kiwi, Erdbeeren) auf den Markt.

Bei Drücken von 0,5 bis $6 \cdot 10^3$ bar und Temperaturen zwischen 30 und 55 °C wird nach einer Wirkzeit von nur wenigen Minuten der gewünschte Erfolg erzielt. Hefen und Schimmelpilze sind sensitiv in Bezug auf diese Haltbarmachungsmethode (siehe hierzu Kap. 9.5.3). Ascosporen von *Byssochlamys nivea* waren nach einer Behandlungszeit von 15 Minuten bei 7×10^3 bar und 60 °C hoch sensibilisiert gegenüber einer Nachbehandlung bei 80 °C über 30 Minuten, das heißt auch Ascosporen thermotoleranter Mikroorganismen können durch eine kombinierte Anwendung von Druck und Temperatur inaktiviert werden (Tauscher 1996, 1998).

Es gibt unterschiedliche apparative Einrichtungen (großvolumige Autoklaven), mit denen die gewünschten Drücke erzielt werden können, wobei das haltbar zu machende Gut in der Letztverbraucherverpackung oder in Zwischenbehältern behandelt wird. Zu beachten ist, dass in Abhängigkeit vom angewandten Druck die Flüssigkeit eine Volumenkontraktion (zum Beispiel 1 000 bar und 50 °C: –3,7 %; 4 000 bar und 50 °C: –11,1 %) erfährt (Mertens 1993).

5.1.5 Haltbarmachung mittels Kälte

Durch Absenkung des Wärmeinhaltes von Frucht- und Gemüseverarbeitungsprodukten kann, in Abhängigkeit von verschiedenen Faktoren (Lagertemperatur, Keimgehalt, Enzymaktivität usw.), eine temporäre Haltbarmachung erzielt werden.

Kühllagerung: Sehr keimarme Produkte, in erster Linie blanke Säfte, können bei etwa 0 °C einige Wochen gelagert werden, ohne dass die Gefahr eines mikrobiellen Verderbs besteht.

Gefrierkonservierung: In tiefgefrorenem Zustand sind Frucht- und Gemüseverarbeitungsprodukte je nach Lagertemperatur (üblicherweise –18 bis –28 °C) und Umfang der Enzyminaktivierung vor dem Tiefgefrieren fünf bis zwölf Monate ohne wesentliche Qualitätsverluste haltbar. Sind längere Lagerzeiten erwünscht, so sind noch tiefere Lagertemperaturen anzuwenden.

Die Produkte können in abgepacktem Zustand mittels Plattengefrierapparaten, Luftgefrierapparaten oder in Flüssigkeitsbädern tiefgefroren werden. Wegen der niedrigen Werte der mittleren linearen Gefriergeschwindigkeit spielen diese Verfahren jedoch nur eine untergeordnete Rolle. Bedeutung hat die Verarbeitung von Saft beziehungsweise Saftkonzentrat in Kratzkühlern zu Eisbrei (slush) von etwa –2,5 °C beziehungsweise –6,5 °C. Der Eisbrei wird abgepackt und in einem Luftgefrierapparat auf das gewünschte Temperaturniveau gebracht. Fruchtsaftkonzentrate lassen sich mit Kratzkühlern ohne Schwierigkeiten auf –20 °C abkühlen; Säfte hingegen nicht, da das ausfrierende Wasser den Durchgang des Produktes durch den Kratzkühler verhindert.

5.1.6 Konservierungsmittel

Die Haltbarmachung von Frucht- und Gemüsesäften für den Direktkonsum unter

Verwendung von Konservierungsmitteln ist in den meisten Staaten verboten (siehe Kapitel 1.2.2 und 9.5.1). Nur bei gewissen Halbfabrikaten, das heißt Säften, die später zur Herstellung von Likören, Sirupen, Limonaden usw. verwendet werden, sind länderweise verschieden gewisse Konservierungsmittel erlaubt. Da die einzelnen Mittel, zum Beispiel Salze der Sorbinsäure oder der Benzoesäure, auf die verschiedenen Mikroorganismen verschieden stark hemmend wirken, sind Konservierungsmittelkombinationen vielfach zielführender. Die Wirksamkeit wird mit sinkendem pH-Wert zunehmen, weil primär der nicht dissoziierte Anteil des Mittels wirksam ist und mit zunehmendem Gehalt an Wasserstoffionen im Gut die Dissoziation abnimmt.

5.2 Herstellung von Saft- und Aromakonzentraten

U. Schobinger

5.2.1 Herstellung von Saftkonzentraten

Frucht- und Gemüsesäfte enthalten einen hohen Wasseranteil, der in der Regel über 80 bis 85 % liegt. Trotz sorgfältigster Behandlung geht bei der Lagerung das typische Aroma von Frucht- und Gemüsesäften mehr oder weniger schnell verloren. Der verbleibende Rest wird durch die bei den chemischen Reaktionen der Inhaltsstoffe entstehenden flüchtigen Substanzen negativ beeinflusst. Durch Konzentrierprozesse kann der Trockensubstanzgehalt der Säfte von ursprünglich 5 bis 20 % auf 60 bis 75 % erhöht werden. Dadurch nimmt die Wasseraktivität a_w auf einen Wert von 0,73 bis 0,94 ab, und die erhaltenen Saftkonzentrate werden in chemischer und mikrobiologischer Hinsicht weitgehend stabilisiert (Sand 1973, Windisch 1973, Pala und Bielig 1978). Gleichzeitig wird das erforderliche Lager- und Transportvolumen bei Vollkonzentraten um das 6- bis 7-fache reduziert.

Die Technik des Konzentrierens von Fruchtsäften durch Verdampfen wurde etwa 1920 eingeführt. Die erhaltenen Produkte waren wohl haltbar, zeigten aber sehr starke chemische und sensorische Veränderungen. Durch lange Verweilzeiten unter erhöhten Temperaturbedingungen ging der Fruchtsaftcharakter weitgehend verloren, und die Konzentrate wiesen häufig einen so genannten Kochgeschmack auf. Die Konzentrierverfahren wurden während und nach dem Zweiten Weltkrieg durch Reduktion der Verweilzeit des Produkts in den Verdampfern wesentlich verbessert.

Nachdem amerikanische Forscher (Milleville 1944, Milleville und Eskew 1944, 1946) in den 40er Jahren ein Verfahren zur Aromagewinnung aus Apfelsaft und anderen Fruchtsäften entwickelt hatten, eröffneten sie der Fruchtsaftindustrie durch die unabhängig vom Konzentrierprozess stattfindende Aromaseparierung neue Möglichkeiten zu einer starken Verbesserung der Qualität von Saftkonzentraten. Deshalb nahm die Herstellung von Fruchtsaftkonzentraten in den 30er Jahren einen rapiden Aufschwung.

Vollkonzentrate mit einem Trockensubstanzgehalt von 60 bis 74 % dienten ursprünglich vor allem der Verwertung von Obstüberschüssen und zur Schaffung von Reserven für obstarme Jahre. Heute werden sie als klar geschönte Konzentrate vor allem im Großhandel eingesetzt. Seit Ende der 50er Jahre wird in der Fruchtsaftindustrie für die Zwischenlagerung im Betrieb mehrheitlich trübes Halbkonzentrat mit einem Trockensubstanzgehalt von 40 bis 55 % produziert. Dadurch kann der Lagerraum auf etwa ein Viertel verkleinert, der Arbeitsablauf im Herbst wesentlich rationeller gestaltet und die Qualität der Endprodukte gehalten oder sogar verbessert werden. Infolge der geringen Eindickung (3- bis 4-fach) ist die Haltbarkeit wesentlich herabgesetzt und es sind, neben dem sofortigen Abkühlen nach dem Konzentrieren, besondere Maßnahmen zur Lagerung notwendig, wie Sterileinlagerung, Lagerung bei tiefen Temperaturen (0 °C und tiefer), Überlagerung mit Kohlensäure (siehe Kapitel 5.1.3). Solche Konzentrate stellen in den Betrieben ein ausgezeichnetes Rohmaterial zur Herstellung praktisch sämtlicher Fertigprodukte dar.

Geklärte und filtrierte Fruchtsäfte ergeben meistens klare oder nur leicht trübe Konzentrate. *Traubensäfte* müssen vor dem Konzentrieren zur Vermeidung kristalliner Weinsteinausscheidungen von überschüssiger Weinsäure befreit werden. Durch längere Kühlung des Saftes auf etwa 0 °C oder durch eine chemische Entsäuerung kann der Gehalt an Weinsäure reduziert werden (WEISS 1973). Zur Vermeidung von Kaliumverlusten empfehlen RENTSCHLER und TANNER (1968) für die Herstellung von Halbkonzentrat aus Traubenmost eine vorherige Entsäuerung mit Calciumcarbonat, jeweils auf 1,5 bis 2,5 Gramm Weinsäure pro Liter, wobei aus Sicherheitsgründen eher der tiefere Wert von 1,5 g/l einzuhalten ist. Zur Verminderung des Säuregehaltes um 1 g/l sind pro Hektoliter Traubensaft 66 Gramm reines Calciumcarbonat zuzusetzen. LIST und ROTH (1978) berechnen die spätere Weinsteinstabilität von entsäuerten Traubensaftkonzentraten aus den „überstehenden" Kaliumanteilen, dem Gesamtsäuregehalt des Saftes und dem beabsichtigten Konzentriergrad. Die Senkung des Kaliumgehaltes mit Kationenaustauschern (TROOST 1980) oder mit Hilfe der Elektrodialyse (WUCHERPFENNIG 1973, 1974, NIKETIĆ-ALEKSIĆ et al. 1980) bedingt deutliche Veränderungen der chemischen Zusammensetzung, welche vom Standpunkt der Naturbelassenheit der Säfte abzulehnen sind. Da eine weitergehende Entsäuerung aus den genannten Gründen nicht erwünscht ist und zudem bei stärkerer Eindickung über 65 °Brix die Glucose auskristallisieren kann (AMERINE und CRUESS 1960), werden aus Traubensäften in der Regel Halbkonzentrate von 45 bis 48 °Brix hergestellt (WEISS 1973).

Citrussäfte werden infolge ihres hohen Pulpegehaltes im Allgemeinen nicht über 65 °Brix konzentriert (VELDHUIS 1971). Die Lagerung erfolgt aus Qualitätsgründen vorwiegend bei –18 °C oder tiefer. Citrussäfte können im Verdampferkörper störende Niederschläge von Hesperidin, einem Flavanonglykosid, ausscheiden, welche von Zeit zu Zeit entfernt werden müssen (SCHNEIDER 1958, VELDHUIS 1971). Zur Vermeidung von Eiweißflockungen bei der Erhitzung von *Gemüsesäften* muss das Gemüse vorher blanchiert werden (PEDERSON 1971). Gemüsesaftkonzentrate sind infolge ihres hohen Kolloidalstoffgehalts in der Regel trüb.

Berechnungen beim Saftkonzentrieren

Aus einem Dünnsaft (A) soll ein Teil Wasser (B) durch Konzentrieren entfernt werden, wobei eine bestimmte Menge Konzentrate (C) erhalten wird (siehe Tab. 49). Es gilt folgende Beziehung:

$$A = B + C$$

kg Produktmenge A
Dünnsaft mit der
Anfangskonz. TS_A

kg entferntes Wasser B (Brüden)

kg Konzentrat C mit der Endkonz. TS_C

Die entfernte Wassermenge ist:

$$B = A - C$$

Ein Maß für den Grad der Konzentrierung ist das Eindampf- oder Konzentrierverhältnis (e):

$$e = \frac{A}{C}$$

Das Konzentrierverhältnis (e) kann auch aus dem Verhältnis der Trockensubstanzgehalte (TS) des Konzentrats (TS_C) und des Ausgangssaftes (TS_A) errechnet werden:

$$e = \frac{TS_C}{TS_A}$$

Die Ermittlung des Trockensubstanzgehaltes erfolgt in der Praxis meistens mit einem auf Saccharose geeichten Refraktometer. Der abgelesene Wert (Brix-Grade) entspricht der Menge an gelöster Trockensubstanz in %mas (g/100 g).

5.2.1.1 Die verschiedenen Konzentrierprozesse

Bei der physikalischen Entfernung von Wasser aus flüssigen Lebensmitteln unterscheidet man zwischen Konzentrier- und Dehydratations- oder Trocknungsprozes-

Tab 49. Anwendung von Berechnungsformeln bei Konzentrierprozessen

Gegeben	Gesucht	Formel
Zu konzentrierende Menge A	B	$B = A \times \frac{e-1}{e}$
	C	$C = A \times \frac{1}{e}$
Entferntes Wasser B	A	$A = B \times \frac{e}{e-1}$
	C	$C = B \times \frac{1}{e-1}$
Konzentratmenge C	A	$A = C \times e$
	B	$B = C \times (e-1)$

sen. Bei den Konzentrierprozessen werden Säfte auf einen Restwassergehalt von maximal 20 bis 25 % eingeengt, bei Trocknungsprozessen liegt der Restwassergehalt unter 10 %, bei pulverförmigen Fruchtsäften in der Regel bei 1 bis 3 %. Ausführliche Angaben über die verschiedenen Konzentrierprozesse geben THIJSSEN (1970, 1974a, 1983), PILNIK (1973), SPICER (1974), ŠULC (1984), BAUMANN und GIERSCHNER (1974), MANNHEIM et al. (1975), PALA und BIELIG (1978), PAUL (1975), FRANK (1988), HOCHBERG et al. (1991) und HANSEN (1998).

Wasser kann prinzipiell durch folgende Prozesse entfernt werden:

Sublimation:	Gefriertrocknen
Kristallisation:	Gefrierkonzentrieren
Diffusion:	Umkehrosmose
Verdampfung:	Eindampfen, Trocknen

Die beiden Verfahren Gefriertrocknen und Gefrierkonzentrieren gestatten, das Wasser bei Temperaturen unter dem Gefrierpunkt abzutrennen und ergeben in qualitativer Hinsicht die besten Produkte. Das jüngere Verfahren der Umkehrosmose gestattet ebenfalls eine Konzentrierung bei relativ niederen Temperaturen (15 bis 25 °C) und liegt energetisch wesentlich günstiger.

Das wirtschaftlichste und gegenwärtig am häufigsten eingesetzte Verfahren zum Konzentrieren flüssiger Lebensmittel, insbesondere zur Herstellung von Frucht- und Gemüsesaftkonzentraten, ist die Abtrennung von Wasser durch Verdampfen im Vakuum.

Der für die verschiedenen Konzentrierverfahren erforderliche Energieverbrauch und die zugehörigen relativen Energiekosten sind in der Tabelle 50 einander gegenübergestellt. Die Berechnung der relativen Energiekosten erfolgte dabei aufgrund einer Verhältniszahl R, die sich aus den unterschiedlichen Kosten für Kohle, Heizöl und Strom ergibt. Wenn man die für eine bestimmte Region und einen bestimmten Betrieb zutreffenden R-Werte einsetzt, können aus der Tabelle 50 die tatsächlichen relativen Energiekosten ermittelt werden.

Aus Tabelle 50 ist ersichtlich, dass die Umkehrosmose den geringsten Energieverbrauch und damit die tiefsten relativen Energiekosten aufweist. Durch Einführung von zusätzlichen Stufen oder durch Einsatz von mechanischen oder thermischen Verdichtern können die relativen Energiekosten beim Verdampfen stark vermindert werden. Bei der Gefrierkonzentrierung kann durch Einführung von mehrstufigen Gegenstromanlagen (siehe Abb. 129, Seite 322) und durch Vergrößerung der Anlagen die Wirtschaftlichkeit soweit gesteigert werden, dass dieses Verfahren mit anderen Konzentrierprozessen sehr wohl vergleichbar ist, dies insbesondere dann, wenn die Kosten für elektrischen Strom tiefer liegen als für Kohle und Heizöl.

Für entpektinisierte, klare Fruchtsäfte ergeben sich für die einzelnen Konzen-

Tab 50. Wirklicher Energieverbrauch und relative Energiekosten für verschiedene Konzentrierverfahren (van Pelt 1984)

Verfahren	Wirklicher Energieverbrauch je Tonne Wasserentzug				Relative Energiekosten	
	kWh/t	kg Dampf/t	R=100	R=200	R=300	R=400
Verdampfung						
1 Stufe	4	1100	1,14	1,12	1,11	1,11
mit therm. Verdichter*	4	500	0,59	0,57	0,56	0,56
mit mech. Verdichter	46	–	0,46	0,25	0,15	0,12
2 Stufen	6	550	0,61	0,58	0,57	0,57
mit therm. Verdichter	6	360	0,42	0,39	0,38	0,38
mit mech. Verdichter	38	–	0,38	0,19	0,13	0,10
3 Stufen	6	380	0,46	0,42	0,141	0,40
mit therm. Verdichter	8	270	0,35	0,31	0,39	0,38
mit mech. Verdichter	29	–	0,29	0,15	0,10	0,07
4 Stufen	8	290	0,37	0,33	0,32	0,31
5 Stufen	10	230	0,33	0,28	0,26	0,26
6 Stufen	12	200	0,32	0,26	0,24	0,23
7 Stufen	14	170	0,31	0,24	0,22	0,21
Gefrierkonzentrierung (T Kondensator = 30 °C)						
Einstufige Anlage W33**	249	–	2,49	1,25	0,83	0,62
Vierstufige Anlage W33	103	–	1,03	0,52	0,34	0,26
Einstufige Anlage W60***	149	–	1,49	0,75	0,50	0,37
Vierstufige Anlage W60	69	–	0,69	0,35	0,23	0,17
Umgekehrte Osmose	10–50	–	0,1–0,5	0,05–0,25	0,03–0,17	0,02–0,12

$$R = \frac{\text{Kosten für 1 t Dampf}}{\text{Kosten für 1 kWh}}$$

$$\text{Rel. Energiekosten} = \frac{\text{Kosten für elektr. Strom und Dampf je t Wasserentzug}}{\text{Kosten für 1 t Dampf}}$$

* Dampfstrahlbrüderkompression
**GFC-W33 Anlage: Kapazität 1-stufig = 250 kg/Wasser, 4-stufig = 4800 kg/h
**GFC-W60 Anlage: Kapazität 1-stufig = 1000 kg/Wasser, 4-stufig = 16 000 kg/h
Gefrierkonzentrierung von wässrigen Lösungen von 10 %mas bis auf 50 %mas

trierverfahren folgende Grenzen bezüglich des erzielbaren Trockensubstanzgehalts im Endprodukt:

Dünnschichtverdampfer	75–85 %
Verdampferzentrifugen	70–80 %
Plattenverdampfer	65–75 %
Fallfilmverdampfer	65–75 %
Gefrierkonzentrieren	45–55 %
Umkehrosmose	50–60 %

Das Ziel jeglichen Konzentrierprozesses liegt in der Entfernung von Wasser, wobei die *chemischen*, *ernährungsphysiologischen* und *sensorischen* Eigenschaften eines Produktes möglichst wenig verändert werden sollten. Aus diesem Grund muss das unterschiedliche Verhalten der verschiedenen Stoffgruppen der Frucht- und Gemüsesäfte beim Konzentrieren entsprechend berücksichtigt werden. So haben *Trubstoffe* (Zellgewebeteile) und *kolloidal gelöste Stoffe* mit hohem Molekulargewicht, wie zum Beispiel pektin-, stickstoff- und gerbstoffhaltige Substanzen, einen negativen Einfluss auf den Konzentriervorgang. Beim Eindampfen sind sie vor allem für die Belagsbildung in den Verdampferkörpern verantwortlich. Die dadurch hervorgerufene Abnahme des Wärmeübergangs (Abb. 126) führt zu thermischer Zersetzung durch lokale Überhitzung. Bei der Gefrierkonzentrierung und bei der Umkehrosmose haben

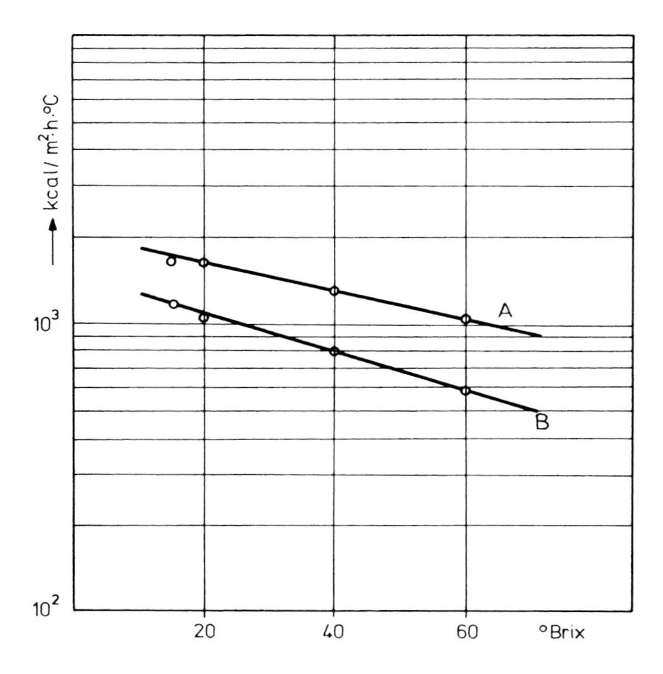

Abb. 126. Abnahme des Wärmeüberganges beim Eindampfen von geklärtem (A) und trübem (B) Traubensaft (Peri 1975).

diese Stoffe einen negativen Einfluss aufgrund ihres Verklebungseffekts. In Konzentraten sind diese Substanzen für Abweichungen der Fließeigenschaften vom *Newton-Verhalten* verantwortlich, so dass infolge zu hoher Viskosität oder Gelierungstendenzen Schwierigkeiten bei der Verarbeitung und im Transport resultieren. Die im Saft vorhandenen *Zucker* bewirken bei der Konzentrierung infolge Anstiegs des osmotischen Druckes eine Verbesserung der mikrobiellen Stabilität. Zugleich sind sie aber auch für Bräunungs- und Karamellisierungsreaktionen verantwortlich. Infolge des starken Anstiegs des osmotischen Druckes ist die Höhe der Zuckerkonzentration einer der begrenzenden Faktoren bei der Konzentrierung durch Umkehrosmose (siehe hierzu Seite 328). *Säuren oder deren Salze*, wie zum Beispiel Tartrate, können beim Konzentrierprozess ausfallen und Schwierigkeiten durch Verstopfen der Verdampferrohre verursachen. *Vitamine, Enzyme, phenolische Farb-* und *Gerbstoffe* sind wärmeempfindlich und zum Teil leicht oxidierbar. Sie sind gleichzeitig ein Qualitäts- und Instabilitätsfaktor. Durch hohe Temperaturen beim Eindampfen können wohl schädliche Enzyme inaktiviert und gleichzeitig der Sauerstoff weitgehend aus dem Konzentrat entfernt werden, dagegen können Farbe und Vitamine zum Teil zerstört werden. Durch Arbeiten bei tiefen Temperaturen (Niedertemperaturverdampfung, Umkehrosmose, Gefrierkonzentrierung) können die wertvollen Inhaltsstoffe, wie Vitamine, Farbe usw., besser erhalten werden, dafür sind neben einer Zunahme des aktiven Sauerstoffgehalts im Konzentrat vor allem auftretende Schäden durch unkontrollierbare Enzymaktivität zu befürchten. Die *flüchtigen Komponenten*, welche das Aroma eines Saftes bestimmen, müssen bei der thermischen Konzentrierung durch einen separaten Schritt zurückgewonnen werden, bleiben hingegen bei der Gefrierkonzentrierung weitgehend, bei der Umkehrosmose zu etwa 80 % im Konzentrat erhalten. Es ist bekannt, dass die heute in der Praxis durchgeführte separate Lagerung von Saft und Aromakonzentrat bei etwa 0 °C ein besseres Endprodukt ergibt als die gemeinsame Lagerung beider Komponenten zusammen (Brunner und Senn 1962, Lüthi 1969, Dürr und Schobinger 1993).

5.2.1.1.1 Thermische Konzentrierung

Der größte Teil von Frucht- und Gemüsesäften wird nach wie vor durch Verdampfung konzentriert. Die Konzentrierung der aromahaltigen Säfte kann prinzipiell nach zwei verschiedenen Verfahren erfolgen:

1. *Eindampfung ohne Aromagewinnung*, im Allgemeinen ergänzt durch Verschnitt des Konzentrats von 60 bis 65 °Brix mit Frischsaft auf 40 bis 45 °Brix (zum Beispiel sog. Cutback-Verfahren bei Citrussäften). Einlagerung bei etwa –18 °C.

2. *Eindampfung mit Aromagewinnung:* Selbst unter Berücksichtigung der optimalsten Verdampfungsbedingungen, wie zum Beispiel tiefe Verdampfungstemperatur oder sehr kurze Verweilzeit, weicht das durch thermische Konzentrierung erhaltene Produkt, teils infolge Hitzeschädigung wärmeempfindlicher Stoffe, teils infolge unvollständiger Aromagewinnung, von der ursprünglichen Saftqualität mehr oder weniger ab. Ferner ist zu berücksichtigen, dass selbst bei tiefen Temperaturen zahlreiche chemische und biochemische Prozesse stattfinden. Durch mikrobielle Tätigkeit zwischen 5 und etwa 60 °C können unerwünschte Qualitätsverluste eintreten. Zahlreiche Enzyme, wie zum Beispiel Polyphenoloxidasen, Peroxidasen, Ascorbinsäureoxidasen, Lipasen, Glykosidasen usw., werden im Temperaturbereich von 30 bis 50 °C stark aktiviert, wodurch die Safteigenschaften innerhalb weniger Minuten negativ verändert werden können. Deshalb ist bei der Tieftemperatur-Verdampfung (15–35 °C) eine vorherige Enzyminaktivierung durch eine Hochtemperatur-Kurzzeit-Erhitzung des Saftes, das heißt wenige Sekunden bei 85 bis 95 °C, notwendig. Auf diese Weise kann der gesamte Verdampfungsprozess unter nahezu sterilen Bedingungen durchgeführt werden.

Die flüchtigen Aromastoffe gehen beim Eindampfen praktisch vollständig verloren. Um die mit dem Verlust an Aromastoffen einhergehende Qualitätsverminderung zu vermeiden, werden heute die Säfte vor oder während dem Eindampfungsprozess entaromatisiert und anschließend weiter zu Vier- bis Sechsfachkonzentraten eingedickt. Die abgetrennten aromahaltigen Brüden werden durch Gegenstromdestillation auf eine Konzentration von 1 zu 100 bis 1 zu 200 angereichert. Aromakonzentrat und Saftkonzentrat werden separat gelagert.

Zur Verhinderung allzu hoher Viskositäten oder Gelierungserscheinungen während und nach dem Verdampfungsprozess werden die Fruchtsäfte vor allem bei der Herstellung von Vollkonzentraten vor der Konzentrierung im Allgemeinen mit pektinabbauenden Enzymen behandelt, geschönt und durch Zentrifugation oder Filtration geklärt. Aus arbeitswirtschaftlichen Gründen erfolgt heute die Konzentratherstellung während der Herbstkampagne vielfach nur aus entpektinisierten und zentrifugierten, ungeschönten und nichtfiltrierten Säften. Solche „Rohkonzentrate“ können dann in ruhigeren Zeiten unmittelbar vor dem Verkauf oder vor der Verwendung aufgearbeitet werden. Gleichzeitig werden mit der beschriebenen Einlagerung trüber „Rohkonzentrate“ bei späterer Aufarbeitung hellfarbigere Konzentrate erhalten als bei der Einlagerung von klaren Konzentraten (Daepp 1973). Zur späteren Aufarbeitung dieser Rohkonzentrate genügt erfahrungsgemäß ein Rückverdünnen auf etwa 30 °Brix, so dass die zweite Wasserverdampfung noch etwa ein Viertel der ursprünglichen beträgt.

Die qualitätsvermindernde Wärmebelastung von Fruchtsäften beziehungsweise von Konzentraten manifestiert sich in Braunfärbungen, welche durch das bei Anwesenheit von Zuckern und Säure intermediär gebildete Hydroxymethylfurfural, abgekürzt als HMF bezeichnet, und dessen Weiterreaktion zu braunen Kondensationsprodukten verursacht werden (Urbicain et al. 1992). Die Bildung von HMF kann bei unsachgemäßer Heißabfüllung oder auch nach längerer Lagerung eines Saftes bei Temperaturen über 25 °C auftreten (WUCHERPFENNIG et al. 1983). Deshalb wird die Menge an gebildetem HMF oft als Qualitätsmaßstab für Fruchtsäfte beziehungsweise Fruchtsaftkonzentrate verwendet. HMF-Gehalte von mehr als 5 mg/l bei Fruchtsäften und von mehr als 10 mg/l bei Konzentraten sollen ein Indiz für unnötig starke Wärmebelastungen sein (KERN 1964). MEHLITZ und DREWS (1959) haben nachgewiesen, dass die Temperaturabhängigkeit der Reaktionsgeschwindigkeit für die HMF-Bildung dieselbe ist wie für die Zuckerinversion. Da HMF lediglich ein Glied einer Kettenreaktion darstellt, ist nach MEFFERT (1964) die HMF-Konzentration als Qualitätsmaßstab nicht brauchbar.

Zur Bewertung von Eindampfprozessen im Hinblick auf mögliche chemische Umsetzungen im Konzentrat schlägt MEFFERT als Standardreaktion die Saccharose-Inversion vor. Die Reaktionsgeschwindigkeitskonstante für die Saccharose-Inversion ist abhängig von Temperatur und pH-Wert. Zusammen mit der Bestimmung der Verweilzeiten ergibt sich somit eine einfache Methode zur Beurteilung des Wärmeüberganges in technischen Verdampfern.

COHEN et al. (1998) schlagen zur Beurteilung des Qualitätsverlustes von Apfelsaft durch Wärmebehandlung den Fluoreszenz-Index vor, der mit einer einfachen und schnellen Methode, auch „on-line", bestimmt werden kann. Damit kann die zeitaufwendige Bestimmungsmethode für HMF ersetzt werden.

Eine umfassende Darstellung über den Einfluss von thermischen Prozessen auf die Produktqualität geben THIJSSEN (1983) und KESSLER et al. (1984).

ASKAR (1984) unterscheidet drei Entstehungsmöglichkeiten für negative Aromaveränderungen („off-flavor") bei der Saftherstellung, Konzentrierung und Lagerung:

- *thermische Belastung* bei der Saftherstellung und Lagerung (Maillard-Reaktion, Strecker-Abbau von Aminosäuren, Bildung von Pyrrolidoncarbonsäure, p-Vinylguajacol, α-Terpineol);
- *beginnende Fettoxidation* (Erhöhung der Peroxid-, Carbonyl-, Thiobarbitursäurezahl), sog. COF-Effekt = „cardboard off-flavor";
- *mikrobielles Wachstum* („butter milk off-flavor" in Citrussäften), Bildung von Diacetyl.

Einweißverbindungen, welche vor allem in Gemüsesäften in größerer Menge anzutreffen sind, können zudem durch Reaktion von Zuckern mit Aminosäuren oder Proteinen (Maillard-Reaktion) zu Braunfärbungen bei Konzentraten führen (BÜCHI 1958, WOLFROM et al. 1974). Über die Veränderungen an Saftinhaltsstoffen bei der Herstellung, Umarbeitung, Lagerung und Transport von Fruchtsaftkonzentraten berichtet FELDMANN (1995).

5.2.1.1.2 Gefrierkonzentrierung

Bei der Gefrierkonzentrierung von Frucht- oder Gemüsesäften werden die wässrigen Lösungen unter 0 °C gekühlt, wobei das Wasser als reines Eis auskristallisiert. Nach Abtrennen der Eiskristalle bleibt die konzentrierte Lösung zurück.

Der einstufige Gefrierkonzentrierungsprozess (Abb. 127) läuft bei kontinuierlicher Arbeitsweise in vier Zeitintervallen ab: Vorkühlung – Kristallbildung – Trennung – kontinuierliche Konzentratabnahme.

Der Energiebedarf P in kJ/s für die Gefrierkonzentrierung umfasst die Energie für die Kälteanlage und die Energie für die anderen Betriebsfunktionen wie Mischen, Kratzen und Pumpen.

$$P_{\text{total}} = P_{\text{Kälteanlage}} + P_{\text{andere Getriebe}}$$

Die Wärme, die dem System entzogen werden soll, setzt sich zusammen aus Kristallisationswärme, Wärme für Einspeisungskühlung, der Wärmeleitung und einem Teil des mechanischen Energieverbrauchs der Antriebe, der in Wärme umgesetzt wird. Vom Gesichtspunkt des Energieverbrauchs sollte die Temperaturdifferenz zwischen kondensierendem und verdampfendem Kältemittel möglichst klein gewählt werden. Diese Temperaturdifferenz kann erniedrigt werden, wenn die Kristallisation in einer Kaskade durch-

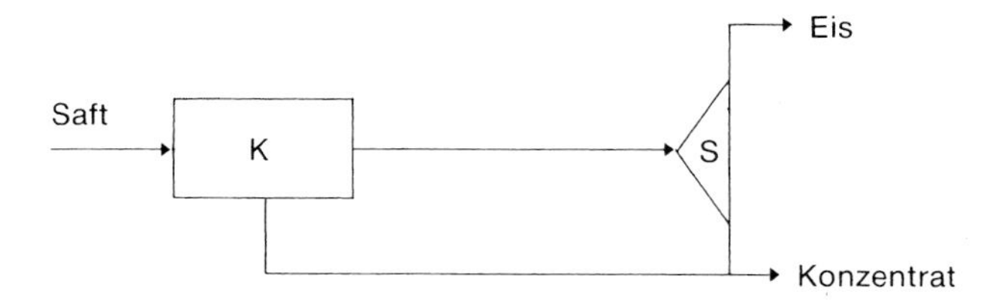

Abb. 127. Schematische Darstellung des einstufigen Gefrierkonzentrierverfahrens (van Pelt 1984). K = Kälteaggregat, Kristallisator, S = Separator.

geführt und die latente Wärme der Eiskristalle für die Kondensation des Kältemittels benutzt wird. Mit einer Kaskadenanordnung kann ein großer Teil der Kristallisationswärme bei Temperaturen oberhalb der Schmelztemperatur des Endkonzentrates abgeführt werden.

Mehrstufige Gefrierkonzentrierverfahren arbeiten entweder im Gleichstrom (Abb. 128) oder im Gegenstrom (Abb. 129). Bei mehrstufigen Anlagen ist die Kristallwachstumsrate, die mit zunehmender Konzentration stark abnimmt, wesentlich höher als bei einstufigen Anlagen.

Bei der mehrstufigen Gleichstromkonzentrierung wird das Eis aus jeder Stufe getrennt, und das zurückbleibende Konzentrat wird zur nächsten Kristallisationsstufe geführt. Dabei muss die Wärme zum Beispiel auf drei Stufen entzogen werden und die Eiskristalle müssen auf drei Konzentrationsstufen wachsen und auf drei Viskositätsstufen abgetrennt werden.

Beim mehrstufigen Gegenstromverfahren ist das Konzentrierungsniveau in jeder Stufe etwas höher, da das Zurückmischen des Konzentrats in das verdichtete Eis zu einer etwas tieferen Temperatur führt. Weil die ganze Eismasse bei niedrigster Feststoffkonzentration entzogen werden muss, wird eine höhere Entnahmegeschwindigkeit erreicht. Ferner können die gebildeten Eiskristalle unter besseren Bedingungen wachsen, wodurch größere Kristalle entstehen, die schneller abgetrennt werden können. Infolge der dabei resultierenden kürzeren Verweilzeit können kleinere Apparaturen eingesetzt werden.

Vom Standpunkt des Energiehaushaltes ist die Gefrierkonzentration sehr ökonomisch, da zum Ausfrieren von einem Kilogramm Wasser nur 334 kJ erforderlich sind; demgegenüber sind 2 257 kJ für die Verdampfung von einem Kilogramm Wasser notwendig. Da beim indirekten Gefrieren ein doppelter Wärmeaustausch erfolgt, nämlich von der gefrierenden wässrigen Lösung zum verdampfenden Kältemittel und vom kondensierenden Kältemittel zum schmelzenden Eis, muss die gesamte thermische Triebkraft doppelt so groß sein wie beim Verdampfen mit mechanischer Kompression. Für eine

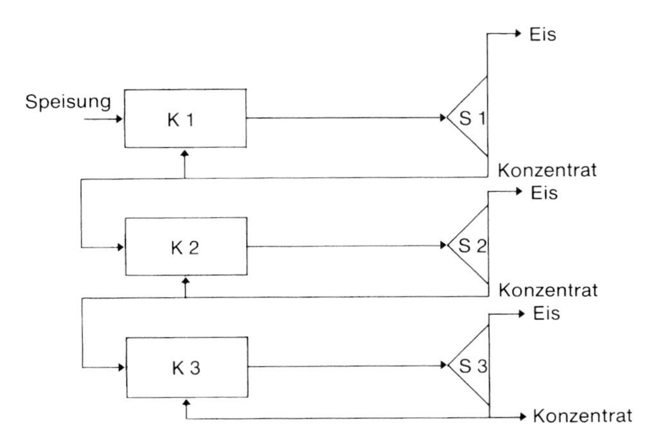

Abb. 128. Mehrstufige Gleichstrom-Gefrierkonzentrierung (van Pelt 1984).

Abb. 129. Mehrstufiges Gegenstromverfahren (VAN PELT 1984).

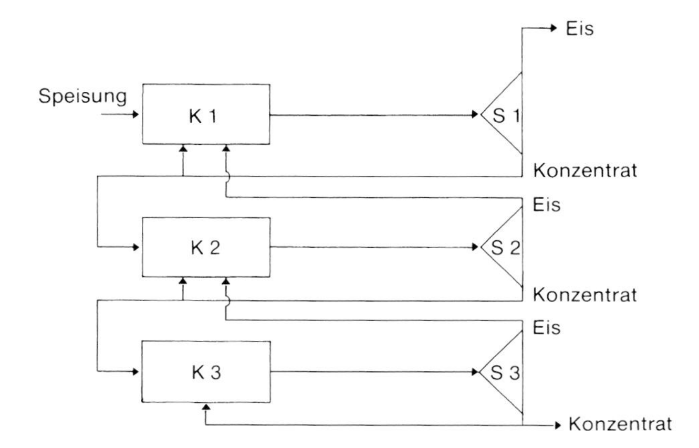

Temperaturdifferenz von 20 °C zwischen Kondensator und Verdampfer beträgt nach THIJSSEN (1983) der Energieverbrauch etwa 18 kWh pro Tonne entferntes Wasser. Da bei der mechanischen Kompression bei Verdampfungsprozessen und bei der Kühleinrichtung beim Gefrierkonzentrieren der Energieverbrauch etwa $\Delta T/T$ proportional ist, so ergibt sich nach THIJSSEN (1983) bei gleicher thermischer Triebkraft für die Wärmeübertragung pro Wärmeaustauscher ein Energieverbrauch, der beim Gefrierkonzentrieren etwa um den Faktor 2,5 größer ist als bei der Verdampfung mit mechanischer Kompression.

Die Gesamtkosten für die Entwässerung mit der Gefrierkonzentrierung waren bisher mindestens zweimal höher als bei der Verdampfung (THIJSSEN 1975). Aus diesem Grund kam die Gefrierkonzentrierung in der Vergangenheit höchstens zur Verarbeitung besonders temperaturempfindlicher Produkte mit delikatem Aroma, wie zum Beispiel Orangensaft (SCHNEIDER 1958), in Frage, während der gleiche Prozess bei weniger wärmeempfindlichen Produkten, wie zum Beispiel Apfelsaft, im Vergleich zu einem nach thermischen Verfahren hergestellten Halbkonzentrat keine qualitativen Vorteile ergab (DÜRR, SCHOBINGER und VAN PELT 1975). Die in neuester Zeit entwickelten mehrstufigen Gefrierkonzentrierungsanlagen mit höherer Wasserentzugskapazität erreichen in wirtschaftlicher Hinsicht nahezu die Werte anderer Konzentrierverfahren (VAN PELT 1984; vgl. auch Tab. 50, Seite 317).

Bei der Gefrierkonzentrierung von Frucht- und Gemüsesäften bleiben die Aromastoffe wegen ihres relativ niedrigen Gefrierpunktes weitgehend im Konzentrat zurück. Deshalb kann die Gefrierkonzentrierung auch zur Anreicherung von Aromastoffen eingesetzt werden. Die dabei erzielten Resultate sind eindeutig besser als die destillative Anreicherung in einer Gegenstromkolonne (DÜRR, SCHOBINGER und VAN PELT 1975).

Das Maß der Eindickung ist proportional der Gefriertemperatur (Abb. 130). So beträgt zum Beispiel der Trockensubstanzgehalt eines Apfelsaftes von ursprünglich 11 % bei der Gefriertemperatur von –5,8 °C rund 40 %, wobei sich 81,5 % des Wassers als Eiskristalle abtrennen lassen (THIJSSEN 1974b).

Die bei der Gefrierkonzentrierung von Frucht- und Gemüsesäften erreichbaren Endkonzentrationen liegen bei einem Trockensubstanzgehalt von 45 bis 48 %. Das Maximum der erreichbaren Konzentration wird durch die Viskosität des zu konzentrierenden Produkts bei der Gefriertemperatur begrenzt.

Bei einstufigen Gefrierkonzentrieranlagen lag die Grenzviskosität bei 50 bis 100 mPa · s und bei mehrstufigen bei 100 bis 200 mPa · s. Zu Erniedrigung der Viskosität werden die Säfte mit Vorteil entpektinisiert. Als weitere Möglichkeit kön-

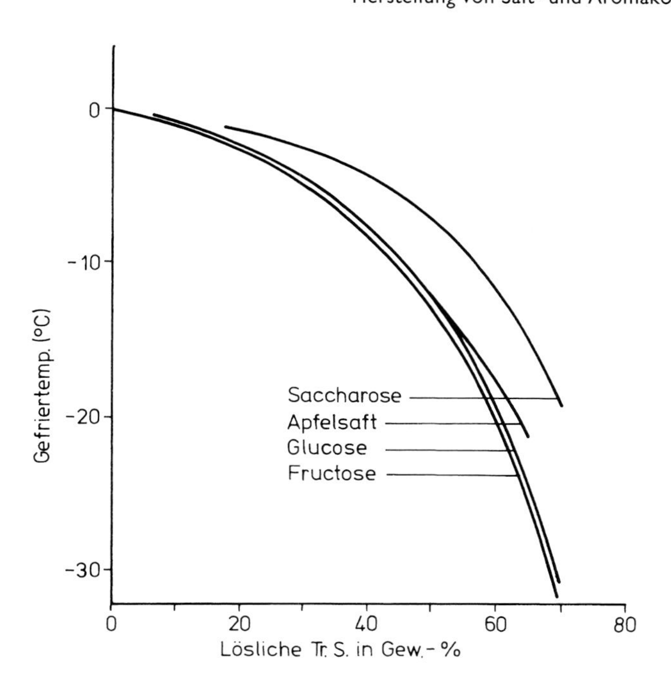

Abb. 130. Zusammenhang zwischen Gefriertemperatur und Konzentration an gelöster Trockensubstanz bei Apfelsaft und bei Lösungen verschiedener Zucker (THIJSSEN 1974b).

nen die Pulpebestandteile mit Erfolg durch Dekantierzentrifugen vor dem Gefrierkonzentrierprozess abgetrennt und anschließend dem fertigen Gefrierkonzentrat wieder beigemischt werden. Neuerdings wird die abgetrennte Pulpe mit einer zusätzlichen Pulpegefrierkonzentrierung aufkonzentriert und dann dem Gefrierkonzentrat wieder beigemischt oder der pulphaltige Saft wird über Ultrafiltration geklärt, gefrierkonzentriert und anschließend wieder mit der abgetrennten Pulpe vermischt (VAN NISTELROOIJ 1991). Auf diese Weise können bei Orangensaft Endkonzentrationen von 55 bis 60 °Brix bei einem Pulpegehalt von 8 % erreicht werden. Als schonendste Konzentriermethode kann die Gefrierkonzentrierung auch einem Gefrier- oder Sprühtrocknungsprozess vorgeschaltet werden.

Eingehendere Beschreibungen über die verschiedenen Verfahren der Gefrierkonzentrierung geben MULLER (1967), THIJSSEN (1974b, 1975), DESHPANDE et al. (1982) und CARLES (1987). Während früher die Lösungen auf Kühlwalzen gefroren wurden (SCHNEIDER 1958), werden heute weitgehend kontinuierliche Kratzkühler, so genannte Kühlkristallisatoren eingesetzt. Die Eiskristalle werden mit Hilfe von hydraulischen Kolbenpressen, Zentrifugen oder Waschkolonnen abgetrennt. Das in den letzten Jahren entwickelte Grenco-Verfahren ist in Abbildung 131 dargestellt. Im Grenco-Gefrierkonzentrierprozess werden in einem Kratzkühler aus der zu konzentrierenden Lösung kontinuierlich kleine so genannte subkritische Kristalle mit einem Durchmesser von wenigen Mikrometern gebildet. Das Eis-Lösungs-Gemisch wird anschließend sofort dem isotherm gehaltenen Reaktionsgefäß zugeführt. Dort schmelzen unter ständigem Rühren die subkritischen Kristalle zugunsten der wachsenden großen Kristalle (Ø 0,2–0,4 mm), welche praktisch frei von Einschlüssen sind. Hat die Lösung den gewünschten Konzentrationsgrad erreicht, wird dem Reaktionsgefäß kontinuierlich Konzentrat-Eis-Gemisch entzogen und in der Waschkolonne separiert. Das Gemisch wird nahe am unteren Kolonnenende aufgegeben. Die Eiskristalle werden als kompakte Masse nach oben gedrückt und zuoberst in der Kolonne abgeschmolzen. Ein

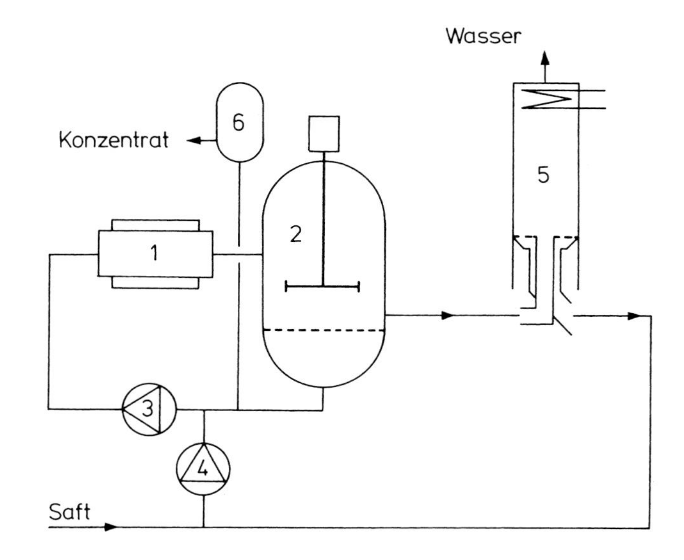

Abb. 131. Schema des Grenco-Gefrierkonzentrierprozesses (Grenco B.V.).
1 = Kratzkühler
2 = Kristallisationsgefäß
3 = Kreislaufpumpe
4 = Zufuhrpumpe
5 = Waschkolonne
6 = Expansionsgefäß.

Teil des Schmelzwassers läuft zurück und wäscht dabei die nachstoßenden Eiskristalle. Das oben aus der Kolonne austretende Schmelzwasser ist praktisch rein, die Verunreinigungen betragen meist weniger als 10 ppm. Das eisfreie Konzentrat wird am unteren Ende der Kolonne entnommen. Die Trennkapazität der Waschkolonne ist abhängig von ihrem Durchmesser, der Viskosität des Produkts und der mittleren Größe der Eiskristalle. Je tiefer der Konzentrationsgrad des Produkts, desto leistungsfähiger arbeitet eine gegebene Anlage.

5.2.1.1.3 Konzentrieren durch Membranprozesse

Neben den klassischen Verfahren wie Eindampfen, Zentrifugieren und Filtrieren haben die Membrantrennverfahren in den letzten Jahren zunehmend Eingang in die Verfahrenstechnik der Nahrungsmittelindustrie genommen. Die wichtigsten Membrantrennverfahren sind in der Tabelle 51 zusammengestellt.

Die erste Anwendung der Membrantechnik stellten *Dialyseanlagen* dar. Als treibende Kraft wirkt dabei nur der an der Membran anliegende Konzentrationsgradient, so dass der Austausch von diffundierenden Bestandteilen einer Lösung durch die semipermeable Membran langsam erfolgt. Dabei können niedermolekulare Stoffe von höhermolekularen abgetrennt werden.

Die *Elektrodialyse* ist ein Stofftrennprozess, bei dem geladene Komponenten, wie zum Beispiel Salzionen, mit Hilfe von

Tab 51. Technisch bedeutsame Membrantrennverfahren nach VON MYLIUS (1983)

Verfahren	Treibende Kraft	Membrantyp	Trennmechanismus
Ultrafiltration	Hydrostatischer Druck max. 10 bar	asymmetrische Porenmembran	Siebeffekt nach Molekülgröße
Umkehrosmose (Hyperfiltration)	Hydrostat. Druck max. 100 bar	asymmetr. Löslichkeitsmembran	Verteilungs- und Diffusionskoeffizient in der Polymermatrix
Elelektrodialyse	Elektrisches Potential	Ionenaustauschermembran	Elektrische Ladung der Ionen
Dialyse	Konzentrationsdifferenz	Porenmembran	Diffusionskoeffizient in den Poren

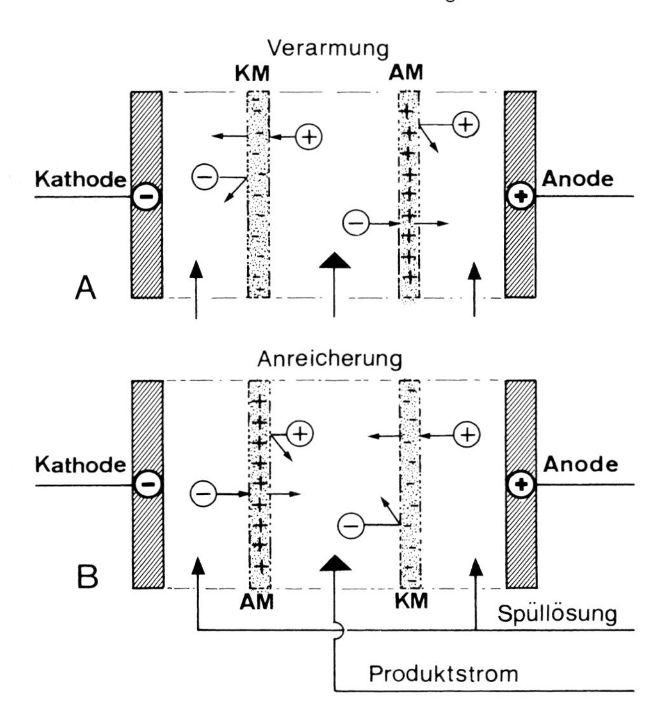

Abb. 132. Elektrodialyse nach einer Darstellung von TROOST (1988), bei verschiedener Anordnung der Ionenaustauschermembranen.
A = Schaltung der Ionenverarmung im Produkt
B = Membrananordnung zur Anreicherung bestimmter Ionen im Produkt.

Ionenaustauschermembranen durch eine elektrische Potenzialdifferenz aus einer Lösung entfernt werden (Abb. 132). Durch alternierende Anordnung der Membranen konzentrieren sich die Ionen in den Konzentratzellen, während sie umgekehrt aus den Diluatzellen herausgezogen werden. Eine Lösung kann somit bei der Passage durch ein Elektrodialysenpaket entsalzt werden (zum Beispiel Weinstabilisierung, siehe Seite 315), oder die Salze können aufkonzentriert werden, während ungeladene Inhaltsstoffe der Lösung nicht beeinflusst werden.

Die *Ultrafiltration* ist ein Trennverfahren, welches hochmolekulare Stoffe wie zum Beispiel Stärke, Pektinstoffe, Proteine usw., unter Druckeinwirkung aus Lösungen separiert und konzentriert. Die für die Ultafiltration verwendeten semipermeablen Membranen mit abgestuften molekularen Trenngrenzen für Substanzen mit Molekularmassen von 500 bis 1 000 000 lassen außer Wasser auch Ionen und kleine Moleküle wie Zucker, Säuren, Aromastoffe, Polyphenole, Aminosäuren usw. diffundieren. Die Flüssigkeit, die durch die Membran diffundiert, wird *Permeat* genannt. Die zurückgehaltene Flüssigkeit wird als Konzentrat oder *Retentat* bezeichnet. Der *Konzentrierungsfaktor* ist das Verhältnis des Ausgangsvolumens der Rohlösung zum Volumen des Retentats. Der Druckbereich der Ultrafiltration liegt zwischen 1 und 10 bar. Da kein osmotischer Druck zu überwinden ist, genügen meist Drücke zwischen 1 und 4 bar.

Die *umgekehrte Osmose*, auch *Umkehrosmose* oder *Hyperfiltration* genannt, ist ähnlich wie die Ultrafiltration eine Druckfiltration durch semipermeable Membranen, die jedoch keine Poren, sondern eine asymmetrisch aufgebaute poröse Struktur aufweisen, deren selektive Schicht jedoch von einer homogenen Polymerschicht gebildet wird (VON MYLIUS 1983). Aufgrund dieser dichteren Membranstruktur sind für die Umkehrosmose Betriebsdrücke von 10 bis 100 bar erforderlich, um wirtschaftliche Filtratleistungen zu erzielen.

Der Unterschied zwischen *Osmose* und umgekehrter Osmose ist aus der Abbil-

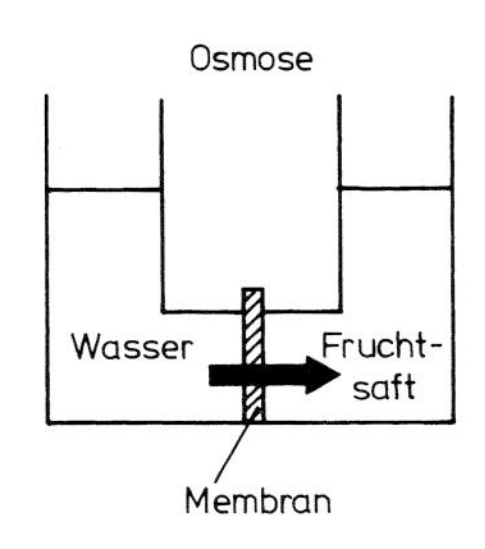

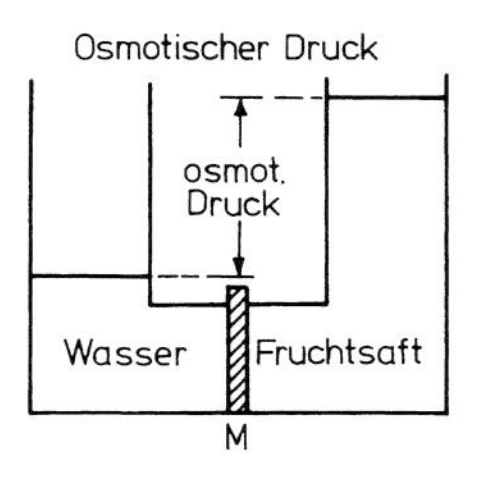

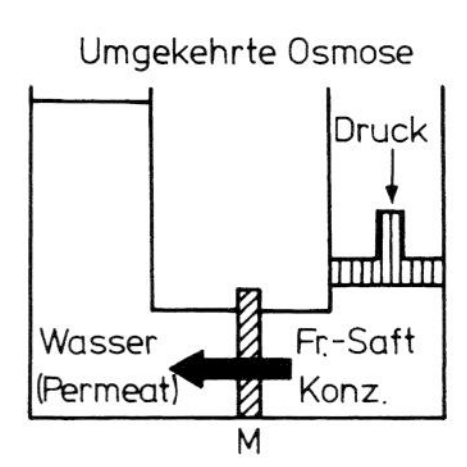

Abb. 133. Prinzip der Osmose und der umgekehrten Osmose (SCHOBINGER 1972).

dung 133 ersichtlich. Werden zwei Flüssigkeiten verschiedener Konzentration, zum Beispiel Wasser und Fruchtsaft, durch eine semipermeable Membran voneinander getrennt, so diffundiert Wasser in den Fruchtsaft und verdünnt diesen so lange, bis sich ein Gleichgewicht einstellt. Die dabei entstehende Niveaudifferenz entspricht dem osmotischen Druck. Kehrt man diesen Prozess der natürlichen Osmose um, indem man auf der Seite der höheren Konzentration, das heißt auf den Fruchtsaft, einen Druck ausübt, der größer ist als der osmotische Druck des Systems, so diffundiert vorwiegend das Lösungsmittel, das heißt Wasser, von der Fruchtsaftseite durch die semipermeable Membran auf die andere Seite des Systems, wodurch der Fruchtsaft konzentriert wird. Die Umkehrosmose ermöglicht somit die Abtrennung niedermolekularer Stoffe, meist Salze oder organische Substanzen wie Zucker, Säuren, Polyphenole usw. von ihrem Lösungsmittel, meist Wasser. Für die Durchsatzleistung der Membran für Wasser (= F_1) gilt folgende Formel:

$$F_1 = K_1 \, (P - \Delta\pi)$$

wobei K_1 eine Konstante für die verwendete Membran, P der Filterdruck in bar und $\Delta\pi$ der osmotische Druck des Systems ist.

Hinsichtlich der Trennoperation unterscheidet man zwischen dem Konzentrieren von Lösungen und der Fraktionierung von Gemischen. Neben der schonenden Arbeitsweise bei niedriger Temperatur liegt der Hauptvorteil dieser Verfahren im geringen Energieaufwand, da gegenüber anderen thermischen Trennverfahren die Trennung an der Membran ohne Phasenänderung erfolgt. Der Energieverbrauch variiert von 4 bis 20 kWh pro Tonne Permeat bei der Ultrafiltration und von 10 bis 50 kWh pro Tonne Permeat bei der Umkehrosmose (THIJSSEN 1983).

Wie sich die Umkehrosmose und die Ultrafiltration bezüglich der Größenordnung der abtrennbaren Stoffe von der Mikrofiltration und der konventionellen Filtration unterscheiden, wird in Kapitel 3.5 Seite 185 näher dargelegt.

Wichtige Baustoffe für Membranen sind Celluloseacetat und andere Cellulosederivate, Polyamide und Polysulfone. Besonders hitzebeständige Keramikmembranen werden aus Kohlenstoff und einer aktiven Schicht aus Zirkoniumoxid hergestellt. Solche anorganischen Membranen lassen sich mit Dampf sterilisieren.

Die Arbeitsbedingungen und die Anlagenausführung sind für die Umkehrosmose, die Ultrafiltration und Mikrofiltration weitgehend ähnlich (Abb. 134). Der Aufbau und die Anordnung der Membranen erfolgt in so genannten Modulen. Unter einem *Modul* versteht man eine Einheit, welche die Membran enthält und die Strömungsführung unter Druck entlang der Membran ermöglicht. Die durch eine leistungsfähige Pumpe erzeugte starke Strömung entlang der Membranoberfläche verhindert eine Verstopfung der Poren. Die bisherige Entwicklung führte zu vier verschiedenen Bauarten der Module: Plattenmodule, Rohrmodule, Kapillar- oder Hohlfasermodule und Wickelmodule.

Plattenmodule in runder oder rechteckiger Konfiguration basieren auf dem Funktionsprinzip von Schichtenfiltern (siehe Abb. 135). Da die Abstände zwischen den Membranen sehr klein gehalten werden

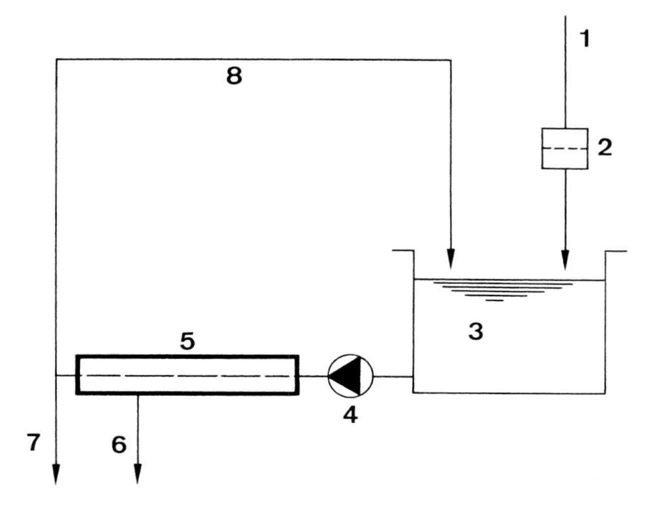

Abb. 134. Schema einer Membranfiltrationsanlage für Mikro-, Ultra- und Hyperfiltration. Semikontinuierliche Anlage bei laufender Saftzudosierung.
1 = Saftzulauf
2 = Grobfilter
3 = Sammelbehälter
4 = Pumpe
5 = Modul mit Membran
6 = Filtrat (Permeat)
7 = Konzentrat (Retentat)
8 = Kreislauf.

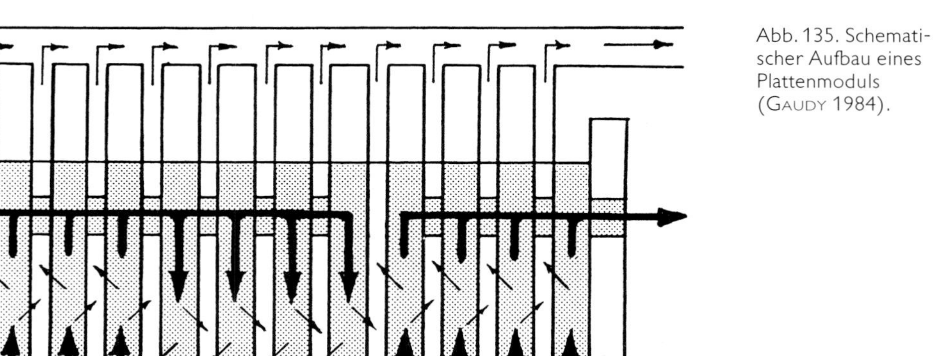

Abb. 135. Schematischer Aufbau eines Plattenmoduls (GAUDY 1984).

können, weisen solche Module eine kompakte und raumsparende Bauweise auf. Die Packungsdichte liegt im Bereich von 100 bis 400 m^2 pro m^3 Raumeinheit (RAUTENBACH und ALBRECHT 1981).

Bei den *Rohrmodulen* liegen die Membranen an der Innenwand eines druckfesten porösen Kunststoffrohres mit einem Durchmesser in der Größenordnung von 25 Millimetern (Abb. 136). Sie haben die weiteste Verbreitung gefunden, da sie eine optimale Anströmung der auf der Innenseite der Membranrohre aufgebrachten Membranen sowie deren Reinigung ermöglichen. Nachteilig ist der große Raumbedarf, da die Packungsdichte bei nur 80 m^2/m^3 liegt (RAUTENBACH und ALBRECHT 1981).

Kapillar- oder Hohlfasermodule bestehen aus einer großen Zahl von röhrenförmigen Membranen mit sehr kleinem Innendurchmesser von 0,5 bis 2 Millimetern, die von einem Mantelrohr zusammengefasst sind (Abb. 137). Als Vorteil erweist sich die große Membranfläche bei geringem Raumbedarf (1 000 m^2/m^3).

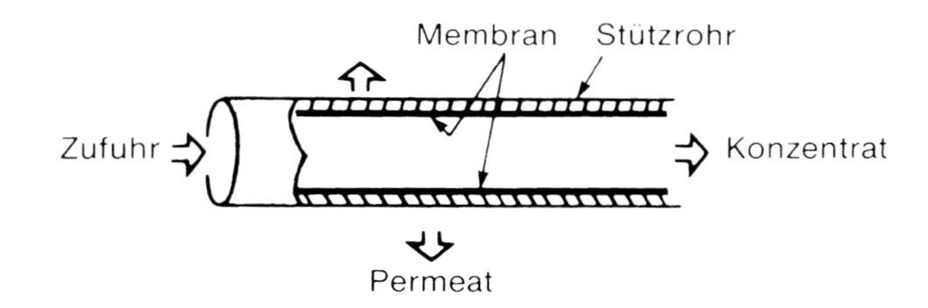

Abb. 136. Rohrmodul (WUCHERPFENNIG et al. 1984).

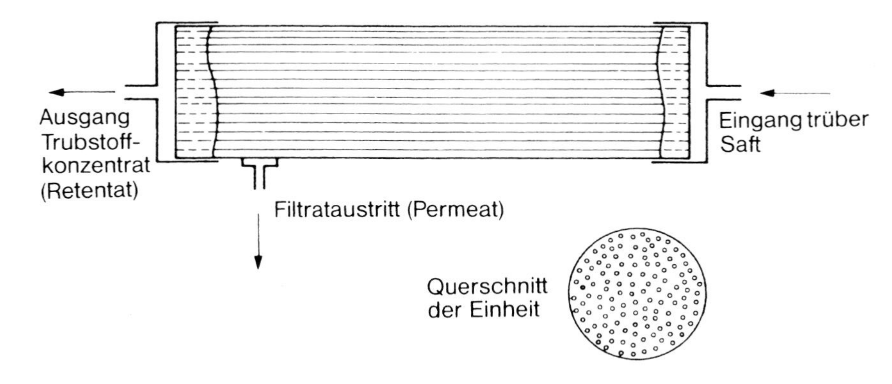

Abb. 137. Kapillar- oder Hohlfasermodul.

Trubhaltige Flüssigkeiten müssen wegen der Neigung zu Verstopfungen mit einem Sieb oder Separator vorbehandelt werden.

Bei den *Wickelmodulen* mit spiralförmig gewickelten Membranen wird eine Lage porösen Materials zwischen zwei Membranen gelegt, die an drei Seiten verklebt sind. Die offene Stelle wird mit einem Abflussrohr verbunden und die Doppelmembran zusammen mit einer grobmaschigen Trägerschicht (Abstandhalter) um dieses Rohr gewickelt und in einem Druckzylinder untergebracht (Abb. 138). Das Retentat durchfließt das Modul in Längsrichtung. Große Membranflächen pro Raumeinheit (900 m^2/m^3), kleines Füllvolumen und günstige Strömungsverhältnisse sind die Vorteile dieses Systems. Für trubhaltige Produkte ist es wenig geeignet (WUCHERPFENNIG et al. 1984).

Umkehrosmose für Fruchtsäfte

Über den Einsatz der Umkehrosmose für die Konzentrierung von Fruchtsäften wurde erstmals 1968 berichtet (MERSON et al. 1968). Weitere Arbeiten auf diesem

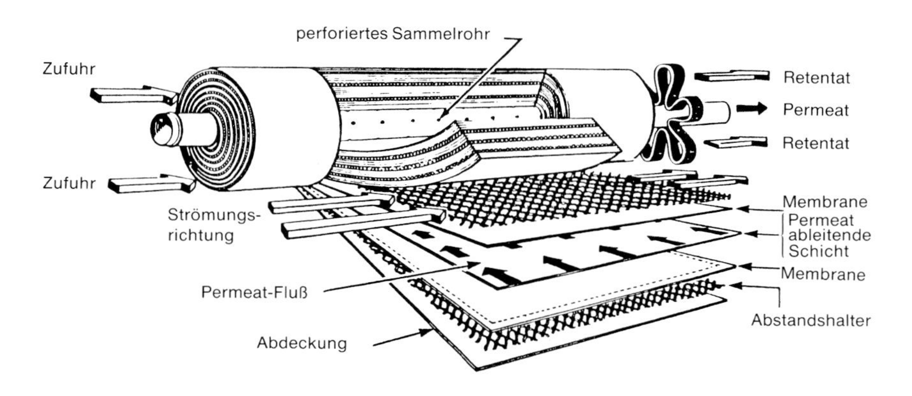

Abb. 138. Spiralmodul nach einer Konstruktion der Firma Abcor.

Gebiet wurden in den 70er Jahren publiziert (SCHOBINGER 1972, PERI 1973, POMPEI et al. 1974, MATSUURA et al. 1974).

Bis zur zweiten Häfte der 80er Jahre wurde die Umkehrosmose nur in bescheidenem Rahmen für die Konzentrierung von Frucht- und Gemüsesäften eingesetzt. Einerseits waren die ursprünglich verwendeten Celluloseacetatmembranen für niedermolekulare Aromastoffe und gewisse organische Verbindungen zu wenig selektiv und die erreichbare Endkonzentration lag aus wirtschaftlichen Gründen bei etwa 25 % löslicher Trockensubstanz. Bei höheren Konzentrationen erfolgte mit diesen Membranen ein rapider Anstieg der Viskositäts- und Druckverhältnisse, was zu einer starken Reduktion der Durchsatzleistung führte (PEELER et al. 1974).

Die später von der Firma DDS, Nakskov, Dänemark, entwickelten kompakteren und hochresistenten HR-Membranen, auch Composit-Membranen genannt, ergaben ein wesentlich höheres Rückhaltevermögen für Aromastoffe, organische Säuren und Zucker. So konnten SHEU et al. (1983) zeigen, dass bei der Konzentrierung von Apfelsaft mit HR-Membranen auf 20 °Brix bei 20 °C und einem Arbeitsdruck von 40 bar nahezu 88 % der Aromastoffe im Konzentrat verbleiben. Auch bei der Konzentrierung von Tomatensaft mit Hilfe der Umkehrosmose bleiben die für den Frischsaft typischen Aromakomponenten in stärkerem Ausmaß erhalten als bei der thermischen Konzentrierung (PORETTA 1995).

Da die in den Frucht- und Gemüsesäften stets vorhandenen Kolloidalstoffe wie Pektin, Proteine usw. in erster Linie für die beschleunigte Reduktion der Trennleistung der Membranen verantwortlich sind, wurden die Säfte vorerst durch Ultrafiltration geklärt und nachträglich mit Hilfe der Umkehrosmose auf 20 bis 22 °Brix vorkonzentriert (ANONYM 1983, SCHOBINGER et al. 1984). Die vorkonzentrierten Säfte wurden anschließend auf thermischem Wege weiter aufkonzentriert. Insgesamt ließen sich damit im Vergleich mit der alleinigen thermischen Konzentrierung namhafte Einsparungen an Energie erzielen (DALE et al. 1982, ROBE 1983).

Ein weiterer Membranprozess zur Abtrennung von Wasser aus Frucht- und Gemüsesäften bei niedriger Temperatur ist die direktosmotische Konzentrierung (DOC). Diese Technologie wurde erstmals für die schonende Konzentrierung von Traubensaft von 16 auf 60 °Brix beschrieben (POPPER et al. 1966). Bei der direktosmotischen Konzentrierung werden der Saft und eine osmotische Agenslösung (OA) auf der gegenüberliegenden Seite einer semipermeablen Membran in Verbindung gebracht. Das Wasser diffundiert durch die Membran vom Saft in die osmotische Agenslösung, welche bei der Fruchtsaftkonzentrierung normalerweise aus einer Fructose-/Dextroselösung von 74 °Brix besteht (BEAUDRY et al. 1990). Diese Lösung gewährleistet den hohen osmotischen Druck von rund 270 bar, der für den Wasserentzug aus dem Saft erforderlich ist. Das von der osmotischen Agenslösung aufgenommene Wasser wird durch kontinuierliche Verdampfung abgetrennt, wodurch die direktosmotische Konzentrierung von der energetischen Seite betrachtet wieder aufwändiger wird. Als weiterer Nachteil dieses Verfahrens müssen die bisher noch geringen Wasserabtrennungsraten von lediglich 0,8 bis maximal 4 $l/m^2 \cdot h$ angeführt werden. Dagegen können mit diesem Verfahren auch pulpehaltige oder trübe Säfte aufkonzentriert werden.

Gegen Ende der 80er Jahre wurde von der Firma SeparaSystems LP in Lakeland, Florida, einer Joint Venture der FMC Corporation mit der Firma DuPont, eine neue Methode entwickelt, bekannt als das FreshNote-Verfahren, mit der Citrussäfte und andere Fruchtsäfte unter Einsatz von Ultrafiltration und Umkehrosmose sehr schonend auf hohe Brix-Werte konzentriert werden können (KOESEOGLU et al. 1990, GOETTSCH und KANNAMI 1991). So wird zum Beispiel Orangensaft zunächst durch eine Ultrafiltrationseinheit in etwa 95 % klaren Saft und 5 % Pulpe aufgetrennt (Abb. 139). Der klare Saft wird in einer Umkehrosmose-Einheit bei 10 °C

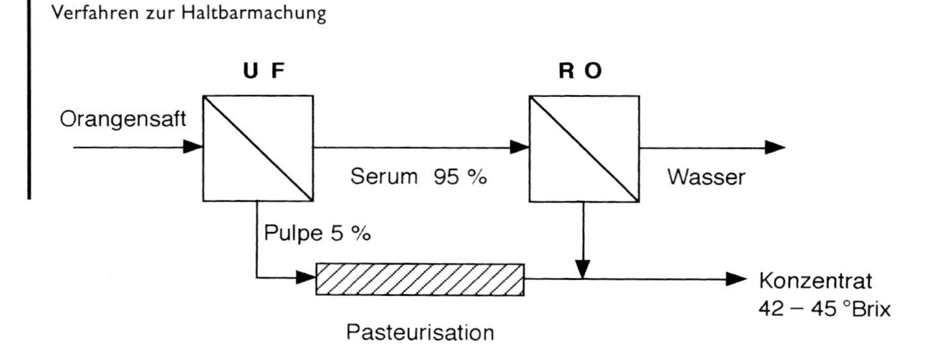

Abb. 139. Schema des FreshNote-Prozesses zur Konzentrierung von Orangensaft mit Membranverfahren. UF = Ultrafiltration, RO = Umkehrosmose.

auf etwa 55 °Brix aufkonzentriert. Das separat pasteurisierte Pulpenkonzentrat wird anschließend mit dem klaren Saftkonzentrat vermischt, wodurch eine Endkonzentration von 42 bis 45 °Brix erreicht wird. Da bei diesem Verfahren die Aromastoffe im klaren Saft verbleiben und nur der kleine Anteil der Pulpe mit den darin enthaltenen Mikroorganismen und Enzymen eine Hitzebehandlung erfährt, wird eine außerordentlich hohe Endqualität erreicht, die sehr nahe an die Qualität von frisch gepresstem Orangensaft herankommt. Dieses Verfahren ist drei- bis viermal teurer als die übliche thermische Konzentrierung in TASTE-Verdampfern, jedoch 15 bis 20 % billiger als Gefrierkonzentrierverfahren, welche keine bessere Produktqualität erzielen. Dieses schonend hergestellte Orangenkonzentrat steht in Konkurrenz zu frisch gepresstem Orangensaft, ergibt jedoch vor allem bei langen Transportwegen wirtschaftliche Vorteile.

Neue Wege zur weiteren Erhöhung des Konzentriergrades von Fruchtsäften mit Membranprozessen können nach Gostoli et al. (1995) durch Kombination von Hohlfasermodulen mit unterschiedlichen Retentionsraten erzielt werden. Durch Kombination von Membranen mit hoher Retention in der ersten Stufe mit Membranen mit niedriger Retention in der zweiten Stufe, können Fruchtsäfte bis 60 °Brix konzentriert werden (Abb. 140). Die Konzentrierung von Saft auf 60 °Brix mit einer Kombination von Hoch- und Nieder-Retentionsmembranen benötigt eine Gesamtmembranfläche von 700 m^2 bei $\Delta P = 100$ bar beziehungsweise 580 m^2 bei $\Delta P = 140$ bar. Der theoretische Energiebedarf beträgt 20 kJ/l. Im Vergleich mit der Konzentrierung von Saft auf 20 °Brix in einer konventionellen Umkehrosmoseanlage benötigt man für die geschilderte Hochkonzentrierung auf 60 °Brix bei $\Delta P = 140$ bar eine zweimal größere Membranfläche und einen dreimal höheren Energiebedarf.

Allgemein betragen die Investitionskosten bei der Umkehrosmose etwa ein Drittel und die Betriebskosten oft nur etwa ein Fünftel der Verdampferkosten (Marquardt 1975). Weitere wichtige Anwendungsmöglichkeiten der Umkehrosmose

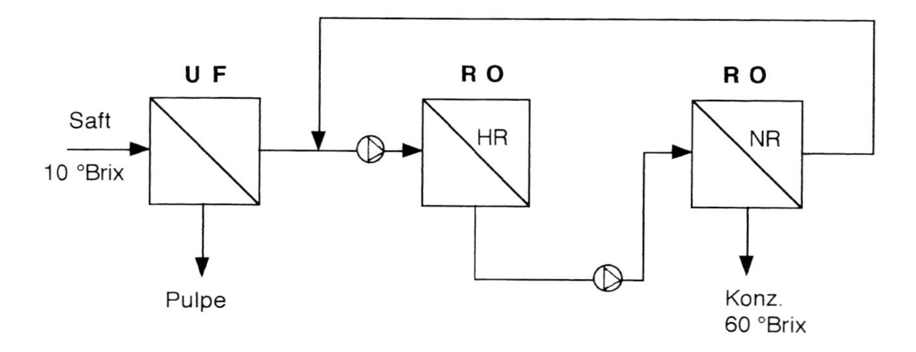

Abb. 140. Vereinfachtes Schema der Konzentrierung von Fruchtsaft durch Umkehrosmose-Module mit Hochretentions- (= HR) und Niederretentionsmembranen (= NR) nach Gostoli et al. (1995). UF = Ultrafiltration, RO = Umkehrosmose.

für die Getränkeindustrie liegen jedoch vor allem in der Aufarbeitung von Wasser zur Vedünnung von Konzentraten (NEUBERT 1974, MARQUARDT 1984) und auf dem Gebiet der Abwassertechnik (POMPEI 1971, MARQUARDT 1976 und 1983, VON MYLIUS 1983).

5.2.1.14 Verfahren zur Trocknung von Frucht- und Gemüsesäften

Durch weitergehende Entfernung von Wasser aus Frucht- und Gemüsesäften unter einen Restwassergehalt von 3 bis 4 % können pulverförmige Produkte erhalten werden. Frucht- und Gemüsepulver werden aus Säften und Mark oder deren Konzentraten hergestellt. Eine Reihe von Trockenprodukten sind in den letzten Jahren auf den Markt gekommen. Bedingt durch ihren extrem niedrigen Wassergehalt weisen diese Trockenprodukte bei der Lagerung wesentlich geringere chemische und mikrobiologische Veränderungen auf als Frucht- und Gemüsesäfte beziehungsweise deren Konzentrate und sind deshalb nicht von der Kühlkette abhängig. Hingegen kann das große Schüttvolumen von pulverförmigen Produkten oft ein Nachteil sein. Überschreitet der Feuchtigkeitsgehalt der Trockenprodukte jedoch einen kritischen Wert, kann ein rapider enzymatischer und chemischer Verderb einsetzen. Aus diesem Grund erfordern diese Produkte eine spezielle Verpackung, vielfach unter Zusatz eines Trocknungsmittels. Das Transportgewicht wird auf etwa ein Fünftel verkleinert.

Die größte Schwierigkeit bei der Trocknung von Fruchtsäften bereitet namentlich der hohe Fructosegehalt, welcher bei den meisten Trocknungsverfahren einen Zusatz von Trocknungshilfsstoffen wie Glucose, Maltodextrin usw. erforderlich macht. In allen Fällen bleiben die erhaltenen Trockenprodukte extrem hygroskopisch, was sich als großer Nachteil auswirkt. Durch den Zusatz von Trocknungshilfsstoffen, der zum Teil über 100 % des Extraktgehaltes eines Fruchtsaftes betragen kann, wird die Geschmacksqualität des Fertigprodukts stark beeinträchtigt. Die bei der Trocknung eintretenden Verluste an Aromastoffen können bis zu einem gewissen Grad durch Zumischen von hochkonzentrierten Aromen in Pulverform wieder ausgeglichen werden. Aus den geschilderten Gründen und infolge der Hitzeempfindlichkeit und Thermoplastizität mussten zur Trocknung von Frucht- und Gemüsesäften speziell geeignete Verfahren entwickelt werden. Übersichtsreferate über die Trocknung von Fruchtsäften geben LÜTHI (1962) und PILNIK (1965). Ausführliche Angaben über die verschiedenen Trocknungsverfahren und über die Trocknung von Frucht- und Gemüsesäften können dem Werk von VAN ARSDEL, COPLEY und MORGAN (1973) entnommen werden. Das Buch von TORREY (1974) gibt einen Überblick über die Patentliteratur auf diesem Sektor. Die wichtigsten Verfahren zur Trocknung von Frucht- und Gemüsesäften sollen anschließend kurz besprochen werden.

Gefriertrocknung (Lyophilisation)

Die Gefriertrocknung ist das schonendste Trocknungsverfahren. Die Dehydratation der tiefgefrorenen Säfte erfolgt durch Sublimation, das heißt, das Eis wird bei niederem Druck unter Umgehung des flüssigen Aggregatzustandes direkt in Dampf überführt. Die Sublimation erfolgt unterhalb des Tripel-Punktes bei einem Druck von $< 1,0$ mbar (Abb. 141). Zur besseren Aromaretention werden die Säfte mit Vorteil durch ein schonendes Verfahren vorkonzentriert, unter ständigem Rühren langsam auf den Gefrierpunkt abgekühlt und anschließend in möglichst kurzer Zeit auf –30 bis –40 °C gebracht, wodurch ein homogenes Produkt mit erhöhter Porosität der Oberfläche und größerer Permeabilität erhalten wird. Mit dieser Einfriermethode kann zum Beispiel Orangensaft noch in Konzentrationen von bis zu 50 °Brix gefriergetrocknet werden (SAINT HILAIRE und SOLMS 1973). Fruchtsäfte mit starkem Eigengeruch und -geschmack wie Orangen-, Grapefruit- und Schwarzer Johannisbeersaft führen zu akzeptableren Trockenprodukten als zum Beispiel Traubensaft oder gar Apfelsaft mit ihren delikaten Aromastoffen. Generell muss auch bei der

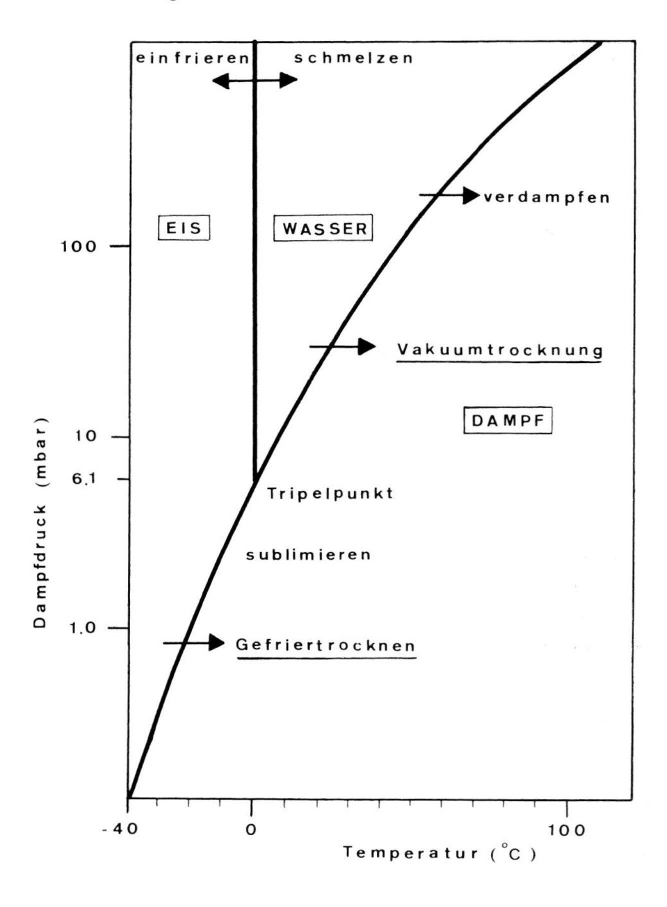

Abb. 141. Zustandsdiagramm des Wassers.

Gefriertrocknung von Fruchtsäften mit Aromaverlusten gerechnet werden (LOVRIĆ 1980). Die industrielle Gefriertrocknung erfolgt entweder chargenweise in großen Vakuumkammern oder in kontinuierlichen Anlagen (SPICER 1974, MELLOR 1979). Trotz der guten Qualität ist die Produktion gefriertgetrockneter Fruchtsaftpulver aus kostenmäßigen Gründen nur gering (VAN ARSDEL, COPLEY und MORGAN 1973).

Seit einigen Jahren werden Vakuumbandtrockner auch als kontinuierliche Vakuumband-Gefriertrockner eingesetzt. Der Vakuumbandtrockner (vgl. Abb. 142, Seite 333) wird hierbei mit einem konstanten Vakuum im Bereich von 0,5 bis 3 mbar gefahren. Das eingespiesene Produkt wird durch Entspannung soweit gekühlt, dass es direkt auf dem Band gefriert. Dabei schäumt es bereits auf und verliert bis zu 20 % seines Wassergehalts. Durch gezielte Zudosierung von Wärme wird das Produkt auf die gewünschte Restfeuchtigkeit getrocknet und gleichzeitig gekühlt. Die Trocknungszeit ist bis zu 50 % kürzer als bei der herkömmlichen Gefriertrocknung. Das Endprodukt weist eine nahezu gleiche Qualität auf.

Eine neue interessante Anwendung des Bucher-Vakuumbandtrockners stellt die Adsorption der Brüdendämpfe an Molekularsieben dar. Dabei werden die Produktdämpfe sehr selektiv an Zeolith-Reaktoren aufgetrennt (Abb. 143). Zeolith absorbiert nur die Wassermoleküle. Die flüchtigen Aromakomponenten bleiben im Produkt oder werden an der kältesten Stelle, das heißt auf dem Produkt readsorbiert. Die Aromaverluste sind dabei we-

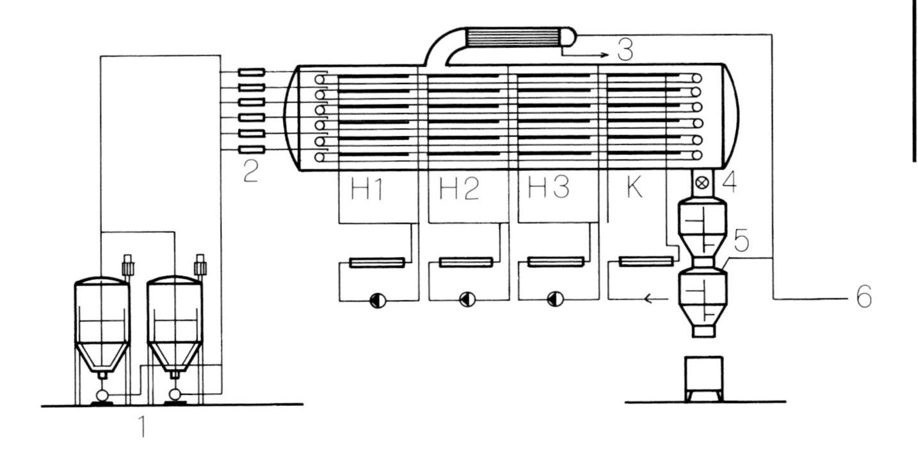

Abb. 142. Schema des Vakuumbandtrockners VBT-60 mit 60 m² Trocknungsfläche (TeroPam GmbH, CH-6331 Hünenberg).
1 = Speisebehälter
2 = Dosierpumpen
3 = Brüdenkondensat
4 = Produktbrecher
5 = Austragschleuse
6 = Vakuumanschluss
H1-H3 = Heizzonen
K = Kühlzone.

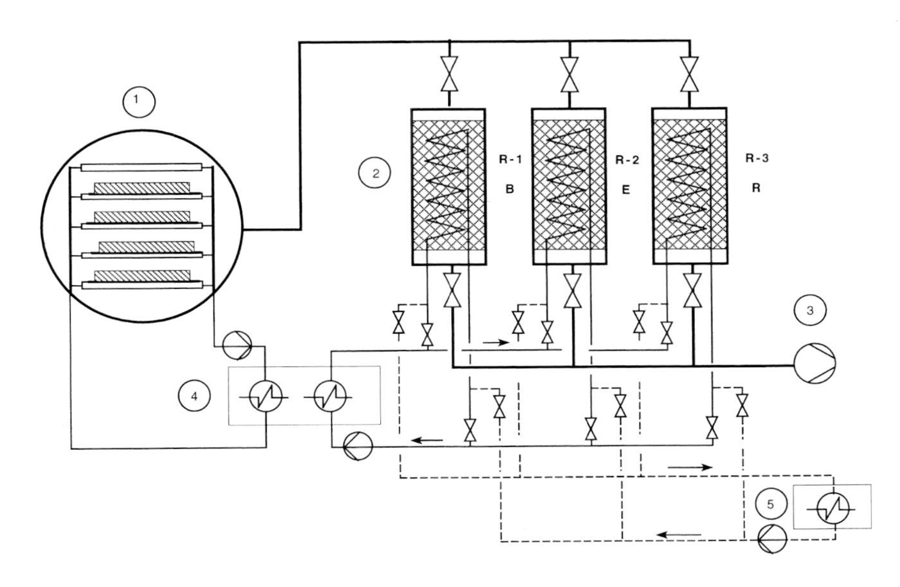

Abb. 143. Prinzipschema der Gefriertrocknung mit Zeolith-Reaktoren und Vakuumbandtrockner (Bucher-Guyer AG).
1 = Vakuumbandtrockner
2 = Zeolith-Reaktoren (B = Betrieb, E = Evakuierung R = Regeneration)
3 = Vakuumpumpe
4 = Heizsystem Trockner + Wärmerückgewinnung
5 = Heizsystem Regeneration der Reaktoren.

sentlich kleiner als bei der üblichen Gefriertrocknung mit Eiskondensatoren, wo die Aromastoffe als unkondensierbare Gase via Vakuumsystem abgepumpt werden. Die Zeolith-Reaktoren (meistens drei Stück, das heißt einer im Betrieb, einer in der Evakuierphase und einer in der Regenerationsphase) arbeiten mit sehr kleinem Energiebedarf, und dank Wärmerückgewinnung ist der Energiebedarf nur ein Bruchteil der klassischen Gefriertrocknung.

Vakuumschaumtrocknung

Die Vakuumschaumtrocknung wird nach zahlreichen Veröffentlichungen amerikanischer Autoren (KAUFMANN et al. 1955, VAN ARSDEL, COPLEY und MORGAN 1973) heute in vielen Ländern zur kommerziellen Herstellung von Fruchtsaft- und Gemüsesaftpulvern eingesetzt. Sie findet bei stark reduziertem Druck (Vakuum von 5–10 mbar) und niedriger Temperatur (40–60 °C) statt und dauert 1,5 bis 4 Stunden. Die Säfte werden schonend auf einen möglichst hohen Trockensubstanzgehalt vorkonzentriert, der bei Tomatenmark etwa 40 %, bei Orangensaft 60 bis 65 % betragen soll. Beim *Chargenverfahren* in großen Vakuumkammern werden die bei Bedarf mit Trocknungshilfsstoffen versehenen Konzentrate in einer 1 bis 3 Millimeter dünnen Schicht auf rostfreie Stahl- oder Aluminiumplatten ausgebreite und auf die übereinander liegenden Heizkörper des Vakuumtrockners gelegt. Temperatur und Vakuum werden so eingestellt, dass das Material durch die anfänglich starke Verdampfung ins Schäumen gerät und dieser erstarrende Schaum dann fertig getrocknet wird. Das auf den Platten filmartig haftende, volumenmäßig stark expandierte, poröse Produkt wird mit Messern abgeschabt, gemahlen und luftdicht verpackt. Aus Qualitätsgründen soll beim Chargenverfahren nicht unter einem Feuchtigkeitsgehalt von 3 % getrocknet werden (Kardos 1966).

Bei *kontinuierlichen Vakuumschaumtrocknungsverfahren* laufen ein oder mehrere endlose Bänder über zwei Rollen in einem als Rohr ausgebildeten Gehäuse (siehe Abb. 142). Das vorkonzentrierte Produkt wird mit einem speziellen Schwenklader-System kontinuierlich und gleichmäßig auf die Bänder aufgetragen und über Heiz- und Kühlplatten zum Trockner transportiert.

Die Verweilzeit im Trockner beträgt je nach dem Trockensubstanzgehalt des Produkts nur 20 bis 60 Minuten. Der Restfeuchtigkeitsgehalt liegt bei 0,5 bis 3 %. Die Vakuumschaumtrocknung ergibt instantlösliche Pulver von hoher Qualität, die sich in qualitativer Hinsicht (Löslichkeit, Farbe, Gehalt an Wirkstoffen, Geschmack usw.) vielfach mit gefriergetrockneten Produkten vergleichen lassen.

Die Investitionskosten liegen bei der Vakuumbandtrocknung tiefer als bei der Gefriertrocknung, und die Betriebskosten sind zwei- bis dreimal niedriger. Der Einsatz von Vakuumbandtrocknern ist vor allem dort zu suchen, wo Produkte zu trocknen sind, die bei der Sprühtrocknung Schwierigkeiten bereiten. Dabei kann sowohl die Qualität als auch die Produktausbeute verbessert werden. Ein grober Kostenvergleich zwischen verschiedenen Trocknungsverfahren zeigt Tabelle 52.

Ein Vakuumbandtrockner ähnlicher Konstruktion wird von der Firma Bucher-Guyer AG, CH-8166 Niederweningen, hergestellt. Die Trocknungsdauer inklusive Kühlungsphase beträgt in diesem Ap-

Tab 52. Kostenvergleich zwischen verschiedenen Trocknungsverfahren (Angaben von TeroPam GmbH)

Sprühtrocknung	**1**	**1**		
Vakuum-Bandtrocknung	**2**		**2**	
Getriertrocknung	**3**			**3**
Produkt (z. B. Apfelsaft)				
– Speisemenge	kg/h	5000	5000	5000
– Konzentration	% T. S.	11	11	11
Verdampfung				
– Aromarückgewinnung (15% Abdampfung)	kg/h	750	750	750
– Verdampfungsleistung	kg/h	3150	3450	3150
– Konzentration	% T. S.	45	70	45
– Konzentratmenge	kg/h	1100	800	1100
Trocknung				
– Verdampfungsleistung	kg/h	550	250	550
– Restfeuchte	%	3	3	3
– Pulvermenge	kg/h	550	550	550
Betriebsmittel				
Dampf				
– Verdampfung (3-stufig)	kg/h	2000	1375	2000
– Trocknung	kg/h	1150	325	825
– Total Dampf	kg/h	3150	1700	2825
Elektrischer Strom	kW	120	80	250
Investition	%	100	200	500

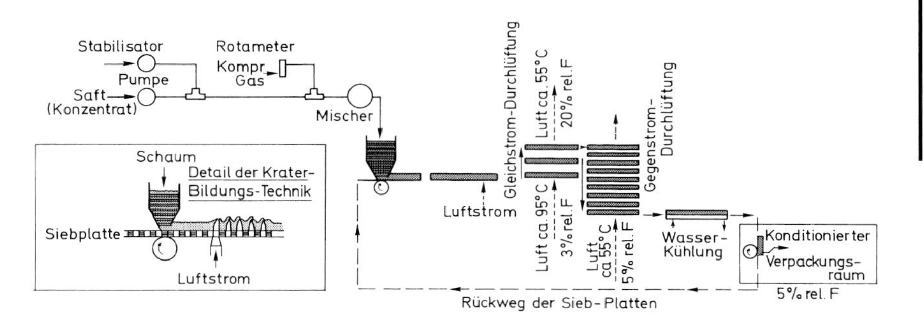

Abb. 144. Schema der Schaumschichttrocknung (foam-mat drying) nach einer Darstellung von LÜTHI (1965).

parat je nach Produkt 30 bis 90 Minuten. Das Betriebsvakuum liegt im Bereich von 2 bis 20 mbar absolut. In der Regel wird auf eine Restfeuchte von 1 bis 3 % getrocknet. Im Gegensatz zu Sprühtrocknungsanlagen, in denen für die Trocknung eine Zugabe von 50 bis 70 % Trägersubstanz (zum Beispiel Maltodextrin) erforderlich ist, wird im Vakuumbandtrockner meistens ohne Zusatz von Trägersubstanzen gearbeitet. Die Endprodukte sind von hoher Qualität, ähnlich der Gefriertrocknungsqualität.

Schaumschichttrocknung

(foam-mat drying)

Dieses Verfahren wurde am Western Regional Laboratory in USA Ende der 50er Jahre speziell für die Trocknung von Fruchtsäften entwickelt (VAN ARSDEL, COPLEY und MORGAN 1973). Der wichtigste Verfahrensschritt ist dabei das Schäumen des zu trocknenden Gutes. Dazu wird das zu trocknende Saftkonzentrat mit einem Schaumstabilisator, wie zum Beispiel lösliche Proteine, Glycerinmonostearat, Methylcellulose, Pflanzengummis usw., in einem Mixer unter Zutritt eines inerten Gases in wenigen Sekunden zu einem steifen Schaum geschlagen. Der Stabilisatorzusatz beträgt in der Regel etwa 1 %, bezogen auf das Trockengewicht. Dieser Schaum wird durch eine feine, schlitzartige Öffnung in dünner Schicht auf ein endloses Lochblech aus rostfreiem Stahl aufgetragen. Von unten wird nun durch einen feinen Schlitz inertes Gas oder Luft durch die Löcher des Bleches geblasen, wodurch im ausgebreiteten zähen Schaum, entsprechend der Lochung im Blech, eine Kraterbildung entsteht (Abb. 144). Anschließend durchläuft das Produkt mehrere Wärmezonen mit unterschiedlichen Temperaturen und relativen Luftfeuchtigkeiten, um den Trockner bei 55 °C mit etwa 2 % Restwassergehalt zu verlassen. Mit diesem Verfahren wurden vor allem mit Citrus- und Tomatenerzeugnissen sehr gute Resultate erzielt. Die Kosten des Verfahrens sollen mit den Kosten für die Sprühtrocknung vergleichbar sein (SPIESS 1972). Dieses Trocknungsverfahren wird bis heute nur in kleinerem Maßstab angewendet.

Walzentrocknung

Die Walzentrocknung ist infolge starker Wärmebelastung und ungenügender Löslichkeit der verarbeiteten Produkte zur Trocknung von Saftkonzentraten nicht geeignet (PILNIK 1965, VAN ARSDEL et al. 1973). Hingegen wird dieses Verfahren zur Trocknung von stark pulpehaltigen Saftkonzentraten, zum Beispiel Tomatenmark (VAN ARSDEL et al. 1973) oder von Apfelmus (ESCHER und NEUKOM 1968), eingesetzt. Über die neuesten Entwicklungen auf dem Gebiet der Walzentrocknung berichten VASSEUR et al. (1984).

Bewegtfilmtrocknung

Das von TURKOT et al. (1956) und von STROLLE et al. (1966) vorgeschlagene Verfahren besteht im Wesentlichen darin, dass ein Fruchtsaftkonzentrat von etwa 70 °Brix unter Zusatz von Saccharose oder Stärkesirup in einem Dünnschichtverdampfer unter Vakuum in einem

Durchgang auf einen Restwassergehalt von etwa 2 % getrocknet wird. Dem im thermoplastischen Zustand heiß austretenden Konzentrat werden die vorher abgetrennten und etwa 1000-fach konzentrierten Aromastoffe zudosiert, worauf das Produkt über Kühlwalzen läuft, zur Trockne erstarrt und anschließend gemahlen wird. Dieses Verfahren hat den Vorteil, dass es vollkontinuierlich ist und die Aromastoffe weitgehend erhalten bleiben. Als Nachteile sind die relativ hohe Temperatur bei der Konzentrierung und der erforderliche Zusatz an Trocknungshilfsmitteln zu erwähnen, welche die Qualität des Fruchtsaftes negativ beeinflussen. Aus diesem Grund hat dieses Verfahren bis heute keine sehr große Bedeutung erlangt.

Sprüh- oder Zerstäubungstrocknung

Beim Sprühtrocknen von Fruchtsäften oder Fruchthomogenaten kommt es vor allem infolge des hohen Fructosegehaltes dieser Produkte zum Anhaften des Pulvers an der Wand des Trockenturmes (PILNIK 1965, VAN ARSDEL et al. 1973, DREXLER et al. 1973). Durch Beimischung großer Mengen an Trocknungshilfsmitteln wie Stärkesirup oder Maltodextrin, welche in gewissen Fällen mehr als die Hälfte der Trockensubstanz des Saftes umfassen können, oder durch zusätzliche teure Einrichtungen wie Kühlung der äußeren Kammerwände mit kalter Luft, Installation eines Blasräumers oder pneumatische Nachtrocknung und Kühlung des Pulvers, können die Schwierigkeiten bei der Trocknung ganz oder teilweise behoben werden (MASTERS 1970, BRENNAN et al. 1971). Trotzdem müssen beträchtliche Farb- und Aromaverluste in Kauf genommen werden (ŠULC et al. 1980 und 1981).

Abbildung 145 zeigt einen speziell modifizierten Zerstäubungstrockner der Firma Niro A/S, Søborg/DK, zur Herstellung von Tomatenpulver aus einem Tomatenmark-Konzentrat mit einem Trockensubstanzgehalt von 30 %. Dieser Zerstäubungstrockner ermöglicht eine exakte Kontrolle der Kammerwandtemperatur (38–50 °C) und eine kontinuierliche Arbeitsweise. Das Pulver wird durch den konischen Boden der Trockenkammer über ein Fördersystem in den klimatisierten Verpackungsraum entleert. Das Tomatenpulver mit einer Restfeuchte von 3 bis 3,5 % muss in luft- und feuchtigkeitsdichte Gebinde verpackt werden.

Bei der Sprühtrocknung von Orangenhomogenaten (Comminuted) ergab eine Lufttemperatur von 100 bis 110 °C die besten Ergebnisse (WELTI et al. 1983). Infolge ihres höheren Gehaltes an Cellulose und Pektin lassen sich Gemüsesäfte und Fruchtmark generell besser trocknen als Fruchtsäfte. Obwohl die Wärmebelastungen des Produkts bei der Sprühtrocknung tief gehalten werden können, werden zahlreiche Fruchtinhaltsstoffe derart verändert, dass sprühgetrocknete Fruchtsaft-

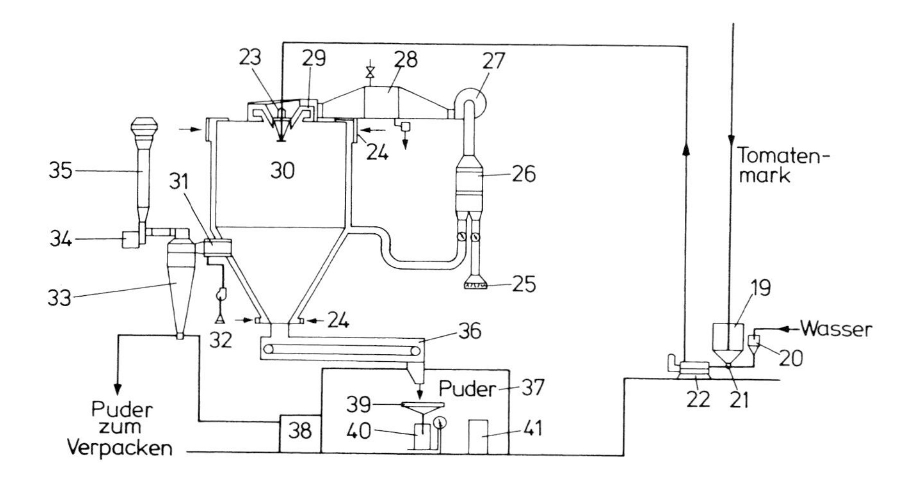

Abb. 145. Modifizierter Zerstäubungstrockner der Niro A/S, Søborg/DK, zur Herstellung von Tomatenpulver aus Tomatenmark-Konzentrat.
19 = Tank für Tomatenmark
20 = Wassertank
21 = Dreiwegventil
22 = Speisepumpe
23 = Zerstäuberscheibe
24 = Luftkühlung der Außenwand
25–29 = Luftzufuhr -filtration -aufheizung -dosierung
30 = Trocknungsraum
31 = Luftaustritt
32 = Kühlluftventilator
33 = Abscheider (Zyklon)
34 = Abluftventilator
35 = Abluftkamin
36 = Förderband, luftkonditioniert
37 = Abpackraum, luftkonditioniert
38 = Luftkonditionierungsapparat
39 = Sieb
40 = Waage zur Pulverabfüllung
41 = Raum zur Abpackung in inerter Atmosphäre.

pulver vielfach keine erstklassigen Getränke ergeben (Drexler et al. 1973).

Das *Birs-Verfahren* ist eine Variante der Zerstäubungstrocknung, welche anfangs der 60er Jahre eine große Publizität erreichte (Lüthi 1962, Pilnik 1965). Im Gegensatz zur herkömmlichen Zerstäubungstrocknung wurde hierbei die Luft nicht aufgewärmt, sondern vorgetrocknet. Da getrocknete Luft bei den angewandten tiefen Temperaturen (max. 30 °C) nur einen sehr geringen Sättigungsdruck hat, mussten die zu trocknenden Teilchen mit sehr großen Luftmengen in Berührung gebracht werden. Dies wurde technisch durch einen 70 Meter hohen Turm verwirklicht. Dieses Verfahren kam jedoch aus wirtschaftlichen Gründen nie zum Tragen. Das in den vergangenen Jahren zu technischer Reife weiterentwickelte *Spreda-Kalttrocknungsverfahren* (Spreda AG, Burgdorf, jetzt ein Zweigbetrieb der Obipektin AG, Bischofszell, Schweiz) arbeitet heute bei Lufttemperaturen von 50 °C bis maximal 60 °C.

Ein schonendes Trocknungsverfahren ist die anfangs der 60er Jahre labormäßig durchgeführte *Hochfrequenztrocknung* von Fruchtsaftkonzentraten (Emch 1961). Unter Anwendung von hochfrequentem Wechselstrom (5–27 MHz) wird unter Vakuum (35–65 mbar) die Verdampfungswärme auf dielektrischem Weg direkt im Wasser des zu trocknenden Fruchtsaftkonzentrats erzeugt. Dadurch lassen sich Überhitzungen durch wärmeübertragende Wände vermeiden und eine gleichmäßige Erwärmung des Produkts erzielen. Die Trocknungszeit ist sehr kurz und liegt bei 7 bis 20 Minuten. Eine Weiterentwicklung auf diesem Sektor sind die von der Firma Les Micro-Ondes-Industrielles, Epône, Frankreich, hergestellten kontinuierlichen Vakuumbandtrockner, bei denen die Trocknungsenergie durch *Mikrowellen* (2450 MHz) erzeugt wird (Menoret et al. 1972). Die Temperatur im Trockengut beträgt maximal 40 °C, die Trocknungszeit liegt je nach Produkt zwischen 20 und 60 Minuten. Die großindustrielle Trocknung von Frucht- und Gemüsesäften nach diesem Verfahren wurde Ende der 70er Jahre durch die Firma Pampryl S. A. in Nuits-Saint-Georges, Frankreich, realisiert (Attiyate 1979). 1987 wurde die Herstellung dieser Produkte infolge mangelnder Nachfrage eingestellt.

5.2.1.2 Konzentrieren durch Verdampfen – theoretische Grundlagen

Das Konzentrieren eines Saftes besteht im Wesentlichen in der Senkung des Wassergehalts durch Verdampfen. Dies geschieht durch eine völlige oder teilweise Umwandlung von der flüssigen zur dampfförmigen Phase, indem der Saft zum Sieden erhitzt wird. Die für diesen Erhitzungsprozess notwendige Energie wird normalerweise durch Kondensation von Dampf erhalten. Da die meisten Säfte hitzeempfindlich sind, wird die Verdampfung im Allgemeinen bei reduziertem Druck (Vakuum) durchgeführt, wodurch der Siedepunkt des Produkts herabgesetzt wird und die Verdampfung bei tieferer Temperatur stattfindet. Über den Zusammenhang zwischen Verdampfungstemperatur des Wassers, dazugehörigen Dampfdrücken, spezifische Dampfvolumen, Wärmeinhalt des Wassers und Verdampfungswärme gibt Tabelle 53 Auskunft. Das spezifische Dampfvolumen nimmt mit abnehmendem Druck und abnehmender Temperatur zu. Die Zunahme ist speziell bei tiefen absoluten Drücken sehr groß, was vor allem bei der Dimensionierung von Kondensatoren berücksichtigt werden muss; andernfalls können hohe Dampfgeschwindigkeiten oder extrem starker Druckabfall resultieren.

Die Wärmemenge, die zur Verdampfung von einem Kilogramm zum Siedepunkt erwärmter Flüssigkeit erforderlich ist, wird *Verdampfungswärme* genannt. Je höher der absolute Druck und der Siedepunkt einer Lösung sind, desto kleiner ist die Verdampfungswärme (Tab. 53). Die Wärmemenge, die einem Kilogramm Dampf entzogen werden muss, damit er verflüssigt wird, ist die *Kondensationswärme*, das heißt, bei einem bestimmten Druck ist die Kondensationswärme gleich der Verdampfungswärme.

Tab 53. Dampftabelle. Zustandgrößen von Wasser und Dampf bei Sättigung in Abhängigkeit von der Temperatur (Netz 1991)

Temperatur t (°C)	Absoluter Druck p (bar)	Spezif. Volumen Flüssigkeit v' (dm³/kg)	Spezif. Volumen Dampf v'' m³/kg)	Wärmeinhalt* Flüssigkeit h' (kJ/kg)	Wärmeinhalt* Sattdampf h'' (kJ/kg)	Verdampfungswärme r (kJ/kg)
0	0,00611	1,0002	206,3	-0,04	2501,6	2501,6
10	0,01227	1,0003	106,4	41,99	2519,9	2477,9
20	0,02337	1,0017	57,84	83,86	2538,2	2454,3
30	0,04241	1,0043	32,93	125,66	2556,4	2430,7
40	0,07375	1,0078	19,55	167,45	2574,4	2406,9
50	0,12335	1,0121	12,05	209,26	2592,2	2382,9
60	0,20313	1,0171	7,679	251,09	2609,7	2358,6
70	0,3116	1,0228	5,046	292,97	2626,9	2334,0
80	0,4736	1,0292	3,409	334,92	2643,8	2308,8
90	0,7011	1,0361	2,361	376,94	2660,1	2283,2
100	1,0133	1,0437	1,673	419,06	2676,0	2256,9
110	1,4327	1,0519	1,210	461,32	2691,3	2230,0
120	1,9854	1,0606	0,8915	503,72	2706,0	2202,2
130	2,7013	1,0700	0,6681	546,31	2719,9	2173,6
140	3,614	1,0801	0,5085	589,10	2733,1	2144,0
150	4,760	1,0908	0,3924	632,15	2745,4	2113,2
160	6,181	1,1022	0,3068	675,47	2756,7	2081,3

*Enthalpie

Bei reinen Lösungen (zum Beispiel Ethylalkohol) hat die siedende Flüssigkeit die gleiche Temperatur wie der Dampf, so dass die Verdampfung bei einer konstanten Temperatur stattfindet. Frucht- oder Gemüsesäfte sind jedoch keine reinen Lösungen. Fruchtsäfte zeigen ein ähnliches Siedeverhalten wie wässrige Zuckerlösungen, das heißt, mit zunehmender Konzentration steigt die Viskosität (Abb. 146) und damit auch der Siedepunkt (Tab. 54). Zahlreiche Daten über die Viskositätseigenschaften von verschiedenen Fruchtsäften und Saftkonzentraten wurden von Ibarz et al. (1987a, b, 1989, 1992a, b) und von Nagy et al. (1993) publiziert.

Das Verdampfungssystem

Prinzipiell besteht ein Verdampfungssystem aus einem Wärmeaustauscher, welcher die notwendige Wärmeenergie zur Aufheizung und zur Verdampfung des Produkts liefert, einem Separator oder Abscheider zur Trennung von Dampf und Flüssigkeit, einem Kondensator zur Entfernung des entstandenen Dampfes und einer Vakuumerzeugungsanlage, sofern bei reduziertem Druck gearbeitet wird. Der Separator ist normalerweise einem Zyklon ähnlich, wobei durch die Zentrifugalwirkung eine Trennung von Dampf und Saftkonzentrat stattfindet. Bei den Kondensatoren unterscheidet man zwischen Einspritz- und Oberflächenkondensatoren. Der nach Erreichen des Siedepunkts entweichende Wasserdampf wird als Brüdendampf (= Brüden) bezeichnet. Der Austrag des Konzentrats erfolgt meistens mit Pumpen. Der Kondensatabzug erfolgt entweder über ein barometrisches Fallrohr,

Tab 54. Siedetemperatur wässriger Saccharoselösungen in Abhängigkeit von der Konzentration (Tschubik und Maslow 1973)

Saccharosegehalt (%)	$t_{sied.}$ (°C)	Saccharosegehalt (%)	$t_{sied.}$ (°C)
10	100,1	60	103,0
20	100,3	70	105,5
30	100,6	75	107,1
40	101,0	80	109,4
50	101,8	90	119,6

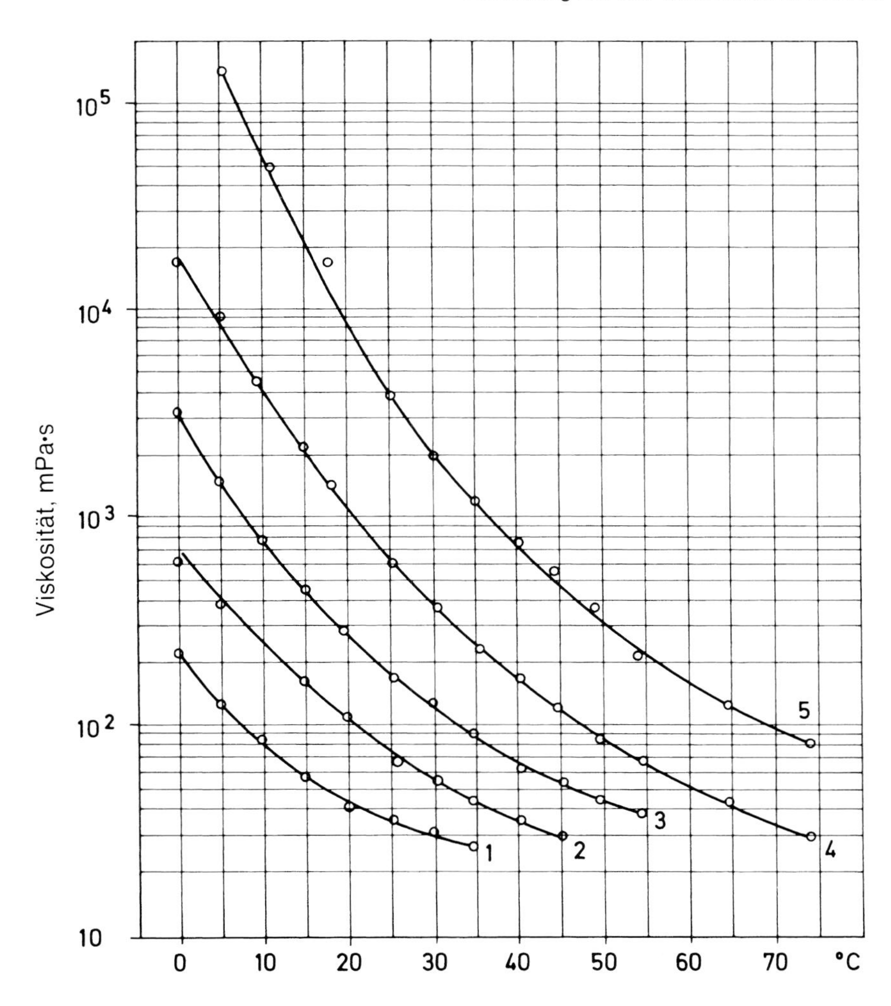

Abb. 146. Viskosität von Apfelsaftkonzentrat in Abhängigkeit von Konzentrierungsgrad und Temperatur (BÜCHI und TINNER 1971).
1 = 60 °Brix
2 = 65 °Brix
3 = 70 °Brix
4 = 75 °Brix
5 = 80 °Brix.

einen halbbarometrischen Kondensator (Abb. 147) oder durch eine Pumpe. Für die Absaugung der nichtkondensierbaren Gase werden Vakuumpumpen, zum Beispiel Flüssigkeitsringpumpen oder Dampfstrahlpumpen, eingesetzt. Mit Ausnahme der Tieftemperaturverdampfer, die in einem so genannten Kühlzyklus mit Kühlmittel, zum Beispiel Ammoniak, betrieben werden, sind bei Frucht- und Gemüsesäften dampfbeheizte Verdampfer üblich. Die *Wärmeübertragungsrate* wird dabei bestimmt durch die Bewegung der Flüssigkeit über die Heizoberfläche.

Definition der Wärmeübertragung

Damit die Wärmeenergie von einem Punkt zum anderen übertragen werden kann, muss ein Temperaturgefälle vorhanden sein. Die Übertragung von Wärme kann durch *Wärmeleitung, Wärmeströmung und Wärmestrahlung* erfolgen. Diese Begriffe der thermischen Verfahrenstechnik werden in eingehender Weise von GRASSMAN (1967) und LONCIN (1969) behandelt; weiterhin sei auf die Übersichtsarbeiten von VELDSTRA (1961) und von MANNHEIM et al. (1974) verwiesen.

Die *Wärmeleitung* (Konduktion) ist die Fortpflanzung der Wärme innerhalb eines Stoffes. Nach dem Newton-Gesetz ist die

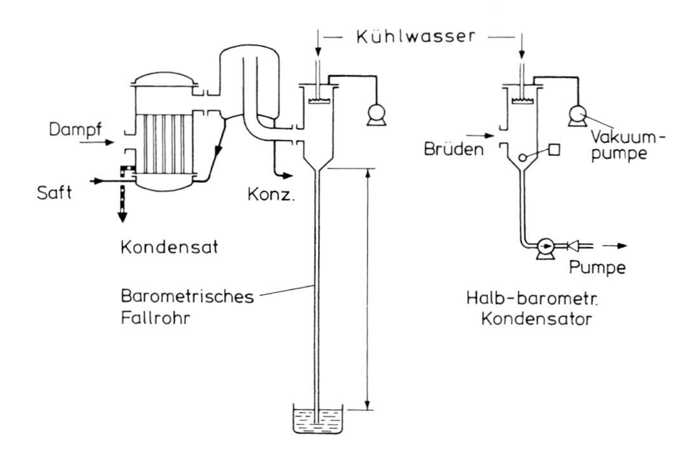

Abb. 147. Schematische Darstellung des Brüdendampfkondensatabzugs über ein barometrisches Fallrohr oder über einen halbbarometrischen Kondenator (Foto Alfa-Laval 1973).

je Zeiteinheit durch eine Wand fließende Wärmemenge direkt proportional der Temperaturdifferenz und Fläche und umgekehrt proportional der Dicke der Wand:

$$Q^* = \frac{\lambda}{\delta} A \, (T_{w_1} - T_{w_2})$$

Darin bedeutet Q* die Wärmemenge (in kJ/h), die senkrecht durch die Fläche A (in m²) von der Dicke δ (in m) fließt. $(T_{w_1} - T_{w_2})$ ist die Temperaturdifferenz zwischen beiden Oberflächen der Wand. Die Wärmeleitfähigkeit λ (in W/K × m) ist abhängig vom Werkstoff (Tab. 55).

Die *Wärmeströmung* (Konvektion) ist der Wärmetransport innerhalb einer Flüssigkeit, hervorgerufen durch natürliche oder erzwungene Strömung. Die Wärmeübertragung von der Flüssigkeit zur Wand ist gegeben durch die Gleichung:

$$Q^* = \alpha \cdot A \, (T - T_w)$$

wobei Q* die Wärmemenge (in kJ/h), α die Wärmeübergangszahl (in W/K · m²), A die Heizfläche (in m²) und $(T - T_w)$ der Temperaturunterschied zwischen der Flüssigkeitstemperatur T und der Oberflächentemperatur T_w der Wand sind.

Aus Tabelle 56 geht hervor, dass Tropfkondensation eine höhere Wärmeübergangszahl ergibt als Filmkondensation. Die meisten Verdampfertypen weisen

Tab 55. Wärmeleitfähigkeit λ (W/m K) für verschiedene Elemente und Legierungen zwischen 0 und 100 °C, Flüssigkeiten und Gase (Netz 1991). 1 W/m K = 3,6 kJ/mh K

Feste Elemente		Legierungen		Flüssigkeiten (20 °C)		Gase (20 °C)	
Aluminium 99 %	208	Silumin	162	Wasser	0,593	NH_3	0,022
Kupfer	372	Chromnickelstahl	10–15	Ethanol	0,186	Luft	0,026
Eisen 99,12 %	71	Chromstahl 5 % Cr	20–37	Methanol	0,292		
Kohlenstoffstahl	37–52	V2A-Stahl	15	Glycerin	0,285		

Tab 56. Beispiele für die Wärmeübergangszahl α (W/m²K) (Alfa-Laval) 1 W/(m²K) = 3,6 kJ/(m²hK)

Flüssigkeit (Fluidum)	Art der Wärmeübertragung	W/m²K
Luft	natürliche Strömung	1,2–58
	erzwungene Strömung	11,6–290
Wasser	Heizen/Kühlen	290–23 254
	Sieden	1744–52 321
Dampf	Filmkondensation	5813–23 254
	Tropfkondensation	25 579–116 700

Filmkondensation auf, hervorgerufen durch eine niedere Oberflächenspannung des Kondensats, wodurch ein zusammenhängender Flüssigkeitsfilm entsteht und die Wärmeübergangszahl α abfällt. Im Gegensatz dazu weisen Zentrifugalverdampfer (zum Beispiel Tetra Alvap) eine hohe Oberflächenspannung auf, wobei die Kondensation tropfenweise erfolgt. Dadurch steht ein größerer Anteil der Wärmeübertragungsfläche frei, wodurch die Wärmeübergangszahl α zunimmt.

Mit zunehmender Verdampfung nimmt die *Viskosität* des Produkts und damit auch die *Filmdicke* zu, wodurch die Produktgeschwindigkeit und die Wärmeübergangszahl α abnehmen. Über die rheologischen Aspekte, welche bei der Konzentrierung von Fruchtsäften und namentlich bei pulpehaltigen Frucht- und Gemüsesäften beachtet werden müssen, berichten HARPER (1960), SARAVACOS (1968, 1970), BIELIG und KLETTNER (1973) und ŠULC (1984a). Es sei hierzu auch auf die Ausführungen in Kapitel 5.3.2 verwiesen.

Die *Wärmestrahlung* ist die Wärmemenge, die in der Zeiteinheit durch Berührung an die Luft übergeht. Sie kann für die nachfolgenden Betrachtungen vernachlässigt werden.

Während des Verdampfungsprozesses finden sämtliche Arten der Wärmeübertragung gleichzeitig statt. Im Verdampfer wird Wärme von einem Heizmedium durch eine Trennwand auf das zu verdampfende Produkt übertragen. Das Heizmedium ist normalerweise Dampf, der auf der Trennwand kondensiert und dabei seine latente Wärme freigibt, welche vom Produkt aufgenommen wird. Der gesamte Wärmedurchgang beim Verdampfen setzt sich aus folgenden drei Teilvorgängen zusammen: Wärmeübergang/Dampfseite – Wärmeleitung/Wand – Wärmeübergang/Produktseite (siehe Abb. 148).

Für den gesamten Wärmedurchgang gelten folgende Beziehungen:

Wärmeübergang Dampf/Wand:
$Q^* = \alpha_1 \cdot A\ (T_1 - T_{w_1})$

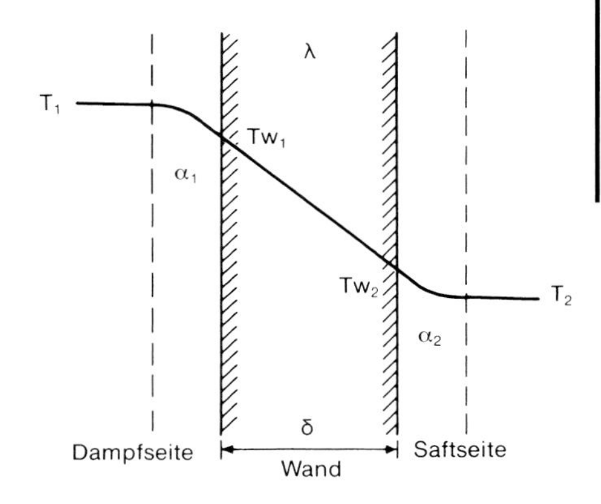

Abb. 148. Wärmeübertragung durch die Heizwand.
T_1 = Temperatur des Heizdampfes,
T_2 = Eindampftemperatur,
T_{w1} = Temperatur der Wand/Dampfseite
T_{w2} = Temperatur der Wand/Saftseite,
α_1 = Wärmeübergangszahl/Dampfseite,
α_2 = Wärmeübergangszahl/Saftseite,
δ = Wanddicke,
λ = Wärmeleitfähigkeit der Wand.

Wärmeleitung durch die Wand:
$Q^* = \frac{\lambda}{\delta} \cdot A\ (T_{w_1} - T_{w_2})$

Wärmeübergang Wand/Produkt:
$Q^* = \alpha_2 \cdot A\ (T_{w_2} - T_2)$

Durch Kombination der Gleichungen ergibt sich für den gesamten Wärmedurchgang:

$$Q^* = \frac{1}{\frac{1}{\alpha_1} + \frac{1}{\alpha_2} + \frac{\delta}{\lambda}} \cdot A\ (T_1 - T_2)$$

In vereinfachter Form lautet diese Gleichung:

$Q^* = k \cdot A\ (T_1 - T_2)$ oder $Q^* = k \cdot A \cdot \Delta T$

wobei k (in $W/K \cdot m^2$) als *Wärmedurchgangskoeffizient* bezeichnet wird, welcher alle drei Teilvorgänge des gesamten Wärmedurchganges berücksichtigt und wie folgt formuliert wird:

$$k = \frac{1}{\frac{1}{\alpha_1} + \frac{\delta}{\lambda} + \frac{1}{\alpha_2}}$$

α_1 = Wärmeübergangszahl Dampfseite $W/K \cdot m^2$
α_2 = Wärmeübergangszahl Saftseite $W/K \cdot m^2$
δ = Wanddicke in m
λ = Wärmeleitfähigkeit der Wand in $W/K \cdot m$

Bei industriellen Verdampfern ist ein möglichst hoher Wärmestrom (Wärmestromdichte) erwünscht, da hierdurch die

Anlagekosten und der Raumbedarf klein gehalten werden können. Aus der Gleichung für die Wärmestromdichte

$$q^* = \frac{Q^*}{A} = k \cdot \Delta T$$

folgt, dass q* direkt proportional dem Wärmedurchgangskoeffizienten k und der Temperaturdifferenz ΔT zwischen beiden Seiten der Trennwand ist. Je größer diese beiden Faktoren sind, desto wirkungsvoller ist die Wärmeübertragung.

Die wichtigsten Faktoren, welche die Wärmeübertragung in Verdampfern beeinflussen, lassen sich somit wie folgt zusammenfassen:

- Temperaturunterschied zwischen Heizmedium und Produkt (ΔT),
- Art der Wärmeübertragung Dampf/ Wand (Filmkondensation, Tropfkondensation),
- Art der Wärmeübertragung Wand/Produkt (Oberflächenspannung zwischen Wand und Produkt),
- Produktviskosität, Filmdicke und Strömungsgeschwindigkeit,
- Beschaffenheit der Heizfläche (Belagbildung).

Wärmeökonomie

Der Wirkungsgrad einer einfachen Verdampfung durch Sieden bei Atmosphärendruck ist sehr gering. Auch eine Verdampfung bei reduziertem Druck wirkt sich nicht merklich auf den Wärmebedarf des Verfahrens aus.

Ein beträchtlicher Wärmerückgewinn kann dadurch erzielt werden, dass die aus einem Apparat entweichenden Brüden als Beheizungsmittel für einen zweiten Apparat verwendet werden, dessen Inhalt unter einem geringeren Druck steht. Die Druckdifferenz zwischen dem ersten und dem zweiten Apparat hat eine unterschiedliche Siedetemperatur für die gleiche Flüssigkeit zur Folge. Wenn das Temperaturgefälle zwischen den einzelnen Apparaten groß genug ist, um unter Berücksichtigung der verfügbaren Austauschfläche einen ausreichenden Wärmestrom zu gewährleisten, können mehrere solche Stufen hintereinander geschaltet werden. Je Stufe ist in der Regel eine Temperaturdifferenz von 10 bis 25 °C erforderlich. Auf diese Weise erhält man eine *Mehrkörper-Verdampferanlage* mit so genanntem *Vielfacheffekt*, welche die Rückgewinnung eines Großteils der *Verdampfungswärme* erlaubt. Dabei wird nur die erste Verdampferstufe mit Frischdampf versorgt. Ebenso werden nur die Brüden aus der letzten Stufe in einem Kondensator niedergeschlagen, so dass der Kühlwasserverbrauch bedeutend geringer ist als bei einstufiger Verdampfung (siehe Tab. 59, Seite 361).

Weitere Einsparungen beim Verdampfen liegen in der Verwendung von Heizdampfkondensat und Brüdenkondensat zum Vorwärmen des Saftes, in der Rückführung von Heizdampfkondensat in den Dampfkessel, im Wärmeaustausch zwischen Konzentrat und einlaufendem Saft und in der Verwendung von Brüdendampf für die Vorerwärmung des einzudampfenden Gutes.

Der Heizdampfverbrauch vermindert sich in direktem Verhältnis zur Anzahl der Körper, das heißt, unter Vernachlässigung der Wärmeverluste lassen sich für eine fünfstufige Anlage Dampfverbrauchszahlen berechnen, die sich theoretisch wie 1 zu $\frac{1}{2}$ zu $\frac{1}{3}$ zu $\frac{1}{4}$ zu $\frac{1}{5}$ verhalten. In der Praxis ergeben sich jedoch Abweichungen von diesen theoretischen Verbrauchszahlen. Je nach Anzahl der Stufen werden für die Saftkonzentrierung von 12 auf 71 °Brix und eine Eingangstemperatur von 15 °C für Rohrbündelverdampfer folgende effektive Verbrauchszahlen angegeben (Werksangaben der Unipektin AG, Zürich):

- einstufiger Verdampfer: 1,10 kg Dampf/kg Wasser
- zweistufiger Verdampfer: 0,57 kg Dampf/kg Wasser
- dreistufiger Verdampfer: 0,41 kg Dampf/kg Wasser
- vierstufiger Verdampfer: 0,32 kg Dampf/kg Wasser
- fünfstufiger Verdampfer: 0,26 kg Dampf/kg Wasser

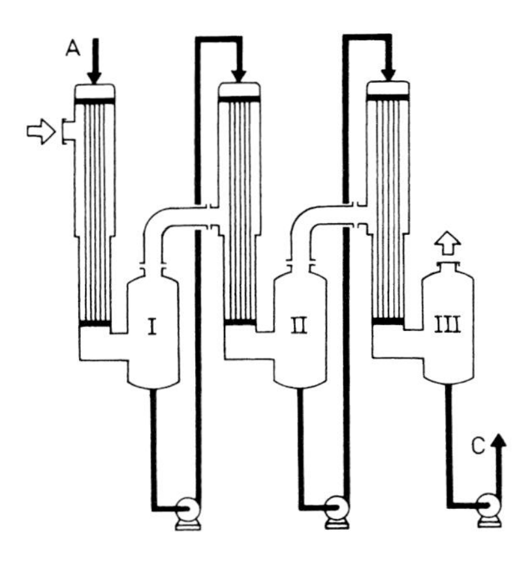

Abb. 149. Gleichstromschaltung einer dreistufigen Verdampfanlage. Das Produkt strömt entsprechend dem abnehmenden Druck- und Temperaturgefälle in der Reihenfolge der Stufen (GEA Wiegand GmbH).

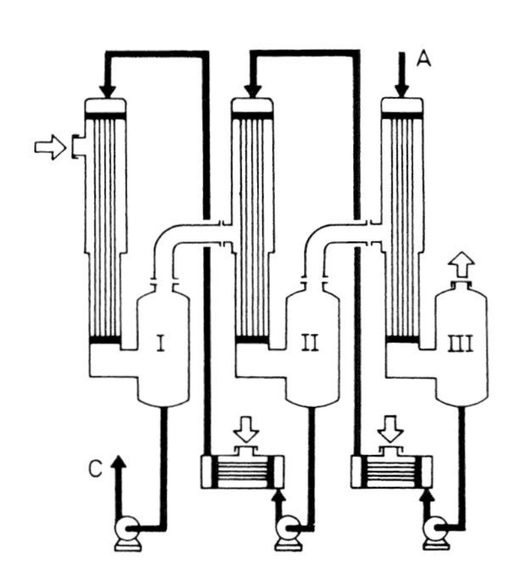

Abb. 150. Gegenstromschaltung der dreistufigen Verdampfanlage. Das Produkt strömt entgegengesetzt der Reihenfolge der Stufen, d.h. unter zunehmendem Druck und mit steigenden Siedetemperaturen. Zwischen die einzelnen Stufen müssen Erhitzer geschaltet werden (Foto GEA Wiegand GmbH).

Im ersten Körper sind der Siedepunkt des einzudampfenden Saftes und der Druck des Heizdampfes größer als in den nachfolgenden Körpern, der Trockensubstanzgehalt und die Viskosität jedoch geringer. Deshalb ist auch der Wärmedurchgangskoeffizient im ersten Körper am höchsten und nimmt mit zunehmender Anzahl der Körper allmählich ab. Um diese Abnahme der k-Werte auszugleichen, werden der einzudampfende Saft und der Dampf vielfach im Gegenstrom geleitet. Auf diese Weise steht der Saft mit kleinster Konzentration und niedrigster Temperatur mit dem Heizdampf geringsten Druckes in Berührung (Abb. 149 und 150).

Mehrstufige Verdampferanlagen haben den Nachteil, dass der Temperaturunterschied (ΔT) zwischen dem Heiz- und Verdampfungsraum in den einzelnen Stufen sehr gering ist und daher große Heizflächen erforderlich sind. Dadurch steigen die Anschaffungskosten für die gesamte Verdampferanlage mit zunehmender Stufenzahl in verstärktem Maße an. Da mit steigender Stufenzahl auch die Verweilzeit des Saftes in der Anlage zunimmt, können hitzeempfindliche Säfte vermehrt Schaden erleiden. Die Zusammenhänge zwischen Verdampfstufenzahl, Gesamtkostenwerten und Kosten für den Dampf- und Kühlwasserverbrauch sind in der Abbildung 151 dargestellt.

Eine weitere Möglichkeit zur Energieeinsparung bieten die in den letzten Jahren entwickelten *kombinierten Anlagen*, in denen sowohl die Aromagewinnung als auch die Saftkonzentrierung durchgeführt werden kann. Für die Herstellung von klarem Konzentrat wird dabei der Saft nach der Entaromatisierung intermediär bei etwa 50 °C einer so genannten Heißklärung unterworfen und nach etwa zwei bis drei Stunden weiter aufkonzentriert. Der Dampfverbrauch bei kombinierter Fahrweise ist dabei nur unwesentlich höher als bei herkömmlicher Mehrstufenverdampfung. Kombinierte Anlagen weisen nachfolgende effektive Dampfverbrauchszahlen, bei einer Safteintrittstemperatur von 15 °C und einer Austrittstemperatur von 50 °C für die Heißklärung, auf (Werksangaben der Unipektin AG, Zürich):

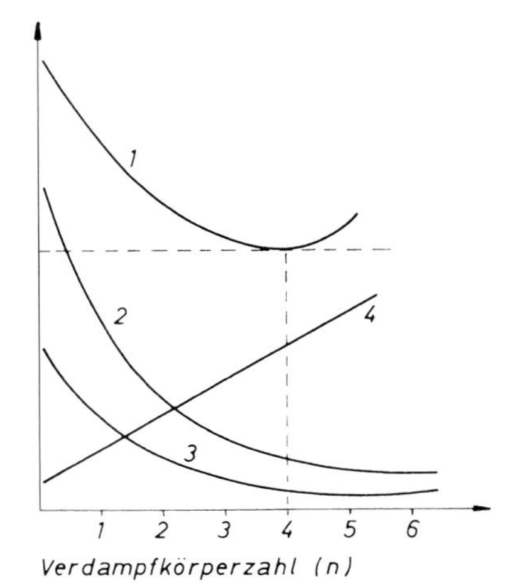

Abb. 151. Zusammenhang zwischen Verdampfkörperzahl (1–6). Gesamtkosten (1), Dampfverbrauchskosten (2), Kühlwasserverbrauchskosten (3) und Anschaffungs- und Betriebskosten je kg verdampften Wassers (4) nach Šulc (1984).

Kombinierte Anlage:

dreistufig	0,44 kg Dampf/kg Wasser
vierstufig	0,35 kg Dampf/kg Wasser
fünfstufig	0,28 kg Dampf/kg Wasser

Vergleicht man die früher allgemein übliche Arbeitsweise einer einstufigen Aromagewinnungsanlage, gefolgt von einer dreistufigen Konzentrieranlage, mit einer kombinierten dreistufigen Konzentrier- und Aromagewinnungsanlage, so ergibt sich bei der Verarbeitung von 1 Million Liter Saft eine Einsparung von 140 Tonnen Dampf (SCHOBINGER 1983 a).

Einen noch niedrigeren Energie- und Kühlwasserverbrauch ermöglicht die *Tieftemperaturverdampfung* bei 10 bis 35 °C unter Verwendung einer Kältemaschine, wobei meist Ammoniak als Heiz- und Kühlmittel dient. Der Kompressor der Kältemaschine wird elektrisch oder mit einem Verbrennungsmotor angetrieben. So kann zum Beispiel der Energie- und Kühlwasserbedarf eines zweistufigen Tieftemperaturverdampfers lediglich 0,75 kW beziehungsweise 2,5 kg Kühlwasser je Kilogramm verdampftes Wasser betragen.

Um die verschiedenen Systeme miteinander vergleichen zu können, ist der Aufwand an thermischer beziehungsweise elektrischer Energie in eine vergleichbare Energieeinheit (kJ) umzurechnen. Es gelten folgende Beziehungen

1 kW = 3 600 kJ (860 kcal)
1 kg Dampf (zum Beispiel bei 120 °C) = 2 704 kJ.

Eine andere Möglichkeit zur Energieeinsparung ist die Verdichtung beziehungsweise Kompression der in einem Verdampfer anfallenden Brüden, so dass diese als Energielieferant für die weitere Eindampfung ausgenutzt werden können. Die *Brüdenverdichtung* kann auf *thermischem Weg* mit einer Dampfstrahlpumpe oder auf *mechanischem* Wege mit *Kolben-, Radial-* oder *Turboverdichtern* und *Hochleistungsventilatoren* erfolgen. So wird zum Beispiel im *Dampfstrahlbrüdenverdichter* der Druck von zugeführtem Dampf in Bewegungsenergie umgesetzt. Diese Energie wird benutzt, um Brüden anzusaugen, ihn mit dem zugeführten Dampf zu vermischen und das Gemisch auf den im Heizraum des Verdampfers herrschenden Druck zu komprimieren (Abb. 152). Die Dampfstrahlpumpe wirkt somit als Wärmepumpe, wobei grundsätzlich pro Kilogramm Dampf etwa ein Kilogramm Brüden angesaugt wird, die spezifische Energieausnutzung ist folglich etwa 50 %. Neben der erheblichen Dampfersparnis, die ungefähr derjenigen einer zusätzlichen Verdampfstufe bei Mehrstufenverdampfung gleichkommt, wird durch die Benutzung des Brüdens als Heizdampf auch der Kühlwasserbedarf bedeutend vermindert, weil eine kleinere Brüdenmenge kondensiert werden muss (siehe Tab. 59, Seite 361).

Eine dreistufige Anlage mit *thermischer Brüdenverdichtung* arbeitet im Prin-

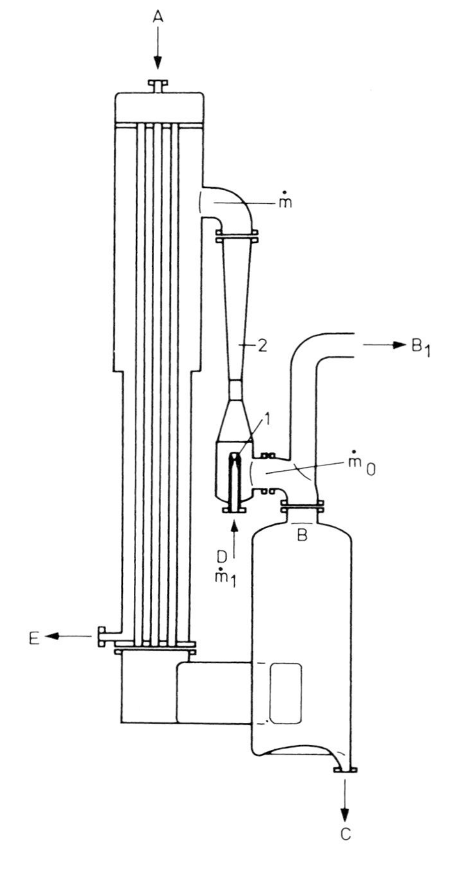

Abb. 152. Schema der Dampfstrahlbrüdenverdichtung (GEA Wiegand GmbH).
1 = Treibdüse
2 = Diffusor
$\dot{m}_1$ = Treibstrom
$\dot{m}_0$ = Saugstrom
$\dot{m}$ = Treibdampf-Brüdengemisch,
A = einzudampfendes Produkt
B = Brüden
B_1 = Restbrüden
C = Konzentrat
D = Treibdampf
E = Heizdampfkondensat.

zip nach dem Schema in Abbildung 153. Der Mengenstrom des zugeführten Frischdampfes ist ṁ. Der Dampfstrahlverdichter saugt die gleiche Menge Brüdendampf an. Somit verdampfen in der ersten Stufe 2 ṁ kg/h Wasser. Davon gehen ṁ kg/h in den Brüdenverdichter, und ṁ kg/h Brüdendampf gelangen in die zweite Stufe. In der zweiten und in der dritten Stufe verdampfen je ṁ kg/h Wasser. Die Zufuhr von ṁ kg/h Frischdampf hat somit die Verdampfung von 4 ṁ kg/h Wasser zur Folge. Der theoretische Dampfbedarf beträgt 0,25, der praktische rund 0,3 Kilogramm Dampf pro Kilogramm verdampftes Wasser, was einem Energieverbrauch von etwa 810 kJ/kg entspricht. In den Kondensator strömen 1 ṁ kg/h Brüdendampf.

Als untere Grenze hinsichtlich des Dampfverbrauchs erreichen heute sechsstufige Anlagen mit thermischer Brüdenverdichtung zehn Kilogramm Wasserverdampfung pro ein Kilogramm Frischdampf und bei siebenstufigen Anlagen sogar 11 kg/kg (Frank 1980). Dies macht etwa 270 kJ/kg beziehungsweise 246 kJ/kg an Energie aus.

Durch die starke Verteuerung des Erdöls hat die mechanische Brüdenverdichtung in der Lebensmittelindustrie erst in den letzten Jahren eine breitere Anwendung gefunden (Gauthier et al. 1982). Über die Anwendungsmöglichkeiten der mechanischen Brüdenverdichtung für die Fruchtsaftverdampfung berichten Worrall (1982) und Emch (1984).

Während bei der Dampfstrahlbrüdenverdichtung stets nur ein Teil des Brüdens zum Heizen benutzt werden kann, wird bei der mechanischen Brüdenverdichtung der gesamte Brüden verwertet. Dampf und Kühlwasser werden dabei nur in ganz geringen Mengen zum Ausgleich der Wärmebilanz und zum Anfahren der Eindampfanlage benötigt, das heißt, der Verdampfer heizt sich somit praktisch selbst. Der Antrieb solcher Verdichter kann durch Elektro- oder Brennstoffmotoren oder durch Dampfturbinen erfolgen. Frank (1980) gibt folgende grobe Richtwerte für den Leistungsbedarf eines einstufigen Radialverdichters in ein- bis dreistufigen Fallstromverdampfern:

- einstufig: 33 kWh/t Wasserverdampfung (= 119 kJ/kg),
- zweistufig: 16,5 kWh/t Wasserverdampfung (= 60 kJ/kg),
- dreistufig: 11 kWh/t Wasserverdampfung (= 40 kJ/kg).

Ein Prinzipschema einer dreistufigen Eindampfanlage mit *mechanischem Brüdenverdichter* ist in Abbildung 154 dargestellt. Daraus geht hervor, dass die Temperaturdifferenzen zwischen den einzelnen Stufen recht klein sind. Der aus der letzten Stufe angesaugte Brüdendampf wird durch den mechanischen Verdichter von 60 °C auf 106 °C gebracht und nach Kondensatzufuhr auf die Sattdampftemperatur von 69 °C abgekühlt. Durch diese Arbeitsweise hat der mechanische Verdichter nur eine geringe Temperaturdiffe-

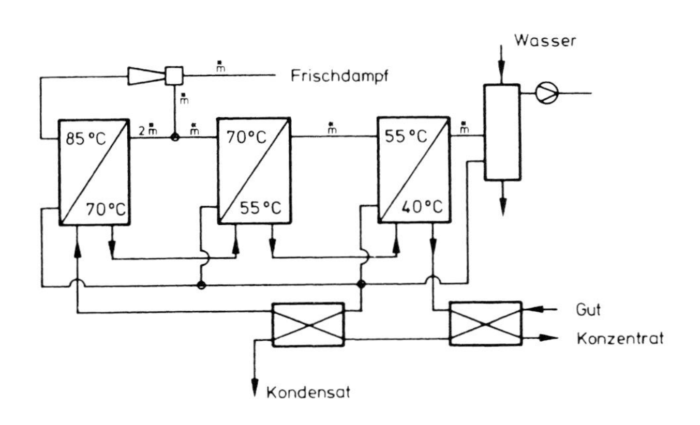

Abb. 153. Schema einer dreistufigen Eindampfanlage mit Dampfstrahlbrüdenverdichter, nach Kessler (1982).

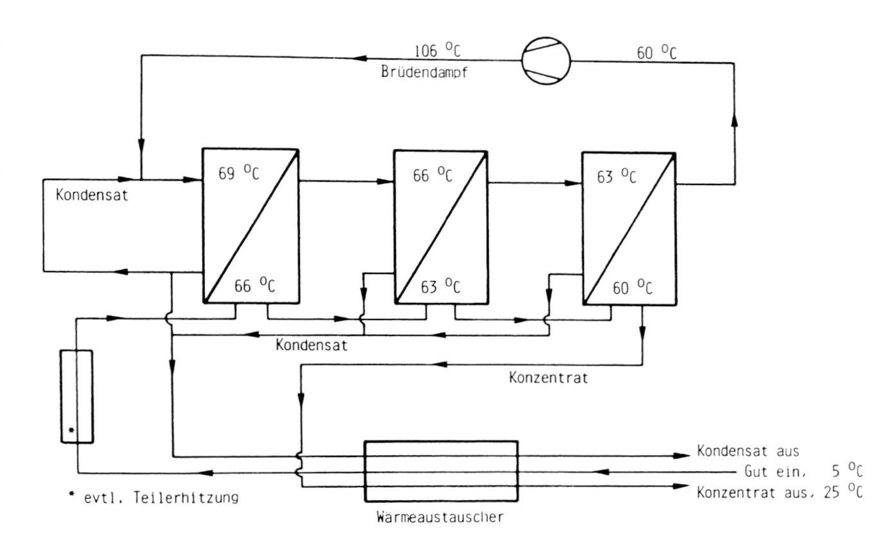

Abb. 154. Schema einer dreistufigen Eindampfanlage mit mechanischem Brüdenverdichter, nach KESSLER (1980).

renz von 9 °C zu überwinden. Gleichzeitig wird die zur Verdichtung erforderliche Energie nicht in einer, sondern in drei Stufen verwertet, was zu einem geringeren Bedarf an mechanischer Energie pro Kilogramm zu verdampfenden Wassers führt. KESSLER (1982) untersuchte den Energiebedarf einer dreistufigen Anlage mit einer Stundenleistung von 10 t/h Wasserverdampfung, vergleichsweise mit thermischer oder mit mechanischer Brüdenverdichtung. Es zeigte sich, dass die dreistufige Anlage mit Dampfstrahlverdichter insgesamt 736 kJ Wärmeenergie und 18 kJ elektrische Energie pro Kilogramm verdampftes Wasser benötigte im Vergleich zu 23 kJ Wärmeenergie und 59 kJ elektrischer Energie je Kilogramm verdampftes Wasser bei der mechanischen Brüdenverdichtung.

Die mechanische Brüdenverdichtung bietet sich vor allem dort für das Beheizen von Eindampfanlagen an, wo das einzudampfende Gut nur mäßige Siedepunktserhöhungen aufweist. Je nach Art des Fruchtsaftes ist bei einer Konzentration von 60 °Brix mit Siedepunktserhöhungen von etwa 4 bis 9 °C zu rechnen (EMCH 1984). Als Folge dieser Erscheinung siedet ein Konzentrat nicht bei der einem bestimmten Druck entsprechenden Sattdampftemperatur des Wassers, sondern bei der um den Siedepunktanstieg erhöhten Temperatur. Für den eigentlichen Verdampfungsvorgang steht somit ein geringerer Temperaturunterschied zur Verfügung, das heißt, der durch den Verdichter aufzubringende Temperatursprung muss erhöht werden und führt somit zu einem beträchtlichen Anstieg des Energieaufwandes. Um diese Probleme zu umgehen, kann die Endkonzentrierung mit starkem Anstieg der Siedetemperatur in einem speziell gebauten Endverdampfer ohne mechanische Brüdenverdichtung durchgeführt werden.

Infolge der für eine wirtschaftlich optimale Arbeitsweise erforderlichen geringen Temperaturdifferenzen zwischen den Verdampfungsstufen ist bei Anlagen mit mechanischer Brüdenverdichtung eine größere Heizfläche und damit ein erheblicher Kapitalaufwand erforderlich. Die Entscheidung über den Ankauf von Mehrstufenanlagen mit thermischer oder mit mechanischer Verdichtung ist in wirtschaftlicher Hinsicht weitgehend von der jährlichen Laufzeit abhängig. Nach kostenmäßigen Berechnungen von EMCH (1984) entsprechen sich die Summen von Kapital- und Energiekosten der beiden Systeme unter den getroffenen Annahmen bei einer Laufzeit von 1 500 Stunden pro Jahr. Eine einstufige Anlage mit mechanischem Brüdenverdichter ergibt nach Emch (1984) im Bereich bis zu 2000 Betriebsstunden pro Jahr niedrigere Gesamtkosten als entsprechende zwei- und dreistufige Systeme. Allerdings ist bis heute noch nicht abgeklärt, ob die kurzzeitige Überhitzung von aromahaltigem Brüdendampf bei Einsatz der mechanischen Brüdenverdichtung in kombinierten Anlagen bei gewissen wärmeempfindlichen Fruchtsäften zu Hitzeschäden führt.

Baier und Toran (1985) vergleichen in einer Studie die Wirtschaftlichkeit von drei verschiedenen Anlagekonzeptionen für die Konzentrierung von Apfelsaft auf 72 °Brix, wobei nach vorgängiger Aromagewinnung aus dem Trubsaft intermediär eine Heißklärung durchgeführt wird. Aus den in der Tabelle 57 zusammengestellten Ergebnissen geht hervor, dass die Energiekosten sehr ungünstig liegen, wenn das Aroma in einer separaten Anlage mit weniger als drei Stufen gewonnen wird. Das Gleiche gilt für die Eindampfung mit weniger als fünf Stufen.

Die besten Ergebnisse zeigt eindeutig das neu von GEA-Wiegand GmbH, Karlsruhe, vorgestellte Anlagekonzept einer dreistufigen Aroma- und Eindampfanlage mit integriertem Hochkonzentrator und mechanischer Brüdenverdichtung (Variante 3), welches bereits ab 940 Betriebsstunden pro Jahr günstigere Kapital- und Energiekosten aufweist als Variante 1 oder 2 oder jedes andere Konzentrierverfahren (Tab. 57).

5.2.1.2.1 Verdampfer-Bauarten

Mannheim et al. (1974) teilen die Verdampfer nach der Bauform der Verdampfkörper in folgende Gruppen ein:

I. Röhrenverdampfer mit natürlichem Umlauf oder Zwangsumlauf
  a) Vertikal angeordnete Rohrbündel mit steigendem Flüssigkeitsfilm
  b) Vertikal angeordnete Rohrbündel mit fallendem Flüssigkeitsfilm
  c) Schräg angeordnete Rohrbündel
  d) Horizontal angeordnete Rohrbündel

II. Plattenverdampfer

III. Stationärer Zylinder mit bewegtem Film, Dünnschichtverdampfer

IV. Stationäre konische Oberfläche, Expanding-flow-Evaporator

V. Rotierende konische Oberfläche, Zentrifugalverdampfer

Die Entwicklung von Eindampfanlagen in der Fruchtsaftindustrie in den letzten Jahren wird in Übersichtsreferaten von Siegrist (1960), Wucherpfennig (1964), Pilnik (1973), Thijssen et al. (1978) und Šulc (1984a) behandelt.

I. Rohrverdampfer

Rohr- oder Röhrenverdampfer sind die am längsten bekannten Eindampfanlagen. Die Bezeichnung stammt von den meist vertikal im Heizraum angeordneten Rohrbündeln. Die einzudampfende Flüssigkeit fließt durch die Rohre, während der zwischen den Rohren strömende Dampf an der Außenwand derselben kondensiert, wobei die Kondensationswärme an die Rohrwand abgegeben und von dort auf die Flüssigkeit übertragen wird.

Die klassische Bauform eines *Kurzrohrverdampfers mit natürlicher Zirkulation* ist in Abbildung 155 schematisch dargestellt. Es handelt sich dabei um einen einstufigen, periodisch arbeitenden Vakuumverdampfer oder Umlaufverdampfer mit exzentrisch angeordnetem Fallrohr. Die Verweilzeit des Eindampfgutes im Umlaufverdampfer beträgt 20 und mehr Minuten. Umlaufverdampfer können daher nur für wärmeunempfindliche Produkte eingesetzt werden.

Abbildung 156 zeigt einen *Rohrverdampfer mit Zwangsumlauf*, der hauptsächlich für hochviskose Frucht- oder Gemüsesäfte mit Tendenz zu Ausscheidungen, Schaum- oder Belagsbildung eingesetzt wird. Nach diesem Prinzip arbeitet zum Beispiel der von Rossi und Catelli, Parma, Italien, hergestellte DFF-Einstufenfallstromverdampfer. Ein Nachteil dieser Verdampfer ist der hohe Energieverbrauch der Umwälzpumpe und die relativ lange Aufenthaltszeit des Produkts.

Ausgehend von diesen einstufig arbeitenden Vakuumverdampfern oder Umlaufverdampfern mit langen Aufenthaltszeiten des Produkts ging die Entwicklung mehr und mehr zu den kontinuierlich arbeiten-

Tab 57. Betriebsdaten und Kostenvergleich von drei ausgewählten Anlagekonzeptionen nach BAIER und TORAN (1985) für die Konzentrierung von Apfelsaft von 11 auf 72 °Brix, bei gleichzeitiger Aromagewinnung. Saftzulauf 10 350 kg/h bei 15 °C. Energiekosten ergänzt durch GEA-Wiegand

Art der Anlage	Verdampfungsleistung kg/h	Frischdampfverbrauch kg/h	Spez. Dampfverbrauch kg/kg	el. Energieverbrauch kWh	Kühlwasserverbrauch bei 25 °C m^3/h	Energiekosten pro 1000 kg Wasserentzug DM
Variante 1						
zweistufige Eindampfanlage mit Aromagewinnungsanlage	2000	1180	0,59	19	20	4,63
dreistufige Eindampfanlage mit therm. Brüdenverdichter	6822	1910	0,28	22	66	7,84
Gesamtanlage	8822	3090	0,35	41	86	12,47
Variante 2						
fünfstufige Aromagewinnungs- und Eindampfanlage, direkt beheizt	8822	2205	0,25	39	68	9,14
Variante 3						
dreistufige Aromagewinnungs- und Eindampfanlage mit Hochkonzentrator u. mech. Brüdenverdichtung	8822	400	0,0,45	Pumpen 40 Brüdenv. 140 Gesamt 180	0	4,40

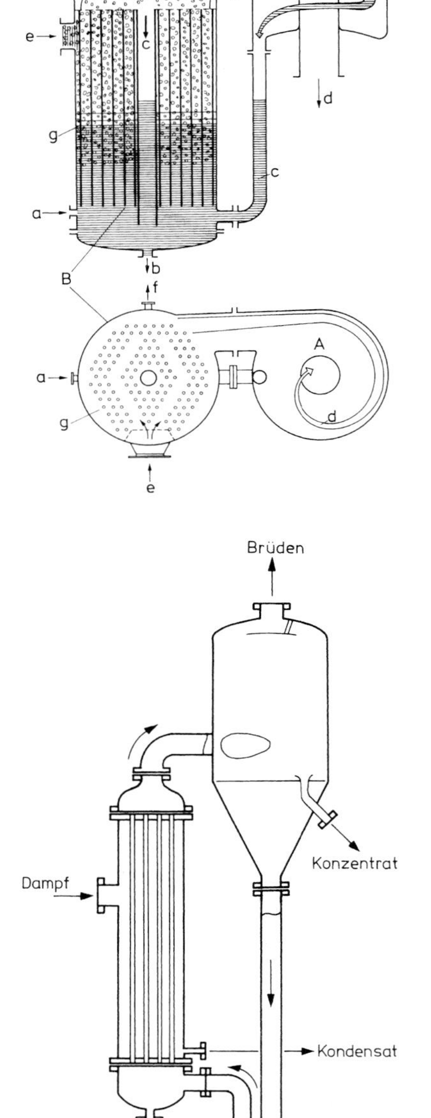

Abb. 155. Umlaufverdampfer mit exzentrischem Fallrohr (Gebrüder Sulzer AG).

Abb. 156. Rohrverdampfer mit Zwangsumlauf (Alfa-Laval 1973).

den Verdampfanlagen. Dadurch konnte eine starke Reduktion der Verweilzeit des Produkts bei gleichzeitiger Verbesserung der Produktqualität erreicht werden. Mit der Entwicklung des *Kletterverdampfers* (Abb. 157a) wurde von KESTNER bereits vor über 60 Jahren eine apparative Lösung gefunden, ein Produkt bei einer wesentlich reduzierten Verweilzeit und bei nur einmaligem Durchlauf einzudampfen. Mit diesem Verdampfer können unter anderem auch dickflüssige und stark schäumende Lösungen konzentriert werden. Mit dem *Fallfilm- oder Fallstromverdampfer* (Abb. 157b) hat dann vor über 40 Jahren ein Apparat in verstärktem Maße Eingang in die Praxis gefunden, mit dem die Produktaufenthaltszeit noch weiter reduziert werden konnte; sie beträgt 30 bis 60 Sekunden pro Eindampfstufe. Dieser Verdampfertyp, bei welchem die einzudampfende Flüssigkeit gleichmäßig auf die Rohre verteilt und unter der Wirkung der Schwerkraft als dünner Film von oben nach unten fließt, kann mit relativ geringen Temperaturdifferenzen (bis zu 4 °C) zwischen Heizmedium und Produkt betrieben werden, wodurch eine sehr hohe Wirtschaftlichkeit erzielt werden kann. Fallstromverdampfer können bis zu einem Dampfdruck von etwa 40 mbar und bis zu einer Viskosität von etwa 1 000 mPa · s eingesetzt werden (WIEGAND 1969). Innerhalb ihrer verfahrenstechnischen Grenzen sind Fallstromverdampfer deshalb besonders geeignet zum Eindampfen von solchen Produkten, bei denen die Kosten des Eindampfens ausschlaggebend sind.

II. Plattenverdampfer

Eine weitere Möglichkeit einer relativ schonenden und kontinuierlichen Verdampfung in dünner Schicht stellen die Plattenverdampfer dar (A. P. V. plc., Crawley, England, Tetra Pak, Lund, Schweden und API Schmidt-Bretten, Bretten, Deutschland). Die seit 1957 auf den Markt gebrachten APV-Plattenverdampfer arbeiten nach dem Prinzip des steigenden und fallenden Films (Abb. 158). Diese Anordnung bietet sich dort an, wo man große Verdampfungsoberflächen bei kleiner

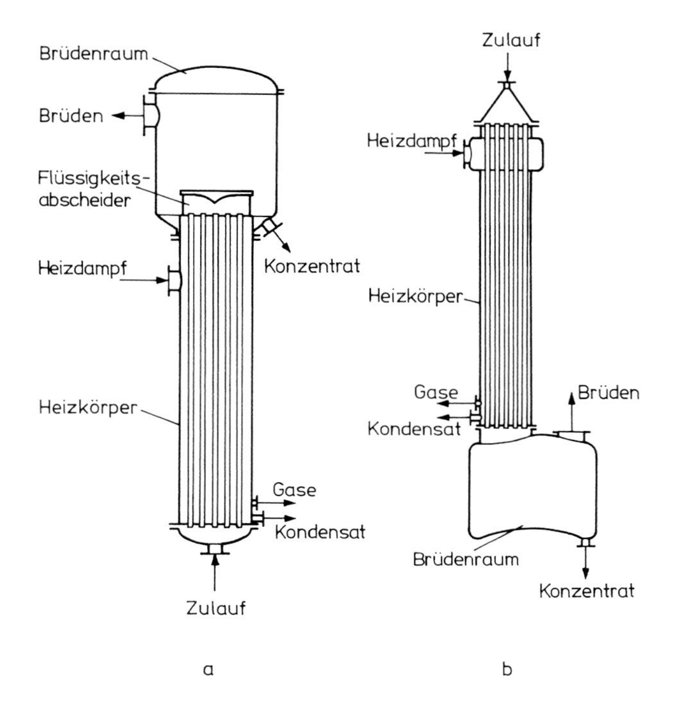

Abb. 157a. Kletterverdampfer (nach einer Darstellung von BILLETT 1973).

Abb. 157b. Fallfilmverdampfer (nach einer Darstellung von BILLETT 1973).

räumlicher Ausdehnung einsetzen will. Eine Erhöhung der Verdampfungskapazität kann jederzeit durch Einfügen von weiteren Platten erfolgen. Der Verdampferkörper besteht aus einem Plattenpaket, das wie bei Plattenapparaten zur Durchlaufpasteurisation in einem Rahmen eingespannt ist. Der Dünnsaft steigt in der ersten Kammer hoch, strömt über der dazwischen liegenden Heizkammer in die zweite Kammer und fließt in dieser nach unten. Alle Steigstromkammern sind mit der Dünnsaftzufuhr verbunden. Unter den Fallstromkammern verlassen Konzentrat und Brüden den Verdampfer durch einen Sammelkanal. Sie werden in einem horizontal oder vertikal angeordneten Zentrifugalabscheider abgetrennt. Als Weiterentwicklung bietet die gleiche Firma einen Plattenverdampfer nach dem Rieselfilmprinzip an (siehe Abb. 165, Seite 357).

Die von API Schmidt-Bretten entwickelten Sigmastar-Plattenverdampfer nach dem Steigfilmprinzip erlauben infolge besserer Produktverteilung und geringerer Druckverluste auch die Verarbeitung von Fruchtpürees mit Endviskositäten bis zu 500 mPa · s (DIMITRIOU 1984, KÖRNER 1998). Auch die 1984 von Tetra Pak auf den Markt gebrachten Kassettenverdampfer Alvap EC arbeiten nach diesem Prinzip (siehe Abb. 184, Seite 389).

III. Dünnschichtverdampfer mit rotierenden Einbauten

Für Fälle, in denen aus Gründen des thermischen Verhaltens des Produkts bei wesentlich tieferen Drücken bis zu 1 mbar und bei einer Flüssigkeitsviskosität von über 10 000 mPa · s eingedampft werden muss, wurde schließlich der *Dünnschichtverdampfer mit rotierenden Einbauten* entwickelt (Abb. 159). Die Erzeugung eines gleichmäßigen Flüssigkeitsfilms erfolgt durch den im Verdampfer eingebauten Rotor, der das einzudampfende Gut in dünner Schicht über die Heizfläche verteilt. Aus verfahrenstechnischen Gründen können diese Verdampfer mit großen Temperaturdifferenzen von 40 bis 80 °C betrieben werden. Neben den seit mehr als 50 Jahren bekannten vertikalen und horizontalen Dünnschichtverdampfern System „Luwa“ der Firma Buss-SMS (für die

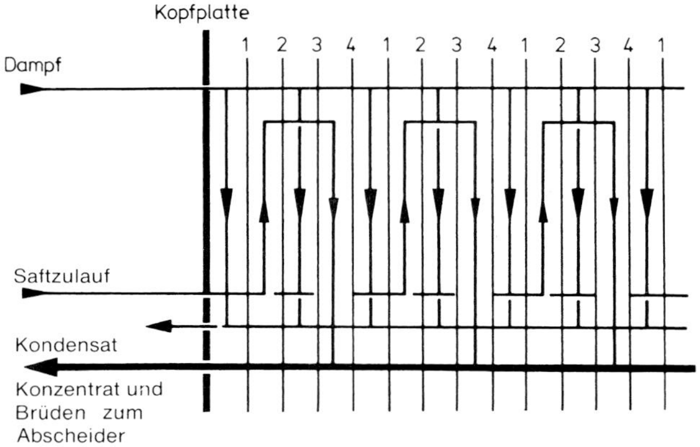

Abb. 158. Schema des APV-Steig- und Fallfilmplattenverdampfers (A.P.V. plc).

Lebensmittelindustrie durch TeroPam, CH-6331 Hünenberg), bieten heute mehrere Firmen, zum Beispiel Bertuzzi, Brugherio, Italien, Carl Canzler, D-52351 Düren usw., seit einigen Jahren ähnliche Apparate auf dem Markt an. Dünnschichtverdampfer werden überall dort eingesetzt, wo unter schwierigen Bedingungen, wie hohe Viskosität, Tendenz zu Belagsbildung, erhöhter Faserstoffgehalt usw., hohe Anforderungen an die Produktqualität gestellt werden. Die großen Vorteile des Dünnschichtverdampfers kommen besonders im Bereich höchster Endkonzentrationen zum Tragen. Aus diesem Grunde werden Dünnschichtverdampfer vielfach in Kombination mit einem Fallstrom- oder Plattenverdampfer als Vorverdampfer eingesetzt. Im Rahmen der ständig steigenden Prozessanforderungen in der Lebensmittelindustrie bietet die Firma TeroPam heute auch Dünnschichtverdampfer mit besonderer Beachtung der CIP- und Steril-Konformitäten an.

IV. Expanding-flow-Evaporator

(Radialstromverdampfer)

Die seit 1948 von der Firma Unipektin AG, Zürich, konstruierten horizontalen Verdampfer arbeiten grundsätzlich nach dem Expanding-flow-Prinzip. Anstelle der konischen Erhitzungsflächen werden hierbei horizontal angeordnete Rohrbündel eingesetzt, wobei das Eindampfgut mit fortschreitender Konzentrierung immer größere Durchlaufquerschnitte durchströmt (Abb. 160). Solche horizontale Verdampfer werden heute nur noch bei speziellen Raumverhältnissen gebaut.

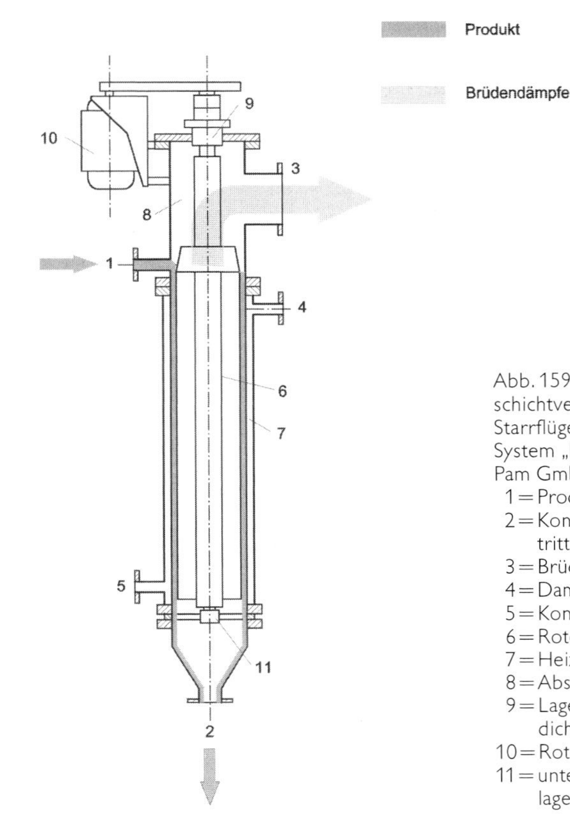

Abb. 159. Dünnschichtverdampfer mit Starrflügelrotor System „Luwa" (TeroPam GmbH).
1 = Produkteintritt
2 = Konzentrataustritt
3 = Brüdenaustritt
4 = Dampfeintritt
5 = Kondensataustritt
6 = Rotor
7 = Heizmantel
8 = Abscheider
9 = Lager/Gleitringdichtung
10 = Rotorantrieb
11 = untere Rotorlagerung.

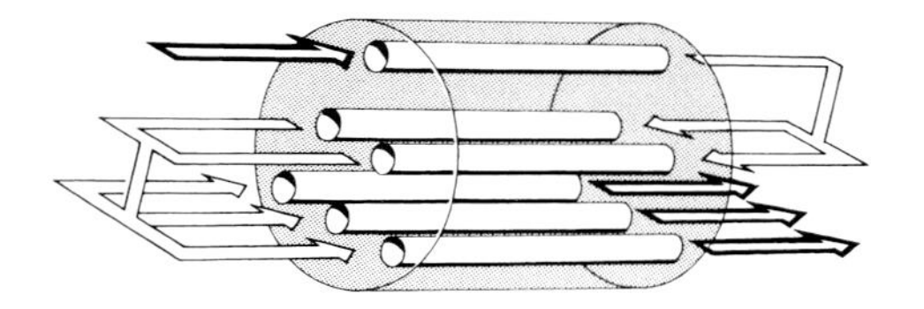

Abb. 160. Expanding-flow-Evaporator, horizontale Ausführung (Unipektin AG).

V. Zentrifugalverdampfer oder Verdampferzentrifuge

Der zu Beginn der 60er Jahre von der Firma Alfa-Laval, Tumba, Schweden, konstruierte *Centri-Therm-Verdampfer*, der heute unter der Bezeichnung Tetra Alvap CT läuft, gestattet eine noch weitergehende Reduktion der Kontaktzeit auf eine einzige Sekunde oder Bruchteile davon. Dies wurde möglich, indem die Verdampfung auf rotierenden, kegelförmigen, dampfbeheizten Tellern stattfindet (Abb. 161). Die zu konzentrierende Flüssigkeit wird beim Tetra-Alvap-CT-Verdampfer von oben durch ein Rohr (a) eingeführt und mittels Düse gegen die Unterseite der Teller gesprüht, wo sie sich infolge der Zentrifugalkraft von über 200 g sogleich in einer dünnen Schicht von nicht mehr als 0,1 Millimetern über die ganze Heizfläche ausbreitet. Die Flüssigkeit überquert die Heizfläche in Bruchteilen einer Sekunde.

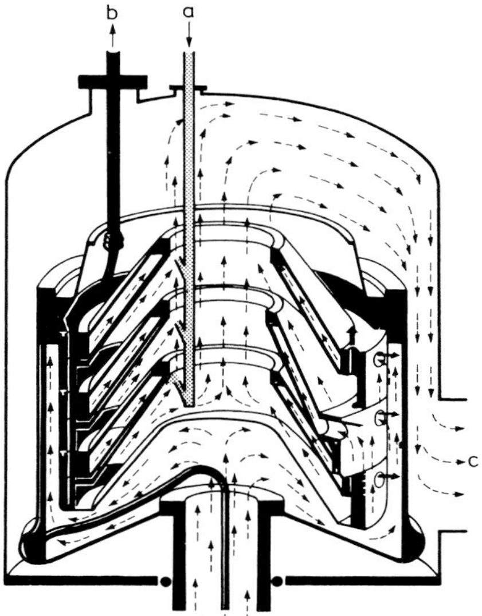

Abb. 161. Schnitt durch den Zentrifugalverdampfer Tetra Alvap CT (Tetra Pak).
a = Produkteintritt
b = Konzentrataustritt
c = Brüdenaustritt zum Kondensator
d = Heizdampfeintritt
e = Heizdampfkondensataustritt.

Das an jedem Kegelelement entstandene Konzentrat sammelt sich am äußeren Trommelmantel und wird durch ein Schälrohr nach oben geleitet (b).

Der Dampf (d) strömt von unten durch die Hohlspindel in die den Tellersatz umgebende Dampfkammer und von da zur Innenseite der Kegel. Das Kondensat wird in Tröpfchen von der Heizfläche geschleudert, wodurch die Fläche frei von behindernden Wasserschichten ist. Dadurch können Wärmedurchgangsleistungen (k-Werte) von bis zu 8 140 W/K · m^2 erzielt werden. Außerdem kann dieser Verdampfer mit Viskositäten bis zu 20 000 mPa · s und mit Temperaturdifferenzen von bis zu 70 °C arbeiten. Mit dieser Raum sparenden Eindampfanlage können Frucht- und Gemüsesäfte bei minimalster Wärmebelastung in einem Durchgang bis auf einen hohen Trockensubstanzgehalt (maximal 85 %) eingedampft werden. Daneben kann der Tetra Alvap CT vor allem aus wirtschaftlichen Überlegungen auch als Endkonzentrator eingesetzt werden. Da die Kosten je Heizflächeneinheit beim Tetra-Alvap-CT-Verdampfer sehr hoch liegen, kommt er in erster Linie zur Konzentrierung hochwertiger Spezialprodukte, wie zum Beispiel Passionsfruchtsaft, in Frage, bei denen die Kosten des Eindampfens eine geringere Rolle spielen.

IV. Tieftemperaturverdampfer

Diese Verdampferanlagen beruhen auf dem Prinzip der *Zweistoffverdampfung*, das heißt der wechselseitigen Verdampfung und Kondensation von zwei Flüssigkeiten in zwei getrennten Kreisläufen (siehe Schema in Abb. 162). Beim Zweistoffverdampfer wird anstelle von Wasserdampf ein Kältemittel (zum Beispiel Ammoniak) als Heizmedium benutzt. Das Ammoniak kondensiert in der Heizkam-

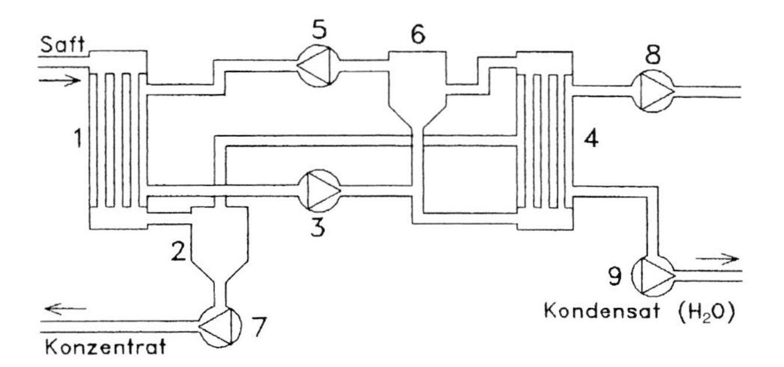

Abb. 162. Schema eines Tieftemperaturverdampfers.
1 = Verdampfer/Saft
2 = Abscheider/Konzentrat
3 = Pumpe/Dekompressor
4 = Kondensator/Ammoniakverdampfer
5 = Kompressor
6 = Abscheider/Ammoniak
7 = Pumpe/Saftkonzentrat
8 = Vakuumpumpe
9 = Kondensatpumpe/H_2O + Aroma.

mer des Verdampfers (1) und gibt dabei seine Wärme ab. Es wird flüssig dem Kondensator (4) zugeleitet und nimmt hier die Kondensationswärme des Brüdens auf, wobei es verdampft. Ein mechanisch angetriebener Kompressor (5) verdichtet den Ammoniakdampf vom niedrigeren Druck im Kondensator auf den höheren Druck im Heizraum des Verdampfers. Es ist der gleiche Vorgang wie in einer Kältemaschine.

In den USA wurden solche Tieftemperaturverdampfer Mitte der 40er Jahre in Florida vor allem zur Konzentrierung von Citrussäften eingesetzt (Veldhuis 1971). Zu erwähnen sind in diesem Zusammenhang die amerikanischen Firmen Mojonnier Bros., Buflovak/Blaw Knox, Kelly und Gulf Machinery Co. In Europa arbeiteten die beiden französischen Verdampfer Laguilharre und Kestner, der italienische Typ Sebava und der jugoslawische NTI-Verdampfer der Firma Jedinstvo, Zagreb, nach diesem Prinzip. Sie sind heute nur noch selten anzutreffen. Niedertemperaturverdampfer wurden früher vor allem zur Konzentrierung temperaturempfindlicher Säfte, wie Beeren-, Kirschen- und Citrussäfte, eingesetzt.

Obwohl ganz allgemein die Verdampfungstemperatur der Niedertemperaturverdampfer von 10 bis 32 °C für das Produkt sehr schonend ist, wurde vielfach die lange Aufenthaltsdauer im Verdampfer von 20 Minuten und länger aus chemischen und mikrobiologischen Gründen als Nachteil angesehen. Šulc (1984 b) konnte dagegen zeigen, dass die Konzentrierung von Erdbeersaft im Tieftemperaturverdampfer keinen negativen Einfluss auf die Qualität des Endprodukts hatte. Im Vergleich zu einer Konzentrierung bei höherer Temperatur und entsprechend kürzerer Verweildauer war die Produktqualität sogar besser. Niedertemperaturverdampfer sind kostspieliger in der Anschaffung, jedoch sparsamer im Energie- und Kühlwasserverbrauch als dampfbeheizte Anlagen.

5.2.1.2.2 Beschreibung einiger Verdampferanlagen

Gumaco-Hochkurzzeitverdampfer
(TASTE-Evaporator)

In der amerikanischen Citrusindustrie wurden anfangs der 60er Jahre die früher eingesetzten Tieftemperaturverdampfer zunehmend durch den von der Gulf Machinery Corp., Clearwater, Florida, entwickelten Hochkurzzeitverdampfer (TASTE-Evaporator = Thermally Accelerated Short Time Evaporator) verdrängt. Die Firma Gulf wurde von der Gencor Industries Inc. in Orlando übernommen und unter der Firma Gumaco, USA, Inc. in Tampa, Florida, weiterbetrieben. TASTE-Verdampfer werden jedoch auch von der Firma FMC in Lakeland, Florida hergestellt. Heute haben diese TASTE-Verdampfer vor allem in Florida eine so starke Verbreitung gefunden, dass sie mehr als 90 % der gesamten Verdampfungskapazität von 1 600 t/h umfassen (Chen 1982). Auch in der brasilianischen Citrusindustrie sind sie stark verbreitet.

TASTE-Verdampfer sind vertikale Fallstromverdampfer mit Rohrlängen von 3 bis 18 Meter. Der Röhrendurchmesser beträgt 22 bis 46 Millimeter. Die meisten TASTE-Verdampfer sind im Gleichstrom geschaltete vier- bis siebenstufige Verdampfungsanlagen, welche vom Produkt in einem Durchgang und mit hoher Geschwindigkeit (20–100 m/s) durchströmt werden. Die letzte Verdampfungsstufe umfasst oft ein bis vier Körper. Die Verdampfungskapazität liegt im Bereich von 2,5 bis 36 t/h. Die Verdampfungstemperatur in der ersten Stufe liegt etwas unterhalb 100 °C und in der letzten Stufe bei 35 bis 38 °C. Die Aufenthaltszeit des Produkts im Verdampfer liegt im Bereich von sechs bis acht Minuten. Nach der letzten Stufe wird das Konzentrat durch eine Dampfstrahlkühlanlage unverzüglich auf etwa 10 °C abgekühlt, wodurch ein Konzentrationsanstieg um 1 bis 3 °Brix eintritt. Orangensaft wird normalerweise auf 60 bis 65 °Brix konzentriert, andere Fruchtsäfte können ohne Schwierigkeit auf 72 °Brix konzentriert werden. Der Betrieb solcher Verdampfer lässt sich durch hochentwickelte, Mikroprozessor gesteuerte Regelsysteme überwachen (CARTER und CHEN 1982, CHEN 1983).

Eine Besonderheit der GUMACO-Verdampfer sind die so genannten Vorwärmkörper für den einfließenden Saft, die den Brüdendampf aus den Verdampfungskörpern ausnützen. Ein sechsstufiger GUMACO-Verdampfer mit acht Verdampfungskörpern ist in Abbildung 163 schematisch dargestellt. Der vorliegende Verdampfertyp wird häufig zur Konzentrierung von Orangenpulpe-Extrakt (pulp wash) von 5 auf 60 °Brix eingesetzt.

Wiegand-Fallstromverdampfer

Für kleinere Leistungen bis etwa 2 000 kg/h Wasserverdampfung ist die zweistufige Wiegand-Fallstromeindampfanlage mit thermischer Brüdenverdichtung die günstigste Lösung. Der Dampfverbrauch beträgt etwa 35 % der verdampften Wassermenge. Die Investitionskosten sind verhältnismäßig niedrig. Bei größeren Verdampfungsleistungen und bei genügend langer jährlicher Betriebszeit werden drei- bis sechsstufige Fallstromeindampfanlagen eingesetzt. Die Investitionskosten sind dabei höher, der Verbrauch an Heizdampf und Kühlwasser jedoch bedeutend geringer. Beispielsweise beträgt der Heizdampfverbrauch einer vierstufigen Anlage mit thermischem Brüdenverdichter etwa 20 % der verdampften Wassermenge. Bei einer Verdampfungsleistung von zum Beispiel 8 200 kg/h beträgt der Stromverbrauch 35 kWh und der Kühlwasserbedarf (15 °C) 30 m³/h. Für die kombinierte Eindampfung und Aromagewinnung werden drei- bis sechsstufige Fallstromverdampfanlagen mit Wasserverdampfungskapazi-

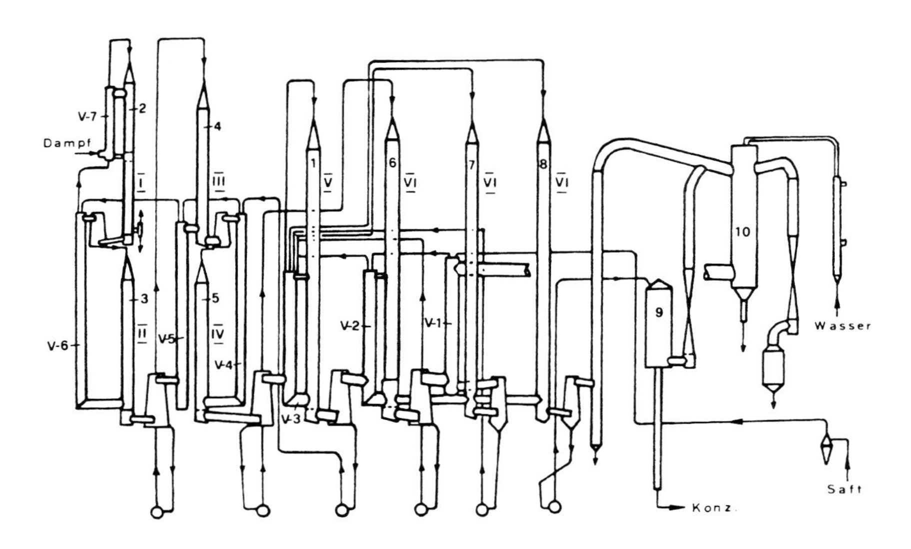

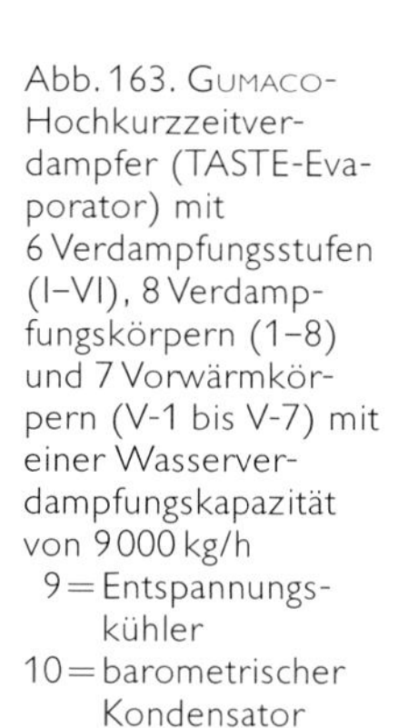
Abb. 163. GUMACO-Hochkurzzeitverdampfer (TASTE-Evaporator) mit 6 Verdampfungsstufen (I–VI), 8 Verdampfungskörpern (1–8) und 7 Vorwärmkörpern (V-1 bis V-7) mit einer Wasserverdampfungskapazität von 9000 kg/h
9 = Entspannungskühler
10 = barometrischer Kondensator
(CARTER und CHEN 1982).

täten von 2,5 bis mehr als 6,0 t/h eingesetzt. Eine fünfstufige Eindampfanlage mit Aromagewinnung weist einen spezifischen Dampfverbrauch von 0,25 kg/kg Wasserverdampfung auf. Der Stromverbrauch bei einer Wasserverdampfung von 21,2 t/h beträgt 60 kWh und der Kühlwasserbedarf (15 °C) 85 m^3/h.

Abbildung 164 zeigt eine kombinierte fünfstufige Wiegand-Fallstromeindampfanlage für Obstsaft. Der Trubsaft wird in den Geradrohrvorwärmern (oder auch Spiralrohrvorwärmern) stufenweise vorgewärmt, die mit Brüden aus dem Oberflächenkondensator und den Eindampfstufen 5, 4, 3, 2, 1 beheizt werden. Dann erfolgt die Vorkonzentrierung in den Eindampfstufen 1 und 2 auf etwa 18 bis 24 °Brix. Das trübe Vorkonzentrat wird dann in Plattenwärmeaustauschern im Gegenstrom zu klarem Konzentrat (aus der Schönung) und Kühlwasser auf etwa 45 bis 50 °C gekühlt und zur Schönung gefördert.

Die aromahaltigen Brüden aus der Vorkonzentrierung werden der Aromagewinnungsanlage zugeführt. Der Klarsaft aus der Schönung wird dann vom Vorlaufbehälter aus über die Plattenwärmeaustauscher in die dritte Eindampfstufe gefördert. Im Plattenwärmeaustauscher wird zuvor das Konzentrat gegen das ablaufende Trubkonzentrat auf die Siedetemperatur von Stufe 3 erwärmt. Der Klarsaft wird in den Eindampfstufen 3, 4 und 5 auf Endkonzentration gebracht. Das heiße Konzentrat wird dann in einem Plattenkühler mittels Kühlwasser und Eiswasser auf 10 bis 15 °C gekühlt.

Rieselfilm-Plattenverdampfer

Der von der Firma APV plc, Crawley, England, im Jahre 1974 auf den Markt gebrachte Plattenverdampfer nach dem Rieselfilm-Prinzip bietet gegenüber dem bereits bekannten Kletter- und Rieselfilm-Plattenverdampfer (siehe Abb. 158, Seite 351) eine höhere Durchflussleistung bei beträchtlich verkürzten Wärmekontaktzeiten. Das neue Plattenmodell ist vertikal in zwei separate Hälften geteilt (Abb. 165). Wenn diese im Reihenbetrieb eingesetzt werden, können zweistufige Verdampfungsprozesse mit dem gleichen Rahmen durchgeführt werden, ohne das Produkt in Wiederumlauf zu bringen. In der Regel wird im Parallelbetrieb gearbeitet, wobei infolge wesentlich vergrößerter Plattenoberfläche und erweiterter Dampf- und Abdampföffnungen im Vergleich zu früheren Steig- und Fallfilmplattenverdampfern eine 40%ige Steigerung der Verdampfungsleistung erreicht wird.

Beim zweistufigen Prozess (Abb. 165/A) wird das Produkt an der linken Seite (1) des Verdampfers zugeführt und fließt über die eine Hälfte der Produktplatte (2), welche über die Dampfplatte (3) erhitzt wird. Das teilweise konzentrierte Produkt und der Dampf werden dann in einen Abscheider (4) geleitet (Abb. 165/B), wo das Produkt abgetrennt und mit einer Pumpe (5) zur rechten Seite (6) der Produktplatte gefördert wird. Das Endkonzentrat sickert in einen Sammelbehälter (7), von wo es mit einer Pumpe (8) herausgefördert wird. Der Dampf von beiden Plattenhälften wird über den Abscheider (4) zu einem Kondensator abgeleitet.

Die k-Werte des Rieselfilm-Plattenverdampfers sind im Allgemeinen gleich oder besser als beim Steig- und Fallfilmplattenverdampfer, aber auf jeden Fall bedeutend besser als bei Röhren-Fallfilmverdampfern. Mit diesem Rieselfilm-Plattenverdampfer werden sehr gute Resultate bei der Konzentrierung von Citrus-, Apfel-, Birnen-, Ananas-, Passionsfrucht- und Beerensäften usw. erzielt. Für die Rückgewinnung der wertvollen Aromastoffe aus diesen Säften kann der Verdampfer mit einer einfachen APV-Aromagewinnungsanlage kombiniert weren, die nach dem Prinzip der Partialkondensation arbeitet (siehe Abb. 175, Seite 375).

Zur Endkonzentrierung von Saftkonzentraten im Anschluss an einen mehrstufigen Plattenverdampfer oder für die Eindickung hochviskoser Flüssigkeiten wird oft der *APV-Paravap-Verdampfer* eingesetzt. Der Paravap kann entweder als gewöhnlicher Verdampfer oder als *Entspannungsverdampfer* (= Paraflash) eingesetzt werdren. Im letzteren Fall wird durch

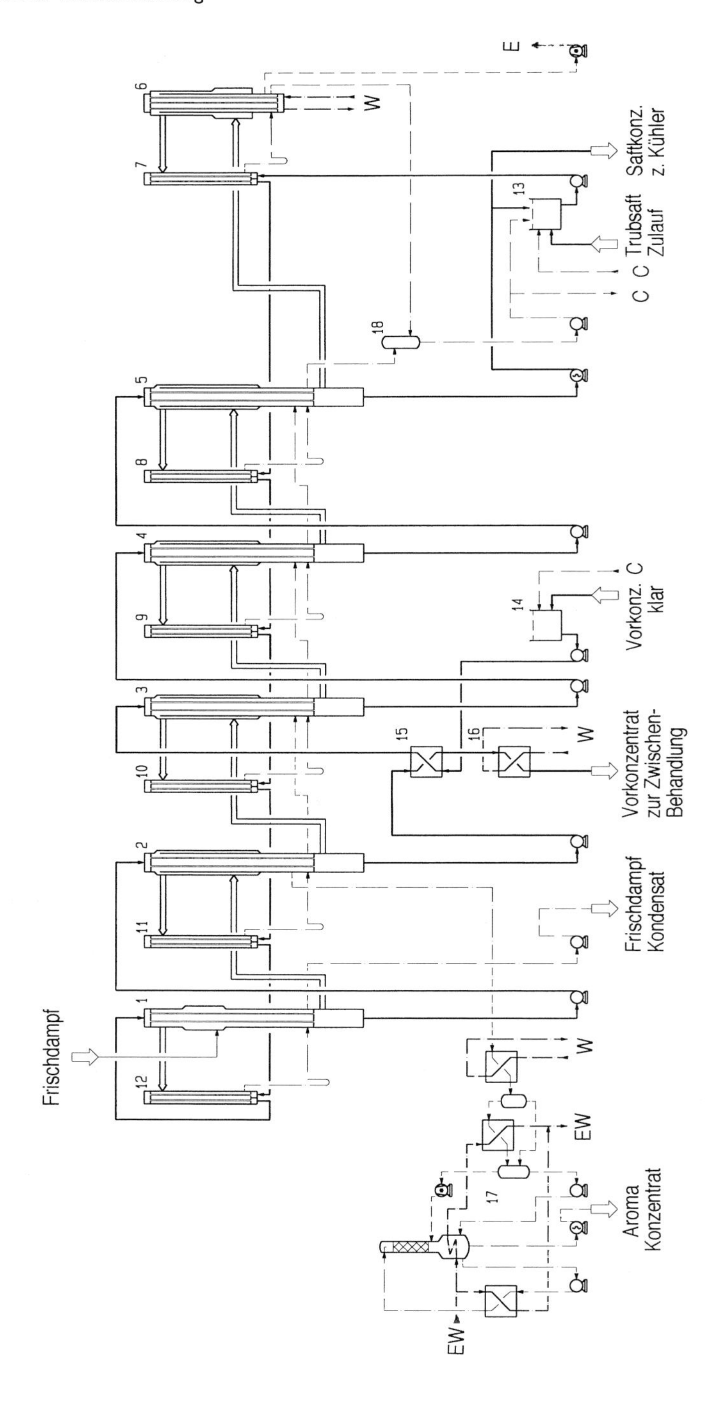

Abb. 164. Fünfstufige Fallstrom-Eindampfanlage mit Aromagewinnung für Apfel- und Birnensaft (GEA Wiegand GmbH).
1–5 = Fallstrom-Eindampfstufen 1–5
6 = Oberflächenkondensator
7–11 = Geradrohrvorwärmer
12 = Geradrohrerhitzer
13 = Vorlaufbehälter für Trubsaft
14 = Vorlaufbehälter für Klarsaft-Vorkonzentrat
15 = Plattenwärmeaustauscher
16 = Plattenkühler
17 = Aromagewinnungsanlage (DIFFAR)
18 = Zwischengefäß für Brüdenkondensat.
W = Kühlwasser (Kühlturm)
C = Brüdenkondensat
EW = Eiswasser
E = Entlüftung.

Betätigung der zwischen dem Wärmeaustauscher und dem Abscheider angeordneten Drosselklappe innerhalb des Wärmeaustauschers ein Gegendruck erzeugt und dadurch das Sieden der Flüssigkeit verhindert, bis diese in den Abscheider

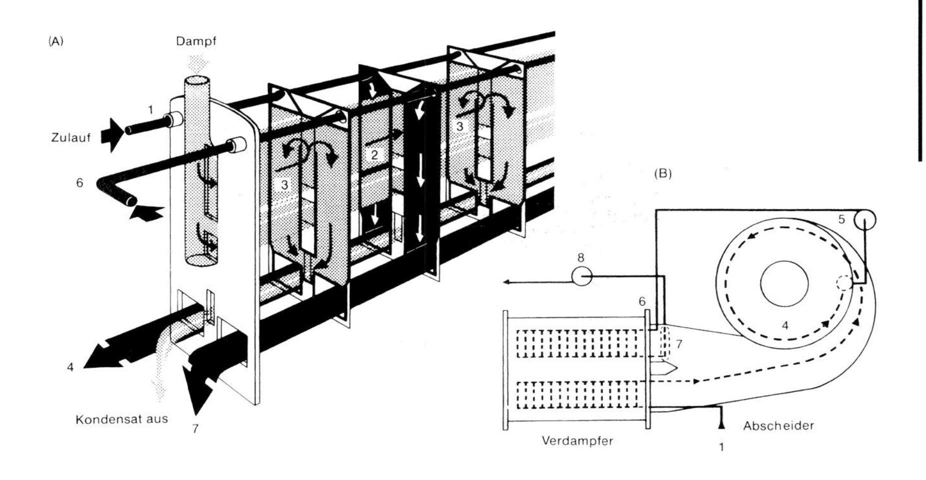

Abb. 165. Schema des APV-Rieselfilm-Plattenverdampfers (A.P.V. plc).
1 = Saftzulauf
2 = Produktplatte
3 = Dampfplatte
4 = Brüden und Produkt aus erster Stufe zum Abscheider
5 und
6 = Produkt aus dem Abscheider zur zweiten Stufe
7 = Sammelbehälter für Konzentrat
8 = Konzentratpumpe.

eintritt. Der *Paraflash*-Entspannungsverdampfer ist besonders für Flüssigkeiten geeignet, deren Inhaltsstoffe zum Ausfallen oder zur Kristallisation neigen.

Ein weiterer Plattenverdampfer nach dem Fallstromprinzip stellt der von Tetra Pak, Lund, Schweden, gebaute Kassettenverdampfer Alvap AC dar, der vor allem für die Konzentrierung wärmeempfindlicher Produkte, wie naturtrüber Apfelsaft oder Erdbeersaft eingesetzt wird.

Zentrifugalverdampfer Tetra Alvap CT

Neben einer Pilot-Anlage CT-1B mit einer Wasserverdampfungsleistung von 50 kg/h baut Tetra Pak drei Industriemodelle, welche bei 50 °C (ΔT = 60 °C) eine Wasserverdampfungsleistung von 800 bis 4 800 kg/h aufweisen. Der Dampfverbrauch beträgt 1,1 Kilogramm je Kilogramm verdampftes Wasser. Der k-Wert bei der Konzentrierung von Apfelsaft von 12 auf 71 °Brix in einer einstufigen Anlage beträgt 5 500 W/K · m². Der Aufbau einer Tetra-Alvap-Verdampfungsanlage vom Typ CT 9 ist in Abbildung 166 dargestellt. Die Heizfläche dieser Anlage beträgt 7,1 m² und die Wassserverdampfungsleistung 2 400 kg/h. Der Kühlwasserbedarf bei Volllast liegt bei 90 m³/h und der elektrische Energiebedarf bei 20,6 kWh. Der zu konzentrierende Saft (A) wird durch zwei Filter von größeren Teilchen befreit, damit die Verteildüsen im Verdampfer nicht verstopfen. Das Vorlaufschwimmergefäß sorgt mit einem der beiden Schwimmventile für einen gleichmäßigen Flüssigkeitsstand, während das zweite Ventil als Sicherheitsvorrichtung dient; es lässt automatisch Wasser (B) in den Behälter fließen, wenn der Saftzulauf unterbrochen wird und verhindert dadurch Anbrennungen im Verdampfer.

Die Wirtschaftlichkeit des Zentrifugalverdampfers CT kann wesentlich verbessert werden, wenn die Brüden des Zentrifugalverdampfers als Heizmedium für die erste Verdampferstufe eines Tetra-Alvap-AC-Plattenverdampfers genutzt werden. Durch Kombination mit einem ein- oder zweistufigen Tetra-Alvap-AC-Plattenverdampfer als Vorstufe kann die Hälfte des Dampfverbrauchs eingespart werden.

Vakuum-Rotations-Wendelrohrverdampfer

Ein weiterer Verdampfertyp, der ebenfalls auf dem Prinzip der bewegten Heizfläche basiert, ist der durch die Arbeiten amerikanischer Forscher (Carlson et al. 1967) bekannt gewordene *„Wurling evaporator"* oder *Vakuum-Rotations-Wendelrohrverdampfer* (Abb. 167). Er wird mit Erfolg zum Konzentrieren von Früchtemarmeladen und von Tomatenpüree bis auf einen Trockensubstanzgehalt von 50 % eingesetzt. Eine kontinuierliche Anlage nach dem gleichen Prinzip wird zur

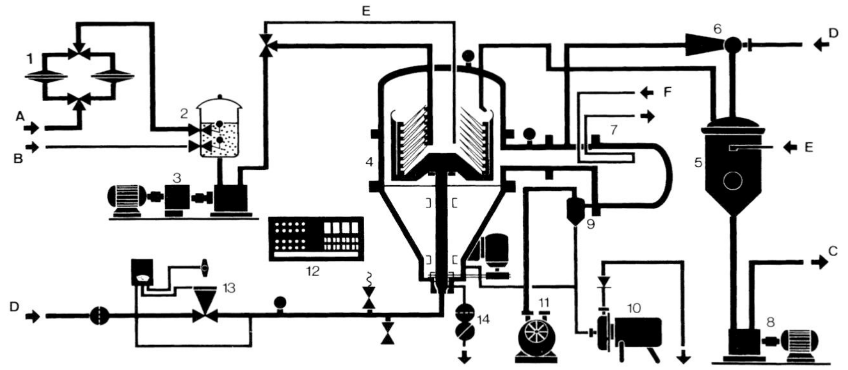

Abb. 166. Tetra-Alvap-Eindampfanlage, Typ CT 9 (Tetra Pak). A = Saftzufluss, B = Wasserzufluss, C = Konzentrat, D = Heizdampf, E = Reinigungsleitungen, F = Kühlwasser
1 = Duplex-Filter
2 = Doppelvorlaufschwimmergefäß
3 = Speisepumpe
4 = Zentrifugalverdampfer
5 = Entspannungskühler
6 = Dampfstrahlbrüdenverdichter
7 = Plattenkondensator, wassergekühlt
8 = Konzentratpumpe
9 = Zyklonabscheider
10 = Kondensatpumpe
11 = Vakuumpumpe
12 = Schaltpult
13 = Dampfregulierventil
14 = Kondenswasserableiter.

Endkonzentrierung von „Cold-Break"- und „Hot-Break"-Tomatenmark eingesetzt (MANZINI 1968).

Durch die Rotation des dampfbeheizten Spiralrohrs (Wendel) erzielt der Vakuum-Rotations-Wendelrohrverdampfer vor allem bei strukturviskosen Stoffen, wie Frucht- und Gemüsemark, eine besonders gute Wärmeübertragung, so dass ohne Produktschädigung ein hoher Konzentrationsgrad erreicht werden kann (BIELIG et al. 1973 a). Im Vergleich mit einem Dünnschichtverdampfer werden mit diesem Verdampfertyp bei der Konzentrierung von Tomatensaft und Tomatenmark bedeutend bessere Wärmedurchgänge erzielt (KOPELMANN et al. 1964, BIELIG et al. 1973). Auch der von De Laval in den USA entwickelte Contherm-Convap (Tetra Pak, Lund, Schweden), ein Schabwärmeaustauscher mit zusätzlicher Verdampfungseinrichtung, kann in ähnlicher Weise zur Konzentrierung strukturplastischer Produkte eingesetzt werden.

Unipektin-(Flash-)Verdampfer

Beim Unipektin-Flash-Verdampfer handelt es sich um einen Apparat mit vorzugsweise vertikalen Rohrbündeln. Bereits in den 40er Jahren setzte sich bei Unipektin die Erkenntnis durch, dass es bei Fruchtsäften vorteilhaft ist, im ersten Körper bei höheren Temperaturen (bis zu 100 °C) einzudampfen, bei kurzen Aufenthaltszeiten

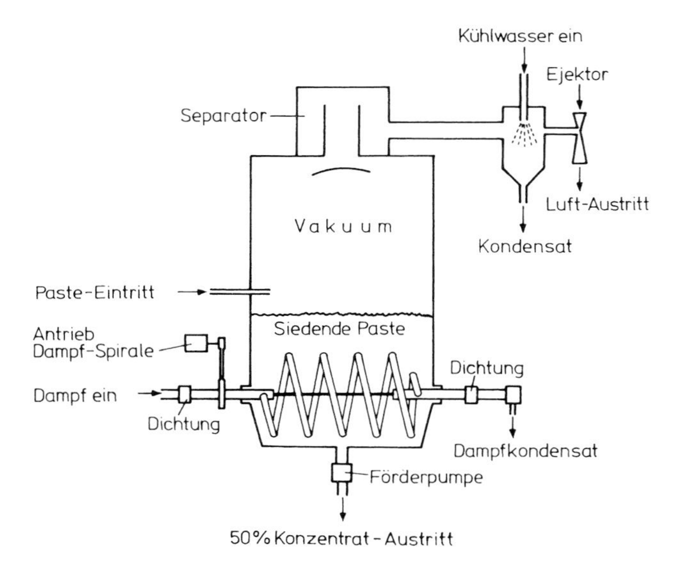

Abb. 167. Schnittzeichnung des Vakuum-Rotations-Wendelrohrverdampfers (nach einer Darstellung von LÜTHI 1969).

in den verschiedenen Verdampferstufen. Unipektin-Eindampf- und -Aromagewinnungsanlagen werden für Verdampfungsleistungen von Pilotgröße bis 50 000 kg/h eingebaut. Für die Verarbeitung der meisten Fruchtsäfte hat Unipektin so genannte *kombinierte Eindampf- und Aromagewinnungsanlagen* entwickelt. Letztere ermöglichen die Saftkonzentrierung bei gleichzeitiger Gewinnung der dabei anfallenden aromahaltigen Brüden. Sie werden vor allem dann eingesetzt, wenn der Fruchtsaft nach der Entaromatisierung konzentriert wird, zum Beispiel rote Beerensäfte, trübes oder klares Apfelsaftkonzentrat. Der erste Verdampfungskörper arbeitet im Allgemeinen bei Atmosphärendruck oder unter schwachem Vakuum, und die nachfolgenden Verdampfungskörper weisen ein zunehmend höheres Vakuum auf.

Der Verfahrensablauf in einer solchen Anlage ist in Abbildung 168 schematisch dargestellt. Nach vorgängiger Aufwärmung findet die erste Verdampfung in den Körpern II und I statt. Die weitere Verdampfung erfolgt in den beiden Körpern III und VI. Durch dieses Schaltschema kann die Entaromatisierung bei der schonenden Temperatur von rund 75 °C stattfinden. Etwa 20 bis 30 % der Saftmenge werden für die Aromagewinnung abgedampft. Die aromahaltigen Brüden und das aromahaltige Kondensat aus der ersten und zweiten Abdampfung (Körper II und III) werden in einer Glockenbodenkolonne durch Gegenstromdestillation aufkonzentriert. Eine mit Glykol gekühlte Auswaschanlage verhindert den Verlust leichtflüchtiger Aromastoffe. Das Saftkonzentrat wird nach der vierten Verdampfungsstufe in einem zweistufigen Unipektin-Kompaktkühler auf 2 bis 5 °C heruntergekühlt. In der ersten Stufe wird mit Wasser, in der zweiten mit Glykol gekühlt.

Die neueste Entwicklung von Unipektin auf dem Gebiet der kombinierten Anlagen ist eine polyvalente Eindampf- und Aromagewinnungsanlage, in welcher sowohl Fruchtsäfte als auch Frucht- und Gemüsemark aufkonzentriert werden können (Abb. 185, Seite 390).

5.2.1.3 Technische und wirtschaftliche Aspekte bei der Herstellung von Saftkonzentraten

Die Auswahl eines geeigneten Verdampfers für einen Betrieb erfordert genaue Kenntnisse über die verschiedenen Verdampfertypen und über das zu verarbeitende Produkt. Folgende Gesichtspunkte müssen dabei beachtet werden:

- Kapazität, Wasserverdampfung kg/h;
- Konzentriergrad, Trockensubstanzgehalt in %;
- Temperaturempfindlichkeit des Produkts, Temperaturhöhe, Aufenthaltszeit;
- Gewinnung der flüchtigen Aromastoffe;
- rheologische Eigenschaften, Viskosität, Tendenz zum Anbrennen;
- mikrobiologische Aspekte, leichte Reinigung;
- einfache Überwachung der ganzen Anlage;
- Raumbedarf der Anlage, Anpassung an die betrieblichen Möglichkeiten;
- Investitions- und Betriebskosten in Bezug auf die Verdampfungsleistungen pro Heizfläche, Stromkosten und Dampfverbrauch;

Anhand der spezifischen Produkteigenschaften und der in Tabelle 58 zusammengestellten technologischen Kriterien (Aufenthaltszeit und Viskositätsgrenzen) kann der zur Eindampfung eines bestimmten Produkts erforderliche Verdampfertyp in einer ersten Annäherung abgegrenzt werden. Vielfach hat man auch die Wahl zwischen mehreren Verdampfertypen, wobei schließlich neben dem wichtigen Aspekt der optimalen Produktqualität auch rein ökonomische Gesichtspunkte mitberücksichtigt werden müssen.

Inwieweit es sich lohnt, höhere Investitionskosten in Kauf zu nehmen, um die Betriebskosten (zum Beispiel Dampfverbrauch) zu senken, hängt davon ab, was die Betriebsmittel kosten, ob es sich um eine große oder kleinere Anlage handelt, ob Dauerbetrieb oder nur Saisonbetrieb in Betracht kommt und welche Belastung bezüglich Vedampfungskosten das Endprodukt erträgt.

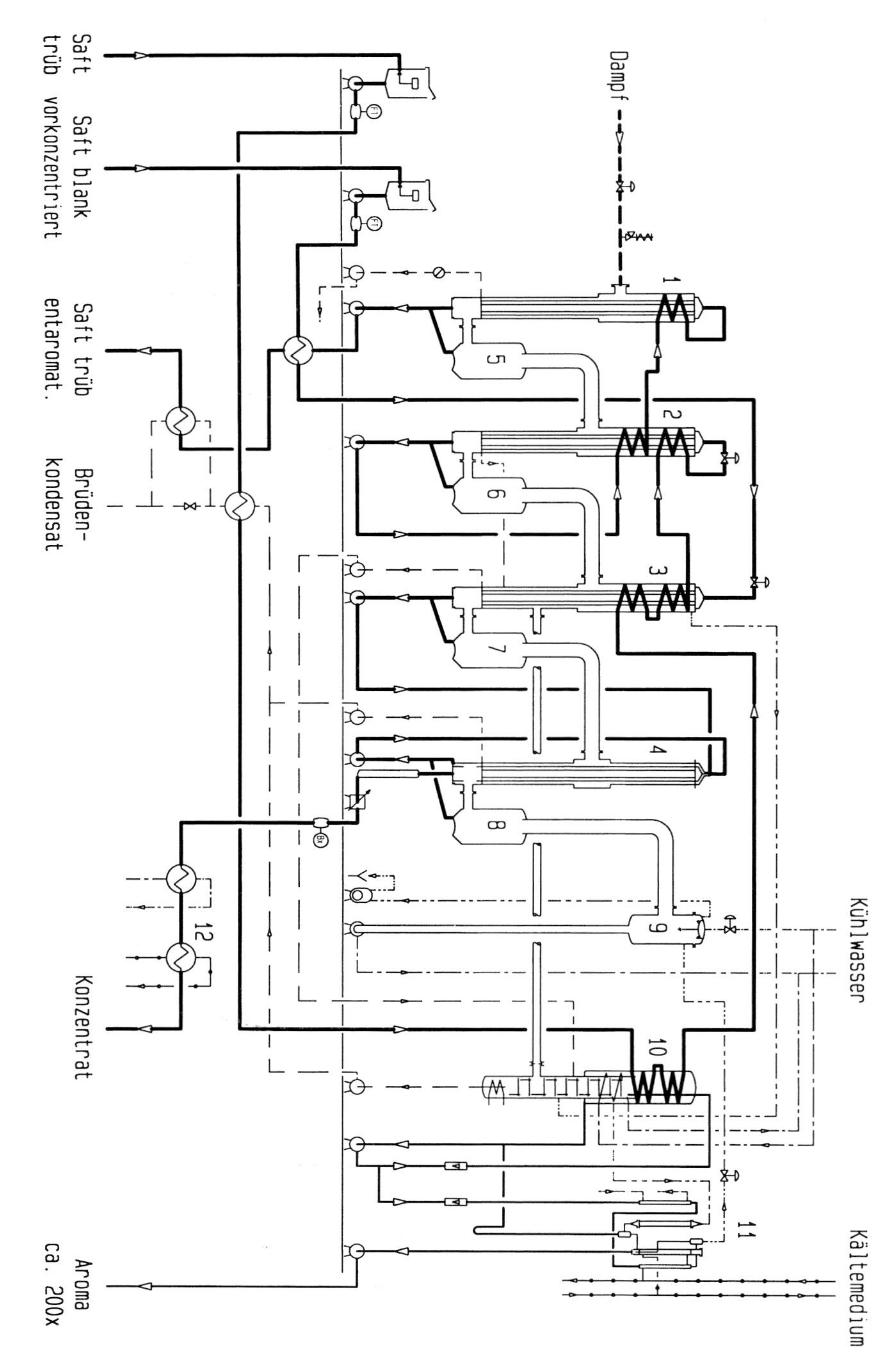

Abb. 168. Kombinierte Eindampf- und Aromagewinnungsanlage, System Unipektin.
1 = Verdampferkörper I
2 = Verdampferkörper II
3 = Verdampferkörper III
4 = Verdampferkörper IV
5, 6, 7 + 8 = Abscheider
9 = Mischkondensator
10 = Kolonne
11 = Aromagewinnung
12 = Konzentratkühlung.

Die Betriebskosten werden neben dem Anteil der Lohnkosten in erster Linie durch den Verbrauch an *Dampf, elektrischem Strom* und *Kühlwasser* bestimmt. In welchem Ausmaß der spezifische Dampfbedarf und der Kühlwasserbedarf durch

Tab 58. Produkt-Aufenthaltszeiten und Viskositätsgrenzen der verschiedenen Verdampfertypen (MANNHEIM et al. 1974)

Verdampfertyp	Anzahl Stufen	Aufenthaltszeit	Viskositätsgrenze (mPa · s)
Vakuum-Eindampfer	1	1 – mehrere h	–
Kletterverdampfer mit Rezirkul.	1	1/2–1 h	100
Kletterverdampfer, Durchlauf	1	ca. 1 min	100
Fallstromverdampfer, Durchlauf	1	ca. 1 min	200
Fallstromverdampfer, Durchlauf	5	ca. 4 min	200
Plattenverdampfer, Durchlauf	3	ca. 4 min	300–400
Expanding-Flow-Evaporator, Durchlauf	2	1–2 min	300–400
Dünnschichtverdampfer, Durchlauf	1	20–30 s	20 000
Zentrifugalverdampfer, Durchlauf	1	1–10 s	20 000

Tab 59. Dampf- und Kühlwasserbedarf bei Mehrstufenverdampfung (KARDOS 1966)

	Anzahl der Verdampferstufen			
	1	2	3	4
Dampfverbrauch in % der Verdampfung				
ohne Brüdenkompression	110	65	45	35
mit Brüdenkompression	55	40	32	27
Kühlwasserbedarf in kg/kg verdampftes Wasser				
ohne Brüdenkompression	18	10	7	5
mit Brüdenkompression	10	7	5	4

Mehrstufenverdampfung und durch Thermokompression gesenkt werden können, ist aus Tabelle 59 ersichtlich.

Der *Kühlwasserverbrauch* wird in erster Linie durch den Wirkungsgrad des Kondensators, die Kondensationstemperatur in der letzten Verdampferstufe und durch die Kühlwassertemperatur bestimmt. Der Kühlwasserbedarf kann in guter Annäherung nach folgender Formel (KARDOS 1966) berechnet werden:

$$v = \frac{G\ (i_G - i_v)}{t_l - t_o}$$

v = Kühlwasserbedarf in kg/h

G = der in den Kondensator entweichende Brüden in kg/h

i_G = Wärmeinhalt des in den Kondensator entweichenden Brüdendampfes in kJ/kg

i_v = Wärmeinhalt des entstehenden Kondenswassers in kJ/kg

t_l = Temperatur des aus dem Kondensator abfließenden Wassers in °C, zahlenmäßig etwa gleich dem entsprechenden Wärmeinhalt in kJ/kg

t_o = Temperatur des in den Kondensator eingeführten Kühlwassers in °C, zahlenmäßig etwa gleich dem entsprechenden Wärmeinhalt in kJ/kg

Infolge der zunehmenden Wasserknappheit und der steigenden Kapazität der Verdampferanlagen kann der Kühlwasserbedarf häufig nicht mehr mit Brunnen- oder Flusswasser gedeckt werden. In solchen Fällen werden normalerweise Kühltürme eingesetzt. Das Kühlwasser fließt vom Kühlturm in den Oberflächen- oder Mischkondensator, erwärmt sich dort und geht zum Kühlturm zurück, um wieder abgekühlt zu werden. Das dabei verdunstete Wasser muss dem Kreislauf wieder zugesetzt werden.

Der *Stromverbrauch* wird vor allem von den Pumpen für das Produkt, Kondensat, Kühlwasser und zur Erzeugung des Vakuums verursacht. Verdampfer mit Zwangszirkulation oder mit rotierenden Einbauten weisen einen erhöhten Strombedarf auf.

Weitere Kriterien über die Auswahl und den wirtschaftlichen Betrieb von Eindampfanlagen werden von PILNIK und

EMCH (1960), THIJSSEN (1970), BOMBEN et al. (1973), THIJSSEN und VAN OYEN (1978) und BAIER und TORAN (1985) eingehend diskutiert.

5.2.2 Herstellung von Aromakonzentraten

5.2.2.1 Bedeutung des Aromas

Das Aroma ist eines der wichtigsten Kennzeichen zur Unterscheidung der zahlreichen Säfte aus Früchten und Gemüse. Infolge seiner hohen chemischen Reaktionsbereitschaft und seiner subtilen Zusammensetzung reagiert es auf geringste Änderungen der Rohmaterialqualität und auf kleinste Fehler der Verarbeitungstechnologie. Aus diesem Grunde ist das Aroma ein ausschlaggebender Faktor in der Qualitätsbeurteilung eines Getränks.

Das Aroma besitzt für den Menschen einen hohen physiologischen Wert, da es appetitanregend und fördernd auf die Verdauungssekretion wirkt. Weil das Aroma zudem ein ausgezeichnetes Mittel zur Eroberung der Gunst des Konsumenten ist, setzt die Lebensmittelindustrie alle notwendigen Mittel ein, um das natürliche Aroma im verarbeiteten Endprodukt in möglichst unveränderter Form zu erhalten. Daraus lässt sich ableiten, dass das Aroma eines Frucht- oder Gemüsesaftes mindestens so wichtig ist, wie ein ausgewogener Gehalt an Zucker, organischen Säuren und anderen Geschmacksstoffen.

Man unterscheidet zwischen *spezifischen oder sortenspezifischen* und *nichtspezifischen Aromakomponenten*. Die erste Gruppe beschränkt sich auf die einer bestimmten Frucht- oder Gemüseart zuzuschreibenden typischen Komponenten, die zweite auf solche, deren Fehlen man sensorisch feststellen würde, die aber für die betreffende Frucht- oder Gemüseart nicht charakteristisch sind. Nach DRAWERT (1978) ist bei den pflanzlichen Aromastoffen strikt zu unterscheiden zwischen *primären* beziehungsweise originären Aromastoffen, wie sie im unverletzten Zellverband vorliegen, und zwischen *sekundären* beziehungsweise technologischen oder technologiebedingten Aromastoffen.

Die Aromastoffe der Frucht- und Gemüsesäfte liegen nur in sehr geringen Mengen (ppm oder ppb) vor. So enthält zum Beispiel Apfelsaft 50 bis 100 Milligramm Bukettstoffe pro Liter (LÜTHI 1967). Das artspezifische Aroma entsteht durch das Zusammenwirken vieler Einzelkomponenten. Mit der in den letzten Jahren stark verfeinerten Trennmethode der Gaschromatographie ist es möglich geworden, in einem Frucht- oder Gemüsearoma einige Hundert verschiedener Aromakomponenten zu erfassen. Über die Bedeutung der einzelnen Komponenten für den Sinnengesamteindruck (Flavour) weiß man bis heute immer noch mangelhaft Bescheid. Über den Einfluss einiger wichtiger Aromakomponenten auf die sensorische Qualität, vor allem bei Orangen- und Apfelsaft, berichten DÜRR und SCHOBINGER (1981). BOLENZ und GIERSCHNER (1994) untersuchten die Aromazusammensetzung von sortenreinen Apfelsäften. Eine eingehende Darstellung über die Zusammensetzung, Bildung und Veränderungen der Aromastoffe von Früchten und Gemüse findet sich in den Kapiteln 2.1.7 und 2.2.2.2.

5.2.2.2 Erhaltung der Aromastoffe

Die technische Aromagewinnung und die separate Lagerung von Saft- und Aromakonzentrat ermöglichen eine weitgehende Erhaltung der Aromastoffe, weil diese im Destillat vor stärkeren Veränderungen und Angriffsmöglichkeiten durch die Saftkomponenten geschützt sind. Trotzdem ist auch ein Aromakonzentrat nicht über beliebig lange Zeit in unveränderter Form haltbar. Licht, Sauerstoff und die Anwesenheit von Schwermetallspuren können chemische Veränderungen hervorrufen. GUADAGNI et al. (1967) stellten fest, dass eine zweijährige Lagerung von Apfelaromen bei –34 °C bessere Resultate ergab, als bei –18, –12, –6 und –1 °C. In der Regel werden heute Aromakonzentrate bei Temperaturen leicht über 0 °C gelagert.

Eine wichtige Rolle bei der Gewinnung der Aromastoffe spielt der richtige Erntezeitpunkt. Unreife oder überreife Früchte und Gemüse ergeben einseitige oder unharmonische Aromen. Ebenso wichtig ist die einwandfreie Beschaffenheit des Rohmaterials. Nach LÜTHI (1969) deutet ein Gehalt von knapp einem Gramm Alkohol pro Liter Apfelsaft auf die Verarbeitung von über 10 % faulen Früchten hin.

Nach dem Zerkleinern der Früchte oder des Gemüses setzen unverzüglich eine Reihe von biochemischen Prozessen ein, die für die Bildung von wertvollen Aromastoffen einerseits erwünscht, andererseits infolge der dabei gleichzeitig entstehenden Stoffwechselprodukte von Hefen und Bakterien, wie Alkohol, Essigsäure, Acetoin, Diacetyl usw., unerwünscht sind. Gleichzeitig finden dabei zahlreiche enzymatische Oxidations- und Hydrolyseprozesse statt, welche sich für die Saftqualität negativ auswirken können. POLL (1988) konnte zeigen, dass Apfelmaische nach einer Standzeit von acht Stunden nur noch 10 bis 25 % des ursprünglichen Gehalts an C-6-Aldehyden und Acetatestern aufweist, während einige Butanoat-Ester zuerst abnahmen und nach einer Stunde wieder zunahmen oder sogar höhere Werte erreichten als zu Beginn. Grundsätzlich ist es ratsam, die Saftgewinnung in einer möglichst kurzen Zeitspanne durchzuführen. Das Aroma sollte sofort nach dem Pressen und vor jeglicher Behandlung, wie Pasteurisieren, Enzymatisieren, Schönen, Filtrieren usw., gewonnen werden, da alle diese Manipulationen Aromaverluste in der Größenordnung von 7 bis 15 % mit sich bringen können (SCHOBINGER und DÜRR 1978). Deshalb wird der Saft mit Vorteil nur von grobem Trub befreit und trüb auf die Aromagewinnungsanlage gefahren. Nach der Aromagewinnung erfolgen dann die auf den jeweiligen Verwendungszweck der Endprodukte abgestimmten Saftbehandlungen.

Nach Untersuchungen von DETTWEILER (1992) über die Herstellung von Apfelsäften mit hoher Aromaqualität, verbleiben bei der Apfelsaftherstellung nur rund 20 % der Aromastoffe im Saft und 38 % in der Pulpe. Die Verluste durch Zerkleinern betragen 31 % und durch Erhitzen 11 %. Stärker polare Aromastoffe wie etwa kurzkettige Ester oder Ester mit einer Hydroxylgruppe sind überwiegend im Serum gelöst, während mit zunehmender Lipophilie auch steigende Anteile im Trester verbleiben. Der Autor verweist auf die bisher realisierten Möglichkeiten zur Nutzung des in den Pressrückständen verbliebenen Aromas. Auch die Verwendung von aromaintensiveren, aber auch deutlich teureren Tafelobstsorten kann zu einer Verbesserung der Aromaqualität führen, falls die höhere Aromaqualität der Rohware auch in die Säfte übertragen werden kann. Dies kann nach DETTWEILER (1992) durch eine schnelle Zerkleinerung der Früchte, Pressung mit sofortiger Saftabtrennung, Inaktivierung der fruchteigenen Enzyme durch Kurzzeiterhitzung des Saftes mit rascher Rückkühlung in einem geschlossenen System erreicht werden. Auf die Möglichkeit der Herstellung von Fruchtsäften mit höherem Aromagehalt durch CO_2-Druckbehandlung der Maische vor der Entsaftung wurde in Kapitel 3.4.3.4. hingewiesen.

5.2.2.3 Technologie der Aromagewinnung

Die meisten Verfahren zur Aromagewinnung basieren in einer ersten Stufe auf der Abtrennung der Aromastoffe, gefolgt von deren Anreicherung durch *Adsorption, Extraktion* oder *Destillation.* Die Adsorption von Aromastoffen an Aktivkohle, Aluminiumpulver, Silikagel oder Molekularsieben hat neben der Anwendung im Labormaßstab keine großtechnische Bedeutung erlangt. Auch die in den letzten Jahren von DI CESARE et al. (1990 a und 1990 b) publizierten Arbeiten über den Einsatz von apolaren Polystyrolharzen zur Adsorption von Aromastoffen durch Perkolation von Fruchtsäften durch eine Säule und nachfolgende Extraktion mit Ethanol führten zu keinen nennenswerten industriellen Anwendungen.

Für die Anreicherung von aromahaltigen Brüdenkondensaten wird seit einigen Jahren die Pervaporation als vielversprechendes Verfahren zur Diskussion gestellt (BENGTSSON et al. 1992). Eine aromahaltige Lösung wird dabei über eine selektive Membran zirkuliert, welche auf der Permeatseite unter Vakuum steht. Das aromahaltige Permeat wird anschließend verdampft und die Aromastoffe kondensiert. Diese Technologie hat sich bisher in der industriellen Praxis kaum durchgesetzt. Dagegen scheint in jüngster Zeit die von Flavourtech, Reading, England, vertriebene Drehtellerkolonne für die schonende Aromagewinnung aus Säften und Fruchtpulpen interessante Perspektiven zu eröffnen (siehe Seite 370). Die technischen Möglichkeiten zur Anreicherung von Aromastoffen durch Gefrierkonzentrierung wurden bereits in Kapitel 5.2.1.1.2 beschrieben. Zusammenfassende Darstellungen über die Technologie der Aromagewinnung vermitteln die Arbeiten von BÜCHI und WALKER (1962), EMCH (1967), BOMBEN et al. (1973), BAUMANN und GIERSCHNER (1974), MANNHEIM et al. (1975), PALA und BIELIG (1978), ZIEGLER (1982), ŠULC (1984 a), SCHOBINGER (1985), HOCHBERG (1987), DIMITRIOU (1988), RAMTEKE et al. (1990) und BOLENZ (1993). Die Patentliteratur bis 1971 in diesem Sektor wird im Werk von PINTAURO (1971) behandelt.

5.2.2.3.1 Extraktionsmethoden

Die extraktive Anreicherung von Aromastoffen kann mit Lösungsmitteln und flüssigen Gasen durchgeführt werden (SCHULTZ et al. 1967). Die Extraktion findet im Allgemeinen bei niedriger Temperatur statt. Das Extraktionsmittel wird mittels Destillation von den Aromastoffen getrennt. In den USA wurde ein Verfahren patentiert, mit welchem Aromastoffe aus Säften und zerkleinerten Früchten mit flüssigem Kohlendioxid bei Raumtemperatur oder darunter bis zu einer Konzentration von 1 zu 100 000 gewonnen werden können (SCHULTZ et al. 1970). Fluides CO_2 mit den kritischen Werten T_c = 31,5 °C und P_c = 73,5 bar zeigt bei bestimmten Druck- und Temperaturbereichen lösungsmittelähnliche Eigenschaften, wobei auch schwerflüchtige Stoffe bei relativ niedrigen Temperaturen abgetrennt werden können (BRANNOLTE 1982). BUNDSCHUH et al. (1988) berichten über die CO_2-Hochdruckextraktion von Aromastoffen aus Apfelschalen beziehungsweise Apfeltrestern. RAASCH und KNORR (1990) extrahieren Aromakomponenten aus Schalen von Passionsfrüchten mit überkritischem Kohlendioxid.

Der Nachteil dieser Verfahren liegt darin, dass bei Drücken von 60 bis 70 bar oder höher gearbeitet werden muss. Ein polnisches Verfahren (Polnische Patente 1969/1970) basiert auf der Verwendung von Dichlordifluormethan ($CCl_2 F_2$), welches auch unter der Bezeichnung Freon 12 bekannt ist (KARWOWSKA 1972). Der Druck bei Raumtemperatur beträgt dabei nur etwa 6 bar. Üblicherweise werden mit diesem Verfahren die auf destillativem Wege anfallenden Aromkonzentrate (100- bis 200-fach) mit Freon 12 extrahiert und auf eine Konzentration von etwa 1 zu 100 000 angereichert. Auch die direkte Extraktion von Früchten oder Gemüse ist möglich (KARWOWSKA und KOSTRZEWA 1981). Diese hochkonzentrierten Aromen werden vor allem zur Herstellung von pulverförmigen Aromen verwendet (SCHULTZ et al. 1963). Allgemein sind diese Methoden nicht sehr verbreitet.

5.2.2.3.2 Destillationsverfahren

Unter den Begriff Destillation versteht man ganz allgemein die Auftrennung von Flüssigkeitskomponenten nach Siedepunkten oder die Trennung einer Flüssigkeit oder eines Flüssigkeitsgemisches von schwer verdampfbaren Stoffen.

Grundsätzlich können die Aromastoffe aus Fruchtsäften entweder durch Abdampfen (flash evaporation) oder durch Abtreiben mit Dampf in einer Bodenkolonne (steam stripping) abgetrennt werden. Diese beiden Verfahrensmöglichkeiten sind in Abbildung 169 schematisch dargestellt. Gleichzeitig zeigt diese Abbildung, wie eine herkömmliche Auromagewinnungsanlage mit Abdampfteil in eine Anlage mit Dampfstrippkolonne umgebaut werden kann.

Bei der konventionellen Aromagewinnung werden die Aromastoffe durch Verdampfung von den übrigen Saftbestandtei-

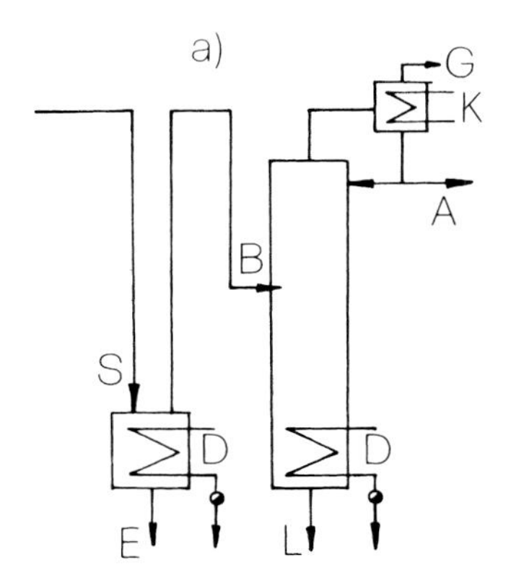

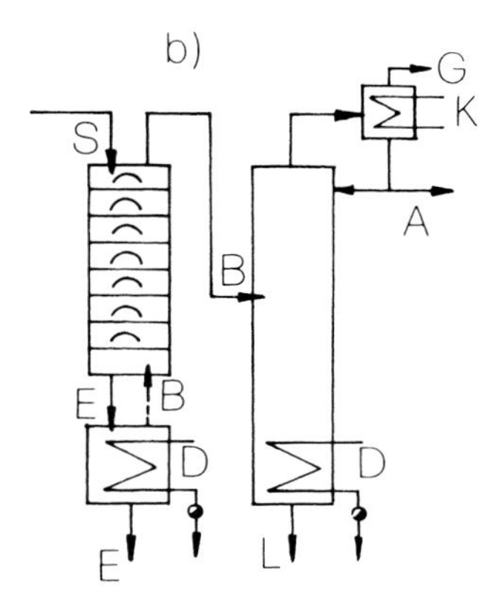

Abb. 169. Schematische Darstellung von zwei verschiedenen Verfahren der Aromagewinnung (BUCHLI 1983). a) Konventionelle Aromagewinnung durch Verdampfung, b) Aromagewinnung durch Dampfstrippen. S = Saft, E = entaromatisierter Saft, B = Brüden, A = Aromakonzentrat, L = Lutterwasser, G = nichtkondensierbare Gase, D = Dampfzufuhr, K = Kühlwasser.

len abgetrennt und in der Rektifizierkolonne einer kontinuierlichen Gegenstromdestillation unterworfen (Abb. 169 a). Die notwendige Abdampfrate liegt dabei je nach Fruchtsaftart zwischen 10 und 50 %.

Beim Dampfstrippen gelangt der zu entaromatisierende Saft auf eine Glockenbodenkolonne, wo er im Gegenstrom mit Brüdendampf über mehrere Stufen eine kontinuierliche Wasserdampfdestillation erfährt (Abb. 169 b). Beide Verfahren liefern die gewonnenen Aromastoffe als wässriges Destillat, welches anschließend durch Rektifikation aufkonzentriert wird (siehe folgendes Schema).

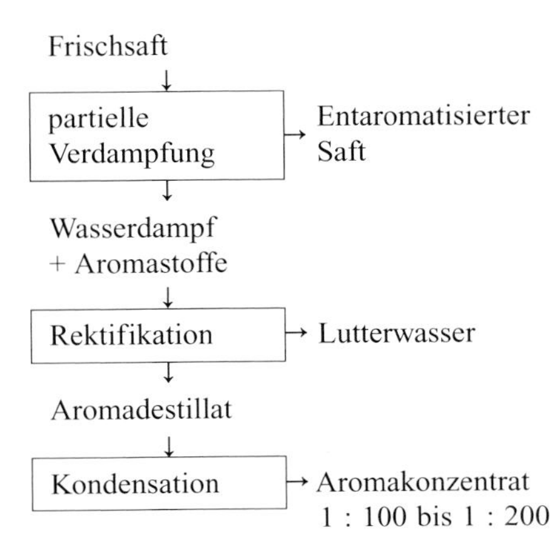

Die Aromagewinnung wurde früher mehrheitlich in einer separaten Anlage vor der eigentlichen Konzentrierung durchgeführt. Seit einigen Jahren wird die Aromagewinnung und Safteindampfung zunehmend in kombinierter Fahrweise durchgeführt.

Das Funktionsprinzip einer Aromagewinnungsanlage ist in Abbildung 170 dargestellt. Der kalte Frischsaft wird in einem Plattenapparat im Gegenstrom zum rückfließenden, entaromatisierten Saft aufgewärmt und im Heizabteil auf die eigentliche Verdampfungstemperatur gebracht. Zur eigentlichen Verdampfung können die verschiedensten Konstruktionen eingesetzt werden, wie Fallfilmverdampfer, Plattenverdampfer, horizontale Röhrenverdampfer, Verdampfer mit rotierenden Einbauten oder Zentrifugalverdampfer. Wichtig ist, dass die Aufenthaltszeit des Saftes im Verdampfer auf wenige Sekunden, oder Bruchteile davon, beschränkt bleibt. Neben diesen indirekten Wärmeübertragungsmöglichkeiten kann der zu entaromatisierende Saft auch durch Einblasen von gut gereinigtem Dampf erhitzt werden, wobei der Wärmeübergang besonders effektiv ist. Die durch das Dampfkondensat resultierende Verdünnung des Saftes muss dabei als Nachteil in Kauf genommen werden.

Anreicherung des Aromas in der Rektifizierkolonne

Die Anreicherung der abgetriebenen Aromadämpfe erfolgt in einer Rektifizierkolonne. Zwecks Schaffung einer möglichst großen Berührungsfläche zwischen Aromadampf und Rücklaufkondensat werden

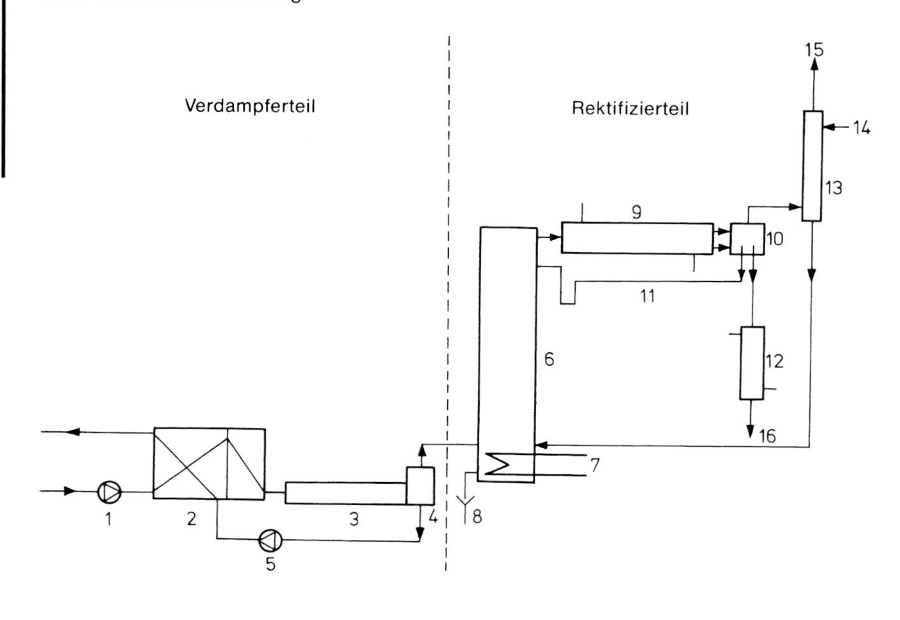

Abb. 170. Schaltschema einer Aromagewinnungsanlage (nach EMCH 1967).
1 = Pumpe für Frischgut
2 = Plattenapparat
3 = Verdampfer
4 = Abscheider
5 = Pumpe für entaromatisierten Saft
6 = Rektifizierkolonne
7 = Heizschlange
8 = Ablauf Rektifizierkolonne (Lutterwasser)
9 = Kondensator
10 = Trenngefäß
11 = Rücklauf
12 = Nachkühler für Aromakonzentrat
13 = Waschkolonne für nichtkondensierbare Gase
14 = Waschwasser, gekühlt
15 = nichtkondensierbare Gase
16 = Aromakonzentrat.

Füllkörper- und Bodenkolonnen eingesetzt. Die Praxis arbeitet recht häufig mit Füllkörperkolonnen, welche meist mit Raschig-Ringen gefüllt sind. Im Gegensatz zu Füllkörperkolonnen sind Bodenkolonnen durch waagerechte Böden unterteilt. Das Prinzip der Bodenkolonne besteht darin, dass auf einem Boden ein bestimmter Flüssigkeitsstand gehalten wird, durch den der Dampf durchperlen muss. Der Rücklauf wird durch Fallrohre zu dem darunter liegenden Boden geleitet. Die Siebbodenkolonne besitzt eine durchlöcherte Bodenplatte, auf der durch den Druck des aufsteigenden Dampfes ein niedriger Flüssigkeitsstand gehalten wird. Die Ausführungsformen der Glockenböden sind häufig mit Schlitzen versehen, um eine gute Zerteilung des Dampfstromes in möglichst kleine Blasen zu erreichen. Die berechenbare theoretische Bodenzahl einer Kolonne ist ein Maß für ihre Wirksamkeit. Sie entspricht ungefähr der Anzahl einfacher Destillationen ohne Austauschböden, die zur Erzielung des gleichen Trenneffekts erforderlich wären (ROGER et al. 1965).

Die aromahaltigen Dämpfe strömen der Rektifizierkolonne je nach Druckverhältnissen bei Temperaturen von 70 bis 100 °C zu. Dazu ist festzuhalten, dass die mit Wasserdampf übergetriebenen Aromastoffe auch bei höheren Temperaturen weniger hitzeempfindlich sind, als wenn sie zusammen mit den Saftbestandteilen bei der gleichen Temperatur erhitzt werden. Die Aromadämpfe werden meistens im unteren Drittel der Kolonne eingeleitet. Der Kolonnenteil oberhalb der Einspeisestelle wird *Verstärkungsteil* genannt, weil sich der aufsteigende Dampf bezüglich des Leichtersiedenden verstärkt. Der Kolonnenteil unterhalb der Einspeisestelle wird *Abtriebsteil* genannt, weil hier leicht siedende Komponenten abgetrieben werden.

Die Rektifizierung der aromahaltigen Dämpfe besteht im Wesentlichen in einer Anreicherung der Aromakomponenten. Der von unten aufsteigende Dampf bringt gleichsam die oben befindliche Flüssigkeit zum Sieden. Jeder einzelne Verdampfungs-Kondensations-Prozess reichert die leichter flüchtige Komponente im Dampf und die schwerer flüchtige in der Flüssigkeit an. Bei Erreichung eines Gleichgewichtszustandes steigen die Dämpfe leicht flüchtiger Komponenten unter Anreicherung nach oben und die schwer flüchtigen Substanzen gleichzeitig abwärts. Eine reproduzierbare Arbeitsweise ist nur bei einer gleich bleibenden Belastung der Kolonne und Anwendung eines definierten Rückflussverhältnisses möglich. Dazu ist eine vollständige Kondensation der Dämpfe am Kolonnenkopf und die mechanische Aufteilung in *Rücklauf* und *Destillat* notwendig.

Der aufsteigende Dampf mit den angereicherten Aromastoffen wird bei Beginn des Prozesses mit totalem Rücklauf in die Kolonne zurückgeführt. Nach Erreichen des stationären Zustandes wird der Rücklauf so eingestellt, dass auf 100 bis 200 Liter Frischsaft, die der Anlage zugeführt worden waren, ein bis zwei Liter Aromakonzentrat (100- bis 200-fach) abgetrennt und anschließend gekühlt werden. Im unteren Teil der Rektifizierkolonne entweicht das möglichst aromaarme Lutterwasser. Die gleichzeitig mit dem Aromadampf entweichenden, *nichtkondensierbaren Gase* können Aromastoffe mit sich fortreißen, weshalb sie vorteilhafterweise durch eine mit Kühlwasser oder gekühltem Aromakondensat gespeiste Auswaschanlage geleitet werden. Bis zu einem gewissen Grad können leichtflüchtige Aromastoffe auch im Schließwasser der Vakuumpumpe zurückgehalten werden (Wucherpfennig et al. 1972).

Die für eine schonende Destillation erforderlichen niedrigen Siedetemperaturen lassen sich durch *Vakuumbetrieb* erreichen. Der Betrieb einer Rektifizieranlage unter Vakuum erfordert jedoch höhere Investitions- und Betriebskosten. Einerseits muss die Vakuumkolonne für den gleichen Massendurchsatz größer dimensioniert werden, andererseits wird eine aufwendige Konstruktion zur Erreichung der Vakuum-Dichtigkeit benötigt. Je nach der Höhe des Vakuums kann die Verflüssigung der Aromadämpfe zusätzlichen Aufwand für die Kondensatoren erfordern.

5.2.2.4 Technische Aspekte bei der Aromagewinnung aus Fruchtsäften

Nach Thijssen (1970) ist das Abtreiben mit Dampf die effizienteste Methode der Aromaabtrennung. Er gibt Formeln für die Berechnung des Energieverbrauchs bei konventioneller Aromagewinnung durch Abdampfen und beim Dampfstrippen in einer Bodenkolonne in Abhängigkeit von der relativen Flüchtigkeit α_e der abzutreibenden Aromakomponenten. Nach seinen Berechnungen ist für das Abdampfen etwa ein Drittel mehr Energie notwendig als für das Dampfstrippen. Über den Dampf- und Kühlwasserbedarf bei der Aromagewinnung und Konzentrierung von Apfelsaft nach verschiedenen Verfahren liegen genaue Berechnungen von Buchli (1983) vor (Tab. 60).

Die Aromaausbeute aus den verschiedenen Fruchtsäften ist in allen Fällen von der Abdampfrate abhängig. Je höher der Anteil an schwer flüchtigen Aromakomponenten ist, desto höher muss die Abdampfrate sein. Die für einige Fruchtsäfte erforderliche Abdampfrate und die dabei erzielbaren Aromaausbeuten sind in Abbildung 171 in schematischer Weise dargestellt. Daraus geht hervor, dass vor allem Beeren- und Steinfruchtsäfte recht hohe Abdampfraten benötigen, die in der Praxis teilweise noch höher liegen (siehe Šulc 1984a). Infolge des hohen Anteils an schwer flüchtigen Verbindungen ist die Aromaausbeute stark reduziert. Dies ist darauf zurückzuführen, dass nicht alle Aromastoffe bis zum Kolonnenkopf gelangen, sondern im unteren und mittleren Teil der Fraktionierkolonne bleiben, so dass die Gewinnung dieser schwer flüchtigen Aromakomponenten bei der Rektifikation mit Füllkörperkolonnen nicht möglich ist. Deshalb empfehlen Wucherpfennig und Bretthauer (1972) in solchen Fällen den Einsatz einer Glockenbodenkolonne, in der die schwerflüchtigen Aromastoffe auf verschiedenen Höhen der Kolonne abgezogen werden können.

Für die Entaromatisierung von Kernobstsäften, die nicht sehr hitzeempfindlich sind und hauptsächlich leicht flüchtige Aromastoffe enthalten, haben sich die unter Normaldruck arbeitenden Aromagewinnungsanlagen mit nachgeschalteten Füllkörperkolonnen für die Rektifikation recht gut bewährt. Bei hitzeempfindlichen

Tab 60. Berechnung des Dampf- und Kühlwasserbedarfs für die Entaromatisierung von Apfelsaft nach Buchli (1983). Bedingungen: 1 t Saft zu 12 °Brix, 15 °C; 1 kg Brüden verdampfen 1 kg Wasser, Saftkonzentrierung bei 0,253 kg/kg Dampf; Kühlwasser t = 30 °C; 90%ige Aromastoffausbeute verlangt konventionell 16 %, beim Dampfstrippen 3 % Abdampfrate. Eingerechnet sind: Saftvorwärmung (mit Wärmerückgewinnung), Abdampfen, Sumpfheizung, Verluste 5 %; nicht eingerechnet ist der Elektrizitätsverbrauch

Anlage	konvent. (kg)	Dampfstrippen (kg)	Diff. %
gewöhnliche Aromaanlage, einstufig:			
Dampfverbrauch	274,3	109,8	60
Kühlwasser	4566	1777	61
gewöhnliche Aromaanlage, zweistufig:			
Dampfverbrauch	195,1	109,8	44
Kühlwasser	2985	1777	41
Aromaentzug einstufig plus Saftkonzentrierung (72 °Brix): Dampfverbrauch	447,2	313,0	30
Aromaentzug konventionell zweistufig, mit Strippen einstufig, plus Saftkonzentrierung (72 °Brix): Dampfverbrauch	368,0	313,0	15
Kombinierte Anlage, Aromagewinnung und Saftkonzentrierung in gewohnter Weise und mit eingebautem Stripper. Endkonzentration: 72 °Brix. Dampfverbrauch	290,8	243,8	16

Fruchtsäften, zum Beispiel Beeren- und Steinobstsäften, sollte die Aromagewinnung bevorzugt unter Vakuum erfolgen (Šulc 1958). Bei Verarbeitung unterschiedlicher Fruchtarten und insbesondere bei Buntsäften werden die Kolonnen im Allgemeinen mit Sieb- oder Glockenböden ausgerüstet.

Eine weitere Möglichkeit stellt die Aromagewinnung während des Konzentrierprozesses im Vakuum und die nachfolgende Aufarbeitung des aromahaltigen Brüdenkondensats in einer unter Normaldruck arbeitenden Aromagewinnungsanlage dar (Pilnik und Zwiker 1962). Nach einem etwas modifizierten Prinzip arbeiten heute in der Industrie die so genannten kombinierten Eindampf- und Aromagewinnungsanlagen (siehe Abb. 168 und 174). Solche Anlagen sind in den Anschaffungs- und Betriebskosten wesentlich günstiger als getrennte, unter Vakuum arbeitende Aromaanlagen gleicher Leistung. Normalerweise findet die Rektifika-

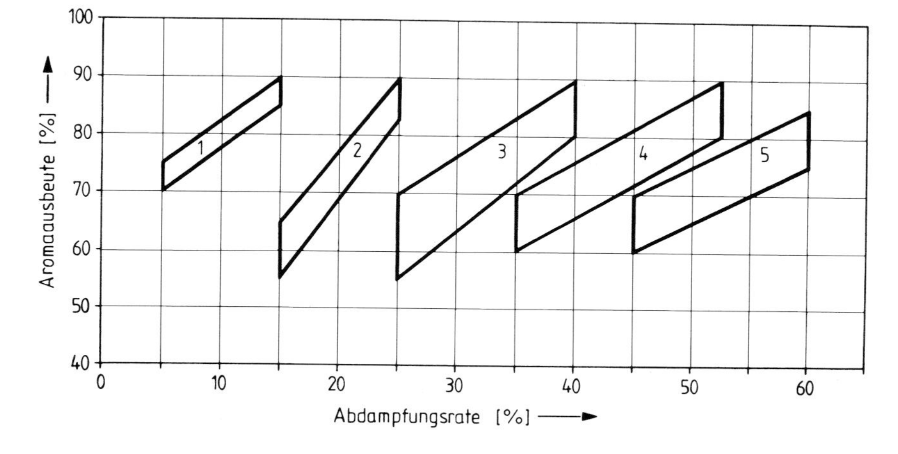

Abb. 171. Zusammenhang zwischen Aromaausbeute und Abdampfungsrate (Baier und Toran 1985).
1 = Apfelsaft
2 = Pflaumensaft
3 = Birnen-, Trauben- und Johannisbeersaft
4 = Kirschen-, Quitten- und Pfirsichsaft
5 = Himbeer-, Brombeer- und Erdbeersaft.

tion der aromahaltigen Brüdenkondensate bei kombinierten Anlagen unter Vakuum statt. Trotz nachgeschaltetem Auswaschkondensator für die nichtkondensierbaren Gase ist jedoch bei solcher Fahrweise mit höheren Verlusten an leicht flüchtigen Aromaverbindungen zu rechnen.

In den USA wurde 1966 zur schonenden Gewinnung von Aromakonzentraten aus Citrussäften und anderen wärmeempfindlichen Fruchtsäften das so genannte *Wurvac-Verfahren* (Western Utilization Research Vacuum Aroma Column) entwickelt (Bomben et al. 1966). Der Fruchtsaft wird im Vakuum bei schonender Temperatur (etwa 38 °C) verdampft, wobei die Brüdendämpfe durch eine unter Vakuum stehende Siebbodenkolonne geführt und durch zwei Kondensatoren (18 und 0 °C) 100%ig niedergeschlagen werden. Dem in die Siebböden zurückfließenden und im Vakuum bei 38 °C siedenden Kondensat fließt ein nichtkondensierbares Gas, zum Beispiel Stickstoff, entgegen und reißt die Aromastoffe mit (Stripper-Effekt). Diese im Vakuum rektifizierten Aromasubstanzen werden bei Normaldruck in der auf 2 °C gekühlten Dichtungsflüssigkeit (Wasser oder Alkohol) einer Flüssigkeitsringpumpe gelöst. Das inerte Gas wird nach Entspannung über eine Waschwasserkolonne gereinigt und wieder in die Siebbodenkolonne zurückgeführt. Dieses Wurvac-Verfahren wurde in weiteren Arbeiten von Bomben et al. (1967), Bomben et al. (1969) sowie von Peleg und Mannheim (1973) mit verschiedenen konstruktiven Änderungen im Labormaßstab untersucht. Dadurch können hochwertige Aromakonzentrate in 1000-facher und höherer Konzentration hergestellt werden (Bomben et al. 1969). Eine industrielle Anwendung dieses Verfahrens liegt bis heute nicht vor.

Aufgrund von eingehenden Untersuchungen über die Dynamik der Fruchtsaftaromaseparierung von 12 verschiedenen Fruchtsaftarten im Vakuum teilt Šulc (1984a) die Fruchtsaftaromen in vier Gruppen ein:

1. Das sehr leichtflüchtige Apfelsaftaroma, das sich unter Vakuum schon bei einem Saftverdampfungsgrad von 15 % abtrennen lässt.
2. Die leicht- bis mittelschwer flüchtigen Fruchtsaftaromen, die sich unter Vakuum bei einem Saftverdampfungsgrad von 50 % praktisch vollkommen (90–95 %) abtrennen lassen, zum Beispiel Fruchtsaftaromen aus Pflaumen, Trauben, Schwarzen Johannisbeeren, Birnen und Sauerkirschen.
3. Die schwer flüchtigen Fruchtsaftaromen, die sich unter Vakuum bei einem Saftverdampfungsgrad von 50 % etwa zu 75 bis 82 % abtrennen lassen (hauptsächlich die leicht flüchtigen Aromakomponenten), wobei von den schwer flüchtigen Aromakomponenten bis etwa 50 % abgedampft werden. Zu dieser Aromagruppe zählen die Fruchtsaftaromen aus Aprikosen, Pfirsichen und Quitten.
4. Sehr schwer flüchtige, azeotrope Fruchtsaftaromen, die sich unter Vakuum bei einem Saftverdampfungsgrad von 50 % nur zu etwa 60 bis 70 % abdampfen lassen, wobei einige sehr schwer flüchtige Komponenten dieser Aromagruppe nur zu etwa 20 % (zum Beispiel das Himbeerketon) und einige mittelschwer flüchtige Komponenten bis zu 70 % abgedampft werden können. Zu dieser Gruppe zählen die Aromen aus Himbeeren, Brombeeren und Erdbeeren.

Besondere Schwierigkeiten bereitet vor allem die vollständige Rückgewinnung von Aromakomponenten, deren Siedepunkt über 100 °C liegt und die nur begrenzt in Wasser löslich sind (Roger et al. 1965). Zur Gewinnung von Methylanthranilat, einer hoch siedenden Aromaverbindung in Concord-Traubensaft, wurde mit Erfolg die Austreibung mit Wasserdampf angewendet (Moyer 1969).

Casimir et al. (1978) berichten erstmals über die Möglichkeit der Aromaanreicherung in einer Drehtellerkolonne. Es handelt sich hierbei um eine Rektifizierkolonne mit rotierenden, konischen Einsätzen. Spätere Arbeiten zeigen, dass die Drehtellerkolonne neben der schonenden und schnellen Entaromatisierung von

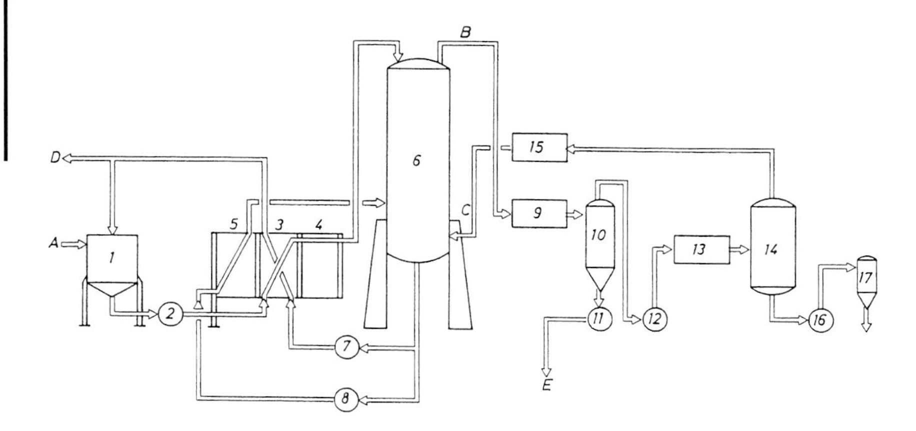

Abb. 172. Schema einer Aromarückgewinnungsanlage mit integrierter Drehtellerkolonne [Flavourtech (europe) Ltd.].

A Produktzufuhr
B Aromadämpfe
C nicht kondensierbare Gase
D Produktausgang
E Aromakonz., Ausgang

1 Zuführungstank
2 Zuführungspumpe
3 Wärmeaustauscher
4 Produkterhitzer
5 Rückführungserhitzer
6 Drehtellerkolonne
7 Produktabführungspumpe
8 Rückführungspumpe
9 Gaskühler
10 Kondensatzyklon
11 Kondensatpumpe
12 Gaskompressor
13 Flüssigkeitskühler
14 Kondensatzyklon
15 Gaserhitzer
16 Systemvakuumpumpe
17 Vakuumzyklonpumpe

Fruchtsäften auch zur Entschwefelung und zur Entalkoholisierung von Wein und Fruchtweinen eingesetzt werden kann (Menzi 1988, Casimir 1990, Schofield et al. 1998). Die Funktion der Drehtellerkolonne zur Entaromatiserung von klaren und pulpösen Säften wird in Kapitel 5.3, Seite 389, näher beschrieben. Eine Aromagewinnungsanlage der Firma Flavourtech Ltd. mit integrierter Drehtellerkolonne ist in Abbildung 172 schematisch dargestellt.

Die bei der Drehtellerkolonne erforderlichen Abdampfraten sind bedeutend geringer als bei einer konventionellen einstufigen Aromagewinnungsanlage (Tab. 61).

Durch die bei diesem System erforderlichen sehr niedrigen Abdampfraten für die Entaromatisierung erübrigt sich vielfach eine nachträgliche weitere Aufkonzentrierung der Fruchtsaftaromen. Bei Bedarf kann das erhaltene Aromakondensat in der Drehtellerkolonne weiter aufkonzentriert werden. Im Vergleich mit herkömmlichen Aromagewinnungsanlagen treten bei diesem System minimale Produktverluste ein. Es können zudem auch hochviskose Säfte oder Fruchtpulpen entaromatisiert werden. Die geringen Arbeitstemperaturen von 30 bis 60 °C erlauben die Gewinnung von hochwertigen Aromastoffen mit sehr geringer Hitzeschädigung. Dieses System erlaubt auch beträchtliche Energieeinsparungen.

Tab 61. Erforderliche Abdampfraten in Prozent zur Erzielung von 90 % Aromarückgewinnung (Angaben Flavourtech Ltd.)

Fruchtsaft-Basis	Konventionell, einstufig	Drehtellerkolonne
Äpfel	10	0,3–1,0
Orangen	20	1,0–2,0
Trauben	42	2,0–3,0
Aprikosen	55	3,0–4,0
Erdbeeren	82	5,0–6,0

Mit der industriellen Aromagewinnung aus Citrussäften befassen sich Wolford et al. (1968), Mannheim und Passy (1977) und Lafuente et al. (1982). Die Citrussäfte enthalten neben den originär darin gelösten Aromastoffen eine gewisse Menge ätherischen Öles, das teilweise beim Pressvorgang aus der Schale in den Saft gerät und teilweise aus vereinzelten im Endokarp sitzenden Ölzellen stammt. Bei der Kondensation der Brüden ergeben sich daher immer zwei Phasen, eine *wässrige Aromaphase* (= aqueous essence) und die Wasser unlösliche *Ölphase* (= essence oil). Die beiden Phasen können in einem Abscheider problemlos voneinander getrennt werden (siehe Abb. 175, Seite 375). Die wässrige Phase wird meist als 100- bis 150-faches Destillat gewonnen und vor allem zur Rearomatisierung von rückverdünnten Saftkonzentraten eingesetzt. Im Aroma dieses Produktes ist der Anteil der Terpenkohlenwasserstoffe wesentlich geringer und der Einfluss der flüchtigeren Aldehyde, Ester und Alkhole ist vorherrschend. Auch die Ölphase ist ein sehr geschätztes Aromatisierungsprodukt, da sie in ihrem Aromacharakter zwischen dem eigentlichen Schalenöl und der wässrigen Aromaphase liegt.

Eine interessante Neuentwicklung auf dem Gebiet der Aromagewinnung stellt die Ende der 70er Jahre von der Firma APV plc in der Fruchtsaftindustrie eingeführte Partialkondensation dar, die anfänglich für Citrussäfte konzipiert wurde, jedoch auch bei anderen Fruchtsäften, wie Apfel-, Birnen- und Beerensäften, recht gute Resultate zeigte (Hasting 1978). Das Prinzip dieses Verfahrens besteht darin, dass die aus dem Verdampfer anfallenden aromahaltigen Brüden bei entsprechender Temperaturregelung im ersten Kondensator nur teilweise kondensieren, wobei primär hauptsächlich Wasser ausgeschieden wird. Dadurch erfolgt eine Anreicherung an Aromastoffen, die in den nächstfolgenden Kondensationsstufen bei niedrigeren Temperaturen niedergeschlagen werden (siehe Abb. 175, Seite 375). Der Vorteil dieses Verfahrens liegt darin, dass die relativ teure Fraktionierkolonne wegfällt und der Verbrauch an Dampf und Wasser etwa 16 % tiefer liegt als bei herkömmlicher Aromagewinnung mit einer Fraktionierkolonne (Hasting 1978). Die nach dem Verfahren der Partialkondensation gewonnenen Aromakonzentrate zeigen zudem eine höhere Aromaausbeute als bei destillativer Anreicherung (Tab. 62). Auch ist der Anreicherungsfaktor der bei der Partialkondensation anfallenden Aromen wesentlich höher, zum Beispiel Apfel- und Birnensaftaromen 300-fach, Orangensaftaromen 650-fach. Nach einem ähnlichen Prinzip arbeiten die von GEA Wiegand gebauten DIFFAR-Aromagewinnungsanlagen (= Diffusionsunterstützte Aromarektifikation; siehe Abb. 164, Seite 356).

Fruchtsaftaromen sind Gemische aus leicht- und schwerflüchtigen Komponenten, die sich in ihren thermodynamischen Eigenschaften unterscheiden. Für eine Aromaabtrennung durch Rektifikation ist die relative Flüchtigkeit der gesamten Saftaromastoffe gegenüber dem Wasser, die so genannte „effektive relative Flüchtigkeit" (α_{eff}) von größter Bedeutung. Dieser Wert ist vom Saftverdampfungsgrad abhängig und stellt ein wichtiges Kriterium für die Aromaabtrennung wie auch für die wirkungsvolle Trennung der einzelnen Aromakomponenten durch Rektifikation dar. Die effektive relative Flüchtigkeit der Fruchtsaftaromen kann nach Šulc (1984 a) wie folgt berechnet werden:

$$\alpha_{eff} = \text{von GA} = \frac{\log \cdot GAR/x}{\log \cdot \frac{Wx}{W_0}}$$

α_{eff} von GA = effektive Flüchtigkeit des Gesamtaromas
GAR/x = Gesamtaroma-Retention im Saft, nach dem Saftverdampfungsgrad x
W_x = Wassergehalt des Saftes nach dem Saftverdampfungsgrad x
W_0 = Wassergehalt des Saftes nach dem Saftverdampfungsgrad 0 entsprechend dem Anfangswassergehalt des Saftes

Aus dieser Gleichung ergibt sich, dass die Gesamtaroma-Retention (GAR) der effektiven relativen Flüchtigkeit des Gesamtaromas eines Fruchtsaftes umgekehrt proportional ist.

Die effektive relative Flüchtigkeit der Aromastoffe von 12 verschiedenen Fruchtsäften sowie des Ethanols aus diesen Fruchtsäften wurde von Šulc (1984 a) berechnet (Tab. 63).

Aus den Werten der effektiven relativen Flüchtigkeit in Tabelle 63 geht hervor, dass der Saftverdampfungsgrad mit steigender Flüchtigkeit des Gesamtaromas abnimmt, das heißt Fruchtsäfte mit gerin-

Tab 62. Ausbeute an Gesamtaromastoffen (in ppm, durch GC bestimmt) bei Partialkondensation und destillativer Anreicherung, bezogen auf eine 150-fache Aromastärke (Hasting 1978)

Aroma aus	Partialkondensation	Destillation
Apfelsaft	2814 und 2871	1815
Birnensaft	1710 und 1800	1272
Himbeersaft	1110	908

Tab 63. Effektive Flüchtigkeit (α_{eff}) von Gesamtaroma und Ethanol der untersuchten Fruchtsäfte (Šulc 1984a)

Fruchtsaftart	S in %	(α_{eff})GA	S in %	(α_{eff})E
Apfelsaft	10	21,90	8	27,62
Pflaumensaft	32	5,97	30	6,46
Traubensaft	42	4,23	38	4,62
Schwarzer Johannisbeersaft	45	3,85	40	4,51
Birnensaft	50	3,32	42	4,23
Weichselsaft	52	3,24	46	3,68
Aprikosensaft	55	2,88	56	2,80
Quittensaft	56	3,80	57	2,73
Pfirsichsaft	65	2,19	63	2,32
Himbeersaft	73	1,76	70	1,91
Brombeersaft	80	1,43	75	1,66
Erdbeersaft	82	1,34	82	1,34

S in % = Saftverdampfungsrad in %
(α_{eff})GA = Effektive rel. Flüchtigkeit von Gesamtaroma
(α_{eff})E = Effektive Flüchtigkeit von Ethanol

ger effektiver Flüchtigkeit erfordern eine hohe Abdampfrate zur Abtrennung ihrer Aromastoffe. Deshalb sind auch die Betriebskosten der Fruchtaromagewinnung umgekehrt proportional der effektiven relativen Flüchtigkeit des Gesamtaromas des betreffenden Fruchtsaftes. Die Werte für die effektive relative Flüchtigkeit des Gesamtaromas beziehungsweise des Ethanols von Fruchtsäften sind sowohl für die Berechnung von Rektifizierkolonnen von Aromagewinnaungsanlagen als auch für die optimale Prozessführung der Entaromatisierung von Fruchtsäften von Nutzen.

5.2.2.5 Aromagewinnungsanlagen

Aromagewinnungsanlagen werden je nach Art der zu entaromatisierenden Säfte bei Atmosphärendruck oder unter Vakuum betrieben. Einstufige Aromagewinnaungsanlagen sind aus Energieverbrauchsgründen nur für relativ kleine Saftdurchsätze von maximal 5 000 l/h und niedrige Abdampfungsarten (10–15 %) sinnvoll (Baier und Toran 1985). Für die Aromagewinnung aus Beeren- und Citrussäften ist wegen der erforderlichen hohen Abdampfrate und der Separierungsdynamik der flüchtigen Aromakomponenten aus wirtschaftlichen und verfahrenstechnischen Gründen eine mehrstufige Aromagewinnungsanlage zweckmäßig.

Abbildung 173 zeigt eine zweistufige Aromagewinnungsanlage mit Glockenbodenkolonne. Der zu entaromatisierende Fruchtsaft wird nach Vorwärmung in einmaligem Durchgang konzentriert, mit der Pumpe (11) aus der Anlage gefördert und je nach Saftbehandlungsverfahren sofort gekühlt oder warm weiterverarbeitet. Die in der ersten Verdampferstufe abgedampften aromahaltigen Brüden werden in den unteren Teil der Fraktionierkolonne (3) eingeleitet und destillativ mit Aroma angereichert. Der am Kopf der Kolonne (3) austretende, stark aromahaltige Dampf dient nun als Heizmedium für die zweite Verdampferstufe (2), wo er durch Kondensation seine Wärme zur Verdampfung von vorkonzentriertem Fruchtsaft abgibt. Der aromahaltige Dampf dieser Stufe kondensiert im Oberflächenkondensator (4). Die aromahaltigen Kondensate aus der zweiten Verdampferstufe und dem Oberflächenkondensator (4) werden der Fraktionierkolonne (3) zugeführt, welche sie im Unterteil, nach Abgabe ihrer Aromastoffe an die gegenströmenden Brüden als Lutterwasser verlassen. Je nach Fruchtsaftart werden die flüssigen Aromakonzentratfraktionen auf verschiedener Höhe der Glockenbodenkolonnne (3) abgezogen, gemischt und im Aromakühler (8) auf etwa 10 °C oder tiefer gekühlt. Auch das mit leichtflüchtigen Aromastoffen bela-

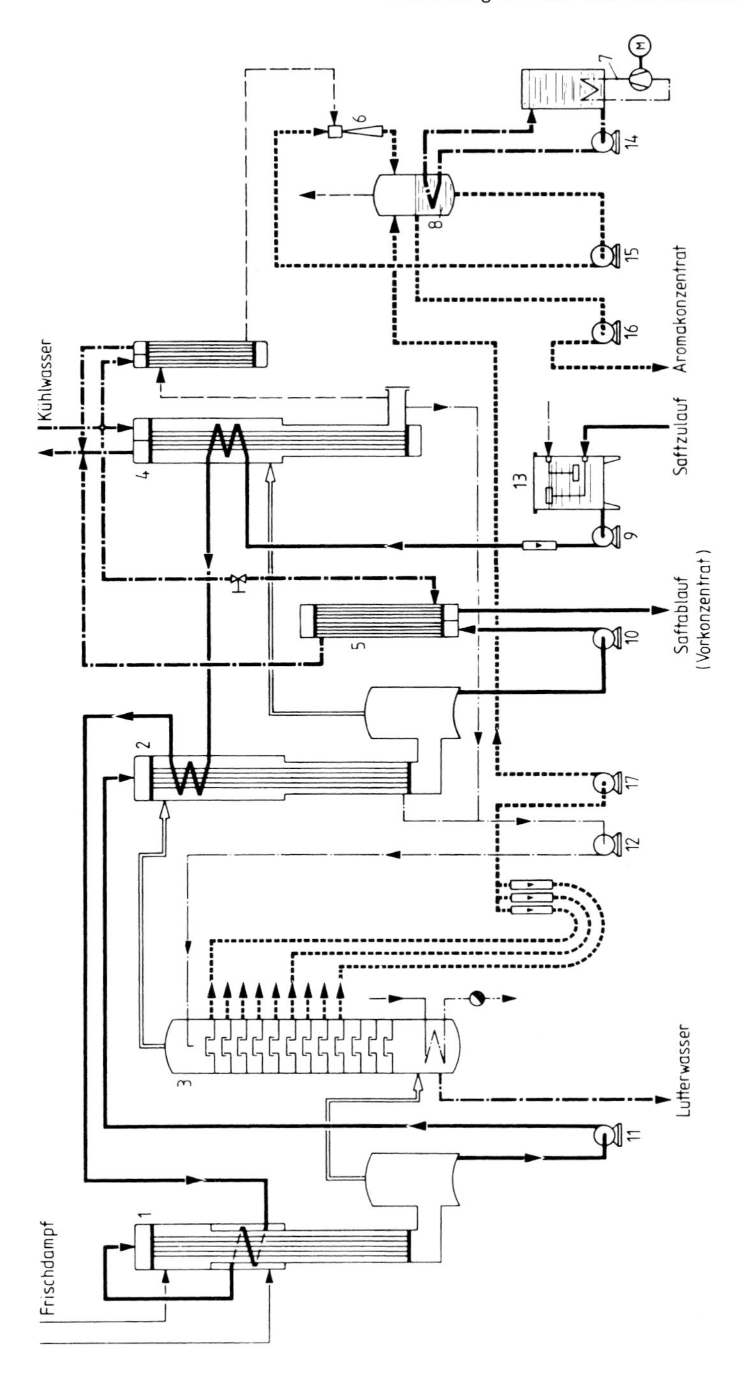

Abb. 173. Zweistufige Aromagewinnungsanlage mit Glockenbodenkolonne (GEA Wiegand GmbH).
1 = Fallstromverdampfer 1. Stufe
2 = Fallstromverdampfer 2. Stufe
3 = Fraktionierkolonne mit Glockenböden
4 = Oberflächenkondensator
5 = Vorkonzentratkühler
6 = Flüssigkeitsstrahlvakuumpumpe (Vakuumerzeugung und Intensivgaswäsche)
7 = Kälteaggregat
8 = Aromakühler
9, 10,
11 = Saftpumpen
12 = Pumpe für aromahaltiges Kondensat
13 = Frischsaftbehälter
14 = Eiswasserpumpe
15 = Waschflüssigkeitspumpe
16 = Aromakonzentratpumpe
17 = Aromakondensatpumpe.

dene Gas-Dampf-Gemisch aus der Gesamtanlage wird zunächst indirekt gekühlt und anschließend in der Flüssigkeitsstrahlvakuumpumpe (6) mit kaltem Aroma intensiv gewaschen. Anschließend werden die entaromatisierten, nicht kondensierbaren Gase in die Atmosphäre abgegeben.

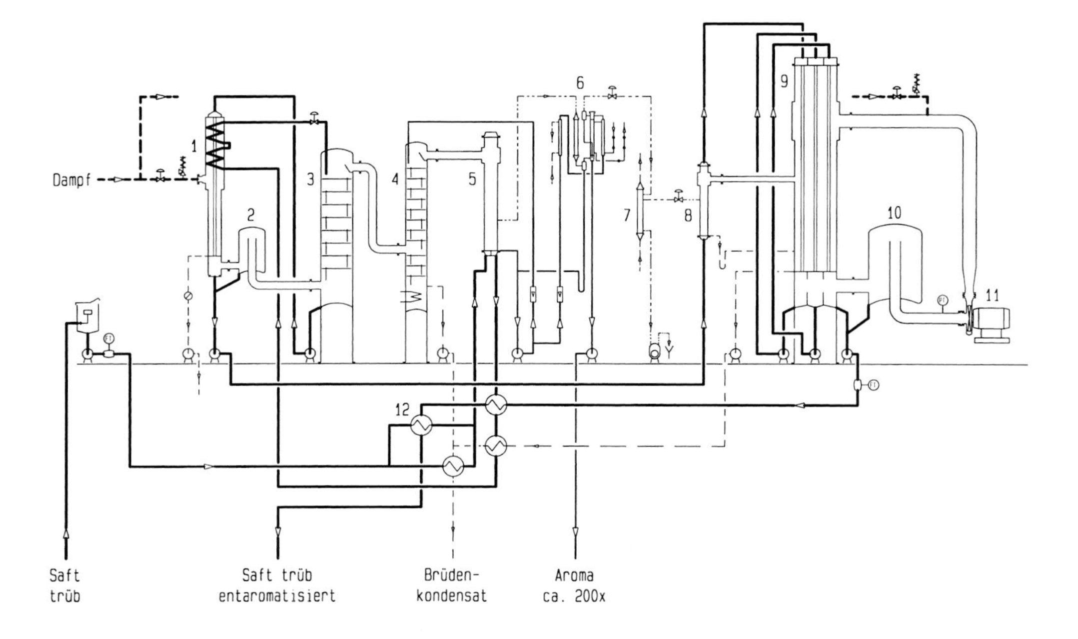

Abb. 174. Kombinierte Eindampf- und Aromagewinnungsanlage mit mechanischem Brüdenverdichter, System Unipektin.
1 = Vorverdampfer
2 = Abscheider
3 = Stripkolonne
4 = Kolonne
5 = Vorwärmer/ Kondensator
6 = Aromagewinnung
7 = Oberflächenkondensator
8 = Vorwärmer
9 = Hauptverdampfer
10 = Abscheider II
11 = mechanischer Brüdenverdichter
12 = Plattenapparat.

Bei der in der Abbildung 174 dargestellten kombinierten Anlage wurde von Unipektin ein energiewirtschaftlich interessantes Konzept entwickelt, bei welchem im Vorverdampfer, kombiniert mit Stripkolonne, Aroma entzogen und im Hauptverdampfer der Fruchtsaft weiter eingedickt wird. Diese Anlage hat für die Entaromatisierung und Vorkonzentrierung von trübem Apfelsaft von 10 auf 20 °Brix bei einer stündlichen Wasserverdampfung von 20 000 Litern einen Verbrauch von 1 300 kg Dampf und 320 kW Strom.

Abbildung 175 zeigt die von A. P. V. plc, Crawley/GB, in der zweiten Hälfte der 70er Jahre entwickelte Aromagewinnungsanlage mit *Partialkondensation*. Der aus einer ersten Verdampferstufe anfallende aromahaltige Brüdendampf wird im Separator (1) abgetrennt und in einem aufsteigenden Kondensator (2) partiell niedergeschlagen. Der prozentuale Anteil an kondensiertem Wasser liegt normalerweise zwischen 75 und 90 %. Die Einstellung erfolgt durch genaue Regulierung des Kühlwassers im Kondensator (2). Dadurch kann einerseits die Aromastärke eingestellt und der Verlust an Aroma im Kondensatabfluss auf einem Minimum gehalten werden. Die verbleibenden unkondensierten, stark mit Aroma angereicherten Dämpfe werden im folgenden Kondensator (3) mit Eis gekühltem Wasser oder mit Glykol von 1 °C vollständig niedergeschlagen. Das Aromakondensat wird nun in einen Auswaschkondensator (4) geführt, wo die nicht kondensierbaren Gase mit gekühltem Aromakonzentrat ausgewaschen werden. Unterhalb des Aromakühlers (6) ist ein Abscheider (7) sichtbar, in dem die Wasser- und Ölphase von Citrusaromen voneinander getrennt werden können.

Die Firma Tetra Pak Plant Engineering AB, Lund, Schweden, vertreibt drei verschiedene Anlagensysteme für die Aromarückgewinnung, die mit allen Tetra-Alvap-Verdampferanlagen kombiniert werden können.

1. *System Tetra Alvap PL*
Diese Aromarückgewinnungsanlage basiert auf drei hermetisch abgeschlossenen Platteneinheiten mit je einem Plattenverdampfer und einem Plattenkühler (Abb. 176). In der ersten Stufe (3) wird der Saft vorerst bei Normaldruck entaromatisiert und das dabei anfallende aromahaltige

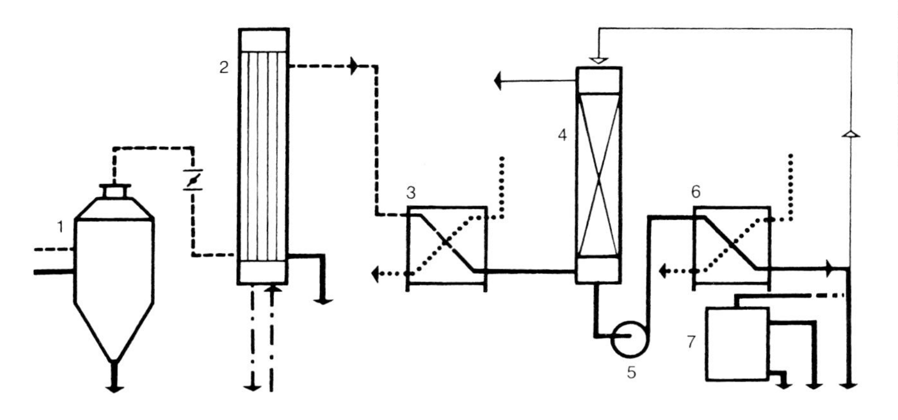

Abb. 175. APV-Aromagewinnungsanlage mit Partialkondensation (A.P.V. plc).
1 = Separator
2 = Kondensator mit Wasserkühlung
3 = Plattenapparat für Totalkondensation durch Sole-Kühlung 1 °C
4 = Auswaschkondensator
5 = Pumpe für Aromakonzentrat
6 = Plattenapparat mit Sole-Kühlung
7 = Abscheider zur Trennung von Wasser- und Ölphase bei Citrusaromen.

Brüdenkondensat in den beiden nachgeschalteten Stufen (4) weiter aufkonzentriert. Bei Säften, die nur eine geringe Abdampfrate zur Entaromatisierung benötigen, wie zum Beispiel Apfelsaft, kann auf die zweite Stufe verzichtet werden. Die Tetra-Alvap-PL-Anlage kann entweder der Frischsaftkonzentrierung vorgeschaltet oder in eine Konzentrieranlage integriert werden.

2. *System Tetra Alvap CD*
Das Aromakondensat wird in diesem System in einem Plattenwärmeaustauscher erhitzt und in einer mit Hochleistungspackungen ausgestatteten Rektifizierkolonne angereichert. Da die übliche Betriebstemperatur der Rektifizierkolonne bei 60 °C liegt, bedarf das Erhitzen nur eines geringen Energieaufwandes. Als Heizmedium wird Niederenergie-Dampf

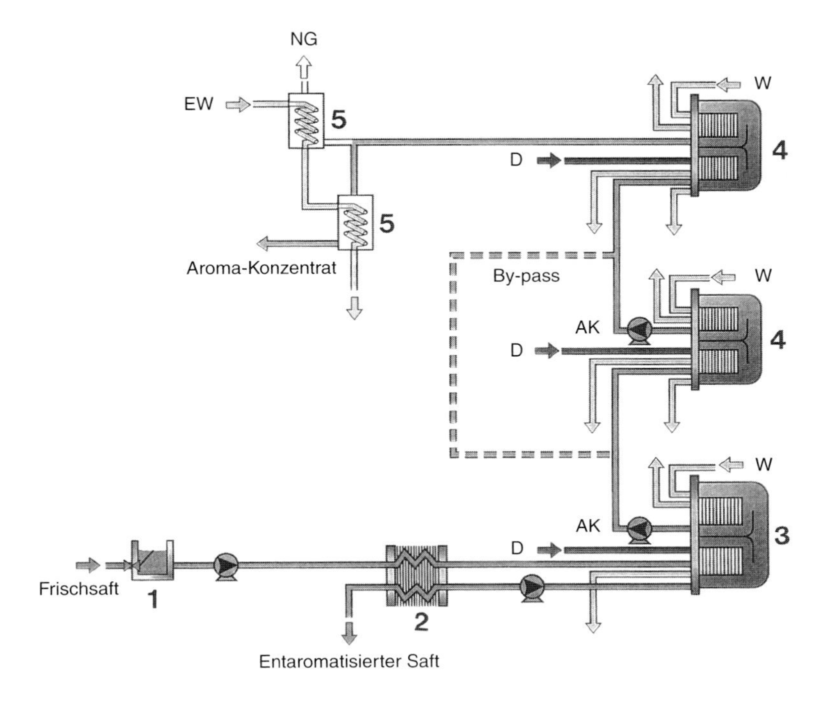

Abb. 176. Aromarückgewinnungsanlage System Tetra Alvap PL (Tetra Pak).
1 = Ausgleichstank
2 = Plattenwärmeaustauscher
3 = Platteneinheit PAR-22
4 = Platteneinheit PAR-01
5 = Spiralkühler

D = Dampf
W = Kühlwasser
EW = Eiswasser
AK = Aromakondensat
NG = nicht kondensierbare Gase

von der letzten Stufe eines Verdampfers benutzt.

3. *System Tetra Alvap CS*
Dieser Anlagetyp wurde ursprünglich für die Rückgewinnung der empfindlichen Aromastoffe von Passionsfruchtsaft in Verbindung mit einem Tetra-Alvap-CT-Zentrifugalverdampfer entwickelt. Das Aromakondensat wird dabei in einer Füllkörperkolonne angereichert.

Die von der Vogelbusch GmbH, Wien, konstruierte Aromagewinnungsanlage (Abb. 177) gestattet mit geringerer Abdampfmenge eine vollständige Entaromatisierung und bei Bedarf ein höheres Konzentrationsverhältnis zu erreichen. So müssen nach diesem System bei Apfelsaft nur 3 % des Saftvolumens verdampft werden, wobei die Konzentration des Aromas zwischen 1 zu 200 und 1 zu 1000 variiert werden kann. Der Frischsaft gelangt in gemessener Menge und vorgewärmt in den Destillator, in welchem, abhängig von der Fruchtart, ein gewisser Anteil abdestilliert wird. Der entaromatisierte Saft wird anschließend dem Gleichstromfilmverdampfer zugeführt, in welchem die für die Entaromatisierung notwendige, dem Destillator zuzuführende Dampfmenge erzeugt wird. Der Saft wird dann nach Kühlung zum Lagertank gefördert.

Der vom Kopf des Destillators abströmende, aromahaltige Brüden gelangt über ein Zwischenkondensationssystem gemeinsam mit dem in diesem gebildeten Kondensat in die Aromakolonne, in der die Konzentrierung des Aromas auf das gewünschte Verhältnis erfolgt. Das Aromakonzentrat wird nach Kühlung abgezogen. Die mit den nichtkondensierbaren Gasen mitgeführten Aromastoffe werden im Wäscher ausgewaschen.

5.2.3 Entschwefelung von Fruchtsäften

Das Stummschwefeln von frisch gepressten Säften, speziell Traubensäften, wird vor allem in südlichen Ländern als einfache, sichere und wirtschaftlichste chemische Konservierungsmethode auch heute noch angewendet. Die erforderliche Menge an schwefliger Säure für die Saftkonservierung beträgt je nach Säuregehalt 1 000 bis 2 000 Milligramm SO_2 pro Liter Saft. Ein stumm geschwefelter Fruchtsaft ist biologisch völlig inert und die enzymatische Aktivität ist praktisch vollständig unterbunden. Dadurch bleiben die ursprüngliche Art und Frische weitgehend erhalten. Solche Säfte weisen nach der Entschwefelung vielfach erhöhte Gehalte an Kaliumsulfat auf, welches bei Anwesenheit von Luftsauerstoff durch Oxidation der schwefligen Säure bei der Lagerung entsteht. Vom Standpunkt der Naturbelassenheit von Fruchtsäften muss diese Methode deshalb abgelehnt werden. Ein wichtiges Kriterium bei der Entschwefe-

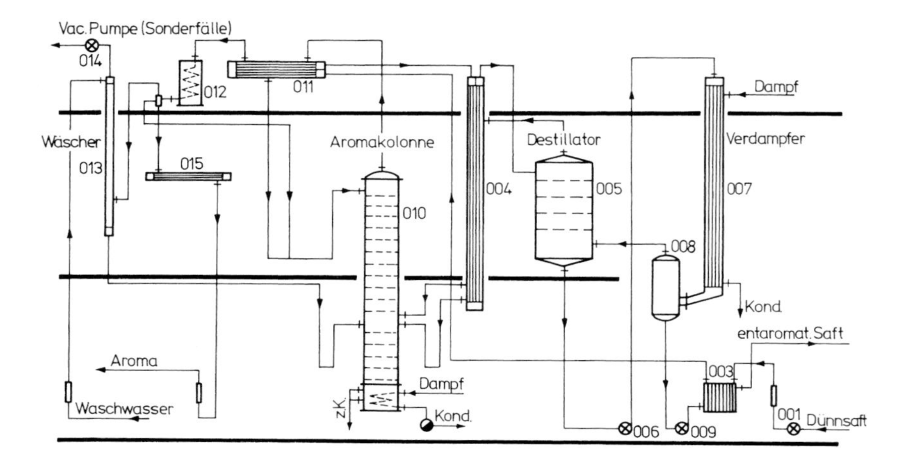

Abb. 177. Aromagewinnungsanlage System Vogelbusch (Vogelbusch GmbH). Wichtigste Anlagenteile:
003 = Plattenerhitzer
004 = Röhrenerwärmer
005 = Destillator
007/008 = Gleichstromfilmverdampfer
010 = Aromakolonne
011 = Kondensator
012 = Gaskühler
013 = Luftwäscher.

lung ist der Rest-SO_2-Gehalt, der zum Beispiel nach dem Codex Alimentarius bei Fruchtsäften 10 mg/kg nicht überschreiten darf. Nach dem Code of Practice des europäischen Fruchtsaftverbandes (AIJN) dürfen Fruchtsäfte keine schweflige Säure enthalten. Einzig bei Traubensaft wird ein SO_2-Gehalt von maximal 10 mg/l toleriert. Die Schweiz macht in der Zusatzstoffverordnung (ZuV 30. 01. 1998) eine Ausnahme für Apfel-, Birnen-, Trauben- und Ananassaft mit maximal 50 mg/l SO_2.

Um die wertvollen Aromastoffe von Orangensaft bei der Entschwefelung nicht zu schädigen oder zu verlieren, empfehlen Perez et al. (1980) vor der Stummschwefelung eine Entaromatisierung des Saftes durch eine Abdampfung von 25 %. Das dabei gewonnene Aroma wird dem Orangensaft erst nach der Entschwefelung wieder zugegeben.

Die Entschwefelung kann entweder in einer mehrstufigen Verdampfungsanlage bei gleichzeitiger Herstellung eines Saftkonzentrats oder in einer speziell dazu gebauten Desorptionskolonne (Abb. 178) erfolgen. Eine weitere Möglichkeit besteht darin, dass die Entschwefelungskolonne der ersten Verdampfungsstufe einer Konzentrieranlage vorgeschaltet wird. Nach dem von Perez et al. (1984) beschriebenen Entschwefelungsverfahren wird der Schwefeldioxidgehalt eines Orangensaftes durch dreistufige Kurzzeitverdampfung von 1 700 ppm auf etwa 20 ppm reduziert.

Bei der Entschwefelung in der Desorptionskolonne wird die schweflige Säure durch die Kombination von Wärme und Oberflächenvergrößerung zum Verdampfen gebracht und durch ein Trägergas oder auch Dampf im Gegenstrom aus der Kolonne ausgetrieben und der Neutralisation zugeführt (Wucherpfennig 1975, Peter 1981). Letzteres Verfahren wird vor allem in der Weinwirtschaft zur Herstellung von Süßreserve aus stumm geschwefeltem Traubensaft verwendet (Perscheid und Schneider 1985). Dabei tritt praktisch keine Erhöhung des Trockensubstanzgehaltes ein. Die bei der Entschwefelung roter Traubensäfte auftretenden Probleme, die eine vollständige Entfernung des SO_2 erschweren, sind auf Verbindungen zwischen Anthocyanen und SO_2 zurückzuführen (Millies et al. 1991).

Durch die Erhitzung wird das Gleichgewicht zwischen freier und gebundener schwefliger Säure auf die Seite der freien schwefligen Säure verlagert. Diese Thermodissoziation ist im Wesentlichen abhängig von Temperatur, Haltezeit und pH-Wert des Produktes. Durch eine kurzzeitige Vorerhitzung auf 105 bis 130 °C und anschließende Entspannung auf etwa 100 °C kann eine wirksame Entschwefelung auf 15 bis 50 mg/l SO_2 erreicht werden (Peter 1981, Perez et al. 1984, Perscheid und Schneider 1985).

Entschwefelungsanlagen werden von verschiedenen Firmen gebaut, die auch Aromagewinnungsanlagen herstellen. Die Entschwefelungsanlagen der Firmen Unipektin AG, Zürich, und GEA-Wiegand GmbH, Karlsruhe, beruhen nur auf thermischem Effekt, im Gegensatz zur Entschwefelungskolonne der Firma Strassburger GmbH & Co. KG in Westhofen/D, die zusätzlich zur Austreibung von SO_2 durch Erhitzen noch mit Inertgas im Gegenstrom betrieben wird.

Bei der in Abbildung 178 dargestellten kombinierten Eindampf- und Entschwefelungsanlage der Firma Unipektin AG wird der stumm geschwefelte Fruchtsaft über eine Zentrifugalpumpe (1) und den Plattenapparat (2) in die Vorwärmungen der drei Verdampferstufen gefördert und dabei auf über 100 °C erwärmt. In der mit Trennböden ausgestatteten Stripkolonne (3) wird das SO_2 aus dem geschwefelten Saft ausgetrieben. Der SO_2-Gehalt der Brüden nimmt von unten nach oben zu und im Saft von oben nach unten ab. Auf jedem Trennboden stellt sich dabei ein Gleichgewicht zwischen dem SO_2 in der Flüssig- und Dampfphase ein. Gleichzeitig ändert sich auch stufenweise das Gleichgewicht zwischen freiem und gebundenem SO_2 in der Flüssigkeit. Die mit SO_2 angereicherten Brüdendämpfe strömen oben aus der Kolonne und werden im Verdampferkörper II (5) kondensiert. Der

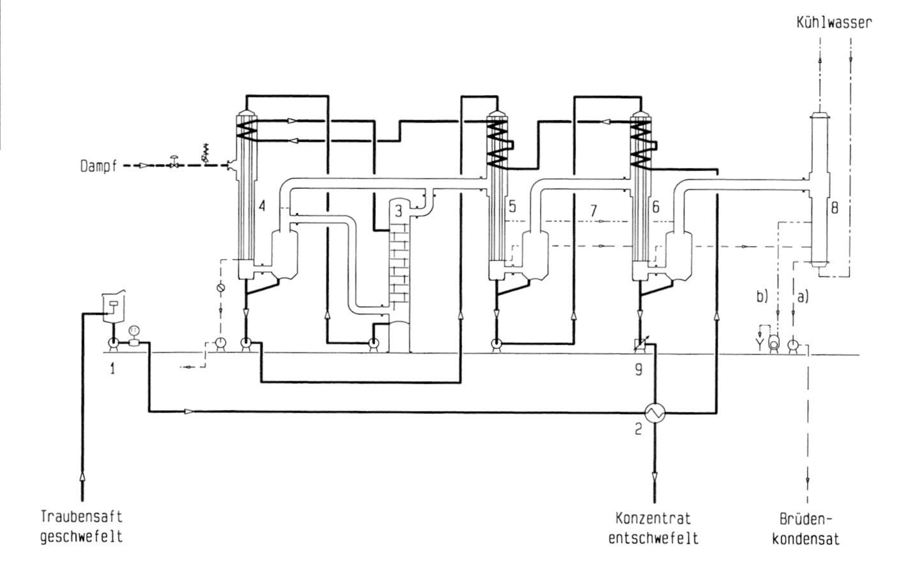

Abb. 178. Kombinierte Eindampf- und Entschwefelungsanlage, System Unipektin.
1 = Zentrifugalpumpe
2 = Plattenapparat für Vorwärmung/Konzentratkühlung
3 = Kolonne
4 = Verdampferkörper I
5 = Verdampferkörper II
6 = Verdampferkörper III
7 = Entgasungsleitung
8 = Oberflächenkondensator
9 = Konzentrataustragspumpe
a = SO_2-haltiges Brüdenkondensat
b = SO_2-haltige Abluft.

größte Anteil an SO_2 verlässt die Anlage durch die Entgasungsleitung (7) in den Mischkondensator (8). Für die Saftweiterleitung aus dem unteren Teil der Kolonne (3) dient eine Zentrifugalpumpe. Der teilentschwefelte Saft wird anschließend in den Verdampfstufen I,II und III restentschwefelt und gleichzeitig auf die gewünschte Endkonzentration eingedickt.

Nach diesem Verfahren können Entschwefelungswerte bis unter 10 mg/l SO_2 im rückverdünnten Saft erreicht werden.

5.2.4 Entalkoholisierung von Apfelwein und Wein

Die Idee, alkoholische Getränke wie Wein oder Bier vom Alkohol zu befreien, ist nicht neu. Eine der ersten Patentanmeldungen zur Entalkoholisierung von Wein mittels Vakuumdestillation erfolgte bereits im Jahre 1908 durch die Firma Carl Jung, Rüdesheim/D, die auch heute noch auf diesem Gebiet aktiv ist. Die Entalkoholisierung von Gärgetränken wie Wein, Apfelwein und Bier ist in den letzten Jahren auf zunehmendes Interesse gestoßen. Nach der erstmaligen Vermarktung von alkoholfreiem Bier im Jahre 1930 wird seit 1979 in der Schweiz auch alkoholfreier Apfelwein hergestellt, der sich heute bei den Konsumenten recht großer Beliebtheit erfreut (Rentschler 1979).

Seit den 80er Jahren kamen in mehreren Ländern eine Reihe von alkoholfreien Weinen neu auf den Markt, die aus vergorenem Wein mittels veschiedenartiger Verdampfungs- und Destillationsverfahren gewonnen werden (Schobinger 1983 b, 1997). Durch den Alkoholentzug entsteht eine neue Kategorie von alkoholfreien Getränken, die praktisch alle wertvollen Inhaltsstoffe der alkoholischen Ausgangsprodukte enthalten, hingegen infolge des Alkoholentzugs einen bedeutend tieferen physiologischen Brennwert aufweisen. Über die sensorischen Faktoren, die bei der Aufmischung alkoholfreier Weine beziehungsweise Apfelweine beachtet werden müssen, berichten Schobinger und Dürr (1983). Diese alkoholfreien Gärgetränke, deren Alkoholgehalt im Allgemeinen unter 0,5 % liegt, entsprechen deshalb grundsätzlich dem heutigen Trend nach natürlicher Provenienz und nach vermindertem Kaloriengehalt. Alkoholfreie Wein- beziehungsweise Apfelweinkonzentrate können jedoch auch als Rohstoff für die Herstellung von Fruchtsaftgetränken mit vermindertem Kaloriengehalt verwendet werden (Moor 1982, Schobinger et al. 1986).

Für eine möglichst weitgehende Entalkoholisierung kann der Wein oder Apfelwein in einer mehrstufigen Konzentrieranlage verdampft werden. Zur Erzielung eines Restalkoholgehaltes von 1 g/l im alkoholfreien Wein ist eine Abdampfrate von 60 bis 70 % erforderlich. Zur Vermeidung von Wärmeschädigungen soll die Verdampfungstemperatur möglichst unterhalb 75 °C liegen. Deshalb werden hierzu vielfach auch Zentrifugalverdampfer eingesetzt, die bei 30 bis 40 °C arbeiten. Der abgedampfte Alkohol kann aus dem anfallenden Brüdenkondensat durch Destillation zurückgewonnen werden. Die im alkoholischen Brüdenkondensat ebenfalls vorhandenen Aromastoffe können nach einem patentierten Verfahren der Eidgenössischen Forschungsanstalt Wädenswil (WO 82/02723) durch fraktionierte Destillation weitgehend zurückgewonnen und anschließend dem entalkoholisierten Wein beziehungsweise Apfelwein wieder zugegeben werden. Dadurch kann der sensorische Gesamteindruck des fertigen Endprodukts wesentlich verbessert werden.

Für die Entalkoholisierung baut die Firma Unipektin AG, Zürich, spezielle Anlagen, wobei der Alkohol des Weins oder Fruchtweins in ähnlicher Weise wie das SO_2 bei der Entschwefelung bei etwa 38 °C in einer mit Trennböden ausgerüsteten Kolonne ausgetrieben wird (siehe Abb. 178). Einerseits fällt das entalkoholisierte Produkt mit 0,05 bis 0,5 %vol Alkohol und andererseits ein alkoholisches Destillat von 80 bis 85 %vol an. Der Entalkoholisierungsgrad wie die Gradation des alkoholischen Destillats können an der Anlage eingestellt werden. Die Herstellung teilentalkoholisierter Getränke erfolgt durch Verschnitt.

Seit etwa 1970 wurden Trennverfahren entwickelt, bei denen unter Verwendung semipermeabler Membranen aus Gärgetränken der Alkohol abgetrennt werden kann. Es handelt sich hierbei um die Verfahren der Umkehrosmose und der Dialyse. Beide Verfahren haben den Vorteil, dass bei tiefen Temperaturen im Bereich von 5 bis 10 °C gearbeitet werden kann, so dass keine negativen Geschmacksbeeinflussungen stattfinden. Dagegen ist vor allem bei der Umkehrosmose mit Verlusten an Aromastoffen, Säuren, Mineral- und Gerbstoffen zu rechnen. Bis heute werden diese durch zahlreiche Patente geschützten Membrantrennverfahren hauptsächlich zur Alkoholreduktion von Bier eingesetzt. Das noch im Entwicklungsstadium befindliche, mehrfach patentierte Verfahren der Hochdruckextraktion von Gärgetränken mit fluidem CO_2 ist ebenfalls ein schonendes Verfahren der Entalkoholisierung, wobei als Vorteil die Aromastoffe separat vom Alkohol abgetrennt werden können. Dieses Verfahren dürfte in qualitativer Hinsicht sicher sehr gute Produkte ergeben, kostenmäßig jedoch recht aufwendig zu stehen kommen.

5.3 Herstellung von Konzentraten aus Frucht- und Gemüsemark sowie aus Gemüserohsäften

U. Schobinger und D. Šulc †

5.3.1 Einleitung

Frucht- beziehungsweise *Gemüsemarkkonzentrate* stellen pastenartige Produkte dar, die nach Konsistenz und Aussehen den seit langem bekannten Tomatenkonzentraten ähnlich sind, sie werden aber nach einem ganz anderen Verfahren hergestellt. Da diese Produkte aus einem bestimmten Frucht- oder Gemüsemark hergestellt werden, besitzen sie eine feine homogene und pastöse Konsistenz und haben den vollen Geruch und Geschmack wie auch die Farbe der Rohstoffe, aus welchen sie stammen.

Nach rheologischen Gesichtspunkten, das heißt nach den Fließeigenschaften, besitzen Markkonzentrate wie auch ursprüngliches Frucht- und Gemüsemark strukturviskose oder plastische Eigenschaften; sie sind hauptsächlich thixotrop und gehören demzufolge zu den Nicht-Newton-Stoffen. Diese strukturviskosen oder plastischen Eigenschaften sind auch der Hauptgrund für das zum Teil völlig verschiedene Verhalten solcher Produkte bei der thermischen Konzentrierung, weshalb hierzu in Kapitel 5.3.2 einige zusätzliche Erläuterungen folgen.

Die Anwendungsmöglichkeiten der verschiedenen Markkonzentrate sind sehr groß, wobei an dieser Stelle nur die wichtigsten erwähnt werden (vgl. hierzu ŠULC 1968/69). So können die *Fruchtmarkkonzentrate* als Rohstoffe beziehungsweise Halbfabrikate zur Herstellung von fruchtfleischhaltigen Nektaren, Eis, verschiedenen Crèmes, Fruchtjogurt, Marmeladen, Kindernahrung sowie in der Süßwarenindustrie verwendet werden.

Die *Gemüsemarkkonzentrate* können bei der Herstellung von Gemüsenektaren, verschiedenen Saucen, Kindernahrung und als Zusatz zu fertigen Speisen, Fleischprodukten, Suppen, Käse usw. Verwendung finden.

Die *Gemüsesaftkonzentrate*, die naturtrüb oder auch blankhell (filtriert) sein können, stellen auf kleines Volumen eingedickte Gemüsesäfte dar, die sich – je nach dem Trubstoffgehalt – als Newton- oder als Nicht-Newton-Flüssigkeiten mit mehr oder weniger strukturviskosen Eigenschaften verhalten.

Nachfolgend soll noch kurz auf die grundsätzlichen Unterschiede zwischen Saft- und Markkonzentraten hingewiesen werden. Die *Saftkonzentrate* enthalten nur in Wasser (Saft) lösliche Frucht- beziehungsweise Gemüsebestandteile in konzentrierter Form, nebst kleineren Mengen von Trubstoffen, die nur bei naturtrüben Saftkonzentraten zu finden sind.

Die *Markkonzentrate* enthalten dagegen die gesamte wasserlösliche und unlösliche Trockensubstanz des Rohstoffes in konzentrierter Form, abzüglich der Abfälle des Passierens (Kerne, Samen, Häutchen usw.). Demzufolge sind die Markkonzentrate (Nektarkonzentrate) reicher an Bestandteilen, die an das Fruchtfleisch (Pulpe) gebunden sind, wie Farb-, Vitamin-, Pektin-, Cellulosestoffe usw., und besitzen somit auch einen weit höheren ernährungsphysiologischen Wert als Saftkonzentrate.

5.3.2 Rheologische Stoffeigenschaften

Die rheologischen Stoffeigenschaften von Frucht- und Gemüsesäften haben bei mechanischen Vorgängen einen direkten und bei thermischen Vorgängen einen indirekten Einfluss. Fließen ist eine nicht umkehrbare Deformation. Der Widerstand, den eine Flüssigkeit der Fließrichtung entgegensetzt, wird als Viskosität bezeichnet. Zur Definition der Viskosität wird die laminare Flüssigkeitsströmung zu Grunde gelegt.

Wenn zwei parallele Platten sich in einer Flüssigkeit relativ zueinander bewegen, muss eine stetige Kraft ausgeübt werden, um eine konstante relative Geschwindigkeit aufrecht zu erhalten. Wenn eine Platte mit der Fläche A auf eine zweite Platte mit der Kraft F einwirkt, dann ist das Verhältnis F zu A die Schubspannung (τ). Wenn die Platte sich mit der Geschwindigkeit v bewegt und die Distanz zwischen den Platten (x) genügend klein ist, dann ist der Geschwingkeitsgradient eine Konstante und das Verhältnis $-v/x = -dv/dx$ entspricht der Schergeschwindigkeit (γ). Ergeben die aufgetragenen Werte für F/A gegen –dv/dx eine gerade Linie, handelt es sich um eine Newton-Flüssigkeit (CHARM 1963).

Es gilt die Beziehung:

$$F/A = (-dv/dx)$$

oder

$$\tau = \eta \cdot \gamma$$

Die (nichtnegative) Proportionalitätskonstante (η) wird als dynamische Viskosität einer Flüssigkeit bezeichnet und ist wie folgt definiert:

$$\eta = \tau/\gamma = (F/A)(-dx/dv)$$

Deshalb ist die Viskosität definiert als das Verhältnis von *Schubspannung* zu *Schergeschwindigkeit* und ist ein Maß für die innere Reibung einer Flüssigkeit in Bewegung. Sie ist eine Stoffkonstante und hängt von der Temperatur und dem Druck ab, wobei die Druckabhängigkeit der Viskosität gering ist.

Flüssigkeiten, die vom Newton-Verhalten abweichen, sind als Nicht-Newton-

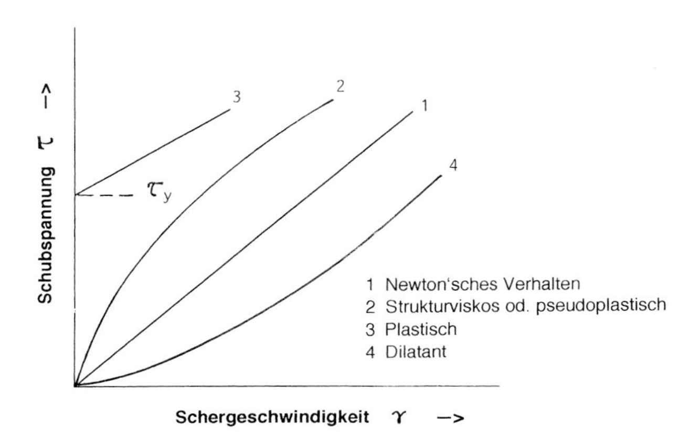

Abb. 179. Fließkurven von Flüssigkeiten.

Flüssigkeiten bekannt. Die Viskosität ist keine Stoffkonstante mehr, da diese Flüssigkeiten je nach der Schergeschwindigkeit unendlich viele Viskositätswerte aufweisen.

Die graphische Aufzeichnung der Schubspannung als Funktion der Schergeschwindigkeit wird als Fließkurve bezeichnet. In Abbildung 179 werden Fließkurven von Flüssigkeiten dargestellt.

Die Schubspannung von *strukturviskosen* beziehungsweise *pseudoplastischen* Flüssigkeiten ist nicht linear, sondern eine Funktion der Schergeschwindigkeit. Darunter fallen zahlreiche trübe und pulpehaltige Frucht- und Gemüsesäfte (siehe Tab. 64). Dilatante Flüssigkeiten zeigen mit zunehmender Schubspannung eine überproportionale Zunahme der Viskosität. Zu dieser Stoffgruppe gehören zum Beispiel eine Suspension von Stärke in Wasser, Anstrich- und Ölfarben usw.

Stoffe, die erst von einer gewissen Schubspannung (τ_y = Fließgrenze) an fließen, haben plastische Eigenschaften. Bei Flüssigkeiten mit *thixotropen* Eigenschaften, die auf einer mechanischen, reversiblen und isothermen Strukturveränderung beruhen, nimmt die Viskosität als Funktion der Scherzeit ab. Die Anfangsstruktur dieser Flüssigkeit stellt sich dabei nach einer bestimmten Ruhezeit wieder ein. Orangensaftkonzentrat von 60 °Brix (Mizrahi und Berk 1970) und trübes Apfelsaftkonzentrat (cloudy juice) von 65 °Brix (Saravacos 1970) bei einer Temperatur unter 50 °C verhalten sich wie thixotrope Flüssigkeiten. Für weitere Hinweise über rheologische Daten von zahlreichen Fruchtsäften sei auf das Werk von

Tab 64. Scheinbare Viskosität von Birnenpüree bei verschiedenen Konzentrationen, Temperaturen und Schergeschwindigkeiten (Harper und Lebermann 1962)

Trockensubstanz	Temperatur	Scheinbare Viskosität (mPa·s) bei einer Schergeschwindigkeit von	
(%)	(°C)	10 s^{-1}	100 s^{-1}
18,3	32,0	689	211
	49,0	579	177
	65,6	494	150
	82,0	442	135
31,0	32,0	3072	866
	49,0	2486	702
	65,6	1939	553
	82,0	1611	464

NAGY, CHEN und SHAW (1993) verwiesen.

5.3.3 Herstellung von Frucht- und Gemüsemarkkonzentraten durch thermische Konzentrierung

Bei der Konzentrierung von pulpehaltigem Frucht- und Gemüsemark, das sich als Nicht-Newton-Flüssigkeit verhält, herrschen in Bezug auf das rheologische und thermische Produktverhalten ganz andere Verhältnisse als zum Beispiel bei der Konzentrierung von klaren Fruchtsäften, die sich als Newton-Flüssigkeiten ohne größere Schwierigkeiten in entsprechenden Filmverdampfern eindicken lassen.

Schon bei naturtrüben Fruchtsäften, zum Beispiel Citrussäften, die suspendierte Pulpeteilchen enthalten und demzufolge als Nicht-Newton-Flüssigkeiten bereits eine hohe Ausgangsviskosität aufweisen können, sind die Konzentrierprobleme merklich größer, als bei klaren Fruchtsäften.

Noch größere technische und technologische Probleme können bei der thermischen Konzentrierung von pulpehaltigem Frucht- und Gemüsemark entstehen, da diese Produkte, je nach dem Pulpegehalt ausgeprägte strukturviskose beziehungsweise pseudoplastische Eigenschaften besitzen und bei der Eindickung sehr viskose und klebrige Massen bilden können. Dadurch kommt es schon zu Beginn des Eindickungsprozesses, das heißt bei einem verhältnismäßig niedrigen Verdampfungsgrad, zu einem schnellen Ansteigen der Viskosität der eingedickten Masse und damit zu einem beträchtlichen Absinken oder zur völligen Unterbrechung der Wasserverdampfung. Mit steigender Temperatur kann es dann leicht zu Anbrennungen wie auch zu Farb- und Geschmacksveränderungen der eingedickten Masse kommen.

Ob bei der thermischen Konzentrierung von Frucht- und Gemüsemark Markkonzentrate von genügend guter Qualität hergestellt werden können, hängt in erster Linie von der Beschaffenheit des zur Eindickung bestimmten Ausgangsmaterials ab. Dabei sind der Pulpe- und Pektinstoffgehalt beziehungsweise die Pulpe/Serum-Ratiowerte und die dynamische Viskosität des Serums sehr wichtige Faktoren, die einerseits auf die Stabilität des betreffenden Markes großen Einfluss haben, andererseits bei der thermischen Konzentrierung erhebliche Schwierigkeiten verursachen können.

Um diese Schwierigkeiten bei der Konzentrierung nach Möglichkeit zu vermeiden, müssten diese Werte bekannt sein beziehungsweise vor der Markeindickung bestimmt werden. So kann nach ŠULC (1984a) jegliches Frucht- und Gemüsemark mit Pulpe/Serum-Ratiowerten unter 0,5 und dynamischen Serum-Viskositätswerten unter 7 mPa · s (hauptsächlich strukturviskoses Tomaten-, Paprika-, Sauerkirschenmark usw.) ohne größere Schwierigkeiten in geeigneten Verdampferanlagen, zum Beispiel in Rohrverdampfern mit Zwangsumlauf, sogar bis zu einem Trockensubstanzgehalt von 40 % eingedickt werden. Frucht- und Gemüsemark mit Pulpe/Serum-Ratiowerten von 0,5 bis 1,2 und dynamischen Serumviskositätswerten von 7 bis 20 mPa · s nehmen weniger strukturviskose, sondern mehr plastische Eigenschaften an, zum Beispiel Erdbeer-, Himbeer-, Brombeer- oder Karottenmark usw. Diese Produkte können auch in speziell konstruierten Verdampfern vielfach nicht ohne Schwierigkeiten eingedickt werden. Wohl ist eine Konzentrierung in einstufigen Dünnschichtverdampfern mit rotierenden Einbauten grundsätzlich möglich, dabei müssen aber im Allgemeinen kleine Verarbeitungskapazitäten und größere Betriebskosten wie auch gewisse thermische Produktschädigungen, besonders bei hitzeempfindlichem Beerenmark, in Kauf genommen werden.

Pulpereiches Frucht- und Gemüsemark weist größtenteils Pulpe/Serum-Ratiowerte von 1,4 bis 2,0 und dynamische Serum-Viskositätswerte von 24 bis sogar über 160 mPa · s auf und besitzt demzufolge bereits sehr ausgeprägte plastische Eigenschaften, so zum Beispiel Karottenmark, Aprikosen-, Pflaumen-, Mangomark usw. Früher waren solche Produkte meist nur unter größten Schwierigkeiten zu konzentrieren. In den letzten Jahren wurden hier neue Verdampfertypen (Plattenverdampfer und spezielle Fallstromverdampfer) entwickelt, mit denen diese Produkte erfolgreich konzentriert werden können.

Versuche zur Konzentrierung von Fruchtpürees wurden in der Vergangenheit sowohl in einer mechanisch bewegten Filmverdampfungsanlage (Harper 1960) als auch in einem dampfbeheizten Autoklav mit Spezialrührwerk (Saravacos und Moyer 1967) durchgeführt. In beiden Fällen zeigte es sich, dass der Wärmedurchgangskoeffizient (k) mit steigender Konzentration der eingedickten Masse sehr stark abnimmt, was in erster Linie auf die plastischen Eigenschaften der Fruchtpürees zurückgeführt werden muss. Dadurch kam es zu einem Absinken der Wasserverdampfung und damit zu einer unbefriedigenden Eindickung von Fruchtpürees. Wucherpfennig (1964) versuchte das Problem der Eindickung eines fruchtfleischhaltigen Pflaumensaftes so zu lösen, dass er vorher die groben Fasern mittels einer Siebschleuder entfernte und den gewonnenen Saft, zusammen mit den feinen Fasern, in zwei verschiedenen, miteinander kombinierten Eindampfanlagen (Wiegand-Fallstromverdampfer mit einem Luwa-Dünnschichtverdampfer) unter Aromagewinnung auf einen Trockensubstanzgehalt von etwa 65 % einengte.

Eine erfolgreiche Weiterentwicklung auf diesem Gebiet stellte damals der Wurling-Verdampfer mit rasch rotierenden Spiralheizrohren (Carlson et al. 1967) und der Rotationswendelrohrverdampfer (Bielig und Klettner 1973) dar (siehe Abb. 167, Seite 358). Diese Verdampfertypen wurden über Jahre hinweg speziell für die Konzentrierung von Tomatenpasten, Konfitüren, verschiedenen Pulpen wie auch für die Konzentrierung von Frucktnektaren eingesetzt (Lüthi 1969). All diese verschiedenen Versuche und Entwicklungsarbeiten mit speziellen Verdampfertypen haben gezeigt, dass man bei der Konzentrierung von Frucht- und Gemüsemark den strukturellen Eigenschaften dieser Produkte die größte Aufmerksamkeit widmen muss. Deshalb können für die Eindickung von Frucht- und Gemüsemark nur solche Verdampfungsanlagen eingesetzt werden, die den rheologischen und thermischen Eigenschaften dieser Produkte Rechnung tragen. Trotz aller Fortschritte in der Eindampftechnik stellt der Konzentriergrad solcher Produkte nach wie vor den begrenzenden Faktor dar. Dieser wird neben dem Ratio (Gewichtsverhältnis Pulpe/Serum) vor allem durch die Viskosität, den Trockensubstanzgehalt und damit durch den Wärmedurchgangskoeffizienten (k) des eingedickten Produktes begrenzt.

5.3.3.1 Herstellung von Frucht- und Gemüsemarkkonzentraten durch Phasentrennung

Das Prinzip der Phasentrennung von markhaltigen Säften wurde erstmals von Pimazzoni (1961) aufgezeigt, indem er Tomatensaft zentrifugierte und die feste Phase, die so genannte Pulpe (Fruchtfleisch) von der flüssigen Phase, dem so genannten Serum (Saft), trennte. Das gewonnene Serum dickte er in einem Dünnschichtverdampfer zu Serumkonzentrat ein und vermischte es mit der vorher getrennten Pulpe. Nach diesem „*Serumverfahren*“ gewonnenes Tomatenkonzentrat wies eine bessere Qualität (Farbe, Aroma) auf als Tomatenkonzentrat, das nach dem klassischen Verfahren durch direkte Eindickung des Tomatensaftes hergestellt worden war.

Durch eingehende Qualitätsuntersuchungen von Tomatenkonzentraten, die nach dem klassischen und nach dem Serumverfahren hergestellt wurden, konnten die Vorteile des Serumverfahrens im vollen Umfange bestätigt werden (Šulc et al. 1976). Kopelman und Mannheim (1964) stellten ebenfalls fest, dass der Wärmedurchgangskoeffizient (k) bei der Herstellung von Tomatenkonzentrat nach dem Serumverfahren viel höher ist als beim klassischen Verfahren. Ebenso ist zu erwähnen, dass mit dem Serumkonzentrierverfahren nicht nur einheimische Rohstoffe, sondern auch viele subtropische und tropische Früchte, wie zum Beispiel Citrus, Ananas, Banane, Mango, Papaya usw. zu entsprechenden naturtrüben oder pulpehaltigen Konzentraten verarbeitet werden können. PELEG und MANNHEIM (1970) konnten zeigen, dass ein nach dem Serumkonzentrierverfahren hergestelltes Orangensaftkonzentrat eine bessere Qualität aufweist als ein nach dem Cut-back-Verfahren hergestelltes. Ebenso haben ASKAR et al. (1981) bei der Konzentrierung von pulpehaltigem Mangosaft festgestellt, dass das Serumkonzentrierverfahren mit anschließender Gefrierkonzentrierung oder thermischer Konzentrierung des Serums qualitativ bessere Produkte ergibt als die direkte Gefrierkonzentrierung oder Eindampfung von Mangosaft.

Das Serumverfahren ist vor allem für die Verarbeitung von weniger viskosen Produkten wie Tomaten- und Paprikasaft gut geeignet. Dagegen hat sich dieses Verfahren bei der Verarbeitung von sehr viskosem Frucht- beziehungsweise Gemüsemark, das mehr Fruchtfleisch und damit ein höheres Ratio (Gewichtsverhältnis Pulpe/Serum) besitzt, nicht bewährt. Es wurde festgestellt, dass mit dem Anstieg der Viskosität des separierten Marks der Separiereffekt sehr stark absinkt. Das gewonnene Serum enthält zuviel Fruchtfleischteilchen und die separierte Pulpe ist oft klebrig und enthält zuviel Flüssigkeit. Ebenso zeigte es sich, dass die Separatoren einen zu kleinen Schlammraum besitzen, so dass damit eine Produktion im industriellen Maßstab nicht möglich war.

Den Schlüssel der Lösung zur industriellen Herstellung von Frucht- und Gemüsemarkkonzentraten haben ŠULC und ĆIRIĆ (1966, 1968, 1969a,b) in ihrem patentierten „modifizierten Serumverfahren" gefunden, das zuerst durch eine entsprechende enzymatische Maischebehandlung sowie auch durch ein entsprechendes Passieren der Maische, und anschließend durch Anwendung einer Dekanterzentrifuge zur Trennung der Pulpe vom Serum gekennzeichnet ist.

5.3.3.1.1 Modifiziertes Serumverfahren von Šulc und Ćirić

Die Herstellung der Markkonzentrate nach dem modifizierten Serumverfahren von ŠULC und ĆIRIĆ (1969b) erfolgt nach den in Abbildung 180 aufgezeigten Verarbeitungsoperationen. Die gewonnene Mai-

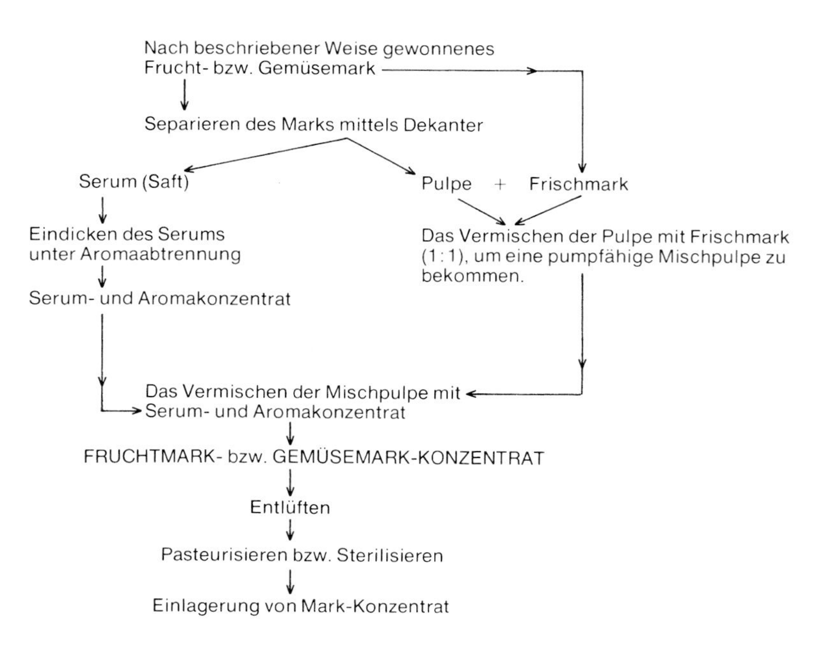

Abb. 180. Verarbeitungsoperationen bei der Herstellung von Fruchtmark- bzw. Gemüsemarkkonzentraten (ŠULC und ĆIRIĆ 1965).

sche wird dabei zuerst einer thermischen und dann einer enzymatischen Behandlung mit mazerierenden Enzymen unterworfen. Dabei sollen die Pektinstoffe einem optimalen, nicht zu weitgehenden Abbau unterzogen werden. Dadurch wird die Viskosität der Maische beziehungsweise des Marks vor dem Separieren im Dekanter auf einen optimalen Wert herabgesetzt. Die Struktur der Maischepartikel soll dabei nur dahingehend verändert und gelockert werden, dass sich nach dem Passieren der Maische das gewonnene Mark im Dekanter leicht und vollständig separieren lässt.

Passieren

Nach der Hitzeinaktivierung der mazerierenden Enzyme wird die noch über 100 °C heiße Maische unter Dampfabschirmung grob (Lochdurchmesser 1,2 mm) und fein (Lochdurchmesser 0,8 mm) passiert. Bei zu feinem Passieren werden zu feine Pulpenteilchen erhalten, welche sich im Dekanter nur schwer und unvollständig vom Serum abtrennen lassen, da die Unterschiede im spezifischen Gewicht zwischen flüssiger und fester Phase zu gering sind. Das heiß gewonnene Frucht- beziehungsweise Gemüsemark wird zuerst auf Normaltemperatur zurückgekühlt und vor der weiteren Verarbeitung zu Markkonzentrat in Großtanks steril zwischengelagert.

Separieren

Beim Separieren der viskosen und schleimigen Frucht- und Gemüsemaischen im Dekanter muss sowohl mit einer langen Trennzone als auch mit einer langen Trockenzone gearbeitet werden. Dabei soll der Konus der Trockenzone nicht zu steil, sondern vielmehr flach verlaufen. Durch Änderung der Dekantereinstellung (Differenzdrehzahl, Stauchscheibe, Einlaufkammer, Gegendruck, Leistung usw.) können verschiedene Stufen des Fruchtfleischanteils im Serum erhalten werden (siehe Abb. 181). Über den Einsatz des Dekanters zur kontinuierlichen Herstellung von klaren und trüben Frucht- und Gemüsesäften berichten unter anderen Šulc (1968), Rao et al. (1975), Bielig und Wolff (1973b), Hamatschek und Günnewig (1993), Beveridge (1994), Hamatschek et al. (1995) und Bierschenk et al. (1995).

Die Ausbeute beim Separieren von Frucht und Gemüsemark mittels Dekanter ist stark vom Fruchtfleischgehalt des Marks beziehungsweise vom Ratio (Gewichtsverhältnis Pulpe/Serum), von der Pulpenteilchengröße, von der Viskosität und dem Trockensubstanzgehalt des Marks wie auch von der Dekantereinstellung abhängig. Sie liegt, auf Ausgangsmark berechnet, innerhalb folgender Grenzen:

Pulpe (Fruchtfleisch) 4 bis 16 %
Serum (Saft) 84 bis 96 %.

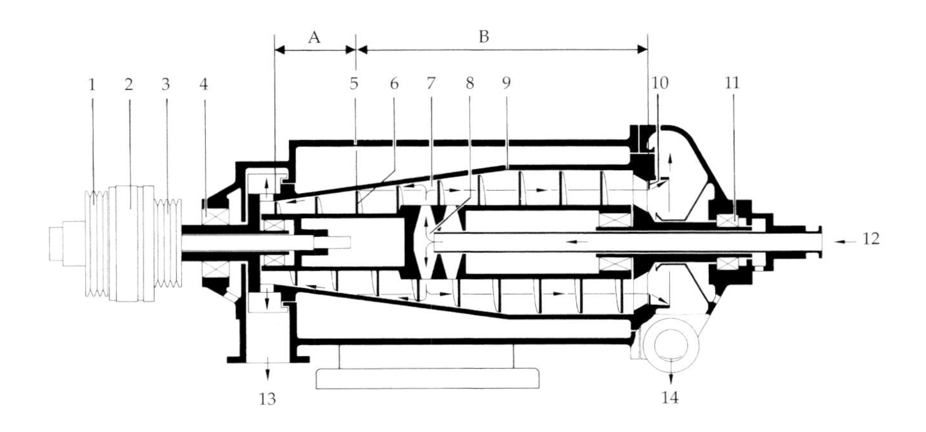

Abb. 181. Westfalia-Dekanter Typ 365/366 mit freiem Austritt der geklärten Flüssigkeit (Westfalia Separator AG).
A = Entfeuchtungszone
B = Klärzone
1 = Riemenscheibe (Schneckenantrieb)
2 = Kurvenscheiben-Getriebe
3 = Riemenscheibe (Trommelantrieb)
4 = Trommel-Hauptlager
5 = Gehäuse
6 = Schnecke
7 = Separationsraum
8 = Verteiler
9 = Trommel
10 = Regulierscheibe
11 = Trommel-Hauptlager
12 = Zulauf
13 = Austrag, Feststoff
14 = Freier Austritt der geklärten Flüssigkeit

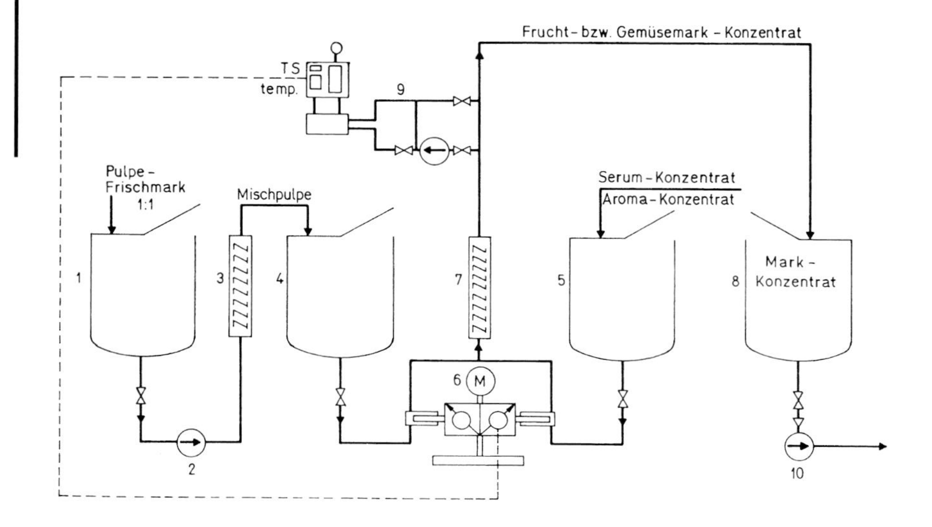

Abb. 182. Dosier- und Mischanlage für Serumkonzentrate und Mischpulpen (Bran & Lübbe GmbH).

Die separierte Pulpe enthält 75 bis 85 % Wasser beziehungsweise 15 bis 25 % Trockensubstanz, je nach dem Trockensubstanzgehalt des Marks und je nach der Dekantereinstellung. Das separierte Serum (Saft) enthält den gleichen Trockensubstanzgehalt (°Brix) wie das Ausgangsmark.

Die im Dekanter abgetrennte Pulpe kann über einen Schrägschneckenelevator und eine Dosierwaage in zwei Maischebehälter befördert werden. Das zentrifugierte und von Pulperesten befreite Serum wird vor der eigentlichen Konzentrierung zwischengelagert.

Serumkonzentrierung

Das Serum wird in einer geeigneten Verdampfungsanlage bei möglichst hohem Vakuum und niedriger Temperatur auf 65 bis 70 °Brix eingedickt, wobei das Aroma abgetrennt und separat gelagert wird.

Mischprozess

Die Endstufe zur Herstellung von Markkonzentraten nach diesem Verfahren umfasst die Vermischung der separierten Pulpe mit Serum- und Aromakonzentrat. Gerade bei diesem Prozess entstehen sehr oft technische Mischprobleme. Vor allem ist die gewonnnene Pulpe ziemlich trocken und lässt sich nur schwer fördern und gründlich mit dem Serumkonzentrat vermischen. Um diese Probleme erfolgreich lösen zu können, wird die Pulpe zuerst mit frischem Mark in einem Mischverhältnis von eins zu eins vermischt, wodurch eine pumpfähige Mischpulpe erhalten wird.

Wie diese Mischpulpe weiter aufgemischt werden kann, ist aus Abbildung 182 ersichtlich. Die Mischpulpe (Pulpe/Frischmark 1 : 1) wird zuerst aus einem Behälter (1) mittels einer Exzenterschneckenpumpe (2) über einen statischen Mischer (3) gut vermischt und homogenisiert und dann im nächsten Mischbehälter (4) aufgefangen. Andererseits wird das Serum- und Aromakonzentrat in einem Serumkonzentratbehälter (5) gut vermischt aufbewahrt. Über die Dosier- und Mischeinrichtung (6) wird die erforderliche Menge Mischpulpe mit der entsprechenden Menge Serumkonzentrat, mit oder ohne Zugabe von Aromakonzentrat, zusammengemischt und homogenisiert. Die gewonnene Mischung wird über einen N-förmigen statischen Mischer (7) gefördert und das fertige Produkt in Behälter (8) aufgefangen. Der ganze Dosier- und Mischprozess wird durch eine Regeleinrichtung mit einem eingebauten Refraktometer (9) gesteuert, so dass je nach dem Trockensubstanzgehalt des Ausgangsmarks gut vermischte und homogenisierte

Tab 65. Ausbeute an Markkonzentrat aus verschiedenen Rohstoffen

Markkonzentrate mit 30 % TS	Ausbeute an Markkonzentrat berechnet auf: Ausgangsmark (%)	Ausgangsrohstoff (%)
Erdbeere bzw. Himbeere	28–33	25–30
Aprikose bzw. Pfirsich	40–46	30–37
Birne	46–56	40–50
Pflaume	55–70	45–60
Tomate	15–16	13–15
Paprika	28–32	22–26
Karotte	28–32	25–28

Frucht- und Gemüsemarkkonzentrate von 30 bis 40 °Brix hergestellt werden können.

Fertigstellung
Anschließend kann nach Bedarf auch eine feine Vermahlung und Homogenisierung der Markkonzentrate mittels einer Korundscheibenmühle durchgeführt werden. Eine zu feine Vermahlung kann unter Umständen schaden (z.B bei Tomatenmarkkonzentrat), weil die Markkonzentrate mit kleinerem Ratio (wenig Fruchtfleischteilchen) dabei ihre thixotropen Eigenschaften verlieren und nach kürzerer Lagerzeit sogar eine Synärese zeigen können (Marko 1975).

Die Markkonzentrate werden dann entlüftet, pasteurisiert beziehungsweise sterilisiert und in Großlagertanks oder für den Export vielfach in Dosen von fünf oder zehn Kilogramm abgefüllt. Die Lagerung der Markkonzentrate soll bei etwa 2 °C erfolgen.

Ausbeute an Markkonzentraten
Je nach dem Trockensubstanzgehalt des Ausgangsmarks kann man Markkonzentrate mit einem Trockensubstanzgehalt von 30 bis 40 oder sogar 50 % (zum Beispiel Pflaumenmarkkonzentrat) gewinnen. Bei höherem Trockensubstanzgehalt sind jedoch die gewonnenen Markkonzentrate sehr schwer oder gar nicht pumpfähig, vor allem nach der Kaltlagerung. Deswegen stellt man heute Markkonzentrate von 28 bis 30 °Brix, seltener 38 bis 40 °Brix (zum Beispiel Tomatenmarkkonzentrat) her, wodurch qualitativ hochwertige, pastöse und gleichzeitig pumpfähige Markkonzentrate erhalten werden. Die Ausbeute an Markkonzentrat mit einem Trockensubstanzgehalt von 28 bis 30 % ist in Tabelle 65 aufgeführt. Die Ausbeute zeigt eine große Schwankungsbreite und ist stark vom Trockensubstanzgehalt des Ausgangsmarks, vom Pulpegehalt beziehungsweise vom Ratio wie auch von der Arbeitsweise abhängig.

Obwohl das Serumkonzentrierverfahren eine erfolgreiche und wirtschaftliche Eindickung von pulpehaltigem Frucht- und Gemüsemark ermöglicht (vgl. Pala und Bielig 1978), hat dieses Verfahren nur in einigen Fruchtsaftbetrieben in Jugoslawien, Italien, Israel, Ägypten und in der Türkei eine begrenzte Anwendung gefunden. Durch die in den letzten Jahren erzielten Fortschritte in der Konstruktion von geeigneten Verdampfern, welche eine schnelle und einfache Technologie für die Konzentrierung von Frucht- und Gemüsemarks ermöglichen, wird das modifizierte Serumverfahren in der industriellen Praxis nur noch selten eingesetzt.

5.3.3.2 Verdampferanlagen für die Konzentrierung von Frucht- und Gemüsemark

Dünnschichtverdampfer System Luwa
Dieser Verdampfertyp wurde bereits in Kapitel 5.2.1.2.1 Seite 351 eingehend beschrieben.

In Abbildung 183 wird in einem Verfahrensschema aufgezeigt, wie dieser Dünnschichtverdampfer optimal zur Entaromatisierung und Konzentrierung von Frucht- und Gemüsemark eingesetzt werden kann. Das aus der Vorbehandlung

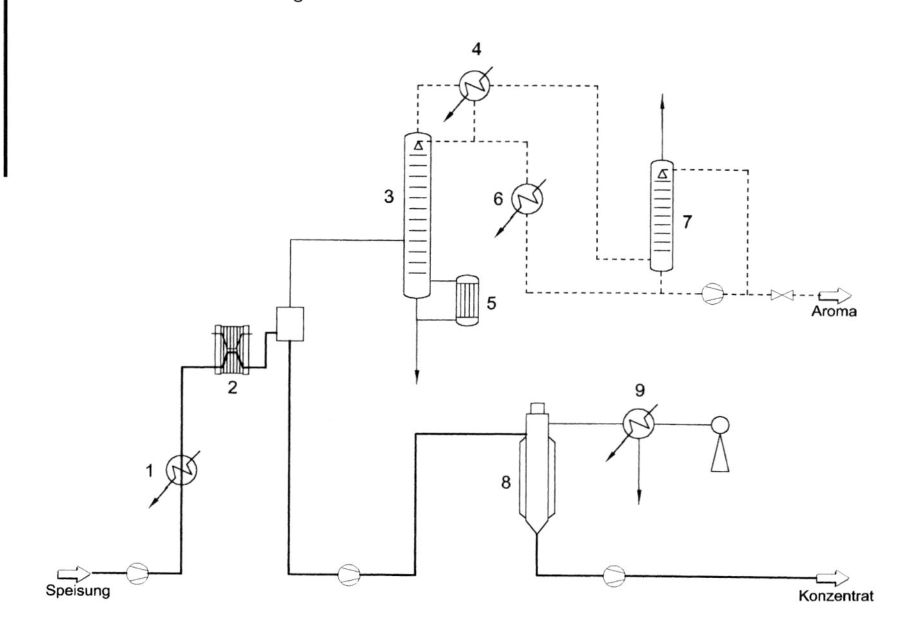

Abb. 183. Kombinierte Eindampf- und Aromagewinnungsanlage mit Dünnschichtverdampfer, System Luwa, zur Behandlung von Frucht- und Gemüsemark (Tero-Pam GmbH).
1 = Produktvorwärmer
2 = Vorverdampfer (Plattenverdampfer)
3 = Kolonne
4 = Kondensator
5 = Bodenverdampfer
6 = Solekühler
7 = Waschkolonne
8 = Dünnschichtverdampfer System Luwa
9 = Kondensator.

kommende Fruchtmark wird durch den Vorwärmer (1) in den Vorverdampfer (2 = Plattenverdampfer) gepumpt, wo je nach Fruchtsorte 10 bis 40 % der Wassermenge abgedampft werden. Die aromahaltigen Brüden werden in der Kolonne (3) angereichert. Das entaromatisierte Fruchtmark wird im Dünnschichtverdampfer (8) auf die gewünschte Endkonzentration gebracht. Der Dünnschichtverdampfer System Luwa wird in Größen von 0,125 bis 40 m^2 Heizfläche gebaut und besitzt eine Wasserverdampfungsleistung von 150 bis 300 kg/h · m^2. Sein spezifischer Dampfverbrauch beträgt 1,15 kg Dampf pro Kilogramm verdampftes Wasser. Die k-Werte für die Fruchtsaftkonzentrierung liegen zwischen 1 628 und 2 326 W/K · m^2. Der Stromverbrauch für den Rotorantrieb beträgt je nach Apparategröße 1,5 bis 36 kWh, die Verweilzeit im Apparat 10 bis 45 Sekunden und die Brüdengeschwindigkeit etwa 30 m/s.

Steigstromplattenverdampfer Tetra Alvap EC

Dieser Kassettenverdampfer von Tetra Pak nach dem Steigstromprinzip kam 1984 auf den Weltmarkt. Das Besondere an diesem Plattenverdampfer liegt im perfekten Gleichgewicht zwischen Flüssigkeit und Dampf während des gesamten Verdampfungsvorganges. Der Produktkanal ist besonders weit und hat keine Kontaktpunkte, so dass auch pulpehaltige Produkte beziehungsweise Pürees bis auf etwa 30 °Brix eingedickt werden können. Bei Kirschen- und Mangomark werden sogar 36 °Brix erreicht. Klare Säfte können im Tetra Alvap EC bis auf über 70 °Brix konzentriert werden.

Alvap EC erlaubt in Verbindung mit einer produktseitigen Serienschaltung eine günstigere Wärmeübertragung. Der Energiebedarf lässt sich wesentlich reduzieren, indem man zwei oder mehrere Verdampfereinheiten in Serie schaltet (siehe Abb. 184). Der Verdampfer kann problemlos mit verschiedenen Aromarückgewinnungssystemen kombiniert werden.

Unipektin-Eindampf- und Aromagewinnungsanlage für Fruchtmark und Fruchtsäfte

Beim kombinierten Verdampfer für Fruchtmark und Fruchtsaft handelt es sich um eine Anlage, die innerhalb von Stunden von Fruchtmark auf Saft umgestellt

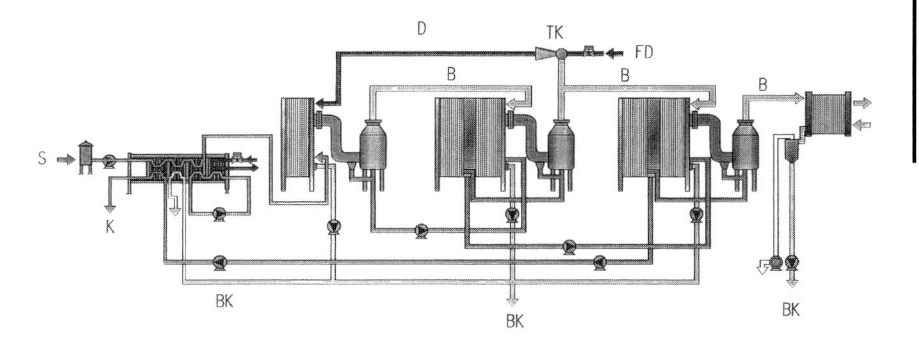

Abb. 184. Schema des dreistufigen Steigstromverdampfers Tetra Alvap EC 352 mit 5 Gruppen in Reihe geschaltet, mit Thermokompression über zwei Stufen. Der Verdampfungsanlage ist ein Plattenapparat vorgeschaltet. Saftzulaufmenge bis zu 60000 kg/h. Verdampfte Wassermenge bis zu 50000 kg/h. Relativer Dampfverbrauch: 0,19–0,22 kg/kg, S = Safteingang, K = Konzentratablauf, D = Dampf, FD = Frischdampf, TK = Thermokompressor, B = Brüdendampf, BK = Brüdenkondensat/Wasser (Tetra Pak, Lund, Schweden).

werden kann und umgekehrt. Dieser Verdampfer erlaubt damit die optimale Konzentrierung von Saft auf 71 °Brix oder von Fruchtmark, zum Beispiel Aprikosen- oder Pfirsichmark auf 32 °Brix. Diese Anlagen werden für Verdampfungsleistungen von 5 000 bis 25 000 kg/h gebaut.

Der Verfahrensablauf in einer solchen Anlage ist für Fruchtmark in Abbildung 185 schematisch dargestellt. Das Fruchtmark kommt warm aus der Produktion zur Vakuumentgasung und zur weiteren Vorwärmung durch die Röhrenwärmetauscher 7, 6, 5 in die erste und anschließend zweite Halbierung von Stufe I und II. Die weitere Konzentrierung erfolgt in den beiden Rezirkulationsstufen III und IV. Durch diese Schaltung kann die Entaromatisierung bei der schonenden Temperatur von rund 75 °C stattfinden. Etwa 50 % der Saftmenge werden für die Aromagewinnung abgedampft. Die aromahaltigen Brüden und das aromahaltige Kondensat aus der ersten und zweiten Abdampfung (Körper II und III) werden in einer Glockenbodenkolonne durch Gegenstromdestillation aufkonzentriert. Eine mit Glykol gekühlte Auswaschanlage verhindert den Verlust leichtflüchtiger Aromastoffe. Das Fruchtmarkkonzentrat wird nach der vierten Verdampfungsstufe in einem Unipektin-QR-Kühler auf 25 °C heruntergekühlt.

Drehtellerkolonne für die Entaromatisierung von pulpösen Säften

Bei der Drehtellerkolonne der Firma Flavourtech Ltd., Reading, England, handelt es sich um eine Rektifizierkolonne mit rotierenden, konischen Einsätzen, die sich nicht nur für die schonende Entaromatisierung von Säften, sondern auch von Frucht- und Gemüsemark bestens eignet (siehe hierzu Seite 370). Es handelt sich bei der Drehtellerkolonne um ein senkrecht gestelltes Rohr, ausgestattet mit ineinandergreifenden Konen, die abwechslungsweise fix auf der Innenseite des Rohres oder an der Achse der im Rohr rotierenden Welle montiert sind (Abb. 186). Das von oben nach unten fließende Saftprodukt und der aufsteigende Dampf strömen durch die freien Räume zwischen den stillstehenden und drehenden Konen. Die darauf fixierten Plättchen versetzen Flüssigkeit und Dampf in Rotation. Der Apparat wirkt dadurch wie eine Zentrifugalpumpe und verringert so den normalen Druckabfall der Kolonne. Daraus resultieren folgende Vorteile: große Kontaktfläche zwischen Flüssigkeit und Dampfphase, hohe Geschwindigkeiten beider Phasen, intensiver Wärme- und Stoffaustausch sowie sehr kurze Aufenthaltszeiten. Im Vergleich zu konventionellen Aromagewinnungsanlagen sind die erforderlichen Abdampfraten sehr gering.

Flavourtech Ltd. offeriert Drehtellerkolonnen mit einer Durchsatzleistung von 100 bis 40 000 Litern pro Stunde. Bei oxidationsempfindlichen Produkten kann anstelle von Dampf ein inertes Gas zum Austreiben der Aromastoffe im Vakuum eingesetzt werden. Die Drehtellerkolonne wurde mit Erfolg zur Entaromatisierung von Passionsfruchtsaft und anderen tropischen Säften sowie von Citrussäften eingesetzt (Menzi 1988, Casimir 1990). Für

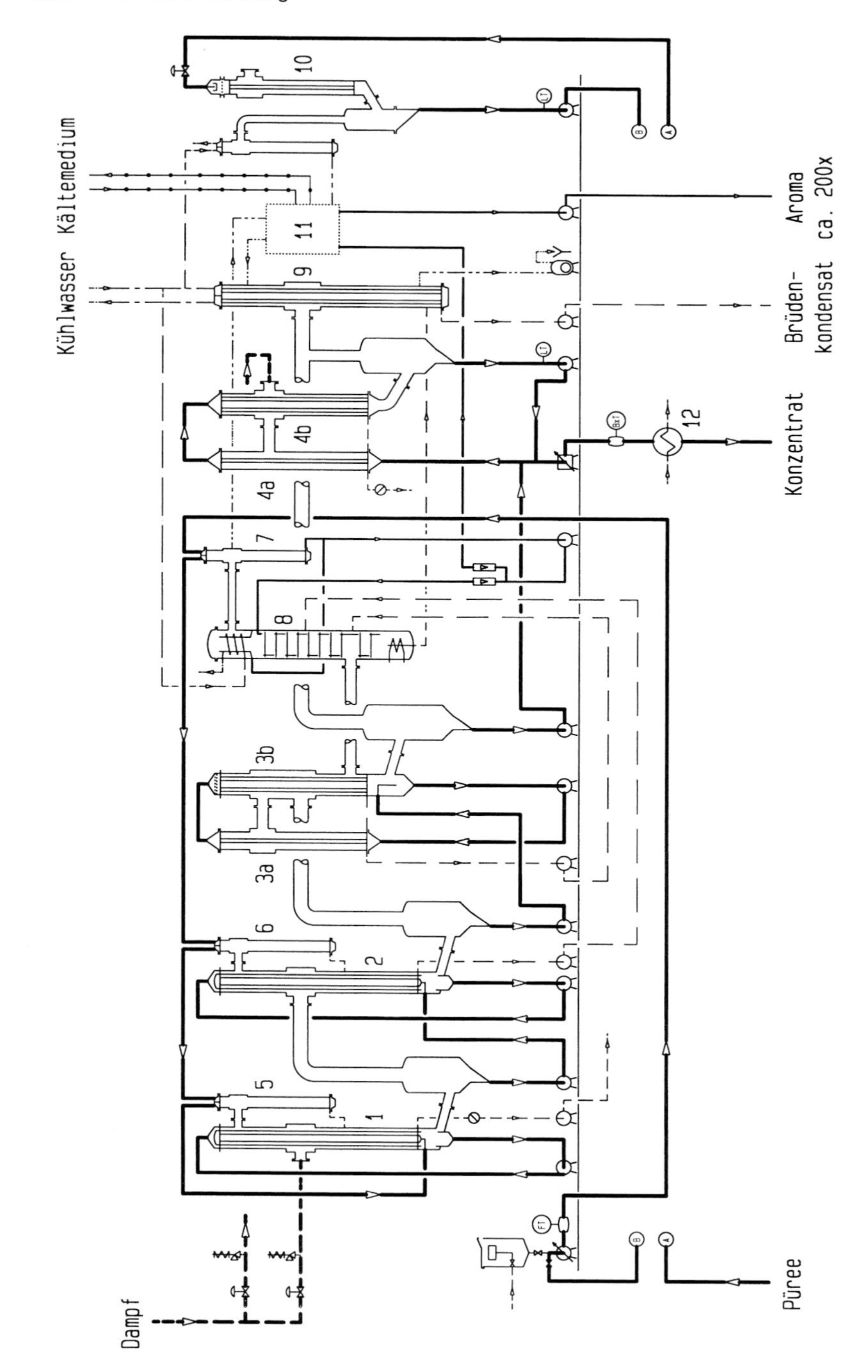

Abb. 185. Kombinierte Eindampf- und Aromagewinnungsanlage für Fruchtmark und Fruchtsäfte, System Unipektin (die dargestellte Fahrweise gilt für Püree bzw. Mark).

1 = Verdampferkörper I mit Halbierung
2 = Verdampferkörper II mit Halbierung
3a = Vorwärmstufe III
3b = Rezirkulations-Verdampferkörper III
4a = Vorwärmstufe IV
4b = Rezirkulations-Verdampferkörper IV
5 = Röhrenwärmer I
6 = Röhrenwärmer II
7 = Röhrenwärmer III
8 = Kolonne
9 = Oberflächenkondensator
10 = Vakuumentgaser
11 = Aromagewinnung
12 = Konzentratkühlung.

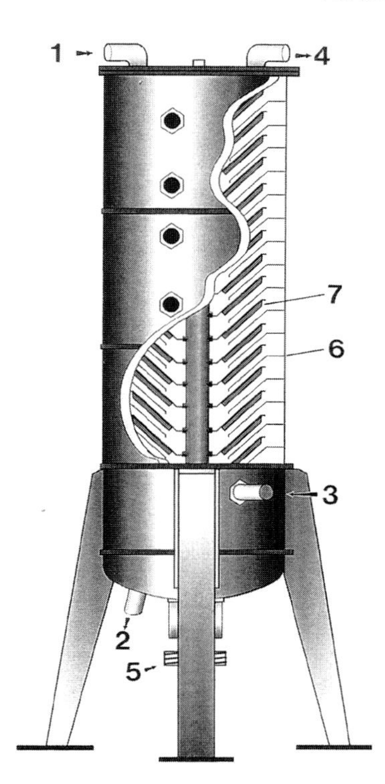

Abb. 186. Schnittbild Drehtellerkolonne von Flavourtech Ltd. für die Entaromatisierung von klaren Säften und Pürees.
1 = Produktzufuhr
2 = Produktausgang
3 = Dampf/Inertgas ein
4 = Dampf + Aroma/Inertgas aus
5 = rotierende Welle
6 = feststehender Teller
7 = rotierender Teller.

die Konzentrierung von Säften ist die Drehtellerkolonne in energetischer Hinsicht jedoch nicht geeignet.

5.3.3.3 Herstellung von Gemüserohsaftkonzentraten

Die Eindickung von Gemüserohsäften unterscheidet sich prinzipiell nicht oder sehr wenig von der Eindickung von Fruchtsäften. Zu einem großen Teil kann eine Markkonzentratanlage auch für die Herstellung von Gemüserohsaftkonzentraten verwendet werden. In diesem Fall wird der hergestellte Gemüserohsaft (vgl. Kapitel 4.2.1) zur Abtrennung von Pulpeteilchen oder eventuellem Trub vor der Konzentrierung über einen Separator geführt. Zur Herstellung von völlig klaren Gemüserohsaftkonzentraten wird der zentrifugierte Saft zuvor nach Bedarf depektinisiert, dann geklärt und filtriert.

Die bei der Saftverdampfung anfallenden aromahaltigen Brüdenkondensate werden zwecks Anreicherung der Aromastoffe in einer geeigneten Aromaanlage rektifiziert und auf 1 zu 100 konzentriert. Dieses Aroma kann bei der Fertigstellung von Gemüsesäften oder anderen Gemüseprodukten dem fertigen Produkt wieder zugegeben werden. Das abgetrennte Aroma wird entweder in Großlagertanks oder in entsprechender Glasemballage aufbewahrt und kalt bei etwa 2 °C gelagert.

Für die Einlagerung des gewonnenen Gemüserohsaftkonzentrats wird es in einem Röhrenerhitzer bei einer Temperatur von 110 bis 125 °C und einer Haltezeit von ein bis drei Minuten (je nach Gemüseart) sterilisiert. Die sterilisierten Gemüserohsaftkonzentrate werden anschließend in der Kühlzone eines Röhrenerhitzers entweder auf 90 °C zurückgekühlt und danach heiß (30–37 °C) eingedost, oder man kühlt sie auf Normaltemperatur zurück und lagert sie kaltsteril in entsprechend vorbehandelte Großlagertanks, nach Möglichkeit unter Stickstoffatmosphäre, bei etwa 2 °C ein.

Die Gemüserohsaftkonzentrate weisen einen Trockensubstanzgehalt von 40 bis 70 % auf, je nach Rohstoffart und Anwendungszweck. Sie können als wertvolle Halbfabrikate zur Herstellung von verschiedenen Gemüsesäften, Gemüsesaftprodukten, Saucen, Fertiggerichten, Suppen usw. dienen. Man kann sie auch trocknen und zu Pulver verarbeiten.

6 Lagerung, Kellereinrichtungen, Anlagen

U. SCHOBINGER und T. HÜHN

6.1 Tanks und Lagergefäße

Zur Lagerung von Frucht- und Gemüsesäften werden heute weitgehend Behälter aus Metall, Kunststoff oder Stahlbeton verwendet. Das Holzfass ist aus den gewerblichen Obst- und Gemüseverarbeitungsbetrieben infolge der Schwierigkeiten bei der Reinigung, Sterilisierung und Wartung weitgehend verschwunden. Zur Herstellung von Metalltanks werden Flussstahl (Siemens-Martin-Stahl), Aluminium oder Edelstahl (Chrom-Nickel-Stahl) verwendet. Tanks aus Flussstahl, Aluminium und auch Betonbehälter müssen immer mit einer Auskleidung versehen werden. Die Innenauskleidung bildet eine indifferente Sperrschicht zwischen Konstruktionsmaterial und dem Füllgut. Dadurch wird die Unterlage vor Korrosion durch die sauren Anteile des Füllgutes geschützt. Ferner wird dadurch eine geruchliche und geschmackliche Veränderung des Tankinhalts vermieden. Zahlreiche Produkte, wie Glasplatten bei Beton, elastische Massen oder Kunststoffbeläge, erfüllen diese Anforderungen.

Für die Innenauskleidung von Behältern haben sich in den letzten Jahren zunehmend Anstrichmassen auf der Basis von lösungsmittelfreien *Epoxiharzen* durchgesetzt. Epoxiharze haben eine sehr gute Haftfestigkeit auf dem Untergrund. Es empfiehlt sich, Metalloberflächen vor dem Beginn der Auskleidearbeiten zu sandstrahlen. Betonbehälter müssen an der Oberfläche frei von Schalungsölen und Zementglätte sein. Mit Vorteil wird auf dem Schalungsbeton ein Verputz aufgetragen. Im Gegensatz zu den Verfahren der Glasemaillierung und der Einbrennlackierung von Metalltanks, welche hohe Behandlungstemperaturen erfordern und deshalb für Betonbehälter nicht in Frage kommen, können Auskleidungen mit Epoxiharzen an Ort und Stelle ausgeführt werden (SCHELLENBERG 1990). Da Epoxi-Innenauskleidungen fugenlos sind, lassen sie sich gut reinigen und steril halten. Dagegen bilden die bei Plattenbelägen (Keramik oder Glas) erforderlichen Fugen eine Infektionsgefahr, wenn sie nicht in tadellosem Zustand sind. Behälter, die mit Epoxiharzen ausgekleidet sind, ertragen eine schlagartige Abkühlung durch kaltes Füllgut und können auch mit Dampf von etwa 120 °C sterilisiert werden. Da Epoxiharze eine gute Chemikalienbeständigkeit aufweisen, können die üblichen Reinigungsmittel bedenkenlos verwendet werden.

Stahltanks aus *nichtrostendem Stahl* (Chrom-Nickel-Stahl, Inox-Stahl, Niro-Stahl) haben den Vorteil, dass sie weder eine Innenauskleidung noch einen Außenkorrosionsschutz brauchen. Gegenüber ausgekleideten Stahltanks liegen die Investitionskosten von Behältern aus Chrom-Nickel-Stahl um 10 bis 30 % höher. Edelstähle sind Legierungen aus Stahl, Nickel, Molybdän und Titan (Tab. 66). Ferner enthalten sie stets etwa 1 % Silizium und 2 % Mangan (BÖHM 1983). Die Höhe der Anteile ist je nach Art der Verwendung unterschiedlich. Der Chromanteil garantiert etwa ab 12 bis 13 % die Rostbeständigkeit des Stahls, ab 17 bis 18 % ist die Stahllegierung auch gegen oxidierende Säuren beständig. Durch Nickelzusätze bis etwa 10 % wird die Korrosionsfestigkeit der Stähle erhöht. Gegen reduzierende Säuren, wie zum Beispiel schweflige Säure, wird der Edelstahl erst durch Zusatz von etwa 2 % Molybdän beständig. Titanzusätze binden den Kohlenstoff im Stahl zu stabilem Titankarbid, wodurch die Schweißfestigkeit beziehungsweise die Beständigkeit gegenüber interkristallinen Korrosionen erhöht wird (TROOST 1988).

Die Beständigkeit der Edelstähle hängt auch von der Politur der Oberfläche ab (TROOST und FETTER 1966, HECKEL 1989, CLAUS 1997). Blank geglühte oder polierte Oberflächen sind beständiger als gebeizte, rauhe Oberflächen. Ferner bildet sich an der Oberfläche durch oxidative Prozesse eine so genannte *Passivschicht* aus, welche künstlich durch Behandlung mit oxidierender Salpetersäure hervorgerufen werden kann. Durch diese Passivschicht werden die Edelstähle widerstandsfähiger gegen Korrosion. Edelstähle niedrigerer Legierung sind empfindlicher gegenüber Chloriden, die zum gefürchteten Lochfraß führen können. Bei der Verwendung chlorhaltiger Reinigungs- und Desinfektionsmittel ist deshalb bei Edelstählen größte Vorsicht geboten, weil letztere vor allem im sauren pH-Bereich zu Schädigungen führen können.

Bei den *Kunststofftanks* werden vor allem glasfaserverstärkte Polyesterharz-Kunststoffe eingesetzt (ROHLES 1983). Der Anteil der zur Verstärkung und Verfestigung eingebetteten Glasfasern in Form von Glasseide, Gespinstfäden, Glasseidegewebe usw. soll im Tankzylinder nicht unter 60 % und im Tankboden nicht unter 40 % liegen. Um die Glasfaserwicklungen mit Sicherheit in die Kunststoffmasse einzubetten, werden diese Tanks innen und außen oft mit einer zusätzlichen Epoxiharzschicht versehen.

Der Vorteil dieser Kunststoffbehälter liegt im sehr geringen Gewicht und ihrer Korrosionsfestigkeit, Polyestertanks sind dagegen gegen Über- und Unterdruck empfindlich. Die höchstzulässigen Drücke liegen im Allgemeinen zwischen 2 und 3 bar. Die Temperaturfestigkeit reicht von –40° bis +115 °C, das heißt, man kann die Behälter mit Nassdampf dämpfen. Gegenüber starken Säuren ist Polyester nicht sehr haltbar (TROOST 1980).

Zur Ausrüstung der Tanks gehören Füll- und Ablasshähne, Libellen-Füllstandsprüfer, Entlüftungshahn, Thermometer, KZE-Armatur mit Manometer- und Gärrohranschluss, Kohlendioxid-Einführungsventil, Überdruck- und Unterdruck-Sicherheitsventile, ein Mannloch zu Reinigungszwecken. Drucktanks unterliegen den strengen Unfallverhütungsvorschriften für Druckbehälter und sind in regelmäßigen Fristen überwachungspflichtig.

Für die Aufstellung und Inbetriebnahme von Druckbehältern ist eine behördliche Bewilligung erforderlich, sofern deren Volumen und Betriebsdruck gewisse Grenzwerte überschreiten. Die Grenze der Kontrollpflicht wird bestimmt durch das Produkt aus Überdruck in bar und Gesamtvolumen in Litern ($p \cdot V$). In der Bundesrepublik Deutschland unterliegen Druckbehälter, deren Überdruck (p) mehr als 1 bar beträgt und deren Druck-Liter-Produkt ($p \cdot V$) zwischen 200 und 1 000 liegt, der Kontrollpflicht gemäß Druckbehälter-VO 1981 (TROOST 1988). Druck-

Tab 66. Normbezeichnungen und wesentliche Legierungsbestandteile einiger in der Getränkeindustrie eingesetzter Edelstähle (TROOST 1988, SCHREITER und HUBER 1990)

Werkstoff-Nummern nach DIN 17007 Normbezeichnung nach DIN 17006	1.4301 X 5 Cr-Ni 18–09	1.4401 X 5 Cr-Ni-Mo 18–10	1.4541 X 10 Cr-Ni-Ti 18–09	1.4571 X 10 Cr-Ni-Mo-Ti 18–10
Bezeichnung nach Krupp	V2A Supra	V4A Supra	V2A Extra	V4A Extra
Normbez. in USA AISI	304	316	321	316 Ti
Zusammensetzung in %				
C (max.)	< 0,07	< 0,07	< 0,10	< 0,10
Si	< 1,0	< 1,0	< 1,0	< 1,0
Mn	< 2,0	< 2,0	< 2,0	< 2,0
Cr	17,0–19,0	16,5–18,5	17,0–19,0	16,5–18,5
Ni	9,0–11,0	10,5–12,5	9,0–11,0	10,5–12,5
Mo	–	2,0–2,5	–	2,0–2,5
Sonstiges	–	–	Titan, 5x% C	Titan, 5x% C

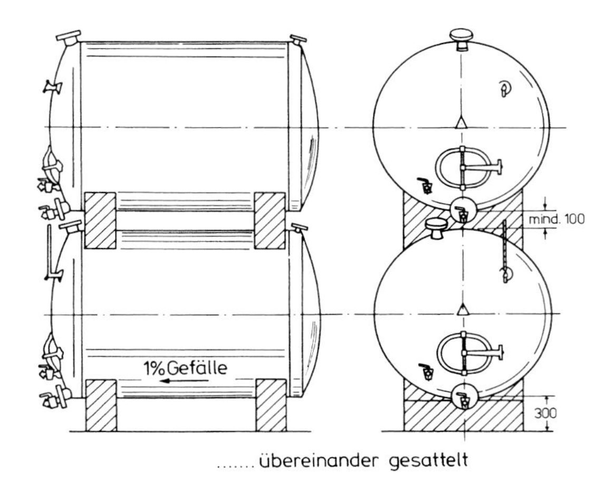

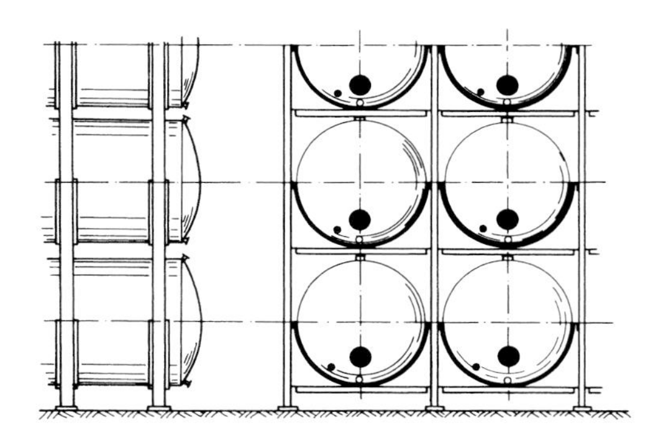

Abb. 187. Tankanordnung übereinander gesattelt. Betonsockel (oben) und Tanks hängend in Bändern gesattelt (unten), drei- oder vierfach (TROOST 1972).

behälter von 0,1 bis 1,0 bar sowie ein Überdruck von 1 bar und ein Druck-Liter-Produkt von weniger als 200 können auch von einem Sachkundigen (Betriebsleiter, Kellermeister) einer Abnahmeprüfung unterzogen werden, sind jedoch dem zuständigen TÜV zu melden.

In der Republik Österreich unterstehen Druckbehälter bei einem Überdruck von mehr als 1 bar der Dampfkesselverordnung (DKV) 510 vom 25. September 1986, ausgenommen Druckbehälter mit einem maximalen Betriebsdruck von 3 bar und einem Druck-Liter-Produkt von maximal 300.

In der Schweiz sind Druckbehälter mit einem Überdruck von 2 bar und einem Druck-Liter-Produkt von 3000 gemäß bundesrätlicher Verordnung vom 19. März 1938 Art. 16 kontrollpflichtig. Die Kontrolle erfolgt durch die kantonalen Behörden. Informationsorgan ist der Schweizerische Verein für technische Inspektionen (SVTI) in Wallisellen/Zürich.

Hinweise auf die Einrichtung von Tanklägern in der Fruchtsaftindustrie vermitteln die Übersichtsartikel von FETTER (1980) und HECKEL (1989). Konzepte für die Erstellung moderner Steril-Großtanklager werden in der Veröffentlichung von KOHLBACH et al. (1990) aufgezeigt.

Metalltanks werden meist in zwei, drei oder sogar vier Reihen übereinander angeordnet (Abb. 187). Die zur Lagerung notwendige Temperatur von etwa 0 °C wird meist durch Kühlung des Luftraumes im Keller, seltener durch Sole-Kühlung von Doppelmanteltanks oder mit Hilfe von Kühlschlangen erreicht.

6.2 Einrichtungen zur Sterileinlagerung unter Inertgas

Die schädliche Wirkung des Luftsauerstoffs auf das Aroma, die Farbe, den Vitamingehalt und die Trubstabilität von Frucht- und Gemüsesäften ist eine bekannte Tatsache. Aus diesem Grund soll während und speziell nach der Saftgewinnung der Kontakt mit Luftsauerstoff nach Möglichkeit vermieden werden. Der Schweizer A. Böhi hat bereits 1912 ein Verfahren zur Einlagerung keimarmer Fruchtsäfte unter Kohlensäuredruck (15 g/l) empfohlen, um sie vor Vergärung zu schützen (siehe Kap. 5.1.3). Wegen der anfänglichen Misserfolge des *Böhi-Verfahrens* durch das bei Temperaturen über 10 °C aufgetretene Bakterienwachstum wurde in den 30er Jahren das *Böhi-Seitz-Verfahren* entwickelt, welches vor der Kohlensäure-Druckeinlagerung eine scharfe Filtration der Fruchtsäfte vorschrieb. Durch die spätere Einführung der Plattenapparate ließen sich auch trübe Fruchtsäfte bakterienfrei und ohne Gefahren unter Kohlensäuredruck einlagern.

In den folgenden Jahren ging die Entwicklung weiter in Richtung *Sterileinlagerung* von Säften und Konzentraten, wobei im Gegensatz zum Böhi-Verfahren in *drucklose, aber sterile Lagerbehälter* eingelagert wird. Der Tank-Leerraum über dem Flüssigkeitsspiegel wird dabei entweder mit steriler Luft oder häufig mit Inertgas (N_2, CO_2) überschichtet. Durch Inertgas wird einerseits der Tankinhalt vor oxidativen Einflüssen weitgehend geschützt, andererseits das Auskeimen von eventuell nicht abgetöteten Schimmelsporen verhindert. Die Sterilisation der Leitungen und der Tanks erfolgt mit Dampf (siehe Kap. 5.1.1.2.2). Durch das *KZE-Verfahren*, das heißt durch die Hochtemperatur-Kurzzeit-Erhitzung von Säften oder Konzentraten, werden sowohl die Mikroorganismen als auch die safteigenen Enzyme völlig inaktiviert. Klare Fruchtsäfte werden im Allgemeinen bei 87 bis 92 °C und 10 bis 15 Sekunden Heißhaltezeit haltbar gemacht, Fruchtmark benötigt je nach Säure- und Keimgehalt bis zu 105 °C, bei Heißhaltezeiten bis zu 30 Sekunden, und säurearme Gemüseprodukte, zum Beispiel aus Tomaten oder Karotten, erfordern Sterilisationstemperaturen von 120 bis 125 °C, bei Heißhaltezeiten von 30 Sekunden bis zu zehn Minuten.

Vor der Sterileinlagerung muss der in den naturtrüben oder markhaltigen Säften gelöste Sauerstoff entfernt werden, denn dieser kann zu qualitativen Veränderungen von Farbe und Aroma, zum Abbau von wertvollen Inhaltsstoffen wie Vitaminenen usw. und zu vermehrten enzymatischen und mikrobiellen Aktivitäten führen. Neben Sauerstoff sind in Fruchtsäften auch Stickstoff und zum Teil CO_2 vorhanden. Grundstoffe und Konzentrate haben infolge des hohen Trockensubstanzgehaltes beziehungsweise der hohen Viskosität nur eine geringe Löslichkeit für Gase. Der in den Säften gelöste Sauerstoff kann entweder durch Inertgas-Spülung oder durch Vakuumentgasung reduziert werden (ENGELBRECHT 1991, FLEIG 1995).

Die Inertgas-Spülung erfolgt durch Einströmenlassen oder Einpressen eines inerten Gases in eine Flüssigkeit, wobei der Sauerstoff bis zu einem dem Partialdruck der einzelnen Gase entsprechenden Gleichgewicht aus der Flüssigkeit entfernt wird. Die Wirkung des einströmenden Gases ist dabei umso größer, je feiner es im Saft verteilt wird. Durch vorherige Entlüftung im Vakuum kann der Sauerstoff bei nachfolgender Begasung vollständiger aus dem Saft entfernt werden. Mit einem geeigneten Gasinjektor (Düse) kann der Gehalt an gelöstem Sauerstoff durch Injektion von Stickstoff (0,5 bis 0,7 l/l) in einem Schritt von 10 mg/l auf 0,5 mg/l gesenkt werden, bei einer Saft-Durchflussleistung von 25 hl/h (MENORET 1970). Bei Verwendung von Kohlensäuregas ist mehr als die doppelte Menge notwendig (Abb. 188). Stickstoffgas soll zudem bessere Resultate bezüglich Farberhaltung geben (DAEPP 1964).

Der apparative Aufwand ist verhältnismäßig gering. Aus einer Stahlflasche wird N_2 über ein Reduzierventil und einen Entkeimungsfilter in den in die Saftleitung

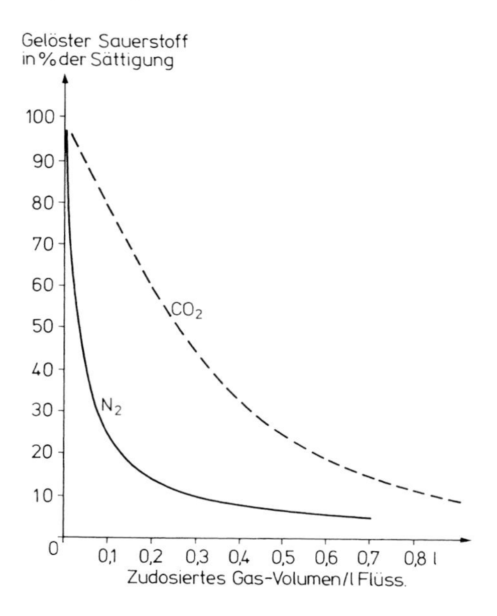

Abb. 188. Sauerstoffverdrängung in einer Saccharoselösung von 11,5 °Brix durch Injektion von Inertgasen (N_2 oder CO_2). Saftdurchflussleistung 25 hl/l (MENORET 1970).

eingebauten Injektor gedrückt. Ein Durchflussmengenmesser erleichtert die Kontrolle der Gasmenge. Alle diese zusätzlichen Einrichtungen müssen jedes Mal vor der Beschickung mit Dampf sterilisiert werden.

Die sterile Zudosierung von Stickstoffgas zwecks Sauerstoffverdrängung sollte nach dem Plattenerhitzer erfolgen, einerseits um den verbliebenen Rest von physikalisch gelöstem Sauerstoff auszuwaschen, andererseits um den Sauerstoffgehalt im Leerraum der Auffangtanks zu verringern. Versuche haben gezeigt, dass der Sauerstoffgehalt im Leerraum von ursprünglich etwa 21 % auf 1 % oder gar auf 0,1 % gesenkt werden kann, wenn das Drei- beziehungsweise Fünfeinhalbfache des zu erwartenden Leerraumvolumens an N_2 zudosiert wird (NERADT 1972). Da dieses Verfahren ziemlich aufwendig ist, wird die N_2-Dosierung vor allem bei sauerstoffempfindlichen Produkten wie Orangensäften, gewissen Beerensäften und besonders bei Frucht- oder Gemüsemarksäften empfohlen. Die Überlagerung mit Inertgas hat zudem den Vorteil, dass auch bei nur teilweiser Entleerung der Tanks keine Gefahr einer oxidativen Schädigung des zurückbleibenden Saftes besteht.

Bei der Vakuumentgasung in kontinuierlich arbeitenden Anlagen, wird der Saft bei möglichst feiner Verteilung entlüftet. Die Entgasung erfolgt meist bei relativ niedrigen Temperaturen, die um 3 bis 6 °C unter der dem angewandten Vakuum entsprechenden Siedetemperatur des Produktes liegen (ENGELBRECHT 1991). Die Feinverteilung erfolgt durch Versprühen, Filmbildung oder Zentrifugation (siehe Abb. 86 in Kapitel 3.5.3). Während des Entgasungsvorganges können etwa ein bis zwei Prozent des Durchsatzvolumens verdampft werden. Die darin enthaltenen Aromastoffe können durch Kondensation zurückgewonnen und dem Saft wieder beigemischt werden.

Eine schematische Darstellung einer Anlage zur Sterilabfüllung von Säften in Container unter Inertgas zeigt Abbildung 189. Für die Sterilfiltration von Luft oder Inertgas werden heute neben den herkömmlichen faserhaltigen Tiefenfiltern mit Vorteil auch Membranfilter in Tubenform eingesetzt. Die in einem auswechselbaren Patronengehäuse installierten Membranfilter sind beständig gegen hohe

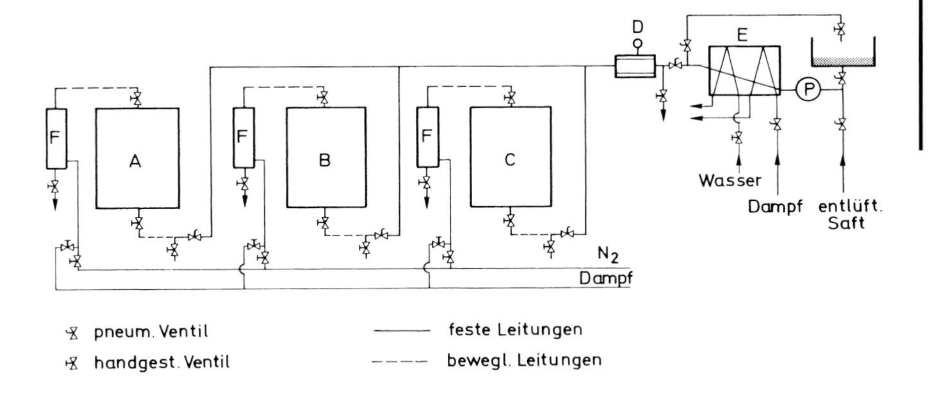

Abb. 189. Schema einer Anlage zur Sterilfüllung von Containern à 25 hl unter Stickstoffgas (MENORET 1970).
A, B, C = Container mit beweglichen Leitungen an die festen Installationen angeschlossen
D = volumetrischer Mengenmesser mit automatischer Betätigung der pneumatischen Ventile
E = Plattenwärmeaustauscher
F = Sterilfilter für Stickstoffgas
P = Pumpe.

Druckwerte oder hohe Durchflussraten und können im Betriebszustand mehrmals mit Dampf sterilisiert werden (Abb. 190).

6.3 Lagerung von Halbfabrikaten und Fertigprodukten

Halbfabrikate und Fertigprodukte aus Früchten und Gemüse sind im Laufe der Lagerung zahlreichen Veränderungen ausgesetzt. Während die Tätigkeit der Mikroorganismen und Enzyme durch eine gezielte Wärmebehandlung unterbunden werden kann, führen vor allem chemische Prozesse wie Bräunungsreaktionen, Abbau von Farbstoffen und von Ascorbinsäure, Bildung von Hydroxymethylfurfural (HMF), oxidative Kondensation, Verseifungsreaktionen usw. zu Trübungen und zu Änderungen des Geschmacks und des Aromas (BÜCHI 1958, GROB 1958, WUCHERPFENNIG 1964, ASKAR 1984, URBICAIN et al. 1992). Oxidative Schädigungen bei der Lagerung wurden früher vielfach durch Zugabe von SO_2 vermindert (DAEPP 1973). Nach heute geltender EU-Regelung ist ein Zusatz von SO_2 nur noch bei Traubensaft gestattet.

Eine möglichst tiefe Lagertemperatur ist für die Qualitätserhaltung der Produkte ein ausschlaggebender Faktor, dagegen erfordern wirtschaftliche Gründe sehr oft eine Kompromisslösung. Die spezifischen

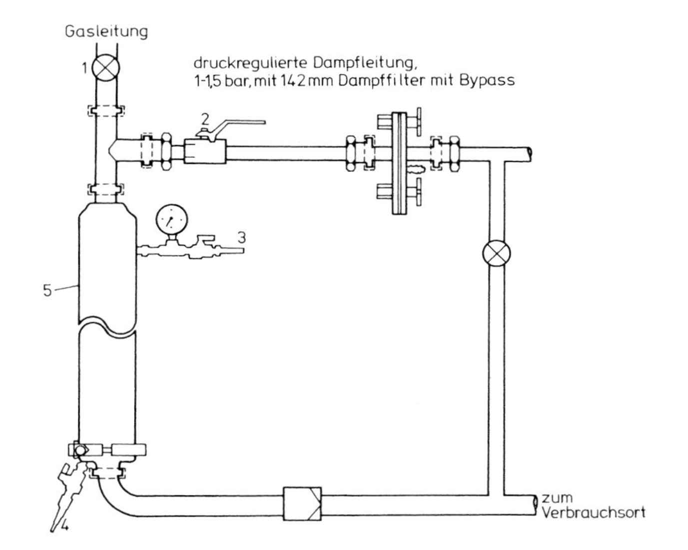

Abb. 190. Anordnung zur Sterilisation eines Millipore-Aerotube-Membranfilters (Millipore AG). Porengröße 0,5 mm, Durchflussrate bis zu 1,5 Nm³/min bei einem Differenzdruck von 0,1 bar.
1, 2, 3, 4 = Ventile
5 = Patronengehäuse aus Edelstahl für eine Patrone von 80 cm Länge.

Bedingungen zur Lagerung der verschiedenen Halbfabrikate und Fertigprodukte wurden in den entsprechenden Kapiteln über die Herstellung dieser Produkte beschrieben (vgl. Kapitel 3.6.2.1.5, 4.2.1.5, 5.2.1, 5.3.3).

Generell ist zur Lagertemperatur zu bemerken, dass *keimarme Produkte*, das heißt in erster Linie blanke Säfte, bei 0 °C nur eine begrenzte Zeit (einige Wochen) haltbar sind. Durch Einlagerung unter Kohlensäuredruck (Böhi-Seitz-Verfahren) und bei Temperaturen möglichst bei 0 °C lassen sich solche Produkte über Monate hinweg ohne nennenswerte Qualitätseinbuße aufbewahren. Die Gefrierkonservierung bei –18 bis –23 °C, als qualitätsschonendste, aber gleichzeitig aufwendigste Lagerung, wird vor allem für Orangensaft- und einige Fruchtsaftkonzentrate der gehobenen Preisklasse angewandt.

Sterile Säfte und Konzentrate können unter aseptischen Bedingungen prinzipiell bei normaler Kellertemperatur (8–12 °C) gelagert werden. Aus Gründen der Qualitätserhaltung wird jedoch nach Möglichkeit eine Lagertemperatur von 0 bis 2 °C empfohlen. Auf die Vorteile der getrennten Lagerung von *Saft- und Aromakonzentraten* bei etwa 0 °C wurde bereits hingewiesen (siehe Kap. 5.2.2.2).

6.4 Durchlaufkühler

Da Saftkonzentrate zur Unterbindung von Qualitätsverschlechterungen kühl zu lagern sind, gehört zu jeder Konzentratgewinnungsanlage eine wirkungsvolle Kühleinrichtung. Platten- und Röhrenkühler sind für diesen Zweck nicht geeignet, da bei ersteren infolge der kleinen Querschnitte hohe Durchflusswiderstände auftreten und sich bei Röhrenkühlern durch den bei sinkenden Temperaturen eintretenden starken Viskositätsanstieg an der Rohrwand des Kühlers eine langsam fließende, isolierend wirkende, zähflüssige Schicht bildet, wodurch der Wärmeaustausch der im Innern des Rohrs fließenden Flüssigkeit stark behindert wird. Bei dem von der Firma Unipektin AG, CH-8022 Zürich, gebauten *Kompaktkühler* wird durch hintereinander geschaltete und versetzte Lamellenreihen die Ausbildung einer isolierend wirkenden Randschicht vermieden, so dass auch hochviskose Konzentrate oder Sirupe ohne weiteres auf 0 °C gekühlt werden können (siehe Abb. 168). Für Produkte mit Feststoffanteilen hat die Firma Unipektin einen Querrohr-Wärmeaustauscher mit neuartigem Wärmeübertragungsprinzip entwickelt. Für den Wärmeaustausch (Kühlen und/oder Erwärmen) an viskosen und Feststoff beladenen Medien hat sich der Spiralwellenrohr-Wärmeaustauscher Typ „Tubex" der Firma TeroPam, CH-6331 Hünenberg, ebenfalls bestens bewährt (Abb. 191/A). Über den Drallrohrwärmeaustauscher zur Sterilisation von Produkten mit stückigem Anteil berichtet Kies (1987). Zum Kühlen oder Tieffrieren schwer fließbarer, viskoser Saftkonztrate und pulpöser Produkte werden mit Erfolg Wärmeaustauscher mit rotierenden Schabmessern oder so genannte *Kratzkühler* eingesetzt (Wucherpfennig et al. 1973). Auf die Möglichkeit der Abkühlung von Konzentraten mit Dampfstrahlkühlanlagen wurde in Kapitel 5.2.1.2.2 bereits hingewiesen.

Wärmeaustauscher des Typs Themalizer bestehen im Wesentlichen aus einem Doppelmantelzylinder und einer darin rotierenden Messer- oder Schaberwelle (Abb. 191/B). Im Doppelmantel zirkuliert das Kühl- oder Heizmittel, und das Produkt wird durch den inneren Zylinder gefördert. Die Messer oder Schaber gleiten entlang der Wärmeaustauschfläche und schaben die am Inneren des Zylinders sich bildende gekühlte oder erwärmte dünne, filmartige Schicht ab, wodurch eine gute Durchmischung des Produkts und eine schnelle Kühlung beziehungsweise Erwärmung erzielt wird. Der Wärmeübergang hängt wesentlich von der Rotordrehzahl und von der Ausbildung und Anordnung der Messer oder Schaber ab. Wärmeaustauscher des Typs Themalizer werden je nach Problemstellung sowohl in vertikaler als auch in horizontaler Bauweise hergestellt.

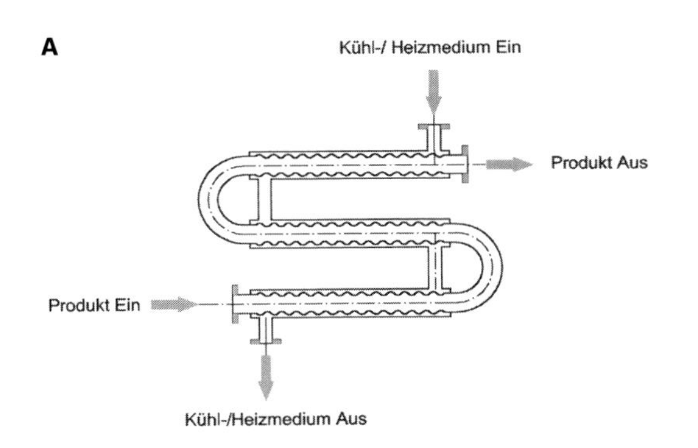

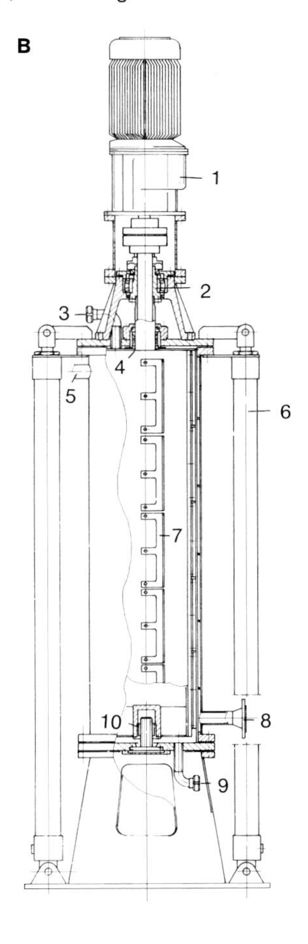

Abb. 191 A. Spiralwellenrohr-Wärmetauscher Typ „Tubex" (TeroPam GmbH, CH-6331 Hünenberg).

Abb. 191 B. Schnitt durch einen vertikalen Wärmeaustauscher, Typ Thermalizer TV, zum Kühlen und Aufwärmen viskoser Produkte (Buss SMS, für die Lebensmittelindustrie durch TeroPam GmbH, CH-6331 Hünenberg).
1 = Antrieb
2 = oberes Rotorlager
3 = Produktaustritt
4 = Gleitringdichtung
5 = Heiz-/Kühlmittelstutzen
6 = hydraulische Rotorausfahrvorrichtung
7 = Rotor mit beweglichen Schabern
8 = Heiz-/Kühlmittelstutzen
9 = Produkteintritt
10 = unteres Rotorlager.

6.5 Pumpen, Rohrleitungen und Armaturen

6.5.1 Pumpen

In einem modernen Verarbeitungsbetrieb der Getränkeindustrie zählen die Pumpen zum Fördern und Heben von Flüssigkeiten oder pulpösen Produkten zu den wichtigsten und am häufigsten eingesetzten Maschinen. Die Forderungen an die Pumpleistung sind je nach dem zu fördernden Gut so unterschiedlich, dass man mit einem einzigen Pumpentyp unmöglich auskommen kann. Bei Maische-und Saftpumpen ist vor allem eine schonende Förderung des Gutes mit möglichst geringer Turbulenz und ohne schädliche Erwärmung erwünscht. Beim Beschicken von Filtern wird ein möglichst stoßfreies Arbeiten angestrebt, da sich Druckstöße ungünstig auf die Struktur der Filterschichten auswirken.

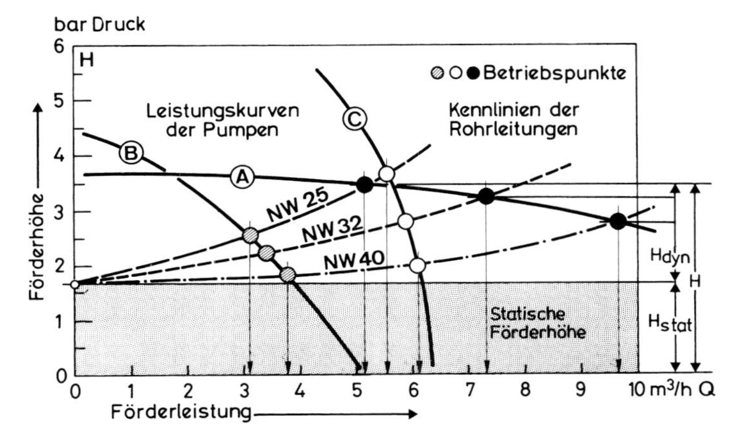

Abb. 192. QH-Diagramm des Fördercharakters (Leistungs- oder Drosselkurven) von drei Pumpentypen sowie Abhängigkeit der Förderleistung von den Kennlinien der Rohrleitungen mit NW 25, 32 und 40 (nach Troost 1988). Die statische Förderhöhe (dunkel gezeichnet) ist der Höhenunterschied zwischen Flüssigkeitsunter- und -oberspiegel (geodätische Förderhöhe). Die dynamische Förderhöhe (H dyn) ist gleich den Widerstandshöhen in der Saug- und Druckleitung und ergibt sich aus den Kennlinien der drei Rohrleitungen. Die Betriebspunkte (= Schnittpunkte der Leistungskurven der Pumpen mit den Kennlinien der Rohrleitungen) ergeben die jeweilige dynamische Förderhöhe, die zusammen mit der statischen Förderhöhe den zu bewältigenden Förderdruck der Pumpe bildet.
A = Zentrifugalkreiselpumpe, B = Seitenkanalpumpe, C = Verdrängerpumpe (Exzenterschnecke).

Damit die Pumpen optimal eingesetzt werden können, ist eine genaue Regelbarkeit der Mengenleistung erforderlich. Über den Zusammenhang zwischen Förderleistung (Q) und Förderhöhe (H) in bar Druck von drei verschiedenen Pumpentypen sowie über die Abhängigkeit der Förderleistung von den Kennlinien der Rohrleitungen mit NW 25, 32 und 40 informiert Abbildung 192. Die mit dem Fördergut in Berührung kommenden Teile müssen aus korrosions- und säurefestem Material bestehen. Pumpen sollen zudem schnell und einfach zu reinigen sein.

Troost (1988) unterscheidet bei den Transportpumpen prinzipiell zwei Systeme, welche in der Getränkeindustrie von Bedeutung sind:

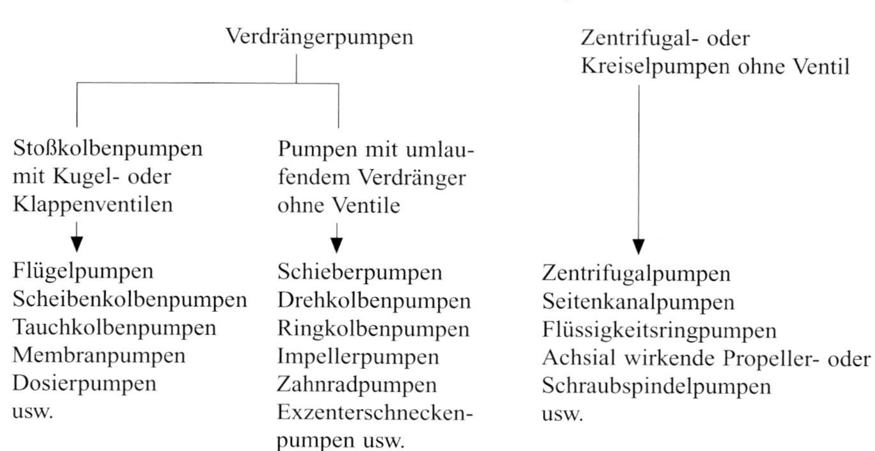

Kolbenpumpen arbeiten stoßweise, wobei die Stöße durch Windkessel etwas gemildert werden. Die Förderleistung ergibt sich aus der Anzahl der Kolben, der Größe des Hubraumes und der Anzahl der Stöße je Zeiteinheit. Die Leistung ist im Gegensatz zu Kreiselpumpen unabhängig von der Förderhöhe. Kolbenpumpen sind selbstansaugend und eignen sich für die Förderung aller Flüssigkeiten, auch für dickflüssige, klebrige oder breiige Fördermedien.

Membranpumpen sind Verdrängerpumpen für kleine Fördermengen, bei denen eine aus Gummi oder Metall bestehende Membran den Kolben ersetzt. Sie werden häufig als Dosierpumpen für Schönungsmittel, Enzyme oder Konservierungsmittel eingesetzt (Abb. 193).

Bei den *Pumpen mit umlaufendem Verdränger* sind speziell die *Exzenterschneckenpumpen* oder *Mohnopumpen* zu erwähnen, da sie universell eingesetzt werden können. Die wichtigsten Bauelemente sind der aus Stahl bestehende Rotor und der meist aus einem elastischen Werkstoff hergestellte Stator (Abb. 194). Der zwischen Stator und Rotor gebildete Raum

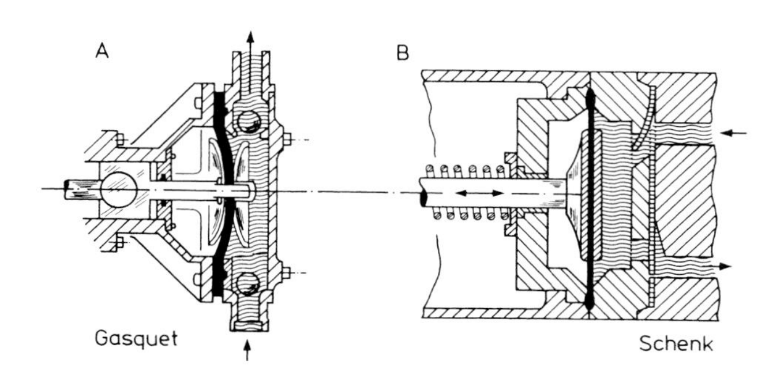

Abb. 193. A = Membranpumpe mit Kugelventil im Schnitt (Kieselgurdosierpumpe), B = Membranpumpe mit Klappenventil (Troost 1972).

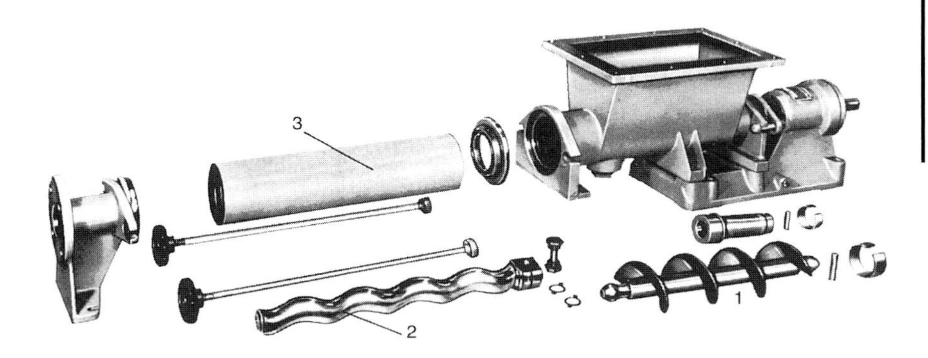

Abb. 194. Ansicht einer zerlegten Moineau-Rachenpumpe (Moineau = Mohno), speziell geeignet zur Förderung von Maischen aller Art (Socsil-Inter S.A.).
1 = Förderschnecke
2 = Rotor
3 = Stator.

bewegt sich als wandernder Hohlraum gleichmäßig von der Saug- zur Druckseite, wodurch eine kontinuierlicher Förderstrom entsteht, der sich proportional zur Drehzahl des Rotors verhält. Mohnopumpen sind selbstansaugend und eignen sich zur Förderung sowohl von dünnflüssigen als auch von zähflüssigen oder breiförmigen Medien.

Scheibenkolbenpumpen sind als druckstarke Förderpumpen mit großer Förderleistung und zuverlässiger Arbeitsweise vorwiegend im Großbetrieb im Einsatz. Sie fördern über einen oder mehrere Zylinder mit Saug- und Druckkolben. Es handelt sich bei diesem Pumpentyp um eine Ventilpumpe (Abb. 195). Der Druck ist ungleich mäßig, die Druckstöße werden auf der Druckseite durch Windkessel gemildert.

Impellerpumpen haben ein rundlaufendes Flügelrad aus Neopren-Kunststoff (Abb. 195). Die Flügel sind biegsam und werden beim Lauf unter einer Exzenterplatte umgebogen. Beim Rotieren wird ein Schub Flüssigkeit vom Ansaugstutzen zum Druckstutzen gefördert. Der Lauf ist daher nicht ganz ruhig. Impellerpumpen werden sowohl als Flüssigkeitspumpen und als Maischepumpen eingesetzt. *Kreiselpumpen* sind Strömungsmaschinen. Die Flüssigkeitsförderung kommt durch rasche Rotation der Laufräder zustande, wobei Zentrifugalkräfte oder die Umsetzung der Geschwindigkeitsenergie den Förderdruck erzeugen (Abb. 196).

Kreiselpumpen werden infolge ihrer stoßfreien Arbeitsweise vor allem zum Filtrieren von Flüssigkeiten eingesetzt. Ferner werden sie bevorzugt für die Förderung von Flüssigkeiten innerhalb des Verarbeitungsbetriebes verwendet. Die Förderleistung von Kreiselpumpen hängt nicht nur von der Drehlzahl des Motors, sondern vor allem von der jeweiligen Druckbelastung (Förderhöhe) ab. Die meisten Kreiselpumpen sind empfindlich gegenüber Feststoffen.

Eine ausführliche Beschreibung sämtlicher Pumpentypen kann an dieser Stelle nicht erfolgen. Für weitere technische Einzelheiten über den Aufbau und den wirtschaftlichen Einsatz der verschiedenen Pumpentypen sei auf die Veröffentlichungen von FETTER (1982, 1990), KÖSSEN-

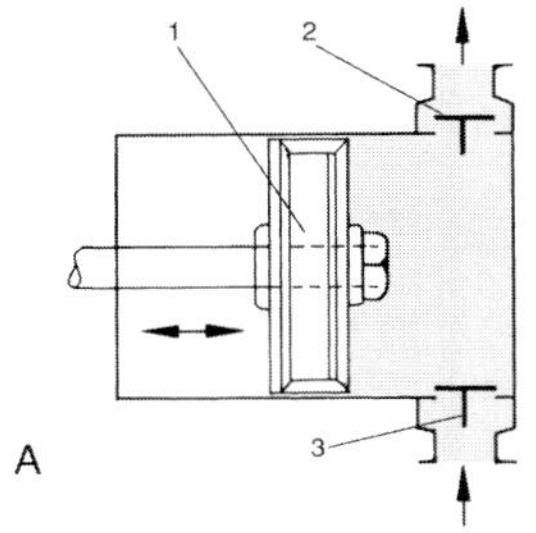

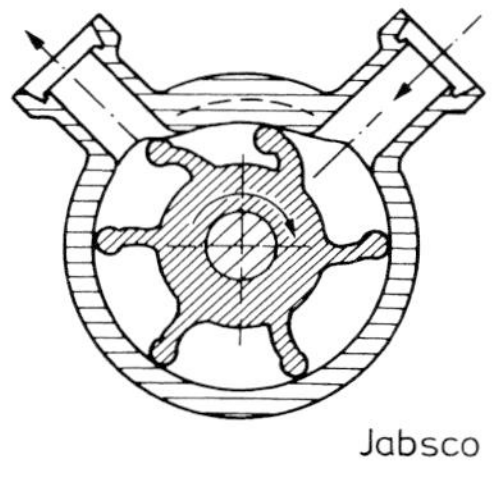

Abb. 195 A. Scheibenkolbenpumpe (FETTER 1990).
1 = Scheibenkolben
2 = Auslassventil
3 = Einlassventil.

Abb. 195 B. Impellerpumpe im Schnitt (TROOST 1972).

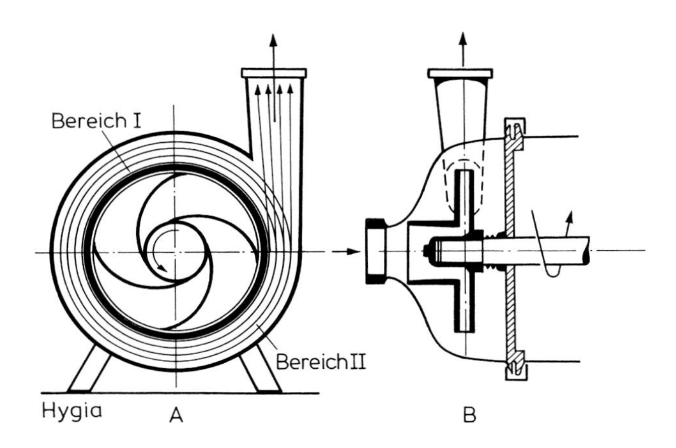

Abb. 196. Funktionsschema (A) und Schnitt (B) durch eine Edelstahl-Kreiselpumpe Hilge-Hygia-Super (TROOST 1972). Bereich I: Übergang der Austrittgeschwindigkeit aus dem Laufrad auf die langsamere Geschwindigkeit des Bereiches II, wobei das Fördergut bei konstantem Druck und mit gleichmäßiger Geschwindigkeit zum Druckstutzen befördert wird.

DRUP (1983), SCHREITER et al. (1990) und PFEFFER (1998), sowie auf die entsprechenden Kapitel in den Werken von TROOST (1972, 1980, 1988) und BROCKMANN (1975) verwiesen.

6.5.2 Rohrleitungen

Für den innerbetrieblichen Transport von Halb- und Fertigfabrikaten verwendet man in der Getränkeindustrie vor allem Rohrleitungen aus rostfreiem Stahl (Chrom-Nickel-Stahl). Die einzelnen Elemente werden dabei vorwiegend durch Rohrverschraubungen nach DIN 11851 verbunden. In gewissen Fällen werden auch Rohre aus Nichteisenmetallen, Glas oder Kunststoff gewählt.

Für ortsbewegliche Anlagen und als biegsame Zwischenstücke in Rohrleitungen werden Schläuche aus Gummi oder Kunststoff eingesetzt, welche durch Schlauchverschraubungen oder Bajonettverschluss miteinander verbunden werden. Die Befestigung der Verschraubung am Schlauchende erfolgt mit Hilfe von verstellbaren Metallbändern.

Die im Betrieb verwendete Schlauch- oder Rohr-Nennweite (NW) ist abhängig von der Fördermenge und der Strömungsgeschwindigkeit. Je größer die Fördermenge ist und je kleiner die Strömungsgeschwindigkeit sein soll, desto größer ist der Leitungsquerschnitt oder die Nennweite zu wählen (FETTER 1990, SCHREITER et al. 1990). In kleineren bis mittleren Betrieben werden normalerweise Schläuche von 25 bis 32 Millimetern NW verwendet; Großbetriebe arbeiten mit NW von 40 bis 50. Die Wandstärke beträgt im ersten Fall meist 8 Millimeter, im zweiten Fall 10 bis 11 Millimeter. Maischeleitungen weisen oft Nennweiten von 50 bis 70 Millimeter auf.

Über die neuesten Entwicklungen in der *Molchtechnik* zur Entleerung von Rohrsystem nach dem Durchpumpen von Konzentraten und pulpehaltigen Produkten oder zu Reinigungszwecken mit Hilfe eines speziell gefertigten Passkörpers berichten WEISSENBACH und SIGRIST (1997, 1998). Die Anforderungen an ein molchbares Rohrsystem sind dabei bedeutend höher als für ein nicht für die Molchtechnik vorgesehenes System.

6.5.3 Armaturen

Hähne, Ventile, Schieber und Klappen sollen möglichst keine Metallverunreinigungen an den Saft abgeben und leicht zu reinigen sein. Die heute erhältlichen Armaturen aus Chrom-Nickel-Stahl erfüllen diese Anforderungen in bester Weise, sind jedoch auch sehr teuer. Deshalb werden vielfach auch preisgünstigere Armaturen aus Bronze (Kupfer-Zinn-Legierung), Messing beziehungsweise Rotguss (Kupfer-Zink-Legierung) oder Kunststoff verwendet. Neuentwicklungen in diesem Sektor werden von REINSCH (1997) und LIEBMANN (1998) behandelt.

6.6 Mess-, Steuer- und Regelgeräte

Ein besonderes Kennzeichen der modernen technischen Entwicklung ist die *Automation*. Ziel der Automation ist es, technische Anlagen mit einem Höchstmaß an Wirtschaftlichkeit, Sicherheit und Zuverlässigkeit zu betreiben und den Menschen weitgehend von der Routinearbeit zu entlasten. Mit der Automation eng verbunden sind die Vorgänge Regeln und Steuern. Das *Regeln* ist ein Vorgang, bei dem eine bestimmte physikalische Größe auf einen bestimmten vorgegebenen Sollwert gebracht und auch unter der Einwirkung von Störgrößen auf diesem gehalten werden soll. Das *Steuern* dagegen ist ein Vorgang, bei dem eine willkürliche Beeinflussung einer Eingangsgröße in gesetzmäßiger Weise eine Ausgangsgröße beeinflusst.

Die Regelung oder Steuerung von Prozessen in einem Betrieb der Getränkeindustrie umfasst folgende Aufgaben:

Temperaturregelung: Thermostatische Expansionsregler; pneumatische Regeleinrichtungen; Bimetallregler; Thermostate.

Füllstandsüberwachung und -regelung: Schwimmer; Schwimmerschalter; Leitfähigkeitsrelais; kapazitive Sonden; Kraftmessdosen (Gewicht); Fotozelle; hydrostatische Druckanzeige.

Durchflussregelung und -Steuerung: Durchflussmengenzähler (Turbinenzähler, Flügelradzähler); Durchflussanzeigegeräte (Schwebekörperdurchflussmesser); Normblenden, Normdüsen, Venturis; induktive Durchflussmesser.

Überwachung der Klarheit: Lichtelektrisches Trübungsmessgerät (bei Zentrifugation oder Filtration).

Steuerung von zeitabhängigen Vorgängen: Elektrische Schaltuhren.

Automatische Reinigung (CIP; Umlaufreinigung): Pneumatische oder elektrisch gesteuerte Ventile, Pumpen und andere Anlageteile von einem zentralen Schaltpult aus durch elektromechanische Relais (vgl. KRÜGER 1982).

In dieser kurzen Aufstellung konnten nur einige Schwerpunkte angesprochen werden, ohne Anspruch auf Vollständigkeit zu erheben. Für nähere Hinweise sei auf die entsprechende Fachliteratur (BROCKMANN 1975, FETTER 1974, ZEUNER et al. 1983, THEINE 1997, HOFMANN 1998) verwiesen.

6.7 Wasseraufbereitung

T. HÜHN

Wasser enthält zahlreiche Fremdstoffe und Verunreinigungen molekularer, kolloid- und/oder grobdisperser Natur, die je nach Verwendungszweck mit einem entsprechenden Verfahren zu eliminieren sind. Von der Verwendung her existieren drei grundsätzliche Einsatzgebiete für die Wasseraufbereitung:

- Kesselspeisezwecke,
- Flaschen- und Behälterreinigung,
- Getränkeausmischung.

6.7.1 Wasseraufbereitungsverfahren

Je nach der Fremdstoffbelastung des Wassers werden für die verschiedenen Einsatzgebiete eine Reihe von Aufbereitungsverfahren eingesetzt (KIENINGER und REICHENEDER 1977, NAGEL und FRITSCH 1994, FEIGENWINTER 1994, Südzucker AG 1997).

Enteisenung, Entmanganung, Entschwefelung, Entsäuerung

Das im Wasser lösliche zweiwertige Ferro-Ion des Eisens (Fe^{2+}) wird durch den Luftsauerstoff zum dreiwertigen Ferri-Ion (Fe^{3+}) oxidiert, welches seinerseits unlöslich ist und ausscheidbares Eisen-(III)-hydroxid bildet. Die Entfernung des Mangans durch Oxidation beruht auf der Bildung von Braunstein. Während zur Entfernung von Eisenverbindungen oftmals eine Belüftung ausreicht, müssen Mangansalze vielfach unter Einsatz starker Oxidationsmittel wie Kaliumpermanganat oder Ozon behandelt werden. Zur Abtrennung der Eisen- und Manganoxidhydrate werden verschiedene Filtrationstechnologien eingesetzt. Die Substanzen können gleichzeitig in einer Kiesfilteranlage, der eine Belüftungseinrichtung vorgeschaltet ist, entfernt werden. Falls Eisen an Huminsäure gebunden und kolloidal gelöst vorkommt, wie dies zuweilen bei Oberflächen- und Moorwässern der Fall ist, müssen Flockungsmittel eingesetzt werden. Liegt der pH-Wert des Wassers zum Beispiel durch freie Kohlensäure unter 7, werden Hydrolysevorgänge gestört und die Enteisenung beeinträchtigt. In diesem Falle empfiehlt sich eine Entsäuerung des Wassers (siehe unten). Der Sauerstoffbedarf zur Oxidation von Eisen wird durch Zumischen von 0,5 % (v/v) des stündlichen Wasserdurchsatzes an Luft gedeckt. Die sich auf dem Kiesfilter abtrennenden Eisen- und Manganverbindungen wirken gleichzeitig katalysierend für die weiteren Ausscheidungen. Die Katalysatorbildung auf dem Filter erfordert eine gewisse Anlaufzeit, die besonders im Falle der Entmanganung anfänglich mit der Zudosierung von Kaliumpermanganat beziehungsweise Braunstein gefördert werden muss. Zur Rückspülung des Kiesfilters werden je nach Eisen- und Mangangehalt 1 bis 5 % der erzeugten Reinwassermenge benötigt. Als Filter kommen Düsenbodenfilter oder Strahlrohrfilter zur Anwendung.

Durch die Belüftung des Wassers wird eine Anreicherung mit Luftsauerstoff und/oder die Entfernung von Gasen (CO_2, H_2S) sowie von sensorisch wirksamen Verbindungen erreicht. Im Wasser enthaltene Schwefelverbindungen, wie zum Beispiel das Zersetzungsprodukt von Eisensulfid (H_2S), werden durch den Luftsauerstoff in Schwefel umgesetzt, der dadurch abgetrennt werden kann. Hierzu kommen offene (Kaskadenverrieselung, Verdüsung) wie auch geschlossene Belüftungsanlagen (zum Beispiel Venturi-Systeme) zum Einsatz. Die Belüftung erfolgt entweder durch Verdüsung des Wassers in einem offenen Becken oder durch Pressluftzusatz in die Wasserleitung vor Eintritt in den Filter. Die eingesetzte Prozessluft sollte wasser-, öl-, keimfrei und geruchsneutral sein. Bei der geschlossenen Belüftung tritt eine Sättigung mit Luft ein, was bei abnehmendem Druck während weiterer Prozesse teilweise zu Abscheidungen führt, die Durchflussstörungen und/oder Korrosionen hervorrufen können. Dementsprechend ist eine Entlüftung im nachgeschalteten Prozess vorzuziehen. Durch die Sauerstoffanreicherung des Wassers wird eine Oxidation von Schwermetallverbindungen ermöglicht, um so unter Umständen einen späteren Kohlensäureverlust zu vermeiden. Halogenkohlenwasserstoffverbindungen können gleichfalls mittels Belüftung entfernt werden, wobei das Kalkkohlensäuregleichgewicht über eine offene oder geschlosssene Belüftung entscheidet. Die geschlossene Belüftung empfiehlt sich insbesondere dann, wenn keine CO_2-Entfernung (Entsäuerung) erfolgen soll. Bei Anwendung dieses Systems muss die Luft über einen Aktivkohlefilter geführt werden, wo die organischen Kohlenwasserstoffe einer Adsorption zugeführt werden.

Kohlensäure kann bei geringer Carbonathärte aggressiv wirken und muss zur Vermeidung von Korrosionen durch Wasserbehandlungsmaßnahmen abgebunden oder entfernt werden. Verfahren zur Entsäuerung des Wassers dienen der Einstellung des Gleichgewichts-pH-Wertes (Kalk-Kohlensäure-Gleichgewicht). Die Entsäuerung kann durch offene Belüftung, Filtration über Calciumcarbonat oder dolomitische Filtermaterialien ($MgO + CaCO_3$), den Einsatz von Kalk oder Kalkmilch ($Ca(OH)_2$), der Dosierung von Soda (Na_2CO_3) oder Ätznatron ($NaOH$) erfolgen. Die Carbonathärte des Wassers wird durch Auflösung des Dolomitmaterials geringfügig erhöht. Zur Überwachung der Dosierung alkalischer Chemikalien kann der pH-Wert als Steuerungsgröße herangezogen werden.

Keimabtrennung und -inaktivierung

Die Abtrennung oder Inaktivierung der Keime in Wässern ist nicht nur aus rechtlicher Sicht von größter Wichtigkeit. Verbleibende Mikroorganismen können neben dem gesundheitlichen Aspekt die Produktqualität der herzustellenden Getränke durch Zersetzung bestimmter Inhaltsstoffe und die Bildung unerwünschter Stoffwechselprodukten negativ beeinflussen.

Sterilfiltration
Bakterien, Hefen und Schimmelpilze können durch Filtration entfernt werden (Hölbing 1985). Tiefenfiltrationsprozesse werden zunehmend durch Membrantechnologien abgelöst, da die Integrität der Membran und die Abtrennleistung bei diesem Verfahren besser kontrolliert werden können. Die Entkeimungsfilter besitzen gegenüber einer Reihe von chemischen Verfahren gewisse Vorteile. So bleibt der Geschmack des filtrierten Wassers im Gegensatz zur Chlorung unverändert erhalten. Das Wasser ist sofort nach Passieren des Filters trinkbar, während bei der Verwendung von Oxidationsmitteln (Chlor, Ozon usw.) unterschiedliche Verweilzeiten einkalkuliert werden müssen, was ein Reaktionsgefäß entsprechender Größe erforderlich macht. Zu Funktion und Einsatz verschiedener Filtrationstechnologien siehe Kapitel 3.5.2.4.1.

Chlorung
Die Inaktivierung unerwünschter Keime ist auch durch chemische Behandlung des Wassers möglich. Durch den Einsatz von Chlor können Mikroorganismen abgetötet und eine Vermehrung behindert werden, dabei werden eventuell vorhandene Keime nicht abgetrennt. Das Prinzip der Wasserbehandlung beruht auf der nassen Verbrennung von Bakterien und organischen Substanzen durch starke Oxidationsmittel. Die wirksame unterchlorige Säure kann durch das Einbringen als Chlorgas in elementarer Form, den Einsatz einer wässrigen Lösung oder durch chlorabspaltende Verbindungen wie Hypochlorit eingebracht werden. Das für die Effizienz des Verfahrens wesentliche Gleichgewicht zwischen unterchloriger Säure und Hypochloritionen ist stark vom pH-Wert und der Temperatur des Mediums abhängig.

Die Chlorpräparate oder Chlorgas liefern radikalen Sauerstoff:

$$Cl_2 + H_2O \Leftrightarrow HOCl + HCl$$
$$HOCl \rightarrow HCl + O^{\cdot}$$

Die zunächst neben Salzsäure intermediär entstehende unbeständige unterchlorige Säure (HOCl) zerfällt also in Sauerstoff und Salzsäure. Die Herstellung von unterchloriger Säure mit einem Chlorgehalt von 15 bis 18 g/l ist durch Chlorwasserfiltration über Marmor oder aus Chlorwasser und Soda vorzunehmen. Die durch Hydrolyse entstehende Salzsäure wird bei diesem Verfahren annähernd pH-unwirksam neutralisiert. Daher ist es sehr wichtig, dass das Wasser eine geringe Carbonathärte besitzt. Bei der Berechnung der Aufwandmenge für die Keimabtötung ist die Chlorzehrung durch organische Substanzen und die katalytische Zersetzung einzukalkulieren.

Die Voraussetzung für die Keimungsinaktivierungsleistung ist der Chlorüberschuss, dessen Höhe von der Keimzahl, der Keimart und dem pH-Wert des Wassers abhängt. Der Chlorüberschuss soll im Trinkwasser im Mittel nur 0,2 mg/l betragen, im Warmwasser der Flaschenreinigung wegen des höheren pH-Wertes dagegen 5 bis 10 mg/l. Der Chlorüberschuss resultiert aus dem Chlorzusatz unter Berücksichtigung der Chlorzehrung, die infolge des Vorhandenseins oxidierbarer organischer Substanzen und chlorbindender Inhaltsstoffe im Wasser und im Leitungsnetz entsteht. Die Chlorzehrung wird durch die Verringerung der zugesetzten Chlormenge bestimmt, indem man zum Beispiel Chlorwasser der betreffenden Wasserprobe zusetzt und nach 30 Minuten die Chlorabnahme feststellt. Der zur Chlorung erforderliche Chlorbedarf setzt sich dementsprechend aus der Chlormenge für die Chlorzehrung und dem Chlorüberschuss zusammen. Brunnenwasser wird zur Entkeimung je nach Chlorzehrung oft mit Chlordosen von 0,5 bis 1 mg/l behandelt. Wichtig ist die Einhaltung einer genügend langen Kontaktzeit, wie sie nur in einer Wassermenge entsprechender Größe gewährleistet werden kann. Für eine effiziente Entkeimung sollte nach 30 Minuten Kontaktzeit ein Chlorgehalt von 0,1 bis 0,2 mg/l Wasser messbar sein. In ammoniakhaltigen Wässern wird die Keimabtötungsgeschwindigkeit um ein Vielfaches verzögert. Der Einsatz von Hypochloriten (NaOCl, $Ca(ClO)_2$) führt infolge eintretender Hydrolyse bei der Verdünnung zur pH-Verschiebung in den alkalischen Bereich und setzt somit die Wirkgeschwindigkeit gegenüber den bereits beschriebenen Verfahren herab. Die mikrobizide Wirkung von Chlordioxid (ClO_2) ist daher auch im alkalischen Bereich höher als die von Chlor. Die Anwendungssicherheit ist durch Produktion vor Ort herzustellen, da Chlordioxid ein giftiges Gas ist und bei Berührung mit organischen Substanzen explosionsartig reagiert. Die Löslichkeit von ClO_2 in Wasser ist etwa zehnmal größer als von Cl_2. Chlordioxid besitzt zwar wegen seiner hohen Oxidationskraft Vorteile gegenüber dem Chlor, seine Resistenz gegenüber dem Aktivkohlefilter ist jedoch ein entscheidender Nachteil, so dass dieses Wasser auch nach dem Aktivkohlefilter noch Oxidationsfehler des Getränkes (Vitamin-C-Verlust, Aromaveränderung) hervorrufen kann. Für größere Wassermengen ist die Verwendung von Chlorgas zu empfehlen, da die Verwendung von Hypochloritlauge kostenintensiver ist. Letztere ist für geringe Wassermengen, wie zum Beispiel im Warmwasserabteil der Flaschenreinigungsmaschine geeigneter, weil die hohen Installationskosten einer Chlorgasanlage für kleine Anwendungsbereiche nicht tragbar sind. Hypochloritlauge wird im Allgemeinen stark verdünnt mit einer Membranpumpe dosiert. Sie enthält etwa 15 % wirksames Chlor und erfordert wesentlich längere Einwirkungszeit als Chlor oder die unbeständige unterchlorige Säure. Während der Lagerung, die kühl und bei Dunkelheit durchgeführt werden sollte, nimmt der Chlorgehalt der Hypochloritlauge ab.

Das Entkeimungsverfahren der anodischen Oxidation beruht auf Inaktivierung der biologischen Substanz durch deren Elektronenentzug und Bildung von Chlor (elektrolytische Bildung von Chlor aus dem Chloridgehalt des Wassers).

Durch den oxidativen Abbau organischer Wasserinhaltsstoffe (zum Beispiel Huminsäure) können halogenierte organische Verbindungen entstehen, die als krebserregend gelten. Deshalb sind Grenzwerte für diese Verbindungen einzuhalten. Dementsprechend sind für die Aufbereitung von Wasser mit einem höheren Gehalt an organischen Verbindungen andere Verfahren vorzuziehen.

Bei den so genannten Oxidationsverfahren (einschließlich der nachfolgenden Ozonisierung) ist dafür Sorge zu tragen, dass die Bildung von Halogenkohlenwasserstoffen beziehungsweise Chloriten (bei Chlordioxidverfahren) in gesundheitsbedenklichen Mengen ausgeschlossen werden kann.

Ozonisierung

Bei der Ozonisierung wird der dazu erforderliche radikale Sauerstoff nach folgender Reaktion frei:

O_3 zerfällt in $O_2 + O^{\cdot}$ + Energie

Das Sauerstoffatom wirkt außerordentlich stark oxidierend und damit sterilisierend. Durch diese Behandlung werden gleichzeitig unerwünschte Farb- und Geruchsstoffe des Wassers beseitigt. Das Wasser muss eisenfrei sein, da ansonsten eine Trübungsgefahr besteht. Ferner darf das Wasser auch nicht zu große Mengen organischer Substanzen enthalten. Wegen seiner geringen Beständigkeit muss das Ozon direkt am Verwendungsort durch einen Generator mit etwa 7000 Volt aus Luftsauerstoff erzeugt werden. Ein Ozonüberschuss kann, falls die Wartezeit bis zum spontanen Zerfall zum Sauerstoff aus prozesstechnischen Gründen nicht eingehalten werden kann, mittels eines Aktivkohlefilters entfernt werden.

UV-Bestrahlung

Sie besitzt gegenüber den anderen Entkeimungsverfahren eine ganze Reihe von Vorteilen, wie geringer Platzbedarf, leichte Unterbringung der Anlagen, keine durch Chemikalien bedingte Veränderungen im Rohrleitungsnetz, kein Risiko hinsichtlich Transport und Lagerung gefährlicher Chemikalien.

UV-Strahlen, besonders der UV-B-Bereich (280–315 nm) können durch ihre relativ hohe Energieintensität das Protoplasma der lebenden Zelle zerstören. Die UV-Strahlen werden in evakuierten, mit Quecksilberdampf gefüllten Quarzlampen erzeugt, die in Durchlaufapparate eingebaut sind. Zur Bestrahlung wird das Wasser in einem dünnen Film am UV-Emitter vorbeigeführt. Während diese Strahlen von Glas zurückgehalten werden, vermögen sie Quarz ohne erheblichen Verlust zu durchdringen. Die Reichweite der UV-Strahlen beträgt im klaren Wasser nur 30 Zentimeter.

In Bruchteilen von einer Sekunde wird das Protoplasma von Bakterien und Sporen zerstört und die Mikroorganismen auf diese Weise abgetötet. Trübungen des Wassers und/oder Verschmutzungen des Quarzrohres vor dem UV-Emitter erschweren oder verhindern den effizienten Einsatz dieser Technologie. Dementsprechend ist es wichtig, dass die Geräte mit einer Reinigungsmöglichkeit für die Quarzmäntel ausgestattet sind. Bereits geringe Trübungen beziehungsweise Ablagerungen aus dem Wasser, wie Härte bildende Bicarbonate, Eisen, Mangan usw., können mehr als die Hälfte der UV-Strahlen zurückhalten. Ebenfalls ist auch keine Entkeimung von Fruchtsaft, Bier, Wein, Milch oder anderen kolloidale und färbende Stoffe enthaltenden Flüssigkeiten möglich. Ein anderer Nachteil besteht im unvermeidbaren Nachlassen der UV-Lampen im Laufe der Zeit. Geruchs- oder Geschmacksveränderungen, ausgelöst durch dieses Verfahren, sind bislang nicht nachgewiesen worden. Der Energieaufwand für die UV-Bestrahlung liegt im Bereich von 4 bis 6 kWh/m^3 Wasser.

Silberung

Silber wirkt mikrobizid durch Enzymblockierung und wird auf elektrolytischem Wege über eine Opferanode, versilberte Aktivkohle oder Keramikelemente in das Wasser eingebracht. Die Kontaktzeit liegt zwischen ein und zwei Stunden. Sporenbildner zeigen erwartungsgemäß eine höhere Resistenz gegenüber diesem Verfahren. Voraussetzung für einen erfolgreichen Einsatz ist ein geringer Gehalt an Schwermetallionen, Nitriten, Chloridionen und organischen Verbindungen.

Entfernung unerwünschter Geruchs- und Geschmacksstoffe

Das zu produzierende Endprodukt soll durch den Einsatz von Wasser sensorisch nicht negativ verändert werden. Deshalb ist eine weitgehende Geruchs- und Geschmacksneutralität erwünscht. Die Anwesenheit von Schwefelverbindungen, Eisen- und Mangansalzen oder ein erhöhter Gehalt an Kochsalz, Calciumchlorid und/oder Magnesiumsulfat machen sich konzentrationsabhängig negativ bemerkbar. Niedrig siedende organische Verbindungen können durch Belüftung, Schwermetallsalze durch Oxidation, Fällung und Filtration abgetrennt werden. Nach einer Chlorbehandlung können bei Anwesenheit von Phenolen Chlorphenole gebildet werden, die auch in niedrigen Konzentrationen noch Mufftöne auslösen können, besonders in Anwesenheit methylierender Mikroorganismen. Zur Entfernung dieser und anderer störender Komponenten wird oftmals Aktivkohle als Adsorptionsmittel angewandt.

Die Wirkungsweise der Aktivkohle beruht auf ihrer großen Oberfläche (1 g Aktivkohle besitzt die Oberfläche von etwa 500 m^2). Dadurch können auch Hypochloritionen und Ozon, aber nicht Chlordioxid katalytisch zersetzt werden. Im Laufe der Zeit lässt die Aktivität der Kohle nach und es bedarf einer Reaktivierung oder Neubefüllung. Kohlefilter absorbieren viele organische Stoffe, so dass die Ausbildung eines bakterienhaltigen Nährbodens mit Keimvermehrung, Keimabgabe und vielen anderen unangenehmen Begleitumständen gegeben sein kann, wenn kein lebendkeimfreies Wasser zur Filtration gelangt. Sind die Kohlefilter nicht als Sandkohlefilter ausgebildet, so ist mit einem gewissen Kohleabrieb zu rechnen, der über einen Feinfilter entfernt, werden sollte, da er sonst in farblosen klaren Getränken zu einem unerwünschten Bodensatz führt.

Zur Eliminierung unerwünschter Geruchs- und Geschmacksstoffe kann auch eine Behandlung mit Oxidationsmitteln wie Chlordioxid und Ozon erfolgen.

Entkarbonisierung

Das durch Leitungsnetze bereit gestellte Wasser, wie Oberflächen- oder Brunnenwasser, enthält gelöste anorganische (Härtebildner, Neutralsalze) und fallweise organische Verbindungen (Huminstoffe). Diese Komponenten müssen je nach Einsatzzweck des Wassers entfernt werden. Hier sind es vorwiegend die Härtebildner, die sich auf die Ausprägung der Carbonat- und Nichtcarbonathärte niederschlagen. Durch diese Salze kann oftmals der Geschmack der daraus hergestellten Getränke beeinflusst werden. Ebenso kommt es zu Neutralisationsreaktionen mit Säuren, die in den Getränken vorkommen können, was weiterhin zu Ausfällungen von Erdalkalisalzen führen kann.

Mit der Entkarbonisierung wird auch der Gesamtsalzgehalt des Wassers vermindert und damit eine mehr oder weniger große Entmineralisierung durchgeführt. Ein weiteres wesentliches Motiv zur Entkarbonisierung ist die Säurezehrung der Carbonathärte, die bei der Herstellung von Fruchtsäften und Fruchtsaftgetränken beachtet werden muss (siehe Kapitel 7.3).

Aus Kostengründen ist eine Ausfällung der gelösten Hydrogencarbonate mit gebranntem beziehungsweise gelöschtem Kalk der thermischen Entkarbonisierung zur Ausfällung der Carbonatsalze vorzuziehen. Gleichzeitig wird bei diesem weniger energieintensiven Verfahren eine Abscheidung von Schwermetallsalzen erreicht. Großtechnisch erfolgt die Zugabe von gelöschtem Kalk oder Kalkmilch zum Wasser, wobei sich nach kräftiger Durchmischung die Carbonathärte hauptsächlich als Calciumcarbonat in Form von Kalkschlamm absetzt. Hierbei muss das zudosierte Kalkwasser beziehungsweise die Kalkmilch genau auf die Carbonathärte abgestimmt werden, da ansonsten ein Überschuss an Calciumhydroxid den pH-Wert des Wassers in unerwünschtem Maße erhöhen würde. Große Sorgfalt gilt der Ermittlung des Kalkgehaltes von Kalkwasser, der temperaturbedingten Veränderungen unterliegt. Nach dem hier beschriebenen Verfahren lässt sich das Wasser sowohl in dafür vorgesehenen Wasserreserven und anderen Behältern periodisch entkarbonisieren, als auch in kontinuierlich arbeitenden Entkarbonisierungsapparaten aufbereiten, wie zum Beispiel bei der Wirbelstrom-Schnellentkarbonisierung, die unter Ausnutzung einer Kontaktmasse zur Reaktionsbeschleunigung und Anlagerung des Reaktionsproduktes die Reaktionszeit von mehreren Stunden auf sechs bis zehn Minuten verkürzt. Den Reaktoren der Entkarbonisierungsanlagen, in denen die Mischung des Wassers mit Kalk und die haupsächlichsten Klärprozesse stattfinden sollen, werden Kiesfilter nachgeschaltet, durch die das Wasser von nicht sedimentierten Feststoffen befreit wird.

Da die vorgenannten Verfahren zu einem großen Teil sehr viel Platz benötigen, ständig überwacht werden müssen, und auch das Bereiten von Kalkwasser beziehungsweise Kalkmilch nicht unproblematisch ist, werden heute bei entsprechendem Wasserbedarf Ionenaustauscher eingesetzt.

Bei diesen Systemen wird gegen Wasserstoffionen (H^+) ausgetauscht, wenn die Wässer bereits schwebstoff- und schwermetallionenfrei aufbereitet wurden. Dieser Vorgang erschöpft sich, je mehr die Wasserstoffionen des Ionenaustauschers verbraucht werden. Eine Entkarbonisierung des Wassers findet dann nicht mehr statt, wenn sämtliche Wasserstoffionen ausgetauscht sind. Zur Regeneration der Ionenaustauschharze werden Schwefelsäure, Salzsäure, seltener Salpetersäure eingesetzt. Erst nach dieser Regeneration ist der Austauscher wieder zur Entkarbonisierung einsatzfähig.

Bei diesen Austauschvorgängen werden erhebliche Mengen Kohlensäure frei, die wegen ihrer aggressiven Eigenschaften, wie beschrieben, zu beseitigen sind. Die Behandlung der Ionenaustauscher mit verdünnter Säure und die Aggressivität des erzeugten reinen Wassers machen die Auskleidung der Filterbehälter und Rohrleitungen mit einem Korrosionsschutz notwendig. Am geeignetsten ist hierbei eine Gummierung oder Kunststoffbeschichtung.

Eine Entkarbonisierung durch Zusatz geringer Mengen von Säuren, wie Salz- oder Schwefelsäure, wäre zwar noch weniger aufwendig und kostengünstiger als das Ionenaustausch-Verfahren, hat jedoch den Nachteil der ständigen und genauen Kontrolle und kann sehr gefahrvoll sein. Außerdem muss das Wasser von der freiwerdenden aggressiven Kohlensäure noch befreit werden. Gegenüber den Ionenaustauschverfahren ergibt sich ein weiterer Nachteil, indem der Chemikalienzusatz ständig genau nach den eintretenden Umsetzungen berechnet werden muss.

Enthärtung

Zur Enthärtung können ebenfalls Ionenaustauschprozesse eingesetzt werden. Die Calcium- und Magnesiumionen (Härtebildner) werden bei diesem Prozess gegen Natriumionen ausgetauscht. Als Regenerationsmittel wird eine Kochsalzlösung eingesetzt.

Bei den Ionenaustauschern werden Kunstharzmassen verwendet, die in der Lage sind, Ionen von chemischen Verbindungen, die im Wasser zum Beispiel als Salz gelöst sind, gegen andere Ionen auszutauschen. So tauschen zum Beispiel die mit schwachsaurer Kationenaustauschmasse gefüllten Filter die Carbonathärte bildenden Calcium- und Magnesiumionen des Wassers gegen Wasserstoffionen aus, die zuvor an das Austauschmaterial gebunden waren.

Die Austauschverfahren zur Enthärtung und Entkarbonisierung können in verschiedenen Systemen in Parallel- und Reihenschaltung, respektive in direkter Kombination eingesetzt werden.

Entmineralisierung

Zur Herstellung von Erfrischungsgetränken ist oftmals eine Entsalzung, insbesondere bei hohen Nitratgehalten angezeigt. Dabei wird durch den Vollentsalzungsprozess der Anteil der dissozierten Verbindungen mittels Ionenaustauschern entfernt. Hierbei kommt es in der Regel zu einer Reihenschaltung eines stark sauren Kationenaustauschers vor einem stark basischen Anionenaustauscher. Auf der ersten Stufe werden Ca^{2+}, Mg^{2+}, Na^{+} und auf der zweiten SO_4^{2-}, Cl^{-}, HCO_3^{-}, $HSiO_3^{-}$ und NO_3^{-} abgeschieden.

Die *Regeneration* erfolgt mit Salz- oder Schwefelsäure im Falle der stark sauren Stufe und mit Natronlauge im Falle des stark basischen Austauschmaterials. Da das vollentsalzte Wasser praktisch kaum noch Pufferung zeigt, können die Unterschiede im pH-Wert des Reinwassers sehr groß sein. Sie werden zweckmäßig durch ein nachgeschaltetes Ausgleichfilter, ein sogenanntes Pufferfilter oder Mischbettaustauschfilter, behoben. Wird keine Vollentsalzung des Wasser angestrebt, so kann die Pufferung auch durch Verschnitt mit einem in dieser Weise unbehandelten Wasser oder durch Aufhärtung erfolgen. Anstelle von zwei getrennten Filtern können für die Kationen- und Anionenaustauscher beide Arten auch in einem so genannten Mischbettaustauschfilter gemischt enthalten sein, müssen jedoch zur Regeneration jeweils zuvor entmischt werden.

Besonders bei sehr hohen Salzkonzentrationen (> 400 mg/l) bietet das Verfahren der Umkehrosmose eine gute Alternative zur Wasseraufbereitung mit Ionenaustauschern. Als wesentlicher Vorteil der Umkehrosmose gegenüber Ionenaustauschsystemen kann angeführt werden, dass nur eine geringe Menge an Chemikalien zur Reinigung der Membranen anfällt und somit dieses System als weniger umweltbelastend einzustufen ist. Zur genaueren Beschreibung der Umkehrosmose-Technologie, die ebenfalls zur Konzentration wie zur Wasseraufbereitung angewendet werden kann, siehe Kapitel 3.5.2.4.1 und 5.2.1.1.3.

6.7.2 Wasseraufbereitung für Kesselspeisezwecke

Je nach Kesselart, aber auch je nach Druck und Heizflächenbelastung, sind die Anforderungen an die Zusammensetzung des Kesselspeisewassers sehr unterschiedlich (Pohle 1975). Da die Dampferzeugungsanlagen immer leistungsfähiger gebaut werden, andererseits die Öl- und Gasfeuerung eine Änderung in der Heizflächenbelastung und damit verschärfte Bedingungen für das Speisewasser vorliegen, mussten auch an die Wasserqualität immer höhere Anforderungen gestellt werden. Die Vielzahl dieser Mindestanforderungen und Richtwerte ist in Tabellen zusammengefasst, die in jedem Betrieb für den jeweils vorhandenen Dampfkessel oder Heißwasserkessel vorliegen sollten.

Kesselstein bildend sind vor allem Salze, die in der Carbonathärte des Wassers erfasst werden, also die Calciumbicarbonate und Magnesiumbicarbonate (siehe Entkarbonisierung, Enthärtung). Das nach den geschilderten Verfahren entkarbonisierte Wasser sollte in einem Teilstrom auch für die weitere Aufbereitung zu Kesselspeisezwecken ins Kesselhaus geleitet werden. Sofern dieses Wasser darüber hinaus noch höhere Mengen an Substanzen enthält, die in der Nichtcarbonathärte erfasst werden, reicht der Einsatz eines Natriumaustauschers oftmals aus, da eine Vollentsalzung mittels Ionenaustauscher für die zumeist in den Getränke herstellenden Betrieben vorhandenen Kessel relativ selten in Frage kommt.

Der erwähnte Natriumaustauscher oder Basenaustauscher hat die Eigenschaft, die Härte bildenden Calcium- und Magnesiumionen des Wassers gegen Natriumionen des Austauschermaterials auszutauschen, so dass die entstandenen Natriumsalze im Wasser keine Härtesalze mehr darstellen.

Reaktionsgleichung:

$$A\begin{matrix}\diagup Na\\ \diagdown Na\end{matrix} + Ca\,(HCO_3)_2 \rightarrow A = Ca + 2\,NaHCO_3$$

Regeneration:

$$\downarrow A = Ca + 2\,NaCl \rightarrow A\begin{matrix}\diagup Na\\ \diagdown Na\end{matrix} + CaCl_2$$

A = Austauscherharz
Salzbedarf zur Regeneration: etwa 60 Gramm NaCI je ° dH und m^3.

Bei den Ionenaustauschern handelt es sich um Kunstharzmassen, die in der Lage sind, Ionen von chemischen Verbindungen, welche im Wasser zum Beispiel als Salze gelöst sind, gegen andere Ionen auszutauschen. Dadurch wird die Eigenschaft der im Wasser schädlichen Salze verändert, so dass sie nicht mehr nachteilig wirken. Dieser Vorgang erschöpft sich, je mehr die Natriumionen des Ionenaustauschers verbraucht werden. Eine Enthärtung des Wassers findet dann nicht mehr statt, wenn sämtliche Natriumionen ausgetauscht sind. Um das Austauschvermögen wieder herzustellen wird das Austauschmaterial mit Kochsalzlösung durchgespült, wobei die Calcium- und Magnesiumionen gegen die Natriumionen des Kochsalzes ausgetauscht werden (vgl. Regenerationsgleichung). Erst nach dieser Regeneration ist der Austauscher wieder zur Enthärtung einsatzfähig.

Wie aus der Reaktionsgleichung ferner ersichtlich ist, würde sich im Falle vorhandener Calciumbicarbonate im Wasser, also bei Gegenwart von Carbonathärte, Natriumbicarbonat bilden, das im Dampfkessel in Abhängigkeit vom Kesseldruck aufgespalten wird und aggressive Kohlensäure freisetzt, die in das Dampfnetz gelangt und dort materialzerstörend wirkt. Aus diesem Grunde empfiehlt sich die vorherige Entkarbonisierung des Wassers.

Das Kesselspeisewasser setzt sich aus dem vorgenannten aufbereiteten Wasser und dem zurückgewonnenen Kondensat zusammen. Es gelangt über einen Entgaser (aus V2A-Material) nach Erhitzung auf 102 bis 104 °C in die isolierte Speisewasserreserve und von dort erst in den Kessel. Die Entgasung ist sehr wichtig, da hierdurch die gelösten und korrodierend wirkenden Gase wie Kohlensäure und Sauerstoff im Siedezustand des Wassers entfernt werden. Die feine Verteilung über Rieselbleche und die Verdüsung des Wassers innerhalb des Entgasers unterstützen den Entgasungsvorgang. Dieses Verfahren wird als thermische Entgasung bezeichnet.

Damit der Entgasungseffekt erhalten bleibt, muss die Speisewasserreserve stets einen Druck von 1,2 bis 1,3 bar beziehungsweise eine Temperatur von mindestens 102 bis 105 °C besitzen. Sie ist daher mit einer Zusatzheizung ausgestattet. Bei Abkühlung würde das Wasser wieder aggressive Gase aufnehmen. In der Speisewasserreserve wird zusätzlich noch eine chemische Entgasung durch Zusatz von *Hydrazin oder Natriumsulfit* durchgeführt. Hydrazin ist in Lebensmittelbetrieben dann verboten, wenn der Dampf für die Sterilisation von Gefäßen und Leitungen verwendet wird und die Gefahr besteht, dass Hydrazinspuren mit dem Lebensmittel in Kontakt kommen.

In die Speisewasserreserve wird meistens auch Phosphat (alkalisierend und härtestabilisierend) und nötigenfalls Alkalisierungsmittel wie Natronlauge (CO_2 bindend, Schutzalkalität) eindosiert.

Bei Kesselanlagen mit weniger anspruchsvollen Anforderungen an die Speisewasserbeschaffenheit und bei ansonsten günstigen Wasserverhältnissen kann es vorkommen, dass sich der eine oder andere Prozess einsparen lässt. Solche Variationen bestehen zum Beispiel im Gebrauch eines Natriumaustauschers ohne vorherige Entkarbonisierung oder im Verzicht auf jede Enthärtungsanlage und lediglich im Gebrauch einer Phosphatschleuse, einem mit Polymerphosphaten gefüllten Behälter, der in die Kaltwasserleitung eingebaut ist und in dem sich beim Durchlauf von Wasser Phosphate auflösen und in das Wasser übergehen. Auf diese Weise wird eine Stabilisierung der Härtebildner erreicht, das heißt, die Salze werden in Lösung gehalten. Dieses Verfahren ist nur sehr begrenzt einsetzbar, es kann eine Enthärtung nicht ersetzen. Das gleiche gilt für die chemische Entgasung durch Hydrazin oder Natriumsulfit sowie Natronlaugezusatz ohne die vorausgehende thermische Entgasung.

Sehr bedeutungsvoll ist die regelmäßige Überwachung der Speisewasser- und Kesselwasserbeschaffenheit. Zur Entnahme von Kesselwasserproben ist unbedingt ein Probenahmekühler am Kessel anzuschließen.

Einige Erfrischungsgetränkebetriebe besitzen nur so genannte Heißwasserkessel für die Flaschenreinigungsanlage. Bei diesen Niederdruckkesseln sind die Anforderungen an die Wasserbeschaffenheit geringer als an die Dampfkessel. Dementsprechend ist dort der Wasseraufbereitungsaufwand verhältnismäßig gering.

6.7.3 Wasseraufbereitung für die Flaschenreinigung

Durch die für die Flaschenreinigung benötigte Natronlauge (verschleppte Laugenreste) kommt es wie bei der Entkarbonisierung durch Kalkwasser (Calciumhydroxid) zur Ausfällung der Carbonate des Wassers und damit zum Steinansatz in den Reinigungsmaschinen. Die Reaktion dieser Wasserenthärtung verläuft dabei folgendermaßen:

$$Ca(HCO_3)_2 + 2\ NaOH \rightarrow CaCO_3 + Na_2CO_3 + 2\ H_2O$$
$$CaSO_4 + Na_2CO_3 \rightarrow CaCO_3 + Na_2SO_4$$

Wie ersichtlich, werden durch bei der Enthärtung oder durch CO_2-Zutritt aus der Lauge freigesetztes sowie in der Lauge ursprünglich vorhandenes Soda sogar die Nichtcarbonathärtesalze, wie zum Beispiel Calciumsulfat, in das schädliche Calciumcarbonat umgewandelt. Die nachteiligen Folgen einer Kalksteinablagerung sind ganz beträchtlich: Verstopfung der Düsen, ungenügender Reinigungseffekt, erhöhte Verschleppung der Weichlauge durch Versteinung der Flaschenträgerketten und deren Gewichtszunahme mit der Folge eines erhöhten Energiebedarfs, Versteinung der Wärmeaustauscher und Veränderung des Temperaturgefälles mit Erhöhung des Flaschenbruchs und mikrobiologische Probleme auf den Kalksteinbelägen.

Die Verhinderung der Carbonatausscheidung wird entweder durch Zusatz von Phosphaten bewirkt (vgl. Kesselspeisewasser) oder bei hoher Carbonathärte durch die ebenfalls bei der Kesselspeisewasseraufbereitung bereits geschilderten Natriumionenaustauscher, die die Calcium- und Magnesiumsalze des Wassers in unschädliche Natriumsalze umwandeln. Diese Natriumsalze aus der Carbonathärte besitzen ebenfalls eine alkalische Wirkung und ergänzen somit die Reinigungskraft zum Beispiel nach folgender Reaktionsgleichung:

$$NaHCO_3 + H_2O \rightarrow \underset{\text{starke Lauge}}{NaOH} + \underset{\text{schwache Säure}}{H_2CO_3}$$

6.7.4 Wasseraufbereitung für die Getränkeausmischung

Die Zusammensetzung der zur Verfügung stehenden Wässer entspricht in den meisten Fällen nicht den Anforderungen, die für die Getränkeherstellung gestellt werden müssen. Daher wird eine betriebsspezifische Aufbereitung notwendig. Diese Aufbereitung richtet sich nach den jeweiligen lebensmittelrechtlichen Bestimmungen, besonders auch im Hinblick auf die Endprodukte. So ist zum Beispiel nach der deutschen Trinkwasserverordnung die Enthärtung mit Ionenaustauschern nur erlaubt, wenn der Gehalt an Natriumionen im Trinkwasser nicht erhöht wird. Beim Einsatz dieser Technologie und den daraus erwachsenden Folgen für die Zusammensetzung des Endproduktes sind die jeweiligen Gesetzes- und Verordnungswerke zu berücksichtigen.

Die Auswahl der Aufbereitungsverfahren (vgl. Kapitel 6.7.2) muss den unterschiedlichen Zusammensetzungen der Wässer und den vielfältigen Verwendungszwecken Rechnung tragen. Neben den bereits genannten Qualitätskriterien für Trinkwasser sind noch weitere Anforderungen an das für die Herstellung von Fertigware verwendete Wasser zu beachten, die sich von denjenigen für Flaschenspülwässer oder für Kesselspeisezwecke unterscheiden.

Es werden nicht nur Wässer zur Erzielung einer Trinkwasserqualität aufbereitet. Auch Trinkwässer bedürfen für die Getränkeherstellung vielfach der zusätzlichen Aufbereitung. Vor allem ist es die Härte, das heißt die Calcium- und Magnesiumverbindungen des Wassers, die zu Störungen bei der Herstellung der Fertigware führen kann.

Die Bicarbonate des Wassers, wie zum Beispiel die Carbonathärtesalze, wirken säurezehrend, indem sie die Citronensäure neutralisieren und somit den Säuregehalt des Getränkes herabsetzen. Aus diesem Grund besteht sehr häufig Anlass zur Entkarbonisierung des Wassers, da ein erhöhter Citronensäurezusatz in Fruchtsaftgetränken nicht erlaubt ist.

Anbieter von Markenprodukten schreiben für ihre Produkte eine Entkarbonisierung im Interesse einer einheitlichen Geschmacksrichtung vor, da an verschiedenen Orten jeweils andere Citronensäurezusätze infolge der unterschiedlichen Carbonathärte notwendig wären, dies aber abgelehnt wird. Bei Essenzenlimonade hat sich für die Aromastabilität der negative Einfluss eines geringen Gehaltes an Pufferstoffen gezeigt (Schara, 1974), wie dies bei Wässern geringer Härte oder entkarbonisierten Wässern infolge des Fehlens der Fruchtsaftbestandteile der Fall ist. Insofern wäre es bei dieser Getränkegattung besser, anstelle einer Entkarbonisierung die Säurezehrung der Carbonathärte durch entsprechend erhöhten Säurezusatz auszugleichen.

Freies Chlor, erhöhter Ozonüberschuss und größere Sauerstoffmengen mindern den Vitamin-C-Gehalt und wirken sich sehr ungünstig auf das Aroma, den Geschmack und besonders auf die Färbung zum Beispiel fruchttrüber Getränke aus, indem sie eine ausbleichende Wirkung haben (hervorgerufen durch Oxidationsvorgänge). Der Entstehung dieser Getränkefehler wird durch Filtration über Aktivkohlefilter vorgebeugt. Unerwünschte Begleiterscheinungen verursachen auch Eisen-, Silber- und andere Schwermetallionen im Wasser, die die vorgenannten Oxidationsvorgänge katalysieren und die Bodensatzbildung fördern. Insofern ist die Entkeimung mit Silberionen abzulehnen und gegebenenfalls das Wasser zu enteisen und zu entmanganen.

Bestimmte im Trinkwasser sehr selten enthaltene Mikroorganismen können ebenfalls zum Getränkeverderb führen. Aus diesem Grunde sind Entkeimungsfilter in der Getränkeindustrie die Regel.

Aus konzentrierten Erzeugnissen werden Fruchtsäfte gemäß den Leitsätzen nur durch Zusatz von chlorfreiem, entmineralisiertem Wasser bis auf die natürliche Saftstärke eingestellt. Daher sind hierfür teils Entkarbonisierungsanlagen (bei fehlender Nichtcarbonathärte), meistens jedoch Vollentsalzungsanlagen als weiterer Wasseraufbereitungsschritt im Einsatz.

6.8 Flaschen- und Behälterreinigung und -desinfektion

T. Hühn

Die in der Getränkeproduktion gestellten hohen Anforderungen an die mikrobiologische Stabilität können nur dann erfüllt werden, wenn alle Produktionsabläufe unter hygienisch einwandfreien Bedingungen ablaufen. Die hierzu notwendigen Maßnahmen sollten vor allem im Hinblick auf die Unversehrtheit des Produktes und damit auch den Verbraucherschutz geplant werden. Die theoretische Forderung nach biologischer Sterilität, das heißt Abwesenheit aller lebensfähigen Formen von Mikroorganismen sowie Inaktivierung aller Enzyme, hierbei kaum zu erreichen. Ferner umfasst die Definition des Begriffes „Getränkesterilität" die Freiheit von pathogenen Keimen und Toxinbildnern und ein zumindest keimarmes Milieu an getränkeschädigenden Mikroorganismen, die das Produkt unter Normalbedingungen nicht verderben (vgl. Kapitel 9.2).

Reinigung bedeutet die möglichst vollständige Entfernung unerwünschter organischer oder anorganischer Substanzen, die als Schmutz bezeichnet werden, von einer Fläche oder einem Gegenstand. Zum Schmutz zählen hier insbesondere Mikroorganismen, Produktreste, Ablagerungen und andere Fremdkörper. Der Schmutz muss in der Reinigungslösung suspendiert, emulgiert und/oder solubilisiert werden, so dass der Abtransport mit der Reinigungslösung und dem Nachspülwasser ermöglicht wird.

Die gezielte Entkeimung mit dem Zweck, die Übertragung gewisser unerwünschter Mikroorganismen zu verhindern, die entweder das Produkt verderben oder den Verbraucher schädigen können, wird als Desinfektion bezeichnet. Ziel der Desinfektion ist es, mikrobiologisch reine Oberflächen zu schaffen, von denen keine Gefahren für die zu fertigenden Produkte oder den Verbraucher mehr ausgehen können. Voraussetzung sind physikalisch reine Oberflächen, wie sie nach einer Reinigung vorliegen sollten.

6.8.1 Reinigungs- und Desinfektionsmittel

Anforderungen an die Beschaffenheit von Reinigungsmitteln sind:
- Schmutzlösung (schnell und effektiv),
- Tiefenwirkung,
- Benetzungswirkung beziehungsweise Oberflächenaktivität,
- Schmutztragevermögen,
- Verringerung des Keimgehaltes,
- Spülfähigkeit,
- Unempfindlichkeit gegenüber der Wasserhärte, keine Niederschlagsbildung,
- Verseifung von Ölen und Fetten,
- Vermeidung von Korrosionen,
- Geruchs-/Geschmacksneutralität in Bezug auf das Endprodukt,
- Ungiftigkeit (in Anwendungskonzentrationen),
- biologische Abbaubarkeit im Hinblick auf die Abwasserreinigung,
- keine Schaumbildung (in geschlossenen Systemen),
- keine Entmischung der Bestandteile,
- hohe Löslichkeit,
- Kontrollierbarkeit der Wirkkonzentrationen,
- Wiederverwendbarkeit,
- Wirtschaftlichkeit.

Nicht jedes Reinigungsmittel erfüllt alle diese Bedingungen. Als klassische alkalische Mittel können Lösungen aus Natronlauge und Soda bezeichnet werden. Soda bewirkt in dieser Kombination eine Verbesserung der Spüleigenschaften. Es besitzt selbst jedoch nicht die starke Alkalität und chemische Wirkung wie die Natronlauge. Beide Mittel zusammen lösen und suspendieren Schmutz und Schleim sehr gut, verseifen Öle und Fette (Umsetzung in wassserlösliche Alkaliverbindungen, Hydrolyse von Eiweißverbindungen) und besitzen in geringem Maße mikrobizide Eigenschaften. Allerdings haben sie den Nachteil, auf einige Metalle korrodierend zu wirken und eine Ausfällung von Härtebildnern hervorzurufen. Dem Ausfällen von Härtebildnern kann durch Einsatz von Komplexbildnern (Polyphosphate, Gluconate [> pH 7], Ethylendiamintetraacetat [um pH 7], Phosphonate) entgegengewirkt werden. Durch den Zusatz von Silikat wird eine quellende und lösende Wirkung erreicht sowie die Korrosion von Metallteilen stark verringert. Netzmittel setzen die Oberflächenspannung des Wassers soweit herab, dass die Reinigungsmittellösung auch in feine Oberflächenstrukturen eindringen und feinverteilte wie auch schwer zugängliche Schmutzpartikel entfernen kann. Anionische und nichtionische Tenside (neutrale Produkte) können in sauren Reinigungsmitteln zur Beschleunigung des Prozesses eingesetzt werden. Der Einsatz von Antischaummitteln ist in geschlossenen Systemen (CIP = Cleaning in place, Flaschenreinigung) obligatorisch. Im Gegensatz dazu ist bei der Reinigung von Oberflächen die Schaum- oder Gelbildung bei bestimmten Verfahren erwünscht. Um einer Entmischung der in manchen Reinigungsmitteln zahlreich vertretenen Komponenten entgegenzuwirken werden vielfach noch Füllstoffe zugesetzt.

Außer den erwähnten Komponenten, die lediglich die Reinigungskraft erhöhen, werden vielfach auch Zusätze mit desinfizierender Wirkung angewandt. Diese Produkte werden als kombinierte *Reinigungs-* und *Desinfektionsmittel* bezeichnet.

In Abhängigkeit des Einsatzbereiches sind verschiedene Anforderungen an Reinigungsmittel zu stellen.

a) Flaschenreinigungsmittel

Die Ausgangsbasis der Flaschenreinigungsmittel für bürstenlose Reinigungsmaschinen ist Ätznatron (NaOH). In flüssigen Mitteln werden auch wässrige Ätznatronlösungen verwendet, die Natriumhydroxid in einer Konzentration bis zu 50 % enthalten. Dem Grundstoff Ätznatron werden noch andere Alkalien oder Detergenzien zugegeben, um den Reiniger in seiner Wirkung hinsichtlich Reinigungsvermögen, Stabilisierung der Lauge und schnellem Abspülvermögen zu verstärken. Hier kommt es oftmals auch zum Einsatz von Desinfektionsmitteln, um eine kombinierte Wirkung zu erhalten.

Die Zusammensetzung der konfektionierten Flaschenreinigungsmittel für den Einsatz in bürstenlosen Reinigungsmaschinen variiert ganz erheblich und wird durch die Art des Reinigungsgutes, die Wasserhärte und durch die Reinigungseinrichtungen beeinflusst.

b) Sprühreinigungs-Chemikalien

Verschmutzungen vorwiegend organischer Art können mit Sprühreinigungs-Chemikalien entfernt werden. Hier gelangen meistens alkalische Reinigungsmittel zum Einsatz. Soweit diese Mittel mit Aluminiumoberflächen in Kontakt gebracht werden sollen, dürfen sie keinesfalls Ätzalkalität aufweisen (Knallgasbildung).

Als Basis für die meisten alkalischen Sprühreinigungsmittel dient Soda, ergänzt durch Phosphate und andere organische Substanzen zur Wasserbehandlung. Neben diesen Stoffen werden korrosionsschützende Inhibitoren und oberflächenaktive Netzmittel dem Reinigungsmittel bei der Herstellung zugegeben.

Um ein problemfreies Arbeiten bei den modernen Tank- und Behälterreinigungsanlagen, die mit Überdrücken von 1 bis 100 bar betrieben werden, sicherzustellen, werden diesen Reinigungsmitteln Antischaumpräparate zugesetzt. Eine Alternative hierzu stellen spezielle Schaum- oder Gelreinigungsmittel dar, die sich zur Reinigung von Oberflächen besonders bewährt haben.

Kombinierte Reinigungsmittel, das heißt solche, die zur Erzielung eines gewissen keimabtötenden Effektes zusätzlich Desinfektionskomponenten enthalten, basieren neben den bereits angeführten Bestandteilen auf der Wirkung von Aktivchlor. Das Chlor ist je nach Produkt an verschiedenartige Chlorträger gebunden.

Sprühreinigungsmitteln, die ausschließlich für die Reinigung von Edelstahl- oder Kunststoffoberflächen eingesetzt werden, enthalten als Basis häufig Ätznatron (NaOH). Die anderen Zusätze sind im Wesentlichen die gleichen wie die in den sodahaltigen Mitteln. Reinigungsmittel für die maschinelle Reinigung von Kunststoffkästen beruhen auf der ausgezeichneten Wirksamkeit von Ätznatron. Sie enthalten aber antistatisch wirkende Stoffe, die meist zu starker Schaumbildung neigen und durch Antischaummittel gehemmt werden müssen.

Neben alkalischen oder ätzalkalischen Reinigungsmitteln finden auch saure Produkte Verwendung. Sie werden in bestimmten Fällen als Ergänzung dort eingesetzt, wo anorganische Rückstände entfernt werden müssen, die gewöhnlich nicht im alkalischen Bereich zu lösen sind. Als Ausgangsbasis für die säurehaltigen Mittel dient Phosphor-, Schwefel- oder Salpetersäure. Die Mittel enthalten außerdem oberflächenaktive Substanzen und spezielle Inhibitoren.

c) Umlaufreinigungs-Chemikalien

Für die Umlaufreinigung (CIP = Cleaning in place) kommen vorwiegend ätzalkalische Mittel in Betracht. Sie enthalten einen sehr hohen Anteil an NaOH. Der chemische Aufbau ist im Allgemeinen etwas einfacher als bei Flaschenreinigern und noch mehr auf die Ätzalkalität ausgerichtet. Daneben sind oberflächenaktive Substanzen, Phosphate und wirksame Schauminhibitoren zugefügt. Neben ätzalkalischen Reinigungsmitteln sind auch kombinierte Mittel auf der Basis von Soda und Aktivchlor anzutreffen.

Von Zeit zu Zeit ist eine saure Ergänzung der alkalischen Reinigung zur Passivierung der Metalloberflächen notwendig. Diese sauren Reinigungsmittel enthalten inhibierte anorganische und organische Säuren sowie stabilisierende und netzende Substanzen. Die Grundsäuren dieser Mittel sind Schwefel-, Salpeter- und Phosphorsäure.

Erst nach dem Reinigungsprozess kann eine effektive Desinfektion erfolgen. Anforderungen an die Beschaffenheit von Desinfektionsmitteln sind:

- Keimabtötung (schnell und effektiv),
- Vermeidung von Korrosionen,
- Geruchs-/Geschmacksneutralität in Bezug auf das Endprodukt,
- Ungiftigkeit (in Anwendungskonzentrationen),
- biologische Abbaubarkeit im Hinblick auf die Abwasserreinigung,
- keine Schaumbildung (in geschlossenen Systemen),
- keine Entmischung der Bestandteile,
- hohe Löslichkeit,
- Kontrollierbarkeit der Wirkkonzentrationen,
- Wiederverwendbarkeit,
- Wirtschaftlichkeit.

Die Wirkung von Desinfektionsmitteln steigt bei einer Konzentrationserhöhung bis zu einem gewissen Grad an. Eine zu geringe Dosierung kann zur Förderung von Toleranzen bei verschiedenen Mikroorganismen führen, die den Erfolg der Desinfektionsmaßnahmen nachhaltig gefährden. Warme Anwendung der Desinfektionsmittel kann ihr Diffusionsvermögen und damit ihre Wirksamkeit erhöhen.

Durch den fortgesetzten Einsatz gleicher Mittelkombination und Anwendungsbedingungen können verschiedene Mikroorganismen Toleranzen entwickeln und diese Maßnahmen vereinzelt unbeschadet überstehen. Es empfiehlt sich daher von Zeit zu Zeit das Desinfektionsmittel zu wechseln, um diesen Erscheinungen vorzubeugen.

Als Beispiel für kombinierte *Reinigungs-* und *Desinfektionsmittel* ist die Beigabe von *Chlor* anzusehen. Zumeist wird Chlor als Natriumhypochlorit-Lauge zugesetzt. Beim Zerfall von unterchloriger Säure bilden sich Sauerstoff mit keimabtötender Wirkung und Salzsäure, die sich mit den Carbonathärtesalzen des Wassers neutralisieren (vgl. Kapitel 6.7). Wirkstoffverluste können bei der Reaktion mit Schmutzresten eintreten.

Das neutrale Desinfektionsmittel *Wasserstoffperoxid* (H_2O_2) zerfällt rückstandsfrei in Wasser und Sauerstoff, der im Entstehungszustand stark keimabtötend wirkt. Durch Konzentrationen zwischen 25 und 50 %, bei 60 bis 90 °C kann in wenigen Sekunden die Abtötung von Sporen erreicht werden. Die Konzentrationen bei der Kaltdesinfektion betragen je nach Einwirkzeit zwischen 0,3 und 3 %. Bei der Heißanwendung und Standzeiten von 20 bis 30 Minuten genügen Konzentrationen von 0,1 bis 1 %.

Durch eine Kombination von *Essigsäure mit Wasserstoffperoxid* ist ein saures Desinfektionsmittel mit guter Abtötungswirkung auch gegen Sporen entstanden. Es kann im Gegensatz zu anderen Aktivsauerstoffprodukten auch bei tieferer Temperatur um 10 °C effizient eingesetzt werden. Peressigsäure schädigt ab einer Konzentration von 0,07 % nicht nur die Proteine der Zellwand, sondern wirkt nach Eindringen in die Zelle denaturierend auf Enzyme.

Die *quarternären Ammoniumbasen* (neutral) besitzen Oberflächenaktivität und somit eine gute Tiefenwirkung, greifen keine Metalle an, sind in Anwendungskonzentrationen gefahrlos zu handhaben und geruchsneutral. Die mikrobizide Wirkung ist sehr intensiv. Sie ist auf eine Kontaktwirkung zurückzuführen, daher wird das Mittel bei der Anwendung kaum verbraucht und ist über längere Zeiträume benutzbar.

Die quarternären Ammoniumbasen bestehen aus einem Anionenbestandteil, zum Beispiel Chlor, Brom, Jod, und einem Kationenbestandteil, der an ein Stickstoffatom verschiedene organische Radikale bindet. Dadurch erklären sich die hydrophoben Eigenschaften beziehungsweise die Grenzflächenaktivität. Die gut haltbaren quarternären Ammoniumbasen werden in 0,1- bis 0,2%iger Konzentration verwendet. Infolge fortschreitender Verdünnung oder Schädigung durch andere Chemikalien kann die Wirkstoffkonzentration absinken. Da damit auch eine Schwächung der Wirksamkeit verbunden ist, muss das Augenmerk darauf gerichtet werden, dass die Konzentration nicht unter 0,05 % sinkt.

Zur Desinfektion im sauren pH-Bereich können *Jodophore*, die durch ihre oxidierenden Eigenschaften keimabtötend wirken, eingesetzt werden. Bei Einsatz der Präparate über 40 °C besteht durch Sublimation erhöhte Korrosionsgefahr.

Als sehr wirkungsvolles Desinfektionsmittel kann weiterhin die Einwirkung von Hitze gelten. Dies kann in Form von Heißwasser oder Dampf erfolgen. Die zur Denaturierung von Proteinen notwendigen Temperaturen und Einwirkzeiten sind mikroorganismenspezifisch und liegen bei Sporen und Dauerzellen höher. Temperaturen von 85 bis 95 °C über eine Zeitdauer von 20 bis 30 Minuten sollten bei den meisten getränkeschädigenden Keimen ausreichend sein. Beim Einsatz von Dampf zur Behältersterilisierung ist das entstehende Kondensationsvakuum zu beachten. Die Belüftung zwecks Kaltblasen sollte in jedem Fall mittels steriler Luft erfolgen, um eine Rekontamination zu vermeiden.

Die Effizienz von Desinfektionsmaßnahmen kann mittels Probenentnahme und Bebrütung unter Anwendung mikrobiologischer Tests, (vgl. IFU-Microbiological Methods) oder zum Beispiel unter Anwendung der ATP-Methode erfolgen. Bei der ATP-Methode wird das in jeder tierischen und pflanzlichen Zelle vorhandene Adenosintriphosphat mittels Luciferase umgesetzt und über eine Leuchtreaktion detektierbar gemacht. Der Test dauert zwei bis fünf Minuten, was gegenüber den mikrobiologischen Standardmethoden, die mehrere Stunden bis Tage in Anspruch nehmen, einen großen Fortschritt darstellt. Die Feststellung, ob das detektierte ATP aus einem toten oder lebenden Organismus stammt ist hiermit nicht möglich. Dementsprechend ist ausschließlich eine Aussage über das Vorhandensein einer Verschmutzung zu treffen.

Abschließend sei noch darauf hingewiesen, dass sowohl die Reinigungsmittel und Desinfektionsmittel als auch die kombinierten Präparate hier nur in Form eines Überblicks besprochen werden konnten. Für jedes der unter den vielfältigsten Markenbezeichnungen gehandelten Mittel muss der richtige Einsatzbereich aufgrund seiner Wirkkomponente unbedingt beachtet werden.

6.8.2 Reinigungsverfahren

Die Reinigung kann durch Kombination von mechanischer Energie und Reinigungsmitteln erfolgen, die zusammen die Haftkräfte von Schmutz an festen Oberflächen überwinden. Der Reinigungsaufwand und das damit verbundene Reinigungsverfahren hängt vom Verschmutzungsgrad, der Art des Schmutzes (Alter, Haftfähigkeit, Zusammensetzung) und der Oberflächenbeschaffenheit ab. In diesem Zusammenhang spielen mikrobiologische, physikalische und chemische Prozesse eine entscheidende Rolle. Für den optimalen Reinigungserfolg steht die Wahl und Kombination folgender Parameter zur Verfügung: Chemikalien, Strömung (Turbulenz), Temperatur und Einwirkzeit. Die Wirkung verschiedener Chemikalien ist vom Einsatzbereich (pH-Wert, Schmutzzusammensetzung), der Konzentration und deren Applikationsbedingungen (Temperatur, Einwirkzeit) abhängig. Durch erhöhte Strömungsgeschwindigkeit und entsprechende konstruktive Ausgestaltungen können Turbulenzen und damit mechanische Kräfte zur Entfernung von Schmutzpartikeln genutzt werden. Die Erhöhung der Wirktemperatur beschleunigt den Reinigungsvorgang in der Art, dass eine Temperaturerhöhung um 10 °C den Reinigungseffekt unter sonst gleichen Bedingungen etwa verdoppelt. Ein ebenfalls großer Einfluss auf den Reinigungsvorgang hat die Einwirkzeit. Zunächst muss das Reinigungsmittel in den Schmutz eindiffundieren, bevor eine Reaktion und eine Lösung des Schmutzes stattfinden kann. Durch die Verstärkung der mechanischen Reinigung, der Erhöhung der Reinigungstemperatur und der Einwirkdauer kann der Reinigungsmitteleinsatz und damit die Abwasserbelastung verringert werden.

Stufen der Reinigung und Desinfektion:

- Entfernung des groben Schmutzes durch mechanische Vorreinigung,
- Vorspülen mit heißem Wasser,
- Reinigung mit einer Reinigungslösung,
- Zwischenspülen,
- Trocknung der Oberfläche (falls nicht sofortige Desinfektion erfolgt),
- Desinfektion,
- Nachspülen.

Folgende *Reinigungsverfahren* können unterschieden werden:

- manuelle Reinigung,
- mechanische Reinigung durch Hochdruckgerät,
- chemische Reinigung im Niederdruckverfahren,
- chemische Reinigung im Hochdruckverfahren.

Die *manuelle Reinigung* umfasst das Vorspülen, das Abbürsten unter Zuhilfenahme eines geeigneten Mittels, das Nachspülen, die Desinfektion durch ein geeignetes Mittel und dessen Einwirken während mindestens einer Stunde oder über Nacht sowie die Nachspülung mit Trinkwasser.

Bei dem *Hochdruckverfahren* (70 bis 100 bar) werden durch den Sprühstrahl mit hohem Druck die Verunreinigungen abgeschleudert. Die *Niederdruckreinigung* (1–8 bar) besteht nur in einem Versprühen der Reinigungsmittel ohne mechanischen Begleiteffekt. Bei beiden Systemen werden in die Behälter eingebaute oder mobile Spritzköpfe (zum Beispiel Igelköpfe) verwendet. Vor allem bei der Außenreinigung zum Beispiel von Behältern und Füllanlagen unter Anwendung von Hochdruckverfahren kann es zur Aerosolbildung und infolgedessen zur Verbreitung von Schmutz und Mikroorganismen an besonders unzugängliche Stellen kommen. Für diesen Bereich werden Schaum- oder Gelreinigungsmittel eingesetzt, die mit Niederdruck ausgebracht der Oberfläche anhaften, Partikel aufweichen und ablösen können. Ein weiterer Vorteil dieser Verfahren ist die Nachlieferung von Wirkstoff in den Reaktionsbereich über einen gewissen Zeitraum hinweg.

Hinsichtlich der Wiederverwendbarkeit von Reinigungs- und Desinfektionslösungen wird zwischen folgenden Systemen unterschieden:

a) *Stapelreinigung*, das heißt Stapelung der wiedergewonnenen Lösung in Vorratsbehältern, Ergänzung ihrer Konzentrationsverluste und Neueinsatz nach etwa sieben bis zehn Reinigungskreisläufen.
b) *Verlorene Reinigung*, das heißt einmalige Verwendung der Lösungen, die im Allgemeinen eine niedrigere Konzentration als bei a) besitzen.
c) *Umlaufreinigung* von Einrichtungen und Rohrleitungen (CIP = Cleaning in place = Reinigung am Platz, also ohne Zerlegung der Apparate und Leitungen), die hierbei zu einem oder mehreren Kreisläufen zusammengeschlossen werden, wobei die erforderlichen Arbeitsgänge, die Wechsel der umzupumpenden Reinigungs- und Desinfektionsflüssigkeiten und deren Kontrolle sowie Nachschärfungen usw. automatisch mittels Prozessleitsystem, pneumatisch oder elektromagnetisch gesteuerter Ventile oder Leitfähigkeitsgebern gesteuert werden.

Beispiel eines Schemas bei Systemreinigungen:

1. Vorspülung mit Wasser, fünf Minuten,
2. alkalische Reinigung (heiß bei 85 °C) oder kombinierte Reinigung und Desinfektion, 15 Minuten,
3. Nachspülung mit Wasser (heiß/kalt), 10 bis 20 Minuten,
4. saure Reinigung bei 65 °C, etwa 30 Minuten,
5. Zwischenspülung etwa zehn Minuten,
6. chemische Desinfektion (warm, heiß) aktivchlorhaltig, etwa 30 Minuten,
7. Nachspülung mit Wasser (heiß/kalt), etwa 20 bis 30 Minuten.

Dieses Schema muss hinsichtlich der Auswahl der Reinigungs- und Desinfektionslösungen, ihrer Konzentration, Temperatur, Einwirkungszeit usw. den bestehenden Rahmenbedingungen und dem verwendeten Material angepasst werden. Um beim Stapelverfahren die Vorratsbehälter für die mehrmals einzusetzenden Reinigungs- und Desinfektionslösungen nicht mit den Grobverschmutzungen zu belasten, wird der erste Teil des Spülwassers, der eine besonders hohe Schmutzfracht enthalten kann, separat aufgearbeitet.

Weitere Informationen zum Thema „hygienische Maßnahmen, Reinigung und Desinfektion" finden sich bei LANGE (1995), SCHARF (1987) und SCHRÖDER (1993).

6.8.3 Flaschenreinigungsanlagen

Die Arbeitsweise der Flaschenreinigungsmaschine muss der zu reinigenden Flasche und dem damit verbundenen Verschmutzungsgrad angepasst werden. Hier muss unterschieden werden, ob es sich um eine Mineralwasserflasche mit relativ geringen Verunreinigungen oder um eine Süßgetränkeflasche handelt, wo ein optimaler Nährboden für verschiedenste Mikroorganismen gegeben ist.

Da die Reinigung in Einweichrädern, Rundspritzmaschinen und in Anlagen mit zusätzlicher Bürstenreinigung nur noch historisch von Bedeutung ist, wird hier ausschließlich auf das kombinierte Weich- und Spritzverfahren, das heißt Reinigung durch Einweichen und Ab-/Ausspritzen der Flaschen, eingegangen. Es handelt sich vorwiegend um Ein-End-Maschinen mit Aufgabe und Abgabe der Flaschen an einer Seite der Anlage in zwei verschiedenen Stockwerken. Seltener sind die Doppel-End-Maschinen, wo die Schmutzflaschen auf einer Kopfseite der Maschine aufgegeben werden und auf der gegenüber liegenden Kopfseite der Maschine die gereinigten Flaschen die Maschine verlassen. Durch diese räumliche Trennung der Schmutzflaschen von gereinigten Flaschen versprechen sich die Konstrukteure den Vorteil geringerer Reinfektionen. Ein Nachteil dieser Maschinen ist ihr großer Raumbedarf im Vergleich zur Ein-End-Maschine und die erschwerte Überwachung durch das Bedienungspersonal.

Die Maschinen besitzen im Allgemeinen eine relativ lange Tauchweiche (vgl. Abb. 197), so dass bei Kombination mit hohen Temperaturen und langen Kontakt-

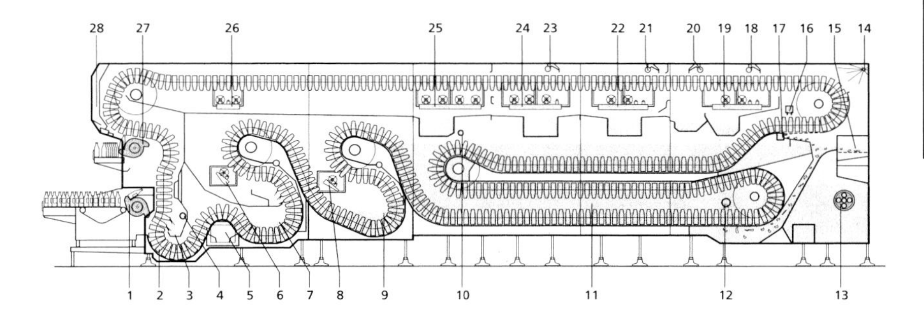

Abb. 197. Innoclean EE-Flaschenreinigungsmaschine mit Wärmerekuperation (KHS Maschinen- und Anlagenbau AG).
1 = Flaschenaufgabe
2 = Vorwärmung 1 (Tauchbad)
3 = Restentleerung
4 = Absaugung
5 = Scherbenaustrag
6 = Vorwärmung 3 (Spritzung)
7 = Vorwärmung 2 (Tauchbad)
8 = Vorlauge (Rekuperation (Spritzung))
9 = Vorlauge (Rekuperation (Tauchbad))
10 = Laugeüberwälzung
11 = Lauge 1 (Tauchbad)
12 = Unterlageschwallung
13 = Wärmetauscher
14 = Lauge (Außenbenetzung)
15 = Etikettenaustragband
16 = Überlaugeschwallung
17 = Bodenspülung
18 = Zwischenlauge (Rekuperation (Außendusche))
19 = Zwischenlauge (Rekuperation (Spritzung))
20 = Zwischenspritzung
21 = Zone 1 (Außendusche)
22 = Zone 1 (Spritzung)
23 = Zone 2 (Außendusche)
24 = Zone 2 (Spritzung)
25 = Zone 3 (Spritzung)
26 = Frischwasser (Spritzung)
27 = Flaschenabgabe
28 = Dampfabsaugung

zeiten die keimabtötenden Äquivalente auch mit relativ geringen Reinigungsmittelkonzentrationen erreichbar sind. In den Maschinen befinden sich mindestens zwei und mitunter auch drei Laugen unterschiedlicher Konzentration, Temperatur und Zusammensetzung zum Beispiel Vorweiche 65 °C, Hauptweiche 65 bis 80 °C, Spritzlauge 65 °C (innen und außen), Phosphatstation 45 °C, Kaltwasserspritzungen (innen und außen). Die Ergänzungen der sich stark verbrauchenden Flüssigkeitsmenge von Lauge I erfolgt durch Lauge II und III, die täglich kontrolliert und gegebenenfalls neu angesetzt werden, während die Lauge I in der Laugenkonzentration aufgestärkt und selten erneuert wird. Die Konzentrationsüberwachung und Nachschärfung der Lauge erfolgt mit automatisch gesteuerten Leitfähigkeitsmess- und Dosiergeräten.

Die Reinigungswirkung ist abhängig von der Laugentemperatur, dem Druck und der Art des Flüssigkeitsstrahles und der Einwirkungsdauer der Weich- und Spritzflüssigkeiten. Die Keimfreiheit ist mit etwa 1%iger Lauge von 65 bis 70 °C in einer Weiche von vier bis fünf Minuten erzielbar. Nach einem Praxisbeispiel beträgt die Gesamtbehandlungsdauer aller Flaschen in der Reinigungsmaschine 13 Minuten, wovon mehr als sechs Minuten die Flaschen bei 75 bis 80 °C untergetaucht sind.

Durch günstigere Gestaltung des Flaschenträgers beziehungsweise durch verminderte Einsatzgewichte der Transportelemente bei gleichen Festigkeitswerten wurde deren Wärmekapazität und damit der erforderliche Energieeinsatz bedeutend gesenkt. Gleichzeitig wurde der thermische Energieverbrauch aber auch durch die Anhebung der Vorwärmtemperatur herabgesetzt. Der elektrische Energieeinsatz wurde durch die Erkenntnis vermindert, dass bei Hochleistungsmaschinen die Ablösung der Schmutzstoffe und die Entfernung der Flaschenausstattung durch die Tauchbehandlung im Laugenbad wesentlich vollzogen wird, so dass die nachfolgenden Spritzstationen nur noch Wärmeübertragungsfunktionen und Spülfunktionen besitzen. Sie benötigen infolge dieser Erkenntnis weniger Energieaufwand (Wenger 1984). Durch einen extern angeordneten Plattenwärmetauscher kann zusätzlich zum Spül- und Kühlwasserfluss die Wärme von der Zwischenlauge auf die Vorlauge übertragen und somit Sattdampf beziehungsweise Heißwasser unter gleichzeitiger Verringerung der Frischwassermenge eingespart werden. Dieser Vorgang wird als Wärmerekuperation bezeichnet.

Zur Reduzierung der Abwasserschmutzfracht wurden die Etikettenaustragungseinrichtungen, durch beschleunigten Etikettenaustrag und reduzierte Laugekontaktzeit mit den Etiketten stark verbessert. Dadurch ergibt sich eine wesentliche Verringerung der Abwasserschmutzfracht (Schumann 1978).

Der hohe Anteil der Getränkereste in den Rücklaufflaschen an der Abwasserschmutzfracht (vgl. Schumann 1982a) hat zur getrennten Restentleerung der Flaschen vor der Vortemperierung durch Innenspritzung und Überschwallung mit ablaufendem warmem Wasser aus der Warmwasserzwischenspritzung geführt. Der Betrieb dieser Zusatzeinrichtung ist jedoch nur sinnvoll, wenn das hier gewonnene Abwasser mit den Getränkeresten der Rücklaufflaschen über einen separaten Kanal nach außen abgeführt und gesondert entsorgt werden kann. Die Anlagen lassen sich auch mit automatischer CO_2-Zudosierung in die Wasserzwischenspritzungen zur Neutralisation des Abwassers ausstatten. Für diejenigen Betriebe, die auch Flaschen mit Aluminiumausstattung reinigen, empfiehlt sich eine automatische Ein- und Abschaltung des Entlüftungssystems zum Ableiten der explosiven Wasserstoffkonzentrationen (Knallgasbildung).

6.8.3.1 Beschreibung des Flaschenweges

Die Flaschen durchlaufen gewöhnlich in Körben, die sich an Förderketten befinden oder mittels Gelenkwellen und Zahnrädern bewegt werden (Kettennachstellung und Schmierungsaufwand entfallen), nach ihrer Restentleerung und Vorspritzung mit bereits gebrauchtem Wasser mehrere Tauchbäder (vgl. Abb. 197). Durch Umlenkung der Fördereinrichtung gelangen die Flaschen in eine zur Restentleerung geeignete Lage, so dass die Verschmutzung beziehungsweise Verschleppung der Reinigungsmittel nicht überhand nimmt. Anschließend passieren die Flaschen im oberen Teil der Maschine die Spritzstationen, die mit drehenden Spritzrohren ausgestattet sind (Kuhnt 1990). Durch Rotation der Düsenwelle wird der Spritzstrahl dem Flaschenlauf nachgeführt, wodurch in der Flasche eine Turbulenzwirkung entsteht. Nach den verschiedenen Laugenbehandlungen folgt zumeist eine separate Flaschenspritzung zur Laugenabspülung mit getrennter Ableitung, um das anschließende Warmwasserspritzabteil nicht übermäßig durch anhaftende Lauge zu alkalisieren. Damit wird einer Verkeimung bei hohem pH und einer Versteinung vorgebeugt. Am Schluss befindet sich die Nachspritzung mit Wasser von Trinkwasserqualität.

Das Temperaturgefälle innerhalb der Behandlungsstufen in der Maschine ist zur Vermeidung von Flaschenbruch den Erfordernissen der Glasflaschen angepasst. Der Energie- und Wasserhaushalt der Maschine ist durch geeignete Wiederverwendungsmöglichkeiten rationalisiert. Die Maschinen verfügen über einen Austrag der beim Überschwallen entfernten Etiketten.

Die Reinigungslauge wird im externen Absetzbehälter durch Sedimentation beziehungsweise Siebfilter regeneriert. Eine Isolierung dieses Behälters vermindert die Energieverluste während der längeren Maschinenstillstandszeiten über Nacht. Die Reinigung des Maschineninnenraumes in den wesentlichen Behandlungszonen erfolgt mit integrierten Hochdruck-Spritzvorrichtungen.

Für die Spülung von PET-Flaschen sind spezielle Reinungsmaschinen, abgestimmt auf äußerst flaschenschonende Anforderungen, mit Halsringaufnahme am Markt verfügbar (zum Beispiel KRONES). Bei der Spülung dieser hydrophoben Behälter müssen die Reinigungsmaschinen mit einer genauen Temperatursteuerung ausgestattet sein, da je nach verwendetem Typ eine Temperatur von 60 °C beziehungsweise maximal 64 °C nicht überschritten werden darf. Der Hohlboden muss in jeder Zone ausgeblasen oder -geleert werden können um Verschleppungen zu vermeiden. Zur Erreichung der maximalen Sicherheit bezüglich der Kontamination mit Mikroorganismen kann vor den Wassertauchbädern ein Desinfektionsbad eingesetzt werden (Klenk 1994).

Auf weitere Einzelheiten der unterschiedlichen Maschinenkonstruktionen und über die Reinigungsmittel kann verständlicherweise in diesen, sich nur dem Prinzipiellen widmenden Ausführungen, nicht eingegangen werden. Für nähere Details sei auf die Fachliteratur verwiesen (Kuhnt 1990, Ludwig 1991, Schumann 1979, Troost 1988).

Die gereinigten Flaschen sollten weitgehend frei von Laugenresten sein. Nähere Informationen zu diesem Thema finden sich bei Roesicke et al. (1990). Die visuelle Nachprüfung der Flaschen auf dem Transportband, die durch Kontrollpersonal an Durchleuchtungsschirmen stattfindet, ist sehr stark ermüdend und deswegen teilweise auch ineffizient. Die Kontrollen werden heute verstärkt mit so genannten Bottle-Inspektoren durchgeführt (Kahlisch 1997). Diese Einrichtungen inspizieren die gereinigten Flaschen auf physikalisch-mechanische Weise (z. T. Bilderkennungssysteme) vor der Füllung auf Fremdkörper, Glasbeschädigung, Laugenreste usw. Das beanstandete Leergut wird aussortiert (Photozellen, Initiatoren usw.).

Es empfiehlt sich, den Flaschenreinigungsbereich von dem Füllbereich räumlich zu trennen, andererseits den Flaschenweg der gereinigten Flaschen bis zur Abfüllstation wegen der Reinfektionsgefahr möglichst begrenzt zu halten. Mitunter wird der Reinfektionsgefahr durch Abdeckung dieser Förderbänder, den Einsatz von Laminar-Flow-Systemen (Überblasung der Flaschenmündungen mit Sterilluft) oder eine UV-Bestrahlung vorgebeugt. Über die Flaschenabfüllung und -verschließung wird in Kapitel 7.6.1.2.1 berichtet. Für die Füllmengenkontrolle und die maschinellen Füllstandskontrolleinrichtungen sei auf die Ausführungen in Kapitel 7.6.1.7 verwiesen.

6.8.3.2 Behandlung von Einwegflaschen

Die Einwegflaschen aus Neuglas werden heute mit Glashüttenhygiene staubdicht in Schrumpffolien oder in Stülpboden verpackt angeliefert. Die allenfalls nur geringe Staubreste enthaltenden Flaschen bedürfen lediglich eines verminderten Reinigungsaufwands in speziellen dafür eingerichteten Maschinen. Wegen der mikrobiologischen Anfälligkeit der Getränke auf Fruchtsaftbasis sollten hierfür Ausspritzmaschinen (Rinser) mit Kalt- und/ oder Warmwasserspritzung zur Reinigung und gegebenenfalls Desinfektion der Flaschen eingesetzt werden.

6.8.3.3 Maschinenanordnung

Vollautomatische Packmaschinen gewährleisten ein materialschonendes und sicheres Aus- und Einpacken der Flaschenkästen. Nach dem Entpalettisieren und Auspacken werden die Rücklaufflaschen, falls Anrollverschlussflaschen eingesetzt wurden, durch eine Entschraubermaschine von ihren teilweise noch vorhandenen Schraubverschlüssen befreit. Erst dann gelangen sie zur Flaschenreinigungsmaschine. Die Flaschenkästen werden über einen Kastenwender zum Kastenwascher befördert. Die gewaschenen Kästen werden zum Flascheneinpacker weitertransportiert, der sich hinter der Etikettiermaschine befindet. Für das Neuglas werden spezielle Neuglasauspacker dem System zugeschaltet.

Nach der Flaschenreinigung gelangen die Flaschen durch Bottle-Inspektoren zum Füll- und Verschließkombinat, je nach Füllverfahren zum Flaschenpasteur und zur Etikettiermaschine (Einzelheiten der Etikettierung siehe Kapitel 7.6.1.6). Die Flaschen durchlaufen weitere teils vollautomatische Kontrollanlagen, die die Füllung, die Füllhöhe, den Verschluss der Flaschen und die Ausstattung der Flaschen kontrollieren. Ausschließlich unbeanstandete Produkte gelangen zum vollautomatischen Einpacker.

6.9 Energiequellen: Dampf, Strom, Wasser

U. Schobinger

Betriebe zur Herstellung von Frucht- und Gemüsesäften haben einen großen Bedarf an Wasser, Wärme und Kälte. Wasser unterschiedlicher Temperatur wird zu Wasch- oder Kühlzwecken, Heißwasser und Dampf zum Blanchieren und Pasteurisieren, Strom zum Betrieb von Kältemaschinen, Pumpen, Zentrifugen usw. verwendet. Während die Energiekosten für die Herstellung von Apfelsaft anfangs der 70er Jahre nur etwa 11 % der Verarbeitungskosten (ohne Rohmaterialkosten) betrugen (A. P. R. I. A. 1971), lagen sie zu Beginn der 80er Jahre bereits über 30 %. Die bei der Herstellung und beim Vertrieb von Apfelsaft anfallenden Kosten sind in der Tabelle 67 zusammengestellt.

Der Preis ab Rampe betrug 1997 für die Flasche 1,10 DM und für den Karton

Tab 67. Aufschlüsselung der Gesamtkosten (in Prozent) für 1 Liter Apfelsaft in der Flasche beziehungsweise in der Kartonpackung (POSSMANN 1999)

	Flasche	Kartonpackung
Rohware	25	30
Verarbeitung	5	7
Behandlung/Einlagerung	12,5	18
Verpackung/Abfüllung	40	25
Marketing/Distribution	17,5	20

0,80 DM. Da die Flaschen abfüllenden Betriebe im Schnitt eher kleinere Unternehmungen waren, ergeben sich bei der Kartonpackung (der größeren Betriebe) andere Kostenstrukturen.

KARDOS (1966) gibt für eine Universal-Obstsaftlinie nach Bertuzzi zur stündlichen Verarbeitung von 2 000 bis 2 500 Kilogramm Obst (Saftfertigstellung ohne Konzentratherstellung und Abfüllung) folgende *technisch-ökonomische* Kennziffern an:

Technisch-ökonomische Kennziffern für die stündliche Verarbeitung von 2000–2500 kg Obst

	Verbrauch/h	auf 1 hl Obstsaft
Dampf	500 kg	25 kg
Energie	47,7 kW	2,4 kW
Wasser	4 000 l	200 l

Für die Verarbeitung von Äpfeln vom Silo bis zum Konzentrattank liegen die Verbrauchszahlen pro Hektoliter Saft in mitteleuropäischen Betrieben infolge der Aufarbeitung zu Saft- und Aromakonzentraten (exkl. Trestertrocknung) für den Dampfverbrauch und für den Wasserverbrauch höher (40–50 kg Dampf/hl und 600–800 l Wasser/hl). Dagegen liegt der Stromverbrauch etwas tiefer (1,7–1,9 kW/hl). Durch den Einsatz eines Kühlturmes kann der Wasserverbrauch um mindestens 60 % gesenkt werden.

Eine ausführliche Zusammenstellung der Kosten für verschiedene Entsaftungssysteme für Äpfel gibt POSSMANN (1984). Für eine Traubensaftanlage mit einer stündlichen Verarbeitung von 6 Tonnen Trauben und einer Abfüllkapazität von 5 000 l/h errechnet GANTNER (1964) einen Energieverbrauch von 144,2 kWh und 2 040 Kilogramm Dampf für alle erforderlichen Maschinen, ferner einen Wasserverbrauch von 23,5 m^3 und 74 m^3 Luft.

Für die *eigene Energieversorgung* wird in den meisten Fällen ein Dampferzeuger verwendet. Die Wahl des Kesselsystems hängt im Wesentlichen von der Größe des Dampfverbrauches und des erforderlichen Dampfdruckes ab. Schwankungen im Dampfverbrauch können durch Angliederung eines Dampfspeichers ausgeglichen werden. Grundsätzlich ist festzuhalten, dass die Anlagen- und Betriebskosten mit zunehmender Temperatur steigen. Dient der Dampf nur zu Heizzwecken, hat man kein Interesse, den Dampfdruck höher als nötig zu wählen, da die Verdampfungswärme mit steigender Temperatur, das heißt mit steigendem Druck abnimmt. Der Minimaldruck ergibt sich aus dem Sattdampfdruck entsprechend der gewünschten Dampftemperatur an der Verbrauchsstelle.

Als *Brennstoff* wird heute meist Heizöl oder Gas, in selteneren Fällen Kohle oder Koks verwendet. Das *Kesselspeisewasser* muss fast ausnahmslos aufgearbeitet werden (vgl. Kapitel 6.7.1). Die Anforderungen an das Speisewasser sind im Allgemeinen für jeden Kesseltyp bekannt. Bei der *Wahl des Kesselsystems* ist zu beachten, dass Kessel mit kleinem Wasserinhalt, zum Beispiel *Wasserrohrstrahlungskessel*, schnell aufgeheizt sind, aber bei gleichem Druck weniger Speichervermögen haben. Die Abkühlungsverluste bei längerem Stillstand sind kleiner. Für kleinere Leistungen bis 2 000 Kilogramm Dampf pro Stunde bieten *Wasserrohrkessel* meistens größere Vorteile. Kessel mit großem Wasserinhalt, zum Beispiel *Dreizug-Flammrohr-Rauchrohrkessel*, sind geeignet für Betriebe mit großen Schwankungen im Dampfverbrauch. Sie müssen aber mit genügend hohem Druck betrieben werden, um bei plötzlicher Druckabsenkung noch zusätzlich Dampf abgeben zu können. Spitzenbelastungen, welche durch Hinzuschalten größerer Verbraucher, zum Beispiel Flaschenreinigungs-

oder Pasteurisationsanlagen, entstehen, können mit *Dampfgeneratoren* oder so genannten *Schnelldampferzeugern* abgefangen werden. Weitere Hinweise über Kriterien industrieller Dampfversorgungsanlagen vermitteln die Arbeiten von GANTNER (1974), LEIPERT (1976), ERNST (1996) und MEYER-PITTROFF et al. (1999).

Neben Dampf wird auch *Heißwasser als Wärmeübertragungsmittel* verwendet. Das Heißwasser (meist 160 °C) wird mittels Pumpen in Umaluf gesetzt. Neben dem *Dreizugkessel* werden vielfach die eigentlichen *Heißwassererzeuger* eingesetzt, welche den Röhrenstrahlungskesseln ähnlich sind. Infolge des geringen Wasserinhalts sind letztere in kürzester Zeit betriebsbereit. Wärmeverbrauchsschwankungen können durch Angliederung eines so genannten Schichtenspeichers ausgeglichen werden. Im Gegensatz zum Dampfspeicher wird das Wasser darin nicht gemischt, sondern das abgekühlte Wasser (Rücklauf) fließt unten in den Speicher und oben wird das Heißwasser (Vorlauf) entnommen.

Die *elektrische Energie* ist für die Wärmeerzeugung um ein Vielfaches teurer als Öl, Kohle oder Gas, so dass der Strom nur in besonderen Fällen dazu verwendet wird. Dagegen ist die Verwendung von Strom für motorische Antriebe, Steuerungen usw. ideal. Die elektrische Energie wird aus dem örtlichen Niederspannungs- oder Hochspannungsnetz entnommen. Das Niederspannungsnetz wird mit Drehstrom 220/380 Volt gespeist. Werden Stromentnahme und Anschlusswerte zu hoch, muss eine Transformatorenstation gebaut werden. Die Tarifgestaltung beim Strom ist sehr unterschiedlich und richtet sich nach den betrieblichen und örtlichen Verhältnissen (WEISSENBACH 1990, 1991).

Da die Kosten für Heizenergie und Wasser infolge zunehmender Verknappung immer mehr steigen, müssen alle Maßnahmen ausgeschöpft werden, die zu

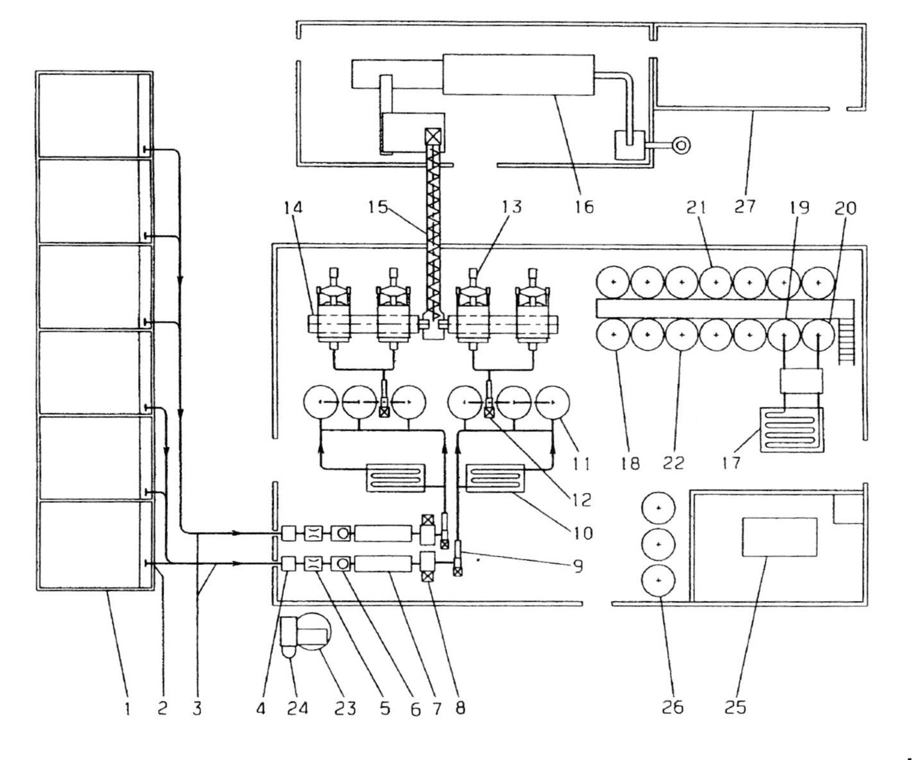

Abb. 198. Schema einer Mehrzweck-Verarbeitungsanlage System Bucher mit Verarbeitungslinien für Frucht- und Gemüsesäfte (Bucher-Guyer AG).
1 = Obstsilo
2 = Siloschieber
3 = Schwemmkanal
4 = Steinfangkasten
5 = Dosierhaspel/Schmutzausscheider
6 = Vertikal-Schneckenförderer
7 = Rollen-Verlesetisch
8 = Rätzmühle
9 = Maischepumpe
10 = Maischeerhitzer
11 = Maischebehälter
12 = Maischefüllpumpe
13 = Bucher-HPX 5005i Presse
14 = Trester-Bunkerschnecke
15 = Trester-Austragschnecke
16 = Tretertrocknung
17 = Ultrafiltration
18 = Permeattank
19 = Batch-Tank
20 = Reinigungswassertank
21 = Rohsafttank
22 = Retentattank
23 = Drehsieb
24 = Abfallbehälter
25 = Konzentrat- und Aromarückgewinnung
26 = Konzentratbehälter
27 = Trestersilo

einem sparsameren Verbrauch führen. Durch den Einsatz von Wärmetauschern, durch Einschaltung einer Wärmepumpe zur Koppelung der Kälte- mit der Wärmeerzeugung sowie durch Anwendung besonderer Verfahren der Kälte- und Wärmespeicherung kann der Heizmittelbedarf gesenkt und der Wasserverbrauch durch Verwendung eines Kühlturmes oder eines Verdunstungsverflüssigers beträchtlich vermindert werden (LANG 1975). Über Energiesparmöglichkeiten bei der Dampf- und Heißwassererzeugung berichten KRUG (1983), PLATE (1983), ERNST (1984) und BORRMANN (1990, 1991).

6.10 Raumgestaltung

Neben der richtigen Standortwahl eines Produktionsbetriebes ist vor allem eine zweckmäßige Gebäudeeinteilung von größter Wichtigkeit. Bei der Berechnung des Flächen- beziehungsweise Raumbedarfs müssen folgende Arbeitsbereiche berücksichtigt werden:

- Rohstoffannahme,
- Rohstofflagerung,
- Aufarbeitung (Enzymatisieren, Entsaften, Schönen, Entaromatisieren, Konzentrieren, Trestertrocknung usw.),
- Lagerung der Halbfabrikate,
- Flaschenabfüllraum,
- Fertigwarenlager,
- Versand,
- Lagerung der Nebenprodukte und Abfälle,
- Lagerung der leeren Flaschen und des Verpackungsmaterials,
- Energieanlagen, Werkstatt,
- Büros, Laboratorium, Kantine,
- Waschräume, Toiletten, Garderoben (Personalräume).

Der gesamte Verarbeitungsbetrieb soll so geplant werden, dass die zahlreichen Maschinen und Anlagen möglichst vielseitig, das heißt für die verschiedensten Rohmaterialien eingesetzt werden können. Eine solche Vielzweckanlage mit kombinierten Fruchtsaft- und Gemüsesaftverarbeitungslinien ist in Abbildung 198 dargestellt. Nähere Angaben über den Flächen- beziehungsweise Raumbedarf für einzelne Arbeitsstufen eines Obstsaftbetriebes sowie für verschiedene Produktionslinien finden sich im Buch von KARDOS (1966).

7 Fertigstellung und Abfüllung

7.1 Grundstoffe und Hilfsstoffe zur Herstellung von Getränken auf Fruchtbasis

T. Hühn

7.1.1 Grundstoffe auf Fruchtbasis

Grundstoffe sind Halbfabrikate, die zur Herstellung von Getränken auf Fruchtbasis dienen. Die Zusammensetzung der Grundstoffe muss unter Berücksichtigung der Herstellerangaben den jeweiligen Verkehrsauffassungen entsprechen. Als Rohstoffe kommen überwiegend Citrusfrüchte wie Zitronen, Orangen, Grapefruits, Mandarinen, Tangerinen und andere Früchte wie Äpfel, Kirschen, Johannisbeeren, Himbeeren und Trauben in Frage, aus denen die Grundstoffe gewonnen und fallweise konzentriert werden. Die Grundstoffe für safthaltige, alkoholfreie Erfrischungsgetränke enthalten neben den wesentlichsten Inhaltsstoffen der oft verwendeten Citrusfrüchte, wie ätherische Öle, Farbstoffe und Fruchtbestandteile, auch Mineralstoffe, Vitamin C, Vitamin A, mehrere Vitamine der B-Gruppe, Citronensäure, Weinsäure und Äpfelsäure, Fruchtzucker, Traubenzucker und Saccharose. Funktionelle Inhaltsstoffe gewinnen hier immer mehr an Bedeutung. Unter funktionellen Getränken werden Produkte verstanden, deren Inhaltsstoffe zusätzlich zum Nährwert einen positiven Effekt auf die Gesundheit und das Wohlbefinden haben.

Für die Herstellung von Erfrischungsgetränken wichtige Inhaltsstoffe der Citrusfrüchte sind wasserunlöslich, zum Beispiel ätherische Öle, zum Teil auch Farbstoffe und gewisse Fruchtbestandteile. Diese Stoffe können sich daher leicht wieder abscheiden. Die Dichte ätherischer Öle beträgt etwa 0,85 gegenüber 1,03 g/cm³ des Getränkes. Um das *Abscheiden* zu verhindern, müssen die unlöslichen Stoffe bereits im Grundstoff so fein verteilt werden, dass auch nach längerer Lagerzeit des Getränkes keine Ölringbildung und kein Absetzen von Fruchtfleischteilchen zu befürchten sind. Der hierfür erforderliche technologische Aufwand durch *Homogenisation* ist nicht unerheblich. Hierzu sind meist physikalische Verfahren anzuwenden, die gleichzeitig die Voraussetzung für die erforderliche biologische Haltbarkeit erfüllen. Die einschlägigen lebensmittelrechtlichen Bestimmungen und der beabsichtigte Verwendungszweck bestimmen die Haltbarmachung.

Konzentrate von Citrusfrüchten besitzen im Allgemeinen einen Extraktgehalt von 50 bis 65 %. Durch zu starkes *Konzentrieren* und damit fallweise verbundene Wärmebelastung kann das Aroma des Grundstoffes nachhaltig geschädigt werden. Die Einengung erfolgt deshalb temperaturschonend im Unterdruckbereich bei etwa 35 bis 40 °C oder mittels Kälte wie zum Beispiel durch Gefrierkonzentrierung. Hierbei wird der Saft so stark abgekühlt, dass das Wasser als Eis gefriert und die Inhaltsstoffe des Saftes in einer geringen Flüssigkeitsmenge mit einem wesentlich tieferen Gefrierpunkt konzentriert werden. Das Eis kann durch Zentrifugation abgetrennt werden. Dieses Verfahren ist im Hinblick auf die wertbestimmenden Inhaltsstoffe als äußerst positiv zu beurteilen, gleichzeitig ist es aber auch sehr energie- und somit kostenintensiv (vgl. hierzu Kap. 5.2.1.1.2).

Die *Haltbarkeit* der Konzentrate für die Herstellung von Erfrischungsgetränken kann durch Einsatz von Konservierungsstoffen erhöht werden. Dies sind zum Beispiel Benzoesäure (1 g/kg Saftkonzentrat),

Sorbinsäure (2 g/kg) oder Ameisensäure (4 g/kg). Für Citrusgrundstoffe ist der Einsatz von bis zu 300 Milligramm SO_2 pro Kilogramm erlaubt. Werden mehrere Konservierungsstoffe nebeneinander verwendet, so vermindert sich die festgesetzte Höchstmenge um so viele Prozente, wie von den Höchstmengen der anderen Konservierungsstoffe enthalten sind. Diese geringe Konservierungsstoffmenge reicht jedoch für eine konservierende Wirkung in der Verdünnung des Fertiggetränkes nicht mehr aus. Ein unmittelbarer Einsatz in Erfrischungsgetränken ist nicht zulässig.

Grundstoffe aus den oben erwähnten anderen Früchten können wegen dem höheren Klärgrad und dem niedrigeren Pektingehalt oftmals höher (bis auf 70 %) konzentriert werden, was sich positiv auf die Haltbarkeit auswirkt und Konservierungsmittel und Tiefkühlung überflüssig machen. Die Lagerung dieser Konzentrate sollte allerdings auch nicht über einen Zeitraum von mehreren Monaten bei Raumtemperatur erfolgen, da hervorgerufen durch die Maillard-Reaktion nichtenzymatische Bräunungsreaktionen und die Bildung unerwünschter Aromakomponenten die Folge sind.

Falls der Einsatz von Konservierungsstoffen zum Beispiel bei Konzentraten zur Herstellung von Säften oder Saftgetränken nicht möglich ist, müssen die Konzentrate durch Einfrieren haltbar gemacht werden. Das Konzentrat wird zu diesem Zweck unmittelbar nach der Herstellung im Durchfluss auf Temperaturen unter 0 °C abgekühlt und in Behälter (Bag-in-tin, z. B. 250 kg) abgefüllt. Diese Fässer werden danach bei Temperaturen zwischen –18 und –30 °C gelagert und erst unmittelbar vor ihrem Einsatz aufgetaut.

Lange Aufbewahrungszeiten der Grundstoffe sind unerwünscht. Zitronengrundstoff altert im Allgemeinen schneller als Orangengrundstoff. Der Zitronengrundstoff ist infolge seines niedrigeren pH-Wertes gegen Infektionen unempfindlicher. Eine Pasteurisation des Grundstoffs bewirkt nur die Abtötung der Mikroorganismen. Die Inaktivierung der ebenfalls unerwünschten Pektinmethylesterase kann durch Pasteurisation mit Mikrowellen bei 95 °C während 15 bis 20 Sekunden erreicht werden (vgl. Kapitel 3.7.9.3).

Der Grundstoff wird nach einer Entlüftung, zum Beispiel durch Unterdruck, auf Kleingebinde wie Dosen (bis 10 kg) oder in größere Edelstahltransportbehälter abgefüllt. Großbehälter besitzen den Vorteil, dass sie als Vorratstank angeschlossen werden können. Dadurch entfällt zusätzlicher Aufwand durch Entleerung von Kleingebinden und Beseitigung von Leergut. Die Grundstoffe sollten nicht mit hochprozentigem Zuckersirup vermischt werden (vgl. Kapitel 7.1.3). Die günstigste *Lagertemperatur* der Grundstoffe liegt bei 0 bis 5 °C. Eine kältere Lagerung könnte die kolloidale Stabilität des Grundstoffes beeinträchtigen. Die Gefäße sind zu verschließen, da Sauerstoff zu oxidativen Veränderungen führt.

Das vom Grundstofflieferanten angegebene *Ausmischungsverhältnis* zum Beispiel 10 zu 100 für 665 Liter besagt, dass 10 Kilogramm Grundstoff mit 90 Kilogramm Zuckerlösung (65%ig) zu 100 Kilogramm Limonadensirup verdünnt werden. Sie ergeben nach weiterer Wasserzugabe 665 Liter fruchtsafthaltige Limonade. Die Dosierung bei Fruchtsaftgetränken richtet sich einmal nach dem Fruchtsaftgehalt und zum anderen nach dem Zuckergehalt. Bei Fruchtsaftgetränken auf Citrussaftbasis mit 6 % Saftgehalt muss der Zuckergehalt die nach den Richtlinien geforderte Dichte des Fertiggetränkes von 1,035 erfüllen, worin die Dichte des Saftes bereits enthalten ist. Bei den Rezepturberechnungen sind diese Forderungen zu erfüllen. Der Grundstofflieferant gibt jedoch auch hier die Ausmischungsangaben bekannt, wie zum Beispiel Grundstoff 12 zu 100 für 800 Liter, das heißt 12 Kilogramm Grundstoff mit 88 Kilogramm Zuckersirup (65%ig) ergibt 100 Kilogramm Limonadensirup für 800 Liter Fruchtsaftgetränk.

Um negative chemische und/oder physikalische Erscheinungen in Erfrischungsgetränken, wie Veränderungen im Geschmack, Aussehen und in der Konsistenz zu verzögern oder zu verhindern, können *Stabilisatoren* wie Johannisbrotkernmehl und Gummi arabicum eingesetzt werden. Das in verschiedenen Grundstoffen aus Früchten enthaltene Pektin kann unter bestimmten Bedingungen zusätzlich als Stabilisator wirken.

Weitere Einzelheiten zu diesem Kapitel siehe bei GREEN (1978), MITCHELL et al. (1990), SCHUMANN (1979), VARNAM et al. (1994).

7.1.2 Trinkwasser

Die mengenmäßig größte Getränkekomponente ist das Wasser, das als Trinkwasser aufbereitet oder unaufbereitet oder als Mineralwasser zur Herstellung von Getränken auf Fruchtsaftbasis verwendet wird. Außer dem in den Getränken enthaltenen Wasser unterscheidet man noch Wasser, das bei der Herstellung, Bearbeitung, Abfüllung oder Verpackung von Lebensmitteln unmittelbar oder mittelbar mit diesen in Berührung kommt, sei es auch nur infolge der Reinigung der Geräte oder Gefäße. Auch dieses Wasser muss Trinkwasserqualität besitzen (vgl. Kapitel 6.7.4).

7.1.2.1 Gesetzliche Richtlinien

Trinkwasseranforderungen muss jedes Wasser erfüllen, das als Lebensmittel, als Bestandteil von Lebensmitteln oder bei der Herstellung oder Zubereitung eines Lebensmittels verwendet wird. Gleiches gilt, wenn es zur Reinigung oder Spülung von Gegenständen dient, die mit Lebensmitteln in Berührung kommen. (Schweizerische Lebensmittelverordnung, Kapitel 28, Art. 275).

Die Umsetzung der EG-Richtlinie 98/83/EG (Trinkwasser-Richtlinie) über die Qualität von Wasser für den menschlichen Gebrauch muss in den Mitgliedsstaaten innerhalb einer Frist von zwei Jahren erfolgen (VdF 1999). Die bestehenden Länderverordnungen definieren Anforderungen an die chemische und mikrobiologische Beschaffenheit des Trinkwassers und des Wassers für die Lebensmittelindustrie. Ferner enthalten sie Regelungen über den Betrieb und die Verantwortung des Betreibers von Trinkwasseraufbereitungsanlagen. Weiterhin ist die hygienische Überwachung durch die Gesundheitsbehörden vorgeschrieben.

An die Beschaffenheit des Wassers für die Verwendung in Lebensmittelbetrieben werden die gleichen Anforderungen wie an Trinkwasser gestellt. Der Begriff des Brauchwassers wird nicht mehr geführt.

In *Deutschland* unterliegen die Trinkwässer der lebensmittel- und genussmittelherstellenden Betriebe in erster Linie dem Bundesseuchengesetz, dem Lebensmittel- und Bedarfsgegenständegesetz (LMBG) und auf deren Grundlage der Trinkwasserverordnung (TrinkwV).

Die *Schweizerische* Lebensmittelverordnung verweist im Kapitel 28, Artikel 275 bezüglich der Trinkwasserqualität auf Kapitel 27A des Schweizerischen Lebensmittelbuches, das seinerseits größtenteils Bezug nimmt auf die Richtwerte der WHO (Weltgesundheitsorganisation beziehungsweise „Normes Internationales pour l'eau de boisson"). Diese Richtwerte der WHO werden unter anderem auch in Europa im Wesentlichen zugrunde gelegt. Wir beschränken uns exemplarisch auf die wichtigsten Grundlagen der deutschen Trinkwasserverordnung (05. 12. 1990). Sie berücksichtigt nicht die von der AIJN (Association of the Industry of Juices and Nectars from Fruits and Vegetables of the European Union) aufgestellte Forderung, den Nitratgehalt auf maximal 25 mg/l und den Natriumgehalt auf maximal 50 mg/l zu beschränken; dies wird auch schwer zu erreichen sein

Die „AIJN-Forderungen" sollten bei der Rückverdünnung von Fruchtsaft aus Fruchtsaftkonzentrat aber trotzdem aus qualitativen Gründen eingehalten werden.

Die Trinkwasserverordnung gibt für die hygienischen und die chemischen Anforderungen eine Beurteilungsrichtlinie und legt für Mikroorganismen und Substanzen die Untersuchungsmethoden fest, um die Vergleichbarkeit der Untersuchungsergebnisse zu gewährleisten. Die zuständige Behörde kann neben den in der Verordnung festgelegten Intervallen zuätzliche

Untersuchungen anordnen, wenn es unter Berücksichtigung der Umstände des Einzelfalls zum Schutz der menschlichen Gesundheit oder zur Sicherstellung einer einwandfreien Beschaffenheit des Trinkwassers erforderlich ist; dabei sind Art, Umfang und Häufigkeit der Untersuchungen festzulegen. Die Unternehmen sind verantwortlich dazu verpflichtet, die Untersuchungen durchzuführen oder durchführen zu lassen und die Ergebnisse aufzuzeichnen. Ferner besteht Dokumentationspflicht für die Betreiber einer Wasserversorgungsanlage (deren Gegenstand in der Verordnung definiert ist) über die verwendeten Zusatzstoffe; deren Art und Grenzwerte sind ebenfalls festgelegt. Es besteht außerdem eine Deklarationspflicht dieser Zusatzstoffe gegenüber der Öffentlichkeit.

7.1.2.2 Qualitative Anforderungen an Trinkwasser

1. Trinkwasser muss frei sein von *Krankheitserregern*. Dieses Erfordernis gilt als nicht erfüllt, wenn in 100 Milliliter Trinkwasser *Escherichia coli* oder coliforme Keime gefunden werden (Grenzwert). Dieser Grenzwert gilt als eingehalten, wenn bei mindestens 40 Untersuchungen in mindestens 95 % der Untersuchungen keine coliformen Keime nachgewiesen werden können. Fäkalstreptokokken dürfen ebenfalls in 100 Milliliter Trinkwasser nicht enthalten sein (Grenzwert).
2. In Trinkwasser soll die *Koloniezahl* den Richtwert von 100 je Milliliter bei einer Bebrütungstemperatur von 20 °C ± 2 °C und bei einer Bebrütungstemperatur von 36 °C ± 1 °C nicht überschreiten. In desinfiziertem Trinkwasser soll außerdem die Koloniezahl nach Abschluss der Aufbereitung den Richtwert von 20 je Milliliter bei einer Bebrütungstemperatur von 20 °C ± 2 °C nicht überschreiten.
3. Bei Trinkwasser aus Eigen- und Einzelversorgungsanlagen, aus denen nicht mehr als 1 000 m^3 im Jahr entnommen werden, sowie bei Trinkwasser aus Sammel- und Vorratsbehältern und aus Wasserversorgungsanlagen an Bord von Wasserfahrzeugen, in Luftfahrzeugen oder in Landfahrzeugen soll die Kolonienzahl den Richtwert von 1 000 je Milliliter bei einer Bebrütungstemperatur von 20 °C ± 2 °C um den Richtwert von 100 je Milliliter bei einer Bebrütungstemperatur von 36 °C ± 1 °C nicht überschreiten. Für Trinkwasser aus Wasserversorgungsanlagen auf Spezialfahrzeugen, die Trinkwasser transportieren und abgeben, gilt Absatz 2.
4. In Trinkwasser, das mit Chlor, mit Natrium-, Magnesium- oder Calciumhypochlorit oder mit Chlorkalk *desinfiziert* wird, muss außerdem nach Abschluss der Aufbereitung ein Restgehalt von mindestens 0,1 Milligramm freiem Chlor je Liter nachweisbar sein und in Trinkwasser, das mit Chlordioxid desinfiziert wird, muss nach Abschluss der Aufbereitung ein Restgehalt von mindestens 0,05 Milligramm Chlordioxid je Liter nachweisbar sein. Wird das Trinkwasser vor Übergabe in das Verteilernetz entchlort, muss der Restgehalt vor der Entchlorung nachweisbar sein.

Die *mikrobiologische Untersuchung* kann auf Anordnung der zuständigen Behörde auf folgende Mikroorganismen ausgedehnt werden:

Fäkalstreptokokken (0 in 100 ml), sulfitreduzierende, sporenbildende Anaerobier (0 in 20 ml), und andere Mikroorganismen, insbesondere: *Pseudomonas aeruginosa*, pathogene Staphylokokken, *Legionella pneumophila*, atypische Mykobakterien, Fäkalbakteriophagen und enteropathogene Viren.

Die Grenzwerte für chemische Stoffe, im Trinkwasser lauten: Arsen 0,01 mg/l, Blei 0,04 mg/l, Cadmium 0,005 mg/l, Chrom 0,05 mg/l, Cyanid 0,05 mg/l, Fluorid 1,5 mg/l, Nickel 0,05 mg/l, Nitrat 50 mg/l, Nitrit 0,1 mg/l, Quecksilber 0,001 mg/l, polyzyklische aromatische Kohlenwasserstoffe 0,0002 mg/l berechnet als C (= Kohlenstoff), diverse organische Chlorverbindungen 0,01 mg/l, davon Tetrachlormethan maximal 0,003 mg/l.

Wenn zum Schutz der menschlichen Gesundheit oder zur Sicherstellung einer einwandfreien Beschaffenheit des Trinkwassers notwendig, können folgende Substanzen mit den entsprechenden Grenzwerten in die Untersuchung einbezogen werden: organisch-chemische Pflanzenbehandlungs- und Schädlingsbekämpfungsmittel einschließlich ihrer toxischen Hauptabbauprodukte 0,0005 mg/l und maximal 0,0001 mg/l der einzelnen Substanz, Antimon 0,01 mg/l und Selen 0,01 mg/l.

Andere als die hier aufgezählten und radioaktive Stoffe, darf das Trinkwasser nicht in Konzentrationen enthalten, die geeignet sind, die menschliche Gesundheit zu schädigen. Konzentrationen von chemischen Stoffen, die das Trinkwasser verunreinigen oder seine Beschaffenheit nachteilig beeinflussen können, sollen so niedrig gehalten werden, wie dies mit vertretbarem Aufwand unter Berücksichtigung der Umstände des Einzelfalles möglich ist. Um einer nachteiligen Beeinflussung des Trinkwassers vorzubeugen und um eine einwandfreie Beschaffenheit sicherzustellen, wurden folgende Kenngrößen und Grenzwerte eingeführt:

Sensorische Kenngrößen: Färbung (spektraler Absorptionskoeffizient Hg 436 nm) 0,5 m^{-1}, Trübung 1,5 Trübungseinheiten (Formazin) Geruchsschwellenwert 2 bei 12 °C und 3 bei 25 °C.

Physikalisch-chemische Kenngrößen: Temperatur 25 °C ± 1 °C, pH-Wert ≥ 6,5 und ≤ 9,5 ± 0,1, Leitfähigkeit 2 000 $\mu S \cdot cm^{-1} \pm 100\ \mu S \cdot cm^{-1}$; Oxidierbarkeit 5 mg/l O_2, Aluminium 0,2 mg/l, Ammonium 0,5 mg/l, Barium 1 mg/l, Bor 1 mg/l, Calcium 400 mg/l, Chlorid 250 mg/l, Eisen 0,2 mg/l, Kalium 12 mg/l, Kjeldahlstickstoff 1 mg/l, Magnesium 50 mg/l, Mangan 0,05 mg/l, Natrium 150 mg/l, Phenole 0,0005 mg/l, Phosphor 6,7 mg/l (PO_4^{3-}), Silber 0,01 mg/l, Sulfat 240 mg/l (SO_4^{2-}); gelöste oder emulgierte Kohlenwasserstoffe/Mineralöle 0,01 mg/l, mit Chloroform extrahierbare Stoffe 1 mg/l; oberflächenaktive Stoffe 0,2 mg/l, Kupfer 3 mg/l, Zink 5 mg/l.

7.1.2.3 Zur Trinkwasseraufbereitung zugelassene Zusatzstoffe

Angegeben sind Grenzwert(e) nach Aufbereitung.
k. A.= keine Angaben
b. a. = berechnet als

Desinfektion: Chlor, Natrium-, Calcium-, Magnesiumhypochlorit, Chlorkalk: (0,3 mg/l, b. a. freies Chlor), (0,01 mg/l, b. a. Trichlorhalogenmethane); Chlordioxid (0,2 mg/l, b. a. ClO_2).
Desinfektion und Oxidation: Ozon (0,05 mg/l, b. a. O_3), (0,01 mg/l, b. a. Trihalogenmethane).
Konservierung im Ausnahmefall: Silber, Silberchlorid, Natriumsilberchloridkomplex, Silbersulfat (0,08 mg/l, b. a. Ag).
Oxidation: Wasserstoffperoxid, Natriumperoxodisulfat, Kaliummonopersulfat (0,1 mg/l, b. a. H_2O_2), Kaliumpermanganat (k. A.).
Oxidation und Sauerstoffanreicherung: Sauerstoff (k. A.).
Reduktion: Schwefeldioxid, Natriumsulfit, Calciumsulfit (2 mg/l, b. a. SO_3^{2-}); Natriumthiosulfat (2,8 mg/l, b. a. $S_2O_3^{2-}$).
Hemmung der Korrosion und Steinablagerung: Calciumorthophosphat, Natrium- und Kalium-ortho-, -di-, -tri- und -polyphosphat, Natrium-Calciumpolyphosphate, Calciumpolyphosphate (k. A.).
Hemmung der Korrosion: Natriumsilikate in Mischung mit direkt vorher genannten Phosphaten oder Natriumhydroxid, -carbonat, -hydrogencarbonat (40 mg/l, b. a. SiO_2).
Einstellen des pH-Wertes, des Salzgehaltes, des Calciumgehaltes, der Säurekapazität, des Entzuges von Selen, Nitrat, Sulfat, Huminstoffen und der Regeneration von Sorbenzien: Calciumcarbonat, -oxid, -hydroxid, -sulfat, -chlorid, halbgebrannter Dolomit, Magnesiumcarbonat, -oxid, -hydroxid, -chlorid, Natriumcarbonat, -hydrogencarbonat, -hydroxid, -hydrogensulfat, Salzsäure, Schwefelsäure (k. A.).
Kathodischer Oxidationsschutz: Magnesium als Opferanode (k. A.).

In der Verordnung ist der *Untersuchungsabstand* für Chlor- oder Chlordioxid einmal pro Tag vorgeschrieben. Verschiedene sensorische, physikalische, chemische und mikrobiologische Größen sind einmal pro Jahr beziehungsweise ab einer Trinkwasserabgabe von über 1 000 000 m^3/a zweimal pro Jahr zu überprüfen. Bei einer Trinkwasserabgabe bis 1 000 m^3/a ist der pH-Wert monatlich, bei größerer Abgabemenge wöchentlich zu erfassen. Überschreitet die Trinkwasserabgabe 1 000 m^3 pro Jahr, wird die qualitative Prüfung des Geruchs pro abgegebene Menge von 15 000 m^3 vorgeschrieben. Wenn bei diesen Abgabeverhältnissen desinfiziert oder wenn der Gehalt an Desinfektionsmitteln nicht fortlaufend aufgezeichnet wird, ist je 30 000 m^3 eine Prüfung folgender Größen vorgesehen: Trübung, Leitfähigkeit, Chlor oder Chloroxid, *Escherichia coli*, coliforme Keime und Kolonienzahl.

Vom Gesundheitsamt werden die Wasserversorgungsanlagen in hygienischer Hinsicht überwacht und kontrolliert, und zwar einschließlich der dazugehörigen Schutzzonen. Wasserversorgungsanlagen, aus denen Trinkwasser oder Wasser für Lebensmittelbetriebe mit der Beschaffenheit von Trinkwasser abgegeben wird, dürfen nicht mit Wasserversorgungsanlagen verbunden werden, aus denen Wasser abgegeben wird, das nicht die Beschaffenheit des Trinkwassers aufweist. Leitungen unterschiedlicher Versorgungssysteme sind, soweit sie nicht erdverlegt sind, farblich unterschiedlich zu kennzeichnen.

Die Vorschriften der Trinkwasserverordnung gelten für Quellwasser und sonstiges Trinkwasser, das in zur Abgabe an den Verbraucher bestimmte Fertigpackungen abgefüllt ist, nur, soweit dies in der Mineral- und Tafelwasserverordnung bestimmt ist. Natürliches Mineralwasser und Tafelwasser sind kein Trinkwasser im Sinne der Trinkwasserverordnung.

Im Hinblick auf eine gestraffte Darstellung konnten hier nur die wesentlichsten Grundzüge der Trinkwasserverordnung erwähnt werden.

7.1.3 Süßungsmittel

Unter Süßungsmitteln werden für den menschlichen Verzehr geeignete süß schmeckende Stoffe verstanden, die aus Pflanzen gewonnen, durch chemische Umwandlung natürlicher Substanzen hergestellt oder chemisch synthetisiert werden. Neben der Süßwirkung haben sie als Zutat zu Erfrischungsgetränken eine körpergebende Funktion und sind von ernährungsphysiologischer Bedeutung. Süßungsmittel lassen sich nach SCHMOLCK (1992) in drei Gruppen einteilen:

- nutritive insulinabhängig verwertbare Kohlenhydrate wie Zucker, Stärkeverzuckerungsprodukte, Milchzucker, Glucose usw.;
- insulinunabhängig verwertbare Kohlenhydrate wie Mono- und Disaccharidalkohole und Fructose, wobei Polyole einen physiologischen Brennwert von 10 kJ/g aufweisen;
- Süßstoffe, entweder synthetisch hergestellt oder aus Pflanzenteilen gewonnen, deren Süßkraft ein Vielfaches der Süßkraft von Zucker beträgt.

Zu den süß schmeckenden *Kohlenhydraten* können Saccharose, Glucose, Lactose, Sorbose, Fructose, die Zuckeralkohole Sorbit, Mannit, Maltit, Lactit, Xylit und zu den *Süßstoffen* Saccharin*, Cyclamat*, Aspartam*, Acesulfam-K*, Thaumatin$^{+)}$, Neohesperidin DC$^{+)}$ gezählt werden (* = in Deutschland und der Schweiz zugelassen, $^{+)}$ = in der Schweiz zugelassen).

Unter die Bezeichnung *Süßstoffe* fallen ausschließlich Substanzen, die in weit geringeren Konzentrationen als süße Kohlenhydrate und Zuckeralkohole einen Süßgeschmack aufweisen. Teilweise werden diese Süßstoffe aus Pflanzen gewonnen oder synthetisch hergestellt. Der physiologische Brennwert von Saccharin, Cyclamat, Acesulfam-K und Neophesperidin beträgt Null. Einen aufgrund der geringen Applikationsmengen zu vernachlässigenden Brennwert von 17 kJ/g weisen Aspartam und Thaumatin auf.

Für den Einsatz von Süßungsmitteln bei der Herstellung von Erfrischungsgetränken ist es wichtig, dass sie eine ausreichende Löslichkeit aufweisen, bei Herstellung und Lagerung stabil sind und die sensorischen Eigenschaften des Endproduktes nicht negativ beeinflussen.

Unter *Zuckeraustauschstoffen* werden süßende Stoffe verstanden, die anstelle von Saccharose eingesetzt werden können. Diese Substanzen sollten neben ihrer Süßkraft mehr oder weniger insulinunabhängig verstoffwechselt werden können und sich damit zur Süßung von Getränken für Diabetiker eignen. Neben Fructose werden zunehmend Zuckeralkohole eingesetzt. Der physiologische Brennwert für Zuckeralkohole kann mit 10 kJ/g, der für Fruchtzucker – wie bei den anderen Kohlenhydraten – mit 17 kJ/g angegeben werden. Zur Definition der süßen Wahrnehmung und der Süßkraft siehe SCHMOLCK (1992).

Zur Bereitung von süßen Erfrischungsgetränken können selbstbereitete **Zuckersirupe** oder fertiger **Flüssigzucker** eingesetzt werden.

7.1.3.1 Zuckersirup

Zuckerarten

In der EU wird zwischen zwei kristallinen Zuckerarten unterschieden: Raffinade (EU-Kategorie I) und Weißzucker (EU-Kategorie II). Raffinade mit einem Reinzuckergehalt von 99,7 bis 99,8 % ist am besten für die Herstellung von Erfrischungsgetränken geeignet. Weißzucker enthält einen höheren Restanteil an oberflächenaktiven Substanzen (z. B. Saponine), die zu Flockungs-, Trübungs- und Schäumungsproblemen führen können. Bei den mit der Einteilung in Kategorien verbundenen Qualitätskriterien spielt unter anderem auch der Aschegehalt (Salze, Pektin, Eiweißstoffe) eine wesentliche Rolle. Er liegt in der Regel unter 0,02 % und beeinflusst das Lagerverhalten des Zuckers.

Lagerung und Förderung

Je höher der Aschegehalt im Zucker, desto *hygroskopischer* ist er. Zucker sollte demzufolge in Lagerräumen mit weniger als 65 % relativer Luftfeuchtigkeit aufbewahrt werden. Nötigenfalls ist eine Temperierung erforderlich. Bei einer relativen Luftfeuchtigkeit von über 80 % muss mit dem Auflösen des Zuckers gerechnet werden. Schwankungen der relativen Luftfeuchtigkeit während der Lagerung verursachen Klumpenbildung und erhöhen die Gefahr der Vermehrung von Mikroorganismen. Bei der Förderung von Kristallzucker sind entsprechende Sicherungsmaßnahmen gegen elektrostatische Aufladungen und die Gefahr von Staubexplosionen zu treffen.

Lösen des Zuckers

Für eine gute Löslichkeit im Wasser ist die Körnung des Zuckers ausschlaggebend. So löst sich zum Beispiel Puderzucker, weil die Zuckerteile zu fein verteilt sind, nur sehr schwer im Wasser. Es bilden sich Siruphäutchen um diese Partikel, die den weiteren Wasserzutritt verhindern. Aus diesen Gründen ist auf mittlere Körnung des Zuckers zu achten. Der Durchmesser beträgt bei Kristallzucker 0,03 bis 2,5 Millimeter. Andere wichtige Einflussgrößen auf die Lösegeschwindigkeit sind die Temperatur und die Intensität des Mischungsprozesses. Da sich reine Saccharose bei 20 °C nur bis zu einem Trockensubstanzgehalt von 66,7 % lösen lässt, findet in der Praxis vorwiegend 65%iger Zuckersirup Anwendung, sofern der Zucker als Saccharose ohne Beimischung von Invertzucker vorliegt.

Filtration des Sirups

An das Lösen des Zuckers auf kaltem oder heißem Wege schließt sich unmittelbar die Filtration des Sirups an. Die Filterleistung wird von der Temperatur des Sirups, der Technologiewahl und vom Feststoffgehalt des Zuckers beeinflusst. Die spezifische Filterleistung ist aus Viskositätsgründen zum Beispiel bei 80 °C im Vergleich zu 20 °C vier- bis fünfmal höher.

Sterilisieren des Sirups

Obwohl der kristalline Zucker als Ausgangsprodukt für die Zuckersirupherstellung ein keimarmes Produkt darstellt, werden während der Herstellung verschiedene

Maßnahmen zur Sterilisation des Sirups ergriffen. Bereits der heiße Lösevorgang ist im Allgemeinen mit einem Inaktivierungseffekt verbunden, mit dem ein Abtöten von Mikroorganismen beziehungsweise die Denaturierung von Enzymen beabsichtigt wird. Ein anderes Verfahren ist die Kurzzeit-Hochtemperatur-Sterilisation über einen Plattenwärmeaustauscher. Als Alternative steht die Entkeimungsfiltration, mit der neben eventuell noch lebenden Keimen auch bereits abgetötete Keime und Sporen aus dem Sirup entfernt werden können, zur Verfügung.

7.1.3.2 Flüssigzucker

Flüssigzuckerarten

Die verschiedenen Flüssigzuckerarten können vor allem nach dem Invertzuckergehalt in der Trockenmasse unterschieden werden. Danach wird zwischen nichtinvertierter Saccharoselösung und teilinvertierten und damit höher konzentrierten Zuckerlösungen unterschieden:

- Flüssigraffinade, eine praktisch reine Saccharoselösung mit 65 bis 66,5 % TS und höchstens 2 % TS Invertzucker;
- Flüssigzucker mit mindestens 65 bis max. 75 % TS, wobei es sich um eine Saccharoselösung mit weniger als 50 % Inversionsgrad handelt;
- Invertzuckersirup, das heißt eine Saccharoselösung mit mehr als 50 % Inversionsgrad, so dass die Zuckerkonzentration wesentlich über 65 % TS liegt (z. B. 72,7, 75 und 80 %).

Der die Wasserlöslichkeit des Zuckers erhöhende Inversionsgrad wird durch Säurehydrolyse der Saccharose, durch Zusatz von Enzymen zur Saccharose oder durch die Inversion über Austauschermassen mit immobilisierten Enzymen herbeigeführt.

Vorteile von Flüssigzucker

Die Verarbeitung von Flüssigzucker zur Herstellung von Erfrischungsgetränken hat unter anderem folgende Vorteile:

- schnelle Entladung, konstante Anlieferungstemperatur;
- hohe Konzentration, niedriger Aschegehalt, klares Aussehen;
- konstanter pH-Wert, konstante Viskosität und Zusammensetzung;
- geringerer Aufwand beim Lagern von Flüssigzucker;
- geringerer Aufwand beim innerbetrieblichen Transport;
- Einsparung der Zuckeraufbereitung (Energie- und Personalkosteneinsparung);
- Einsparung von Entkeimungsvorrichtungen;
- hygienische Verarbeitungsmöglichkeiten;
- leichte und genaue Dosierung;
- direkte Integration in Automatisierungssysteme.

Da in Flüssigzucker ein entsprechender Wassergehalt einzukalkulieren ist, muss jedoch mit höheren Transportvolumina und damit höheren Kosten gerechnet werden.

Qualitätsbeurteilung

Die Untersuchung und Qualitätsbeurteilung der verschiedenen Zuckersorten erfolgt nach Richtlinien der ICUMSA (International Commission for Uniform Methods of Sugar Analysis). Für die mikrobiologische Beschaffenheit wird der Standard für Zuckersirup der „American Bottlers of Carbonated Beverages Association" herangezogen. Danach sollen in zehn Gramm Flüssigzucker nicht mehr als vier Hefen, zehn Schimmelpilzsporen und 100 Bakterien enthalten sein. Eine weitere besondere Aufmerksamkeit richtet sich auf den Saponingehalt, ein aus den Zuckerrüben stammender hochmolekularer Stoff, der durch Säure ausgeflockt wird und infolge seiner oberflächenaktiven Wirkung zum Schäumen der Getränke und damit zu Abfüllproblemen führen kann. Konzentrationen um 10 ppm Saponin können weiße Flocken in klaren Getränken (Limonaden) ausbilden.

Physikalische Eigenschaften

Invertzuckerhaltige Flüssigzucker haben gegenüber reinen Saccharoselösungen eine entsprechend niedrigere Dichte und eine ebenfalls niedrigere Viskosität. Um bei Rezepturberechnungen von Gewichten auf Volumen umzurechnen, ist die *Dichte* der teilinvertierten oder invertierten Zuckerlösungen am besten durch das Wägen eines Liters dieser Lösung zu bestimmen und für die Umrechnung einzusetzen. Für reine Saccharoselösungen kann dagegen, unter Berücksichtigung des Faktors 1,6 für die Dichte der Saccharose, der Zuckergehalt in Kilogramm durch 1,6 dividiert werden, um auf die Volumenerhöhung (in Litern Zucker) schließen zu können. Die refraktometrische Extraktanzeige in invertierten Zuckersirupen liegt etwas niedriger als der tatsächliche Trockensubstanz- beziehungsweise Zuckergehalt. Dies wird aus der nachfolgenden Berechnungsformel ersichtlich:

% TS = TS Refraktometer + (% TS Refrakt. × 0,00031 × % invert. Zucker)

Obwohl die *Viskosität* invertierter oder teilinvertierter Zuckersirupe gegenüber einer Saccharoselösung etwas niedriger ausfällt, ist bei höherem Zuckergehalt von 70, 75 oder 80 % die Viskosität größer als die eines 65%igen Saccharosesirups. Pumpen sowie Rührwerke sind für einen Einsatz von Invertzuckersirup entsprechend auszulegen und Rohrleitungen ausreichend zu dimensionieren. Bei der Vermischung mit fruchtsafthaltigen Grundstoffen empfiehlt sich eine Verdünnung auf 65 °Brix und darunter, da die Gefahr einer Gelierung infolge des Pektin- und Säuregehaltes und damit entsprechende Verarbeitungsschwierigkeiten bestehen.

Mikrobiologie

Nicht nur in der Zuckerkonzentration des Getränkes, sondern bereits im Konzentrationsbereich des Zuckersirups, ist der gelöste Zucker ein mikrobiologisch sehr gefährdeter Stoff. Osmophile Mikroorganismen finden unter Umständen Entwicklungmöglichkeiten durch an der Oberfläche des Flüssigzuckers genügend vorhandenen Sauerstoff und eventuell auch mindere Konzentrationen bei der Verdünnung mit Kondenswässern. Die Sirupbehälter sind zur Belüftung bei Teilentnahme mit Sterilluftfiltern auszustatten, um Infektionen zu verhindern. Die Verkeimungsgefahr der Oberfläche kann durch Überschichtung mit CO_2 vermindert werden. CO_2-haltige Zuckersirupe weisen neben mikrobiologischen Vorteilen auch einen geringeren Sauerstoffgehalt auf.

HFCS (High Fructose Corn Syrup)

Glucosesirup mit hohem Fructosegehalt, HFCS (High Fructose Corn Syrup), wird aus hochverzuckertem Maisstärkesirup gewonnen. Ein Teil der Glucose wird durch Glucoseisomerase in Fructose umgewandelt. Durch die größere Süßwirkung der Fructose gegenüber der Glucose (s. Tab. 68) wird die Süßkraft erhöht, was bei gleichem Süßegrad im Endprodukt zur Einsparung an Trockensubstanz und damit zu niedrigeren Gesamtbrennwerten führt.

7.1.3.3 Zuckeraustauschstoffe und Süßstoffe

Zuckeralkohole

Zuckeralkohole weisen gegenüber den Zuckern ein verändertes biologisches und funktionelles Verhalten auf. *Sorbit*, das eine angenehme Süße ohne bitteren Nachgeschmack aufweist, ist termostabil und lässt sich in konzentrierter, wässriger Lösung bei 120 °C annähernd zersetzungsfrei sterilisieren. Da Sorbit keine Carbonylgruppe aufweist, treten keine Wechselwirkungen mit Aminogruppen auf. *Mannit* ist ebenfalls hitzestabil, chemisch relativ beständig und ergibt keine Bräunungsreaktion. *Xylit* ist annähernd so gut wasserlöslich wie Saccharose und zeigt in Lösung eine niedrigere Viskosität. Die sensorischen Eigenschaften unterscheiden sich kaum, außer dass ein kühlender Effekt auftritt. Dieser Zuckeralkohol ist der einzige natürliche Zucker in gesüßten Produkten, der nicht als kariogen einzustufen ist. *Lactit* ist im Gegensatz zu den anderen Zuckeralkoholen nicht hygroskopisch, was einen Vorteil darstellt. Zur Klasse der Disaccharidalkohole ist *Isomalt*, ein Gemisch von D-Glucopyranosido-1,6-sorbit und D-Glucopyranosido-1,6-mannit zu zählen. Der Geschmackseindruck ist rein süß, ohne Nebengeschmack. Mit anderen Zuckeralkoholen (Xylit, Sorbit) treten

Synergieeffekte auf. Die Löslichkeit ist ausreichend groß. Betreffend der Viskosität verhält sich Isomalt analog Saccharose. Eine große mikrobiologische Stabiltät ergibt sich dadurch, dass dieser Zuckeralkohol von den meisten getränkeschädigenden Keimen nicht verwertet werden kann.

Künstliche Süßstoffe

Bei den künstlichen Süßstoffen handelt es sich um Süßungsmittel, die auf synthetischem Weg gewonnen und eine sehr viel höhere Süßkraft (s. Tab. 68) als Zucker aufweisen. Sie können, da sie überwiegend unverdaulich sind, dem Getränk einen süßen Geschmack verleihen, ohne dessen Energiewert entscheidend zu erhöhen. Weitere Vorteile sind ihre nichtkariogenen (zahnschonenden) Eigenschaften.

Saccharin [1,2-Benzisodiazol-3(2H)-on-1,1-dioxid] ist schwer löslich in kaltem und leicht löslich in siedendem Wasser. Das Natriumsalz dagegen kann kalt gelöst werden. Da es einen leicht bitteren und langanhaltenden Nachgeschmack hinterlässt, kann es den Zucker als Süßungsmittel nicht gleichwertig ersetzen. Eine unter Umständen kanzerogene Wirkung wird seit langem kontrovers diskutiert. *Acesulfam* [6-Methyl-1,2,3-oxathiazin-4(3H)-on-2,2-dioxid] wird ausschließlich als Kaliumsalz angeboten, weist bei höheren Dosierungen einen leicht bitteren, metallischen Geschmack auf und ist unter üblichen Verarbeitungs- und Lagerbedingungen stabil. Im Gegensatz zu anderen Süßstoffen nimmt seine Süßkraft mit steigender Temperatur nicht ab. *Acesulfam-K* wirkt insbesondere mit Aspartam und Cyclamaten synergetisch, was zu einer überproportionalen Steigerung der Süßkraft führt. *Cyclamate* (Natrium- und Calciumcyclohexylsulfamat) sind hitzebeständig, chemisch sehr stabil, sehr gut wasserlöslich und weisen nur einen sehr geringen Beigeschmack auf. Die physiologische Unbedenklichkeit ist ebenfalls einer kontroversen Diskussion unterworfen. *Aspartam*, ein Dipeptid (α-L-Aspartyl-L-phenylalanin-1-methylester), ist nicht völlig stabil im sauren Medium und zeigt Verluste bei längerem Erhitzen und längeren Lagerzeiten. Von den künstlichen Süßstoffen decken sich die sensorischen Eigenschaften dieses Produktes mit Zucker am besten. Im Gegensatz zu den bereits dargestellten Süßstoffen weist Aspartam einen physiologischen Brennwert (17 kJ/g) auf.

Natürliche Süßstoffe

In der Natur kommen zahlreiche Verbindungen vor, die sich durch eine hohe Süßkraft bei vergleichsweise geringem Nährwert auszeichnen. Häufig handelt es sich dabei um Pflanzenextrakte, die sehr komplex zusammengesetzt sind und dementsprechend auch sehr vielseitige chemische und sensorische Eigenschaften aufweisen können, was bei der Getränkeausmischung einzubeziehen ist. *Steviosid*, ein Glucosid, das in wässrigem Medium relativ stabil ist, kann in der Kälte nur schlecht gelöst werden. Die sensorische Wirkung wird als lakritzähnlich beschrieben. *Thaumatin*, ein Gemisch aus süß schmeckenden Proteinen, weist einen süßen Geschmack auf, der zunächst sehr zögernd auf dem Gaumen einsetzt, dann aber sehr nachhaltig bis zu mehreren Minuten wahrgenommen werden kann. Zudem besitzt es eine wahrnehmungsverstärkende Wirkung betreffend verschiedener anderer Getränkeinhaltsstoffe. Die Wasserlöslichkeit ist sehr gut. Wegen der komplexen Zusammensetzung ist die Stabilität je nach Einsatzbereich (pH-Wert) zu prüfen. Aus Citrusflavanonen (Neohesperidin und Naringin) können *Dihydrochalkone* als Süßstoffe gewonnen werden, die einen ausgeprägten menthol- beziehungsweise lakritzartigen Beigeschmack mit einer langen Nachhaltigkeit aufweisen. *Miracolin*, ein Glycoprotein, das erst in Gegenwart von Säuren als Süßungsmittel wahrnehmbar ist, wird als Geschmackswandler bezeichnet. In seiner natürlichen Form ist es relativ instabil und weist einen langanhaltenden Nachgeschmack, bis zu über einer Stunde, auf.

7.1.3.4 Relative Süßkraft von Süßungsmitteln

Diese Durchschnittswerte verändern sich nichtlinear mit den Konzentrationen und

Tab 68. Relative Süßkraft (Annäherungswerte) von Zuckern, Zuckeralkoholen und Süßstoffen

Zucker		Zuckeralkohole		Süßstoffe	
Saccharose	100	Sorbit	48	Saccharin	55 000
Fructose	120	Mannit	45	Acesulfam-K	20 000
Glucose	69	Xylit	100	Natriumcyclamat	5000
Lactose	30	Lactit	90	Aspartam	19 000
Invertzuckersirup	90	Isomalt	50	Steviosid	30 000
Stärkesirup	30			Thaumatin	200 000
				Dihydrochalkone	200 000

teilweise auch mit der Temperatur. Bei den Süßstoffen sind synergetische Wirkungen festzustellen, das heißt bei Verwendung mehrerer Süßstoffe kann sich die Süßkraft überproportional verstärken.

Weitere Informationen zu diesem Kapitel finden sich bei Niederauer (1998) und Schmolck et al. (1992).

7.1.4 Fruchtsäuren

Funktion

Um im fertigen Getränk eine Harmonie von Süße und Säure zu erzeugen, die durchaus als konsumentenspezifisch angesehen werden muss, können Säuerungsmittel (Genusssäuren) eingesetzt werden. Ein Geschmackseinfluss entsteht aber auch durch die Pufferwirkung der im Getränk vorhandenen Salze. Die Wirkung beruht auf der Fähigkeit einer Reihe von Salzen, den Säurezusatz abzupuffern, so dass er nicht im entsprechenden Ausmaß zum Tragen kommt. Eine weitere Funktion der Genusssäuren liegt in der Verstärkung des Fruchtgeschmacks und der Verbesserung der Haltbarkeit, zum Teil auch durch die Erhöhung der Wirksamkeit von Konservierungsstoffen bei entsprechend niedrigen pH-Werten.

Während der künstliche Säurezusatz in Fruchtsaftgetränken mit der Ausnahme von Kernobstsaftgetränken verboten ist, müssen bestimmte Säuren den Grundstoffen der Limonaden und Kunsterzeugnissen (Brausen) zur Erzielung des süßsauren Geschmacks zugesetzt werden.

Anwendung

Citronensäure wird am meisten verwendet, Weinsäure, Äpfelsäure und Milchsäure sind weniger verbreitet. Die beiden erstgenannten Säuren kommen in der Regel in Form einer Lösung mit Wasser im Verhältnis eins zu eins, das heißt ein Kilogramm *Citronensäure* (kristallin) auf ein Kilogramm Wasser, zur Anwendung. Die Citronensäurelösung kann in Behältern aus rostfreiem Stahl, Glas oder Steinzeug gelagert werden, nicht jedoch in Aluminium oder anderen Metallen. Höhere Konzentrationen als 50 % bergen die Gefahr der Rekristallisation in sich, ebenso besteht die Gefahr einer Kontamination durch Mikroorganismen wie zum Beispiel Schimmelpilzen. Bei der Berechnung der Dosierung muss die Dichte von 1,22 kg/l für 50%ige Citronensäure bei 20 °C beachtet werden.

Bei der Verarbeitung von *Weinsäure* mit kaliumhaltigem Wasser kann es zu Ausscheidungen von Weinstein (Kaliumhydrogentartrat) kommen. Aus diesem Grund und wegen der höheren Kosten besitzt die Weinsäure keinen nennenswerten Anwendungsbereich. *Milchsäure* läßt sich in jedem Verhältnis mit Wassser mischen, was bei der Herstellung gewisse Vorteile darstellen kann. Wein- und Milchsäure sind gegenüber Citronensäure als mikrobiologisch stabiler einzustufen.

Säureeffekt

Den stärksten Säureeffekt unter den organischen Säuren besitzt die Citronensäure. Es folgen Weinsäure und Milchsäure. 100 g Citronensäure entsprechen 107 g Weinsäure, 160 g 80%iger Milchsäure oder 257 g 50%iger Milchsäure. Dieser Effekt ist auf den unterschiedlichen Dissoziationsgrad der Säuren in Getränken zurückzuführen, ihm sollte unbedingt

Rechnung getragen werden. Beim Säuregehalt ist auch der Grad der Carbonathärte des verwendeten Wassers zu berücksichtigen, die eine säurezehrende Wirkung besitzt.

Die Bicarbonate von 1 °dH Carbonathärte neutralisieren etwa 27 mg Weinsäure oder 25 mg Citronensäure oder 32,1 mg Milchsäure. So können zum Beispiel durch 20 °dH (Carbonathärte im Wasser) 0,5 g Citronensäure in einem Liter neutralisiert werden, so dass im Falle eines 0,15%igen Säuregehaltes (1,5 g Säure/l) etwa 33 % verlorengehen. Die Auswirkungen auf den angestrebten, gut aufeinander abgestimmten süßsauren Geschmack im Getränk, können dadurch beträchtlich sein. Bei zu hoher Carbonathärte muss diesem Umstand durch geeignete Gegenmaßnahmen, wie erhöhten Säurezusatz oder Entkarbonisierung des Wassers, Rechnung getragen werden.

Mineralsäuren
Außer der Phosphorsäure dürfen keine Mineralsäuren zur Säuerung alkoholfreier Erfrischungsgetränke eingesetzt werden. Phosphorsäure ist in jedem Verhältnis mit Wasser mischbar (Vorsicht, starke Ätzwirkung!). Alle nichtalkoholischen, aromatisierten Getränke dürfen nach der deutschen Zusatzstoffzulassungsverordnung eine Phosphorsäurekonzentration von maximal 700 mg/l enthalten, Sportgetränke hingegen nur 500 mg/l.

7.1.5 Essenzen, Farb- und Bitterstoffe

Essenzen sind dazu bestimmt, enthaltene Geruchs- und Geschmacksstoffe auf andere Produkte zu übertragen. Es handelt sich um konzentrierte Zubereitungen, die ausschließlich dazu bestimmt sind, Lebensmitteln einen besonderen Geruch oder Geschmack – ausgenommen einen lediglich süßen, sauren oder salzigen Geschmack – zu verleihen. *Aromastoffe* sind Substanzen, die bei Raumtemperatur flüchtig sind und durch den Geruchssinn wahrgenommen werden können. Bei der Konzentrierung von Fruchtsäften können aus dem Dampf verschiedene Aromastoffe (100- bis 200-fach konzentriert) zur Aromatisierung von Erfrischungsgetränken gewonnen werden. Ebenfalls können vorwiegend aus der Schale von Citrusfrüchten gewonnene *ätherische Öle* vor allem auch als Träger von lipidlöslichen Aromakomponenten Anwendung finden. Die Aromastoffe sind mit mindestens einem anderen Stoff, wie zum Beispiel Alkohol, gemischt beziehungsweise darin gelöst (Lösungsessenz), da sie in ihrer sehr geringen Anwendungskonzentration sonst sehr schwer zu dosieren und teilweise wegen ihrer Wasserunlöslichkeit schwer zu verteilen wären. Auf die Vielzahl gaschromatographisch nachzuweisender Einzelkomponenten sei hier nicht weiter eingegangen. Die Gruppe der Terpene spielt in diesem Zusammenhang eine wichtige Rolle. Weiterhin werden alkoholische Auszüge und Destillate von Pflanzenteilen wie Früchten, Wurzeln usw. und anderen Drogen von den Essenzenherstellern angeboten.

Folgende Kategorien können nach der deutschen Aromenverordnung unterschieden werden:

- *Natürliche Aromastoffe:* chemisch definierte Stoffe mit Aromaeigenschaften, gewonnen durch geeignete physikalische, enzymatische oder biotechnologische Verfahren aus Ausgangsstoffen pflanzlicher oder tierischer Herkunft;
- *Naturidentische Aromastoffe:* chemisch definierte Stoffe mit Aromaeigenschaften, die durch chemische Synthese oder durch Isolierung mit chemischen Verfahren gewonnen werden und mit einem Stoff chemisch gleich sind, der in einem Ausgangsstoff pflanzlicher oder tierischer Herkunft natürlich vorkommt;
- *Künstliche Aromastoffe:* chemisch definierte Stoffe mit Aromaeigenschaften, die durch chemische Synthese gewonnen werden, aber nicht mit einem Stoff chemisch gleich sind, der in einem Ausgangsstoff pflanzlicher oder tierischer Herkunft natürlich vorkommt;
- *Aromaextrakte:* chemisch nicht definierte Erzeugnisse, deren Herstellung mit der der natürlichen Aromastoffe

identisch ist (z. B. Dicksäfte, ätherische Öle, usw.)
- *Reaktionsaromen:* Erzeugnisse, hergestellt durch Erhitzen einer Mischung von Ausgangserzeugnissen, von denen mindestens eines Stickstoff enthält und ein anderes ein reduzierender Zucker ist, während einer Zeit von höchstens 15 Minuten auf nicht mehr als 180 °C.
- *Raucharomen:* Zubereitungen aus Rauch, der bei den herkömmlichen Verfahren zum Räuchern von Lebensmitteln verwendet wird.

Lagerung
Die Essenzen sind sehr empfindlich gegenüber Oxidationsprozessen und neigen bei unsachgemäßer Lagerung und Behandlung zu Verharzungen (unter Beteiligung von Terpenen), das heißt, sie erhalten einen terpentinartigen seifigen Geruch und Geschmack. Deshalb werden auch terpenfreie oder -reduzierte Essenzen angeboten. Zur Lagerung der Essenzen empfiehlt sich die Aufbewahrung bei niedrigen Temperaturen unter Lichtabschluss. Bei der Kühllagerung kann es je nach Zusammensetzung der Essenz zu Kältetrübungen kommen. Bei Brausen dürfen naturidentische und/oder künstliche Aromastoffe und/oder Farbstoffe eingesetzt werden. Die Haltbarkeit der Ansätze von Grundstoffen zur Herstellung von Erfrischungsgetränken kann durch Einsatz von Konservierungsstoffen erhöht werden. Dies sind zum Beispiel Benzoesäure (1 g/kg Saftkonzentrat), Sorbinsäure (1 g/kg) oder Ameisensäure (4 g/kg).

Anwendung
Die Essenz sollte zur Dosierung niemals mit Citronensäure gemischt werden. Außer der durch Säure hervorgerufenen Begünstigung der verderblichen Oxidationsprozesse wird auch die Mischung erschwert und eine Ungleichmäßigkeit der Getränke hervorgerufen. Die Verteilung der Essenz in der Zuckerlösung, zum Beispiel im Sirup oder in der Limonade, ist dieser Vorgehensweise vorzuziehen. Wahrscheinlich ist diese Eigenschaft auf elektrostatische Einflüsse zurückzuführen.

Die Anwendungskonzentration oder Ergiebigkeit der Essenz wird vom Essenzenhersteller bekanntgegeben, wie zum Beispiel mit der Bezeichnung 0,5 zu 100 oder ½ zu 100 für 800 oder 1 000 Liter Getränk. Mit anderen Worten heißt das: 0,5 kg Essenz (unter Berücksichtigung ihrer Dichte = 0,55 Liter, d. h. 10 % höher als die Kilogrammmenge) aromatisieren 100 kg 60%igen Limonadensirup beziehungsweise Ansatzsirup, der zu einer Menge Fertiggetränk von 800 Liter oder 1 000 Liter verdünnt wird. In diesem Zusammenhang ist zu beachten, dass dieser Ansatzsirup im Falle der klaren Limonaden neben der Essenz die als Fertiggetränk ausreichende Säuremenge enthalten muss, das heißt zum Beispiel etwa 2,15 kg Säure. Essenz und Säure (= Grundstoff) werden mit 65%igem Zuckersirup zum Limonadensirup oder -ansatz ergänzt.

Farbstoffe
Die Verwendung von β-Carotin und Lactoflavin sowie der Einsatz weiterer färbender Lebensmittel ist bei verschiedenen Limonaden und Brausen üblich. Zusätze von Farbstoffen, die einen vorhandenen oder höheren Fruchtsaftgehalt vortäuschen, müssen in Verbindung mit der jeweiligen Verkehrsbezeichnung kenntlich gemacht werden. Nicht nur bei koffeinhaltigen Limonaden findet der Einsatz von Zuckercouleur statt. Für künstliche Kaltgetränke und Brausen dürfen verschiedene Lebensmittelfarbstoffe angewandt werden.

Bitterstoffe
Chinin (bis 85 mg/l nach der deutschen Aromenverordnung) kann zur Erzeugung eines angenehm bitteren Geschmacks ebenso wie Coffein (65–250 mg/l), das zusätzlich noch als Anregungsmittel wirkt, in Erfrischungsgetränken eingesetzt werden.

7.1.6 Funktionelle Inhaltsstoffe

Funktionelle Inhaltstoffe (functional ingredients) sind Substanzen, die ernährungsbedingte Mängel ausgleichen (z. B. Vitamine, Mineralstoffe), andere physiologisch positive Eigenschaften aufweisen (Radikalfänger usw.), beruhigend, anregend, berauschend, verdauungsfördernd, lust- oder potenzsteigernd oder sensorisch verbessernd wirken. Die unter Verwendung dieser Komponenten hergestellten Erfrischungsgetränke werden aufgrund ihrer besonderen Wirkung und/oder ihrer besonderen Marketingkommunikation konsumiert. Zusätze, die der Gesundheit des Menschen förderlich sind, werden als Nutraceuticals bezeichnet. Zu den „Functional drinks" sind Sport-, Fitness- und Wellness-Getränke sowie Energy Drinks zu zählen.

7.1.7 Kohlendioxid (Kohlensäure)

Kohlensäure wird als wertbestimmender Anteil von Getränken wegen seiner belebenden, erfrischenden, prickelnden und kühlenden *Eigenschaften* von verschiedenen Konsumenten geschätzt. Eine wesentliche Wirkung der Kohlensäure besteht darin, dass CO_2-haltige Getränke bereits im Munde wesentlich kühler erscheinen als gleichtemperierte stille Getränke (CO_2-freie Getränke). Diese kühlende Wirkung auf die empfindlichen Gaumen- und Zungenpartien beruht darauf, dass bei der Gasentbindung der Umgebung Wärme entzogen wird. Weiterhin wirkt sich das CO_2 auf die Säureempfindung und physiologisch positiv auf den menschlichen Organismus aus. Neben den vorgenannten günstigen Eigenschaften ist noch hervorzuheben, dass Kohlensäure unter höherem Flaschendruck bis zu einem gewissen Grad mikrobizid wirkt.

Die in Getränken eingesetzte Kohlensäure kann aus Gärungsprozessen oder aus natürlichen *Quellen* stammen. Sie entströmt gasförmig dem Erdinnern aus tätigen Vulkanen und Erdspalten sowie aus bereits erloschenen vulkanischen Gebieten. Für den Transport der sorgfältig gereinigten und getrockneten Kohlensäure, die im gasförmigen Zustand unter bestimmten Voraussetzungen bei einem Kilogramm Gewicht etwa 500 Liter Raum beanspruchen würde, bedarf es der Verdichtung beziehungsweise Komprimierung, zum Beispiel in den drei Druckstufen 4, 12 und 70 bar, um das Volumen wesentlich zu verkleinern. Dabei erfolgt nach Entfernung der Komprimierungswärme durch Abkühlung die Verflüssigung. Die Speicherung und der Transport geschieht mittels handelsüblicher Stahlflaschen oder Tanks.

Diesen unter mehr oder weniger hohem Druck stehenden Behältern wird das CO_2 im kalten Zustand bei gleichzeitiger Druckreduzierung gasförmig entnommen, wobei infolge des Überganges in den gasförmigen Zustand der Umgebung Wärme entzogen wird. Dabei tritt eine Eisbildung an den Behältern und Leitungen dann ein, wenn die Entnahmemenge nicht im richtigen Verhältnis zur Wärmezufuhr steht. Dieser Erscheinung wird vielfach durch künstliche Wärmezufuhr begegnet. Sie darf wegen der damit verbundenen Drucksteigerung nicht zu massiv erfolgen. Weiterhin kann Kohlensäure auch als *Trockeneis* in Blöcken (–79 °C) angeliefert und eingesetzt werden. In dieser Form wird es oftmals zu Kühlungszwecken verwendet, wobei eine nur beschränkte Beständigkeit unter ständiger Freisetzung von CO_2 beachtet werden sollte.

7.1.7.1 Imprägnierung

Mit der Imprägnierung, in diesem Fall Karbonisierung, wird die physikalische Lösung von Kohlendioxid im Getränk beabsichtigt.

Voraussetzungen und Einflussfaktoren

Die Kohlensäure muss innert sein, das heißt sie darf weder Keime noch Ölspuren, Wasser, Sauerstoff oder unerwünschte Geruchs- und Geschmacksstoffe beinhalten. Nach den Gesetzmäßigkeiten des Partialdruckes würden diese Substanzen die Bindung der Kohlensäure an das Getränk empfindlich stören, während im Gegensatz dazu zum Beispiel Zucker eine engere Bindung zwischen Wasser und Kohlensäure bewirkt.

Als Einflussfaktoren auf den Imprägniervorgang sind neben der Entlüftung, Adsorptionsgrundgesetze, Temperatur, Druck und Adsorptionskoeffizient zu berücksichtigen. Bei 15 °C Arbeitstemperatur beträgt die CO_2-Aufnahme etwa einen Liter (1 : 1), also zwei Gramm Kohlensäure. Je niedriger die Temperatur ist, desto höher ist die CO_2-Aufnahme. Bei 3 bar Druck lösen sich 3,8 Raumteile, also acht Gramm CO_2 im Liter Wasser.

Folgende Oberflächen- und Zeitphänomene sind ebenfalls einzubeziehen:

a) Je größer die Oberfläche zwischen Flüssigkeitsphase und CO_2-Gasphase ist, desto mehr CO_2 wird gelöst, das heißt desto größer ist der Stoffübergang von CO_2 in das Wasser beziehungsweise Erfrischungsgetränk.
b) Je kleiner die Grenzschicht zwischen Flüssigkeits- und CO_2-Phase ist, desto größer ist der Stoffübergang.

Wenn zum Beispiel durch große Turbulenzen diese Grenzschicht verkleinert wird, so entwickelt sich der Stoffübergang besser und wird wesentlich beschleunigt. Konstruktive Maßnahmen zur Erzeugung einer großen Oberfläche und hohen Geschwindigkeit zwischen Gas- und Flüssigkeitsphase bestehen bei Rührsystemen, Raschigringen, speziell geformten Oberflächen in Plattenapparaten, Kaskadensystemen, Strahldüsen oder Injektorsystemen. Für die Auswahl dieser Systeme spielen die gute Reinigungsfähigkeit und die Getränkebeschaffenheit eine Rolle.

Der *Wirkungsgrad*, ein weiterer prozessentscheidender Parameter, ist bei den einzelnen Systemen sehr unterschiedlich (70–90 %). Je höher der Wirkungsgrad, desto niedriger kann der Imprägnierdruck sein, um eine bestimmte Gasmenge zu adsorbieren. Mit einem geringeren Imprägnierdruck sind folgende Vorteile verbunden:

- höhere Abfüllleistung durch kürzere Druckentlastungs- und Vorspannzeiten,
- bessere Getränkestabilität bei der Druckentlastung,
- weniger Verschleiß an den Hubzylindern der Füllmaschinen durch geringeren Anpressdruck.

Imprägniersysteme

Unter dem Gesichtspunkt des höheren Wirkungsgrades und der Erfordernis hoher mengenmäßiger Leistungen wurde ein Imprägniersystem im *Plattenapparat*, das sich vorwiegend für Fertiggetränke eignet, entwickelt. Bei diesem Verfahren dient die einzelne Platte mit ihren durch die besondere Prägung vergrößerten Oberfläche als Rieselfläche, die dadurch zu Zwangsturbulenzen führt. Die Zwischenräume sind mit der CO_2-Druckleitung verbunden. Die CO_2-Begasung kann mehrstufig sein, was zu sehr guten Bedingungen führt.

Im gleichen Gestell können weitere Abteilungen, zum Beispiel zur Pasteurisation des Zuckersirups (Erhitzung und Abkühlung) oder eine Kurzzeiterhitzung zur Pasteurisation des Fertiggetränkes vor der Karbonisierung, untergebracht werden.

Ebenfalls vorwiegend für Fertiggetränke kann die Imprägnierung durch eine *Sprühkarbonisierungsanlage* erfolgen, wobei zweistufig verfahren wird. Jede Abteilung besteht aus einem Edelstahlrohr mit Einlassöffnung für Getränk und CO_2. Die Versprühung zu dem angestrebten Flüssigkeitsnebel wird durch ein darin eingebautes Verteilungsrohr mit zahlreichen kleinen Öffnungen erzielt.

CO_2-Gehalt

Die Kontrolle des CO_2-Gehaltes kann mittels manometrischer oder ionenselektiver Bestimmungsmethoden erfolgen. Beim Einsatz des manometrischen Verfahrens sollten, um korrekte Ergebnisse zu erhalten, Fremdgaseinflüsse in die Berechnung einbezogen werden. Der CO_2-Gehalt von Erfrischungsgetränken kann im Allgemeinen zwischen 1,5 und 8,5 g/l schwanken. Bei niedrigeren Konzentrationen als 1,5 g/l ist die prickelnde Wirkung des CO_2 kaum noch wahrnehmbar, eine Konzentration über 8,5 g/l wird häufig als unangenehm empfunden.

Bei der Verwendung von PET-Flaschen muss mit einem CO_2-Verlust gerechnet werden, der bei der Karbonisierung zu berücksichtigen ist.

7.1.7.2 Entgasung oder Entlüftung

Eine der Voraussetzungen für die Bindung der Kohlensäure ist eine gute Entlüftung des Wassers beziehungsweise Getränkes und der Kohlensäure selbst sowie der Imprägnieranlage.

Entgasung der Imprägnieranlage
Da der Partialdruck des Sauerstoffs und Stickstoffs im Verhältnis zum Partialdruck der Kohlensäure beim Imprägniervorgang gering ist, wird die vor der Imprägnierung im Wasser gelöste Luft von der Kohlensäure teilweise aus dem Wasser herausgedrängt. Diese Luft ist unbedingt aus der Imprägnieranlage abzuleiten. Gerät die Luft mit in das imprägnierte Wasser, so würde sie bei Druckentlastung spontan entweichen und dabei gleichzeitig die im Wasser gelöste Kohlensäure durch die eingetretene Beunruhigung mitreißen. In den Imprägnieranlagen findet dieser Gesichtspunkt Berücksichtigung, indem die Luft bei Inbetriebsetzung aus der Anlage verdrängt wird, das Wasser beim Eintritt in die Anlage durch CO_2 entlüftet wird und beim Imprägniervorgang keine neue Luft mit der Kohlensäure in das Wasser gelangt. Bei der Getränkekarbonisierung ist es besonders wichtig, dass keine Blasen entstehen, die den nachgeschalteten Füllprozess nachteilig beeinflussen können (Schäumung).

Entgasung von Wasser und Getränk
Im Getränk vorhandene Fremdgase können aufgrund ihrer verminderten Löslichkeit nach der Karbonisierung zu Blasenbildung und dementprechend zu Abfüllproblemen führen. Gelöster Sauerstoff fördert darüber hinaus das Mikroorganismenwachstum. Vornehmlich aus diesen beiden Gründen sollte eine Entgasung (physikalisch zutreffender: Gasentlösung) erfolgen.

Die Entlüftung der Flüssigkeiten kann durch *Druckentgasung* erfolgen. Bei diesem Verfahren wird das lufthaltige Wasser in einem Hochdruckinjektor vorimprägniert (Einleitung eines Auswaschgases, meistens CO_2), so dass die Luft infolge der veränderten Löslichkeitsverhältnisse aus dem Wasser herausgedrängt wird. Das weitverbreitete *Vakuumentlüftungsverfahren* arbeitet nicht mit CO_2. Hier wird durch Unterdruck die Entgasung zu mehr als 90 % erreicht. Die Entgasung lässt sich durch höheren Unterdruck, theoretisch auch durch höhere Temperaturen und durch Vergrößerung der Oberfläche zwischen Gas und Flüssigkeit beschleunigen. Letzteres geschieht durch Einbau von Strahldüsen, Rieselflächen und die mehrstufige Ausführung von Entgasungsanlagen. Vakuumentgasungsbehälter, wie sie beispielsweise auch als Bestandteile in Ausmischanlagen enthalten sind, können zur Beschleunigung des Stoffaustausches mit Prallschalen ausgerüstet werden. Dadurch wird die Flüssigkeitsoberfläche vergrößert, was den Entgasungsvorgang unterstützt.

Als weitere Möglichkeit kann der Sauerstoffgehalt von Getränken auch durch den Einsatz eines *Glucoseoxidase-Katalase-Systems* wirkungsvoll vermindert werden (Schobinger et al. 1989).

7.2 Fertigstellung von Fruchtsäften

T. Hühn und D. Šulc †

Die für die Erhaltung der wertbestimmenden Inhaltsstoffe entscheidende Produktionsphase bei der Fruchtsaftherstellung ist die Fertigstellung und Abfüllung der Fruchtsäfte. Die Fertigstellung erfolgt aus entsprechenden Halbfabrikaten, unabhängig von der Erntesaison, das ganze Jahr über.

Eine Reihe von Vorgängen, die für die Fertigstellung von Fruchtsäften sehr wichtig sind, hängen unmittelbar mit dem eigentlichen Füllvorgang zusammen und können deshalb nicht isoliert betrachtet werden. Als Entscheidungsgrundlage muss vor der Fertigstellung feststehen, ob naturtrübe, unter Umständen pulpehaltige oder klare Säfte abgefüllt werden sollen.

7.2.1 Halbfabrikate und Hilfsstoffe

Fruchtsäfte beziehungsweise trinkfertig gemachte Fruchtsäfte werden unmittelbar aus frischem Obst oder hauptsächlich aus einem entsprechenden Halbfabrikat, nach

Bedarf unter Zugabe eines geeigneten Hilfsstoffs, hergestellt und anschließend direkt in Flaschen abgefüllt. Als *Halbfabrikate* für die Fruchtsaftherstellung dienen klare oder naturtrübe Fruchtsäfte beziehungsweise Fruchtmuttersäfte, mit abgetrenntem, gesondert gelagertem Fruchtaroma, oder klare und trübe Halbkonzentrate (40–55 °Brix) beziehungsweise Vollkonzentrate (60–74 °Brix), ebenfalls mit gesondert gelagertem Fruchtaroma (Aromakonzentrate).

Die erwähnten Halbfabrikate werden gewöhnlich kaltsteril in entsprechend vorbehandelten Großlagertanks, oft unter CO_2- oder N_2-Atmosphäre, aufbewahrt und das ganze Jahr hindurch zu den entsprechenden Fruchtsäften als Fertigprodukt verarbeitet. Als *Hilfsstoffe* beziehungsweise *Zuschlagstoffe* bei der Fertigstellung von Fruchtsäften dienen bei Bedarf verschiedene Zuckerarten und verschiedene Genusssäuren (Citronensäure, Weinsäure, Milchsäure, L-Äpfelsäure, DL-Äpfelsäure) sowie ein in chemischer, mikrobiologischer und organoleptischer Hinsicht geeignetes Wasser (vgl. Kapitel 7.1).

Bei Verwendung von nichtentmineralisiertem Wasser treten sehr oft Safttrübungen auf, wobei es auch zu einer Minderung des Geschmacks kommen kann, da die Carbonathärte eines solchen Wassers unter Umständen die Fruchtsäuren im Saft bindet. Ferner sollte das beigemischte Wasser entmineralisiert sein, um bei der Verdünnung von Fruchtsaftkonzentraten oder entaromatisierten Säften auf Ursprungsstärke die Analyseidentität des gewonnenen Saftes mit dem Ursprungssaft zu gewährleisten.

7.2.2 Aufbereitung

Bei der Aufbereitung von Fruchtsäften beziehungsweise trinkfertig gemachten Fruchtsäften werden die notwendigen Halbfabrikate – Fruchtsaft (Fruchtmuttersaft) beziehungsweise Fruchtsaftkonzentrat – laut exemplarischem Fließschema in Abbildung 199 mittels einer Exzenterschneckenpumpe (2) aus Großlagertanks (1) in einen entsprechend großen Vorlagebehälter mit Rührwerk (3) gefördert. In diesem Behälter wird die notwendige Charge zunächst durch langsames Rühren gut gemischt. Dieses Mischen kann auch durch Umpumpen des Halbfabrikates unter Luftausschluss erreicht werden.

Bei der Herstellung von klaren Säften aus einem Fruchtsaft beziehungsweise Fruchtmuttersaft dürfte es sehr oft notwendig sein, diesen Saft zuerst zu zentrifugieren, das heißt von Trubbestandteilen zu befreien und dann einer enzymatischen Behandlung (Depektinisieren) beziehungsweise einer Schönung zu unterziehen (siehe Kapitel 3.3.8). Erst dann wird der vorbehandelte Saft in einen Vorlagebehälter (3) gefördert.

Bei der Herstellung von naturtrüben Säften ist eine Vorbehandlung und Klärung des Halbfabrikates nicht notwendig, ja sogar unerwünscht.

Die nach Bedarf vorbehandelten und homogenisierten Säfte beziehungsweise Konzentrate werden mittels einer Exzenterschneckenpumpe (4) aus dem Vorlagebehälter (3) über einen Durchflussmesser (5) in zwei mit entsprechendem Rührwerk ausgerüstete Mischtanks (6) gefördert. Diese zwei Mischtanks ermöglichen ein kontinuierliches Arbeiten. Während der Saft in einem Mischtank vorbereitet wird, kann der zweite entleert werden.

Je nachdem, ob es sich um naturtrübe oder klare Fruchtsäfte handelt und aus welchem Halbfabrikat (Fruchtmuttersaft oder Fruchtsaftkonzentrat) sie hergestellt werden, sind entsprechende Hilfsstoffe beziehungsweise Zuschlagstoffe erforderlich.

Bei der Aufbereitung von Traubensaft aus Traubenmuttersaft sind zumeist keine Hilfsstoffe notwendig. Neben der Kristallstabilisierung wird der Saft nach Bedarf geschönt und erst dann in Mischtanks (6) mit der notwendigen Menge Wasser auf die nötige Stärke (in °Brix) eingestellt. Bei allen anderen Fruchtsäften beziehungsweise Fruchtmuttersäften, besonders bei Süß- und Sauerkirschsäften, Beerenobstsäften usw., müssen bei ihrer Aufbereitung, je nach Rezeptur und Vorschriften, die entsprechenden Hilfsstoffe zugesetzt werden. Dies sind insbesondere Zucker, Fruchtsäuren wie auch geeignetes Wasser, um einen geschmacksharmonischen Saft zu erhalten. Dabei soll das *Zucker/Säure-Verhältnis* je nach Zielgruppenprofil in der Regel etwa 10 zu 1 bis 16 zu 1 betragen.

Der zuzusetzende Kristallzucker wird zuerst in der notwendigen Menge Wasser heiß aufgelöst, filtriert und pasteurisiert (1 min bei 85 °C) und nach der Abkühlung auf Normaltemperatur in Lagertanks aufbewahrt. Bei der Ausmischung der Fruchtsäfte wird dann die erforderliche Menge Zuckersirup beziehungsweise Flüssigzucker mit einer Exzenterschneckenpumpe in die Aufbereitungstanks (6) gefördert.

Die notwendige Menge an Fruchtsäuren wird ebenfalls über ein geeignetes Dosiergerät in festem beziehungsweise aufgelöstem Zustand dem zubereiteten Fruchtsaft im Mischtank (6) zugegeben. Ebenso wird das beizufügende Wasser über ein Durchflussmengenmessgerät dem aufbereiteten Saft im Mischtank (6) zugesetzt.

Bei der Aufbereitung von klaren oder naturtrüben Fruchtsäften aus entsprechenden Halb- beziehungsweise Vollkonzentraten muss zuerst das in den Mischtank (6) geförderte Konzentrat mit der entsprechenden Menge Wasser auf die Ursprungsstärke des Saftes beziehungsweise nach der aufgestellten Rezeptur verdünnt werden. Diese *Rückverdünnung* der Konzentrate kann nach den von Koch (1967) angegebenen Formeln berechnet werden:

a) Für die Berechnung, wie viel Liter Saft von 46 °Oechsle (11,5 °Brix) aus **1 kg Konzentrat** von x °Brix hergestellt werden können, gilt folgende Formel:

$$\text{Liter Saft} = \frac{\text{°Brix d. Konzentrates}}{\text{°Brix} \cdot \text{spez. Gew. d. Saftes}}$$

b) Für die Berechnung, wie viel Liter Saft von 46 °Oechsle (11,5 °Brix) aus *1 Liter Konzentrat* von x °Brix hergestellt werden können, gilt folgende Formel:

$$\text{Liter Saft} = \frac{\text{°Brix} \cdot \text{spez. Gew. d. Konzentr.}}{\text{°Brix} \cdot \text{spez. Gew. d. Saftes}}$$

Dabei muss berücksichtigt werden, dass das spezifische Gewicht

$$S = \frac{\text{Masse}}{\text{Volumen}} = \frac{\text{kg}}{\text{l}} \quad \text{ist.}$$

Nach Rückverdünnung des Konzentrats mit der berechneten Menge Wasser wird dem gewonnenen Saft die eventuell notwendige Menge anderer Hilfsstoffe (Zucker, Fruchtsäure usw.) zugegeben. Der trinkfertige Saft wird anschließend weiterbehandelt.

Das bei der Entaromatisierung beziehungsweise Konzentrierung von Fruchtsäften gewonnene konzentrierte Aroma (Aromakonzentrat) wird erst nach dem Filtrieren beziehungsweise Homogenisieren (Trubstabilisierung) des trinkfertigen Saftes zugegeben, um keine leichtflüchtigen Aromakomponenten zu verlieren.

7.2.3 Klärung und Filtration

Bei der Herstellung von blankhellen Fruchtsäften beziehungsweise trinkfertig gemachten Fruchtsäften wird der aufbereitete Fruchtsaft nach der Fertigstellung mit Hilfe der Rührwerke zuerst gut vermischt und dann mit einer Pumpe (7) über einen Kieselgurfilter (8) in einen Behälter (9) gefördert. Um noch eventuell feinstgelöste Trubteilchen zu entfernen, die bei der Kieselgurfiltration nicht zurückgehalten werden, wird noch eine Feinfiltration des Saftes über Filterschichten vorgesehen. Zu diesem Zwecke wird der Saft mit einer Pumpe (10) über den Schichtenfilter (11) in den Puffertank (13) – der auch mit einem langsamlaufenden Rührwerk versehen ist – gefördert. Alternativ zur Kieselgur- und Schichtenfiltration können auch andere geeignete Filtrationstechnologien Anwendung finden (Membranfiltration; Lenggenhager, 1997).

7.2.4 Aromatisierung

Bei Fruchtsäften, die aus einem entsprechenden Fruchtsaftkonzentrat oder aus entaromatisiertem Muttersaft hergestellt werden, muss dem Saft ein aliquoter Teil des Aromakonzentrats, das bei der Aromaabtrennung aus dem ursprünglichen Saft gewonnen wurde, wieder zugegeben werden. Die Aromakonzentration beträgt im Allgemeinen 1 zu 100 bis 1 zu 150, seltener 1 zu 200. Demnach müssen auf je 100 Liter trinkfertigen Saft 1 Liter Aromakonzentrat der Stärke 1 zu 100, 0,66 Liter der Stärke 1 zu 150 beziehungsweise 0,5 Liter der Stärke 1 zu 200 zugesetzt werden.

Das Aromakonzentrat wird unter Luftabschluss über ein Dosiergerät (12) mittels einer Spezialpumpe in die Rohrleitung des Saftes unter Luftabschluss eingespeist und dabei mit dem Saft gut vermischt. Der filtrierte und nach Bedarf aromatisierte, trinkfertige Saft wird in einem Behälter (13) aufgefangen, nochmals langsam umgerührt, pasteurisiert und beispielsweise heiß in Flaschen abgefüllt.

7.2.5 Trubstabilisierung von naturtrüben Säften

Bei der Herstellung von naturtrüben beziehungsweise keltertrüben Fruchtsäften – hauptsächlich aus Kernobst (Apfel und Birne) – ist es sehr wichtig, die gewünschte Trubstabilität dieser Fruchtsaftarten zu erreichen. Die Trubstabilität ist – ähnlich wie bei den Fruchtnektaren – von mehreren Faktoren abhängig, wobei besonders die Menge und Größe der Fruchtfleischteilchen, ferner der Pektin-, Gerbstoff-, Eiweiß- und Aminosäuregehalt wie auch der pH-Wert des Saftes eine große Rolle spielen.

7.2.5.1 Physikalische und chemische Größen

Durch die Trubstoffstabilisierung soll eine scheinbar homogene Verteilung der Trubstoffe gesichert werden, die eine Phasentrennung und Sedimentation weitgehend verhindert. Die *Sedimentationsgeschwindigkeit* ergibt sich aus der Masse der Partikel, ihrem Auftrieb in der Flüssigkeit und der Stokes-Reibungsgleichung:

$$v = \frac{d^2\ ({}^{\delta}P - {}^{\delta}Fl)\ g}{18\ n}$$

v = Sedimentationsgeschwindigkeit ($m \cdot s^{-1}$)
g = Erdbeschleunigung ($m \cdot s^{-2}$)
d = Trubstoffteilchendurchmesser (m)
$^{\delta}P$ = Dichte der Teilchen ($kg \cdot m^{-3}$)
$^{\delta}Fl$ = Dichte der Flüssigkeit ($kg \cdot m^{-3}$)
n = dynamische Zähigkeit ($Ns \cdot m^{-2}$).

Nach Kardos (1979) können aus dieser Gleichung folgende Forderungen für die Bereitung naturtrüber Säfte abgeleitet werden:

- Reduktion der Partikelgröße auf ein Optimum,
- Sicherung der notwendigen Vikosität,
- Verminderung von Dichteunterschieden zwischen Partikel und Flüssigkeit.

Für die Trübungsstabilität ist es wichtig, den Grobtrub zu entfernen. Der Feintrubgehalt sollte mindestens 100 mg/l bei einer Teilchengröße von weniger als 0,6 µm betragen, da sonst eine zu schnelle und zu starke Sedimentation erfolgt. Ein weiterer wichtiger Parameter ist die Viskosität der Serumphase durch kolloidal gelöste Pektinstoffe. Durch die Sortenwahl und einen möglichst hohen Reifegrad des zu verarbeitenden Materials kann dieser Faktor positiv beeinflusst werden. Da es infolge langer Maischestandzeiten durch fruchteigene Enzyme zum Pektinabbau kommt, sind diese zu minimieren. Die Maischeenzymierung ist aus diesen Gründen ebenfalls nicht zu empfehlen. Zur Herstellung sehr trubreicher Säfte könnte die Maischeerhitzung auf 50 °C eine interessante Variante bieten.

Oxidationsprozesse gefährden die Trubstabilität. Deshalb sind entsprechende Vorkehrungen zu treffen und der Ascorbinsäure-Einsatz zu erwägen (Dietrich et al. 1995).

7.2.5.2 Herstellungsmethoden für trubstabile Säfte

Ein stark trubhaltiger Kernobstsaft kann so hergestellt werden, dass der Keltermost von der Presse über ein Sieb (z.B. Maschenweite 1,5 mm) geführt, sofort kurzzeiterhitzt und anschließend mittels eines Schnellmischgeräts oder Homogenisators trubstabilisiert wird (Koch 1956). Dieser Saft soll unmittelbar nach dieser Behandlung in Flaschen gefüllt und im Tunnelpasteur haltbar gemacht werden. Solcher keltertrüber Saft „ab Presse" ist für den Konsum innerhalb einiger Wochen bestimmt. Normalerweise erfolgt die Produktion von naturtrüben Kernobstsäften aus den entsprechenden naturtrüben Rohsäften (Muttersäften) beziehungsweise Halbkonzentraten.

Nach EMCH (1963) kann eine hohe Trubstabilität in der Weise erreicht werden, dass der frischgepresste Saft (Rohsaft) zur Entfernung der gröbsten Fruchtfleischteilchen so schnell wie möglich durch einen Separator gefördert wird. Die Entfernung von Stärkekörnern (besonders in unreifen Äpfeln vorhanden) vor der Erhitzung, ist unbedingt notwendig, da durch diesen Prozess kolloidal gelöste Stärke entstehen würde, die später durch Retrogradation zum Ausfallen neigt und visuell zu einem unansehnlichen Graustich oder -schleier führt. Anschließend sollte zur Verhinderung unerwünschter Oxidationen eine sofortige Kurzzeit-Hochtemperatur-Erhitzung des Saftes durchgeführt werden. Über den Einfluss verschiedener technologischer Maßnahmen zur Trubstabilisierung von Apfelsaft berichtet SCHOBINGER (1979).

Nach STÜSSI (1998) kann ein trubstabiler, pulpöser Apfelsaft nur nach einer Maischeerhitzung der grobkörnigen Pulpe auf 80 bis 85 °C (30 s) und anschließende Verfeinerung durch Zahnkolloidmühle und Hochdruckhomogenisator mit Erfolg hergestellt werden.

7.2.5.3 Lagerung

Naturtrübe Säfte werden entweder nach einem der üblichen Verfahren eingelagert, oder nach vorheriger Aromaabtrennung in einer entsprechenden Konzentrieranlage auf ein Verhältnis von eins zu vier eingeengt und nach einer Kurzzeiterhitzung in Großlagertanks gelagert.

7.2.5.4 Aufbereitung naturtrüber Säfte

Bei der Aufbereitung von naturtrüben Kernobstsäften werden die erwähnten Halbfabrikate nach dem Fließschema in Abbildung 199 zuerst mittels Exzenterschneckenpumpe (2) aus den Großlagertanks (1) in einen Vorratsbehälter (3) gefördert, wo die einzelnen Chargen durch langsames Rühren gut vermischt werden. Nach der Vermischung werden die naturtrüben Halbfabrikate mittels einer weiteren Exzenterschneckenpumpe (4) aus dem Vorlagebehälter (3) über einen Durchflussmesser (5) in zwei Mischtanks (6) gefördert, wo je nach Bedarf die notwendigen Hilfsmittel (Zuschlagstoffe) zugegeben werden.

Bei gewissen naturtrüben Fruchtsäften kann mit Vorteil eine geringe Menge Pektin (0,5–1,0 g/l) eines mittleren Veresterungsgrades als Stabilisator hinzugefügt werden. Damit erhöht sich die Viskosität und die Trubstabilität des Saftes.

Die aufbereiteten, naturtrüben Fruchtsäfte werden dann mittels Pumpe (7) durch beispielsweise eine Zahnkolloidmühle (14) gefördert, wo eine sehr gute Trubstabilisierung durch Homogenisierung der Saftkomponenten stattfindet. Der homogenisierte, trubstabile, naturtrübe Fruchtsaft wird dann in einem Behälter (13) aufgefangen. Für den Fall, dass naturtrüber Saft aus einem entsprechend entaromatisierten, naturtrüben Muttersaft oder einem Halbkonzentrat hergestellt werden soll, erfolgt eine Zugabe von abgetrenntem Aroma beziehungsweise von Aromakonzentrat unmittelbar nach der Homogenisierung des Saftes. Zu diesem Zweck wird das Aromakonzentrat aus einem Dosiergerät (12) mittels Spezialpumpe unter Luftabschluss in die Saftrohrleitung eingespeist und mit dem Saft vermischt. Anschließend wird der aromatisierte, naturtrübe Saft in einem Behälter (13) aufgefangen, nochmals langsam umgerührt, danach entlüftet, pasteurisiert und heiß in Flaschen abgefüllt.

7.2.6 Entlüftung und Pasteurisation

Vor der eigentlichen Pasteurisation und der anschließenden Abfüllung der Fruchtsäfte wird häufig eine entsprechende *Entlüftung* (Entgasung) des Fruchtsaftes durchgeführt, um unerwünschte Oxidationen des Saftes zu vermeiden und die eventuell vorhandenen Luftblasen zu entfernen.

Zu diesem Zweck (Abb. 199) fördert die Pumpe (15) den trinkfertigen Saft aus dem Behälter (13) in eine entsprechende Entlüftungsanlage (16) (siehe Kapitel 3.5.3), in welcher der behandelte Fruchtsaft im Vakuum praktisch völlig entlüftet wird. Eventuell mitgerissene Aromateilchen werden dabei kondensiert und dem entlüfteten Saft wieder zugeführt.

Die an die Entlüftungsanlage angeschlossene Pumpe (17) saugt den entlüfteten Saft aus dem unter Vakuum stehenden Entlüftungsbehälter und fördert ihn durch einen Plattenapparat (18). Hier erfolgt die *Pasteurisation* des Saftes bei der erforderlichen Temperatur – meistens 92 bis 96 °C während 10 bis 12 Sekunden oder 82 bis 85 °C während 15 Sekunden. Die Annahme, dass beim Einsatz höherer Temperaturen und kürzeren Erhitzungsintervallen das Produkt beziehungsweise die hier enthaltenen wertbestimmenden Bestandteile schonender behandelt werden, führt vermehrt zum Einsatz von Hochtemperatur-Kurzzeit-Erhitzungsverfahren. Hier können je nach Kontamination und Trubgehalt Temperaturen zwischen 105 und 115 °C für nur wenige Sekunden den gewünschten Erfolg bringen. Fruchtfleischhaltige Säfte werden wegen ihrem höheren Schwebstoffanteil einer ausgedehnteren Wärmebehandlung unterzogen. Bei größerer Keimbelastung oder der Gefahr des Vorhandenseins pathogener Keime infolge hoher pH-Werte (Gemüsesäfte) werden Hochtemperatur-Kurzzeit-Erhitzungen bis 130 °C angewandt, mit anschließender Rückkühlung auf Abfülltemperatur (etwa 80 °C) bei der Heißfüllung.

Der pasteurisierte und je nach Füllverfahren und -system (Kapitel 7.6.1) zurückgekühlte Fruchtsaft wird dann im geschlossenen System direkt zur Füllmaschine geleitet und unmittelbar in entsprechende Packungen abgefüllt.

Um dem Wunsch des Verbrauchers nach „frischen Lebensmitteln" auch im Saftbereich nachkommen zu können, werden vermehrt so genannte *Direktsäfte* (NFC = not from concentrate) auch im Citrusbereich angeboten. Hierbei kommen aseptische Transporttechnologien (aseptischer Transfer) vom Ort der Saftproduktion bis zum Abfüllzentrum zum Einsatz (Fearn 1996, McFarlin 1997). Dadurch kann auch die Repasteurisation unmittelbar vor dem Abfüllen eingespart und somit auch ein Teil der temperatur- beziehungsweise zeitgebundenen Produktveränderungen verhindert werden. Die Herstellung von Direktsäften ist auch unter Nutzung des Tiefkühl- oder Einzelverpackungsweges möglich, bei denen aber die herkömmlichen Temperaturbehandlungen nicht eingespart werden können.

Mit dem Ziel, die Temperaturbehandlung weiter zu reduzieren und dadurch weniger wertbestimmende Inhaltsstoffe (Vitamine, Aromastoffe, Enzyme usw.) zu zerstören, werden so genannte *Frischsäfte* über das Kühlregal (4 °C) mit meist nur kurzer Regallebensdauer am Markt angeboten. Diese Produkte werden direkt nach der Saftgewinnung temperaturbehandelt (Thermisierung bei 65–70 °C) und aseptisch abgefüllt. Aufgrund dieser Vorgehensweise ist dieses Verfahren aus mikrobiologischer Sicht als kritisch einzustufen und kann allenfalls nur bei Produkten mit vergleichsweise niederen pH-Werten und entsprechender Qualitätskontrolle Anwendung finden, um zumindest pathogene Keime weitgehend ausschließen zu können.

Weitere Informationen zu diesem Themenbereich finden sich unter Arthey et al. (1996) und Ashurst et al. (1995).

7.3 Fertigstellung von Fruchtnektaren

T. Hühn und D. Šulc †

Fruchtnektare lassen sich im Vergleich zu klaren oder naturtrüben Fruchtsäften viel schwieriger fertigstellen und abfüllen, da Fruchtnektare eine echte Suspension des Fruchtfleisches (Pulpe) im Saft (Serum) darstellen und sich durch hohe Viskosität beziehungsweise Zähigkeit auszeichnen (siehe Kapitel 3.6.1 und 5.3.2). Bei der Aufbereitung, Homogenisierung, Entlüftung und Abfüllung von Fruchtnektaren

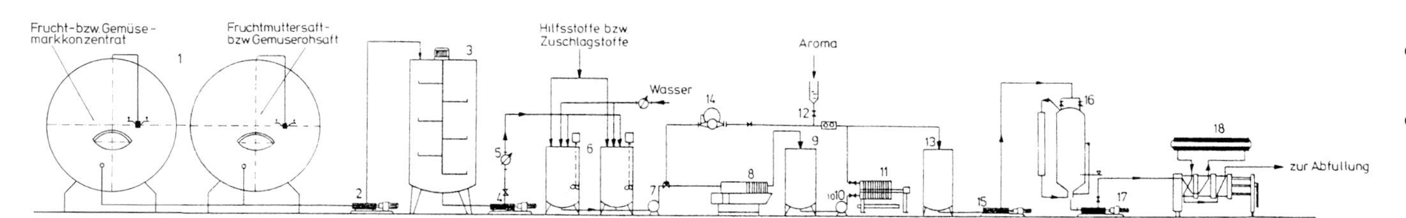

Abb. 199. Fertigstellung von Frucht- bzw. Gemüsesäften.
1 = Großlagertanks, 2 = Exzenterschneckenpumpe, 3 = Vorlagebehälter mit Rührwerk, 4 = Exzenterschneckenpumpe, 5 = Durchflussmesser (Rotameter), 6 = Mischbehälter (zwei), 7 = Saftpumpe, 8 = Kieselgurfilter, 9 = Auffangbehälter, 10 = Saftpumpe, 11 = Schichtenfilter, 12 = Aromakonzentrat-Dosiergerät, 13 = Puffertank, 14 = Zahnkolloidmühle, 15 = Saftpumpe, 16 = Entlüftungsanlage, 17 = Saftpumpe, 18 = Plattenpasteur. Verarbeitungskapazität: 1 000–1 500 Liter Saft pro Stunde; Stündlicher Energieverbrauch (Richtwert) für die angegebenen Maschinen: Elektrische Energie je nach Saftart: 32–36 kWh; Dampf (9 bar) je nach Saftart: 400–600 kg; Wasser (18 °C) je nach Saftart 8–10 m³.

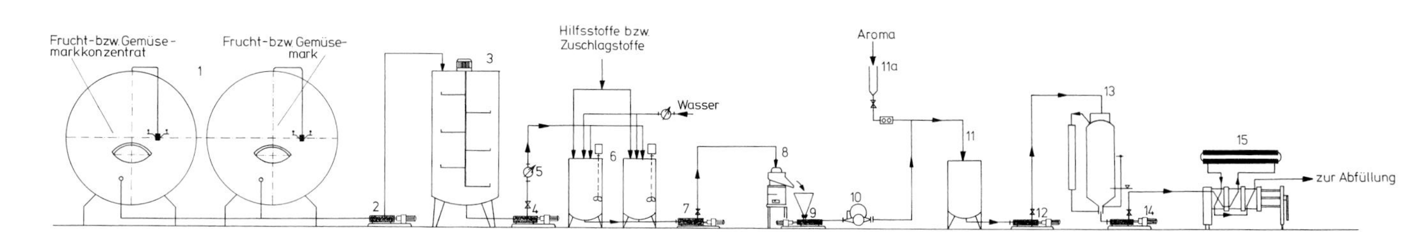

Abb. 200. Fertigstellung von Frucht- und Gemüsenektaren.
1 = Großlagertanks, 2 = Exzenterschneckenpumpe, 3 = Vorlagebehälter mit Rührwerk, 4 = Exzenterschneckenpumpe, 5 = Durchflussmesser (Rotameter), 6 = Mischbehälter (zwei), 7 = Exzenterschneckenpumpe, 8 = Korundscheibenmühle, 9 = Exzenterschneckenpumpe mit Trichter, 10 = Zahnkolloidmühle, 11 = Auffangbehälter, 11a = Aromakonzentrat-Dosiergerät, 12 = Exzenterschneckenpumpe, 13 = Entlüftungsanlage, 14 = Exzenterschneckenpumpe, 15 = Plattenpasteur. Verarbeitungskapazität: 1 000–1 500 Liter Frucht- bzw. Gemüsenektar pro Stunde; stündlicher Energieverbrauch (Richtwert) für die angegebenen Maschinen: elektrische Energie je nach Nektarart 36–40 kWh; Dampf (9 bar) je nach Nektarart 400–600 kg; Wasser (18 °C) je nach Nektarart 8–10 m³.

treten oft recht große Probleme auf (ŠULC 1978).

Nebst der Beachtung des Grundsatzes, nur einwandfreie Halbfabrikate (Fruchtmark und Fruchtmarkkonzentrate) von bester Qualität zu verarbeiten, ist der Fertigstellung und Abfüllung der Fruchtnektare ganz besondere Aufmerksamkeit zu widmen, um die gesamten wertbestimmenden Bestandteile der ursprünglichen Frucht in die Fertigpackung überführen zu können.

7.3.1 Halbfabrikate und Hilfsstoffe

Als *Halbfabrikate* zur Herstellung von Fruchtnektaren dienen in Großlagertanks gelagertes Fruchtmark (siehe Kapitel 3.6), oder auch Fruchtmarkkonzentrate (siehe Kapitel 5.3). Sehr selten werden die Früchte während der Erntezeit über das entsprechende Fruchtmark unmittelbar zum fertigen Nektar verarbeitet.

Als *Hilfsstoffe* oder *Zuschlagstoffe* bei der Aufbereitung von Fruchtnektaren dienen – wie auch bei der Aufbereitung von klaren und naturtrüben Fruchtsäften – in erster Linie ein in chemischer, mikrobiologischer und sensorischer Hinsicht geeignetes Wasser, süßekorrigierender Zucker beziehungsweise Zuckersirup, Flüssigzucker usw. und verschiedene Genusssäuren (Citronensäure, Weinsäure, Milchsäure, L-Äpfelsäure, DL-Äpfelsäure; siehe Kapitel 1.2.1 und 7.1).

Bei der Verarbeitung von Fruchtmarkkonzentraten, denen das vorher abgeschiedene Aroma nicht zum fertigen Markkonzentrat zugesetzt wurde – was meist der Fall ist – muss bei der Weiterverarbeitung ein aliquoter Teil des Aromakonzentrats zugesetzt werden.

Falls die verwendeten Halbfabrikate zu wenig Fruchtfleisch aufweisen, das heißt ein zu kleines Ratio (Gewichtsverhältnis Pulpe/Serum) oder bereits abgebaute Pektinstoffe (hauptsächlich die niedrigveresterten Pektine oder Pektinsäuren) enthalten, so sollten zur Erzielung trubstabiler Nektare bei der Aufbereitung bestimmte *Stabilisierungsmittel* zugesetzt werden. In den EU-Ländern und in der Schweiz sind für diesen Zweck Pektine zugelassen. Insbesondere eignen sich hierzu hoch- und mittelveresterte Pektine. Zugesetztes Pektin wird teilweise an die Partikeloberfläche adsorbiert und ist höchstwahrscheinlich an der Ausbildung einer stark hydratisierten und elektrisch negativ geladenen Schutzhülle beteiligt. Je nach Fruchtart zeigt ein Pektineinsatz auch in Verbindung mit der Homogenisierung unterschiedliche Wirkung auf die Verbesserung der Resistenz gegen Schichtenbildung und Phasentrennung (MOLLOV et al. 1996).

Zur Vermeidung von Oxidationsvorgängen kann bei hellfarbigen Fruchtnektaren (Apfel-, Birnen-, Aprikosen- und Pfirsichnektaren) Ascorbinsäure (Vitamin C) zugesetzt werden (REMBOWSKI 1966).

7.3.2 Aufbereitung

Bei der Aufbereitung von Fruchtnektaren werden die notwendigen Halbfabrikate – Fruchtmark beziehungsweise Fruchtmarkkonzentrate – laut Fließschema (siehe Abb. 200) mittels einer Exzenterschneckenpumpe (2) aus Großlagertanks (1) in einen entsprechend großen Vorlagebehälter mit Rührwerk (3) gefördert; in diesem Behälter wird die erforderliche Menge zuerst durch langsames Rühren gut gemischt. Bei der Lagerung von Fruchtmark und Fruchtmarkkonzentraten in Großlagertanks kann es zu gewissen Sedimentationserscheinungen kommen, wobei sich verschiedene Schichten unterschiedlicher Viskosität und unterschiedlichen spezifischen Gewichts bilden. Unter Umständen kann es sogar zur Ausscheidung von Serum (Saft) kommen.

Um zu einem einheitlichen Produkt zu gelangen, müssen diese Phasen wieder vermischt werden. Dies geschieht im Mischtank (3), in welchem der gesamte Tankinhalt langsam umgerührt wird. Hierfür soll ein sehr langsam laufendes Rührwerk eingesetzt werden. Durch vorsichtiges Umpumpen der Halbfabrikate unter Luftabschluss kann die erwünschte Chargenvermischung ebenfalls erreicht werden.

Entsprechend dem Mischungsverhältnis und der Rezeptur wird nun mittels einer weiteren Exzenterschneckenpumpe (4) die erforderliche Menge Fruchtmark beziehungsweise Fruchtmarkkonzentrat aus dem Vorlagebehälter (3) über einen Durchflussmesser (5) in zwei Mischtanks (6) gefördert, die mit entsprechenden Rührwerken versehen sind.

Die Standardisierungsvorschriften der verschiedenen Herstellungsländer erfordern bei Fruchtnektaren einen unterschiedlich festgelegten Mindestanteil an Fruchtfleisch von 30 bis 50 %. Fruchtnektare, die etwa 40 % der Gesamttrockensubstanz der Frucht enthalten, ergeben wohlschmeckende und sehr stabile Produkte. Demzufolge enthalten solche Nektare etwa 5 % Trockensubstanz der Frucht, während sich der andere Teil der Trockensubstanz im trinkfertigen Nektar auf zugesetzte Zuschlagstoffe, in den meisten Fällen Zucker, bezieht.

Da die verwendeten Halbfabrikate nach Brix-Graden deklariert werden, kann die zur Herstellung von Fruchtnektaren notwendige Menge an Fruchtmark beziehungsweise Fruchtmarkkonzentrat nach folgender Formel berechnet werden:

$$F \text{ in kg} = \frac{a\ °\text{Brix}}{b\ °\text{Brix}} \cdot 100$$

F = Fruchtmark- beziehungsweise Fruchtmarkkonzentrat-Menge für je 100 Kilogramm Fruchtnektar, angegeben in Kilogramm;
a = Brix-Grade des Fruchtanteils im Nektar;
b = Brix-Grade des verwendeten Fruchtmarks beziehungsweise Fruchtmarkkonzentrates.

Soll zum Beispiel ein Aprikosennektar 5 % Trockensubstanz aus dem verwendeten Aprikosenmark von 14 °Brix beziehungsweise aus dem verwendeten Aprikosenmarkkonzentrat von 30 °Brix enthalten, dann beträgt die vom betreffenden Halbfabrikat benötigte Menge in Kilogramm für je 100 Kilogramm Aprikosennektar:

$$F = \frac{5}{14} \cdot 100 = 35{,}7 \text{ kg Aprikosenmark/100 kg Nektar}$$

beziehungsweise

$$F = \frac{5}{30} \cdot 100 = 16{,}7 \text{ kg Aprikosenmarkkonzentrat/100 kg Nektar}$$

Nach der Dosierung der notwendigen Menge Fruchtmark beziehungsweise Fruchtmarkkonzentrat wird nach der Rezeptur die erforderliche Menge Wasser über einen Volumenzähler zugegeben und langsam umgerührt, bis eine homogene Flüssigkeit erreicht ist. Bei der Verwendung von Fruchtmarkkonzentraten wird die erforderliche Menge des zuzusetzenden Wassers nach den bereits angegebenen Formeln (siehe Seite 442) berechnet.

Danach wird die je nach Rezeptur notwendige Menge Zucker beziehungsweise Zuckersirup (auch Flüssigzucker) und Fruchtsäuren (hauptsächlich Citronensäure) zugesetzt und gemischt. Nach Bedarf kann abschließend eine entsprechende Menge Ascorbinsäure wie auch ein Stabilisator (Pektin) zugesetzt werden. Nach langsamem Umrühren folgt die nächste, sehr wichtige Verarbeitungsphase, das Homogenisieren von Fruchtnektaren.

7.3.3 Homogenisierung

Unter Berücksichtigung der rheologischen Eigenschaften von Fruchtnektaren (siehe Kapitel 3.6.1 und 5.3.2) kann ein stabiler Nektar nur dann erzielt werden, wenn zumindest folgende Bedingungen größtenteils erfüllt sind:

a) Der betreffende Fruchtnektar soll einen genügenden Anteil an Fruchtfleisch enthalten beziehungsweise ein höheres „Ratio", das heißt Pulpe/Serum-Gewichtsverhältnis aufweisen, damit er, falls auch die anderen Bedingungen erfüllt sind, ohne Zusatz von Stabilisatoren längere Zeit trubstabil bleibt.
b) Das spezifische Gewicht der flüssigen Phase (Serum, Saft) soll gleich oder nur etwas höher sein als jenes der festen Phasen (Pulpe, Fruchtfleisch), damit die Fruchtfleischteilchen nicht in

kurzer Zeit sedimentieren, sondern frei im Saft schweben beziehungsweise suspendiert bleiben.

c) Der betreffende Fruchtnektar soll einen genügend hohen Gehalt an Pektin aufweisen, da Pektin die Viskosität dieser Produkte sehr stark beeinflusst und als Schutzkolloid sowie natürlicher Stabilisator wirkt. Dabei soll der Saft nur das Protopektin und hochpolymeres und hochverestertes Pektin, aber nach Möglichkeit sehr wenig niederverestertes Pektin und Pektinsäuren enthalten. Die letztgenannten wirken infolge ihrer stark negativen Ladung (freie Carboxylgruppen) vorwiegend als Elektrolyte und weniger als Stabilisatoren; unter Umständen können sie sogar eine Ausscheidung von Serum und eine Sedimentation von Fruchtfleischteilchen verursachen.

Sollte der Fruchtnektar zu wenig dieser geeigneten Pektinstoffe enthalten, kann je nach den gesetzlichen Rahmenbedingungen industriell hergestelltes, hochverestertes Pektin in einer Menge von 1 bis 3 g/l (in der Schweiz maximal 1 g/l, in EU-Ländern für gewisse Nektare bis maximal 3 g/l) zugesetzt werden.

Außer den erwähnten Faktoren spielen für die Stabilität der Fruchtnektare auch der pH-Wert des Saftes, die elektrische Ladung der Fruchtfleischteilchen wie auch im Saft vorhandene Elektrolyte eine bedeutende Rolle. Aus Fruchtmark beziehungsweise Fruchtmarkkonzentrat, das aus qualitativ einwandfreien, fruchtfleischhaltigen Rohstoffen gewonnen wurde, kann leicht ein trubstabiler Fruchtnektar erhalten werden, sofern nach der Aufbereitung des Saftes eine Zerkleinerung der Fruchtfleischteilchen und eine richtige Homogenisierung des Produktes durchgeführt wird.

Zu diesem Zweck wird der aufbereitete Fruchtnektar aus dem Mischtank (6) mittels einer Exzenterschneckenpumpe (7) unter Luftabschluss in eine Korundscheibenmühle (8) gefördert, wo eine Feinzerkleinerung des Fruchtfleisches stattfindet (siehe Abb. 200). In dieser Feinzerkleinerungsmaschine werden die beiden Mahlscheiben (Rotor und Stator) zueinander in Kontaktstellung gebracht oder mit Druck aufeinander gepresst, wodurch die Fruchtfleischteilchen auf Einheiten unter 100 µm zerkleinert werden. Dabei wird auch ein bedeutender Homogenisierungseffekt erzielt. In manchen Fällen ist es empfehlenswert, die Feinzerkleinerung mittels Korundscheibenmühle schon am Fruchtmark beziehungsweise Fruchtmarkkonzentrat – aber erst kurz vor der Aufbereitung des Nektars, nicht früher – durchzuführen, um die Korundscheibenmühle mit der Vermahlung von zugegebenen Hilfsstoffen nicht unnötig zu belasten.

Nach der Feinvermahlung fließt der Nektar in eine Exzenterschneckenpumpe (9) und wird mittels dieser Pumpe unter Luftabschluss durch beispielsweise eine Zahnkolloidmühle (10) gefördert. Dieser Zahnkolloidmühle fällt die wichtige Aufgabe der Trub- beziehungsweise Fruchtfleischstabilisierung durch Homogenisierung der Saftkomponenten zu (Heuss 1974). Die Zahnkolloidmühle homogenisiert den Fruchtnektar zwischen einem verzahnten, sich rasch drehenden Rotor und einem feststehenden ebenfalls verzahnten Stator. Die Größe des Mahlspaltes kann zwischen einigen Mikrometern und einigen Millimetern eingestellt werden. Neben dem Einsatz von Maschinen vom Rotor-Stator-Typ (Zahnkolloid-, Korundscheibenmühlen, Ultraturrax-Zahnkranz-Dispergiermaschinen) oder Rotor-Rotor-Typ (Doppelrotor-Stift-Desintegrator) können Hochdruckhomogenisatoren (Extrusionstyp) oder Ultraschallhomogenisatoren Anwendung finden. Während bei den Rotor-Stator-Mühlen die erreichbare Feinheit der Pulpeteilchen in einem Bereich von 10 bis 50 µm liegt, können mit Hochdruckhomogenisatoren aufgrund einer viel höheren Energiedichte feinere Teilchen erzeugt werden. Durch einen hohen Dispersionsgrad wird eine gleichmäßig homogene Vermischung der Stoffe erreicht, was sich günstig auf die sensorischen und physikalischen Eigenschaften des Nektars auswirkt. Die Partikelgrößenverteilung ist entscheidend für die Trübungsstabilität. Bei Einsatz von Doppelrotor-Stift-Desintegratoren wird der Anteil von schwebefähigen Pulpeteilchen (< 3 µm) erhöht. Durch die feinere Zerkleinerung der Fruchtfleischteilchen kann der relative Anteil hydratisierter Pulpe zunehmen, was sich wiederum auf die Trübungsstabilität positiv auswirkt. Ein überflüssig hoher Dispersionsgrad bedingt jedoch die Verringerung der Strukturstabilität und das Entstehen von zusammengelagerten Partikeln. Dies kann zu synäresen Erscheinungen führen (MALTSCHEV et al. 1996).

Nach dem feinen und gleichmäßigen Homogenisieren wird der Fruchtnektar im Behälter (11) aufgefangen. Dem trinkfertigen Produkt kann jetzt nach Bedarf ein aliquoter Teil des Aromakonzentrates zugefügt werden (11a), falls der Nektar aus einem entaromatisierten Fruchtmarkkonzentrat hergestellt wurde. Anschließend wird das Produkt entsprechend entlüftet und pasteurisiert.

7.3.4 Entlüftung und Pasteurisation

Der homogenisierte Fruchtnektar wird mittels einer Exzenterschneckenpumpe (12) zur Entlüftungsanlage (13) gepumpt (siehe Abb. 200). Dabei soll die Entlüftungsanlage nicht nur den freien Luftsauerstoff, sondern auch alle Luftblasen, die in den Pulpeteilchen festgehalten werden, durch Vakuumeinwirkung vollkommen aus dem Produkt entfernen. Andernfalls kann die nachgeschaltete Pasteurisierung des Nektars nicht erfolgreich durchgeführt werden. Nur bestimmte Konstruktionen und Ausführungen der Entlüftungsanlagen können eine einwandfreie Entlüftung der Fruchtnektare garantieren.

Aromakomponenten, die bei der Entlüftung abgedampft werden, können in einem Kondensator oder in einer angebauten Rückgewinnungseinrichtung kondensiert und automatisch dem entlüfteten Nektar wieder zugeführt werden.

Die richtige Entlüftung des Fruchtnektars gewährleistet vor allem einen Schutz vor unerwünschten Oxidationserscheinungen, einen besseren Wärmeübergang im Plattenpasteur, ein störungsfreies Abfüllen und eine erhöhte Haltbarkeit. Eine zu starke Entgasung provoziert eine Wiederaufnahme von Gasen, was berücksichtigt werden sollte. Dementsprechend eigenen sich Entgasungssysteme bei einer mittleren Temperatur mit anschließender sofortiger Kühlung (GEISS 1996).

Nach der Entlüftung wird der Nektar mittels einer Exzenterschneckenpumpe (14) aus der Entlüftungsanlage (13) abgesaugt und durch einen Plattenpasteur (15) geleitet.

Die Erhitzung im Plattenpasteur erfolgt, je nach Keimbelastung und Art des Nektars beziehungsweise seiner besonderen Eigenschaften, bei unterschiedlichen Temperaturen und Zeiten. Fruchtnektare können durch Hochtemperatur-Kurzzeit-Erhitzung auf 105 bis 115 °C während 30 bis 10 Sekunden gehalten und anschließend auf die Abfülltemperatur von beispielsweise 90 °C bei Heißfüllung zurückgekühlt werden. Die Konstruktion des Pasteurs muss gewährleisten, dass keine örtlichen Überhitzungen auftreten können. Nicht ordnungsgemäß pasteurisierte Chargen sollten durch eingebaute automatische Temperaturregeleinheiten umgeleitet werden können. Fruchtfleischhaltige Produkte werden wegen ihres höheren Schwebstoffanteiles einer ausgedehnteren Wärmebehandlung unterzogen. Bei Produkten mit einer höheren Viskosität können Röhrenwärmetauscher zum Einsatz kommen. Der pasteurisierte oder sterilisierte Fruchtnektar gelangt dann im geschlossenen Leitungssystem zur Füllmaschine.

7.4 Fertigstellung und Abfüllung von Gemüsesäften

K. OTTO und D. ŠULC †

Ein besonderes Problem bei der Herstellung von Gemüsesäften stellt die Haltbarmachung dar, wobei speziell der pH-Wert, die spezifischen Mikroorganismen, der Ausgangskeimgehalt, die Empfindlichkeit der einzelnen Inhaltsstoffe (Vitamine,

Farbstoffe, Aromastoffe usw.) auf die erhöhten Sterilisiertemperaturen sowie die Möglichkeit der Trubinstabilität während und nach dem Sterilisieren berücksichtigt werden müssen. Die erwähnten technologischen Gründe und der relativ geringe Verbrauch haben dazu geführt, dass sich bis heute nur eine geringe Zahl von Herstellungsbetrieben in Europa auf die Verarbeitung von Gemüse zu Saft spezialisiert hat. Sofern die notwendigen technischen Ausstattungen zur Haltbarmachung und Abfüllung installiert sind, eröffnet sich auch für andere Betriebe die Möglichkeit, durch Bezug und Füllfertigmachen von Halbware diese Nachfrage zu bedienen.

Von der Gesamterzeugung an Gemüsesaft entfallen zirka 90 % auf Tomatensaft (siehe Kapitel 4.1). Mit den Anlagen, welche in den Betrieben üblicherweise zur Herstellung von Fruchtnektaren vorhanden sind, lässt sich auch Tomatensaft herstellen. Da Tomatensaft einen relativ niedrigen pH-Wert aufweist, kann er leichter haltbar gemacht werden.

Die restliche Erzeugung entfällt hauptsächlich auf schwach gesäuerte Gemüsesaft-Cocktails, Karottensaft (mit Honig für Kleinkinder) sowie milchsauer vergorene Gemüsesäfte und sortenreine Gemüsesäfte. Gerade die Kategorie der reinen, nicht gesäuerten Gemüsesäfte kann wegen des relativ hohen pH-Wertes (6–6,5) Probleme bei der Sterilisation und der Einlagerung bereiten.

Je nach Konsistenz können die Gemüsesäfte in fruchtfleischhaltige, naturtrübe oder weitgehend klare Produkte unterteilt werden. Eine Klärfiltration ähnlich wie bei Fruchtsäften wird in der Regel aber nicht vorgenommen.

Entsprechend dieser Unterteilung verläuft auch die Fertigstellung und Abfüllung der verschiedenen Gemüsesaftarten, wobei prinzipiell die gleichen Anlagen und Einrichtungen wie bei der Fertigstellung und Abfüllung von klaren und naturtrüben Fruchtsäften (siehe Kapitel 7.2) beziehungsweise Fruchtnektaren (siehe Kapitel 7.3) verwendet werden können.

Da bei der Fertigstellung und Abfüllung von Fruchtsäften die wichtigsten technologischen Operationen schon näher beschrieben wurden, sollen die Fertigstellung und Abfüllung von Gemüsesäften möglichst kurz gefasst werden. Lediglich den Halbfabrikaten und Hilfsstoffen für die Fertigstellung von Gemüsesäften, besonders aber der Aufbereitung von Gemüsesäften soll die gebührende Aufmerksamkeit gewidmet werden. Der technologische Prozess der Fertigstellung und Abfüllung von Gemüsesäften und -nektaren kann anhand der in Kapitel 7.2 beziehungsweise 7.3 dargelegten Fließschemata verfolgt werden.

7.4.1 Halbfabrikate und Zutaten für die Herstellung von Gemüsesäften

Wegen des saisonalen Anfalls der frischen Gemüse werden die Gemüsesäfte, Gemüsesaft-Cocktails und Gemüsenektare in der Regel aus den entsprechenden Halbfabrikaten unter Zugabe geeigneter Zutaten trinkfertig gemacht.

Als Halbfabrikate für die Herstellung dienen zum einen steril eingelagertes Gemüsemark (Tomaten-, Karotten-, Paprikamark usw.) des weiteren Gemüserohsäfte (zum Beispiel Rote-Bete-, Sellerie-, Spargelsaft usw.), diese auch milchsauer vergoren.

In kleineren Betrieben – wie auch für die Herstellung von verschiedenen Gemüse-Cocktails – werden sehr oft die so genannten Gemüsehomogenate als Halbfabrikate verwendet (siehe Kapitel 4.2.2). Unter den Gemüsehomogenaten sind besonders Zwiebel-, Knoblauch-, Porree-, Dill- und Selleriehomogenat als Zutaten bei der Herstellung von Gemüsesaft-Cocktails interessant. Natürlich können auch andere Gemüsearten, zum Beispiel Paprika, Tomaten, Karotten usw., auf Gemüsehomogenate verarbeitet und als Halbfabrikate beziehungsweise Zutaten bei der Herstellung von verschiedenen Gemüsesäften verwendet werden.

Zur Ausmischung von Tomaten- und Karottensaft können als Halbfabrikate beispielsweise nach dem Serumverfahren hergestellte Gemüsemarkkonzentrate eingesetzt werden (Šulc und Ćirić 1968; siehe Kapitel 5.3.3.1.1). Ebenso besteht die Möglichkeit, Gemüsesaftkonzentrate unter Rückverdünnung mit Wasser zu Saft zu verarbeiten.

Entsprechend den rechtlichen Vorschriften der Leitsätze des deutschen Lebensmittelbuches, des Codex Alimentarius und des AIJN im „Code of Practice" kommen für die Herstellung als Zutaten in Frage: Wasser (Richtzahlen nach der EG-Trinkwasser-Richtlinie oder entmineralisiertes Wasser), Zucker und Zuckerarten, Fructose, Honig, Kochsalz, Genusssäuren, Zitronensaft und Essig (mit Ausnahme für milchsauer vergorene Erzeugnisse). Der Zusatz von Pektin oder anderen pflanzlichen Hydrokolloiden als Trubstabilisatoren ist nach derzeit gültiger Rechtsauffassung der EU nicht üblich. Als weitere Zutaten können für Gemüsesaft-Cocktails Gewürze, Kräuter und deren Extrakte, natürliche Frucht- und Gemüsearomen und als Geschmacksverstärker Glutamat (Natrium- oder Kaliumsalze) eingesetzt werden. Als Antioxidans ist Ascorbinsäure zulässig. Bei der Herstellung von Gemüse-/Fruchtsaftmischungen und Multivitaminsäften dienen Fruchtsaftkonzentrate neben Gemüsesaft und Mark zur Konsistenzbildung, Farb- und Aromagebung.

7.4.2 Aufbereitung von Gemüsesäften

Die sehr große Zahl von Gemüsearten, die zur Herstellung von verschiedenartigen Gemüsesäften geeignet sind, ferner die ebenfalls große Zahl der zur Herstellung von Mischsäften dienenden pflanzlichen Komponenten sowie die Zutaten (Zucker, Salz, Essig, Genusssäuren, Gewürze und Aromastoffe) bieten sehr reiche Kombinationsmöglichkeiten, die bis heute bei weitem nicht ausgenützt sind.

Unter den Gemüsesäften beziehungsweise Mischsäften auf Gemüsebasis können folgende Kategorien unterschieden werden (Kardos 1975, Šulc 1984, Bukenhüskes und Gierschner 1989):

a) sortenreine Gemüsesäfte mit oder ohne Kochsalzzusatz;
b) wie a), jedoch ist der ursprüngliche pH-Wert auf 3,9 bis 4,2 durch Zugabe von Genusssäuren, Sauermolke oder durch milchsaure Vergärung erniedrigt;
c) gemischte Gemüsesäfte, so genannte Cocktails, hauptsächlich auf Tomatenbasis (in der Regel 70 %mas Tomaten) entweder mit dem Ausgangs-pH-Wert der Rezepturbestandteile oder unter Absenkung des pH-Wertes wie unter b);
d) Mischgetränke auf Fruchtsaft- und Gemüsesaftbasis, rezepturbedingt tritt die Frucht oder das Gemüse in den Vordergrund (Orange/Karotte, Apfel/Sellerie, usw.)

Die Aufbereitung von Gemüsesäften erfolgt in ähnlicher Weise wie die Aufbereitung von Fruchtsäften und kann dem Fließschema aus Abbildung 200 (Kapitel 7.3) entnommen werden. Die Berechnung der Menge Gemüsemark, Saft oder Konzentrat kann nach der in Kapitel 7.2.2 angegebenen Formel berechnet werden.

Tomatensaft wird sortenrein, mit (0,5–1,25 %mas) oder ohne Salzzusatz, schwach gezuckert oder gewürzt (Paprika, Kräuter usw.), angeboten. Er kann auch aus Konzentrat rückverdünnt werden (Werner 1978).

Neben Tomatensaft ist *Karotten-* beziehungsweise *Möhrensaft* von Bedeutung. Je nach angewandter Technologie kann durch Mazerieren oder Passieren der vorbehandelten Karotten ein viskoses Mark erhalten werden. Dieses kann dem Presssaft zur Erhöhung des Gehaltes an Carotinoiden zugesetzt werden, (10–20%mas). Durch den Einsatz von Dekantern lässt sich der Gehalt an Mark bereits bei der Phasentrennung in gewünschter Menge einstellen (Bielig und Wolff 1973, Colesan 1993, Hamatschek und Nagel 1994). Neben reinem Karottensaft findet die pH-Wert-Absenkung durch den Zusatz von Zitronensaft oder Citronensäure eine gewisse Verbreitung. Für die Verwendung als Säuglings- oder Kleinkindnahrung werden Karottenpresssäfte mit Karottenmark und zur geschmacklichen Abrundung mit Honig gemischt, wobei auf eine Säuerung wegen der ernährungsphysiologischen Erfordernisse verzichtet wird. Karottensaft dient wegen seiner intensiven Färbung auch als Zusatz für Multivitaminsaftgetränke und eignet sich gut zur Mischung mit Citrussäften (Orange, Zitrone, Grapefruit).

Paprikasaft ist wegen seiner intensiven Farbe und seines Gehaltes an Vitamin C als Zusatz zu anderen Säften geeignet. Wenn zum Beispiel dem Tomatensaft nur 5 % Paprikasaft beziehungsweise 1,5 bis 2 % Paprikamarkkonzentrat beigmischt werden, erhöht sich der Gehalt an Vitamin C im Saft um rund 30 % und auch seine Farbe wird um vieles ansprechender. Je nach Schärfe kann Paprikasaft auch als Gewürzsaft dienen.

Spinatsaft verliert bei der Haltbarmachung seine intensiv grüne Farbe, durch einen Kochsalzzusatz und eine Säuerung auf pH 4 bis 4,2 kann der Saft schonend pasteurisiert werden.

Rote-Bete-Saft beziehungsweise dessen Konzentrat findet eine weite Verbreitung wegen seiner intensiven roten Farbe, er dient deshalb als natürlicher Farbstoff für verschiedene Frucht- und Gemüsesäfte sowie diverse Lebensmittel. Wegen seines hohen pH-Wertes (6,2–6,5) ist zur besseren Farberhaltung bei der thermischen Haltbarmachung eine Senkung des pH-Wertes entweder durch Säuerung mit Zitronensaft, Citronensäure oder milchsaurer Fermentation angezeigt (Otto 1993, Patkai und Barta 1997). Häufig wird auch eine erhebliche Menge an Ascorbinsäure zugesetzt (1–1,5 g/l). Die Laktofermentation hat den Vorteil, dass dadurch ein runder, ausgeglichener Geschmack erzielt wird. Mittlerweile werden auch mikrobiologisch denitrifizierte Rote-Bete-Säfte angeboten. Gelegentlich wird die Filtration des Saftes vorgeschlagen, ausreichend ist in der Regel eine scharfe Zentrifugation.

Blankfiltriert werden Gemüsesäfte nur ausnahmsweise hergestellt, zum Beispiel Rote-Bete-Saft, Rhabarbersaft, Sauerkrautsaft. Sie werden wie Fruchtsäfte bearbeitet (Abb. 199 in Kapitel 7.2).

Rhabarbersaft wird als Rezepturbestandteil bei Mischsäften eingesetzt oder als Nektar mit Wasser und Zucker trinkfertig ausgemischt. Infolge des hohen Gehaltes an Oxalsäure ist eine Fällung mit kohlensaurem Kalk notwendig. Der Rohsaft wird auf etwa 40 bis 50 °C erhitzt, depektinisiert und nach Erhitzen auf 85 °C mit 3 % $CaCO_3$ vermischt und über einen Kieselgurfilter abfiltriert (Meier 1965).

Von den milchsauer vergorenen Säften steht der *Sauerkrautsaft* an erster Stelle, der als angenehm sauer schmeckendes, appetitanregendes und an Vitamin C reiches Getränk getrunken wird. Der Gehalt an Gesamtmilchsäure beträgt nach den Leitsätzen für milchsauer vergorene Säfte mindestens 2,5 g/l. Sauerkrautsaft kommt trüb oder filtriert in den Handel. Da das Produkt lichtempfindlich ist, sollte als Verpackung grünes oder braunes Glas verwendet werden. In der Schweiz wird ein Verfahren zur Herstellung von milchsauren Gemüsesäften unter Einsatz von milchsauer vergorener Molke oder Molkekonzentrat angewandt (Lebensmittel-VO Schweiz 1988).

Selleriesaft neigt zur Bräunung, daher ist eine Enzyminaktivierung bei der Verarbeitung unbedingt erforderlich. Sein pH-Wert liegt bei 6 bis 6,5, deswegen ist eine Säuerung mit Citronensäure oder die Anwendung des Laktofermentverfahrens sehr zu empfehlen. Gewöhnlich wird auch Kochsalz (0,3–0,5 %) zugegeben. Selleriesaft wird naturtrüb, blankfiltriert oder als Mischsaft in den Handel gebracht.

Zum Schluss soll noch erwähnt werden, dass *Gemüsemischsäfte*, so genannte Gemüsesaft-Cocktails traditionell eine geschätzte Angebotsform darstellen. Die Mischungen sind aus 5 bis 15 Gemüsekomponenten zusammengestellt, wobei sehr oft Tomaten, Sellerie, Karotten, Gurken, Paprika, Sauerkraut, Spargel und Salat als Rezepturbestandteile vertreten sind. Die Kunst besteht darin, aus der Vielzahl der Zutaten, Gewürze und Kräuter ein harmonisches, nicht einseitig vorschmeckendes Getränk zu komponieren.

Bei einer anderen Gruppe von Mischsäften wird neben den Gemüse- und Fruchtanteilen als weiterer Rezepturbestandteil eine Multivitamin- und Mineralstoffmischung verwandt. In der Regel erfolgt die Abstimmung in der Art, dass in einer Trinkmenge von 100 bis 200 Milliliter 25 bis 50 % der empfohlenen Tagesdosis an den genannten Vitaminen und Mineralstoffen angeboten wird. Bei der Ausmischung, Abfüllung und Haltbarmachung ist zu beachten, dass die angegebenen Mengen der zugesetzten Nährstoffe, Vitamine und Mineralstoffe auch noch am Ende der Mindesthaltbarkeit erreicht werden.

7.4.3 Aufbereitung von Gemüsesäften und -nektaren

7.4.3.1 Homogenisierung und Trubstabilisierung von Gemüsenektaren und trüben Gemüsesäften

Vor der Abfüllung von fruchtfleischhaltigen Gemüsenektaren muss zur Trubstabilisierung eine Homogenisierung durchgeführt werden. Ähnlich wie dies in Abbildung 200 (s. Seite 446) dargestellt wird, erfolgt die Stabilisierung stufenweise über eine Grobzerkleinerung mittels Korundscheibenmühle, gefolgt von einer Feinvermahlung mit einer Zahnkolloidmühle. Unter Einsatz eines Hochdruck-Spalthomogenisators wird der markhaltige Gemüsesaft bei Temperaturen von bis zu 70 °C und einem Druck von 100 bis 250 bar homogenisiert.

7.4.3.2 Klärung von Gemüsesäften

Zur Herstellung von blankfiltrierten Gemüsesäften wird der aufbereitete Gemüsesaft laut Fließschema in Abbildung 199 (siehe Kapitel 7.2) mittels Pumpe (7) durch einen Kieselgurfilter (8) in einen Behälter (9) gefördert. Anschließend wird noch eine Feinfiltration über Filterschichten (10,11) vorgesehen und der filtrierte Saft in einen Puffertank aufgenommen (13).

7.4.4 Entgasung und Sterilisation von Gemüsesäften

Vor dem Sterilisieren von Gemüsesäften ist es ebenso wie bei den Fruchtsäften notwendig, eine wirkungsvolle Entgasung durchzuführen, um unerwünschte Qualitätsveränderungen durch Oxidation zu vermeiden (HOLZINGER 1980, STOCKER 1989, MAURER 1990, ENGELBRECHT 1991). Diese Entgasung ist auch bei milchsauer vergorenen Gemüsesäften angeraten, um die Gärungskohlensäure zu entfernen.

Die Entgasung erfolgt in der gleichen Art und Weise wie in Abbildung 199 für die Fruchtsäfte beschrieben (siehe Kapitel 7.2). Nach erfolgter Entgasung saugt eine Pumpe den Saft ab und fördert ihn in das Vorlaufgefäß der Platten- oder Röhrenerhitzeranlage.

Bei der Sterilisation der Gemüsesäfte muss sich die Wärmeanwendung an den anaeroben thermophilen Sporenbildnern orientieren. Dabei muss berücksichtigt werden, dass sich der Wärmeübergang um so schlechter gestaltet, je konsistenter, das heißt fruchtfleischhaltiger der Gemüsesaft ist, so dass zur sicheren Erreichung der Kerntemperatur mitunter eine erhöhte Haltezeit erforderlich ist. Auch jeder Zusatz von löslichen Bestandteilen, wie zum Beispiel Zucker oder Salz, sowie der Eiweißgehalt erhöhen die Hitzebeständigkeit der Sporenbildner.

So liegen bei den sortenreinen Gemüsesäften mit pH-Werten von 5,5 bis 6,5 die erforderlichen Sterilisationstemperaturen und Haltezeiten je nach Gemüseart und Anfangskeimgehalt bei F-Werten bis zu 10 (F_0 = 10 min bei 121 °C). Äquivalente mikrobiologische Bedingungen lassen sich wesentlich produktschonender (bessere Vitamin- und Aromaerhaltung) durch HTST-Erhitzung erzielen, zum Beispiel 138 °C Heißhaltungstemperatur und Heißhaltezeit weniger als eine Minute. Der F-Wert für das äquivalente Verfahren errechnet sich wie folgt (WALLHÄUSER 1995):

$$F_T^z = 10^{\frac{T-121}{z}}$$

F_T^z = Sterilisationswert in Minuten
z = beispielsweise 10 °C,
T = Temperatur in °C

Schon bei schwach sauren Gemüsesäften (pH-Werte von 4–4,5) liegen die notwendigen Haltbarmachungstemperaturen und -zeiten viel niedriger; bei diesen Gemüsesäften genügt es Temperaturen von 110 bis 120 °C für drei bis fünf Minuten oder entsprechende Äquivalente einzuhalten.

7.4.5 Abfüllung von Gemüsesäften

Die sterilisierten beziehungsweise pasteurisierten Gemüsesäfte werden anschließend auf die Abfülltemperatur zurückgekühlt. Die Abfüllung kann in Flaschen, Dosen oder Kartonverpackungen erfolgen (siehe Abb. 204 in Kapitel 7.6.1). Für eine Flaschenfüllung werden entweder Neuglas oder Mehrweggebinde eingesetzt. Neuglas wird automatisch auf Glasfehler und Fremdkörper inspiziert und anschließend mit heißem Wasser ausgespühlt. Mehrwegflaschen werden vom Verschluss befreit, in Flaschenwaschmaschinen mit heißer Lauge gereinigt, nach einer Abschlussspritzung im Füller mit 95 °C heißem Saft randvoll gefüllt und sofort mit Drehverschlüssen oder Weithals-Twist-off-Verschlüssen verschlossen. Hierauf werden die Flaschen in einem Berieselungspasteur zunächst noch für eine gewisse Zeit bei 80 bis 90 °C gehalten und dann stufenweise in 20- bis 30-°C-Temperaturintervallen zurückgekühlt. Anschließend wird eine vollautomatische Füllhöhenkontrolle vorgenommen, um so genannte „Wasserzieher" auszusortieren und um Flaschen ohne Vakuum auszusondern. Abgeschlossen wird der Füllvorgang durch eine Etikettierung und das vollautomatische Verpacken in Kartons oder Kästen und das Palettieren.

Kalt oder warm kann Gemüsesaft in Dosen mit Ring-pull-Verschlüssen auf konventionellen Dosenfüllern abgefüllt werden. Die Sterilisation kann absatzweise in Berieselungsautoklaven erfolgen. Heißhaltezeit und Temperatur richten sich nach den Gemüsearten und dem pH-Wert (siehe oben).

Kaltaseptisch wird in mit Wasserstoffperoxid sterilisierte Kartonverpackungen, mit oder ohne Kopfraum, abgefüllt.

7.5 Ausmischtechnologie

T. Hühn

Bei der Fertigstellung von süßen, alkoholfreien Erfrischungsgetränken kommt der Ausmischtechnologie eine wichtige Bedeutung zu. Die Kontinuität der Mischung der einzelnen Komponenten im richtigen Verhältnis nach Rezeptur bestimmt die Produktqualität. Neben der gleichbleibenden Einhaltung der Mischungsverhältnisse muss besonders bei kontinuierlichen Mischsystemen die Betriebssicherheit gewährleistet werden, um Abfüllprozesse in Folge von Störungen nicht abbrechen zu müssen. Durch die zu vermischenden Komponenten ergeben sich unterschiedliche Anforderungen an die Planung und Auslegung von Mischsystemen. Im mittleren und hohen Leistungsbereich von Füllanlagen und bei häufigem Rezepturwechsel empfiehlt sich eine automatische Ausmischung, anderenfalls sind halbautomatische Ausmischanlagen ausreichend.

Im so genannten *Siruppraum* werden die Rohstoffe wie Kristall- beziehungsweise Flüssigzucker aufbereitet und die Grundstoffkomponenten mit dem Zuckersirup zum Getränkeansatz gemischt. Gegebenenfalls findet im Sirupraum auch noch die Mischung des Ansatzes mit dem aufbereiteten Wasser und die Karbonisierung des Wassers beziehungsweise des Fertiggetränkes statt. Vollautomatische Mehrkomponentenmischanlagen erlauben es auch, auf den Sirupraum als Zwischenstufe zur Siruphherstellung zu verzichten.

7.5.1 Ausmischverfahren

Bei der Ausmischung von Getränken können kontinuierliche und diskontinuierliche Systeme unterschieden werden. Neben diskontinuierlichen Verfahren (manuell, halb- und vollautomatisch), die nach dem Chargenprinzip sequenziell die einzelnen Zutaten nacheinander dosieren und miteinander vermischen, stehen Systeme (vollautomatisch) mit semikonstantem Volumenstrom des ausgemischten Getränkes als Führungsgröße zur Verfügung, bei denen die einzelnen Rezepturbestandteile im festgelegten Verhältnis zusammengeführt werden.

7.5.2 Ausmischanlagen

Die verfahrenstechnischen Variationen für die Gestaltung eines Siruproumes sind sehr vielfältig (Schumann 1979). Im herkömmlichen Sirupraum befinden sich zum Beispiel zwei Behälter für die Lösung des Zuckers zu Zuckersirup und weitere Behälter jeweils für den Ansatz des Getränkesirups. In der Zufuhrleitung des Sirupmischtanks befindet sich, ähnlich wie beim Zuckerlösungsbehälter, ein Durchflussmengenmesser (Ovalradzähler oder Ringkolbenzähler, Messgenauigkeit 0,2–0,3 %), an dem die gewünschten Mengen an Zuckersirup und Grundstoff nacheinander eingestellt, anschließend gefördert und mengenmäßig erfasst werden. Die *Durchmischung* der Komponenten im Sirupbehälter erfolgt entweder mit einem CO_2-Mischer, mit dem Vorteil der oxidationsfreien und entlüfteten Mischung, oder mittels eines Rührwerkes im Drehzahlbereich von 750 bis 950 U/min und speziellen Konstruktionsmerkmalen, um bei minimalem Lufteinzug die Komponenten gut zu emulgieren, so dass die Fruchtsaftbestandteile gleichmäßig verteilt sind. Verschiedene Ausmischbehälter können durch automatisierte Sirupherstellungsverfahren oder durch Blockaggregate eingespart werden.

Eine Methode zur vollautomatischen Herstellung von Getränkesirupen basiert auf *elektromechanischen Dosierwaagen* (Druckmessdosen, Genauigkeit 0,1 % des Wägebereichs), die in eines der Behälterbeine von Wiege- und Mischtanks eingebaut werden. Zum anderen können die Behälter auch an so genannten Zugmessdosen oder an einer Zugwaage aufgehängt sein. Der Vorteil des Wägeverfahrens besteht darin, dass Temperaturschwankungen und Gaseinschlüsse wie CO_2 und Luft die Mengenmessung nicht mehr beeinflussen sowie Reinigungs- und Entkeimungserschwernisse bei Dosierpumpe und Zähler wegfallen. Die Dosierung durch Wägeverfahren ist sehr genau. Die genaue Kenntnis der Dichte der einzelnen Komponenten ist somit nicht erforderlich, da das Gewicht und nicht das Volumen die entscheidende Messgröße darstellt. Die Einstellung und Kontrolle des Extraktgehaltes im Fertiggetränk erfolgt nach Gewichtsprozenten. Daher ist es von Vorteil, wenn die Ausmischung der einzelnen Sirupkomponenten nach Rezepturen vorgenommen werden kann, die die Gewichte der einzelnen Sirupkomponenten beinhalten. Der Dosierapparat ist in diesem Fall eine programmierbare, vollautomatisch arbeitende elektromechanische Waage, mit deren Hilfe die einzelnen Getränkesirupkomponenten laut vorgegebener Rezeptur eingewogen und kontrolliert werden.

Bei der *volumetrischen Messung* und Dosierung wird die temperaturbedingte Beeinflussung des Messergebnisses und die damit verbundene Viskositäts- und Dichteänderung vernachlässigt. Gase können das Messergebnis verfälschen. Im Gegensatz zur Wägung können volumetrische Systeme (Volumenzählwerke, Messblenden, Dosierpumpen) in einem kontinuierlichen Förderstrom eingesetzt werden. Durch den Einsatz von Dosierpumpen kann gleichzeitig zur Messung eine Förderung des Produktes erfolgen.

Anlagen mit Volumenmesswerken (Dosierpumpen) und eigenem Antrieb zeichnen sich durch exakt einstellbares, jederzeit reproduzierbares und unterbrechbares Dosieren aus. Hier können Tauchkolbenpumpen, Membranpumpen und Schlauchmembranpumpen eingesetzt werden.

Die *Ausmischanlage* (siehe Abb. 201) besteht zum Beispiel aus einer zentralen Dosiereinheit mit mehreren Kolbendosierpumpen. Die Fördermenge ist durch die Kolbenfläche und die Hubfrequenz bestimmt. Die Hubfrequenzänderung durch Drehzahländerung des Antriebsmotors steuert die Dosierung und damit die Zusammensetzung der zu fertigenden Getränke. Dieses System wird zur Mischung von Fertigsirup und Wasser eingesetzt. Bei größeren Anlageleistungen stößt diese Lösung wegen der sehr großen Dosierpumpenköpfe an technische Grenzen. In die-

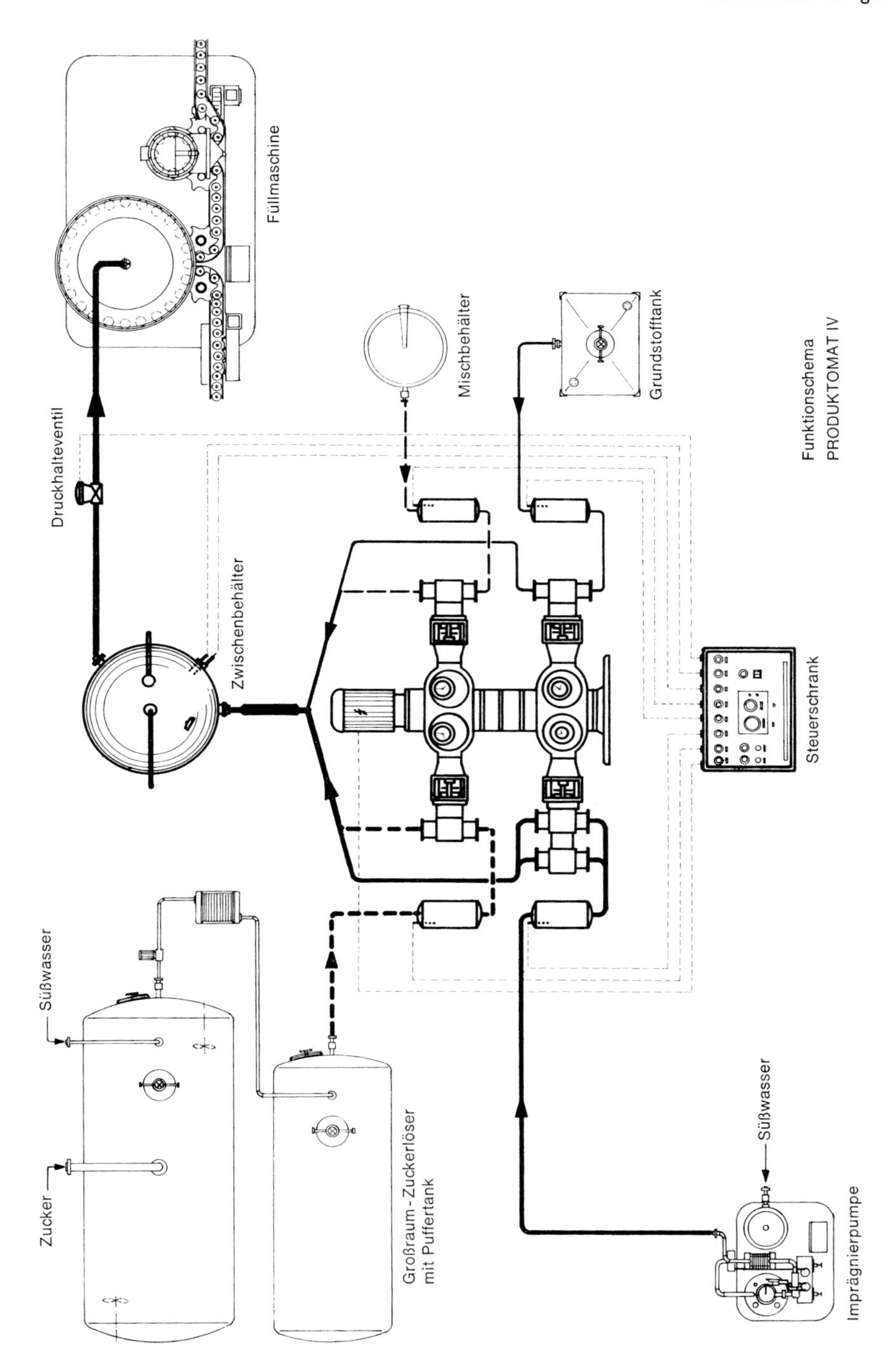

Abb. 201. Ausmischanlage mit einer zentralen Dosiereinheit von Bran & Lübbe mit vier Kolbendosierpumpen (BRAN & LÜBBE GmbH).

sem Fall wird die Dosierleistung der Tauchkolbenpumpe auf die Dosierung der Zumischkomponente (Fertigsirup) beschränkt. Führungsgröße ist hier das Wasser, welches über eine Kreiselpumpe gefördert wird und dessen Volumenstrom über einen Ringkolbenzähler, mit einem Impulsgeber ausgestattet, gemessen wird. Mit diesem Messimpuls kann die Dosiermenge der Kolbenpumpe mittels frequenzgesteuertem Antrieb geregelt werden. Durch Parallelschaltung verschiedener Dosiereinrichtungen kann ein Ausbau in Richtung einer Mehrkomponentenanlage erfolgen. Diese Anlagen sind durch Prozessleitsysteme automatisierbar und dementsprechend mit CIP-Technologien zu reinigen.

Weit verbreitet ist die geteilte Ausmischung, das heißt, der zuvor ausgemischte Getränkeansatz wird in einer gesonderten *Zweikomponentenmischanlage* mit dem entgasten Wasser ausgemischt und gegebenenfalls anschließend noch über einen speziellen Plattenapparat oder eine Sprühkarbonisierungsanlage imprägniert, das heißt mit CO_2 versetzt (siehe Kapitel 7.1.7). Für die Zweikomponentenmischung befinden sich außer den Kolbenpumpen Durchflussdosiersysteme und Strahldüsensysteme auf dem Markt. Das Durchflussdosiersystem besteht aus einer Mischstrecke, die von zwei gleichgroßen gläsernen, zylindrischen Vorlaufgefäßen für Wasser und Sirup beschickt wird. Die Dosierung wird durch verstellbare Blenden im Zulaufrohr zur Mischstrecke eingestellt.

Zur Vermischung von zwei Komponenten können ebenfalls Anlagen, die nach dem Venturi-Prinzip arbeiten, eingesetzt werden. Der primäre Flüssigkeitsstrom (Wasser) erzeugt einen Unterdruck im Zulaufraum, wo die zweite Komponente angesaugt und durch eine turbulente Strömung vermischt wird. Die Zulaufmenge des Sirups aus einem Vorlaufgefäß kann über ein Drosselventil geregelt werden. Um Einflüsse auf die Mischverhältnisse durch Temperaturänderungen zu begrenzen, wird ein konstanter Zulaufdruck über den Flüssigkeitsstand im Vorlaufgefäß eingestellt. Bei Produktionsunterbrechung wird der Zulauf beider Komponenten sofort gestoppt.

Mehrkomponentenmischanlagen (Abb. 202), die nach dem Prinzip der Chargenmischung (diskontinuierliche Verfahren) arbeiten, sind neben der kontinuierlichen Erfassung verschiedener Messwerte (Brix- und Temperaturwerte) mit Prozessleitsystemen ausgestattet, die den Mischprozess überwachen und eine lückenlose Rohstoffbilanz ermöglichen. Diese Anlagen sind mit integrierten Reinigungssystemen ausgerüstet. Die einzelnen, dem Aggregat zugeführten Komponenten einschließlich Wasser werden mittels volumetrischer Zählung entsprechend der im Rechner gespeicherten Rezepturen in dem vorgewählten Mischbehälter zusammengestellt, während eine zweite zuvor gemischte Charge aus einem anderen Mischbehälter verarbeitet wird. Die Freigabe der Chargen zur Verarbeitung erfolgt erst nach der Messung von Brix- und Leitwerten und nach der Karbonisierung des Getränks im so genannten Saturationsbehälter.

Durch den gleichzeitigen mengenproportionalen Abruf der Einzelkomponenten und der Zusammenführung im Mischrohr können automatische Anlagen mit kontinuierlichem Produktstrom hergestellt werden. Vor der Abfüllanlage wird in den meisten Fällen ein Puffertank zu Kontrollzwecken und zum Ausgleich von Produktionsunterbrechungen zwischengeschaltet. Bei verschiedenen Systemen ist jeder Komponente ein mengenmäßig angepasster Ovalradzähler mit vorgeschalteter Komponentenpumpe zugeordnet oder es wird über den gesamten Volumenstrom als Führungsgröße (Durchflussmengenmessung) und über zentralgesteuerte Dosierventile gefahren.

Die hier keinesfalls vollständig erörterten Mischanlagen bringen Rationalisierungsmöglichkeiten beim Platzbedarf und beim Personaleinsatz, sparen die üblichen Toleranzzugaben infolge exakter Messung und Mischung der einzelnen Komponenten ein und sorgen für eine gleichbleibende Qualität. Weitere Vorteile geschlos-

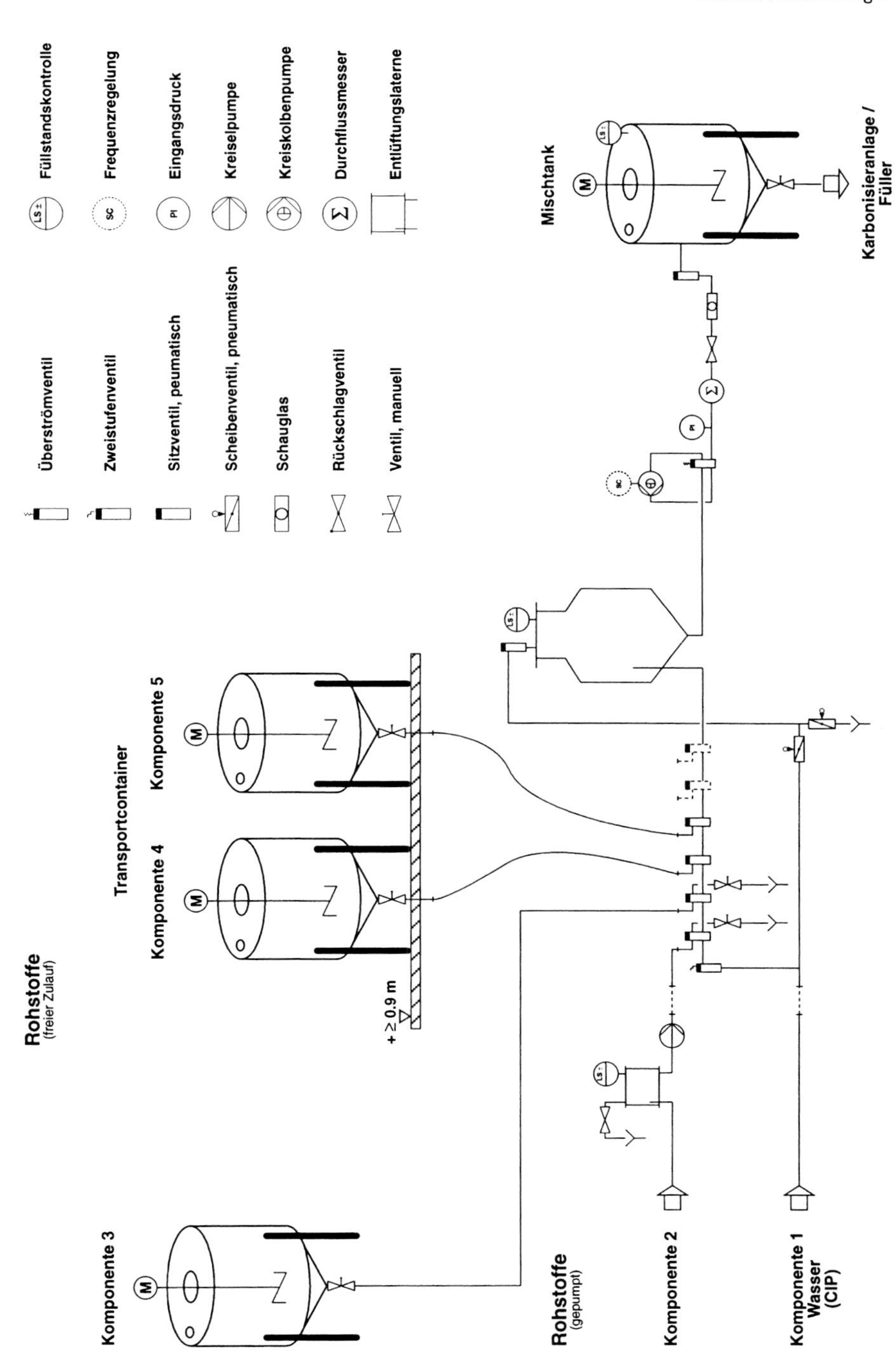

Abb. 202. Mikroprozessorgesteuerte Chargenmischanlage DIMA für fünf Komponenten; Diessel GmbH & Co.

sener Systeme ergeben sich auch durch verbesserte Hygiene sowie geringere Oxidationserscheinungen und Aromaverluste. Durch die direkte Weiterverarbeitung entfallen die sonst üblichen Wartezeiten und die Entlüftung. Mittels Prozessleitsystemen können Rezepturwechsel sehr schnell und effizient erfolgen und der gesamte Ausmischprozess überwacht und für die Qualitätskontrolle dokumentiert werden. Integrierte CIP-Systeme gewährleisten die mikrobiologische Sicherheit.

7.6 Getränkeabfüllung, -verpackung und -ausschank

T. Hühn

7.6.1 Getränkeabfüllung und -verpackung

Ziel der Getränkeabfüllung ist der produktschonende Transport einer definierten Produktmenge in eine funktionsgerechte Packung, die durch ihren Verschluss zu einer Fertigpackung wird. Zur Wahl eines geeigneten Abfüllsystems sollten die *Qualitätsanforderungen* produkt- und vermarktungsspezifisch definiert werden. Bevor ein Produkt abgefüllt werden kann, müssen die in Kapitel 7.2 bis 7.5 beschriebenen Maßnahmen durchgeführt werden, da es im anderen Fall zu Stillstandszeiten wegen Problemdiagnose und -lösung, zum Beispiel bei Schäumung des Produktes, kommen kann. Auch ist es möglich, dass das Produkt und die Fertigpackung nach einer gewissen Zeit die Qualitätsanforderungen nicht mehr erfüllen oder dass sie schlimmstenfalls sogar zerstört werden. Bei der Abfüllung von Getränken sollte, sofern es sich nicht um eine Kaltfüllung mit anschließender Packungspasteurisation handelt, eine Kontamination mit Keimen ausgeschlossen werden. Dementprechend ist einerseits der Verkeimung der Anlage zum Beispiel durch Produktspritzer entgegenzuwirken und andererseits durch die konstruktive Ausgestaltung der Maschinen die Reinigung und Desinfektion (vgl. Kapitel 6.8) teilweise auch durch CIP- und SIP-Technologien (CIP = cleaning in place, SIP = sterilisation in place) zu begünstigen (Buchner 1989). Infektionsherde getränkeschädigender Mikroorganismen können fallweise durch das Verlegen der herkömmlich stehenden Betrachtungsebene eröffnet werden. In diesem Zusammenhang ist die Berücksichtigung des Schallschutzes oftmals ein schwieriges Unterfangen (Geiss 1996).

Die **elektronische Steuerung** der Abfüll- und Verpackungsanlagen mittels Prozessleitsystemen und frequenzgeregelter Antriebe, oftmals mit dem Füller (oder der Maschine mit der kleinsten Leistung in der Linie) als Führungsgröße, ist bei Neuinvestitionen zum Standard geworden. Dadurch lässt sich der zuvor hinter jeder Maschine erforderliche Pufferbereich mit erneuter Flaschenzusammenführung einsparen, was wiederum Investitionskosten, Platzbedarf, Überwachungspersonal, Energie- und Schmiermittelkosten sowie Geräuschentwicklungen bei Flaschenstau reduziert (Braschos 1983).

Diese Technologie erfordert die Erfüllung einiger *Rahmenbedingungen*. Die Stromversorgung muss höchstem Standard entsprechen. Spannungsschwankungen, -unterbrechungen oder Rundsteuersignale von Elektrizitätswerken führen fallweise zu großen Problemen, deren Analyse und Behebung mit einigem Zeitaufwand verbunden sein kann. Das Bedienungspersonal muss ebenfalls im Hinblick auf die gewachsenen Anforderungen der elektronischen Steuerung, die nicht immer mit einer Erhöhung der Bedienerfreundlichkeit verbunden sind, geschult werden. Bei komplizierteren Störungen muss der Kundendienst in kürzester Zeit vor Ort sein können, da Kontrolle und selten notwendige, tiefergehende Eingriffe in die Software nur in den seltensten Fällen von Beschäftigten durchgeführt werden können. Die Fernwartung mittels Modem bietet weitere Diagnosemöglichkeiten. Die Maschinenbedienung sollte einfach und ohne intensives Handbuchstudium möglich sein. Die Fähigkeit der Entwicklungsingenieure für das Anlagendesign zeigt sich aber auch bei der Konzeption von

Maschinenbauteilen, deren Wechsel für den Umbau auf beispielsweise eine andere Packungsgröße notwendig sind. Personal- und damit kostenintensive Rüst- oder Wartungszeiten sind aus Anwendersicht zu reduzieren. Bedienungsführung und Selbstkontrollfunktionen für Produktwechsel-, Wartungs-, Reparatur- und Reinigungsarbeiten gehören hier zur Ausstattung der Wahl. Ebenfalls müssen die Sicherheitsrichtlinien der EU für Maschinen der Getränkeindustrie berücksichtigt werden (WOLFRUM 1997).

Bei den zur Verfügung stehenden Packungen kann zwischen Flaschen (Glas oder Kunststoff), Dosen oder Weichpackungen (Verbundverpackungen, Bag-in-box-Verpackungen) unterschieden werden. Während bei den Flaschenfüllanlagen, sofern es sich nicht um berührungsfreie Füllsysteme handelt (zum Beispiel Füllung von stillen Getränken in PET-Flaschen), Maß- und Dosierfüller weniger Verwendung finden, sind sie mit Ausnahme der Unter-Niveau-Füllung bei **Schlauchfüllern** (Verbundverpackungen) bei Weichpackungen die Regel. Beim Abfüllen von Beuteln für die Bag-in-box-Produktion kommen oftmals Systeme mit elektronischem Durchflussmesssystem zum Einsatz.

In der Getränkeindustrie werden zur *Flaschenfüllung* Gleichdruckfüller, in besonderen Fällen auch Druckdifferenzfüller, mit kurzen oder besonders auch für fruchtfleischhaltige Produkte, langen Füllrohren eingesetzt. Langrohrfüller können als Schwerkraftfüller auch für fruchtfleischhaltige Produkte oder Getränke mit weniger als 2 g/l CO_2 oder in einer berührungslosen Version eingesetzt werden. Langrohrsysteme zeigen auch bei der Heißfüllung durch die unterschichtige Befüllung der Packung eine Reduzierung der Sauerstoffaufnahme (WEISS 1997).

Als *Flaschen-* oder *Dosenfüller* stehen überwiegend Karussell-(Rund-)Füller zur Verfügung (GEISS 1990). Die Packungen werden in der Regel während des Füllprozesses pneumatisch mittels Hubzylinder an die Füllventile angepresst, wobei die Flaschenzentrierungs-Halterung die so genannte Tulpe übernimmt. Kurvenbahnen, Ritzel usw. werden mechanisch, die Füllorgane (-ventile) elektropneumatisch oder mechanisch gesteuert. Die Füllhöhe und damit die Füllmenge in der Verpackung kann, neben der Ab- oder Rückleitung des Produktes, über Flüssigkeitssonden, volumetrisch, gravimetrisch oder mittels Maßfüllsystemen eingestellt werden. Viele Anlagen werden als Flaschenfüll- und Verschließkombinat ausgelegt. Die Abfüllleistung wird im Wesentlichen von der Anzahl an Füllorganen bestimmt. Durch Temperatursenkungen des Produktes lässt sich die Stundenleistung bei gegebener Ausstattung entsprechend dem abfülltechnischen Verhalten der Getränke steigern. Eine automatische Höhenverstellung erleichtert die Anpassung an die verschiedenen Flaschenhöhen bei Umstellung der Anlagen auf eine andere Flaschengröße. Wesentliche Elemente eines Flaschenfüllers sind in Abbildung 203 dargestellt.

Der technologische Prozess der Abfüllung von Frucht- beziehungsweise Gemüsesäften und Nektaren kann exemplarisch nach dem gemeinsamen Fließschema der Abfüllung von Frucht- beziehungsweise Gemüsesäften (siehe Abb. 204) verfolgt werden.

Die leeren Flaschen kommen über einen Rollentransporteur (1) zum Auspacker (2), wo sie automatisch ausgepackt und mittels Förderband in die Flaschenwaschmaschine (3) gefördert werden. Nach entsprechender Waschung (siehe Kapitel 6.8.3) müssen die Flaschen auf eine höhere Temperatur als jene beim Abfüllen vorgewärmt werden, um möglichst keimarm arbeiten zu können und den abzufüllenden Fruchtsaft einer möglichst geringen Wärmebelastung auszusetzen. Nach der Flaschenkontrolle (4) werden die vorgewärmten, keimarmen Flaschen mittels eines Einkammer-Vakuumfüllers (5) mit entsprechendem Fruchtsaft heiß abgefüllt und anschließend mit einem zweckdienlichen Verschluss versehen.

Die hochviskosen, fruchtfleischhaltigen Frucht- beziehungsweise Gemüsenektare werden heiß zum Beispiel mittels eines Zweikammer-Vakuumfüllers (6) in vorge-

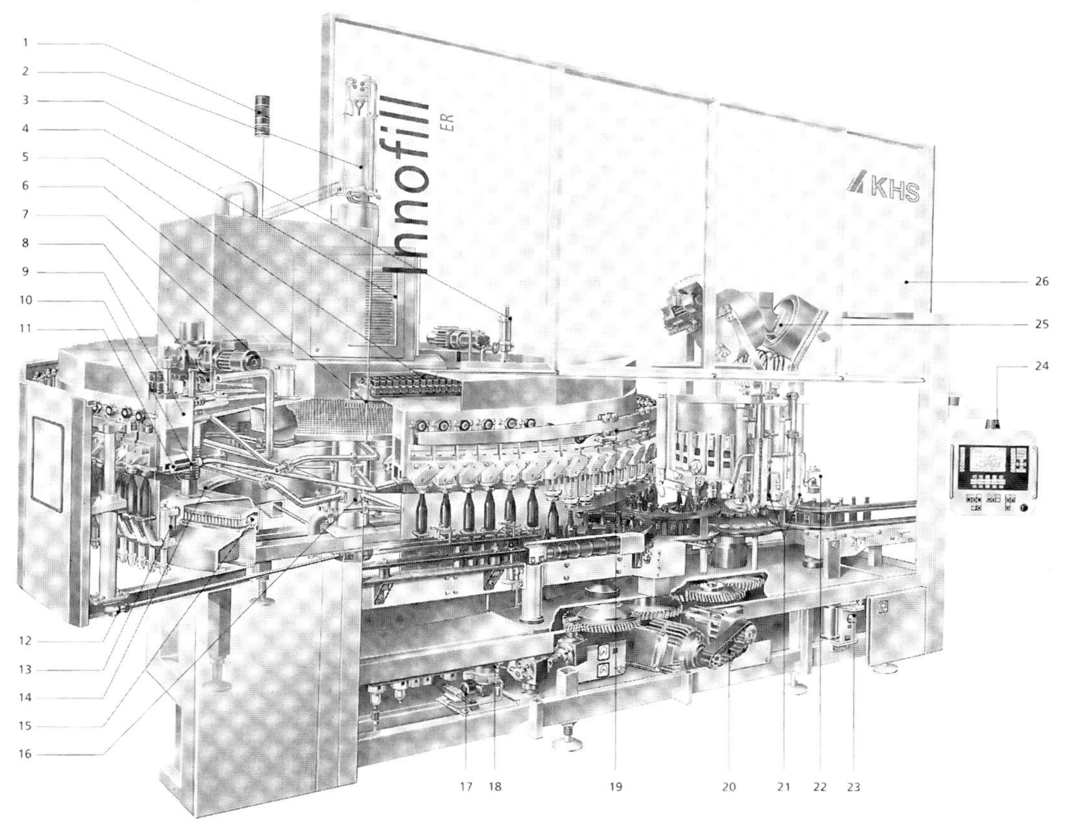

Abb. 203. Aufbau eines Innofill-Flaschenfüllers (KHS Maschinen- und Anlagenbau AG).
1 = optische Anzeige des Betriebszustandes, 2 = Elektroverteiler, 3 = Überdruck-Sicherheitsventil, 4 = Zentralrechner, 5 = Magnetventile zur Steuerung der Abfüllprozesse, 6 = Zahnkranz zum Antrieb der Gewindespindeln für die Höhenverstellung, 7 = Motor zur Höhenverstellung des Fülloberteils, 8 = Kabelkanal, 9 = Füllgutoberteil, 10 = Vakuumkanal, 11 = Rückgaskanal, 12 = Höhenverstellung des Steuerrings, 13 = Hubzylinder, 14 = Spindel zur Höhenverstellung des Fülloberteils, 15 = Kugeldrehverbindung, 16 = Füllgut- und Gasverteiler, 17 = Überwachung des Schmiervorganges, 18 = Zentralschmierung, 19 = Kurve zur Steuerung der Zentriertulpen, 20 = Hauptantrieb, 21 = Verschlusszuführung, 22 = Verschlusskontrolle, 23 = Hubzylinderschmierung, 24 = Bedienerführung/Steuerung, 25 = Verschlusssortierwerk, 26 = Frontverkleidung

wärmte Flaschen abgefüllt und anschließend sofort verschlossen. Ein solcher Füller gestattet eine vom Vakuum abhängige Füllgeschwindigkeit und damit die Einregulierung auf verschiedene Viskositäten (Meier 1968).

Die heiß abgefüllten und verschlossenen Flaschen gelangen dann in eine kontinuierliche Rückkühlanlage (7), die nach dem System des Tunnel-Pasteurs arbeitet. Dort werden sie auf etwa 35 °C abgekühlt. Dadurch werden unerwünschte Inhaltsstoffveränderungen weitgehend reduziert, die bei höherer Temperatur und zu langen Haltezeiten eintreten können. Eine Füllhöhenkontrolle nach der Rückkühlung stellt die Unversehrtheit der Fertigpackung fest. Undichte Flaschen können so aussortiert werden.

Anschließend an die Flaschenkontrolle erfolgt die Flaschenetikettierung mittels einer automatisch arbeitenden Etikettiermaschine (8), wobei die Restwärme der Flaschen vorher dazu benützt wird, die äußere Flaschenoberfläche durch Verdunstung zu trocknen, so dass die Etiketten schnell anhaften. Zum Schluss werden die mit Fruchtsaft abgefüllten und etikettierten Flaschen mittels eines Einpackers (9) in Kartons oder Kunststoffkisten verpackt und in einem Lager unter entsprechenden Bedingungen bis zum Versand gelagert.

7.6.1.1 Verpackungsanforderungen und -funktionen

Eine moderne Getränkefertigpackung muss bestimmte Funktionen erfüllen, um produkt- und marktgerecht zu sein (KEDING 1992 nach WETZEL 1991).

a) Betriebsfunktion: Erfüllung der betriebsinternen Anforderungen;
b) Schutzfunktion: Garantie der Integrität gegenüber Kontaminationen und Produktveränderungen;
c) Sicherheitsfunktion: Garantie der Unversehrtheit und Originalität;
d) Transportfunktion: Resistenz gegenüber Transportbelastungen, Transporteignung (Modulsystem);
e) Lagerfunktion: Lagerfähigkeit und Raumeinsparung;
f) Verkaufsfunktion: Übertragung gesetzlich vorgeschriebener Angaben und Marketinginformationen;
g) Gebrauchsfunktion: einfache und sichere Handhabung;
h) Umweltfunktion: geringe Umweltbelastung;

In diesem Zusammenhang kann von funktionsgerechter Fertigpackung oder auch optimaler Verpackung gesprochen werden. Während die technischen Anforderungen an eine Verpackung relativ leicht zu spezifizieren sind, stellt die umweltökonomische Bewertung eher ein Problem dar. Eine einseitige Betrachtung, ob es sich um eine Einweg- oder Mehrwegverpackung handelt, greift hier deutlich zu kurz. Bei der Wahl der Verpackung unter Umweltaspekten sollten ökobilanzielle Ansätze Berücksichtigung finden, die neben den Effekten aus der Verpackungsproduktion und der Entsorgung auch den Transport gefüllter Fertigpackungen und hier vor allem den Gewichtsunterschied von Mehrweg- zu Einwegverpackungen sowie den von Leergut und Recycling-Material, und die Umlaufzahl bei Mehrweggebinden beinhalten.

7.6.1.2 Fertigpackungsarten

7.6.1.2.1 Hohlglas

Bei Glasflaschen können Ein- und Mehrwegflaschen unterschieden werden, wobei die Einwegflasche infolge gleichmäßigerer Wandstärke, trotz geringerer Glasmasse, durch neue Fertigungstechniken nicht bruchempfindlicher ist. Weithalsige Flaschen lassen sich einfacher befüllen als Flaschen mit langem schlankem Hals. Neu entwickelte Flaschenformen tragen diesem zugleich transportraumsparenden Gesichtspunkt mehr und mehr Rechnung.

Durch die Einführung der Heiß-Endvergütung (Oberflächenhärte) sowie der Kalt-Endvergütung (Oberflächenglätte) wurde die Herstellung gleichmäßigerer **Flaschenwandstärken** möglich. Mit dem Enghals-Press-Blas-Verfahren kann das Glas annähernd gleichmäßig über die Behälteroberfläche verteilt werden, was zu Gewichtseinsparungen und höheren Innendruckfestigkeiten führt.

Im Allgemeinen überstehen Hohlglasflaschen nur Temperatursprünge unterhalb von 40 °C, was bei der Heißfüllung wie bei der Flaschenpasteurisation zu berücksichtigen ist.

Glaseinsparungen bei der Herstellung sind auch durch die Flaschenvoretikettierung erreichbar (pre-labelling). Die Flaschen werden hierbei mit bedruckten

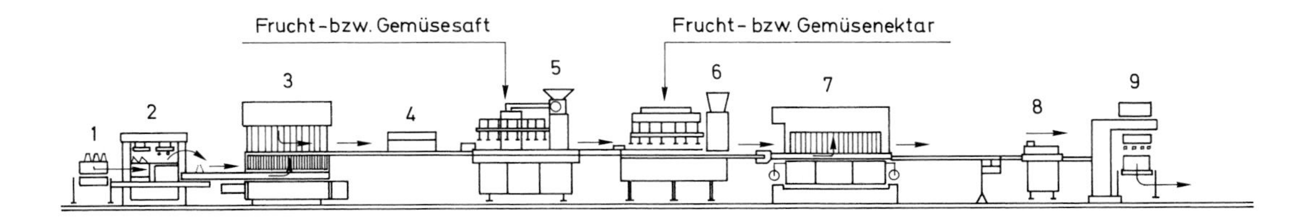

Abb. 204. Abfüllung von Frucht- bzw. Gemüsesäften und Nektaren.
1 = Rollentransporteur
2 = Flaschenauspacker
3 = Flaschenwaschmaschine
4 = Flaschenkontrolle (Beleuchtung)
5 = Einkammer-Vakuumfüller
6 = Zweikammer-Vakuumfüller
7 = Tunnelpasteur und Rückkühlanlage
8 = Etikettiermaschine
9 = Flascheneinpacker.
Abfüllkapazität: 1 000–1 500 Liter Saft pro Stunde bzw. 5 000–7 500 Flaschen à 0,2 Liter pro Stunde.
Stündlicher Energieverbrauch (Richtwert) für die angegebenen Maschinen:
Elektrische Energie: 60–80 kWh;
Dampf (9 bar): 800–1 000 kg;
Wasser: 10–12 m^3.

Kunststoffetiketten, zum Beispiel aus PVC (Polyvinylchlorid), PP (Polypropylen) oder co-extrudiertem Schaumpolystyrol, bereits in der Glashütte rundum voretikettiert. Da bis zu 80 % der Flaschenoberfläche durch diese Etiketten abgedeckt werden, wird nicht nur eine Gewichtsreduzierung sondern auch ein verbesserter Berstschutz erreicht. In die gleiche Richtung stößt das Verfahren der Ganzummantelung der Flaschen mit PU (Polyurethan). (KEDING 1992)

Um aus einem Hohlglasbehältnis eine Fertigpackung entstehen zu lassen, sind **Verschlüsse** notwendig. Hierzu kommen Verschlüsse zum Einsatz, die einerseits vakuumdicht sind, andererseits aber ab einem bestimmten definierbaren Flascheninnendruck abblasen können, um ein Bersten der Packung und damit Verletzungen beim Verbraucher zu vermeiden. Neben reinen Aluminiumanrollverschlüssen werden auch Aluminium-Kunststoff-Kombinationsverschlüsse eingesetzt. Ferner werden Kunststoffverschlüsse mit bereits vorgefertigtem Gewinde, wie auch Twist-off-Verschlüsse für Getränkeflaschen mit größerem Flaschendurchmesser (Weithalsflaschen), verwendet (BÜDENBENDER 1995). Eine weitere Verschlussmöglichkeit für Flaschen bietet mit PE (Polyethylen) kaschierte Aluminiumfolie, die als Platine auf dafür vorbereitete Flaschen aufgesiegelt werden kann.

Kronenkorken, heute besser als Kronenverschlüsse zu bezeichnen, da anstatt der namensgebenden Presskorkscheibe eine Kunststoffmasse (compound) eingespritzt wird, bieten eine sehr druckdichte Alternative zu den genannten Flaschenverschlüssen.

7.6.1.2.2 Kunststoffflaschen

Die Wirtschaftlichkeit der Getränkeverpackung kann durch die Auswahl kostengünstiger Packstoffe und die Reduzierung des Packstoffeinsatzes erfolgen. Als leichte, bruchsichere Alternative zur Glasflasche wurde die *PET-Flasche* (Polyethylenterephthalat) entwickelt. PET-Flaschen können als Einweg- (Recycling-) oder Mehrwegflaschen eingesetzt werden. Mehrwegflaschen werden wegen der höheren technischen Anforderungen überwiegend im so genannten Zwei-Stufen-Verfahren erzeugt: Zunächst wird in einem Spritzgießsystem ein Preformling hergestellt und danach auf einer Streckblasmaschine der Behälter. Einwegflaschen können mit Hilfe des Ein-Stufen-Verfahrens auch vor Ort im Abfüllbetrieb aus Granulat hergestellt werden. Mit einem Energiewert von 23 MJ/kg kann PET als Wärmeträger annähernd rückstandsfrei verbrannt werden. Die Freisetzung von Acetaldehyd ist infolge der geringen Mengen aus olfaktorischer Sicht weitgehend vernachlässigbar (BELOW 1997).

Besondere *Probleme* sind in diesem Zusammenhang die Heißfüllung oder Flaschenpasteurisation und bei Mehrwegsystemen die Reinigung der Kunststoffflaschen. Beim PET-Einsatz können mechanische Belastungen vorwiegend durch Stauchung (ausgewölbte Böden, Spannungsrisskorrosion, Deformierungen) auftreten, welche Volumenveränderungen oder Oberflächenverrauhungen (scuffing) zur Folge haben. Dementsprechend müssen die Anlagen zur Abfüllung dieser Behälter ausgelegt werden (geringe Transportstrecken; wenig Vereinzelungen, Richtungsänderungen, Beschleunigungen). Der Reibung der Flaschen in Transportkisten ist ebenfalls konstruktiv (Antiscuffing-Technik) entgegenzutreten (HOHMANN 1997). Gasdiffusion (Migration) kann bei kohlensäurehaltigen Getränken, vor allem bei kleinvolumigen Behältern, zu CO_2-Verlust und bei stillen Getränken zu Oxidation und in der Folge zu Farb- und Aromaveränderungen führen. Die Aussortierung von missbräuchlich durch den Endverbraucher zwischengenutzten PET-Mehrwegflaschen ist durch entsprechende Flascheninspektoren (zum Beispiel unter Anwendung der Spektroskopie) sicherzustellen. Ebenfalls muss der Volumenprüfung, die gleichfalls der Spannungsrissüberprüfung dient, sowie der Achsabweichung und Dichtigkeit Aufmerksamkeit gewidmet werden (BELOW 1997).

Um den Einzugseffekt des Behälters

beim Abkühlen zu kontrollieren, wird eine heißabfüllbare PET-Einwegflasche, die an eine fixierte Form gebunden ist, am Markt zu einem höheren Preis angeboten. Wenn die Freiheit der Formgebung genutzt werden soll, was unter Marketingaspekten erstrebenswert ist, können Einweg-Kunststoffflaschen unter *kaltaseptischen Bedingungen* und damit ohne große thermische Belastung (Formveränderung) abgefüllt werden. Die Behälterbehandlung vor dem Füllen kann mit Dampf, Sterilwasser oder mit Peressigsäure erfolgen, wobei Gerätelösungen existieren, die die Flaschen nicht nur bespritzen, sondern vollständig in die Desinfektionsflüssigkeit eintauchen (Schleuseneffekt; ACHKAMMER et al. 1997). Die Flaschenvorbereitungen sind in diesem Fall oftmals räumlich vom Aufstellungsort des Füllers getrennt. Eine Halsringaufhängung der Flaschen bewährt sich nicht nur bei PET-Mehrweg-Reinigungsanlagen (siehe Kapitel 6.8.3), sondern auch bei der Füllung und Verschließung, und reduziert somit *Scuffing-Probleme*. Gleichfalls kann sie auch zur berührungsfreien Abfüllung von stillen Getränken eingesetzt werden. Mit der Entwicklung neuer Verpackungsrohstoffe (PEN = Polyethylennaphthalat) und unter Umständen auch der Kombination mit PET, sollen zum Beispiel die CO_2-Verluste bei diesen Behältertypen reduziert und die Temperaturbeständigkeit zur Verbesserung der Mehrweganforderungen, wie die Möglichkeit zur Heißfüllung, erreicht werden (GEISS 1996). Zur Verbesserung der Barriereeigenschaften können PET-Flaschen innen mittels Plasmatechnologie mit Siliziumverbindungen beschichtet werden (MILE 2000). Weiterhin können auf der Behälteraußenseite Barriereschichten als UV-Schutz aufgebracht werden.

Einteilige Polyethylen- oder zweiteilige Polypropylen-Materialien dienen als *Verschlüsse von PET-Flaschen*. Beim Verschließen der Packung erfolgt auf und an der Flaschenmündung (top side) die Abdichtung. Einteilige Verschlüsse erfüllen die Kriterien für sortenreines Recycling. Durch Kanäle (vent slots) an der Flasche und im Gewinde kann beim Öffnen von CO_2-haltigen Getränken der Überdruck entweichen, was ein Wegsprengen des Verschlusses verhindert. Ebenfalls ist ein Abreiß- oder Spreizband (Mehrwegflaschen) integriert, so dass eine Originalitätssicherung erfolgt. Neben Kunststoffverschlüssen können auch Aluminiumkappen, die im Gegensatz zu der hauptsächlich verwendeten Alternative angerollt werden, Anwendung finden (BREHM et al. 1993).

7.6.1.2.3 Weichpackungen

Wegen der Bruchgefahr des Glases, des Gewichtes, besonders im Hinblick auf längere Transportwege, und wegen des Lärms wurden Weichpackungen entwickelt. Zu den Weichpackungen sind Verbundverpackungen und Bag-in-box-Verpackungen zu zählen. Diese Packungen werden für stille oder nur gering CO_2-haltige alkoholfreie Getränke eingesetzt. Nur wenige Kunststoffe vermögen das Eindringen von Luftsauerstoff in das Getränk und das Diffundieren von Aromastoffen zu verhindern. Das laminierte Kartonmaterial besteht aus mehrlagigem Papier, innen und außen mit Polyethylen (PE) beaufschlagt, und einer Barriereschicht. Das hierfür vorwiegend verwendete Material ist Aluminiumfolie, seltener SIO_x auf Polyester, Ethylenvinylalkohol (EVOH) und Polyamid (PA) (TETRA PAK 1998). Das Material setzt sich von außen nach innen wie folgt zusammen: PE, bedruckter Karton, PE, Barriereschicht, PE. Diese *Verbundmaterialien* dienen für bestimmte unterschiedlich ausgeführte Block- oder Giebeldachpackungen, wobei jedes Material durch seine spezifischen Eigenschaften spezielle Funktionen übernimmt. Die Funktion der PE-Innenschicht liegt vor allem in der Flüssigkeitsbeständigkeit, die der Außenschicht noch zusätlich in der Schmutzabweisung. Der Karton übernimmt hauptsächlich die Versteifungsfunktion für die Verbundverpackung und dient als Träger für Informationen. Die Barriereschicht dient vorwiegend der Gasdichtigkeit und die Zwischenschichten stellen den Verbund zwischen den einzelnen Bestandteilen dar. Durch den gegenseitigen Schutz entstehen die Synergieeffekte, die für eine Erfüllung der Verpackungsfunktionen notwendig sind. Der Karton muss zum Beispiel vor Flüssigkeit geschützt werden, das Aluminium vor Getränkesäuren, die PE-Schicht vor mechanischer Belastung usw.

Da bei Weichpackungen die Verpackung in bestimmten Produktionsschritten noch unmittelbar vor oder bei der Füllung erzeugt werden muss und eine kaltaseptische Abfülltechnologie notwendig ist, sind die technologischen Aufwendungen für diese Verpackungen nicht zu unterschätzen. Die Ausformung der Packungen unmittelbar vor Gebrauch hat den Vorteil, dass Transportkapazitäten und Lagerraum eingespart werden können.

Bei der Ausformung der Verbundverpackungen ist grundsätzlich zwischen drei Strategien zu unterscheiden. Bei der Verwendung von Rollenware übernimmt die Füllmaschine die gesamte Ausformung und Versiegelung des Getränkekartons. Eine Alternative hierzu stellt die Verarbeitung von vorgefertigten längsnahtversiegelten Zuschnitten dar. Diese werden fabrikationsmäßig soweit vorbereitet, dass sie vor der Füllung nur noch aufgefaltet und am Boden versiegelt werden müssen. Die dritte Möglichkeit besteht in der Herstellung einer Packung aus mehreren Einzelkomponenten, in der zum Beispiel der Boden und der Deckel der Verpackung vollumfänglich aus Kunststoff bestehen. Bei diesem System werden im Gegensatz zu den beiden anderen Verfahren, die Längsnahtkanten gestoßen und innen wie außen mit einem Siegelstreifen beaufschlagt.

Um die Weichpackungen mit einer wichtigen Eigenschaft – der Wiederverschließbarkeit – auszustatten, werden neben Schraubverschlüssen, die oftmals bei Giebeldachpackungen appliziert werden, auch wiederverschließbare Klappverschlüsse angeboten, die zusätzlich mit einer Folie als Originalitätsschutz ausgerüstet sind.

Zu den Weichpackungen ist weiterhin das *Bag-in-box-System* zu zählen. Dieses System besteht aus einem Kunststoffbeutel und einer Wellpappschachtel. Der Kunststoffbeutel kann aus vergleichbaren Gründen wie bei der Verbundverpackung aus verschiedenen Schichten, auch unter Einsatz von Aluminiumfolie hergestellt werden. Er ist mit einem Einfüllstutzen, der auch als Auslassventil zum späteren Verbrauch des Getränkes geeignet ist, versehen. Mögliche Verpackungsgrößen sind neben 1, 3 und 5 Liter auch Beutelvolumina zwischen 10 und 20 Liter, wobei theoretisch sämtliche Zwischengrößen möglich sind. Größere Beutelgrößen, bis zu mehreren Hundert Litern, werden oftmals in andere Behälter eingebracht (bag in bin; Kunz 1987). Die Entnahme von Teilmengen durch die Zapfeinrichtung kann in der Regel ohne Zutritt von Luft (Kontaminationsgefahr) erfolgen, da sich der Beutel dem Flüssigkeitsvolumen anpasst. Die Bag-in-box-Packungen können als Dispenserpackungen zum direkten Zapfen des Getränks oder integriert in ein Postmix-System (Getränkekonzentrate) eingesetzt werden. Die Beutel werden vorsterilisiert geliefert, von einem aseptischen Füller in eine Kammer eingezogen und nach Durchstoßen verschiedener Siegel unter Dampfsterilisation mittels Dosiersystemen gefüllt.

Beeinträchtigung des Getränkes durch Weichmacherkomponenten von Kunststoffen, die Gasdurchlässigkeit (Inhaltsstoffveränderung) und ein prozessspezifischer H_2O_2-Einsatz sind Optimierungsgrößen bei den Weichpackungen. Die Sauerstoffaufnahme kann neben Farb- und Aromaveränderungen auch zu einem aeroben oder anaeroben *Vitamin-C*-Abbau führen. Der anaerobe Abbau wird hauptsächlich von der Lagertemperatur beeinflusst. Der aerobe Abbau hingegen korreliert mit der Anwesenheit von Sauerstoff, der beim Füllprozess oder anschließend bei der Lagerung und in Abhängigkeit vom Diffusionsvermögen in die Fertigpackung gelangt. Dementprechend ergibt sich für Glasflaschen ein anaerober und für die Verbundverpackungen ein aerober Abbau als Hauptfaktor für den Vitamin-C-Verlust. Auf diesen Grundlagen kann fol-

gende Betrachtung für eine 1-Liter-Packung angestellt werden. Ein Kopfraumvolumen von 5 ml Luft, das 1 ml Sauerstoff enthält führt zu einem Vitamin-C-Verlust von etwa 15 mg. 1 mg Sauerstoff führt zu einem Verlust von etwa 11 mg Vitamin C. Der anaerobe Abbau verursacht in Abhängigkeit verschiedener Lagertemperaturen pro Monat folgende Verluste:
1 mg/l Vitamin C bei 10 °C
5 mg/l Vitamin C bei 20 °C
20 mg/l Vitamin C bei 30 °C
Eine Sauerstoffdurchlässigkeit bei Verbundverpackungen von 0,02 ml/d bei einer 1-Liter-Packung führt zu einem Verlust von etwa 9 mg/l Vitamin C pro Monat. Bei einer Sauerstoffdurchlässigkeit von 0,05 ml/d erhöht sich dieser Verlust auf 22 mg/l im Monat (Tetra Pak 1998). Weiterhin können durch Sauerstoffaufnahme Bräunungsreaktionen ausgelöst werden, die von den durch Maillard-Reaktion ausgelösten Qualitätsproblemen zu unterscheiden sind.

7.6.1.2.4 Dosen

Für die Getränkeabfüllung stehen abgestreckte zweiteilige Getränkedosen aus *Aluminium*, bei denen der Deckel durch Falzen aufgebracht wird, mit gutem Korrosionsschutzverhalten und Bedruckbarkeit zur Verfügung. Als Werkstoffe für Getränkedosen können neben Aluminium auch *Weißblech* und zinnfreies Blech (TFS-Blech; TFS = tin-free-steel) eingesetzt werden, wobei es sich dann um dreiteilige Dosen handelt. Aus Gründen des Korrosionsschutzes besitzen *TFS-Bleche* eine Chrompassivierung (Chrom-Chromoxid-geschützte Bleche = CCO-Bleche).

Um bei Getränkedosen grundsätzlich Korrosion als werkstoffschädigenden Vorgang und Migration von Werkstoffbestandteilen in das Getränk als ernährungsphysiologisch nicht vertretbaren Vorgang zu unterbinden, werden *Schutzlacke* eingesetzt. Modifizierte Epoxidharze bilden die Grundlage dieser Lacksysteme.

Als Fügeverfahren für den Rumpf dreiteiliger Getränkedosen steht neben dem Drahtquetschschweißverfahren für Weißblech das so genannte Conoweld-Verfahren für die Verschweißung von TFS/CCO-Blechen zur Verfügung. Die Rumpfherstellung von Getränkedosen kann auch mittels Klebeverfahren erfolgen. Zum Verkleben und zur korrosionsfesten Abdeckung der Dosenschnittkante werden Polyamidfolien verwendet.

Der Alu-Aufreißdeckel wurde von einem an der Dose verbleibenden Verschluss (Stay-on-tab-Verschluss) abgelöst, wobei der eingedrückte Verschluss nach dem Öffnen auf der Innenseite des Dosendeckels hängen bleibt (Keding 1992).

7.6.1.3 Füllverfahren für alkoholfreie Getränke

Für die Abfüllung von alkoholfeien Getränken stehen als Füllverfahren die Kalt- oder Heißabfüllung zur Verfügung. Die Heißabfüllung hat den Vorteil, dass eine Vorsterilisation der Fertigpackung entfallen kann. Die zum Erreichen mikrobiologischer Stabilität notwendige Temperaturbelastung ist vom Keimgehalt der Fertigpackung abhängig, was in jedem Fall zu einer Zuführung von möglichst keimarmen Packungsmaterialien in den Füllprozess führen sollte.

7.6.1.3.1 Kaltfüllung und aseptische Abfüllung

Bei den Kaltfüllverfahren erfolgt die Abfüllung des Getränkes im kalten Zustand (d. h. bei Raumtemperatur und darunter). Entweder liegen bereits mikrobiologisch haltbar gemachte Getränke vor, deren Kontamination durch prozesstechnische Maßnahmen (Sterilisation, u. U. Reinraumtechnik) beim Abfüllprozess verhindert wird (aseptische Abfüllverfahren), oder die Konservierung erfolgt erst nach der Abfüllung (zum Beispiel Flaschenpasteurisation). Die Aufwendungen zur Realisierung und Erhaltung eines Reinraumes sollten nicht unterschätzt werden. Angaben zu Reinraumanforderung und deren Personal finden sich bei Geiss (1998). Bei der Kaltfüllung von CO_2-haltigen Getränken liegt eine bessere Löslichkeit und ein niedrigerer Diffusionskoeffizient des Kohlendioxids vor, wodurch die Fülldrücke geringer sind und das Aufsteigen von Blasen nach der Entlastung reduziert wird. Erfolgte eine *Flaschenpasteurisation*, muss für die Wärmeausdehnung des Getränkes ein Freivolumen in der Flasche von mindestens 3 % der Nennfüllmenge einkalkuliert werden. Wenn mittels Flaschenpasteurisation CO_2-haltige Getränke zu behandeln sind, müssen der CO_2-Gehalt auf maximal 5 bis 7 g/l begrenzt und besondere Anforderungen an Flasche und Verschluss, gestellt werden. Von den genannten Möglichkeiten ist die Abfüllung mit *chemisch wirkenden Konservierungsstoffen* (DMDC = Dimethyldicarbonat, Velcorin) abzugrenzen. Der erzielbare Konservierungseffekt setzt in diesem Fall zwar kein haltbar gemachtes Produkt oder eine sterile Fertigpackung voraus, sie sollten aber grundsätzlich so keimarm wie möglich sein (KEDING 1993). Mit DMDC, das nicht für alle Getränke und in allen Ländern erlaubt ist, können bei geeigneter Anwendungskonzentration und bei einer Ausgangskeimbelastung von weniger als 500 Keimen/cm^3 Hefen, Bakterien und Schimmelpilze abgetötet werden.

Für die *aseptische Abfüllung* von Produkten ist ein steriles Produkt Voraussetzung, das unter sterilen Bedingungen in dementspechende Behälter abgefüllt und keimfrei verschlossen wird (WEBER 1996). Zur Sterilisierung des Verpackungsmaterials stehen verschiedene Methoden zur Anwendung. Neben physikalischen Verfahren (Hitze, Strahlung usw.) stehen auch chemische Verfahren (Ethanol, Peressigsäure, schweflige Säure, H_2O_2) zur Verfügung (WIESENBERGER 1987). Durch die kaltaseptische Abfüllung kann ein besonders produktschonendes Verfahren für Getränke Anwendung finden. Die Vorteile gegenüber der Heißfüllung und/oder Flaschenpasteurisation bleiben über einen längeren Zeitraum nur dann erhalten, wenn das Produkt kühl gelagert wird. Ansonsten gleichen sich die Produkte nach wenigen Wochen wieder an. Weiterhin lassen sich durch bessere Wärmerückgewinnung, den geringeren Raumbedarf und Senkung der Investitionskosten die Abfüllkosten um bis zu 25 % senken (GEISS 1996).

Aseptische Technologien kommen auch bei der Befüllung von PET-Flaschen zum Einsatz. Durch eine Kombination der PET-Flaschenproduktion in einer Blasmaschine mit einem Füller in einem Reinraum kann auf den Einsatz von Rinsern verzichtet werden. Ein weiterer Lösungsansatz ist das Versiegeln der hergestellten leeren Flaschen direkt in der Produktionsmaschine. Die so hergestellten Flaschen werden vor Eintritt in den Füll- und Verschlussreinraum außen sterilisiert. Nach Öffnung des Siegels wird die Flasche in einem Reihenfüller gefüllt und mit einem vorher sterilisierten Verschluss beaufschlagt. Um die Aufwendungen für einen voluminösen Reinraum zu reduzieren, stehen Konzepte zur Verfügung, die durch Sterilluftbeaufschlagung der sensiblen Zonen das Eintreten von Mikroorganismen verhindern.

Durch den Einsatz von zwei Rinsern kann über die Transportstrecke die Einwirkdauer von Desinfektionsmitteln gesteuert werden. Als weitere Prozessalternative für die *Behältersterilisierung* steht die Plasmatechnologie zur Diskussion, die sich bei Verwendung von Mehrweg-PET-Flaschen auch desodorierend gegen an der Behälteroberfläche vorhandene aromawirksame Substanzen auswirken kann. Von der zu überwindenden Strecke für die gefüllte Flasche bis zum Verschließer, geht eine Kontaminationsgefahr aus. Deshalb werden Verschlusssysteme angeboten, die vor dem Abfüllen bereits aufgebracht werden können. Die notwendigen Füllkanäle werden unmittelbar nach dem Füllprozess durch Ultraschall verschweißt und nachbehandelt. Diese Technologie könnte dazu beitragen, die Reinräume in ihrem notwendigen Volumen schrumpfen zu lassen (GEISS 1998).

Mit dem Ziel, Reinraumaufwendungen zu minimieren, werden Systeme zur PET-Flaschenfüllung angeboten, die die Flaschen auf den Kopf stellen und in dieser Position sterilisieren und ausspritzen. Einzig der Rundfüller ist als Reinraum ausgelegt und kann nach notwendigen Eingriffen des Bedienungspersonals, durch SIP-Maßnahmen in 15 Minuten wieder in die Getränkesterilität geführt werden. Zur Sterilisation der Packungen und Verschlüsse wird Ozon eingesetzt (Tetra Pak 1999).

7.6.1.3.2 Heißfüllung

Unter Heißabfüllung sind die Füllverfahren zu verstehen, bei denen das Füllgut eine Temperatur von 60 bis 100 °C aufweist. Sofern das Getränk vor der Heißabfüllung auf Temperaturen über 100 °C erhitzt wurde, muss es, um Verpuffungseffekte beim Abziehen der Füllventile zu verhindern, abgekühlt werden. Bei diesem Verfahren kann die Abtötung getränkeschädigender Mikroorganismen in den Fertigpackungen durch das heiße Produkt erfolgen. Hochviskose Säfte oder Nektare weisen einen schlechteren Wärmedurchgang auf und erfordern demzufolge längere Behandlungszeiten als die dünnflüssigen Produkte.

Um den Kopfraum und den Verschluss mit dem heißen, keimabtötenden Produkt in Kontakt zu bringen, müssen die Flaschen möglichst vollgefüllt oder der Einsatz eines Flaschenwenders vorgesehen werden. Bei der Heißabfüllung sollten die Flaschen, wegen der Getränkeschädigung durch Sauerstoff, möglichst *ohne Leerraum* gefüllt werden. Der Sauerstoffgehalt im Getränk selbst ist durch Verwendung geeigneter Rührwerke und Pumpen sowie entlüfteten Wassers zuvor möglichst gering zu halten. Eine konstante Abfülltemperatur und eine Rückführung des Produktes zum Kühler muss beim Einsatz dieser Technologie sichergestellt werden (Weiss 1997). Temperaturüberschreitungen, wie sie bei Stillstand der Maschine befürchtet werden müssen, sofern kein Getränkeumlauf im Erhitzer vorgesehen ist, sind wegen Schädigung der Getränke zu vermeiden. Eine zu hohe Wärmebelastung führt infolge Bildung von Hydroxymethylfurfural (HMF) und anderen unerwünschten Verbindungen zu einer Schädigung der Getränke. Neben dunkler Verfärbung treten ein karamelartiger Kochgeruch und Kochgeschmack auf.

Um temperatur- beziehungsweise zeitmobilisierte Produktveränderungen zu minimieren, muss schnellstmöglich nach dem Verschluss der Packung, unter Berücksichtigung der Materialbeschaffenheit, eine *Abkühlung* der Fertigpackung erfolgen (Keding 1993). Ebenso ist eine Volumenreduktion infolge Abkühlung im Hinblick auf die Nennfüllmenge einzukalkulieren. Die Heißabfüllung kohlensäurehaltiger Getränke beschränkt sich auf einen geringen CO_2-Gehalt von 2 bis 5 g/l und auf relativ kleine Flaschen, da diese höhere Berstdrücke und größere relative Freiräume aufweisen. Der erforderliche Fülldruck bei 60 °C von etwa 10 bar erklärt die hohen Anforderungen bei dieser Vorgehensweise.

Zur Abkühlung werden Flaschenkühler eingesetzt, in denen die Flaschen mit Wasser verschiedener Temperaturen in Zonen bei Temperaturdifferenzen unter 15 °C berieselt werden. Hierbei wird oftmals eine Abkühlung auf 30 °C angestrebt. Diese äußerlich den oben beschriebenen Tunnelpasteuren sehr ähnlichen Kühltunnel haben unterschiedlichen Anforderungen Rechnung zu tragen. Zur besseren Pasteurisation der Getränke werden im Kühltunnel passive (keine Berieselung mit Wasser) oder aktive (Berieselung mit Heißwasser über 70 bis 95 °C) Heißhaltezeiten durchgeführt. Erst danach erfolgt dann die stufenweise Abkühlung. Durch Wärmerückgewinnung wie zum Beispiel die Wiederverwendung von Heißwässern zum Vorwärmen des abzufüllenden Saftes, durch externe Wärmetauscher und durch Kühltürme wird der Wasserverbrauch bei gleichzeitiger Senkung der relativen Luftfeuchtigkeit im Abfüllraum reduziert und eine Energieeinsparung erzielt (Volz 1984).

7.6.1.4 Füllsysteme für alkoholfreie Getränke

7.6.1.4.1 Gleichdruckfüller

Gleichdruckfüller arbeiten nach dem isobarometrischen (druckausgleichenden) Prinzip, das heißt, die zu füllenden Gefäße werden vor der Füllung unter den gleichen

Druck (meist Unterdruck für stille Getränke, Überdruck für CO_2-haltige Getränke) gestellt, wie er im Füllgutkanal oder -kessel herrscht. Erst nach Erzielung dieses Druckausgleiches fließt das Getränk durch das Gefälle (Schwerkraft) in den Behälter und verdrängt bei Überdruck unter ständiger Einhaltung des Druckausgleiches das Vorspanngas, bei Normaldruck die Luft.

Normaldruckbereich

Bei diesem Füllsystem wird die Packung wahlweise an das Füllventil angefahren oder nicht. Bei nicht angepresster Packung kann dann die Luft aus dem Behälter frei über den Spalt zwischen Füllventil und Packung entweichen. Der Füllprozess läuft aufgrund der Schwerkraft des Getränkes ab und wird zum Beispiel bei Langrohrfüllsystemen durch das Erreichen eines definierten Füllstandes (zum Beispiel kapazitive Sonden) gestoppt (Weiss 1997). Falls dieser Prozess nicht in einem Reinraum abläuft und/oder das Getränk nicht getränkesteril ist, muss die abgefüllte und verschlossene Fertigpackung anschließend pasteurisiert werden.

Unterdruckbereich

Einkammer Gleichdruckfüller im Unterdruckbereich eignen sich für die Abfüllung von stillen alkoholfreien Getränken nur dann, wenn die Sterilität durch andere Faktoren wie zum Beispiel die Heißabfüllung oder anschließende Packungspasteurisation sichergestellt wird. Bei diesem Füllsystem wird im an das Füllorgan angepressten Behälter ein Unterdruck erzeugt, bis ein Gleichdruck zwischen diesem und dem Füllkessel hergestellt ist und das Produkt aufgrund der Schwerkraft hineinfließt. Erreicht der Flüssigkeitsstand die über das Füllventil eingestellte Füllhöhe, wird der Produktüberschuss in den Füllkessel abgesogen. Fährt eine kontaminierte Flasche in den Füller, wird so der gesamte Kesselinhalt kontaminiert; ein entsprechender Nachteil gegenüber Mehrkammerfüllern. Durch den angelegten Unterdruck wird das Nachtropfen des Füllventiles verhindert (Troost 1988).

Überdruckbereich

Gleichdruckfüller im Überdruckbereich können für CO_2-haltige Getränke Anwendung finden. Für sauerstoffempfindliche Getränke kann darüber hinaus noch eine Vorevakuierung vor der CO_2-Vorspannung durchgeführt werden. Diese Maßnahme ist bei den vorwiegend verwendeten füllrohrlosen Füllern besonders im Falle sauerstoffempfindlicher Getränke sehr zu empfehlen, weil mit einer erhöhten Gasaufnahme während des Einlaufens der Flüssigkeit in die Flasche gegenüber Langrohrfüllern gerechnet werden muss. Durch das Fehlen des Füllrohres fließt die Flüssigkeit in einem dünnen Film an den Flaschenwandungen hinab und bietet dadurch dem in der flüssigkeitsleeren Flasche befindlichen Gas eine gute Kontaktfläche. Die Vorspannung der Flaschen kann mit steriler Luft, N_2 oder CO_2 erfolgen. Bei der Verwendung von steriler Luft besteht im Gegensatz zu den beiden anderen Gasen, deren Einsatz kostenintensiver ist, Oxidationsgefahr.

Die Druckentlastung nach Vollfüllen und Abziehen der Flasche vom Füllorgan zieht oftmals eine Kohlensäureentbindung nach sich, die den Abfüllvorgang wesentlich erschwert. Die Folge davon können unkorrekt gefüllte Flaschen mit Getränken, die einen zu geringen Kohlensäuregehalt aufweisen, sein. Eine Kühlung der abzufüllenden Getränke im Plattenapparat auf 10 °C ist besonders bei starker Schäumungsneigung angebracht, um ein leistungsstärkeres Füllergebnis mit weniger Getränkeverlust, weniger Flaschenbruch und gleichmäßiger Füllhöhe zu erzielen.

Zur Abfüllung von Fruchtsäften eignen sich Ringkanal-Höhenfüller mit füllrohrlosen Füllventilen nach Vorevakuierung der Flasche und erst anschließendem Vorspannen mit CO_2. Das Verfahren beugt oxidativen Getränkeveränderungen durch vorherige Entfernung der Luft aus Füllkessel und Flasche mittels Unterdruck (bis zu 90 %) und durch die Inertgasvorspannung vor, bei der das Schutzgas CO_2 eine Luftberührung während des Einfließens des Getränkes in die Flasche verhindert.

Diese Ringkesselfüller werden auch mit kombiniertem Dosen-Flaschen-Füllventil, bei dem im Falle der Umstellung von Dosen auf Flaschen oder umgekehrt, lediglich die Zentriertulpen und die Rückluftrohre gewechselt werden, angeboten. Zum Vorspannen dient im Allgemeinen Kohlendioxid. Das Getränk wird über das Füllrohr an die Dosenwand geführt, um Turbulenzen zu verhindern. Die Dosen werden pneumatisch mittels Hubzylinder an die Füllventile gepresst. Die Abwärtsbewegung der Hubzylinder erfolgt durch Schwerkraft, kombiniert mit einer Abziehkurve. Vor dem Verschließen der Dosen sorgt eine Unterdruckbegasung für die Luftentfernung aus der Flüssigkeit (Schmoll 1996). Bei der Dosenfüllung stellen Schwappverluste und die Sauerstoffaufnahme vom Füller bis zum Verschließer Optimierungsgrößen dar (Mette 1980).

7.6.1.4.2 Druckdifferenzfüller

Bei Mehrkammer-Druckdifferenzfüllern werden zur Produktförderung Unter- oder Überdruckverhältnisse genutzt. Durch den Aufbau eines Unterdruckes kann zunächst der Behälter vorevakuiert werden, um mit der Luft den Sauerstoff zu entfernen. Danach kann der erzeugte Behälterunterdruck dazu genutzt werden, dass der atmosphärische Druck das Getränk in den Füllbehälter presst. Weiterhin ist eine Überdruckauslegung, wo gegen ein Inertgaspolster (CO_2) gefüllt wird, möglich. Diese Füllmaschinen kommen meistens bei speziellen Anforderungen wie bei erhöhter Produktviskosität und -sauerstoffempfindlichkeit oder bei CO_2-haltigen Produkten zum Einsatz.

Unterdruckbereich

Hochviskose, fruchtfleischhaltige Nektare können mittels eines Zweikammer-Vakuumfüllers erfolgreich abgefüllt werden. Infolge des geringen Kammerinhalts ist bei diesem Füller eine Entmischung des Nektars sowie eine Sedimentierung des Fruchtfleisches im Füller erschwert. Durch dieses Füllsystem kann die Sauerstoffaufnahme beim Füllprozess durch Vorevakuierung weitgehend ausgeschaltet werden.

Überdruckbereich

Druckdifferenzfüller im Überdruckbereich eignen sich besonders zur Abfüllung von Getränken mit relativ hohen CO_2-Gehalten. Durch Vorspannen auf den Sättigungsdruck und Füllen mit Überdruck bei stetiger Druckregulierung durch Abführung von CO_2 in den Rückgaskanal, können diese Produkte schnell und bei zusätzlicher Vorspülung oder Vorevakuierung annähernd oxidationsfrei gefüllt werden.

Abbildung 205 verdeutlicht den Abfüllvorgang mittels eines Dreikammer-Langrohrfüllers, der im Druckdifferenzbereich eingesetzt werden kann. Anhand der angegebenen Füllwinkel ist der Prozessablauf mit den einzelnen Füllphasen zu erkennen. Im Füllereinlauf wird, nachdem die Flasche an das Füllventil angefahren wurde, vorgespannt (1). Danach folgt die Phase des langsamen Anfüllens (2), die bei Erreichen des Füllrohres durch die Schnellfüllphase (3) abgelöst wird. In der Bremsphase (4) kann der korrekte Füllstand optimal eingestellt werden. Weiterhin erfolgt schrittweise die Vor- (5) und Restentlastung (6), um ein Aufschäumen des Produktes zu vermeiden. Vor dem Auslauf aus dem Füller wird das Füllrohr entleert und die Flasche abgesenkt (7). Die Steuerung der Füllgeschwindigkeit erfolgt über den Druck im Rückgaskanal. Durch die Dreikammer-Ausführung kann Produkt, Spanngas und Rückgas getrennt werden. Weiterhin ist die Rückgewinnung von CO_2 möglich. Der Langrohrfüller zeichnet sich durch die Möglichkeit zur unterschichtigen Füllung und demzufolge durch eine geringe Sauerstoffaufnahme aus. Das abgebildete System kann für eine breite Palette von Getränken und für verschiedene Füllverfahren eingesetzt werden.

7.6.1.4.3 Maßfüller

Durch den Einsatz volumetrischer oder gravimetrischer Füllsysteme entsteht gegenüber den Höhenfüllern der Vorteil, dass die Füllmenge nicht in Abhängigkeit des Behältervolumens durch die Füllhöhe, sondern durch Abmessung der *Produktmenge* erfolgt. Sie können im Normaldruck- und im Überdruckbereich unter Anwendung der verschiedenen Füllverfahren eingesetzt werden. Neben Kolbendosieranlagen stehen Anlagen zur Verfügung, die auf magnetisch induktiven Durchflussmessgeräten basieren (OEHLER 1996), und Systeme, die die zu füllende Packung während des Füllprozesses wiegen und dementsprechend den Prozess steuern.

Eine Möglichkeit zur aseptischen Abfüllung einer PET-Flasche in einem Reihenfüller ist in Abbildung 206 dargestellt. Die Vorblasung mit Heißluft verhindert das Kondensieren des Sterilisierungsmittels (H_2O_2), welches nach Versprühen erneut mit einer Heißluftausblasung aus der Packung verdrängt wird. Das Produkt fließt danach von einem Maßfüller dosiert in die Packung, die im letzten Schritt vor Austritt aus dem Reinraum induktiv versiegelt wird.

Bei der Füllung von aufgefaltetem Verbundmaterial müssen Dosierfüllsysteme eingesetzt werden. Bei der in Abbildung 207 dargestellten Weichpackungstechnologie erfolgt die Längsnahtversiegelung bereits beim Hersteller, der zugeschnittene Packungsvorlagen liefert. Die Packungszuschnitte werden aufgefaltet und zunächst am Boden quernahtverschweißt (4), gefaltet (5), nach Sterilisation (H_2O_2-Nebel) erfolgt die Trocknung mittels Heißluft und Füllung in der Aseptikzone

Abb. 205. Füllphasen eines Dreikammerfüllsystems mit langem Füllrohr (Innofil DR; KHS Maschinen- und Anlagenbau AG).

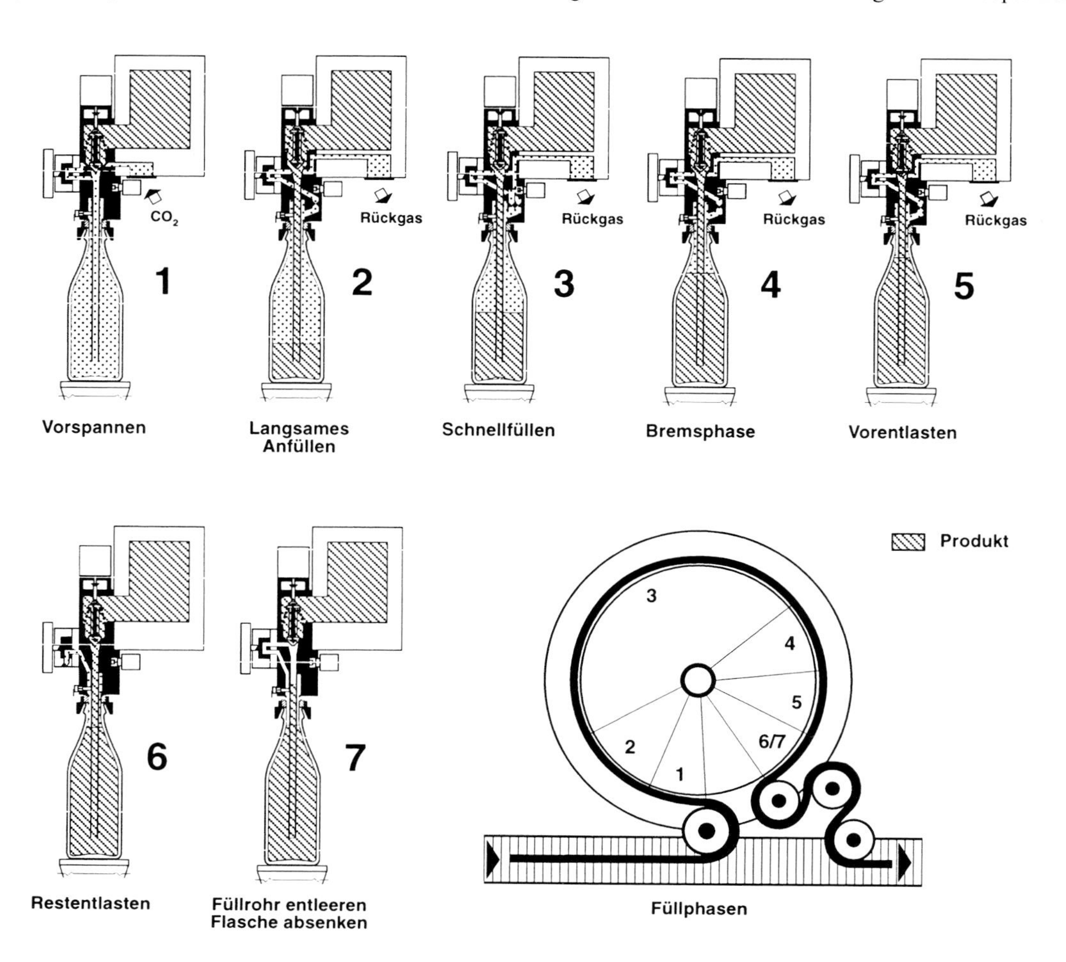

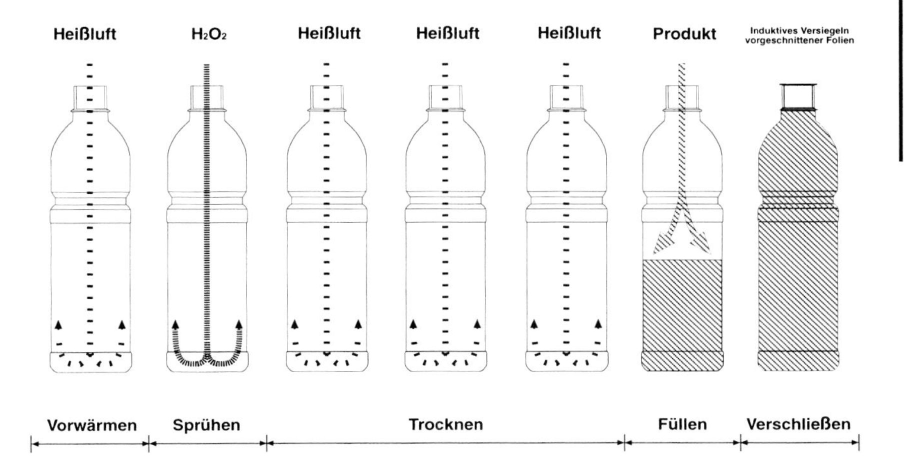

Abb. 206. Linear-(Reihen-)System zur Abfüllung von PET-Flaschen (TETRA PAK 1999)

(9). Die Kopfnahtverschweißung (15) erfolgt unter Einsatz von Ultraschall. Durch Austausch der Zuschnitte (wenige Minuten) können auf einer Maschine unterschiedliche Packungsgrößen gefüllt werden. Die spezielle Längsnahtversiegelung und dadurch die Vermeidung des Produktkontaktes mit Aluminium (Wasserstoffbildung) und das Erreichen einer höheren Dichtigkeit wird durch Umbördelung des an der Naht außen liegenden Packstoffes und Versiegelung mit dem innen überlappenden Material erreicht. Eine *Wasserstoffbildung* kann auch infolge der Beschädigung der inneren PE-Schicht durch Risse, hervorgerufen durch mechanische Belastung bei Verpackung, Transport oder der Verwendung, erfolgen. Dies führt insbesondere in Anwesenheit von schwefliger Säure (Traubensäfte) zu einer H_2S-Bildung und damit einer starken Herabminderung der Qualität. Der im Kopfraum enthaltene Sauerstoffgehalt kann durch Dampfinjektion reduziert werden. Durch dieses System können gegenüber der Unter-Niveau-Versiegelung bei Schlauchfüllern fruchtfleisch- oder stückguthaltige Produkte besonders gut verpackt werden.

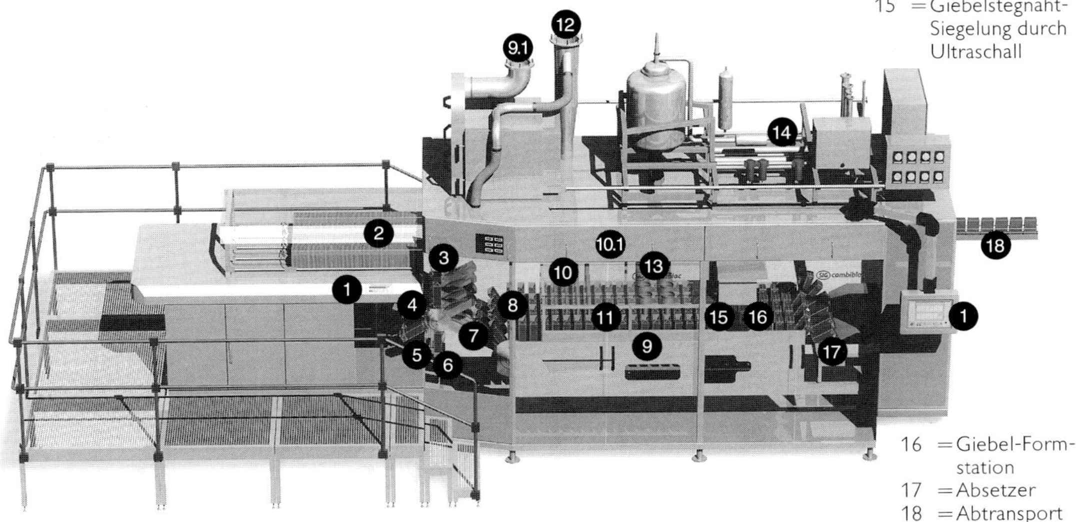

Abb. 207. Verbundverpackungsmaschine zur Verwendung von Zuschnitten (SIG COMBIBLOC 1999)
1 = Maschinenbedienung und Steuerung
2 = Packungsmäntel-Magazin
3 = Mantelentnahme und -aufformung
4 = Bodenaktivierung
5 = Bodenfaltung
6 = Bodenpressstation
7 = Überschiebestation
8 = Giebel-Vorfaltung
9 = Aseptik-Zone
9.1 = Sterilluftaufbereitung
10 = Sterilisation der Packung
10.1 = H_2O_2-Dosierung
11 = Trockenzone
12 = Absaugen von überschüssigem H_2O_2
13 = Füllstation
14 = Ventilknoten
15 = Giebelstegnaht-Siegelung durch Ultraschall
16 = Giebel-Formstation
17 = Absetzer
18 = Abtransport

7.6.1.4.4 Schlauchfüller

Zur aseptischen Abfüllung von als Rollenmaterial angelieferten Weichpackungen werden so genannte Schlauchfüller eingesetzt (Abb. 208).

Das Rollenmaterial wird aus dem Magazin (1) über ein zur Desinfektion mit H_2O_2 (35%ig) gefülltes Bad (9), nach Walzen- und Heißlufttrocknung zum Füllsystem (8) geleitet. Die Längsnahtversiegelung erfolgt bei diesem System unmittelbar vor der Abfüllung, indem an der Innenseite auf die sich überlappenden Packungsbestandteile ein Kunststoffstreifen aufgebracht und versiegelt wird, wodurch sich ein Schlauch ausbildet. Von oben ragt ein Füllrohr in diesen Schlauch, durch das das Produkt eintritt. Um Kontaminationen zu vermeiden, steht die Füllkammer unter permanentem Heißluftüberdruck. Unterhalb des Flüssigkeitsspiegels werden die Nähte nach der Quetschung des Schlauches durch Ultraschall versiegelt (Unter-Niveau-Versiegelung), was eine kopfraumfreie Abfüllung ermöglicht und bei oxidationsempfindlichen Produkten (Citrussäfte) einen besonderen Vorteil darstellt. Durch die Eindüsung von Inertgasen in das Füllgut kann mit Kopfraum abgefüllt werden. Die Abfüllung unterschiedlicher Packungsgrößen ist möglich.

Bei der Abfüllung von pulpe- oder faserhaltigen Produkten können durch die Unter-Niveau-Versiegelung Probleme auf-

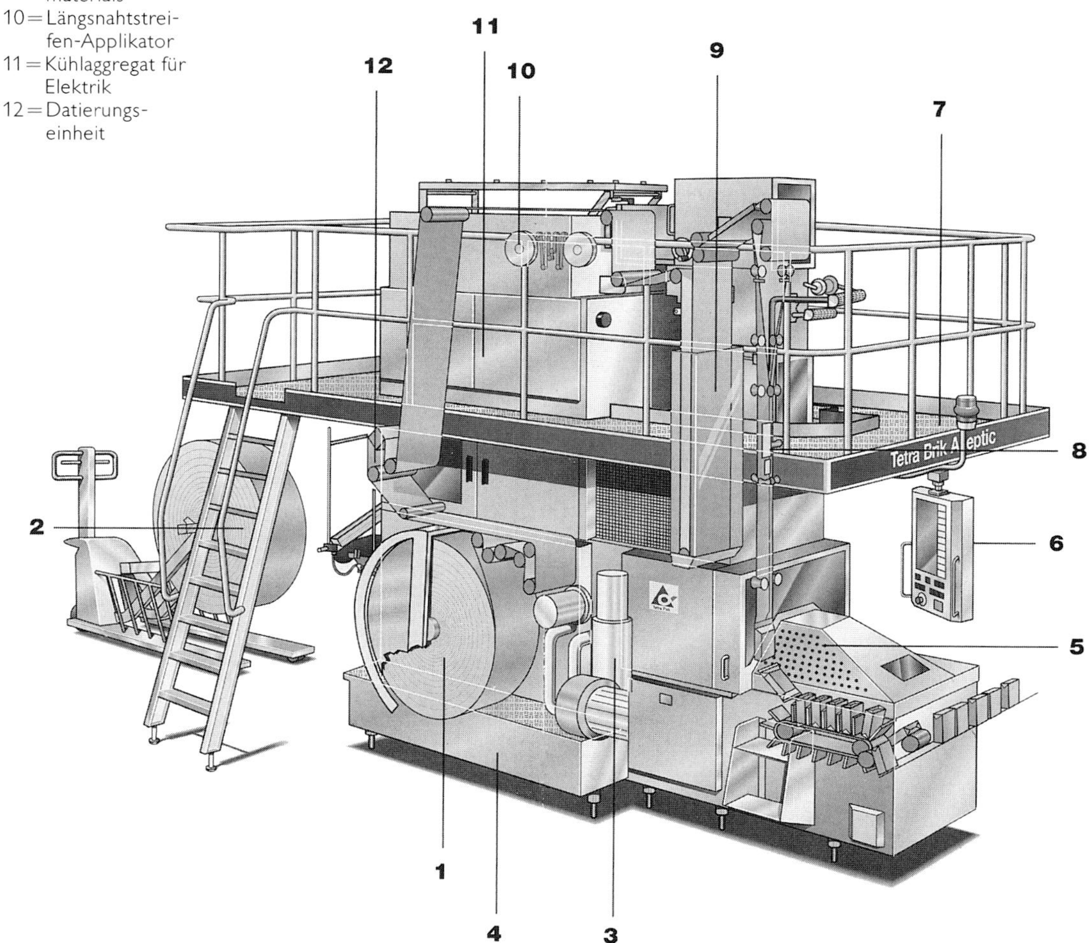

Abb. 208. Verbundverpackungsmaschine zur Verwendung von Rollenmaterial – TBA/19 (Tetra Pak 1999)
1 = Verpackungsmaterial-Magazin
2 = Verpackungsmaterial-Förderwagen
3 = Service-Einheit (Wasserversorgung)
4 = Ableitungssystem für H_2O_2-Rückstände
5 = Endfalter
6 = Bedienfeld
7 = Arbeitsplattform
8 = Füllsystem
9 = Sterilisation des Verpackungsmaterials
10 = Längsnahtstreifen-Applikator
11 = Kühlaggregat für Elektrik
12 = Datierungseinheit

treten. Nach der Versiegelung werden Fuß- und Kopfnähte beigefaltet und verklebt.

7.6.1.5 Packungspasteurisation

Das kalt abgefüllte Getränk wird in der verschlossenen Flasche in kleineren Betrieben diskontinuierlich in Pasteurisationswannen mit Wasserbadtemperaturen von 70 bis 80 °C, 20 bis 30 Minuten pasteurisiert. Bei größeren Betriebseinheiten kommen Tunnelpasteure mit produktspezifischen Temperaturprogrammen zum Einsatz (vgl. Abb. 125 Seite 309). In diesen Tunnelpasteuren gelangen die auf Transportbändern stehenden Behälter (Flaschen, Dosen) kontinuierlich durch die Anwärm-, Pasteurisier- und Abkühlzone, deren Temperaturen durch Berieselung mit entsprechend temperiertem Wasser erreicht wird. Bei der Temperaturführung ist zu berücksichtigen, dass die Temperaturdifferenzen zwischen den Zonen 15 °C nicht überschreiten sollten, um Flaschenbruch zu vermeiden.

7.6.1.6 Etikettierung

7.6.1.6.1 Nassetikettierung

Hierzu werden Etikettiermaschinen, die meistens nach dem Karussellprinzip mit umlaufender Flaschenführung bei gleichbleibender Geschwindigkeit arbeiten, eingesetzt. Die Etiketten werden in der Maschine durch Leim oder Saugluft aus dem Etikettenmagazin abgenommen, durch Rippenwalzen streifig oder punktartig beleimt, zur vorbeilaufenden und auf dem Flaschenförderband aufrecht stehenden Flasche herangeführt und durch Schwämme oder Bürsten angedrückt und festgerollt.

Das Etikettenpapier ist ein etwa 70 g/m^2 schweres saugfähiges Papier, das für eine spätere Ablösung in Reinigungsanlagen eine gewisse *Laugendurchlässigkeit* aufweisen sollte. Seine *Faserrichtung* sollte quer zur Flaschenachse liegen. Maßhaltigkeit, Reiß-, Nass-, Abriebsfestigkeit und Sauberkeit der Etiketten sind für die einwandfreie Arbeitsweise außerordentlich wichtig. Desgleichen ist die Leimbeschaffenheit auf zahlreiche Faktoren abzustimmen, um die Maschinenfunktion zu gewährleisten.

7.6.1.6.2 Selbstklebeetikettierung

Während Nassleimetiketten in der Getränkeindustrie im Offset-Druckverfahren auf großformatige Papierbögen gedruckt und auf das entsprechende Etikettenformat zugeschnitten werden können, muss für Selbstklebeetiketten Rollenware Anwendung finden. Als Rohmaterial steht ein silikonbeschichtetes Trägerpapier, ein Klebstofffilm und das Obermaterial (Papier, Folie) zur Verfügung. In der Vergangenheit auftretende Probleme, die Ablösung von Selbstklebeetiketten bei Mehrwegsystemen betreffend, sind gelöst. Der Einsatz von Selbstklebeetiketten kann nur auf trockenen Behältern erfolgen. Da sich der Wechsel von Formatteilen (Kosten) erübrigt, können vielfältige Etikettenformen bei vergleichsweise geringen Rüstzeiten realisiert werden. Im Gegensatz zu Nassleim-Papieretiketten sind transparente Ausführungen möglich.

7.6.1.6.3 Streckfolienbanderolen-Etikettierung

Die Applikation von Streckfolienbanderolen (strech sleeve) bietet neben einer Rundumetikettierung den Vorteil, dass zum Beispiel Mehrweg-PET-Flaschen sehr einfach von ihrem Etikett zu trennen und dementsprechend unter geringerem Aufwand zu reinigen sind. Bei dieser Art der Etikettenapplikation wird ein Folienschlauch wie ein Strumpf über den Behälter gezogen, der auch unter sonst schwierigen Bedingungen (Benetzung usw.) fest sitzt.

7.6.1.7 Füllmengenkontrolle und Packungsprüfung

Die visulle Kontrolle der Flaschenfüllung wird an Leuchtschirmen mit Höhenlinien für das Füllniveau vorgenommen, an denen die Flaschen auf Transportbändern vorbeilaufen. Zur innerbetrieblichen Füllmengenkontrolle gehören folgende drei Maßnahmen:

– Prüfung der Flasche auf Maßhaltigkeit,

- Einstellung der Höhenfüller auf berechnete Mittelwerte,
- Füllmengenkontrolle während der Füllung mit geeigneten Kontrollmessgeräten.

Geeignete Messgeräte sind: Kontrollwaagen, Messkolben und Messschablonen.

Im Hinblick auf die Maßhaltigkeit der Fertigpackung sind nicht nur an die Fülltechnologie, sondern auch an die Flaschenqualität hohe Anforderungen zu stellen. Die Flaschenqualität wird bestimmt durch die Abmessungen, das Gewicht, das Volumen, die Innendruckfestigkeit und durch das Auftreten von visuell erkennbaren Fehlern wie Glaszapfen in der Mündung, Service-Fehler, die den gasdichten Verschluss der Flasche verhindern, Risse, Blasen, Deformationen usw. Die Prüfungen durch Messung erstrecken sich auf Merkmale, von denen Sollwerte für die wesentlichsten Flaschensorten aus den DIN-Normen oder aus den Standardblättern der Hohlglasindustrie zu entnehmen sind. Es handelt sich um Angaben für:

- größter Körperdurchmesser (mm),
- Höhe (mm),
- Mündungsdurchmesser außen (mm),
- Halsdurchmesser innen (mm),
- Inhalt randvoll (ml),
- Achsabweichung (mm),
- Innendruckfestigkeit (bar) und
- Tiefe der Mündung (mm).

Ferner werden in der Flaschenprüfstelle noch der Inhalt füllvoll, der Leerraum bei der empfohlenen Leerraumhöhe, das Leergewicht, der Tiefenwinkel und die Tiefe der Bodenwölbung festgestellt. Besondere Bedeutung kommt dem Füllvolumen zu, da Fertigpackungen nach deutschem Eichgesetz nur in den Verkehr gebracht werden dürfen, wenn die Nennfüllmenge angegeben und zum Zeitpunkt der Herstellung im Mittel auch nicht unterschritten werden. Auch festgelegte Minusabweichungen dürfen nicht unterschritten werden. Die zu dokumentierende stichprobenweise Überprüfung nach den allgemein anerkannten Regeln der Qualitätssicherung ist zulässig. In der deutschen Fertigpackungs-Verordnung wird darauf hingewiesen, dass die Leerraumhöhe, also der Abstand zwischen Mündung und Flüssigkeitsspiegel bei Befüllung mit dem Nennvolumen bei allen Flaschen des gleichen Musters hinreichend konstant sein muss. Hierbei handelt es sich um das wesentlichste Maß für die richtige Einstellung der Füllorgane bei Höhenfüllern. Der Abfüller kann entweder die Fertigpackungs-Verordnung nicht einhalten oder wird einen höheren Getränkeverlust in Kauf nehmen müssen, wenn dieses Maß nicht bei allen Flaschen der gleichen Sorte, also auch von verschiedenen Glashütten, hinreichend konstant ist. Betreffend der Maßhaltigkeit gegenüber Mehrwegglasflaschen bestehen bei Mehrweg-PET-Flaschen durch Deformationen besondere Problemfelder, die einer stetigen Überwachung bedürfen.

Die hergestellten Fertigpackungen werden im Rahmen der Qualitätssicherung einer Prüfung der Maßhaltigkeit und Dichtigkeit sowie der physikalischen, chemischen und mikrobiologischen Stabilität unterzogen (vgl. Kapitel 1.3.6).

7.6.1.8 Kartonierung, Palettierung und Palettensicherung

Zum Einpacken von Fertigpackungen in Transporteinheiten wie auch zu deren Palettierung und Palettensicherung werden je nach Anlagengröße halb- oder vollautomatische Robotersysteme verwendet. Die Packschemata können in Abhängigkeit des Handelspartners unterschiedlich ausgeprägt sein, was bei fehlender Automatisierung zu einem nicht zu unterschätzenden Aufwand führen kann. Die Palettensicherung erfolgt überwiegend mit Folien.

Bevor die Fertigpackungen kartoniert und palettiert werden, müssen sie, je nach den gesetzlichen Regelungen, mit einer Chargenkennzeichnung versehen werden. Dazu erhalten die Etiketten zumeist eine Markierung, die unter Zuhilfenahme eines Codes das Abfülldatum erkennen lässt. Ebenfalls ist unter Einsatz von berührungslosen Drucktechnologien (zum Beispiel Tintenstrahl-, Lasersysteme) eine Chargenkennzeichnung auf der Behälteroberfläche möglich. Nach dem Einpacken in Kartons müssen diese ebenfalls entsprechend gekennzeichnet werden. Gleiches gilt für die Kennzeichnung gepackter Paletten.

7.6.2 Getränkeausschank

7.6.2.1 Behälterabfüllung

Hierzu gelangen Behälter aus V2A-Material zum Einsatz, welche mit selbsttätig schließenden Ventilen zur Befüllung mit Vorspanngas oder Fördergas sowie zum Befüllen und Entleeren von Getränk oder Getränkesirup ausgestattet sind. Ferner ist ein Deckelverschluss als Reinigungsöffnung vorhanden, der lediglich zur Spülung in der Behälterspülmaschine geöffnet wird, um durch diese Öffnung den Spritzkopf der Spülmaschine einzuführen. Neben den Anschlussschläuchen werden auch die vorgenannten Ventile und ihr in den Behälter führendes Steigrohr gereinigt.

Nach der Reinigung und dem Verschluss der Reinigungsöffnung werden die Behälter sterilisiert. Ventile, an die zur Befüllung Kunststoffschläuche angeschlossen werden, befüllen die Behälter zunächst mit Vorspanngas und anschließend nach dem isobarometrischen Prinzip mit Getränk oder Sirup.

Der Behälterinhalt kann über eine Waage überprüft werden. Die in den Behältern abgefüllten Getränkesirupe sind für so genannte *Postmix-Zapfgeräte* (siehe Kapitel 7.6.2.2) bestimmt, in denen die Ausmischung des Sirups mit Trinkwasser zum Fertiggetränk an der Zapfstelle automatisch erfolgt.

7.6.2.2 Getränkeschankanlagen

Nach der deutschen Getränkeschankanlagen-Verordnung sind unter anderem die Schankanlagen und deren Reinigungsverfahren in Schankstätten einer Zulassung unterworfen und die Reinigungszeitabstände, Kontrollverfahren und Förderdrücke sowie die zulässigen Treibgase festgelegt.

Die Anlagen enthalten entweder Behälterkühlschränke und/oder Durchlaufkühler für die Kühlung der jeweils benötigten Getränkemenge. Ferner sind Treibgasbehälter und Druckminderer sowie Zapfhähne und Reinigungsgeräte wesentliche Bestandteile dieser Anlagen. Folgende Anlagentypen können unterschieden werden:

a) *Zapfanlagen* zum Ausschank kohlensäurehaltiger Getränke. Diese Anlagen müssen konstruktiv so ausgeführt sein, dass gleichbleibend gute Schankverhältnisse bis zum letzten Glas ohne vorherige Kohlensäureverluste erreicht werden. Der Behälterdruck sollte mindestens so hoch sein wie der von der Temperatur und dem Kohlensäuregehalt abhängige Sättigungsdruck. Zur Überwindung geodätischer Förderhöhen, ist ein entsprechender Überdruck hinzuzurechnen. Dieser Druck sollte nach Entleeren des Behälters schonend ohne Turbulenzen abgebaut werden können (Schöffel 1974).
Durch Zapfeinrichtungen mit integrierten Durchflussreglern wird die Regulierung der Durchlaufgeschwindigkeit beim Zapfen ermöglicht (Alumasc 1972). Dies erlaubt einen höheren Zapfdruck, wodurch die CO_2-Entbindung in Behältern und Leitungen verhindert wird. Diese Ausstattung ermöglicht den Einsatz eines Behälters über mehrere Tage (produktspezifisch), ohne allzugroße Verluste an Getränkequalität.
b) *Premixzapfgeräte* für CO_2-haltige und CO_2-freie Getränke. Es handelt sich um Anlagen zur portionsweisen Ausgabe von Premixgetränken (bereits fertig ausgemischte Getränke) zum Beispiel in automatischen Premixzapfsäulen oder Automaten. Die zur Portionierung der Getränke elektromagnetisch geöffneten Zapfhähne sind mit einem Getränkebehälter durch einen Schlauch verbunden. Durch Kohlensäuredruck bis maximal acht bar wird das Getränk zunächst bis zum Zapfhahn gedrückt. Die durch einen Drucktaster veranlasste Öffnungszeit des Zapfhahnes ist durch ein Zeitwerk eingestellt und an die Durchflussgeschwindigkeit und den Getränkedruck angepasst.
c) *Postmixzapfgeräte* können als Ausschankautomaten zur Herstellung von

alkoholfreien, gekühlten Getränken aus fertig ausgemischten und in Behältern abgefüllten Getränkeansätzen eingesetzt werden. Zum Zeitpunkt des Geldeinwurfs wird der Getränkeansatz mit Trinkwasser, wahlweise mit und ohne CO_2, portionsweise hergestellt, in Becher abgefüllt und ausgegeben.

Für alle hier genannten Zapfanlagen kann zur Erzeugung des Förderdrucks anstelle der Kohlensäure auch Stickstoff verwendet werden. Dieses Gas bietet einen ausgezeichneten Schutz vor Oxidationsprozessen, die in Süßgetränken beträchtliche Getränkefehler hervorrufen können.

Die Behälter der Zapfanlagen sind nach der Entleerung und während des Rücktransportes zum Abfüllbetrieb bis zur Reinigung durch die selbsttätigen Verschlussventile geschlossen, so dass eine Kontamination bei richtiger Handhabung verhindert werden kann.

8 Abwasser- und Abfallbehandlung

M. Schmidt

8.1 Notwendigkeit der Abwasserbehandlung und Abfallbeseitigung

Bei der Herstellung von Obst- und Gemüsesäften fallen Abwasser und Abfallstoffe in größeren Mengen an. Sie enthalten überwiegend pflanzliche Stoffe, die prinzipiell durch einen natürlichen, biologischen Prozess abgebaut werden können. In früheren Zeiten erfolgte daher eine Entsorgung durch Einleiten in Gewässer. Die Konzentrationen der Inhaltsstoffe sind jedoch sehr hoch, so dass die natürliche Reinigungskraft der Bäche und Flüsse nicht ausreichte.

Auch beim Einleiten der Abwässer in die öffentliche Kanalisation kann es zu Überlastungen der örtlichen Kläranlagen kommen. Gründe sind unter anderem die hohen Spitzenbelastungen der oft saisonal arbeitenden Betriebe.

Die Notwendigkeit zur Abwasserbehandlung ergibt sich daher zum einen aus ökologischen Gründen und zum anderen aus behördlichen Auflagen.

Durch die Reinigung oder Vorbehandlung der Abwässer lassen sich teilweise auch Kosten sparen, beispielsweise wenn die Gemeinde Starkverschmutzerzuschläge erhebt. Bei größeren Betrieben, die ganzjährig arbeiten, können sich Kostenreduzierungen durch Vollreinigung und Direkteinleitung in Gewässer ergeben.

Bei den Abfallstoffen ist eine getrennte Sammlung sinnvoll, um kostengünstige Weiterverwendungen oder Entsorgungen realisieren zu können.

8.2 Rechtliche Grundlagen

8.2.1 Übersicht

In Österreich und der Schweiz ist die Gesetzgebung relativ klar und verständlich. In den entsprechenden Gesetzen und Verordnungen werden die Bedingungen für das Einleiten von Abwasser in öffentliche Fließgewässer und in die öffentliche Kanalisation allgemeingültig festgelegt. In der Schweiz haben hierbei die Kantone das Recht der Änderung beziehungsweise Festsetzung einiger Parameter. In Deutschland sind die rechtlichen Grundlagen etwas verwirrend, da es nicht ein umfassendes „Abwasser- und Abfallrecht" gibt, sondern eine Fülle von Gesetzen, Verordnungen und Verwaltungsvorschriften, die zudem noch in Bundes- und Länderrecht aufgeteilt sind. Nicht nur die Länder haben daher unterschiedliche Bestimmungen: jede Gemeinde kann sich eine unterschiedliche Abwassersatzung geben und diese beliebig oft ändern! Weiterhin werden zur Zeit zahlreiche europäische Vorschriften übernommen und lösen teilweise deutsche Bestimmungen ab.

8.2.2 Rechtliche Bestimmungen in Deutschland

Die übergeordnete rechtliche Bestimmung ist das Wasserhaushaltsgesetz des Bundes (WHG). Aufgrund des WHG haben die Länder entsprechende Landeswassergesetze, zum Beispiel LWG NRW, erlassen (Engelhardt et al. 1993). Für Betriebe, bei denen Abwasser anfällt, sind einige Gesetze, Verordnungen und Verwaltungsvorschriften besonders wichtig. Hierbei muss unterschieden werden, ob das Abwasser in die Kanalisation oder in ein Gewässer eingeleitet wird.

Direkteinleiter pumpen das Abwasser nach einer entsprechenden Behandlung in ein öffentliches Gewässer, den sogenannten Vorfluter. **Indirekteinleiter** geben das Abwasser, vielfach ohne Vorbehandlung, in die öffentliche Kanalisation. Diese führt zur kommunalen Kläranlage, die das Abwasser reinigt und dann in ein Gewässer einleitet. Kommunale Kläranlagen sind also immer Direkteinleiter.

Bestimmungen für Direkteinleiter
Allgemeine Rahmen-Abwasser-Verwaltungsvorschrift (Rahmen-AbwVwV) mit Anhängen. Diese legt fest, welche Anforderungen die Wasserbehörden mindestens an das Abwasser stellen müssen, das ein Verursacher direkt in ein Gewässer einleitet. Für viele Gewerbe- und Industriebereiche gibt es einen Anhang der Rahmen-Abwasser-Verwaltungsvorschrift.
Beispielsweise gilt der Anhang 5 für die „Herstellung von Obst- und Gemüseprodukten" und der Anhang 6 für die „Herstellung von Erfrischungsgetränken und Getränkeabfüllung". Sie stellen folgende Mindestanforderungen (Erläuterung der Größe siehe Kapitel 8.3.1):
- Chemischer Sauerstoffbedarf CSB: 110 mg/l.
- Biochemischer Sauerstoffbedarf BSB_5: 25 mg/l.

Bei großen Abwassermengen werden ferner Ammonium-Stickstoff und Phosphor begrenzt:
- Ammonium-Stickstoff, Anhang 5 (> 500 m^3/d): 10 mg/l.
- Phosphor, Anhang 5 ($> 1\,000$ m^3/d): 3 mg/l; Anhang 6 ($> 2\,000$ m^3/d): 2 mg/l.

Anhang 5 schreibt ferner vor, dass bei Volumenströmen über 500 m^3/d die Abwasserbehandlungsanlagen mit gezielter Denitrifikation betrieben werden müssen (siehe Kapitel 8.6.5.6).

Abwasserabgabengesetz (AbwAG). Jeder Direkteinleiter muss Abwasserabgaben zahlen, deren Höhe bundeseinheitlich ist und sich nach der Abwassermenge und dem Verschmutzungsgrad richtet. Parameter sind (ENGELHARDT et al. 1993):
- Abwassermenge pro Jahr,
- chemischer Sauerstoffbedarf (siehe Kapitel 8.3.1),
- Phosphorgehalt,
- Stickstoffgehalt,
- organische Halogenverbindungen,
- Schwermetallgehalt,
- Giftigkeit gegenüber Fischen.

Aus der Abwassermenge und den Konzentrationen werden Schadeinheiten (SE) berechnet. Für 1 SE müssen zur Zeit 60 DM bezahlt werden.

Beispiel: 50 kg CSB = 1 SE

Abwassermenge 30 000 m^3/a mit 100 mg CSB/l ergeben 3 000 kg CSB/a, das entspricht 60 SE/a. Die Abwasserabgabe beträgt dann nur für CSB 3 600 DM/a.

Für den Bau und Betrieb einer eigenen Abwasserreinigungsanlage sind Genehmigungen notwendig. Diese werden teilweise auf Ersuchen der Gemeinde nicht erteilt, da dann die kommunale Kläranlage nicht ausgelastet ist und die Abwassergebühren entfallen oder sich reduzieren.

Bestimmungen für Indirekteinleiter
Die *kommunale Abwassersatzung* ist wichtig, sofern das Abwasser keine wassergefährdenden Stoffe enthält. In der Abwassersatzung ist festgelegt, welche maximalen Werte die Parameter des Abwassers haben dürfen, wenn es in die Kanalisation eingeleitet wird. Begrenzt sind vielfach der pH-Wert-Bereich, die absetzbaren Stoffe, die Konzentrationen an Schwermetallen, Stickstoff- und Phosphorverbindungen. Eine Begrenzung des CSB wird meistens nicht vorgenommen.

Die Abwassersatzung legt ferner die Abwassergebühren fest. Viele Gemeinden erheben Starkverschmutzerzuschläge bei CSB-Werten von mehr als 600 bis 1 000 mg/l. Übliche kommunale Abwassergebühren betragen 4 bis 30 DM/m^3.

Bei einer Abwassermenge von 30 000 m^3 und einer Gebühr von 10 DM/m^3 beträgt die jährliche Abwassergebühr 300 000 DM.

Eine Vorbehandlung des Abwassers kann auch für Indirekteinleiter wirtschaftliche Vorteile ergeben, wenn dadurch Starkverschmutzerzuschläge entfallen.

Enthält das Abwasser wassergefährdende Stoffe, wie Schwermetalle oder organische Halogenverbindungen, muss zusätzlich die oben genannte Rahmen-Abwasser-Verwaltungsvorschrift eingehalten werden. Die Gemeinde darf keine Sondergenehmigung erteilen. Die Anhänge der Rahmen-AbwasserVwV, die Herkunftsbereiche mit wassergefährdenden Stoffen betreffen, wie die Metallver- und -bearbeitung sind in den letzten Jahren weitgehend durch bindende Richtlinien des Rates der EG ersetzt worden.

Auch für den Bau und Betrieb von Abwasservorbehandlungsanlagen, deren Ablauf in die öffentliche Kanalisation eingeleitet wird, sind Genehmigungen bei den zuständigen Behörden zu beantragen.

8.2.3 Rechtliche Bestimmungen in Österreich

Für Abwasserbehandlung und -einleitung aus den Bereichen der Obst- und Gemüsesaftherstellung sind die Verordnungen über die Begrenzung von Abwasseremissionen aus bestimmten Herkunftsbereichen gültig (Republik Österreich 1994 a, b).

- BGBl. 1077/1994: Herstellung von Erfrischungsgetränken und Getränkeabfüllen.
- BGBl. 1078/1994: Obst- und Gemüseveredlung, Tiefkühlkost und Speiseeiserzeugung.

Übergeordnet sind das Gesetz WRD 1959 und die 186. Verordnung „Allgemeine Begrenzung von Abwasseremissionen in Fließgewässer und öffentliche Kanalisation (AAEV)" vom 19. 04. 1996 (Republik Österreich 1996). Die Emissionsbegrenzungen nach 1077 und 1078 stimmen weitgehend überein. In Tabelle 69 werden Abweichungen von 1078 in Klammern angegeben.

8.2.4 Rechtliche Bestimmungen in der Schweiz

Übergeordnetes Gesetz ist das Wasserschutzgesetz vom 24. 01. 1991 (Schweizerische Eidgenossenschaft 1991). Die Einleitbedingungen werden in der „Verordnung über Abwassereinleitungen (siehe Tab. 70) vom 08. 12. 1975" festgelegt (Schweizerische Eidgenossenschaft 1975):

8.2.5 Rechtliche Grundlagen der Abfallbehandlung

Die wichtigste rechtliche Bestimmung ist in Deutschland das Kreislaufwirtschafts- und Abfallgesetz KrW-/AbfG vom 27. 09. 1994, geändert am 17. 03. 1998. Mit dem Gesetz wird die Kreislaufwirtschaft gefördert. Hiernach sollen Abfälle möglichst vermieden werden. Falls dies nicht möglich ist, soll eine Verwertung erfolgen und nur im äußersten Fall eine Beseitigung.

Tab 69. Regelung der Emissionsbegrenzung in Österreich nach BGBl 1077 bzw. BGBl 1078

Parameter	Einleiten in Fließgewässer	Einleiten in eine öffentliche Kanalisation
Temperatur:	30 °C	35 °C
absetzbare Stoffe:	0,3 ml/l	10 ml/l
pH-Wert:	6,5–8,5	6,5–9,5 (6,0–10,0)
ges. gebundener Stickstoff (NH_3, NO_2, NO_3):	Abbaugrad ≤ 75 % bei ≤ 150 kg BSB_5/d	–
Gesamt-Phosphor als P:	1 mg/l (2)	–
CSB:	90 mg/l (*)	–
BSB_5:	20 mg/l	–

*) 1078: Für Zulauf > 900 mg/l ist ein Abbaugrad von 90% ausreichend.

Tab 70. Einleitbedingungen für Abwasser in der Schweiz

	Fließgewässer und Flussstaue	Gewässer	öffentliche Kanalisation
gesamte ungelöste Stoffe	keine Schlammbildung	20 mg TS/l	Kanton legt fest
absetzbare Stoffe	keine Schlammbildung	0,3 ml/l	Kanton legt fest
pH-Wert	keine nachteiligen Folgen	7,5–8,5	6,5–9,0 (6,0–9,5)
Nitrat	25 mg NO_3/l	möglichst niedrig, Kanton legt fest	
Phosphor, ges.	möglichst niedrig	Abbaugrad > 80 % Kanton legt fest: 0,3–0,8 mg P/l	möglichst niedrig
DOC	2 mg C/l	überwiegend 15 mg C/l	Kanton legt fest
TOC	–	max. 7 mg C/l über DOC	Kanton legt fest
CSB	–	Kanton kann festlegen	Kanton kann festlegen
BSB_5	4 mg O_2/l	20 mg O_2/l	Kanton legt fest

8.3 Entstehungsorte, Mengen und Zusammensetzung des Abwassers

8.3.1 Charakterisierung des Abwassers

Zur Charakterisierung werden überwiegend Summenparameter eingesetzt. Die wichtigsten sind folgende:

Chemischer Sauerstoffbedarf CSB. Er gibt die Sauerstoffmenge in mg O_2/l an, die zur mehr oder weniger vollständigen chemischen Oxidation der Inhaltsstoffe des Abwassers benötigt werden. Anstelle der aufwendigen nasschemischen DIN-Methode werden zur Selbstüberwachung Küvettentests verwendet, die von mehreren Firmen angeboten werden. Der CSB ist in Deutschland und Österreich der wichtigste Abwasserparameter. Kosten: Grundausstattung etwa 5000 DM, Küvette etwa 6 DM/Probe.

Biochemischer Sauerstoffbedarf BSB_5. Er gibt die Sauerstoffmenge in mg O_2/l an, die aerobe Mikroorganismen zum Abbau der Inhaltsstoffe des Abwassers innerhalb von fünf Tagen benötigen. Genormt ist die so genannte Verdünnungsmethode, die apparativ aufwendig ist. Zur Selbstüberwachung sollten die Proben, falls notwendig, von einem externen Labor analysiert werden. Bei Abwasser aus der Obst- und Gemüseverarbeitung beträgt der BSB_5 etwa 65 % vom CSB. Für CSB und BSB gibt es kontinuierliche On-line-Messgeräte.

Gelöster organischer Kohlenstoff DOC und gesamter organischer Kohlenstoff TOC. Der DOC gibt die Konzentration der gelösten organischen Kohlenstoffverbindungen in mg C/l an. Der TOC erfasst zusätzlich fein verteilte Feststoffe (Trübstoffe). Der TOC kann die Aussage des CSB gut ersetzen. Der CSB hat etwa den dreifachen Wert des TOC im Bereich der Abwässer aus der Obst- und Gemüsesaftherstellung. Für den DOC und TOC stehen zuverlässige und ausgereifte Analysatoren zur Verfügung. Die Kosten betragen etwa 50000 bis 100000 DM. Der Selbstkostenpreis einer Analyse beträgt etwa 1 bis 2 DM. In der Schweiz ist der DOC der wichtigste Parameter.

Absetzbare Stoffe. Die Messung erfolgt mit einem konischen Messglas (Imhoff-Trichter). Die abgesetzten Stoffe werden nach 30 Minuten abgelesen. Die Messung ist einfach und billig. Beim Einleiten von Abwasser in Gewässer und in die öffentliche Kanalisation sind die absetzbaren Stoffe meistens begrenzt.

8.3.2 Entstehungsorte und Einteilung des Abwassers

Die Abwassermengen und Konzentrationen der Inhaltsstoffe schwanken im Bereich der Herstellung von Obst- und Gemüsesäften sehr stark. Einflussgrößen sind:

- Größe des Betriebs,
- eingesetzte Rohstoffe,
- Produktpalette,
- innerbetriebliche Maßnahmen zur Reduzierung von Abwasserverbrauch und Wasseranfall.

In Abbildung 209 ist schematisch der Herstellungsprozess von Apfelsaft eines mittleren Betriebes dargestellt (SCHMIDT et al. 1996).

Bei größeren Betrieben können zusätzlich Anlagen zur Entaromatisierung und Konzentrierung vorhanden sein. Bei allen Produktionsstufen fällt Abwasser an. Es lässt sich in folgende Anteile einteilen:

- Transport- und Waschwasser,
- Reinigungsabwasser,
- Abwasser der Entaromatisierung und Konzentrierung,
- Spülmaschinenabwasser,

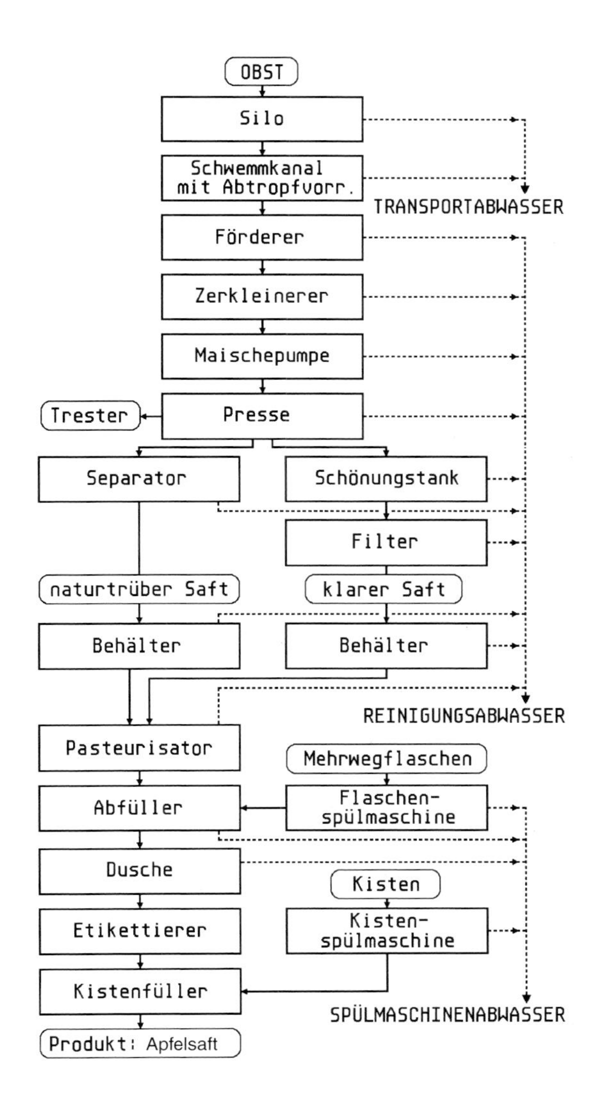

Abb. 209. Fließbild des Herstellungsprozesses von Apfelsaft.

– Schönungstrub und Separatorenkonzentrat.

Das *Transport- und Waschwasser* hat aufgrund der intensiven Reinigung der Äpfel und durch Extraktion von Inhaltsstoffen hohe Konzentrationen. Es wird kontinuierlich oder absatzweise durch Frischwasser ersetzt. Die Konzentrationen liegen im Bereich von 5000 bis 20000 mg CSB/l. Das *Reinigungsabwasser* fällt bei der Reinigung folgender Maschinen, Apparate und Behälter an:

– Zerkleinerer,
– Maische- und Zwischenpumpen,
– Pressen,
– Separatoren,
– Filter,
– Wärmeübertrager,
– Behälter,
– Destillationskolonnen.

Der Anfall des Abwassers kann sehr stark schwanken. Typische Werte der Konzentrationen sind 1000 bis 10000 mg CSB/l.

Das *Spülmaschinenabwasser* entsteht beim Reinigen von Mehrwegflaschen und Transportkästen. Die Belastung des Wassers ist relativ gering und der Volumenstrom nahezu konstant. Durch das verschleppte natronlaugehaltige Reinigungsmittel steigt der pH-Wert stark an. Teilweise erfolgt direkt hinter der Spülmaschine eine Neutralisation.

Die Konzentrationen haben etwa folgende Werte: 300 bis 1000 mg CSB/l.

Das *Abwasser der Aroma- und Konzentratanlage* hat mittlere Konzentrationen von 600 bis 1200 mg CSB/l. Die Belastung der Schließ- und Kühlwässer ist wesentlich geringer, so dass sich eine Weiterverwendung als Brauchwasser anbietet.

Schönungstrub und Separatorenkonzentrat zeichnen sich durch sehr hohe Konzentrationen von etwa 100000 bis 400000 mg CSB/l aus. Die anfallenden Mengen sind relativ gering. Wenn diese Stoffe jedoch nicht entwässert und separat als Abfall entsorgt werden, können sich die Abwasserkonzentrationen insgesamt vervielfachen.

Das Gesamtabwasser der Betriebe hat Werte zwischen etwa 2000 und 8000 mg CSB/l.

8.3.3 Spezifische Abwassermengen

Die entstehenden Abwassermengen werden auf die Rohstoff- oder die Produktmengen bezogen. Übersichten über diese spezifischen Mengen sind in dem ATV-Merkblatt M 766 (Abwassertechnische Vereinigung 1989) und in Fachbüchern zu finden (Abwassertechnische Vereinigung 1985). In Tabelle 71 sind einige Werte aus ATV M 766 zusammengestellt.

Weitere Angaben über Abwassermengen und -konzentration wurden unter anderem von Baumann et al. (1992) veröffentlicht.

8.4 Innerbetriebliche Maßnahmen zur Reduzierung von Wasserverbrauch und Abwasseranfall

In vielen Betrieben tritt ein hoher Wasserverbrauch und damit hoher Abwasseranfall durch Nichtoptimierung der Verfahrensschritte und Nachlässigkeit des Bedie-

Tab 71. Abwassermengen in Fruchtsaftbetrieben verschiedener Größe

Größe des Fruchtsaftherstellers	spez. Abwassermenge [m^3 Abw./m^3 Saft]	spez. BSB_5-Fracht [kg BSB_5/m^3 Saft]	spez. CSB-Fracht [kg CSB/m^3 Saft]
mittelgroß (Pressen und Abfüllen, saisonal Beeren und Kernobst)	2,8	3,02	4,5
klein (Pressen und Abfüllen, nur Kernobst)	1,8	4,56	6,8
groß (Pressen, Konzentrieren und Abfüllen)	1,9	1,7 (1,0–2,5)	2,7 (1,5–3,8)

nungspersonals auf. Sinnvolle Maßnahmen sind unter anderem folgende:
- zusätzlicher Einbau und Kontrolle von Wasserzählern in allen Bereichen;
- Bestandsaufnahme der Wasser- und Abwassersituation durch eine externe Firma und Erarbeiten von Maßnahmen zur Reduzierung des Wasserverbrauchs und des Abwasseranfalls;
- gut vorbereitete Personalschulung;
- Beseitigung von Leckagen;
- Einbau bedienerfreundlicher Absperrarmaturen (Kugelhähne);
- Verwendung von Wasserspardüsen.

In den einzelnen Bereichen des Betriebs können unter anderem folgende Maßnahmen getroffen werden:

Transport- und Waschsysteme
- Feinsiebung der Transport- und Waschwässer,
- Kontrolle der Wasserqualität und Minimierung des Ergänzungswassers,
- Verwendung von Brüdenkondensat und Sperrwasser als Transport- und Waschwasser.

Obstzerkleinerung und Entsaftung
- Verwendung von abwasserfreundlichen Presssystemen,
- grobe, trockene Vorreinigung der Maschinen und Apparate.

Aroma- und Konzentratanlage
- Kreislaufführung/Wiederverwendung von Lutterwässern, Brüdenkondensaten, Schließwässern usw.,
- Verwendung geschlossener Kühlkreisläufe,
- Einsatz vielstufiger Verdampfersysteme.

Schönung
- Einsatz gut abgestimmter Schönungsmittel,
- Entwässerung des Trubs und Verwertung/Entsorgung als Feststoff.

Separator
- Entwässerung des Separatorenkonzentrats (wie Trub).

Reinigung der Behälter, Apparate und Rohrleitungssysteme
- Verwendung wassersparender Reinigungsköpfe,
- Installieren von CIP-Systemen mit Wassermengenoptimierung,
- Einsatz von Hochdruckreinigern.

Abfüllung
- Minimierung des Produktverlustes,
- Reinigungssysteme für die Waschlauge der Spülmaschinen.

Betriebsreinigung
- trockene Vorreinigung,
- Einsatz von Hochdruckreinigern.

Bei der Aufstellung eines Maßnahmenkatalogs sollten Kosten-Nutzen-Abschätzungen durchgeführt werden. Über Maßnahmen zur Kosteneinsparung berichtet auch Langmeyer (1994).

8.5 Anforderungen an Abwasserbehandlungsanlagen

Auf dem Markt werden zahlreiche Systeme angeboten, die sich sehr stark unterscheiden können. Sie sollten möglichst viele der folgenden Forderungen erfüllen:
- niedrige Investitionskosten und moderate Betriebskosten,
- geringer Anfall an zu entsorgenden Reststoffen,
- niedriger Leistungsbedarf,
- angepasst an Abwassersituation und notwendigen Reinigungsgrad,
- erweiterbar um Stufen der Vor- und Nachbehandlung,
- realisierbarer Platz- und Raumbedarf,
- hohe Betriebssicherheit und einfache Bedienbarkeit,
- gute Zugänglichkeit aller zu reinigenden Bereiche,
- geringe Geräusch- und Geruchsemissionen,
- gute Bedienungsanleitung, die auch ausführlich auf Ausnahmesituationen und Gegenmaßnahmen eingeht,
- guter, schneller und bezahlbarer Service.

Bei Saisonbetrieben sind ferner wichtig:
- einfache Außerbetriebnahme,
- einfache Wiederinbetriebnahme.

Zu den wichtigsten Punkten gehören die hohe Betriebssicherheit und die einfache Bedienbarkeit. Alle Anlagen haben einen bestimmten Bedienungs- und Wartungsaufwand, der bei biologischen Anlagen mindestens 0,5 bis 2 Stunden pro Tag beträgt. Es müssen regelmäßig einfache Analysen durchgeführt werden, nicht nur um der vorgeschriebenen Selbstüberwachungspflicht nachzukommen, sondern auch um die Betriebszustände einschätzen und rechtzeitig Korrekturmaßnahmen einleiten zu können. Werden Anlagen als „vollautomatisch“ angeboten, sollte man sehr misstrauisch sein.

Für kleine und mittlere Betriebe sind einfache und „gutmütige“ Anlagen sinnvoll, deren Funktionsweise einfach zu verstehen und zu beherrschen ist. Während der Kampagne hat das Bedienungspersonal kaum Zeit, sich stundenlang mit komplizierten Steuerungen und Automatisierungsabläufen zu befassen, wenn etwas nicht funktioniert.

Wichtig ist die Besichtigung von Referenzanlagen und das Gespräch mit dem Betreiber, einschließlich dem Bedienungspersonal. Auch ein Blick in das Betriebstagebuch und die Bedienungsanleitung können Hinweise auf mögliche Schwierigkeiten und die Bedienbarkeit der Anlage geben.

8.6 Behandlungsverfahren

8.6.1 Übersicht

Die Behandlungsstufen einer Anlage müssen genau an die Abwassersituation und die geforderten Ablaufwerte angepasst sein. Eingesetzt werden
- mechanische,
- biologische und
- chemische Verfahren.

Mechanische Verfahren dienen zum Abtrennen von Feststoffen und Konzentrieren gelöster Stoffe, biologische zum Abbau organischer Verbindungen und chemische zur Neutralisation und Ausfällung unerwünschter gelöster Verbindungen. Einen Überblick über die Abwasserreinigung in der Getränkeindustrie gibt auch MÜLLER-BLANKE (1993).

8.6.2 Mechanische Verfahren

8.6.2.1 Sandfang, Bogen- und Drehsiebe

Transport-, Wasch- und Reinigungsabwasser sollten mit einem Sandfang und Sieben von Feststoffen befreit werden, da hierdurch nachfolgende Stufen nennenswert entlastet werden. Als Sandfang kann eine Kompaktanlage eingesetzt werden, bei der abgesetzter Sand über Schnecken gefördert und entwässert wird (NOGGERATH 1998). Zur Siebung werden feste, meist bogenförmige Siebe und Drehsiebe angeboten. Da fast alle Teile während des Betriebs mit dem Abwasser und mit Luft in Berührung kommen, sollten ausschließlich nichtrostende Werkstoffe verwendet werden.

Bei Bogensieben sind Spaltweiten von 0,25 bis 2,5 Millimeter üblich, die Volumenströme betragen je nach Baugröße und Spaltweite 15 bis 600 m^3/h. Die Beschickung erfolgt von oben über ein Verteilersystem. Die Flüssigkeit strömt durch die Siebstäbe, während der Feststoff auf ihnen nach unten rutscht. Diese Siebe sind nicht selbstreinigend und müssen mehrmals pro Tag von Hand gereinigt werden. Ferner sind sie nicht für Stoßbelastungen geeignet.

Drehsiebanlagen sind weitgehend selbstreinigend, aber auch wesentlich teurer. Die Beschickung erfolgt je nach Konstruktion, von innen oder von außen. Die Feststoffe werden durch mechanische Räumvorrichtungen entfernt. Spritzdüsen sorgen für die ständige Reinigung. Für den Obst- und Gemüsesaftbereich sind von innen beschichtete Drehsiebe mit Spaltweiten zwischen 0,5 und 1,5 Millimetern sinnvoll, da sich hiermit alle anfallenden Feststoffe entfernen lassen. Abbildung 210 zeigt einen derartigen Apparat (NOGGERATH 1998). Von außen beschichtete

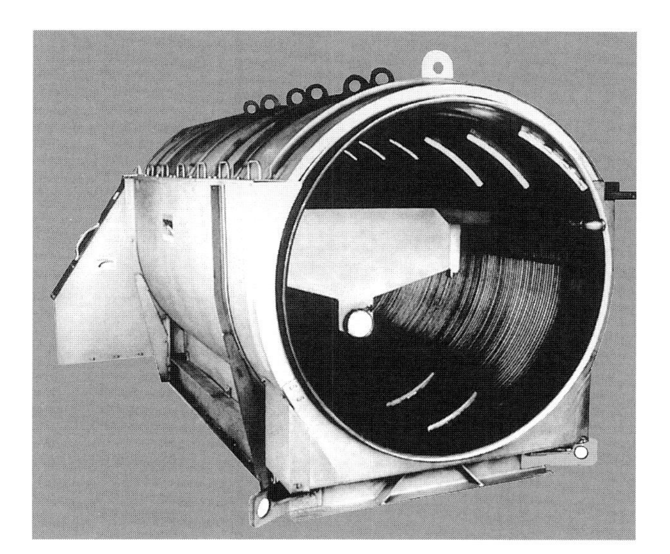

Abb. 210. Drehsieb (Noggerath GmbH & Co.).

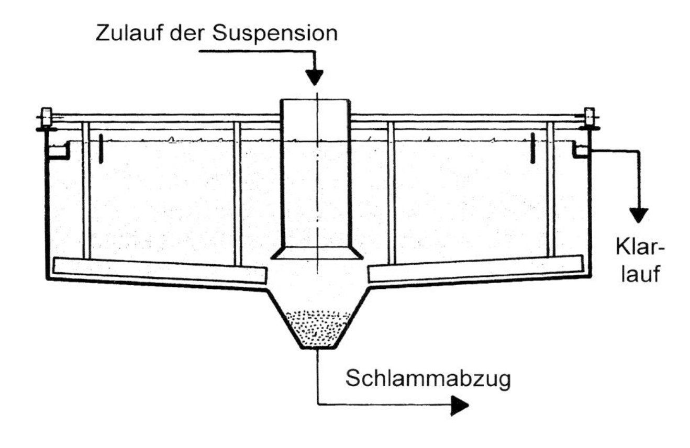

Abb. 211. Runder Absetzbehälter (Eisenmann Maschinenbau KG).

Drehsiebe sind zwar billiger, setzen aber bestimmte Feststoffeigenschaften voraus.

8.6.2.2 Absetzbehälter

Absetzbehälter dienen zur Trennung von Feststoffen und Flüssigkeiten durch die Schwerkraft. Die Abscheidung ist um so besser je größer die Partikeldurchmesser und unterschiedlicher die Dichten von Feststoff und Flüssigkeit sind. Eingesetzt werden runde und rechteckige Absetzbehälter. Abbildung 211 zeigt schematisch einen runden Absetzbehälter (EISENMANN 1995).

Die zu trennende Suspension wird über einen Leitzylinder zentral zugeführt und strömt von unten radial nach außen. Feststoffpartikel setzen sich hierbei ab und werden mit dem Räumer in den mittigen Schlammtrichter transportiert. Die geklärte Flüssigkeit passiert eine Tauchkante zur Rückhaltung von Schwimmschlamm und strömt dann über eine Zahnkante in die Überlaufrinne. Aufgrund der meistens niedrigen Sinkgeschwindigkeiten sind hohe mittlere Verweilzeiten und damit große Bauvolumina notwendig.

Eine Erhöhung der Effektivität und damit eine Reduzierung der Größe lässt sich durch Schrägplattenklärer erreichen. Diese können in Gleich-, Gegen- oder Querstrom betrieben werden. In Abbil-

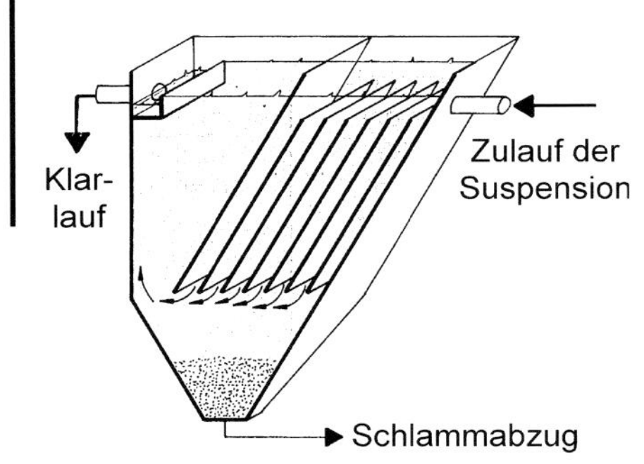

Abb. 212. Schrägplattenklärer (Eisenmann Maschinenbau KG).

dung 212 ist die Wirkungsweise nach dem Gleichstromprinzip dargestellt (EISENMANN 1995). Die Suspension strömt zwischen den Platten nach unten, wobei die abgesetzten Feststoffe nach unten abrutschen. Der notwendige Sinkweg ist klein.

Absetzbehälter werden als Trennapparate nach biologischen Stufen und nach Neutralisationsreaktoren eingesetzt.

8.6.2.3 Kies- und Mehrschichtfilter

Zur Abwassernachbehandlung nach Absetzbehältern haben sich Kies- oder Mehrschichtfilter, insbesondere bei kleinen und mittleren Anlagen, bewährt. Hierdurch können abgeschwemmte Bakterienflocken und andere Trübstoffe entfernt werden, die den CSB ansteigen lassen würden. Dies ist insbesondere bei Direkteinleitern wichtig. Kostengünstig und robust sind Serienanlagen für Schwimmbäder, die über automatische Rückspülsysteme verfügen, die zeit- oder druckgesteuert sind (siehe Kapitel 8.6.7.2).

8.6.2.4 Weitere physikalische Verfahren

Weitere mechanische Verfahren zum Abtrennen von Feststoffen sind die Zentrifugation mit Separatoren und Dekantern sowie die Mikrofiltration mit porösen Membranen. Gelöste Stoffe können mit Membranverfahren wie Ultra- und Nanofiltration sowie Umkehrosmose entfernt oder konzentriert werden.

Während die Zentrifugation von Abwasser im Bereich der Obst- und Gemüsesaftherstellung aus Kostengründen kaum angewendet wird, ist bei den Membranverfahren eine zunehmende Bedeutung zu erkennen. Bei einer geplanten Wiederverwendung des gereinigten Abwassers lassen sich noch höhere Reinigungsgrade als bei Kies- oder Mehrschichtfiltern erreichen. Bei entsprechendem Aufwand kann die Herstellung von Brauch-, Trink- oder vollentsalztem Wasser realisiert werden. Wie sinnvoll das ist, muss insbesondere eine Kosten-Nutzen-Analyse ergeben (siehe Kapitel 8.6.7.6).

8.6.3 Chemische Verfahren

8.6.3.1 Neutralisation

Abwasser von Flaschenspülmaschinen und Kastenwäschern hat aufgrund der natronlaugehaltigen Reinigungsmittel oft sehr hohe pH-Werte. Die Absenkung erfolgt in absatzweise oder kontinuierlich betriebenen Neutralisationsanlagen. Letztere sind meistens günstiger, da sie einen kleineren Raumbedarf haben und sich einfacher automatisieren lassen. Abbildung 213 zeigt schematisch den Aufbau einer Durchlauf-Neutralisationsanlage (EISENMANN 1995).

Der Zulauf gelangt über eine Tauchwand, die Kurzschlussströmungen verhindern soll, in den Neutralisationsreaktor. Eine Elektrode erfasst den pH-Wert. Das schwache Spannungssignal wird verstärkt und auf den pH-Regler gegeben. Bei zu niedrigen pH-Werten steuert der Regler die Dosiervorrichtung der Lauge an und bei zu hohen die der Säure. Ein Rührer sorgt für intensive Vermischung der Korrekturmittel mit dem Abwasser. Der Ablauf des neutralisierten Abwassers erfolgt wieder über ein Tauchblech. Bei der Neutralisation entstehen Schlämme, die zum Beispiel von nachgeschalteten Schrägklärern abgeschieden werden.

Wird das neutralisierte Abwasser anschließend mit anderen Teilströmen vermischt und einer biologischen Stufe zugeführt, so sind größere Abweichungen vom Neutralpunkt, zum Beispiel pH = 9, möglich. Durch die ablaufenden mikrobiellen Vorgänge erfolgt eine weitere pH-Wert-Absenkung.

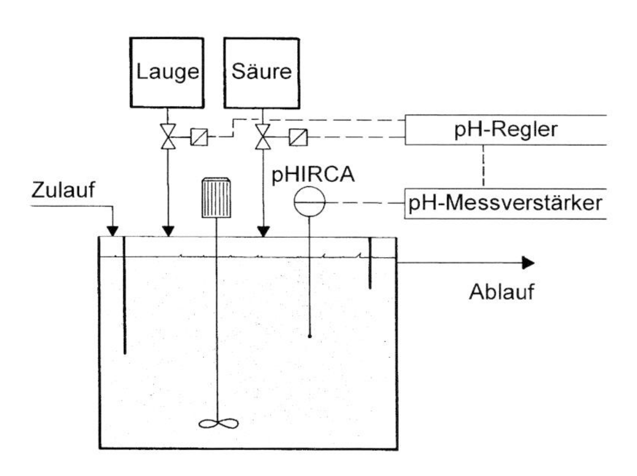

Abb. 213. Durchlauf-Neutralisationsanlage (Eisenmann Maschinenbau KG).

8.6.3.2 Fällung und Flockung

Durch die Zugabe von Fällungschemikalien bei intensiver Durchmischung können gelöste Verbindungen in schwer- oder nichtlösliche überführt werden. Dies kann bei größeren Abwassermengen zur Phosphateliminierung sinnvoll sein. Als Fällungschemikalien werden überwiegend dreiwertige Eisen- und Aluminiumsalze verwendet.

Haben die entstehenden unlöslichen Verbindungen schlechte Sedimentationseigenschaften, so kann eine Verbesserung durch eine Flockung erreicht werden. Das Gleiche gilt für kolloidale Systeme, die aus stabilen Trübstoffen bestehen. Durch die Flockung werden abstoßende elektrische Ladungen neutralisiert, so dass eine Mikroflockenbildung möglich ist. Weitere Verbesserungen der Absetzeigenschaften lassen sich vielfach durch Flockungshilfsmittel erreichen. Dies sind anionenaktive, kationenaktive oder nichtionogene synthetische Polymere. Sie vernetzen die kleinen Flocken und bilden größere, gut absetzbare. Angaben über Fällungs-, Flockungs- und Flockungshilfsmittel vermittelt KRUSE (1998).

8.6.4 Biologische Verfahren

8.6.4.1 Übersicht

Wie in Kapitel 8.1 beschrieben, erfolgt in den Gewässern im begrenzten Umfang eine natürliche biologische Selbstreinigung bei der Einleitung von Abwässern. Der Abbau erfolgt durch Kleinstlebewesen, insbesondere Bakterien, die zum Beispiel kugel- oder stäbchenförmig sind und Durchmesser von etwa einem Mikrometer haben. Für die biologische Abwasserreinigung ist die Einteilung in zwei Gruppen wichtig:

Aerobe Bakterien: Sie benötigen für ihre Lebenstätigkeit Sauerstoff in gelöster Form.

Anaerobe Bakterien: Sie kommen ohne Sauerstoff aus, teilweise ist dieser sogar für sie giftig. Einige Stoffwechselprodukte sind sehr übelriechend, wie Buttersäure, andere ein willkommenes Produkt, wie Methan.

Beim aeroben Stoffwechsel werden organische Kohlenstoffverbindungen mikrobiell unter Verwendung von Sauerstoff umgesetzt. Wie in Abbildung 214a dargestellt, verbleiben bei typischen aerobischen Abwasserreinigungsverfahren 1 bis 5 % der zulaufenden organischen Inhaltsstoffe im ablaufenden Wasser. Die restlichen 95 bis 99 % werden zu etwa gleichen Teilen zur Bildung von Kohlendioxid und Biomasse verwendet. Der entstehende Überschussschlamm muss entsorgt werden.

Beim anaeroben Stoffwechsel verwerten Bakterien unter Sauerstoffausschluss die Inhaltsstoffe des Abwassers. Das entstehende Faul- oder Biogas enthält 80 bis 95 % des zugeführten Kohlenstoffs, wie Abbildung 214b zeigt. Nur 1 bis 5 % des

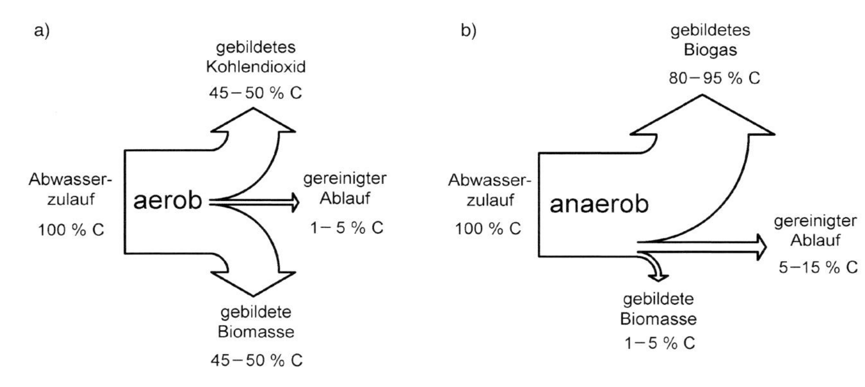

Abb. 214. Aerober und anaerober biologischer Abbau von Kohlenstoffverbindungen.

Kohlenstoffs wird zur Bildung von Biomasse verwendet. Es entsteht also sehr wenig zu entsorgender Überschussschlamm.

Vergleicht man einige Eigenschaften der aeroben und anaeroben Abwasserreinigungsverfahren miteinander, so ergeben sich die in Tabelle 72 aufgeführten Punkte (Schmidt 1989):

Der wichtigste Unterschied bezieht sich auf die Betriebskosten. Bei aeroben Prozessen wird Sauerstoff benötigt, der über Kompressoren oder Oberflächenbelüfter in Form von Luft zugeführt wird. Bei anaeroben Verfahren entfallen diese Kosten. Der Energiegewinn durch Biogas darf nicht überbewertet werden, da ein Teil zur Deckung des Wärmebedarfs der Reaktoren, die bei 30 bis 40 °C betrieben werden, verwendet wird.

Der Vorteil anaerober Verfahren ist insgesamt um so größer, je höher die Konzentration an biologisch abbaubaren Substanzen des Abwassers ist und je größer die anfallenden Abwassermengen sind. Für kleine bis mittlere Betriebe, insbesondere wenn sie nur saisonal arbeiten, ist vielfach das aerobe Verfahren insgesamt kostengünstiger. Dies muss jedoch durch einen individuellen Vergleich geprüft werden.

8.6.5 Aerobe biologische Behandlungsstufen

8.6.5.1 Ablaufende Vorgänge

Bei dem aeroben mikrobiellen Abbau werden organische Verbindungen zu Kohlendioxid oxidiert und zu Biomasse umgewandelt. Ferner ist die biologische Elimination von Ammonium, Nitrit, Nitrat und Phosphat möglich.

Bei größeren Anlagen wird vom Gesetzgeber die gezielte Entfernung des Nitrats mittels der Denitrifikation gefordert (siehe Kapitel 8.2.2). Die Vorgänge sind vereinfacht folgende:

Organische Verbindungen + Sauerstoff → Kohlendioxid + Biomasse
Ammonium + Sauerstoff → Nitrat (über Nitrit)

Tab 72. Eigenschaften der aeroben und anaeroben Abwasserreinigungsverfahren

Eigenschaft	Abwasserreinigungsverfahren aerob	anaerob
Investitionskosten	niedriger bis gleich	gleich bis höher
Betriebskosten	höher	niedriger
Anteil nicht abbaubarer Stoffe	niedriger	höher
Empfindlichkeit gegenüber Schwankungen der Betriebsparameter	niedriger	höher
Platz-/Raumbedarf	niedriger bis gleich	gleich bis höher

Nitrat → elementarer Stickstoff (über Nitrit)
Phosphat → Einlagerung in die Biomasse

Das Abwasser aus dem Bereich der Obst- und Gemüsesaftherstellung ist überwiegend so zusammengesetzt, dass die Mikroorganismen alle notwendigen Nährstoffe erhalten. Nur selten müssen Phosphor und/oder Stickstoff zugesetzt werden.

Es gibt zahlreiche aerobe Verfahren, die sich insbesondere durch die Reaktorbauweise unterscheiden. Da die notwendige Sauerstoffversorgung einen hohen Betriebskostenanteil ausmacht, versucht man bei den unterschiedlichen Systemen hohe Werte des Sauerstoffertrags in kg O_2/kWh elektrische Energie zu erreichen.

8.6.5.2 Belebtschlammverfahren

Abbildung 215 zeigt einen aeroben Suspensionsreaktor, der auch als Belebtschlammreaktor bezeichnet wird. Die Mikroorganismen sind im Abwasser suspendiert und bilden hierbei größere Kolonien in Form von Belebtschlammflocken. Der notwendige Sauerstoff wird über verdichtete Luft und einen Verteiler zugeführt. Die Gasblasen steigen auf und geben Sauerstoff an die Flüssigkeit ab. Gleichzeitig sorgen sie für eine intensive Durchmischung. Der Zulauf des Abwassers erfolgt kontinuierlich über eine Rohrleitung. Das gereinigte Abwasser strömt über Überlaufkanten ab. Im Ablauf ist auch Belebtschlamm enthalten, der in dem nachgeschalteten Absetzbehälter (siehe Kapitel 8.6.2.2) abgetrennt und überwiegend in den Reaktor zugefördert wird. Ein Teil wird als Überschussschlamm abgezogen. Als Trennstufe dienen runde Absetzbehälter oder Schrägplattenklärer.

Zur Belüftung werden verschiedene Systeme verwendet: Oberflächenbelüfter, Tauchbelüfter, Membranbelüfter, Sinterkerzen, Zweistoffdüsen usw.

Oberflächenbelüfter sind mechanische Rotationskörper, die etwas in die Wasseroberfläche eintauchen. Durch Rotationsbewegung wird die Flüssigkeit versprüht und/oder Luft in das Wasser gedrückt. Es gibt

- Kreisel mit senkrechter Drehachse,
- Belüftungswalzen mit waagerechter Achse,
- schraubenförmige Belüfter mit senkrechter Achse usw.

Von Vorteil ist die einfache Installation auf Brücken an der Beckenoberkante oder auf Schwimmkörpern. Nachteile können Aerosolbildung und nicht gleichmäßige Durchmischung der meistens rechteckigen Becken sein.

Tauchbelüfter sind im Aussehen und der Funktionsweise den Motortauchpumpen

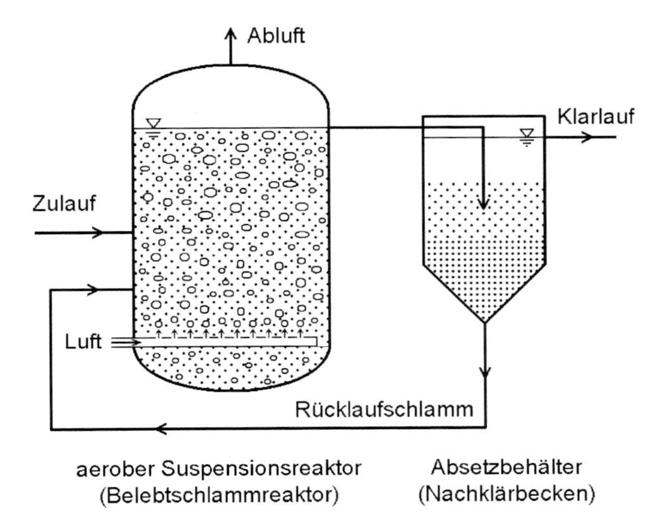

Abb. 215. Aerober Suspensionsreaktor mit Absetzbehälter.

ähnlich. Das Pumpenrad saugt Flüssigkeit an. Im Bereich hoher Geschwindigkeiten entsteht im Gehäuse ein Unterdruck. An dieser Stelle führt eine Rohrleitung zur Wasseroberfläche, und durch den niedrigen Druck wird Luft angesaugt. Durch die intensive Durchmischung von Flüssigkeit und Gas entstehen feine Blasen und ein guter Sauerstofftransport ist möglich. Ferner wird der Behälterinhalt gut durchmischt. Der Installationsaufwand dieser Aggregate ist gering, der Energiebedarf aber teilweise etwas höher als bei anderen Systemen.

Membranbelüfter haben Rohr-, Teller- oder Plattenform und sind mit einem gummiartigen Material überzogen, das mit feinen Schlitzen versehen ist. Bei Beschickung mit Druckluft öffnen sich die Schlitze und feine Luftblasen entstehen. Nach dem Abstellen der Luft schließen sich die Schlitze, so dass kein Wasser in das Verteilersystem eindringen kann. Diese Belüftertypen werden sehr häufig eingesetzt. Der Name ist etwas irreführend, da es sich nicht um Membranen handelt.

Sinterkerzen bestehen aus gesintertem Kunststoff- oder Keramikmaterial. Die Blasen sind sehr klein und gleichmäßig. Von Nachteil ist jedoch die Verstopfungsgefahr beim Abschalten der Belüftung.

Zweistoffdüsen werden mit Druckluft und umgepumptem Abwasser beschickt. Ähnlich wie bei Tauchbelüftern entsteht durch die intensive Vermischung ein guter Sauerstofftransport. Durch entsprechende Ausrichtung der Düsen lassen sich in Rundbecken gezielte Flüssigkeitsströmungen erzeugen. Obwohl zusätzlich Pumpen und Verdichter installiert werden müssen, ist der Sauerstoffertrag hoch und die Betriebskosten moderat. Die Verstopfungsgefahr ist gering. Diese Belüfter sind bei hohen Reaktoren besonders effektiv.

Als Verdichter lassen sich bei niedrigen Flüssigkeitshöhen und damit niedrigen Drücken Seitenkanalverdichter einsetzen. Bei höheren Drücken sind Drehkolben, Drehschieber- und ölfreie Schraubenverdichter sinnvoll. Bei großen Anlagen mit hohem Sauerstoffbedarf sind Turboverdichter mit stetig verstellbarer Luftmenge empfehlenswert.

8.6.5.3 Tropfkörper-Reaktor

Bei dem Tropfkörperverfahren ist ein Behälter mit Einbauten versehen, zum Beispiel Kunststofffüllkörpern. Das Abwasser wird über dieser Schüttung versprüht oder verregnet und fließt in Form von Rinnsalen und Tropfen nach unten. Mikroorganismen sind auf den Füllkörpern als eine Art Schleimschicht immobilisiert. Sie nehmen die Inhaltsstoffe des Abwassers auf und verwerten sie. Der notwendige Sauerstoff wird in Form von Luft zugeführt. Sie strömt von unten nach oben durch den Reaktor. Entweder durch natürliche Konvektion oder unterstützt durch einen Ventilator.

Von Vorteil ist bei diesen Reaktoren, dass ein Biomassenabscheider entfallen kann oder sehr klein ist. Nachteilig sind die hohen Investitionskosten für die Füllkörper und die Gefahr des Verstopfens der Hohlräume.

8.6.5.4 Rotationstauchkörper-Reaktor

Eine Variante des Tropfkörpers ist der Rotationstauchkörper-Reaktor. Hierbei sind die Mikroorganismen ebenfalls auf Kunststoffoberflächen immobilisiert. Diese sind als Scheiben oder Walzen mit waagerechter Welle angeordnet. Sie tauchen etwa bis zur Hälfte in das Abwasser ein, das sich in einem halbzylinderförmigen Behälter befindet. Bei der langsamen Rotation gelangen die Mikroorganismen in das Abwasser und nehmen Inhaltsstoffe auf. Nach etwa einer halben Umdrehung erreichen sie den Luftraum und werden mit Sauerstoff versorgt. Von Vorteil sind der niedrige Energiebedarf und geringe Wartungsaufwand. Sie werden überwiegend für kleinere Anlagen mit niedrigen Zulaufwerten des CSB eingesetzt. Bei höheren Konzentrationen reicht die Sauerstoffversorgung durch die Drehbewegung nicht mehr aus.

8.6.5.5 Getauchter Festbett-Reaktor

Im Gegensatz zum Tropfkörper-Reaktor ist bei dem getauchten Festbett-Reaktor

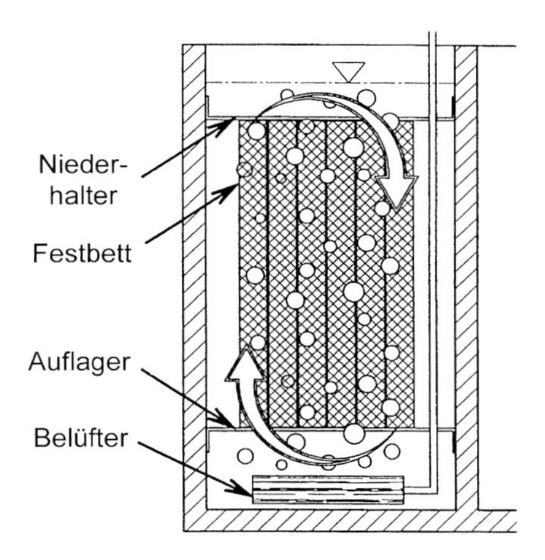

Abb. 216. Schema eines getauchten Festbettreaktors (Envicon Klärtechnik GmbH & Co. KG).

die Flüssigkeit zusammenhängend und die Luft dispers verteilt.

Das Festbett besteht aus Kunststofffüllkörpern oder -packungen und befindet sich vollständig im Abwasser. Die Sauerstoffversorgung erfolgt durch Einblasen von Luft über Belüfter, die sich unter dem Festbett befinden. Wie bei allen Festbett-Reaktoren besteht die Gefahr, dass die Zwischenräume zuwachsen oder verstopfen. Beim getauchten Festbett ist die Gefahr etwas geringer, da die aufsteigenden Gasblasen reinigende Wirkung haben. Die Demontage der Belüfter ist im laufenden Betrieb schwierig.

Derartige Reaktoren werden als Kompaktanlagen in offener oder geschlossener Bauform angeboten. Abbildung 216 zeigt schematisch die Funktionsweise dieses Reaktortyps (Envicon 1998) und Abbildung 217 ein Füllkörperblocksystem aus Kunststoff (NSW 1998).

8.6.5.6 Anlagen zur Stickstoffeliminierung

Wie in Kapitel 8.6.4 erwähnt, ist biologisch nicht nur der Abbau organischer Kohlenstoffverbindungen möglich, sondern auch die Stickstoffelimination. Hierbei laufen folgende Schritte ab:

Abb. 217. Füllkörperblockelement (Norddeutsche Seekabelwerde GmbH NSW-Umwelttechnik).

Ammonifizierung: Bildung von Ammonium beim Abbau stickstoffhaltiger Verbindungen, wie Proteinen, durch organoheterotrophe Bakterien, die auch den Kohlenstoffabbau durchführen.
Nitrifikation: Das entstehende Ammonium wird durch Nitrifikanten über Nitrit zu Nitrat oxidiert. Diese Bakterien sind chemoautotroph und kommen mit CO_2 als einziger Kohlenstoffquelle aus.
Denitrifikation: Bei Abwesenheit von gelöstem Sauerstoff verwenden die oben genannten organoheterotrophen Bakterien den an Nitrat gebundenen Sauerstoff, um organische Kohlenstoffverbindungen oxidieren zu können. Hierbei wird Nitrat über Nitrit zu gasförmigem Stickstoff reduziert.

Es gibt zahlreiche Möglichkeiten der Anlagenschaltung. In Abbildung 218 ist ein System mit vorgeschalteter Denitrifikation dargestellt. Die Hauptkomponenten sind ein unbelüfteter anoxischer Reaktor, ein belüfteter aerober Reaktor und ein Absetzbehälter.

Im aeroben Reaktor findet ein Teil des Kohlenstoffabbaus und die Nitrifikation statt. Das Ammonium ist im zulaufenden Abwasser enthalten. Zusätzlich entsteht es durch mikrobiellen Abbau von Stickstoffverbindungen. Der Ablauf dieses Reaktors hat durch die Nitrifikation eine hohe Nitratkonzentration. Ein großer Teil des Ablaufs wird über eine Zirkulationsleitung in den ersten anoxischen Reaktor zurückgeführt. Hier tritt eine Vermischung mit dem zulaufenden Abwasser auf. Die Bakterien bauen einen Teil der Inhaltsstoffe unter Verwendung des an das Nitrat gebundenen Sauerstoffs ab. Der entstehende Stickstoff entweicht in Form von Gasblasen.

8.6.5.7 SBR-Verfahren

Der kontinuierliche Betrieb von biologischen Abwasserreinigungsanlagen bietet viele Vorteile. Er setzt jedoch voraus, dass der Abwasseranfall möglichst gleichmäßig ist. Bei sehr ungleichmäßigen Volumenströmen und im Mittel niedrigen Abwassermengen kann ein absatzweiser Betrieb sinnvoll sein. Dieses Verfahren wird SBR (sequenzing batch reactor) genannt.

Ein großer Vorteil ist, dass alle Vorgänge nacheinander in einem Behälter ablaufen wie Kohlenstoffabbau, Nitrifikation, Denitrifikation und Biomassenabtrennung. Vorgeschaltet ist lediglich ein Pufferbehälter. Der Aufwand für die Ablaufsteuerung ist entsprechend höher.

Diese Betriebsweise ist vom verfahrenstechnischen Gesichtspunkt aus wenig elegant, sie zeichnet sich jedoch durch den

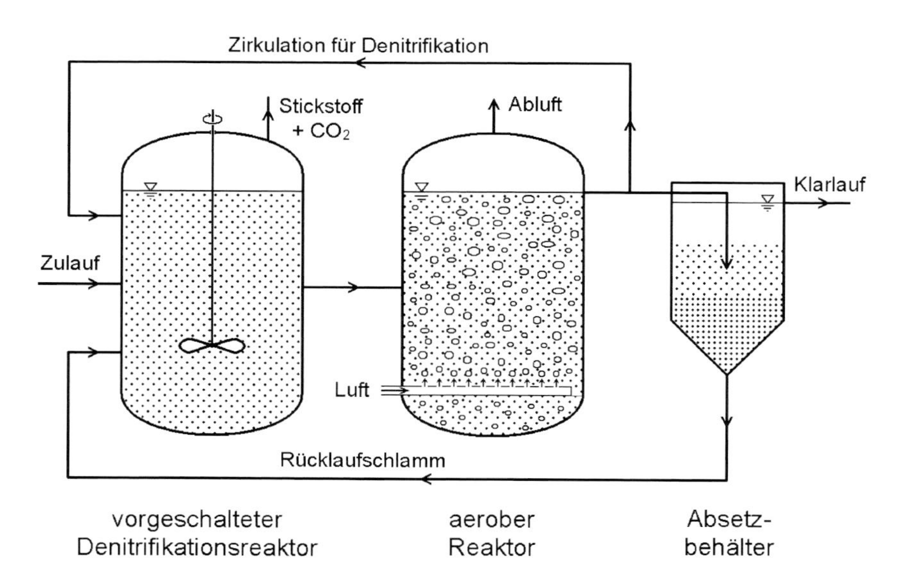

Abb. 218. Aerobe Anlage zum Kohlenstoff- und Stickstoffabbau (vorgeschaltete Denitrifikation).

relativ geringen Investitionsaufwand aus. Wenn ein gleichmäßiger Ablauf gefordert ist, muss noch ein zusätzlicher Behälter nachgeschaltet werden. Es ist ein zunehmender Einsatz zu beobachten.

8.6.6 Anaerobe biologische Behandlungsstufen

8.6.6.1 Phasen des anaeroben Abbaus

Der anaerobe Abbau läuft in mehreren Schritten ab, die von unterschiedlichen Bakterien durchgeführt werden. Sinnvoll ist die Einteilung in vier Abbauphasen (Schmidt 1989):
- Hydrolyse,
- Versäuerungsphase,
- acetogene Phase,
- methanogene Phase.

Bei der Hydrolyse bauen fakultativ anaerobe Bakterien mit Hilfe von extrazellulären Enzymen hochmolekulare Verbindungen zu kleineren ab. In der Versäuerungsphase verwerten Mikroorganismen diese Verbindungen, wobei organische Säuren, Alkohole, Aldehyde, Kohlendioxid und Wasserstoff entstehen. Essigsäure, CO_2 und H_2 können von Methanbakterien direkt verwertet werden. Andere Zwischenprodukte werden durch acetogene Bakterien zu Substraten der methanogenen Bakterien abgebaut. Beide Gruppen leben in Symbiose. Das Endprodukt ist Biogas, das insbesondere aus Methan und Kohlendioxid besteht.

Obwohl die Aktivität der anaeroben Bakterien bei entsprechend günstigen Bedingungen hoch sein kann, sind die Wachstumsgeschwindigkeiten niedrig. Wie in Kapitel 8.6.4 beschrieben, werden nur 1 bis 5 % der im Abwasser enthaltenen organischen Kohlenstoffverbindungen zum Aufbau von Biomasse verwendet. Für die technische Anwendung des anaeroben Abbaus von Inhaltsstoffen des Abwassers ist es deshalb wichtig, dafür zu sorgen, dass die Biomassenkonzentration hoch ist. Bei den zahlreichen Verfahren sind daher die größten Unterschiede im Erreichen dieses Ziels zu finden. Im Folgenden werden einige Reaktortypen vorgestellt. Die zugehörigen Skizzen sind stark vereinfacht. Viele Reaktoren verfügen über aufwendige Einbauten zur Gasabtrennung.

8.6.6.2 Suspensionsreaktor

Bei dem einfachsten Verfahren werden alle Abbauschritte in einem Reaktor durchgeführt, in dem die Bakterien suspendiert sind. Dieser Reaktor ist ein großer Behälter mit und ohne Durchmischung durch einen Rührer oder Gaseinpressen. Hohe Biomassenkonzentrationen lassen sich nur bei sehr langen mittleren Verweilzeiten realisieren. Bei Reduktion der Verweilzeit besteht die Gefahr, dass mehr Bakterien den Ablauf des Reaktors verlassen, als durch Wachstum nachgebildet werden. Die Folge dieses „Auswaschens“ ist die Abnahme der Biomassenkonzentration auf den Wert Null. Diese Reaktoren werden in kommunalen Kläranlagen zur Schlammfaulung eingesetzt und nur selten zur Industrieabwasserreinigung.

8.6.6.3 Suspensionsreaktor mit Biomassenrückführung

Eine Erhöhung der Biomassenkonzentration kann beim Suspensionsreaktor durch Abtrennen der im Ablauf befindlichen Biomasse und Rückführung in den Reaktor erfolgen, ähnlich wie beim aeroben Verfahren. Abbildung 219 zeigt ein solches System. Von Vorteil ist der einfache Aufbau. Nachteilig wirken sich die teilweise schlechten Absetzeigenschaften der Bakterien aus. Bei der Verwendung von Zentrifugen sind die Kosten zu hoch. Diese Systeme werden häufig eingesetzt.

8.6.6.4 Schlammbett-Reaktor

Die Absetzeigenschaften der anaeroben Bakterien verbessern sich wesentlich, wenn sie dichte Flocken oder Pellets bilden. Bei ausreichender Größe ist die Gefahr des Auswaschens gering, so dass sogar auf eine nachgeschaltete Trennstufe verzichtet werden kann. Abbildung 220 zeigt einen solchen Reaktor. Entsprechend der englischen Bezeichnung „Upflow Anaerobic Sludge Blanket Reactor“ wird er auch bei uns „UASB-Reaktor“ genannt. Weltweit sind nach diesem ursprünglich

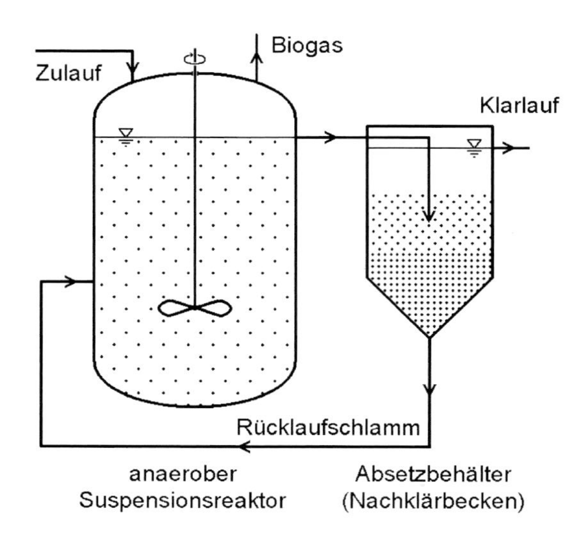

Abb. 219. Anaerober Suspensionsreaktor mit Absetzbehälter.

holländischen Verfahren mehrere hundert Anlagen zur Industrieabwasserreinigung im Einsatz, insbesondere im Bereich der Lebensmittelindustrie. Bei diesen Anlagen ist von Vorteil, dass viele Erfahrungen vorliegen. Nachteilig ist das schwierige Anfahren und die hohen Kosten des Impfschlammes.

8.6.6.5 Festbett-Reaktor

Das Schema eines Festbett-Reaktors ist in Abbildung 221 dargestellt. Er entspricht dem aeroben getauchten Festbett-Reaktor. Im Behälter befinden sich Einbauten, die als Siedlungsfläche für Bakterien dienen. Verwendet werden unterschiedliche Materialien, wie geschüttete Kunststofffüllkörper, geordnete Blöcke aus gewelltem, stangen-, rohr- oder gitterförmigem Kunststoff, Sinterglaskörper, Lavaschlacke, Blähton, Schaumstoffwürfel usw.

Da ein Teil der Bakterien suspendiert ist, kann das Nachschalten eines Abscheiders und Rückführung des Schlammes sinnvoll sein.

Die Leistungsfähigkeit dieser Reaktoren ist je nach Art der Einbauten sehr unterschiedlich, allerdings auch die Investitionskosten.

Da die Gefahr des Verstopfens oder Zuwachsens besteht, muss das Abwasser sorgfältig mechanisch vorgereinigt werden und durch entsprechende Strömungsführung oder Durchmischung dem Zuwachsen entgegengewirkt werden.

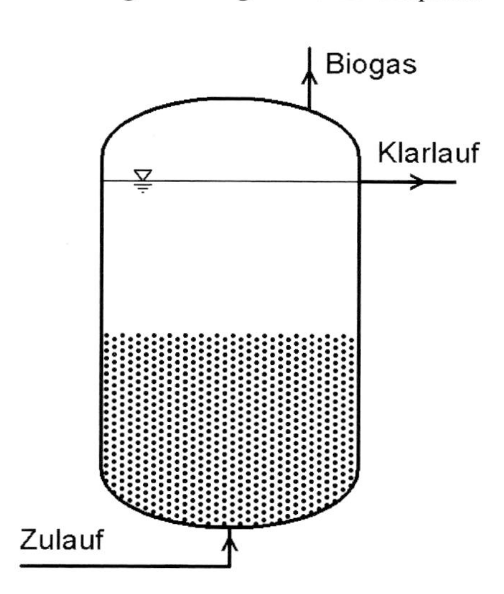

Abb. 220. Schlammbett-Reaktor (UASB).

8.6.7 Weitergehende Abwasserreinigung

8.6.7.1 Ziel der Verfahren und Möglichkeiten

Eine weitergehende Reinigung des mit konventionellen Verfahren chemisch, mechanisch und/oder biologisch gereinigten

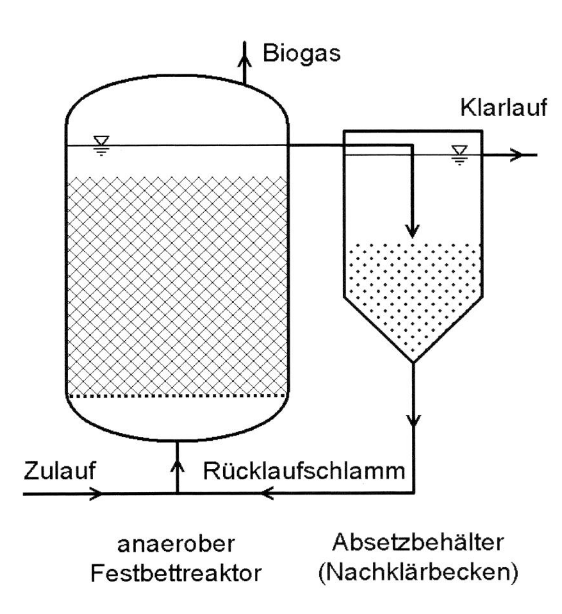

Abb. 221. Festbett-Reaktor.

Abwassers ist sinnvoll, wenn eine Wiederverwendung im Betrieb als Brauchwasser erfolgen soll. Prinzipiell ist es möglich, jede Qualität des Wassers zu realisieren, wobei der Aufwand mit steigenden Anforderungen zunimmt. Wenn das wiederverwendete Wasser mit dem Produkt direkt in Berührung kommt, muss es Trinkqualität nach der Trinkwasserverordnung haben.

Im Folgenden werden einige Möglichkeiten, die auch für den Bereich Frucht- und Gemüsesaftherstellung interessant sind, kurz erläutert.

8.6.7.2 Kies- und Mehrschichtfilter

Wie in Kapitel 8.6.2.3 beschrieben, lassen sich Kies- und Mehrschichtfilter als einfache Apparate für die weitergehende Abwasserreinigung einsetzen. Durch die Entfernung von Trübstoffen lässt sich der CSB weiter reduzieren. Wenn Störungen bei der Trennstufe nach dem biologischen Reaktor auftreten, können die Apparate auch als Sicherheitsfilter dienen.

Bei Mehrschichtfiltern kommen unterschiedliche Materialien zum Einsatz, wie feine Sandkörner und grobere Blähschieferpartikel. Das Abwasser durchströmt zunächst die grobere Schicht in der größere Feststoffteilchen abgetrennt werden. Im Sand erfolgt dann die Feinreinigung. Hierdurch lassen sich niedrigere Druckverluste und größere Standzeiten erreichen.

Eine weitere Schicht kann auch aus Aktivkohle bestehen, die zusätzlich gelöste organische Verbindungen entfernt (siehe Kapitel 8.6.7.7).

8.6.7.3 Kontinuierliche Sandfilter

Konventionelle Kies- und Mehrschichtfilter haben den Nachteil, dass sie nach bestimmten Zeiten rückgespült werden müssen und damit nicht für die Filtration zur Verfügung stehen. Abhilfe kann durch ein Speicherbecken oder durch eine Doppelanlage geschaffen werden. Eine Alternative stellen kontinuierliche Sandfilter dar, bei denen Filtration und Regenerieren gleichzeitig ablaufen.

In Abbildung 222 ist ein solcher Filter schematisch dargestellt (Wabag 1998). Das zu filtrierende Abwasser durchströmt die Sandschicht von unten nach oben. Feststoffpartikel und Trübstoffe werden zurückgehalten. Gleichzeitig wird mit einer druckluftbetriebenen Mammutpumpe Sand aus dem unteren Bereich des Filters angesaugt und nach oben gepumpt. Durch die intensive Durchmischung beim Auf-

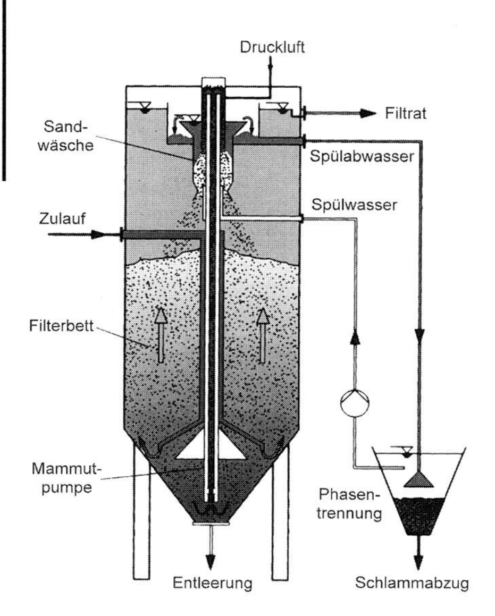

Abb. 222. Kontinuierlicher Sandfilter (Wabag Wassertechnische Anlagen GmbH).

steigen lösen sich Schmutzpartikel vom Sand und werden in einer Trennstufe als Schlamm abgezogen. Der gereinigte Sand rieselt auf das Filterbett zurück. Der Sand bewegt sich also langsam als Wanderschicht durch den Apparat.

Diese Filter sind in Standardgrößen für Volumenströme von etwa 5 bis 60 m^3/h erhältlich.

8.6.7.4 Nachgeschaltete Biofiltrationsanlagen

Mit Biofiltrationsanlagen werden ein zusätzlicher biologischer Abbau und ein Zurückhalten von suspendierten oder kolloidal verteilten Teilchen erreicht.

Als Trägermaterialien werden ähnliche Stoffe wie bei den anaeroben Festbett- und Wirbelschicht-Reaktoren eingesetzt: Blähton, Blähschiefer, Polystyrolkörper, Sinterglas, Antrazit, Bims, Braunkohle- und Petrolkoks, Basalt und Quarzsand.

Die Körnungen liegen zwischen 0,7 und 2,2 Millimetern bei Quarzsand und 1,3 bis 8,0 Millimetern bei Blähton. Auf den Trägermaterialien siedeln aerobe Mikroorganismen an. Der notwendige Sauerstoff wird unten im Filter durch Luftverteilersysteme zugeführt. Das Wasser kann im Aufstrom oder Abstrom geführt werden und die Luft in Gleich- oder Gegenstrom hierzu.

Wie bei konventionellen Filtern sind Rückspülvorrichtungen vorhanden, um überschüssige Feststoffanlagerungen zu entfernen. Das Rückspülen erfolgt mit Luft, mit einem Luft-Wasser-Gemisch und anschließend nur mit Wasser. Durch Hintereinanderschalten von unbelüfteten und belüfteten Biofiltrationsstufen lassen sich Kohlenstoffabbau, Denitrifikation und Nitrifikation realisieren. Die mittleren Verweilzeiten, bezogen auf das Gesamtvolumen, betragen etwa 0,5 bis 2 Stunden. Die Abwasserkonzentrationen lassen sich zum Beispiel von 85 auf 35 mg CSB/l reduzieren.

8.6.7.5 Aerobe biologische Anlagen mit Membrantrennstufen

Bei konventionellen biologischen Anlagen erfolgt die Abtrennung der Mikroorganismen mit Absetzbehältern oder Schrägplattenklärern. Hierbei werden nur Flocken abgeschieden und nicht Einzelbakterien. Der Keimgehalt ist deshalb relativ hoch. Die Entkeimung kann jedoch bei der Verwendung des gereinigten Abwassers wichtig sein. Eine Möglichkeit ist der Einsatz von Mikrofiltrationsmembranen als Trennstufe. Die rechteckigen, beutelförmigen Membranen tauchen in die Suspension ein. Im Innern der Membranbeutel wird ein Unterdruck angelegt. Das biologisch gereinigte Abwasser strömt durch die Poren der Membranen von außen nach innen. Da die Poren Durchmesser von 0,2 bis 0,4 Mikrometern haben, werden die Mikroorganismen weitgehend zurückgehalten. Die aufsteigenden Gasblasen induzieren eine intensive Flüssigkeitsbewegung. Hierdurch wird ein Verstopfen der Poren teilweise verhindert. Durch diese Systeme lassen sich auch höhere Biomassenkonzentrationen im Reaktor erreichen und damit höhere Abbauleistungen. Die Membranen werden auch in Schlauchform eingesetzt.

Nachteilig bei diesen Membransystemen ist, dass sehr große Filterflächen benötigt werden, die hohe Investitionskosten bedingen.

8.6.7.6 Membranverfahren

Außer der oben genannten Mikrofiltration lassen sich auch weitere Membranverfahren wie Ultra- und Nanofiltration sowie Umkehrosmose einsetzen. Mit der Ultrafiltration werden größere organische Moleküle abgetrennt, mit der Nanofiltration kleinere. Umkehrosmosemembranen sind nicht porös und dienen zur Entfernung von anorganischen Salzen.

Im Bereich der Obst- und Gemüsesaftherstellung können sie auch zur weiteren Reinigung vorbehandelter Abwässer und zur Gesamtreinigung sehr niedrig belasteter Wässer sinnvoll eingesetzt werden.

Ein gutes Beispiel ist die Behandlung von Brüdenwasser. Dieses ist weitgehend voll entsalzt und enthält in geringen Mengen Aromastoffe. Mit Hilfe der Ultrafiltration kann sauberes Wasser erzeugt und das Aroma konzentriert werden.

Auch Kühl- und Spülwässer können mit Membranen gesäubert werden. Bei der Kreislaufführung kann die Verwendung von Desinfektionsmitteln reduziert werden, da auch Keime abgetrennt werden. In Abildung 223 ist die Fotografie einer Membrananlage zur Aufbereitung von Brüdenwasser (CSM 1998) (siehe Kapitel 8.7.4) zu sehen.

Abb. 223. Membrananlage zur Aufbereitung von Brüdenwasser (CSM Separationssysteme für Flüssigkeiten GmbH & Co. KG).

8.6.7.7 Adsorption an Aktivkohle

In biologisch und mechanisch gereinigtem Abwasser verbleiben Inhaltsstoffe, die sich mit diesen Verfahren nicht entfernen lassen. Bei niedrigen Konzentrationen ist vielfach eine adsorptive Reinigung mit Aktivkohle möglich. Die Apparate sind ähnlich wie Kies- und Mehrschichtfilter aufgebaut, wobei die Schüttung aus körniger Aktivkohle besteht. Viele organische Inhaltsstoffe werden adsorptiv in den Poren dieser Feststoffe gebunden.

Bei diesen Verfahren werden die Inhaltsstoffe nicht eliminiert, sondern aus dem Wasser an den Feststoff abgegeben. Wenn das Aufnahmevermögen erschöpft ist, muss die Aktivkohle entsorgt oder durch den Hersteller regeneriert werden. Vor dem Einsatz dieses Verfahrens sollte eine sorgfältige Abschätzung der Kosten, einschließlich der Entsorgung/Regenerierung, erfolgen.

8.6.7.8 Ozonisierung und UV-Bestrahlung

Eine Desinfektion, das heißt Abtötung der enthaltenen Mikroorganismen, kann durch Bestrahlung mit ultraviolettem Licht und/oder durch Oxidation mit Ozon erfolgen.

Bei einer üblichen Bauart von UV-Bestrahlungssystemen strömt das Wasser durch Quarzglasrohre, wobei die UV-Strahler außerhalb der Rohre angeordnet sind. Da die Eindringtiefe der Strahlen mit einer Wellenlänge von etwa 250 Nanometern nur wenige Millimeter beträgt, müssen bei größeren Wasserströmen viele Rohre kleinerer Durchmesser parallel geschaltet werden. Der apparative Aufwand ist relativ hoch.

Bei der Ozonisierung erfolgt die Produktion des Gases aus Sauerstoff in Ozongeneratoren direkt vor der Verwendung. Übliche Konzentrationen bei der Behandlung betragen 6 bis 20 mg/l bei Einwirkdauern zwischen 10 und 15 Minuten. Durch die stark oxidierende Wirkung werden Mikroorganismen abgetötet und persistente Stoffe teiloxidiert. Hierdurch werden sie vielfach dem biologischen Abbau zugänglich. Durch die Ozonbildung wird der CSB abnehmen, der BSB kann aber etwas ansteigen. Für den Betrieb von Ozonanlagen gelten verstärkte Sicherheitsanforderungen (Abwassertechnische Vereinigung 1997).

Bei der Wiederverwendung des gereinigten Abwassers können UV-Bestrahlung und/oder Ozonisierung sinnvoll sein.

8.6.8 Schlammbehandlung

Bei der aeroben und anaeroben biologischen Abwasserreinigung muss die Mikroorganismenmasse, die täglich durch den Abbau der Inhaltsstoffe und das damit verbundene Wachstum entsteht, abgezogen werden.

Die einfachste Entsorgung bei kleinen Anlagen ist das Aufbringen auf Felder als Dünnschlamm, wenn eine entsprechende Genehmigung vorliegt.

Bei größeren Anlagen ist eine Teilentwässerung mit einem Bandfilter, einer Filterpresse oder einem Dekanter und Behandlung in einer kommunalen Kläranlage sinnvoll. Eine weitere Möglichkeit ist die Kompostierung (siehe Kapitel 8.9).

8.7 Beispiele ausgeführter Abwasserreinigungsanlagen

8.7.1 Mechanische und chemische Behandlung

Bei Indirekteinleitung kann es ausreichend sein, den Abwasseranfall zu vergleichmäßigen sowie suspendiert und koloidal verteilte Stoffe zu entfernen, damit die örtliche Kläranlage nicht überlastet wird.

Moschner (1997) berichtet über eine entsprechende Abwasservorbehandlungsanlage eines sehr großen Fruchtsaftbetriebs in Meran. Folgende Stufen werden eingesetzt: Stein- und Sandfang, Trommelsiebanlage, Mischbecken, Grob- und Feinneutralisationsbecken, Dosierstation für Flockungshilfsmittel, Feinstoffabscheider, Bandfilteranlage und Dekanter. Das zulaufende Abwasser hat einen Volumenstrom von etwa 8 000 m^3/d. Während CSB und BSB_5 nur um 8 bis 13 % reduziert werden, erfolgt eine Entfernung der absetzbaren Stoffe zu 99,8 % und der abfiltrierbaren zu 85 %. Die großen Mengen entstehenden Schlammes werden getrocknet und verbrannt.

Eine ähnliche Anlage für eine große Mosterei am Bodensee wird von Wenzel und Kuhn (1997) beschrieben. Das gesamte Abwasser von 720 m^3/d strömte in einen Pufferbehälter, wurde mit organischen Flockungsmitteln vermischt und gelangte zu der Bandfilteranlage. Hier erfolgte eine Eindickung auf 7 % Trockenstoff (TS). Eine weitere Entwässerung auf 28 bis 30 % TS wurde mit einer Siebbandpresse erreicht. Die Flockungsmittelmenge betrug als Wirksubstanz etwa 10 g/m^3 und verursachte einen nicht unerheblichen Teil der Betriebskosten.

Diese Art der Behandlung ist nur in Ausnahmefällen sinnvoll, da teure Chemikalien eingesetzt werden und riesige Schlammmengen entsorgt werden müssen. Die oben genannte Anlage der Mosterei am Bodensee wurde daher später durch eine anaerobe biologische ersetzt.

8.7.2 Aerobe biologische Anlagen

Über die Bestandsaufnahme der Abwassersituation, die Planung und den Bau einer Anlage zur Vorbehandlung des Abwassers berichten Schmidt et al. (1996). Das Flaschenspülabwasser ist mit etwa 480 mg CSB/l niedrig belastet und wird nicht vorbehandelt. Transport- und Reinigungsabwasser haben eine mittlere Konzentration von 6 800 mg CSB/l und 4 700 mg BSB_5/l. Der Volumenstrom ist im Mittel 10 bis 12 m^3/d. Der geforderte Teilabbau als BSB_5 soll 67 % betragen.

In Abbildung 224 ist das Schema der Anlage dargestellt. Der Zulauf des Abwassers erfolgt mit der Pumpe P1 in den Ausgleichsbehälter/Reaktor C1 mit den für Obstkeltereien typischen starken Schwankungen im Volumenstrom und in den Konzentrationen. Der Füllstand schwankt zwischen 20 und 80 %. Eine feinglasige Druckbelüftung versorgt die Mikroorganismen mit Sauerstoff. Die Zwischenpumpe P2 fördert das vorgerei-

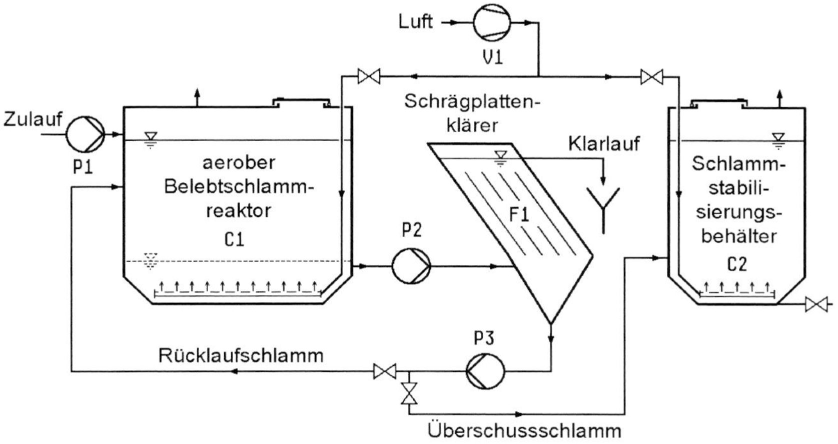

Abb. 224. Schema der aeroben biologischen Kompaktanlage.

nigte Abwasser in den Schrägplattenklärer F1. Der Klarlauf läuft in die Kanalisation. Die Schlammpumpe P3 pumpt die abgetrennte Biomasse zurück in den Ausgleichsbehälter/Reaktor C1. Wenn die Biomassenkonzentration zu hohe Werte annimmt, wird ein Teil der Mikroorganismen als Überschussschlamm in den Reaktor C2 zur aeroben Stabilisierung gepumpt. Von Zeit zu Zeit erfolgt eine Entsorgung des teilstabilisierten Schlammes. Die Anlage ist im Freien aufgestellt und hat einen Flächenbedarf von etwa 40 m^2, einschließlich des Kleincontainers für Pumpen, Verdichter und Schaltschrank. Abbildung 225 ist eine fotografische Aufnahme der Anlage. Die Abbaugrade haben Werte zwischen und 80 und 88 % als CSB. Die Überschussproduktion ist mit 0,25 kg TS/kg CSB niedrig. Der spezifische Energiebedarf beträgt etwa 2,25 kWh/kg CSB. Beide Werte sind auf den abgebauten CSB bezogen. Besonderen Wert wurde bei der Planung auf hohe Betriebssicherheit und einfache Bedienung gelegt.

Pape et al. (1991) veröffentlichten einen Artikel über die aerobe Behandlung von Abwässern eines Fruchtsaftbetriebs mit einem getauchten Festbett-Reaktor (Volumen 26 m^3). Vorgeschaltet ist ein automatisches Trommelsieb und nachgeschaltet ein Absetzbehälter. Die Abwasser-

Abb. 225. Fotografie der aeroben biologischen Kompaktanlage.

menge beträgt 80 bis 100 m^3/d und die Zulaufkonzentrationen 3 000 bis 7 500 mg CSB/l. Nach einer Anlaufphase von nur 29 Tagen wurden 70 bis 87 % des CSB abgebaut und der geforderte Ablaufwert von maximal 700 mg CSB/l eingehalten. Die Kompaktkläranlage hat Containermasse und wird anschlussfertig geliefert.

Ähnliche Anlagen werden für weitere Fruchtsaftbetriebe eingesetzt (Envicon 1998). Ein Betrieb der Konzentrat verarbeitet und Mehrwegflaschen abfüllt, hat Abwasser von 80 m^3/d mit 6000 mg CSB/l und 4500 mg BSB_5/l. Die Behandlung erfolgt durch ein belüftetes Puffer- und Neutralisationsbecken, eine mechanische Vorklärung, den aeroben getauchten Festbett-Reaktor und eine mechanische Nachklärung. Der Abbaugrad des CSB beträgt 86 bis 91 %. Der geforderte Ablaufwert von 1 000 mg CSB/l wird eingehalten.

Ein weiterer Betrieb presst Obst, verarbeitet Konzentrat und füllt ab. Die Behandlung des Abwassers von 500 m^3/d mit 10000 mg CSB/l und 6500 mg BSB_5/l erfolgt nach einer Siebung auf die gleiche Weise. Das Festbett hat eine spezifische Oberfläche von 100 m^2/m^3. Der Abbaugrad liegt zwischen 60 und 95 %, so dass die Ablaufwerte 1000 mg CSB/l nicht überschreiten.

Angaben über eine kostengünstige Anlage, die in offener konventioneller Bauweise kommunaler Kläranlagen errichtet wurde, sind bei IFU (1998) zu finden. Der angeschlossene Betrieb stellt Apfelsaft und -wein, Limonade sowie Mineralwasser her und füllt ab. Bei dem derzeitigen Ausbau ist die Endkapazität zu zwei Dritteln erreicht. Folgende Behandlungsstufen und Baugruppen sind vorhanden: Siebrechen (4 mm), Hydrozyklon zur Bruchglasabscheidung, belüftetes Pufferbecken, zwei Belebungsbecken mit $2 \times 1\,240$ m^3 Inhalt und Membranbelüftern (Abb. 226), Nachklärbecken und Schlammbehälter. Das Abwasser hat einen Volumenstrom von etwa 1 500 m^3/d und eine Fracht von etwa 1 200 kg BSB_5/d. Der Abbaugrad beträgt 94 bis 95 %, so dass die geforderten Ablaufwerte des Direkteinleiters von 110 mg CSB/l und 25 mg BSB_5/l (Überwachungswert 12 mg BSB_5/l) nicht unterschritten werden. Auch der Stickstoffwert von 25 mg N/l und der Phosphorwert von 8 mg P/l werden gut eingehalten. Eine Besonderheit ist, dass der Rücklaufschlamm zwischenbelüftet wird. Die Biomassenkonzentration in den Belebungsbecken ist mit 5 bis 11 g TS/l hoch. Der Schlamm wird nicht weiter behandelt. Die Investitionskosten sind mit etwa 120 DM/

Abb. 226. Belebtschlamm-Reaktor mit Tellerbelüftern der Abwasserreinigungsanlage eines Getränkeherstellers (IFU Diffusions- und Umwelttechnik GmbH).

EW (1996) niedrig (EW = Einwohnerwert, siehe Kapitel 8.8).

Zahlreiche aerobe Anlagen nach dem SBR-Verfahren sind bei Cyklar (1998) aufgeführt. Die abwassererzeugenden Betriebe sind überwiegend Molkereien, aber auch eine Lebensmittel- und Konservenfabrik sowie ein Schlacht- und Fleischverarbeitungsbetrieb. Ferner werden diese Anlagen im kommunalen Bereich, überwiegend in Ostdeutschland, eingesetzt. Hier einige Daten der Anlage für eine Molkerei: Es fallen 720 m^3/d Abwasser mit 750 kg BSB_5/d an. Die Stickstofffracht beträgt 100 kg N/d. Das Abwasser strömt über ein Bogensieb und dem Vorlagebehälter in einen der beiden Batch-Reaktoren mit 1 400 m^3 Inhalt. Dahinter ist ein Mengenausgleichsbehälter geschaltet. Für den Überschussschlamm ist ein Stapelbehälter vorhanden. Die Ablaufsteuerungen erfolgen über eine speicherprogrammierbare Steuerung (SPS), die unter anderem im Betriebsgebäude untergebracht ist. Die Ablaufwerte sind 25 bis 30 mg CSB/l, 5 bis 10 mg BSB_5/l und > 8 mg N/l.

8.7.3 Anaerobe biologische und mechanische Behandlung

Vogel (1998) berichtet über den Einsatz anaerober Festbett-Reaktoren bei Molkereien, Lebensmittel- und Getränkebetrieben. Zur Anwendungen kommen Festbett-Reaktoren mit zusätzlichem Flüssigkeitsumlauf, die Reinigungsgrade von 75 bis 95 % aufweisen. Vorgeschaltet sind Misch- und Ausgleichsbehälter, die gleichzeitig zur Vorversäuerung dienen.

Zahlreiche anaerober Anlagen für Brauereien, Mälzereien, Winzereien usw. werden von Zeppelin (1998) beschrieben. Verwendet werden überwiegend UASB-Reaktoren. Die Anlage für eine Brauerei ist zweistufig mit einem Versäuerungsreaktor von 500 m^3 und einem Methanreaktor von 117 m^3 (Abb. 227). Nach einer mechanischen Vorreinigung strömt das Abwasser mit einem Volumenstrom von 200 m^3/d in die Reaktoren. Der Zulauf ist mit 3 500 bis 6 000 mg CSB/l belastet. Der Abbaugrad ist < 90 %. Alle produktberührten Teile der Reaktoren bestehen aus emailliertem Stahl. Die wärmegedämmten Behälter sind mit Trapezblech verkleidet. Die Anlage ist mit einer Prozessvisualisierung ausgestattet. Die Kosten sind mit etwa 0,8 Millionen DM (ohne Betonfundamentplatte und Gasverwertung) niedrig.

Angaben über Anlage mit Festbett-Reaktoren für organisch hochbelastete Abwässer sind bei Bio-System (1998) zu finden. Eine interessante Entwicklung ist

Abb. 227. Zweistufige anaerobe Abwasserreinigungsanlage einer Brauerei (Zeppelin Silo- und Apparatetechnik GmbH-Umwelttechnik).

eine Kompaktanlage in einem 20-ft-Normcontainer (ft = Fuß). Der mehrstufige Festbettreaktor mit einem Volumen von 20 m^3 reinigt einen Abwasservolumenstrom von 10 m^3/d und einer Belastung von 10 000 mg CSB/l zu 85 %. Die Anlage wird fertig montiert geliefert. Die Kosten sind mit etwa 0,17 Millionen DM ohne Transport und Inbetriebnahme relativ niedrig (siehe Kapitel 8.8).

8.7.4 Weitergehende Behandlung und Teilstromreinigung

FRANK et al. (1996) haben eine interessante Veröffentlichung über die Möglichkeiten der Optimierung bei der Reinigung von Mehrwegflaschen geschrieben. Verbesserungen lassen sich unter anderem durch separate Restentleerung, sorgfältige Kontrolle und Nachschärfung der Weichlauge, Behandlung der Etikettenabpresslauge, Einsatz von Chlordioxid als Desinfektionsmittel usw. erreichen.

NÖRPEL (1994, 1996) berichtet über die Möglichkeiten der Wiederverwendung des Ablaufs der Frischwasserspritzung der Flaschen nach einer mehrstufigen Behandlung. Die Investitionskosten sollen sich schon nach etwa einem Jahr amortisieren.

Interessante Möglichkeiten über den Einsatz von Membrananlagen zur Aufbereitung von Brüdenwasser, Kühl- und Spülwasser sind bei CSM (1998) zu finden. Entsprechende Anlagen sollen Amortisationszeiten von acht Monaten beziehungsweise zwei bis drei Jahren haben (siehe Kapitel 8.6.2.4). In der Veröffentlichung werden auch die Grenzen des Einsatzes von Membrananlagen im Frucht- und Gemüsesaftbereich aufgezeigt.

8.8 Kosten der Abwasserreinigung

Die Kosten der Abwasserreinigung haben eine große Bandbreite. Die Investitions- und Betriebskosten müssen bei jedem einzelnen Fall individuell ermittelt werden.

Im kommunalen Bereich ist es üblich, die Kosten pro Einwohnerwert (EW) anzugeben. Hierbei wird davon ausgegangen, dass jeder Einwohner (E) 60 g BSB_5/d und 120 m CSB/d produziert. Die BSB_5- oder CSB-Fracht der Industrieabwässer wird entsprechend umgerechnet, wobei sich Einwohnergleichwerte (EGW) ergeben. Die Summe aus E und EGW ergibt dann die Einwohnerwerte EW der Kläranlage. Die Kosten für kommunale Kläranlagen betragen zur Zeit (1998) etwa 900 bis 1 100 DM/EW einschließlich der aufwendigen Schlammbehandlung. Diese hat einen Anteil von etwa einem Drittel, so dass die Kosten ohne diese Verfahrensstufen etwa 600 bis 750 DM/EW sind. Bei der Industrieabwasserreinigung werden die Anlagen kostengünstiger erstellt. Ferner sind die Kosten pro EW niedriger, wenn die Zulaufkonzentrationen höher sind. Man kann daher für die Investitionskosten für Abwasserreinigungsanlagen im Bereich der Frucht- und Gemüsesaftherstellung mit Werten zwischen 120 DM/EW und 480 DM/EW rechnen. Die Kosten hängen natürlich auch davon ab, ob auf Direkteinleiterwerte (110 mg CSB/l) oder Indirekteinleiterwerte (600 bis 1 000 mg CSB/l) gereinigt werden soll.

Die Betriebskosten sind noch stärker von den örtlichen Gegebenheiten und von der Finanzierung der Investitionskosten abhängig, so dass sich keine allgemeingültigen Aussagen machen lassen.

8.9 Abfallverwertung und -entsorgung

Der Herstellung und Abfüllung von Obst- und Gemüsesaft fallen insbesondere folgende Abfallstoffe an:
- Trester,
- Schönungstrub und Separatorenkonzentrat,
- kieselgurhaltiger Filterkuchen,
- Etiketten,
- Glasbruch,
- Aluminium-Schraubdeckel,
- Siebgut der mechanischen Vorreinigung,

- Überschussschlamm biologischer Abwasserreinigungsanlagen.

Die günstigsten Arten der Verwertung von Trester sind die Abgabe an Pektinhersteller und die Verwendung als Viehfutter.

Falls dies nicht möglich ist, sollte Trester, Schönungstrub, Separatorenkonzentrat, Filterkuchen, Siebgut und Überschussschlamm zusammen mit anderen strukturgebenden organischen Feststoffen kompostiert werden. Hierbei sollten Abnahmeverträge mit privaten Kompostfirmen abgeschlossen werden. Die Abfuhr durch Entsorger, die nicht selbst kompostieren, ist entsprechend teurer.

Eine Ablagerung auf Haus- oder Gewerbemülldeponien ist in Deutschland nicht mehr möglich.

Etiketten lassen sich, je nach Druckfarbe ebenfalls kompostieren oder müssen als Restmüll entsorgt werden. Glasbruch kann als Glas und Schraubverschlüsse als Aluminium gesammelt und recycelt werden.

9 Mikrobiologie der Frucht- und Gemüsesäfte

H. H. DITTRICH

9.1 In Frucht- und Gemüsesäften vorkommende Mikroorganismen

Frucht- und Gemüsesäfte und aus ihnen hergestellte Produkte können drei verschiedenen mikrobiellen Verderbnisarten unterliegen: Sie können entweder unter Bildung von CO_2 und Alkohol gären, sie können verschimmeln, schließlich können in ihnen auch Säuren – vor allem Essigsäure und Milchsäure – gebildet werden. Diese drei Verderbnisarten werden mit einiger Sicherheit auch von drei verschiedenen Gruppen von infizierenden Mikroorganismen verursacht: von Hefen, von Schimmelpilzen und von Bakterien.

Über diese Mikroorganismen und die von ihnen verursachten Schäden orientieren zusammenfassend: LÜTHI (1959), INGRAM und LÜTHI (1961), BACK (1979, 1981 a, b, 1993 a, b), DITTRICH (1987 a, 1993 a, b), FRANK und HOLZAPFEL (1997) sowie MÜLLER (1997) und die einschlägigen Kapitel in MÜLLER und WEBER (1996). Die Weinbereitung aus Traubensaft behandelt DITTRICH (1987 b, 1993 c und 1995 a), die Fruchtweinbereitung beschreiben SCHANDERL, KOCH und KOLB (1981).

Der Nachweis von Mikroorganismen in Fruchtsäften, Fruchtprodukten und alkoholfreien Erfrischungsgetränken wurde von einer Arbeitsgruppe der Internationalen Fruchtsaft-Union (IFU) genormt (IFU 1996/97). Weitere Informationen siehe auch BACK (1993 b, c).

9.1.1 Die Eigenschaften der Mikroorganismen

Mikroorganismen sind *mikroskopisch kleine* Organismen. Die Größe der meisten Bakterien liegt bei $\frac{1}{1000}$ mm = 10^{-3} mm = 1 Mikrometer oder 1 µm. Die Größe von Hefezellen liegt meist zwischen drei und acht Mikrometern. Trotz der Verschiedenheit der einzelnen Gruppen unterscheiden sie sich von den höheren Pflanzen in mehrfacher Hinsicht: morphologisch infolge des Fehlens von Geweben, physiologisch infolge ihrer Aktivität und Flexibilität, ökologisch infolge ihrer weiten Verbreitung und ihrer schnellen Vermehrung, methodisch infolge gleicher Bearbeitung und Untersuchung.

Mikroorganismen sind einfache Pflanzen. Sie sind – soweit sie uns hier beschäftigen – *heterotroph*, das heißt zur Deckung ihres Energiebedarfes auf geeignete organische Stoffe angewiesen.

Bei so kleinen Organismen ist das Verhältnis von Oberfläche zu Volumen beziehungsweise Gewicht sehr groß. Da diese Mikroorganismenzellen Wasser und die darin gelösten Stoffe an jeder Stelle ihrer Oberfläche aufnehmen, folgt aus dem hohen Oberflächen/Volumen-Verhältnis eine große Wechselwirkung mit ihrer Umgebung, also ein *großer Stoffumsatz*. Er äußert sich in einer *Veränderung der Saft-Zusammensetzung*. Der Stoffumsatz liefert außerdem einen Energiegewinn, der dem Mikroorganismus eine *schnelle Vermehrung* ermöglicht.

Bakterien und Hefen vermehren sich, indem aus einer Zelle durch Teilung bzw. Sprossung zwei werden. Diese Vermehrung kann sehr schnell erfolgen: Nach zehn Generationen hat sich die Zellzahl etwa auf das Tausendfache erhöht (2^{10} = 1 024). Da sich die Zellen günstigstenfalls alle 30 Minuten teilen können, ist unter optimalen Lebensbedingungen eine millionenfache Erhöhung der Keimzahlen in etwa zehn Stunden möglich. Dann wird die Aktivität der Mikroorganismen merkbar.

Wenn die Hefezahl in einem Saft auf 10^3 bis 10^6 pro Milliliter angestiegen ist, beginnt er sich einzutrüben und die dann einsetzende Gärung wird an der Freisetzung von Gasblasen erkennbar. Um ein vergleichbares Stadium mit Bakterien zu erreichen, müsste ihre Zahl etwa hundertmal höher sein.

Schimmelpilze vermehren sich anders. Einzelne Sporen des Pilzes werden durch Wind verbreitet. Wenn eine dieser Konidien auf eine Unterlage fällt, die ihre Keimung zulässt, keimt diese Spore zu einem langen Zellfaden aus (deshalb auch die Bezeichnung Fadenpilze), der Hyphe genannt wird. Diese Hyphe kann sich verzweigen, so dass ein mehr oder minder dichtes Geflecht entsteht, das Myzel genannt wird. Das Myzel, das aus einer Spore entsteht, hat meist ein charakteristisches Aussehen. Diese Kolonie bildet aufrecht stehende Sporenträger, auf denen viele Konidien gebildet werden, um von dort wieder durch Luftströmungen verbreitet zu werden. Die Konidien, also ungeschlechtlich entstandene Sporen, sind sehr widerstandsfähig gegenüber widrigen Umweltfaktoren. Sie sichern durch ihre Überlebensfähigkeit die Erhaltung der Art, ihre weite Verbreitung und ihre Massenvermehrung.

Das Myzelwachstum und die Konidienbildung der Schimmelpilze erfordern meist einen mehr oder minder hohen Sauerstoffdruck. Sie sind Aerobier, im Gegensatz zu den Bakterien und Hefen, die diese Lebensweise teils nicht oder nicht in diesem Maße aufweisen. Deshalb wachsen Schimmelpilze meist *auf* Säften und geeigneten Substraten, Bakterien und Hefen aber *in* ihnen.

Dies kann zum Beispiel der Fall sein, wenn ein Traubensaft in einem Holzfass zur Gärung angestellt wird, aber längere Zeit nicht angärt. Die Innenflächen des „Steigraumes" können dann von Schimmelpilzen bewachsen werden, während im Most selbst kein Schimmelwachstum erfolgt. In vollgefüllten und dann verschlossenen Tanks ist daher ein nennenswertes Schimmelpilzwachstum ebenfalls kaum möglich.

Die unterschiedlichen Wachstumsbedingungen von Bakterien, Hefen und Schimmelpilzen sind auch darauf zurückzuführen, dass Bakterien und Hefen ein stärkeres Wasserbedürfnis haben beziehungsweise eine höhere relative Luftfeuchtigkeit brauchen als Schimmelpilze. Bakterien sind daher als hydrophil anzusprechen, während viele Schimmelpilze als xerotolerant gelten können. Hefen nehmen eine Mittelstellung ein.

Diese sehr unterschiedlichen Eigenschaften differenzieren auch die Art der Infektion im Betrieb. Schimmelpilze können durch ihre Konidien über weite Strecken auf dem Luftweg verbreitet werden. Bei Bakterien und Hefen entfällt diese Verbreitungsmöglichkeit weitgehend. Sie werden eher durch die Verbreitung verkeimter Substrate sowie durch direkten oder indirekten Kontakt übertragen.

Während der Zusatz verkeimter Flüssigkeiten oder ihr Verspritzen vom Betriebspersonal als Schadensursache meist richtig bewertet und daher verhütet wird, wird die regelmäßige und gründliche Reinigung aller Flächen und Behältnisse, die mit Säften in Berührung gekommen waren, oft vernachlässigt. Es ist aber daran zu denken, dass selbst kaum sichtbare Schmutzreste Millionen dieser Mikroorganismen enthalten können.

9.1.2 Die Organismen

Von den drei großen, morphologisch unterscheidbaren Gruppen von Mikroorganismen – Bakterien, Hefen, Schimmelpilzen – sollen hier nur diejenigen besprochen werden, die für Säfte und die daraus hergestellten Produkte wichtig sind. Das sind im Wesentlichen nur die, die sich in Säften vermehren können und deren Zusammensetzung verändern.

9.1.2.1 Bakterien

Am häufigsten und daher auch am wichtigsten sind die *Essigsäurebakterien*, kurz *Essigbakterien* und die *Milchsäurebakterien*. Weniger von Bedeutung sind bei Säften *Buttersäurebakterien* oder *krankheitserregende (pathogene) Bakterien*.

Die meisten der hier vorkommenden Bakterien können durch Erhitzung der Säfte abgetötet werden. *Sporenbildende Bakterien* können die Hochtemperatur-Kurzzeit-Erhitzung von Säften überstehen. Hierbei handelt es sich um Vertreter der Gattungen *Bacillus, Alicyclobacillus* und *Clostridium*. Durch den in Fruchtsäften meist recht hohen Säuregehalt wird ihre Vermehrung gehemmt (siehe Seite 514, vgl. auch Tab. 75). Mit größerer Wahrscheinlichkeit ist mit ihnen in Gemüsesäften zu rechnen, schon wegen ihres höheren pH-Wertes. Vor allem sind Säfte gefährdet, deren Rohprodukte stark mit Erde verunreinigt waren (z. T. Tomaten, oft Möhren).

Essigsäurebakterien

Diese Bakterien sind auf Früchten sehr häufig. Besonders Verletzungen der Früchte bewirken eine Massenvermehrung

Tab 73. Wichtige Eigenschaften von Getränke-Mikroorganismen

	Schimmelpilze	Hefen	Bakterien
Anzahl der Zellen	mehrere Zellen	meist Einzelzellen	Einzelzellen, Zellketten, Zellhaufen
Zellform	schlauchförmig	rund od. oval bis länglich	Stäbchen, Kugeln
Zellgröße	0,01 bis 1 mm	0,005 bis 0,025 mm	0,001 bis 0,005 mm
Fortpflanzungsweise	hauptsächlich durch (ungeschlechtliche) Sporen	Zellsprossung, bei einigen Arten Querteilung	Querteilung
Wachstumsbedingungen			
Nährstoffbedarf	meist gering	gering, Zucker und etwas Stickstoff genügen	sehr verschieden, ist artabhängig
a_w*	gewöhnliche Arten 0,90 bis 1,00, osmophile Arten >/0,70	für die meisten Arten 0,90 bis 1,00, osmophile Arten > 0,60	0,90 bis 1,00 (bis auf einige Ausnahmen)
pH	1,5 bis 9,0	1,5 bis 8,5	3,0 bis 9,5 viele Arten 5,5 bis 7,5
Temperatur	Optimum zwischen 20° und 30° C, viele Arten entwickeln sich schon bei sehr niedrigen Temperaturen	Optimum zwischen 20° und 30° C; einige Arten vermehren sich bei niedrigen Temperaturen	Optimum für so genannte mesophile Arten 20° bis 30° C
Sauerstoff	erforderlich	fördert das Wachstum, ist aber nicht erforderlich	erforderlich für obligat aerobe Arten, muss abwesend sein für obligat anaerobe Arten. Die meisten Milchsäurebakterien vermehren sich nur bei (sehr) geringem O_2-Druck
Thermotoleranz von Sporen	artabhängig, gewöhnliche Sporen 5 bis 7 Minuten bei 60° C, thermoresistente Sporen 30 Minuten bei 88° C	gering, entspricht der Thermotoleranz vegetativer Zellen, d. h. 10 bis 15 Minuten bei 60° C	*Bacillus, Acyclobacillus, Clostridium* meist sehr hoch, 1 Minute bis 20 Minuten bei 100° C
Fortpflanzungsgeschwindigkeit	ein einziger Schimmelpilz bildet Millionen Sporen; aus einer einzigen Spore kann sich innerhalb einiger Tage ein neues Schimmelmycel bilden	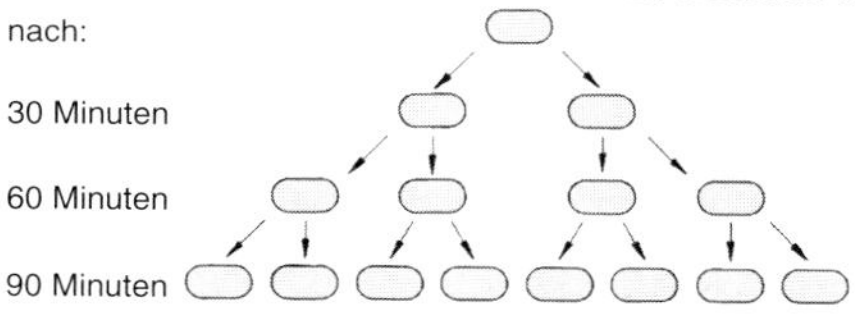 nach: 30 Minuten 60 Minuten 90 Minuten Fortpflanzung bei Bakterien geschieht durch (Quer)-Teilung; jede Zelle der neuen Generation teilt sich in gleicher Weise. Nach 10 Generationen erhält erhält man theoretisch $2^{10} = 1024$ Zellen. Unter günstigen Bedingungen können sich viele Bakterienzellen in 30 Minuten teilen, d. h., dass nach etwa 10 Stunden schon eine millionenfache Zunahme möglich ist. Auch bei vielen Hefen verläuft unter günstigen Bedingungen die Sprossung schnell.	

* Dieser Wert – „Wasseraktivität" – ist der Kennwert für den osmotischen Druck; reines Wasser hat einen Wert von 1,00, der Wert 0,00 kennzeichnet einen absolut trockenen Stoff.

dieser Bakterien, weil an diesen Stellen der Saft beziehungsweise der saftige Inhalt der Früchte verfügbar wird. Sie haben zwar einerseits sehr hohe Ernährungsansprüche, sind aber andererseits sehr säuretolerant.

Wenn sie von der Fruchtoberfläche beim Pressen heruntergespült werden oder dabei aus schon stark infizierten Früchten in den Saft gelangen, besteht durch sie die Gefahr des „Essigstiches". Die Verderbnisursache ist die Bildung von Essigsäure (siehe Seite 536), die namengebend für diese Bakterien wurde. Konzentrationserhöhungen dieser „flüchtigen Säure", die geruchlich und geschmacklich charakteristisch und leicht erkennbar ist, ziehen den Verlust der Verkehrsfähigkeit nach sich.

Die Essigsäurebakterien sind typische Aerobier, also auf das Vorhandensein von Sauerstoff angewiesen. Dennoch kann in Säften trotz nur geringem oder vielleicht gar fehlendem Sauerstoffgehalt die Essigsäurebildung schon für das Verderben ausreichen. Entgegen landläufiger Ansicht ist dafür das Vorhandensein höherer Ethanolkonzentrationen nicht nötig. Auch zweifach konzentrierte Orangensäfte wurden von ihnen verdorben (Berry et al. 1954), ein Zeichen ihrer Säure- und Osmotoleranz.

In Erfrischungsgetränken werden Essigsäurebakterien meist nur in stillen Getränken in Kunststoffverpackung angetroffen (Sand 1976).

Physiologisch unterscheidet man zwei Gruppen: Die *Suboxidanten* können die produzierte Essigsäure nicht mehr weiteroxidieren zu $CO_2 + H_2O$, während dies die *Peroxidanten* (Überoxidierer) tun. Für sie ist Essigsäure also nur ein Zwischenprodukt, das sie zunächst anhäufen, danach aber wieder veratmen. Prototyp der ersten Gruppe ist *Gluconobacter oxydans*. Prototyp der zweiten Gruppe ist *Acetobacter peroxydans* (De Ley et al. 1984).

Die in Maischen und Säften als Verderbniserreger wichtigsten Essigsäurebakterien gehören meist zu den Maische- und Würze-Essigbakterien. Der wichtigste Vertreter ist *Acetobacter pasteurianus*.

Milchsäurebakterien

Da viele Säfte für diese milchsäurebildenden Bakterien (über ihren Stoffwechsel vgl. Bozoglu und Ray 1996) geeignete Substrate sind, können Infektionen durch sie äußerst gefährliche Folgen haben (Dittrich 1986). Die Verderbnis der Säfte erstreckt sich auf

1. Bildung von Milchsäure, Essigsäure, CO_2 und anderen Produkten sowie Abbau der Äpfelsäure und der Citronensäure.
2. Bildung von Polysacchariden aus dem Zucker der Säfte. Dadurch erhöht sich die Viskosität der Säfte, sie werden „zäh". Da diese Veränderung meist mit dem Säureabbau verbunden ist, spricht man auch vom „Lindwerden".
3. Bildung von Diacetyl. Diese äußerst geruchsaktive Substanz ist die Ursache des „Tanktons", „Sauerkrauttons", „Milchsäurestichs" oder ähnlich bezeichneter Geruchs- und Geschmacksfehler.

Die Milchsäurebakterien, die größtenteils den Gattungen *Leuconostoc* und *Lactobacillus* angehören, kommen regelmäßig auf Blättern und Früchten vor. Sie gelangen beim Pressen von den Früchten in den Saft. Eine sekundäre Infektion kann von unzureichend gereinigten Geräten, Leitungen und Tanks ausgehen (Peynaud 1968, Weiller und Radler 1970). Ihre Eigenschaften beschreiben Garvie (1986), Kandler und Weiss (1986); siehe auch Tab. 74.

Außer den beiden genannten Gattungen ist auch noch mit einigen *Pediococcus*-Stämmen zu rechnen. Sie sind nämlich homofermentativ, bilden also aus Zucker (fast) ausschließlich Milchsäure. Es handelt sich um Kokken, die Tetraden bilden. Auch Einzel- und Diplokokken kommen vor, jedoch keine Ketten. Ihr pH-Optimum liegt höher als das von *Leuconostoc*; in saureren Säften wachsen sie daher schlechter.

Milchsäurebakterien haben charakteristische Stoffwechseleigenschaften:

a) Sie sind typische Zucker umsetzende Organismen. Den Zucker der Säfte bauen sie teils zu Milchsäure, manch-

Tab 74. Eigenschaften saftverderbender Milchsäurebakterien (SAND 1966, veränd.)

Leuconostoc (siehe auch Seite 539 f.)	*Lactobacillus*
Diplokokkus Ø 0,6–1,2 µm	Stäbchen
grampositiv	grampositiv
(Färbung nach Gram gibt blaue Zellen)	
Katalase negativ	Katalase negativ
microaerophil	microaerophil bis anaerob
heterofermentativ	homo- oder heterofermentativ
(Bildung von CO_2 und mehreren flüchtigen Stoffen)	
meist Schleimbildung (Dextran) aus Zucker	manchmal Schleimbildung aus Zucker
untere pH-Grenze 2,9	untere pH-Grenze 3,2

mal außerdem zu Essigsäure und zu flüchtigen Stoffwechselprodukten ab, teils zu Polysacchariden auf. Sie können diese Stoffwechselaktivitäten auch in relativ hochkonzentrierten Zuckerlösungen (40–50 °Brix) ausführen.

b) Sie brauchen keinen oder fast keinen Sauerstoff. Sie vertragen sogar viel CO_2. Sie können sich in Säften, die nach BÖHI eingelagert wurden, ohne weiteres vermehren. Manche Stämme wachsen sogar bei 8 bar CO_2-Druck (siehe ZSCHALER 1979).

c) Milchsäurebakterien sind säuretolerant, da sie ja selbst Säure bilden. Viele Säfte, die einen pH-Wert von 3,0 bis 4,0 haben, können daher von ihnen infiziert werden.

d) Die meisten Stämme benötigen für ihre Vermehrung verschiedene Vitamine, Aminosäuren und Ähnliches. Da die benötigten Stoffe aber Inhaltsstoffe der Säfte sind, trägt dies zur Erhöhung der Infektionsgefahr bei (WEILLER und RADLER 1972).

e) Niedrige Temperaturen wirken auf Milchsäurebakterien wachstumshemmender als auf Hefen. Gegen Hitze sind diese Bakterien empfindlicher als Hefen.

Von den genannten Gattungen haben die Vertreter von *Leuconostoc* die besten Entwicklungschancen in Säften. Sie haben die größere pH-Toleranz, die höhere Osmotoleranz und geringeren Bedarf an Nährstoffen. Dies gilt besonders für *Leuconostoc oenos*. Wegen ihrer besonderen Eigenschaften wurde vorgeschlagen, diese Art aus der Gattung *Leuconostoc* auszugliedern und in *Oenococcus oeni* umzubenennen.

Infektionen durch Milchsäurebakterien bleiben oft lange unbemerkt. Die Massenvermehrung tritt dann plötzlich ein, oft erst, wenn die Säfte beim Endverbraucher lagern.

Milchsäure- und Essigsäurebakterien bilden keine resistenten (Endo-)Sporen. Sie sind deshalb in Säften mit geeigneten Sterilisationsmaßnahmen relativ leicht abzutöten.

Die mikroaerophile Bakterienflora von Obstmaischen beschreiben HEINZL und HAMMES (1986).

Buttersäurebakterien

Diese Bakterien sind als Infektanten selten (LÜTHI und VETSCH 1957). Sie verderben die infizierten Säfte vor allem durch die Bildung von Buttersäure, die durch ihren abstoßenden Geruch sofort auffällt.

Die Buttersäurebildung ist typisch für die *saccharolytischen Clostridien*, die zu den anaeroben Sporen bildenden Bakterien gehören. Bei der Vergärung des Zuckers der Säfte können außerdem noch Butanol-1, Propanol-2, Aceton, Ethanol, Essigsäure sowie CO_2 und Wasserstoff (brennbar!) gebildet werden (siehe Seite 539).

Für die Vermehrung von Buttersäurebakterien ist ebenfalls ein höherer pH-Wert des Saftes günstig. Da sie typische Bodenbakterien sind, ist die Saftbereitung aus verschmutzten Früchten (Falläpfel, Erdtrauben) und Gemüsen deshalb problematisch. In Tomaten-, Möhren- und ähnlichen Gemüsesäften ist auf die Abtötung der häufig vorhandenen Sporen besonders zu achten, umso mehr, als diese Säfte hohe pH-Werte haben.

Aerobe Sporenbildner
Normalerweise leben auch die Arten der Gattung *Bacillus* im Erdboden. Daher können sie von ungenügend gereinigten Früchten oder Gemüsen in deren Säfte und Verarbeitungsprodukte eingeschleppt werden. Infolge der Hitzeresistenz der Sporen treten zum Beispiel die säuretoleranten *B. subtilis* und *B. licheniformis* gelegentlich in selbst eingemachten Tomaten und Tomatensäften auf (Rodriguez et al. 1993).

Aus einem „flachsauren" Tomatenpüree beziehungsweise Tomatenmark-Konzentrat wurde *B. coagulans* isoliert (Vicini et al. 1989, Sandoval et al. 1992). In diesem Substrat war unter pH 4,2 keine Vermehrung festzustellen. Das Temperaturoptimum scheint bei 37 °C zu liegen. Die Vermehrung bewirkte eine Senkung des pH-Wertes mit Druckanstieg.

In Fruchtsäften und ihren Konzentraten, aber auch in Limonaden und Getränkegrundstoffen wurde weltweit *Alicyclobacillus acidoterrestris* entdeckt. Voraussetzung für eine Schädigung (phenolartiger „Off-flavor" durch Bildung von 2,6-Dibromphenol) sind O_2-Gehalte von mindestens 3,2 mg/l, Lagertemperaturen über 25 °C und pH-Werte zwischen 3,0 und 5,0.

Die Sporen haben im Getränk hohe Resistenzwerte (Baumgart et al. 1997, Previdi et al. 1997). Bei guter Betriebshygiene sind jedoch kaum Infektionen zu befürchten. Auch die Gefahr der Aromaschädigung ist dann relativ gering (Barlinghaus und Engel 1997).

Gesundheitlich bedenkliche Bakterien
Eventuell gesundheitsgefährdende *Salmonellen* und *coliforme* Bakterien können nur durch Verunreinigung mit Fäkalien in Säfte gelangen (Mossel und De Bruin 1960, Parish et al. 1997). Diese Bakterien sind in Säften mit hohen pH-Werten, zum Beispiel Tomatensäften, vermehrungsfähig. Überleben können sie sogar in Säften mit recht hohem Säuregehalt, auch wenn sie sich hier nicht mehr vermehren können. Sie überleben umso länger, je geringer der Säuregehalt, je niedriger die Temperatur und je geringer die Konzentration ist. In gefrorenen Citruskonzentraten können sie mehrere Monate lebensfähig bleiben.

Der Nachweis einer fäkalen Infektion von Säften kann nur durch den Nachweis von *Escherichia coli* geführt werden, da von den coliformen Bakterien auch *Enterobacter aerogenes* häufiger vorkommt. Diese Art wurde oft auf Pflanzen, auf Äpfeln und in faulen Orangen sowie im Waschwasser nachgewiesen. Reinkulturen vermehrten sich aber nicht mehr in Substraten mit pH-Werten unter 3,8.

Auch andere Enterobakterien kommen in Früchten und Gemüse und daher zunächst auch in Säften vor, zum Beispiel Pektin abbauende Arten von *Erwinia* (zum Beispiel in Möhren). Toxin bildende Staphylokokken und Clostridien mögen zwar auch gelegentlich in Säften vorkommen, können sich aber unter pH 4,5 weder vermehren noch Toxin bilden.

Das Vorkommen dieser Bakterien ist unerwünscht. Wenn Fruchtsäfte zum Beispiel mit Milch gemischt und gelagert werden, können sich solche Bakterien sprunghaft vermehren. Die Infektionsquelle ist bei diesen Produkten meist die Milch beziehungsweise das Milchprodukt, da in Milch diese Bakterien häufiger vorkommen.

9.1.2.2 Hefen

Diese zu den Pilzen gehörenden Mikroorganismen haben als Infektanten und Verderber vor allem von Fruchtsäften und Fruchtsaftgetränken die größte Bedeutung. Bei alkoholfreien Getränken wird mikrobieller Verderb in über 90 von 100 Fällen durch Hefen verursacht (Sand 1970a). Hierfür gibt es mehrere Gründe:

1. Der die Bakterienvermehrung einschränkende hohe Säuregehalt der meisten Säfte behindert ihre Vermehrung nicht. Selbst extrem hohe Säuregehalte (zum Beispiel 25–30 g/l Gesamtsäure) hemmen sie nicht.

2. Sie haben auch noch bei relativ niedrigen Temperaturen eine beachtliche Vermehrungsrate, während Essigsäure- und Milchsäurebakterien höhere Temperaturen benötigen.
3. Da ihre wichtigsten Vertreter die für Wachstum und Stoffwechsel nötigen Substanzen selbst synthetisieren können, haben sie nur geringe Ansprüche an das Substrat.

Diese Eigenschaften, zu denen ein geringes Sauerstoffbedürfnis und eine hohe Fähigkeit des Zuckerumsatzes, bei manchen Arten sogar eine ausgeprägte Osmotoleranz (siehe Seite 516), hinzukommen, sichern diesen Hefen eine starke Vermehrung in allen zuckerhaltigen Substraten, also auch in Säften und auch in deren Konzentraten.

Die damit charakterisierten Hefen gehören zur Gattung *Saccharomyces*. Ihre bekannteste Eigenschaft, die bei Fruchtsäften und Fruchtsaftgetränken aber gerade ihre Schadwirkung ausmacht, ist ihre Fähigkeit, Zucker in Ethanol und CO_2 zu vergären. Außerdem bilden sie Glycerin, Aldehyde, Ketosäuren und Ester, aber auch etwas Essigsäure (siehe Seite 536). Die wichtigste Art ist *Saccharomyces cerevisiae* mit einer Fülle mehr oder minder unterschiedlicher Rassen, die zum Teil auch als eigenständige Arten (zum Beispiel *S. uvarum*) beschrieben worden waren sowie die osmotolerante Art *Zygosaccharomyces bailii*.

Hefen kommen hauptsächlich auf Früchten vor, weniger auf Gemüsen und in Pflanzensäften. Die gärkräftigen Saccharomyzeten kommen in Weinbergböden häufig vor. Ihre höchste Individuenzahl wird im Herbst erreicht.

Die Hefeflora der Früchte besteht allerdings zum größten Teil aus Nicht-Saccharomyzeten, aus so genannten „wilden" Hefen. Darunter nehmen die Apiculatus-Hefen den ersten Platz ein. Man versteht darunter hauptsächlich Arten der Gattungen *Kloeckera, Hanseniaspora* und *Brettanomyces*. Ihre Zellen sind viel kleiner, ihr Gärvermögen viel weniger stark als das der Saccharomyzeten. Sie bilden dagegen mehr Essigsäure als diese. Ihr Stoffwechsel ist mehr aerob. Das trifft für die so genannten Kahmhefen ebenfalls zu. Diese Hefen bilden daher auf den von ihnen infizierten Substraten haut- bis deckenartige Oberflächenvegetationen. Zu ihnen rechnet man die Gattungen *Pichia, Candida* und *Metschnikowia*.

Außerdem gibt es noch einige Spezialisten, zum Beispiel *Saccharomycodes*, die auch in stark geschwefelten Säften noch existieren kann, oder *Schizosaccharomyces*, eine normalerweise in den Tropen beheimatete Hefe, die daher ein hohes Wärmebedürfnis hat. Sie ist nicht nur ein starker Gärer, sondern baut auch energisch Äpfelsäure ab (siehe Seite 534).

In Erfrischungsgetränken hat man ebenfalls Saccharomyzeten als Hauptschädlinge angetroffen, ebenfalls Arten von *Pichia* und *Candida* (Sand 1970 a). Ein besonders gefährlicher Schädling ist *Candida stellata*. Es scheint jedoch kein Zusammenhang zwischen dem Getränketyp und der Verderbnis erregenden Hefeart zu bestehen.

Die starke Verbreitung der Hefen besorgt zunächst der Wind, der Staub von der Erdoberfläche abhebt. Wenn sich die Hefen dann in verletzten Früchten oder an anderen zuckerhaltigen Orten vermehrt haben, werden sie von Insekten, die diese Stellen aufsuchen, schnell auf viele andere Früchte übertragen. Die größte Rolle bei dieser Übertragung, aber auch im Betrieb, spielen Fruchtfliegen *(Drosophila)* und Wespen. Saftreste können im Betrieb auch auf diese Weise zu Infektionsherden werden! Dies ist nur ein Beispiel dafür, dass innerhalb des Betriebes der Übertragung von Hefen durch Kontaktinfektionen eine weitaus größere Rolle zukommt als der Übertragung durch Luftinfektionen.

Äußerst wichtig ist das geringe Wärmebedürfnis der Hefen. Die meisten Stämme haben geringere Ansprüche als die Bakterien. Einige Stämme sind ausgesprochen *psychrophil* (Schmidt-Lorenz 1970). Sie können sich auch in kalt gelagerten Säften und Konzentraten vermehren, besonders bei langen Lagerzeiten.

Über Hefen auf Früchten und Gemüsen berichteten Torok und King (1991), über

Hefen als Verderber von Fruchtsäften, Fruchtsaftgetränken und CO_2-haltigen Getränken WALKER und AYRES (1970), ZAAKE (1979), DAWENPORT und DAVIES (1984), BACK (1993a), Hefen in Fruchtsaftkonzentraten behandeln zum Beispiel POKORN und HRIBAR (1987) und DEAK und BEUCHAT (1993).

Zur Taxonomie und Systematik der Hefen vergleiche man BARNETT et al. (1990) und KURTZMAN und FELL (1998). Darin findet man auch Angaben über die Orte der Isolierung der Hefen und über ihr Vorkommen.

9.1.2.3 Schimmelpilze

Bereits vor der Ernte können Obst und Gemüse der Infektion von Pilzen und den dadurch bedingten Veränderungen ausgesetzt sein. Typisch ist zum Beispiel der Befall von Birnen durch *Monilia fructigena*. Die Früchte können schon am Baum faulen. Ähnlich sichtbar ist auch der Befall von Traubenbeeren durch *Botrytis cinerea*. *Penicillium expansum* und *P. digitatum* sind auf Citrusfrüchten häufig. Auch Tomaten sind sehr gefährdet. Selbst nach der Ernte können noch gesunde Früchte während des Transportes platzen und dann kurzfristig verschimmeln (siehe Seite 522). Durch diese Infektionen wird die Beschaffenheit und die Qualität der Früchte weitgehend verändert.

Das Vorkommen von Schimmelpilzen in deutschen Fruchtsäften wurde untersucht (SENSER und REHM 1965). 215 Stämme wurden nach ihrer Bedeutung in drei Gruppen unterteilt. Als direkte Verderber wurden die zwei *Byssochlamys*-Arten (Nebenfruchtform *Paecilomyces*) festgestellt. Ihr Vorkommen ruft in jedem Falle den Verderb des Fruchtsaftes hervor. Bei diesem Pilz ist ein Teil der Ascosporen sehr hitzeresistent. Diese Pilze sind auch in nur geringem Maße sauerstoffabhängig. Bei einem Wachstum in Stickstoffatmosphäre ist die Ascus- und die Konidienbildung nur verzögert. Ein weiterer direkter Verderber ist *Penicillium velutinum*. Er kam in Mehrfrucht-, Apfel- und Traubensäften, aber nie in Citrussäften vor. *Penicillium roqueforti* scheint weniger weit verbreitet zu sein; er wurde nur aus Traubensäften isoliert. Als nur latente Verderber werden die *Aspergilli* angesehen: *A. niger* wurde aus wenigen Ananas- und Erdbeersäften isoliert. Auch *A. amstelodami* wurde nur geringe Bedeutung zugeschrieben. Besonders oft trat *Penicillium notatum* auf. Auch *P. digitatum* war in Beeren- und Citrussäften, besonders in Ananassaft, weit verbreitet. *P. expansum* wurde nicht gefunden. *Cladosporium* kommt zwar häufig in verschiedensten Säften vor, doch tritt Verderb erst bei Bedingungen ein, die für den Pilz günstig sind (Sauerstoffzufuhr, Herabsetzung der Zuckerkonzentration).

Von den 215 gefundenen Stämmen erwiesen sich nur acht als direkte und 15 als latente Fruchtsaftverderber. Von den 29 *Penicillium*-Arten waren die Arten der Chrysogenum-Serie am stärksten vertreten. Unter den sieben gefundenen *Aspergillus*-Arten traten *A. amstelodami* und *A. sydowi* am häufigsten auf. In keinem Falle wurden Mucoraceen isoliert.

Infolge der konsequenten Hitzebehandlung der Säfte sind Pilze als Infektanten relativ selten. Ernst zu nehmende Schädlinge sind daher nur Arten mit hitzeresistenten (Asco-)Sporen wie *Byssochlamys nivea, B. fulva, Neosartorya fischeri. Talaromyces flavus, Eupenicillium* spp., auch Stämme von *Monascus* und *Phialophora* (LÜTHI und VETSCH 1955, PETER 1964, 1965, SENSER et al. 1967, SPOTTI et al. 1993).

Schimmelpilze sind *Aerobier*, sie werden daher von höheren CO_2-Konzentrationen gehemmt. Sie wachsen auch meist (nicht immer!) auf der Oberfläche ihrer Substrate (siehe Seite 507).

Die Schadwirkung ist häufig durch einen „Schimmel-“ oder „Muffton“, bei einigen Arten zusätzlich durch bittere Geschmacksstoffe sensorisch feststellbar. Beide Arten von Stoffwechselprodukten sind mit den zulässigen Mitteln höchstens teilweise zu entfernen.

Schimmelpilze bauen Pektin energisch ab. Bei naturtrüben Säften bewirkt dies ein Ausklaren. Des Weiteren können Schimmelpilze die Säurezusammensetzung ändern und bei roten Trauben auch farbstoffzerstörend wirken (siehe Seite 532).

Besonders wichtig ist schließlich die Alkoholbildung verschiedener Pilze, vor allem der *Mucorales*. Aber auch andere Gattungen haben diese Eigenschaft, zum Beispiel die *Aspergilli* und die Fusarien.

Nur sehr wenige Schimmelpilze sind als Infektanten der Rohware gesundheitlich bedenklich. Die Gesundheitsgefährdung bei möglichen Infektionen der Säfte ist kaum gegeben, siehe aber hierzu auch Seite 540 f.

Andere Organismen

Frisch gekelterte, in Gärung geratene Apfelsäfte sollen fast regelmäßig einen zweigeißeligen Flagellaten enthalten, der sich von Bakterien und Hefen ernährt und der erst bei einem Alkoholgehalt von 3,5 %vol abstirbt (Schanderl 1956).

9.2 Frucht- und Gemüsesäfte als Substrate für Mikroorganismen

Obwohl in die Säfte schon vom Rohmaterial Mikroorganismen verschiedenster Art in großen Mengen eingebracht werden und außerdem während des Transportes und der Lagerung im Betrieb Infektionen erfolgen können, führt diese Keimbelastung beziehungsweise eine Infektion nicht notwendigerweise zu einer Massenvermehrung dieser Organismen. Nur einige kleine Gruppen können sich in Säften vermehren, da ihnen diese Substrate einen Selektionsvorteil vor anderen Mikroorganismen bieten. Diese selektierenden Faktoren sind hauptsächlich der pH-Wert, die osmotische Eigenschaft, die im Wesentlichen vom Wassergehalt bestimmt wird, manchmal auch die Temperatur, bei der gelagert wird und darüber hinaus die chemische Zusammensetzung.

Alle auf die Infektanten wirkenden Umweltfaktoren sind als Ganzheit zu werten. Im äußersten Falle kann sich ihre Wirkung potenzieren. Ein nicht zu unterschätzender Faktor ist außerdem die Zeit, die einem Infektanten von der Infektion bis zur Abtötung oder bis zum Verbrauch des Getränkes für seine Vermehrung zur Verfügung steht. Ist sie nur kurz, wird die Infektion unter Umständen gar nicht bemerkt. Gleichwohl können bereits qualitative Veränderungen eingetreten sein: Während zum Beispiel die Vermehrung von *Lactobacillus plantarum* in Tomatenpulpe bei 30 °C erst nach zwölf Stunden feststellbar war, waren erste Produktveränderungen schon nach sechs Stunden bemerkbar (Poretta und Vicini 1993).

9.2.1 Physikalisch-chemische Eigenschaften

pH-Wert und Pufferkapazität

Die pH-Werte der meisten Säfte und Nektare liegen zwischen 3,0 und 4,0 (Tab. 75). Ihre Pufferkapazität ist hoch. Da die meisten Bakterien Substrate mit nahezu neutralen oder alkalischen pH-Werten brauchen, können hier nur diejenigen Arten wachsen, die ausgesprochen saure Substrate vertragen. Das sind hauptsächlich solche, die selbst Säuren bilden können. Hier kommen Essigsäurebakterien, Milchsäurebakterien, allenfalls noch Buttersäurebakterien in Frage. Diese Reihenfolge hat auch die Säuretoleranz bakterieller Saftinfektanten: Sie ist hoch bei den Essigsäurebakterien und gering bei Buttersäurebildnern, nämlich erst über pH 4,2. Die Milchsäurebakterien nehmen eine Mittelstellung ein, eine Gefährdung durch sie ist oberhalb pH 3,0 gegeben.

Bei alkoholfreien Erfrischungsgetränken können Milchsäurebakterien-Infektionen zum Beispiel verursacht sein durch zu geringe Ansäuerung des Füllsirups oder dessen zu geringe Dosierung durch falsches Einstellen des Füllers. Es gibt aber auch Getränke, die von Natur aus einen hohen pH-Wert haben, zum Beispiel das nordafrikanische Carube, ein Erzeugnis aus Johannisbrotschoten-Extrakt (pH 4,0). Auch manche englische Cordials – Produkte, die erst nach Verdünnung trinkfertig sind – werden, zumal unkonserviert, infolge ihres hohen pH-Wertes öfters von Milchsäurebakterien infiziert (Sand 1966).

Tab 75. pH-Werte auf dem deutschen Markt angebotener Fruchtsäfte und Nektare (DUONG 1987)

	pH-Wert
Maracuja (Nektar)	3,0
Johannisbeer (Nektar)	3,10
Grapefruitsaft	3,10
Traubensaft	3,20
Zwetschgen (Nektar)	3,26
Mango (Nektar)	3,26
Guave (Nektar)	3,28
Orange (Nektar)	3,32
Sauerkirsche (Nektar)	3,34
Aprikose (Nektar)	3,44
Orangensaft	3,60
Ananassaft	3,62
Bananen	3,66

Pilze – und dazu zählen auch die *Hefen* – sind viel säuretoleranter. Der minimale pH-Wert, bei dem eine Vermehrung noch möglich ist, liegt für einige bei pH 1,5 oder noch niedriger (RECCA und MRAK 1952). Unter erschwerenden Bedingungen (zum Beispiel hohe Zuckerkonzentration) ist aber die Vermehrung der meisten Hefen in stark sauren Medien unter pH 3,0 bereits gehemmt. Osmotolerante Hefen wachsen schlecht bei niedrigen pH-Werten. Ihr pH-Optimum liegt etwa zwischen 4,0 und 5,0. Auf der Säureempfindlichkeit dieser Hefen beruht die Methode, Zuckersirup durch Säurezusatz hefefrei zu halten. Auf der relativen Säureempfindlichkeit normaler Hefen beruht unter anderem auch die gute Haltbarkeit vieler Cola- und Tonic-Getränke (pH 2,4–2,8).

Gegen eine pH-Senkung sprechen oft organoleptische Bedenken: Die Getränke werden zu sauer. Zunächst ist aber darauf zu achten, dass niedrige pH-Werte meist nur mit weichem Wasser zu erreichen sind. Außerdem ist zu beachten, dass die Wirkung der hierin meist zugelassenen Konservierungsmittel pH-abhängig ist (siehe Seite 543).

Vermutlich wegen ihres Säuregehaltes hatten in Ägypten produzierte Tamarinden-Säfte verglichen mit Karotten-, Sobia- und Zuckerrohr-Säften beziehungsweise -Drinks die geringsten Keimgehalte (DAW et al. 1994).

Die Pufferkapazität von Säften ist hoch. Durch mikrobielle Aktivitäten wird der pH-Wert kaum beeinflusst. Ausnahmen hiervon sind die Bildung von Säuren, vor allem von Essigsäure oder der Abbau von Säuren, zum Beispiel der von Äpfel- und Citronensäure.

Über die Bedeutung von pH und rH für Mikroorganismen orientiert RABOTNOWA 1963.

Redoxpotential (rH)

In Säften können sowohl typische Aerobier, wie die Essigsäurebakterien, als auch mikroaerophile Arten, wie die Milchsäurebakterien, und sogar extrem anaerob veranlagte Mikroorganismen, wie die Buttersäure bildenden Clostridien, vorkommen. Hefen benötigen, von einigen ausgesprochen aeroben Arten abgesehen, kaum Sauerstoff. Dennoch wird ihre Vermehrung durch Sauerstoff stark gefördert, besonders bei Vorliegen anderer einschränkender Faktoren. So vermehren sich Hefen *auf* Konzentraten besser als *in* ihnen. Auch bei den Schimmelpilzen, die als ausgesprochene Aerobier gelten, scheinen die Sauerstoffbedürfnisse differenzierter zu sein. Nur gering sauerstoffbedürftig ist der wichtigste Saftverderber *Byssochlamys*, gleiches gilt für *Penicillium roqueforti*. Diese Pilze können auch in flüssigen Substraten submers wachsen. Für die Mucoraceen ist unter anaeroben Bedingungen die Abgliederung kugeliger Zellen („Mucor-Hefen") typisch. Ihre alkoholische Gärung kann langfristig zu beachtlichen Ethanolmengen führen.

Die Redoxverhältnisse der Säfte sind also für ihre Infektion und ihren Verderb nur von sekundärer Bedeutung.

Zuckerkonzentration und Wasseraktivität

Für Mikroorganismen ist der im Nährsubstrat herrschende osmotische Druck ein wichtiger Wachstumsparameter. Das trifft ganz besonders für Substrate mit höherem osmotischem Druck zu, zum Beispiel für solche mit höherem Zuckergehalt (siehe Tab. 76). Bei der Konzentration von Säften werden mehrere Eigenschaften ent-

Tab 76. Wasseraktivität (aW) und osmotischer Wert (bar) verschiedener Zuckerlösungen (SAND 1973)

Substrat		aW	bar
reinstes Wasser		1,00	
Glucoselösung	47%	0,92	118
Saccharoselösung	67%	0,87	192
Invertzucker	62,6%	0,82	265
Fructoselösung	79%	0,63	615
wasserfreie Lactose		0,00	

scheidend geändert: zum Beispiel wird ihr Wassergehalt stark vermindert, ihr Säure- und Zuckergehalt wird dadurch entsprechend erhöht. Fruchtsaftkonzentrate sind hauptsächlich durch zwei Eigenschaften gegen mikrobiellen Verderb weitgehend stabilisiert: durch den niedrigen pH-Wert und die niedrige Wasseraktivität (aW). Diese beiden Faktoren bewirken eine Selektion von Organismen, die in ihnen überleben, sowie von Organismen, die darüber hinaus die Konzentrate als Substrate ihres Stoffwechsels nutzen können (siehe Tab. 77). Das führt zum Verderb der Konzentrate (CHIRIFE und BUERA 1994).

Erzeugnisse mit aW-Werten kleiner als 0,60 sind daher im Prinzip gegen mikrobielle Veränderungen unzugänglich, falls nicht Schwitzwasserbildung und andere Faktoren die osmotische Situation ändern.

Konzentratverderb durch Schimmelpilze oder Bakterien gehört zu den Ausnahmen. Immerhin können Milchsäurebakterien in recht stark konzentrierten Zuckerlösungen noch längere Zeit überleben. *Leuconostoc*-Stämme sowie einige *Lactobacillus*-Arten können sich in Produkten von 40 bis 50 °Brix sogar noch vermehren (SAND 1966).

Tab 77. Grenzwerte des Mikroorganismen-Wachstums (SAND 1973)

Gruppe	aW-Minimum
normale Bakterien	0,91
normale Hefen	0,88
normale Schimmelpilze	0,80
halotolerante Bakterien	0,75
xerotolerante Schimmelpilze	0,65
osmotolerante Hefen	0,60

Die häufigsten Verderbniserreger in Konzentraten sind Hefen. Unter ihnen gibt es zunächst solche, die in Konzentraten nicht absterben, zum Beispiel *Saccharomyces cerevisiae (S. uvarum)*, die Bierhefe, die aber auch auf Früchten und in Weinen vorkommt. Wenn sie in Konzentraten vorkommt, sind diese durch sie zwar nicht unmittelbar gefährdet, aber wenn das Konzentrat ohne Pasteurisation oder Konservierung verdünnt wird, verderben diese Hefen das hergestellte Produkt durch ihre dann einsetzende Vermehrung und Gärung.

Die eigentlichen Konzentratverderber unter den Hefen sind die so genannten *osmotoleranten Hefen*. Das sind Hefen, die auch in höchstkonzentrierten Zuckerlösungen noch nicht abgetötet werden, sondern sich sogar vermehren und gären können. Neben anderen negativen Folgen kann die damit verbundene CO_2-Bildung zum Platzen der Vorratsbehälter und zu anderen Schäden führen.

Während früher als Grenzkonzentration für die mikrobielle Stabilität von Konzentraten 65 %mas Zuckergehalt angesehen wurde, hat sich dieser Wert heute auf 80%mas erhöht, da heute Fruchtsaftkonzentrate und konzentrierte Zuckerlösungen in weit größeren Mengen hergestellt und verarbeitet und vor allem viel länger bevorratet werden.

Häufigste Verderbniserreger sind Stämme von *Zygosaccharomyces rouxii* (POKORN und HRIBAR 1987, MALIK 1997). Alle Stämme dieser Hefeart scheinen osmotolerant zu sein. Daneben gibt es Arten, deren Stämme meist, aber nicht immer, osmotolerant sind, zum Beispiel *Z. bisporus* und *Z. bailii* (WINDISCH 1973, WEIDNER 1985). Diese Hefen sind auch eine Gefahr für Erfrischungsgetränke.

Von „normalen", das heißt nicht osmotoleranten Hefen unterscheiden sich diese Stämme durch ihre mehr rundliche Form, ihre kleineren Zellabmessungen und ihre längere Generationszeit. Die meisten von ihnen werden der Gattung *Zygosaccharomyces* zugeordnet (vgl. BARNETT et al.

1990). Dieser Name besagt, dass die Bildung einer Zygote nach Kopulation zweier haploider Zellen besonders auffällt. Das bedeutet, dass die normalerweise vorkommenden Zellen haploid sind. Die osmotoleranten Arten sind sonst recht primitiv. Sie zeigen nur schwache Zuckervergärung.

Die Eigenschaft der Osmotoleranz ist wohl komplexer Natur. Sie scheint zum Teil plasmatisch bedingt zu sein. Die Zuckertoleranz eines Hefestammes geht seiner Salztoleranz nicht ganz parallel.

Osmotolerante Hefen sind meist weniger azidotolerant, das heißt sie wachsen nur schlecht bei niedrigen pH-Werten. Im Übrigen haben sie ein hohes allgemeines Toleranzniveau. Da sie oft ein höheres Temperaturoptimum als normale Hefen haben, vertragen sie meist höhere Temperaturen. Sie sind auch gegenüber schwefliger Säure und Konservierungsmitteln widerstandsfähiger als nichtosmotolerante Stämme.

Zygosaccharomyces rouxii kam meist in recht stark konzentrierten, jedoch unkonservierten oder nur schwach konservierten Getränken vor. *Z. bailii* hingegen wurde hauptsächlich in weniger stark konzentrierten, aber meist konservierten Getränken angetroffen. Verglichen mit dieser Hefe hat *Z. bisporus* zwar etwa die gleiche Osmotoleranz, aber eine viel geringere Konservierungsmitteltoleranz. Diese Hefe war infolgedessen aus konservierten Konzentraten seltener zu isolieren als *Z. bailii* (SAND 1973).

Die Herkunft der osmotoleranten Hefen erklärt sich schon durch ihr Vorkommen auf Früchten. Wichtiger ist wohl das Einschleppen in die Betriebe durch Insekten, Leergut usw. In jedem Betrieb finden sich für diese Stämme dann Stellen, die für sie optimal sind, wo sie auch der Konkurrenz normal veranlagter Hefen kaum ausgesetzt sind.

In der Erfrischungsgetränkeindustrie kann die Infektion durch diese Hefen außer durch Fruchtsaftkonzentrate durch Kristall- und Flüssigzucker erfolgen (FIEDLER 1995). Häufig wurden sie in toten Enden von Zucker- und Sirupleitungen gefunden, aber auch in Armaturen und Geräten. Im Bereich aW < 0,90 (Flüssigzucker, Sirupe, Konzentrate) überwiegen osmotolerante Hefen: Bei niedrigem aW-Wert, jedoch nicht zu niedrigem pH, kommt *Z. rouxii* vor. Bei erniedrigtem aW-Wert (0,80–0,90) sind folgende Arten häufig: *Zygosaccharomyces baillii, Z. bisporus, Z. microellipsodes, Torulaspora delbrueckii* und *Pichia anomala*. Die Hauptflora besteht bei aW > 0,90 aus Arten von *Brettanomyces, Candida, Lodderomyces* und der aufgegebenen Gattung *Torulopsis* sowie bestimmten Saccharomyzeten. Spontane Gärungsepidemien, bei denen es innerhalb weniger Tage zum „Hochgehen" kommt, werden meist von Hefen mit geringer Osmotoleranz verursacht, nämlich durch *Zygosaccharomyces florentinus, Z. fermentati, Saccharomyces exiguus* und *Saccharomyces cerevisiae*. Die letzte Art ist besonders gefährlich. Auch wenn sie nur in geringer Zahl vorhanden ist, siegt sie in den Fertiggetränken über die langsamere *Pichia anomala* und die osmotoleranten Saccharomyzeten (SAND 1973).

Bei der Verarbeitung von Konzentraten und Flüssigzucker können die in ihnen enthaltenen Hefen infolge eines Säure- oder Konservierungsmittelzusatzes abgetötet werden. Dennoch kann es bei Fruchtsaftgetränken zum Ausklären kommen. Das ist eine Folge der aus den toten Hefezellen freiwerdenden Pektin abbauenden Enzyme.

Konzentrate werden manchmal in Behälter mit Wasserresten eingelagert, oder es kommt bei der Einlagerung zur Schwitzwasserbildung. In solchen Fällen wird die Oberfläche der Substrate stark verdünnt. Die Erhöhung der aW-Werte ermöglicht dann zusammen mit der Optimierung der Sauerstoffversorgung die Besiedlung der Konzentratoberfläche mit Hefen, manchmal sogar mit Schimmelpilzen. Um die Schadwirkungen durch freigewordene pektolytische Enzyme der abgestorbenen Zellen zu vermeiden, sollte die Oberflächenvegetation und die Konzentratschicht unter ihr abgeschöpft werden. Ein Durchmischen würde die

Schwierigkeiten nicht verhindern, sondern auf die ganze Masse des Konzentrates ausdehnen.

Man vergleiche dazu noch Koppensteiner und Windisch (1971), Lubieniecki v. Schellhorn (1972) sowie Hohmann (1997).

9.2.2 Chemische Zusammensetzung

Die besprochenen physikalisch-chemischen Eigenschaften sind bedingt durch die chemische Zusammensetzung. Viele Inhaltsstoffe von Säften wirken aber direkt auf die infizierenden Mikroorganismen.

Zucker sind meist in Konzentrationen von bis zu 10 %, vereinzelt auch mehr, in Säften enthalten. Unter ihnen sind Glucose und Fructose die wichtigsten. Sie können von allen Mikroorganismen genutzt werden. Bereits 0,1 % dieser Zucker reichen für die Vermehrung von infizierenden Hefen in einem Getränk aus. Saccharose liegt meist viel weniger vor. Sie kann nicht von allen Hefen genutzt werden, nur von denen, die sie mittels ihrer β-Fructosidase in die oben genannten Hexosen spalten können.

Pentosen kommen in Säften nur in geringen Mengen vor. Sie können von Hefen nicht vergoren und auch nur schlecht veratmet werden. Von Milchsäurebakterien können sie dagegen zum Teil genutzt werden.

Organische Säuren können – soweit sie zu den normalen biogenen Säuren (z. B. Citronen- und Äpfelsäure) gehören – meist umgesetzt werden. Die biologische Bedeutung für die Mikroorganismen liegt in der damit verbundenen Anhebung des pH-Wertes. Das bringt zum Beispiel den Milchsäurebakterien verbesserte Entwicklungschancen. Fettsäuren mit gerader Kette haben dagegen eine antibakterielle Wirkung. Ameisen-, Essig- und Propionsäure sind bekannte Konservierungsmittel, aber auch höhere aliphatische Säuren sind wirksam (Lück und Jager 1995, 1997, siehe Seite 543 f.). Auch Phenolcarbonsäuren, die in manchen Säften in relativ hohen Konzentrationen vorkommen, sind gegen Mikroorganismen wirksam.

Stickstoffverbindungen sind für die Vermehrungen von Mikroorganismen in Säften immer in ausreichender Menge gegeben. Selbst in Birnensäften, in denen die Konzentration an verwertbarem Stickstoff manchmal sehr gering ist, reicht die Stickstoffmenge für den Verderb, der schon bei geringer Vermehrung gegeben ist, aus. Das Stickstoffminimum für die sichtbare Infektion soll bei 0,2 Milligramm N pro Liter Getränk liegen. Freie Aminosäuren, die in allen Säften und Saftgetränken vorliegen, sind für alle Mikroorganismen geeignete Stickstoffquellen.

Die *Nitratverwertung* einiger Bakterien benutzt man, um dieses ernährungsphysiologisch bedenkliche Ion in stark nitrathaltigen Gemüsesäften zu verringern: Geeignete Stämme von *Paracoccus denitrificans, Pseudomonas denitrificans, Staphylococcus carnosus* und *Bacillus licheniformis* setzen anaerob NO_3 zu N, CO_2 und H_2O um. Die Säfte werden sensorisch nicht oder nur gering verändert, der pH-Wert steigt (Gierschner und Hammes 1991, Reiss 1992). Gelegentlich kommen aber auch Qualitätsminderungen vor: *Paracoccus denitrificans* beseitigte zwar in einem verdünnten Rote-Beete-Saft-Konzentrat das Nitrat, veränderte aber die Farbe (Grajek et al. 1997).

Vitamine, von denen zum Beispiel einige wasserlösliche von manchen Milchsäurebakterien benötigt werden, sind in diesen Substraten meist auch ausreichend vorhanden. Hefen und Schimmelpilze können sogar die von ihnen benötigten Mengen meist selbst synthetisieren, falls sie in den Säften nicht vorliegen.

Mineralstoffe, von denen einige für alle Mikroorganismen lebensnotwendig sind, kommen ebenfalls stets vor. Unter den Kationen sind K^+, Mg^{2+} und Mn^{2+} wichtige Enzymeffektoren, von den Anionen sind PO_4^{3-} für den Energiestoffwechsel und SO_4^{2-} für die Synthese der schwefelhaltigen Aminosäuren essenziell. Versuchsweise wurden Säfte durch Kationenentzug vor mikrobiellen Infektionen geschützt (Feng et al. 1997).

Mikroorganismen hemmende Stoffe sind in den meisten Säften höchstens in Mengen enthalten, die nur in Kombination mit physikalischen oder chemischen Methoden zur Haltbarmachung mitwirken. Safteigene Stoffe dieser Art sind zum Beispiel die etherischen Öle, die vor allem in den Schalen von Citrusfrüchten, gelegentlich aber auch in anderen Früchten und Pflanzenteilen vorkommen (SUBBA et al. 1967). Orangenöl ist im Allgemeinen stärker antimikrobiell wirksam als Citronenöl. Hefen sind gegenüber Orangenöl empfindlicher. Die wirksame Dosis liegt bei etwa 500 mg/l bei einer Zellzahl von 1 Mio./ml. Schimmelpilze werden dagegen erst von 2 000 mg/l Orangenöl unterdrückt. Einer der wirksamsten Stoffe ist D-Limonen (MURDOCK und ALLEN 1960).

RAMADAN et al. (1972) haben die Wirkung verschiedener Konzentrationen von zehn etherischen Ölen auf Bakterien untersucht. PAULI und KNOBLOCH (1987) testeten mit Eugenol verwandte Substanzen gegenüber Schimmelpilzen. Auch manche Polyphenole, die als Glucoside oder mit Säuren verestert vorkommen, können eine hemmende Wirkung haben, ebenso Saponine.

In Apfelsäften, die aus faulen Äpfeln gepresst worden waren, wurde Ameisensäure in Mengen bis zu 632 mg/l gefunden (MILLIES 1980). Solche Mengen können einen ungesetzlichen Zusatz zu Konservierungszwecken vortäuschen. Solche Säfte sind auch schwer zu vergären. In Apfelsäften des Handels wurden bis zu 273 mg/l bestimmt. In Säften aus ausschließlich gesunden Äpfeln sind nur 10 bis 30 mg/l enthalten (WUCHERPFENNIG 1983).

Wasser ist in Säften und Saftgetränken zu mehr als 90 % vorhanden. Wird der Wassergehalt auf mehr als die Hälfte herabgesetzt, wird das Konzentrat immer ungeeigneter für die Vermehrung von Mikroorganismen. Bei mehrfacher Konzentration ist meist keine Bakterienvermehrung mehr möglich. Nur einige wenige pilzliche Organismen können dann noch langsam wachsen (siehe Seite 516 f.). Fruchtpulver sind infolge ihres noch geringeren Wassergehaltes (unter 0,6 %) mikrobiologisch stabil.

Wichtig ist außerdem, dass auch das Brauchwasser der Getränke herstellenden Betriebe mehr oder weniger Mikroorganismen – größtenteils Bodenbakterien – enthält. Dieses Brauchwasser muss die mikrobiologische Qualität von Trinkwasser haben (Trinkwasser-Verordnung vom 5. 12. 1990, ber. am 23. 1. 1991, siehe Seite 427).

Zusammenfassend ist über die Bedeutung der genannten ökologischen Faktoren für die Vermehrung von Mikroorganismen Folgendes zu sagen:

Fruchtsäfte lassen die Vermehrung von Hefen und Schimmelpilzen zu, da sie niedrige pH-Werte vertragen. Den größten Selektionsvorteil haben die meist stark gärenden Hefen der Gattung *Saccharomyces*. Schimmelpilze benötigen eine bessere Sauerstoffversorgung. Gleiches gilt für Essigsäurebakterien. Milchsäurebakterien können sich in Säften und Saftge-

Abb. 228. Für die Vermehrung infizierender Mikroorganismen wichtige Inhaltsstoffe in alkoholfreien Erfrischungsgetränken (JÄHRIG und SCHADE 1993, geändert).

	Kohlenhydrate/ Zucker	*Aminosäuren/ N-haltige Substanzen (organ.)*	*Mineralstoffe*	*Wuchsstoffe*	*Säuregehalt*	*Sauerstoff*
Wasser	□	□	■	□	◧	⊠
Fruchtsaftgetränke	■	■	■	■	■	◧
Limonaden	■	◧	■	⊠	■	⊠
Colagetränke	◧	◧	■	⊠	■	⊠
Brausen	◧	◧	■	⊠	■	⊠
Fruchtsäfte/Fruchtnektare	■	■	■	■	■	■
Gemüsesäfte, Gemüsetrunk	■	■	■	■	□	■

Zeichenerklärung □ *fehlt*
⊠ *fehlt oder in Spuren vorhanden*
◧ *teilweise vorhanden*
■ *schädlich*

tränken mit höheren pH-Werten selbst dann vermehren, wenn sie – wie die CO_2-haltigen Fruchtsaftgetränke – das für viele Mikroorganismen hemmende CO_2 sogar in höheren Konzentrationen enthalten.

Für Fruchtsaft- und Erfrischungsgetränke sind im Wesentlichen die gleichen biologischen Faktoren bedeutsam. Ihre mikrobiologische Anfälligkeit und die Verderbniserreger beschreibt Back (1993 a).

Die für die Vermehrung infizierender Mikroorganismen in alkoholfreien Erfrischungsgetränken maßgebenden Inhaltsstoffe gibt Abbildung 228 wieder. Die in diesen Getränken vermehrungsfähigen und daher schädlichen Mikroorganismen entnehme man Abbildung 229.

9.3 Die Infektion der Säfte

Die Infektion der Säfte beeinflusst ihre *Haltbarkeit*, wenn sich die infizierenden Mikroorganismen darin vermehren können:

1. durch Veränderung der optischen Beschaffenheit (Trübung oder andere Veränderungen des Aussehens),
2. durch Veränderungen der stofflichen Zusammensetzung, die bis zum Verderb beziehungsweise zum Verlust der Handelsfähigkeit gehen können.

Beide Gefahren sind nur dann gegeben, wenn den Infektanten eine Massenvermehrung möglich ist. Diese ist vielen Arten von Mikroorganismen möglich, weil sie sich in sehr kurzer Zeit stark vermehren können: Hefen können ihre Zellzahl in etwa drei Stunden verdoppeln, Bakterien in etwa 30 Minuten. Bei dieser Vermehrungsgeschwindigkeit kann theoretisch

die 1 000fache Zellzahl in fünf Stunden,
die 1 000 000fache Zellzahl in zehn Stunden entstehen.

Bei Bakterieninfektionen von Fruchtsäften vermindert sich deren Haltbarkeit in Abhängigkeit von den Bakterienzahlen (Scott 1983) etwa wie folgt:

300 Bakterien pro Liter:
Haltbarkeit 18 Tage
500 Bakterien pro Liter:
Haltbarkeit 14 Tage
1 000 Bakterien pro Liter:
Haltbarkeit 8 Tage
1 800 Bakterien pro Liter:
Haltbarkeit 5 Tage
3 000 Bakterien pro Liter:
Haltbarkeit 3 Tage

Obwohl die häufigsten Fruchtsaftverderber Hefen sind (siehe Seite 511 f.), die längere Vermehrungszeiten haben, ist die Wirkung von Infektionen durch sie nicht weniger gefährlich.

Bei Fruchtsaftgetränken war bei einem Gehalt von zehn Hefen pro Milliliter die Haltbarkeit bei 6 °C Lagertemperatur in Abhängigkeit vom Hefestamm 21 bis 46 Tage, bei 20 °C Lagertemeperatur aber nur 14 bis 39 Tage (Mrozek und Roth 1969). Wird eine Haltbarkeit von sechs Wochen angestrebt, können zehn Hefen

Abb. 229. Schädlichkeit von Kontaminationsorganismen in alkoholfreien Erfrischungsgetränken (Jährig und Schade 1993).

Keimgruppen/Keimarten	Wasser	klare Getränke mit CO_2	klare Getränke ohne CO_2	fruchttrübe Getränke mit CO_2	fruchttrübe Getränke ohne CO_2	Gemüsesäfte Gemüsetrunk
Gärfähige Hefen	□	■	■	■	■	■
Nicht gärfähige Hefen	□	□	■	□	■	■
Schimmelpilze (Aspergillus, Penicillium, Byssochlamys u. a.)	□	□	■	□	■	■
Milchsäurebakterien (Lactobacillus, Leuconostoc)	□	□	■	■	■	■
Essigsäurebakterien (Acetobacter)	□	□	■	□	■	■
Bacillus-Arten	□	□	■	□	■	■
Clostridium-Arten	☒	□	□	□	□	■
Pseudomonaden	■	□	□	□	□	■
Hygienisch bedenkliche Keime (coliforme Organismen)	☒	□	□	□	□	■

Zeichenerklärung ■ *schädlich*
☒ *bedingt schädlich*
□ *unschädlich*

pro Milliliter frisch abgefülltes Getränk demnach bereits zum vorzeitigen Verderb führen. Nach MROZEK (1967) ist ein Anfangskeimgehalt bis zu einer Hefezelle pro Milliliter noch nicht immer ein Gefährdungsgrenzwert für klare Getränke. In fruchtfleischhaltigen Getränken ist dagegen bereits eine Hefe in zehn Millilitern bedenklich.

Für die Infektion von Säften sind zwei Infektionsquellen wichtig: Erstens der Keimgehalt der verarbeiteten Früchte oder Gemüse. Er muss möglichst niedrig liegen, da der Erfolg aller Entkeimungsmaßnahmen während der Saftgewinnung, -einlagerung und -abfüllung vom Anfangs-Keimgehalt abhängt. Mit der Zunahme des Keimgehaltes der Früchte steigt die Infektionsgefahr der daraus gewonnenen Säfte. Die zweite Infektionsquelle liegt in den Betrieben selbst. Die Ursache dieser Infektionen ist letztlich stets das Personal.

9.3.1 Mikroflora von Früchten und Gemüse

Auf Früchten und Gemüsen kommen verschiedene Mikroorganismen in Vielzahl vor. Zum Beispiel wurden 10^2 bis 10^6 Hefen je Apfel gefunden (MARSHALL und WALKLEY 1951). Bei diesen und anderen Früchten handelt es sich meist um Vertreter der Gattungen *Candida, Metschnikowia, Kloeckera, Hanseniaspora, Pichia* und *Trichosporon*. Zur Apfelsafterzeugung ist nur Obst geeignet, bei dem die Hefezahl nicht höher als $2 \cdot 10^6$/g und die Zahl der Schimmelsporen nicht höher als $2 \cdot 10^5$/g ist (KARDOS 1966).

Dem nachträglichen Nachweis der Verwendung von verschimmeltem Rohmaterial für die Bereitung trüber oder pulpöser Säfte sollte die *Howard-Mould-Count-Methode* dienen. Ihr Aussagewert wird jedoch bezweifelt (KOCH und LEHMANN 1967).

Auf Traubenbeeren sind etwa 100 000 Hefezellen auf einer Beere gefunden worden (BARNET 1972). Damit ist mit etwa 50 000 lebenden Hefen pro cm^2 Beerenoberfläche zu rechnen (PARLE und DI MENNA 1966).

Das Vorkommen von Mikroorganismen auf Früchten ist jahreszeitlichen Schwankungen unterworfen. Auf Traubenbeeren nehmen zum Beispiel die Hefezahlen vom Sommer zum Herbst zu. Abbildung 230 zeigt, dass auf Äpfeln im September, also gerade zur Ernte- und Presszeit, die höchsten Hefezahlen gefunden werden. Die Milchsäurebakterien haben dagegen die höchsten Zellzahlen schon Ende Juni bis Mitte Juli, das Essigsäurebakterienvorkommen erreicht sein Maximum Ende Juli.

Auch die Verteilung dieser Mikroorganismen auf den Früchten ist oft nicht gleichmäßig: Bei Traubenbeeren sitzen viele Hefen im Bereich feiner Risse, die die Oberfläche reifer Beeren überziehen. Da aus diesen Rissen Saft austritt, können sich die Hefen hier stark vermehren. Auch das Fruchtpolster der Beerenstiele bietet

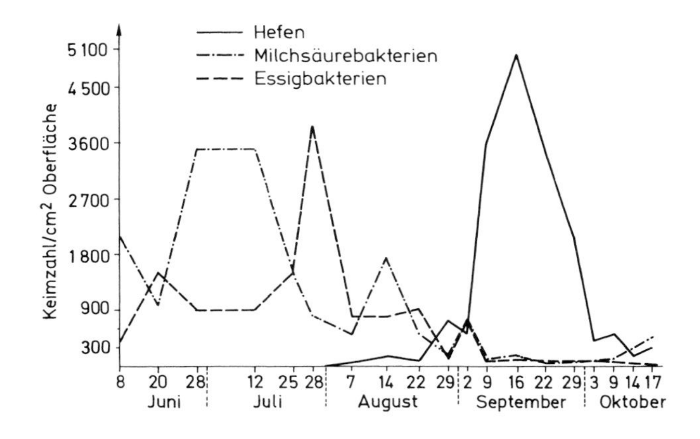

Abb. 230. Saisonales Vorkommen von Hefen, Milchsäure- und Essigsäurebakterien auf Äpfeln (MARSHALL and WALKLEY 1951).

Tab 78. Hefen und Schimmelpilze in Äpfeln mit und ohne Fäulnis (Ingram und Lüthi 1961)

Keimzahl	Probe	Kerngehäuse und umgebende Fäulezone (Gewicht 28,35 g)	Teile von Maische ohne erkennbare Fäule (Gewicht 28,35 g)
Hefen, insgesamt	1	830 000	3 000
	2	640 000	8 000
Hefen pro g	1	29 276	106
	2	22 576	282
Pilze pro g	1	15 300	0
	2	23 800	0

diese Bedingungen. Auf der dazwischen liegenden Beerenoberfläche finden sich nur wenige Hefen (Belin 1972). Da sie wegen der intakten Beerenschale von den darunter liegenden Nahrungsquellen getrennt sind, können sie sich nicht vermehren.

Das bedeutet, dass gesunde, das heißt unverletzte Früchte relativ geringe Mikroorganismenzahlen aufweisen, verletzte Früchte dagegen ein Vielfaches davon. Tabelle 78 zeigt diese Verhältnisse anhand der Hefe- und Schimmelpilzzahlen bei gesundem und fauligem Apfelgewebe.

Zum leicht verletzlichen Obst gehören zum Beispiel Kirschen. Bei Vollreife können sie schon durch Transporterschütterungen platzen. In kürzester Zeit verschimmeln dann die geplatzten Rissstellen. Tomaten verhalten sich ähnlich. Bei günstigen Wärme- und Feuchtigkeitsverhältnissen beginnt die Massenvermehrung etwa zwei Tage nach der Ernte. Es entwickeln sich hauptsächlich *Penicillium*- und *Aspergillus*-Arten, auch stark geschmacksbeeinflussende *Mucor*-Arten, gelegentlich *Fusarium*. Wurden die verletzten Tomaten bei nur +6 °C gelagert, unterblieb die Schimmelbildung. Schon geringe Anteile verschimmelter Tomaten lassen die Howard-Zahl über die maximal zulässigen 30 % steigen: das heißt, im mikroskopischen Bild des Produktes sind dann in über 30 % der Gesichtsfelder Pilzhyphen festzustellen (siehe aber Seite 521). Tabelle 79 beschreibt die mikroskopische Beurteilung verschiedener Mischungsverhältnisse.

Dichte, große Hyphenknäuel in größerer Anzahl im mikroskopischen Bild lassen schließen, dass stark verschimmelte Tomaten verarbeitet wurden. Infektionen und Vermehrung der Schimmelpilze haben vor der Verarbeitung stattgefunden, nicht mehr im fertigen Produkt.

Wichtig ist, dass das natürliche Reservoir der meisten Infektanten der Erdboden ist. Daraus folgt, dass die Infektionsmöglichkeit von Früchten und Gemüsen, auch von Tomaten, durch die Erde, zum Beispiel durch Regenspritzer, mit ihrer Entfernung vom Boden abnimmt. Tabelle 80 erläutert diese Relationen an Weintrauben. Sie zeigt außerdem den viel höheren Keimgehalt verletzter Beeren.

Mit Erde erfolgt nicht nur eine Infektion mit Hefen und Schimmelpilzen, sondern auch eine Kontamination mit

Tab 79. Pilzhyphen in Tomatensaft verschiedener Mischungsverhältnisse (Strauss 1969)

gesunde Tomaten : verschimmelten Tomaten	mikroskopische Beurteilung des Saftes
10 : 1	normal (kaum Hyphen)
5 : 1	normal (kaum Hyphen)
3 : 1	vereinzelt Hyphen
2 : 1	Einzelhyphen und leichtes Geflecht
1 : 1	Einzelhyphen und leichtes Geflecht, vereinzelt Myzelhaufen
1 : 3	zahlreiche Myzelhaufen

Tab 80. Auf je 100 Traubenbeeren gefundene Mikroorganismen in Millionen (DITTRICH 1987b)

	Hefen	rote Hefen	*Aureobasidium pullulans*	Schimmelpilze
hoch hängende Trauben	29	2	5	5
tief hängende Trauben	143	4	11	30
gesunde Beeren	22	0	1	2
aufgesprungene Beeren	807	7	60	65

Bakterien. Davon sind die aeroben Sporenbildner der Gattung *Bacillus* und die anaeroben Sporenbildner der Gattung *Clostridium* besonders wichtig, da ihre Sporen äußerst resistent gegenüber Hitze sind, so dass die sorgfältige Hitzeentkeimung solcher Säfte ein unbedingtes technisches Erfordernis ist.

Besonders hoch ist die Keimbelastung, unter anderem auch durch Sporenbildner, bei Säften aus Wurzeln oder unterirdischen Pflanzenorganen wie Rettich, Rote Rüben, Möhren. Da diese Säfte zudem einen hohen pH-Wert (über 4,5, meist sogar über 5,0) haben, ist ihre Hitzesterilisation im Allgemeinen und die Abtötung der Bakteriensporen im Besonderen erschwert. So ist zum Beispiel die Haltbarkeit von Tomatensaft durch den mesophilen *Bacillus coagulans* (= *B. thermoacidurans*) gefährdet.

Im Allgemeinen gilt, dass Bakterien in stärkerem Maße mit der Rohware, also als Infektanten verletzten oder stark verunreinigten Obstes und Gemüses eingeschleppt werden, während sich die Hefen vornehmlich im Betrieb vermehren und von innerbetrieblichen Keimreservoiren die schon fertigen Säfte reinfizieren.

9.3.2 Infektionsmöglichkeiten im Betrieb

Die Keimbelastung während der Apfelsaft- und Apfelwein-Herstellung der Ernte 1983 durch säuretolerante und hitzeresistente Mikroorganismen untersuchten SWANSON et al. (1985) in 15 Betrieben des Staates New York (siehe Tab. 81). Bei den Früchten (Äpfeln) herrschten Schimmelpilze vor, in den Pulpen Hefen und Schimmelpilze. In den Presssäften und in den fertigen Säften dominierten Hefen. Die durchschnittlichen Keimzahlen betrugen $2{,}8 \cdot 10^4$, $7{,}3 \cdot 10^4$, $1{,}7 \cdot 10^5$ und $1{,}4 \cdot 10^5$ pro Gramm. Das Vorkommen hitzeresistenter Hefen, Schimmelpilze und Bakterien lag unter 1 pro zehn Gramm.

Die Fruchtsäfte kommen steril aus dem Tank. Auf ihrem Weg in die Flasche können sie aus Leitungen und Geräten Mikroorganismen aufnehmen. Mit Keimen ist auch in ungenügend gereinigten Flaschen und auf Korken und Kronkorken zu rechnen. Bei höheren Temperaturen (optimal 25–30 °C) erfolgt eine schnelle Vermehrung dieser Infektanten. Eine Verringerung der Keime erfolgt dagegen beim Separieren, durch Schönungen (Gelatine, Bentonit) sowie natürlich durch Filtrieren.

9.3.2.1 Infektionsmöglichkeiten bei Bearbeitung und Füllung ohne Desinfektion der Leitungen und Geräte

Zur Veranschaulichung der Verhältnisse in den Betrieben wird im Folgenden je ein Beispiel der bei der Abfüllung von Apfelsäften, Süßmost von Schwarzen Johannisbeeren und einem Orangen-Fruchtsaftgetränk nach üblicher Reinigung, aber ohne Desinfektion der Leitungen, Geräte und Gefäße gefundenen Keimzahlen dargestellt. Orientierung über die benutzten Geräte und die Probenahmestellen ermöglichen die Fließschemata (Abb. 231, 234, 236).

Die Kurven (Abb. 232, 233, 237) zeigen die Ergebnisse der Keimzahlbestimmungen auf Malzagar (Hefen und Pilze und in zwei Fällen auch auf Fleischagar; Bakterien). Die genauen Bedingungen und Ergebnisse vergleiche man bei WUCHERPFENNIG und FRANKE (1964), FRANKE (1967).

Tab 81. Säuretolerante Mikroorganismen-Populationen während der Apfelsaft- und der Apfelwein-Herstellung in 15 Betrieben (Swanson et al. 1985)

Betr. Nr.	Betriebsgröße (Gallonen)	Art der Pressung	Keimzahlen säurtoleranter Mikroorganismen × 10^4/g									
			Äpfel	Pulpe	Press-Hilfe	Pulpe + Press-Hilfe	Saft			fertiges Produkt		
							nach Pressung	nach Enzymierung	nach Filtration	ohne Konservierungsmittel	mit Sorbinsäure	nach Pasteurisation
1.	2.000/Tag	hydraulisch	47[a]	120	–	–	180	–	–	180[b]	–	–
2.	2.000/Tag	hydraulisch	1,4	0,98	–	–	4,3	–	–	4,3	–	–
3.	2.000/Tag	hydraulisch	NT	NT	–	–	NT	–	–	11	–	–
4.	30.000/Jahr	hydraulisch	1,9	75	–	–	38	–	–	33	–	–
5.	30.000/Jahr	hydraulisch	0,34	2,4	–	–	12	–	–	11	–	–
6.	500.000/Jahr	hyrdaulisch	1,4	1,3	–	–	4,2	–	–	5,4	6,7	–
7.	500.000/Jahr	hydraulisch	1,0	9,6	–	–	6,7	–	–	11	–	–
8.	750.000/Jahr	hydraulisch	18	47	–	–	20	–	–	–	42	–
9.	750.000/Jahr	hydraulisch	1,9	1,2	–	–	8,6	–	–	–	19	–
10.	750.000/Jahr	Jones	12[a]	NT	7,0 R < 0,01C	43	21	–	–	21[c]	–	–
11.	1.000.000/Jahr	hydraulisch	1,6	2,2	–	–	38	–	–	–	–	ca. 0,01
12.	1.000.000/Jahr	Bucher	1,0	3,6	–	–	26	–	0,37[d]	–	–	0,00025
13.	2.000.000/Jahr	Ensink/Reitz	7,6	15	13R	290[e]	87	47	0,0066[f]	–	–	< 0,0001[g]
14.	3.000.000/Jahr	Jones	NT	22	4,5R 0,22C	23	22	NT	0,14[d]	0,18	–	–
15.	3.500.000/Jahr	Jones	NT	12	NT	190	49	3,4	0,75[d]	–	–	> 0,0001

a = Schalen und Kerngehäuse, b = zur Essig-Herstellung, c = weitere Bearbeitung im Außenbetrieb, d = Kieselgur-Filtration, e = 2. Pressung, f = Ultrafiltration, g = Konzentrat, NT = nicht untersucht, R = Reis-Schalen, C = Cellulose, – = nicht durchgeführt (nicht benutzt)

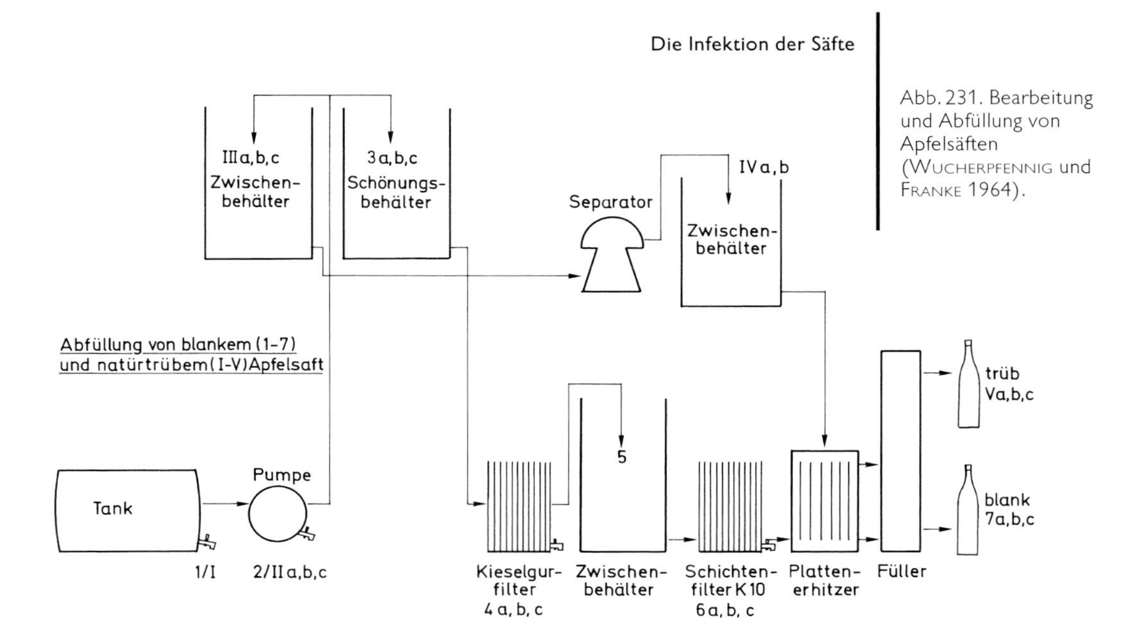

Abb. 231. Bearbeitung und Abfüllung von Apfelsäften (WUCHERPFENNIG und FRANKE 1964).

Die Zu- und Abnahme der Keimzahlen bei der Bearbeitung und Abfüllung von *Apfelsaft* (naturtrüb eingelagert, 1 000 l) bei hochsommerlichen Temperaturen zeigt Abbildung 232. Der Saft kam mit null Keimen aus dem Tank, aber nach der Pumpe und der Leitung hatte er im Schönungsbehälter bereits 250 Keime pro Milliliter. Nach reichlich sieben Stunden war die Keimzahl auf 550 pro Milliliter gestiegen, nach 15 Stunden schon auf 2 300. Nach dem Durchlauf durch das Kieselgurfilter hatten sich die Keimzahlen nochmals auf 5 000 bis 9 000 pro Milliliter erhöht. Da die Kieselgur selbst hefefrei war, ist das ein sicheres Zeichen für die starke Verunreinigung dieses Gerätes. Nach der Kieselgurfiltration kam der Saft in einen Zwischenbehälter. Unerklärlicherweise wurden in ihm hier nur 150 Keime pro Milliliter gefunden. Nach der folgenden Schichtenfiltration stieg die Keimzahl wieder auf 1 000 bis 4 000. Dabei wurde im Laufe der Filtration die Keimzahl geringer. Mit dieser Keimbelastung kam der Saft in den Plattenerhitzer und wurde mit 75 °C (in der Flasche) abgefüllt.

Bei *naturtrübem Apfelsaft* sind bis zum Einfüllen in den Zwischenbehälter Fließschema und auch Keimzahlen gleich dem des blanken Saftes. Schon bei der dritten

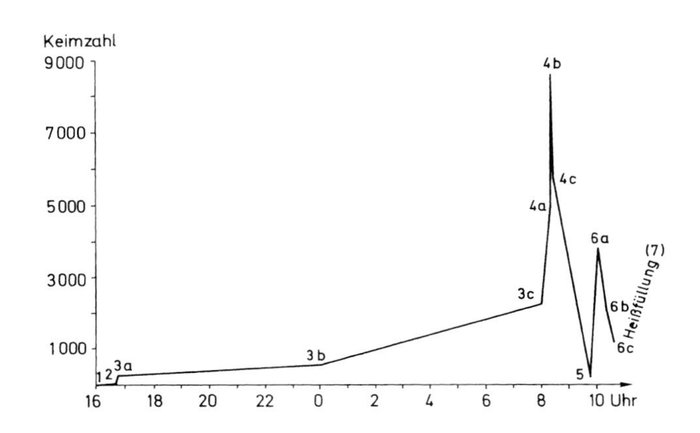

Abb. 232. Zu- und Abnahme der Keimzahlen von blankem Apfelsaft während der Bearbeitung und Abfüllung (WUCHERPFENNIG und FRANKE 1964).
1 = Tank (Hahn)
2 = Pumpe (Hahn)
3 = Schönungsbehälter
4 = Kieselgurfilter (Hahn Klarseite)
5 = Zwischenbehälter
6 = Schichtenfilter (K 10, Hahn Klarseite).

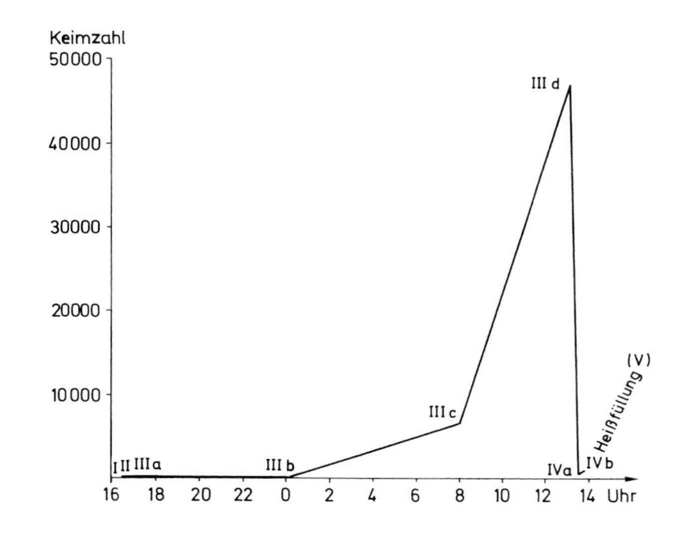

Abb. 233. Zu- und Abnahme der Keimzahlen von naturtrübem Apfelsaft während der Bearbeitung und Abfüllung (WUCHERPFENNIG und FRANKE 1964).
I = Tank (Hahn)
II = Pumpe (Hahn)
III = Zwischenbehälter
IV = Schlauch nach Separator.

Probenahme aus dem Zwischenbehälter sind die Keimzahlen mit etwa 5 000 pro Milliliter höher als beim klaren Saft (Abb. 233). In den folgenden Stunden, in denen der Saft bei Temperaturen bis zu 30 °C im Behälter stand, stieg die Keimzahl bis auf etwa 50 000. Durch das nachfolgende Separieren wurde sie dann wieder auf 150 bis 1 000 Keime pro Milliliter gesenkt. Mit dieser Keimzahl wurde der Saft erhitzt.

Johannisbeersüßmost wird – abweichend von anderen Säften – aus so genanntem Muttersaft (oder aus Halbware), Wasser und Zucker zusammengemischt. Danach wird der Süßmost, der nur wenig Trubstoffe enthält, separiert und heiß gefüllt. Parallel dazu wurde eine Partie kalt gefüllt und dann durch Heißwasser-Überflutung pasteurisiert (Abb. 234). Die Zu- und Abnahme der Keimzahlen (Abb. 235) zeigt, dass der Johannisbeermuttersaft

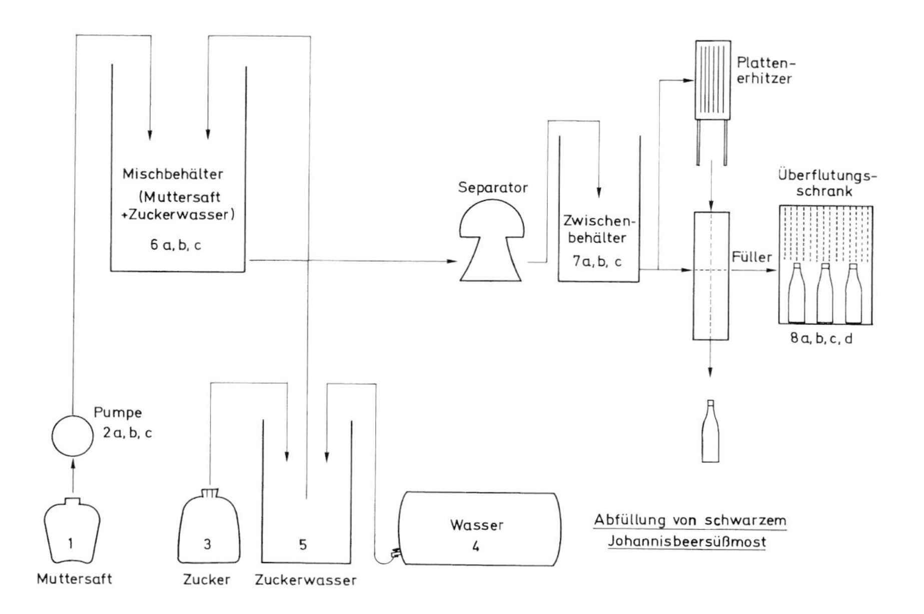

Abb. 234. Herstellung von Süßmost aus Muttersaft von Schwarzen Johannisbeeren, Zucker und Wasser (WUCHERPFENNIG und FRANKE 1964).

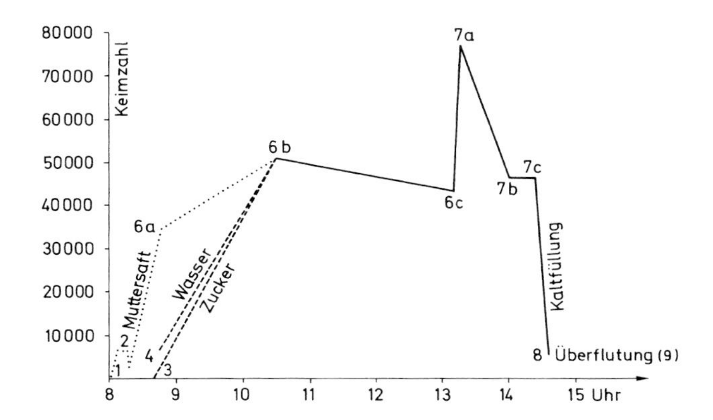

Abb. 235. Zu- und Abnahme der Keimzahlen von Süßmost aus Schwarzen Johannisbeeren während der Herstellung (WUCHERPFENNIG und FRANKE 1964).

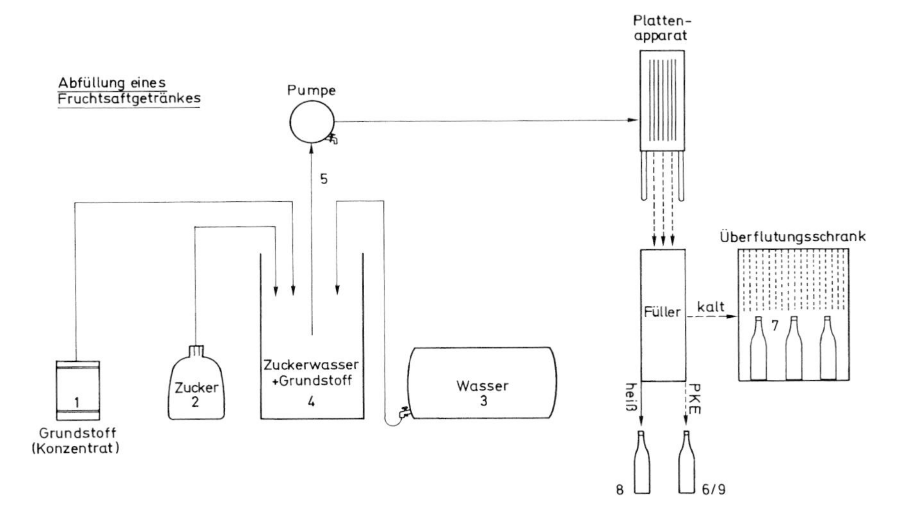

Abb. 236. Herstellung eines Fruchtsaftgetränkes aus Orangenkonzentrat, Schalenöl, Zucker und Wasser (WUCHERPFENNIG und FRANKE 1964).

keimfrei aus den Ballonen kam. Auch der Zucker war hefefrei. Das Wasser erwies sich dagegen als stärkstens kontaminiert (5 000 Hefen/ml, etwa 40 000 Bakterien/ml). Aber schon der Muttersaft nahm aus der Leitung viele Keime auf; nach der Pumpe enthielt er 2 000 bis 8 000 Keime pro Milliliter (Abb. 235). Im Mischbehälter stiegen dann die Keimzahlen des fertigen Getränks auf bis zu 50 000 pro Milliliter. Selbst nach dem Separieren wurden noch etwa 80 000 pro Milliliter festgestellt, gefolgt von einer Abnahme auf etwa die Hälfte. Im Gegensatz zum Apfelsaft wirkte hierbei das Separieren kaum keimvermindernd. Wahrscheinlich reißen die vielen Trubteile des Apfelsaftes den Großteil der Hefen mit nieder. Nach dem Separieren wurde der größte Teil des Saftes heiß gefüllt, der Rest wurde kalt gefüllt. Dieser Saft enthielt vor dem Pasteurisieren nur noch etwa 5 000 Hefen pro Milliliter. Die Keimzahl hat sich auf ein Zehntel verringert. Es wurde vermutet, dass der Großteil der Hefen infolge der Änderung der Strömungsgeschwindigkeit im Füller zurückgeblieben war.

Das *Orangenfruchtsaftgetränk* wird ähnlich wie der Schwarze Johannisbeersüßmost aus Konzentrat, Wasser und Zucker gemischt. Das Separieren entfällt (Fließschema: Abb. 236, Keimzahlen: Abb. 237). Das aus Dosen entnommene Konzentrat und der verwendete Zucker

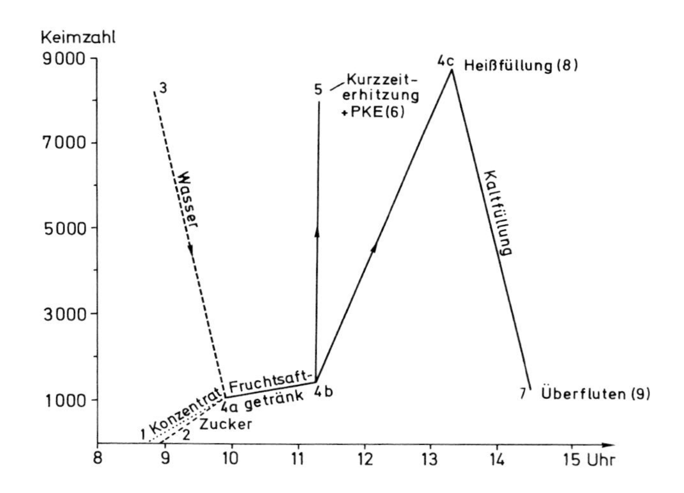

Abb. 237. Zu- und Abnahme der Keimzahl eines Orangen-Fruchtsaftgetränkes während der Herstellung (WUCHERPFENNIG und FRANKE 1964).

waren hefefrei. Das Wasser hatte aber einen Keimgehalt von etwa 8 000 pro Milliliter. Das aus diesen drei Komponenten fertiggestellte Getränk hatte im Mischbehälter etwa 1 500 Keime pro Milliliter. Aus dem Schlauch vom Mischbehälter zum Plattenapparat entnommene Proben hatten dagegen etwa 8 000 bis 9 000 Keime pro Milliliter. Das ist ein Indiz für eine Infektion des Getränkes durch diesen Schlauch. In der Flasche war das kurzzeiterhitzte und mit Baycovin (PKE)* abgefüllte Getränk keimfrei.

9.3.2.2 Infektionsmöglichkeiten bei Bearbeitung und Füllung nach Desinfektion der Leitungen und Geräte

Die beschriebenen Infektionsmöglichkeiten bei Füllungen, denen nur eine Reinigung der Leitungen und Geräte mit kaltem Wasser vorausgegangen war, sollen nun mit Füllungen der gleichen Getränke im gleichen Betrieb verglichen werden, die nach der Reinigung mit P_3-Lösung (Temperatur des Leitungswassers) und einer Desinfektion mit kalter 1%iger Neomoscan-Lösung erfolgten. Die Temperaturen lagen viel niedriger (meist bei 8 °C). Die Probenahmestellen waren die gleichen wie bei der ersten Versuchsreihe. Nur beim Johannisbeersüßmost wurde statt des Muttersaftes Halbware verwendet. Alle Getränke wurden heiß abgefüllt; Kaltfüllungen mit Überflutung sowie Kurzzeit-Hochtemperatur-Erhitzung mit Baycovin-Zusatz entfielen.

Wie zu erwarten, sind die Infektionen aus Leitungen und Geräten viel geringer als ohne Desinfektion. Die Verringerung der Keimzahlen beträgt bei blankem *Apfelsaft* mindestens 90 %, für *trüben Apfelsaft* mindestens 99,9 %. Der Saft des zweiten Versuches blieb allerdings nicht bis 13 Stunden stehen. Bei zeitlich vergleichbarer Probenahme ergibt sich aber trotzdem nur eine Keimbelastung von 1 % von der des ersten Versuches. Für *Johannisbeersüßmost* beträgt die mit Versuch 1 vergleichbare Keimbelastung nur 0,6 %, für das *Orangenfruchtsaftgetränk* 10 %. Die Abbildungen 238, 239, 240, 241 geben die Keimzahlen der Getränke an den bezeichneten Probenahmestellen im Einzelnen wieder.

Diese Ergebnisse zeigen, dass Reinigung und Desinfektion nötig sind, um die Keimzahlen in den Getränken – und damit den Verderb – möglichst klein zu halten. Hierzu tragen niedrige Verarbeitungstemperaturen entscheidend bei. Lange Verweilzeiten bei hohen Temperaturen sind keimzahlerhöhend und daher sehr nachteilig. Diese Ergebnisse aus dem praktischen Betrieb zeigen auch, dass die Hefezahlen nicht unter 500 pro Milliliter bleiben. Die Gefahr der Infektion mit Schimmelsporen ist ebenfalls zu beachten.

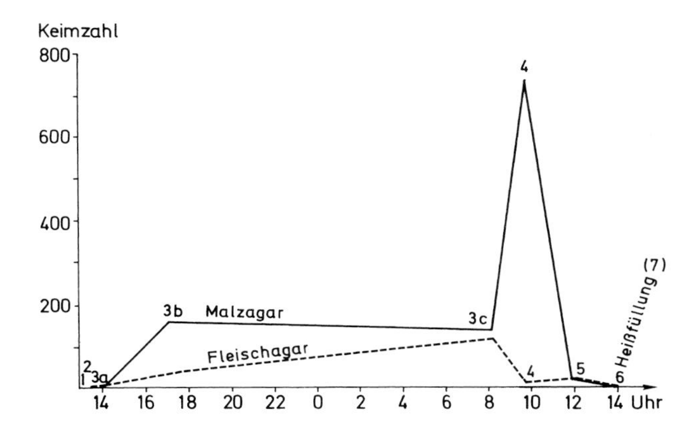

Abb. 238. Zu- und Abnahme der Keimzahlen von blankem Apfelsaft während der Bearbeitung und Abfüllung nach Desinfektion der Leitungen und Geräte (WUCHERPFENNIG und FRANKE 1964).
1 = Tank (Hahn), 2 = Pumpe (Hahn), 3 = Schönungsbehälter, 4 = Kieselgurfilter (Hahn Klarseite), 5 = Zwischenbehälter, 6 = Schichtenfilter (K 10, Hahn Klarseite).

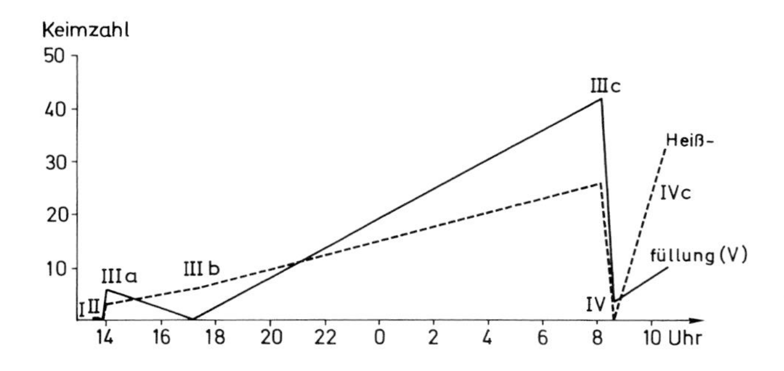

Abb. 239. Zu- und Abnahme der Keimzahlen von naturtrübem Apfelsaft während der Bearbeitung und Abfüllung nach Desinfektion der Leitungen und Geräte (WUCHERPFENNIG und FRANKE 1964).
I = Tank (Hahn), II = Pumpe (Hahn), III = Zwischenbehälter, IV = Schlauch nach Separator, IVc = Zwischenbehälter.

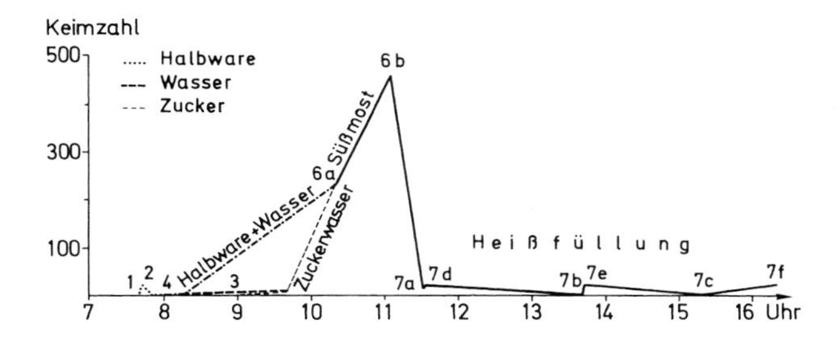

Abb. 240. Zu- und Abnahme der Keimzahlen von Süßmost aus Schwarzen Johannisbeeren während der Herstellung nach Desinfektion der Leitungen und Geräte (WUCHERPFENNIG und FRANKE 1964).

Im Folgenden wird noch die Keimbelastung bei der Herstellung von *Aprikosenmark und seiner Verarbeitung zu Aprikosennektar* angesprochen.

Bei der Herstellung von Aprikosenmark sind die Hefezahlen, die an verschiedenen Geräten zu verschiedenen Zeiten festgestellt werden, sehr unterschiedlich. Viel häufiger als bei Fruchtsäften und Fruchtsaftgetränken werden hier Keimzahlen von einigen 10 000 pro Milliliter erreicht. Nach dem Entgaser wurden sogar 4,7 Millionen Hefen pro Milliliter gefunden. Die Folge so hoher Keimbelastungen kann der Verderb der Produkte sein. Hinzu kommt, dass die nachfolgende Pasteurisation bei so starken Infektionen unzureichend sein kann. Eine weitere Infektionsquelle ist der Zuckerfilter. Wie der Entgaser, wird er kaum je gereinigt oder gar desinfiziert. Die anfangs keimfreie Zuckerlösung hat daher nach dem Zuckerfilter hohe Keimzahlen (etwa 100 000/ml). Die regelmäßige Reinigung und Desinfektion dieser beiden Geräte beseitigt die Schwierigkeiten.

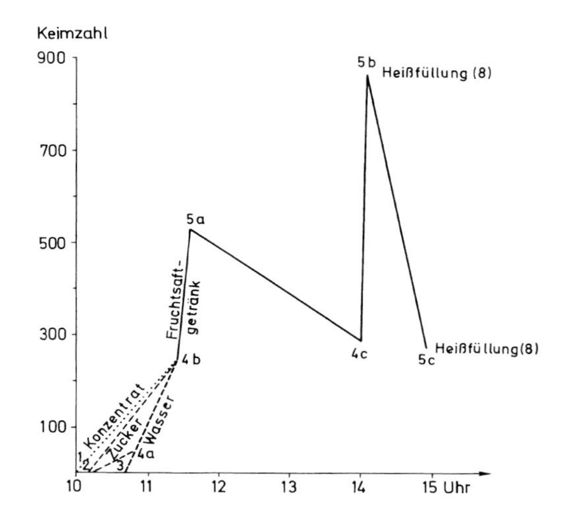

Abb. 241. Zu- und Abnahme der Keimzahlen eines Orangen-Fruchtsaftgetränkes während der Herstellung nach Desinfektion der Leitungen und Geräte (WUCHERPFENNIG und FRANKE 1964).

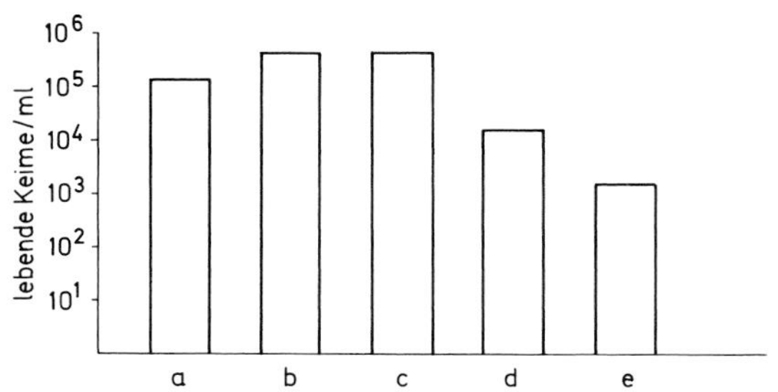

Abb. 242. Keimzahlen bei der Himbeersaftherstellung und -kaltlagerung. a = frischer Saft, b = zerquetschte Himbeeren, c = nach dem Pressen, d = zentrifugierter Saft, c = gekühlter Saft bei 2 °C bis 3 °C (KARDOS 1966).

Als weiteres Beispiel sei die *Abfüllung eines Orangenfruchtsaftgetränkes* in Kunststoffbecher angeführt. Das Fließschema gleicht dabei dem des Fruchtsaftgetränkes aus Konzentrat (Abb. 236); das Getränk wurde hochkurzzeiterhitzt, Baycovin (jetzt ersetzt durch Velcorin; siehe Seite 543) zudosiert und in Kunststoffbecher von 0,2 Litern abgefüllt.

Das Zuckerwasser hatte bis zu 1 000 Hefen pro Milliliter, das fertige Getränk im Mischtank bis zu 300 pro Milliliter. Nach der Kurzzeiterhitzung lagen die Keimzahlen zwischen 0 und 6 pro Milliliter. Bei so niedrigen Keimzahlen konnte Baycovin wirksam eingesetzt werden, sofern es sich bei diesen Keimen nicht um Schimmelsporen handelte. Die Gefahr von Schimmelpilz-Infektionen ist aber bei solchen Verpackungen durch die Luft, aber auch durch Berührung mit unsauberen Händen bis zuletzt groß. Die Hände, besonders die Fingerspitzen von Kellereiarbeitern, sind eine häufige Infektionsquelle. Die Folge ist die Kontaktinfektion von Geräteteilen, Flaschen, Verschlüssen und anderem.

Die Zu- und Abnahme der Keimzahlen bei der Herstellung anderer Säfte unter anderen Betriebsbedingungen als den in den bisher genannten Beispielen zeigen die Abbildungen 242 bis 244.

Während der Verarbeitung zu *Apfelsaftkonzentrat* wurden die Keimzahlen von zwei Apfelsorten der Ernte 1993 in einem kommerziellen Betrieb alle zwei Wochen an sieben Produktionspunkten bestimmt (SAHIN et al. 1998): Rohware vor und nach dem Waschen, nach dem Pressen, der Pasteurisation, der Ultrafiltration, im Lagertank und im Konzentrat.

Die Zahl der mesophilen Bakterien der Rohware betrug $4{,}6 \cdot 10^5$ und $7{,}1 \cdot 10^6$ pro Gramm. Im Konzentrat der vereinigten

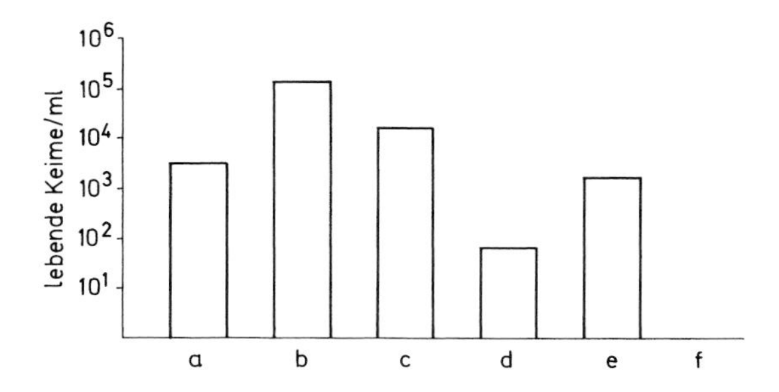

Abb. 243. Keimzahlen bei der Herstellung von Sauerkirschensaft, trüb. a = nach dem Entsteinen, b = vor der Vorwärmung, c = nach der Vorwärmung, d = nach der Blitzpasteurisation, e = vor dem Sterilisieren, f = nach dem Sterilisieren (KARDOS 1966).

Säfte konnten noch immer einige Bakterien nachgewiesen werden.

Die thermophilen Bakterien waren zwar sehr viel seltener, aber einige waren noch im Konzentrat vermehrungsfähig.

Die Hefezahlen lagen anfangs bei $1{,}0 \cdot 10^5$ und $2{,}2 \cdot 10^6$ pro Gramm. Sie verringerten sich gegen Ende der Saison auf $8{,}5 \cdot 10^3$ pro Gramm. Im Konzentrat der vereinigten Säfte wurden sie dann mit $1{,}2 \cdot 10^2$ pro Gramm bestimmt.

Die Schimmelpilzbelastung der Rohware betrug anfangs $9{,}3 \cdot 10^3$ und $1{,}2 \cdot 10^3$ pro Gramm. Während des Herbstes stieg sie an. 30 % der Isolate waren *Penicillium*-Arten, der Rest gehörte zu sieben anderen Gattungen.

Wenn bei den aufeinander folgenden Bearbeitungsvorgängen statt der erwarteten Verringerung eine Erhöhung der Keimzahlen erfolgt, ist die Ursache der Infektion an der Stelle der Probenahme oder unmittelbar davor zu suchen (siehe DITTRICH 1987b).

Außer dem erwähnten Zuckerfilter und dem Entgaser kann auch die Zentrifuge eine Infektionsquelle sein (KRUG 1969). Verdampfer sind ebenfalls mögliche Keimträger und sogar der Plattenerhitzer kann im Extremfall infizierend wirken. Während bei den erstgenannten Geräten pilzliche Infektanten vorzuherrschen scheinen, wurden bei den beiden letzten Geräten Milchsäurebakterien nachgewiesen.

Die höchsten Reinfektionsquoten gehen vom Füller aus. Die zunehmende Verkeimung der Zentriertulpen und Füllventile im Lauf des Tages ist technisch kaum zu verhindern. Durch Nachsterilisation dieser Teile, das heißt durch Eintauchen oder Besprühen mit etwa 60%igem Alkohol, ist dieser Reinfektionsgefahr entgegenzuwirken (siehe dazu DITTRICH 1987b). Kompliziert gebaute Maschinen – vor allem solche mit beweglichen Teilen – sind am schwersten keimfrei zu machen und keimfrei zu halten.

Auch Flaschenwaschmaschinen können Infektionsquellen sein. An vier Stellen ist die Gefahr der Reinfektion der Flaschen besonders groß. Diese Gefahr ist gegeben bei einem nicht ständig desinfizierten Warmwasserbottich, durch Keimbeläge in

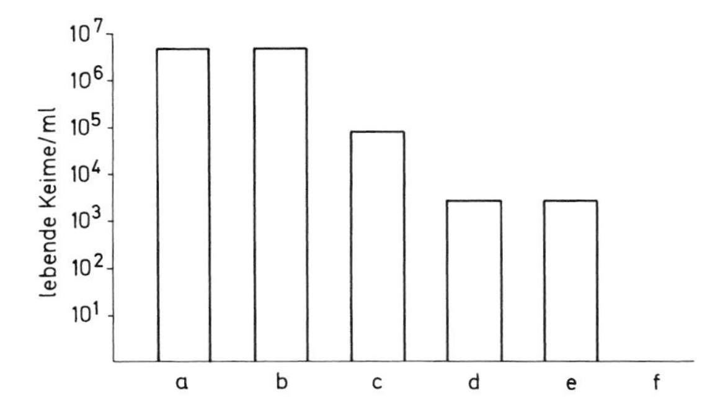

Abb. 244. Keimzahlen bei der Tomatensaftherstellung. a = nach dem Passieren, b = vor der Vorwärmung, c = nach der Vorwärmung, d = nach der Blitzpasteurisierung, e = vor dem Sterilisieren, f = nach dem Sterilisieren (KARDOS 1966).

den Spritzwasserzonen, durch stark ziehende, vorn auf der Maschine sitzende Schwadenabzugsrohre sowie durch Keime, die sich über der dampfenden Flaschenabgabe vermehrt haben. Die beiden ersten Infektionsquellen sind durch Desinfektionsmaßnahmen, die beiden letzten durch verbesserte Schwadenführung zu beseitigen (KIPPHAN und BIRNBAUM 1967).

Manchmal sind auch Kellerbehandlungsmittel mikrobiell kontaminiert. Das kann zum Beispiel bei Kieselgur vorkommen (KLEBER und THORWEST 1965).

9.4 Mikrobielle Veränderung von Säften

9.4.1 Veränderungen der Beschaffenheit

Die Folge der Infektion von Säften durch Mikroorganismen ist oft schon bei flüchtiger Betrachtung infolge der Veränderung ihrer Beschaffenheit erkennbar.

Falls sich die Infektanten im Getränk vermehren können, nimmt zunächst seine Klarheit ab. Die zunehmende *Trübung* wird mehr oder minder schnell sichtbar. Bei Hefeinfektionen durch *Saccharomyces cerevisiae* ist die Trübung meist sehr stark. Etwa folgende Hefezahlen bewirken in blanken, nur schwach gefärbten Säften folgende sichtbare Veränderungen:

1 000/ml – glanzklar
10 000/ml – fast noch glanzklar
100 000/ml – gerade feststellbare Eintrübung
1 000 000/ml – leichte Trübung
10 000 000/ml – starke Trübung
100 000 000/ml – sehr starke Trübung

Einige Hefen, bei denen die Zellen bei der Vermehrung weitgehend zusammenbleiben (zum Beispiel *Zygosaccharomyces bailii)*, bilden Sprossverbände mit bis zu mehreren tausend Zellen. Das Getränk bleibt dann meist klar, die großen Hefe-Sprossverbände liegen als Klümpchen auf dem Flaschenboden. Gleiches gilt für die „Kugelhefen“ der Mucoraceen (siehe Seite 534). Bei Bakterieninfektionen ist die Trübung meist viel schwächer. Während Hefeinfektionen ein trockenes, leicht aufrüttelbares Depot geben, bilden die vermehrten Bakterien zähe, mehr schleimige Depots.

Kahmhefen und Essigsäurebakterien können in späteren Befallsstadien trockene papierartige beziehungsweise schleimige Oberflächenvegetationen bilden. Diesen Deckenbildungen geht meist die Vermehrung in Ringform an der Behälter- oder Flaschenwand voran. Auch Schimmelpilze wachsen meist *auf* den Säften, da sie Aerobier sind. Sie bilden dann dicke zusammenhängende Decken. Keimen einzelne Sporen *im* Getränk aus, bilden sie kugelige Myzelien.

Hefen, aber auch Schimmelpilze, bauen Pektin ab. Die damit verbundene *Viskositätsabnahme* ist besonders für naturtrübe Säfte gefährlich: Als Folge solcher Infektionen klären sie aus, das heißt, die Trubstoffe fallen aus. Auch infizierte Konzentrate können Ursache dieses Effektes sein, auch wenn die Infektanten schon tot oder abgetrennt sind. Die oberflächlich wachsenden Organismen sollten mitsamt der Konzentratschicht unter ihnen abgenommen werden.

Der Rußtaupilz *Aureobasidium pullulans*, Schimmelpilze und „Schleimhefen“ können dagegen eine *Viskositätszunahme* bewirken. Auch manche Milchsäure-, eventuell auch Essigsäurebakterien können diese Veränderungen verursachen. Die Säfte werden dann „zäh“ bis schleimig.

Auch die Farbe kann verändert werden. So gibt es Schimmelpilze, die Farbstoffe in die Flüssigkeit ausscheiden, auf der sie wachsen. Wichtiger ist die *Farbstoffabnahme* bei manchen Buntsäften. Die Anthocyane roter Traubenbeeren werden zum Beispiel schon am Stock von *Botrytis cinerea* abgebaut. Der Saft ist dann viel farbschwächer. Auch durch Infektion anderer Schimmelpilze, aber auch durch Hefe- und Milchsäurebakterien-Infektionen nimmt die Farbintensität dieser Säfte ab. Die Ursache ist bei pilzlichen Organismen die Spaltung dieser β-Glucoside infolge ihrer hohen β-Glucosidase-Aktivität sowie die Anthocyan-Oxidation durch ihr

Tab 82. Analysenwerte von Kernobstsäften aus einwandfreien (a) Früchten und vergleichbaren aus minderwertigen (b) Früchten. 1 = 'Golden Delicious', 2 und 3 = Apfel-Neuzüchtung, 4 = Birnen (DAEPP und MAYER 1964)

		1		2		3		4	
		a	b	a	b	a	b	a	b
°Oe		45	45	57	54	48	47	48	44
pH		3,35	3,35	3,45	3,45	3,05	3,2	3,65	3,15
Titrierbare Säure	g/l	3,95	3,3	5,1	4,6	8,55	6,4	1,45	3,55
Summe der freien und gebundenen Säuren	g/l	5,8	5,3	7,2	6,5	10,7	8,6	2,4	5,6
L-Äpfelsäure	g/l	5,02	3,81	6,13	4,40	8,61	7,02	1,64	0,92
Milchsäure	g/l	0,06	0,19	0,07	0,16	0,02	0,10	0,02	0,08
Flüchtige Säure	g/l	0,07	0,17	0,04	0,56	0,03	0,08	0,04	0,31
Alkohol	g/l	0	0,56	0	0,90	0	0,32	0,37	3,40
Glycerin	g/l	0	0,113	0	0,132	0	0,049	0	0,813
Acetoin und Diacetyl	mg/l	0,04	0,82	0,02	2,30	0,03	0,09	0,02	2,90

Enzym Laccase. Es ist sogar erwogen worden, solche Enzympräparate zur (teilweisen) Entfärbung zu stark gefärbter Säfte einzusetzen.

Auch Milchsäurebakterien, zum Beispiel der Gattung *Leuconostoc*, können β-Glucoside spalten (GARVIE 1967).

9.4.2 Veränderungen der Zusammensetzung

Infektionen werden in Getränken erst durch die Vermehrung der Infektanten bemerkbar. Ihre Vermehrung wird durch ihren starken Stoffwechsel ermöglicht. Dieser ist aber ursächlich verbunden mit einem starken Stoffumsatz im Getränk, das heißt mit dem *Verschwinden safteigener* und der *Bildung saftfremder Stoffe* (siehe dazu die ausführlichen Darstellungen in DITTRICH 1986, 1987 b, 1993 a, b).

Aber nicht erst der schon gewonnene Saft ist der Veränderung durch Mikroorganismen zugänglich, schon in der Frucht kann er verändert werden. Das ist dann der Fall, wenn die *Rohware* infiziert, also qualitativ *minderwertig* ist (siehe Tab. 82).

Die erhöhten Werte von Alkohol, flüchtiger Säure, Glycerin und Acetoin/Diacetyl bei den Säften aus schlechter Rohware dürften weitgehend auf infizierende Hefen und Bakterien zurückgehen. Apfelsäfte aus einwandfreier Rohware weisen keinen Alkohol auf. Der durchschnittliche Alkoholgehalt von Apfelsäften aus guter Rohware liegt bei 0,5 g/l, der Essigsäuregehalt liegt bei etwa 50 mg/l. In frisch gepresstem Saft aus fauligen (teigigen) Birnen wurde dagegen 1,4 g/l festgestellt. Auch Milchsäure ist ein Indiz für minderwertige Rohware, da sie in gesunden Äpfeln nur in sehr geringer Menge vorkommt (siehe Tab. 82). Betrachten wir diese Stoffumwandlungen beziehungsweise Stoffbildungen im Einzelnen:

Da in Frucht- und Gemüsesäften Zucker meist in größeren Mengen enthalten ist und die wichtigsten Infektanten auch meist Organismen mit ausgeprägter Befähigung zum Zuckerumsatz sind, haben die mit dem *Zuckerumsatz* verbundenen Substratveränderungen die größte Bedeutung.

Die *Bildung von Ethanol*, kurz Alkohol, ist unter ihnen am wichtigsten. Auch infektionsfreie Säfte enthalten kleine Mengen (< 1,0 g/l). Aber schon bei infizierter Rohware kann der Ethanolgehalt ansteigen. Bei Hefeinfektionen, besonders mit Saccharomyzeten, erfolgt rasch – vor allem bei höheren Temperaturen – stärkere Alkoholbildung. Sie macht den Saft verkehrsunfähig. In der BRD liegt bei Apfel-, Trauben-, Orangen-, Birnen- und Grapefruitsaft der zulässige Höchstgehalt bei

3,0 g/l, bei Gemüsesäften bei 5,0 g/l (Leitsätze; Richtwerte; siehe Tab. 83). Die Alkoholbildung kann bei der Saftgewinnung erfolgen, etwa wenn die Maischen bei warmem Wetter lange stehen. Sie kann auch nach der Kurzzeiterhitzung während der Lagerung im Tank erfolgen, wenn die Entkeimung der Tanks nicht sorgfältig genug durchgeführt worden war. Die Einlagerung nach Böhi unter CO_2 war problematisch, da in stark hefeinfizierten Säften zwar die Vermehrung der Hefe gehemmt war, nicht aber ihre Alkoholbildung. Schließlich kann auch während der Bearbeitung der Säfte bis zur Füllung Alkohol gebildet werden, wenn Hefezahlen und Temperaturen hoch und die Standzeiten lang sind.

Außer Hefen können auch andere Organismen Ethanol bilden. Die *Mucor*-Hefen (siehe Seite 532) können zum Beispiel bis zu 4 bis 5 %vol bilden. *Aspergillus*-Arten und andere Schimmelpilze haben ebenfalls diese Fähigkeit, aber in geringerem Maße. Auch die heterofermentativen Milchsäurebakterien und unter anaeroben Bedingungen auch Essigsäurebakterien können in unseren Säften Ethanol bilden. Die Alkoholbildung dieser beiden Organismen ist allerdings unter unseren Betriebsverhältnissen nur von theoretischer Bedeutung.

Die Bildung *höherer Alkohole*, hauptsächlich 2-Methylpropanol und 3-Methylbutanol, erfolgt ebenfalls bei der Ethanolbildung durch Hefen (siehe Dittrich 1987 b).

Unter den *Polyolen* hat das *Glycerin* die größte Bedeutung. Traubensäfte aus Beeren, die von *Botrytis cinerea* befallen waren, enthielten bis zu 14,2 g/l, während Säfte aus infektionsfreien Beeren weniger als 1 g/l enthielten (Dittrich 1986). Auch andere Schimmelpilze, wie *Aspergillus* und *Penicillium* können auf Traubenbeeren und anderen Früchten Glycerin bilden. Auch Arabit und Mannit scheinen von *Botrytis* in kleinen Mengen gebildet zu werden (Sponholz und Dittrich 1985 b). Über diese und andere Traubensaft-Veränderungen durch *Botrytis* vergleiche man Dittrich (1989).

Von Hefen wird Glycerin als Gärungsnebenprodukt gebildet. Von osmotoleranten Hefen (siehe Seite 516 f.) werden neben Glycerin auch andere Polyole, unter anderem Mannit, vermehrt gebildet.

Von heterofermentativen Milchsäurebakterien, zum Beispiel der Gattung *Leuconostoc*, wird Mannit durch Hydrierung von Fructose gebildet.

Die *Veränderung der organischen Säuren* in Fruchtsäften kann gegensätzlich sein, je nach den infizierenden Mikroorganismen (Dittrich 1995 b). Der Abbau der in Säften vorkommenden Säuren ist häufiger. Sie werden von den Infektanten über den Citronensäurezyklus, aber auch über andere Wege abgebaut.

Die häufig vorkommende L-Äpfelsäure wird von Hefen zu Ethanol vergoren (Dittrich 1964). *Schizosaccharomyces pombe* hatte in polnischen Apfelsäften unter anderem durch Äpfelsäureabbau Verderb hervorgerufen. Aber auch *Saccharomyces cerevisiae* baut Äpfelsäure teilweise auf gleichem Wege ab (siehe Abb. 245).

Von Milchsäurebakterien wird Äpfelsäure heftiger abgebaut. Im Gegensatz zu Hefen führt der Abbau zu L-Milchsäure. Die meisten in Säften vorkommenden Arten der Gattungen *Lactobacillus, Leuconostoc* und *Pediococcus* verfügen über das Malolactat-Enzym. Von ihnen wird Äpfelsäure bei Vorhandensein von NAD und Mangan zu Milchsäure und CO_2 umgesetzt. Diese Umsetzung erfolgt ohne das Auftreten freier Zwischenprodukte (Schütz und Radler 1974). In „abbauenden" Apfelsäften kann die Gesamtsäure um 2 g/l erniedrigt werden. Ein heftiger bakterieller Äpfelsäureabbau kann eine alkoholische Gärung dieses Saftes durch Hefen vortäuschen.

Auch viele Schimmelpilze, wie *Botrytis cinerea, Byssochlamys nivea, Aspergillus*- und *Penicillium*-Arten, können Äpfelsäure abbauen, vermutlich mittels Malat-Dehydrogenase über Oxalacetat und Pyruvat, das über den Citronensäurekreislauf weiter abgebaut wird.

Citronensäure kommt vor allem in Citrussäften in großen Mengen vor. Sie ist aber auch in anderen Säften häufig. Auch

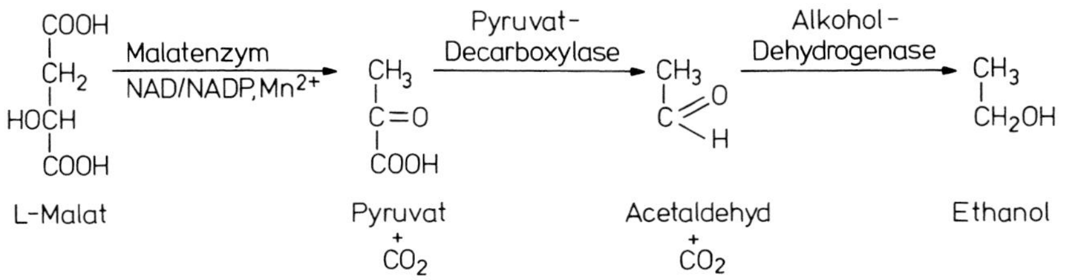

L-Malat → (Malatenzym, NAD/NADP, Mn^{2+}) → Pyruvat + CO_2 → (Pyruvat-Decarboxylase) → Acetaldehyd + CO_2 → (Alkohol-Dehydrogenase) → Ethanol

Abb. 245. Abbau von Äpfelsäure durch *Saccharomyces cerevisiae.*

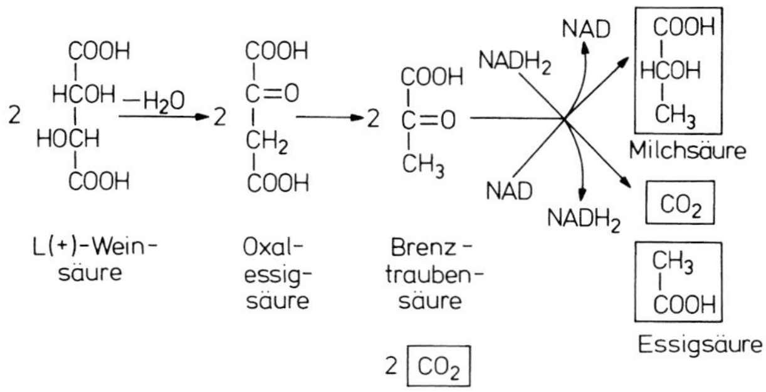

2 L(+)-Weinsäure → ($-H_2O$) → 2 Oxalessigsäure → 2 Brenztraubensäure + 2 CO_2 → Milchsäure ($NADH_2$ → NAD); CO_2 + Essigsäure (NAD → $NADH_2$)

Abb. 246. Abbau der Weinsäure durch die homofermentative Art *Lactobacillus plantarum* (Radler und Yannassis 1972).

sie kann von vielen Milchsäurebakterien abgebaut werden. Sie wird zunächst durch Citratlyase in Oxalessigsäure und Essigsäure gespalten. Oxalessigsäure wird dann zu Brenztraubensäure dekarboxyliert. Diese kann entweder zu Milchsäure reduziert oder zu Essigsäure und CO_2 oxidiert werden. Außerdem können aus zwei Molekülen Brenztraubensäure unter Freisetzung von zwei Molekülen CO_2 Acetoin und dessen Reduktionsprodukt Butandiol-2,3 gebildet werden (Dittrich 1995b). Viele Schimmelpilze *(Botrytis, Aspergillus, Penicillium)* können Citrat abbauen, wenn dessen Konzentration hoch ist.

Weinsäure ist die für Traubensäfte typische, wenn auch nicht allein vorkommende Säure. Schon in den am Stock hängenden Beeren kann sie im Falle der Infektion durch *Botrytis, Penicillium* oder *Aspergillus* abgebaut werden (Hampel 1970). Im Vergleich zu den anderen genannten Säuren ist sie aber für die meisten Organismen nicht abbaubar. Auch Milchsäurebakterien können Weinsäure abbauen. Es werden aber stets nur einige Stämme gefunden, die dazu befähigt sind. Bevor die Weinsäure von ihnen abgebaut wird, erfolgt der Abbau der Äpfelsäure. Der Weinsäureabbau läuft also nur in schon verdorbenen Produkten ab. Er wird eingeleitet durch ihre Dehydratisierung zu Oxalessigsäure. Der weitere Abbau erfolgt anscheinend bei homofermentativen Milchsäurebakterien anders als bei heterofermentativen (Abb. 246, 247). Bei den ersten entstehen Milchsäure, Essigsäure und CO_2, bei den letzteren Bernsteinsäure, Essigsäure und CO_2.

Die *Bildung organischer Säuren* ist ebenfalls wichtig. Sie kann aus dem Abbau einer anderen Säure erfolgen, wie zum Beispiel die Milchsäurebildung aus Äpfelsäure oder die Bernsteinsäurebildung aus Weinsäure, wobei es sich in beiden Fällen um Milchsäurebakterien handelt. Milchsäurebakterien können aber auch aus dem Zucker der Säfte Milchsäure und teilweise Essigsäure bilden. Auch Hefen und Schimmelpilze können aus Zucker Säuren bilden. Einige dieser Säuren sind im jeweiligen Saft nicht vorhanden. Ihr Vorkommen ist also ein Indiz für eine Infektion (Gluconsäure). Andere kommen zwar in kleiner Menge vor, werden aber durch Infektanten vermehrt (zum Beispiel Citrat). Schließlich ist auch der umgekehrte Fall möglich: höhere Konzentra-

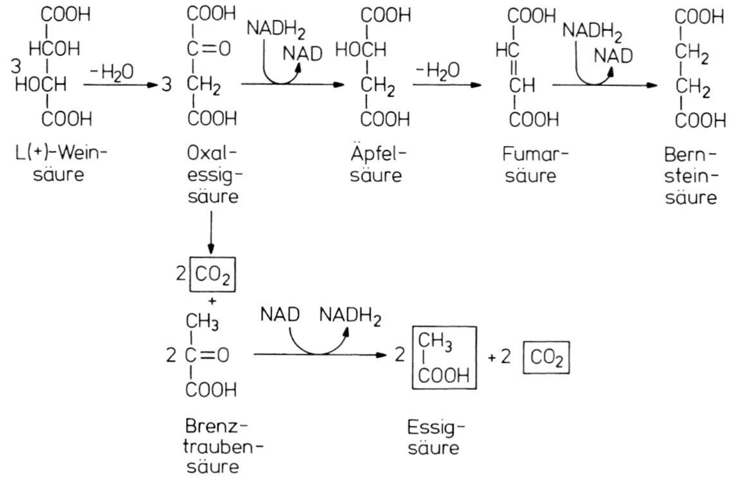

Abb. 247. Abbau der Weinsäure durch die heterofermentative Art *Lactobacillus brevis* (Radler und Yannissis 1972).

tionen, eventuell sogar der gleichen Säure, werden durch den gleichen Infektanten verringert.

Die für Säfte wichtigste Veränderung ist die Bildung von *Essigsäure*. Der zulässige Höchstgehalt an „flüchtiger Säure", die ganz überwiegend Essigsäure ist, beträgt bei den wichtigsten Säften 0,4 g/l (Tab. 83). Die Essigsäurebildung kann schon in den Früchten beginnen beziehungsweise ablaufen, bevor noch mit der Saftgewinnung begonnen wird (siehe Seite 533). Eine besondere Gefahr geht immer von verletzten Früchten aus, da den Essigsäurebakterien mit dem Saft gute Ernährungs- und damit auch gute Vermehrungsverhältnisse geboten sind. Beispiele sind überreife, auf dem Transport geplatzte Kirschen oder von *Botrytis* infizierte Traubenbeeren, die schon am Stock von vielen Essigsäurebakterien infiziert sind und in denen schon vor der Traubenlese Essigsäurebildung erfolgen kann. In solchen Fällen wird durch die mitinfizierenden Hefen aus dem Zucker Ethanol und daraus von den Essigsäurebakterien durch dessen Oxidation Essigsäure gebildet (Abb. 248). Säfte, bei denen mit einer stärkeren Kontamination gerechnet werden muss, sind sofort nach dem Pressen durch Hochkurzzeiterhitzung zu entkeimen.

Essigsäurebakterien sind säuretolerante, nährstoffanspruchsvolle Aerobier (Back 1993 a, b, Müller und Weber 1996, De Ley et al. 1984).

Außer Essigsäure werden auch noch andere Stoffe gebildet, die den „Essigstich" sensorisch charakterisieren. *Essigsäureethylester*, der wichtigste Essigsäureester, wird aber größtenteils von „wilden" Hefen gebildet (Sponholz, Dittrich, Barth 1982).

In normalen Säften erfolgt die Essigsäurebildung aber ganz überwiegend durch (heterofermentative) Milchsäurebakterien aus Zucker auf dem Pentosephosphat(PP)-Weg (Dittrich 1984). Sie geht dabei aus der Spaltung des Acetylphosphats hervor (Abb. 249). Da Milchsäurebakterien – im Gegensatz zu den Essigsäurebakterien – keinen Sauerstoff zur

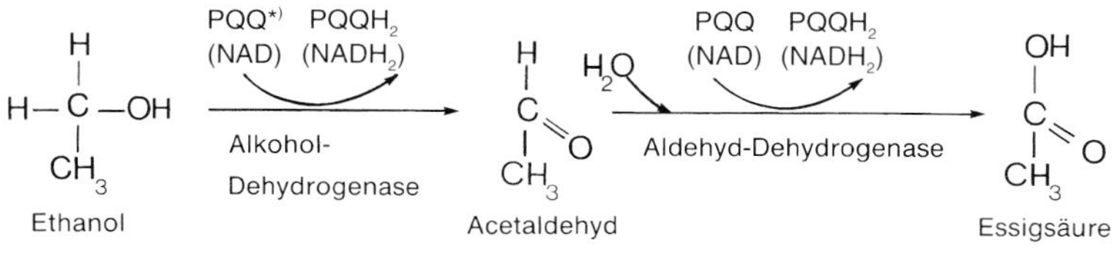

Abb. 248. Oxidation von Ethanol zu Essigsäure durch Essigsäurebakterien.
*) Pyrrolochinolinchinon, Methoxanthin

Tab 83. Richtwerte für mikrobiellen Verderb in Fruchtsäften (BIELIG et al. 1984)

	Milchsäure g/l max.	Flüchtige Säuren (ber. als Essigsäure) g/l max.	Ethanol g/l max.	Bemerkungen
Apfelsaft	0,5	0,4	3,0	Biogene Säuren und Ethanol kommen in Apfelsäften praktisch nicht vor. Überhöhte Werte weisen auf die Verarbeitung von faulem Obst bzw. auf mikrobielle Veränderungen während die Herstellung und Lagerung des Saftes hin.
Traubensaft	0,5	0,4	8,0	
Orangensaft	0,5	0,4	3,0	Sachgerecht hergestellte und gelagerte Erzeugnisse zeigen Gehalte an Ethanol unter 3 g/l und an flücht. Säuren unter 0,4 g/l. Milchsäuregehalte über 0,2 g/l werden i. d. R. bereits von einer Geruchsveränderung begleitet.
Birnensaft	0,5	0,4	3,0	Biogene Säuren und Ethanol kommen nativ in Fruchtsäften aus frischen, gesunden Früchten nicht vor. Größere Mengen weisen auf die Verarbeitung faulen Obstes bzw. auf mikrobielle Veränderungen während der Herstellung und Lagerung des Saftes hin.
Himbeersaft				Milchsäure kann in Säften aus frischen Beeren nicht nachgewiesen werden. Über 0,4 g/l flüchtige Säure weisen auf mikrobielle Veränderungen oder Konservierung mit Ameisensäure hin.
Grapefruitsaft	0,5	0,4	0,3	Sachgerecht hergestellte und gelagerte Erzeugnisse zeigen Gehalte unter diesen Werten.
Schwarzer Johannisbeersaft				Biogene Säuren und Ethanol kommen praktisch nicht vor. Erst durch mikrobielle Veränderungen werden diese Stoffe in größeren Mengen gebildet.
Sauerkirschsaft				Wie bei Johannisbeersaft.

Richtwerte für Ananassaft veröffentlichten FUCHS et al. (1993) und für Tomatenmark-Konzentrat LABAT und HILS (1992).

Vermehrung benötigen, sind sie normalerweise die weitaus gefährlicheren Schädlinge. Die durch sie gebildeten Essigsäurekonzentrationen können mehrere Gramm pro Liter betragen.

Milchsäure (D- und/oder L-Milchsäure, je nach Stamm in wechselnden Verhältnissen) ist das typische Stoffwechselprodukt der Milchsäurebakterien.

Die Milchsäurebildung erfolgt oft durch zu langes Stehenlassen der Maische oder des Saftes vor der weiteren Verarbeitung oder Haltbarmachung. So wurden im gleichen Saft

sofort nach der Pressung
250 mg/l Milchsäure
nach 1 Std. Stehenlassen bei 16 °C
250 mg/l Milchsäure
nach 6 Std. Stehenlassen bei 16 °C
280 mg/l Milchsäure
nach 24 Std. Stehenlassen bei 16 °C
425 mg/l Milchsäure
nach 48 Std. Stehenlassen bei 16 °C
765 mg/l Milchsäure

festgestellt (GIERSCHNER 1966). Ein Milchsäuregehalt von mehr als 300 mg/l ist daher ein Zeichen eines vermeidbaren

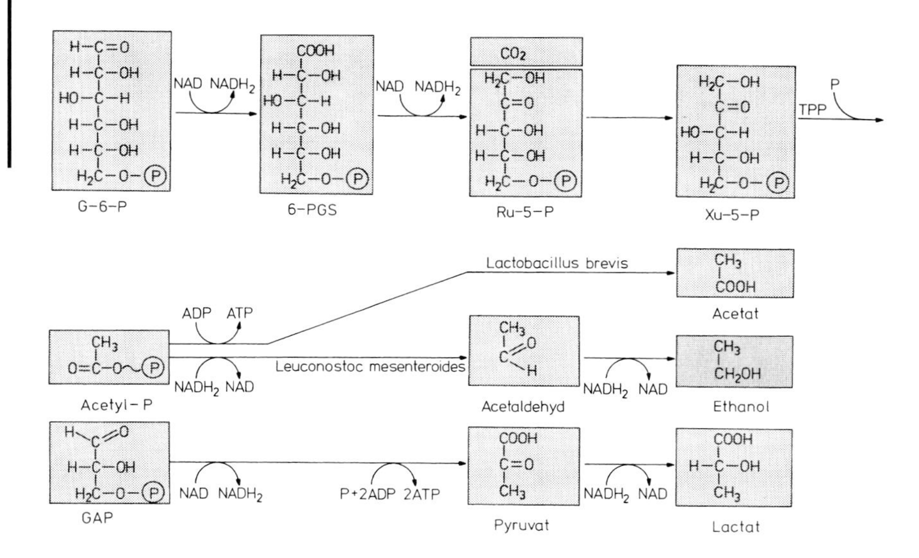

Abb. 249. Heterofermentative Milchsäuregärung durch *Lactobacillus brevis* bzw. *Leuconostoc mesenteroides* (SCHLEGEL 1992).

Verderbs. Die Richtwerte sehen bei den wichtigsten Fruchtsäften einen zulässigen Höchstgehalt von 0,5 g/l vor (siehe Tab. 83).

Andererseits werden Gemüsesäfte beziehungsweise schon Maischen manchmal bewusst einer Milchsäuregärung unterzogen, um den meist hohen pH-Wert dieser Säfte zu erniedrigen. Bei diesem *Lactoferment-Verfahren* werden Reinkulturen von *Leuconostoc mesenteroides, Latobacillus brevis, Lactobacillus plantarum* oder *Lactobacillus delbrückii* zuerst vermehrt und die vorher pasteurisierten und rückgekühlten Säfte mit diesen Starterkulturen beimpft. Die Säuerung erfolgt – je nach der Bakterienart – während 8 bis 24 Stunden bei 30 bis 45 °C. Sobald der pH-Wert auf etwa 3,8 bis 4,2 zurückgegangen ist, wird die Maische pasteurisiert und dann weiterverarbeitet. Die Beimpfung der nächsten Charge wird durch Verschnitt mit 5 bis 10 % des Saftes durchgeführt, der gerade in der stärksten Säuerungsphase ist. Nach sechs- bis achtmaligem Verschnitt sollte mit einer neuen Starterkultur begonnen werden (KARDOS 1975, siehe auch STEINKRAUS 1983).

Auch bereits saure Fruchtsäfte (pH 3,0–4,0) kann man durch Beimpfung mit *Lactobacillus casei* säuern. Das Ziel dieser *Lactofermentation* ist aber nicht die Haltbarmachung, sondern eine ernährungsphysiologische Aufwertung durch Bildung von etwa 10 g/l L-Milchsäure (WIESENBERGER et al. 1986). Auch NIWA et al. (1987) gewannen durch milchsaure Vergärung von Orangen- und Traubensaft neuartige Getränke mit „weinartigem" Geschmack.

Die homofermentativen Milchsäurebakterien setzen den Zucker quantitativ oder fast quantitativ zu Milchsäure um. Sie bilden die Milchsäure, wie die Hefen Alkohol, auf dem Fructosebisphosphat-Weg (FBP-Weg). Die heterofermentativen Milchsäurebakterien bilden dagegen die Milchsäure auf dem Hexosemonophosphat- oder Pentosephosphat(PP)-Weg (Abb. 249). Hierbei entsteht außer der Milchsäure noch Ethanol beziehungsweise Essigsäure, je nach Art und Redoxverhältnissen. Da heterofermentative Milchsäurebakterien häufiger zu sein scheinen, kommt ihrer Stoffbildung bei der Verderbnis von Säften wohl die größere Bedeutung zu.

Neben *Milchsäureethylester*, dessen Entstehung man sich bei den Heterofermentativen (siehe Abb. 249) leicht vorstellen kann, wird der für den Verderb von Säften durch Milchsäurebakterien charakteristische „Milchsäure-" oder „Tankton" vor allem dem *Diacetyl* (CH_3-CO-CO-

CH_3) zugeschrieben. In Säften aus gesunder Rohware wurden nur 0,05 bis 0,1 mg/l dieser Substanz gefunden. Höhere Diacetylmengen sind ein Indiz für mikrobiellen Verderb (BRUNNER und TANNER 1982). Sein Reduktionsprodukt, das *Acetoin* (CH_3-CO-CHOH-CH_3), liegt meist in höherer Menge vor, ist aber viel weniger geschmackswirksam. Acetoin kann auch von Hefen und Schimmelpilzen gebildet werden. Zum Stoffwechsel und den vielen von Milchsäurebakterien ausgelösten Verderbnisfolgen siehe DITTRICH (1987b).

Gluconsäure wird von manchen Schimmelpilzen und auch von Essigsäurebakterien gebildet. Während Traubensäfte aus gesunden Beeren nur geringe Quantitäten enthalten, wurden in Säften aus *Botrytis*-infizierten Beeren bis zu 6,5 g/l gefunden. Sie kann in solchen Säften den weitaus größten Teil der Gesamtsäure stellen. Die Säurestruktur solcher Säfte ist dann ganz verändert (DITTRICH 1986). Die Bildung dieser Säure erfolgt wahrscheinlich durch Oxidation der Glucose mittels Glucoseoxidase.

Schleimsäure (Galactarsäure) kommt ebenfalls in Säften aus *Botrytis*-befallenen Beeren in Konzentrationen von bis zu 2 g/l vor (WÜRDIG und CLAUS 1966). Sie ist wahrscheinlich ein Oxidationsprodukt der Galacturonsäure.

In Säften aus *Botrytis*-befallenen Traubenbeeren ist außerdem die Erhöhung folgender Säuren um geringe Mengen nachgewiesen worden: Citronen- und Isocitronensäure, Glyoxyl-, Oxalessig-, Ketoglutar- und Brenztraubensäure (DITTRICH 1987b, 1989, 1995b). Von anderen frucht- und obstinfizierenden Schimmelpilzen müssen ähnliche Stoffbildungen erwartet werden.

Ähnliche Produkte des Oxidationsstoffwechsels sind auch von Essigsäurebakterien zu erwarten. In einem Orangenfruchtsaftgetränk bildeten sie *2-Ketogluconsäure* und *5-Ketogluconsäure*. Beide Säuren sind Stoffwechselprodukte suboxidierender Essigsäurebakterien (FRANKE 1968, vgl. auch SPONHOLZ und DITTRICH 1985a).

Bernsteinsäure ist ein Gärungsnebenprodukt. Sie findet sich daher in von Hefe infizierten, (an)gegorenen Säften in Mengen bis zu 2 g/l. Außer den Saccharomyzeten bilden auch die Mucorazeen diese Säure in größerer Menge. Es ist daher möglich, dass mit diesen Pilzen infizierte Rohware Säfte mit erhöhten Konzentrationen dieser Säure liefert. Die Bildung von *Ameisensäure* durch verschiedene Schimmelpilze ist bereits erwähnt worden (siehe Seite 519, MILLIES 1980, WUCHERPFENNIG 1983).

Buttersäure wurde nur selten gefunden. Ein hoher pH-Wert erleichtert den Erregern des „Buttersäurestiches", den Clostridien, die Vermehrung. Die pH-Werte von zwei buttersäurestichigen Apfelsäften waren zum Beispiel durch Einlagerung in Betonbehälter auf pH 4,2 und 4,4 angestiegen (LÜTHI und VETSCH 1957). Ein wegen dieses Fehlers beanstandeter Apfelsaft enthielt 233 mg/l Buttersäure. 2540 mg/l Butanol-1, 550 mg/l Aceton und 524 mg/l Ethanol, außerdem wurde aus dem Saft kräftig CO_2 und Wasserstoff freigesetzt. Nach dem Verhältnis der Stoffwechselprodukte zu schließen, gehört der Infektant zum Typ der Aceton-Butanol-Gärer. Wahrscheinlich war es *Clostridium acetobutylicum*.

Acrolein ist wahrscheinlich ebenfalls ein Produkt des Zuckerstoffwechsels der Clostridien. Aber auch andere Bakterien können diese Substanz bilden. Die Reaktion des Acroleins mit Polyphenolen des Getränkes ergibt Bitterstoffe (RENTSCHLER und TANNER 1951).

Dihydroshikimisäure ist in Säften wohl ein Zeichen der Infektion durch Milchsäurebakterien. Zumindest manche Arten können China-, Shikimi- und Chlorogensäure zu Dihydroshikimisäure reduzieren (CARR et al. 1957, WHITTING und CARR 1957).

Viele Mikroorganismen, zum Beispiel Milchsäurebakterien der Gattungen *Leuconostoc* und *Pediococcus*, Essigsäurebakterien, verschiedene Hefen („Schleimhefen") sowie auch Pilze (*Aureobasidium pullulans, Botrytis cinerea, Aspergillus*- und *Penicillium*-Arten) können aus dem

Tab 84. Mikrobielle Veränderungen von (Erfrischungs-)Getränken

Symptom	Getränk Sichtbare Veränderungen	Verderbniserreger
Opaleszenz oder Trübung	ohne Fruchtsaft	in stark sauren Getränken: Hefen in schwach sauren Getränken: Hefen oder Bakterien
	mit Fruchtsaft	Hefen oder Bakterien, meist Milchsäurebakterien
Ringbildung	alle Erfrischungsgetränke, typisch für solche mit hohem Zuckergehalt	Hefen, besonders osmotolerante
Flockenbildung	CO_2-freie Getränke	Hefen und/oder Schimmelpilze
	CO_2-haltige Getränke	Hefen
Bodensatz	alle Erfrischungsgetränke	Hefen
Zähwerden, Fadenziehen,	pH > 3,5	*Leuconostoc (Pediococcus)*
Schleimbildung	besonders Fruchtsaftgetränke	*Lactobacillus*
Ausklaren, Trübungsverlust	Getränke mit Pulpe	Schimmelpilze (Hefen)
Ausbleichen	Getränke mit roten Säften	Hefen
	Zunahme des CO_2-Druckes	
Schäumen Bombagen	alle Getränke	Hefen
Leckagen Flaschenexplosionen	Fruchtsaftgetränke	heteroferm. Milchsäurebakterien
	Geruchs- und Geschmacksfehler	
gäriger Geschmack	alle Getränke	Hefen
saurer Geschmack	CO_2-freie Getränke	Essigsäurebakterien
	CO_2-haltige Getränke, hauptsächlich Fruchtsaftgetränke	Milchsäurebakterien
Molke-, Sauerkrautgeschmack	hauptsächlich Fruchtsaftgetränke	Milchsäurebakterien
Schimmelgeruch	CO_2-freie Getränke	Schimmelpilze

Zucker der Säfte *Polysaccharide* synthetisieren, die den Saft „zäh" machen und seine Bearbeitung und Filtration erschweren. Über die Polysaccharide der Milchsäurebakterien orientieren KENNE und LINDBERG 1984. Das von *Pediococcus* gebildete wurde von CANAL-LLAUBÈRES et al. 1989 strukturell aufgeklärt, das von *Aureobasidium* durch BENDER u.a. 1959 und das von *Botrytis* durch DUBOURDIEU et al. 1981.

Manche Milchsäurebakterien bilden aus einigen Aminosäuren durch Dekarboxylierung *Amine*, zum Beispiel Histamin, Tyramin, Phenylethylamin. Dass Amine in Säften nach dem Genuss physiologische Wirkungen auslösen, ist nur für Phenylethylamin erwiesen (LÜTHY und SCHLATTER 1983). Von *Lactobacillus*- und *Leuconostoc*-Arten, nicht aber von *Pediococcus*, wird das meist in hohen Mengen vorkommende Arginin zu *Ornithin* abgebaut (KÜNSCH et al. 1974). Der weitere Abbau des abgespaltenen Harnstoffs führt zu NH_3 und CO_2.

„Schimmel-" oder *„Mufftöne"*, die von Schimmelpilzen auf Rohware oder auf den Säften wachsend gebildet werden, sind häufig abstoßender oder zumindest qualitätsmindernder als mancher der beschriebenen Stoffe. Strukturell unbekannt sind auch die *Bitterstoffe*, die besonders von infizierenden *Penicillium*-Arten gebildet werden.

Glücklicherweise sind in der Saft verarbeitenden Industrie Schimmelpilz-Infektionen selten. Diese Feststellung ist wichtig für die Beurteilung der befürchteten *Mykotoxinbildung* in Säften und ähnlichen Getränken. Die Bildung dieser Stoffwechselprodukte wäre nur in Sauerstoffgegenwart in Säften unter schon dicken Pilzdecken in Lagertanks und in vom Verbraucher geöffneten und lange stehen gelassenen Gefäßen möglich. Die Bildung von Myzeldecken auf Säften in Lagertanks kann und muss vom Hersteller schon wegen des Verdachts auf eventuelle Mykotoxinbildung verhindert werden. Jedes Getränk, das Schimmelmyzel enthält, ist als verdorben und nicht verkehrsfähig anzusehen.

Die gefährlichsten Mykotoxine, die *Aflatoxine*, sind bisher nicht in Säften und ähnlichen Getränken festgestellt worden (WOLLER 1981). Die zwei Aflatoxin bildenden *Aspergillus*-Arten kommen auf der Rohware sicher höchstens ausnahmsweise vor. Untersuchungen an den oft von Pilzen befallenen Weintraubenbeeren haben in keinem Falle einen Aflatoxinbildner erbracht (RADLER und THEIS 1972).

Patulin kann von vielen Schimmelpilzen gebildet werden, zum Beispiel von *Penicillium expansum*, dem Erreger der Braunfäule bei Äpfeln, Birnen, Quitten, Aprikosen, Pfirsichen und Tomaten, auch von *P. urticae* und *Byssochlamys nivea*. In den Faulstellen von Äpfeln kann bis zu 1 g/kg enthalten sein. *Penicillium-expansum*-Fäulen treten nur nach Verletzungen der Frucht oder nach Wespenfraß auf. Nur etwa die Hälfte der *P.-expansum*-Fäulen auf Äpfeln und Birnen enthalten mehr oder weniger viel Patulin, Fallobst, das längere Zeit liegt, ist besonders betroffen. Da Patulin im sauren Bereich hitzestabil ist, wird es bei der Pasteurisation nicht zerstört. Das gesunde Gewebe enthält kein Patulin. Da die Patulinbildung sauerstoffabhängig ist, ist sie, wie auch die *Byssochlaminsäure*-Bildung durch *Byssochlamys fulva*, bei der üblichen Saftbevorratung selbst bei Anwesenheit entsprechender Pilzmyzelien kaum möglich. Von 68 Obstsäften und Obsterzeugnissen (deutsche Handelsware 1982) enthielten nur drei Erzeugnisse Patulin – in nicht gesundheitsschädlichen Mengen (BERGNER-LANG et al. 1983). WOLLER und MAJERUS (1982) fanden in 17,4 % der untersuchten Apfelsäfte und in 20,8 % der Apfelsaftgetränke Patulin, in aller Regel aber weniger als 50 mg/l (von der WHO empfohlener „Grenzwert").

In 21 Fruchtsäften und 21 Fruchtsaft-Konzentraten fanden EDER et al. 1994 weniger als die von der WHO empfohlene Höchstmenge von 50 µg/kg. Daraus ist zu schließen, dass Säfte und Konzentrate, die aus einwandfreier Rohware mit guter handwerklicher Praxis gewonnen wurden, keine nennenswerten Patulingehalte haben. Traubensäfte aus feucht-kühlen Gebieten sind dagegen öfter patulinhaltig.

Ochratoxin A wurde in roten Traubensäften relativ häufig (Maximalwert 4,7 µg/l), in weißen weniger häufig (Maximalwert 0,7 µg/l) gefunden. Als Produzenten gelten vor allem Penicillien (MAJERUS und OTTENEDER 1996). Auch in verschimmelten Marmeladen wurde dieses Mykotoxin nachgewiesen (RUHLAND et al. 1998). *Trichothecin* und *Iso-Trichothecin*, die auf Trauben von *Trichothecium roseum* gebildet werden können, sind anscheinend in den Säften ohne gesundheitliche Bedeutung (MAJERUS und ZIMMER 1995).

Marmeladen und Konfitüren mit mehr als 60 % Zucker- und normalem Säuregehalt sind für die wichtigsten Patulinbildner kein geeignetes Substrat. Sekundär verschimmelte Produkte dieser Art enthalten demnach kein Patulin.

Die *Phytoalexine* sind in diesem Zusammenhang ebenfalls zu nennen. Sie werden bei Infektionen pflanzlicher Überwinterungsorgane gebildet. *8-Methoxypsoralen* wird zum Beispiel bei Befall von Sellerieknollen durch *Sclerotinia sclerotiorum* gebildet. Dieser Stoff sensibilisiert die Haut gegen UV-Licht; sonnenbrandartige Erscheinungen sind die Folge. Andere Phytoalexine wurden unter anderem in Möhren und in Traubenbeeren gefunden.

Die wichtigste Vorbeugemaßnahme ist auch hierbei die Verarbeitung nur guter Rohware, ihre schnelle Verarbeitung sowie sinnvolle und vorschriftsmäßige Anwendung von Hitze und Desinfektionsmitteln im Betrieb.

9.5 Schutz der Säfte vor mikrobieller Infektion

Das Ziel der Erzeugung von Frucht- und Gemüsesäften sowie von Getränken auf Frucht- und Gemüsebasis ist schließlich auch die Erhaltung der Qualität der hergestellten Produkte. Die in Kapitel 9.1 beschriebenen Infektanten, die in den verschiedenen Getränken ein mehr oder minder geeignetes Substrat finden (siehe Kapitel 9.2), in das sie auf unterschiedliche Weise gelangen (siehe Kapitel 9.3) und das sie mehr oder minder spezifisch verändern (siehe Kapitel 9.4), dürfen während der Herstellung nie in Mengen vorkommen, die stärkere Veränderungen der Produkte verursachen können. Im abgefüllten Getränk dürfen sie nicht mehr vorkommen. Auch Reinfektionen müssen ausgeschlossen werden.

Die Möglichkeiten zur Verringerung von infizierenden Keimen sind begrenzt (Schönen, Separieren, z. T. Filtrieren). Um aber die Erhaltung der Qualität auf Dauer, also bis zum Verzehr zu garantieren, muss das Produkt *keimfrei* sein und bleiben. Die Erreichung dieses Zieles ist erstens durch physikalische Methoden (entkeimende Filtration, Erhitzung, Frieren), zweitens durch chemische Methoden möglich, die meist gleichzusetzen sind mit dem Einsatz konservierend wirkender Stoffe.

Die Methoden des Haltbarmachens beschreiben zum Beispiel Keding 1993, Heiss und Eichner 1994, Müller und Müller 1996 sowie speziell für Säfte Weiss 2001, Seite 298 ff.).

9.5.1 Konservierungsstoffe

Die Verwendung von Konservierungsstoffen ist in Deutschland durch die Zusatzstoff-Zulassungsverordnung, in Österreich durch die Konservierungsverordnung und in der Schweiz durch die Zusatzstoffverordnung geregelt. In anderen Ländern gibt es ähnliche Verordnungen. In praktisch allen Ländern dürfen für Obstprodukte als Konservierungsstoffe im engeren Sinne lediglich Sorbinsäure, Benzoesäure und in einigen Ländern Ameisensäure verwendet werden. Die Zulassung beschränkt sich meist auf Muttersäfte zur Weiterverarbeitung, zum Beispiel zu Fruchtsirup oder auf Grundstoffe für alkoholfreie Erfrischungsgetränke auf Fruchtbasis. Die dadurch in das fertige Getränk gelangenden Konservierungsstoffmengen sind sehr gering und haben im Enderzeugnis keine konservierende Wirkung mehr.

Kohlendioxid (Kohlensäure)

„Stille“ Getränke sind Mikroorganismeninfektionen stärker ausgesetzt als CO_2-haltige Getränke. Das zeigt schon der Vergleich der Keimgehalte von Mineralwässern ohne und mit CO_2-Zusätzen (Schmidt-Lorenz 1974).

In kohlensäurefreien Getränken können sich sogar aerobe Organismen wie Schimmelpilze, Essigsäurebakterien und verschiedene Hefearten entwickeln, die in CO_2-haltigen Getränken nie zu Schwierigkeiten führen. Auf der Hemmwirkung höherer CO_2-Gehalte beruht auch das Böhi-Verfahren der Einlagerung von Fruchtsäften. Ihm liegen folgende Fakten zugrunde:

Die Vermehrung der *Hefe* hört bei einem CO_2-Gehalt von etwa 15 g/l auf, ihre Gärung wird aber erst bei viel höheren CO_2-Drücken gehemmt. Daraus ergibt sich die Forderung, dass die Säfte *keimarm* eingelagert werden müssen. Nur in diesen Fällen bleibt die Alkoholbildung gering, so dass sie zu vernachlässigen ist.

Milchsäurebakterien werden aber von den genannten CO_2-Mengen nicht gehemmt. Unter den Bedingungen der Böhi-Einlagerung vermehren sie sich also im Fruchtsaft oder in ähnlichen Getränken und bewirken dann auch analytisch und sensorisch feststellbare Veränderungen wie zum Beispiel den „Tankton“ (siehe Seite 509).

Kohlensäure beziehungsweise ihr Anhydrid CO_2, mit dem Fruchtsäfte eingelagert und andere Getränke imprägniert werden, ist also kein Konservierungsmittel im Sinne der Definition, es wirkt nicht einmal gegenüber allen Infektanten hemmend. Immerhin ist aber seine Hemmwirkung gegenüber den weitaus wichtigsten Infektanten CO_2-haltiger Getränke, den Hefen, bemerkenswert und technisch sehr wichtig. Man vergleiche dazu Zschaler 1979.

Bei *Candida stellata* führte eine allmähliche Erhöhung des CO_2-Gehaltes von

0,6 auf 2,4 bar zu einer allmählichen Abnahme der Vermehrung. Kohlensäure übt also eine nicht zu unterschätzende mykostatische, das heißt die Hefevermehrung hemmende Wirkung aus. Die mykozide, das heißt abtötende Wirkung, ist dagegen gering. In einem Fruchtsaftgetränk (pH 2,0, Extrakt 10 °Brix) mit pCO_2 4,5 bar, das mit 100 Hefezellen pro Milliliter beimpft worden war, benötigte die Verringerung der Hefezahl auf eine Zelle pro Milliliter bei Zimmertemperatur 17 Tage (SAND 1967).

Der CO_2-Gehalt eines Getränkes verbessert die Pasteurisierwirkung nur wenig (BINNIG 1980).

Schweflige Säure

Bei Traubensaft gilt Schweflige Säure als Kellerbehandlungsmittel mit konservierender Wirkung. Zur Haltbarkeitsverbesserung von süßen alkoholfreien Erfrischungsgetränken und deren Grundstoffen und Ansätzen ist sie verboten. Sie könnte lediglich auf dem Wege der Behandlung von Citrusmuttersäften in die Fertiggetränke kommen. Schweflige Säure wird aber in der Getränkeindustrie oft als Desinfektionsmittel verwandt.

Schweflige Säure hat ein breites antimikrobielles Wirkungsspektrum. Bakterien sind im Allgemeinen empfindlicher als Hefen und Schimmelpilze.

Die unspezifische antimikrobielle Wirkung ist außer von ihrer Konzentration, der Temperatur und der Zusammensetzung des Mediums stark von dessen pH-Wert abhängig. Mit abnehmendem pH-Wert und der dadurch bedingten Zunahme an undissoziierter Schwefliger Säure nimmt die antimikrobielle Wirkung zu. Die freie H_2SO_3 ist gegen *Escherichia coli* mehr als 1 000fach wirksamer als ihre Dissoziationsprodukte HSO_3^- und SO_3^{2-}. Zum Wirkungsmechanismus vergleiche man DITTRICH (1987 b), WUCHERPFENNIG (1984).

Dimethyldicarbonat (DMDC; Velcorin)

Die Pasteurisation, wie sie sich zum Beispiel in der Fruchtsaftindustrie als Kurzzeiterhitzung bewährt hat, ist bei der Herstellung von Erfrischungsgetränken im Allgemeinen nicht üblich. Hierfür ist in Deutschland, nicht aber in Österreich und in der Schweiz, DMDC zulässig. DMDC zerfällt relativ rasch in Methanol und CO_2; es ist ein Verschwindestoff. Das heißt, dass nach seinem Zerfall das Getränk vor Reinfektionen geschützt werden muss. Praktisch muss die DMDC-Anwendung unmittelbar vor der Füllung und dem sofortigen Verschließen der Flaschen erfolgen.

DMDC wirkt vor allem gegen gärende Hefen und Kahmhefen, aber auch gegen Essigsäure- und Milchsäurebakterien (Bayer Product Information Velcorin).

Sorbinsäure

Die antimikrobielle Wirksamkeit der 2,4-Hexadiensäure richtet sich vor allem gegen Hefen und Schimmelpilze. Die meisten Hefen werden im pH-Bereich zwischen 3,0 und 5,0 durch Konzentrationen von 1 000 mg/kg Grundstoff oder Ansatz abgetötet, einige Arten erst durch die doppelte Konzentration. Die Wirksamkeit der Sorbinsäure gegenüber Milchsäure- und Essigsäurebakterien, *Clostridium* und *Pseudomonas*, ist meist geringer als gegen pilzliche Organismen.

Sorbinsäure hemmt die Zellvermehrung stärker als die Gärung und die Atmung. Sie reagiert wahrscheinlich mit den Thiolgruppen der Zellmembran. Dadurch scheint die Substrataufnahme beeinträchtigt zu werden (REINHARD und RADLER 1981). Einige Arten können subletale Sorbinsäurekonzentrationen veratmen. Zucker und NaCl steigern die antimikrobielle Wirksamkeit. Wie bei Säuren mit Konservierungswirkung ganz allgemein, nimmt auch ihre Wirkung mit sinkendem pH-Wert des Mediums zu. Aber selbst im hohen pH-Bereich zwischen fünf und sechs hat sie eine meist ausreichende Wirkung (LÜCK und JAGER 1995, 1997).

Sorbinsäure wird am häufigsten als Kaliumsalz angewandt. Meist wird eine zehn- oder mehrprozentige Stammlösung angesetzt, die in entsprechenden Mengen dosiert wird. Dem Grenzwert von

1,0 Gramm Sorbinsäure pro Kilogramm Grundstoff entsprechen 1,34 Gramm Kaliumsorbat. Voraussetzung der Konservierung ist eine gleichmäßige Verteilung des Mittels. Die Stammlösung ist nur begrenzt haltbar. Das Konservierungsmittel ist verschlossen und vor Hitze und Licht geschützt aufzubewahren.

Benzoesäure

Benzoesäure und ihre Derivate wirken vor allem gegen Hefen und Schimmelpilze. Ihr Wirkungsspektrum schließt aber auch bestimmte Bakterien ein. Die Wirkung wird auf die Permeabilitätsbeeinflussung der Mikroorganismenzellen zurückgeführt. Da mit abnehmendem pH-Wert die Dissoziation der Benzoesäure abnimmt, ergibt sich hierbei eine zunehmende antimikrobielle Wirkung. Sie eignet sich daher vor allem zur Konservierung saurer Substrate.

Gegen Benzoesäure resistente Hefen aus Erfrischungsgetränken ertragen zehnfach höhere Dosen als nichtresistente Arten (Ingram 1960).

Das weiße kristalline Pulver ist hygroskopisch und muss daher luftdicht verschlossen aufbewahrt werden. Infolge der geringen Löslichkeit der Säure wird meist das Natriumsalz angewandt. 1,0 Gramm Benzoesäure entsprechen etwa 1,2 Gramm Natriumbenzoat. Die Anwendung erfolgt wie die der Sorbinsäure aus 10- bis 20%igen wässrigen Stammlösungen.

Ameisensäure

Von allen Fruchtsäuren hat Ameisensäure die stärkste fungizide Wirkung. Sie ist aber auch gegenüber Bakterien wirksam. Die hemmenden Konzentrationen liegen je nach Mikroorganismenart in weiten Grenzen. Ihre Bildung in angefaulter Rohware durch verschiedene Schimmelpilze kann einen ungesetzlichen Zusatz zu Konservierungszwecken vortäuschen (siehe Seite 519).

Ameisensäure ist ebenfalls nur im sauren Bereich optimal wirksam. Bei pH 3,0 liegen 85 %, bei pH 6,0 nur noch 0,56 % in der antimikrobiell wirksamen undissoziierten Form vor.

Zusammenfassend ist festzustellen, dass bei Frucht- und Gemüsesäften im eigentlichen Sinne (siehe Kapitel 1.3.2) Konservierungsstoffe nicht erlaubt sind. Ihre Haltbarmachung erfolgt ausschließlich durch physikalische Verfahren. Bei den Produkten, bei denen sie erlaubt sind (siehe Zusatzstoff-Zulassungs-VO), sind sie bei der gebräuchlichen beziehungsweise erlaubten geringen Konzentration (zum Beispiel 100 mg/l und weniger) kein Ersatz für die stets nötige Betriebshygiene. In Verbindung mit ihr kann ihre gezielte Anwendung allerdings die Haltbarkeit von Grundstoffen, Ansätzen und Fertiggetränken bedeutend verbessern.

Schon kleine Mengen (100–300 mg/l) sind im Stande, in Erfrischungsgetränken mit pH-Werten über 3,0 einen Verderb durch Gärung zu unterbinden. Einzelne Hefestämme vermehren sich aber in diesen Getränken auch noch bei Anwesenheit von 600 mg/l Benzoesäure. Sorbinsäure wirkt in diesen Fällen meist ebenfalls nicht. Derartige konservierungsstofftolerante Hefen sind aber selten (Sand 1970 b). Das Vorkommen resistenter Hefen in einem Betrieb ist meist eine Folge von wenig konsequenter Reinigung und mangelnder Desinfektion. Es kommt dann zu einer Selektion konservierungsmittelfester Stämme.

Der Vergleich der Wirkung von Benzoesäure mit der von Sorbinsäure (unter aeroben Bedingungen bei pH 3,0) bei Hefen aus Erfrischungsgetränken ergab, dass 60 % durch 100 mg/l Benzoesäure total gehemmt wurden, von 100 mg/l Sorbinsäure nur 27 %. Bei bestimmten *Candida*-Stämmen kann die Sorbinsäuretoleranz zwei- bis viermal so groß sein wie die Benzoesäuretoleranz. Dagegen gehören alle Hefen mit besonders hoher Benzoesäuretoleranz zu den Gattungen *Saccharomyces* und *Zygosaccharomyces*, insbesondere zur Art *Zygosaccharomyces bailii* (siehe auch Seite 517; Sand 1970 a).

Der unspezifische Nachweis der stabilen Konservierungsmittel ist mit mikrobiologischen Methoden möglich (Pilnik und Piek-Faddegon 1973, Radler et al. 1971).

9.5.2 Abtötung infizierender Mikroorganismen durch Hitzeeinwirkung

Obwohl die Grundlagen der Hitzeabtötung von Mikroorganismen oft beschrieben werden (zum Beispiel WEISS 2001), sind die Grenzbedingungen, bei denen Mikroorganismen in Frucht- und Gemüsesäften sicher abgetötet werden, noch nicht ganz überschaubar. Es ist daher nicht ohne weiteres möglich, die Sterilisationsbedingungen für ein bestimmtes Produkt in einem bestimmten Betrieb vorherzusagen.

Neben der *spezifischen Hitzeresistenz* der verschiedenen infizierenden Mikroorganismen ist dafür vor allem der oft sehr unterschiedliche *Einfluss des Mediums* während der Hitzeeinwirkung verantwortlich.

Vegetative Zellen von Bakterien, Hefen und Schimmelpilzen sterben schon bei Temperaturen ab, die 10 bis 15 °C über ihrem Aktivitätsoptimum liegen. Meist genügt eine Pasteurisation bei 65 bis 80 °C, um ausreichende Haltbarkeit zu erzielen. Liegen jedoch Sporen von Sporen bildenden Bakterien oder Ascosporen von *Byssochlamys* vor, sind wesentlich höhere Temperaturen erforderlich. In beiden Fällen ist die Kenntnis der Hitzebeständigkeit der jeweiligen Mikroorganismen die Voraussetzung für den Sterilisationserfolg. Es ist anzunehmen, dass die Hitzeeinwirkung zu einer Denaturierung der Zellproteine führt. Sie erfolgt anscheinend umso langsamer, je geringer der Wassergehalt der Zelle ist. Die hohe Hitzeresistenz von Sporen scheint damit erklärbar.

9.5.2.1 Einfluss der Keimzahl

Früher nahm man an, dass alle Mikroorganismen einer Art bei einer bestimmten Temperatur, dem so genannten „Abtötungspunkt", plötzlich sterben. Heute ist klar, dass die Abtötung der Mikroorganismen ein zeitabhängiger Prozess ist: Bei gleicher Temperatur stirbt in jeder Zeiteinheit derselbe Teil der noch lebenden Keime ab. Die *Mikroorganismenabtötung* durch Hitze erfolgt also *logarithmisch*. Das bedeutet:

a) die zur Sterilisierung nötigen Erhitzungszeiten sind von der im Produkt vorhandenen Keimzahl abhängig;
b) theoretisch ist es nicht möglich, absolute Sterilität zu erreichen, da sich die Abtötungskurven dem Nullpunkt nur asymptotisch nähern. Der übliche Begriff „praktisch steril" besagt, dass das betreffende Produkt mit größter Wahrscheinlichkeit keine lebenden Keime mehr enthält.

9.5.2.2 Einfluss der Temperatur

In der Praxis kann es bei Fruchtsäften Schimmelinfektionen geben, obwohl die Entkeimungstemperatur 82 °C betrug. Diese Temperatur reicht bei diesen Produkten für die Abtötung vegetativer Zellen normalerweise aus. Der Schimmelbefall wird dagegen unterbunden, wenn mit Temperaturen von 98 bis 100 °C eingelagert wird. In einem Fall wurden die Schimmelinfektionen durch den Austausch des Plattenapparates gegen eine Entaromatisierungsanlage beseitigt, die bei 100 °C arbeitet (KRUG 1969). Die Erklärung solcher Fälle liegt in der Tatsache, dass bei den normalen *Pasteurisierungstemperaturen* die Sporen von Pilzen und Bakterien überleben. Zu ihrer Abtötung sind höhere Temperaturen nötig. Im Zweifelsfall ist daher die Temperatur anzuwenden, die auch die Sporen der vermuteten Mikroorganismenart abtötet.

Als fruchtsaftverderbender Schimmelpilz ist *Byssochlamys fulva* wegen seiner sehr temperaturfesten Ascosporen gefürchtet. In Laborversuchen wurden die Ascosporen durch fünfminütige Erhitzung auf 86 °C abgetötet. *B. nivea* erwies sich als hitzeempfindlicher. Er dürfte deshalb als Fruchtsaftverderber keine so große Rolle spielen (SCHUMANN und WERNER 1973).

Die Hitzeresistenz der Sporen variiert aber schon bei verschiedenen Stämmen einer Mikroorganismenart stark. Die Absterbequote der Ascosporen eines Stammes von *Byssochlamys fulva* wird wiederum stark von Erhitzungstemperatur, -zeit und -medium beeinflusst. Zum Beispiel wirkten 60 °C und 70 °C auf Ascosporen nicht letal, sondern sogar keimungsaktivierend; 80 °C wirkten je nach Erhitzungsdauer keimungsfördernd bis teilweise abtötend. 95 °C wirkten weitgehend abtötend. Die Abtötung sämtlicher Sporen wurde aber erst bei 100 °C erreicht (Eckardt und Ahrens 1977, King et al. 1979).

Außer von der Zeit ist die Abtötung verschiedener Mikroorganismen und ihrer Dauerorgane auch von der Höhe der einwirkenden Temperatur abhängig: Zur Erzielung des gleichen Abtötungseffektes sind bei zunehmenden Temperaturen immer kürzere Erhitzungszeiten erforderlich. Der Abtötungseffekt steigt bei höheren Temperaturen (ab 121,1 °C aufwärts) schnell an, bei niedrigeren Temperaturen (von 120 °C abwärts) nimmt er sehr stark ab. Bei Gemüsesäften – die oft Bakteriensporen enthalten – ist daher das Sterilisieren bei höheren Temperaturen besonders nötig.

Den Zusammenhang zwischen Sterilisiertemperatur (°C) und den Heißhaltezeiten (min) zeigt Abbildung 250. Die angegebenen F_o-Werte (4, 6, 8 und 10) oder *Sterilisierungsäquivalente* besagen, dass die im Material während der Hitzebehandlung gemessenen Temperaturen auf einen Mikroorganismus (mit dem z-Wert = 10 °C, das heißt, dass eine Temperaturerhöhung um 10 °C erforderlich ist, um seine Abtötungszeit auf ein Zehntel zu verringern) einen Abtötungseffekt ausüben, der mit dem Halten auf 121,1 °C während F_o Minuten gleichwertig ist. Wenn zum Beispiel ein Gemüsesaft durch eine Hitzebehandlung mit $F_o = 5$ entkeimt wird, heißt das, dass er fünf Minuten auf 121,1 °C gehalten werden muss. Bei der Sterilisierung von Tomatensaft und Produkten mit gleichem pH-Wert wird die Hitzebehandlung meist mit $F_o = 0{,}7$ durchgeführt (Troy und Schenk 1960).

Bei den übrigen Gemüsesäften wäre mindestens $F_o = 4$ erforderlich. In der Praxis wird jedoch meist mit $F_o = 5$ bis 6, in ungünstigen Fällen (hoher pH-Wert, hohe Anfangskeimzahl usw.) mit bis zu $F_o = 10$ gearbeitet. Aus Abbbildung 250 sind die Heißhaltezeiten bei bestimmten Temperaturen zu entnehmen. Wenn beispielsweise ein Gemüsesaft mit $F_o = 6$ bei 115 °C sterilisiert werden soll, ist eine Heißhaltezeit von 26 Minuten anzuwenden. Bei 124 °C sind dagegen nur drei Minuten nötig. Darum ist es besser, mit hohen Temperaturen (122–126 °C) zu sterilisieren, da der Abtötungseffekt bei

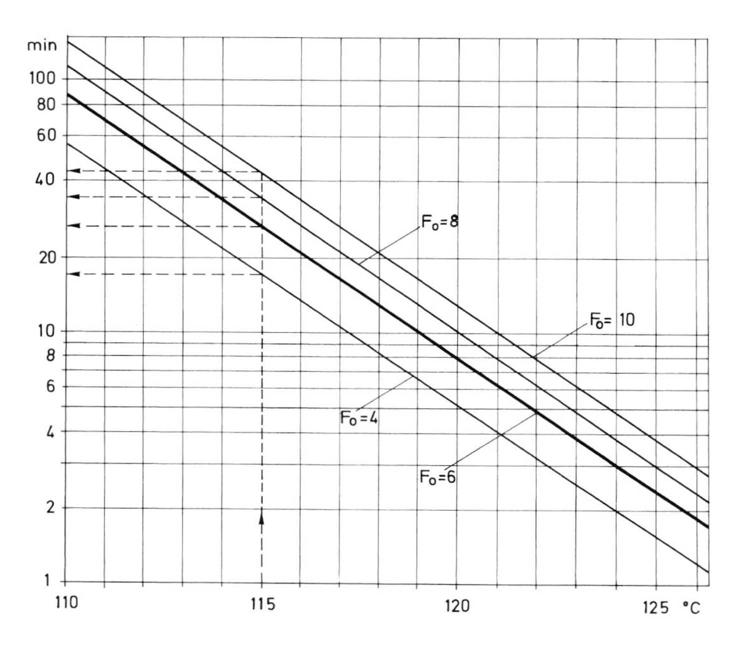

Abb. 250. Zusammenhang zwischen Sterilisiertemperaturen (°C) und Haltezeiten (Minuten) bei F_o-Werten von 4, 6, 8 und 10 (Kardos 1975).

124 °C zweimal, bei 126 °C dreimal so groß ist wie bei 121 °C. Die Heißhaltezeiten verringern sich dadurch auf die Hälfte beziehungsweise auf ein Drittel (vgl. KARDOS 1975).

Im Gegensatz zur Erhitzung ist die Entkeimung durch *Kühlung* nicht oder kaum möglich. In schnell gefrorenen und bei –20 °C gelagerten Obstsäften bleibt ein großer Teil der Mikroflora lebensfähig. Bakterien können zum Beispiel über Monate vermehrungsfähig bleiben. Für Obstsäfte mit geringem Keimgehalt reicht oft eine Kühllagerung zwischen –2 °C und +2 °C aus. Bei einer nur wenig höheren Temperatur oder bei langen Lagerzeiten können kryophile, das heißt kälteverträgende Hefen die Produkte angären.

9.5.2.3 Einfluss des pH-Wertes

Die Geschwindigkeit der Hitzeinaktivierung wird stark von der Zusammensetzung der Säfte bestimmt, in denen sich die Infektanten befinden. Einen besonderen Einfluss übt der Säuregehalt, also letztlich der pH-Wert aus. So liegt zum Beispiel das Sterilisierungsäquivalent (F_0) eines Sauerkirschsaftes mit pH 3,3 nur bei etwa 0,002, das eines Gemüsesaftes bei 6, also beim Dreitausendfachen (KARDOS 1975).

Dieses Beispiel belegt die große praktische Bedeutung des pH-Wertes für die Hitzesterilisation. Saure Säfte (zum Beispiel viele Fruchtsäfte, siehe Tab. 75) brauchen unter sonst gleichen Bedingungen viel kürzere Sterilisierungszeiten als weniger saure, wie das die meisten Gemüsesäfte sind. Bei Fruchtsäften mit einem pH-Wert von nur 2,5 bis 3,5 beziehungsweise bei Getränken, deren pH-Wert unter 4,5 liegt, wird die praktische Sterilität durch einfache Pasteurisation, also mit einer Erhitzung auf 75 bis 85 °C während weniger Minuten erreicht.

Falls erlaubt, lassen sich die Sterilisationsbedingungen durch Ansäuern verbessern. Das ist mitunter durch Verschnitt zweier unterschiedlich saurer Säfte möglich. Auch die mikrobielle Säuerung durch Milchsäurebakterien ist möglich (siehe Seite 538). Einfacher ist der Zusatz erlaubter Genusssäuren (Milch-, Citronensäure). Die Menge des Saft- beziehungsweise Säurezusatzes muss stets ausprobiert werden, da die Pufferkapazität der Säfte – selbst gleicher Sorte – sehr verschieden sein kann.

Bakteriensporen sind im schwach sauren Bereich (Gemüsesäfte) sehr hitzebeständig. Die Abtötung der Sporen von *Clostridium botulinum* erfordert zum Beispiel bei pH 4 eine Heißhaltezeit von 20 Minuten, bei pH 6,5 schon eine von 87 Minuten und bei pH 7 eine von 155 Minuten. Deshalb – aber auch weil sie durch Erde stärker mit Bakteriensporen infiziert sind – erfordern gerade diese Säfte eine besonders sorgfältige Sterilisation. Bei Gemüsesäften sind außer *Bacillus coagulans* die thermophilen flachsäuernden (flat sour) Bazillen (zum Beispiel *B. stearothermophilus*) besonders gefährlich.

9.5.2.4 Einfluss des Salzgehaltes

Salze beeinflussen die Hitzeempfindlichkeit von Mikroorganismen unterschiedlich. Einwertige Kationen verstärken in höheren Konzentrationen meist die Hitzeempfindlichkeit, zweiwertige Kationen wirken gegenteilig. Außer der Art des Salzes ist seine Konzentration wichtig. Kochsalz ($NaCl$), das vielen Gemüsesäften (zum Beispiel Tomatensaft) zugesetzt wird, wirkt in Mengen von 0,5 bis 3 % meist resistenzerhöhend auf Bakteriensporen. Bei höheren Konzentrationen nimmt die Hitzeresistenz von Bakteriensporen ab. Halotolerante (salzvertragende) Organismen reagieren verständlicherweise anders.

9.5.2.5 Einfluss von Zucker, Eiweiß, Gewürzen und ähnlichen Stoffen

Auch Zucker verlängern die Abtötungszeit von Sporen und steigern auch die Hitzeverträglichkeit von Hefen und Schimmelpilzen. Um das Überleben von Sporen zu verlängern, genügen bereits sehr geringe Zuckermengen. Der Zuckereinfluss ist natürlich von der Osmotoleranz (siehe Seite 516 f.) der jeweiligen Mikroorganismen abhängig. Osmophile Organismen sind in

Tab 85. Zur Abtötung von 90 % der Hefezellen *(S. cervisiae)* erforderliche Zeit (min) in Traubensaft und Orangensaft bei verschiedener Pasteurisierungstemperatur und Natriumbenzoat-Konzentration (Ko Swan Djien, Sahtoe und Pilnik 1974)

	Traubensaft			Orangensaft		
Pasteurisierungstemperatur (°C)	49	54	59	50	55	60
Natriumbenzoat-Konzentration (ppm)	Abtötungszeit (min)					
0	> 170	50	10	92	9	3,4
50	> 170	22	4	55	5	2,5
100	30	15	2,5	40	3,5	1,6
250	18	–	–	12	3	–
500	12	3	–	8	< 1	–

hohen Zuckerkonzentrationen vor Hitze besser geschützt als nichtosmophile.

Eiweiß, zum Beispiel zugesetzte Gelatine, schützen Mikroorganismen ebenfalls. Natives Protein hat eine bessere Schutzwirkung als denaturiertes.

Etherische Öle mindern die Hitzeresistenz von Bakterien, Hefen und Schimmelpilzen. Solche „Inhibine“, also Hemmstoffe, sind in vielen Gewürzen, aber auch in Gemüsen enthalten. Diese Wirkungen könnten zum Beispiel für Tomatensäfte eine Rolle spielen, die oft stark gewürzt werden.

9.5.2.6 Einfluss von Konservierungsmitteln

Da etherische Öle Naturstoffe mit konservierender Wirkung sind (siehe Seite 519), können auch nicht im Produkt enthaltene, zugesetzte Konservierungsstoffe bei nachfolgender Wärmebehandlung eine Verstärkung des Abtötungseffektes bewirken. Tabelle 85 belegt diesen synergistischen Effekt zahlenmäßig. Die Hitzeverträglichkeit der Hefezellen ist in Orangensaft bei zusätzlicher Konservierungsmittelanwendung stärker vermindert als in Traubensaft. Der tiefere pH-Wert des Orangensaftes erhöht die Konzentration der undissoziierten Benzoesäure, die in die Zelle eindringen kann und dann die Zelle abtötet. Sorbinsäure wirkt in gleicher Weise. Die Kombination der Hitzebehandlung mit vorherigem Konservierungsmitteleinsatz wäre daher besonders für Citrussäfte geeignet (Ko Swan Djien et al. 1974). Der Zusatz von Konservierungsmitteln zu Fruchtsäften ist aber verboten.

9.5.2.7 Einfluss des Trübungsgrades des Saftes

Auch der Trübungsgrad des Saftes beeinflusst das Sterilisationsergebnis: Geringe Mengen von Fruchtfleischteilchen, wie sie

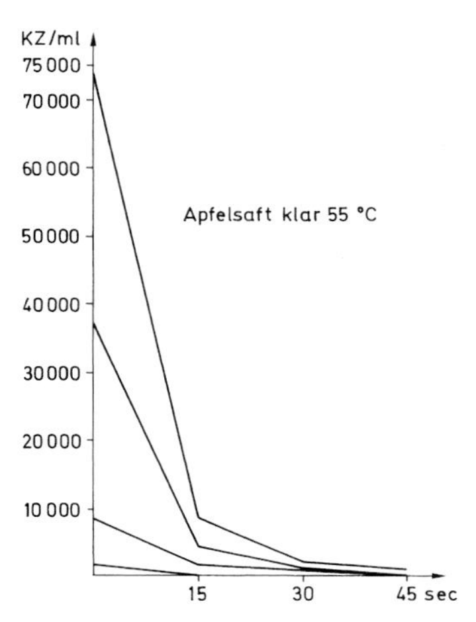

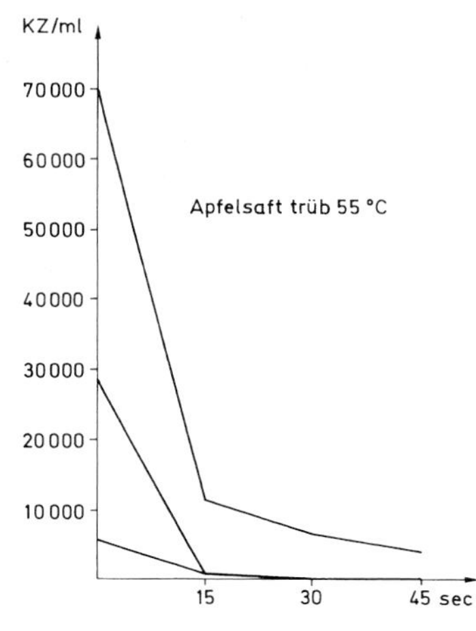

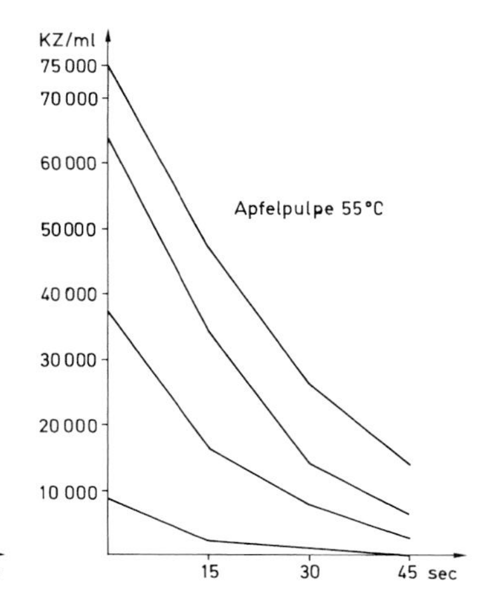

Abb. 251. Absterberaten verschieden großer Hefemengen (Keimzahl pro Milliliter) nach 15, 30 und 45 Sekunden Erhitzung auf 55 °C in klarem Apfelsaft, trübem Apfelsaft und in Apfelpulpe (Franke 1966).

etwa in trüben Apfelsäften vorkommen, haben keinen wesentlichen Einfluss auf die Abtötungsrate. Große Fruchtfleischmengen verzögern dagegen die Abtötung von Infektanten erheblich (siehe Abb. 251).

In Pulpen ist daher die Keimzahl noch wichtiger als in klaren Säften. Eine stärkere Vermehrung von Infektanten kann dazu führen, dass die üblichen Pasteurisierungsbedingungen nicht mehr ausreichen und das Produkt verdirbt. Außerdem vermehren sich die Infektanten in fruchtfleischhaltigen Produkten besser als in klaren Säften. Bei Pulpen besteht auch die Gefahr, dass sich an schlecht zugänglichen Stellen Reste ansetzen, in denen sich dann die Infektanten schnell vermehren und zum Ausgangspunkt weiterer Infektionen werden.

Zusammenfassend ist über die Beurteilung der Pasteurisationsbedingungen klarzustellen, dass die dabei angewandte Temperatur nicht allein ausschlaggebend für den Abtötungserfolg ist. Nicht nur bei der Hitzesterilisation, sondern bei allen Entkeimungsverfahren sind die Entkeimungsbedingungen vielmehr stets als Ganzheit zu sehen. Sie sind Erfahrungswerte, die den gegebenen Bedingungen angepasst werden müssen.

9.5.3 Hochdruck-Entkeimung

Die Resistenz von Mikrorganismen gegen Druck ist sehr unterschiedlich. Vegetative Bakterienzellen sind am empfindlichsten, Bakteriensporen können dagegen Drucke bis zu 1 000 MPa überleben. Zur Sporeninaktivierung kann man die Druckbehandlung in Abständen wiederholen. Hefen und Schimmelpilze sind relativ druckempfindlich.

Je besser die Nährstoffversorgung der Infektanten war, umso resistenter sind sie, Temperaturerhöhung steigert dagegen die Abtötungsrate (vgl. hierzu Kapitel 5.1.4).

Der Entkeimungserfolg ist umso größer, je schneller die Druckentlastung erfolgt. Der Zelltod beruht auf der Wirkung des blasenförmig aus der Zelle entweichenden Gases; es zerstört Struktureinheiten im Zytoplasma und zerreißt die Zellmembran und die Zellwand.

Praktisch anwendbar ist

1. die Druckbehandlung mit CO_2,
2. die Behandlung mit hydrostatischem Druck (Müller und Müller 1996).

Das CO_2-Druckverfahren kann in Säften bei Arbeitsdrucken zwischen 5 und 60 MPa Keimverringerungen bis zu fünf Zehnerpotenzen pro Milliliter bewirken. Bakteriensporen werden jedoch nicht inaktiviert. Die Entkeimung von Fruchtsäften mit hohen hydrostatischen Drucken kann bei 400 MPa und Raumtemperatur über 10 Minuten zu Keimverringerungen von vier Zehnerpotenzen führen. Im Gegensatz zur CO_2-Behandlung ist eine Abtötung von Bakteriensporen bereits bei 100 bis 300 MPa möglich.

Beispielsweise inaktivierten Drucke von 400 MPa bei Raumtemperatur während fünf Minuten *Micrococcus luteus*, die Hefen *Candida albicans* und *Saccharomyces cerevisiae* sowie die Schimmelpilze *Aspergillus niger* und *Penicillium citrinum* stark. Nur *Bacillus subtilis* überlebte infolge seiner Sporenbildung. 100 MPa wirkten bei 57 °C vergleichbar. 400 MPa sterilisierten bei 20 °C über fünf Minuten Mandarinensaft und sein Konzentrat. Doch selbst wenn 600 MPa bei 57 °C über fünf Minuten angewandt wurden, blieb die Pektinaseaktivität teilweise erhalten. Um die Trubstabilität zu erhalten, sollte deshalb hochdruckbehandelter Mandarinensaft bei tiefen Temperaturen gelagert werden (Takahashi et al. 1993).

Die Druckbehandlung verändert die wesentlichen Inhaltsstoffe nicht, der Einfluss auf das Aroma ist gering. Bei naturtrüben Säften kann die Partikelgröße etwas verändert werden.

10 Qualitätskontrolle der Fertigprodukte

10.1 Sensorische Beurteilung

B. Guggenbühl

Gemäß Definition versteht man unter Sensorik die Beschreibung und Beurteilung jener Eigenschaften von Lebensmitteln und Getränken, welche mit den menschlichen Sinnen, nämlich dem Gesichts-, Geruchs-, Geschmacks-, Tast- und Hörsinn, erfasst werden können.

Die Anwendung von sensorischen Methoden in der Lebensmittelindustrie hat in den letzten Jahren stark an Bedeutung zugenommen. Die Aufnahme von sensorischen Kriterien in Qualitätsrichtlinien und Verordnungen sowie die verschiedenen Akkreditierungs- und Zertifizierungsmaßnahmen veranlasste viele Betriebe, sich im Bereich der sensorischen Beurteilung vermehrt zu betätigen. Schließlich verhalfen die Entwicklung von spezifischen Testmethoden und deren Vereinheitlichung, das gezielte Suchen und Schulen von Prüfpersonen sowie die Anwendung statistischer Methoden zur Datenauswertung der Sensorik zum Durchbruch.

Heute gilt es als erwiesen, dass die sinnlich wahrnehmbaren Produkteigenschaften für die Beurteilung der Qualität von Lebensmitteln und Getränken durch den Konsumenten eine wichtige Rolle spielen. Die sensorische Qualität ist somit auch als wichtiger Marktfaktor zu betrachten. Vermehrter Wettbewerb und die zunehmende Globalisierung der Wirtschaft zwingen die Lebensmittelindustrie rasch und gezielt auf die Wünsche der Konsumenten zu reagieren. Stimmt die Qualität für den Konsumenten, können bestehende Stellungen im Markt gehalten oder weiter ausgebaut werden.

In der Sensorik wird zwischen analytischen oder objektiven Testmethoden und hedonischen oder Konsumententests unterschieden. Während die analytische Beurteilung die Aufgabe hat, Messdaten zu liefern, die wertfrei und mit einem für chemische oder physikalische Messungen verwendeten Gerät vergleichbar sind, stehen bei den Konsumententests die subjektiven Bewertungen, wie zum Beispiel die Beliebtheit und Akzeptanz eines Getränks oder Lebensmittels, im Vordergrund. Für analytische Beurteilungen sind die sensorische Sensitivität und eine systematische Schulung einer Prüfperson wichtig. Für die subjektiven Bewertungen wird vorzugsweise mit einer größeren Zahl von ungeschulten Konsumenten gearbeitet.

Das vorliegende Kapitel kann nur eine Einführung in das Gebiet der Lebensmittelsensorik geben. Für weiterführende Informationen sei auf die entsprechende englisch- und deutschsprachige Fachliteratur verwiesen (Jellinek 1981, O'Mahony 1986, Kapsalis 1987, Fliedner und Wilhelmi 1989, Stone und Sidel 1993, Meilgaard et al. 1991, Stüssi 1998, Guggenbühl und Genner 1998/99).

10.1.1 Das Messinstrument „Mensch“

Obwohl die in der Qualitätskontrolle eingesetzten instrumentellen Analysemethoden immer genauer werden und laufend neue Geräte, wie zum Beispiel die elektronische Nase, auf den Markt gebracht werden, welche die Beurteilung eines Produktes mit den menschlichen Sinnesorganen ersetzen sollen, ist der Mensch bis heute immer noch das einzige Messinstrument, das in der Lage ist, verschiedene sensorische Reize gleichzeitig wahrzunehmen und verarbeiten zu können. Das bedeutet, dass nur der Mensch die Fähigkeit besitzt, zum Beispiel die verschiedenen, sensorisch fassbaren Aspekte eines Fruchtsaftes gesamthaft beurteilen zu können. Demgegenüber kann pro Messung mit einem analytischen Laborgerät nur ein einziger Parameter (zum Beispiel der Zuckergehalt) bestimmt werden. Für eine Untersuchung der wichtigsten qualitätsbestimmenden Faktoren mit chemischen und physikalischen Methoden sind in jedem Fall mehrere oft aufwendige und teure Analysen notwendig.

Außerdem kann nur das Messinstrument „Mensch" die Wechselwirkungen zwischen verschiedenen Inhaltsstoffen eines Lebensmittels oder Getränks erfassen und beurteilen, was die Bedeutung der Lebensmittelsensorik noch einmal unterstreicht. Als Beispiel soll hier das im Bereich der Fruchtsaftherstellung wichtige Zusammenspiel zwischen Zucker- und Säuregehalt eines Produktes erwähnt werden. Eine Zunahme des Zucker- beziehungsweise Säuregehalts bewirkt eine Abschwächung der Säure- beziehungsweise Süßempfindung. Bis heute stehen keine analytischen Geräte zur Verfügung, die solche Phänomene messen können.

Verschiedene Untersuchungen haben gezeigt, dass das Geschlecht einer Prüfperson (mit Ausnahme von menschlichen Pheromonen) keinen messbaren Einfluss auf die sensorische Beurteilung hat. Generell kann gesagt werden, dass die sensorische Empfindlichkeit mit zunehmendem Alter abnimmt, was vor allem mit der verminderten Regenerierung der Sinneszellen in Zusammenhang gebracht wird. Zahlreiche Studien, welche den Einfluss des Rauchens auf sensorische Beurteilungen untersuchten, stellten keine Unterschiede zwischen Rauchern und Nichtrauchern fest, vorausgesetzt, dass die Raucher vor einem Test während mindestens einer Stunde nicht rauchten. Auch nach dem Genuss von Kaffee sollte während mindestens einer Stunde auf eine sensorische Beurteilung verzichtet werden, da das Coffein die Geschmackswahrnehmung beeinflusst. Erkältete und unter Stress stehende Prüfpersonen sollten nicht an sensorischen Beurteilungen teilnehmen.

Obwohl die oben erwähnten Faktoren sensorische Beurteilungen nur unwesentlich beeinflussen, sind sehr große individuelle Unterschiede festzustellen. Damit diese Unterschiede so gut als möglich ausgeglichen werden können, wird eine sensorische Beurteilung meistens mit mehreren Prüfpersonen durchgeführt.

10.1.2 Panel (Prüfergruppe)

In der Sensorik wird unterschieden zwischen einem so genannten analytischen Panel und einem Konsumentenpanel. Welche Art des Panels für eine sensorische Beurteilung eingesetzt wird, hängt von der Fragestellung ab.

Bei sensorischen Beurteilungen gilt es, zwischen zwei Gruppen von Prüfpersonen zu unterscheiden. Einerseits kann die Prüfperson die Aufgabe eines analytischen Messinstruments übernehmen, andererseits können die subjektiven Eindrücke zu einem Getränk im Vordergrund stehen. Wenn eine Prüfperson als Messinstrument eingesetzt werden soll, sind die sensorischen Fähigkeiten, zum Beispiel die Sensitivität gegenüber einer bestimmten chemischen Substanz, einer Person zu testen und zu trainieren, um eine objektive, das heißt von der subjektiven Einschätzung des Produktes unabhängige Beurteilung der sinnlich erfassbaren Eigenschaften zu erhalten. Das Auswahlverfahren, um geeignete Prüfpersonen zu finden, und die anschließende Schulungsphase richten sich nach der Zielsetzung der sensorischen Prüfung. Ziel der Selektion von Prüfpersonen ist es, zu überprüfen, ob sie den gesetzten Anforderungen entsprechen. Meist werden die Sensitivität einer Person gegenüber verschiedenen chemischen und physikalischen Reizen sowie deren Fähigkeit, Produktunterschiede zu erkennen, getestet. Zu erwähnen ist, dass für die Mehrheit der sensorischen Fragestellungen eine durchschnittliche Empfindlichkeit der Sinnesorgane reicht, um als Prüfperson eingesetzt werden zu können. Daneben soll auch etwaige Geschmacks-, Geruchs- oder Farbenblindheit aufgedeckt werden. Weitere wichtige Kriterien für die

Aufnahme einer Person in ein Panel sind deren Verfügbarkeit und Motivation, Konzentrationsvermögen und Ehrlichkeit. Die Teilnahme an sensorischen Beurteilungen sollte immer freiwillig erfolgen. Allgemein gilt die Faustregel, dass für ein Auswahlverfahren mindestens doppelt so viele Personen zu suchen sind, als effektiv im Panel gebraucht werden. Die Verwendung eines speziell für die Auswahl von Prüfpersonen ausgearbeiteten Programms ist von Vorteil.

Während der nachfolgenden Schulung sollen die Prüfpersonen mit den Testmethoden und entsprechenden Prüfungsanleitungen sowie den zu testenden Produkten vertraut werden. Das Arbeiten mit exakten Definitionen der Eigenschaften, welche beurteilt werden, sowie, wenn möglich, das Arbeiten mit Referenzproben sind wichtige Voraussetzungen, um die Prüfpersonen zu „kalibrieren". Zudem ist es wichtig, dass die Prüfpersonen lernen, immer das gleiche Schema eines Testablaufes einzuhalten. Wenn zum Beispiel nach der ersten Probe der Mund mit zwei Schluck Wasser gespült wird, dann sollte der Mund nach jeder weiteren Probe mit der gleichen Menge Wasser gespült werden. Ein weiteres wichtiges Ziel der Schulung ist es, die Variabilität der einzelnen Prüfpersonen zu minimieren, um reproduzierbare Resultate zu erzielen. Für die Überprüfung der Resultate auf deren Reproduzierbarkeit können verschiedene Methoden der statistischen Datenauswertung eingesetzt werden. Das Einschmuggeln von verschlüsselten Doppelproben in eine Beurteilung oder das Arbeiten mit Referenzproben sind ebenfalls Möglichkeiten, die Leistung einer Prüfperson zu messen.

Bei den hedonischen Methoden oder Konsumententests werden die subjektiven Aspekte (Akzeptanz, Beliebtheit, Präferenz) getestet. Dabei beurteilen, wenn möglich, nichtgeschulte Prüfpersonen den subjektiven Gesamteindruck eines Produktes. Für ein Konsumentenpanel sollten Mitarbeiter vom eigenen Betrieb, die zuviel Information über die Produkte mitbringen oder die eigenen Produkte zu gut kennen, nur beschränkt eingesetzt werden. Zu bedenken ist außerdem, dass die Mitarbeiter eines Betriebs keine „repräsentativen" Konsumenten verkörpern.

Über die Anzahl Prüfpersonen, die ein Panel bilden sollen, sind in der Literatur keine einheitlichen Angaben zu finden. Für sensorisch analytische (objektive) Fragestellungen variiert die Anzahl je nach Testmethode zwischen 5 und 30. Für Konsumententests wird am besten mit Panelgrößen von 50 bis 200 Personen gearbeitet. Meistens stehen bei der Bestimmung der Panelgröße wirtschaftliche Aspekte im Vordergrund. Die optimale Panelgröße kann auch mit statistischen Hilfsmitteln gefunden werden.

10.1.3 Vorbereitung und Darreichung der Proben

Obwohl die Prüfpersonen, sofern es die Problemstellung erlaubt, über das Ziel einer sensorischen Beurteilung informiert werden sollten, ist darauf zu achten, dass die Prüfpersonen keine Rückschlüsse auf die Identität der Proben ziehen können. Es ist daher wichtig, dass jeder Hinweis auf die Produktherkunft oder Herstellungstechnologie ausgeschaltet wird.

Die Proben sollten deshalb blind, das heißt verschlüsselt verkostet werden. Die Verschlüsselung der Proben mit dreistelligen Zufallszahlen ist heute die am häufigsten angewendete Art der Kodierung. Auf die in verschiedenen Literaturstellen erwähnte Verschlüsselung mit fortlaufenden Zahlen oder alphabetisch geordneten Buchstaben sollte aus psychologischen Gründen verzichtet werden. Die Vorbereitung der Proben sollte zudem wenn möglich in einem separaten Raum durchgeführt werden, um die Identität der Proben nicht preiszugeben.

Die Produkte innerhalb einer Probenserie müssen homogen sein, das heißt, die Probenmenge und -temperatur sollten bei allen zu vergleichenden Produkten identisch sein. Für Säfte sollten pro Probe etwa 30 bis 50 ml vorgelegt werden, die Temperatur der Säfte sollte im Normalfall bei 15 bis18 °C liegen.

Falls Farbunterschiede zwischen den Proben vorhanden sind, welche sich störend auf die eigentliche Fragestellung auswirken, können farbige Lichtquellen eingesetzt werden, um die in diesem Fall unerwünschten Unterschiede zu überdecken.

Da die sensorische Beurteilung einer Probe häufig beeinflusst ist vom vorhergehenden beziehungsweise nachfolgenden Produkt, sollten die Proben gemäß einer vor der eigentlichen sensorischen Beurteilung festgelegten Probenanordnung (Testdesign) angeordnet werden. Dabei gilt es, eine möglichst ausgewogene Anordnung (balanced design) zwischen den einzelnen Prüfpersonen zu erreichen.

Die Anzahl der pro Testsession darzureichenden Proben richtet sich nach der gewählten Testmethode sowie der sensorischen Erfahrung der Prüfpersonen. Bei zu vielen Produkten pro Testsession leidet die Konzentration der Prüfpersonen, was sich negativ auf die Resultate auswirken kann. Wenn die Zahl der Proben sehr groß ist, können die Proben auf mehrere Testsessionen aufgeteilt werden, wobei aber auf eine ausgewogene Anordnung der Proben über alle Sessionen zu achten ist. Eine zweite Möglichkeit besteht darin, dass jede Prüfperson nur eine bestimmte Auswahl aller zur Beurteilung vorliegenden Produkte zu testen hat. Für solche Ansätze sollten spezielle Probenanordnungsdesigns (incomplete designs) verwendet werden. Das Trinken von Wasser und/oder das Essen von geschmacksneutralem Brot zwischen den einzelnen Proben hilft, die Sinneszellen so gut als möglich zu neutralisieren. Bei analytischen Fragestellungen wird empfohlen das Probenmaterial auszuspucken, damit die Prüfpersonen weniger rasch ermüden.

10.1.4 Räumlichkeiten für sensorische Beurteilungen

Es ist anzustreben, dass ein Raum zur Verfügung steht, der ausschließlich für sensorische Tests genutzt wird. Der Raum muss ruhig, sauber und geruchlos sein. Deshalb soll der Raum gut gelüftet werden können oder mit einer entsprechenden Lüftungsanlage ausgerüstet sein, um Geruchsneutralität zu gewährleisten. Für übliche Prüfzwecke sind eine Raumtemperatur von 20 ± 2 °C und eine relative Luftfeuchtigkeit zwischen 60 und 75 % wünschenswert.

Die Beleuchtung soll uniform, konstant und kontrollierbar sein und einem Tageslichtstandard entsprechen. Wenn möglich sollte der Prüfraum mit individuellen Testkabinen ausgestattet sein, um den Kontakt zwischen den Prüfpersonen zu minimieren. Es hat sich gezeigt, dass sich die Prüfpersonen in solchen Kabinen besser konzentrieren können, was sich vorteilhaft auf die Prüfresultate auswirkt. Wenn möglich sollten die Testkabinen mit einer individuellen Lichtquelle ausgerüstet sein. Bei Bedarf können auch Lichtquellen mit unterschiedlicher Farbe eingebaut werden, um etwaige Farbunterschiede zu kaschieren. Falls keine feststehenden Testkabinen installiert werden können, kann man sich mit mobilen Kabinen behelfen.

Bei einer Planung von Räumlichkeiten für sensorische Prüfungen muss darauf geachtet werden, dass neben Raum für Testkabinen auch genügend Fläche für die Vorbereitung der Proben einkalkuliert wird. Daneben gehören zu einer Einrichtung auch Gegenstände wie Serviertabletts, Spuckbecher und Wassergläser.

10.1.5 Sensorische Methoden und deren statistische Auswertung

Die Wahl der Methode bestimmt die Art von Information, die eine sensorische Beurteilung liefert. Der Typ der Methode ist deshalb unbedingt der Zielvorgabe beziehungsweise Fragestellung, die hinter der Beurteilung steht, anzupassen. Je klarer und detaillierter das Ziel der Beurteilung formuliert werden kann, desto gezielter kann die Methode ausgewählt und allenfalls angepasst werden. Für eine optimale Wahl der Testmethode ist es zudem sinnvoll, im kleinen Rahmen (3–5 Personen) sensorische Vorversuche mit den zu untersuchenden Produkten durchzuführen. In der Praxis ist leider die Meinung noch

Tab 86. Kategorien und dazugehörende Beispiele von sensorischen Testmethoden (nach Stone und Sidel 1993)

Kategorie	Sensorische Methode
Unterschied	
a) gering	Dreieckstest, Duo-Trio-Test, paarweiser Vergleich „A"-„nicht-A"-Test
b) deutlich	Rangordnung, Beurteilung mit einer Intensitätsskala
Beschreibung	Beschreibende Prüfungen, z. B. QDA®, Flavor Profile , Free Choice Profiling
hedonische Aspekte	9-Punkte-Beliebtheitsskala, Präferenztest, „Just-about-right"-Skala

immer stark vertreten, dass mit einer oder zwei Methoden die Mehrheit der sensorischen Fragestellungen beantwortet werden kann. Die zur Verfügung stehenden sensorischen Methoden lassen sich grundsätzlich in drei verschiedene Kategorien aufteilen (siehe Tab. 86). Zusätzlich sind in Tabelle 86 für jede der Kategorien einige der möglichen sensorischen Methoden aufgelistet. In Abbildung 252 sind Kriterien aufgezeichnet, welche für die Wahl einer geeigneten Testmethode herangezogen werden können.

10.1.5.1 Unterschiedsprüfung

Die Unterschiedsprüfung gibt eine Antwort darauf, ob sich zwei (oder mehrere) chemisch/physikalisch unterschiedliche Produkte sensorisch unterscheiden lassen. Diese Art von Testmethode ist in der Praxis weit verbreitet und wird vor allem in der Qualitätssicherung und der Produktentwicklung eingesetzt. Alle Unterschiedsprüfungen eignen sich für Situationen, in denen kleine Unterschiede zwischen den Produkten zu erwarten sind, beziehungsweise entsprechende Vorversuche gezeigt haben, dass die sensorisch wahrnehmbaren Unterschiede zwischen den Produkten klein sind. Die am häufigsten angewendeten Unterschiedsprüfungen sind der Dreieckstest, der Duo-Trio-Test und der paarweise Vergleich.

Dreieckstest

Der Dreieckstest, welcher manchmal auch als Triangeltest bezeichnet wird, ist die bekannteste der drei erwähnten Unterschiedsprüfungen. Der Test zeichnet sich dadurch aus, dass pro Probenserie drei mit Zufallszahlen verschlüsselte Proben dargereicht werden, von denen zwei identisch sind. Die Prüfperson muss die abweichende Probe finden. Falls die Prüfperson keine Unterschiede feststellen kann, muss sie sich für eine der drei Proben entscheiden. Nachfolgend ist ein Beispiel eines Fragebogens gezeigt.

Datum: . . . .

Name: . . . .

Vor Ihnen stehen drei Proben, von denen zwei identisch sind und eine abweichend ist. Bitte beurteilen Sie die Proben von links nach rechts. Bezeichnen Sie die abweichende Probe, indem Sie das Feld hinter dem entsprechenden Probenkode ankreuzen. Falls die abweichende Probe nicht bestimmt werden kann, muss trotzdem eine der drei Proben bezeichnet werden.

358 ☐ 691 ☐ 127 ☐

Der Testaufbau erlaubt sechs unterschiedliche Probenanordnungen, nämlich AAB, ABA, BAA, BBA, BAB, und ABB. Es sollten alle Anordnungsmöglichkeiten nach dem Zufallsprinzip verwendet werden. Gleichzeitig ist aber darauf zu achten, dass alle Anordnungskombinationen etwa gleich oft vorkommen. Tabelle 87 gibt ein

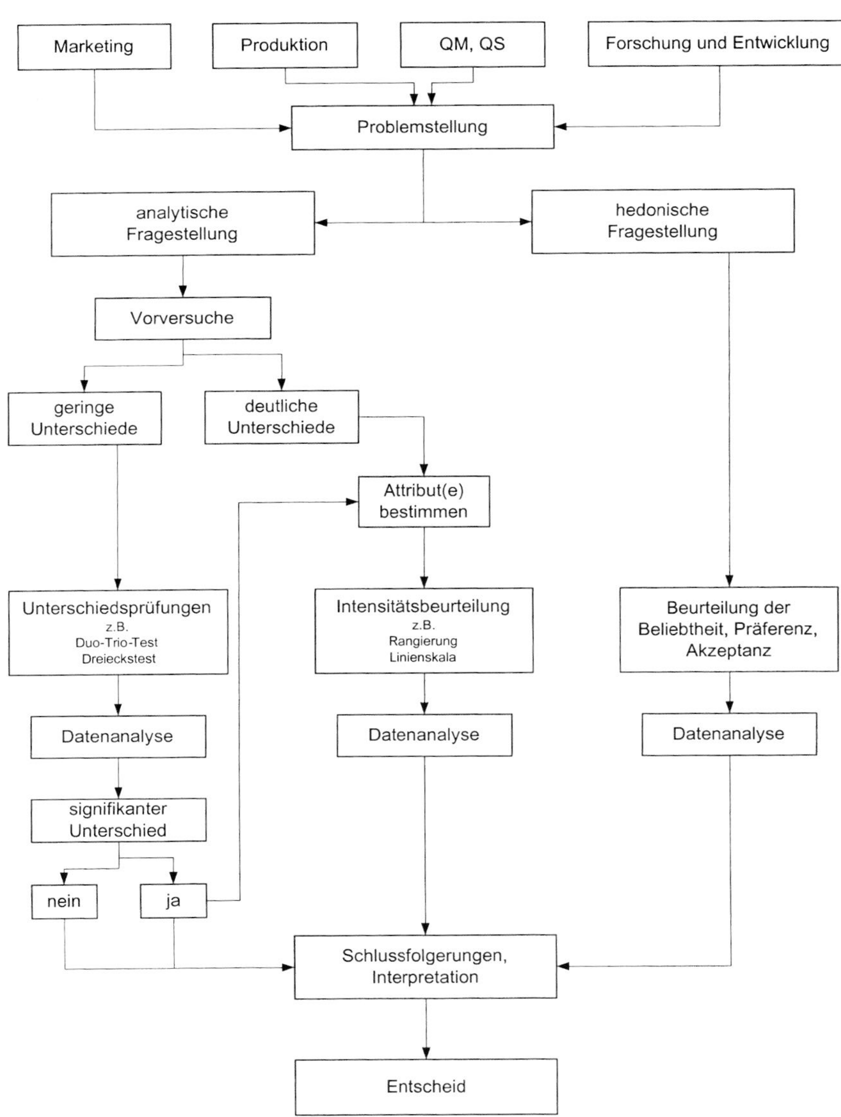

Abb. 252. Entscheidungsbaum.

Beispiel für eine mögliche Probenanordnung für zwölf Prüfpersonen und drei Probensets. Im dargestellten Beispiel kommt jede der sechs möglichen Anordnungskombinationen sechsmal vor.

Der Dreieckstest ist eine Testmethode, die sich für analytische Fragestellungen eignet. Auf die in einigen Literaturstellen erwähnte Möglichkeit, anschließend an die klassische Fragestellung des Dreieckstests die Frage nach Präferenz oder Beliebtheit anzuhängen, sollte aus verschiedenen Gründen verzichtet werden. Es hat sich gezeigt, dass die Prüfpersonen oft dazu neigen, jeweils die abweichende Probe als weniger gut zu betrachten (Stone und Sidel 1993). Zweitens sollten für affektive Tests vorzugsweise Proben gewählt werden, die sich sensorisch deutlich unterscheiden, damit es für die Prüfpersonen möglich wird, ihre Präferenz ausdrücken zu können. Wie bereits er-

Tab 87. Beispiel für eine Probenanordnung für einen Dreieckstest mit 12 Prüfpersonen und 3 Probenserien

Prüfperson	Serie 1	Serie 2	Serie 3
1	ABB	BAB	ABA
2	AAB	BAA	ABB
3	BAA	ABA	AAB
4	BAA	BBA	BAB
5	AAB	BBA	BBA
6	ABB	ABA	BAB
7	ABA	AAB	BAA
8	ABA	BAB	AAB
9	BAB	BBA	ABB
10	BAA	ABB	BBA
11	BBA	AAB	ABB
12	BAB	ABA	BAA

wähnt eignet sich der Dreieckstest für Proben, die nur geringe Unterschiede aufweisen. In den Fällen, in denen ein Panel keinen statistisch signifikanten sensorischen Unterschied feststellen kann, ist es demnach auch sehr schwierig für die Prüfpersonen eine Präferenz zugunsten des einen oder anderen Produktes ausdrücken zu können.

Duo-Trio-Test
Eine Probenserie im Duo-Trio-Test setzt sich aus einer Referenzprobe und zwei verschlüsselten Proben zusammen, wobei eine der kodierten Proben mit der Referenz identisch sein muss. Üblicherweise wird der Prüfperson die Aufgabe gestellt, diejenige Probe zu finden, welche mit der Referenz identisch ist. Auch wenn die Prüfperson keinen Unterschied feststellen kann, muss eine der beiden verschlüsselten Proben bezeichnet werden. Wie der Dreieckstest verlangt der Duo-Trio-Test eine unspezifische Fragestellung, das heißt die Testmethode kann in Fällen angewendet werden, in denen eine genaue Definition einer Produkteigenschaft, nach der die Produkte unterschieden werden können, schwierig oder unmöglich ist.

Die Aufgabenstellung kann auch umgedreht werden, das heißt, es wird die von der Referenz abweichende Probe gesucht. Da im Duo-Trio-Test zwischen diesen zwei Fragestellungen gewählt werden kann, muss besonders darauf geachtet werden, dass alle Prüfpersonen die gleiche Fragestellung verwenden. Sobald innerhalb einer Prüfergruppe beide Typen der Fragestellung angewendet werden, wird eine Auswertung und Interpretation der Daten schwierig. Nachfolgend ist ein Beispiel eines Fragebogens für den Duo-Trio-Test gezeigt.

Datum: . . . .

Name: . . . .

Vor Ihnen steht ein Set von drei Proben, welches aus einer Referenzprobe und zwei kodierten Proben besteht. Testen Sie die Proben von links nach rechts. Bezeichnen Sie diejenige Probe, welche mit der Referenzprobe identisch ist, indem Sie das Feld hinter dem entsprechenden Probenkode ankreuzen. Falls die abweichende Probe nicht bestimmt werden kann, muss trotzdem eine der zwei kodierten Proben bezeichnet werden.

Referenz 635 ☐ 494 ☐

Für den Duo-Trio-Test gibt es vier Möglichkeiten, die Proben innerhalb einer Serie anzuordnen (Referenz = A AB, Referenz = A BA, Referenz = B AB, Referenz = B BA). Wie beim Dreieckstest ist auch beim Duo-Trio-Test darauf zu achten, dass alle möglichen Anordnungskombinationen der Proben etwa gleich oft dargereicht werden.

Paarweiser Vergleich
Eine Probenserie im paarweisen Vergleich besteht aus zwei verschiedenen, verschlüsselten Proben. Im Gegensatz zum Dreieckstest und dem Duo-Trio-Test, muss für den paarweisen Vergleich eine Eigenschaft der Produkte definiert werden, nach deren Intensität differenziert werden soll. Üblicherweise muss die Prüf-

person diejenige Probe bezeichnen, welche in der ausgewählten Eigenschaft stärker ausgeprägt ist. Falls die Prüfperson keinen Unterschied zwischen den Proben bemerkt, muss sie sich für eine der beiden Proben entscheiden. Nachfolgend ist ein Fragebogen für den paarweisen Vergleich für das Attribut „süß“ gezeigt.

Datum: . . . .

Name: . . . .

Vor Ihnen steht ein Set von zwei verschiedenen Proben. Prüfen Sie die Proben von links nach rechts. Bezeichnen Sie bitte die süßere Probe, indem Sie das Feld hinter dem entsprechenden Probenkode ankreuzen. Falls die intensivere Probe nicht gefunden werden kann, muss trotzdem eine der beiden Proben bezeichnet werden.

635 ☐ 494 ☐

Die zwei Möglichkeiten der Probenanordnung im paarweisen Vergleich sind AB und BA. Der paarweise Vergleich gilt als die sensitivste Unterschiedsprüfung und ist zudem schnell und einfach in der Testanordnung. Der Nachteil dieser Methode besteht darin, dass es oft schwierig ist, die Produkte aufgrund einer spezifischen Eigenschaft auseinander zu halten. Die Änderung eines einzelnen Inhaltsstoffes wirkt sich nämlich oft nicht nur auf eine einzelne sensorisch erfassbare Größe aus. So beeinflusst zum Beispiel der Gehalt an Zucker nicht nur die Süßigkeit eines Produktes, sondern auch seine Textur.

„A-/nicht-A“-Test

Die Prüfperson erhält zuerst verschiedene Muster der Probe, welche als „A“ bezeichnet ist, damit sie sich die sensorischen Eigenschaften dieser Probe einprägen kann. Anschließend werden der Prüfperson in zufälliger Reihenfolge „A“-Proben und von der „A“-Probe abweichende Proben („Nicht-A“-Proben) dargereicht. Die Prüfperson muss für jede Probe entscheiden, ob es sich bei der vorgesetzten Probe um die „A“-Probe oder um die „Nicht-A“-Probe handelt.

Der „A“-„nicht-A“-Test kann angewendet werden, wenn eines der beiden zu testenden Produkte ein Standard- beziehungsweise Referenzprodukt ist. Diese Testmethode kann zum Beispiel für Qualitätskontrollen im Betrieb eingesetzt werden, bei denen die Beurteilung direkt an der Produktionslinie, wenn nötig von einer einzigen Prüfperson, durchgeführt wird. Damit kann beurteilt werden, ob die Qualität eines Produktes konstant bleibt. Es ist aber wichtig, dass die entsprechende Prüfperson sehr gut geschult und anschließend regelmäßig auf das Erkennen möglicher Produktfehler überprüft wird. Der „A“-„nicht-A“-Test eignet sich auch in Fällen, in denen es unmöglich ist, gleichzeitig zwei oder drei Produkte darzureichen. Beispielsweise können zwei Proben visuelle Unterschiede aufweisen, die aber für die eigentliche Fragestellung nicht relevant sind und nicht durch andere Methoden (zum Beispiel verwenden von farbigem Licht) ausgeschaltet werden können.

Statistische Auswertung von Unterschiedsprüfungen

Die klassische statistische Auswertung einer Unterschiedsprüfung basiert auf der so genannten Binomialverteilung. Je nach Art der Testmethode besteht eine unterschiedliche Wahrscheinlichkeit dafür, dass die richtige Probe nicht aufgrund von sensorisch wahrnehmbaren Unterschieden sondern durch Raten gefunden wurde. Für den paarweisen Vergleich und den Duo-Trio-Test beträgt diese Ratewahrscheinlichkeit 50 % (0,5), für den Dreieckstest 33,3 % (0,33). Demnach unterscheiden sich der paarweise Vergleich und der Duo-Trio-Test bezüglich statistischer Auswertung nicht voneinander.

Mit Hilfe von Tabellen, welche diese unterschiedlichen Ratewahrscheinlichkeiten und außerdem verschiedene Signifikanzniveaus berücksichtigen, kann sehr schnell ermittelt werden, wie viele richtige Antworten für eine gegebene Anzahl von Prüfpersonen und ein vorgegebenes Signifikanzniveau benötigt werden, um statistische Signifikanz zu erreichen. In der Lebensmittel- und Getränkebranche wird üblicherweise das Signifikanzniveau von 5 % verwendet.

Beispiel:
Mit einem Panel von 25 Prüfpersonen wurde ein Duo-Trio-Test durchgeführt, um zu testen, ob sich unterschiedliche Mengen an Aroma, welche bei der Rückverdünnung von zwei Apfelsäften zugesetzt wurden, sensorisch bemerkbar machen. 16 Personen gaben eine richtige Antwort, 9 Personen bezeichneten die falsche Probe.

Die Tabelle 88 für den Duo-Trio-Test (und den paarweisen Vergleich) zeigt bei einem Signifikanzniveau von 5 %, dass für einen statistisch signifikanten Unterschied mindestens 18 Prüfpersonen nötig gewesen wären, welche eine richtige Zuordnung zwischen kodierter Probe und Referenz erreicht haben. Mit anderen Worten, der Unterschied an Aromazusatz konnte sensorisch nicht festgestellt werden.

Wäre für die gleiche Fragestellung ein Dreieckstest verwendet worden, wären bei der gleichen Anzahl Testpersonen „nur" 13 richtige Antworten nötig gewesen, damit sich die zwei Apfelsäfte statistisch signifikant unterscheiden (siehe Tab. 89). In diesem Fall wäre die Schlussfolgerung eine andere, nämlich dass sich die beiden Apfelsäfte signifikant voneinander unterscheiden.

Vom statistischen Standpunkt aus betrachtet wird oft der Dreieckstest gewählt, weil, wie obiges Beispiel zeigt, weniger richtige Antworten benötigt werden, um einen statistisch gesicherten Unterschied nachzuweisen. An dieser Stelle soll darauf hingewiesen werden, dass für die Wahl einer Unterschiedsprüfung nicht allein die Ratewahrscheinlichkeit als Kriterium herangezogen werden sollte. Es hat sich gezeigt, dass es nicht einfacher ist, Unterschiede mit einem Dreieckstest zu finden als mit Hilfe eines Duo-Trio-Tests. Mit anderen Worten, die beiden Testmethoden zeigen sehr ähnliche Sensitivität gegenüber Unterschieden. Zudem zeigen die Prüfpersonen bei der Verwendung eines Duo-Trio-Tests oft weniger schnell Ermüdungserscheinungen als beim Dreieckstest. Ein weiteres Kriterium für die Wahl einer Unterschiedsprüfung ist die Menge an Probenmatieral, die für eine Beurteilung zur Verfügung steht.

Eine andere Möglichkeit, die Daten einer Unterschiedsprüfung statistisch auszuwerten, bietet der χ^2-Test. Diese Größe berechnet sich nach folgender Formel:

$$\chi^2 = \Sigma[(O\text{-}E)^2/E]$$

wobei:

O: Anzahl richtiger und Anzahl falscher Antworten
E: Anzahl erwarteter Antworten pro Probe

Um eine statistische Signifikanz eines Unterschiedes zwischen den zwei Proben zu zeigen, müssen die mit oben erwähnter Formel berechneten χ^2-Werte gleich oder größer sein als die in Tabelle 90 aufgelisteten Werte.

Beispiel:
Von 24 Prüfpersonen haben 15 in einem Dreieckstest die abweichende Probe gefunden, 9 haben eine falsche Probe angekreuzt.

O	(richtige Anworten):	15
O	(falsche Antworten):	9
E	(Anzahl erwarteter Antworten pro Probe):	8

$$\chi^2 = (15–8)^2/8 + (9–8)^2/8 = 6{,}25$$

Der berechnete Wert von 6,25 ist größer als der in Tabelle 90 aufgeführte Wert für das 5-%- und auch für das 1-%-Signifikanzniveau, das heißt, dass die Prüfpersonen einen statistisch gesicherten Unterschied zwischen den zwei dargereichten Proben gefunden haben.

Für die Auswertung des „A"-„nicht-A"-Tests kann ebenfalls ein χ^2 Wert berechnet

Tab 88. Minimale Anzahl richtiger Antworten für verschiedene Signifikanzniveaus, um im Duo-Trio-Test und paarweisen Vergleich statistische Signifikanz zu erreichen (p = ½)

Anzahl Prüfpersonen	Signifikanzniveau					
	0,05	0,04	0,03	0,02	0,01	0,001
7	7	7	7	7	7	
8	7	7	8	8	8	
9	8	8	8	8	9	
10	9	9	9	9	10	10
11	9	9	10	10	10	11
12	10	10	10	10	11	12
13	10	11	11	11	12	13
14	11	11	11	12	12	13
15	12	12	12	12	13	14
16	12	12	13	13	14	15
17	13	13	13	14	14	16
18	13	14	14	14	15	16
19	14	14	15	15	15	17
20	15	15	15	16	16	18
21	15	15	16	16	17	18
22	16	16	16	17	17	19
23	16	17	17	17	18	20
24	17	17	18	18	19	20
25	18	18	18	19	19	21
26	18	18	19	19	20	22
27	19	19	19	20	20	22
28	19	20	20	20	21	23
29	20	20	21	21	22	24
30	20	21	21	22	22	24
31	21	21	22	22	23	25
32	22	22	22	23	24	26
33	22	23	23	23	24	26
34	23	23	23	24	25	27
35	23	24	24	25	25	27
36	24	24	25	25	26	28
37	24	25	25	26	26	29
38	25	25	26	26	27	29
39	26	26	26	27	28	30
40	26	27	27	27	28	30
41	27	27	27	28	29	31
42	27	28	28	29	29	32
43	28	28	29	29	30	32
44	28	29	29	30	31	33
45	29	29	30	30	31	34
46	30	30	30	31	32	34
47	30	30	31	31	32	35
48	31	31	31	32	33	36
49	31	32	32	33	34	36
50	32	32	33	33	34	37
60	37	38	38	39	40	43
70	43	43	44	45	46	49
80	48	49	49	50	51	55
90	54	54	55	56	57	61
100	59	60	60	61	63	66

Quelle: M. O'Mahony, Sensory Evaluation of Food, Marcel Dekker, 1986

Tab 89. Minimale Anzahl richtiger Antworten für verschiedene Signifikanzniveaus, um im Dreieckstest statistische Signifikanz zu erreichen (p = 1/3)

Anzahl Prüfpersonen	Signifikanzniveau					
	0,05	0,04	0,03	0,02	0,01	0,001
5	4	5	5	5	5	
6	5	5	5	5	6	
7	5	6	6	6	6	7
8	6	6	6	6	7	8
9	6	7	7	7	7	8
10	7	7	7	7	8	9
11	7	7	8	8	8	10
12	8	8	8	8	9	10
13	8	8	9	9	9	11
14	9	9	9	9	10	11
15	9	9	10	10	10	12
16	9	10	10	10	11	12
17	10	10	10	11	11	13
18	10	11	11	11	12	13
19	11	11	11	12	12	14
20	11	11	12	12	13	14
21	12	12	12	13	13	15
22	12	12	13	13	14	15
23	12	13	13	13	14	16
24	13	13	13	14	15	16
25	13	14	14	14	15	17
26	14	14	14	15	15	17
27	14	14	15	15	16	18
28	15	15	15	16	16	18
29	15	15	16	16	17	19
30	15	16	16	16	17	19
31	16	16	16	17	18	20
32	16	16	17	17	18	20
33	17	17	17	18	18	21
34	17	17	18	18	19	21
35	17	18	18	19	19	22
36	18	18	19	19	20	22
37	18	18	19	19	20	22
38	19	19	19	20	21	23
39	19	19	20	20	21	23
40	19	20	20	21	21	24
41	20	20	20	21	22	24
42	20	20	21	21	22	25
43	20	21	21	22	23	25
44	21	21	22	22	23	26
45	21	22	22	23	24	26
46	22	22	22	23	24	27
47	22	22	23	23	24	27
48	22	23	23	24	25	27
49	23	23	24	24	25	28
50	23	24	24	25	26	28
60	27	27	28	29	30	33
70	31	31	32	33	34	37
80	35	35	36	36	38	41
90	38	39	40	40	42	45
100	42	43	43	44	45	49

Quelle: M. O'Mahony, Sensory Evaluation of Food, Marcel Dekker, 1986

Tab 90. Kritische χ^2-Werte für drei verschiedene Signifikanzniveaus

	Signifikanzniveau					
	5 % einseitig	zweiseitig	1 % einseitig	zweiseitig	0,1 % einseitig	zweiseitig
χ^2-Wert	2,71	3,84	5,41	6,64	9,55	10,83

werden, der mit entsprechenden Tabellenwerten verglichen wird. Die Berechnung der Anzahl richtig erwarteter Antworten ist der Fachliteratur zu entnehmen (zum Beispiel ISO-Norm 8588).

10.1.5.2 Rangordnungsprüfung (ranking)

Die Prüfperson hat die Aufgabe, eine Reihe von Proben nach der Intensität einer (oder mehrerer) definierter sensorischer Eigenschaft(en), zum Beispiel Fruchtaroma, einzuordnen. Dabei muss festgelegt werden, ob die intensivste oder die schwächste Probe den Rang 1 bekommt. Gleichzeitig muss festgesetzt werden, ob ein Rangplatz nur einmal oder mehrere Male vergeben werden darf. Ein Vorteil einer Rangordnungsprüfung ist deren relativ einfache Durchführung. Eine Rangordnungsprüfung wird oft eingesetzt, wenn aus einer relativ großen Anzahl von Proben eine Vorauswahl getroffen werden muss. Eine Rangordnungsprüfung erlaubt aber keinerlei Aussagen darüber, wie groß die Unterschiede zwischen den einzelnen Proben bezüglich der definierten Eigenschaft sind.

Für die statistische Auswertung einer Rangordnungsprüfung stehen verschiedene Methoden, wie zum Beispiel der Friedman-Test oder der Rangsummen-Test nach Wilcoxon für gepaarte Stichproben, zur Verfügung. Für beide Auswertungsmethoden werden berechnete Testgrößen mit entsprechenden tabellierten Werten verglichen. Falls der berechnete Wert größer ist als die in Tabellen für ein bestimmtes Signfikanzniveau aufgelistete Testgröße, besteht zwischen den Proben ein statistisch signifikanter Unterschied in der Intensität der definierten Eigenschaft. In Tabelle 91 sind kritische Werte für den Friedman-Test aufgelistet. Die in verschiedenen Literaturstellen zitierte Auswertungsmethode nach Kramer ist gemäß Da-

Tab 91. Kritische Werte für den Friedman-Test (Signifikanzniveaus 0,05 und 0,01)

Anzahl	Anzahl Proben P					
Prüf-	3	4	5	3	4	5
personen	Signifikanzniveau 0,05			Signifikanzniveau 0,01		
2	–	6,00	7,60	–	–	8,00
3	6,00	7,00	8,53	–	8,20	10,13
4	6,50	7,50	8,80	8,00	9,30	11,00
5	6,40	7,80	8,96	8,40	9,96	11,52
6	6,33	7,60	9,49	9,00	10,20	13,28
7	6,00	7,62	9,49	8,85	10,37	13,28
8	6,25	7,65	9,49	9,00	10,35	13,28
9	6,22	7,81	9,49	8,66	11,34	13,28
10	6,20	7,81	9,49	8,60	11,34	13,28
11	6,54	7,81	9,49	8,90	11,34	13,28
12	6,16	7,81	9,49	8,66	11,34	13,28
13	6,00	7,81	9,49	8,76	11,34	13,28
14	6,14	7,81	9,49	9,00	11,34	13,28
15	6,40	7,81	9,49	8,93	11,34	13,28

tenauswertungsspezialisten nicht mehr zu verwenden, da diese Methode mathematische Mängel aufweist.

10.1.5.3 Beurteilung mit einer Intensitätsskala (rating)

Diese Methoden sind dann anzuwenden, wenn der Unterschied in einer definierten sensorisch erfassbaren Eigenschaft deutlich wahrnehmbar ist. Bei kleinen Unterschieden sind diese Methoden zu wenig sensitiv. Für die Beurteilung der Intensität kommen sowohl numerische, verbale und Mischformen der beiden Skalentypen, als auch grafische Skalen, (zum Beispiel Linienskala) zum Einsatz. In Tabelle 92 ist je ein Beispiel für die drei erwähnten Skalentypen gegeben. Es hat sich gezeigt, dass eine Einteilung einer Punkteskala in 7 ± 2 Kategorien für eine Beurteilung am geeignetsten ist. Ohne sehr intensive Schulung der Prüfpersonen kann keine wesentlich feinere Abstufung als neun Kategorien erreicht werden. Die Verfechter der Linienskala führen an, dass im Gegensatz zur Punkteskala eine kontinuierliche Abstufung der Intensität erzielt wird, was sich vor allem auf die statistische Datenauswertung auswirkt. Je nach Art des Attributes, das beurteilt werden soll, ist eine mehr oder weniger intensive Schulung der Prüfpersonen notwendig. Die Erfahrung hat gezeigt, dass für die Beurteilung von Textureigenschaften, zum Beispiel Ausmaß der Viskosität eines Getränks, wesentlich mehr Schulungszeit einzuplanen ist als für die Beurteilung der Süßintensität. Ziel der Schulung ist es, die Prüfer dahingehend zu trainieren, dass sie den gesamten zur Verfügung stehenden Skalenbereich nutzen. Das Einsetzen von Referenzproben unterstützt die uniforme Anwendung der Skala durch die Prüfpersonen.

Eine besondere Form der Beurteilung mit einer Skala stellt die Erfassung der Intensität einer definierten Eigenschaft über eine bestimmte Zeitperiode dar. Die Anwendung dieser so genannten Zeit-Intensitäts-Messung (Time-intensity-Messung) hat in den letzten paar Jahren deutlich zugenommen, nicht zuletzt wegen der raschen Fortschritte in der Computertechnologie. So kann zum Beispiel der Verlauf der Süß- oder Bitterempfindung über einen bestimmten Zeitraum verfolgt werden. Auch im Bereich der Freisetzung von Aromastoffen wird diese Methode vermehrt eingesetzt. Zur Erfassung des zeitlichen Intensitätsverlaufs wird normalerweise eine Linienskala verwendet, welche auf einem Computerbildschirm visualisiert wird. Mit Hilfe der Maus kann angezeigt werden, ob die Intensität zu- oder abnimmt. Das Ergebnis einer solchen Messung ist eine Intensitätskurve, aus welcher verschiedene Größen, wie zum Beispiel die maximal erreichte Intensität oder die Zeit bis zum Erreichen der maximalen Intensität, für die statistische Datenauswertung herangezogen werden. Abbildung 253 zeigt ein Beispiel eines Computerbildschirms und einer Zeit-Intensitäts-Kurve.

Tab 92. Beipiel für eine nichtnumerische, eine numerische und eine Linienskala

a) nichtnumerisch	
überhaupt nicht fruchtig	□
gar nicht fruchtig	□
nicht fruchtig	□
wenig fruchtig	□
mittel fruchtig	□
ziemlich fruchtig	□
fruchtig	□
sehr fruchtig	□
außerordentlich fruchtig	□

b) numerisch	
1	□ überhaupt nicht fruchtig
2	□
3	□
4	□
5	□
6	□
7	□
8	□
9	□ extrem fruchtig

c) Linienskala

|—————————————|

nicht fruchtig — sehr fruchtig

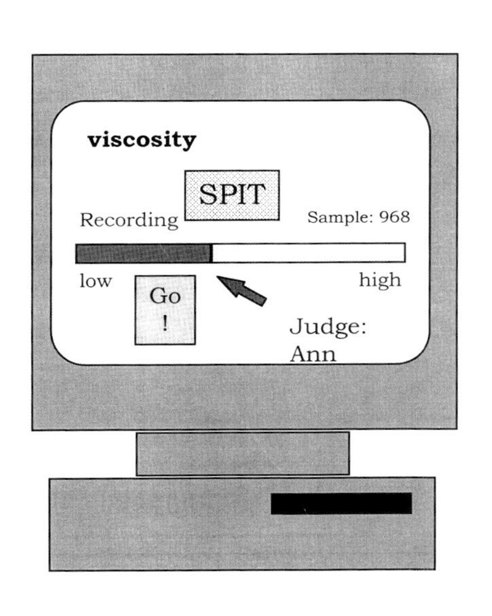

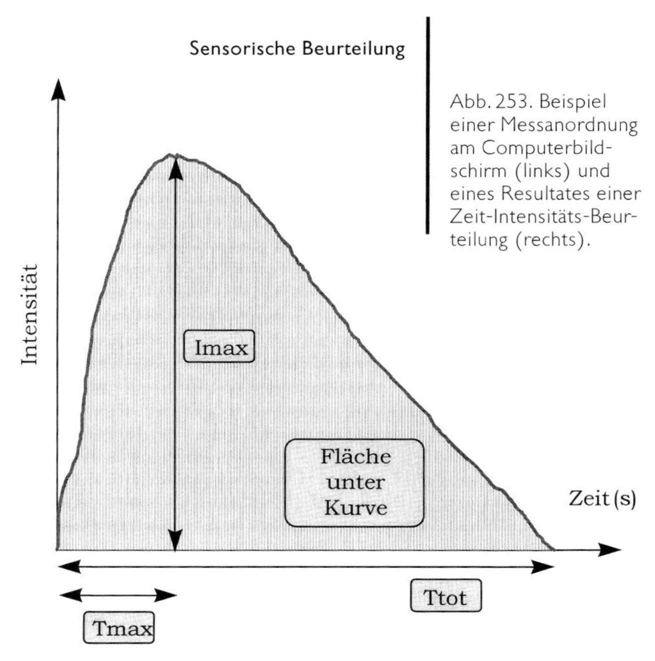

Abb. 253. Beispiel einer Messanordnung am Computerbildschirm (links) und eines Resultates einer Zeit-Intensitäts-Beurteilung (rechts).

Statistische Auswertung
Mit Hilfe einer statistischen Auswertung kann beurteilt werden, ob sich die beurteilten Proben signifikant voneinander unterscheiden. Dazu werden häufig verschiedene Modelle der parametrischen Varianzanalyse (F-Test) angewendet. Da die Berechnung der Testgröße F relativ aufwendig ist, wird die statistische Auswertung vorzugsweise mit Hilfe eines Computerprogramms gemacht. Einfache Modelle der Varianzanalyse können bereits mit Excel (Microsoft) berechnet werden. Die Auswertung mit Hilfe von Excel liefert auch die Werte der Testgröße F, die mindestens erreicht werden müssen, damit man von einem signifikanten Unterschied sprechen kann. Die Verwendung von entsprechenden Tabellen mit F-Werten ist somit nicht mehr nötig.

Parametrische Tests werden angewendet, weil es einfacher ist, die Unterschiede zwischen den Proben statistisch nachzuweisen als mit entsprechenden nichtparametrischen Auswertungsmethoden. Bekannt ist, dass sensorische Daten die geforderte mathematische Voraussetzung der Normalverteilung, die an eine parametrische Auswertungsmethode gebunden ist, häufig nicht erfüllen, was bei der Interpretation der Resultate zu berücksichtigen ist.

10.1.5.4 Beschreibende Methoden

Beschreibende oder deskriptive Methoden stellen innerhalb der Palette der sensorischen Testmethoden den komplexesten und damit schwierigsten Bereich dar. Diese Methoden erlauben alle eine umfassende qualitative Beschreibung sowie eine quantitative Messung der Intensität einzelner ausgewählter Eigenschaften eines Produktes. Bei der Anwendung von beschreibenden Methoden kommen die Vorzüge einer sensorischen gegenüber einer instrumentellen Analyse besonders zum Tragen, da bis heute lediglich der Mensch in der Lage ist, gleichzeitig mehrere sensorische Eindrücke mittels einer einzigen Messung zu erfassen und anschließend zu analysieren. Zusammen mit Daten aus Konsumententests können mit Hilfe von beschreibenden Testmethoden sensorische Stärken und Schwächen innerhalb der eigenen Produktpalette als auch gegenüber der Konkurrenz aufgezeigt werden. Im Bereich der Produktentwicklung als auch Qualitätssicherung können diese Methoden herangezogen werden, um zu beurteilen, ob die Produkte den Zielvorgaben entsprechen. Eine vereinfachte Form einer beschreibenden Methode stellt die qualitative Beschreibung von möglichen Produktfehlern dar. Die quantitative Messung erübrigt sich meistens, da beim Auftreten eines Fehlers das Produkt eliminiert wird.

Der erste Schritt einer beschreibenden Prüfung besteht meistens darin, dass alle Prüfpersonen eine individuelle Liste mit Attributen erstellen, welche das Produkt möglichst genau und umfassend beschreiben. Deshalb ist bei der Wahl der zur Beschreibung vorgelegten Proben auf ein möglichst breites Spektrum zu achten. Alle Proben sollten aber der gleichen „Produktfamilie" angehören. Um die Prüfpersonen auch auf Eigenschaften aufmerksam zu machen, die sich negativ auf die Qualität auswirken, können für die Erarbeitung der Attributsliste mangelhafte Produkte vorgelegt werden (zum Beispiel mehliger Apfel, schleimiger Kartoffelstock).

Zumeist werden die Eigenschaften eines Produktes in der Reihenfolge ihrer Wahrnehmung aufgelistet, wobei darauf zu achten ist, dass möglichst spezifische Begriffe gefunden werden. [Beispiel: Frucht (unspezifisch) < Apfel < Jonagold (spezifisch)]. Anschließend an das Erstellen der individuellen Attributslisten werden diese normalerweise dem gesamten Panel offengelegt und besprochen. Ziel dieser Diskussion(en) ist es, die einzelnen Listen zu gliedern und zu bestimmen, welche der Attribute für die quantitative Beurteilung verwendet werden sollen. Die Gliederung der individuellen Listen erfolgt üblicherweise nach folgenden Kriterien:

- alle hedonischen (subjektiven) Begriffe streichen,
- gleichartige Bezeichnungen gruppieren,
- gegensätzliche Attribute zusammenfassen.

Damit eine beschreibende Prüfung objektive Daten liefert, ist es wichtig, dass das gesamte Panel die gleiche Sprache spricht. Die Sprache des täglichen Lebens wird oft sehr unterschiedlich verwendet. Dies hat zur Folge, dass eine bestimmte sensorische Produkteigenschaft von ungeschulten Prüfpersonen mit ganz unterschiedlichen Begriffen bezeichnet werden kann. Deshalb ist es wichtig, dass alle Attribute genau definiert werden. Zusätzlich kann mit Referenzproben (Standards) gearbeitet werden, um das Lernen der „Panelsprache" zu erleichtern. Insbesondere bei Panels, welche aus Prüfpersonen mit unterschiedlicher Muttersprache zusammengesetzt sind, ist es hilfreich, Referenzproben zu verwenden, da es oft unmöglich ist, Wörter zu finden, die in den verschiedenen Sprachen eine identische Bedeutung haben. Die Anwendung von Standards fördert zugleich die Eichung des Messinstrumentes „Mensch". Die Entwicklung der gemeinsamen Sprache erlaubt es auch, neue Wörter zu erfinden, unter der Bedingung, dass sämtliche Panelmitglieder die gleiche sensorische Eigenschaft der Produkte mit diesem neu geschaffenen Wort assoziieren.

Für das Erarbeiten einer Attributliste sind normalerweise mehrere Sessionen nötig. Die Literaturangaben über Zeitaufwand schwanken je nach beschreibender Methode beträchtlich.

Wie viele Attribute für die anschließende Quantifizierung verwendet werden sollen, wird vom Panel und/oder vom Panelverantwortlichen bestimmt. Grundsätzlich gilt, dass mit einer minimalen Anzahl von Attributen eine maximale Informationsausbeute erzielt werden soll. Für die Bestimmung der Intensität einzelner Attribute werden meistens die numerische 9-Punkte-Skala oder die Linienskala verwendet. Oft werden auch während der eigentlichen Datenerhebung Standards und/oder verbale Definitionen verwendet, um eine bessere „Standardisierung" der Prüfer zu erreichen.

Statistische Auswertung

Das Resultat einer beschreibenden Prüfung wird oft in Form eines Sternprofils dargestellt (Abb. 254). Dargestellt werden die Mittelwerte der getesteten Eigenschaften für die verschiedenen Produkte, wobei die Intensität vom Mittelpunkt ausgehend

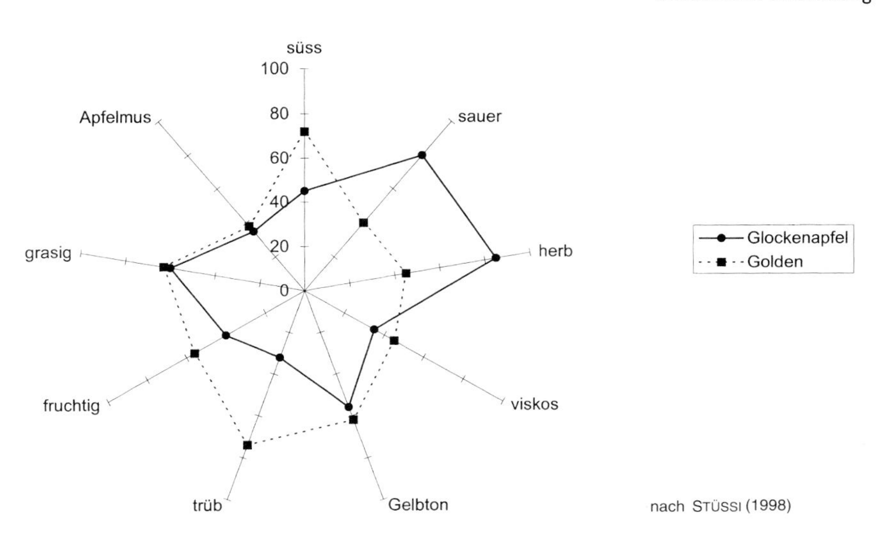

Abb. 254. Sternprofil für zwei Apfelsäfte, hergestellt aus unterschiedlichen Sorten.

nach außen hin zunimmt. Mit Hilfe verschiedener Modelle der Varianzanalyse kann ermittelt werden, ob sich die Proben in den getesteten Eigenschaften statistisch signifikant voneinander unterscheiden oder nicht.

10.1.5.5 Konsumententests

Im Gegensatz zu den analytischen Sensoriktests, in denen der Mensch als Messinstrument eingesetzt wird (womit eine objektive Messung einer bestimmten Eigenschaft erhalten wird), sind hedonische oder affektive Testverfahren Methoden zur subjektiven Beurteilung des sensorischen Gesamteindruckes oder einzelner Eigenschaften von Produkten durch Konsumenten.

Analytische Sensoriktests berücksichtigen immer nur die inneren Faktoren (Aussehen, Flavor und Textur) eines Getränks. Im Gegensatz dazu können bei hedonischen Testverfahren auch so genannte äußere (extrinsische) Faktoren mit einbezogen werden. Beispiele für extrinsische Faktoren sind Preis, Verpackung, Convenience, Markenname usw. So kann ein Produkt zuerst blind und in einem zweiten Durchgang zusammen mit seinem Markennamen vorgelegt werden, um den Einfluss der Marke auf die Produktbeliebtheit zu untersuchen.

Affektive Testmethoden dienen hauptsächlich der Bestimmung der Produktakzeptanz. Die Frage der Akzeptanz eines Produktes umfasst ein weites Feld, angefangen bei der Tageszeit, zu welcher ein Produkt konsumiert wird bis hin zur entsprechenden Gelegenheit, bei welcher ein Produkt passend erscheint. Akzeptanz weist aber auch ernährungsphysiologische, kulturelle, soziale und wirtschaftliche Aspekte auf. Die Akzeptanz von Produkten hängt zudem stark von den Erfahrungen und dem Wissen der einzelnen Konsumenten sowie von Modeströmungen ab. Vom sensorischen Standpunkt aus wird zur Bestimmung der Produktakzeptanz vor allem die Beliebtheit von Lebensmitteln gegenüber anderen Lebensmittelprodukten gemessen. Diese Art der Beurteilung ist aber keine Garantie für den Erfolg eines Produktes am Markt. Ein Produkt kann beliebt sein, aber trotzdem nicht gekauft werden, weil es zum Beispiel zu teuer ist.

Zur Bestimmung der Beliebtheit eines Produktes wird meistens eine nichtnumerische 9-Punkte-Skala (Tab. 93) verwendet. Es kommen aber auch 7- und 5-Punkte-Skalen zum Einsatz (STONE und SIDEL 1993).

Das Messen der Beliebtheit ermöglicht es, den Einfluss der sensorischen Eigen-

Tab 93. 9-Punkte-Beliebtheitsskala

Verbale Bezeichnung	Skala
habe ich extrem gern	9
habe ich sehr gern	8
habe ich gern	7
habe ich ziemlich gern	6
habe ich weder gern noch ungern	5
habe ich ziemlich ungern	4
habe ich nicht gern	3
habe ich gar nicht gern	2
habe ich extrem ungern	1

schaften auf die Produktakzeptanz abzuschätzen. Die Beurteilung der Beliebtheit verschiedener Produkte erlaubt auch, Aussagen über die Präferenzen gegenüber den Produkten zu machen. Ein Produkt, welches beliebter ist als ein anderes, wird normalerweise auch bevorzugt. Die indirekte Bestimmung der Präferenz mit Hilfe der Bestimmung der Beliebtheit ist wesentlich effizienter als die direkte Bestimmung der Präferenz, da das Messen der Beliebtheit mehr Informationen liefert.

Meistens beschränkt sich ein Konsumententest auf die Erfassung des sensorischen Gesamteindrucks eines Getränks. Wie im Bereich der analytischen Sensoriktests besteht aber auch im Bereich der Konsumententests die Möglichkeit den subjektiven Eindruck einer ganz spezifischen Produkteigenschaft eines Produktes zu beurteilen. Eine übliche Methode stellt die „Just-about-right"-Skala dar (Meilgaard et al. 1991). Tabelle 94 zeigt ein Beispiel einer „Just-about-right"-Skala für einen Apfelsaft.

Daneben gibt es weitere Testmethoden wie beispielsweise den Aversionstest, der die subjektiven Eindrücke einer Person über eine längere Zeitperiode hinweg erfasst.

Wenn Personen nach ihren Vorlieben oder Abneigungen befragt werden, ergibt sich bekanntlich ein sehr breites Antwortspektrum. Nicht von ungefähr heißt es, dass die Geschmäcker verschieden sind. Deshalb ist es wichtig, dass bei einer Konsumentenbeurteilung möglichst viele Personen befragt werden können, um den gesamten Bereich der Verbrauchermeinung zu erfassen. Bei einer Konsumentenbefragung geht man von einer Mindestanzahl von 30 bis 40 Prüfpersonen aus. Eine subjektive Beurteilung mit drei bis vier Prüfpersonen erlaubt nur sehr bedingt Aussagen über die Beurteilung der Qualität durch die Konsumenten oder gar über mögliche Trends bezüglich neuer Produkte.

Affektive Tests nehmen eine Zwischenstellung zwischen analytischen Sensoriktests und Marktforschungstests ein. Affektive Messungen werden oft als Testläufe vor klassischen Marktforschungstests eingesetzt. Von Konsumententests wird er-

Tab 94. „Just-about-right"-Skala für vier Eigenschaften von Apfelsaft

Süßigkeit:				
☐ zu wenig süß	☐	☐ gerade richtig	☐	☐ zu süß
Säuerlichkeit:				
☐ zu wenig sauer	☐	☐ gerade richtig	☐	☐ zu sauer
Aroma:				
☐ zu wenig aromatisch	☐	☐ gerade richtig	☐	☐ zu aromatisch
Viskosität:				
☐ zu dünnflüssig	☐	☐ gerade richtig	☐	☐ zu dickflüssig

wartet, dass einerseits Trends aufgezeigt, und andererseits die Testabläufe usw. für die aufwendigen und teuren Marktforschungsumfragen optimiert werden können.

Vor allem für kleinere Betriebe reichen die finanziellen Mittel oft nicht aus, um eine groß angelegte Konsumentenbefragung durchzuführen. Kleiner angelegte affektive Tests ermöglichen es den kleineren Unternehmen, trotzdem gewisse Informationen über die Beliebtheit ihrer eigenen Produkte zum Beispiel gegenüber Konkurrenzprodukten zu erhalten. Affektive Messungen sind aber keine Alternative zu Marktforschungstests.

Statistische Auswertung

Das Aufzeichnen von Häufigkeitsverteilungen und die Berechnung von zum Beispiel Mittelwert und Standardabweichung ermöglichen eine rasche Beurteilung von Konsumentendaten.

Analog zu den analytischen Methoden können für die Beurteilung der statistischen Signifikanz verschiedene Modelle der Varianzanalyse verwendet werden.

Zudem besteht die Möglichkeit, die Daten in Ränge umzuwandeln. Diese Datentransformation erlaubt Aussagen zur Präferenz. Das beliebteste Produkt ist das am meisten bevorzugte Produkt.

10.1.5.6 Bewertungsschemata

In der Literatur sind verschiedene Schemata zu finden, die für die Qualitätsbeurteilung von Säften verwendet werden können.

Bei der Bewertung werden Punkte als Maß für die Qualität eines Produktes verwendet. Eine hohe Punktzahl entspricht einer guten, eine niedrige Punktzahl einer geringen Qualität. Für die Getränkebeurteilung werden seit langem „standardisierte" Punkteskalen verwendet. Das Schema der Deutschen Landwirtschafts-Gesellschaft (DLG; Tab. 95) bewertet Farbe und Klarheit mit je zwei Punkten, den Geruch mit vier Punkten und den Geschmack mit zehn Punkten. Zudem wird die chemische Analyse des Produktes mit zwei Punkten bewertet, wodurch für ein Produkt maximal 20 Punkte vergeben werden können.

Tab 95. DLG-Schema zur Qualitätsprüfung von Fruchtsäften

Wertmale	Farbe	Klarheit	Geruch	Geschmack
0	missfarben	trüb durch mikrobiologische Veränderungen* oder sonstige Verunreingungen	zuwider	zuwider
1	unnatürlich hochfarben oder farbarm	nachgetrübt	fremd	–
2	normal	klar oder trüb deklariert	reintönig	fremd
3			fruchtig	unharmonisch und nicht reintönig
4			besonders fruchtig	unharmonisch
5				nicht reintönig
6				reintönig
7				aromatisch
8				vollaromatisch
9				hocharomatisch
10				auserlesen

* Hefen, Bakterien, Schimmelpilze

Tab 96. Bewertungsschema des Schweizerischen Obstverbandes

			Summe der Punkte
a)	Klarheit und Farbe		
	Klarheit	klar, glanzhell	1,5
		„Schimmer" bis leicht trüb	1
		trüb	0,5
	Farbe	normal	1,5
		unnatürlich hochfarbig oder farbarm	1
		ausgesprochen missfarbig	0,5
b)	Geruch	sauber, fruchtig, typisch, edel	5
		sauber, voll	4
		sauber, schwach, nichttypisch	3
		unsauber	2
		defekt, fremd, störend	1
c)	Geschmack	sauber, harmonisch, gehaltvoll, typisch	5
		sauber, fruchtig	4
		sauber, nicht ausgeglichen, kurz	3
		unsauber	2
		defekt	1
d)	Gesamteindruck	vorzüglich	5
		geeignet	4
		verbesserungsbedürftig	3
		ungeeignet	2
		unbrauchbar	1

Es können auch halbe Punkte gegeben werden.

Klassierung nach der Totalpunktzahl	
16,5–18	vorzüglich
15–16	sehr gute Handelsware
13,5–14,5	gute Handelsware
12–13	genügend
10,5–11,5	ungenügend
9–10	unbrauchbar
unter 9	zuwider, verdorben

Das Schema des Schweizerischen Obstverbands (Tab. 96) fasst die Farbe und Klarheit unter einem Bewertungskriterium zusammen, wofür maximal drei Punkte vergeben werden können. Die Aspekte Geruch, Geschmack und Gesamteindruck oder Handelswert können je mit maximal fünf Punkten bewertet werden. Da halbe Punkte möglich sind, resultieren neun Punktekategorien.

Es soll an dieser Stelle darauf hingewiesen werden, dass alle diese Bewertungen subjektive und objektive Aspekte der sensorischen Beurteilung beinhalten, was eine Interpretation der erhobenen Daten oft schwierig macht. Zudem ist zu erwähnen, dass diese Bewertungsprüfungen vorwiegend Qualitätsansichten von Fachpersonen widerspiegeln. Ein Saft mit einer sehr hohen Punktzahl muss aber beim Konsumenten nicht unbedingt am besten abschneiden, das heißt, dass Fachpersonen und Verbraucher die Qualitätskriterien unterschiedlich gewichten oder gar andere Kriterien verwenden können. Für Qualitätseinstufungen innerhalb eines Betriebs oder auch für Beurteilungen von Säften durch Fachpersonen können Bewertungsschemata trotzdem hilfreich sein. Damit die Resultate dieser Bewertungen aber für den Betrieb nützlich sind, sollte darauf geachtet werden, dass möglichst objektive Kriterien für eine Getränkebeurteilung verwendet werden.

10.2 Analytische Prüfung

H. Tanner und H. R. Brunner

10.2.1 Zweck und Möglichkeiten physikalisch-chemischer Analysen

Die Erkenntnis, dass zu einer umfassenden Qualitätsbeurteilung neben der sensorischen auch eine analytische Prüfung gehört, setzt sich in den Verwertungsbetrieben immer deutlicher durch. Nur eine gewissenhafte, kontinuierliche Qualitätskontrolle von der Frucht bis zum abgefüllten Saft erlaubt, rechtzeitig Korrekturmaßnahmen zu ergreifen, um gesetzte Standards einzuhalten und somit die Produktqualität zu sichern. Dabei ist es weniger von Bedeutung, ob solche Untersuchungen betriebsintern oder von Dritten vorgenommen werden; Hauptsache ist, dass sich die Verantwortlichen der Möglichkeiten – und auch Grenzen – analytischer Untersuchungen bewusst sind und sich in Zweifelsfällen nicht scheuen, die Hilfe spezialisierter Laboratorien in Anspruch zu nehmen. Dass bei richtig angewandter Qualitätskontrolle neben bedeutenden finanziellen Einbußen auch Imageverluste vermieden werden können, versteht sich von selbst.

Die Beantwortung der Frage, bis zu welchem Grad eine betriebseigene analytische Kontrolle zum Einsatz gelangen soll, hängt weitgehend von wirtschaftlichen Überlegungen ab. Faktoren wie Betriebsgröße, Produktpalette, Probenzahlen und nicht zuletzt personelle und infrastrukturelle Voraussetzungen werden den Entscheid beeinflussen. Immerhin sollte jeder Betrieb in der Lage sein, häufig und regelmäßig anfallende Untersuchungen selbst durchführen zu können. Die raschere Verfügbarkeit betriebsintern ermittelter Analysenergebnisse erlaubt es, allfällig notwendige Maßnahmen ohne Verzögerung in die Wege zu leiten. Bei der Errichtung eines Betriebslabors ist eine sorgfältige Planung, gegebenenfalls unter Beizug von Spezialfirmen, sehr zu empfehlen (Tanner und Brunner 1981). Dasselbe gilt auch für die Auswahl geeigneter Analysengeräte (Fischer und Hofsommer 1991, Gessler und Frings 1994).

Die sich an die Sinnenprüfung anschließende „Normalanalyse“ umfasst etwa folgende Parameter: Dichte, gelöste Trockensubstanz (Extrakt), pH-Wert, titrierbare Säuren, reduzierende Zucker, Saccharose, Alkohol, flüchtige Säuren, schweflige Säure sowie Gärtest. Entsprechend ihrem Umfang kommt dem Ergebnis einer solchen Untersuchung nur beschränkte Aussagekraft zu. Besteht beispielsweise Verdacht auf unerwünschte mikrobielle Tätigkeit, so ist eine genauere Abklärung aufgrund entsprechender Indikatorsubstanzen (zum Beispiel Milchsäure, Ameisensäure, Diacetyl) möglich. Gewisse Verarbeitungsschritte (Behandlung mit Ionenaustauschern, Verwendung von ungeeignetem Wasser zur Verdünnung von Konzentraten) lassen sich anhand des Gehaltes an Aschebestandteilen nachweisen.

Soll die Naturreinheit eines Saftes näher überprüft werden, so ist die Untersuchung auf Parameter wie Asche, Kalium, Phosphat, einzelne Zuckerarten und Fruchtsäuren sowie bestimmte, für die betreffende Obstart typische Inhaltsstoffe wie Isocitronensäure, Chinasäure, Prolin oder Sorbit auszudehnen. Anhand bekannter Vergleichswerte (AIJN-Tabellen, siehe auch Kapitel 2) kann hierauf entschieden werden, ob zur endgültigen Abklärung eine weitergehende Analyse erforderlich ist (siehe Kapitel 10.3).

10.2.2 Die wichtigsten Analysenmethoden für Frucht- und Gemüsesäfte sowie verwandte Erzeugnisse

Eine umfassende Darstellung und Wiedergabe der einschlägigen Analysenmethoden würde den vorgegebenen Rahmen bei weitem sprengen. Ziel der folgenden Ausführungen ist es, den Praktikern oder Studierenden der Fruchtsafttechnologie das Prinzip wichtiger Untersuchungsverfahren und deren praktische Bedeutung zu skizzieren sowie durch entsprechende Literaturhinweise eine vertiefte Beschäftigung mit der Materie zu ermöglichen. Leider existiert keine vollständige, weltweit anerkannte Vorschriftensammlung, mit deren Hilfe alle in der Praxis notwendigen Untersuchungen durchgeführt werden könnten. Die rasante Entwicklung und Verfeinerung des analytischen Instrumentariums, zum Beispiel bei chromatographischen Verfahren, erfordert zudem eine ständige Anpassung der Arbeitsvorschriften. Aus dieser Sicht kann es sich bei den nachfolgend genannten Analysenmethoden nur um eine Auswahl handeln.

Wo dies möglich war, wurde auf die Methodensammlung der Internationalen Fruchtsaft-Union (IFU) zurückgegriffen, welche vor allem bei zwischenstaatlichem Verkehr Verbreitung gefunden hat; sie bildet auch die Basis für die meisten Referenzmethoden des „Code of Practice“ der A. I. J. N. (siehe Kap. 10.3). Daneben sind Methoden der Amtlichen Sammlung von Untersuchungsverfahren nach § 35 LMBG der Bundesrepublik Deutschland (ASU), des Schweizerischen Lebensmittelbuches (SLMB) sowie des Office International de la Vigne et du Vin (OIV) aufgeführt. Weiter sei die sehr nützliche Methodensammlung der Official Methods of Analysis (AOAC) erwähnt. Für diese und die übrigen Methoden wird auf das Literaturverzeichnis am Ende des Kapitels verwiesen.

10.2.2.1 Relative Dichte D 20/20

Als relative Dichte D 20/20 oder Dichteverhältnis bezeichnet man den Quotienten aus der Dichte ρ (20 °C) der zu untersuchenden Flüssigkeit und der Dichte ρ (20 °C) von Wasser. Als reine Verhältniszahl zweier Dichten ist D 20/20 dimensionslos. Referenzmethode ist die pyknometrische Bestimmung (IFU Nr. 1). An ihrer Stelle wird in der Praxis häufig folgenden zeitsparenden Alternativen der Vorzug gegeben:

a) Biegeschwinger (PERSCHEID und ZÜRN 1976). Bei diesem Verfahren wird die zu untersuchende Flüssigkeit in ein an den offenen Enden eingespanntes U-förmiges Rohr eingefüllt, welches – elektronisch angeregt – mit seiner Eigenfrequenz schwingt. Aus der gemessenen Schwingungsdauer lässt sich die Dichte berechnen. Die Dauer einer Bestimmung beträgt lediglich zwei bis drei Minuten (sehr präzises Verfahren).
b) Hydrostatische Waage (SCHMITT 1983).
c) Aräometer (TANNER und BRUNNER 1987).

Bei verminderten Genauigkeitsanforderungen werden besonders aräometrische Messungen durchgeführt. Aräometer mit von 20 °C abweichenden Bezugstemperaturen, wie beispielsweise die früher üblichen Oechslewaagen, sollten nicht mehr verwendet werden.

Für Umrechnungen von D 20/20 auf die abgeleitete SI-Einheit Dichte ρ (20 °C) gilt folgende Formel:

ρ (20 °C), in kg/m^3 = D 20/20 · 998,2

Die Bestimmung der relativen Dichte gelangt auch bei der Ermittlung der gelösten Trockensubstanz zur Anwendung (siehe Kapitel 10.2.2.6).

10.2.2.2 Refraktion (Brechungsindex)

Die Bestimmung erfolgt mittels Abbé-Refraktometer bei 20 °C (IFU Nr. 8, ASU L 30.00–2). Für präzise Messungen ist eine Thermostatisierung erforderlich. Handrefraktometer sind vielfach gebräuchlich, weisen aber eine geringere Genauigkeit auf. Refraktionsmessungen dienen meist zur indirekten Ermittlung der gelösten Trockensubstanz (siehe Kapitel 10.2.2.6).

10.2.2.3 Farbmessung

Die Farbe eines Saftes gilt als wichtiges Beurteilungskriterium, welches in direktem Zusammenhang mit der Qualität des Rohmaterials sowie mit Behandlungs- und Lagerart steht. Deshalb gelangen neben der sensorischen Farbbeurteilung je nach Problemstellung und Saftart auch instrumentelle Verfahren wie Vergleichs-, Spektralphotometrie- oder Tristimulusmethoden zur Anwendung (WEISS und TANNER 1982, MAC ADAM 1985).

Für die Farbmessung klarer Kernobst- und weißer Traubensäfte kann beispielsweise ein Farbkomparator mit verschiedenen Farbstandardscheiben verwendet werden (IFU Nr. 27). Die Farbe roter Getränke lässt sich – in Anlehnung an die OIV-Schnellmethode für Rotwein – durch Extinktionsmessung bei 420 und 520 Nanometern charakterisieren. Farbintensität (Farbstärke) und Farbnuance (Farbton) resultieren daraus durch einfache Berechnung (Tanner und Brunner 1987). Die Methode eignet sich besonders zur Registrierung der Farbentwicklung von Säften während der Lagerung oder infolge unterschiedlicher Verarbeitungsschritte. In ähnlicher Weise können natürlich auch andersfarbige, klare Säfte gemessen werden, sofern die geeigneten Filter vorhanden oder die entsprechenden Wellenlängen bekannt sind. So hat sich beispielsweise für weiße Traubensäfte die Extinktionsmessung bei 430 Nanometern bewährt.

Bei der instrumentalanalytischen Farbmessung ist zu beachten, dass die Resultate bis zu einem gewissen Grad geräteabhängig sind, was die Vergleichbarkeit beeinträchtigen kann (Buslig 1994).

10.2.2.4 Scheinbare Viskosität

Für die rasche und einfache Bestimmung der „scheinbaren Viskosität“ von Säften und Konzentraten eignet sich die Messung ihrer Durchlaufzeiten durch ein Glasrohr von genormten Abmessungen (IFU Nr. 29).

Die Möglichkeit, das Auslaufrohr mit unterschiedlich kalibrierten Auslaufdüsen zu versehen, erlaubt eine weitgehende Anpassung an das Fließverhalten der jeweiligen Untersuchungsprobe. Da es sich bei den erhaltenen Werten um reine Vergleichszahlen handelt, müssen die Resultate neben der Durchlaufzeit der Probe auch den entsprechenden Wasserwert sowie die Angabe der verwendeten Düse umfassen.

Genauere Viskositätsmessungen können unter Verwendung von Kapillar-, Kugelfall- oder Rotationsviskosimetern vorgenommen werden (Mahling 1965). In der Regel dürfte aber im Fruchtsaftbetrieb die Bestimmung der scheinbaren Viskosität ausreichen.

10.2.2.5 pH-Wert

Genaue pH-Messungen in Frucht- und Gemüsesäften erfolgen ausschließlich potentiometrisch (IFU Nr. 11, ASU L 31.00–2). Die Reproduzierbarkeit des verwendeten pH-Messgerätes soll ± 0,01 pH-Einheiten betragen. Falls das Gerät nicht für eine Temperaturkorrektur eingerichtet ist, müssen sowohl Eichlösungen als auch Proben eine Temperatur von 20 ± 2 °C aufweisen. Für Messung und Wartung der Elektroden sind die Vorschriften des jeweiligen Herstellers zu beachten.

10.2.2.6 Gelöste Trockensubstanz (Extrakt)

Bestimmt wird der im filtrierten oder zentrifugierten Saft enthaltene Anteil an gelösten *nicht*flüchtigen Stoffen. Er ist vom gewählten Analysenverfahren abhängig. Es stehen folgende Methoden zur Verfügung:

a) direkte Bestimmung durch Wägung der mit Sand vermischten, getrockneten Probe (SLMB 28A/4.1.1; relativ aufwendig),
b) indirekte Bestimmung durch Messung der relativen Dichte D 20/20 (Referenzmethode, siehe Kapitel 10.2.2.1),
c) indirekte Bestimmung durch Refraktionsmessung, gegebenenfalls mit Temperatur- und/oder Säurekorrektur (siehe Kapitel 10.2.2.2),
d) indirekte Bestimmung aus dem Wassergehalt, bestimmt nach Karl Fischer (SLMB 22/2.2). Aus der Differenz zu 100 ergibt sich die gelöste Trockensubstanz.

Im Falle erhöhter Alkoholgehalte (> 3 g/l) ist der Alkohol durch Destillation zu entfernen und die Messung in dem auf das Anfangsvolumen aufgefüllten Destillationsrückstand vorzunehmen. Der Extraktgehalt (Angabe in Brixgraden, d. h. % Saccharose, oder in g/l) kann direkt abgelesen beziehungsweise anhand des Messwerts entsprechenden Umrechnungstabellen entnommen werden (zum Beispiel Tab. 97).

Die refraktometrische Extraktbestimmung wird außerdem vom Gehalt an Fruchtsäuren beeinflusst. Eine Säurekor-

Tab 97. Dichte ρ (20 °C), relative Dichte D 20/20, Massenanteil (g/100 g) und Massenkonzentration (g/l) wässriger Saccharoselösungen (TANNER und BRUNNER 1987)

ρ (20 °C) kg/m³	D 20/20	g/100 g	g/l	ρ (20 °C) kg/m³	D 20/20	g/100 g	g/l
1020	1,02184	5,54	56,6	1070	1,07193	17,52	187,4
1021	1,02284	5,79	59,2	1071	1,07293	17,74	190,0
1022	1,02384	6,04	61,8	1072	1,07393	17,97	192,7
1023	1,02484	6,29	64,4	1073	1,07493	18,20	195,3
1024	1,02584	6,54	67,0	1074	1,07593	18,43	197,9
1025	1,02685	6,79	69,6	1075	1,07694	18,66	200,6
1026	1,02785	7,04	72,2	1076	1,07794	18,88	203,2
1027	1,02885	7,28	74,8	1077	1,07894	19,11	205,8
1028	1,02985	7,53	77,4	1078	1,07994	19,34	208,5
1029	1,03085	7,78	80,0	1079	1,08094	19,56	211,1
1030	1,03185	8,02	82,6	1080	1,08194	19,79	231,7
1031	1,03286	8,27	85,2	1081	1,08295	20,02	216,4
1032	1,03386	8,51	87,8	1082	1,08395	20,24	219,0
1033	1,03486	8,76	90,4	1083	1,08495	20,47	221,6
1034	1,03586	9,00	93,1	1084	1,08595	20,69	224,3
1035	1,03686	9,24	95,7	1085	1,08695	20,91	226,9
1036	1,03786	9,49	98,3	1086	1,08795	21,14	229,6
1037	1,03887	9,73	100,9	1087	1,08896	21,36	232,2
1038	1,03987	9,97	103,5	1088	1,08996	21,58	234,8
1039	1,04087	10,21	106,1	1089	1,09096	21,81	237,5
1040	1,04187	10,46	108,7	1090	1,09196	22,03	240,1
1041	1,04287	10,70	111,4	1091	1,09296	22,25	242,8
1042	1,04388	10,94	114,0	1092	1,09397	22,47	245,4
1043	1,04488	11,18	116,6	1093	1,09497	22,69	248,0
1044	1,04588	11,42	119,2	1094	1,09597	22,91	250,7
1045	1,04688	11,66	121,8	1095	1,09697	23,13	253,3
1046	1,04788	11,90	124,4	1096	1,09797	23,35	256,0
1047	1,04888	12,14	127,1	1097	1,09897	23,57	258,6
1048	1,04989	12,37	129,7	1098	1,09998	23,79	261,3
1049	1,05089	12,61	132,3	1099	1,10098	24,01	263,9
1050	1,05189	12,85	134,9	1100	1,10198	24,23	266,5
1051	1,05289	13,09	137,5	1101	1,10298	24,45	269,2
1052	1,05389	13,32	140,2	1102	1,10398	24,67	271,8
1053	1,05490	13,56	142,8	1103	1,10499	24,89	274,5
1054	1,05590	13,80	145,4	1104	1,10599	25,10	277,1
1055	1,05690	14,03	148,0	1105	1,10699	25,32	279,8
1056	1,05790	14,27	150,6	1106	1,10799	25,54	282,4
1057	1,05890	14,50	153,3	1107	1,10899	25,75	285,1
1058	1,05990	14,73	155,9	1108	1,10999	25,97	287,7
1059	1,06091	14,97	158,5	1109	1,11100	26,18	290,4
1060	1,06191	15,20	161,1	1110	1,11200	26,40	293,0
1061	1,06291	15,43	163,8	1111	1,11300	26,61	295,7
1062	1,06391	15,67	166,4	1112	1,11400	26,83	298,3
1063	1,06491	15,90	169,0	1113	1,11500	27,04	301,0
1064	1,06592	16,13	171,6	1114	1,11601	27,26	303,6
1065	1,06692	16,36	174,3	1115	1,11701	27,47	306,3
1066	1,06792	16,59	176,9	1116	1,11801	27,68	309,0
1067	1,06892	16,83	179,5	1117	1,11901	27,90	311,6
1068	1,06992	17,06	182,2	1118	1,12001	28,11	314,3
1069	1,07092	17,29	184,8	1119	1,12101	28,32	316,9

rektur refraktometrisch ermittelter Extraktgehalte, wie sie im Falle von Citrussaftkonzentraten üblich ist, kann anhand von Tabelle 98 erfolgen. Für Citrusprodukte wurde auch eine Korrekturformel vorgeschlagen (BOLAND 1983, IFU Nr. 8), deren Ergebnisse mit dieser Tabelle weitgehend übereinstimmen.

Tab 98. Korrekturtabelle für die refraktometrische Extraktbestimmung in citronensäurehaltigen Saccharoselösungen (LINDSAY 1993)

Citronensäure (%)	+0,0	0,1	0,2	0,3	0,4	0,5	0,6	0,7	0,8	0,9
0	0,00	0,02	0,04	0,06	0,08	0,10	0,12	0,14	0,16	0,18
1,0	0,20	0,22	0,24	0,26	0,28	0,30	0,32	0,34	0,36	0,38
2,0	0,39	0,41	0,43	0,45	0,47	0,49	0,51	0,53	0,54	0,56
3,0	0,58	0,60	0,62	0,64	0,66	0,68	0,70	0,72	0,74	0,76
4,0	0,78	0,80	0,81	0,83	0,85	0,87	0,89	0,91	0,93	0,95
5,0	0,97	0,99	1,01	1,03	1,04	1,06	1,07	1,09	1,11	1,13
6,0	1,15	1,17	1,19	1,21	1,23	1,25	1,27	1,29	1,30	1,32
7,0	1,34	1,36	1,38	1,40	1,42	1,44	1,46	1,48	1,50	1,52
8,0	1,54	1,56	1,58	1,60	1,62	1,64	1,66	1,68	1,69	1,71
9,0	1,72	1,74	1,76	1,78	1,80	1,82	1,83	1,85	1,87	1,89
10,0	1,91	1,93	1,95	1,97	1,99	2,01	2,03	2,05	2,06	2,08
11,0	2,10	2,12	2,14	2,16	2,18	2,20	2,21	2,23	2,24	2,26
12,0	2,27	2,29	2,31	2,33	2,35	2,37	2,39	2,41	2,42	2,44
13,0	2,46	2,48	2,50	2,52	2,54	2,56	2,57	2,59	2,61	2,63
14,0	2,64	2,66	2,68	2,70	2,72	2,74	2,75	2,77	2,78	2,80
15,0	2,81	2,83	2,85	2,87	2,89	2,91	2,93	2,95	2,97	2,99
16,0	3,00	3,02	3,03	3,05	3,06	3,08	3,09	3,11	3,13	3,15
17,0	3,17	3,19	3,21	3,23	3,24	3,26	3,27	3,29	3,31	3,33
18,0	3,35	3,37	3,38	3,40	3,42	3,44	3,46	4,48	3,49	3,51
19,0	3,53	3,55	3,56	3,58	3,59	3,61	3,63	3,65	3,67	3,69
20,0	3,70	3,72	3,73	3,75	3,77	3,79	3,80	3,82	3,84	3,86
21,0	3,88	3,90	3,91	3,93	3,95	3,97	3,99	4,01	4,02	4,04
22,0	4,05	4,07	4,09	4,11	4,13	4,15	4,17	4,19	4,20	4,22
23,0	4,24	4,26	4,27	4,29	4,30	4,32	4,34	4,36	4,38	4,40
24,0	4,41	4,43	4,44	4,46	4,48	4,50	4,51	4,53	4,54	4,56
25,0	4,58	4,60	4,62	4,64	4,66	4,68	4,69	4,71	4,73	4,75
26,0	4,76	4,78	4,79	4,81	4,83	4,85	4,86	4,88	4,90	4,92
27,0	4,94	4,96	4,97	4,99	5,00	5,02	5,03	5,05	5,06	5,08
28,0	5,10	5,12	5,14	5,16	5,18	5,20	5,22	5,24	5,25	5,27
29,0	5,28	5,30	5,31	5,33	5,35	6,37	5,39	5,41	5,42	5,44
30,0	5,46	5,48	5,49	5,51	5,52	5,54	5,56	5,58	5,60	5,62
31,0	5,64	5,66	5,67	5,69	5,71	5,73	5,75	5,77	5,79	5,81
32,0	5,82	5,84	5,86	5,88	5,89	5,91	5,93	5,95	5,97	5,99
33,0	6,00	6,02	6,04	6,06	6,07	6,09	6,10	6,12	6,13	6,15
34,0	6,16	6,18	6,20	6,22	6,23	6,25	6,27	6,29	6,30	6,32
35,0	6,34	6,36	6,37	6,39	6,41	6,43	6,45	6,47	6,48	6,50
36,0	6,52	6,54	6,56	6,58	6,59	6,61	6,63	6,65	6,67	6,69
37,0	6,70	6,72	6,74	6,76	6,77	6,79	6,81	6,83	6,85	6,87
38,0	6,88	6,90	6,92	6,94	6,95	6,97	6,98	7,00	7,01	7,03
39,0	7,04	7,06	7,08	7,10	7,11	7,13	7,15	7,17	7,19	7,21
40,0	7,22	7,24	7,26	7,28	7,29	7,31	7,32	7,34	7,36	7,38
41,0	7,39	7,41	7,42	7,44	7,45	7,47	7,49	7,51	7,52	7,54

Beispiel: Bei einem Citronensäuregehalt von 6,8 % müssen zum refraktometrisch ermittelten Extraktgehalt (angegeben in Brixgraden oder g/100 g) 1,3 % addiert werden

Neben den bereits erwähnten Brixgraden sind in der Praxis noch weitere Größen üblich. Die in Deutschland und in der Schweiz häufig verwendeten Oechslegrade leiten sich direkt aus der relativen Dichte (D 20/20) ab:

Oechslegrade = (D 20/20 –1) · 1000

Es gilt allerdings zu beachten, dass für Refraktionsmessungen deutscher Traubenmoste (und nur für diese!) eine andere Oechsleskala konzipiert wurde, was beim Umgang mit Oechslegraden zu Missverständnissen und Fehlern führen kann (ROTHER 1997). In Österreich sind die „Grade Klosterneuburger Mostwaage" (°KMW) verbreitet; sie werden durch Multiplikation der Brixgrade mit dem Faktor 0,85 berechnet (Bandion 1979). Zur Umrechnung diverser Extraktangaben siehe auch Tanner und Brunner (1987).

Die Bestimmung der *gesamten* Trockensubstanz (inkl. Trubstoffe) erfolgt durch Ermittlung des Massenverlustes nach Trocknung bei 70 °C und vermindertem Druck (IFU Nr. 61).

10.2.2.7 Pulpe

In Orangensäften ist der Pulpengehalt primär von der Verarbeitungsart abhängig; durch Sieben und/oder Zentrifugieren kann er reduziert werden. Handelsübliche Werte liegen bei 3 bis 8 % (Bielig et al. 1984). Die Bestimmung der zentrifugierbaren Pulpe erfolgt bei 370 g (IFU Nr. 60).

10.2.2.8 Zucker

Die in Frucht- und Gemüsesäften dominierenden Zuckerarten sind Glucose, Fructose und Saccharose. Im Rahmen einer Normalanalyse wird man zunächst die chemische Zuckerbestimmung vornehmen. Für Säfte allgemein anwendbar ist das Verfahren nach Luff-Schoorl (IFU Nr. 4). Dieses beruht auf der reduzierenden Wirkung der Monosaccharide Glucose und Fructose. Saccharose kann erst nach vorgängiger Inversion erfasst werden und berechnet sich nach der Formel

Saccharose = (Zucker, best. nach Inversion – Zucker, best. vor Inversion) · 0,95

Als praktische Alternative zur Zuckerbestimmung nach Luff-Schoorl bietet sich bei Apfel- und Traubensäften (roten und weißen) das einfachere Verfahren nach Rebelein an (Tanner und Brunner 1987).

Bei weitergehenden Untersuchungen ist man auf eine detailliertere Kenntnis der Zuckerarten angewiesen. Vielfach genügt bereits die dünnschichtchromatographische Charakterisierung (IFU Nr. 31). Das Verfahren erlaubt eine klare Trennung von Glucose, Fructose und Saccharose sowie der in Molkengetränken vorhandenen Lactose. Mittels Hochleistungs-Flüssigchromatographie (HPLC) ist die quantitative Bestimmung verschiedener Zuckerarten möglich (IFU Nr. 67, SLMB 28A/5.3, Trotzer et al. 1994). Die Methoden eignen sich auch für die Bestimmung der Zuckeralkohole (siehe Kapitel 10.2.2.9). Apparativ weniger aufwendig ist die enzymatische Bestimmung (IFU Nr. 55/56). Die Summe der enzymatisch bestimmten Gehalte an Glucose, Fructose und Saccharose ergibt den Zuckergehalt. Dieser dient zur Berechnung des zuckerfreien Extraktes nach der Formel

zuckerfreier Extrakt = gelöste Trockensubstanz (Extrakt) – Zucker

10.2.2.9 Zuckeralkohole (Sorbit, Mannit)

Neben Fruchtsäuren und Mineralstoffen ist Sorbit ein wichtiger Bestandteil des zuckerfreien Extraktes von Kern- und Steinobstsäften; andere Säfte enthalten höchstens Spuren (siehe Kapitel 2.1.2.3). Mannit ist in gesunden, nicht fermentierten Frucht- und Gemüsesäften kaum nachweisbar. Dieser Zuckeralkohol kann aber durch bestimmte Milchsäurebakterien aus Fructose gebildet werden. Sorbit und Mannit lassen sich dünnschichtchromatographisch nachweisen (IFU Nr. 32). Dabei wird zugleich auch eventuell vorhandenes Glycerin erfasst. Die quantitative Bestimmung von Sorbit wird üblicherweise enzymatisch vorgenommen (IFU Nr. 62).

10.2.2.10 Pektinstoffe

Die photometrische Referenzmethode (IFU Nr. 26) erfasst entweder das Gesamtpektin oder – nach Vornahme entsprechender Extraktionsverfahren – den wasser-, oxalat- oder alkalilöslichen Teil. Bei naturbelassenen, einen Pulpengehalt von 10 % nicht übersteigenden Orangen- und Grapefruitsäften liegt der Gesamtpektingehalt normalerweise unter 700, der Gehalt an wasserlöslichem Pektin unter 500 mg/l (AIJN). Zum Nachweis eines Zusatzes von Pulpenextrakt (Pulp wash) eignet sich auch die Bestimmung mittels HPLC (Balmer und Mac Lellan 1995).

10.2.2.11 Titrierbare Säuren

Der Gehalt an freien Säuren (ohne Kohlensäure) wird potentiometrisch durch Titration mit Lauge ermittelt, wobei sowohl für den Titrationsendpunkt als auch für die Berechnungsart unterschiedliche Regelungen gelten; Beispiele sind in folgender Tabelle aufgeführt:

Methode	End-pH-Wert	Berechnung des Resultats
IFU Nr. 3 (Referenzmethode)	8,1	in mmol H^+/l oder Wein-/Äpfel-/Citronensäure
ASU L 31.00–3	7,0	als Weinsäure
SLMB 28A/7.1	8,1 (Traubensäfte: 7,0)	in meq/l (bzw. mmol H^+/l) oder Wein-/Äpfel-/Citronensäure (je nach Saft)

Zur Vermeidung von Missverständnissen empfiehlt sich deshalb die Angabe der Resultate unter Nennung von Titrationsendpunkt und Berechnungsart. Tabelle 99 enthält die wichtigsten Säure-Umrechnungsfaktoren.

10.2.2.12 Gesamte Säuren

Die Summe der in einem Getränk vorhandenen freien und an Kationen gebundenen Säuren (ohne Kohlensäure) wird nach vorgängiger Kationenaustauscher-Behandlung ermittelt (Tanner und Brunner 1987). Zu beachten ist, dass während der Herstellung und Lagerung von Konzentraten Säureverluste auftreten können, die auf die Bildung enzymatisch oder azidimetrisch nicht direkt erfassbarer Folgeprodukte (Ester und Lactone) zurückzuführen sind (Gierschner 1979).

10.2.2.13 Organische Säuren

Mit chromatographischen Methoden (DC beziehungsweise HPLC) lassen sich Säuren nachweisen (IFU Nr. 23) beziehungsweise quantitativ ermitteln (zum Beispiel Lee 1993, SLMB 28A/7.4). Dies gilt vor allem für die hauptsächlich vorkommenden Fruchtsäuren wie Äpfel-, Citronen- und (im Falle von Traubensäften) Weinsäure, aber auch zum Beispiel für Milch-, Bernstein-, Fumar-, Isocitronen- und Chinasäure. Gerade die beiden letztgenannten spielen bei der Beurteilung von Fruchtsäften eine wichtige Rolle (siehe Kapitel 2.1.3 und 10.3).

10.2.2.14 Äpfelsäure

In Früchten und Fruchtprodukten kommt Äpfelsäure nur in der L-Form vor. D-Äpfelsäure stammt von zugesetzter DL-Äpfelsäure (Wallrauch 1978, Brunner und Tanner 1979). Beide Formen können enzymatisch bestimmt werden (IFU Nr. 21 beziehungsweise 64). Mit chemischen und chromatographischen Methoden wird dagegen die Summe von L- und D-Äpfelsäure erfasst. Ein Zusatz von Äp-

Tab 99. Säure-Umrechnungsfaktoren

Titrierbare Säuren ausgedrückt als:	Faktor für die Angabe der titrierbaren Säuren in: g/l Weinsäure	g/l Äpfelsäure	g/l Citronensäure	g/l Milchsäure	g/l Schwefelsäure	g/l Essigsäure	mval/l
mval/l	0,075	0,067	0,064	0,090	0,049	0,060	–
g/l Weinsäure	–	0,893	0,853	1,200	0,635	0,800	13,33
g/l Äpfelsäure	1,119	–	0,955	1,343	0,731	0,896	14,93
g/l Citronensäure	1,172	1,047	–	1,406	0,766	0,938	15,63
g/l Milchsäure	0,833	0,744	0,711	–	0,544	0,667	11,11
g/l Schwefelsäure	1,531	1,367	1,306	1,837	–	1,225	20,41
g/l Essigsäure	1,250	1,117	1,067	1,500	0,817	–	16,67

felsäure erhöht den Fumarsäuregehalt, welcher in naturbelassenen Apfelsäften maximal 5 mg/l beträgt (AIJN); ein erhöhter Fumarsäuregehalt kann aber auch durch mikrobielle Beeinträchtigung bedingt sein (GÖKMEN und ACAR 1998).

10.2.2.15 Weinsäure

Die nur in Trauben vorkommende Weinsäure lässt sich in Traubensäften in einfacher Weise photometrisch (TANNER und BRUNNER 1987) oder chromatographisch bestimmen (IFU Nr. 65). Bei anderen Fruchtsäften, insbesondere Beerensäften, ist bei der photometrischen Methode eine Vortäuschung von Weinsäure durch andere Inhaltsstoffe möglich (TANNER und LIPKA 1973). Steht kein Spektralphotometer zur Verfügung, kann eine quantitative Ermittlung des Weinsäuregehaltes auch gravimetrisch erfolgen (IFU Nr. 20).

In Traubensäften wird der Gehalt an „freier“ Weinsäure zum Nachweis eines Weinsäurezusatzes verwendet:

„freie“ Weinsäure = Weinsäure – „gebundene“ Weinsäure

Die „gebundene“ Weinsäure berechnet sich dabei durch Multiplikation des Kaliumgehaltes (siehe Kapitel 10.2.2.25) mit dem Faktor 3,846. Normalerweise ergeben sich nach obiger Formel negative Werte. Von Spezialfällen (unreifes Lesegut, säurereiche Sorten) abgesehen, gilt ein Zusatz von Weinsäure als erwiesen, wenn der Gehalt an „freier“ Weinsäure 1 g/l überschreitet (AIJN).

10.2.2.16 Citronensäure

Abgesehen von chromatographischen Verfahren (siehe Kapitel 10.2.2.13) kommt zur Bestimmung von Citronensäure meist die enzymatische Referenzmethode zum Einsatz (IFU Nr. 22). Chemische Bestimmungen (zum Beispiel OIV Nr. A29) sind vergleichsweise arbeits- und zeitaufwendiger und zudem weniger spezifisch.

10.2.2.17 Isocitronensäure

D-Isocitronensäure ist ein charakteristischer, wenn auch nur in Brombeeren mengenmäßig bedeutender Bestandteil vieler Beeren- und Citrussäfte. Da diese Säure in Säften in nicht unwesentlichen Anteilen als Ester beziehungsweise Lacton vorliegt, ist zur Erfassung des Gehaltes an Gesamt-D-Isocitronensäure eine alkalische Verseifung erforderlich, an welche sich eine Ausfällung der Säure als Bariumsalz anschließt. Die Bestimmung erfolgt enzymatisch (WALLRAUCH und GREINER 1977, IFU Nr. 54). Neben dem Gehalt an D-Isocitronensäure wird oft auch das Citronensäure/Isocitronensäure-Verhältnis als Beurteilungskriterium herangezogen (siehe Kapitel 2.1.3).

10.2.2.18 Ascorbinsäure

Ascorbinsäure ist ein wertgebender Inhaltsstoff gewisser Fruchtsäfte. Für Citrussäfte, Ananassaft und Schwarzen Johannisbeersaft existieren AIJN-Grenzwerte. Die Bestimmung wird mittels HPLC durchgeführt (IFU Nr. 17a). Daneben seien folgende Alternativen erwähnt:

a) Iodometrische Titration mit elektrometrischer Endpunktsermittlung. Das Verfahren hat zwar lediglich orientierenden Charakter, da es weitere Reduktone erfasst; auch muss der Einfluss eventuell vorhandener schwefliger Säure ausgeschaltet werden. Die Methode ist aber leicht durchführbar und für die Praxis meist von ausreichender Genauigkeit (SLMB 28A/7.10.1).
b) Polarographische Bestimmung. Dank empfindlicher Messtechnik (Differentialpuls-Verfahren) auch für tiefe Ascorbinsäuregehalte anwendbar, liefert diese Methode sehr zuverlässige Werte (SONTAG und KAINZ 1978). Nach eigenen Untersuchungen liegt die Bestimmungsgrenze im Bereich von 10 mg/l.
c) Enzymatische Bestimmung (BOEHRINGER 1995); die praktische Durchführung ist allerdings recht störungsanfällig.

Eine Gesamt-Vitamin-C-Bestimmung (L-Ascorbinsäure und Dehydroascorbinsäure) lässt sich photometrisch oder mit HPLC vornehmen (SLMB 62/14.2.1 beziehungsweise 14.2.2). Für den Nachweis zugesetzter L-Ascorbinsäure kann das Kohlenstoff-Isotopenverhältnis ($^{13}C/^{12}C$)

herangezogen werden (GENSLER et al. 1995; siehe auch Kapitel 10.3).

10.2.2.19 Oxalsäure
Oxalsäure lässt sich nach Ausfällung als Calciumoxalat und Überführung in Calciumoxid azidimetrisch ermitteln (SLMB 28A/7.8). Eine Bestimmung ist auch enzymatisch möglich (BOEHRINGER 1995). Bei höheren Gehalten (Rhabarber-, Spinatsäfte) kann die Bestimmung nach Ausfällung als Calciumoxalat durch manganometrische Titration erfolgen (KOVACS und DENKER 1968).

10.2.2.20 Kohlensäure
Gemäß Referenzmethode (IFU Nr. 42) wird die Bestimmung durch Einleitung der Kohlensäure in eine alkalische Vorlage, Ausfällung als Bariumsalz und Rücktitration der unverbrauchten Lauge durchgeführt. Einfacher kann sie im Bereich bis drei Gramm CO_2 pro Liter mit einem volumetrisch-manometrischen Verfahren ermittelt werden (BRUNNER et al. 1977). Weitere vereinfachte Verfahren sind das Schüttelrohr (TANNER und BRUNNER 1981) oder, besonders bei höheren CO_2-Gehalten, das so genannte Aphrometer (OIV Nr. A39).

10.2.2.21 Flüchtige Säuren
Flüchtige Säuren (in der Hauptsache Essig- und Ameisensäure) weisen auf eine unerwünschte mikrobielle Tätigkeit hin. Ein Gehalt von 0,4 g/l (berechnet als Essigsäure) darf nicht überschritten werden (AIJN). Säfte aus gesundem Rohmaterial enthalten in der Regel weniger als 0,1 Gramm flüchtige Säuren pro Liter.

Die Bestimmung erfolgt durch Abtrennung der flüchtigen Säuren mit Hilfe der Wasserdampfdestillation und durch anschließende Titration des von Kohlensäure befreiten Destillates mit Lauge. Eventuell mitdestillierte schweflige Säure ist vom Resultat in Abzug zu bringen (Korrekturtitration, IFU Nr. 5). Die spezifische Bestimmung von Essigsäure und Ameisensäure kann enzymatisch vorgenommen werden (IFU Nr. 66, BOEHRINGER 1995).

10.2.2.22 Milchsäure
Milchsäure ist ebenfalls eine Indikatorsubstanz für mikrobielle Tätigkeit. In Fruchtsäften und nicht fermentierten Gemüsesäften darf ihr Gehalt 0,5 g/l nicht überschreiten; für Zitronensaft gilt ein Höchstwert von 0,2 g/l (AIJN). Die Bestimmung erfolgt enzymatisch (IFU Nr. 53).

10.2.2.23 Asche
Referenzmethode ist die direkte Bestimmung der Mineralstoffe durch Verbrennung des Eindampfrückstandes bei einer Höchsttemperatur von 525 °C (IFU Nr. 9). Da das Verfahren recht zeitaufwendig ist, einige Übung voraussetzt und sich für Serienbestimmungen kaum eignet (man benötigt Platinschalen), kann dort, wo die entsprechenden Bestimmungen ohnehin vorgenommen werden, als Alternative auch eine Berechnung des Aschengehaltes aus Kalium, Natrium, Calcium, Magnesium und Phosphat erfolgen (BARNA und GRILL 1980). Nach eigenen Untersuchungen ist die Übereinstimmung generell sehr gut und liegt im Bereich der Wiederholbarkeit der Schalenmethode. In Zweifels- und Grenzfällen muss das Berechnungsverfahren aber durch die Schalenmethode verifiziert werden. Zur Eignung der Berechnungsmethode siehe auch FISCHER und HOFSOMMER (1994).

10.2.2.24 Aschenalkalität
Als Aschenalkalität wird der Gesamtgehalt an alkalisch reagierenden Bestandteilen in der Asche bezeichnet (IFU Nr. 10). Die Angabe erfolgt in mval pro Liter Saft. Das Verhältnis von Aschenalkalität und Asche, die so genannte Alkalitätszahl, ist bei der Beurteilung der Produkte auf Naturreinheit mit von Bedeutung. Bei Fruchtsäften liegen die Werte üblicherweise im Bereich um 11 bis 14 mval/g Asche.

10.2.2.25 Kalium
Am elegantesten wird Kalium mittels Atomabsorptions-Spektrometrie (AAS) oder Flammenphotometrie bestimmt (IFU Nr. 33, ASU L 31.00–10). Da jedoch dem

Kaliumgehalt in Fruchtsäften eine besondere Bedeutung zukommt und die erforderlichen Geräte nicht überall zur Verfügung stehen, sei hier noch die gravimetrische Bestimmung als Kaliumtetraphenylborat erwähnt (OIV Nr. A8/Anhang).

In naturbelassenen Fruchtsäften liegen die Kaliumgehalte meist zwischen knapp 1 und 3 g/l. Ausnahmen, wie zum Beispiel Holunderbeersäfte mit etwa 5 g/l, bestätigen die Regel. Der Kaliumgehalt der Asche beträgt etwa 40 bis 50 % (nähere Angaben siehe Kapitel 2). Bei Traubensaftkonzentraten, welche vorgängig nicht entsäuert wurden, kann der Kaliumgehalt infolge Weinsteinausfalls bis auf etwa 0,5 g/l (bezogen auf Trinkstärke) absinken.

10.2.2.26 Natrium

Auch hier sind AAS und Flammenphotometrie die Methoden der Wahl (IFU Nr. 33, ASU L 31.00–10). In sachgemäß hergestellten Säften liegen die Werte üblicherweise unter 30 mg/l. Abweichungen können durch meeresnahen Anbau, Bentonitschönung, Ionenaustauscherbehandlung oder Zusatz von Konservierungs- und Süßstoffen bedingt sein.

10.2.2.27 Calcium, Magnesium

Neben der AAS-Methode (IFU Nr. 33) wird – nach vorgängiger Veraschung – auch die komplexometrische Titration zur Bestimmung von Calcium und Magnesium eingesetzt (IFU Nr. 34). Erhöhte Werte sind möglicherweise durch Verwendung von ungeeignetem Wasser zur Verdünnung von Konzentraten oder durch chemische Entsäuerung mit kohlensaurem Kalk bedingt.

10.2.2.28 Eisen

Eisen fördert als Katalysator den oxidativen Abbau von Ascorbinsäure und ist auch an Bräunungsvorgängen und Trübungen beteiligt; ein Gehalt von 5 mg/l darf nicht überschritten werden (AIJN). Die Bestimmung kann mit AAS (SLMB 28A/8.4.1) oder – nach vorgängigem Aufschluss – photometrisch vorgenommen werden (IFU Nr. 15).

10.2.2.29 Mangan

Mangan lässt sich (nötigenfalls nach vorgängigem Nassaufschluss) sowohl mittels AAS (SLMB 28A/8.5.1) als auch polarographisch (SLMB 28A/8.5.2) bestimmen. Die Kenntnis des Mangangehaltes ist bei der Beurteilung von Buntsäften erforderlich (siehe Kapitel 10.3).

10.2.2.30 Aluminium

Nach Veraschung und Entfernung störender Metalle kann Aluminium photometrisch bestimmt werden (IFU Nr. 38). Im Spurenbereich wird die Bestimmung mittels Graphitrohrofen-AAS vorgenommen (Arruda et al. 1993).

10.2.2.31 Arsen

In Fruchtsäften darf der Arsengehalt 0,1 mg/l nicht überschreiten (AIJN). Mit dem IFU-Grenzwertversuch, bei welchem Arsen nach erfolgter Nassveraschung der Probe in Arsenwasserstoff umgewandelt und durch dessen Wirkung auf Quecksilberbromidpapier nachgewiesen wird, lässt sich abklären, ob der Saft weniger als 0,2 mg Arsen/l enthält. Die photometrische Bestimmung beruht auf der Reaktion von Arsenwasserstoff mit Silberdiethyldithiocarbamat (IFU Nr. 47). Im Spurenbereich wird Arsen mittels AAS (Hydridmethode) bestimmt (OIV Nr. A34).

10.2.2.32 Schwermetalle

Abgesehen von Eisen (siehe Kapitel 10.2.2.28) gelten gemäß AIJN für Schwermetalle die folgenden Höchstwerte (mg/l beziehungsweise mg/kg):

Blei (Pb)	max. 0,2 (Traubensaft max. 0,3)
Cadmium (Cd)	max. 0,02
Kupfer (Cu)	max. 5,0
Quecksilber (Hg)	max. 0,01
Zink (Zn)	max. 5,0
Zinn (Sn)	max. 1,0

Für die Bestimmung stehen neben photometrischen Methoden (für Kupfer zum Beispiel IFU Nr. 13) vor allem AAS (Welz und Sperling 1998) und Inversvoltammetrie (Bond 1980) zur Verfügung. Eine Übersicht über die verschiedenen Methoden und ihre Messbereiche sowie die dafür erforderlichen Aufschlussverfahren gibt auch das Kapitel 45 (Spurenelemente) des Schweizerischen Lebensmittelbuches (SLMB).

10.2.2.33 Phosphat (Gesamtphosphor)
Die Phosphorbestimmung erfolgt photometrisch. Referenzmethode ist das Molybdänblau-Verfahren (IFU Nr. 50), welchem allerdings eine Trockenveraschung vorauszugehen hat. Einfacher und rascher lässt sich der Phosphatgehalt anhand der mittels Molybdat/Vanadat-Reagens auftretenden Gelbfärbung ermitteln (IFU Nr. 35). Bei Anwesenheit von Zinn (Dosensäfte!) ist jedoch ausschießlich die Referenzmethode anzuwenden.

10.2.2.34 Sulfat
Stumm geschwefelte und nachher wieder entschwefelte Säfte lassen sich am erhöhten Sulfatgehalt erkennen. Auch die Verwendung von ungeeignetem Wasser zur Rückverdünnung von Konzentraten kann die safteigenen Werte anheben. Die Bestimmung erfolgt durch Ausfällung von Sulfat mittels Bariumchlorid. Der Niederschlag wird gewaschen, geglüht und gewogen (IFU Nr. 36).

10.2.2.35 Chlorid
Chlorid wird durch Fällungstitration mit Silbernitrat bestimmt, wobei der Titrationsendpunkt potentiometrisch zu ermitteln ist (IFU Nr. 37). Bei Traubensäften aus meeresnahem Lesegut muss der über 30 mg/l hinausgehende Natriumgehalt durch Chlorid abgedeckt sein (Bielig et al. 1984). Konsumfertige Gemüsesäfte enthalten mitunter mehrere Gramm Chlorid pro Liter.

10.2.2.36 Nitrat
Fruchtsäfte weisen normalerweise sehr tiefe, meist unter 10 mg/l liegende Nitratgehalte auf (Ausnahmen sind zum Beispiel Erdbeersäfte mit bis zu 200 mg/l). Höhere Gehalte findet man dagegen in diversen Gemüsesäften (siehe auch Kapitel 2.3). In Fruchtsäften können erhöhte Werte ein Hinweis auf Konzentrat-Rückverdünnung mit ungeeignetem Wasser sein. Die klassische Nitratbestimmung erfolgt photometrisch nach vorgängiger Reduktion von Nitrat zu Nitrit, wobei in der Probe ursprünglich vorhandenes Nitrit miterfasst wird (IFU Nr. 48). Das Verfahren ist jedoch wegen der Verwendung von Cadmium umstritten und sollte nicht mehr routinemäßig eingesetzt werden. Spezifischer lässt sich Nitrat mit HPLC (SLMB 28A/9.1) oder polarographisch (Collet 1983) bestimmen. Für eine Übersicht über weitere Alternativen siehe SLMB 22/12.2 (Anhang).

10.2.2.37 Gesamtstickstoff
Als Gesamtstickstoff wird die Summe des im Saft in irgendeiner Weise enthaltenen Stickstoffs bezeichnet. Darunter fallen neben Nitrat und Nitrit auch Proteine, freie Aminosäuren, Ammoniakstickstoff und Amine. Referenzmethode ist das Kjeldahl-Verfahren (IFU Nr. 28). Der ermittelte Stickstoff ist ein Maß für den Rohproteingehalt, welcher mit nachstehender Formel berechnet wird:

Rohprotein = Stickstoff · 6,25

Je nach Problemstellung muss die Bestimmung durch spezifischere Methoden ergänzt werden.

10.2.2.38 Formolwert
Häufiger als der Gesamtstickstoff wird der Formolwert (auch Formolzahl) bestimmt, welcher als Maß für die im Saft enthaltenen *freien* Aminosäuren dient. Der Formolwert ist allerdings relativ starken Schwankungen unterworfen (siehe Kapitel 2); auch reagieren gewisse Aminosäuren, zum Beispiel solche mit sekundären Aminogruppen wie Histidin und Prolin, nicht oder nur teilweise. Die Bestimmung erfolgt durch Zusatz von Formaldehyd. Dabei wird pro Molekül Aminosäure ein Proton freigesetzt, welches mit Lauge titriert werden kann (IFU Nr. 30). Da die Methode auch Ammoniumverbindungen und Ethanolamin erfasst, sind diese nötigenfalls separat zu bestimmen und vom

Formolwert in Abzug zu bringen (BIELIG et al. 1984, IFU Nr. 57).

10.2.2.39 α-Aminostickstoff

Auch diese – photometrisch ermittelte – Kennzahl ist ein Maß für die freien Aminosäuren. Das für die Beurteilung von Orangensäften vorgeschlagene Verfahren (HILS 1974) hat den Vorteil, dass Ammoniumverbindungen nicht erfasst werden. Nach eigenen Untersuchungen korreliert der α-Aminostickstoffgehalt auch bei Apfel- und Birnensäften besser mit der Summe der einzeln bestimmten Aminosäuren als der Formolwert. Bei beiden Verfahren – Formolwert und α-Aminostickstoff – handelt es sich jedoch um Globalmethoden, die bei weitergehenden Untersuchungen durch Einzelbestimmungen von Aminosäuren ergänzt werden müssen (siehe Kapitel 10.2.2.40/41).

10.2.2.40 Prolin

Prolin, besonders in Orangen-, aber auch in anderen Citrussäften sowie in Traubensaft in beträchtlichen Mengen vorkommend, wird durch die beiden vorgenannten Globalmethoden (siehe Kapitel 10.2.2.38 beziehungsweise 10.2.2.39) nur teilweise beziehungsweise überhaupt nicht erfasst. Eine Einzelbestimmung dieser für die Beurteilung von Fruchtsäften sehr wichtigen Aminosäure kann mit der Ninhydrinmethode nach Wallrauch in einfacher Weise photometrisch vorgenommen werden (IFU Nr. 49).

10.2.2.41 Freie Aminosäuren

Bei der Beurteilung von Fruchtsäften ist man oft auch auf die Kenntnis sämtlicher Aminosäuren angewiesen (kommentierte Vergleichsdaten siehe AIJN-Tabellen). Die Bestimmung erfolgt zumeist mittels automatisierter Ionenaustauscherchromatographie (IFU Nr. 57) oder mit Umkehrphasen-HPLC nach vorgängiger Derivatisierung (SLMB 28A/9.3). D-Aminosäuren, zum Beispiel D-Alanin, gelten als Indikatoren für Hefe- und Bakterientätigkeit (GANDOLFI et al. 1994).

10.2.2.42 Phenolische Stoffe

Phenolische Substanzen wie Catechine, hydrolysierbare Gerbstoffe usw. geben in alkalischem Milieu mit dem Folin-Ciocalteu-Reagenz eine blaue, photometrisch auswertbare Färbung. Schweflige Säure und Ascorbinsäure stören die Bestimmung und müssen gegebenenfalls mit Iod oxidiert werden (TANNER und BRUNNER 1987).

Der so ermittelte Gesamtphenolgehalt hängt von der Wahl der Bezugssubstanz ab und besitzt lediglich einen relativen Aussagewert. Trotzdem bieten solche Bestimmungen eine einfache Kontrollmöglichkeit technologischer Prozesse, was beispielsweise für die Beurteilung von Entsaftungsvorgängen oder zur Abklärung eventuell erforderlicher Behandlungsmaßnahmen nützlich ist.

In Kernobstsäften lässt sich die Bestimmung der an Trübungen und Verfärbungen beteiligten Proanthocyanidine anhand der beim Erhitzen mit Säure auftretenden Rotfärbung vornehmen (PORTER et al. 1986). Die Kenntnis einzelner phenolischer Verbindungen oder des Polyphenol-"Fingerprints" (Bestimmung mittels HPLC) kann für den Verfälschungsnachweis herangezogen werden (siehe auch Kapitel 10.2.2.43/44 sowie die Literaturangaben am Ende von Kapitel 10.3).

10.2.2.43 Anthocyane

Im Gegensatz zu vielen künstlichen (Teer-) Farbstoffen sind die roten in Früchten vorkommenden Anthocyanfarbstoffe (auch Anthocyanine genannt) an ihrem pH-abhängigen Verhalten erkennbar (Lösung sauer = rot, Lösung alkalisch = blau). Rote Teerfarbstoffe (siehe Kapitel 10.2.2.57) behalten ihre Farbe meist auch im alkalischen Bereich. Die einzelnen Fruchtarten zeigen hinsichtlich ihres Anthocyanmusters deutliche Unterschiede, was zum Nachweis von Verschnitten und Verfälschungen dient. Zur vergleichenden Untersuchung können DC (TANNER und ZÜRRER 1976) oder HPLC (KOSWIG und HOFSOMMER 1995) eingesetzt werden.

10.2.2.44 Hesperidin, Naringin

Der Hesperidin- beziehungsweise Naringingehalt gilt – zusammen mit anderen Parametern – als wichtiges Kriterium für die Beurteilung von Citrussäften. Erhöhte Gehalte können unter anderem durch suboptimale Produktionsbedingungen oder Zusätze von Pulpen- beziehungsweise Schalenextrakt bedingt sein (AIJN). Die Bestimmung erfolgt üblicherweise nach Davis (Krüger und Bielig 1976). Dabei wird die im zentrifugierten Saft nach Zugabe von Natronlauge entstehende Gelbfärbung, welche auf Hesperidin, Naringin und andere Flavanonglykoside zurückzuführen ist, photometrisch ausgewertet. Da die Farbbildung stark von Probenvorbereitung und Reaktionsdauer abhängt (Smolensky und Vandercook 1982), sind die angegebenen Bedingungen genau einzuhalten.

Eine spezifische Bestimmung von Hesperidin und dem Grapefruit-Bitterstoff Naringin kann mit HPLC vorgenommen werden (IFU Nr. 58). Die so erhaltenen Werte liegen wesentlich tiefer als die nach Davis bestimmten.

10.2.2.45 Carotinoide

Die Carotinoide werden durch Carrez-Reagenzien adsorptiv ausgefällt, mit Aceton aus dem Niederschlag extrahiert und dann in Petrolether gelöst. In der Lösung lässt sich der Gesamtcarotinoid-Gehalt photometrisch bestimmen (IFU Nr. 59). Dieser liegt in Orangensäften normalerweise bei 2 bis 5 mg/l. Werte über 15 mg/l sind ein Hinweis auf Zusätze von Schalenextrakt und/oder größeren Anteilen an Mandarinensaft (AIJN). Nach säulenchromatographischer Fraktionierung können zudem die Anteile an β-Carotin, Kryptoxanthin- und Xanthophyllestern ermittelt werden. Die IFU-Methode ist auch zur Erkennung eines Bixin-Zusatzes geeignet.

10.2.2.46 Citrusöl (etherische Öle)

Der Gesamtgehalt an etherischen Ölen (hauptsächlich D-Limonen) wird entweder durch Wasserdampfdestillation (Referenzmethode) oder oxidimetrisch bestimmt (IFU Nr. 45). Für Orangen-, Grapefruit- und Zitronensaft bestehen AIJN-Grenzwerte. Zu hohe Gehalte wirken sich bei der Lagerung nachteilig auf Aroma und Geschmack aus.

10.2.2.47 Vitamine

Neben Vitamin C (Ascorbinsäure, siehe Kapitel 10.2.2.18) wird vor allem Vitamin B_1 (Thiamin) bestimmt, welches zur Beurteilung von Orangensäften dient. Eine Fluoreszenzmessvorrichtung ist erforderlich (Koch und Hess 1971). Arbeitsvorschriften zur Bestimmung weiterer Vitamine finden sich im Kapitel 62 (Vitamine) des Schweizerischen Lebensmittelbuches (SLMB).

10.2.2.48 Alkohol (Ethanol)

In Fruchtsäften darf der Ethanolgehalt 3 g/l nicht überschreiten (AIJN). Als Schnellmethode wird das modifizierte Verfahren nach Rebelein eingesetzt (IFU Nr. 51). Für die spezifische Ermittlung geringer Ethanolgehalte (< 1 g/l) eignen sich die enzymatische Referenzmethode (IFU Nr. 52) oder auch die Gaschromatographie (IFU Nr. 2). Mit letzterer ist zudem die gleichzeitige Bestimmung von Methanol und Acetaldehyd möglich.

10.2.2.49 Glycerin

In Traubensäften ist Glycerin eine Indikatorsubstanz für schlechtes Rohmaterial oder ungeeignete Verarbeitungsbedingungen; eine Bildung kann sowohl durch *Botrytis cinerea* als auch durch Hefen erfolgen. Werte über 1 g/l gelten als erhöht (Sponholz 1989). Die Bestimmung wird enzymatisch vorgenommen (SLMB 28A/12.3).

10.2.2.50 Diacetyl

Neben Milchsäure (siehe Kapitel 10.2.2.22) ist auch das geruchsaktive Diacetyl ein Indikator für Verderb durch Milchsäurebakterien und Hauptverursacher des sogenannten „Tanktons“ (siehe Kapitel 9.1.2.1). Die Bestimmung kann mittels Differentialpuls-Polarographie (Brunner und Tanner 1982, Sadler et al. 1990) oder mit chromatographischen

Methoden erfolgen (Parish et al. 1990, De Sio et al. 1994).

10.2.2.51 Blausäure

Blausäure ist ein natürlicher Bestandteil von Steinobst (sogar im Fruchtfleisch nachweisbar). Um in Sauerkirschsäften einen Gehalt von 10 mg/l nicht zu überschreiten, sollten bei der Verarbeitung möglichst wenig Steine beschädigt werden (AIJN). Die Bestimmung erfolgt nach Hydrolyse der gebundenen Blausäure und anschließender destillativer Abtrennung durch Titration mit Silbernitrat (Hanssen und Sturm 1967).

10.2.2.52 Patulin

Patulin, ein toxisches Stoffwechselprodukt von Schimmelpilzen, kann in Faulstellen von Früchten (zum Beispiel im Fallobst) gebildet werden (siehe Kapitel 9.4.2) und somit auch in den Saft gelangen. In Apfelsäften gilt ein Grenzwert von 0,05 mg/l (AIJN); eine Herabsetzung steht zur Diskussion. Um auch geringe Patulingehalte bestimmen zu können, ist eine mehrstufige Probenvorbehandlung (Extraktion, Reinigung, Aufkonzentrierung) erforderlich. Die Analyse erfolgt mit chromatographischen Methoden (DC, HPLC). Im Interesse einer internationalen Vereinheitlichung wird empfohlen, wenn möglich die HPLC-Methode ISO 8128–1 (1993) zu verwenden (IFU Recommendation No. 2/ April 1996).

10.2.2.53 Hydroxymethylfurfural (HMF)

Erhöhte HMF-Gehalte weisen – in Verbindung mit Kochgeschmack – auf eine technologisch vermeidbare Wärmebelastung von Apfelsäften hin (Bielig et al. 1984). Generell dürfen bei Fruchtsäften HMF-Werte von 20 mg/l nicht überschritten werden (AIJN). Die Bestimmung kann durch photometrische Auswertung der mit p-Toluidin und Barbitursäure auftretenden Rotfärbung (IFU Nr. 12) oder mit HPLC erfolgen (IFU Nr. 69).

10.2.2.54 Gesamte schweflige Säure (SO_2)

Fruchtsäfte dürfen keine schweflige Säure enthalten (AIJN). Bei Traubensäften sind Gehalte über 10 mg/l ein Hinweis auf unvollständige Entschwefelung (siehe Kapitel 5.2.3). Die Bestimmung erfolgt durch Destillation der freien und gebundenen SO_2 in eine mit Wasserstoffperoxid beschickte Vorlage. Die gebildete Schwefelsäure wird titrimetrisch bestimmt (IFU Nr. 7a). Als Alternative kommt für die Praxis auch die Schnellmethode nach Rebelein in Frage (Tanner und Brunner 1987). Die in hochfarbigen Fruchtsäften mitunter in Form der stabilen Anthocyan-SO_2-Verbindung vorliegende schweflige Säure wird nicht erfasst.

10.2.2.55 Gärtest

Anhand des Gärtests (IFU Nr. 18, SLMB 28A/15.1) lässt sich die Frage beantworten, ob ein Fruchtsaft gärfähig ist oder ob mit der Anwesenheit von Konservierungsmitteln gerechnet werden muss. Im letzteren Fall ist auf einzelne in Frage kommende Konservierungsmittel zu prüfen (siehe Kapitel 10.2.2.56).

10.2.2.56 Konservierungsmittel

Einzelne Konservierungsmittel, wie zum Beispiel Sorbinsäure oder Benzoesäure und deren Ester, lassen sich mit DC (IFU Nr. 41A) oder mit HPLC (IFU Nr. 63) nachweisen beziehungsweise bestimmen. Für den Nachweis von Ameisensäure kann ein Farbtest durchgeführt werden (IFU Nr. 41B). Pyrokohlensäure-Diethylester (PKE) lässt sich indirekt anhand des in PKE-Handelsprodukten enthaltenen Diethylcarbonats nachweisen (IFU Nr. 43). Weitere Nachweis- und Bestimmungsmethoden finden sich in Kapitel 44 (Konservierungsmittel) des Schweizerischen Lebensmittelbuches (SLMB).

10.2.2.57 Künstliche Farbstoffe (Nachweis)

Ein einfacher Nachweis künstlicher Farbstoffe erfolgt durch Ausfärben auf entfetteter Schafwolle. Nach Ablösung mit Ammoniak können sie chromatographisch getrennt und anhand von Vergleichssubstanzen identifiziert werden (IFU Nr. 24).

10.2.2.58 Künstliche Süßstoffe (Nachweis)

Der dünnschichtchromatographische Nachweis beschränkt sich auf Saccharin, Cyclamat, Dulcin und Ultrasüß (IFU Nr. 40). Weitere Nachweis- und Bestimmungsmethoden, zum Beispiel für Aspartam, sind Kapitel 41 (Süßstoffe) des Schweizerischen Lebensmittelbuches (SLMB) zu entnehmen.

10.2.2.59 Mikrobiologische Methoden

Die 1996 erschienene zweite Auflage der Sammlung mikrobiologischer Methoden der IFU enthält Arbeitsanleitungen zur Untersuchung konsumfertiger Frucht- und Gemüsesäfte, frucht- und gemüsesafthaltiger Getränke sowie von Zwischenprodukten, Roh- und Hilfsstoffen. Neben allgemeinen Hinweisen finden sich Methoden für die Ermittlung von Gesamtkeimzahl, Hefen und Schimmelpilzen sowie differenzierende Verfahren zur Bestimmung von Mikroorganismenarten und -gruppen.

10.3 Verfälschungen von Fruchtsäften

H. Tanner und H. R. Brunner

Die Fälschung von Fruchtsäften und fruchtsafthaltigen Getränken stellt ein ernst zu nehmendes Problem dar, dessen Dimensionen nicht zu unterschätzen sind. Zu verlockend ist die Aussicht auf Gewinne in Millionenhöhe, welche letztlich vom Konsumenten bezahlt werden müssen. Im Vordergrund stehen Apfel- und Orangensäfte, doch sind auch viele andere Fruchtsaftfälschungen bekannt geworden. Die Art solcher Manipulationen reicht dabei von Kunstprodukten, welche weder die deklarierte noch sonst eine Obstart enthielten, über das Verdünnen von Säften beziehungsweise Strecken beim Rückverdünnen von Konzentraten, den Verschnitt mit billigeren Rohstoffen (Zuckerarten, Säuren, Farb- und Aromastoffe, Säfte) bis hin zur Verwendung raffiniert zusammengesetzter Gemische, die vor dem Entdecktwerden schützen sollen (Nagy et al. 1988, Nagy 1997).

Die Erkennung von Fruchtsaftverfälschungen setzt eine große analytische Erfahrung, zuverlässige Vergleichsdaten sowie die Berücksichtigung weiterer Aspekte wie Technologie und aktuelle Marktsituation voraus. Zwar sind dank ständig verbesserter Analytik und breit abgestützter Referenzwerte immer differenziertere Beurteilungen möglich; andererseits profitieren auch die Fälscher von diesen Kenntnissen bei der Herstellung „analysenfester“ Erzeugisse. Verfälschungen und ihre Nachweismöglichkeiten wurden vereinzelt schon in Kapitel 10.2 erwähnt. Nachfolgend seien stellvertretend für viele andere Fälle einige weitere Beispiele genannt.

Während in früheren Zeiten der Zusatz von Kernobst- zu Traubensäften im Zusammenhang mit Weinfälschungen ein beträchtliches Ausmaß angenommen hatte und erst anhand des in Trauben nicht vorkommenden Zuckeralkohols *Sorbit* einwandfrei nachgewiesen werden konnte (Werder 1929), tauchten zu Beginn der 70er Jahre Apfelsäfte auf dem Markt auf, welche mit zu diesem Zeitpunkt relativ billigen Traubensäften verschnitten worden waren. Der Nachweis einer solchen Verfälschung gelang in erster Linie anhand des erhöhten *Prolingehaltes*, wobei zusätzlich abzuklären war, ob dieser nicht von zugesetztem Birnensaft stammte. Diese Frage ließ sich anhand der im Kernobst nur in Spuren, in Trauben jedoch in größeren Mengen vorhandenen Aminosäure Arginin beantworten (Tanner und Sandoz 1973). Im Citrusbereich führten die sprunghaft ansteigenden Konsumzahlen der 50er Jahre bald zu den ersten Orangensaftfälschungen größeren Stils. So stießen die Behörden im U. S.-Bundesstaat Georgia bei einer Razzia in einem Betrieb auf Fässer mit Kaliumcitrat, Calciumchlorid, Zucker, Citronensäure, Schalenöl, Pulpe, Mandarinensaftkonzentrat, künstlichen Farbstoffen und anderen Zutaten, aus denen „100-prozentiger Orangensaft" hergestellt wurde (Holeman 1984).

Gefälschter Sauerkirschsaft konnte unter anderem an den erhöhten Gesamtsäure/Asche- beziehungsweise Gesamtsäure/Kalium-Quotienten erkannt werden, wobei der dadurch nachweisbare Säurezusatz mittels DL-Äpfelsäure erfolgte. Das völlige Fehlen des für Kirschen typischen Sorbits sowie ein erhöhter Prolingehalt ließen vermuten, dass dieser „Sauerkirschsaft" ohne Verwendung von Kirschen hergestellt worden war, was sich mit weiteren Untersuchungen bestätigen ließ (Wallrauch 1975). Für genauere Abklärungen ist man zumeist auch auf die Kenntnis der einzelnen *Fruchtsäuren* angewiesen. So wird D-Isocitronensäure (Hauptsäure der Brombeeren) zur Beurteilung diverser Beeren- und Citrussäfte herangezogen. In Waldheidelbeeren ist Chinasäure ein charakteristischer Bestandteil, was eine Differenzierung zwischen Wald- und Kulturheidelbeeren erlaubt (Tanner und Peter 1977). Der Mangangehalt ist in diesem Falle ein zusätzliches Kriterium (Kuhlmann 1979).

Die qualitative und quantitative Kenntnis der in einem Saft enthaltenen *Zuckerarten* vermittelt wichtige Anhaltspunkte für die Erkennung extraktanhebender Zusätze. Dadurch kann insbesondere das Verhältnis einzelner Zuckerarten untereinander gegenüber einem authentischen Saft verändert sein. Im Falle eines Zusatzes von Saccharose beziehungsweise Saccharoselösung muss aber berücksichtigt werden, dass Saccharose im Laufe der Zeit, insbesondere bei hohem Säuregehalt und erhöhter Lagertemperatur, invertiert wird. Dasselbe gilt natürlich auch bei in Gärung geratenen Säften. Die Anwesenheit von Maltose ist unter anderem auf die Verwendung von partiell hydrolysierter Stärke (Glucosesirup) zurückzuführen. Der Nachweis von Glucosesirup lässt sich anhand der vor und nach Behandlung mit dem Enzym Amyloglucosidase vorgenommenen Glucosebestimmung erbringen. Eine eventuelle Differenz der beiden Glucosewerte erlaubt die Abschätzung des im Produkt enthaltenen Anteils an enzymatisch spaltbaren Stärkeprodukten (Bandion et al. 1986, Brunner und Schneider 1989).

Diese einfache Nachweismöglichkeit war mit ein Grund, anstelle von Stärkeprodukten auch andere Zuckerarten zur Extraktanhebung einzusetzen. Ein Beispiel dafür ist die Streckung von Orangensaft mit partiell invertierter Saccharose, die ein ähnliches Zuckerprofil aufweist. Die Erkennung eines solchen Zusatzes gelingt chromatographisch anhand von Oligosacchariden, die nur in teilinvertierter Saccharose, nicht aber im Orangensaft vorkommen (Low und Swallow 1991, Trotzer et al. 1994). Ähnliches gilt für den Zusatz eines aus Inulin gewonnenen Zuckersirups mit hohem Fructosegehalt zu Apfelsaft. Auch in diesem Falle dienen lediglich im Zuckersirup in nennenswerten Mengen enthaltene, charakteristische Oligosaccharide dem Nachweis (Low 1996). Eine quantitative Aussage über den Zuckerzusatz ist jedoch nur in jenen Fällen möglich, bei denen auch der verwendete Zucker untersucht werden kann (Stöber et al. 1998).

Als ausgesprochen leistungsfähiges Instrument zur Erkennung von Lebensmittelverfälschungen haben sich seit einigen Jahren die *Isotopenmethoden* erwiesen. Prinzipiell geht es um die Bestimmung *stabiler* Isotope und ihrer Verhältnisse, die in der Natur aufgrund chemischer und physikalischer Vorgänge leicht variieren („Isotopeneffekt"). Bei der Beurteilung von Fruchtsäften stehen die Stabilisotopen-Verhältnisse der Elemente C, H und O im Vordergrund (IFU Recommendation No. 3/April 1996). So wird beispielsweise ^{2}H (Deuterium) beim Verdampfen von Wasser gegenüber ^{1}H in der flüssigen Phase angereichert. Die Deuteriumkonzentration im Regenwasser liegt deshalb tiefer als im Meerwasser. Im Gewebswasser von Pflanzen ist der Deuteriumanteil infolge geringerer Verdunstung wiederum höher. Analog verhalten sich die stabilen Sauerstoff-Isotope ^{18}O und ^{16}O. Aufgrund dieser Stabilisotopen-Verhältnisse ($^{2}H/^{1}H$ beziehungsweise $^{18}O/^{16}O$) lässt sich die *Herkunft des Wassers* in Fruchtsäften abklären: ein Direktsaft unterscheidet sich also von einem durch Rückverdünnung erhaltenen Saft.

Ein weiteres Beispiel für den Isotopeneffekt sind die stabilen Isotope des Elements Kohlenstoff (^{13}C und ^{12}C). Infolge verschiedener Assimilationswege lassen sich drei Pflanzengruppen aufgrund des ^{13}C-Anteils unterscheiden:

- C3-Pflanzen: dazu gehören die meisten höheren Pflanzen, so auch Citrusfrüchte, Kernobst und Beeren.
- CAM-Pflanzen: Kakteen, Ananas, Agave usw.
- C4-Pflanzen: Mais, Zuckerrohr, Sorghumhirse usw.

Anhand des $^{13}C/^{12}C$-Verhältnisses lässt sich demnach in C3-Säften ein *Zuckerzusatz* nachweisen, der aus C4-Pflanzen stammt (Mais, Zuckerrohr). Dagegen ist Zucker, der ebenfalls einer C3-Pflanze entstammt (zum Beispiel Zuckerrübe), in C3-Säften mit diesem Verfahren nicht nachweisbar. Hier ist man auf die Ermittlung des $^{2}H/^{1}H$-Verhältnisses angewiesen, da sich Zucker aus Zuckerrüben und Zucker aus Früchten hinsichtlich ihres ^{2}H-Gehaltes hinreichend unterscheiden.

Infolge des hohen apparativen Aufwands und der erforderlichen Spezialkenntnisse werden solche Untersuchungen nur in wenigen Labors durchgeführt. Die Interpretation der Messergebnisse erfordert zudem viel Erfahrung und genügend Vergleichsdaten, da Isotopenverhältnisse auch von weiteren Parametern, wie Klima und geographische Lage, abhängen. In den letzten Jahren konnte die Aussagekraft dieser Methoden noch gesteigert werden. So ist es möglich, nach vorgängiger chromatographischer Abtrennung einzelner Inhaltsstoffe (Zucker, Fruchtsäuren) deren Isotopenverhältnisse separat zu ermitteln, was einen empfindlicheren Verfälschungsnachweis erlaubt (Jamin et al. 1998).

Wie bereits mehrmals angedeutet, werden zur Beurteilung von Fruchtsäften neben analytisch direkt zugänglichen Absolutwerten auch *rechnerisch ermittelte Kennzahlen* herangezogen. Bekannte Beispiele sind die Quotienten aus Kalium und Asche, Kalium und Magnesium, Glucose und Fructose sowie Citronensäure und D-Isocitronensäure. Sie erlauben in manchen Fällen eine präzisere Aussage, als dies aufgrund der separat betrachteten Einzelwerte möglich wäre. Es wurde auch – vorab auf dem Citrussektor – vorgeschlagen, die Verfälschung beziehungsweise Naturbelassenheit von Säften aufgrund mathematisch-statistischer Methoden zu beurteilen (zum Beispiel Richard et al. 1984, Page et al. 1988). Dies setzt jedoch eine umfangreiche, stets aktuelle und den zu beurteilenden Säften entsprechende Datenbasis voraus. Selbst dann ist nie ganz auszuschließen, dass ein authentischer Saft fälschlicherweise abgelehnt oder ein verfälschter Saft als echt eingestuft wird (Brown et al. 1988). Es empfiehlt sich jedenfalls, entsprechende Befunde kritisch zu betrachten und – gegebenenfalls unter Vornahme zusätzlicher Analysen – weitestmöglich abzusichern. Für eine zuverlässige Beurteilung von Fruchtsäften wird ein einziges Analysenverfahren in der Regel ohnehin nicht als ausreichend betrachtet (Rossmann et al. 1990, Brause 1993, Lees et al. 1996).

Um die Beurteilung von Fruchtsäften zu erleichtern und somit den Schutz naturbelassener Erzeugnisse wirkungsvoller zu gestalten, wurden von den 70er Jahren an für die wichtigsten Saftarten Analysendaten veröffentlicht, welche auf den einschlägigen Erfahrungen von Sachverständigen aus Wissenschaft, Industrie und Lebensmittelkontrolle basieren. Den Anfang machte der von der Interessengemeinschaft Citrussäfte e. V. erarbeitete „Steckbrief eines Orangensaftes" (Korth 1975). Es folgten in diversen Publikationen die *„RSK-Werte"* (*R*ichtwerte und *S*chwankungsbreiten bestimmter *K*ennzahlen) für Apfel-, Trauben-, Orangen-, Himbeer-, Birnen-, Grapefruit-, Schwarzen Johannisbeer-, Sauerkirsch- und Passionsfruchtsaft sowie Aprikosenmark, die vom Verband der deutschen Fruchtsaft-Industrie e. V. in einer Gesamtdarstellung herausgegeben wurden (RSK 1987). Später gelangten noch RSK-Werte für Zitronensaft (Faethe et al. 1990), dreifach konzentriertes

Tomatenmark (LABAT und HILS 1992) und Ananassaft (FUCHS et al. 1993) zur Veröffentlichung. Bei den RSK-Werten handelt es sich um kommentierte Analysendaten sowie um Kennzahlen für eine weiterführende Analyse, wobei die naturbedingten Einflüsse (Sorte, Herkunft, Witterung, Erntezeitpunkt usw.) sowie die Verarbeitungsart weitestgehend Berücksichtigung finden; außerdem wurden die verwendeten Analysenmethoden mitgeteilt.

Anfangs der 90er Jahre war es dann der EU-Dachverband der Fruchtsaftindustrie (AIJN), der in einem *„Code of Practice"* zunächst für Apfel-, Grapefruit-, Orangen- und Traubensaft, später auch für 14 weitere Säfte, kommentierte Referenzwerte der analytischen Eigenschaften inklusive anzuwendende Analysenverfahren publizierte (AIJN). Basis für den Code of Practice bildeten dabei die Beurteilungskriterien der einzelnen Mitgliedsländer, neben den deutschen RSK-Werten unter anderen auch die Daten der Association Française de Normalisation (AFNOR). Die Angabe der AIJN-Referenzwerte analytischer Eigenschaften erfolgt in zwei Gruppen:

A) *Parameter, die unbedingt einzuhalten sind:* verbindlich für alle in den Mitgliedsländern verkehrsfähigen Säfte. Aufgeführt sind minimale oder maximale Werte, von denen keiner unter- beziehungsweise überschritten werden darf. Beispiele für solche Parameter sind relative Dichte, Ethanol, flüchtige Säuren, Milchsäure, Hydroxymethylfurfural, Ascorbinsäure, Arsen, Schwermetalle sowie Isotopenverhältnisse.

B) *Kriterien für die Beurteilung von Identität und Authentizität:* Angegeben sind Schwankungsbreiten für wertbestimmende chemische Kennzahlen. Es sei ausdrücklich davor gewarnt, diese Daten als Absolutwerte zu betrachten; spätere Änderungen aufgrund neuer Erkenntnisse, modifizierter Verarbeitungsbedingungen oder rohstoffspezifischer Gegebenheiten sind nicht auszuschließen. Es wäre auch nicht im Sinne der federführenden Fachgremien, einen Saft lediglich aufgrund einzelner abweichender Analysenzahlen als verfälscht zu bezeichnen. In solchen Fällen sind weiterführende Analysen oder zusätzliche Abklärungen erforderlich, um zu erkennen, ob die Abweichungen rohstoffspezifisch sind oder auf andere Gründe zurückgeführt werden müssen. In Kapitel 2 (Tab. 17 und 18) sind AIJN-Referenzwerte auszugsweise aufgeführt. Vereinzelt wird auch in Kapitel 10.2 darauf eingegangen.

Bei Verdacht auf unzulässige Manipulationen ist in jedem Falle auf das gesamte Analysenbild unter Einbezug des sensorischen Befundes abzustellen, wobei noch weitere, nicht im Code of Practice aufgeführte Parameter zu ermitteln sind. Als wichtiges Beispiel sei die Möglichkeit eines Verfälschungsnachweises anhand phenolischer Inhaltsstoffe erwähnt (HERRMANN 1979, SIEWEK et al. 1985, ROUSEFF 1988, WALD und GALENSA 1989, HERRMANN 1998). Interessante Erkenntnisse liefert auch der amerikanische Ansatz, einen Saft nicht quantitativ mit einzelnen Substanzen, sondern anhand von chromatographisch ermittelten „Fingerprints" ganzer Stoffgruppen (neben phenolischen Verbindungen zum Beispiel auch Carotinoide) zu charakterisieren (KIRKSEY et al. 1988, HOFSOMMER 1995, FUCHS und KOSWIG 1997, RECHNER et al. 1998). In Zukunft könnten bei der Beurteilung von Fruchtsäften und Nektaren vermehrt immunchemische Methoden zum Einsatz gelangen, beispielsweise für den Nachweis von Schalenextrakt (TOTH-MARKUS et al. 1999).

10.4 Trübungen und Ausscheidungen chemischer Art in Säften und Konzentraten sowie Möglichkeiten zu deren Nachweis

H. TANNER und H. R. BRUNNER

Viele unerwünschte Trübungen sind auf das Vorhandensein von Mikroorganismen (Hefen, Schimmelpilze, Bakterien) zurückzuführen (siehe Kapitel 9). Im vorliegenden Kapitel wird auf die wichtigsten

Trübungen chemischer Art sowie auf *einfache* Methoden zu ihrer Erkennung eingegangen. Detaillierte Untersuchungen zur abschließenden Identifizierung von Trubbestandteilen erfordern mitunter einen beträchtlichen analytischen Aufwand (Beveridge 1996, Dietrich et al. 1996, Dietrich und Will 1998).

Neben Ausscheidungen organischer und anorganischer Natur, an denen Saftinhaltsstoffe wie Proteine, phenolische Verbindungen und Schwermetalle beteiligt sind, müssen noch fremdstoffbedingte, etwa durch Schönungs- und Filterhilfsmittel verursachte Trübungen erwähnt werden. Veränderte Verarbeitungs- und Lagerbedingungen können auch früher selten oder nie beobachtete Ausscheidungen zur Folge haben, wie zum Beispiel die Bildung von Kaliumcitrat in Orangensaftkonzentraten (siehe Kapitel 10.4.2.4) oder Arabantrübungen in Kernobstsäften (Pilnik und Voragen 1984). Zudem ist es möglich, dass *per se* trubstabile Säfte als Zutaten in Mischgetränken unstabil werden und zu Nachtrübungen führen.

10.4.1 Vorbehandlung der Proben

Trubstoffe und Ausscheidungen werden durch Zentrifugieren, Dekantieren oder Filtrieren mittels Hartfilter abgetrennt. Sofern ein geeignetes Mikroskop zur Verfügung steht, können mikrobiell bedingte Trübungen anhand der verschiedenen Konturen der Mikroorganismen erkannt werden, während bei kristallinen Ausscheidungen die Kristallform wertvolle Hinweise für ihre weitere Charakterisierung vermittelt. Ähnliches gilt für einige nichtkristalline Trübungsursachen wie Kieselgurpartikel oder Stärkekörner (Lüthi und Vetsch 1981). Die in Getränken vorliegenden Trübungen sind jedoch mehrheitlich amorph, so dass der mikroskopischen Untersuchung eine chemische Analyse folgen muss. Voraussetzung dafür ist aber, dass eine ausreichende Menge an gereinigtem Trubmaterial zur Verfügung steht. Bei schwachen Trübungen müssen zu diesem Zweck größere Mengen Getränk zentrifugiert werden.

Der abgetrennte Niederschlag wird zwei- bis dreimal mit 50%igem Alkohol aufgeschlämmt und zentrifugiert. Anhand von *Vorproben* (Brennbarkeit, Löslichkeit, Flammenfärbung) lässt sich der Kreis der in Frage kommenden Trübungsursachen zumeist enger ziehen. Hierauf erfolgt die weitere Charakterisierung durch Vornahme spezifischer Tüpfelreaktionen oder anderer qualitativer Nachweisverfahren (Tanner und Brunner 1987, Müller 1989). Recht häufig liegen *Komplexe* vor, an denen zwei oder mehrere Trübungsverursacher beteiligt sind (Schobinger 1988, Siebert et al. 1996, Dietrich und Will 1998). Es empfiehlt sich, nach Möglichkeit Vergleichsproben bekannter Zusammensetzung zur Beurteilung heranzuziehen; die Identifizierung einer Trübung sollte nur aufgrund zweier oder mehrerer *positiver* Nachweisreaktionen erfolgen.

10.4.2 Die einzelnen Trübungen und Ausscheidungen

10.4.2.1 Kaliumhydrogentartrat (Weinstein)

Weinsteinausscheidungen können in Traubensäften und -konzentraten auftreten. Sie bestehen aus groben, oft die Farbe des Getränkes aufweisenden Kristallen. *Kalium* lässt sich an der Flammenfärbung erkennen: eine kleine Menge der gereinigten Probe wird mittels Platinöse oder Magnesiastäbchen in den Saum der heißen Flamme gehalten. Ein gelbes Aufleuchten ist auf Natriumspuren zurückzuführen. Kalium, das eine violette Flammenfärbung aufweist, welche aber durch die intensivere Natriumflamme häufig verdeckt wird, lässt sich durch ein 3 bis 5 Millimeter dickes Kobaltglas an der *Rosafärbung* erkennen.

Weinsäure kann mittels Silberspiegelreagens oder chromatographisch nachgewiesen werden. In beiden Fällen ist Kalium vorher durch Kationenaustauscher-Behandlung zu entfernen. Die in einem Reagenzglas befindliche Ausscheidung wird zu diesem Zwecke mit etwa

10 ml destilliertem Wasser versetzt und mit jeweils drei gestaffelt zugegebenen Portionen à etwa 1 g Austauscher (Dowex 50 W × 8 H^+) während einer Minute kräftig geschüttelt. Nach Abfiltrieren des Austauschers kann das Filtrat für den Weinsäurenachweis eingesetzt werden.

Silberspiegelreagens (bei Bedarf frisch bereiten): 10 ml 5%ige Silbernitrat-Lösung mit 2 ml 10%iger Natronlauge versetzen und den entstandenen Niederschlag durch tropfenweise Zugabe von konzentriertem Ammoniak unter Schütteln wieder in Lösung bringen.

Für die eigentliche Silberspiegel-Reaktion werden 5 ml Filtrat mit dem gleichen Volumen Reagens versetzt und vorsichtig zum Sieden erhitzt. Bei Anwesenheit von Weinsäure bildet sich nach einigem Stehen an der Glaswand ein Silberspiegel. Im oben erwähnten Filtrat lässt sich Weinsäure nach vorgängigem Konzentrieren (Eindampfen) auch chromatographisch nachweisen (Tanner und Brunner 1987).

10.4.2.2 Calciumtartrat

Diese Ausscheidung tritt im Anschluss an chemische Entsäuerungen von Traubensäften mittels kohlensaurem Kalk auf. Unter dem Mikroskop sind regelmäßige Kristalle („Sargdeckelform") erkennbar, häufig vergesellschaftet mit Weinstein. *Calcium* wird an der ziegelroten *Flammenfärbung* der auf einem Magnesiastäbchen befindlichen Kristalle nachgewiesen (meist nur kurz sichtbar). Charakteristisch für Calcium ist außerdem das blendend weiße Aufleuchten einzelner am Stäbchen befindlicher Calciumpartikel („Drummondsches Kalklicht"). Der Nachweis von Weinsäure erfolgt analog wie unter Kapitel 10.4.2.1 beschrieben.

10.4.2.3 Calciumhydrogenmalat

Kristalle in kühl gelagerten Apfelsaftkonzentraten bestehen in der Regel aus Calciumhydrogenmalat $[Ca(C_4H_5O_5)_2 \cdot xH_2O]$. Unter dem Mikroskop sind sechskantige Prismen zu erkennen. Der Nachweis von Calcium erfolgt mittels Flammenfärbung, derjenige von Äpfelsäure nach vorgängiger Kationenaustauscher-Behandlung chromatographisch (siehe Kapitel 10.4.2.1 und 10.4.2.2). Die gesättigte Lösung von Calciumhydrogenmalat weist einen pH-Wert von 3,7 auf (Tanner, unveröff.). Ein Grund für die Bildung von Calciumhydrogenmalat kann darin liegen, dass der Apfelsaft vor dem Konzentrieren mit Calciumcarbonat entsäuert wurde.

10.4.2.4 Kaliumcitrat

In Orangensaftkonzentraten vorkommende Ausscheidungen sind optisch meist schwer erkennbar. Es handelt sich um helle, gelbliche Körper von runder Form, die zum überwiegenden Teil aus mono-Kaliumcitrat bestehen (Bielig et al. 1983). Die Anwesenheit solcher Ausscheidungen kann keinesfalls als Hinweis für unerlaubte Manipulationen gelten, da Orangensaftkonzentrate bei Lagertemperaturen von –10 °C bis –18 °C bezüglich mono-Kaliumcitrat als übersättigte Lösungen anzusehen sind. Als Hauptursache wird die intensive Durchmischung während der Rückkühlung und in zweiter Linie die Abkühlungsgeschwindigkeit genannt. Die Ausscheidungen gehen beim Rückverdünnen ohne nennenswerte Verzögerung in Lösung; das Analysenbild des gewonnenen Saftes wird in keiner Weise verändert.

10.4.2.5 Eisentrübungen

Durch Zusammenwirken von Eisenionen und Gerbstoffen, Hydroxyzimtsäuren und deren Ester (Kaffeesäure, Chlorogensäure usw.) können Fruchtsäfte eine dunkle bis schwarze Farbe annehmen. In der Trübung selbst (oder in hellfarbigen Säften) lässt sich Eisen nach Ansäuern mittels Kaliumhexacyanoferrat (gelbes Blutlaugensalz) anhand der Bildung von *Berliner Blau* nachweisen. Ausführung: Trübung in wenig Wasser aufschwemmen, mit 5 ml 10%iger Salzsäure versetzen und 5 ml 1%ige Kaliumhexacyanoferrat-Lösung zugeben. Eine Blaufärbung oder blaue Ausflockung zeigt die Anwesenheit von Eisen an.

10.4.2.6 Kupfertrübungen

Kupferionen sind zumeist an einer feinen, amorphen Trübung von bräunlicher Farbe beteiligt. Bei Belichtung des Getränkes verschwindet die Trübung; im Dunkeln verstärkt sie sich. Analysen haben gezeigt, dass als Bindungspartner des Kupfers Eiweiße oder Proanthocyanidine in Frage kommen. Durch Glühen des ausgewaschenen Niederschlages lässt sich im Falle einer Verkohlung der Trubstoffe auf dem Spatel die Anwesenheit von brennbaren Substanzen nachweisen (Unterschied zu der nicht brennbaren anorganischen Kupfersulfit-Trübung).

Kupfer selbst kann analog zu Kapitel 10.4.2.5 mittels Kaliumhexacyanoferrat nachgewiesen werden: Es bildet sich eine *Rotfärbung* beziehungsweise ein roter Niederschlag (Ansäuerung mit Salzsäure ist nicht erforderlich). Weitaus empfindlicher ist der Nachweis mit Cuproin (TANNER und BRUNNER 1987). Schließlich kann Kupfer auch ähnlich wie Kalium und Calcium anhand der *Flammenfärbung* erkannt werden (gereinigten Trub in den Saum der Flamme halten): Grüner Saum oder grüne Flamme weisen auf Kupfer hin.

10.4.2.7 Phosphat

Die Ferriphosphat-Trübung bildet sich in Säften mit erhöhtem Eisengehalt. Während Eisen gemäß Kapitel 10.4.2.5 nachgewiesen wird, erfolgt der Phosphatnachweis mit Ammoniummolybdat: Die gereinigte Ausscheidung wird mit 5 ml 10%iger Salpetersäure und einigen Tropfen einer gesättigten Ammoniummolybdat-Lösung versetzt. Bei Anwesenheit von Phosphat entsteht nach kurzem Erhitzen eine *gelbe* Färbung beziehungsweise ein gelber Niederschlag (Reagenzglas in Zweifelsfällen einige Stunden stehen lassen).

10.4.2.8 Proanthocyanidine (Leucoanthocyanidine)

Sofern Kupfer abwesend ist und sich die Trübung aufgrund der Verbrennungsprobe als organisch zu erkennen gibt, wird zweckmäßigerweise auf Proanthocyanidine geprüft. Dabei ist die ausgewaschene Trübung in einem Reagenzglas mit 3 ml 15%iger Salzsäure sowie 2 ml Isoamylalkohol zu versetzen und unter stetem Schwenken während einiger Minuten zum Sieden zu erhitzen. Eine sich in der oberen Phase bildenden *Rotfärbung*, welche dem gebildeten Cyanidin zuzuschreiben ist, weist auf die Anwesenheit von Proanthocyanidinen hin. Eine Braunfärbung lässt auf Catechin schließen.

10.4.2.9 Gerbstoffausscheidungen

Die Trubstoffe sind brennbar und hinterlassen keine Asche (Unterschied zur Eisen/Gerbstoff-Trübung). Leichtes Erwärmen des Trubes in wenig konzentrierter Schwefelsäure führt zu Rotfärbung (sog. *Gerbstoffrot*). Esterartige Gerbstoffe wie das *Tannin* (evtl. von Schönungstannin stammend) bilden mit einigen Tropfen einer Eisen(III)-salz-Lösung sofort *blauschwarze Verfärbungen*. Bei Gerbstoffen (wie auch bei Weinsäure) ist die Silberspiegelreaktion positiv (siehe Kapitel 10.4.2.1). Ein verfeinerter Gerbstoffnachweis kann mit Malachitgrün erfolgen (MÜLLER 1989).

10.4.2.10 Eiweißartige Ausscheidungen

Eiweißtrübungen sind recht häufig anzutreffen, allerdings meist in Form von Komplexen mit anderen Trübungspartnern. Unter dem Mikroskop lassen sie sich kaum von einer Gerbstofftrübung unterscheiden (amorphe Partikel). Oft sind es thermolabile, im Anschluss an eine Pasteurisation auftretende oder nach Kühlstellung des Saftes gebildete Ausscheidungen. Thermolabile Trübungen solcher Art wurden auch schon nach vorgängiger Behandlung mit pektolytischen Enzymen beobachtet (LATRASSE et al. 1976).

Typisch für eiweißartige Substanzen ist der beim Verbrennen auftretende Geruch nach verbranntem Haar (gilt natürlich auch für Hefetrub). Positiv ist der *Stickstoff-* und bei Anwesenheit schwefelhaltiger Aminosäuren auch der *Schwefelnachweis*. Ausführung (Schutzbrille aufsetzen!): Eine Probe der gereinigten Ausscheidung im Glühröhrchen sorgfältig trocknen, anschließend ein frisch geschnittenes Natrium- oder Kaliumstückchen (*Vorsicht:* höchstens Streichholzkopfgröße; Aufbewahrung der Alkalimetalle stets unter Petrol) derart in das schräg gehaltene Glühröhrchen einführen, dass es knapp oberhalb der Probe liegt. Nun wird das Metall mit kleiner Flamme geschmolzen und in die zu untersuchende Probe fliessen gelassen. Man erhitzt kurze Zeit auf Rotglut und lässt das glühende Röhrchen in ein mit etwa 5 ml destilliertem Wasser gefülltes großes Reagenzglas fallen, wo es zerspringt. Die wässrige Lösung der Alkalisalze wird abfiltriert und zum Stickstoff- beziehungsweise Schwefelnachweis eingesetzt.

Stickstoffnachweis: Einen Teil des Filtrats mit wenigen Eisen(II)-sulfat-Kristallen aufkochen und nach dem Abkühlen durch tropfenweise Zugabe von konzentrierter Salzsäure ansäuern. *Blaufärbung* (Berliner Blau, siehe Kapitel 10.4.2.5) zeigt Stickstoff an. Ein sehr empfindlicher Stickstoffnachweis kann übrigens auch durch Glühen der mit einem Überschuss an Calciumoxid vermischten Probe vorgenommen werden (Glühröhrchen mit Glaswollstopfen verschließen). Das bei Anwesenheit von Stickstoff entstehende Ammoniakgas lässt sich mittels feuchtem pH-Indikatorpapier nachweisen (alkalische Reaktion).

Schwefelnachweis: 1 bis 2 ml des Filtrats mit Essigsäure ansäuern und einen Tropfen auf Bleiacetatpapier oder eine gut entfettete Silbermünze geben. Bei Anwesenheit von Schwefel entsteht in beiden Fällen ein *schwarzer* Fleck (Bildung von Blei- beziehungsweise Silbersulfid).

10.4.2.11 Stärke

Die vor allem in unreifem Kernobst eingelagerten Stärkekörner können durch den Pressvorgang in den Saft gelangen und in trüben Getränken zu weißem Bodensatz führen. Unter dem Mikroskop (polarisiertes Licht) sind Stärkekörner am hellen Aufleuchten sowie an den radial verlaufenden Rissen erkennbar (Lüthi und Vetsch 1981). Die Stärke kann erst nach vorgängiger Verkleisterung nachgewiesen werden, das heißt wenn der Saft im Zuge der Herstellung oder vor dem Test auf etwa 70 °C erwärmt worden ist.

Ausführung des Tests (Saft news Nr. 8/98, Erbslöh Geisenheim): Etwa 10 ml Saft in ein Reagenzglas geben und mit 1 ml 0,01 bis 0,05 N Iodlösung überschichten. Bei Verfärbung nach *blau* (grün, rot, violett) ist Stärke vorhanden.

10.4.2.12 Stabilitätstests

Die durch entsprechende Verarbeitungsmaßnahmen (siehe Kapitel 3.5) trüben oder klaren Säfte müssen die gewünschte Stabilität während eines bestimmten Zeitraums beibehalten. Nachstehend erwähnte Labortests ermöglichen eine Abklärung der Trubstabilität beziehungsweise Trübungsanfälligkeit.

Bei *Citrussäften* und deren Konzentraten kann die Trubstabilität anhand der Pektinesterase(PE)-Aktivität überprüft werden. In Gefrierkonzentraten weist die PE – im Gegensatz zu pasteurisierten Säften – die volle Wirksamkeit auf, so dass es zu einer unerwünschten Trubentstabilisierung kommen kann. Mit dem Geliertest nach Pilnik lässt sich PE nachweisen (IFU Nr. 46). Dabei wird dem Saft zugesetztes Pektin durch PE weitgehend zu Pektinsäure abgebaut, was bei Anwesenheit von Calciumionen zu Gelbildung führt. Ein verfeinertes Verfahren erlaubt – bei genauer Einhaltung standardisierter Testbedingungen – eine Aussage über die Mindestdauer der Trubstabilität (Holland et al. 1976).

Bei *geklärten Säften* kann die Kontrolle des Pektinabbaus in einfacher Weise mittels Alkoholtest vorgenommen werden (Saft news Nr. 8/98, Erbslöh Geisenheim): 5 ml Saft und 5 ml 95%igen Ethanol in einem Reagenzglas vorsichtig mischen (nicht schütteln). Das Reagenzglas anschließend einige Minuten stehen lassen. Der Saft ist pektinfrei, wenn sich kein Trub an der Oberfläche bildet. Tritt jedoch ein Trub auf, kann durch Zusatz von Salzsäure und anschließende Trübungsmessung überprüft werden, ob die Trübung durch Pektin bedingt ist (IFU Nr. 68).

Ein weiterer einfacher Stabilitätstest für geklärte Säfte wird folgendermaßen durchgeführt: Probe in einem Reagenzglas auf 75 °C erhitzen, sofort zurückkühlen und während vier bis sechs Stunden bei 0 °C (Eiswasser) aufbewahren. Ist nach dieser Zeit keine Trübung entstanden, so ist auch beim Konzentrieren beziehungsweise Rückverdünnen und Abfüllen nicht mit Nachtrübungen zu rechnen.

Literaturverzeichnis

Kapitel 1

1. Codex, Standards und Verfahrensleitsätze, Analysenmethoden sowie Zusatzstoff-, Pestizid-, und Kontaminantenrückstandslisten der „Codex-Alimentarius"-Kommission von FAO und WHO, Loseblattsammlung in vier Bänden (Stand: 01. 10. 1998), herausgegeben von der Zentralen Marketing-Gesellschaft der Deutschen Agrarwirtschaft mbH (CMA), Koblenzer Straße 148, 53177 Bonn (ISBN 3-86022-156-6)
2. Sammlungen IFU „Analysenmethoden und „Mikrobiologische Methoden", herausgegeben von der Internationalen Fruchtsaft-Union (Fédération Internationale des Producteurs de Jus de Fruits), 23 Bd. des Capucines, F-75002 Paris
3. AIJN-Code of Practice zur Beurteilung von Frucht- und Gemüsesäften (Stand: November 1996), herausgegeben von AIJN (Association of the Industry of Juices and Nectars from Fruits and Vegetables of the European Economic Community), Avenue de Roodebeek 30, B-1030 Brüssel
4. Die Gesamtdarstellung RSK-Werte, Richtwerte und Schwankungsbreiten bestimmter Kennzahlen mit überarbeiteten Analysenmethoden (1. Auflage 1987 mit Nachträgen Zitronensaft, Ananassaft, EU-Fruchtsaft-Richtlinie), herausgegeben vom Verband der deutschen Fruchtsaft-Industrie e. V. (Mainzer Straße 252, D-53179 Bonn), Verlag Flüssiges Obst GmbH (Diezer Straße 5, D-56370 Schönborn)
5. Analysenmethoden DIN EN Frucht- und Gemüsesäfte, Beuth Verlag GmbH, Burggrabenstr. 6, D-10787 Berlin
6. Verordnung über Fruchtsaft, konzentrierten Fruchtsaft und getrockneten Fruchtsaft (Fruchtsaft-Verordnung) vom 17. 02. 1982 i. d. F. der Verordnung zur Neuordnung lebensmittelrechtlicher Vorschriften über Zusatzstoffe vom 29. 01. 1998
7. Verordnung über Fruchtnektar und Fruchtsirup vom 17. 02. 1982 i. d. F. der Verordnung zur Neuordnung lebensmittelrechtlicher Vorschriften über Zusatzstoffe vom 29. 01. 1998 (BGBl l, S. 229)
8. Leitsätze für Fruchtsäfte vom 28./29. 10. 1991 i. d. F. der Bekanntmachung vom 10. 10. 1997 (Bundesanzeiger Nr. 239 a vom 20. 12. 1997)
9. Leitsätze für Gemüsesaft und Gemüsenektar vom 31. 01. 1994 (Bundesanzeiger Nr. 58 a vom 24. 03. 1994)
10. Amtliche Sammlung von Untersuchungsverfahren nach § 35 LMBG
11. Kuhnert, P.: Codex Alimentarius, Gatt und WTO-Abkommen, Der Mineralbrunnen 11, 438–443, 1998
12. Nieslnoy, S.: Was ist der Codex Alimentarius, Agrar Export Aktuell 2, 20–25, 1999
13. Richtlinie des Rates vom 17. 11. 1975 zur Angleichung der Rechtsvorschriften der Mitgliedstaaten für Fruchtsäfte und einige gleichartige Erzeugnisse (75/726/EWG), ABl. Nr. L 311 vom 01. 12. 1975, S. 40 i. d. F. der Richtlinie des Rates vom 21. 09. 1993 für Fruchtsäfte und einige gleichartige Erzeugnisse (93/77/EWG), ABl. Nr. L 244 vom 30. 09. 1993, S. 23
14. Richtlinie der Kommission vom 17. 06. 1993 über die Herstellung von Nektar ohne Zusatz von Zuckerarten oder Honig (93/45/EWG), ABl Nr. L 159 vom 01. 07. 1993, S. 133
15. Richtlinie des Europäischen Parlamentes und des Rates vom 20. 12. 1995 über andere Lebensmittelzusatzstoffe als Farbstoffe und Süßungsmittel (95/2/EG), ABl. Nr. L 61 vom 18. 03. 1995, S. 1 (Miscellaneous-Richtlinie) i. d. F. der Richtlinie des Europäischen Parlamentes und des Rates vom 15. 10. 1998 zur Änderung der Richtlinie 95/2/EG über andere Lebensmittelzusatzstoffe als Farbstoffe und Süßungsmittel (98/72/EG), ABl. Nr. L 295 vom 04. 11. 1998, S. 18, berichtigt ABl Nr. L 307 vom 17. 11. 1998, S. 30
16. Richtlinie des Europäischen Parlamentes und des Rates vom 30. 06. 1994 über Süßungsmittel, die in Lebensmitteln verwendet werden dürfen (94/35/EG), ABl. Nr. L 237 vom 10. 09. 1994, S. 3 i. d. F. der Richtlinie des Europäischen Parlamentes und des Rates vom 19. 12. 1996 zur Änderung der Richtlinie 94/35/EG über Süßungsmittel, die in Lebensmitteln verwendet werden dürfen (96/83/EG), ABl. Nr. L 48 vom 19. 12. 1997, S. 16
17. Richtlinie des Rates vom 14. 06. 1993 über Lebensmittelhygiene (93/43/EWG), ABl. Nr. L 175 vom 19. 07. 1993, S. 1
18. Qualitätssicherungs-Handbuch des Bundes für Lebensmittelrecht und Lebensmittelkunde e. V., Band 1, 2. Ergänzte Auflage, November 1994, Eigenverlag
19. Sennewald, K. et al.: VdF-Modell Qualitätsmanagementsystem für die Fruchtsaftindustrie, Juni 1994, Hrsg.: Verband der deutschen Fruchtsaft-Industrie e. V., Mainzer Straße 253, D-53179 Bonn
20. Richtlinie des Rates vom 21. 12. 1988 zur

Angleichung der Rechtsvorschriften der Mitgliedstaaten über Zusatzstoffe, die in Lebensmitteln verwendet werden dürfen (89/107/EWG), ABl. Nr. L 40 vom 11. 02. 1989, S. 27 i. d. F. der Richtlinie des Europäischen Parlamentes und des Rates vom 30. 06. 1994 zur Änderung der Richtlinie 89/107/EWG (94/34/EG), ABl. L 237 vom 10. 09. 1994, S. 1
21. Richtlinie des Europäischen Parlamentes und des Rates vom 30. 06. 1994 über Farbstoffe, die in Lebensmitteln verwendet werden dürfen (94/36/EG), ABl. Nr. L 237 vom 10. 09. 1994, S. 13
22. Richtlinie der Kommission vom 02. 12. 1996 zur Festlegung spezifischer Reinheitskriterien für andere Lebensmittelzusatzstoffe als Farbstoffe und Süßungsmittel (96/77/EG), ABl. Nr. L 339 vom 30. 12. 1996, S. 1, i. d. F. der Richtlinie der Kommission vom 11. 11. 1998 zur Änderung der Richtlinie 96/77/EG der Kommission zur Festlegung spezifischer Reinheitskriterien für andere Lebensmittelzusatzstoffe als Farbstoffe und Süßungsstoffe (98/86/EG), ABl. Nr. L 334 vom 09. 12. 1998, S. 1
23. Richtlinie der Kommission vom 05. 07. 1995 zur Festlegung spezifischer Reinheitskriterien für Süßungsmittel, die in Lebensmitteln verwendet werden dürfen (95/31/EG), ABl. Nr. L 178 vom 28. 07. 1995, S. 1
24. Richtlinie der Kommission vom 26. 07. 1995 zur Festlegung spezifischer Reinheitskriterien für Lebensmittelfarbstoffe (95/45/EG); ABl. Nr. L 226 vom 22. 09. 1995, S. 1
25. Richtlinie der Kommission vom 28. 07. 1981 zur Festlegung gemeinschaftlicher Analysenmethoden für die Überwachung der Reinheitskriterien bestimmter Lebensmittelzusatzstoffe (81/712/EWG), ABl. Nr. L 257 vom 10. 09. 1981, S. 1
26. Richtlinie des Rates vom 03. 11. 1998 über die Qualität von Wasser für den menschlichen Gebrauch (98/83/EG), ABl. Nr. L 330/32 vom 05. 12. 1998, berichtigt im ABl. Nr. L 45 vom 19. 02. 1999, S. 55
27. Verordnung (EWG) des Rates vom 24. 06. 1991 über den ökologischen Landbau und die entsprechende Kennzeichnung der landwirtschaftlichen Erzeugnisse und Lebensmittel (Nr. 2092/91), ABl. Nr. L 198 vom 22. 07. 1991, S. 3
28. Richtlinie des Rates vom 18. 12. 1978 zur Angleichung der Rechtsvorschriften der Mitgliedstaaten über die Etikettierung und Aufmachung von für den Endverbraucher bestimmten Lebensmitteln sowie die Werbung hierfür (79/112/EWG), ABl. Nr. L 33 vom 08. 02. 1979, S. 1, i. d. F. der Richtlinie 97/4/EG vom 27. 01. 1997, ABl. Nr. L 43 vom 14. 02. 1997, S. 21
29. Richtlinie des Rates vom 24. 09. 1990 über die Nährwertkennzeichnung von Lebensmitteln (90/496/EWG), ABl. Nr. L276 vom 06. 10. 1990, S. 40, sowie berichtigt in ABl. Nr. L 140 vom 04. 06. 1991, S. 22
30. Sennewald, K. et al.: „VdF-Empfehlung für die Angabe von Durchschnittswerten für einige ausgewählte Fruchtsäfte bzw. -mark", Flüss. Obst 62, 374–375, 1995.
31. Richtlinie des Rates vom 19. 12. 1974 zur Angleichung der Rechtsvorschriften der Mitgliedstaaten über die Abfüllung bestimmter Erzeugnisse nach Volumen in Fertigpackungen (75/106/EWG), ABl. Nr. L 42 vom 15. 02. 1975, S. 1, i. d. F. der Richtlinie des Rates (89/676/EWG), ABl. Nr. L 398 vom 31. 12. 1989, S. 18
32. Richtlinie des Europäischen Parlaments und des Rates vom 16. 02. 1998 über den Schutz der Verbraucher bei der Angabe der Preise der ihnen angebotenen Erzeugnisse (98/6/EG), ABl. Nr. L 80 vom 18. 03. 1998, S. 27
33. Leitsätze für Erfrischungsgetränke vom 19. 10. 1993 (Bundesanzeiger Nr. 58 a vom 24. 03. 1994)
34. Verordnung der Bundesministerin für Gesundheit und Konsumentenschutz über Fruchtsäfte und einige gleichartige Erzeugnisse (Fruchtsaft-Verordnung), BGBl für die Republik Österreich, Jahrgang 1996, ausgegeben am 21. 11. 1996, S. 4425
35. Österreichisches Lebensmittelbuch, III-. Auflage, Kapitel B 7 „Obstrohsäfte, Alkoholfreie natürliche Fruchtsäfte und Fruchtnektare" – Neufassung vom August 1993 – geändert durch Erlass vom März 1997

Kapitel 2

Amiot, M. J., Tacchini, M., Aubert, S. und Nicolas, J.: Phenolic composition and browning susceptibility of various apple cultivars at maturity. J. Food Sci. 57, 958–962, 1992.

AIJN (Association of the Industry of Juices and Nectars from Fruits and Vegetables of the European Union): Code of Practice zur Beurteilung von Frucht- und Gemüsesäften (Code of Practice for Evaluation of Fruit and Vegetable Juices). Brüssel 1993.

Asenjo, C. F., De Hernandez, E. R., Rodriguez, L. D. und De Andino, M. G.: Vitamins in canned Puerto Rican fruit juices and nectars. J. Agric. Univ. Puerto Rico 52, 64–70, 1968.

Askar, A.: Die Bedeutung der Aminosäuren in Früchten. Über die Aminosäuren in Bananen und deren Verhalten während der Reifung. Gordian 73, 12, 14, 16, 1973.

Baker, R. A.: Reassessment of some fruit and vegetable pectin levels. J. Food Sci. 62, 225–229, 1997.

Bazzarini, R., Bigliardi, D., Gherardi, S. und Trifiro, A.: Principali caratteristiche analitiche di ciliege dolci e acide italiane. Industr. Conserve 56, 259–262, 1981.

BAZZARINI, R., BIGLIARDI, D., GHERARDI, S., CASTALDO, D., LO VOI, A. und TRIFIRO, A.: Analytical characterization of raspberries, blueberries, blackberries and red currants of different origin. Industr. Conserve 61, 22–28, 1986.

BENAVENTE-GARCIA, O., CASTILLO, J., MARIN, F.R., ORTUNO, A. und DEL RIO, J.A.: Reviews: Uses and properties of Citrus flavonoids. J. Agric. Food Chem. 45, 4505–4515, 1997.

BENK, E. und BERGMANN, R.: Beitrag zur Zusammensetzung von roten Johannisbeer-Muttersäften und -Süßmosten. Flüss. Obst 44, 87–91, 1977.

BERGMANN, R.: Über die Zusammensetzung selbsthergestellter schwarzer Holunderbeer-Muttersäfte. Flüss. Obst 46, 8–12, 1979.

BRACKE, M.E., BRUYNEEL, E.A., VERMEULEN, S.J., VENNEKENS, K., VAN MARCK, V. und MAREEL, M.M.: Citrus flavonoids effect on tumor invasion and metastasis. Food Technol. 48, Nr. 11, 121–124, 1994.

BRONNER, M.: HPLC-Bestimmung von Flavonoiden zur Überprüfung der Authentizität und zum Nachweis von Orangensaftverfälschungen. Diss TU Braunschweig 1996.

CARRENO, J., ALMELA, L., MARTINEZ, A. und FERNANDEZ LOPEZ, J.A.: Chemotaxonomical classification of red table grapes based on anthocyanin profile and external colour. Lebensm.-Wiss. Technol. 30, 259–265 (1997).

CLINTON, S.K.: Lycopene: Chemistry, biology, and inplications for human health and disease. Nutr. Review 56, 35–51, 1998.

COFFIN, D.E.: Tyramine content of raspberries and other fruit. J. Assoc. off. anal. Chem. 53, 1071–1073, 1970.

COHEN, E.: Merkmale israelischer Citrussäfte. Flüssig. Obst. 57, 720–723, 1990.

COOK, N.C. und SAMMAN, S.: Flavonoids – chemistry, metabolism, cardioprotective effects, and dietary sources. Nutrit. Biochemistry 7, 66–76, 1996.

CREVELING, R.K. und JENNINGS, W.G.: Volatile components of bartlett pears. Higher boiling esters. J. Agric. Food Chem. 18, 19–24, 1970.

CROUZET, J., ETIEVANT, P. und BAYONOVE, C.: Stoned fruit: Apricot, plum, peach, cherry, in MORTON, I.D. und MACLEOD, A.J.: Food Flavours, Part C. The Flavour of Fruits, 43–91, Elsevier, Amsterdam etc. 1990.

CUNNINGHAM, D.G., ACREE, T.E., BARNARD, J., BUTTS, R.M. und BRAELL, P.A.: Charm analysis of apple volatiles. Food Chemistry 19, 137–147, 1986.

DAKO, D.Y., TRAUTNER, K. und SOMOGYI, J.C.: Untersuchungen über den Glukose-, Fruktose- und Saccharosegehalt verschiedener Früchte. Bibl. Nutritio et Dieta 15, 184–198, 1970.

DEMOLE, E., ENGGIST, P. und OHLOFF, G.: 1-p-Methene-8-thiol: A powerful flavor impact constituent of grapefruit juice (Citrus paradisi Macfadyen). Helv. Chim. Acta 65, 1785–1794, 1982.

Deutsche Gesellschaft für Ernährung: Empfehlungen für die Nährstoffzufuhr. 5. Überarbeitung, Umschau-Verlag, Frankfurt/M. 1991.

DIRINCK, P.J., DE POOTER, H.L., WILLAERT, G.A. und SCHAMP, N.M.: Flavor quality of cultivated strawberries: The role of the sulfur compounds. J. Agric. Food Chem. 29, 316–321, 1981.

DITTRICH, H.H.: Veränderungen von Fruchtsäften durch Mikroorganismen. Flüss. Obst 49, 312–315, 1982.

DRAWERT, F., LEUPOLD, G. und LESSING, V.: Gaschromatographische Bestimmung der Inhaltsstoffe von Gärungsgetränken. XI. Quantitative gaschromatographische Bestimmung von organischen Säuren, Neutralstoffen (Kohlenhydraten) und Aminosäuren in Traubenpreßsäften. Wein-Wissenschaft 32, 122–133, 1977.

DRAWERT, F. und TRESSL, R.: Moderne physikalisch-chemische Methoden und ihre Anwendung auf Probleme der Biogenese von Aromastoffen, Ernährungs-Umschau 17, 392–400, 1970.

EKSI, A.: Zur Aufklärung der chemischen Zusammensetzung von Pfirsichpulpe. Flüss. Obst 48, 263–272, 1981.

EKSI, A., REICHENEDER, E. und KIENINGER, H.: Über die chemische Zusammensetzung der Sauerkirschmuttersäfte aus verschiedenen Sorten. Flüss. Obst 47, 494–496, 1980.

ELKINS, E.R., LYON, R., HUANG, C.J. und MATTHYS, A.: Characterization of commercially produced pineapple juice concentrate. J. Food Compos. Analysis 10, 285–298, 1997.

ESCARPA, A. und GONZALEZ, M.C.: Evaluation of HPLC for determination of phenolic compounds in pear horticultural cultivars. Chromatographia 51, 37–43, 2000.

FAETHE, W., FUCHS, G., HOFSOMMER, H.-J., NEUHÄUSER, K. und WALLRAUCH, S.: Richtwerte und Schwankungsbreiten bestimmter Kennzahlen (RSK-Werte) für Zitronensaft. Flüss. Obst 57, 351–365, 1990.

FISCHER, R., GLORIS, K. und SEIBT, G.: Beitrag zur Kenntnis der Qualität der Heidelbeer-Muttersäfte des Handels. Flüss. Obst 38, 367–373, 1971.

FISCHER, R., GLORIS, K. und SEIBT, G.: Beitrag zur Kenntnis der Qualität der Muttersäfte aus roten Johannisbeeren des Handels aus den Jahren 1965, 1970 und 1971. Flüss. Obst 40, 83–89, 1973.

FONG, C.H., HASEGAWA, S., HERMAN, Z. und OU, P.: Limonoid glucosides in commercial citrus juices. J. Food Sci. 54, 1505–1506, 1989.

FUCHS, G.: Orangensäfte aus Cuba. Flüss. Obst 61, 97–100, 1994.

FUCHS, G., HOFSOMMER, H.-J., KNECHTEL, W., NEUHÄUSER, K. und WALLRAUCH, S.: Richtwerte und Schwankungsbreiten bestimmter

Kennzahlen (RSK-Werte) für Ananassaft. Flüss. Obst 60, 186–170, 1993.

FUCHS, G., SPRENGER, C. und WALTER, T.: Zur Kenntnis der Inhaltsstoffe von Pfirsichmark. Flüss. Obst 59, 422–426, 1992.

GERSTER, H.: Potential role of β-carotene in the prevention of cardiovascular disease. Internat. J. Vitamin and Nutrition Research 61, 277–291, 1991.

GERSTER, H.: Anticarcinogenic effect of common carotenoids. Intern. J. Vitamin and Nutrition Research 63, 93–121, 1993.

GHERARDI, S., POLI, M. und BIGLIARDI, D.: Caratteristiche analitiche di cultivar di albicocca, pera e pesca di diversa provenienza. I. Albicocca. Industr. Conserve 53, 288–289, 1978.

GHERARDI, S., BAZZARINI, R., BIGLIARDI, D. und TRIFIRO, A.: Caratteristiche analitiche di cultivar di albicocca, pera e pesca di diversa provenienza. II. Pera e pesca. Industr. Conserve 55, 204–207, 1980.

GHERARDI, S., BAZZARINI, R., BIGLIARDI, D. und TRIFIRO, A.: Caratteristiche analitiche di fragole di diversa provenienza. Industr. Conserve 58, 101–104, 1983.

GHERARDI, S., SACCANI, G., TRIFIRO, A. und CALZA, M.: Use of ion chromatography for organic acid determination in fruit juices. In Report on SGF-Symposium: Progress in the authenticity-assurance for fruit juices, 19–46, Parma 1994.

GIERSCHNER, K. und HERBST, R.: Zur Ermittlung chemischer Kennzahlen zur Beurteilung des mikrobiologisch-hygienischen Zustandes von Fruchtsäften und gleichartigen Erzeugnissen. Dtsch. Lebensm. Rdsch. 76, 433–436, 1980; 77, 178–186, 1981.

GOMEZ, E., LEDBETTER, C. A. und HARTSELL, P. L.: Volatile compounds in apricot, plum, and their interspecific hybrids. J. Agric. Food Chem. 41, 1669–1676, 1993.

GOVERD, K. A. und CARR, J. G.: The content of some B-group vitamins in single-variety apple juices und commercial ciders. J. Sci. Food Agric. 25, 1185–1990, 1974.

HÄGG, M., YLIKOSKI, S. und KUMPULAINEN, J.: Vitamin C content in fruits and berries consumed in Finland. J. Food Compos. Analysis 8, 12–20, 1995.

HAILA, K., KUMPULAINEN, J., HÄKKINEN, U. und TAHVONEN, R.: Sugars and organic acid contents of vegetables consumed in Finland during 1988–1989. J. Food Compos. Analysis 5, 100–107, 1992 a.

HAILA, K., KUMPULAINEN, J., HÄKKINEN, U. und TAHVONEN, R.: Sugars and organic acids in berries and fruits consumed in Finland during 1987–1989. J. Food Compos. Analysis 5, 108–111, 1992 b.

HAYTOWITZ, D. B. und MATTHEWS, R. H.: Composition of Foods. Vegetables and Vegetable Products, raw, processed, prepared. Agric. Handbook No 8–11. US-Dept. Agric., Washington 1984.

HENNING, W.: Verfälschungsnachweis bei Erdbeersaft-Konzentraten. Lebensmittel-chem. Gerichtl. Chem. 36, 62–63, 1982.

HENNING, W. und HERRMANN, K.: Phenolische Inhaltsstoffe des Obstes 11–14. Z. Lebensm. Unters.-Forsch. 170, 433–444; 171, 111–118, 183–188, 1980; 173, 180–187, 1981.

HERRMANN, K.: Über Bitterstoffe in pflanzlichen Lebensmitteln. Dtsch. Lebensm. Rdsch. 68, 105–110, 139–142, 1972.

HERRMANN, K.: Übersicht über die Inhaltsstoffe der Tomaten. Z. Lebensm. Unters.-Forsch. 169, 179–200, 1979.

HERRMANN, K.: Exotische Lebensmittel – Inhaltstoffe und Verwendung, 2. Aufl. Springer, Berlin, Heidelberg, New York 1987.

HERRMANN, K.: Vorkommen und Gehalte der Phenolcarbonsäuren in Obst. Erwerbsobstbau 31, 185–189, 1989.

HERRMANN, K.: Vorkommen und Gehalte der Flavonoide in Obst. Erwerbsobstbau 32, 4–7, 32–37, 1990.

HERRMANN, K.: Über die Gehalte der hauptsächlichen Pflanzenphenole im Obst. Flüss. Obst 59, 66–70, 1992.

HERRMANN, K.: Zur quantitativen Veränderung phenolischer Inhaltsstoffe bei der Gewinnung von Apfel- und Birnensäften. Flüssig. Obst 60, 7–10, 1993 a.

HERRMANN, K.: Die Carotinoide unserer Obstarten. Industr. Obst- u. Gemüseverwert. 78, 2–5, 1993 b.

HERRMANN, K.: Die Säuren der Gemüsearten. Industr. Obst- u. Gemüseverwert. 78, 194–198, 1993 c.

HERRMANN, K.: Durch phenolische Inhaltsstoffe bedingte Verfärbungen von Obst, Gemüse und Kartoffeln. I. Enzymatische Bräunung. Industr. Obst- u. Gemüseverwert. 78, 326–332, 1993 d.

HERRMANN, K.: Inhaltsstoffe der/des Kohlarten; Möhren, Zwiebeln, Rote Bete; Gemüsepaprika; Spinat, Sellerie; Rhabarber; Spargel; Gurken; Rettich; Tomaten. Industr. Obst- u. Gemüseverwert. 79, 244–252 und 274–284, 1994; 80, 266–274, 342–353, 399–403, 418–424, 424–430, 1995; 81, 223–227, 227–229, 250–256, 265–269, 1996; 82, 240–246, 1997; 83, 146–154 und 178–189, 1998.

HERRMANN, K.: Inhaltsstoffe der Birnen. Industr. Obst- u. Gemüseverwert. 81, 2–8, 1996 a.

HERRMANN, K.: Inhaltsstoffe der Aprikosen; ... Pfirsiche und Nektarinen; ... Pflaumen; ... Süß- und Sauerkirschen. Industr. Obst- und Gemüseverwert. 81, 42–46, 47–52, 114–121, 121–129, 1996 b.

HERRMANN, K.: Carotinoide in exotischen Früchten. Flüss. Obst 63, 524–527, 1996 c.

HERRMANN, K.: Inhaltsstoffe der Erdbeeren; ... Himbeeren und Brombeeren; ... Heidelbeeren und Preiselbeeren; ... schwarze Holunderbeeren; ... Johannisbeeren; ... Stachelbeeren. Industr. Obst- u. Gemüseverwert. 81, 154–161,

186–194, 218–223, 394–397, 1996 und 82, 14–20, 34–36, 1997.

HERRMANN, K.: Anthocyanine als Farbstoffe unserer Obstarten. Erwerbsobstbau 39, 11–14, 1997.

HERRMANN, K.: Vorkommen und Gehalte flavonoider Inhaltsstoffe in Citrusfrüchten. Industr. Obst- u. Gemüseverwert. 83, 202–210, 1998 a.

HERRMANN, K.: Inhaltsstoffe der Äpfel. Industr. Obst- u. Gemüseverwert. 83, 234–241, 258–267, 1998 b.

HERRMANN, K.: Inhaltsstoffe der Ananas. Industr. Obst- u. Gemüseverwert. 83, 241–246, 1998 c.

HERRMANN, K.: Über die Hydroxyzimtsäure-Verbindungen von Citrusfrüchten. Industr. Obst- u. Gemüseverwert. 83, 246–248, 1998 d.

HERRMANN, K.: Inhaltsstoffe von Obst und Gemüse. Ulmer, Stuttgart 2001, in Druck.

HERRMANN, K., BURICH, K., TESCH, B. und JÄNSCH, G.: Über den Oxalsäuregehalt des Obstes und Gemüses. Z. Lebensm. Unters.-Forsch. 148, 206–210, 1972.

HERRMANN, K., et al.: Die phenolischen Inhaltsstoffe des Obstes I, III-VII, IX, X. Z. Lebensm. Unters.-Forsch. 151, 41–51, 1973; 154, 6–11, 324–327, 1974; 158, 341–348, 1975; 159, 31–37, 85–91, 1975; 164, 263–268, 1977; 166, 80–84, 1978.

HERTOG, M. G. L., FESKENS, E. J. M., HOLLMAN, P. C. H., KATAN, M. B. und KROMHOUT, D.: Dietary antioxidant flavonoids and risk of coronary heart disease: the Zutphen elderly study. Lancet 342, 1007–1011, 1993.

HERTOG, M. G. L., FESKENS, E. J. M., HOLLMAN, P. C. H., KATAN, M. B. und KROMHOUT, D.: Dietary flavonoids and cancer risk in the Zutphen elderly study. Nutr. Cancer 22, 175–184, 1994.

HOFSOMMER, H.-J.: Italienische Orangensaftkonzentrate – Verarbeitung und Analytik. Flüss. Obst 53, 290–300, 1986.

HOFSOMMER, H.-J.: Citrussäfte aus Marokko. Flüss. Obst 54, 294–304, 1987.

HOFSOMMER, H.-J. und GHERARDI, S.: Zum Inhaltsgefüge von Karotten und daraus hergestelltem Saft und Püree. Flüss. Obst 52, 572–579, 1985.

HOLLAND, B., UNWIN, I. D. und BUSS, D. H.: Vegetables, Herbs and Spices. 1. Suppl. to MCCANCE & WIDDOWSON's The Composition of Foods (4. Ed.). Royal Soc. Chemistry, Cambridge 1991.

HOLLAND, B., UNWIN, I. D. und BUSS, D. H.: Fruit and Nuts. 1. Suppl. to MCCANCE & WIDDOWSON's The Composition of Foods (5. Ed.). Royal Soc. Chemistry, Cambridge 1992.

HONG, V. und WROLSTAD, R. E.: Cranberry juice composition. J. Assoc. off. anal. Chem. 69, 199–207, 1986.

HONKANEN, E. und HIRVI, T.: The flavour of berries, in MORTON, I. D. und MAC LEOD, A. J.: Food Flavours, Part C. The Flavour of Fruits, 125–193, Elsevier, Amsterdam etc. 1990.

HORVAT, R. J., CHAPMAN, jr., G. W., ROBERTSON, J. A., MEREDITH, F. I., SCORZA, R., CALLAHAN, A. M. und MORGENS, P.: Comparison of the volatile compounds from several commercial peach cultivars. J. Agric. Food Chem. 38, 234–237, 1990.

ISMAIL, H. M., WILLIAMS, A. A. und TUCKNOTT, O. G.: The flavour of plums. J. Sci. Food Agric. 32, 498–502, 613–619, 1981.

IVERSEN, C. K., JAKOBSEN, H. B. und OLSEN, C. E.: Aroma changes during black currant (Ribes nigrum L.) nectar processing. J. Agric. Food Chem. 46, 1132–1136 (1998).

JENNINGS, W. G. und TRESSL, R.: Production of volatile compounds in the ripening Bartlett pear. Chem. Mikrobiol. Technol. Lebensm. 3, 52–55, 1974.

KAIN, W., et al.: Analysen authentischer Fruchtsäfte des Jahrgangs 1969–1975. Mitt. Klosterneuburg 21, 207–212, 1971; 22, 279–283, 1972; 23, 293–296, 1973; 24, 363–364, 1974; 25, 209–210, 1975; 26, 171–172, 1976.

KAUSCHUS, U. und THIER, H.-P.: Zusammensetzung der gelösten Polysaccharide von Fruchtsäften. II. Weitere Fruchtsäfte. Z. Lebensm. Unters. Forsch. 181, 462–466, 1985.

KRAMMER, G., WINTERHALTER, P., SCHWAB, M. und SCHREIER, P.: Glycosidically bound aroma compounds in the fruits of Prunus species: Apricot (P. armeniaca L.), peach (P. persica L.), yellow plum (P. domestica L. ssp. syriaca). J. Agric. Food Chem. 39, 778–781, 1991.

KUHLMANN, F.: Neuere Analytik von Heidelbeer-, Brombeer- und Holunderbeersäften. Dtsch. Lebensm. Rdsch. 75, 390–395, 1979.

LABAT, S. und HILS, A. K. A.: Richtwerte und Schwankungsbreiten analytischer Kennwerte (RSK) von dreifach konzentriertem Tomatenmark. Industr. Obst- u. Gemüseverwert. 77, 426–440, 1992.

LANG, K.: Biochemie der Ernährung, 4. Aufl., Verlag D. Steinkopff, Darmstadt 1979.

LANGLOIS, D., ETIEVANT, P. X., PIERRON, P. und JORROT, A.: Sensory and instrumental characterization of commercial tomato varieties. Z. Lebensm. Unters. Forsch. 203, 534–540, 1996.

LARSEN, M. und POLL, L.: Odour thresholds of some important aroma compounds in raspberries. Z. Lebensm. Unters. Forsch. 191, 129–131, 1990.

LATRASSE, A., RIGAUD, J. und SARRIS, J.: L'arôme du cassis (Ribes nigrum L.), odeur principale et notes secondaires. Sci. Aliments 2, 145–162, 1982.

LEA, A. G. H. und ARNOLD, G. M.: Phenolics of ciders: Bitterness and astringency. J. Sci. Food Agric. 29, 478–483, 1978.

MÄKINEN, K. K. und SÖDERLING, E.: A quantitative study of mannitol, sorbitol, xylitol, and xylose in wild berries and commercial fruits. J. Food Sci. 45, 367–371, 374, 1980.

Marlett, J. A. und Vollendorf, N. W.: Dietary fiber content and composition of different forms of fruits. Food Chemistry 51, 39–44, 1994.

Maxa, E. und Brandes, W.: Biogene Amine in Fruchtsäften. Mitt. Klosterneuburg 43, 101–106, 1993.

Mazza, G. und Miniati, E.: Anthocyanins in fruits, vegetables, and grains. CRC Press. Boca Raton (USA) 1993.

Matzner, I.: Vitamin C-Gehalt in Früchten der „Schattenmorelle". Erwerbsobstbau 18, 83–86, 1976.

Middleton, jr., E. und Kandaswami, C.: Potential health-promoting properties of Citrus flavonoids. Food Technol. 48, Nr. 11, 115–119, 1994.

Millies, K. D.: Energiespeicher und Trübungsursache. Stärke und Stärkeabbauprodukte in Apfelsäften. Getränkeindustrie 51, 812–816, 1997.

Möller, B. und Herrmann, K.: Quinic acid esters of hydroxycinnamic acids in stone and pome fruit. Phytochemistry 22, 477–481, 1983.

Morton, I. D. und MacLeod, A. J.: Food Flavours. Part C. The Flavour of Fruits. Elsevier, Amsterdam 1990.

Moshonas, M. G. und Shaw, P. E.: Quantitative determination of 46 volatile constituents in fresh, unpasteurized orange juices using dynamic headspace gas chromatography. J. Agric. Food Chem. 42, 152–1528, 1994.

Mouly, P. P., Arzouyan, C. R., Gaydou, E. M. und Estienne, J. M.: Differentiation of citrus juices by factorial discriminant analysis using liquid chromatography of flavanone glycosides. J. Agric. Food Chem. 42, 70–79, 1994.

Müller, H.: Bestimmung der Folsäure-Gehalte von Gemüse und Obst mit Hilfe der Hochleistungsflüssigchromatographie (HPLC). Z. Lebensm. Unters. Forsch. 196, 137–141, 1993.

Müller, H.: Die tägliche Aufnahme von Carotinoiden (Carotine und Xanthophylle) aus Gesamtnahrungsproben und die Carotinoidgehalte ausgewählter Gemüse- und Obstarten. Z. Ernährungswiss. 35, 45–50, 1996.

Nagy, S. und Attaway, J. A.: Anticancer phytochemicals of citrus fruits and their juice products. Flüss. Obst 61, 349–354, 1994.

Nagy, S. und Shaw, P. E.: Factors effecting the flavour of Citrus fruit. In Morton, I. D. und MacLeod, A. J.: Food Flavours. Part C. The Flavour of Fruits, 93–124, Elsevier, Amsterdam 1990.

Nagy, S., Shaw, P. E. und Velduis, M. K.: Citrus science and technology, Vol. 1. AVI Publ. Co, Westport (USA) 1977.

Nelson, P. E. und Tressler, D. K.: Fruit and vegetable juice processing technology. 3. Aufl. AVI Publ. Co. Westport (USA) 1980, p. 163.

Nunez, A. J., Maarse, H. und Bemelmans, J. M. H.: Volatile flavour components of grapefruit juice (Citrus paradisi Macfadyen). J. Sci. Food Agric. 36, 757–763, 1985.

Otteneder, H.: Die natürlichen Schwankungsbreiten der Inhaltsstoffe von Grapefruitsaft. Flüss. Obst 44, 391–399, 1977.

Otteneder, H.: Die Beurteilung von Himbeermuttersaft und Himbeersirup. Lebensmittelchemie Gerichtl. Chemie 32, 56–61, 1978.

Otteneder, H.: Beitrag zur Beurteilung von Karotten-(Möhren-)Saft und Karotten-(Möhren-)Trunk. Dtsch. Lebensm. Rdsch. 78, 174–177, 1982.

Park, G. L., Byers, J. L., Pritz, C. M., Nelson, D. B., Navarro, J. L., Smolensky, D. C. und Vandercook, C. E.: Characteristics of California Navel orange juice and pulpwash. J. Food Sci. 48, 627–632, 651, 1983.

Patschky, A. und Schöne, H.-J.: Über die chemische Zusammensetzung von Obstsäften und Obstweinen. Flüss. Obst 39, 139–148, 1972.

Perez-Ilzarbe, J., Hernandez, T. und Estralla, I.: Phenolic compounds in apples. Varietal differences. Z. Lebensm. Unters. Forsch. 192, 551–554, 1991.

Phillips, J. D., Pollard, A. und Whiting, G. C.: Organic acid metabolism in cider and perry fermentations. J. Sci. Food Agric. 7, 31–40, 1956.

Picinelli, A., Suarez, B. und Mangas, J. J.: Analysis of polyphenols in apple products. Z. Lebensm. Unters. Forsch. 204, 48–51, 1997.

Pilnik, W. und Zwiker, P.: Pektine. Gordian 70, 202–204, 252–257, 302–305, 343–346, 1970.

Pupin, A. M., Dennis, M. J. und Toledo, M. C. F.: Flavanone glycosides in Brazilian orange juice. Food Chemistry 61, 275–280, 1998.

Rauter, W. und Wolkerstorfer, W.: Nitrat in Gemüse. Z. Lebensm. Unters. Forsch. 175, 122–124, 1982.

Reynolds, T. M.: Chemistry of nonenzymic browning. Advanc. Food Res. 12, 1–52, 1963; 14, 167–283, 1965.

Risch, B. und Herrmann, K.: Die Gehalte an Hydroxyzimtsäure-Verbindungen und Catechinen in Kern- und Steinobst. Z. Lebensm. Unters. Forsch. 186, 225–230, 1988.

Ritter, G. und Dietrich, H.: Der Einfluß moderner Verfahrenstechniken auf den Gehalt wichtiger Pflanzenphenole im Apfelsaft. Flüss. Obst 63, 256–263, 1996.

Roemer, K.: Das Verteilungsmuster von Zuckern bei der Lagerung von Äpfeln. Erwerbsobstbau 24, 196–198, 1982.

Roemer, K.: Das Zuckermuster verschiedener Obstarten. II. Gartenerdbeere, III. Johannisbeeren, Stachelbeeren, IV. Pflaumen, V. Himbeere, Brombeere, VI. Birnen, VII. Sauerkirsche. Erwerbsobstbau 31, 213–216, 1989; 32, 7–12, 42–46, 218–221, 1990; 33, 169–172, 1991; 34, 198–201, 1992.

Rommel, A. und Wrolstad, R. E.: Ellagic acid

content of red raspberry juice as influenced by cultivar, processing and environmental factors. J. Agric. Food Chem. 41, 1951–1960, 1993.

RUSSELL, L. F., QUAMME, H. A. und GRAY, J. I.: Qualitative aspects of pear flavor. J. Food Sci. 46, 1152–1158, 1981.

SCHMID, W. und GROSCH, W.: Identifizierung flüchtiger Aromastoffe mit hohen Aromawerten in Sauerkirschen (Prunus cerasus L.). Z. Lebensm. Unters.-Forsch. 182, 407–412, 1986.

SCHOLS, H. A., in't VELD, P. H., VAN DEELEN, W. und VORAGEN, A. G. J.: The effect of the manufacturing method on the characteristics of apple juice. Z. Lebensm. Unters. Forsch. 192, 142–148, 1991.

SCHREIER, P., DRAWERT, F. und HEINDZE, I.: Über die quantitative Zusammensetzung natürlicher und technologisch veränderter Aromen VI, VII. Chem. Mikrobiol. Technol. Lebensm. 6, 71–77, 78–83, 1979.

SCHREIER, P., DRAWERT, F. und JUNKER, A.: Identification of volatile constituents from grapes. J. Agric. Food Chem. 24, 331–336, 1976.

SCHREIER, P., DRAWERT, F. und JUNKER, A.: Über die quantitative Zusammensetzung natürlicher und technologisch veränderter Aromen. III. Veränderungen und Neubildungen von Aromastoffen bei der Herstellung von Säften aus roten Johannisbeeren. Lebensm.-Wiss. u. -Technol. 10, 337–340, 1977.

SCHREIER, P., DRAWERT, F. und MICK, W.: Über die quantitative Zusammensetzung natürlicher und technologisch veränderter pflanzlicher Aromen. V. Über den Einfluß der Maische-Hochkurzzeiterhitzung auf die Inhaltsstoffe von Apfelsaft. Lebensm.-Wiss. u. -Technol. 11, 116–121, 1978.

SCHUPHAN, W.: Zur Qualität der Nahrungspflanzen. BLV-Verlagsges., München, Wien 1961.

SCHUSTER, B. und HERRMANN, K.: Hydroxybenzoic and hydroxycinnamic acid derivatives in soft fruits. Phytochem. 24, 2761–2764, 1985.

SEELERT, K.: Freie Radikale und Altern. Dtsch. Apotheker-Ztg. 132, 2479–2485, 1992.

SIEWEK, F., GALENSA, R. und HERRMANN, K.: Nachweis eines Zusatzes von roten zu schwarzen Johannisbeer-Erzeugnissen über die hochdruckflüssigchromatographische Bestimmung der Flavonolglykoside. Z. Lebensm. Unters.-Forsch. 179, 315–321, 1984.

SINGLETON, V. L., ZAYA, J. und TROUSDALE, E. K.: Caftaric and coutaric acids in fruit of Vitis. Phytochemistry 25, 2127–2133, 1986.

SOMOGYI, J. C. und TRAUTNER, K.: Der Glukose-, Fruktose- und Saccharosegehalt verschiedener Gemüsearten. Schweizer med. Wochenschrift 104, 177–182, 1974.

SOUCI/FACHMANN/KRAUT (bearbeitet von SCHERZ, H. und SENSER, F.): Die Zusammensetzung der Lebensmittel-Nährwert-Tabellen, 5. Aufl., Medpharm, Stuttgart 1994.

SOUTY, M.: Connaissance de matériel végétal. Bull. Techn. d'Information Nr. 220, 1967.

SOUTY, M., Breuils, L., Reich, M. und POGGI, A.: L'acidité des abricots. Fruits 31, 775–779, 1976.

SPANOS, G. A., WROLSTAD, R. E., HEATHERBELL, D. A.: Influence of processing and storage on the phenolic composition of apple juice. J. Agric. Food Chem. 38, 1572–1579, 1990.

STAMM, W.: Untersuchungen über die Verträglichkeit von Süßmost. Mitt. Geb. Lebensmittelunters. Hyg. 50, 386–416, 1959.

STEINMETZ, K. A. und POTTER, J. D.: Vegetables, fruit, and cancer prevention: A review. J. Amer. Diet. Assoc. 96, 1027–1039, 1996.

STICH, H. F.: The beneficial and hazardous effects of simple phenolic compounds. Mutation Research 259, 307–324, 1991.

TAKEOKA, G., BUTTERY, R. G., FLATH, R. A., TERANISHI, R., WHEELER, E. L., WIECZOREK, R. L. und GUENTERT, M.: Volatile constituents of pineapple (Ananas comosus (L.) Merr.). ACS Symposium Series Nr. 388, 223–237, 1989.

TAKEOKA, G. R., FLATH, R. A., MON, T. R., TERANISHI, R. und GUENTERT, M.: Volatile constituents of apricot (Prunus armeniaca). J. Agric. Food Chem. 38, 471–477, 1990.

TANNER, H. und DUPERREX, M.: Eine dünnschichtchromatographisch-fluorometrische Mikromethode zur quantitativen Bestimmung von Sorbit, Mannit, Invertzucker, Glycerin und 2, 3-Butylenglykol in Getränken. Fruchtsaft-Industrie 13, 98–114, 1968.

TANNER, H. und PETER, U.: Chinasäure, ein wichtiges Kriterium bei der Beurteilung der Naturreinheit von Heidelbeersäften und -weinen. Flüss. Obst 45, 82–84, 1978.

TRAUTNER, K. und SOMOGYI, J. C.: Änderungen der Zucker- und Vitamin-C-Gehalte in Früchten während der Reifung. Mitt. Geb. Lebensmittelunters. Hyg. 69, 431–446, 1978.

VAMOS-VIGYAZO, L.: Polyphenol oxidase and peroxidase in fruits and vegetables. CRC Crit. Rev. Food Sci. Nutrition 15, 49–127, 1981.

Verband der deutschen Fruchtsaftindustrie: RSK-Werte. Die Gesamtdarstellung. Richtwerte und Schwankungsbreiten bestimmter Kennzahlen mit überarbeiteten Analysenmethoden. Verlag Flüss. Obst, Schönborn 1987.

WALD, B. und GALENSA, R.: Nachweis von Fruchtsaftmanipulationen bei Apfel- und Birnensaft. Z. Lebensm. Unters. Forsch. 188, 107–114, 1989.

WALLRAUCH, S.: Nachweis von nicht rechtmäßig hergestellten zurückverdünnten Konzentraten und Aussagewert einiger analytischer Kennzahlen für die Beurteilung von Süßmosten, insbesondere Kirschsüßmost. Flüss. Obst 37, 474–479, 1970.

WALLRAUCH, S.: Ausgewählte Probleme der Analytik und Beurteilung von Fruchtsäften. Ind. Obst- u. Gemüseverwert. 59, 273–280, 1974.

WALLRAUCH, S.: Aminosäuren – Kriterien für die Beurteilung von Fruchtsäften. Flüss. Obst 44, 386–391, 1977.

WALLRAUCH, S.: Beitrag über die Zusammensetzung brasilianischer Orangensäfte und deren Abhängigkeit vom Erntetermin der Früchte. Flüss. Obst 47, 306–311, 1980.

WALLRAUCH, S.: Beitrag über die Zusammensetzung israelischer Orangensäfte. Flüss. Obst 48, 508–512, 519–521, 1981.

WALLRAUCH, S.: RSK-Werte – Anwendung auf israelische Orangensäfte und Einfluß der Lagerbedingungen auf Kennzahlen von Orangensaft. Flüss. Obst 52, 125–130, 1985.

WALLRAUCH, S.: AG Fruchtsäfte und fruchtsafthaltige Getränke. Lebensmittelchemie 51, 66, 1997 und 52, 81, 1998.

WALLRAUCH, S. und GREINER, G.: Bestimmung der D-Isocitronensäure in Fruchtsäften und alkoholfreien Erfrischungsgetränken. Flüss. Obst 44, 241–245, 1977.

WANG, H., CAO, G. und PRIOR, R.L.: Oxygen radical absorbing capacity of anthocyanins. J. Agric. Food Chem. 45, 304–309, 1997.

WEISS, J. und SÄMANN, H.: Ergebnisse von Untersuchungen über die D-Sorbit-Gehalte von Fruchtsäften. Mitt. Klosterneuburg 29, 81–84, 1979.

WHITFIELD, F.B. und LAST, J.H.: The flavour of the passionfruit – a review, in BRUNKE, D.J. (ed.): Progress in Essential Oil Research, 3–48, de Gruyter, Berlin, New York 1986.

WILLS, R.B.H., SCRIVEN, F.M. und GREENFIELD, H.: Nutrient composition of stone fruit (Prunus spp.) cultivars: apricot, cherry, nectarine, peach and plum. J. Sci. Food Agric. 34, 1383–1389, 1983.

WROLSTAD, R.E. und SHALLENBERGER, R.S.: Free sugars and sorbitol in fruits – a compilation from the literature. J. Assoc. off. anal. Chem. 64, 91–103, 1981.

WUCHERPFENNIG, K., DIETRICH, H. und BECHTEL, J.: Vorhandener, gesamter und potentieller Methylalkoholgehalt von Fruchtsäften. Flüss. Obst 50, 348–354, 1983.

WUCHERPFENNIG, K. und HSUEH-ERR, C.: Bilanz der Inhaltsstoffe: Verhalten von Mineralstoffen beim Entsaften von Früchten. Flüss. Obst 50, 8–22, 1983.

Kapitel 3.1 bis 3.6

AEPPLI, A.: Bestimmung des spezifischen Gewichtes von Aepfeln. Schweiz. Z. für Obst- u. Weinbau 120, 366–371, 1984.

AMOS, G., BUTZ, M. und RENNSTICH, E.: Zum Stand der Direktextraktion. Flüss. Obst 47, 131–134, 1980.

ANONYM: Die Tresterentsorgung bei Zipperle. Getränkeindustrie 49, 320–321, 1995.

ARTIK, N., CEMEROGLU, B. und AYDAR, G.: Use of activated carbon for color control in the apple juice concentrate (AJC) production. Fruit Processing 4, 34–39, 1994.

ASKAR, A., GIERSCHNER, K., SILIHA, H. und EL-ZOGHBI, M.: Polysaccharides and cloud stability of tropical nectars. Flüss. Obst. 58, 244–250, 1991.

BACH, H.P., SCHNEIDER, P., SCHÖPPLEIN, E., EMMERICH, V. und WINTRICH, K.H.: Cell cracking (Aroma Saving) und sein Einfluss auf die Qualität verschiedener Säfte. Flüss. Obst 57, 574–579, 1990.

BAUMANN, G.: Einsatz und Erfahrung mit einer neuen Bandpresse. Flüss. Obst 51, 324–335, 1984.

BAUMANN, J.: Handbuch des Süssmosters. Verlag Eugen Ulmer, Stuttgart 1959, 5. Auflage.

BELDMAN, G., MUTTER, M., VAN DEN BROEK, L.A.M., SCHOLS, H.C., SEARLE-VAN LEEUWEN, M.J.F., OOSTERVELD, A. und VORAGEN, A.G.J.: Classical and novel pectin degrading enzymes: made of action and application aspects. Vortragsmanuskript VÖLB, Wien 1997.

BELTMAN, H. und PILNIK, W.: Die Kramer'sche Scherpresse als Laboratoriums-Pressvorrichtung und Ergebnisse von Versuchen mit Aepfeln. Confructa 16 (1) 4–9, 1971.

BENK, E.: Zur Kenntnis tropischer und subtropischer Früchte und Fruchtsäfte. Flüss. Obst 38, 210–221, 1971.

BEVERIDGE, T., HARRISON, J.E. und MC KENZIE, D.L.: Juice extraction with the decanter centrifuge. A review. Can. Inst. Food Sci. Technol. J. 21, 43–49, 1988.

BEVERIDGE, T. HARRISON, J.E. und GAYTON, R.R.: Decanter centrifugation of apple mash: effect of centrifuge parameters, apple variety and apple storage. Food Res. Int. 25, 125–130, 1992.

BEVERIDGE, T.: Decanting Centrifuge Application in Fruit Juice Processing. Fruit Processing 4, 390–395, 1994.

BIELIG, H.J.: Wirtschaftliche Herstellung von Qualitätsfruchtsaftkonzentraten. Flüss. Obst 37, 144–147, 1970.

BIELIG, H.J. und KLETTNER, P.G.: Das Pulpe-Serum-Ratio bei pulpösen Fruchtprodukten. Int. Fruchtsaft-Union. Ber. Wiss.-Techn. Komm. 11, 39–53, 1971.

BIELIG, H.J. und ROUWEN, F.M.: Kombiniertes Press-Extraktions-Verfahren. Flüss. Obst 43, 426–428, 1976 a.

BIELIG, H.J. und ROUWEN, F.M.: Derzeitiger Stand und Entwicklungstendenzen in der Technologie der Fruchtsäfte. Int. Fruchtsaft-Union. Ber. Wiss.-Techn.Komm. 14, 1–25, 1976 b.

BIERSCHENK, M., SCHAUZ, F., HAMATSCHEK, J. und KNORR, D.: Kontinuierliche Entsaftung von Apfelmaische im Dekanter mit gleichzeitiger Saftklärung durch natürliche Klärhilfsmittel. Flüss. Obst 62, 552–557, 1995.

BINKLEY, C.R. und WILEY, R.C.: Continuous diffusion-extraction method to produce apple juice. J. Food Sci. 43, 1019–1023, 1978.

BINNIG, R. und POSSMANN, PH.: Erste Erfahrungen mit der Bellmer-Winkelpresse in Fruchtsaftbetrieben. Flüss. Obst 51, 2–13, 1984.

Bisig, W.: Warm- und Kaltextraktion von Obst und Gemüse. Dissertation E.T.H. Nr. 9686, Zürich 1992.

Blaser, P.: Mykotoxine in Lebensmitteln. Chem. Rundschau 29 (9), 1–3, 1976.

Bolenz, S., Gierschner, K. und Wurm, B.A.: Beurteilung eines CO_2-Zellaufschlussverfahrens anhand des Aromas damit hergestellter Apfelsäfte und Konzentrate. Flüss. Obst 59, 27–32, 1992.

Borscheid, H.U.: Schonender Gewebeaufschluss mit CO_2 für empfindliche Fruchtprodukte. Flüss. Obst 57, 514–516, 1990.

Brockmann, H.-J.: Ueber die Berechnung von Kelterpressen. Ind. Obst- u. Gemüseverwert. 52, 735–736, 1967.

Brockmann, H.-J.: Grundgleichungen für die Flüssigkeitsabströmung beim Auspressen. Ind. Obst- u. Gemüseverwert. 53 (2), 27–29, 1968.

Büchi, W. und Ullmann, F.: Über Zusammenhänge zwischen Geschmacksveränderungen von Obstsäften und deren Gehalt an Diacetyl und Acetoin. Schweiz. Z. für Obst- u. Weinbau. 94, 459–462, 1958.

Buding, K.: Das Saft-Diagramm der Kelteranlage zur Ermittlung der günstigsten Pressdauer. Flüss. Obst 17 (9), 8, 1950.

Buding, K.: Ueberwachung und Lenkung der Arbeit an der Presse bei der Apfelkelterung. Flüss. Obst 30 (1) 11–12, 1963.

Bühler, G.: Fryma-Coolmix, eine neue konstruktive Lösung zum Wärmeaustauschen in pastösen Produkten. Chem.-Ing. Techn. 54, 381–382, 1982.

Cantarelli, C. und Razzari, F.: Alternative Fruit juice Processes. Lebensm.-Wiss. u. Technol. 11, 94–99, 1978.

Castaldo, D., Laratta, B., Loiudice, R., Giovane, A., Quagliuolo, L. und Servillo, L.: Presence of residual pectin methylesterase activity in thermally stabilized industrial fruit preparations. Lebensm.-Wiss. u. Technol. 30, 479–484, 1997.

Celmer, R.F.: Continuous juice production. In "Fruit and Vegetable Juice Processing Technology", p. 254. AVI Publ. Co. Westport Conn. 1961.

Charlampowicz, Z.: Die Produktion von Säften und Fruchtsaftgetränken in Polen. Flüss. Obst 35, 197–201, 1968.

Charley, V.L.S.: Technologie der Erzeugung von Fruchtsäften aus schwarzen Johannisbeeren. Verlag Günter Hempel, Braunschweig 1973.

Cho, Y.I., No, H.K. und Meyers, S.P.: Physiochemical characteristics and functional properties of various commercial chitin and chitosan products. J. Agric. Food Chem. 46, 3839–3843, 1998.

Colesan, F. und Jöhrer, P.: Einsatz von Bandpressen, Dekantern und Separatoren bei der Frucht- und Gemüseverarbeitung. Flüss. Obst 60, 244–246, 1993.

Crnčević, V.: Ueber die Erzeugung trüber, pulpiger Fruchtsäfte (Nektare) in Jugoslawien. Int. Fruchtsaft-Union. Ber. Wiss.-Techn. Komm. 2, 25–30, 1959.

Cumming, D.B.: Neueste Entwicklungen bei mechanischen Pressen. Flüss. Obst 52, 630–636, 1985.

Daepp. H.U.: Ueber Versuche mit dem Boulton-Separator. Schweiz. Z. für Obst- u. Weinbau 100 (1), 9–15, 1964.

Daepp, H.U. und Mayer, K.: Über den Einfluss des Rohmaterials auf die Fruchtqualität. Schweiz. Z. Obst- u. Weinbau 100, 37–39, 1964.

Daepp, H.U.:Beitrag zur analytischen und sensorischen Qualitätsbestimmung von Apfelsäften. Dissertation ETH, Nr. 4558, Eidg. Forschungsanstalt für Obst-, Wein- und Gartenbau, Wädenswil 1970.

De Vos, L.: Eine neue kontinuierliche Presse für die Saftgewinnung. Flüss. Obst 37, 378–381, 1970.

Diemer, W. und Zeiler, M.: Tiefenfilter in Höchstform gebracht. ZFL 49, (11) 26–29, 1998.

Dietrich, H., Wucherpfennig, K. und Maier, G.: Lassen sich Apfelsäfte mit Polyphenoloxidasen gegen Nachtrübungen stabilisieren? Flüss. Obst 57, 68–73, 1990.

Dietrich, H., Ritter, G. und Maier, G.: Kontinuierliche Klärung und Stabilisierung von Apfelsaft durch Anwendung von Polyphenoloxidasen. Getränkeindustrie 48, 88–93, 1994.

Dietrich, H. und Will, F.: Bedeutung der Stärke bei der Herstellung von Apfelsaft. Flüss. Obst, 63, 582–587, 1996.

Dietrich, H., Gierschner, K., Pecoroni, S., Zimmer, E. und Will, F.: Neue Erkenntnisse zu dem Phänomen der Trübungsstabiltät – Erste Ergebnisse aus einem laufenden Forschungsprogramm. Flüss. Obst 63, 7–10, 1996.

Dietrich, H. und Will, F.: Vom Phänomen der Trübung. Getränkeindustrie 52, 80–88, 1998.

Dimitriou, M.: Fruit Extraction. Fruit Processing 5, 126–128, 1995.

Ding, T. und Weger, E.: Fruchtpürees – Frische Früchte für die Lebensmittelindustrie. Flüss. Obst 64, 619–621, 1997.

Doner, L.W., Becard, G. und Irwin, P.L.: Binding of flavonoids by polyvinylpolypyrrolidone. J. Agric. Food Chem. 41, 753–757, 1993.

Dongowski, G. und Bock, W.: Pektinspaltende Enzyme. In Rutloff, H.: Industrielle Enzyme. Behr's Verlag, Hamburg 1994.

Dörreich, K.: "Totalverflüssigung" von Aepfeln. Flüss. Obst 50, 304–307, 1983.

Dörreich, K.: Apfelsaftherstellung ohne Verwendung von Pressen. Ein Erfahrungsbericht. Flüss. Obst 53, 653–656, 1986.

Dörreich, K.: Fruit Juice Technologies with

Enzymes. Int. Fruchtsaft-Union. Ber. Wiss.-Techn. Komm. 23, 51–62, 1993.

DOUSSE, R. und UGSTAD, E.: Anwendung der Fest-Flüssig-Extraktion für die Herstellung von Fruchtsaft. Lebensm.-Wiss. u. Technol. 8, 255–264, 1975.

DOUSSE, R. und LÜTHI, H.R.: Fondaments et experiences en matière d'extraction des jus de fruits par extraction. Int. Fruchtsaft.-Union. Ber. Wiss.-Techn. Komm. 14, 53–70, 1976.

DOUSSE, R.: Utilisation de l'extraction solide-liquide par diffusion dans la technologie des fruits et legumes. Dissertation ETH-Zürich Nr. 6262, 1977.

DOUSSE, R.: Extraktion und kontinuierliche Schönung. Flüss. Obst 46, 78–82, 1979.

DOWNING, D.L.: Processed Apple Products. AVI, Van Nostrand Reinhold, New York 1989.

DRAWERT, F. und TRESSLER, R.: Moderne physikalische Methoden und ihre Anwendungen auf Probleme der Biogenese von Aromastoffen. Ernährungs-Umschau 17, 392–400, 1970.

DÜRR, P. und SCHOBINGER, U.: Die Anwendung von Enzymen bei der Herstellung von Getränken aus Früchten und Gemüsen. Alimenta 15, 143–149, 1976.

DÜRR, P.: Aroma quality of orange juice – a brief review. Alimenta 19, 35–36, 1980.

DÜRR, P., SCHOBINGER, U. und WALDVOGEL, R.: Aroma quality of orange juice after filling and storage in soft packages and glass bottles. Alimenta 20, 91–93, 1981 a.

DÜRR, P., SCHOBINGER, U. und ZELLWEGER, M.: Das Aroma von Apfelmaische bei deren Verflüssigung durch Pektinasen und Zellulasen. Lebensm.-Wiss. u. Technol. 14, 81–85, 1981 b.

EID, K., SCHMIDT, K. und SCHNITZLER, M.: Versuchsergebnisse und Erfahrungen mit der Flottweg-Bandpresse. Confructa 29, 128–135, 1985.

EL-SAMAHY, S.K., ASKAR, A., ABD EL-BAKI, M.M. und ABD EL-FADEEL, M.G.: Concentration of mango juice. 2. Aroma deterioration during the concentration. Chem. Mikrobiol. Technol. Lebensm. 7, 102–106, 1982.

ENDO, A.: Studies on pectolytic enzymes of molds. XIII. Clarification of apple juice by the joint action of purified pectolytic enzymes. Agric. Biol. Chem. 29, 129–136, 1965.

ENDO, A.: Studies on pectolytic enzymes of molds. XV. Effect of pH and some chemical agents on the clarification of apple juice. Agric. Biol. Chem 29, 222–228, 1965.

ENDO, A.: Studies on pectolytic enzymes of molds. XVI. Mechanism of enzymatic clarification of apple juice. Agric. Biol. Chem. 29, 229–238, 1965.

ENGELBRECHT, J.: Auswirkungen des Gasgehaltes auf die Qualität von Fruchtsäften und fruchtsafthaltigen Getränken. Getränkeindustrie 4, 266–277, 1991.

ESCHNAUER, H.R., GÖRTGES, S.: Bentonit – "Klärerde" zur Weinbehandlung. Dt. Weinbau-Jahrbuch 50, 209–220, 1999.

FÉRIĆ, M.: Beitrag zur Kenntnis von Anwendungsmöglichkeiten des Röhrenerhitzers bei der Fruchtsaftherstellung. Vortrag an der Fachtagung für Fruchtsafttechnologie. Novi Sad, Mai 1965.

FISCHER, R.: Tresterverwertung. Flüss. Obst 51, 534–539, 1984.

FISCHER-AYLOFF-COOK, K.-P. und HOFSOMMER, H.-J.: Anwendung von Adsorptionstechnik in der Fruchtsaftindustrie. Confructa-Studien 36, 101–107, 1992.

FISCHER-SCHLEMM, W.E.: Untersuchungen über die maschinelle Obstverarbeitung bei der Süssmosterzeugung. Vorratspflege und Lebensm.-Forsch. 3 (5/6), 242, 1940.

FLAUMENBAUM, B.L., SEJTPAEVA, S.K. und COKUROVA, L.Z.: Die Wahl des optimalen Druckes beim Pressen von Aepfeln und Trauben. Flüss. Obst 32, 563–564, 1965 a.

FLAUMENBAUM, B.L. und SEJTPAEVA, S.K.: Vibrationsmethode zur Vorbereitung von Früchten vor dem Pressen. Fruchtsaft-Ind. 10, 149, 1965 b.

FLAUMENBAUM, B.L.: Anwendung der Elektroplasmolyse bei der Herstellung von Fruchtsäften. Lebensmittel-Industrie 14, (8), 303–304, 1967.

FLAUMENBAUM, B.L.: Anwendung von Elektroplasmolyse bei der Herstellung von Fruchtsäften. Flüss. Obst 35 (1) 19–20, 1968.

FLEIG, A.: Qualitäts- und Produktivitätsvorteile durch Entgasung. Flüss. Obst 62, 435–437, 1995.

FRANK, H.K.: Toxische Stoffwechselprodukte von Schimmelpilzen. Chem. Rundschau 26 (49), 1973 und Alimenta 13, 98–101, 1974.

FUSSNEGGER, B.: Quervernetztes Polyvinylpolypyrrolidon (PVPP) – Technologischer Hilfsstoff auch für die Fruchtsaftherstellung. Flüss. Obst 60, 263–267, 1993.

GACHOT, H.: Der "Nektar" in der internationalen Fruchtsaftindustrie. Flüss. Obst 30, 20–21, 1963.

GACHOT, H.: "Nektar" in internationaler Sicht. Flüss. Obst 32, 252–253, 1965.

GANTNER, A.: Qualitätserhaltende KZE-Tankeinlagerung. Flüss. Obst, 35, 4–11, 48–53, 1968.

GAUDY, N.: Ultrafiltration für die kontinuierliche Klärung von Apfelsaft. Lebensm. Wiss.- u. Technol. 17 (4) 10–14, 1984.

GIERSCHNER, K., HAUG, M., WIRNER, H.: Technik und offene Probleme der Extraktion, einem neueren Verfahren zur Gewinnung von Säften aus Aepfeln und anderen Früchten. Dtsch. Lebensm. Rdsch. 74, 338–343 und 75, 64, 1978/79.

GIERSCHNER, K. und OTTERBACH, G.: Pektinbestimmung zur Erfolgskontrolle einzusetzender Pektin-Enzympräparate in der Lebensmittelindustrie. Ind. Obst- u. Gemüseverwert. 66, 1–10, 1981.

GIOVANE, A., LARATTA, B., LOIUDICE, R., QUAGLIUOLO, L., CASTALDO, D. und SERVILLO, L.: Determination of residual pectin methylesterase activity in food products. Biotechn. Appl. Biochem. 23, 181–184, 1996.

GIOVANELLI, G., RAVASINI, G.: Apple juice stabilization by combined enzyme- membrane filtration process. Lebensm. – Wiss. u. Technol. 26, 1–7, 1993.

GLUNK, U.: Erhöhung der Ausbeute beim Keltern, hier speziell zur Praxis der Warmextraktion von Aepfeln. Flüss. Obst, 48, 248–255, 1981.

GOLDBACH, M., HAUG, M., GIERSCHNER, K. und WIRNER, H.: Vergleich analytischer Kennzahlen von Apfelsäften, die durch Auspressen und durch Extraktion im Industriemaßstab gewonnen wurden. Flüss. Obst 45, 322–328, 1978.

GÖRTGES, S. und HAUBICH, H.: Schönungsmittel und ihre Effekte bei der Saft- und Weinbehandlung. Flüss. Obst 59, 462–466, 1992.

GRASSIN, C.: Pressenzyme in der apfelverarbeitenden Industrie. Flüss. Obst 59, 418–422, 1992.

GUINOT, Y. und MENORET, Y.: L'extraction continue du jus de pomme par essorage. C.R. Acad. Agric. France 51, 858–866, 1965.

GÜNTHER, S.: Schönen von Fruchtsäften (3): Gelatineschönung. Flüss. Obst 61, 573–576, 1994.

GÜNTHER, S. und JUNKER, R.: Schönen von Fruchtsäften (4): Bentonitschönung. Flüss. Obst 62, 67–70, 1995 a.

GÜNTHER, S. und JUNKER, R.: Schönen von Fruchtsäften (5): Zeitpunkt und Reihenfolge. Flüss. Obst 62, 207–210, 1995 b.

HAMATSCHEK, J., BÜHLER, K.-H., SCHÖTTLER, P. und GÜNNEWIG, W.: Separatoren und Dekanter für die Herstellung von Frucht- und Gemüsesäften. Techn.wiss. Dokumentation Nr. 18. Westfalia Separator AG, Oelde 1995.

HANDSCHUH, B.: Püree- und Nektarherstellung. Flüss. Obst 63, 128–129, 1996.

HARTMANN, E.: Persönliche Mitteilung, 1998.

HAUG, M., KIELMEYER, F. und GIERSCHNER, K.: Die kellertechnische Behandlung von Extraktionssäften aus Aepfeln und ihre Auswirkung auf deren sensorische und analytische Beurteilung. Flüss. Obst 49, 542–546, 1982.

HAUSHOFER, H.: Maischen und Keltern. Fruchtsaft-Industrie 2 (1), 45–54, 1957.

HEATHERBELL, D.A., SHORT, J.L., STRÜBI, P.: Apple juice clarification by ultrafiltration. Confructa 22, 157–169, 1977.

HEATHERBELL, D.A.: Fruchtsaftklärung und -schönung. Confructa 28, 192–197, 1984.

HELBIG, J. und GRASSIN, C.: Innovatives Maischeenzym – Trester-/Pektingewinnung, Trübsaftherstellung und Ausbeute/Kapazitätssteigerung. Flüss. Obst. 65, 380–384, 1998.

HEMFORT, H.: Separatoren. Westfalia Separator AG. Oelde 1979.

HEMFORT, H.: Zentrifugen als prozessintegrierte Problemlöser. ZFL 45 (10): 21–25 und (11): 36–38, 1994.

HEUSS, A.: Wirtschaftliche Herstellung von Pulpen, Nektaren und ihren Derivaten. Ind. Obst- u. Gemüseverwert. 59, 338–361, 1974.

HOLZINGER, R.: Die Mostfiltration mit dem neuen Drehfilter. Seitz-Sonderdruck, 3/1967.

ISHII, S. und YOKOTSUKA, T.: Susceptibility of fruit juice to enzymatic clarification by pectin lyase and its relation to pectin in fruit juice. J. Agric. Food Chem. 21, 269–272, 1973.

JAKOB, M. HIPPLER, R. und LÜTHI, H.R.: Ueber den Einfluss pektolytischer Enzympräparate auf das Aroma von Apfelsaft. Lebensm.-Wiss. u. Technol. 6 (4), 133–141, 1973.

JANDA, W.: Weitere Erfahrungen über den Einsatz von Verflüssigungsenzymen zur Erhöhung der Apfelsaftausbeute mit verschiedenen Preßsystemen. Confructa 29, 125–127, 1985.

JANDA, W.: Totalverflüssigung von Aepfeln. Flüss. Obst 50, 308–316, 1983.

JANDA, W.: Weitere Erfahrungen über den Einsatz von Verflüssigungsenzymen zur Erhöhung der Apfelsaftausbeute mit verschidenen Press-Systemen. Confructa 29, 125–127, 1985.

JANDA, W.: Ueberlegungen zur Optimierung der Wirtschaftlichkeit des Pressvorganges bei der Herstellung von Apfelsaft und Konzentrat. Flüss. Obst 53, 67–70, 1986.

JANSER, E.: Enzyme Applications for Tropical Fruits and Citrus. Fruit Processing 7, 1–8, 1997.

JENNISKENS, L.H.D., VORAGEN, A.G.J., PILNIK, W. und POSTHUMUS, M.A.: Effects of the treatment of apple pulp with liquefying enzymes on the aroma of apple juice. Lebensm.-Wiss. u. Technol. 24, 86–92, 1991.

JUNG, R. und JUNG, T.: Filtrationsarten zur Filtration von Fruchtsäften sowie deren Konzentrate und Schönungstrub. Flüss. Obst 64, 343–347 und 479–484, 1997.

KABBERT, R., KUNZEK, H. und GOWOREK, S.: Zellwandabbauende Enzyme in der Obst- und Gemüseverarbeitung.- Verarbeitung der Rückstände zu Ballaststoff- und Zellwandpräparaten. Flüss. Obst 65, 320–324 1998.

KARDOS, E.: Obst- und Gemüsesäfte. Fachbuchverlag, Leipzig 1966.

KARDOS, E.: Die Saftgewinnung durch Pressen. Flüss. Obst 34, 234–235, 1967.

KARDOS, E.: Forschungs- und Entwicklungstendenzen auf dem Gebiet der Fruchtsafttechnologie in Ungarn. Flüss. Obst 41, 176–180, 1974.

KEDING, K., MILLIES, K. und KASPER, M.: Der Einsatz von Presshilfsstoffen bei der Entsaftung von Apfelmaischen. Flüss. Obst 53, 638–652, 1986.

KEFFORD, J.F. und CHANDLER, B.V.: The Chemical Constituents of Citrus Fruits. Academic Press, New York 1970.

KERN, M. GULDENFELS, E. und SIEVECKE, E.: Die Anwendung von Dekantern zur modernen Frucht- und Gemüseentsaftung. Flüss. Obst 60, 254–256, 1993.

KERTESZ, Z.I.: The Pectic Substances. Interscience Publishing, Inc. New York 1951.

KILARA, A.: Enzymes and their use in the processed apple-industry: a review. Process Biochem. 17, 35–41, 1982.

KIRK, D.E., MONTGOMERY, M.W. und KORTEKAAS, M.G.: Clarification of pear juice by hollow fiber ultrafiltration. J. Food Sci. 48, 1663–1669, 1983.

KLIMMER, O.R.: Die Rückstände von Schädlingsbekämpfungsmitteln und ihre gesundheitliche Bedeutung. Flüss. Obst 32, 442–450, 1965.

KNORR, D., BOGUSLAWSKI, S., GEULEN, M. und POPPER, L.: Non-thermal and moderate temperature concepts in fruit and vegetable juice production. Internationale Fruchtsaft-Union. Ber. Wiss.-Techn. Komm. 23, 91–100, 1993.

KOCH, J.: Neuzeitliche Erkenntnisse auf dem Gebiet der Süssmostherstellung. Verlag Sigurd Horn, Frankfurt/Main 1956.

KÖRMENDY, I.: A pressing theory with validating experiments on apples. J. Food Sci. 29, 631–634, 1964.

KÖRMENDY, I.: Entsaftung von Früchten durch Vibrationssiebe. Fruchtsaft-Industrie 10 (3), 145–148, 1965 a.

KÖRMENDY, I.: Verfahrenstechnische Grundlagen der Entsaftung von Früchten durch Pressen. Fruchtsaft-Industrie 10 (5), 246–262, 1965 b.

KRANZLER, G.A. und DAVIS, D.C.: Energy potential of fruit juice processing residues. ASAE Paper No. 81–6006, SAE, St. Josef 1981, Michigan 49085, USA.

KWASNIEWSKI, R.: Versuche zur Gewinnung von Apfelsaft mit einem Vakuumdrehfilter. Lebensm.-Wiss. u. Technol. 23, 73–78, 1980.

LAFLAMME, J. und WEINAND, R.: Neue Erkenntnisse bei der Kombination von Membranfiltration und Adsorptionstechnik in der Fruchtsaftindustrie. Flüss. Obst 60, 510–516, 1993.

LANE, A.G.: Methane from fruit and vegetable wastes. Food Eng., Int. (1) p. 28–32, Sept. 1979.

LAURSEN, J.: Herstellung von Apfelsaft mit DDS-Diffusion. Flüss. Obst 41, 284–286, 1974.

LAURSEN, J.: DDS-Diffusion in der Fruchtsaft-Industrie. Flüss. Obst 42, 411–413, 1975.

LAZARENKO, B.R., REST'KO, J.V. und IVANENKO, V.L.: Intensivierung des Saftextraktionsprozesses durch elektrische Impulse. Flüss. Obst 36, 513, 1969.

LEA, A.G.H.: Farb- und Gerbstoffe in englischen Mostäpfeln. Flüss. Obst 51, 356–361, 1984.

LEA, A.G.H.: Apple juice. In: ASHURST, P.R.: Production and Packaging of Non-Carbonated Fruit Juices and Fruit Beverages. Blackie Academic & Professional (Chapman & Hall), London, Glasgow, Weinheim 1997.

LENGGENHAGER, T.: Ultrafiltration und Adsorbertechnologie für hochwertige Konzentrate und Säfte. Flüss. Obst 64, 110–115, 1997.

LEUPRECHT, H. und SCHALLER, A.: Ergebnisse von Untersuchungen über Veränderungen des Fliessverhaltens von Aprikosenpüree im Verlaufe eines pektolytischen oder cellulolytischen Abbaues. Confructa 15(4), 231–246, 1970.

LOWE, E., DURKEE, E.L., HAMILTON, W.E. und MORGAN, jr. A.I.: Thick-cake extraction. Food Engin. 36(12), 48–50, 1964.

LÜTHI, H.R.: Über die Beurteilung einiger Qualitätsfaktoren alkoholfreier Fruchtsäfte. Schweiz. Z. für Obst- u. Weinbau 96, 390–395, 407–412, 1960.

LÜTHI, H.R.: Vorentsaftung von Fruchtmaischen und grobe Filtration mit dem Boulton-Separator. Schweiz. Z. für Obst- u. Weinbau 71, 425–427, 1962.

LÜTHI, H.R.: Technologie der Obst- und Traubensäfte. Schweiz. Z. für Obst- u. Weinbau 105, 49–58, 103–111, 1969.

LÜTHI, H.R.: Ueber Theorie und Praxis in der Fruchtsaftbereitung. Flüss. Obst 41, 346–352, 1974.

LÜTHI, H.R. und GLUNK, U.: Gewinnung von Apfelsaft durch kontinuierliche Extraktion. Flüss. Obst 41, 496–505, 1974.

LÜTHI, H.R. und GLUNK, U.: Apfelsaftgewinnung mittels DDS-Diffusion. Flüss. Obst 42, 214–216, 1975.

LÜTHI, H.R. und GLUNK, U.: Weitere praktische Erfahrungen mit der Extraktionsmethode bei der Apfelsaftgewinnung. Flüss. Obst 44, 470–477, 1977.

LÜTHI, H.R. und GLUNK, U.: Extraktion und kontinuierliche Schönung. Flüss. Obst 46, 111–121, 1979.

LYNDON, R.: Kommerzialisierung der Adsorbertechnologie für hochwertige Konzentrate und Säfte. Flüss. Obst 63, 499–503, 1996.

MAIER, G., MAYER, P. und DIETRICH, H.: Anwendung einer Polyphenoloxidase zur Stabilisierung von Apfelsäften. Dt. Lebensm. Rdsch. 86, 137–142, 1990 a.

MAIER, G., MAYER, P., DIETRICH, H. und WUCHERPFENNIG, K.: Polyphenoloxidasen und ihre Anwendung bei der Stabilisierung von Fruchtsäften. Flüss. Obst 57, 230–239, 1990 b.

MALTSCHEV, E. und MOLLOV, P.: Trubstabile fruchtfleischhaltige Nektare ohne Verwendung von Enzymen?. I. Mitteilung. Flüss. Obst 63, 130–133, 1996.

MANGAS, J.J., SUAREZ, B., PICINELLI, A., MORENO, J. und BLANCO, D.; Differentiation of phenolic profile of apple juices prepared according to two membrane techniques. J. Agric.Food Chem. 45, 4777–4784, 1997.

MEHLITZ, A.: Ueber die Pektasewirkung. I. Enzymatische Studien über günstige Bedingungen der Pektasekoagulation. Biochem. Z. 221, 217–231, 1930.

MEHLITZ, A.: Süssmost. Serger & Hempel, Braunschweig 1951.

MEIER-BODE, H.: Das Verhalten von Pflanzenschutzmittel-Rückständen bei der Lagerung und Weiterverarbeitung von Erntegut. Flüss. Obst 32, 534–536, 1965.

Menoret, Y.: Evolution de la technologie des jus de fruits. Industr. alim. agr. 87 (5), 511–519, 1970.

Messinger, A.: Neue Hochleistungsmembrananlagen. Flüss. Obst 61, 331–335, 1994.

Möhl, E.: Extraktion und kontinuierliche Schönung: Betriebswirtschaftliche Gesichtspunkte beim Einsatz der Extraktion. Flüss. Obst 46, 168–172, 1979.

Mollov, P. und Maltschev, E.: Trubstabile fruchtfleischhaltige Nektare ohne Verwendung von Enzymen? 2. Mitteilung. Einfluss des Pektins auf die Trubstabilität der Nektare. Flüss. Obst 63, 320–323, 1996.

Monselise, S. P.: Citrusfrüchte als Rohware für die Herstellung von Säften und anderen Erzeugnissen. Verlag Günter Hempel, Braunschweig 1973.

Moyer, J. C., Rao, M. A., Mattick, L. R. und Piontek, E. A.: Extraction of Red Currant Juice with a Solid Bowl Decanter Centrifuge. Confructa 20, 80–97, 1975.

Müller-Späth, H.: Aktuelle Betrachtungen zur Saftfiltration und Trubverarbeitung. Flüss. Obst 43(1), 11–17, 1976.

Mutter, M.: New rhamnogalacturonan degrading enzymes from Aspergillus aculeatus. Dissertationsschrift Landbouwuniversiteit Wageningen 1997.

Nagel, B.: Kontinuierliche Herstellung von hochwertigen naturtrüben Apfelsäften. Flüss. Obst 59, 6–8. 1992.

Nagel, B. und Hamatschek, J.: Application of decanters for de-juicing of fruit and vegetable mash. Int. Fruchtsaft-Union. Ber. Wiss.-Techn. Komm. 23, 37–49, 1993.

Neradt, F. und Stoll, N.: Practical experience with crossflow microfilters in fruit juice processing. Fruit Processing 6, 311–314, 1996.

Norman, S.: Juice enhancement by ion exchange and adsorbent technologies. In Ashurst, P. R.: Production and Packaging of Non-Carbonated Fruit Juices and Fruit Beverages. Blackie Academic & Professional (Chapman & Hall), London, Glasgow, Weinheim 1995.

Oechsle, D. und Schneider, T.: Gezielte Entfernung. Getränkeindustrie 46, 924–930, 1992 und 47, 88–91, 1993.

Oh, H. I., Hoff, J. E., Armstrong, G. S. und Haff, L. A.: Hydrophobic interaction in tanning-protein complexes. J. agric. Food Chem. 28, 394–398, 1980.

Okylow, S. und Pazir, F.: Application of Electroplasmolysis in apple juice processing. Int. Fruchtsaft-Union. Ber. Wiss.-Techn. Komm. 24, 277–292, 1996.

Ott, J., Gal, F. und Peak, L.: Apfelsaftgewinnung mittels Diffusion. Fruchtsaft-Industrie 7, 250, 1962.

Ott, J.: Fruchtsaft-Gewinnung mittels Diffusion. Fruchtsaft-Industrie 10, 79–89. 1965.

Papadopoulos, O: Die Unbedenklichkeit von Enzymen in der Fruchtsaftindustrie. Flüss. Obst 56, 159–160, 1989.

Pecoroni, S., Zimmer, E., Gierschner, K. und Dietrich, H.: Trubstabile „naturtrübe" Apfelsäfte – Herstellungstechnologie und Rohwareneinfluss. Flüss. Obst, 63, 11–15, 1996.

Pecoroni, S.: Physikalische und chemische Grundlagen der Trubstabilität in „naturtrüben" Apfelsäften unter besonderer Berücksichtigung kontinuierlicher Herstellungsverfahren. Dissertation Universität Hohenheim 1998.

Pilnik, W. und De Vos, L.: Apfelsaftgewinnung mittels Maischefermentierung. Flüss. Obst 37, 430–432, 1970.

Pilnik, W.: Biochemie und gärungslose Obstverwertung. Flüss. Obst 40, 442–451, 1973.

Pilnik, W., Voragen, A. G. J. und De Vos, L.: Enzymatische Verflüssigung von Obst und Gemüse. Flüss. Obst 42, 448–451, 1975.

Pilnik, W.: Enzymes in the beverage industry, p. 425-487 in: Use of Enzymes in Food Technology. P. Dupuy, Herausgeber. Technique et Documentation Lavoisier, Paris 1982.

Pilnik, W. und Voragen, A. G. J.. Wirkung der Enzymbehandlung auf die Qualität von verarbeiteten Früchten und Gemüse. Flüss. Obst 58, 422–427, 1991.

Pilnik, W. und Voragen, A. G. J.: Pectic enzymes in fruit and vegetable juice manufacture. p. 363–399. In Nagodawithana, T. und Reed, G.: Enzymes in Food Processing. Academic Press, Inc., London, San Diego, New York 1993.

Plocharski, W.: Auswirkungen enzymatischer Apfelmaischebehandlung auf Saftausbeute und Pektinstoffmenge. Flüss. Obst 65, 325–330, 1998.

Possmann, Ph., Röll, S., Seyfarth, K., Wucherpfennig, K.: Ueber vergleichende Untersuchungen von Entsaftungsverfahren am Beispiel von Aepfeln. Flüss. Obst 42, 408–410, 1975.

Possmann, Ph.: Kostenvergleich an Entsaftungssystemen für Aepfel. Confructa 28, 147–171, 1984.

Possmann, Ph.: Untersuchungsergebnisse zur Ausbeuteerhöhung beim Pressen von Lagerobst in Italien. Flüss. Obst 51, 106–108, 1984 a.

Possmann, Ph.: Zur Kombination von mehreren Pressen. Flüss. Obst 51, 266–273, 1984 b.

Possmann, Ph.: Kostenvergleich an Entsaftungssystemen für Aepfel. Flüss. Obst 51, 147–172, 1984 c.

Possmann, W. V.: Aktuelle Erkenntnisse und ausbeuteerhöhende Massnahmen über eine neue Bandpresseninstallation. Flüss. Obst 57, 341–344. 1990.

Postel, W., Ziegler, L. und Adam, L.: Grosstechnische Apfelsaftgewinnung mittels Presse und Tresterextraktion im Bandextrakteur. Flüss. Obst 49, 547–552, 1982.

Radcke, H. J., Heintz, H., Ebert, W. und

LOCHMANN, J.: Verfahren zur Gewinnung von Fruchtsäften durch Vakuumfiltration. Lebensmittelindustrie 37, 169–172, 1990.

RAO, M. A., MOYER, J. C., WOOSTER, G. D. und PIONTEK, E.A.: Extraction of Apple Juice with a Solid Bowl Decanter Centrifuge. Food Technol. 29, 32–38. 1975.

REMBOWSKI, E.: Technologia Kremogenow oraz przecierowych sokow i napojow z owocow i Warzyw. (Technologie der Obst- und Gemüse-Homogenate bzw. Kremogenate und Nektare), 148–161, Warszawa 1966.

ROMBOUTS, F. M. und PILNIK, W.: Enzymes in fruit and vegetable technology. Process Biochem. 13, 9–13. 1978.

SCHALLER, A. und BLAZEJOWSKY, W.: Verfahrenstechnische Fortschritte in der UdSSR (1). Fruchtsaft-Industrie 5 (3), 99–105, 1960.

SCHALLER, A., KNORR, D. und WEISS, J.: Ergebnisse bezüglich des Einflusses einiger Prozessvariablen auf Saftausbeute und Trubstoff-Konzentration beim Entsaften von Roten Johannisbeeren durch Taumelsieben. Confructa 20 (2/3), 98–106, 1975.

SCHMITT, R.: Wie kommt eine Karotte durch den Flaschenhals? – Enzymatische Verflüssigung von Obst und Gemüse. Flüss. Obst 48, 258–260, 1981.

SCHMITT, R.: Ganzfruchtverarbeitung. Flüss. Obst, 50, 23–27, 1983.

SCHMITT, R.: Trübungen in Apfelsaft – Arabane? Confructa 29, 22–26, 1985.

SCHOBINGER, U. und DÜRR, P.: Oxidationserscheinungen bei der Enzymatisierung von Apfelmaische. Flüss. Obst 41, 454–459, 1974.

SCHOBINGER, U.: Aufbereitung von Obst für die Entsaftung. Schweiz. Z. für Obst- u. Weinbau 111, 203–210, 1975.

SCHOBINGER, U. und MÜLLER, W.: Produktions- und verwertungstechnische Aspekte bei der Beurteilung von Apfel- und Birnensorten für die Getränkeherstellung. Flüss. Obst 42, 414–419, 1975.

SCHOBINGER, U. und DÜRR. P.: Qualitative Untersuchungen wichtiger Inhalts- und Aromastoffe von Apfelsäften aus dem kombinierten Press-Extraktionsverfahren anhand von Modell-Versuchen. Flüss. Obst 44, 275–283, 1977.

SCHOBINGER, U., DOUSSE, R., DÜRR, P. und TANNER, H.: Vergleichende Untersuchungen von Preßsaft, Diffusionssaft und Tresterextrakt aus Aepfeln. Flüss. Obst 45, 210–216, 1978.

SCHOBINGER, U. und DÜRR, P.: Werdegang eines Getränkes aus einheimischen Süsskirschen. Flüss. Obst 47, 538–541, 1980.

SCHOBINGER, U., DÜRR, P. und AKESSON, A.: Technologische und analytische Daten zur enzymatischen Verflüssigung von Aepfeln und Birnen. Alimenta 20, 37–42, 1981.

SCHOBINGER, U., DÜRR, P. und AEPPLI, A.: Quittensaft – eine interessante Möglichkeit zur Diversifikation des Getränkesortiments. Flüss. Obst 49, 10–14, 1982 a.

SCHOBINGER, U., DÜRR, P. und WALDVOGEL, R.: Technologie der Saft- und Konzentratherstellung aus schwarzem Holunder. Schweiz. Z. für Obst- und Weinbau 118, 309–313, 1982 b.

SCHOBINGER, U.: Möglichkeiten der Beerensaft- und Weinherstellung. Schweiz. Z. f. Obst- u. Weinbau 122, 432–439, 1986.

SCHOBINGER, U., DÜRR, P. und WIDMER A.: Die Beurteilung von Tafelobstausschuss und Gesamternten aus Tafelobstanlagen als Rohrware für die Fruchtsaftindustrie. Flüss. Obst 53, 670–676, 1986.

SCHOBINGER, U.: Möglichkeiten und Grenzen der Ultrafiltration in der Klärung von Apfelsaft. Flüss. Obst 55, 614–620, 1988.

SCHOBINGER, U., DÜRR, P. und WALDVOGEL, R.: Versuche über den Einsatz von Enzymen in der Maische bei der Apfelsaftherstellung, Flüss. Obst 55, 121–124, 1988.

SCHOBINGER, U., BILL. R., BRUNNER, U. und SCHNEIDER, R.: Versuche mit dem CO_2-Cell-Cracking-Verfahren bei der Rot- und Weinbereitung. Schweiz. Z. für Obst- u. Weinbau 127, 700–704, 1991.

SCHOBINGER, U., BARBIC, I., DÜRR, P. und WALDVOGEL, R.: Polyphenole in Apfelsaft – positive und negative Wirkungen. Flüss. Obst 63, 267–271, 1996.

SCHOLS, H.: Structural characterization of pectic hairy regions isolated from apple cell walls. Dissertationsschrift Landbouwuniversiteit Wageningen 1995.

SCHREIER, P. DRAWERT, F. und MICK, W.: Ueber die quantitative Zusammensetzung natürlicher und technologisch veränderter Aromen. V. Ueber den Einfluss der Maische-Hocherhitzung auf die Inhaltsstoffe von Apfelsaft. Lebensm.-Wiss. u. Technol. 11, 116–121, 1978 a.

SCHREIER, P., DRAWERT, F., STEIGER, G. und MICK, W.: Effect of enzyme treatment of apple pulp with a commercial pectinase and cellulase on the volatiles of the juice. J. Food Sci. 43, 1797–1800, 1978 b.

SCHREIER, P., KITTSTEINER-EBERLE, R. und IDSTEIN, H.: Untersuchung zur enzymatischen Verflüssigung tropischer Fruchtpulpen. Guava, Papaya, Mango. Flüss. Obst 52, 365–370, 1985.

SGZ: Kann die herkömmliche Packpresse durch eine automatische Presse vollwertig ersetzt werden? Flüss. Obst 39, 169, 1972.

SIEBERT, K. J., CARRASCO, A. und LYNN, P. Y.: Formation of protein-polyphenol haze in beverages. J. Agric.Food Chem. 44, 1997–2005, 1996.

SIEBERT, K. J., TROUKHANOVA, N. V. und LYNN, P. Y.: Nature of polyphenol-protein interactions. J.Agric.Food Chem. 44, 80–85, 1996.

SIEBERT, K. J. und LYNN, P. Y.: Haze-active protein and polyphenols in apple juice assessed by turbidimetry. J. Fd. Sci. 62, 79–84, 1997.

SIEBERT, K. L. und LYNN, P. Y.: Mechanisms of adsorbent action in beverage stabilization. J.Agric.Food Chem. 45, 4275–4280, 1997.

SILIHA, H.A.I. und PILNIK, W.: Cloud stability of apricot nectars. Int. Fruchtsaft-Union. Ber. Wiss.-Techn. Komm. 18, 325–334, 1984.

STEINBUCH, E. und DEELEN, W.: Zur enzymatischen Saftgewinnung aus Gemüse und Früchten. Confructa 30, 15–23, 1986.

STOCKE, R.: Die Drei-Komponenten-Stabilisierung mit Bentonit, Gelatine und Kieselsol. Flüss. Obst 64, 234–237, 1997.

STRÜBI, P., ESCHER, F. und NEUKOM, H.: Ueber die Herstellung von Apfelnektar. Schweiz. Z. für Obst- u. Weinbau 11, 78–82, 1975.

STÜSSI, J.: Untersuchungen über die Herstellung von pulpehaltigen Apfelsäften. Diss. E.T.H. Nr. 12641, Zürich 1998.

STUTZ, C.: Ultrafiltration und Enzyme. Flüss. Obst 60, 366–369, 1993.

STUTZ, C.: Enzymatische Verflüssigung: Vision oder Tatsache? Flüss. Obst 63, 371–373, 1996.

SU, S.K., LIU, J.C. und WILEY, R.C.: Cross-flow microfiltration with gas backwash of apple juice. J. Fd. Sci. 58, 638–641, 1993.

ŠULC, D. und FÉRIĆ, M.: Beitrag zur Kenntnis der Technologie von Obstsaftkonzentraten. Fruchtsaft-Industrie 5, 289–296, 1960.

ŠULC, D. und ĆIRIĆ, D.: Herstellung von Frucht- und Gemüsemark-Konzentraten. Flüss. Obst 35, 230–238, 1968.

ŠULC, D. und VUJIČIĆ, B.: Untersuchungen der Wirksamkeit von Enzympräparaten auf Pektinsubstrate und Frucht- und Gemüsemaischen. Flüss. Obst 40, 79–83; 130–137, 1973.

ŠULC, D., VUJIČIĆ, B. und BARDIĆ, Z.: Ispitivanja podobnosti raznih kasa voca i povrca za preradu u stabilne kasaste sokove. (Untersuchungen der Eignung von verschiedenen Frucht- bzw. Gemüsemaischen für die Verarbeitung zu stabilen Nektaren). Wiss. Veröffentlichungen der Technol. Fakultät der Universität Novi Sad, 6, 139–149, 1975.

ŠULC, D., ĆIRIĆ, D., VUJIČIĆ, B. und BARDIĆ, Z.: Tehnologija proizvodnje bistrih i kasastih koncentrata od voca i povrca. (Herstellungstechnologie der Frucht- und Gemüsesaft- und Markkonzentrate). Herausgeber: Technologische Fakultät der Universität Novi Sad. April 1976, Skripta.

ŠULC, D.: Ueber die Stabilität von fruchtfleischhaltigen Nektaren. Flüss. Obst 45, 450–461, 1978.

TANNER, H.: Recherches analytiques sur les jus obtenus par pressurage, par extraction à froid et à chaud (système DDS) de pommes de la variété Golden Delicious. Ann. Nutr. et Alim. 32, 1003–1010, 1978.

TELEGDY-KOVATS, L.: Technologie der Frucht- und Gemüsesäfte und neue Erfrischungsgetränke in Ungarn. Flüss. Obst 34, 240-245, 1967.

TELEGDY-KOVATS, L. und KARDOS, E.: Neue ungarische Einrichtungen für die Fruchtsaftherstellung.. Flüss. Obst 39, 196-200, 1972.

TRESSLER, D.K. und JOSLYN, M.A.: Fruit and Vegetable Juice Processing Technology. In TRESSLER, D.K.: Blended Fruit Juices and Nectars, p. 816–837. AVI Publ. Comp. Inc. , New York 1961.

TRESSLER, D.K. und JOSLYN, M.A.: Fruit and Vegetable Juice Processing Technology. AVI Publ. Comp. Inc. Westport Connecticut, USA, 1971, 2. Aufl.

TROOST, G.: Technologie des Weines. 6. neubearb. Auflage, Verlag Eugen Ulmer, Stuttgart 1988.

UNTERHOLZNER, O.: Herstellung, Qualität und Verwendung von Fruchtmark. Flüss. Obst 66, 62–68, 1999.

URLAUB, R.: Vorteile der enzymatischen Apfelmaische-Behandlung und der Apfeltrester-Verflüssigung. Flüss. Obst 63, 377–382, 1996.

URLAUB, R.: Enzymes in the Fruit Juice Industry. IFU Workshop Istanbul 1997.

VAN DEELEN, W. und STEINBUCH, E.: Anwendungsbericht über die Ensink-Bandpresse zur Saftherstellung aus Lageräpfeln. Flüss. Obst 50, 394–397. 1983.

VELDHUIS, M.K.: Citrus Science and Technology. Vol. 1, p. 110–207, AVI Publ. Comp. Inc. Westport, Connecticut 1977.

VERSPUY, A., PILNIK, W. und DE VOS, L.: Apfelsaftgewinnung mittels Maischefermentierung. II. Verkürzung der Fermentierungszeit. Flüss. Obst 37, 518–519, 1970.

VINCKEN, J.-P.: Enzymatic modification of cellulose-xyloglucan networks – Implications for fruit juice processing. Dissertationsschrift Landbouwuniversiteit Wageningen 1996.

VORAGEN, A.G.J., HEUTINK, R. und PILNIK, W.: Solubilization of apple cell walls with polysaccharide-degrading enzymes. J. Appl. Biochem. 2, 452–468, 1980.

VORAGEN, A.G.J., SCHOLS, H.A. und BELDMAN, G.: Massgeschneiderte Enzyme in der Fruchtsaftherstellung. Flüss. Obst 59, 404–410, 1992.

WEINAND, R.: Einsatz von Adsorberharzen in der Fruchtsaftindustrie. Flüss. Obst 61, 472–475, 1994.

WEINAND, R.: Apfelsaftstabilisierung und -entfärbung durch moderne Adsorptionstechniken. Flüss. Obst 63, 495–498, 1996.

WEISS, J.: Entwicklungstendenzen bei der Erzeugung klarer Säfte. Flüss. Obst 63, 264–266, 1996.

WEISS, J. und SÄMANN, H.: Verarbeitung von schwarzem Holunder zu Saft. Flüss. Obst 47, 346–350, 1980.

WENZEL, L.: Die Bedeutung der Bandpresse als Vorpresse. Confructa 29, 120–124, 1985.

WIDMER, A.: Obstbau in Neuseeland: 90% der Äpfel werden exportiert. Schweiz. Z. für Obst- und Weinbau 136, 227–229, 2000.

WILEY, R.C.: University of Maryland, USA: persönliche Mitteilung, 1976.

WILL, F., HANDSCHUH, D. und DIETRICH, H.:

Einfluss von Restpektinen auf die Cross-Flow Filtration von Apfelsaft – Ergebnisse enzymatischer Abbauversuche. Lebensm.-Wiss. u. Technol. 25, 380–385, 1992.
WILL, F.: Pektin aus der Pflanzenzellwand – Bedeutung für die Fruchtsaft-Praxis. Flüss. Obst 64, 301–305, 1997.
WILLMES, J.: Horizontalpresse mit Schnur-Drainage. Fruchtsaft-Industrie 6(11/12), 414–416, 1961.
WROLSTAD, R.E., SPANOS, G.A. und DURST, R.W.:Changes in Phenolic and Amino Acid Profiles of Apple Juice Concentrate during Processing and Storage. Int. Fruchtsaft-Union. Ber. Wiss.-Techn. Komm. 21, 103–117, 1990.
WUCHERPFENNIG, K. und POSSMANN, PH.: Beitrag zur kombinierten Gelatine-Kieselsol-Schönung. Flüss. Obst 39, 46–52, 1972.
WUCHERPFENNIG, K. und POSSMANN, PH.: Ueber den Einsatz der Extraktion. Flüss. Obst 43, 119–121, 1976.
WUCHERPFENNIG, K. und POSSMANN, PH.: Zur Entwicklung der Entsaftungsverfahren. Flüss. Obst 46, 282–289, 1979.
WUCHERPFENNIG, K: Extraktion von Früchten mit Hilfe des Diffusionsverfahrens. Flüss. Obst 48, 232–247, 1981.
YAMASAKI, M., YASUI, T. und ARIMA, K.: Pectic enzymes in clarification of apple juice. Part I: Study on the clarification reaction in a simplified model. Agric. Biol. Chem. 28, 779–787, 1964.
YAMASAKI, M., YASUI, T. und ARIMA, K.: Pectic enzymes in clarification of apple juice. Part II: Mechanism of clarification. Agr. Biol. Chem. 31, 552–560, 1967.
ZIMMER, E., PECORONI, S., DIETRICH, H. und GIERSCHNER, K.: Bewertung der Trübungsstabilität naturtrüber Säfte. Flüss. Obst 63, 16–20, 1996.

Kapitel 3.7

ADAMS, J.P. Oxygen and barrier properties of extended shelf-life packaging. Proc. 27TH Ann. Short Course. R.F. Matthews, Ed. Univ. of Florida, Gainesville, FL 32611, 1987.
AMMERMAN, C.B., HANSEN, D.A., MARTIN, F.G. und ARRINGTON, L.R.: Nutrient composition of dried citrus pulp as influenced by season of production and production source. Proc. Fla. State Hort. Soc. 89, 168–170, 1976.
APV Gaulin, Inc. Homogenizing concentrate in a juice evaporator. USA Patent 4'886'547. APV Gaulin, Inc. Norcross, GA, USA 30093, 1989.
ATTAWAY, J.A., BARRON, R.W., BLAIR, J.G., BUSLIG, B.S., CARTER, R.D., DOUGHERTY, M.H., FELLERS, P.J., FISHER, J.F., HILL, E.C., HUGGART, R.L., MARAULJA, M.D., PETRUS, D.R., TING, S.V. und ROUSE, A.H.: Some new analytical indicators of processed orange juice quality. 1971–72. Proc. Fla. State Hort. Soc. 85, 192–203, 1972.
BAKER, R.A.: Preparation and storage stability of enzyme peeled grapefruit. USDA Subtrop. Tech. Conf. Lake Alfred, FL 33850. October 21, 1987.
BAKER, R.A., FOERSTER, J.A. und PARISH, M.E.: Flavor, texture, and microbial stability of enzyme peeled citrus. USDA Subtrop. Tech. Conf. Lake Alfred, FL 33850. October 20, 1988.
BAKER, R.A. und PARISH, M.E.: Storage stability of orange slices from enyzymatic peeled fruit. USDA Subtrop. Tech. Conf. Lake Alfred, FL 33850. October 22, 1992.
BAKER, R.A.: Market trends for citrus and other juice beverages. Proc. 36th Ann. Citrus Short Course. Sims, C.A., Ed. Univ. of Florida, Gainesville, FL 32611, 1996.
BAKER, R.A und CAMERON, R.G.: Clouds of citrus juice and juice drinks. Food Technol. 53(1): 64–69. 1999.
BEILOCK, R.P. und KUTTEROFF, L.: An initial look at out-of-state reprocessing by dairies of citrus juice products. Proc. 22nd Ann. Short Course. R.F. Matthews, Ed. Univ. of Florida, Gainesville, FL 32611, 1982.
BENNETT, H.: Concise Chemical and Technical Dictionary. Bennett, H. Ed. B.R. Labs. Miami Beach, FL 33140, 1974.
BERRY, R.E. und VELDHUIS, M.K.: Processing of oranges, grapefruit and tangerines. In Citrus Sci. and Tech. Vol. 2. NAGY, S, SHAW, P.E. und VELDHUIS, M.K., Eds. The AVI Pub. Co., Inc. Westport, CT. Chapt. 4, 1977.
BRADDOCK, R.J. und KESTERSON, J.W.: Enzyme use to reduce viscosity and increase recovery of soluble solids from citrus pulp washing operations. J. Food Sci. 41:82–85, 1975.
BRADDOCK, R.J. und KESTERSON, J.W.: Quantitative analysis of aldehydes, esters, alcohols and acids from citrus oils. J. Food Sci. 41, 1007–1010, 1976.
BRADDOCK, R.J. und CRANDALL, P.G.: Properties and recovery of waste liquids from citrus pectin pomace manufacturing. J. Food Sci. 43, 1678–1679, 1976.
BRADDOCK, R.J.: Quality of citrus specialty products, dried pulp, peel oils, pulp-wash solids, dried juice sacs. Citrus Quality and Nutrition. Pg. 273–290, 1980.
BRADDOCK, R.J. und CRANDALL, P.G.: Carbohydrate fiber from orange albedo. J. Food Sci. 46, 650–651, 654, 1981.
BRADDOCK, R.J.: Pectinase treatment of raw orange juice and subsequent quality changes in 60° Brix concentrate. Proc. Fla. State Hort. Soc. 94:270, 1981.
BRADDOCK, R.J.: Utilization of citrus juice vesicle and peel fiber. Food Technol. 37(12):85–87, 1983.
BRADDOCK, R.J.: Methods of estimating U.S. citrus cold pressed oil production. Large scale citrus oil production in North America. Int. Conf. of Citrus Oils, Sicily, Nov. 4, 1987.

BRADDOCK, R.J., PARISH, M.E. und GOODNER, J.K.: High pressure pasteurization of citrus juices. Trans. 1988. Citrus Eng. Conf. Fla. Sec. Amer. Soc. of Mech. Eng. Vol. XXXXIV, Lakeland, FL 33803, 1988.

BRADDOCK, R.J.: Naringin and Hesperidin by-products from SDVB adsorbents, in 42nd Annual Citrus Processors Meeting, October 17, 1991. Lake Alfred, FL 33850, 1991.

BRADDOCK, R.J. und CADWALLADER, K.R.: Citrus by-products manufacturing for food use. Food Technol. 46(2):105–110, 1992.

BRADDOCK, R.J.: By-products and specialty products of citrus fruit. In New Value Added Technologies For Citrus Products and By-Products. Food Technol. 48(9):74–77, 1994.

BRADDOCK, R.J.: By-products of citrus fruit. Food Technol. 49(9):74–77, 1995.

BRAVERMAN, J.B.S.: Citrus products. Interscience Pub., Inc. New York. 1949.

BROWN, M.G.: Outlook for processing citrus in Florida. With focus on orange juice. Proc. 35th Ann. Citrus Short Course. Sims, C.A., Ed. Univ. of Florida, Gainesville, FL 32611, 1995a.

BROWN, G.K.: Choices for new harvesting systems for citrus. Proc. 35th Ann. Citrus Short Course. Sims, C.A., Ed. Univ. of Florida, Gainesville, FL 32611, 1995b.

BRYAN, W.L., BISSETT, O.W., WAGNER, C.J. und BERRY, R.E.: Potential by-products from waste citrus peel emulsion. Proc. Fla. State Hort. Soc. 86, 275–280, 1973.

BRYAN, W.L.: Handling and grading of oranges in processing plants. Proc. Int. Soc. Citriculture. 3, 763–768, 1977.

BRYAN, W.L., JENKINS, J., MILLER, J.M.: Mechanically assisted grading of oranges containing excessive decayed fruit. Trans. ASAE. 23(1): 247–250, 1980.

BUSHMAN, R.C. und HOLBROOK, F.K.: Apparatus for extracting oil from the rind of whole citrus fruit. U.S. Patent No. 4'070'959, 1978.

CARTER, R.D.: Reconstituted Florida Orange Juice. Tech. Manual, Fla. Dept. of Citrus. Lakeland, FL 33803, 1981.

CARTER, R.D.: Florida grapefruit juice from concentrate. Tech. Manual, Fla. Dept. of Citrus. Lakeland, FL 33803, 1983.

CARTER, R.D.: Fresh-squeezed Florida Orange Juice. Tech. Manual Fla. Dept. of Citrus. Lakeland, FL 33803, 1989.

CHEN, C.S., SHAW, P.E. und PARISH, M.E.: Orange and tangerine juices. Fruit Juice Proc. Tech. Nagy, S., Chen, C.S., Shaw, P.E., Eds. Ag Science, Inc. Auburndale, FL 33823, 1993.

CORLETT, D.A., jr.: HACCP User's Manual. Aspen Publishers, Inc. Fredrick, MD, 1998.

CRANDALL, P.G., KESTERSON, J.W. und ROUSE, A.H.: Glycoside and pectin successively extracted from citrus. Proc. Fla. State Hort. Soc. 90, 134–136, 1977.

CRANDALL, P.G.: Practical aspects of food manufacturing: Citrus flavonoids, speciality citrus products. Proc. 17th Ann. Short Course. Matthews, R.F., Ed. Univ. of Florida, Gainesville, FL 32611. 99–125, 1977.

CRANDALL, P.G., BRADDOCK, R.J. und ROUSE, A.H.: Effect of drying on pectin made from lime and lemon pomace. J. Food Sci. 43, 1680–1682, 1978.

CRANDALL, P.G., CHEN, C.S. und GRAUMLICH, T.R.: Energy savings from storing a high degree brix orange juice concentrate at elevated temperatures in an inert atmosphere. Proc. Int. Soc. Citriculture. 2, 855–859, 1981.

CRANDALL, P.G. und GRAUMLICH, T.R.: Storage stability and quality of high brix orange concentrate. Proc. Fla. State Hort. Soc. 95, 198–201, 1982.

CRANDALL, P.G., MATTHEWS, R.F. und BAKER, R.A.: Citrus beverage clouding agents–review and status. Food Technol. 37(12):106–109, 1983.

CRANDALL, P.G., CHEN, C.S., MARCY, J.E. und MARTIN, F.G.: Quality of enzymatically treated 72° Brix orange juice stored at refrigerated temperatures. J. Food Sci. 51(4):1017–1020, 1986.

CRANDALL, P.G., CHEN, C.S. und DAVIS, K.C.: Preparation and storage of 72°Brix orange juice concentrate. J. Food Sci. 52(2):381–385, 1987.

CRANDALL, P.G., DAVIS, K.C., CARTER, R.D. und SADLER, G.D.: Viscosity reduction by homogenization of orange juice concentrate in a pilot plant taste evaporator. J. Food Sci. 53(5): 1477–1481, 1988.

CRANDALL, P.G. und DAVIS, K.C.: 1993. Process for making high brix Citrus concentrate. USA Patent 5'206'047, 1990.

CRANDALL, P.G., DAVIS, K.C. und BAKER, R.A.: Viscosity reduction of orange juice concentrate by pulp reduction vs. enzyme treatment. Food Technol. 44(4):126–129, 1990.

DELMONICO, J.A.: New technology in juice finishing. Turbo Filtering Proc. 37th Ann. Short Course. SIMS, C.A., Ed. Univ. of Florida, Gainesville, FL 32611, 1997.

DOUGHERTY, M.H.: Automation in the Florida Department of Agriculture State Test House. Proc. 18th Ann. Short Course. R.F. Matthews, Ed. Univ. of Florida, Gainesville, FL 32611. 18, 52–58, 1978.

DÜRR, P., SCHOBINGER, U. und WALDVOGEL, R.: Aroma quality of orange juice after filling and storage in soft packages and glass bottles. Alimenta 20, 91–93, 1981.

FAO.: Production Yearbook. Statistical Series No. 135. Food and Agric. Organization of United Nations. New York, NY 10003, 1996.

FAO Annual Statistics 1997: Citrus Fruit. Fresh and Processed, FAO, Rome 1997.

FDA/USA.: Pasteurized orange juice. Code of Federal Regulations 21, Parts 100 to 169. Revised April 1, 1998. Washington, DC, 1998.

GRAY, L.E.: The production of fresh orange juice. Proc. 28th Ann. Short Course. MATTHEWS, R.F., Ed. Univ. of Florida, Gainesville, FL 32611, 1988.

FDA/USA Public Law.: Nutritional Labelling and Education Act. 103–80. 103rd Congress, HR 2900. FDA/ USA. Washington, DC., August 13, 1993.

FERGUSON, R.R. und FOX, K.: Dietary citrus fibers. Tech. Manual FMC Corp. Lakeland, FL 33809, 1982.

FISHER, J.: Citrus by-products. The Citrus Industry. 56(1):4–12, 1975.

Florida Agricultural Statistic Service.: Citrus forecast, USDA, Fla. Dept. Agric./Consum. Serv. Orlando, FL 32803, July 10, 1998.

Florida Citrus Processors Association. (FCPA): Citrus Summary. Winter Haven, FL 33880, 1990.

FLORA, F.: Flavor and flavor chemistry of pasteurized, chilled fruit juice and fruit beverage. Proc. 28th Ann. Short Course. R.F. Matthews, Ed. Univ. of Florida, Gainesville, FL 32611, 1988.

FOX, K.I.: Potential new products from citrus. Proc. 18th Ann. Short Course. MATTHEWS, R.F., Ed. Univ. of Florida, Gainesville, FL 32611, 1978.

FOX, K.I.: Potential new products from citrus. The Citrus Industry. 61(9):26–45, 1980.

FOX, K.I.: Innovations in citrus processing. Invited Lecture at the 34th International Fruit Juice Week. Karlsruhe, Germany. Reprinted in Processing Magazine. November, 1994.

GOULD, WA.: CGMP's/Food Plant Sanitation · CTI. Publications, Inc. Baltimore, MD 21218, 1990.

GRANT, P.: Homogenizing concentrate in a juice evaporator. Trans. Citrus Eng. Conf. Fla. Sec. Amer. Soc. of Mech. Eng. Vol. XXXVI. Lakeland, FL 33803, 1990.

GRIFFITHS, J.T.: Florida citrus processing. Personal communication. Citrus Growers Assn., Inc. January 22, 1998. Lakeland, Florida 33803, 1998.

HASSE, G. (ed).: Orange, a Brazilian Adventure. 1500 to 1987 Coopercitrus Industrial Frutesp. S.A., Quptat and Zobe Publ. Co., Sao Paulo, Brazil, 1987.

HENDRICKSON, R. und KESTERSON, J.W.: Hesperidin in Florida oranges. Tech. Bull 684. Univ. Fla. Citrus Expt. Sta. Lake Alfred, FL 33850, 1964.

HENDRIX, C.M., VIALE, H.E., JOHNSON, J.D. und VILECE, R.J.: Quality control assurance and evaluation in the citrus industry. In: Citrus Science and Technology. AVI Publishing Co., Inc. Westport, CT. Chapter 2, 482–545, 1977.

HENDRIX, D.L. und GHEGAN, R.C.: Quality changes in bulk stored citrus concentrate made from freeze-damaged fruit. J. Food Sci. 45, 1570–1572, 1980.

HENDRIX, D.L.: Citrus drink base formulating. Personal communication. Gumaco/Ticofrut Sa. Costa Rica, 1994.

HENDRIX, D.L.: Fractional distillation and flavor systems. Personal communication. Firmenich Citrus Center. Safety Harbor, FL 34695, 1995.

HENDRIX, C.M., jr.: Citrus quality assurance and future industry trends. Speech given to FL. Sect. of American Society of Quality. Orlando, FL, 1983.

HENDRIX, C.M., jr.: A history of citrus juice enhancement. Intercit. Inc. Safety Harbor, FL 34695, 1986.

HENDRIX, C.M., jr. und REDD, J.B.: A history of juice enhancement. QC Manual for Citrus Processing Plants. Vol. 1 REDD, J.B., HENDRIX, D.C. und HENDRIX, C.M., JR., Eds. Intercit. Inc. Safety Harbor, FL 34695, 1987.

HENDRIX, C.M., jr. und REDD, J.B.: Citrus chemical and technology of citrus juice and byproducts. In Product and Packaging of non-Carbonated Fruit Juices and Fruit Beverages. 2nd ed. Ashurst Ed. Chapman and Hall. Glasgow, UK G64–2NZ, 1995.

HENDRIX, C.M., jr.: Processing factors that affect the flavor qualities of citrus products. REDD, J.B., SHAW, P.E., HENDRIX, C.M., jr. und HENDRIX, D.L., Eds. Ag. Sci. Pub. Auburndale, FL 33823. Chapter 9, 1996.

HENDRIX, C.M., jr. und HENDRIX, D.L.: Flavor perception of food texture and mouthfeel. Vol. III. In QC Manual for Citrus Processing Plants. REDD, J.B., SHAW, P.E., HENDRIX, C.M., jr. und HENDRIX, D.L., Eds. Ag. Sci. Pub. Auburndale, FL 33823. Chapter 1, 1996a.

HENDRIX, C.M., jr. und HENDRIX, D.L.: Citrus speciality and by-products. REDD, J.B., SHAW, P.E., HENDRIX, C.M., jr. und HENDRIX, D.L., Eds. Ag. Sci. Pub. Auburndale, FL 33823. Chapter 6, 1996b.

HERMAN, Z., FONG, C.H., QU, P. und HASEGAWA, S.: Limonoid glycosides in orange juices by HPLC. J. Agric. Food Chem. 38, 1860, 1995.

HERNANDEZ, E., CHEN, C.S., SHAW, P.E. CARTER, R.D. und BARROS, S.: Ultrafiltration of orange juice: Effects on soluble solids, suspended solids and aroma. J. Agric. Food Chem. 40, 986–988, 1992.

HERRERA, M.V., MATTHEWS, R.F. und CRANDALL, P.G.: Evaluation of a beverage clouding agent from orange pectin pomace leach water. Proc. Fla. State Hort. Soc. 92, 151–153, 1979.

HOROWITZ, R.M. und GENTILI, B.: Flavonoid constituents of citrus. Citrus Science and Technology. AVI Publishing Co., Inc. Westport, CT. Chapt. 1, 1977.

IMAGAWA, K., YAMANISHI, T. und KOSHIKA, M.: Changes in volatile flavor constituents during manufacturing the concentrated juice from *Citrus unshiu*. Nippon Nogeikagaku Kaishi 48(10), 561–567, 1974.

JANDA, W.: Fruit juice. In: Industrial Enzymology. MacMillian Pub. Ltd., Surrey, UK. pp. 315–320, 1983.

JOHNSON, J.D. und VORA, J.D.: Natural citrus essence: Production and application. Abstract at 43rd Annual IFT Meeting. New Orleans, LA, 1983.

KEFFORD, J.F. und CHANDLER, B.V.: The chemical constituents of citrus fruits. Academic Press. New York, 1970.

KESTERSON, J.W. und HENDRICKSON, R.: Naringin, a bitter principle of grapefruit. Tech. Bull. 5ll, Univ. Fla. Citrus Expt. Sta. Lake Alfred, FL 33 850, 1953.

KESTERSON, J.W., HENDRICKSON, R. und BRADDOCK, R.J.: Florida citrus oils. Tech. Bull. 749. Univ. Fla. Citrus Expt. Sta. Lake Alfred, FL 33850, 1971.

KESTERSON, J.W. und BRADDOCK, R.J.: Processing and potential uses for dried juice sacs. Food Technol. 27(2), 50–54, 1973.

KESTERSON, J.W. und BRADDOCK, R.J.: Total peel oil content of the major citrus varieties. J. Food Sci. 40, 931, 1975.

KESTERSON, J.W. und BRADDOCK, R.J.: By-products and specialty products of Florida citrus. Tech. Bul. 784. Univ. of Fla. Agri. Expt. Station. Gainesville, FL 32611, 1976.

KESTERSON, J.W. BRADDOCK, R.J. und CRANDALL, P.G.: Recovery of citrus by-products and specialty products from Florida citrus. Trans. Citrus Eng. Conf. Fla. Sec. Amer. Soc. of Mech. Eng. Vol. XXIV, 34–54. Lakeland, FL 33803, 1978.

KESTERSON, J.W., BRADDOCK, R.J. und CRANDALL, P.G.: Brown oil extractor. Perfumer and Flavorist 4(4), 9–10, 1979.

KESTERSON, J.W. und BRADDOCK, R.J.: Citrus oil – processing and quality assurance. Proc. 19th Ann. Short Course. MATTHEWS, R.F., Ed. Univ. Fla. Gainesville, FL 32611, 130–142, 1979.

KIMBALL, D.A.: Citrus Processing QC and Technology. Kimball, Ed. AVI Van Nostrand, New York, 1991.

MACDOWELL, L.G., MOORE, E.L. und ATKINS, C.D.: Method of preparing full-flavored fruit juice concentrates. U.S. Pat. 2'453'109, 1948.

MARCY, J.E. und GRAUMLICH, T.R.: Processing and quality control parameters for aseptically produced citrus juice. Proc. 22nd Ann. Short Course. MATTHEWS, R.F., Ed. Univ. Fla. Gainesville, FL 32611, 1982.

MEADA, H. und IFUKU, Y.: Tendency of production and consumption of citrus fruit juices in Japan, especially production of fruit drinks with juice sacs. Proc. Int. Soc. Citriculture. Vol. 2, 859–861, 1981.

MAZURSKI, J.: Production handling and shelf-life. Tropicana Products Inc. Proc. 28th Ann. Short Course. R.F. MATTHEWS, Ed. Univ. of Fla. Gainesville, FL 32611, 1988.

MILNES, B.A. und AGMON, G.: Debittering and upgrading citrus juice and by-products using combined technology. Proc. 35th Ann. Short Course. SIMS, C.A., Ed. Univ. of Fla. Gainesville, FL 32611, 1995.

MILLER, W.M. und HENDRIX, C.M., jr.: Fruit quality inspection handling sample evaluation. QC Manual for Citrus Processing Plants. Vol. III. REDD, J.B., SHAW, P.E., HENDRIX, C.M., jr., HENDRIX, D.L., Eds. Ag. Science Pub. Auburndale, FL 33823, 1996.

MCKENNA, J.V.: Centrifuging citrus waste and juice. Citrus Eng. Conf. Fla. Sec. Amer. Soc. of Mech. Eng. Vol. XXXII. Lakeland, FL 33803, 1986.

MITTAL, D.: Marketing trends in Ready-to-Serve citrus juice. Proc. 28th Ann. Short course. MATTHEWS, R.F. Ed. Gainesville, FL 32611, 1988.

NAGY, S.: Factors affecting flavor citrus fruits and juice products. QC Manual for Citrus Processing Plants. Vol. III. REDD, J.B. Ag Sci. Inc., Auburndale, FL 33823, 1996.

NAGY, S. und ROUSEFF, R.L.: Folic acid and provitamin A contents of citrus fruits and their products. Hypernutritious Foods. FINLEY, J.W., ARMSTRONG, D.J., NAGY, S., AND ROBINSON, S.F., Eds. Ag Sci. Inc., Auburndale, FL 33823, 1996.

NIKDEL, S., CHEN, C.S., PARISH, M.E., MAKKELLAR, D.G. und FRIEDRICH, L.M.: Pasteurization of citrus juice with microwave energy in continuous flow unit. 42nd Annual Citrus Processors Meeting. Lake Alfred, FL 33850. October 17, 1991.

NIKDEL, S., NAGY, S., MACKELLAR, D.G. und KLIM, M.: Storage studies on orange juice, pasteurized, purged in the batch mode. In: 45th Annual Citrus Processors Meeting. Lake Alfred, FL 33850. October 12, 1994.

NORMAN, S.I. und KIMBALL, D.A.: A commercial citrus debittering system. Trans. Citrus Eng. Conf. Fla. Sec. Amer. Soc. Mech. Eng. Vol. XXXVI. Lakeland, FL 33803, 1990.

NONINO, E.A.: Definitions of citrus juices and by-products. Manuscript of lecture given at IFU Workshop in Istanbul, Turkey. September, 1997.

ODIO, C.E.: Tank reaction system for citrus peel. Trans. Citrus Eng. Conf. Fla. Sec. Amer. Soc. Mech. Eng. Vol. XXXIX. Lakeland, FL 33803, 1993.

OHTA, H. und IFUKU, Y.: The citrus beverage industry in Japan. Proc. 37th Ann. Short Course. SIMS, C.A., Ed. Gainesville, FL 32611, 1997.

PARISH, M.E.: Micro aspects of fresh squeezed citrus juice. Proc. 28th Ann. Short Course. MATTHEWS, R.F., Ed. Gainesville, FL 32611, 1988.

PARISH, M.E.: Review of high pressure processing for shelf-life extension of orange juice. 44th Ann. Citrus Processors Meeting. CREC UF/IFAS. Lake Alfred, FL 33850, 1993.

PARISH, M.E.: Historical perspective of citrus juice and pathology addressing unnecessary public concerns. 45th Ann. Citrus Processors Meeting. UF/DOC. Lake Alfred, FL 33850, 1994.

PASSY, N., MANNHEIM, C.H.: The dehydration, shelf-life and potential uses of citrus pulps. J. Food Eng. 2, 19–34, 1983.

REDD, J.B., HENDRIX, C.M., jr. und HENDRIX, D.L.: Quick fiber pulp. Sect. I Routine Meth. QC Manual for Citrus Processing Plants. Intercit Inc., Safety Harbor, FL 34695, 1986.

REDD, J.D., HENDRIX, D.L. und HENDRIX, C.M., JR.: General effect on quality/yield of FMC extractor components and adjustments on products. QC Manual for Citrus Processing Plants. Vol. II. Ag Science Inc., Auburndale, FL 33823, 1992a.

REDD, J.B., HENDRIX, D.C. und HENDRIX, C.M., JR.: Water extracted soluble fruit solids. QC Manual for Citrus Processing Plants. Vol. II. Ag Sci. Inc. Auburndale, FL 33823, 1992b.

ROUSE, A.H. und ATKINS, C.D.: Heat inactivation of pectinesterase in citrus juices. Food Technol. 6, 291–294, 1952.

ROUSE, A.H., MOORE, E.L., ATKINS, C.D. und GRIERSON, W.: Gel-coated ready-to-serve grapefruit halves. Proc. Fla. State Hort. Soc. 82, 227–229, 1969.

ROUSE, A.H.: Pectin: Distribution, Significance. Citrus Science and Technology. 1, 110–207, 1977.

ROUSEFF, R.L., NAGY, S., und ATTAWAY, J.A.: Less desirable flavor components in processed citrus products. Proc. Int. Soc. Citriculture. 2, 872–877, 1981.

SADLER, G.: Current trends in packaging. Ready-to-serve citrus juice beverage. Proc. 28th Ann. Short Course. MATTHEWS, R.F., Ed. Gainesville, FL 32611, 1988a.

SADLER, G.: Discontinuities in oxygen transport through gas permeable containers. 39th Ann. Citrus Processing Meeting. Lake Alfred, FL 33850, 1988b.

SADLER, G.: Oxygen barrier anomalies of gable-top cartons. 42nd Ann. Citrus Processing Meeting. Lake Alfred, FL 33850, 1991.

SAFINA, G.: Los derivados de los citricos. Fideicomiso del Limon en Nacional Financiera. S.A, 1971.

SAFINA, G.: Evolution of technology of citrus products in Italy. Proc. Int. Soc. Citriculture. 2, 888–890, 1981.

SAUNT, J.: Citrus varieties of the world. Sinclair International Ltd., Norwich, England. NR6–5DR, 1990.

SCHELL, T.: Building a new citrus processing plant. Proc. 35th Ann. Short Course. SIMS, C.A., Ed. Univ. of FL. Gainesville, FL 32611, 1995.

SHAW, P.E.: Debittering of citrus juice. Proc. of Subtropical Technical Conf. Lake Alfred, FL 33850, 1990a.

SHAW, P.E.: Citrus juice debittering – current status worldwide. Citrus Industry Mag., Lakeland, FL 33803. Pg. 54. June, 1990b.

SHAW, P.E. und NAGY, S.: Grapefruit juice. Fruit Juice Processing Technology. NAGY, S., CHEN, C.S. und SHAW, P.E., Eds. Ag Science Inc., Auburndale, FL 33823. Chapt. 6, 1993.

SINCLAIR, W.B.: The grapefruit, its composition, physiology, and products. Univ. Calif., Div. of Agr. Sci., Riverside, CA, 1972.

STEGELIN, F.E. und CRANDALL, P.G.: Technologic and economic considerations of citrus concentrate storage. Proc. Fla. State Hort. Soc. 94, 273–276, 1981.

STEGER, E.S.: Peel oil recovery by recycling centrifuge effluent. Trans. Citrus Eng. Conf. Fla. Sec. Amer. Soc. Mech. Eng. Vol. XXV. Lakeland, FL 33803, 1979.

SWISHER, H.E. und SWISHER, L.H.: Specialty citrus products. In: Citrus Science and Technology. 2, 253–290, 1977.

The Almanac of Canning, Freezing, Preserving Industries. Edward E. Judge and Sons, Inc. PO 866. Westminster, MD 21158, 1997.

TSUGAWA, R., NAKAMURA, A., TAKEYAMA, T., UENO, S., SOEJIMA, T. und MINEMATSU, T.: Production of purified citrus molasses as raw material for amino acid fermentation. Proc. Int. Soc. Citriculture 2, 893–896, 1981.

USDA. Agricultural Statistics. U.S. Government Printing Office. Washington, DC, 1998.

USDA/AMS. Processing Products Inspection Manual. QC Manual Citrus Processing Plants. Vol. II. 1992. REDD, J.B., SHAW, P.E., HENDRIX, C.M., jr. und HENDRIX, D.L., Eds. Ag. Sci. Pub., Auburndale, FL 33823, 1985.

US/Japan Import Trade Quotas. Phase out of US-Japan Agricultural Trade Negotiation of 1988. April 1, 1992.

VARSEL, C.: Citrus juice processing as related to quality and nutrition. In: Citrus Nutrition and Quality. NAGY, S. UND ATTAWAY, J.A., Eds. ACS Symp. Series 143. Amer. Chem. Soc. Washington, DC, 1980.

WARDOWSKI, W., SOULE, J., GRIERSON, W. und WESTBROOK, G.: Florida citrus quality tests. Tech. Bull. 188. Univ. Fla. Citrus Expt. Sta. Lake Alfred, FL 33850, 1979.

WEBBER, F.: Model tests H.F. 2555. Romicon, Inc. Woburn, MS 01801. April 7, 1976.

WESTBROOK, G.F., JR.: Effects of the use of frozen damaged fruit on the characteristics of FCOJ. Ph.D. Thesis. University of Florida. Gainesville, FL 32611, 1957.

WETHERN, M.: Citrus debittering with ultrafiltration/adsorption combined technology. Trans. Citrus Eng. Conf. Fla. Sec. Amer. Soc. of Mech. Eng. Vol. XXXVII. Lakeland, FL 33803, 1991.

WHITNEY, J.D. und COPPOCK, G.E.: Harvest mechanization of Florida oranges destined for processing. Proc. Int. Symp. on Fruit, Nut and Vegetable Harvesting Mechanization, 1984.

WYNNE, O.B, III. FCOJ bulk transportation. Trans. Citrus Eng. Conf. Fla. Sec. of Amer. Soc. of Mech. Eng. Vol. XXXII. Lakeland, FL 33803, 1986.

WYNNE, O.B, III. Recent developments in FCOJ bulk transportation. Proc. 27th Ann.

Short Course. MATTHEWS, R.F., Ed. Univ. Fla. Gainesville, FL 32611, 1987.

Kapitel 3.8

ABD EL-ALL, G., ABD EL-FADEEL, M.G., EL-SAMAHY, S.K. und ASKAR, A.: Application of microwave energy in the heat treatment of fruit juices, concentrates and pulps. Fruit Processing 4. 307–312, 1994.

AKAMINE, E.K.: Hot water treatment of papaya. Food Technol. (Australia) 27, 482–488, 1975.

AKAMINE, E.K., KITAGAWA, H., SUBRAMANYAM, H. und LONG, P.G.: Packinghouse operations. In: „Postharvest Physiology, Handling and Utilization of Tropical and Subtropical Fruits and Vegetables", PANTASTICO, E.R. (ed.). The AVI Publishing Company, Inc. Westport, Connecticut, USA 1975.

AMLA, B.L.: Papaya in India. Central Food Technological Research Institute, Mysore, India 1987.

ANON: Tamarind juice concentrate plant starts production in Mysore. Indian Food Ind. 1, 34–44, 1982.

AREAS, R.H.: The cashew, characteristics and processing. Boletin Tecnico LABAL 3, 13–21, 1982.

ASKAR, A.: Flavour alteration during production and storage of fruit juices. Flüss. Obst 51, 567–573, 1984.

ASKAR, A.: Quality changes during growing, postharvest treatments and storage practices of tropical fruits. Fruit Processing 8, 226–231, 1998 a.

ASKAR, A.: Importance and characteristics of tropical fruits. Fruit Processing 8, 273–276 1998b.

ASKAR, A., ABD EL-FADEEL, M.G. und EL-SAMAHY, S.K.: Mango und Mangoprodukte. Flüss. Obst 48, 186–189, 1981 a.

ASKAR, A., EL-SAMAHY, S.K. und ABD EL-BAKI, M.M.: Herstellung von Mangosaftkonzentraten. Ind. Obst- u. Gemüseverwert. 66, 27–31, 1981b.

ASKAR, A., EL-SAMAHY, S.K., ABD EL-BAKI, M.M. und ABD EL-FADEEL, M.G.: Concentration of mango juice. 1. Evaluation of four methods of mango juice concentration. Chem. Mikrobiol. Technol. Lebensm. 7, 70–76, 1982.

ASKAR, A., EL-NEMR, S.E. und BASSIOUNY, S.S.: Aroma constituents in white and pink guava fruits. Alimenta 25, 162–167, 1986.

ASKAR, A., EL-NEMR, S.E. und SILIHA, H.: Aroma constituents of Egyptian tamarind pulp. Dtsch. Lebensm. Rdsch. 83, 108–110, 1987.

ASKAR, A., GIERSCHNER, K.H., SILIHA, H. und EL-ZOGHBI, M.: Polysaccharides and cloud stability of tropical nectars. Flüss. Obst 58, 244–250, 1991.

ASKAR, A. und TREPTOW, H.: Cloud-stable premium nectars made from tropical fruits. Confructa Studien 36, 130–145, 1992.

ASKAR, A. und TREPTOW, H.: Quality Assurance in Tropical Fruit Processing. Springer Verlag, Berlin, Heidelberg, New York 1993.

ASKAR, A., EL-ASHWAH, F.A., OMRAN, H.T. und LABIB, A.A.S.: Color stability of tropical nectars and a simple method of its determination. Fruit Processing 4, 14–20, 1994.

ASKAR, A. und TREPTOW, H.: Nebenprodukte bei der Verarbeitung tropischer Früchte. Ind. Obst- u. Gemüseverwert. 83, 7–13, 1998.

AUGUSTIN, M.A. und OSMAN, A.: Post-harvest storage of guava. Pertanika 11, 45–50, 1988.

AUGUSTIN, M.A., GHAZALI H.M. und HASHIM H.: Polyphenoloxidase from guava. J. Sci. Food Agric. 36, 1259–1265, 1985.

AVENA, R.J. und LUH, B.S.: Sweetened mango purees preserved by canning and freezing. J. Food Sci. 48, 406–410, 1983.

BEERH, O.P., RAGHURAMAIAH, B., KRISHNAMURTHY, G.V. und GIRIDHAR, N.: Utilization of mango waste, recovery of juice from waste pulp and peel. J. Food Sci. Technol. 13, 138–141, 1976.

BENERO, J.R., COLLAZO DE RIVERA, A.L. und GEORGE, L.M.: Studies on the preparation and shelf-life of soursop, tamarind and blended soursop-tamarind soft drinks. J. Agric. Univ. Puerto Rico 58, 99–104, 1974.

BENERO, J.R., RODRIGUEZ, A.J. und COLLAZO DE RIVERA, A.L.: A mechanical method for extracting tamarind pulp. J. Agric. Univ. Puerto Rico 56, 185–186, 1972.

BENERO, J.R., RODRIGUEZ, A.J. und ROMAN DE SANDOVAL, A.: A soursop pulp extraction procedure. J. Agric. Univ. Puerto Rico 55, 518–519, 1971.

BRASIL, I.M., MAIA, G.A. und DE FIGUEIREDO, R.W.: Physical-chemical changes during extraction and clarification of guava juice. Food Chem. 54, 383–386, 1995.

BREKKE, J.E.: Tropical fruit beverage bases. Hawaii Agric. Exp. Sta. Rpt. 198, 1973.

BREKKE, J.E., CAVALETTO, C.G., NAKAYAMA, T.O.M. und SUEHISA, R.H.: Effects of storage temperature and container lining on some quality attributes of papaya nectar. J. Agric. Food Chem. 24, 341–343, 1976.

BREKKE, J.E., CAVALETTO, C.G., STAFFORD, A.L. und CHAN, H.T. jr.: Mango, processed products. U.S. Dep. Agric., Agric. Res. Serv. in coop. with Hawaii Agric. Exp. Sta. ARS-W23, 1975.

BREKKE, J.E., CHEN, H.T. jr. und CAVALETTO, C.G.: Papaya puree, a tropical flavor ingredient. Food Prod. 6, (6) 36–37, 1972.

BREKKE, J.E., CHAN, H.T. jr. und CAVALETTO, C.G.: Papaya puree and nectar. Hawaii Agric. Exp. Sta. Res. Bull. 170, 1973.

BREKKE, J.E., CHAN, H.T. jr. und CAVALETTO, C.G.: Operating manual for papaya puree processing. Hawaii Agric. Exp. Sta. Coll. Trop. Agric., Univ. of Hawaii Dep. Rpt. 47, 1977.

BREKKE, J.E., TONAKI, K.I., CAVALETTO, C.G und FRANK, H.A.: Stability of guava puree concentrate during refrigerated storage. J. Food Sci. 35, 469–471, 1970.

BUESO, C. E.: Soursop, tamarind and chironja. In „Tropical and Subtropical Fruits", NAGY, S. und SHAW, P. E. (eds.), The AVI Publishing Company, Inc. Westport, Connecticut, USA, 1980.

CAMARA, M., DIEZ, C. und TORIJA E.: Chemical characteristics of pineapple juices and nectars. Food Chem. 54, 93–100, 1995.

CASIMIR, D. J. und JAYARAMAN, K. S.: Banana drink, a new canned product. CSIRO Food Res. Q. 31, 24–27, 1971.

CASIMIR, D. J., KEFFORD, J. F. und WHITFIELD, F. B.: Technology and flavor chemistry of passion fruit juices and concentrates. Adv. Food Res. 27, 234–295, 1981.

CASTALDO, D., LARATTA, B., LOIUDICE, R., GIOVANE, A., QUAGLIUOLO, L. und SERVILLO, L.: Presence of residual pectin methylesterase activity in thermally stabilized industrial fruit preparation. Lebensm.-Wiss. u. Technol. 30 (5), 479–484, 1997.

CHAN, H. T. jr.: Handbook of Tropical Foods. 3. Bananas and Plantains 85–143, Marcel Decker, Inc., New York and Basel 1983.

CHAN, H. T. jr. und CAVALETTO, C. G.: Lye peeling of lychee. Res. Rep. 215, Hawaii Agric. Exp. Sta., 1973.

CHAN, H. T. jr., YAMAMOTO, H. Y. und HIGAKI, J. C.: Role of ascorbic acid in CO2 evaluation from heated acerola juice. J. Agric. Food Chem. 14, 483–484, 1966.

CHAN, H. T. jr., FLATH, R. A., FORREY, R. R., CAVALETTO, C. G., NAKAYAMA, T. O. M. und BREEKE, J. E.: Development of off-odors and off-flavors in papaya puree. J. Agric. Food Chem. 21, 566–570, 1973.

CHAN, H. T. jr., KYO, M. T. H., CAVALETTO, C. G., NAKAYAMA, T. O. M. u. BREEKE, J. E.: Papaya puree and concentrate. Changes in ascorbic acid, carotenoids and sensory quality during processing. J. Food Sci. 40, 701–703, 1975.

CHAN, H. T. jr. und CAVALETTO, C. G.: Aseptically packaged papaya and guava puree: Changes in chemical and sensory quality during processing and storage. J. Food Sci. 47, 1167–1169, 1982.

CHAN, W.-Y. und CHIANG, B.-H.: Production of clear guava nectar. Int. J. Food Sci. Technol. 27, 435–441, 1992.

CHEFTEL, J. C.: Effects of high hydrostatic pressure on food constituents: an overview. In „High Pressure and Biotechnology", BALNY, C., HAYASHI, R., HEREMANS, K. und MASSON, P. (eds.). Colloque INSERM/John Libbey Eurotext Ltd. 224, 195–209, 1992.

CHEN, C.-C., KUO, M.-C., HWANG, L. S., WU, J. S.-B. und WU, C. M.: Headspace components of passion fruit juice. J. Agric. Food Chem. 30, 1211–1215, 1982.

CROWTHER, P. C.: The processing of banana products for food use. Tropical Products Institute, London 1979.

DEHNE, L. und BÖGL, K. W.: Microwellen im Garprozeß – Nährwerterhaltung in Vergleich zu konventionellen Verfahren. Teil II: Lebensmittel pflanzlicher Herkunft. Z. F. L. 41, 435–446, 1990.

DEWEY, D. R.: Controlled atmosphere storage of fruits and vegetables. In „Development in Food Preservation", THORNE, S. (ed.), Vol. 2. Applied Science Publishers, Englewood, NJ, USA, 1983.

EL-FAKI, H. A. und SAEED, A. R.: Physico-chemical-studies on guavas and their suitability for processing. Sudan J. Food Sci. Technol. 7, 9–17, 1975.

EL-NEMR, S. E. und ASKAR, A.: Distribution of volatile aroma compounds between pulp and serum of mango juice. Dtsch. Lebensm. Rdsch. 82, 383–387, 1986.

EL-NEMR, S. E., ISMAIL, I. A. und ASKAR, A.: Aroma changes in mango juice during processing and storage. Food Chem. 30, 269–275, 1988.

EL-SAMAHY, S. K., ASKAR, A., ABD EL-BAKI, M. M. und ABD EL-FADEEL, M. G.: Concentration of mango juice. 2. Aroma deterioration during the concentration. Chem. Mikrobiol. Technol. Lebensm. 7, 102–106, 1982.

EL-ZALAKI, E. M. und LUH, B. S.: Effect of sweetener types on chemical and sensory quality of frozen kiwifruit concentrates. Food Chem. 6, 295–308, 1981.

ENGEL, K.-H. und TRESSL, R.: Identification of new sulfur-containing volatiles in yellow passion fruit. J. Agric. Food Chem. 39, 2249–2252, 1991.

FAO: Production Yearbook. FAO, Rome, 1996.

FLEIG, A.: Qualitäts- und Produktivitäts-Vorteile durch Entgasung. Flüss. Obst 62, 435–437, 1995.

FONSECA, J. L. F. DA: Concentrated passion fruit juice. Boletin Tecnico de CEPED 3 (3), 31–66, 1976, C. F. Food Sci. Technol. Abstr. 9, 10H 1810, 1977.

GITHAITI, J. K. und KARURI, E. G.: Pectolytic enzymes in producing mango juice. Acta Alimentaria 20, 97–102, 1991.

GRAUMLICH, T. R., MARCZ, J. E. und ADAMS, J. P.: Aseptically packaged orange juice and concentrate: A review of the influence of processing and packaging conditions on quality. J. Agric. Food Chem. 34, 402–408, 1986.

HARRIS, S.: The refrigerated export chain of kiwi fruit (*Actinidia chinensis*) from New Zealand. Bulletin de l'Institut Int. du Froid, Annexe 1976–1, 157–164, 1976.

HEIDLAS, J., LEHR, M., IDSTEIN, H. und SCHREIER, P.: Free and bound terpene compounds in papaya (*Carica papaya* L.) fruit pulp. J. Agric. Food Chem. 32, 1020–1021, 1984.

HERDERICH, M. und WINTERHALTER, P.: 3-Hydroxy-retro-alpha-ionol: A natural precursor of isomeric edulans in purple passion fruit. J. Agric. Food Chem. 39, 1270–1274, 1991.

HODGSON, A.S., CHAN, H.T. jr., CAVALETTO, C.G. und PERERA, C.O.: Physical-chemical characteristics of partially clarified guava juice and concentrate. J. Food Sci. 55, 1757–1758, 1990.

HUGO, J.F., DU.: Production of pulps for nectar from apricots and guavas. Food Industries of South Africa 34, (6) 34–35, 38, 1981.

HUOR, S.S., AHMED, E.M. und CARTER, R.D.: Concentration of watermelon juice. J. Food Sci. 45, 718–719, 1980a.

HUOR, S.S., AHMED, E.M., CARTER, R.D. und HUGGART, R.L.: Color and flavor qualities of white grape fruit: Watermelon juice mixtures. J. Food Sci. 45, 1419–1421, 1980b.

HUOR, S.S., AHMED, E.M., RAO, P.V. und CORNELL, J.A.: Formulation and sensory evaluation of fruit punch containing watermelon juice. J. Food Sci. 45, 809–819, 1980c.

IMUNGI, J.K., SCHEFFELDT, P. und SAINT-HILAIRE, P.: Physico-chemical changes during extraction and concentration of clear guava juice. Lebensm.-Wiss. u. Technol. 13, 248–251, 1980.

INDERKUM, B.: Ananassaft- eine tropische Köstlichkeit. Flüss. Obst 61, 255–258, 1994.

ISAACS, A.R., BRADLEY, B.F. und NOTTINGHAM S.M.: The storage stability of passionfruit concentrate. Food Technol. Australia 40 (8), 318–319, 1988.

ITOO, S., AIBA, M. und ISHIHATA, K.: Ascorbic acid content in acerola fruit from different production regions and degrees of maturity, and stability during processing. J. Jap. Soc. Food Sci. Technol. 37, 726–729, 1990.

ITOO, S., YAMAGUCHI, T., OOHATA, J.T. und ISHIHATA, K.: Studies on the qualities of subtropical fruits. II. Ascorbic acid and stone cell of guava fruits. Bull. Fac. Agric. Kagoshima Univ. 30, 47–54, 1980.

JAIN, N.L. und BORKAR, D.H.: Relative evaluation of pulp and water of guavas and peeled and unpeeled fruit in the preparation of beverages. Indian Food Packer 25 (6), 14–21, 1971.

JAGTIANI, J., CHAN, H.T. und SAKAI, W.S.: Tropical Fruit Processing. Academic Press, London, 1988.

JOHNSTON, J.C., WELCH, R.C. und HUNTER, G.L.K.: Volatile constituents of litchi (*Litchi chinensis*). J. Agric. Food Chem. 28, 859–861, 1980.

JOSE HERMOSILLA, J., MARIO PEREZ, W., JORGE MORENO, C. und YVAN, L.: Enzymatic hydrolysis of papaya. Alimentos (CHL) 16 (4), 5–8, 1991.

KADER, A.A.: Postharvest Technology of Horticultural Crops. University of California, Div. of Agric. and Nat. Resources, Publ. 3311, 1992.

KADER, A.A. und BARRETT, D.M.: Classification, composition of fruits, and postharvest maintenance of quality. In „Processing Fruits: Science and Technology, Volume 1: Biology, Principals, and Application“, by SOMOGYI, L.P., RAMASWAMY, H.S. and HUI, Y.H. (editors). Technomic Publishing Co. Inc,. Lancaster, PA, USA, 1996.

KADER, A.A., ZAGORY, D. und KERBEL, E.L.: Modified atmosphere packaging of fruits and vegetables. CRC Crit. Rev. Food Sci. Nutr. 28, 1–30, 1989.

KATO, K., MARTIN, Z.J., BLEINROTH, E.W., MIYA, E.E., SILVA, S.D., DA, S.D. und ANGELUCCI, E.: Pulp concentrate of various varieties. Coletanea do Instituto de Tecnologia de Alimentos 7, 219–325, 1976.

KATWA, L.C., RAMAKRISHNA, M. und RAGHAVENDRA RAO, M.R.: Purification and properties of polyphenol oxidase from mango peel. J. Food Biochem. 6, 217–228, 1982.

KIMURA, M., RODRIGUEZ-AMAYA, D.B. und YOKOYAMA, S.M.: Cultivar differences and geographic effects on the carotenoid composition and vitamin A value of papaya. Lebensm.-Wiss. u. Technol. 24, 415–418, 1991.

KLINGLER, R.W.: Erhitzen hochviskoser Lebensmittel mit Mikrowellenenergie. Lebensmitteltechnik 9, 452–455, 1991.

KOFFI, E.K. und BATES, R.P.: Viscosity reduction and prevention of browning in the preparation of clarified banana juice. J. Food Quality 14, 209–218, 1991.

KORTHBECH-OLESEN, R.: Export marketing of fruit juices from developing countries. Fruit Processing 7, 32–38, 1997.

KRUEGER, D.A., KRUEGER, R.-G. und MACIEL, J.: Composition of pineapple juice. J. A.O.A.C. Inter. 75, 280–282, 1992.

KWOK, S.C.M., CHAN, H.J. jr., NAKAYAMA, T.O.M. und BREEKE, J.E.: Passion fruit starch and effect on juice viscosity. J. Food Sci. 39, 431–433, 1974.

LABIB, A.A.S., EL-ASWAH, F.A., OMRAN, H.T. und ASKAR, A.: Heat-inactivation of mango pectinesterase and polygalacturonase. Food Chem. 53, 137–142, 1995.

LAKSHMINARAYANA, S., KRISHNAPRASED, C.A. und SUBBIAHSHETTY, M.: Hot water treatment to regulate ripening and reduce spoilage of Alphonso mango. J. Hort. Sci. 49, 365–371, 1974.

LANDGRAF, H.: Anbau und Verarbeitung der Passionsfrucht in Brasilien. Flüss. Obst 45, 225–231, 1978.

LAWLER, F.K.: Banana challenges food formulation. Food Eng. 39 (5), 58–63, (6), 62–65, 1967.

LEE, P.L., SWORDS, G. und HUNTER, G.L.K.: Volatile constituents of tamarind (*Tamarindus indica*). J. Agric. Food Chem. 23, 1195–1199, 1975.

LINDNER, S. und ROBERTSON, G.L.: The enzymatic extraction of juice from yellow passion fruit pulp. Trop. Sci. 19, 105–112, 1977.

LOURENCO, E.J. und CATUTANI, A.T.: Purification and Properties of Pectinesterase from Papaya. J. Sci. Food Agric. 35, 1120–1127, 1984.

LUH, B.S.: Die Herstellung von Nektaren, Fruchtsäften und Gemüsesäften. Flüss. Obst 58, 290–294, 1991.

MACLEOD, A.J. und PIERIS, N.N.: Volatile flavor components of soursop (*Annona muricata*). J. Agric. Food Chem. 29, 488–490, 1981.

MACLEOD, A.J., MACLEOD, G. und SNYDER, C.H.: Volatile aroma constituents of mango. Phytochem. 27, 2189–2193, 1988.

MAGALHAES, D.A., TOSELLO, M.M. und MASSAGUER, P.R.: Thermal inactivation of pectinesterase in papaya pulp (pH 3.8). J. Food Process Eng. 19 (3), 353–361, 1996.

MAHADEVAIAH, M., GOWRAMMA, R.V., EIPESON, W.E., NANJUNDASWAMY, A.M. und SASTRY, L.V.L.: Influence of added ascorbic acid on internal corrosion of tin plate in canned mango nectar. J. Food Sci. Technol. 11, 193–194, 1974.

MAHADEVAIAH, M., GOWRAMMA, R.V., EIPESON, W.E., NANJUNDASWAMY, A.M. und SASTRY, L.V.L.: Studies on the internal corrosion of tin plate with mango juice. Indian Food Packer 29 (1), 5–12, 1975.

MALEVSKI, V., GOMEZ-BRITO, L., PELEG, M. und SILBERG, M.: External color as maturity index of mango. J. Food Sci. 42, 1316–1318, 1977.

MARQUES, J.F. und QUAST, D.: Die Fruchtsaftindustrie in Brasilien. Flüss. Obst 42, 194–196, 1975.

MARTIN, Z.J., CIA, G., GONCALVES, S., TEIXEIRA, C., ANGELUCCI, E., LEITAO, M.F.F., BLEINROTH, E.W. und TOSELO, Y.: Industrial production of guava pulp, red variety. Coletanea do Instituto de Tecnologia de Alimentos 6 (1), 11–36, 1975.

MAURER, J.: Entgasung von Fruchtpüree und -säften aus Fruchtfleisch. Flüss. Obst. 57, 80–85, 1990.

MILLER, W.R., MCDONALD, J.B. und SHARP, J.L.: Quality changes during storage and ripening of Tommy Atkins mango treated with heated forced air. J. Hort. Sci. 26: 395–340, 1991.

MOORE, D.J. und CAYGILL, J.C.: Proteolytic activity of Malaysian pineapples. Tropical Sci. 21, 97–102, 1979.

MORTON, J.F.: The soursop or guanabana (*A. muricata*). Proc. Fla. State Hortic. Soc. 79, 355–366, 1966.

MOSTAFA, G.A., ABD EL-HADY, E.A. und ASKAR, A.: Preparation of papaya and mango nectar blends. Fruit Processing 7, 180–185, 1997.

MUKERJEE, P.K.: Harvesting storage and transport of mango. Acta Hort. 24, 251–258, 1972.

MUNYANGANIZI, B. und COPPENS, R.: Comparison of 2 methods for extracting banana juice from 2 different varieties. Ind. Aliment. Agric. 93, 707–711, 1976.

MURTI, I.A.S., MALATHI, H.N., RAJALAKSHMI, D. und BHATTACHARJYA, S.C.: Industrial wastes and by-products of food processing industries in India. A Survey. Indian Food Packer (5), 49–61, 1976.

NAGARAJA, K.V., MANJUNATH, M.N. und NALINI, M.L.: Chemical composition of commercial tamarind juice concentrate. Indian Food Packer 29, 17–20, 1975.

NAGY, S. und SHAW, P.E.: Tropical and Subtropical Fruits. AVI Publishing Company, Westport, Connecticut, USA, 1980.

NANJUNDASWAMY, A.M., RADHA, K.S. und SOROJA, S.: Studies on the development of newer products from mango. Indian Food Packer 30, 59–62, 1976.

NELSON, P.E. und TRESSLER, D.K.: Fruit and Vegetable Processing Technology. AVI-Publishing Company, Inc. Westport, Connecticut 1980.

NISHIMURA, O., YAMAGUCHI, K., MIHARA, S., SHIBAMOTO, T.: Volatile constituents of guava fruit and canned puree. J. Agric. Food Chem. 37, 139–142, 1989.

OLLE' D., BAUNES, R.L., BAYONOVE, C.L., LOZANO, Y.F., SZNAPER, C. und BRILLOUET, J.-M. Comparison of free and glycosidically linked volatile components from polyembryonic and monoebryonic mango (*Mangifera indica* L.) cultivars. J. Agric. Food Chem. 46, 1094–1100, 1998

OOGHE, W. und DRESSELAERTS, D.: Quality parameters for pineapple juice. Fruit Processing 5, 11–17, 1995.

PANTASTICO, E.B.: Postharvest Physiology, Handling and Utilization of Tropical and Subtropical Fruits and Vegetables. AVI-Publishing Company, Westport, Connecticut 1975.

PARK, Y.K., SATO, H.H., ALMEIDA, T.D. und MORETTI, R.H.: Polyphenol oxidase of mango. J Food Sci. 45, 1619–1621, 1980.

PECORONI, S., ZIMMER, E., GIERSCHNER, K. und DIETRICH, H.: Trubstabile „naturtrübe" Apfelsäfte. Flüss. Obst 63, 11–14, 1996.

PELEG, M. und GOMEZ-BRITO, L.: Estimation of the components of a penetration force of some tropical fruits. J. Food Sci. 40, 1030–1032, 1975.

PHEANTAVEERAT, A. und ANPRUNG, P.: Effect of pectinases, cellulases and amylases on production of banana juice. Food 23, 188–196, 1993.

POMPEI, C. und RHO, G.: Concentration du jus de pasiflore par osmose inverse. Lebensm.-Wiss. u. Technol. 7, 167–172, 1974.

PRATT, H.K. und REID, M.S.: Chinese gooseberry: Seasonal patterns in fruit growth and maturation, ripening, respiration and the role of ethylene. J. Sci. Food Agric. 25, 747–751, 1974.

PRUSSIA, S.E. und WOODROOF, I.G.: Harvesting, handling and holding fruit. In „Commercial Fruit Processing", by WOODROOF J.G. and LUH B.S., AVI Publ. Comp. Inc., Westport Conn. 1986.

RAGAB, M.H.H.: Studies on technical problems in the processing of local food products. III.

Control of sedimentation and browning of passion fruit squash during storage. Publication, Food Technol. Res. Develop. Centre, Malaysia 43, 1971.

RAHMAN, A. R., AZIANI, J. und NEGRON, E. D.: Stability of vitamin C at elevated concentration in canned tropical fruit juices and nectars. J. Agric. Univ. Puerto Rico 48, 327–336, 1964.

RANGANNA, S.: Pink discoloration in canned fruit and vegetables: Guava (Psidium guajava). Indian Food Packer 28, 5–27, 1974.

REHM, S. und ESPIG, G.: Die Kulturpflanzen der Tropen und Subtropen. Verlag Eugen Ulmer, Stuttgart, 1976.

REVATHY, J. und NARASIMHAM, P.: Litchi (*Litchi chinensis* Sonn) fruit: Influence of pre- and post-harvest factors on storage life and quality for export trade. A critical appraisal. J. Food Sci. Technol. 34, 1–19, 1997.

RYALL, A. L. und WERNER, J. L.: Handling, Transportation, and Storage of Fruits and Vegetables. Volume 1. The AVI Publishing Company, Inc. Westport, Connecticut, USA, 1972.

SAKHO, M., CROUZET, J. und SECK, S.: Change in mango volatile components during heating. Lebensm.-Wiss. u. Technol. 18, 89–93, 1985.

SALOMON, E. A., KATO, K., MARTIN, Z. J., SILVA, S. D. und MORI, E. E. M.: Blending of papaya/passion fruit nectar. Boletim do Instituto de Tecnologia de Alimentos, Brazil 50, 165–179, 1977a.

SALOMON, E. A., MARTIN, Z. J., KATO, K., SILVA, S. D., MORI, E. E. M. und BLEINROTH, E. W.: Blended tropical fruit nectars. Boletim do Instituto de Tecnologia de Alimentos, Brazil 50, 103–121, 1977b.

SALUNKE, D. K. und KADAM, S. S.: Handbook of Fruit Science and Technology. Marcel Dekker, Inc. New York, USA, 1995.

SAMSON, J. A.: Tropical Fruits. Longman, Scientific and Technical, Essex, England 1986.

SANCHEZ-NIEVA, F.: Extraction, processing, canning and keeping quality of acerola juice. J. Agric. Univ. Puerto Rico 39, 175–189, 1955.

SANCHEZ-NIEVA, F., IGARAVIDEZ, L. und LOPEZ RAMOS, B.: The preparation of soursop nectar. Univ. Puerto Rico, Agric. Exp. Sta. Tech. Rpt. 11, 1953.

SANCHEZ-NIEVA, F., HERNANDEZ, J. und IGUINA DE GEORGE, L. M.: Frozen soursop Puree. J. Agric. Univ. Puerto Rico 54, 220–234, 1970.

SCHOBINGER, U.: Ursache von Getränketrübungen. Schweiz Z. für Obst- und Weinbau 124, 494–499, 1988.

SEYDERHELM, I., BOGUSLAWSKI, S., MICHAELIS, G. und KNORR, D.: Pressure induced inactivation of selected food enzymes. J. Food Sci. 61, 308–310, 1996.

SEYMOUR, G. B., TAYLOR, J. E. und TUCKER, G. A.: Biochemistry of Fruit Ripening. Chapman & Hall, London, 1993.

SHAH, W. H., SUFI, N. A. und ZAFAR, S. I.: Studies on the storage stability of guava fruit juice. Pakistan J. Sci. Ind. Res. 18, 179–183, 1975.

SHAHADAN, S. und ABDULLAH, A.: Optimizing enzyme concentration, pH and temperature in banana juice extraction. Asean Food J. 10, 107–111 (1995).

SHEWFELT, R. L.: Postharvest treatment for extending the shelf life of fruits and vegetables. Food Technol. 40 (5), 70–89, 1986.

SHEWFELT, R. L. und PRUSSIA, S. E.: Postharvest Handling. A System Approach. Academic Press, San Diago, CA, USA, 1993.

SHIN, D. H., KOO, Y. J., KIM, C. O., MIN, B. Y. und SUH, K. B.: Studies on the production of watermelon and cantaloupe melon juice. Korean J. Food Sci. Technol. 10, 215–223, 1978.

SHYU, Y.-T., HSU, W.-Y. und HWANG, H.-S.: Study on the improvements of mango juice processing. Food Sci., Taiwan 23, 469–482, 1996.

SILIHA, H. und ASKAR, A.: Determination of sugars in carob, roselle and tamarind. Alimenta 26 (5), 127–129, 1987.

SILIHA, H. und EL-NEMR, S. E.: Studies on the enzymatic extraction of tamarind juice. Proceeding of the Int. Conf. „Biotechnology and Food“, Feb. 20–24, 1989, Hohenheim Univ. Germany.

SIMS, C. A. und BATES, R. P.: Challenges to processing tropical fruit juices: Banana as an example. Proc. Fla. State Hort. Soc. 107, 315–319, 1994.

SUBRAMANYAM, H., KRISHNAMURTHY, S. und PARPIA, H. A. B.: Physiology and biochemistry of mango fruit. Adv. Food Res. 21, 223–305, 1975.

TAHA, R. A., ASKAR, A., OMRAN, H. T. und MAHGOUB, S. S.. Microbial stability of mango drinks. Flüss. Obst 57: 726–730, 1990.

TEOTIA, M. S., KOUR, S. und BERRY, S. K.: Recent advances in chemistry and technology of watermelon. Indian Food Packer 42, 17–40, 1988.

TOCCHINI, R. P. und LARA, J. C. C.: Manufacture of natural and concentrated banana juice. Boletim do Instituto de Tecnologia de Alimentos, Brazil 51, 93–112, 1977.

TONAKI, K. I., BREKKE, J. E., FRANK, H. A. und CAVALETTO, C. G.: Banana puree processing. Hawaii Agric. Exp. Sta. Res. Rep. 202, 1973.

TRAUTNER, K., DEMMEL, I., RUMM-KREUTER, D. und SOMOGY, J. C.: Glukose-, Fruktose- und Saccharosegehalt exotischer Früchte. Akt. Ernährung 14, 304–306, 1989.

VAMOS-VIGYAZO, L.: Polypenol oxidase and peroxidase in fruits and vegetables. CRC Critical Reviews in Food Sci. Nutr. 12, 49–127, 1981.

VERNIN, G., VERNIN, E., VERNIN, C., METZGER, J. und SOLIMAN, A.: Extraction and GC-MS-Spectra data bank analysis of the aroma of *Psidium guajava* L. fruit from Egypt. Flavour Fragr. J. 6, 143–148, 1991.

VIQUEZ, F., LASTRETO, C. und COOKE, R.D.: A study of the production of clarified banana juice using pectinolytic enzymes. J. Food Technol. 16, 115–126, 1981.

WALLRAUCH, S.: Beitrag über die Zusammensetzung und Beurteilung von Ananassäften. Flüss. Obst 59, 20–26, 1992.

WANG, C.Y.: Chilling Injury of Horticultural Crops. CRC Press, Boca Raton, Fl., USA, 1990.

WANG, J.K. und ROSS, E.: Spin processing for tropical fruit juices. Agric. Eng. 46, 154–156, 1965.

WATANABE, K., SAITO, T., HIROTA, S. und TAKAHASKI, B.: Carotenoid pigments in red, orange and yellow fleshed fruits of watermelon. J. Japan. Soc. Hort. Sci. 56, 45–50, 1987.

WEINERT, I.A.G. und VAN WYK, P.J.: Guava puree with reduced stone cell content: preparation and characteristics of concentrates and nectars. Int. J. Food Sci. Technol. 23, 501–510, 1988.

WEISSMAN, SH.: Mikrobiologische Aspekte von Fruchtprodukten und deren Verarbeitung. Flüss. Obst 58, 655–658, 1991.

WERKHOFF, P., GÜNTER, M., KRAMMER, G., SOMMER, H. und KAULEN, J.: Vacuum headspace method in aroma research: Flavor chemistry of yellow passion fruits. J. Agric. Food Chem. 46, 1076–1093, 1998.

WHITFIELD, E.R. und SUGOWDZ, G.: The 6-(but-2-enylidene)-1,5,5-trimethyl-cyclohex-1-enes: important volatile constituents of the juice of the purpule passion fruit. Aust. J. Chem. 32, 891–903, 1979.

WHITTAKER, D.E.: Passion fruit: agronomy, processing and marketing.Trop. Sci. 14, 59–77, 1972.

WILDMAN, T. und LUH, B.S.: Effect of sweetener types on quality and composition of canned kiwi nectars. J. Food Sci. 46, 387–390, 1981.

WILL, F.: Trubzusammensetzung und Trübungsstabilität von Ananassäften. Flüss. Obst 62, 258–262, 1995.

WILL, F., HERBERTH, S. und DIETRICH, H.: Charakterisierung von Kolloiden aus Ananassäften. Dtsch. Lebensmittel-Rdsch. 90, 103–107, 1994.

WILLS, R.B.H., MULHOLLAND, E.E., BROWN, B.J. und SCOTT, K.J.: Storage of two new cultivers of guava for processing. Trop. Agric. (Trinidad) 60, 175–178, 1983.

WILSON, L.G.: Handling of postharvest tropical fruit crops. Hort. Sci. 11, 120–121, 1976.

WILSON, R.J.: The international market for banana products for food use. Rpt. Tropical Product Instutute 103, 1976.

WILSON, E.L. und BRUNS, D.J.W.: Kiwi fruit juice processing using heat treatment techniques and ultrafiltration. J. Food Sci. 48, 1101–1105, 1983.

WONG, M., STANTON, D.W. und BURNS, D.J.W.: Effect of initial oxidation on ascorbic acid browning in stored kiwifruit juice and model concentrates. Lebensm.-Wiss. u. Technol. 25, 574–578, 1992.

WOODROOF, J.G. und LUH, B.S.: Commercial Fruit Processing. AVI Publishing Company, Inc. Westport, Connecticut, USA, 1986.

YAJIMA, I., SAKAKIBARA, H., IDE, J. und YANAI, T.: Volatile flavor components of watermelon. Agric. Biol. Chem. (Tokyo) 49, 3145–3150, 1985.

YEH, C.M.: Guava juice beverage processing. Food Industries, Food Proc. Inst., Taiwan 2 (1), 10–13, 1970.

YEN, G.C., LIN, H.T. und YANG, P.: Changes in volatile flavor compounds of guava puree during processing and frozen storage. J. Food Sci. 57, 679–685, 1992.

YEN, G.C. und LIN, H.T.: Comparison of high pressure treatment and thermal pasteurization effects on the quality and shelf life of guava puree. Int. J. Food Technol. 31, 205–213, 1996.

YOUNG, H., PERERA, C.O. und PATERSON, V.J.: Identification of E-hex-3-enal as an important contributor to the off-flavour aroma in kiwifruit juice. J. Sci. Food Agric. 58, 519–522, 1992.

YU, Z.R. und CHIANG, B.H.: Passion fruit juice concentration by ultrafiltration and evaporation. Int. Fruchtsaft-Union. Ber. Wiss.-Techn. Komm. 19, 517–531, 1986.

YUSOF, S. und IBRAHIM, N.: Quality of soursop juice after pectinase enzyme treatment. Food Chem. 51, 83–88, 1994.

ZAMORRA, E.L.: Utilization of fruit and vegetable wastes. Philippines J. Food Sci. Technol. 3 (2), 68–73, 1979.

ZEH, R.: Zerkeinerung, Homogenisierung und Entgasung von fruchtfleischhaltigen Säften. Flüss. Obst 41, 14–19, 1984.

Kapitel 4

ANGELI, I. und BÄRWALD, G.: Vorläufige Ergebnisse über die Verwendung von Topinambursaft in Diät und bei Diabetikern. Gordian 11, 239–244, 1985.

APV-UHT Prozess: Steam Infusion Steriliser. DK-8600 Silkeborg 1997.

APV-Schabwärmeaustauscher. DK-8600 Silkeborg 1997.

BÄRWALD, G.: Über die Verabeitung von Topinamburknollen zu verschiedenen Produkten der Lebensmittelindustrie. Ind. Obst- u. Gemüseverwert. 72, 355–358 1987.

Bundessortenamt: Beschreibende Sortenliste 1995, Hrsg.: Bundessortenamt 3001 Hannover 1995.

BIELIG, H.J. und PALA, M.: Industrielle Konzentrierung und Aromagewinnung von flüssigen Lebensmitteln, Berlin 1978.

BIELIG, H.J. und WOLFF, J.: Fermentation von Möhrenmaische zur Entsaftung durch Dekanter. Flüss. Obst 40, 413–415, 1973.

BINNIG, R.: Zur Verarbeitung von Früchten und

Gemüsen zu fruchtfleischhaltigen Säften und Nektaren. Flüss. Obst 49, 202–210, 1982.
Binnig, R.: Optimized processing parameters for lactofermented carrot juice. Int. Fruchtsaft-Union. Ber. Wiss.-Techn. Komm. 23, 323–328, 1993.
Block, G., Patterson, B. und Subar, A.: Fruit, vegetables and cancer prevention: A review of the epidemiological evidence. Nutr. Cancer 18, 1–29, 1992.
Böhm, V., Licht, U. und Bitsch, R.: Veränderungen protektiver Inhaltsstoffe während der industriellen Verarbeitung von Tomaten zu Tomatensaft. 6. Symposium: Vitamine und Zusatzstoffe in der Ernährung von Mensch und Tier. Berichtsband (Hrsg. Schubert, R. et al.) Institut für Ernährung und Umwelt, Univers. Jena 1997.
Böttcher, H.: Frischhaltung und Lagerung von Gemüse. Handbuch der Lebensmitteltechnologie, Stuttgart 1996.
Bridgman, P. W.: The coagulation of albumin by pressure. J. Biol. Chem. 19, 511–512, 1914.
Brunsgaard, G., Kidmose, U., Sørensen, U. und Kaack, K.: Einfluß von Sorte und Wachstumsbedingungen auf den Nährwert von Karotten. J. Sci. Food Agric. 65, 163–170, 1994.
Buckenhüskes, H. und Gierschner, K.: Zum Stand der Herstellung von Gemüsesäften und -trunken. Flüss. Obst 56, 751–764, 1989.
Buckenhüskes, H. und Hammes, W. P.: Starterkulturen bei der Verarbeitung von Obst und Gemüse. Bio-Engineering 6, 234–242, 1990.
Buckenhüskes, H.: Stand und Perspektiven der Gemüsefermentation. Lebensmitteltechnik 23, 13–320, 1991.
Bühler, K-H.: Beitrag zur Charakterisierung von Stoffaustauschvorgängen beim Blanchieren von Erbsen. Diss. Universität Hohenheim 1990.
Bundesgesundheitsblatt 5, S. 257, 1992 Richtwerte für Nitrat in Gemüse. In: Nehring et al. 1998 siehe dort.
Colesan, F. und Jöhrer, P.: Einsatz von Bandpressen, Dekantern und Separatoren bei der Frucht- und Gemüseverarbeitung. Flüss. Obst 60, 244–246, 1993.
Dassler E. und Heitmann, G.: Obst und Gemüse – eine Warenkunde. 4. Aufl. Berlin, Hamburg 1991.
DFG-Mitteilung XI der Senatskommission zur Prüfung von Lebensmittelzusatz- und -inhaltsstoffen: Starterkulturen. Verlag Chemie, Weinheim 1987.
Deutsches Lebensmittelbuch, Änderung der Leitsätze für Gemüsesaft, Köln1997.
Deutsches Patentamt: Verfahren zur Herstellung eines Rote-Bete-Saftkonzentrates. Henkel KgaA. Düsseldorf DE 32 29345 A1 1984.
Deutsches Patentamt: Verfahren zur Gewinnung einer Vorkultur von denitrifizierenden Bakterien, Eden-Waren GmbH, Bad Soden DE 3644856 A1, 1989 und Verfahren zur Verminderung des Nitratgehaltes von pflanzlichen Lebensmitteln DE 36 15321 A1 1987.
Deutsches Patentamt: Verfahren zur selektiven Entfernung beziehungsweise Reduzierung von Nitrat-Ionen aus Gemüsehomogenaten. Biotta AG, Offenlegungsschrift DE 3728372 A1 vom 9. 3. 1989.
Dörreich, K.: New fruit juice technologies with enzymes. Int. Fruchtsaft-Union. Ber. Wiss.-Techn. Komm. 23, 51–62, 1993.
Edenharder, H. R.: The function of fruit and vegetable juices for the improvment of health and performance Int. Fruchtsaft-Union. Ber. Wiss.-Techn. Komm. 24, 65–78, 1996.
Emig, J.: Gezielte mikrobielle Nitratreduktion und Laktatfermentation von flüssigen Gemüseprodukten. Diss. Univers. Hohenheim, Institut für Lebensmitteltechnologie 1989.
Ernährungsbericht 1996. Deutsche Gesellschaft für Ernährung, e. V. Frankfurt/Main 1996.
Eyring, G.: Tomatenerzeugnisse. In: Heiss, R. (Hrsg.), Lebensmitteltechnologie. 5. Aufl. Springer Verlag, Berlin 1996.
Fischer-Ayloff-Cook, K.-P. und Müller, H.: Direkte Wärmeübertragung – Neue Verfahren zur thermischen Haltbarmachung von Frucht- und Gemüsesäften. Flüss. Obst 10, 513–516, 1986.
Fleming, H. P. und McFeeter, R. F.: Use of microbial cultures: Vegetable products. Food Technol. 35(1) 84–88, 1981.
Fryma-Maschinenbau AG CH-4310 Rheinfelden/Schweiz. Katalog Fabrikationsprogramm 1991/92.
Garvie, E. I.: Bacterial lactate dehydrogenases. Microbiol. Rev. 44, 106–139, 1980.
Gesellschaft deutscher Chemiker, Fachgruppe Lebensmittelchemie (Hrsg.). Gentechnik im Lebensmittelbereich. Behr's Verlag, Hamburg 1998.
Gierschner, K. und Hammes, W. P.: Mikrobiologische Nitratentfernung aus Gemüsesäften beziehungsweise Gemüse-Flüssigprodukten. Int. Fruchtsaft-Union. Ber. Wiss.-Techn. Komm. 21, 297–308, 1990.
Gould, W. A.: Tomato Production, Processing and Technology, 3. Ed. CTI Publications Inc., Baltimore 1992.
Habegger, R. und Schnitzler, W. H.: Die Verteilung von aromagebenden Inhaltsstoffen der Möhre. Ind. Obst- u. Gemüseverwert. 2, 39–42, 1997.
Hamatschek, J. und Nagel, B.: Wirksames Trennprinzip: Dekanter anstelle von Pressen zur Entsaftung von Frucht und Gemüsemaischen. Getränkeindustrie 48, 102–107, 1994.
Hartmann, E.: Gemüsesaftgewinnung mit der Bucher HPX 5005i Fruchtpresse. Nahrungsmitteltechnik-Information Nr. 2, Bucher Guyer AG, CH-Niederweningen, nach einem Vortrag auf der Internationalen Fruchtsaftwoche, Karlsruhe 1996.
Handschuh, B.: Karottenverarbeitung zu Saft und Püree. Flüss. Obst 61, 323–325, 1994.

HAUG, M., DIRKS, U. und VORLOPS, K.: Denitrification of vegetable juices by immobilized cells. In: SPIESS, W.E.L. und SCHUBERT, H. (Hrsg.): ICEF Vol. III Advanced Processes pp. 536 Elsevier Appl. Sciences, London, New York 1990.

HEISS, R. und EICHNER, K.: Haltbarmachen von Lebenmitteln – chemische, physikalische und mikrobiologische Grundlagen der Verfahren. 3. Aufl. Springer Verlag, Berlin, Heidelberg 1994.

HEUSS, A.: Baby-food line. S. 48–53. In: BARTHOLOMAI, A. (Hrsg.): Food factories: processes, equipment, costs. VCH, Weinheim 1987.

HITE, B.H.: The Effect of Pressure in the Preservation of Milk. West Virginia Univ. Agr. Expt. Sta., Morgantown, Bull. 15, 15–35, 1899.

IFUKU, Y., TAKAHASHI, Y. und YAMASAKI, S.: Ultra high pressure sterilization, a new development in the Japanese fruit juice industry. Int. Fruchtsaft-Union. Ber. Wiss.-Techn. Komm. 21, 101–113, 1993.

JANY, K.D.: Neuartige Lebensmittel. In: Ernährungsbericht 1996, 251–306, Deutsche Gesellschaft für Ernährung e.V., Frankfurt/M. 1996.

KAGELMACHER, D.: Schälanlagen für die Nahrungsmittelindustrie – eine Übersicht. Lebensmitteltechnik 12, 30–33, 1980

KARDOS, E.: (Hrsg.) Obst und Gemüsesäfte. VEB Fachbuchverlag, Leipzig 1979.

KIREMKO BV: Dampfschäler. NL-3417 Montfoort 1989.

KNORR, D., RIEBE, K. und DUNKEL, C.: Mikrobieller Nitratabbau mit paracoccus denitrificans. Lebensmitteltechnik 24, 44–51, 1992.

KNORR, D.: Hydrostatic pressure treatment of food: Microbiology. In: GOULD, G.W. (Hrsg.): New Methods of Food Preservation. 159–175, Blackie Scientific, London 1994.

KÜBLER, W.: Ernährungsphysiologische Betrachtungen über den Wandel der Trinkgewohnheiten. Flüss. Obst 61, 351–354, 1994.

KULOZIK, U. und KESSLER, H.G.: Kontinuierliche Milchsäurefermentation im Rührkesselfermenter mit Zellretention: Einfluß der Durchlaufrate auf die volumetrische Produktivität. Chem. Mikrobiol. Technol. Lebensm. 14, 134–140, 1992.

KUNZ, B. und LUCAS, J.: (Hrsg.) Fermentative utilisation of fruit and vegetable pomace. Cena-Verlag, Meckenheim 1996.

LADWIG, H.: Das Konzentrieren von Tomatensäften durch die Anwendung moderner Verarbeitungstechnologien. Flüss. Obst 49, 211–213, 1982.

Leitsätze über Gemüsesäfte, Änderung der Leitsätze für Gemüsesaft und Gemüsetrunk. Bundesanzeiger Nr. 58a, Jg. 46, 31. 1. 1994.

LEONI, C. und BELLUCCI, G.: Le conserve di pomodori. Stazione Sperimentale per l'industria delle conserve alimentari Nr. 7. Artegrafica Silva, Parma 1980.

LIEPE, H.U. und JUNKER, M.: Herstellung von milchsauren Gemüsesäften mit Bakterien-Reinkulturen. Lebensmittel-Technologie 17 (3), 2–6, 1984.

LIEPE, H.-U.: Milchsaure Gemüsesäfte mit Starterkulturen. Flüss. Obst 54, 380–381, 1987.

LINKE, L.: Obst, Gemüse und deren Produkte. S. 389–426. In: WEIPERT, D., TSCHEUSCHNER, H.-D. und WINDHAB, E. (Hrsg.): Rheologie der Lebensmittel. Behr's Verlag, Hamburg 1993.

MAYER-MIEBACH, E. und SCHUBERT, H.: Biokatalytische Verringerung der Nitratkonzentration in pflanzlichen Lebensmittelrohstoffen. Bio Engineering 7, 34–43, 1991.

MEIER, K.E.: Herstellung und Haltbarmachung von Gemüsesäften. Flüss. Obst 30, 400–405, 1965.

MERTENS, B. und KNORR, D.: Development of nonthermal processes in food preservation. Food Technol, 124–133, 1992.

MÜLLER, H., MOYA-DONOSO, J. und LIST, D.: Die Direkt-Sterilisation/-Pasteurisation in ihrer Wirkung auf Qualitätsfaktoren von Frucht- und Gemüsesäften. Flüss. Obst 56, 69–75, 1989.

NEHRING, P., NEHRING, U.P., HANEBUTH, K. und DEMARREZ, E.M.A.: Rechtsbestimmungen für die Obst- und Gemüseverarbeitung. Verlag G. Hempel, Wolfsburg 1998. a): Richtwerte für Schadstoffe in Lebensmitteln. Bundesgesundheitsblatt 5, 182 ff., 1997.

OTTO, K.: Obst- und Gemüsesäfte – eine Gegenüberstellung aus ernährungsphysiologischer Sicht. Flüss. Obst 50, 67–71, 1983.

OTTO, K.: Advanced Methods of vegetable juice production with special view to denitrification. Int. Fruchtsaft-Union. Ber. Wiss.-Techn. Komm. 21, 63–80, 1993.

PALLMANN, H.: Zerkleinerungstechnik im Bereich der Lebensmittelindustrie. Gordian 80, 306–310, 1980.

PECORONI, S. und GIERSCHNER, K.: Trübe Fruchtsäfte und fruchtfleischhaltige Getränke mit schwebestabilen Trubstoffen. Getränkeindustrie 47, 788–798, 1993.

PECORONI, S. und GÜNNEWIG, W.: Innovative Dekantertechnologie. Flüss. Obst 64, 55–59, 1997.

POSSMANN, PH. und SPRINZ, C.: Ganzfruchtverarbeitung – Herstellung von Frucht- und Gemüsepüree, Frucht und Gemüsemarkkonzentrat sowie tropischen Fruchtpürees für Nektare und Trunke. Confructa Studien 30, 24–40, 1986.

PRAUSER, A., SPEIDEL, K. und KNORR, D.: Einfluß der direkten Dampfinjektion auf Keimzahl und Qualität von Karotten- und Rote-Bete-Saft. Zeitschrift für Lebensmitteltechnologie, 42, 948 ff., 1991.

RASIC, J.LJ., BOGDANOVIC, G. und KERENJI, A.: Gemüsesäfte. Antikanzerogene Eigenschaften von milchsauer vergorenem Rote Bete Saft. Flüss. Obst 51, 25–28, 1984.

Richtlinie 93/43/EWG des Rates vom 14 Juni 1993 über Lebensmittelhygiene. Amtsblatt der EG Nr. L 175 Seite1.

Rossi und Catelli 43 100 Parma. Broschüre: Pools, Hot-Break, 1998.

Ruttloff, H. (Hrsg.): Industrielle Enzyme. 2. Aufl., Behr's Verlag, Hamburg 1994.

Salminen, S. und Wright, A von: Lactic Acid Bacteria: Microbiology and functional Aspects. 2. Ed. Marcel Dekker, New York, Basel, Hong Kong 1998.

Schmitt, R.: Optimiertes System zur Herstellung von Karottensaft und anderen Gemüsesäften Flüss. Obst 51, 312–323, 1988.

Schwank, U., Englisch, R., Hertlein, J. und Back, W.: Absatzweise und kontinuierliche Milchsäuregärung mit immobilisierten Lactobacillus amylovorus. Chem. Mikrobiol. Technol. Lebensm. 14, 157–161, 1992

Šulc, D.: Gemüsesäfte. Flüss. Obst 52, 17–24, 1984.

Tauscher, B.: Pasteurisation of food by hydrostatic high pressure: Chemical aspects, Z. Lebensm.-Unters.-Forsch. 200, 3–13, 1995.

Treptow, H.: Rhabarber und seine Verwendung, Ernährung/Nutrition 9, 179–183, 1985.

Verband der deutschen Fruchtsaft-Industrie e. V. Jahresbericht 1994, Bonn, 1995.

Verordnung über diätetische Lebensmittel (Diät-VO) 25. 8. 1988 BGBL I, S. 230–292 §14 in der Fassung 1998.

Verordnung der EWG Nr. 2092/91 des Rates vom 24 Juni 1991 über den ökologischen Landbau und die entsprechende Kennzeichnung der landwirtschaftlichen Erzeugnisse und Lebensmittel. Amtsblatt Nr. L 198/1–15, 1991.

Verordnung (EG) Nr. 258/97 des europäischen Parlaments und des Rates über neuartige Lebensmittel und neuartige Lebensmittelzutaten 27. 1. 1997 Amtsblatt Nr. L 43/1 1997.

Wallhäuser, K.H.: Praxis der Sterilisation, Desinfektion, Konservierung. 5. Aufl. G. Thieme Verlag, Stuttgart 1995.

Watzl, B. und Leitzmann, C.: Bioaktive Substanzen in Lebensmitteln. Hippokrates Verlag, Stuttgart 1995.

Westfalia Seperator AG: Technisch-wissenschaftliche Dokumentation Nr.18: Separotoren und Dekanter für die Herstellung von Frucht- und Gemüsesäften 1995.

Zetelaki-Horvath, K. und Anderson, R.: Fermented vegetable cocktails, Acta Alimentaria 15, 265–279, 1986.

Zimmer, E., Pecoroni, S., Dietrich, H. und Gierschner, K.: Verfahrenstechnische und chemische Grundlagen der Herstellung von naturtrübem Apfelsaft unter besonderer Berücksichtigung von kontinuierlichen Verfahren Teil I, II. Ind. Obst- u. Gemüseverwert. 79, 405–412; 426–434, 1994.

ZMP-Bilanz 1981/82, 1986/87: Gemüse, Zentrale Markt- und Preisberichtsstelle für Erzeugnisse der Land-, Forst- und Ernährungswirtschaft GmbH, 53123 Bonn.

Kapitel 5

Alfa-Laval: Evaporation Handbook, S-14700 Tumba 1973.

Amerine, M.A. und Cruess, W.V.: The Technology of Wine Making. AVI Publishing Comp. Inc., Westport 1960, p. 601.

Anonym: Reverse osmosis for juices. Food Engineering Int.'l, p. 44–45, May 1983.

Anonym: Plattenwärmeaustauscher. W. Schmidt KG, Bretten 1975.

Askar, A., El-Samahy, S.K., Abd El-Baki, M.M. und Abd El-Fadeel, M.G.: Concentration of mango juice: 1. Evaluation of four methods of mango juice concentration. Chem., Mikrobiol., Technol. Lebensm. 7, 70–76, 1982.

Askar, A.: Aromaveränderungen während der Herstellung und Lagerung bei Fruchtsäften. Flüss. Obst 51, 564–569, 1984.

Attiyate, Y.: Microwave vacuum drying: first industrial application. Food Engineering Int'l. 4 (1), 30–31, 1979.

Baier, H. und Toran, J.: Teil 1. Aromagewinnung und Eindampfung mit konventionellen ein- und mehrstufigen Anlageschaltungen. Getränkeindustrie 39 (2), 101–108, 1985.

Baumann, G. und Gierschner, K.: Fruchtsafttechnologie: Ueberblick über die gegenwärtig eingesetzten Verfahren. Ernährungswirtschaft/Lebensmitteltechnik 3, 126–154; 4, 229–244, 1974.

Baumann, H.: Die Fertigspackungsverordnung in der Fruchtsaftindustrie. Flüss. Obst 47, 547–551, 1980.

Baumgart, J., Husemann, M. und Schmidt, C.: Alicyclobacillus acidoterrestris: Vorkommen, Bedeutung und Nachweis in Getränken und Getränkegrundstoffen. Flüss. Obst 64, 178–180, 1997.

Beaudry, E.G. und Lampi, K.A.: Osmotische Konzentrierung von Fruchtsaft. Flüss. Obst 57, 652–656, 1990.

Bengtsson, E., Trägardh, G. und Hallström, B.: Concentration of Apple Juice Aroma from Evaporator Condensate using Pervaporation. Lebensm.-Wiss. u. Technol. 25, 29–34, 1992.

Beveridge, T.: Decanting Centrifuge Application in Fruit Processing. Fruit Processing 4, 390–395, 1994.

Bielig, H.J. und Klettner, P.G.: Sinn und Grenzen der Konzentrierung von strukturplastischen Frucht- und Gemüseprodukten. Flüss. Obst 40, 12–17, 1973a.

Bielig, H.J. und Wolff, J.: Fermentation von Möhrenmaische zur Entsaftung durch Dekanter. Flüss. Obst 40, 413–416, 1973b.

Billet, R.: Dünnschichtverdampfer mit extrem kurzer Verweilzeit der Einsatzstoffe. CZ-Chemie-Techn. 2, 461–466, 1973.

Binnig, R.: KZE-Einlagerung: Sterilisieren der Lagertanks. Flüss. Obst 58, 482–485, 1991.

Bierschenk, M., Schauz, F., Hamatschek, J. und Knorr, D.: Kontinuierliche Entsaftung von Apfelmaische im Dekanter mit gleichzeitiger Saftklärung durch natürliche Klärhilfsmittel. Flüss. Obst 62, 552–557, 1995.

Bolenz, S.: Bewertung und Optimierung der Aromagewinnung aus Fruchtsäften durch Verdampfung. Diss. Universität Hohenheim 1993, Verlag Ulrich E. Grauer, Wendlingen 1993.

Bolenz, S. und Gierschner, K.: Untersuchung sortenreiner Apfelaromen und -säfte. Flüss. Obst 61, 272–276, 1994.

Bomben, J. L., Kitson, J. A. und Morgan, A. I., jr.: Vacuum stripping of aromas. Food Technol. 20, 1219–1222, 1966.

Bomben, J. L., Mannheim, H. C. und Morgan, A. I., jr.: Operating conditions for aroma recovery by new vacuum stripping method and evaluation of aroma solutions. Fruchtsaft-Industrie 12, 44–53, 1967.

Bomben, J. L., Guadagni, D. G. und Harris, J. G.: Aroma concentration for dehydrated foods. Food Technol. 23, 83–86, 1969.

Bomben, J. L., Brun, S. und Thijssen, H. A. C.: Aroma recovery and retention in concentration and drying of foods. Adv. Food Res. 20, 1–111, 1973.

Branolte, H. D.: Hochdruckextraktion mit CO_2 – eine neue Stofftrennmethode. Lebensmitteltechnik 14, 205–206, 1982.

Brennan, J. G., Herrera, J. und Jowitt, R.: A study of some of the factors affecting the spray drying of concentrated orange juice on a laboratory scale. J. Food Technol. 6, 295–307, 1971.

Brunner, H. und Senn, G.: Praktische Erfahrungen bei der Gewinnung von Fruchtaromen. Int. Fruchtsaft-Union, Ber. Wiss-Techn. Komm. 4, 409–419, 1962.

Buchli, J.: Die Aromagewinnung aus Fruchtsäften durch Strippen mit Brüdendampf. Dissertation Nr. 7306, ETH, Zürich 1983.

Büchi, W.: Chemie der Obstsaftkonzentrate. Int. Fruchtsaft-Union. Ber. Wiss.-Techn. Komm. 1, 125–144, 1958.

Büchi, W. und Tinner, H.: Die Viskosität von Kernobst-Konzentraten in Abhängigkeit von Temperatur und Dichte. Fruchtsaft-Industrie 6, 278–287, 1961.

Büchi, W. und Walker, L. H.: Technologie der Aromagewinnung. Int. Fruchtsaft-Union. Ber. Wiss.-Techn. Komm. 4, 103–136, 1962.

Buchwald, B.: Freistrom-Pasteurisation von Fruchtsaft-Getränken. Flüss. Obst 55, 652–656, 1988.

Bundschuh, E., Baumann, G. und Gierschner, K.: Untersuchungen zur CO_2-Hochdruckextraktion von Aromastoffen aus Reststoffen der Apfelverarbeitung. Deutsche Lebensm. Rundschau 84, 205–210, 1988.

Carles, L.: Jus de fruits ou de légumes concentrés surgelés. Surgelation 260, 23–27, 1987.

Carlson, R. A., Randall, J. M., Graham, R. P. und Morgan, A. I, jr.: The rotary steamcoil evaporator. Food Technol. 21, 194–196, 1967.

Carroll, D. E., Lopez, A., Cooler, F. W. und Eindhoven, J.: Apple juice concentration by the Sargeant electronic process. Food Technol. 20 (6), 823–828, 1966.

Carter, R. D. und Chen, C. S.: Microcomputer control of citrus juice evaporation saves enegy. Food Technol. 36, 239–244, 1982.

Casimir, D. J. und Huntington, J. N.: A spinning cone distillation column for essence recovery. Int. Fruchtsaft-Union. Ber. Wiss.-Techn. Komm. 15, 115–124, 1978.

Casimir, D. J.: Applications of the Australian Spinning Cone Column and Counter Current Extractor to Tropical Fruit Juices. Int. Fruchtsaft-Union. Ber. Wiss.-Techn. Komm. 21, 181–191, 1990.

Cerny, G.: Abhängigkeit der thermischen Abtötung von Mikroorganismen vom pH-Wert der Medien. I. Hefen und Schimmelpilze. Z. Lebensm. Unters. Forsch. 170, 173–179, 1980.

Cerny, G.: Abhängigkeit der thermischen Abtötung von Mikroorganismen vom pH-Wert der Medien. II. Bakterien und Bakteriensporen. Z. Lebensm. Unters. Forsch. 170, 180–186, 1980.

Charm, S. E.: The Fundamentals of Food Engineering. AVI Publishing Company, Westport 1963.

Chen, C. S.: Evaporation in the citrus processing industry. Chem. Eng. Comm. 19 (4), 9–24, 1983.

Cohen, E., Birk, Y., Mannheim, C. H. und Saguy, I. S.: A Rapid Method to Monitor Quality of Apple Juice during Thermal Processing. Lebensm.-Wiss. u. Technol. 31, 612–616, 1998.

Daepp, H. U.: Stand der Technologie von Kernobstsaftkonzentraten. Int. Fruchtsaft-Union. Ber. Wiss.-Techn. Komm. 13, 43–56, 1973.

Dale, M. C., Okos, M. R. und Nelson, P.: Concentration of tomato products: Analysis of energy process alternatives. J. Food Sci. 47, 1853–1858, 1982.

Deshpande, S. S., Bolin, H. R. und Salunkhe, D. K.: Freeze concentration of fruit juices. Food Technol. 36 (5), 68–82, 1982.

Di Cesare, L. F., Forni, E., Wani, R. und Polesello, A.: Application of apolar resins for the direct extraction of aroma compounds from fruit juices. Int. Fruchtsaft-Union. Ber. Wiss.-Techn. Komm. 21, 339–248, 1990 a.

Di Cesare, L. F., Forni, E. und Polesello, A.: Untersuchung zur gleichzeitigen Isolierung und Konzentrierung von Aroma aus Apfelsaft. Flüss. Obst 57, 375–377, 1990 b.

Dimitriou, M.: Neuer Verdampfertyp in der Fruchtsaftindustrie. Flüss. Obst 51, 412–422, 1984.

Dimitriou, M.: Eindampfanlagen mit Aromarückgewinnung. Betriebserfahrungen und Neuentwicklungen. Confructa 32 (5/6), 179–186, 1988.

Drawert, F.: Primär- und Sekundäraromastoffe

sowie deren Analytik. Int. Fruchtsaft-Union, Ber. Wiss.-Techn. Komm. 15, 1–24, 1978.

Drexler, H., Gierschner, K.: Untersuchungen zur Technologie und Qualitätsbeurteilung zerstäubungsgetrockneter Fruchtpulver. Ind. Obst- u. Gemüseverwert. 58, 29–36, 57–64, 93–98, 1973.

Dürr, P., Schobinger U. und Van Pelt, W. H. J. M.: Gefrierkonzentrierung von Apfelsaft und Apfelsaftaroma nach dem Grenco-Verfahren. Alimenta 14, 107–113, 1975.

Dürr, P. und Schobinger U.:The contribution of some volatiles to the sensory quality of apple and orange juice odour, p. 179–193 in Flavour '81, Editor: Schreier, P., Walter de Gruyter & Co., Berlin-New York 1981.

Dürr, P. und Schobinger, U.: Clear Apple Juice without Heat Treatment. Int. Fruchtsaft-Union. Ber. Wiss.-Techn. Komm. 23, 115–121, 1993.

Emch, F.: Die Anwendung von hochfrequentem Wechselstrom zum Trocknen von Fruchtsäften im Vakuum. Diss. E. T. H. Zürich, Prom. Nr. 3074. Fruchtsaft-Industrie 6, 7–27, 149–176, 212–231, 1961.

Emch, F.: Aromakonzentration und Aromagewinnung. S. 237–252. In: Solms, J. und Neukom, H.: Aroma- und Geschmacksstoffe in Lebensmitteln. Forster-Verlag AG, Zürich 1967.

Emch, F.: Ueber den Nutzen der mechanischen Brüdenverdichtung im Bereich der Fruchtsaftindustrie. Confructa 28, 241–257, 1984.

Erbes, H.: Plattenwärmeaustauscher – ihre Berechnung und Möglichkeiten ihres Einsatzes in der Kellerwirtschaft. Allg. Dt. Weinfachztg. 110 (45), 1280–1282, 1974.

Escher, F. und Neukomm, H.: Neuere Arbeiten über die Herstellung von Obstflocken. Ind. Obst- u, Gemüseverwert. 53, 309–311, 1968.

Feldmann, G. G.: Veränderungen an Saftinhaltsstoffen bei der Herstellung, Umarbeitung, Lagerung und Transport von Fruchtsaftkonzentraten. Flüss. Obst 62, 543–547; 605–608, 1995.

Frank, E.: Energieeinsparen beim Verdampfen von Produkten der Lebensmittelindustrie. Z. f. Lebensmitteltechnol. und Verfahrenstechnik 31, 289–293, 1980.

Frank, J.: Erfahrungen mit neuen Verdampfern in der Fruchtsaftindustrie. Confructa-Studien 32, 170–178, 1988.

Frei, M., Dürig, C. H. und Estelmann, G.: Die vielseitige Universalpresse für den kostenbewussten Fruchtsaftbetrieb. Flüss. Obst 59, 270–274, 1992.

Gantner, A.: Qualitätserhaltende KZE-Tankeinlagerung. Flüss. Obst 35, 4–11, 48–53, 1968.

Gätjen, H. D.: Die Einlagerung von Süssmost mit Kohlensäure. Berlin, Dahlem 1937.

Gaudy, N.: Ultrafiltration für die kontinuierliche Klärung von Apfelsaft. Lebensmittel-Technol. 17 (4), 10–14, 1984.

Gauthier, A. und Huchon, J.: Application de la recompression mécanique de vapeur aux procédés des industries agricoles et alimentaires. Ind. Alim. Agric. 99, 801–807, 1982.

Gennerich, M.: Beiträge zur Süssmostherstellung nach dem Kohlensäuredruckverfahren. Diss. München 1938.

Goettsch, H. B. G. und Kannami, M.: Fresh-Note premium juice concentration systems for premium orange juice production. Int. Fruchtsaft-Union. Ber. Wiss.-Techn. Komm. 22, 399–401, 1991.

Gostoli, C., Bandini, S., Di Francesca, R. und Zardi, G.: Concentrating Fruit Juices by Reverse Osmosis – The Low Retention – High Retention Method. Fruit Processing 5, 183–187, 1995.

Grassmann, P.: Einführung in die thermische Verfahrenstechnik. Walter de Gruyter & Co., Berlin 1967.

Guadagni, D. G., Okano, S. und Harris, J.: Effects of temperature on storage stability of apple essence obtained from different varieties. Food Technol. 21, 665–668, 1967.

Hamatschek, J. und Günnewig, W.: Dejuicing of vegetable mashes by means of decanter. Fruit Processing 3, 301–302, 1993.

Hamatschek, J., Günnewig, W. und Pecoroni, S.: Vegetable Juice Technology – State of Engineering and Prospects for the Year 2000. Fruit Processing 5, 310–316, 1995.

Hansen, W.: Konzentrat- und Aromarückgewinnung mit Eindampfanlagen. Flüss. Obst 65, 243–247, 1998.

Harper, J. C.: Viscosimetric behavior in relation to evaporation of fruit purees. Food Technol. 14, 557–561, 1960.

Harper, J. C. und Lebermann, K. W.: Rheological behaviour of pear purees. Proc. 1st Int. Conf. Food Sci. Technol. 1, 719–728, 1962.

Hasselbeck, U., Ruholl, T., Popper, L. und Knorr, D.: Fruchtsaftpasteurisation mit reduzierter thermischer Belastung. Flüss. Obst 59, 592–593, 1992.

Hastings, A. P. M.: A recent development in essence recovery. Int. Fruchtsaft-Union. Ber. Wiss.-Techn. Komm. 15, 125–140, 1978.

Heatherbell, D. A., Short, J. L. und Struebi, P.: Apple juice clarification by ultrafiltration. Confructa 22 (5/6), 157–169, 1977.

Hochberg, U.: Fortschritte bei der Aromagewinnung. Flüss. Obst. 54, 124–133, 1987.

Hochberg, U., Austmeyer, K. E. und Toran, J.: Verdampfer in der Lebensmittel-industrie. Z. f. Lebensmitteltechnol. u. Verfahrenstechnik 42, Nr. 3, 68–76, 1991.

Ibarz, A., Vicente, M. und Grell, J.: Rheological Behaviour of Apple and Pear Juice and their Concentrates. J. Food Eng. 6, 257–267, 1987 a.

Ibarz, A. und Pagan, J.: Rheology of Raspberry Juices. J. Food Eng. 6, 269–289, 1987 b.

Ibarz, A., Pagan, J., Gutierrez, J. und Vicente, M.: Rheological Properties of clarified

Pear Juice Concentrates. J. Food. Eng. 10, 57–63, 1989.

IBARZ, A., GONZALEZ, C., ESPLUGAS, S. und VICENTE, M.: Rheology of Clarified Fruit Juices: Peach Juices. J. Food Eng. 15, 49–61, 1992 a.

IBARZ, A., PAGAN, J. und MIGUELSANZ, R.: Rheology of Clarified Fruit Juices. II: Black Currant Juices. J. Food Eng. 15, 63–73, 1992 b.

JAHN, P.: Anlage zur Entschwefelung von Fruchtsäften und -mark. Lebensmittelind. 28, 452–454, 1981.

JUVEN, B.J., KANNER, J. und WEISSLOWICZ, H.: Influence of orange juice composition on the thermal resistance of spoilage yeasts. J. Food Sci. 43, 1074–1076 und 1080, 1978.

KARDOS, E.: Obst- und Gemüsesäfte. VEB Fachbuchverlag, Leipzig 1966.

KARWOWSKA, K.: Eine neue Methode zur Extraktion von natürlichen Aromen. Schweiz. Z. für Obst- u. Weinbau 108, 625–627, 1972.

KARWOWSKA, K. und KOSTRZEWA, E.: Die Veränderungen von Sellerie-Aroma bei der Konzentrierung. Lebensmittel-Technologie 14 (3), 6–10, 1981.

KAUFMANN, V.F., WONG, F., TAILOR, D.H. und TALBURT, W.F.: Problems in the production of tomato juice powder by vacuum. Food Technol. 9, 120–123, 1955.

KERN, A.: Die Bedeutung des Hydroxymethylfurfurals als Qualitätsmerkmal für Fruchtsäfte und Konzentrate. Int. Fruchtsaft-Union. Ber. Wiss.-Techn. Komm. 5, 203–218, 1964.

KERN, H.: Einrichtung zur Einlagerung von Fruchtsäften nach dem Kurzzeit-Erhitzungsverfahren und dessen praktische Durchführung. Prüfungsarbeit, Geisenheim 1967.

KESSLER, H.G.: Energieeinsparung am Beispiel der Eindampfung in der Milchwirtschaft, Dtsch. Milchwirtsch. 31 (2), 38–43, 1980.

KESSLER, H.G.: Eindampfen und Trocknen; Energieeinsparung am Beispiel Milch. Vortrag Jahrestreffen der Verfahrensingenieure 29. 9.–1. 10. 1982 in Basel, ref. nach EMCH, F.: Ueber den Nutzen der mechanischen Brüdenverdichtung im Bereich der Fruchtsaftindustrie. Confructa 28, 241–257, 1984.

KESSLER, H.G., FINK, R. und HORAK, F.P.: Berechnung und Beurteilung hitzeinduzierter Veränderungen von Lebensmittelinhaltsstoffen mit Hilfe der Reaktionskinetik. Int. Z. für Lebensmitteltechnol. und Verfahrenstechnik 35, 372–383, 1984.

KIRK, D.E., MONTGOMERY, M.W. und KORTEKAAS, M. G.: Clarification of pear juice by hollow fiber ultrafiltration. J. Food Sci. 48, 1663–1666, 1983.

KOCH, J.: Neuzeitliche Erkenntnisse auf dem Gebiet der Süssmostherstellung. Sigurd Horn, Frankfurt/Main 1956.

KOESEOGLU, S.S., LAWHON, J.T. und LUSAS, E.W.: Use of Membranes in Citrus Processing. Food Technol. 44, 90–97, 1990.

KOPELMAN, J. und MANNHEIM, H.C.: Evaluation of two methods of tomato juice concentration. I. Heat transfer coefficients. Food Technol. 18, 907–910, 1964.

KÖRNER, R. Schriftliche Mitteilung API Schmidt-Bretten GmbH & Co.KG, D-75005 Bretten, 1998.

LAFUENTE, B., GASQUE, F., NADAI, M.I. und PEREZ, R.: Factores que afectan a la recuperacion y concentracion de la fraccion aromatica del zumo de naranja. Rev. Agroquim. Tecnol. Aliment. 22, 560–574, 1982.

LAWIG, H.: Ohmic Heating – ein kontinuierliches Sterilisationsverfahren für Medien mit stückhaltigen Produkten. Confructa Studien 33, 178–185, 1989.

LIST, D. und ROTH, E.: Die Weinsteinlöslichkeit und ihre Einflussfaktoren in entsäuerten und nicht entsäuerten Traubensaftkonzentraten. Flüss. Obst 45, 415–420, 1978.

LONCIN, M.: Die Grundlagen der Vefahrenstechnik in der Lebensmittelindustrie. Verlag Sauerländer AG. Aarau (Schweiz) 1969.

LOVRIC, T. und PILIZOTA, V.: Factors affecting flavour retention in some fruit juices and purees during freeze drying. Int. Fruchtsaft-Union. Ber. Wiss.-Techn. Komm. 16, 83–111, 1980.

LÜTHI, H.: Neuere Verfahren zur Trocknung von Fruchtsäften. Medizin u. Ernähr. 3, 228–232, 1962.

LÜTHI, H.: Entwicklungstendenzen in der Fruchtsaft-Technologie. Int. Fruchtsaft-Union. Ber. Wiss.-Techn. Komm. 6, 87–144, 1965.

LÜTHI, H.R.: Ueber die Bedeutung, Entstehung und Erhaltung des Apfelaromas. Flüss. Obst, 34, 494–499, 1967.

LÜTHI, H.R.: Technologie der Obst- und Traubensäfte. Flüss. Obst 36, 190–212, 1969.

LÜTHI, H.R.: Technologie der Obst- und Traubensäfte. Schweiz. Z. für Obst- u. Weinbau 105, 49–58, 103–111, 148–154, 1969.

MANNHEIM, C.H. und PASSY, N.: Non-membrane Concentration, p. 150–193, in Advances in Preconcentration and Dehydration of Foods. Edited by A. Spicer. Applied Science Publishers Ltd., London 1974.

MANNHEIM, C.H. und PASSY, N.: Aroma recovery and retention in liquid foods during concentration and drying. Part 1: Processes. Process Biochem. 10 (4), 3–21, 1975.

MANNHEIM, C.H. und PASSY, N.: Recovery and concentration of citrus aroma. Proc. Int. Soc. Citriculture 3, 756–762, 1977.

MANZINI, T.: Concentrateur continu à faisceau tournant. Industr. alim. agr. 85, 685 , 1968.

MARKO, N.: Komparative Untersuchung der Technologie, Zusammensetzung und Qualität von Tomatenkonzentraten, die nach klassischem und nach modifiziertem Serum-Verfahren hergestellt wurden. (Rheologische Eigenschaften von Tomaten-Konzentraten, S. 169–210) Doktor-Dissertation, Technologische Fakultät der Universität, Novi Sad 1975.

MARQUARDT, K.: Ist der Einsatz von Rohrmembransystemen bei Umkehrosmose und Ultrafiltration wirtschaftlich? Chemie-Technik 4, 289–293, 1975.

MARQUARDT, K.: Rückgewinnung von Stoffen aus Abwässern durch Einsatz der Membran-Technik, Chemie-Technik 5, 411–416, 1976.

MARQUARDT, K.: Umkehrosmose-Verfahren – Zukunft in der Getränke- und Brauwasser-Aufbereitung. Brauwelt 122, 1562–1565, 1624–1635, 1982.

MARQUARDT, K.: Neue Entwicklungen bei Umkehrosmose und Ultrafiltration zur Reinigung von Abwasser. Die Ernährungsindustrie 12/83, 16–19, 1983.

MASTERS, K.: Tomato powder by spray drying. Process Biochem. 5 (5), 18–20, 31, 1970.

MATSUURA, T., BAXTER, A.G. und SOURIRAJAN, S.: Studies on the reverse osmosis for concentration of fruit juices. J. Food Sci. 39, 704–711, 1974.

MEFFERT, H.F.T.: Zum Problem der Verweilzeiten und Umsetzungen beim Eindampfen von Fruchtsäften. Ein Versuch zur Bewertung von Eindampfanlagen. Int. Fruchtsaft-Union. Ber. Wiss.-Techn. Komm. 5, 219–238, 1964.

MEHLITZ, A. und DREWS, H.: Untersuchungen über Vorkommen und Entstehung von OMF in Traubensäften, Apfelsäften und daraus hergestellten Konzentraten. Ind. Obst- u. Gemüseverwert. 44, 141–145, 1959.

MELLOR, J.D.: Fundamentals of Freeze Drying. Academic Press, New York, London 1979.

MENORET, Y. und ARCHIERI, C.: Utilisation des micro-ondes pour deshydrater sous vide des extraits de fraise, framboise et grenadille. Int. Fruchtsaft-Union. Ber. Wiss.-Techn. Komm. 12, 87–99, 1972.

MENZI, H.: Eine Drehtellerkolonne zur schonenden Gewinnung von Aromastoffen aus flüssigen Lebensmitteln. Diss. ETH Nr. 8485, Zürich 1988.

MERSON, R.L. und MORGAN, A.I.: Juice concentration by reverse osmosis. Food Technol. 22, 631–634, 1968.

MERTENS, B.: Development in high pressure food processing. ZFL 44, 100–104 und 184–187, 1993.

MILLEVILLE, H.P.: Process for recovering volatile flavors. U.S. Patent 2'513'813, 1944.

MILLEVILLE, H.P. und ESKEW, R.K.: Recovery and utilisation of natural apple flavors. Bureau of Agr. and Ind. Chem. U.S. Dept. Agr. AIC-63. 1944.

MILLEVILLE, H.P. und ESKEW, R.K.: Recovery of volatile apple flavors in essence form. Western Canner and Packer 38, 51–54, 1946.

MILLIES, K.D., MANGEOT, G.: Analytische und technische Probleme bei der Entschwefelung von Traubensäften. Int. Fruchtsaft-Union. Ber. Wiss.-Techn. Komm. 22, 511–517, 1991.

MIZRAHI, S. und BERK, Z.: Flow behaviour of concentrated orange juice. J. Texture Studies 1, 342–355, 1970.

MOOR, E.M.: Verfahren zur Herstellung eines alkoholfreien Fruchtsaftgetränkes mit vermindertem Kaloriengehalt und so hergestelltes Fruchtsaftgetränk. CH-Patent 632'137, 30. Sept. 1982.

MÖSLANG, H.: Die Ultrafiltration im Fruchtsaftbetrieb. Confructa 28 (3), 219–224, 1984.

MOYER, J.G.: Cornell Univ. Exp. Sta. Geneva, N.Y., Persönliche Mitt. (1969); zitiert von Lüthi, H.R. in Flüss. Obst 37, 374–378, 1970.

MOYER, J.C., RAO, M.A. und MATTICK, L.R.: The extraction of red currant juice with a solid bowl decanter centrifuge. Confructa 20, 88–97, 1975.

MULLER, J.G.: Freeze concentration of food liquids: Theory, practice and economics. Food Technol. 21 (1), 49–61, 1967.

NAGEL, C. und SCHOBINGER, U.: Investigation of the origin of turbidity in ultrafiltered apple and pear juice concentrates. Confructa, 29, 16–22, 1985.

NAGY, S., CHEN, C.S. und SHAW, PH.E.: Fruit Juice Processing Technology. AG Science, Inc., Auburndale 1993.

NETZ, H.: Handbuch Wärme. Herausgeber Mayr, F., 3. Aufl., Resch-Verlag, München 1991.

NEUBERT, S.: Möglichkeiten zur Herstellung von entmineralisiertem Wasser zur Verdünnung von Fruchtsaftkonzentraten unter spezieller Berücksichtigung der umgekehrten Osmose. Flüss. Obst 41, 406–414, 1974.

NIKETIĆ-ALEKSIĆ, G. und JAKSIĆ, M.M.: Stabilization of grape juice by electrodialysis. Int. Fruchtsaft-Union. Ber. Wiss.-Techn. Komm. 16, 37–54, 1980.

NIKDEL, S., CHEN, S.C., PARISH, M.E., MAC KELLAR, D.G. und FRIEDRICH, L.M.: Pasteurization of citrus juice with microwave energy in a continous-flow unit. J. Agric. Food Chem. 41, 2116–2119, 1993.

PALA, M. UND BIELIG, H.J.: Industrielle Konzentrierung und Aromagewinnung von flüssigen Lebensmitteln. Universitätsbibliothek der Techn. Universität Berlin, Abt. Publikationen, Berlin 1978.

PANDUR, A.: Haltbarmachung von Fruchtsaftgetränken. Getränkeindustrie 42 (2), 96–102, 1988.

PARROTT, D.L.: Use of Ohmic heating for aseptic processing of food particulates. Food Technol, 46 (12), 68–72, 1992.

PAUL, J.K.: Fruit and Vegetable Juice Processing. Noyes Data Corporation, Park Ridge. N.J., USA, 1975.

PEDERSON, C.S.: Vegetable Juices, Kapitel 13. In: TRESSLER, D.K. und JOSLYN, M.A.: Fruit and Vegetable Juice Processing Technology. Avi Publishing Comp. Inc., 2.Aufl., Westport 1971.

PEELER, J.P.K. und SITNAY, O.: Reverse osmosis concentration of carbohydrate solutions: Process modelling and costing. J. Food. Sci. 39, 744–750, 1974.

PELEG, M. und MANNHEIM, C. H.: Production of frozen orange-juice concentrate from centrifugally separated serum and pulp. J. Food Sci. 35, 649–651, 1970.

PELEG, M. und MANNHEIM, C. H.: Effect of operational variables of citrus aroma recovery using the Wurvac system. Confructa 18, 118–124 und 133–139, 1973.

PEREZ, R., GASQUE, F., IZQUIERDO, L. J. und LAFUENTE, B.: Aroma recovery and sulfur dioxide preservation of orange juice. Confructa 25, 132–140, 1980.

PEREZ, R., GASQUE, F., MONTESINOS, M. und LAFUENTE, B.: Entschwefelung von Orangensaft durch mehrstufige Kurzzeitverdampfung. Flüss. Obst 51, 432–438, 1984.

PERI, C.: Orange juice concentration by reverse osmosis: Retentions, permeation rate and economy of the process. Int. Fruchtsaft-Union. Ber. Wiss.-Techn. Komm. 13, 119–145, 1973.

PERI, C.: Verfahren zur Konzentrierung von Traubenmosten, Bericht über das 4. Int. Oenologische Symposium, Valencia 1975, S. 178–196, herausgegeben von LEMPERLE, E. und FRANK, J., Verlag der Intern. Interessengemeinschaft für modene Kellertechnik u. Betriebsführung. Vollherbst-Druck, Endingen (D) 1975.

PERSCHEID, M. und SCHNEIDER, V.: Traubensaft aus stummgeschwefeltem Most. Die Weinwirtschaft-Technik 121, 72–78, 1985.

PETER, J.: Anlage zur Entschwefelung von Fruchtsäften und -mark. Lebensmittelind. 28, 452–454, 1981.

PILNIK, W. und EMCH, F.: Eindampf-Anlagen und Aromagewinnungsanlagen; Betrieb und Wärmewirtschaft. Fruchtsaft-Industrie 5, 245–267, 1960.

PILNIK, W. und ZWICKER, P.: Aromarückgewinnung aus Brüdenkondensaten von Fruchtsäften. Int. Fruchtsaft-Union, Ber. Wiss.-Techn. Komm. 4, 405–408, 1962.

PILNIK, W.: Praktische Aspekte der Trocknung von Frucht- und Beerensäften. Flüss. Obst 32, 526–534, 1965.

PINIK, W.: Neuere Entwicklungen in der Citrusindustrie. Flüss. Obst 38, 504–511, 1971.

PILNIK, W.: Fruit juice concentrates. Int. Fruchtsaft-Union, Ber. Wiss.-Techn. Komm. 13, 19–41, 1973.

PIMAZZONI, O.: Industria Conserve 36, 35–43, 1961.

PINTAURO, N.: Flavor Technology. Noyes Data Corporation. Park Ridge, New Jersey, USA, 1971.

Polnisches Patent 135'839, 16. Sept. 1969.

Polnisches Patent 140' 609, 14. Mai 1970.

POMPEI, C.: Osmose inverse et ultrafiltration, Traitment des eaux résiduaires des industries alimentaires, Industr. alim. agr. 88, 1585–1591, 1971.

POMPEI, C. und RHO, G.: Concentration du jus de passiflore par osmose inverse. Lebensm.-Wiss. u. Technol. 7, 167–172, 1974.

POPPER, K., CAMIRAND, W. M., NURY, F. und STANLEY, W. L.: Dialyzer concentrates Beverages. Food Eng. 38, 102–104, 1966.

PORRETTA, S.: Change in Concentration of Volatile Compounds and in Time-Intensity Perception of Fresh-Taste in Tomato Juice conventionally and Membrane-processed. Fruit Processing 5, 94–97, 1995.

RAASCH, A. und KNORR, D.: Extraktion von Aromakomponenten aus Schalen von Passionsfrüchten mit überkritischem Kohlendioxid.. Int. Z. für Lebensmitteltechnol. u. Verfahrenstechnik 41, 8–12, 1990.

RAMTEKE, R. S., EIPESON, W. E. und PATWARDHAN, M. V.: Preparation and properties of aroma concentrates from some tropical fruit juices and pulps. J. Food Sci. and Technol. 27, 277–279, 1990.

RAO, M. A., MOYER, J. C., WOOSTER, G. D. und PIONTEK, E. A.: Extraction of Apple Juice with a Solid Bowl Decanter. Food Technol. 29, 32–38, 1975.

RAUTENBACH, R. und ALBRECHT, R.: Membrantrennverfahren – Ultrafiltration und Umkehrosmose. Verlag Salle und Sauerländer, Frankfurt 1981.

RENTSCHLER, H. und TANNER, H.: Chemische Entsäuerungen in Zusammenhang mit der Bereitung von Traubenmost-Halbkonzentraten. Schweiz. Z. für Obst- u. Weinbau 104, 592–595, 1968.

RENTSCHLER, H.: Apfelwein – ohne Alkohol. Schweiz. Z. für Obst- und Weinbau 115, 483–484, 1979.

ROBE, K.: Hyperfiltration methods for preconcentrating juice save evaporation energy. Food Processing 44 (1), 100–101, 1983.

ROGER, N. F., TURKOT, V. A.: Designing destillation equipment for volatile fruit aromas. Food Technol. 19, 69–72, 1965.

SAINT-HILAIRE, P. und SOLMS, J.: Ueber die Gefriertrocknung von Orangensaft. II. Der Einfluss der Einfriermethode auf die Gefriertrocknung. Lebensm.-Wiss. u. Technol. 6, 174–178, 1973.

SAND, F. E. M. J.: Recent investigations on the microbiology of fruit juice concentrates. Int. Fruchtsaft-Union. Ber. Wiss.-Techn. Komm. 13, 185–216, 1973.

SARAVACOS, G. D. und MOYER, J. C.: Heating rates of fruit products in an agitated kettle. Food Technol. 21, 372–376, 1967.

SARAVACOS, G. D.: Tube viscosimetry of fruit purees and juices. Food-Technol. 22, 1585–1588, 1968.

SARAVACOS, G. D.: Effect of temperature on the viscosity of fruit juices and purees. J. Food Sci. 35, 122–125, 1970.

SCHNABEL, W.: Plattenwärmeaustauscher. Getränkeindustrie 41, 753–756, 1987.

SCHNEIDER, C.: Betriebswirtschaftliche, technische und allgemeine Erfahrungen bei der Kombination von Gefrier- und Dünnschichtentechnik für Zitruskonzentrate. Int. Fruchtsaft-Union. Ber. Wiss.-Techn. Komm. 1, 113–124, 1958.

SCHOBINGER, U.: Umgekehrte Osmose und Ultrafiltration. Anwendungsmöglichkeiten in der Getränkeindustrie. Schweiz. Z. für Obst- u. Weinbau 198, 572 577, 1972.

SCHOBINGER, U. und DÜRR, P.: Beeinflussung des Apfelsaftaromas durch den Schönungsprozess. Int. Fruchtsaft-Union, Ber. Wiss.-Techn. Komm. 15, 235–247, 1978.

SCHOBINGER, U., DÜRR, P.: Diätetische und sensorische Aspekte alkoholfreier Weine. Alimenta 22, 33–36, 1983.

SCHOBINGER, U.: Stand und Entwicklungstendenzen in der Technologie der Fruchtsäfte. Swiss Food 5 (7/8), 11–21, 1983a.

SCHOBINGER, U.: Wein ohne Alkohol – ein neues Getränk aus Rebensaft. Scheiz. Z. für Obst- und Weinbau 119, 694–698, 1983b.

SCHOBINGER, U. und DÜRR, P.: Praxisversuche über den Einsatz von Ultrafiltration und Umkehrosmose für die Aufarbeitung von Apfel- und Birnensaft. Int. Fruchtsaft-Union. Ber. Wiss.-Techn. Komm. 18, 313–324, 1984.

SCHOBINGER, U.: Research and Development in the Field of Fruit Juice Aromas. A. Review. 1. Technology of Aroma Recovery. 2. Practical Quality Evaluation of Aroma Concentrates. Lebensmittell-Technologie 18, 98–106, 1985.

SCHOBINGER, U., DÜRR, P. und WALDVOGEL, R.: Die Entalkoholisierung von Wein und Fruchtweinen – eine neue Möglichkeit zur Herstellung von zuckerreduzierten Fruchtsaftgetränken. Schweiz. Z. für Obst- u. Weinbau 122, 98–110, 1986.

SCHOBINGER, U.: Alkoholfreier Wein – Stand der Herstellungstechnik und Situation des Marktes. Lebensmittel-Technologie 30, 270–276, 1997.

SCHOFIELD, T. und RILEY, P.: Developments with the Spinning Cone Column to Extract Natural Concentrated Aromas. Fruit Processing 8, 52–55, 1998.

SCHUBERT, H., GRÜNEBERG, M. und WALZ, E.: Erwärmung von Lebensmitteln durch Mikrowellen: Grundlagen, Messtechnik, Besonderheiten. ZFL 42, 14–21, 1991.

SCHULTZ, T.H. und ROCKWELL, W.C.: Laboratory colloid mill for preparation of locked-in fruit flavors. Food. Technol. 17 (9), 100–102, 1963.

SCHULTZ, T.H., FLATH, R.A., BLACK, D.R., GUADAGNI, D.G., SCHULTZ, W.G. und TERANISHI, R.: Volatiles from delicious apple essence. – Extraction methods. J. Food Sci. 32, 279–283, 1967.

SCHULTZ, W.G. und RANDALL, J.M.: Liquid carbon dioxide for selective aroma extraction. Food. Technol. 24, 1282–1286, 1970.

SHAPTON, D.A., LOVELOCK, D.W. und LAURITA-LONGO, R.: The evaluation of sterilization and pasteurization processes from temperature measurements in degrees Celsius (°C). J. appl. Bact. 34, 491–500, 1971.

SHEU, M.J. und WILEY, R.C.: Preconcentration of apple juice by reverse osmosis. J. Food. Sci. 48, 422–429, 1983.

SHORT, J.L. und WEBSTER, D.W.: Ultrafiltration, a valuable processing technique for the pharmaceutical industry. Process Biochem. 17 (2), 29–32, 1982.

SIEGRIST, H.: Ueber den Druck in der Gasphase bei der Dauerpasteurisation von CO_2-haltigem Süssmost. Fruchtsaft-Industrie 2, 161–171, 209–224, 1957.

SIEGRIST, H.: Aufbau, Arbeitsweise und Gesichtspunkte für die Auswahl von Eindampf- und Aromagewinnungsanlagen. Fruchtsaft-Industrie 5, 215–225, 1960.

SIELAFF, H. und SCHLEUSENER, H.: Zur Charakterisierung des Pasteurisationseffektes. Lebensmittelindustrie 26, 248–252, 1979.

SPICER, A.: Advances in Preconcentration and Dehydration of Foods. Applied Science Publishers Ltd., London 1974.

SPIESS, W.E.L.: Neue Entwicklungen auf dem Gebiet der Lebensmitteltrocknung im Westen der Vereinigten Staaten von Nordamerika. Ind. Obst- u. Gemüseverwert. 57, 289–294, 1972.

STREIT, W.: Moderne Flaschenabfüllanlagen für Fruchtsäfte. Flüss. Obst 51, 326–346, 1984.

STROLLE, E.O., TURKOT, V.A., ESKEW, R.K.: Thin-film dehydration of sirups. Food Technol. 20, 840–845, 1966.

ŠULC, D.: Neue Entwicklungen auf dem Gebiet der Fruchtsaftkonzentration in Jugoslawien. Int. Fruchtsaft-Union, Ber. Wiss.-Techn. Komm. 1, 57–67, 1958.

ŠULC, D. und ĆIRIĆ, D.: The Production of Whole Fruit and Vegetable Concentrates. Abstracts of 2nd International Congress of Food Science and Technology, Warszawa/Poland, C. O. 32, 183–184, 1966.

ŠULC, D.: Neue Aspekte der Säftegewinnung mittels Dakanter. (Novi aspekti dobijanja sokova pri menom dakantera) Hrana i ishrana, Beograd, IX. 10/11, 714–722, 1968.

ŠULC, D.: Rationelle Herstellungs- und Anwendungsmöglichkeiten von Frucht- und Gemüsekonzentraten. Norcofel-Kongress, München, 9/1968, 168–176; Tagungsber. v. FV „Lebensmittelindustrie" der KDT, Erfurt, 9/1969, 76–95.

ŠULC, D. und ĆIRIĆ, D.: Herstellung von Frucht- und Gemüsemarkkonzentraten. Flüss. Obst 35, 230–238, 1968, Hemijska industrija, Beograd 3, 508–513, 1969a.

ŠULC, D. und ĆIRIĆ, D.: Das Verfahren zur Gewinnung von hochkonzentrierten, pulpösen Frucht- und Gemüsekonzentraten. Jug. Patent Nr. 28941-P-1657/65, gültig vom 30. September 1969. Postupka za dobijanje viskouguscenih pulpoznih koncentrata vocai provrca. Patentna isprava br 28941-P-1657/65, Beograd, vazeca od 30 septembra 1969b.

ŠULC, D.: Vergleichende Untersuchungen an Tomatenkonzentraten, hergestellt nach dem klassischen und nach dem modifizierten Serumverfahren. Flüss. Obst 43, 334–344, 1976.

Šulc, D., Ćirić, D., Vujičić, B. und Bardić, Z.: Tehnologija proizvodnje bistrih i kasastih koncentrata od voca i povrca. (Herstellungstechnologie der Frucht- und Gemüsesaft- und Markkonzentrate.) Herausgeber: Technologische Fakultät der Universität Novi Sad, April 1976, Skripta.

Šulc, D., Vujičić, B., Bardić, Z. und Rukavina, V.: Farbveränderungen und Aromaverluste bei der Zerstäubungs- und Gefriertrocknung von Himbeermarkkonzentrat. Int. Fruchtsaft-Union, Ber. Wiss.-Techn. Komm. 16, 113–126, 1980, ferner in Lebensmittel-Technol. 14 (2), 17–21, 1981.

Šulc, D.: Fruchtsaftkonzentrierung und Fruchtsaftaromaseparierung. Confructa 28, 258–318, 1984a.

Šulc, D.: Kritische Stellungnahme zu thermischen Fruchtsaftschädigungen bei der Fruchtsaftverdampfung. Flüss. Obst, 51, 429–431, 1984b.

Tajchakavit, S. und Ramaswamy, H. S.: Thermal vs. microwave inactivation kinetics of pectin methylesterase in orange juice under batch mode heating conditions. Lebensm.-Wiss. u. Technol. 30, 85–93, 1997.

Tauscher, B.: Pasteurisierung von Lebensmitteln mit hydrostatischem Hochdruck. Flüss. Obst 63, 134–137, 1996.

Tauscher, B.: Pasteurisierung von Lebensmitteln mit hydrostatischem Hochdruck. Flüss. Obst 65, 72–75, 1998.

Thijssen, H. A. C.: Concentration processes for liquid foods containing volatile flavors and aromas. J. Food Technol. 5, 211–229, 1970.

Thijssen, H. A. C.: Fundamentals of Concentration Processes, p. 13–44, in: Advances in Preconcentration and Dehydration of Foods. Edited by A. Spicer, Applied Science Publishers Ltd., London 1974a.

Thijssen, H. A. C.: Freeze Concentration, p. 115–149, in Advances in Preconcentration and Dehydration of Foods. Edited by A. Spicer, Applied Science Publishers Ltd., London 1974b.

Thijssen, H. A. C.: Current Developments in the Freeze Concentration of Liquid Foods. Chapter 30, p. 481–503. Freeze Drying and Advanced Food Technology, edited by Goldblith, S. A., Rey, L. und Rothmayr, W. W., Academic Press, London 1975.

Thijssen, H. A. C. und Van Oyen, N.: Concentration alternatives for fruit and vegetable juices, technical, economic and quality considerations. Int. Fruchtsaft-Union. Ber. Wiss.-Techn. Komm. 15, 87–114, 1978.

Thijssen, H. A. C.: Vergleich verschiedener Aufkonzentrierverfahren für flüssige Lebensmittel. Int. Z. f. Lebensmitteltechnol. u. Verfahrenstechnik 34, 586–601, 1983.

Torrey, M.: Dehydration of Fruits and Vegetables. Noyes Data Corporation, Park Ridge, N. J., USA, 1974.

Troost, G.: Technologie des Weines. Verlag Eugen Ulmer, Stuttgart 1972, 4. Aufl.

Troost, G.: Technologie des Weines. Handbuch der Getränketechnologie, Seite 566, 5. Auflage, Verlag Eugen Ulmer, Stuttgart 1980.

Tschubik, I. A. und Maslow, A. W.: Wärmephysikalische Konstanten von Lebensmitteln und Halbfabrikaten. VEB Fachbuchverlag, Leibzig 1973.

Turkot, V. A., Eskew, R. K. und Aceto, N.: A continuous process for dehydrating fruit juices, Food Technol. 10, 604–606, 1956.

Urbicain, M. J. und Lozano, J. E.: Damage of Apple Juice during Processing and Storage. Lebensmittel-Technol. 25, 195–204, 1992.

Van Arsdel, W. B., Copley, M. J. und Morgan, A. I.: Food Dehydration. Vol. 1: Drying Methods and Phenomena. Vol. 2: Practices and Applications. Chapter 12. Fruit and Vegetable Juices, p. 199–245. Second Edition, Avi Publishing Comp., Inc., Westport 1973.

Van Nistelrooij, M.: Superbrix: The continuing development of freeze cocentration technology. Int. Fruchtsaft-Union. Ber. Wiss.-Techn.Komm. 22, 409–414, 1991.

Van Pelt, W. H. J. M.: Die Wirtschaftlichkeit mehrstufiger Gefrierkonzentrierverfahren. Confructa 28, 225–239, 1984.

Vasseur, J., Bimbenet, J. J., Duprat, J. C. und Touron, B.: Séchage sur cylindres dans les industries agro-alimentaires: nouvelle téchnique, nouvelle perspective. Ind. Alim. Agric. 101, 911–919, 1984.

Veldhuis, M. K.: Orange and Tangerine Juices, Chapter 2 in: Tressler, D. K. und Joslyn, M. A.: Fruit and Vegetable Juice Processing Technology. Second Edition, Avi Publishing Comp. Inc., Westport 1971.

Veldstra, J.: Heat transmission in evaporators. Int. Fruchtsaft-Union. Ber. Wiss.-Techn. Komm. 3, 117–125, 1961.

Von Mylius, U.: Membranfiltration in der Nahrungsmittelindustrie. Z. Lebensm. Technol. Verfahrenstechnik 34 (6), 529–534 (1983).

Vrignaud, Y.: Nouvelles techniques de clarification des jus de fruits par ultrafiltration. Ind. Aliment. Agric. 100, 245–250, 1983.

Weiss, J.: Traubensaftkonzentrate. Int. Fruchtsaft-Union. Ber. Wiss.-Techn. Komm. 13, 57–71, 1973.

Welti, J. S. und Lafuente, B.: Secado por atomizacion de disgregados (comminuted) de naranja. I. Effecto de la temperatura del aire del caudel de alimentacion del producto sobre su calidad. Rev. Agroquim. Tec. Alim. 23 (1), 97–106, 1983.

Wiegand Karlsruhe GmbH, D-76275 Ettlingen, Broschüre über Verdampfer, P. 73/1.

Wiegand, J.: Fallstromverdampfer und andere Dünnschichtverdampfer. Chemiker-Ztg. 93, 939–943, 1969.

Windisch, S.: Ueber osmotolerante Hefen in Fruchtsaftkonzentraten. Int. Fruchtsaft-Union. Ber. Wiss.-Techn. Komm., 13, 217–226, 1973.

Wolford, R. W., Dougherty, M. H. und Pet-

RUS, D. R.: Citrus juice essences. Int. Fruchtsaft-Union. Ber. Wiss.-Techn. Komm. 9, 151–169, 1968.

WOLFROM, M. L., KASHIMURA, N. und HORTON, D.: Factors affecting the Maillard browning reaction between sugars and amino acids. Studies on the nonenzymatic browning of dehydrated orange juice. J. Agr. Food Chem. 22, 796–800, 1974.

WORRALL, G. F. P.: Mechanical vapor recompression converses energy in citrus juice concentration. Food Technol. 36 (5), 234–238, 1982.

WUCHERPFENNIG, K.: Ueber die Entwicklung auf dem Gebiet des Baues von Fruchtsafteindampfanlagen und über die Herstellung von Konzentraten aus fruchtfleischhaltigen Fruchtsäften oder Nektaren. Flüss. Obst 31, 50–55, 108–118. 186–191, 1964.

WUCHERPFENNIG, K. und BRETTHAUER, G.: Ueber eine Weiterentwicklung auf dem Gebiet des Baues von Aromagewinnungsanlagen. Flüss. Obst 39, 12–19, 1972.

WUCHERPFENNIG, K.: Die Verhinderung der Weinsteinausscheidung beim Konzentrieren von Traubensaft mit Hilfe der Elektrodialyse. Int. Fruchtsaft-Union. Ber. Wiss.-Techn. Komm. 13, 77–117 (1973); Flüss. Obst 41, 226–235, 1974.

WUCHERPFENNIG, K.: Bedeutung der schwefligen Säure für die Traubensaft-herstellung und ihre lebensmittelrechtlichen Aspekte. Flüss. Obst 42, 451–464, 1975.

WUCHERPFENNIG, K. und BURKARDT, D.: Die Bedeutung der Endtemperatur bei der Rückkühlung heissgefüllter Fruchtsäfte. Flüss. Obst 50, 416–422, 1983.

WUCHERPFENNIG, K., DIETRICH, H. und BAENZIGER, K.: Einsatz der MIkro- und Ultrafiltration bei Most und Wein. Der Deutsche Weinbau 39, 1140–1156, 1984.

ZIEGLER, E. (Hrsg.): Die natürlichen und künstlichen Aromen. Dr. Alfred Hüthig Verlag, Heidelberg 1982.

Kapitel 6

A. P. R. I. A.: Association pour la Promotion Industrie.Agriculture: Les Nouveaux Procédés Mécanisés et Continus dans l'Industrie Alimentaire. Tome II.: Industrie des Jus de Fruits, 124–125. Paris 1971.

ASKAR, A.: Aromaveränderungen während der Herstellung und Lagerung bei Fruchtsäften. Flüss. Obst 51, 564–569, 1984.

BESLING, J. R., CECCALDI, C., GAFNER, J., HARTOG, B. J., HOFSOMMER, H.-J., HÜHN, T., LEVEAU, J. Y., PREVIDI, P., SCHILDMANN, J. A., WEISMANN, SH.: Revised Version of the Handbook on Microbiological Methods. International Federation of Fruit Juice Producers. Congress Interlaken 1996, Report 24, 193–195, Paris 1996.

BESTGEN, U.: Reinigung und Desinfektion. Der Lebensmittelbrief 3/4, 72–75, 1998.

BÖHM, H.: Nichtrostender Stahl und die Verwendung in der Getränkeindustrie. Flüss. Obst 50, 501–507, 1983.

BORRMANN, H.: Einsatz und Anwendung von Wärmepumpen. Flüss. Obst 57, 218–220, 1990.

BORRMANN, H.: Wege zur Energieeinsparung. Flüss. Obst 58, 22–24, 1991.

BROCKMANN, H.-J.: Maschinen in der Fruchtsaftindustrie und ähnlichen Fabrikationszweigen. Vlg. Günter Hempel, Braunschw. 1975.

BÜCHI, W.: Chemie der Obstsaftkonzentrate. Int. Fruchtsaft-Union, Ber. Wiss.-Techn. Komm. 1, 125–144, 1958.

CLAUS, G.: Edelstahlbehälter für die Fruchtsaftindustrie. Flüss. Obst 64, 446–450, 1997.

DAEPP, H. U.: Die Bedeutung der Entlüftung als Massnahme zur Qualitätsförderung der Produktion von Nicht-Zitrussäften. Int. Fruchtsaft-Union, Ber. Wiss.-Techn. Komm. 5, 69–80, 1964.

DAEPP, H. U.: Stand der Technologie von Kernobstsaftkonzentraten. Int. Fruchtsaft-Union, Ber. Wiss.-Techn. Komm. 13, 47–56, 1973.

ENGELBRECHT, J.: Auswirkungen des Gasgehaltes auf die Qualität von Fruchtsäften und fruchtsafthaltigen Getränken. Getränkeindustrie 45, 266–277, 1991.

ERNST, H.: Energie-Sparsysteme für Hochdruckdampferzeuger in Getränkeherstellungsbetrieben. Flüss. Obst 51, 558–563, 1984.

ERNST, H.: Hochdruckdampferzeugung – Schnelldampferzeuger oder Grosswasserraumkessel. Flüss. Obst 63, 26–28, 1996.

FEIGENWINTER, A.: Wasseraufbereitung in der Getränkeindustrie. Brauerei- und Getränke-Rundschau, 105, 27–30, 1994.

FETTER, K.: Ueber die Behälter in der Getränkeindustrie. Flüss. Obst 47, 76–80, 1980.

FETTER, K.: Pumpen – Leitungen – Armaturen. Flüss. Obst 49, 472–485, 1982.

FETTER, K.: Pumpen – Leitungen – Armaturen. Flüss. Obst 57, 221–119, 1990.

FLEIG, A.: Qualitäts- und Produktivitätsvorteile durch Entgasung. Flüss. Obst 62, 435–437, 1995.

GANTNER, A.: Energieversorgung in der Getränkeindustrie. Flüss. Obst 31, 21–25, 1964.

GANTNER, A.: Energiefragen in der Fruchtsaft- und Getränkeindustrie. Flüss. Obst 41, 352–369, 1974.

GROB, A.: Chemische Veränderungen von Obstsaftkonzentraten während der Lagerung bei verschiedenen Temperaturen. Int. Fruchtsaft-Union, Ber. Wiss.-Techn. Komm. 1, 229–243, 1958.

HECKEL, H.: Tankläger in der Fruchtsaftindustrie, Flüss. Obst 56, 200–209, 1989.

HOFMANN, F.: Moderne Prozessmesstechnik in der Fruchtsaftindustrie – Magnetisch-induktive Durchflussmessung. Flüss. Obst 65, 12–17, 1998.

HÖLBING, S.: Bedeutung der Filtration bei der Herstellung von AfG. Brauwelt 4, 142–145, 1985.

IFU Microbiological Methods. Authors: BESLING, J. R., CECCALDI, C., GAFNER, J., HARTOG, B. J., HOFSOMMER, H.-J., HÜHN, T., LEVEAU, J. Y., PREVIDI, P., SCHILDMANN, J. A. und WEISMANN, SH.; Internationale Fruchtsaft-Union c/o Schweizerischer Obstverband, CH-6302 Zug, 1996.

KAHLISCH, P.: Zukunft der Flascheninspektion. Getränkeindustrie 9, 611–612, 1997.

KARDOS, E.: Obst- und Gemüsesäfte. VEB Fachbuchverlag, Leipzig 1966.

KHS Klöckner – Holstein – Seitz, Innoclean Reinigungstechnik, Firmeninformation, 1998.

KIENINGER, H. und REICHENEDER, E.: Wasseraufbereitung durch umgekehrte Osmose. Brauwelt 117, 1629–1633, 1977.

KIES, W.: Drallrohrwärmeaustauscher – eine neue Technik bei der Sterilisation von Produkten mit stückigem Anteil. Confructa 31, 160–162, 1987.

KLENK, K.: Flaschenreinigung für PET-Flaschen. Brauwelt 13/14, 576–579, 1994.

KOHLBACH, F. R. und KOHLBACH, R. H.: Konzeption moderner Steril-Grosstankanlagen in der Getränkeindustrie. Getränkeindustrie 44, 344–349, 1990.

KÖSSENDRUP, W.: Pumpen. Flüss. Obst 50, 122–126, 1983.

KRUG, H. J.: Energiesparmöglichkeiten mit Dampf- und Heisswassererzeugern. Fette – Seifen – Anstrichmittel 85, 189–201, 1983.

KRÜGER, R.: CIP-Technik und Armaturen in der Getränkeindustrie. Flüss. Obst 49, 677–683, 1982.

KUHNT, J.: Flaschenreinigungsmaschinen – Entwicklungsschritte perfektionieren die Leistung. Getränkeindustrie 10, 960–964, 1990.

KULLE, D.: Gefährliche Arbeitsstoffe. Symposium der Berufsgenossenschaft Nahrungsmittel und Gaststätten, Heft 4, Seite 28, 1976.

LANG, O.: Die Energiewirtschaft in den Betrieben der Obst- und Gemüseverarbeitung. Ind. Obst- u. Gemüseverwert. 60, 379–381, 1975.

LANGE, H.-J.: Hygienische Maßnahmen, Reinigung und Desinfektion. Ind. Obst- und Gemüseverwert. 80, 431–450, 1995.

LEIPERT, J.: Planung industrieller Dampfversorgungsanlagen. Temperatur-Technik 14, (1) 20–21, 1976.

LIEBMANN, W.: „Trockene" Anlagen durch Doppelsitzventile ohne Schaltverluste. Flüss. Obst 65, 452–453, 1998.

LUDWIG, H.-J.: Reinigung von Kegs und Flaschen. Service VLB – Versuchs- und Lehranstalt für Brauerei, 39–41. Berlin 1991.

MÉNORET, Y.: Evolution de la technologie des jus de fruits. Industr. alim. agr. 87, 511–519, 1970.

MEYER-PITTROFF, R. und WIEGLAND, S.: Grundlagen zu Kesselanlagen in Betrieben der Getränkeindustrie. Getränkeindustrie 53, 18–20, 1999.

NAGEL, R. und FRITSCH, W.: Wasseraufbereitung – Aus der Sicht der Trink- und Abwassergesetzgebung. Brauindustrie, Heft 3, 198–207, 1994.

NERADT, F.: Die Erzeugung und Einlagerung von Fruchtsäften. Ind. Obst- u. Gemüseverwert. 57, 347–359, 1972.

PFEFFER, R.: Pumpen in der Fruchtsaftindustrie. Flüss. Obst 65, 454–457, 1998.

PLATE, H.: Mögliche Energiesparmassnahmen bei Kesselanlagen. Lebensmitteltechnik 15, 540–544, 1983.

POHLE, G.: Kesselspeisewasseraufbereitung für Zuckerfabriken. Zucker 9, 482–491, 1975.

POSSMANN, PH.: Kostenvergleich an Entsaftungssystemen für Äpfel. Confructa 28, 147–172, 1984.

POSSMANN, PH.: Calculation Data and Margins of Integrated European Juice Plants. Poster präsentiert anlässlich des 22. IFU Symposiums in Paris, 17. – 18. März 1999.

REINSCH, V.: Moderne Armaturen für den Fruchtsaftbetrieb. Flüss. Obst 64, 440–445, 1997.

ROESICKE, J., RENKAMP, L.: Zur Problematik von Reinigungsmittelrückständen in maschinell gewaschenen Flaschen. Brauwelt 12, 408–413, 1990.

ROHLES, H.: Glasfaserverstärkte Kunststofftanks. Flüss. Obst 50, 133–137, 1983.

SCHARA, A.: Rohstoffe für alkoholfreie Erfrischungsgetränke. Mitt. Versuchsstn. Gärungsgewerbe Wien 28, 38–44, 1974.

SCHARF, R.: Wirkungsspektren moderner Reinigungsmittel-Zusammensetzung, Wirkungsweise, Anwendungsbeispiele. Flüss. Obst 54, 258–264, 1987.

SCHELLENBERG, C.: Erneuerung der Innenauskleidung bestehender Behälter. Flüss. Obst 57, 208–215, 1990.

SCHREITER, T. und HUBER, K.: Einsatz von Pumpen, Armaturen, Rohrleitungen in der Getränkeindustrie. Getränkeindustrie 44, 794–803, 1990.

SCHRÖDER, W.: Reinigung und Desinfektion in: DITTRICH, H.H. (Hrsg.) Mikrobiologie der Lebensmittel – Getränke, 313–325, Behr's Verlag, Hamburg 1993.

SCHUMANN, G.: Möglichkeiten zur wesentlichen Verringerung der Abwasserschmutzfracht. Das Erfrischungsgetränk 31, 113, 1978.

SCHUMANN, G.: Alkoholfreie Erfrischungsgetränke – Rohstoffe, Produktion, Lebensmittelrechtliche Bestimmungen. Verlagsabteilung der Versuchs- und Lehranstalt für Brauerei, Berlin 1979.

SCHUMANN, G.: Abwasser der Flaschenfüllerei: Monatsschrift f. Brauerei 4, 142–146, 1982.

Südzucker AG (Hrsg.): Handbuch Erfrischungsgetränke, Eigenverlag, Teil 1, Mannheim/Ochsenfurt, 1997.

THEINE, A.: Magnetisch-induktive Durchflussmessung in Getränkemaschinen. Getränkeindustrie 51, 272–274, 1997.

TROOST, G. und FETTER, K.: Nichtrostende

Stähle in der Kellerwirtschaft unter besonderer Berücksichtigung ihrer Oberflächenbeschaffenheit. Weinblatt 61, 797–801, 1966.

TROOST, G.: Technologie des Weines, 4. Aufl., Verlag Eugen Ulmer, Stuttgart 1972.

TROOST, G.: Technologie des Weines, 5. neubearb. und erw. Aufl., Verlag Eugen Ulmer, Stuttgart 1980.

TROOST, G.: Technologie des Weines. Verlag Eugen Ulmer, 6. Aufl., Stuttgart 1988.

URBICAIN, M.J. und LOZANO, J. E.: Damage of Apple Juice during Processing and Storage. Lebensmittel-Technol. 25, 194–204, 1992.

WEISSENBACH, M.J.: Das ABC zur Vermeidung überhöhter betrieblicher Strom- und Gasrechnungen. Flüss. Obst 57, 822–828, 1990; Flüss. Obst 58, 24–28, 1991.

WEISSENBACH, M.J. und SIGRIST, D.: Molchtechnik – Symbiosetechnik für mehr Oekonomie-, Oekologie und Qualitätspartnerschaft im Fruchtsaftbetrieb. Teil 1: Flüss. Obst 64, 690–693, 1997. Teil 2: Flüss. Obst 65, 7–11, 1998.

WENGER, H.: Energieeinsatz bei der Flaschenreinigung – Vergleich 1973–1983 und Aspekte für die Zukunft. Forum der Brauerei 4, 93–96, 1984.

WUCHERPFENNIG, K. und BRETTHAUER, G.: Beitrag zur Veränderung der Aromastoffe während der Lagerung. Int. Fruchtsaft-Union, Ber. Wiss.-Techn. Komm. 5, 105–133, 1964.

WUCHERPFENNIG, K. und KEDING, K.: Zum kontinuierlichen Tieffrieren von Fruchtprodukten mit Kratzkühlern. Flüss. Obst 40, 451–455, 1973.

ZEUNER, M. und RECKLING, P.: Automatisierung von Fruchtsaftanlagen – Von der Planung zur Ausführung. Flüss. Obst 50, 113–116, 1983.

Kapitel 7

ACHKAMMER, KH. und SPANG, D.: Das Krones CAF System – Kaltaseptische Abfüllung für alkohol- und CO_2-freie Getränke. Flüss. Obst 64, 550–552, 1997.

AIJN (Association of the Industry of Juices and Nectars from Fruits and Vegetables of the European Union): Code of Practice for Evaluation of Fruit and Vegetable Juices, Brussels 1998.

Alumasc Ltd.: Schnellzapfhahn für „Renommierbiere". Brauwelt 112, 1867, 1972.

Aromenverordnung vom 22. 12. 1981 (BGBl. I, S. 1625/77) i.d.F. vom 29. 10. 1991.

ARTHEY, D. und ASHURST, P.R. (Hrsg.): Fruit Processing. Blackie Academic & Professional, London 1996.

ASHURST, P.R. (Hrsg.): Production and Packaging of Non-Carbonated Fruit Juices and Fruit Beverages. 2. Ed. Blackie Academic & Professional, London 1995.

BELOW, A.: PET-Verpackungstechnik in der Getränkeindustrie. Getränkeindustrie 51, 533–537, 1997.

BIELIG, H.J. und WOLFF, J.: Fermentation von Möhrenmaische zur Entsaftung durch Dekanter. Flüss. Obst 40, 413–415, 1973.

BRASCHOS, K. H.: Projektierung im Füllbereich – Blockanlagen auf Vormarsch. Brauindustrie 68, 1764–1766, 1983.

BREHM, W. und BÜDENBENDER, R.: Verschlüsse und Verschliesstechnik für PET-Flaschen. Flüss. Obst 60, 602–606, 1993.

BUCHNER, N.: Aseptische Befüllung von Flaschen aus Glas und Kunststoff. Die Ernährungsindustrie 1/2, 23–25, 1989.

BUCKENHÜSKES, H. und GIERSCHNER, K.: Zum Stand der Herstellung von Gemüsesäften und -trunken. Flüss. Obst 56, 751–764, 1989.

BÜDENBENDER, R.: Innovationen beim Flaschenverschliessen. Flüss. Obst 62, 567–571, 1995.

COLESAN, F. und JÖHRER, P.: Einsatz von Bandpressen, Dekantern und Separatoren bei der Frucht- und Gemüseverarbeitung. Flüss. Obst 60, 244–246, 1993.

DIESSEL GmbH & Co; Mikroprozessor gesteuerte Chargenmischanlage, Firmeninformation, Hildesheim 1999.

DIETRICH, H., GIERSCHNER, K., PECORONI, S., ZIMMER, E. und WILL, F.: Neue Erkenntnisse zu dem Phänomen der Trübungsstabilität. Flüss. Obst 63, 7–10, 1996.

Eichgesetz a.F. in der Fassung vom 22. 2. 1985 (BGBl. I S. 410), geändert durch Art. 12 der dritten ZuständigkeitsanpassungsV (BGBl. I S. 2089) vom 26. 11. 1986.

EMCH, F.: Die Herstellung naturtrüber Säfte. Flüss. Obst 30, 11–17, 1963.

ENDRESS und HAUSER, Consult (Hsrg.): Food and Beverages. Endress + Hauser Consult., CH-4153 Reinach 1998.

ENGELBRECHT, J.: Gasaufnahme und -abgabe bei der Herstellung von Frucht- und Gemüsesäften. Lebensmitteltechnik 23, 557–558, 1991.

FEARN, J.: Naturbelassene Fruchtsäfte – Repasteurisierung überflüssig. Flüss. Obst 63, 251–53, 1996.

Fertigpackungsverordnung – FPV: Verordnung über Fertigpackungen in der Neufassung vom 8. 3. 1994 (BGBl. I S. 151, geändert durch 5. Änd.-V. vom 21. 8. 1996 (BGBl. i S. 1333).

GEISS, H.: Wohin tendiert die Abfülltechnik bei Saft?. Flüss. Obst 63, 67–69, 1996.

GEISS, H.: Abfülltechnik – quo vadis. Flüss. Obst 65, 250–258, 1998.

GEISS, H. und FUCHS, G.: Kaltaseptische Abfüllung von Getränken in Glasflaschen. Int. Fruchtsaft-Union. Ber. Wiss.-Techn. Komm. 21, 275–296, 1990.

GREEN, L.F. (Hrsg.): Developments in Soft Drinks Technology – 1. Applied Science Publishers Ltd., London 1978.

HAMATSCHEK, J. und NAGEL, B.: Wirksames Trennprinzip: Dekanter anstelle von Pressen zur Entsaftung von Frucht und Gemüsemaischen. Getränkeindustrie 48, 102–107, 1994.

HEUSS, A.: Wirtschaftliche Herstellung von Pulpen, Nektaren und ihren Derivaten. Ind. Obst u. Gemüseverwert. 13, 358–361, 1974.

HOHMANN, J.: Reduzierung des Oberflächenabriebs von Mehrweg-PET-Flaschen durch die Verwendung von Kästen mit Anti-Scuffing-Technik. Getränkeindustrie 51, 608–609, 1997.

HOLZINGER, R.: Die Frucht- und Gemüsesaft-Entgasung als Voraussetzung einer reibungslosen, qualitätsorientierten Fülltechnik. Flüss. Obst 47, 362–366, 1980.

KARDOS, E.: Herstellung und Haltbarmachung von Gemüsesäften. Flüss. Obst 42, 488–497, 1975

KARDOS, E. (Hrsg.): Obst- und Gemüsesäfte. VEB Fachbuchverlag, Leipzig 1979

KEDING, K.: Haltbarmachung von Getränken. In: DITTRICH, H.H. (Hrsg.): Mikrobiologie der Lebensmittel – Getränke. Behr's Verlag, Hamburg 1993.

KEDING, K.: Verpackungen – eine Notwendigkeit? Confructa Studien. Verpackung 36, 7–13, 1992.

KHS Maschinen- und Anlagenbau AG, Firmeninformation, Bad Kreuznach, 1999.

KOCH, J.: Neuzeitliche Erkenntnisse auf dem Gebiet der Süßmostherstellung. 2. Aufl. Verlag Sigurd Horn, Frankfurt/Main 1956.

Krones AG: Firmenunterl., Neutraubling 1999.

KUNZ, P.: Das aseptische Bag-in-Box-System – Prozesstechnik und Fülltechnologie. Confructa Studien 31, 133–141, 1987.

Lebensmittel-Verordnung der Schweiz, Kapitel 26.: Gemüsesaft. Hrsg.: Bundeskanzlei, Bern 1. 3. 1995.

LENGGENHAGER, T.: Ultrafiltration und Adsorbertechnologie für hochwertige Konzentrate und Säfte. Flüss. Obst 64, 110–115, 1997.

MALTSCHEV, E.und MOLLOV, P.: Trubstabile fruchtfleischhaltige Nektare ohne Verwendung von Enzymen? – 1. Mitteilung. Flüss. Obst 63, 130–133, 1996.

MAURER, J.: Entgasung von Fruchtpüree und -säften aus Fruchtfleisch. Flüss. Obst 57, 80–84, 1990.

MCFARLIN, G.P.: Lagerung und Transport von NFC-Säften in aseptischen Bag-in-Bin-Gebinden. Flüss. Obst 64, 558–562, 1997.

MEIER, K.E.: Die Abfüllung von viskosen oder pulpehaltigen Frucht- und Gemüsesäften. Flüss. Obst 35, 422–430, 1968.

METTE, M.: Technik und Technologie der Abfüllung CO_2-haltiger Getränke in Dosen. Brauindustrie 65, 951–963, 1980.

MILE, E.: Barriereeigenschaften der zwei neuen Tetra Pak Technologien Glaskin und Sealica. Flüss. Obst 67, 602–605, 2000.

MITCHELL, A.J. (Hrsg.): Formulation and Production of Carbonated Soft Drinks. Blackie, Glasgow, London 1990.

MOLLOV, P. und MALTSCHEV, E.: Trubstabile fruchtfleischhaltige Nektare ohne Verwendung von Enzymen? – 2. Mitteilung. Flüss. Obst 63, 320–323, 1996.

NIEDERAUER, T.: Herstellung, Eigenschaften und Anwendungen von Süssungsmitteln in Lebensmitteln. Flüss. Obst 65, 131–140, 1998.

OEHLER, G.: Volumetrische Abfüllung mittels magnetisch induktiver Durchflussmesstechnik. Flüss. Obst 63, 440–443, 1996.

OTTO, K.: Advanced Methods of vegetable juice production with special view to denitrification. Int. Fruchtsaft-Union. Wiss.-Techn. Komm. 23, 63–80, 1993.

PATKAI, G. und BARTA, K.: Verluste bei einigen ernährungsphysilogisch wichtigen Komponenten der Rote Bete während der Herstellung zu Trinksaft. Flüss. Obst 64, 66–69, 1997.

REMBOWSKI, E.: Technologie der Obst- und Gemüsehomogenate, Nektare, Säfte und Getränke, Warszawa 1–250, 1966.

SCHMOLCK, W. (Red.): JÄGER, A., VON RYMON LIPINSKI, GW., SCHIWECK, H. und VOGEL, R.: Lebensmittelchemische Gesellschaft (Hrsg.): Zuckeralkohole und Süßstoffe. Behr's Verlag, Hamburg 1992.

SCHMOLL, W.: Ruhige Dosenfüllung – Neues Konzept zur Abfüllung in Dosen. Brauindustrie 81, 865–868, 1996.

SCHOBINGER, U.: Untersuchungen über die Herstellung von trubstabilen Kernobstsäften. Schweiz. Z. Obst- u. Weinbau 115, 422–427, 1979.

SCHOBINGER, U., DÜRR, P. und WALDVOGEL, R.: Glucoseoxidase zur Verminderung der Sauerstoffbelastung bei der Abfüllung von Getränken. Mitt. Klosternenburg 39, 251–256, 1989.

SCHÖFFEL, F.: Rationelle Druckkompensation in Getränkeschankanlagen. Brauwelt 114, 1183–1188, 1197–1198, 1974.

SCHUMANN, G.: Alkoholfreie Erfrischungsgetränke – Rohstoffe, Produktion, Lebensmittelrechtliche Bestimmungen. Verlagsabteilung der Versuchs- und Lehranstalt für Brauerei, Berlin 1979.

Schweizerisches Lebensmittelbuch: Trinkwasser. 5. Aufl. Band 2. 1985.

Schweizerische Lebensmittelverordnung (LMV) Kapitel 28. Trinkwasser, Eis, natürliches und künstliches Mineralwasser und kohlensaures Wasser, vom 01. 03. 1995.

SIG Combibloc GmbH: Firmeninformation, Linnich 1999.

STOCKER, F.: Mischen, Homogenisieren, Entgasen von Früchte- und Gemüsepulpen. Flüss. Obst 56, 530–536, 1989.

STÜSSI, J.: Untersuchungen über die Herstellung von pulpehaltigen Apfelsäften. Diss. ETH Nr. 12643, Zürich 1998.

Südzucker AG (Hrsg.): Handbuch Erfrischungsgetränke, Teil 1. Eigenverlag, Mannheim/Ochsenfurt 1997.

ŠULC, S. und ĆIRIĆ, D.: Herstellung von Frucht- und Gemüsemarkkonzentraten. Flüss. Obst 35, 230–236, 1968.

ŠULC, D.: Über die Stabilität von fruchtfleischhaltigen Nektaren. Flüss. Obst, 12, 450–461, 1978

ŠULC, D.: Gemüsesäfte. Flüss. Obst 51, 17–24, 1984.

Tetra Pak Processing Systems: The Orange Book, Lund 1998.

Tetra Pak Processing Systems: Aseptic PET Rotary Filling System. Firmeninformation, Lund 1999.

Tetra Pak Processing Systems TBA/19 – Aseptische Verpackungstechnologie, Lund 1999.

Trinkwasser-Richtlinie über die Qualität von Wasser für den menschlichen Gebrauch (98/83/EG, ABI. L 330/32) vom 03. 11. 1998.

Trinkwasserverordnung, Verordnung über Trinkwasser und über Wasser für Lebensmittelbetriebe (TrinkwV) in der Bekanntmachung der Neufassung vom 5. 12. 1990 (BGBL. I, S. 2612) zuletzt geändert durch Art. 77 der 5. Zuständigkeitsanpassung (BGBL. I, S. 278) vom 26. 2. 1993.

TROOST, G.: Technologie des Weines. 6. neubearb. Aufl., Verlag Eugen Ulmer, Stuttgart 1988.

VARNAM A.H. und SUTHERLAND, J.P.: Beverages technology, chemistry and microbiology. Chapman & Hall, London 1994.

VdF – Verband der Deutschen Fruchtsaft-Industrie e.V., Änderung der EU-Trinkwasser-Richtlinie/Leitsätze für Fruchtsäfte, Jahresbericht 1998, Bonn 1999.

VOLZ, P.: Kühlung heiß abgefüllter Säfte. Das Erfrischungsgetränk 37, 104–106, 1984.

WALLHÄUSER, K.H.: Praxis der Sterilisation – Desinfektion – Konservierung. 5. Aufl. G.Thieme Verlag, Stuttgart 1995.

WEBER, H.: Kaltsterile Abfüllung. Flüss. Obst 63, 435–436, 1996.

WEISS, W.: Multifunktionelle Anforderungen an die Füllmaschinen für Fruchtsäfte. Flüss. Obst 64, 245–246, 1997

WERNER, K.: Herstellung und Aromatisierung von Tomatenprodukten. Ind. Obst- u. Gemüseverwert. 63, 241–244, 1978.

WETZEL, J.P.: Die sieben Aufgabenstellungen der Verpackung, Swiss Food 12, 7–8, 1991.

WIESENBERGER, A.: Aseptische Saftabfüllung – Ein Überblick mit neuen Entwicklungen und Erfahrungen. Confructa Studien 31, 143–159, 1987.

WOLFRUM, W.: EU-Sicherheitslinien für Maschinen in der Getränkeindustrie. Getränkeindustrie 51, 625–629, 1997.

Zusatzzulassungsverordnung, Verordnung über die Zulassung von Zusatzstoffen zu Lebensmitteln zu technologischen Zwecken (ZZulV) (BGBl. I S. 230) BGBL. III/FNA 2125–40–71 vom 29. Januar 1998.

Kapitel 8

Abwassertechnische Vereinigung e.V. (ATV): ATV-Handbuch: Biologische und weitergehende Abwasserreinigung, 4.Aufl., Verlag Ernst & Sohn, Berlin 1997

Abwassertechnische Vereinigung e.V. (ATV): Lehr- und Handbuch der Abwassertechnik, Band V: Organisch verschmutzte Abwässer der Lebensmittelindustrie, Verlag Ernst & Sohn, Berlin, 3.Aufl. 1985 (4. Aufl. erscheint 1999).

Abwassertechnische Vereinigung e.V. (ATV): Regelwerk Abwasser-Abfall, Merkblatt M 766: Abwasser der Mineralbrunnen-, Erfrischungsgetränke und Fruchtsaftindustrie, Gesellschaft zur Förderung der Abwassertechnik e.V. (GFA), St. Augustin, 1989 (Neuauflage erscheint 1999).

BAUMANN, G., GROSSMANN, U. und GIERSCHNER, K.: Schmutzfracht im Abwasser von Fruchtsaftbetrieben, Flüss. Obst 59, 671–675, 1992.

Bio-System Gesellschaft für Anwendungen biologischer Verfahren mbH, 78467 Konstanz: Technische Unterlagen über anaerobe Abwasserreinigungsanlagen, 1998.

CSM Separationssysteme für Flüssigkeiten GmbH & Co. KG, D-75015 Bretten: Technische Unterlagen über Membrananlagen, 1998.

Cyklar GmbH Gesellschaft für Abwassertechnik, D-93440 Kötzing: Technische Unterlagen über SBR-Anlagen, 1998.

Eisenmann Maschinenbau KG, D-71002 Böblingen: Leitfaden Umwelttechnik- Abluftreinigung, Abwasserbehandlung, Reststoffnutzung, 8.Aufl. 1995.

ENGELHARDT, D., SENGER, G., SPILLECKE, H. und TREUNERT, E.: Abwasserrecht-Abwassertechnik, VDI-Verlag, Düsseldorf 1993.

Envicon Klärtechnik GmbH & Co. KG, D-46526 Dinslaken: Technische Unterlagen über das Envicon Biosub-Verfahren, 1998.

FRANCK, K. und GUTKNECHT, J.: Das innovative Konzept eines Dienstleistungsunternehmens für alle Wasser-, Abwasser- und Hygienefragen, Flüss. Obst 63, 29–31, 1996.

IFU Diffusions- und Umwelttechnik GmbH, D-61348 Bad Homburg: Technische Unterlagen über Belüfter und Abwasserreinigungsanlagen, 1998.

Kruse Chemie KG, D-57368 Lennestadt: Lieferprogramm und Datenblätter über Chemikalien für die Abwassertechnik, 1998.

LANGMEYER, R.: Abwasserentsorgung im Fruchtsaftbetrieb – wie können Kosten eingespart werden?, Flüss. Obst 61, 599–602, 1994.

MOSCHNER, V.: Abwasservorbehandlung des Fruchtsaftbetriebes Hans Zipperle AG (Meran), Flüss. Obst 64, 563–565, 1997.

MÜLLER-BLANKE, N.: Abwasserreinigung in der Getränkeindustrie, Flüss. Obst 60, 607–610, 1993.

Noggerath GmbH & Co. Abwassertechnik KG, D-31708 Ahnsen: Technische Unterlagen über Sandfänge, Bogen- und Drehsiebe, 1998

NÖRPEL, C.: Abwasserentsorgung und Abwasservermeidung – Überlegungen zur Wasserwirt-

schaft im Getränkebetrieb, Flüss. Obst 61, 409–411, 1994.
NÖRPEL, C.: Wassereinsparung im Abfüllbetrieb – Betriebserfahrung mit dem Recyclingsystem ContiRec, Flüss. Obst 63, 32–35, 1996.
NSW-Umwelttechnik GmbH, D-26944 Nordenham: Technische Unterlagen über Tropfkörper-, Tauchkörper- und Festbetteinbauten aus Kunststoff, 1998.
PAPE, S. und SCHULZ GEN. MENNINGMANN, J.: Aerobe Behandlung von Abwässern der Getränkeindustrie, Flüss. Obst 58, 504–505, 1991.
Republik Österreich: 1077. Verordnung des Bundesministers für Land- und Forstwirtschaft über die Begrenzung von Abwasseremissionen aus der Herstellung von Erfrischungsgetränken und Getränkeabfüllung, Bundesgesetzblatt vom 30. 12. 1994 a.
Republik Österreich: 1078. Verordnung des Bundesminsters für Land- und Forstwirtschaft über die Begrenzung von Abwasseremissionen aus der Obst- und Gemüseveredelung sowie aus derTiefkühlkost und Speiseeiserzeugung, Bundesgesetzblatt vom 30. 12. 1994 b.
Republik Österreich: 186. Verordnung des Bundesministers für Land- und Forstwirtschaft über die Begrenzungvon Abwasseremissionen in Fliessgewässern und öffentliche Kanalisation (AAEV), Bundesgesetzblatt vom 19. 04. 1996.
SCHMIDT, M.: Anaerobe Hochleistungsverfahren zur Reinigung von Abwasser der Lebensmittelindustrie (I), Lebensmitteltechnik 12, 746–749, 1989.
SCHMIDT, M., MEYER, I. und MATZ, G.: Bestandsaufnahme der Abwassersituation, Planung und Bau einer Abwasserreinigungsanlage für eine Obstkelterei, Flüss. Obst 63, 328–333, 1996.
Schweizerische Eidgenossenschaft: Verordnung über Abwassereinleitungen vom 08. 12. 1975 (Fassung vom 27. 10. 1993).
Schweizerische Eidgenossenschaft: Bundesgesetz über den Schutz der Gewässer, GSchG, vom 24. 01. 1991 (Stand am 21. 10. 1997).
VOGEL, P.: Maßgeschneidert ist effektiver, Teil 2: Abwasservorbehandlung in Molkereien, Lebensmittel- und Getränkebetrieben, ZFL Zeitschrift für Lebensmitteltechnik 49, 57–59, 1998.
WABAG Wassertechnische Anlagen GmbH, D-95326 Kulmbach: Technische Unterlagen über Abwasserreinigung und Wasseraufbereitung, 1998.
WENZEL, L. und KUHN, K.: Bellmer Abwasserreinigung in der Fruchtsaftindustrie, Flüss. Obst 64, 566–568, 1997.
Zeppelin Silo- und Apparatetechnik GmbH und Umwelttechnik, D-88045 Friedrichshafen: Technische Unterlagen über Abwasserreinigungs- und Recycling-Anlagen, 1998.

Kapitel 9

BACK, W.: Die Bedeutung von Mikroorganismen im Süßmostbetrieb. Flüss. Obst 46 131–135, 1979.
BACK, W.: Schädliche Mikroorganismen in Fruchtsäften, Fruchtnektaren u. süßen alkoholfreien Erfrischungsgetränken. Brauwelt 121 43–48, 1981 a.
BACK, W.: Schädliche Mikroorganismen in AfG-Betrieben. Brauwelt 121, 314–318, 1981 b.
BACK, W.: Mikrobiologie d. Fruchtsaft- u. Erfrischungsgetränke, in: DITTRICH, H. H.: Mikrobiol. d. Lebensm. – Getränke, 81–107, Behr's Verl., Hamburg 1993 a.
BACK, W.: Handbuch u. Farbatlas d. Getränkebiologie. H. Carl, Nürnberg 1993 b.
BACK, W.: Mikrobiol. Qualitätskontrolle von Wässern, AfG, Bier u. Wein, in: DITTRICH, H. H.: Mikrobiol. d. Lebensm.-Getränke, s. oben, 327–362, 1993 c.
BARLINGHAUS, A. und ENGEL, R.: Vorkommen von *Alicyclobacillus* in Apfelsaft-Konzentraten – Methodenentwicklung u. Validierung. Flüss. Obst 64, 306–309, 1997.
BARNETT, J. A.: The numbers of yeasts associated with wine grapes of Bordeaux. Arch. Microbiol. 83, 52–55, 1972.
BARNETT, J. A., PAYNE, R. W. und YARROW, D.: The yeasts. Characteristics and identifications. 2. ed. Cambridge Univ. Pr., Cambridge 1990.
BAUMGART, J. et al.: *Alicyclobacillus acidoterrestris*: Vorkommen, Bedeutung u. Nachweis in Getränken u. Getränke-Grundstoffen. Flüss. Obst 64, 178–180, 1997.
BELIN, J. M.: Recherches sur la répartition des levures à la surface de la grappe de raisin. Vitis 11, 135–145, 1972.
BENDER, H. et al.: Pullulan, ein extrazelluläres Glucan von *Pullularia pullulans*. Biochim. Biophys. Acta 36, 309–316, 1959.
BERGNER-LANG, B. et al.: Zur Analytik von Patulin in Obstsäften u. Obsterzeugnissen. Dtsch. Lebensm. Rdsch. 79, 400–404, 1983.
BERRY, J. M. et al.: A rapid method for the identification of bacteria which have been associated with off-flavors and orders in concentrated orange juice. Food Technol. 8, 70–72, 1954.
BIELIG, H. J. et al.: Richtwerte u. Schwankungsbreiten bestimmter Kennzahlen (RSK-Werte) für Apfel-, Trauben- u. Orangensaft. Confructa 28, 63–85, 1984.
BINNIG, R.: Die Wirkung von CO_2 beim Pasteurisieren von Fruchtsäften. Flüss. Obst 47, 134–139, 1980.
BOZOGLU, T. F. und RAY, B.: Lactic acid bacteria. Springer-Verl., Berlin, Heidelberg, New York 1996.
BRUNNER, H. R. und TANNER, H.: Polarographische Diacetylbestimmung in Fruchtsäften u. Weinen. Schweiz. Z. für Obst- u. Weinb. 118, 775–760, 1982.
CANAL-LLAUBÈRES, R. M. et al.: Structure mole-

culaire du β-D-Glucane exocellulaire de *Pediococcus* sp.. Connaiss. Vigne Vin 23, 49–52, 1989.

CARR, J. G. et al.: The reduction of quinic acid to dihydroshikimic acid by certain lactic acid bacteria. Biochem. J. 66, 283–285, 1957.

CHIRIFE, J. und BUERA, M.: Water activity, glass transition and microbial stability in concentrated/semimoist food systems. J. Food Sci. 59, 921–927, 1994.

DAEPP, H. U. und MAYER, K.: Über den Einfluß des Rohmaterials auf die Fruchtsaft-Qualität. Schweiz. Z. für Obst- u. Weinbau 73, 37–39, 1964.

DAW, Z. Y. et al.: Microbiological evaluation of some local juices and drinks. Chem. Microbiol. Technol. Lebensm. 16, 8–15, 1994.

DAWENPORT, R. R. und DAVIES, P. A.: Microbial spoilage. Long Ashton Report. Res. Station, Univ. Bristol 84–85, 1984.

DEAK, T. und BEUCHAT, L. R.: Yeasts associated with fruit juice concentrates. J. Food Protect. 56, 777–782, 1993.

DITTRICH, H. H.: Die alkoholische Vergärung der L-Äpfelsäure durch *Schizosaccharom. pombe*. Zbl. Bakt. II, 118, 406–421, 1964.

DITTRICH, H. H.: Essigstich – Noch immer Weinfehler Nr. 1. Dtsch. Weinbau 39, 1157–1163, 1984.

DITTRICH, H. H.: Mögliche Veränderungen von Frucht- u. Gemüsesäften durch Mikroorganismen. Flüss. Obst 53, 320–323, 1986.

DITTRICH, H. H.: Mikrobiologie d. Frucht- u. Gemüsesäfte, in SCHOBINGER, U.: Frucht- u. Gemüsesäfte, 2. Aufl., 470–518, Ulmer, Stuttgart 1987 a.

DITTRICH, H. H.: Mikrobiolgie d. Weines, 2. Aufl., Stuttgart 1987 b.

DITTRICH, H. H.: Die Veränderungen der Beereninhaltsstoffe und der Weinqualität durch *Botrytis cinerea* – Übersichtsreferat. Wein-Wiss. 44, 105–131, 1989.

DITTRICH, H. H.: Mikroorg. in Getränken – Eine Übersicht, in: DITTRICH, H. H.: Mirkobiol. der Lebensmittel – Getränke, 15–42, Behr's Verl., Hamburg 1993 a.

DITTRICH, H. H.: Mikrobiol. d. Frucht- u. Gemüsesäfte, in: DITTRICH, H. H.: wie oben, 53–80, 1993 b.

DITTRICH, H. H.: Mikrobiologie d. Weines u. Schaumweines, in: DITTRICH, H. H.: Mikrobiol. der Lebensmittel – Getränke, wie oben, 183–259, 1993 c.

DITTRICH, H. H.: Wine and brandy, in: REED, G., NAGODAWITHANA, T. W.: Biotechnology 9, 2. ed., Verlag Chemie, Weinheim, 464–504, 1995 a.

DITTRICH, H. H.: Bildung u. Abbau organischer Säuren durch Mikroorg. in Most u. Wein. Wein-Wissensch. 50, 50–66, 1995 b.

DUBOURDIEU, D. et al.: Structure of the extracellular β-D-Glucan from *Botrytis cinerea* Carbohydr. Res. 93, 294–299, 1981.

DUONG, H. A.: Mikrobiologie aspetisch verpackter Fruchtsäfte. Internat. Fruchtsaftunion, Ber. Wiss.-Techn. Komm. 19, 323–332, 1986.

ECKARDT, D. und AHRENS, E.: Untersuchungen über *Byssochlamys fulva* als potentieller Verderbniserreger in Erdbeerkonserven II. Chem. Mikrobiol. Technol. Lebensm. 5, 76–90, 1977.

EDER, R. et al.: Bestimmung von Patulin in Fruchtsäften u. Fruchtsaftkonzentraten mit HPLC. Mitt. Klosterneuburg 44, 64–69, 1994.

FENG, M. et al.: Inhibition of yeast growth in grape juice through removal of iron and other metals. Int. J. Food Sci. Technol. 32, 21–28, 1997.

FIEDLER, B.: Nachweis osmophiler/osmotoleranter Hefen als Schadorganismen in Zucker u. Rohstoffen. Zuckerind. 120, 684–688, 1995.

FRANK, H. K. und HOLZAPFEL, W. H.: Gemüsesäfte u. Tomatenmark, in: MÜLLER, G., HOLZAPFEL, W., WEBER, H.: Mikrobiol. der Lebensmittel – Lebensm. pflanzlicher Herkunft, 49–51, Behr's Verl., Hamburg 1997.

FRANKE, I.: Über die Abhängigkeit d. Pasteurationsbedingungen von Keim- u. Fruchtfleischgehalt der Säfte. Int. Fruchtsaftunion, Ber. Wiss.-Techn. Komm. 7, 219–227, 1966.

FRANKE, I.: Über die Zu- u. Abnahme der Keimzahlen bei der Bearbeitung u. Abfüllung von Fruchtsäften u. Fruchtsaftgetränken. Naturbrunnen 17, 215–219, 1967.

FRANKE, I.: Beobachtungen über eine seltene, geschmacklich kaum feststellbare Infektion eines Orangenfruchtsaftgetränkes. Mineralwasserztg. 21, 1099–1104, 1968.

FUCHS, G. et al.: Richtwerte u. Schwankungsbreiten bestimmter Kennzahlen (RSK-Werte) für Ananassaft. Flüss. Obst 60, 166–169, 1993.

GARVIE, E. I.: *Leuconostoc oenos* sp. nov. JK. Gen. Microbiol. 48, 431–438, 1967.

GARVIE, E. I.: Genus *Leuconostoc* van Tieghem 1878, 198, in: SNEATH, P. H. et al.: Bergey's manual of systematic bacteriology 2, Williams & Wilkins, Baltimore etc. 1071–1075, 1986.

GIERSCHNER, K.: Über die Möglichkeit zur analyt. Erfassung mirkobiolog. bedingter Veränderung in Fruchtsafterzeugnissen. Flüss. Obst 33, 310–316, 1966.

GIERSCHNER, K. und HAMMES, W. P.: Mikrobiologische Nitrat-Entfernung aus Gemüsesäften bzw. Gemüseflüssigprodukten. Flüss. Obst 58, 236–239, 1991.

GRAJEK, W. et al.: Veränderungen im Pigmentanteil in Rote-Beete-Saft, der durch *Paracoccus denitrificans* denitriert ist (engl.). Polish J. Food a. Nutrition Sci. 6/47, 35–42, 1997.

HAMPEL, W.: Zum Stoffwechsel d. Weinsäure in Pilzen II. Mitt. Klosterneuburg 20, 456–466, 1970.

HEINZL, H. und HAMMES, W. P.: Die mikroaerophile Bakterienflora von Obstmaischen. Chem. Mikrobiol. Technol. Lebensm. 10, 106–109, 1986.

HEISS, K. und EICHNER, K.: Haltbarmachen v. Lebensmitteln, 3. Aufl., Springer Verl., Berlin, Heidelberg, New York 1994.

HOHMANN, ST.: Shaping up: The response of yeast to osmotic stress, in: HOHMANN, ST., MAGER, W.H.: Yeast stress responses, 101–145, Springer Verl., Berlin, Heidelberg, New York 1997.

IFU – Internationale Fruchtsaft-Union: Microbiological Methods, 1996/1997, Vertrieb: Schweizerischer Obstverband, CH-6302 Zug.

INGRAM, M.: Studies on benzoate-resistant yeasts. Acta microbiol. Hung. 7, 95–105, 1960.

INGRAM, M. und LÜTHI, H.: Microbiology of fruit juices, in: TRESSLER, K., JOSLYN, M.A.: Fruit and vegetable juice processing technology. The Avi Publ. Comp. Inc., Westport, Conn., 1961.

JÄHRIG, A. und SCHADE, W.: Mikrobiologie d. Gärungs- u. Getränkeindustrie. CENA-Verl., Meckenheim 1993.

KANDLER, O. und WEISS, N.: Genus *Lactobacillus* Beijerinck 1901, 212, in: SNEATH, P.H. et al.: Bergey's manual of systematic bacteriology 2, Williams & Wilkins, Baltimore etc. 1209–1234, 1986.

KARDOS, E.: Obst- u. Gemüsesäfte. 1. u. 2. Aufl., VEB Fachbuch-Verl., Leipzig 1966, 1979.

KARDOS, E.: Herstellung u. Haltbarmachung von Gemüsesäften. Flüss. Obst 42, 488–497, 1975.

KEDING, K.: Haltbarmachung von Getränken, in: DITTRICH, H.H.: Mikrobiol. d. Lebensm. – Getränke, 277–311, Behr's Verl., Hamburg 1993.

KENNE, L. u. LINDBERG, B.: Bacterial Polysaccharids, in: ASPINALL, G.O.: The Polysaccharids 2. Acad. Press, New York, London 1984.

KING, A.D. et al.: Nonlogarithmic death rate for *Byssochlamys fulva*. Appl. Environment. Microbiol. 37, 596–600, 1979.

KIPPHAHN, H. und BIRNBAUM, L.: Die Re-Infektionsmöglichkeiten in Flaschenreinigungsmaschinen u. ihre Bekämpfung, Milchwiss., 22, 345–455, 1967.

KLEBER, W. und THORWEST, A.: Mikrobiolog. Untersuchungen an Kieselguren. Brauwelt 105, 1825–1828, 1965.

KOCH, J. und LEHMANN, I.: Der Howard Mould Count – Ein Qualitätskriterium für bearbeitete Obst- u. Gemüseerzeugnisse. Flüss. Obst 34, 410–415, 1967.

KOPPENSTEINER, G. und WINDISCH, S.: Der osmotische Wert als begrenzender Faktor für Wachstum u. Gärung von Hefen. Arch. Mikrobiol. 80, 300–314, 1971.

KO SWAN DJIEN, I. et al.: Kombinierte Wirkung von Wärmebehandlung u. von Konservierungsmitteln auf Hefen in Fruchtsäften III. Confructa 19, 306–309, 1974.

KRUG, K.: Die Gründe des Schimmelbefalls bei hochkurzzeiterhitzten Fruchtsäften. Flüss. Obst 36, 430–434, 1969.

KÜNSCH, U. et al.: Conversion of arginine to ornithine during malolactic fermentation in red wine. Am. J. Enol. Vitic. 25, 191–193, 1974.

KURTZMAN, C.P. and FELL, J.W.: The yeasts, a taxonomic study, 4. ed., Elsevier Sci. Publ., Amsterdam, 1998.

LABAT, S. und HILS, K.A.: Richtwerte u. Schwankungsbreiten analyt. Kennwerte (RSK) von dreifach konzentriertem Tomatenmark. Ind. Obst- u. Gemüseverwert., 426–440, 1992.

DE LEY, J. et al.: Fam. VI. ACETOBACTERIACEAE Gillis & De Ley 1980, 23, in: KRIEG, N.E., HOLT, J.G.: Bergey's manual of systematic bacteriology 1. Williams & Wilkins, Baltimore etc. 267–278, 1984.

LUBIENIECKI V. SCHELHORN, M.: Vermehrung u. Absterben von Mikroorganismen in Abhängigkeit vom Milieu. Chem. Mikrobiol. Technol. Lebensm. 1, 89–95, 1972.

LÜCK, E. und JAGER, M.: Chemische Lebensmittelkonservierung, 3. Aufl. Springer Verl., Berlin, Heidelberg, New York 1995.

LÜCK, E. und JAGER, M.: Antimicrobial Food Additives, 2. ed. Springer Verl., Berlin, Heidelberg New York 1997.

LÜTHI, H.R.: Microorganisms in non-citrus juices. Adv. Food Res. 9, 221–284, 1959.

LÜTHI, H.R. und VETSCH, U.: Über das Vorkommen thermoresistenter Pilze in der Süßmosterei. Schweiz. Z. für Obst- u. Weinbau 64, 404–409, 1955.

LÜTHI, H.R. und VETSCH, U.: Ein seltener Fall von Buttersäuregärung in alkoholfreiem Apfelsaft. Fruchtsaft-Ind. 2, 54–58, 1957.

LÜTHI, J. und SCHLATTER, C.: Biogene Amine in Lebensmitteln. Zur Wirkung von Histamin, Tyramin u. Phenylethylamin auf den Menschen. Z. Lebensm. Unters. Forsch. 177, 439–443, 1983.

MAJERUS, P. und OTTENEDER, H.: Nachw. u. Vorkommen von Ochratoxin A in Wein u. Traubensaft. Dtsch. Lebensm. Rdsch. 92, 388–290, 1996.

MAJERUS, P. und ZIMMER, M.: Trichothecin in Weinen, Traubenmosten u. Traubensäften – Ein Problem? Wein-Wiss. 50, 14–18, 1995.

MALIK, F. et al.: *Zygosaccharomyces-rouxii*-Kontamination von eingedicktem Traubensaft. Kvasny prumysl (tschech.) 43, 39–41, 1997.

MARSHALL, C.R. und WALKLEY, V.T.: Some aspects of mikrobiology applied to commercial apple juice production I. Food Res. 16, 448–456, 1951.

MILLIES, K.D.: Ameisensäure als Stoffwechselprodukt von Mikroorganismen in Fruchtsäften. Flüss. Obst 39, 91–99, 1980.

MOSSEL, D.A. und DE BRUIN, A.S.: The survival of *Enterobacteriaceae* in acid liquid foods of pH below 5 at different temperatures. Ann. Inst. Pasteur, Lille 11, 65–72, 1960.

MROZEK, H.: Der Getränkebetrieb u. seine Infektionsflora. Mineralwasserztg. 20, 13, 1967.

MROZEK, H. und ROTH, K.: Untersuchungen zur Haltbarkeitsgefährdung von Limonaden durch Hefen. Z. Lebensm. Unters. Forsch. 138, 343–351, 1969.

MÜLLER, G.: Obsterzeugnisse, in: MÜLLER, G., HOLZAPFEL, W., WEBER, H.: Mikrobiologie d. Lebensm. – Lebensm. pflanzlicher Herkunft. Behr's Verl., Hamburg 129–165, 1997.

MÜLLER, G. und MÜLLER, C.: Verfahrensgrundlagen zur Haltbarmachung von Lebensmittel, in: MÜLLER, G., WEBER, H.: s. dort.

MÜLLER, G., WEBER, H.: Mikrobiologie der Lebensm. – Grundlagen, 8. Aufl. Behr's Verl., Hamburg 1996.

MURDOCK, D.J. und ALLEN, W.E.: Germicidal effects of orange peel oil and -limonen in water and orange juice 1. Food Technol. 14, 441–445, 1960.

NIWA, M. et al.: Milchsaure Vergärung von Fruchtsäften mit Lactobacillen. Monatsschr. f. Brauereiwissensch. 373–377, 1987.

PARISH, M.E. et al.: Survival of *Salmonellae* in orange juice. J. Food Safety 17, 273–281, 1997.

PARLE, J.N. und DI MENNA, M.E.: The source of yeasts in New Zealand wines. N.Z.J. Agric. Res. 9, 98–107, 1966.

PAULI, A. und KNOBLOCH, K.: Inhibitory effects of essential oil components on groth of food-contaminating fungi. Z. Lebensm. Unters. Forschg. 185, 10–13, 1987.

PETER, A.: *Byssochlamys fulva* als verbreiteter schwer zu bekämpfender Verderber von Fruchtsäften. Ind. Obst- u. Gemüseverwert. 49, 222–224, 1964.

PETER, A.: Fruchtsaftinfektionen durch Schimmelpilze u. ihre Bekämpfung. Ind. Obst- u. Gemüseverwert. 50, 841–844, 1965.

PEYNAUD, E.: Etudes recentes sur les bacteries lactiques du vin. Ferment. Vinific. 1, 219–256, 1968.

PILNIK, W. und PIEK-FADDEGON, M.: Ein empfindlicher Gärtest zur Entdeckung kleiner Mengen Konservierungsmittel in Fruchtsäften. Flüss. Obst 40, 123–124, 1973.

POKORN, J. und HRIBAR, J.: Einwirkung d. Verfahrenstechnik auf Wachstum u. Entwicklung osmophiler Hefen. Internat. Fruchtsaft-Union, Ber. Wiss.-Techn. Komm. 19, 307–321, 1986.

PORRETTA, S. und VICINI, E.: Changes in tomato pulp quality caused by lactic acid bacteria. Intern. J. Food Sci. Technol. 28, 611–613, 1993.

PREVIDI, M.P. et al.: Die Wärmeresistenz von Sporen von *Alicyclobacillus* in Fruchtsäften. Industria Conserve 72, 353–358, 1997.

RABOTNOWA, I.L.: Die Bedeutung physikal.-chem. Faktoren (pH u. rH) für die Lebenstätigkeit d. Mikroorg. VEB Gust. Fischer, Jena 1963.

RADLER, F. und THEIS, W.: Über das Vorkommen von *Aspergillus*-Arten auf Weinbeeren. Vitis 10, 314–317, 1972.

RADLER, F. und YANISSIS, C.: Weinsäureabbau bei Milchsäurebakterien. Arch. Mikrobiol. 82, 219–238, 1972.

RADLER, F. u.a.: Biolog. Verfahren zum unspez. Nachweis gärungshemmender Substanzen. Z. Lebensm. Unters. Forsch. 146, 332–337, 1971.

RAMADAN, F.M. et al.: On the antimicrobial effects of some essential oils. Chem. Mikrobiol. Technol. Lebensm. 1, 51–55, 1972.

RECCA, J. und MRAK, E.M.: Yeasts occuring in citrus products. Food Technol. 6, 450–454, 1952.

REINHARD, L. und RADLER, F.: Die Wirkung von Sorbinsäure auf *Sacch. cerevisiae*. Z. Lebensm. Unters. Forsch. 172, 278–283, 383–388, 1981.

REISS, J.: Reduction of nitrate in carrot juice by immobilized cells of *Staphylococcus carnosus*. Dtsch. Lebensm. Rdsch. 88, 352–353, 1992.

RENTSCHLER, H. und TANNER, H.: Das Bitterwerden der Rotweine. Mitt. Lebensm. Unters. u. Hyg. 42, 463–475, 1951.

RODRIGUEZ, J.H. et al.: Thermal resistance and growth of *Bacillus licheniformis* und *B. subtilis* in tomato juice. J. Food Protect. 56, 165–168, 1993.

RUHLAND, M. et al.: Production of ochratoxin A on concentrated jam. Adv. Food Sci. (CMTL) 29, 13–16, 1998.

SAHIN, I. et al.: Microbial load of a production line for apple juice concentrate. Adv. Food Sci. (CMTL) 20, 137–143, 1998.

SAND, F.E.: Milchsäuregärung in alkoholfreien Getränken. Mineralwasserztg. 19, 87–93, 1966.

SAND, F.E.: Hefen in alkoholfreien Getränken. Naturbrunnen 17, 22–26, 116–120, 263–268, 1967.

SAND, F.E.: Zur Hefe-Flora von Erfrischungsgetränken. Brauwelt 110, 225–236, 1970a.

SAND, F.E.: Über konservierungsstofftolerante Hefen. 2. Symp. Techn. Mikrobiol., Inst. Gärungsgewerbe Berlin 1970b.

SAND, F.E.: Osmophile Hefen in der Erfrischungsgetränkeindustrie. Brauwelt 113, 320–327, 414–419, 1973.

SAND, F.E.: *Gluconobacter*, CO_2-freies Getränk u. Kunststoffverpackung. Erfrischungsgetränk 29, 476–484, 1976.

SANDOVAL, A.J. et al.: Thermal resistance of *Bac. coagulans* in double concentrated tomato paste. J. Food Sci. 57, 1369–1370, 1992.

SCHANDERL, H.: Mikrobiologie d. Fruchtsäfte. Fruchtsaft-Ind. 1, 178–184, 1956.

SCHANDERL, H., KOLB, J. u. KOLB, E.: Fruchtweine, 7. Aufl., Verlag E. Ulmer, Stuttgart 1981.

SCHLEGEL, H.G.: Allgem. Mikrobiologie, 7. Aufl., Thieme, Stuttgart 1992.

SCHMIDT-LORENZ, W.: Vermehrung von Hefen bei Gefriertemperaturen. 2. Symp. techn. Mikrobiol., 291–298, Inst. Gärungsgewerbe, Berlin 1970.

SCHMIDT-LORENZ, W.: Untersuchungen über den Keimgehalt von unkarbonisiertem, natürlichem Mineralwasser u. Überlegungen zum bakteriolog.-hygienischen Beurteilen von unkarbonisierten Mineralwasser I, II. Chem. Mikrobiol. Technol. Lebensm. 4, 97–107, 132–137, 1974.

SCHUMANN, U. und WERNER, J.: Thermoresistenz von *Byssochlamys fulva* u. *Byss. nivea*. Flüss. Obst 40, 125–129, 1973.

SCHÜTZ, M. und RADLER, F.: Das Vorkommen von Malatenzym u. Malolactatenzym bei verschiedenen Milchsäurebakterien. Arch. Mikrobiol. 96, 329–339, 1974.

SCOTT, R.: Mikrobiolog. Aspekte – Liquidfruitworkshop „Fruit juice filling". Flüss. Obst 50, 587–588, 1983.

SENSER, F. und REHM, H.J.: Über das Vorkommen von Schimmelpilzen in Fruchtsäften. Dtsch. Lebensm. Rdsch. 61, 184–186, 1965.

SENSER, F., REHM, H.J. und WITTMANN, H.: Zur Kenntnis fruchtsaftverderbender Mikroorg. (besonders Schimmelpilzen). Ind. Obst- u. Gemüseverwert. 52, 175–178, 1967.

SPONHOLZ, W.R. und DITTRICH, H.H.: Über die Herkunft von Gluconsäure 2- u. 5-Oxogluconsäure sowie Glucuron- u. Galacturonsäure in Mosten u. Weinen. Vitis 24, 51–58, 1985 a.

SPONZOLZ, W.R. und DITTRICH, H.H.: Zuckeralkohole u. myo-Inosit in Weinen u. Sherries. Vitis 24, 97–105, 1985 b.

SPONHOLZ, W.R., DITTRICH, H.H. und BARTH, A.: Über die Zusammensetzung essigstichiger Weine. Dtsch. Lebensm. Rdsch. 78, 423–428, 1982.

SPOTTI, E. et al.: Contaminazione da spore fungine termoresistenti di frutta, pomodoro e loro derivati. Ind. Ital. Conserve 67, 421–425, 1993.

STEINKRAUS, K.H.: Milchsäuregärung bei der Herstellung von Lebensmitteln aus Gemüse, Getreide u. Hülsenfrüchten. A. van Leeuwenhoek 49, 337–348, 1983.

STRAUSS, D.: Über Untersuchungen an Tomatenprodukten. Mitt. Lebensm. Unters. Hyg. 60, 259–270, 1969.

SURBA, M.S. et al.: Antimicrobal action of citrus oils. J. Food Sci. 32, 225–227, 1967.

SWANSON, K.M. et al.: Aciduric and heat resistant microorganisms in apple juice and cider processing operations. J. Food Sci. 50, 336–339, 1985.

TAKAHASHI, Y. et al.: Microbicidal effect of hydrostatic pressure on satsuma mandarin juice. Intern. J. Food Sci. Technol. 28, 95–102, 1993.

TOROK, F. und KING, A.D.: Comparative study of the identification of food-borne yeasts. Appl. environment. microbiol. 57, 1207–1212, 1991.

TROY, V.S. und SCHENK, A.M. (1960): Zit. n. KARDOS, E. 1975.

VICINI, E. et al.: Die Fähigkeit zum Verderb von Tomatenprodukten durch verschieden starke Beimpfung mit *Bac. coagulans*, isoliert aus einem flachsauren Produkt. Ind. Ital. Conserve 64, 13–17, 1989.

WALKER, H.W. und AYRES, J.C.: Yeasts as spoilage organisms, in *Rose, A.H., Harrison, J.S.*: The Yeasts 3, Acad. Pr., Lond., N.Y., 1970.

WEIDNER, P.M.: Beiträge zur Kenntis der Osmotoleranz u. Osmophilie bei Hefen. Diss. TU Berlin, Fachber. 13, 156, 1985.

WEILLER, H.G. und RADLER, F.: Milchsäurebakterien aus Wein u. von Rebenblättern. Zbl. Bakt. II 124, 707–732, 1970.

WEILLER, H.G. und RADLER, F.: Vitamin- u. Aminosäurebedarf von Milchsäurebakterien aus Wein u. von Rebenblättern. Mitt. Klosterneuburg 22, 4–18, 1972.

WEISS, J.: Haltbarmachung von Frucht- u. Gemüsesäften, in: SCHOBINGER, U.: Frucht- u. Gemüsesäfte, 3. Aufl., Kap. 5.1, Verlag Eugen Ulmer, Stuttgart 2001.

WHITING, G.C. und CARR, J.G.: Chlorogenic acid metabolism in cider fermentation. Nature 180, 1479, 1957.

WIESENBERGER, A. et al.: Die Laktofermentation natürlicher Substrate mit niedrigen pH-Werten. Chem. Mikrobiol. Technol. Lebensm. 10, 32–36, 1986.

WINDISCH, S.: Über osmotolerante Hefen in Fruchtsaftkonzentraten. Intern. Fruchtsaftunion. Ber. Wiss.-Techn. Komm. 13, 217–214, 1973.

WOLLER, R.: Häufigkeit des Vorkommens von Mycotoxinen in der BRD, in: REISS, J.: Mycotoxine in Lebensmitteln. G. Fischer Verl., Stuttgart 1981.

WOLLER, R. und MAJERUS, P.: Patulin in Obst u. Obsterzeugnissen. Flüss. Obst 49, 564–570, 1982.

WUCHERPFENNIG, I. und FRANKE, I.: Über die Zu- u. Abnahme der Keimzahlen bei der Bearbeitung u. Abfüllung von Fruchtsaft, Süßmost u. Fruchtsaftgetränken. Flüss. Obst 31, 285–300, 339–346, 1964.

WUCHERPFENNIG, K.: Ameisensäure als Indikator. Lebensm.-Technologie 15, 92–94, 1983.

WUCHERPFENNIG, K.: Die schweflige Säure im Wein – önologische u. toxikolog. Aspekte. 34. Deutsch. Weinb.-Jahrb., Waldkircher Verl. Ges., Waldk., 213–241, 1984.

WÜRDIG, G. und CLAUS, W.: Herkunft u. Entstehung von Schleimsäure – Ursache häufiger Kristalltrübung im Wein. Weinbg. u. Keller 13, 513–517, 1966.

ZAAKE, S.: Nachweis u. Bedeutung getränkeschädlicher Hefen. Monatsschr. f. Brauerei 32, 350–356, 1979.

ZSCHALER, R.: Einfluß von CO_2auf die Mikrobiologie von Getränken. Mineralbrunnen 29, 134–136, 1979.

Kapitel 10

AIJN (siehe Code of Practice)

Amtliche Sammlung von Untersuchungsverfahren nach § 35 LMBG, Lebensmittel (L),

Teil 3. Loseblatt-Sammlung. Beuth Verlag, Berlin, Wien, Zürich.

Analysenbuch der Internationalen Fruchtsaft-Union. Loseblatt-Sammlung. Schweiz. Obstverband, CH-6302 Zug.

AOAC (siehe Official Methods)

ARRUDA, M.A.Z., GALLEGO, M. und VALCAREL, M.: Determination of aluminium in slurry and liqid phase of juices by flow injection analysis graphite furnace atomic absorption spectrometry. Anal. Chemistry 65, 3331–3335, 1993.

ASU (siehe Amtliche Sammlung)

BALMER, D.M. und MAC LELLAN, D.: Detection of enzymatically treated pulpwash in orange juice. Fruit Processing 5, 86–89, 1995.

BANDION, F.: Zur Definition der Grade Klosterneuburger Mostwaage, ihrer Bestimmung in Traubenmost und Traubenmaische sowie ihre Berechnung aus Weininhaltsstoffen. Mitt. Klosterneuburg 29, 74–80, 1979.

BANDION, F., WURZINGER, A. und NEUMANN, K.: Zum Nachweis bestimmter Stärkederivate im Wein. Mitt. Klosterneuburg 36, 207–209, 1986.

BARNA, J. und GRILL, F.: Die Bestimmung der Aschengehalte von Weinen und Fruchtsäften aus deren Kalium-, Magnesium-, Natrium-, Calcium- und Phosphatgehalten. Mitt. Klosterneuburg 30, 247–249, 1980.

BEVERIDGE, T.: Images of haze and sediment in apple juice and concentrate. Fruit Processing 6, 195–197, 1996.

BIELIG, H.J., FAETHE, W., KOCH, J., WALLRAUCH, S., WUCHERPFENNIG, K.: Richtwerte und Schwankungsbreiten bestimmter Kennzahlen (RSK-Werte) für Apfelsaft, Traubensaft und Orangensaft. Confructa 28, 63–73, 1984.

BIELIG, H.J., HOFSOMMER, H.J., FISCHER, K.P. und BALCKE, K.J.: Kristalline Ausscheidungen in gefrorenen Orangensaftkonzentraten. Flüss. Obst 50, 97–112, 1983.

BOEHRINGER (siehe Methoden der enzymatischen Analytik)

BOLAND, F.E.: Report on fruits and fruit products. J. Assoc. Off. Anal. Chem. 66, 371–372, 1983.

BOND, A.M.: Modern Polarographic Methods in Analytical Chemistry. Verlag Marcel Dekker, New York und Basel 1980.

BRAUSE, A.R.: Detection of juice adulteration. J. of the Association of Food and Drug Officials 57, 6–25, 1993.

BROWN, M.B., KATZ, B.P. und COHEN, E.: Statistical procedures for the identification of adulteration in fruit juices. In: NAGY, S. et al. 1988, p. 215–234.

BRUNNER, H.R. und SCHNEIDER, K.: Zur analytischen Beurteilung von Himbeersäften. Schweiz. Z. für Obst- u. Weinbau 125, 139–143, 1989.

BRUNNER, H.R. und TANNER, H.: Chemische Äpfelsäure-Bestimmung in Fruchtsäften und Weinen. Schweiz. Z. für Obst- u. Weinbau 115, 249–259, 1979.

BRUNNER, H.R. und TANNER, H.: Polarographische Diacetylbestimmung in Fruchtsäften und Weinen. Schweiz. Z. für Obst- u. Weinbau 118, 755–760, 1982.

BRUNNER, H.R., TANNER, H. und SCHÄPPI, R.: Über eine einfache und exakte Kohlensäurebestimmung in Weinen, Schaumweinen und Süssgetränken. Schweiz. Z. für Obst- u. Weinbau 113, 523–530, 1977.

BUSLIG, B.S.: Comparison of two types of tristimulus colorimeters for the measurement of orange juice color. Proc. Fla. State Hort. Soc. 107, 277–281, 1994.

Code of Practice for Evaluation of Fruit and Vegetable Juices. Loseblatt-Sammlung. Association of the Industry of Juices and Nectars from Fruits and Vegetables of the European Union (AIJN), Brussels.

COLLET, P.: Beitrag zur Bestimmung von Nitrit und Nitrat in Lebensmitteln. Dtsch. Lebensm. Rdsch. 79, 370–375, 1983.

DE SIO, F., IMPEMBO, M., LARATTA, B. und CASTALDO, D.: HPLC determination of diacetyl in fruits and vegetables and their products. Ind. Conserve 69, 218–221, 1994.

DIETRICH, H., GIERSCHNER, K., PECORONI, S., ZIMMER, E. und WILL, F.: Neue Erkenntnisse zu dem Phänomen der Trübungsstabilität. Flüss. Obst 63, 7–10, 1996.

DIETRICH, H. und WILL, F.: Vom Phänomen der Trübung. Getränkeindustrie 521, 80–88, 1998.

FAETHE, W., FUCHS, G., HOFSOMMER, H.J., NEUHÄUSER, K. und WALLRAUCH, S.: Richtwerte und Schwankungsbreiten bestimmter Kennzahlen (RSK-Werte) für Zitronensaft. Flüss. Obst 57, 351–365, 1990.

FISCHER, K.P. und HOFSOMMER, H.J.: Moderne Laborausrüstung für die Fruchtsaftindustrie. Flüss. Obst 58, 54–59, 1991.

FISCHER, K.P. und HOFSOMMER, H.J.: Rechnerische Ermittlung des Aschegehaltes in Fruchtsäften. Flüss. Obst 61, 95–97, 1994.

FLIEDNER, I. und WILHELMI, F.: Grundlagen und Prüfverfahren der Lebensmittelsensorik, B. Behr's Verlag, 1989.

FUCHS, G., HOFSOMMER, H.J., KNECHTEL, W., NEUHÄUSER, K. und WALLRAUCH, S.: Richtwerte und Schwankungsbreiten bestimmter Kennzahlen (RSK-Werte) für Ananassaft. Ind. Obst- und Gemüseverwert. 78, 258–261, 1993.

FUCHS, G. und KOSWIG, S.: Neue Analytik für neue (alte) Aufgaben. Flüss. Obst 64, 354–358, 1997.

GANDOLFI, I., PALLA, G., MARCHELLI, R., DOSSENA, A., PUELLI, S. und SALVADORI, C.: D-alanin in fruit juices: a molecular marker of bacterial activity, heat treatments and shelf life. J. Food Sci. 59, 152–154, 1994.

GENSLER, M., ROSSMANN, A. und SCHMIDT, H.L.: Detection of added L-ascorbic acid in fruit juices by isotope ratio mass spectrometry. J. Agric. Food Chem. 43, 2662–2666, 1995.

GESSLER, A. und FRINGS, J.: Einsatz eines vollselektiven Analysenautomaten bei der chemischen Untersuchung von Fruchtsäften und Zutaten in der Fruchtsaftindustrie. Flüss. Obst 61, 106–111, 1994.

GIERSCHNER, K.: Bedeutung der Säuren und ihr Verhalten während der Herstellung, Konzentrierung und Lagerung von Fruchtsäften. Flüss. Obst 46, 292–298, 1979.

GÖKMEN, V. und ACAR, J.: An investigation on the relationship between patulin and fumaric acid in apple juice concentrate. Lebensm.-Wiss. und Technol. 31, 480–483, 1998.

GUGGENBÜHL, B. und GENNER, R.: Unterlagen zur Vorlesung in Lebensmittelsensorik, HSW WS 98/99, unveröffentlicht.

HANSSEN, E. und STURM, W.: Über Cyanwasserstoff in Prunoideensamen und einigen anderen Lebensmitteln. Z. Lebensm. Unters. Forsch. 134, 69–80, 1967.

HERRMANN, K.: Zu den Möglichkeiten eines Verfälschungsnachweises von Obst- und Gemüseprodukten über phenolische Inhaltsstoffe. Lebensmittelchem. Gerichtl. Chem. 33, 119–121, 1979.

HERRMANN, K.: Vorkommen und Gehalte flavonoider Inhaltsstoffe in Citrusfrüchten. Ind. Obst- und Gemüseverwert. 83, 202–210, 1998.

HILS, A.: Alpha-Aminostickstoff, ein zusätzliches Kriterium zur Beurteilung von Orangensäften. Flüss. Obst 41, 6–9, 1974.

HOFSOMMER, H.J.: Definition of orange and orange juice – analytical aspects. Fruit Processing 5, 58–60, 1995.

HOLEMAN, E.H.: Food adulteration detection: 100 years of progress in AOAC methodology. Assoc. Off. Anal. Chem. 67, 1029–1034, 1984.

HOLLAND, R.R., REEDER, S.K. und PRITCHETT, D.E.: Cloud stability test for pasteurized citrus juices. J. Food Sci. 41, 812–814, 1976.

IFU (siehe Analysenbuch und Mikrobiologische Methoden)

JAMIN, E., GONZALEZ, J., BENGOECHEA, I., KERNEUR, G., REMAUD, G., NAULET, N. und MARTIN, G.G.: Measurement of $^{13}C/^{12}C$ ratios of sugars, malic acid and citric acid as authenticity probes of citrus juices and concentrates. J. of AOAC International 81, 604–609, 1998.

JELLINEK, G.: Sensorische Lebensmittelprüfung, D & PS Verlag, Pattensen 1981.

KAPSALIS, J.G. (Ed.): Objective Methods in Food Quality Assessment, CRC Press, Boca Raton 1987.

KIRKSEY, S.T., SCHWARTZ, J.O. und WADE, R.L.: A new high performance liquid chromatographic procedure for detecting juice adulteration. Report on Fruit Juice Adulteration Workshop, Herndon VA 1988.

KNOBLICH, H., SCHARF, A. und SCHUBERT, B.: Geschmacksforschung, R. Oldenbourg Verlag, München 1996.

KOCH, J. und HESS, D.: Zum Nachweis von verfälschten Orangensäften. Dtsch. Lebensm. Rdsch. 67, 185–195, 1971.

KORTH, A.: Tätigkeitsbericht der Interessengemeinschaft Citrussäfte e.V. Flüss. Obst 42, 388–392, 1975.

KOSWIG, S. und HOFSOMMER, H.J.: HPLC-Methode zur Untersuchung von Anthocyanen in Buntsäften und anderen gefärbten Lebensmitteln. Flüss. Obst 62, 125–130, 1995.

KOVACS, A.S. und DENKER, P., zit. in: SCHORFMÜLLER, J., Handbuch der Lebensmittelchemie, Band V/2. Teil, p. 352. Springer-Verlag, Berlin, Heidelberg, New York 1968.

KRÜGER, E. und BIELIG, H.J.: Betriebs- und Qualitätskontrolle in Brauerei und alkoholfreier Getränkeindustrie. Verlag Paul Parey, Berlin und Hamburg 1976.

KUHLMANN, F.: Neuere Analytik von Heidelbeer-, Brombeer- und Holunderbeersäften. Dtsch. Lebensm. Rdsch. 75, 390–395, 1979.

LABAT, S. und HILS, A.K.A.: Richtwerte und Schwankungsbreiten bestimmter Kennzahlen (RSK) von dreifachkonzentriertem Tomatenmark. Ind. Obst- und Gemüseverwert. 77, 426–440, 1992.

LATRASSE, A., SARRIS, J., AILLET, J.F. und FEUILLAT, M.: Troubles pectique et protéique dans le jus de framboise dépectinisé. Ind. Alim. Agric. 93, 423–430, 1976.

LEE, H.S.: HPLC method for separation and determination of non-volatile organic acids in orange juice. J. Agric. Food Chem. 41, 1991–1993, 1993.

LEES, M., MARTIN, G.G., RINKE, P. und CAISSO, M.: The combined use of available analytical tools: the only way to combat fruit juice adulteration. Fruit Processing 6, 273–278, 1996.

LINDSAY, C.W.: Calculation of juice content in a diluted fruit juice beverage. J. of AOAC International 76, 424–430, 1993.

LOW, N.: Detection of high fructose syrup from inulin in apple juice by capillary gas chromatography with flame ionisation detection. Fruit Processing 6, 135–139, 1996.

LOW, N.H. und SWALLOW, K.W.: Nachweis des Zusatzes teilinvertierter Saccharose zu Orangensaft mit Hilfe der HPLC. Flüss. Obst 58, 13–18, 1991.

LÜTHI, H.R. und VETSCH, U.: Mikroskopische Beurteilung von Weinen und Fruchtsäften in der Praxis, 2. Auflage. Verlag Heller Chemie- und Verwaltungsgesellschaft, Schwäbisch Hall 1981.

MAHLING, A.: Die Viscosität. In: SCHORMÜLLER, J., Handbuch der Lebensmittelchemie, Band II/1. Teil, p. 41–60. Springer-Verlag, Berlin, Heidelberg, New York 1965.

MAC ADAM, D.L.: Color Measurement. Springer-Verlag, Berlin, Heidelberg, New York, Tokyo 1985.

MEILGAARD, M., CIVILLE, C.V. und CARR, B.T.:

Sensory Evaluation Techniques, 2nd Edition. CRC Press, Boca Raton 1991.

Methoden der enzymatischen Bioanalytik und Lebensmittelanalytik mit Test-Combinationen. Boehringer Mannheim GmbH, Mannheim 1995.

Mikrobiologische Methoden der Internationalen Fruchtsaft-Union, 2. Auflage. Loseblatt-Sammlung. Schweiz. Obstverband, CH-6302 Zug 1996.

MÜLLER, T.: Nachweis und Identifizierung von Trübungen und Ausscheidungen im Wein. In: WOLLER, R. und WÜRDIG, G., Chemie des Weines, p. 867–894. Verlag Eugen Ulmer, Stuttgart 1989.

NAGY, S.: Economic adulteration of fruit beverages. Fruit Processing 7, 125–131, 1997.

NAGY, S., ATTAWAY, J.A. und RHODES, M.E., eds.: Adulteration of Fruit Juice Beverages. Verlag Marcel Dekker, New York und Basel 1988.

Official Methods of Analysis of AOAC International, 16th ed. Editor: P.A. Cunniff. Loseblatt-Sammlung (auch auf CD-ROM erhältlich). AOAC International, Arlington VA 1995.

OIV (siehe Recueil des méthodes)

O'MAHONY, M.: Sensory Evaluation of Food, Statistical Methods and Procedures. Verlag Marcel Dekker, New York und Basel 1985.

PAGE, S.W., JOE, F.L. und DUSOLD, L.R.: Detection of orange juice adulteration using pattern recognition techniques. In: NAGY, S. et al. 1988, p. 269–278.

PARISH, M.E., BRADDOCK, R.J. und WICKER, L.: Gas chromatographic detection of diacetyl in orange juice. J. of Food Quality 13, 249–258, 1990.

PERSCHEID, M. und ZÜRN, F.: Vergleich zwischen digitaler und pyknometrischer Dichtebestimmung von Flüssigkeiten, insbesondere von Wein und Most. Wein-Wiss. 31, 32–44, 1976.

PILNIK, W. und VORAGEN, A.G.J.: Polysaccharides and food. Gordian 84, 166–171, 1984.

PORTER, L.J., HRSTICH, L.N. und CHAN, B.G.: The conversion of procyanidins and prodelphinidins to cyanidin and delphinidin. Phytochemistry 25, 223–230, 1986.

RECHNER, A.D., PATZ, C.D. und DIETRICH, H.: Polyphenolanalytik von Fruchtsäften und Weinen mittels HPLC/UV/ECD an einer fluorierten RP-Phase. Dtsch. Lebensm. Rdsch. 94, 363–365, 1998.

Recueil des méthodes internationales d'analyse des vins et des moûts. Office International de la Vigne et du Vin, Paris 1990.

RICHARD, J.P., COURSIN, D. und SUDRAUD, G.: Le contrôle des jus de fruits et des jus concentrés: applications de l'analyse statistique multidimensionelle. Ann. Fals. Exp. Chim. 77, 9–34, 1984.

ROSSMANN, A., RIETH, W. und SCHMIDT, H.L.: Möglichkeiten und Ergebnisse der Kombination von Messungen der Verhältnisse stabiler Wasserstoff- und Kohlenstoff-Isotope mit Resultaten konventioneller Analysen (RSK-Werte) zum Nachweis des Zuckerzusatzes zu Fruchtsäften. Z. Lebensm. Unters. Forsch. 191, 259–264, 1990.

ROTHER, H.: Fehlervermeidung beim Umrechnen in Oechsle. Flüss. Obst 64, 76–78, 1997.

ROUSEFF, R.L.: Differentiating citrus juices using flavanone glycoside concentration profiles. In: NAGY et al. 1988, p. 49–65.

RSK-Werte: Gesamtdarstellung. Richtwerte und Schwankungsbreiten bestimmter Kennzahlen für Fruchtsäfte und Nektare einschließlich überarbeiteter Analysenmethoden. Verlag Flüss. Obst, Schönborn 1987.

SADLER, G., PARISH, M. und DAVIS, J.: Diacetyl measurement in orange juice using differential pulse polarography. J. Food Sci. 55, 1164–1165, 1990.

SCHMITT, A.: Aktuelle Weinanalytik, 2. Auflage. Verlag Heller Chemie- und Verwaltungsgesellschaft, Schwäbisch Hall 1983.

SCHOBINGER, U.: Ursache von Getränketrübungen. Schweiz. Z. für Obst- u. Weinbau 124, 494–500, 1988.

Schweizerisches Lebensmittelbuch, 5. Auflage. Loseblatt-Sammlung. Eidg. Drucksachen- und Materialzentrale, Bern.

SIEBERT, K.J., CARRASCO, A. und LYNN, P.Y.: Formation of protein-polyphenol haze in beverages. J. Agric. Food Chem. 44, 1997–2005, 1996.

SIEWEK, F., GALENSA, R. und HERRMANN, K.: Nachweis eines Zusatzes von Feigensaft zu Traubensaft und daraus hergestellten alkoholischen Erzeugnissen über die Bestimmung von Flavon-C-Glycosiden. Z. Lebensm. Unters. Forsch. 181, 391–394, 1985.

SLMB (siehe Schweizerisches Lebensmittelbuch)

SMOLENSKY, D.C. und VANDERCOOK, C.E.: Discrepancies of the Davis method in estimating hesperidin content in orange juice. J. Food Sci. 47, 2058–2059, 1982.

SONTAG, G. und KAINZ, G.: Bestimmung von Ascorbinsäure in Fruchtsäften und Limonaden mit Differential-Pulspolarographie. Mikrochimica Acta [Wien] I, 175–184, 1978.

SPONHOLZ, W.R.: Der Traubenmost. In: WOLLER, R. und WÜRDIG, G., Chemie des Weines, p. 45–76. Verlag Eugen Ulmer, Stuttgart 1989.

STÖBER, P., MARTIN, G.G. und PEPPARD, T.L.: Quantitation of the undeclared addition of industrially produced sugar syrups to fruit juices by capillary gas chromatography. Dtsch. Lebensm. Rdsch. 94, 309–316, 1998.

STONE, H. und SIDEL, J.L.: Sensory Evaluation Practices, 2nd Ed. Academic Press, New York 1993.

STÜSSI, J.: Untersuchungen über die Herstellung von pulpehaltigen Apfelsäften. Diss. ETH Nr. 12643, Zürich 1998.

TANNER, H. und BRUNNER, H. R.: Möglichkeiten und Grenzen eines Betriebslabors. Flüss. Obst 48, 6–12, 1981.

TANNER, H. und BRUNNER, H. R.: Getränke-Analytik, 2. Auflage. Verlag Heller Chemie- und Verwaltungsgesellschaft, Schwäbisch Hall 1987.

TANNER, H. und LIPKA, Z.: Eine neue Schnellbestimmungsmethode für Weinsäure in Mosten, Weinen und anderen Getränken (nach Rebelein). Schweiz. Z. für Obst- u. Weinbau 109, 684–692, 1973.

TANNER, H. und PETER, U.: Über den Nachweis der Naturreinheit von Heidelbeersäften und -weinen *(Vaccinium myrtillis)*. Schweiz. Z. für Obst- und Weinbau 113, 645–648, 1977.

TANNER, H. und SANDOZ, M.: Über den Nachweis einer Verfälschung von Apfelsaftkonzentrat. Schweiz. Z. für Obst- u. Weinbau 109, 287–300, 1973.

TANNER, H. und ZÜRRER, H.: Über die Trennung von Anthocyanfarbstoffen. Schweiz. Z. für Obst- u. Weinbau 112, 111–115, 1976.

TÓTH-MARKUS, M., SASS-KISS, Á., BOROSS, F., SASS, M., MOLNÁR, P. und BIACS, P. Á.: Sensory, analytical and immunoanalytical study of orange juices and concentrates. Annals of the 22nd IFU Symposium, Proceedings 113–123. International Federation of Fruit Juice Producers, Paris 1999.

TROTZER, A., HOFSOMMER, H. J. und RUBACH, K.: Kohlenhydratanalytik mit Anionenaustausch-Chromatographie und gepulster amperometrischer Detektion am Dionex DX-300 Chromatographiemodul. Flüss. Obst 61, 581–589, 1994.

WALD, B. und GALENSA, R.: Nachweis von Fruchtsaftmanipulationen bei Apfel- und Birnensaft. Z. Lebensm. Unters. Forsch. 188, 107–114, 1989.

WALLRAUCH, S.: Aktuelle Verfälschungen von Fruchtsäften, deren Erkennung und Beurteilung. Flüss. Obst 42, 225–229, 1975.

WALLRAUCH, S.: Äpfelsäurebestimmung in Fruchtsäften und Weinen. Ind. Obst- u. Gemüseverwert. 63, 488–492, 1978.

WALLRAUCH, S. und GREINER, G.: Bestimmung der D-Isocitronensäure in Fruchtsäften und alkoholfreien Erfrischungsgetränken. Flüss. Obst 44, 241–245, 1977.

WEISS, J. und TANNER, H.: Farbe und Qualität. IFU-Berichte 17, 85–91, 1982.

WELZ, B. und SPERLING, M.: Atomic Absorption Spectrometry, 3. Auflage. Verlag Wiley-VCH, Weinheim 1998.

WERDER, J.: Das Sorbitverfahren zum Nachweis von Obstwein in Wein. Z. Lebensm. Unters. Forsch. 58, 123–130, 1929.

Wichtige Adressen

Information über Fruchtsaft-Normen:

CODEX-Normen Fruchtsäfte: Internationale Kontaktstelle
Joint FAO/WHO Food Standard
Programme FAO
Via delle Terme die Caracalla
I-00100 Rom

CODEX-Normen Bundesrepublik Deutschland
Bundesministerium für Gesundheit
Am Probsthof 78a
D-53108 Bonn

CODEX-Normen Österreich
Bundesministerium für Gesundheit und Konsumentenschutz
Codex-Kommission
Radetzkystraße 2
A-1031 Wien

CODEX-Normen Schweiz
Bundesamt für Gesundheit
Schweiz. Nationales Komitee
für Codex Alimentarius
CH-3003 Bern

CODEX-Normen und Standards USA
USDA:
Chief, Processed Products Branch
Fruit and Vegetable Division
Agricultural Marketing Service
United States Department of Agriculture
Washington, DC 20250/USA

FDA:
Office of Plant, Dairy Foods and Beverages
U.S. Food and Drug Administration,
HFF 300
220 C Street, S.W.
Washington, DC 20204/USA

Informationen über Citrussäfte aus Florida:

General Counsel
Florida Department of Citrus
P.O. Box 148
Lakeland, FL 33802/USA

Scientific Research Director
Florida Department of Citrus
700 Experiment Station Road
Lake Alfred, FL 33850/USA

Wichtige Fruchtsaft-Organisationen:

Internationale Fruchtsaft-Union (IFU)
23, Boulevard des Capucines
F-75002 Paris
Tel. +33-1-47 42 82 80
Fax: +33-1-47 42 29 28

Europäischer Fruchtsaftverband (Association of the Industry of Juices and Nectars from Fruits and Vegetables of the European Union; AIJN.)
Avenue de Roodebeek 30
B-1030 Brüssel
Tel. +32-2-7 43 87 30
Fax: +32-2-7 36 81 75

VdF – Verband der deutschen Fruchtsaft-Industrie e.V.
Mainzer Straße 253
D-53179 Bonn
Tel. +49-228-95 46 00
Fax: +49-228-9 54 60 20

Verband der österreichischen Fruchtsaft- und Fruchtsirupindustrie
Zaunergasse 1–3
A-1030 Wien
Tel. +43-1-71 22 12 10
Fax: +43-1-7 13 18 02

Schweizerischer Obstverband
Postfach
CH-6302 Zug
Tel. +41-41-7 28 68 68
Fax: +41-41-7 28 68 00

SI-Einheiten der Mechanik und ihre Umrechnung in alte Einheiten

(bezogen auf die Einheiten Kraft, Arbeit, Energie, Leistung, Wärmemenge und Druck)

Kraft F	N $\left(\frac{kg \cdot m}{s^2}\right)$	p	kp	Mp
1 N	1	102	0,102	$1{,}02 \cdot 10^{-4}$
1 p	$9{,}81 \cdot 10^{-3}$	1	10^{-3}	10^{-6}
1 kp	9,81	10^{3}	1	10^{-3}
1 Mp	$9{,}81 \cdot 10^{3}$	10^{6}	10^{3}	1

Arbeit W Energie	$N \cdot m = W \cdot s = J$ $\left(\frac{kg \cdot m^2}{g^2}\right)$	m · kp	kWh	kcal
1 J	1	0,102	$2{,}78 \cdot 10^{-7}$	$2{,}39 \cdot 10^{-4}$
1 m · kp	9,81	1	$2{,}72 \cdot 10^{-6}$	$2{,}34 \cdot 10^{-3}$
1 kWh	$3{,}6 \cdot 10^{6}$	$3{,}67 \cdot 10^{5}$	1	860
1 kcal	$4{,}19 \cdot 10^{3}$	427	$1{,}16 \cdot 10^{-3}$	1

Leistung P	$\frac{N \cdot m}{s} = W \left(\frac{kg \cdot m^2}{s^3}\right)$	m · kp/s	PS	kcal/s
1 W	1	0,102	$1{,}36 \cdot 10^{-3}$	$2{,}39 \cdot 10^{-4}$
1 m · kp/s	9,81	1	$1{,}33 \cdot 10^{-2}$	$2{,}34 \cdot 10^{-3}$
1 PS	736	75	1	0,176
1 kcal/s	$4{,}19 \cdot 10^{3}$	427	5,69	1

Druck p	$\frac{N}{m^2} = Pa \left(\frac{kg \cdot m}{s^2 \cdot m^2}\right)$	kp/cm^2 at	Torr mmHg	mbar
1 N/m^2	1	$1{,}02 \cdot 10^{-5}$	$7{,}5 \cdot 10^{-3}$	10^{-2}
1 kp/cm^2	$9{,}81 \cdot 10^{4}$	1	736	981
1 Torr	133,3	$1{,}36 \cdot 10^{-3}$	1	1,333
1 mbar	100	$1{,}02 \cdot 10^{-3}$	0,750	1

Beziehungen zwischen nichtmetrischen (amerikanischen und englischen) und metrischen Maßen

Nichtmetrische Maße	Entsprechendes metrisches Maß
Längenmaße	
1 Mile (mi.)	1609,34 m
1 Yard (yd.) = 3 Feet (Fuß) = 36 Inches (Zoll)	91,44 cm
1 Foot (ft) Fuß = 12 Inches (Zoll)	30,48 cm
1 Inch (in.)	2,54 cm
Flächenmaße	
1 Square mile (Quadratmeile) sq. mi.	2,59 km^2
1 Square yard (Quadratyard) sq. yd.	0,8361 m^2 = 8361 cm^2
1 Square foot (Quadratfuß) sq. ft.	929 cm^2
1 Square inch (Quadratzoll) sq. in.	6,4516 cm^2
1 Acre	4046,87 m^2
Körpermaße	
1 Cb Yard (Kubikyard) cb. yd.	0,76456 m^3
1 Cb foot (Kubikfuß) cb. ft.	0,02832 m^3
1 Cb inch (Kubikzoll) cb. in.	16,387 cm^3
Hohlmaße	
1 Quarter (englisch) (qr)	290,95 l (Liter)
1 Bushel (englisch)	36,369 l
(amerikanisch)	35,239 l
1 Gallon Imp. gal (englisch)	4,5459 l
US gal (amerikanisch)	3,7853 l
1 Quart (qt) (englisch)	1,1365 l
(amerikanisch)	0,9464 l
1 Pint (pt) = 1 1/4 fl. Pounds = 20 fl. Ounces	
(englisch)	0,5683 l = 5,683 dl
(amerikanisch)	0,473178 l = 4,73178 dl
1 Gill (gi) (englisch)	0,14206 l = 1,4206 dl
(amerikanisch)	0,11829 l =1,1829 dl
1 Fluid Ounce (fl. oz.) (amerikanisch)	0,2957 dl

SI- Einheiten der Kalorik und ihre Umrechnung in alte Einheiten

Spezifische Wärme

	J/kg K	kJ/kg K	kWh/kg K	kcal/kg K	Btu/lb °F
			Umrechnungsfaktor		
1 J/kg K	1	10^{-3}	$2{,}77 \cdot 10^{-7}$	$2{,}3885 \cdot 10^{-4}$	$2{,}\ 3885 \cdot 10^{-4}$
1 kJ/kg K	10^3	1	$2{,}77 \cdot 10^{-4}$	0,23885	0,23885
1 kWh/kg K	$3{,}6 \cdot 10^6$	$3{,}6 \cdot 10^3$	1	859,845	859,845
1 kcal/kg K	$4{,}1868 \cdot 10^3$	4,1868	$1{,}163 \cdot 10^{-3}$	1	0.99959
1 Btu/lb °F	$4{,}1868 \cdot 10^3$	4,1868	$1.163 \cdot 10^{-3}$	1,00041	1

J/kg K = Joule pro Kilogramm Kelvin
kJ/kg K = Kilojoule pro Kilogramm Kelvin
kWh/kg K = Kilowattstunde pro Kilogramm Kelvin
kcal/kg K = Kilokalorie pro Kilogramm Kelvin
Btu/lb °F = British thermal unit per pound degree Fahrenheit

Wärmeleitfähigkeit

	W/m K	kcal/m h K	cal/cm s K	Btu in/ft² h °F	Btu/ft h °F
			Umrechnungsfaktor		
1 W/m K	1	0,8598	$2,3885 \cdot 10^{-3}$	6,93337	0,5778
1 kcal/mh K	1.163	1	$2,7778 \cdot 10^{-3}$	8,064	0,6719
1 cal/cm s K	418,68	360	1	$2,903 \cdot 10^{3}$	241,9
1 Btu in/ft²h °F	0,1442	0,124	$3,445 \cdot 10^{-4}$	1	$8,332 \cdot 10^{-2}$
Btu/ft h °F	1,7308	1,488	$4,134 \cdot 10^{-3}$	12	1

W/m K = Watt pro Meter Kelvin
kcal/m h K = Kilokalorie pro Meterstunde Kelvin
cal/cm s K = Kalorie pro Zentimetersekunde Kelvin
Btu in/ft² h °F = Brithish thermal unit inch per square foot hour degree Fahrenheit
Btu/ft h °F = Brithish thermal unit per foot hour degree Fahrenheit

Wärmeübergangszahl und Wärmedurchgangszahl

	W/m² K	W/cm² K	kcal/m² h K	cal/cm² s K	Btu/ft² h °F
			Umrechnungsfaktor		
1 W/m² K	1	10^{-4}	0,8598	$2,3885 \cdot 10^{-5}$	0,1761
1 W/cm² K	10^{4}	1	$8,598 \cdot 10^{3}$	0,23885	$1,761 \cdot 10^{3}$
1 kcal/m² h K	1,163	$1,163 \cdot 10^{-4}$	1	$2,7778 \cdot 10^{-5}$	0,2048
1 cal/cm² s K	$4,1868 \cdot 10^{4}$	4,1868	$3,6 \cdot 10^{4}$	1	$7,373 \cdot 10^{3}$
1 Btu/ft² h °F	5,6785	$5,6785 \cdot 10^{-4}$	4,8826	$1,356 \cdot 10^{-4}$	1

W/m² K = Watt pro Quadratmeter Kelvin
W/cm² K = Watt Quadratzentimeter Kelvin
kcal/m² h K = Kilokalorie pro Quadratzentimeterstunde Kelvin
cal/cm² s K = Kalorie pro Qudratzentimetersekunde Kelvin
Btu/ft² h °F = Brithish thermal unit per square foot hour degree Fahrenheit

Gewichte

1 Long Ton (l.tn.) = 20 Hundredweights	1016,047 kg
1 Short Ton (shtn)	907,14 kg
1 Hundredweight (cwt) = 4 Quarters	50,802 kg
1 Quarter = 2 Stones	12,7006 kg
1 Stone = 14 Pounds (lbs)	6,3503 kg
1 Pound (lb) = 16 = Ounces = 256 Drams = 7000 Grains	453,592 g
1 (dry) Ounce (oz) = 16 Drams = 437,5 Grains	28,350 g
1 Grain (gr)	0,0645 g
1 Dram (dr.)	1,772 g
1 Bale = 478 Pounds	216,82 kg

Britische (UK) amerikanische (US) Einheiten der Mechanik und deren Umrechnung in SI-Einheiten bzw. alte Einheiten

1 lbf = 1 pound-force = 4,4482 N = 0,45358 kp
1 psi = 1 pound-force per square inch (lbf/in² = psig) = 6,89476 kPa = 68,947 mbar = 51,7 Torr
1 HP = 1 horse power = 745,7 W = 1, 0139 PS
1 BTU = 1 British Thermal Unit = 1054,8 J = 0,2519 kcal

Temperatur-Umrechnungsformeln (Celsius – Fahrenheit und umgekehrt)

$°C = (°F-32) \cdot \frac{5}{9}$ $°F = \frac{9}{5}\,°C + 32$

Bildquellen

Abcor Ultrafiltration Systems, Covina, CA 91723, USA: Abb. 138
Alfa-Laval: Evaporation Handbook, AB Skanska, S-22103 Lund: Abb. 147, 156
Amos GmbH Anlagentechnik, D-74001 Heilbronn: Abb. 44, 56, 58
API Schmidt-Bretten GmbH & Co. KG, D-75005 Bretten: Abb. 14
APV Dänemark, DK-8600 Silkeborg: Abb. 115, 117
APV Deutschland GmbH, D-54425 Unna: Abb. 86, 122
APV plc, Crawley, West Sussex RH 10 2QB, UK: Abb. 158, 165, 175
Beloit Company, Nashua, New Hampshire 03051, USA: Abb. 41
Bran & Lübbe GmbH, D-22844 Norderstedt: Abb. 182, 202
Brown International Corp., Covina CA 91723, USA: Abb. 93, 94, 97, 98
Bucher-Guyer AG, CH-8166 Niederwenningen: Abb. 7, 8, 9, 10, 11, 12, 13, 21, 32, 33, 34, 35, 36, 37, 53, 70, 78, 79, 80, 143, 198
CSM Separationssysteme für Flüssigkeiten GmbH & Co. KG, Bretten-Gölshausen: Abb. 223
De Danske Sukkerfabrikker (DDS), A/S, DK-4900 Nakskov: Abb. 51
Diessel GmbH & Co., D-31135 Hildesheim: Abb. 203
Fischer, Dipl.-Ing. Ernst P., Maschinen- und Apparatebau GmbH, A-2483 Ebreichsdorf: Abb. 121
Eisenmann Maschinenbau KG, D-71002 Böblingen: Abb. 211, 212, 213
Envicon Klärtechnik GmbH & Co. KG, D-46537 Dinslaken: Abb. 216
Flavourtech (Europe) Ltd. Reading RG6 1LP, UK: Abb. 172, 186
Flottweg GmbH, D-84137 Vilsiburg: Abb. 60
FMC Corp., Citrus Machinery Divsion, Lakeland, FL 33802, USA: Abb. 92, 96
Fryma Maschinen AG, CH-4310 Rheinfelden: Abb. 16, 118
GEA Wiegand GmbH, D-76275 Ettlingen: Abb. 152, 164, 173
Gebrüder Bellmer GmbH + Co. KG, D-75223 Niefern-Öschelbronn: Abb. 45
Gebrüder Sulzer AG, CH-8400 Winterthur: Abb. 155
Goodnature Products Inc. Buffalo, N.Y. 14240, USA: Abb. 31
Grenco B.V., NL-5223 AL's-Hertogenbosch: Abb. 131
Hosokava Bepex Corp., Minneapolis, Minnesota 55413, USA: Abb. 43
IFU Diffusions- und Umwelttechnik GmbH, D-61348 Bad Homburg: Abb. 226
KHS Maschinen- und Anlagenbau AG, D-44047 Dortmund oder D-55543 Bad Kreuznach: Abb.125, 197, 204, 205
Kiremko bv, NL-3417 Montfort: Abb. 114
Kranzl Ges. mbH Nfg. KG, Voran Maschinen, A-4632 Pichl/Wels: Abb. 30
Mecat Filtraçoes Industriais Ltda., CEP 14807–150, Araraquara SP, Brasilien: Abb. 99
Millipore AG, CH-8604 Volketswil: Abb. 190
Niro A/S, DK-2860 Søborg: Abb. 145
Noggerath GmbH & Co. Abwassertechnik KG, D-31708 Ahnsen: Abb. 210
Norddeutsche Seekabelwerke GmbH NSW-Umwelttechnik, D-26944 Nordenham: Abb. 217
Novozymes Switzerland AG, CH-4243 Dittingen: Abb. 63, 64
Rossi & Catelli, I-43100 Parma: Abb. 113 116
Schenk Filterbau GmbH, D-72548 Waldstetten: Abb. 66, 75
Schwanke Hubert Tinkturenpressen, D-41431 Neuss: Abb. 29
Seitz-Filter-Werke GmbH, D-55512 Bad Kreuznach: Abb. 71, 72, 73, 74, 76, 81
SIG Combibloc GmbH, D-52441 Linnich: Abb. 207
Soscil Inter S.A., CH-1024 Ecublens: Abb. 194
TeroPam GmbH, CH-6331 Hünenberg-Zug: Abb. 142, 159, 183, 191
Tetra Pak Plant Engineering AB, S-22100 Lund: Abb. 15, 61, 161, 166, 176, 184, 206, 208
Unipektin AG, CH-8022 Zürich: Abb. 160, 168, 174, 178, 185
Vaslin-Bucher, F-49290 Chalonnes-sur-Loire: Abb. 38, 39
Vinicole Pera, F-34750 Villeneuve les Maguelones: Abb. 42
Vogelbusch GmbH, A-1050 Wien: Abb. 177
Wabag Wassertechnische Anlagen GmbH, D-95312 Kulmbach: Abb. 222
Westfalia Separator AG, D-59302 Oelde: Abb. 47, 82, 83, 84, 85
William Boulton Vibro Energy Ltd., GB-Stoke-on-Trent ST 32 QE: Abb. 46
Willmes Anlagentechnik GmbH, D-68623 Lampertheim: Abb. 40A, 40B
Zeppelin Silo- und Apparatetechnik GmbH-Umwelttechnik, D-88045 Friedrichshafen: Abb. 227

Alle übrigen Abbildungen sind entweder Originale der Mitarbeiter dieses Werkes oder wurden aus der Literatur entnommen. Im zweiten Fall sind die Quellen aus den Abbildungslegenden beziehungsweise aus dem Literaturverzeichnis ersichtlich.

Sachregister